Structures of Some Common Functional Groups

Name	Structure*	Name ending	Example
Alkene (double bond)	C=C	*-ene*	$H_2C{=}CH_2$ Ethene
Alkyne (triple bond)	—C≡C—	*-yne*	HC≡CH Ethyne
Arene (aromatic ring)		None	Benzene
Halide	C—X (X = F, Cl, Br, I)	None	CH_3Cl Chloromethane
Alcohol	C—OH	*-ol*	CH_3OH Methanol
Ether	C—O—C	*ether*	CH_3OCH_3 Dimethyl ether
Monophosphate	C—O—P(=O)(O⁻)—O⁻	*phosphate*	$CH_3OPO_3^{2-}$ Methyl phosphate
Amine	C—N:	*-amine*	CH_3NH_2 Methylamine
Imine (Schiff base)	:N= C	None	NH ‖ CH_3CCH_3 Acetone imine
Nitrile	—C≡N	*-nitrile*	$CH_3C{\equiv}N$ Ethanenitrile
Nitro	C—⁺N(=O)—O⁻	None	CH_3NO_2 Nitromethane
Thiol	C—SH	*-thiol*	CH_3SH Methanethiol

*The bonds whose connections aren't specified are assumed to be attached to carbon or hydrogen atoms in the rest of the molecule.

Name	Structure*	Name ending	Example
Sulfide	C–S–C	*sulfide*	CH_3SCH_3 Dimethyl sulfide
Disulfide	C–S–S–C	*disulfide*	CH_3SSCH_3 Dimethyl disulfide
Carbonyl	C=O		
Aldehyde	C(=O)H	*-al*	CH_3CHO (O above C) Ethanal
Ketone	C–C(=O)–C	*-one*	CH_3CCH_3 (O above C) Propanone
Carboxylic acid	C–C(=O)OH	*-oic acid*	CH_3COH (O above C) Ethanoic acid
Ester	C–C(=O)–O–C	*-oate*	CH_3COCH_3 (O above C) Methyl ethanoate
Amide	C–C(=O)–N	*-amide*	CH_3CNH_2 (O above C) Ethanamide
Carboxylic acid anhydride	C–C(=O)–O–C(=O)–C	*-oic anhydride*	CH_3COCCH_3 (O above each C) Ethanoic anhydride
Carboxylic acid chloride	C–C(=O)Cl	*-oyl chloride*	CH_3CCl (O above C) Ethanoyl chloride

*The bonds whose connections aren't specified are assumed to be attached to carbon or hydrogen atoms in the rest of the molecule.

McMurry 기본유기화학

FUNDAMENTALS OF ORGANIC CHEMISTRY

— 제7판 —

***Fundamentals of Organic Chemistry*, Seventh Edition**

John E. McMurry

ISBN-13: 978-89-6218-161-6

Cengage Learning Korea Ltd.
14F YTN Newsquare 76 Sangamsan-ro
Mapo-gu Seoul 03926 Korea

Printed in Korea
Print Number: 10 Print Year: 2025

McMurry 기본유기화학

FUNDAMENTALS OF ORGANIC CHEMISTRY

— 제7판 —

JOHN E. MCMURRY 지음

김경태 안광현 정낙철 옮김

Australia • Brazil • Canada • Mexico • Singapore • United Kingdom • United States

옮긴이 소개

김경태
서울대학교 자연과학대학 화학부 명예교수

안광현
경희대학교 응용과학대학 응용화학과 교수

정낙철
고려대학교 화학과 교수

McMurry 기본 유기 화학 — 7판 —

FUNDAMENTALS OF ORGANIC CHEMISTRY, 7TH EDITION

제7판 1쇄 발행 | 2011년 1월 24일
제7판 수정2판 10쇄 발행 | 2025년 2월 20일

지은이 | John E. McMurry
옮긴이 | 김경태, 안광현, 정낙철
발행인 | 리리안후아, 탄록민
발행처 | 센게이지러닝코리아㈜
등록번호 | 제313-2007-000074호(2007.3.19.)
이메일 | asia.infokorea@cengage.com
홈페이지 | www.cengage.co.kr

ISBN-10: 89-6218-161-4
ISBN-13: 978-89-6218-161-6

공급처 | 사이플러스
주 소 | 서울시 영등포구 양평로 30길 14, 세종앤까뮤스퀘어 1106호
도서안내 및 주문 | TEL (02) 332-6171 FAX (02) 332-6185
홈페이지 | www.sciplus.co.kr

값 37,000원

옮긴이 머리말

이번에 나온 7판은 유기 화학을 공부하는 독자가 흔히 빠지기 쉬운 단순한 암기보다 유기 화학을 쉽게 이해할 수 있도록 많은 부분을 명료하게 다시 쓰고 체제를 합리적으로 정리하여 더 복잡한 문제 및 학제간 문제를 다루는 데 도움이 되도록 노력을 기울인 점이 두드러지게 나타난다. 예를 들면, 각 장의 제목을 2중으로 나타내고(7, 9, 10장), 모든 장의 본문에 들어가기 전에 장에서 다루는 내용이 무엇인지 대략적으로 파악하게 하였으며, 메커니즘을 쉽게 따라갈 수 있도록 체제를 개선하였고, 【생활 속의 유기 화학】에 의학, 농학에 관련된 화학을 소개하여 의학, 농학 및 수의학 등을 전공하고자 하는 학생을 위한 한 학기 교재로서 더욱 훌륭한 교재가 될 수 있도록 다시 썼다고 생각한다. 그 밖에 1993년에 이래 권장하는 IUPAC 명명법으로 모든 화합물을 명명하였으며 각 장에 새로 추가되고 삭제된 내용 및 자리를 옮긴 내용은 머리말에 꼼꼼히 기술되어 있어 생략한다. 그러나 특히 4장의 에폭시 화합물의 생성과 절단, 7장의 플루오르화 알킬의 합성, E1cB 반응, 8, 9장에 Grignard 반응에 대한 폭넓은 기술, 11장의 바비튜레이트가 【생활 속의 유기 화학】으로 옮겨진 점, 13장에서 X선 결정법이 삭제되고 15장의 【생활 속의 유기 화학】으로 옮겨진 점, 16장에서 핵산 화학에 관한 자료가 현대화된 점 등은 6판에 비교할 때 두드러지게 낳아진 점이라 하겠다.

개정작업을 수행함에 용어를 위시하여 화합물의 명칭 및 띄어쓰기는 대한화학회 발간 유기 화합물 명명법 I과 II(2000년) 및 무기화합물 명명을 위한 무기화합물 명명법(2004년)을 따르도록 노력하였으며, 그 외에 할로젠에 관련된 용어의 표기, 농약이나 의약 및 상품명은 6판의 옮긴이 머리말에 기술한대로 따랐음을 밝힌다.

아무쪼록 국제사회에서 활용할 수 있도록 영어로 된 명칭에 익숙해지고 동시에 우리말 명칭도 함께 배우도록 학생들의 탐구와 노력을 기대한다.

끝으로, 어색한 부분이나 오류가 있는 부분에 대해 독자들의 많은 조언이 있기 바라며, 이 책의 6판을 개정하도록 기회를 주신 센게이지러닝코리아(주) 사장님과 이 책이 나오기까지 수고를 아끼지 않으신 편집 담당 여러분께 깊은 감사의 말씀을 전하는 바이다.

2010년 12월

옮긴이 대표 김경태

머리말

유기 화학은 빠르게 변화하고 있다. 주로 비누와 염료를 다루던 초창기로부터 분자생물학에서 의학으로, 농업에서 고급 전자공학과 같은 다양한 분야에 이르는 영역으로 그 중심 단계가 이동하였다. 오늘날 유기 화학자들은 특히 의학과 분자생물학에서 우리가 살고 있는 세상에 알맞는 새로운 말을 배우고 있으며, 많은 다른 분야에 종사하는 사람들은 유기 화학에 관한 것을 배우고 있는 자신들을 발견하고 있다. 유기 화학에 대한 기초적인 이해는 복잡한 학제간 문제를 전달하는 데 있어서 이전의 어느 때보다 중요하다.

『Fundamentals of Organic Chemistry』의 7판은 유기 화학의 응용, 특히 의학과 농업의 응용에 중점을 두고 변화를 나타내었다. 많은 생물학적 유기 반응의 예를 이번 판에 추가하였다. 즉, 각 장의 끝에 있는 **【생활 속의 유기 화학】** 상자에는 의학과 농화학의 화학이 많고 '들판에서' 와 '약장' 과 같은 새로운 문제 부류를 추가하여 응용에 관한 초점을 강화시켰다.

이 교재는 한 학기, 유기 화학의 단기 과정을 위해 집필되었으며 내용은 전체를 통해 요점을 다루었다. 우리는 보다 큰 책에서 공통적으로 발견되는 중요한 교육학적 기법을 유지하면서 단기 과정에서 필요한 과제들만 나타내었다. 이 책 7판에서는 설명을 명쾌하게 하며 사고에 호소하는 예 및 반응 메커니즘 설명을 위한 혁신적인 수직 양식을 이용하고 있다. 이 교재의 구성은 간단한 것(알케인)부터 시작해서 작용기별로 더 복잡한 것으로 진행한다. 일차적인 구성안에서 반응의 기초적 메커니즘의 유사성에 관한 설명에 중점을 두었으며 아래와 같은 몇 개의 장에는 이중 제목을 가진다. 예를 들면, 7장(유기할로젠화물: 친핵성 치환 반응과 제거 반응), 9장(알데하이드와 케톤: 친핵성 첨가 반응), 10장(카복실산과 유도체: 친핵성 아실 치환 반응). 이렇게 접근하여 암기를 최소화하고 이해를 극대화하도록 하였다.

바라건대, 『Fundamentals of Organic Chemistry』의 7판이 6판까지의 강점 위에 만들어지고 학생들에게 훨씬 더 좋은 책이 되었으면 한다. 나는 이 7판이 효율적이고, 명확하고, 가능한 읽어서 재미있도록 만들고, 아름답게, 논리적이고, 유기 화학의 적절성 및 배우고자 하는 흥미있는 제목을 보이기 위해 최선의 노력을 경주하였다. 나는 이 신판에 대한 모든 비평은 물론 앞으로 나올 새 판에 대한 추천을 환영하는 바이다.

6판에 연이은 특징

- **수직적 반응 메커니즘**(vertical reaction mechanism)이라고 표시된 부분은 학생들에게

반응경로의 각 단계에 대한 설명을 쉽게 따르도록 만든다. 이들 수직적 메커니즘의 수는 판마다 증가하였다. 예를 들면 375쪽 그림 11.1을 보라. 거기에 산-촉매와 염기-촉매 조건 하에서 엔올 생성의 메커니즘을 비교하였다.

- 반응의 주요 부분에 더 쉽게 초점을 맞출 수 있도록 교재 전체를 통해 분자들의 주요 부분을 **완전히 색**으로 나타낸 것이 눈에 띈다.
- 분자 내의 극성 모양과 화학 반응성을 결정하는데 이들 모양의 중요성을 위해 100개 이상의 **정전기 퍼텐셜 지도**를 나타내었다.
- 100개 이상의 **눈으로 보는 화학문제**(visualizing chemistry problem)는 학생들에게 전형적인 선결합 그림과 분자 모형 간의 연관을 시도하도록 만든다.
- 각 장에는 많은 **예문**이 있는데 어떻게 문제를 풀 수 있는지 이어서 학생들이 비슷한 문제를 어떻게 풀 수 있는지 설명해 준다. 각 예문은 문제에 접근하는 방법을 보여주는 풀이로부터 시작한다.
- 900개 이상의 **문제**가 본문 안에서와 각 장의 끝에 수록되었다.
- 이 교재에서 화합물명은 1993년에 최신화한 현대 **IUPAC 명명법**에 따랐다.

7판을 위한 변화와 추가

새 판을 만드는 일차적 이유는 이 책이 과학적 보도와 교육의 2가지를 최신화로 유지하는데 있다. 새 판의 교재에 대한 전체적 변화는 다음과 같다.

- 문장 수준을 다시 썼다.
- 화학 구조를 다시 그렸다.
- 예문에 제목을 추가하였다.
- 학생들에게 장의 자료의 적절성을 설명하기 위해 각 장의 서론에 " 왜 이 장인가" 라는 제목의 간단한 문구를 추가하였다.
- 많은 생물학적으로 기원된 문제와 예를 추가하였다.

각 장에서 특별한 변화와 추가는 아래와 같다.

- **1장:** 새 절 1.11, 유기산과 유기염기를 추가하였다.
- **4장:** 에폭사이드 형성과 절단을 4.6절에 추가하였다.
- **5장:** 새 【생활 속의 유기 화학】, 아스피린, NSAIDs 및 COX-2 억제제를 추가하였다.
  생물학적으로 중요한 방향족 헤테로고리를 5.9절에 추가하였다.
- **7장:** 알코올로부터 플루오르화 알킬의 내용을 7.2절에 추가하였다.
  생물학적으로 중요한 ElcB 반응의 내용을 7.8절에 추가하였다.
- **8장:** Grignard 반응의 내용을 8.3절에 추가하였다.

알코올에 대한 과아이오디네인 산화 반응을 8.4절에 추가하였다.

새 【생활 속의 유기 화학】, 에폭시 수지 및 접착제를 추가하였다.

- **9장:** 이전의 9.6절과 9.11절을 합쳐 수소화물과 Girgnard 시약의 친핵성 첨가 반응: 알코올 형성(9.6절)으로 만들었다.
  새 【생활 속의 유기 화학】, 바이타민 C를 추가하였다.
- **10장:** 아마이드 합성을 위한 DCC 방법을 10.10절에 추가하였다.
  생물학적 카복실산 유도체: 싸이오에스터와 아실 인산염을 10.12절에 추가하였다.
  생분해 중합체를 10.13절에 추가하였다.
- **11장:** 새 【생활 속의 유기 화학】, 바비튜레이트를 추가하였다.
- **12장:** 아자이드화물로 아민을 합성하는 내용이 12.4절에 추가되었다.
  새 【생활 속의 유기 화학】, 녹색화학이 추가되었다.
- **13장:** UV 앞에 IR을 다루기 위해 장을 재조정하였다.
- **14장:** 새로운 부차적 절, 생물학적 에스터 형성: 인산화 반응을 14.7절에 추가하였다.
  새 절 14.8, 8개의 필수 단당류를 추가하였다.
- **15장:** 주요 보조효소의 내용을 15.9절에 추가하였다.
  새 【생활 속의 유기 화학】, X선 결정학을 추가하였다.
- **16장:** 핵산화학에 대한 모든 자료를 최신화하였다.
- **17장:** 새 【생활 속의 유기 화학】, 스태틴 의약품을 추가하였다.

유기 화학을 위한 OWL 온라인 배우기

Amherst의 University of Massachusetts에서 Steve Hixson, Peter Lillya 및 Peter Samal이 개발하였으며, 장의 끝에 수록된 질문들은 Florida Gulf Coast University의 David W. Brown이 개발하였다.

유기 화학에 관한 현대적이며 직관적인 인터페이스인 OWL은 개인적인 온라인 배우기 제도로서, 교수의 작업 부담을 감소시키며 지도를 쉽게 하는 평가 도구이다. 여러분들은 개인교사 모의실험 및 단답 질문을 포함한 여러 가지 유형의 과제를 선택할 수 있다. 질문들은 숫자로, 화학적으로, 그리고 문맥상으로 매개변수화되고 구조 그리기와 함께 위첨자 및 아래첨자로 나타낼 수 있다. 매개변수화를 통해, 유기 화학에 대한 OWL은 6000개 이상의 질문을 제공하며 변하는 구조를 그리는 고급 분자 도형 프로그램인 MarvinSketch를 포함한다. 추가적으로, 여러분이 OWL 이용자가 될 때 통상적인 수준을 훨씬 넘는 서비스를 예상할 수 있다.

OWL은 오늘날 다양한 학습형의 학생들에게 전달하기 위해 아래와 같은 온라인 학습 도구를 계속 강화하고 있다.

- **Quick Prep**은 일반 화학과 유기 화학에서 성공하기 위한 필수 기술을 학생들이 배우는 데 돕는 과목을 복습한다.
- 분자 회전하기 및 결합 길이와 각도를 측정하기 위한 분자적 가시 프로그램인 **Jmol**

추가적인 정보나 시험판을 보려면, Cengage Learning의 담당자와 접촉하거나 **www.cengage.com/ owl**을 방문하기 바란다.

ExamView® Computerized Testing

Texas A&M의 Tammy H. Tiner에 의해 개정된 **시험은행**의 디지털 번안은 선다형부터 짝짓기에 이르는 다양한 질문들을 각 장마다 포함한다. ISBN-10: 1-4390-5034-1 | ISBN-13: 978-1-4390-5034-7

교사용 지침서 웹사이트

www.cengage.com/international을 이용가능하다. 이 웹사이트는 WebCT와 Blackboard versions of ExamView Computerized Testing은 물론 교재로부터 영상으로 된 문고의 파일로 받아낼 수 있다.

학생용 지침서/해답집은 Susan McMurry가 작성

교재 내의 모든 문제에 대한 해답을 포함하고 학생들이 유기 화학에 필요한 확실한 문제풀이 전략을 발전시킨다. ISBN-10: 0-538-73676-3 | ISBN-13: 978-0-538-73676-3.

전자 밀기: 유기 화학 초보자를 위한 지침서, 3판, Daniel P. Weeks

이 짧은 책을 이용해서 학생들은 공명 구조를 만들고 유기 메커니즘 쓰기를 위한 필수 기술을 배운다. ISBN-10: 0-03-020693-6 | ISBN-13: 978-0-03-020693-1

유기 화학 모형 일습

Cengage Learning은 학생들에게 한뭉치의 선택으로서 다양한 유기 화학 모형 한 벌을 제공한다. 가격과 선택을 위해서 여러분의 Cengage Learning 담당자와 상의하라.

유기 화학 실험 지침서

Brooks/Cole, Cengage Learning은 여러분의 필요에 알맞은 유기 화학 실험 지침서를 제공한다. 실험 지침서를 정하려면, **www.cengage.com/chemistry**를 방문하라. 고객 실험 지침서를 위해서는 **www.signature-labs.com**을 방문하라.

감사의 말

나는 이번 7판을 준비하는 데 매우 가치있는 도움과 제안을 해준 많은 사람들, 특히 Sandi Kiselica, Lisa Lockwood, Lisa Weber, 그리고 Cengage Learning의 Amee Mosley, Graphic World Inc.의 Dan Fitzgerald, 전체 원고를 읽고 개선점을 제공한 나의 처 Susan,

많은 유용한 제안을 해준 Johns Hopkins University의 Tom Lectka 교수에게 진심으로 감사드린다. 나는 또한 평가위원들에게 감사하고 싶은데 이 책을 개정하는 데 많은 도움이 되는 생각을 의미있게 제공해준 Samford University의 Robert Cameron, Utah State University의 Alvan C. Hengge, Montana State University의 Steven Holmgren, University of New Hampshire의 Richard P. Johnson 등이 그들이다.

John McMurry

요약 차례

차례

1
구조와 결합; 산과 염기

2
알케인: 유기 화합물의 성질

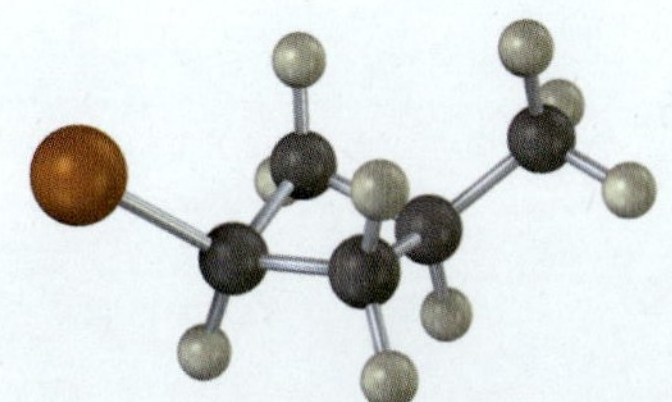

3 알켄과 알카인: 유기 반응의 성질

4 알켄과 알카인의 반응

5 방향족 화합물

10
카복실산 및 유도체들: 친핵성 아실 치환 반응

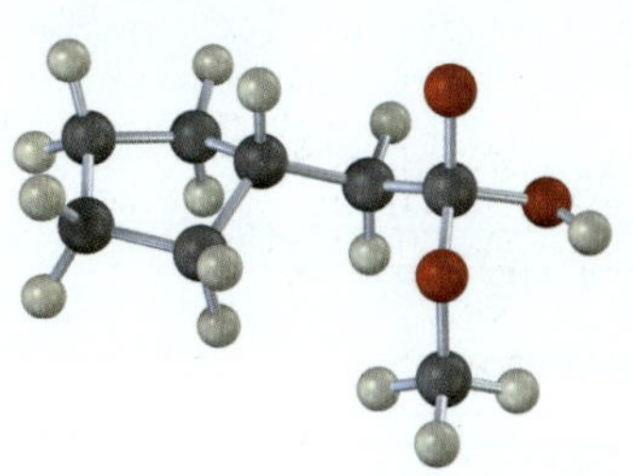

11
카보닐 알파 치환 반응 및 축합 반응

12
아민

13
구조 결정

14
생체분자: 탄수화물

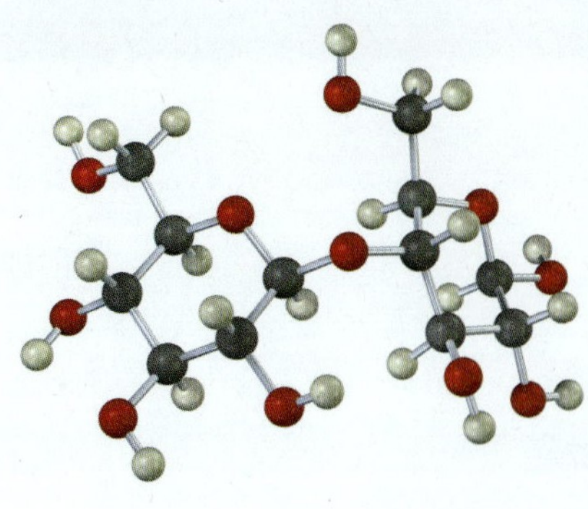

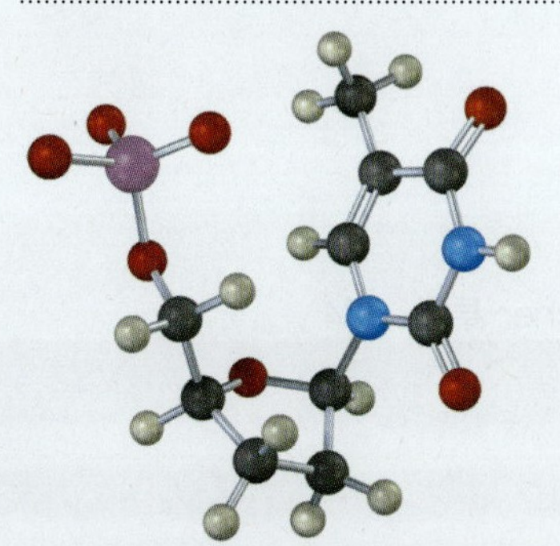

CHAPTER

1

여기에 보인 HMG-CoA 환원효소는 소위 리본형으로서 체내에서 콜레스테롤 합성에 중요한 단계를 촉매한다. 이 효소가 어떻게 기능을 하는지 이해함은 수많은 생명을 구하는 것을 보장하는 의약 개발을 이끌어 왔다.

구조와 결합; 산과 염기

유기 화학은 우리 주변의 도처에 존재한다. 유기 분자의 반응들과 상호작용들은 우리들로 하여금 볼 수 있게 하고, 냄새를 맡게 하며, 싸우고, 두려워하게 만든다. 유기 화학은 우리에게 먹거리를 주고, 병을 치료하고, 농작물을 보호하고, 우리의 의복을 세탁하는 분자들을 제공한다. 생명과 생물체에 관해 호기심을 가진 사람은 유기 화학에 대한 기초적인 이해가 있어야 한다.

역사적으로 1700년대 후반으로 거슬러 올라가서, **유기 화학**은 생물체에서 발견된 화합물의 화학을 의미하곤 하였다. 그 당시 화학에 관하여 거의 알려지지 않았는데 식물과 동물에서 분리된 '유기 물질'의 반응은 광물질에서 발견된 '무기 물질'의 그것과 다른 것처럼 보였다. 유기 화합물은 일반적으로 낮은 녹는점을 가진 고체였고 높은 녹는점의 무기 화합물보다 분리, 정제 및 다루기가 어려웠다. 1800년대 중반까지 유기 화합물과 무기 화합물 사이에 근본적인 차이가 없음이 명백해졌다. 유기 화합물의 단 한 가지 특성은 모든

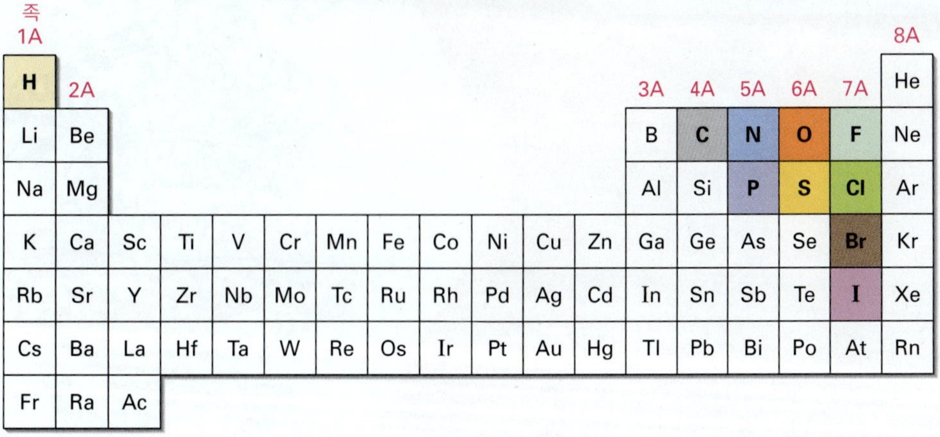

족 1A																	8A
H	2A											3A	4A	5A	6A	7A	He
Li	Be											B	C	N	O	F	Ne
Na	Mg											Al	Si	P	S	Cl	Ar
K	Ca	Sc	Ti	V	Cr	Mn	Fe	Co	Ni	Cu	Zn	Ga	Ge	As	Se	Br	Kr
Rb	Sr	Y	Zr	Nb	Mo	Tc	Ru	Rh	Pd	Ag	Cd	In	Sn	Sb	Te	I	Xe
Cs	Ba	La	Hf	Ta	W	Re	Os	Ir	Pt	Au	Hg	Tl	Pb	Bi	Po	At	Rn
Fr	Ra	Ac															

그림 1.1 주기율표 내의 탄소의 위치. 유기 화합물에서 보통 발견되는 다른 원소들은 그들을 표현하는 데 전형적으로 쓰이는 색깔로 나타내었다.

화합물이 탄소 원자를 함유한다는 것이다(그림 1.1).

그러나 왜 탄소는 특이한가? 왜 현존하는 3700만 이상의 화합물 중 99% 이상이 탄소를 가지는가? 그 해답은 주기율표 내의 탄소의 위치로부터 나온다. 4A족 원소로서, 탄소 원자는 4개의 원자가 전자(valence electron)를 공유하고 4개의 강한 공유 결합을 형성한다. 게다가 탄소 원자들은 서로 결합하여 긴 사슬과 고리를 형성한다. 모든 원소들 중에 탄소 원자 홀로 탄소 원자 1개를 함유한 간단한 메테인으로부터 수십억 개를 함유한 경이적인 복합물인 DNA까지 매우 다양한 화합물을 형성할 수 있다. 사실, 탄소를 수소, 산소 및 질소와 결합함으로써 수백만 개의 유기 화합물을 만들 수 있다.

물론 모든 유기 화합물들이 살아 있는 유기체로부터 얻어지는 것은 아니다. 현대 화학자들은 실험실에서 새로운 유기 화합물을 합성하는 능력이 매우 뛰어나다. 의약, 염료, 고분자, 살충제와 다수의 다른 유기 물질들이 모두 실험실에서 합성된다. 유기 화학은 모든 사람의 생명에 관련된 과제이다. 그것을 공부하는 것은 하나의 매력적인 사업이다.

왜 이 장인가?

우리는 먼저 일반 화학 강의에서 상기할 수 있는 원자, 결합 및 분자 기하학에 관하여 복습함으로써 유기 화학 공부를 용이하게 하도록 하겠다. 이 장에 있는 많은 자료는 여러분들에게 친숙할 것이다. 그러나 일부는 새로운 것이며 계속 넘어가기 전에 이해하고 있는지 확인하는 것은 좋은 생각이다.

1.1 원자 구조

아마도 일반 화학 강의에서 알 수 있는 바와 같이, 원자들은 밀도가 큰 양으로 하전된 핵(nucleus)과 그 주위로 비교적 멀리 음으로 하전된 **전자**(electron)로 구성되어 있다(그림 1.2). 핵은 전기적으로 중성인 **중성자**(neutron)와 양으로 하전된 **양성자**(proton)라 부르는 아원자 입자로 구성된다. 원자는 전체적으로 중성이므로 핵 안에서 양성자의 수와 핵 주위의 음전자의 수는 같다.

핵은 비록 지극히 작아도 — 지름이 약 10^{-14}~10^{-15}미터(m) — 본질적으로 원자의 모든 질량을 가진다. 전자들의 질량은 무시할 정도이며 핵으로부터 약 10^{-10} m 떨어진 거리의 궤도를 돈다. 따라서 전형적인 원자의 지름은 2×10^{-10} m 혹은 200피코미터(pm)이다(1 pm = 10^{-12} m). 원자가 얼마나 작은지를 보여 주는 한 예로, 연필로 그은 가느다란 선은 그 폭이 약 3백만 개의 탄소 원자로 된 것이다. 많은 유기 화학자와 생화학자는 아직도 원자의 거리를 표현하는 데 angstrom(Å)이라는 단위를 쓰고 있다(1 Å = 100 pm = 10^{-10} m). 그러나 우리는 이 책에서 SI 단위인 피코미터(picometer)로 나타낼 것이다.

특정한 원자는 그것이 함유한 양성자(또는 전자)의 수를 나타내는 원자 번호(Z)와 핵 내의 양성자와 중성자의 수를 합한 수를 나타내는 질량수(A)로 기술된다. 주어진 원소의 모든 원자들은 동일한 원자 번호 — 수소는 1, 탄소는 6, 인은 15 등 — 를 가진다. 그러나 그들이 가진 중성자의 수에 따라 다른 질량수를 가질 수 있다. 동일한 원자 번호를 가지나 다른 수의 중성자를 가지는 원자들을 **동위원소**(isotope)라 한다.

한 원소의 매우 많은 원자들을 원자 질량 단위(amu: atomic mass unit)로 나타낸 평균 질량을 원소의 **원자량**(atomic weight)이라 부른다. 수소는 1.008 amu, 탄소는 12.011 amu, 인은 30.974 amu 등이다. 원소들의 원자 질량은 이 책의 뒤에 있는 주기율표에 수록되어 있다.

전자들은 어떤가? 전자들은 원자 내에 어떻게 분포되어 있는가? 원자 구조의 **양자역학적 모형**(quantum mechanical model)에 따라 원자 내의 특정 전자의 행동을 **파동 방정식**(wave equation)이라 부르는 수학적 표현으로 기술할 수 있다. 파동 방정식의 해는 **파동 함수**(wave function) 또는 **궤도함수**(orbital)라 하며 그리스 소문자 프사이(psi), ψ로 나타낸

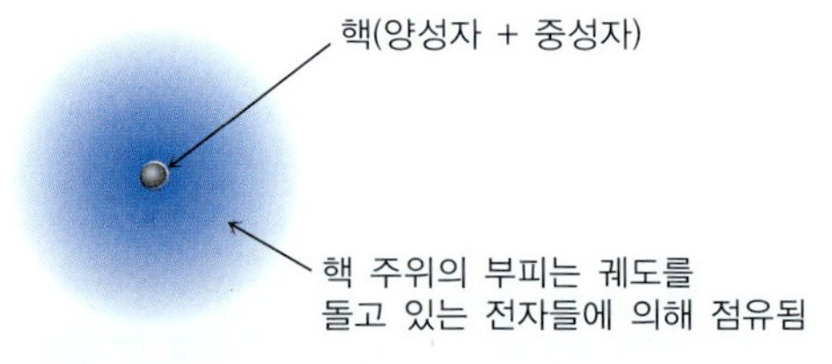

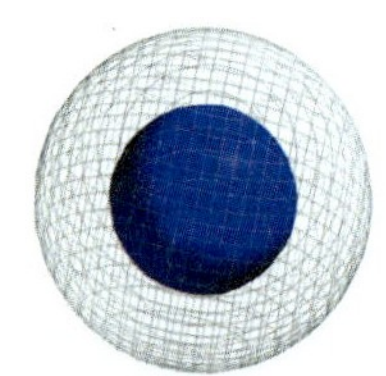

그림 1.2 원자의 도식적 모습. 밀도가 크고 양으로 하전된 핵은 거의 모든 질량을 가지며 음으로 하전된 전자들에 둘러싸여 있다. 오른쪽에서 3차원적 모양은 계산된 전자-밀도 표면적을 보여 준다. 전자 밀도는 핵 쪽으로 점차 증가하고 회색 그물망에서보다 파란색의 표면에서 40배 더 크다.

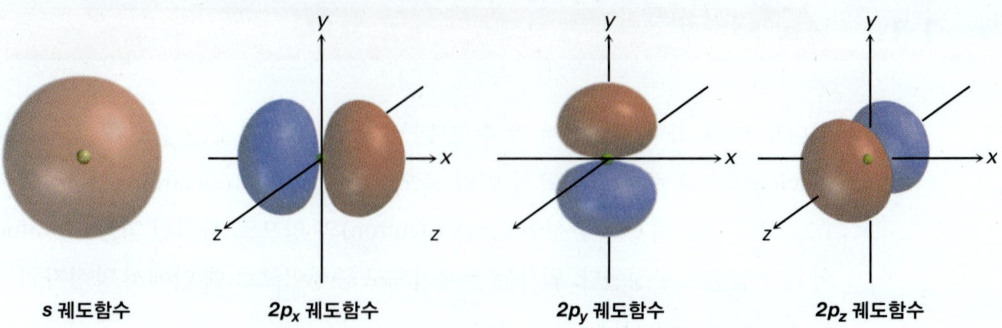

그림 1.3 *s*와 *p* 궤도함수의 묘사. *s* 궤도함수는 둥근 반면, *p* 궤도함수는 아령 모양이고 3개의 상호간 수직인 방향으로 배향되어 있다. 각 *p* 궤도함수는 마디(node)로 분리된 2개의 로브(lobe)를 가진다. 2개의 로브는 서로 다른 색으로 표시된 바와 같이 해당 파동 함수 내에 다른 대수 부호를 가진다.

다. 궤도함수는 전자들을 가장 잘 발견할 수 있는 핵 주위의 공간 부위로 생각할 수 있다.

궤도함수들은 무엇처럼 보이는가? *s*, *p*, *d* 및 *f*로 표시되는 4개의 다른 종류의 궤도함수가 있으며 모양도 서로 다르다. 우리는 4개 중 *s*와 *p* 궤도함수에만 관심을 가질 것이다. 왜냐하면 이들이 유기 화학에 가장 보편적이기 때문이다. *s* 궤도함수는 중심에 핵을 가진 둥근 모양이다. *p* 궤도함수는 아령 모양이며, 주어진 껍질 내의 3개의 다른 *p* 궤도함수는 그림 1.3에 나타낸 바와 같이 상호간 수직 방향에 따라 공간에 배향되어 있다. 그들은 p_x, p_y, p_z로 임의로 표시한다. *p* 궤도함수의 2개 부분 또는 로브는 파동 함수 내에 다른 대수 부호(+와 −)를 가지며 마디(node)라 부르는 전자 밀도가 0인 구역으로 분리된다.

궤도함수는 다른 층 또는 전자 껍질(electron shell)로 조직되어 있는데 이것은 순차적으로 보다 큰 크기와 에너지를 가진다. 다른 껍질은 다른 수와 종류의 궤도함수를 가지며 각 궤도함수는 2개의 전자에 의해 점유될 수 있다. 첫 번째 껍질은 1*s*라 부르는 단 1개의 *s* 궤

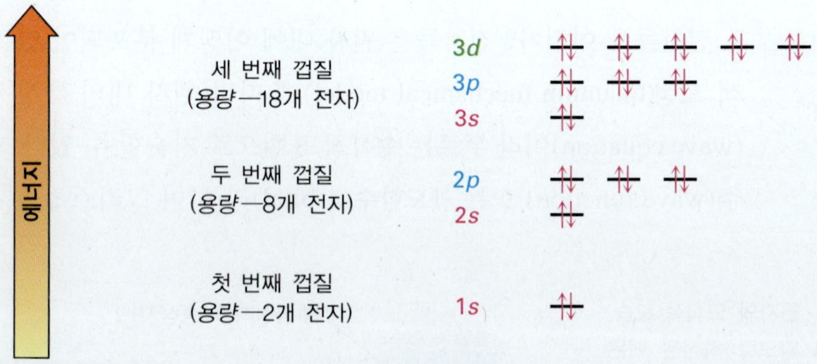

에너지

세 번째 껍질 (용량—18개 전자): 3*d* ⇅ ⇅ ⇅ ⇅ ⇅; 3*p* ⇅ ⇅ ⇅; 3*s* ⇅

두 번째 껍질 (용량—8개 전자): 2*p* ⇅ ⇅ ⇅; 2*s* ⇅

첫 번째 껍질 (용량—2개 전자): 1*s* ⇅

그림 1.4 원자 내 전자들의 에너지 준위. 첫 번째 껍질은 1개의 1*s* 궤도함수에 최대 2개의 전자를 보유한다. 두 번째 껍질은 1개의 2*s*와 3개의 2*p* 궤도함수에 최대 8개의 전자를 보유한다. 세 번째 껍질은 1개의 3*s*, 3개의 3*p*와 5개의 3*d* 궤도함수에 최대 18개의 전자를 보유하는 등 이와 같은 방식으로 전자를 보유한다. 각 궤도함수의 2개의 전자는 상하 방향의 화살표, ↑↓로 나타낸다. 비록 여기에는 나타나 있지 않지만 4*s* 궤도함수의 에너지 준위는 3*p*와 3*d* 사이에 나타난다.

도함수를 가진다. 따라서 2개의 전자만 가진다. 두 번째 껍질은 1개의 *s* 궤도함수(2*s*로 표시)와 3개의 *p* 궤도함수(각각 2*p*로 표시)를 가지므로 전체 8개의 전자를 보유한다. 세 번째 껍질은 1개의 *s* 궤도함수(3*s*), 3개의 *p* 궤도함수(3*p*)와 5개의 *d* 궤도함수(3*d*)를 가지므로 전체 18개의 전자를 보유할 수 있다. 그림 1.4에 이들 궤도함수의 분류를 나타내었다.

1.2 원자 구조: 전자 배치

한 원자의 가장 낮은 에너지 배열 또는 **바닥상태 전자 배치**(ground-state electron configuration)는 원자의 전자가 점유하는 궤도함수의 기술을 말하는데 다음 3가지 규칙에 따라 배열한다.

규칙 1 최저 에너지 궤도함수는 그림 1.4에 나타낸 것처럼 $1s \rightarrow 2s \rightarrow 2p \rightarrow 3s \rightarrow 3p \rightarrow 4s \rightarrow 3d$의 순서에 따라 맨 먼저 채워진다.

규칙 2 단지 2개의 전자만 하나의 궤도함수를 점유할 수 있으며 스핀(spin)은 반대이어야 한다[전자들은 지구가 자전하는 것과 같이 축에 따라 회전하는 것으로 생각할 수 있다. 이 회전은 위(↑)와 아래(↓)로 표시되는 2가지 배향을 가질 수 있다].

규칙 3 만약 동일한 에너지의 2개 또는 그 이상의 비어 있는 궤도함수가 있다면, 모든 궤도함수가 반이 채워질 때까지 1개의 전자가 각각 평행한 스핀으로 점유한다.

이들 규칙이 어떻게 적용되는지를 보여 주는 몇 가지 예가 표 1.1에 나타나 있다. 예컨대, 수소는 단 1개의 전자를 가지므로 최저 에너지 궤도함수를 점유해야 한다. 그러므로 수소는 1*s* 바닥상태 전자 배치를 가진다. 탄소는 6개의 전자를 가지므로 바닥상태 전자 배치는 $1s^2\ 2s^2\ 2p^2$이다. 위첨자는 특별한 궤도함수 내의 전자의 수를 나타낸다는 것에 주목하라.

표 1.1 몇 가지 원소들의 바닥상태 전자 배치

원소	원자 번호	전자 배치		원소	원자 번호	전자 배치	
수소	1	1*s*	↑	인	15	3*p*	↑ ↑ ↑
탄소	6	2*p*	↑ ↑ —			3*s*	↑↓
		2*s*	↑↓			2*p*	↑↓ ↑↓ ↑↓
		1*s*	↑↓			2*s*	↑↓
						1*s*	↑↓

예문 1.1 원소에 전자 배치를 할당하기

질소의 바닥상태 전자 배치를 나타내라.

풀이 질소가 전자를 몇 개 가지고 있는지 알아보기 위해 질소의 원자 번호를 찾아라. 그러고나서 세 법칙을 적용하여 그림 1.4에 나타낸 에너지 준위에 따라 궤도함수에 전자를 배당하라.

해답 질소는 원자 번호가 7이므로 7개의 전자를 가진다. 첫 번째 2개의 전자를 최저 에너지 궤도함수($1s^2$)에, 다음 2개의 전자를 두 번째 최저 에너지 궤도함수($2s^2$)에, 나머지 3개는 그 다음 최저 에너지 궤도함수($2p^3$)에 각각 1개씩 배당한다. 따라서 질소의 전자 배치는 $1s^22s^22p^3$이다.

문제 1.1 다음 원소들은 최외각 전자 껍질에 몇 개의 전자를 가지는가?

(a) 칼륨 (b) 칼슘 (c) 알루미늄

문제 1.2 다음 원소들의 바닥상태 전자 배치를 써라.

(a) 붕소 (b) 인 (c) 산소 (d) 아르곤

1.3 화학 결합 이론의 발전

1800년대 중반까지 화학에 관련된 새로운 과학이 빠르게 발전하였으며 화학자들은 분자들이 서로 당기는 힘을 조사하기 시작하였다. 1858년에 August Kekulé와 Archibald Couper는 모든 유기 화합물에서 탄소는 4원자가(tetravalent)이며 화학적 화합물을 형성하기 위해 다른 원소와 결합할 때 항상 4개의 결합을 형성한다고 제안하였다. 나아가서, Kekulé 탄소 원자들은 서로 결합하여 긴 사슬을 형성할 수 있으며 사슬들은 자신들의 끝이 연결되어 꼬리를 형성할 수 있다고 말하였다.

비록 Kekulé와 Couper가 탄소의 4원자가 성질을 기술한 것은 옳았으나, 1874년까지 화학은 아직도 2차원적 방법으로 바라보았다. 그 해 Jacobus van't Hoff와 Joseph Le Bel은 화학에 관한 우리의 생각에 3차원을 추가하였다. 그들은 탄소의 4개의 결합이 임의로 배향된 것이 아니라 일정한 공간적 배향을 가진다고 제안하였다. Van't Hoff는 더 나아가 탄소 원자에 결합된 4개의 원자들은 정사면체의 모서리에 자리하고 탄소는 그 중심에 있다고 제안하였다.

그림 1.5에 정사면체 탄소 원자의 그림이 나타나 있다. 3차원성을 보이기 위해 쓰인 규약을 주목하라: 실선은 지면에 있는 결합을, 굵은 쐐기 모양의 선은 여러분을 향해 지면 앞으로 나온 결합을, 점선은 관찰자로부터 떨어진 면 쪽으로 향한 결합을 나타낸다. 이러한 그림이 이 교재 전체를 통해 사용된다.

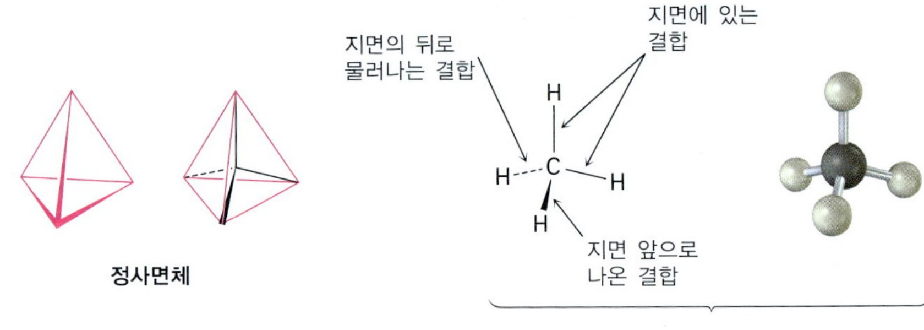

그림 1.5 Van't Hoff의 정사면체 탄소 원자의 그림. 굵은 선은 지면에 놓인 결합이고, 굵은 도끼자국 모양의 선은 지면의 앞으로 나온 결합이고, 점선은 지면의 뒤로 향한 결합을 나타낸다.

문제 1.3 사면체 기하 구조를 나타내도록 실선, 쐐기 모양 선 및 점선을 이용하여 클로로메테인, CH_3Cl 분자의 구조를 그려라.

문제 1.4 다음의 에테인, C_2H_6의 분자 모형을 3차원성을 나타내기 위해 쐐기 모양 선, 실선 및 점선을 사용한 구조로 전환하라.

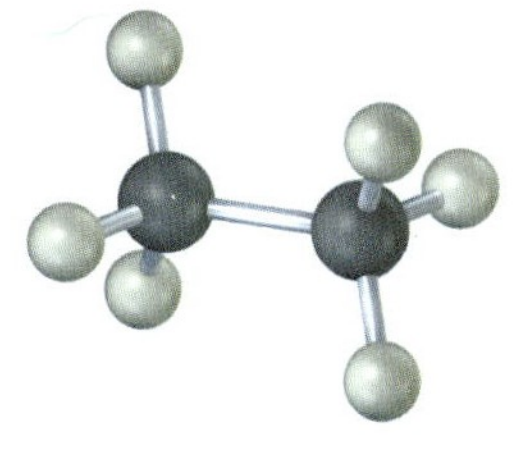

에테인

1.4 화학 결합의 성질

원자들은 왜 서로 결합하며 그 결합은 어떻게 전자적으로 설명할 수 있는가? 왜라는 질문은 대답하기가 비교적 쉽다: 원자들은 서로 결합하는데 그 이유는 결합하여 생성된 화합물이 원자로 분리되어 있을 때보다 더 안정(더 적은 에너지)하기 때문이다. 결합이 형성될 때 에너지는 항상 화학계로부터 밖으로 흐른다. 역으로, 결합이 끊어질 때 에너지는 계로 유입되어야 한다. 환언하면, 결합 형성은 에너지를 방출하고 결합 절단은 에너지를 흡수한다. 어떻게라는 질문은 더 어렵다. 이 질문에 대답하기 위해서는 원자들의 성질에 관하여 더 많이 알아야 한다.

우리는 관찰을 통해 최외각 전자 껍질 또는 **원자가 껍질**(valence shell) 내의 8개의 전자— 8전자계— 가 8A족의 영족 기체 원소들에 특별한 안정을 준다는 것을 알고 있다: 네온(2 + 8), 아르곤(2 + 8 + 8), 크립톤(2 + 8 + 18 + 8). 우리는 또한 많은 주족 원소들의 화학이 가장 가까운 영족 기체의 전자 배치를 취하려 하는 경향에 의해 지배된다는 것을 알고 있다. 예컨대, 1A족의 알칼리 금속은 최외각 전자 껍질의 단일 *s* 전자를 잃고 영족 기체 전자 배치를 한 양이온을 형성하려 하나 7A족의 할로젠은 1개의 *p* 전자를 얻어 영족 기체 전자 배치를 한 음이온을 형성한다. 이렇게 생성된 이온들은 Na^+ Cl^-에서와 같이 화합물 내에서 정전기 인력에 의해 서로 결합하며 이것을 이온 결합(ionic bond)이라 한다.

그렇다면 주기율표의 중앙 근처에 있는 원소들은 어떻게 결합을 형성하는가? 예를 들어, 천연가스의 주요 성분인 메테인, CH_4을 살펴보자. 메테인에서 결합은 이온성이 아니다. 왜냐하면 영족 기체 전자 배치를 이루기 위해서 탄소($1s^22s^22p^2$)는 4개의 전자를 얻거나 잃어야 하는데, 그러기 위해서는 너무나 많은 에너지가 필요하기 때문이다. 사실, 탄소는 전자를 잃거나 얻는 것이 아니고 그들을 **공유**함으로써 다른 원자들과 결합한다. 1916년에 G. N. Lewis에 의해 최초로 제안된 그러한 공유전자 결합을 **공유 결합**(covalent bond)이라 한다. 공유 결합에 의해 함께 결합된 원자들의 중성 집단을 **분자**(molecule)라 부른다.

분자의 공유 결합을 나타내는 간단하고 빠른 방법은 Lewis **구조**(Lewis structure) 또는 **전자점 구조**(electron-dot structure)를 이용하는 것인데 이는 원자의 원자가 전자를 점으로 나타내는 것이다. 따라서 수소는 1개의 점($1s$), 탄소는 4개의 점($2s^22p^2$), 산소는 6개의 점($2s^22p^4$) 등이다. 다음 예에서와 같이, 영족 기체 전자 배치가 모든 원자— 주족 원자에는 8개의 점(8전자계) 또는 수소에는 2개의 점— 에 이루어질 때마다 안정한 분자가 생성된다. 아직도 더 간단한 Kekulé 구조 또는 **선결합 구조**(line-bond structure)를 이용하는 데 원자를 사이에 그린 1개의 선은 2개 전자 공유 결합을 나타낸다.

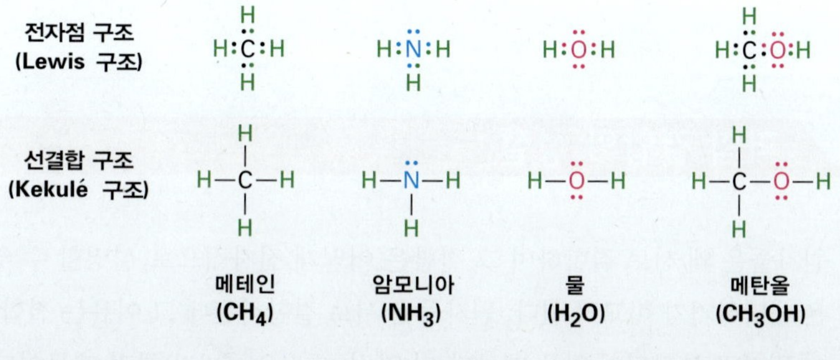

전자점 구조 (Lewis 구조)

선결합 구조 (Kekulé 구조)

메테인 (CH_4) 암모니아 (NH_3) 물 (H_2O) 메탄올 (CH_3OH)

원자 1개가 결합한 공유 결합의 수는 불활성 기체 배치가 되는데 추가적인 원자가 전자가 얼마나 필요한가에 달려 있다. 수소는 1개의 원자가 전자($1s$)를 가지므로 헬륨 배치($1s^2$)가 되는 데 1개 더 필요하다. 그래서 수소는 1개의 결합을 형성한다. 탄소는 4개의 원자가 전자($2s^2$ $2p^2$)를 가지므로 네온 배치($2s^2$ $2p^6$)가 되려면 4개의 전자가 더 필요하다. 그러므로 4개의 결합을 형성한다. 질소는 5개의 원자가 전자 배치($2s^2$ $2p^3$)를 가지므로 3개의 전자가 더 필요하다. 그러므로 3개의 결합을 형성한다. 산소는 6개의 원자가 전자

$(2s^2\ 2p^4)$를 가지므로 2개의 전자가 더 필요하다. 그러므로 2개의 결합을 형성한다; 그리고 할로젠은 7개의 원자가 전자를 가지므로 1개의 전자가 더 필요하다. 그러므로 1개의 결합을 형성한다.

H— : 1개의 결합
—C— : 4개의 결합
—N̈— : 3개의 결합
—Ö— : 2개의 결합
:F̤̈—, :C̤̈l—, :B̤̈r—, :Ï̤— : 1개의 결합

결합에 이용되지 않은 원자가 전자들을 **고립 전자쌍**(lone-pair electrons) 또는 **비공유 전자**(nonbonding electrons)라 부른다. 예컨대, 암모니아(NH_3)의 질소 원자는 3개의 공유 결합 내에 6개의 원자가 전자를 공유하며 비공유 고립 전자쌍에 남은 2개의 원자가 전자를 가진다. 시간을 절약하는 속기방법으로서, 선결합 구조를 그릴 때 비공유 전자를 없앤다. 그러나 여러분들은 비공유 전자가 화학 반응에서 가끔 매우 중요하므로 그들을 기억해야 한다.

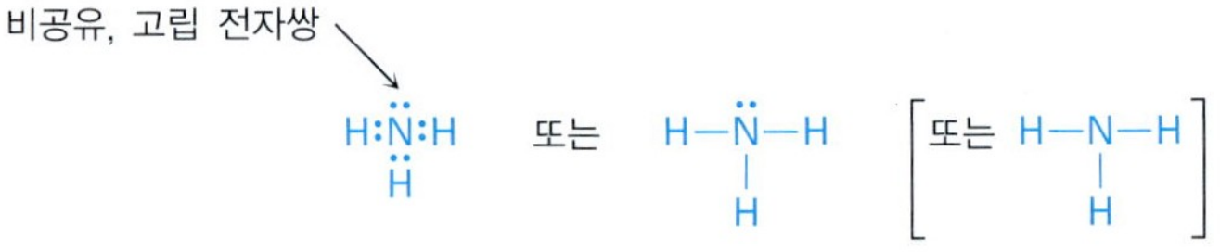

비공유, 고립 전자쌍

H:N̈:H (H) 또는 H—N̈—H (H) [또는 H—N—H (H)]

암모니아

예문 1.2 원자에 의해 형성된 결합 수를 예측하기

포스핀, $PH_?$을 형성하기 위해 몇 개의 수소가 인과 결합하는가?

풀이 주기율표에 나타난 인의 족을 확인하고 몇 개의 전자(결합)가 8전자계를 만드는 데 필요한지 말하라.

해답 인은 주기율표의 5A족이며 5개의 원자가 전자를 가진다. 그러므로 8전자계를 완성하기 위해 추가적으로 3개의 전자를 공유해야 한다. 따라서 인은 추가적으로 3개의 수소 원자와 결합하여 PH_3를 만든다.

예문 1.3 전자점과 선결합 구조 그리기

클로로메테인, CH_3Cl의 Lewis 구조와 선결합 구조를 그려라.

풀이 하나의 결합, 즉 한 쌍의 공유 전자는 원자들 사이에 선으로서 나타낸다.

해답 수소는 1개의 원자가 전자, 탄소는 4개의 원자가 전자, 그리고 염소는 7개의 원자가 전자를 가진다. 따라서 클로로메테인은 아래와 같이 나타낸다.

H:C:Cl: H—C—Cl **클로로메테인**

문제 1.5 다음 분자들의 가능한 화학식은 무엇인가?

(a) $CCl_?$ (b) $AlH_?$ (c) $CH_?Cl_2$ (d) $SiF_?$

문제 1.6 모든 비공유 전자를 보여 주는 다음 분자들의 전자점과 선결합 구조를 써라.

(a) $CHCl_3$, 클로로폼 (b) H_2S, 황화 수소 (c) CH_3NH_2, 메틸아민

문제 1.7 화학식 C_2H_7을 가지는 유기 분자는 왜 존재할 수 없는가?

1.5 공유 결합의 형성: 원자가 결합 이론

전자의 공유가 어떻게 원자들 간의 결합을 이루게 하는가? **원자가 결합 이론**(valence bond theory)에 의하면, 두 원자가 서로 접근하여 한 원자의 단일 점유 궤도함수가 다른 원자의 단일 점유 궤도함수와 겹칠 때 하나의 공유 결합이 형성된다. 전자들은 이제 겹친 궤도함수 내에 쌍을 이루고 두 원자의 핵에 끌리게 되며 함께 원자들에 결합을 이룬다. 예컨대, H_2 분자에서 H—H 결합은 2개의 단일 점유 1*s* 궤도함수의 겹침으로 만들어진다.

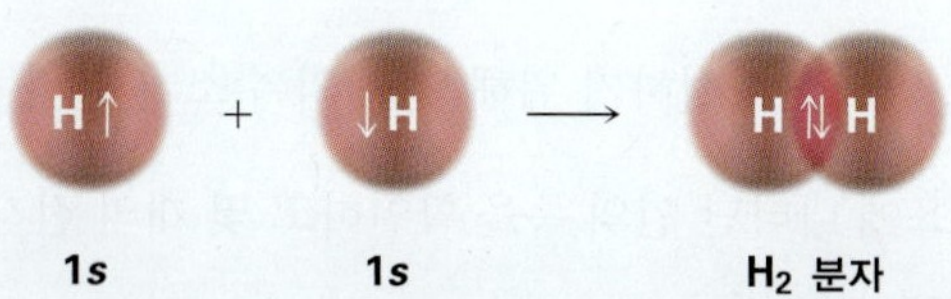

결합-형성 반응 2H· → H_2의 과정에서 436 kJ/mol(104 kcal/mol)의 에너지가 방출된다. 생성물인 H_2 분자의 에너지가 출발물질인 2H· 원자보다 436 kJ/mol 적은 에너지를 가지기 때문에 생성물이 반응물보다 더 안정하고 새 H—H 결합은 436 kJ/mol의 **결합 세기**(bond strength)를 가진다고 한다. 환언하면, H_2 분자를 절단하여 2개의 H 원자로 떼어 놓기 위해 H—H 결합 내에 436 kJ/mol의 에너지를 투입해야 한다는 것이다. [편의상 우리는 에너지를 SI 단위 킬로줄(kJ)과 옛 단위인 킬로칼로리(kcal)로 나타낼 것이다: 1 kJ = 0.2390 kcal; 1 kcal = 4.184 kJ].

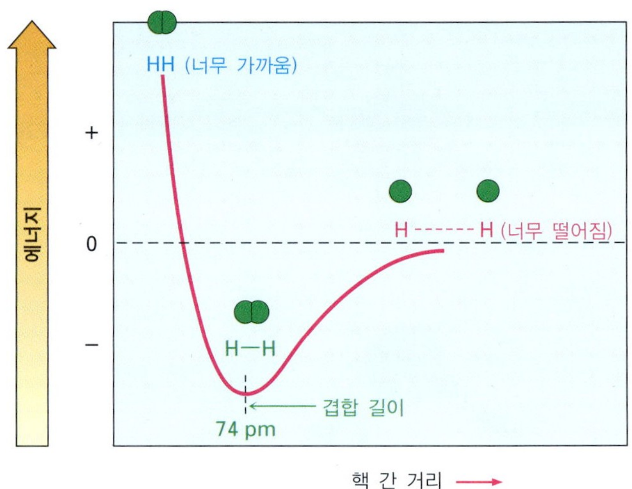

그림 1.6 두 수소 원자의 핵 간 거리에 대한 에너지 도면. 최소 에너지 점에서의 거리는 결합 길이다.

H_2 분자에서 두 핵은 얼마나 가깝게 있는가? 만약 그들이 너무 가까우면, 그 둘은 양으로 하전되어 있으므로 서로 반발하고, 만약 너무 멀리 떨어져 있으면 결합 전자를 공유할 수 없다. 따라서 최대 결합 안정도를 가지는 핵 간의 최적 거리가 있는데 이것을 **결합 길이**(bond length)라 한다(그림 1.6). 수소 분자에서 결합 길이는 74 pm이다. 모든 공유 결합은 고유의 결합 세기와 결합 길이를 가진다.

1.6 sp^3 혼성 궤도함수와 메테인의 구조

수소 분자에 있어서 결합 형성은 매우 간단하다. 그러나 정사면체의 탄소 원자를 가진 유기 분자에서는 사정이 더 복잡하다. 간단한 경우로 시작하여 메테인, CH_4을 고찰하기로 하자. 탄소는 4개의 원자가 전자($2s^2\ 2p^2$)를 가지며 수소들과 4개의 결합을 형성할 수 있다. 탄소는 두 종류의 궤도함수($2s$와 $2p$)로 결합을 형성하므로 우리는 두 종류의 C−H 결합을 예상할는지 모른다. 그러나 실제 메테인에서 4개의 C−H 결합은 동일하며 정사면체의 4개의 꼭지점을 향하여 배향되어 있다(그림 1.5). 우리는 어떻게 이것을 설명할 수 있는가?

1931년에 Linus Pauling이 해답을 제공하였는데, 그는 하나의 s 궤도함수와 3개의 p 궤도함수가 합쳐지거나 **혼성화**(hybridization)하여 정사면체 배향을 한 4개의 동일한 원자 궤도함수를 생성한다고 제안하였다. 그림 1.7에 나타난 바와 같이, 이들 정사면체 배향을 한 궤도함수를 ***sp*³ 혼성**(sp^3 hybrid)이라 한다. sp^3 이름에서 위첨자 3은 혼성을 위해서 각 원자 궤도함수의 몇 개가 혼성화한 것을 말하고 전자 몇 개가 그것을 점유하고 있는지를 나타내는 것이 아님을 알아라.

혼성화의 개념은 어떻게 탄소가 4개의 정사면체 결합을 형성하는지 설명하지만 왜 그

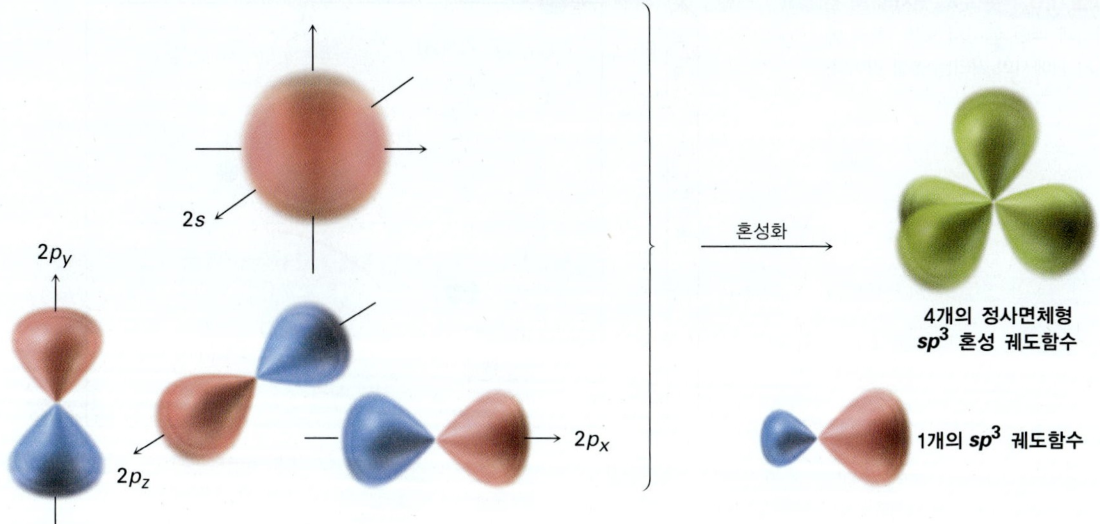

그림 1.7 정상적인 사면체의 모서리 쪽으로 배향한 4개의 sp^3 혼성 궤도함수(초록색)는 1개의 원자 *s* 궤도함수(붉은색)와 3개의 원자 *p* 궤도함수(붉은색/파란색)의 결합으로 형성된다. sp^3 혼성 궤도함수는 2개의 로브를 가지며 핵 주위에 관하여 비대칭이므로 방향성을 나타내어 한 궤도함수가 다른 궤도함수와 겹칠 때 강한 결합을 형성하도록 한다.

렇게 하는지는 설명하지 못한다. 혼성 궤도함수의 모양은 해답을 제시한다. 하나의 *s* 궤도함수가 3개의 *p* 궤도함수와 혼성화할 때 생성된 sp^3 혼성 궤도함수는 핵에 대해 비대칭이다. 두 로브 중 하나는 다른 것보다 훨씬 크다(그림 1.7). 보다 큰 이 로브가 다른 궤도함수와 겹쳐 하나의 결합을 형성할 때 전자들은 혼성화가 안 된 *s* 또는 *p* 궤도함수가 겹칠 때보다 결합하는 두 핵 사이에서 더 잘 공유된다. 이 결과로 더 센 결합이 형성된다.

sp^3 궤도함수의 비대칭성은 1.1절에서 주목했던 것과 같이 *p* 궤도함수의 2개의 로브가 +와 −의 다른 대수 부호를 가지기 때문에 일어난다. 따라서 1개의 *p* 궤도함수가 *s* 궤도함수와 혼성화 할 때 양의 *p* 로브는 *s* 궤도함수에 더해지나 음의 *p* 로브는 *s* 궤도함수로부터 감해진다. 그로 인해 형성된 궤도함수는 핵에 대해 비대칭이고 한 방향으로 강하게 배향된다.

4개의 동일한 sp^3 궤도함수의 각각이 4개의 수소 원자와 겹칠 때 4개의 동일한 C−H 결합이 생성되며 메테인이 생성된다. 메테인의 각 C−H 결합의 세기는 439 kJ/mol(105 kcal/mol)이며 길이는 109 pm이다. 4개의 결합은 일정한 기하 구조를 가지므로 우리는 또한 **결합각**(bond angle)이라 부르는 성질을 정의할 수 있다. 각각의 H—C—H에 의해 형성된 각은 소위 정사면체 각이라 부르는 109.5°이다. 그러므로 메테인은 그림 1.8에 보인 구조를 가진다.

문제 1.8 표준 규약인 실선, 점선 및 쐐기형 선을 이용하여 사염화 탄소, CCl_4의 정사면체 그림을 그려라.

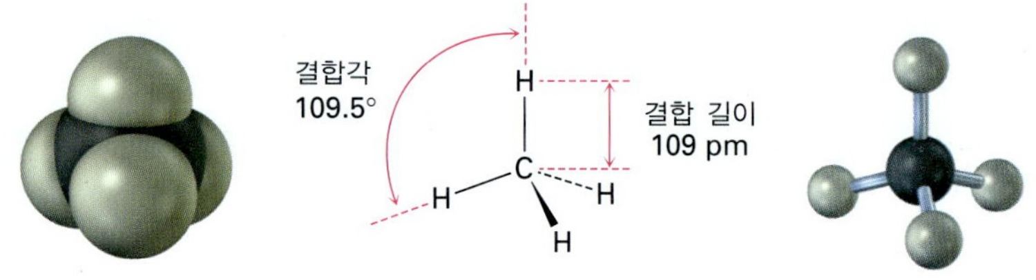

그림 1.8 109.5° 결합각을 보여 주는 메테인의 구조

문제 1.9 왜 C−H 결합(109 pm)이 H−H 결합(74 pm)보다 더 길다고 생각하는가?

1.7 sp^3 혼성 궤도함수와 에테인의 구조

메테인 구조를 설명한 동일한 종류의 궤도함수 혼성화로 가능한 수많은 유기 화합물을 만드는 사슬과 고리로 탄소 원자들이 결합하는 것을 설명한다. 에테인, C_2H_6은 탄소−탄소 결합을 가진 가장 간단한 분자이다.

```
 H H          H   H
 ·· ··        |   |
H:C:C:H     H—C—C—H     CH3CH3
 ·· ··        |   |
 H H          H   H
```

몇 가지 에테인의 그림

우리는 두 탄소 원자가 각각의 sp^3 혼성 궤도함수의 겹침으로 결합을 만드는 것을 상상함으로써 에테인 분자를 그릴 수 있다(그림 1.9). 각 탄소에 남아 있는 3개의 sp^3 혼성 궤도함수는 3개 수소의 1*s* 궤도함수와 겹쳐 6개의 C−H 결합을 형성한다. 에테인의 C−H 결합은 메테인의 결합들과 비슷하나 조금 약하다. 즉, 에테인의 421 kJ/mol(101 kcal/mol)에 대해 메테인은 439 kJ/mol이다. C−C 결합의 길이는 154 pm이며 377 kJ/mol(90 kcal/mol)의 세기를 가진다. 비록 정확히 정사면체의 109.5°가 아닐지라도 에테인의 모든 결합각은 정사면체의 값인 109.5°에 근접한다.

문제 1.10 프로페인, $CH_3CH_2CH_3$에 대한 선결합 구조를 그려라. 각 결합각을 예측하고 분자의 전체 모양을 표시하라.

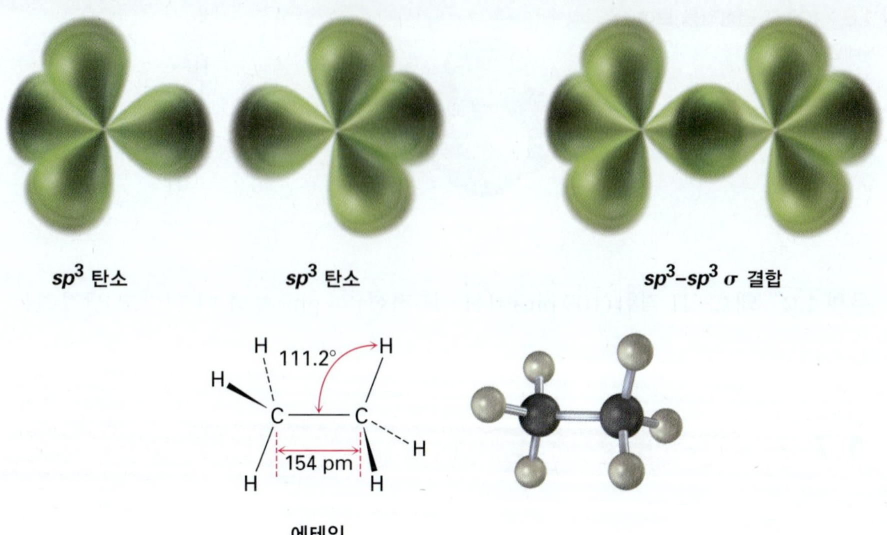

그림 1.9 에테인의 구조. 탄소–탄소 결합은 2개의 탄소 sp^3 혼성 궤도함수의 겹침에 의해 형성된다. 명확성을 위해서 혼성 궤도함수의 보다 작은 로브는 보이지 않는다.

1.8 다른 종류의 혼성 궤도함수: sp^2와 sp

메테인과 에테인에서 살펴본 결합들은 결합된 원자들 간에 1개의 전자쌍을 공유함으로써 생성된 것이므로 단일결합(single bonds)이라고 한다. 그런데 100년 전에 어떤 분자들에서 탄소 원자들이 원자들 간에 2개의 전자쌍을 공유하여 **이중 결합**(double bond)을 형성하거나 3개의 전자쌍을 공유하여 **삼중 결합**(triple bond)을 형성하는 것이 확인되었다. 예를 들면, 에틸렌(ethylene)은 $H_2C{=}CH_2$의 구조를 가지는데 1개의 탄소–탄소 이중 결합을 가지나 아세틸렌은 $HC{\equiv}CH$ 구조를 가지며 1개의 탄소–탄소 삼중 결합을 가진다. 어떻게 원자가 전자 이론으로 다중 결합을 묘사할 수 있는가?

1.6절에서, sp^3 혼성 궤도함수를 논의할 때 탄소의 $2s$ 궤도함수가 3개의 $2p$ 궤도함수와 화합하여 4개의 동일한 sp^3 혼성 궤도함수가 형성됨을 언급했다. 그러나 $2s$ 궤도함수가 3개의 이용할 수 있는 $2p$ 궤도함수 중의 1개 또는 2개와 화합함을 상상하라. 만약 $2s$ 궤도함수가 단 2개의 $2p$ 궤도함수와 화합하면, 3개의 **sp^2 혼성 궤도함수**(sp^2 hybrids)가 만들어지고 1개의 혼성화되지 않은 $2p$ 궤도함수가 변화되지 않는 상태로 남는다. 만약 $2s$ 궤도함수가 단 1개의 $2p$ 궤도함수와 화합하면, 2개의 **sp 혼성 궤도함수**(sp hybrids)가 만들어진다. 그리고 2개의 혼성화되지 않은 $2p$ 궤도함수가 변화되지 않고 남는다.

sp^3 혼성체 같이 sp^2와 sp 혼성 궤도함수는 핵에 대해 비대칭이며 특정한 방향으로 강하게 배향되어 강한 결합을 할 수 있다. 예를 들면, 1개의 sp^2 혼성화 탄소 원자에서 3개의 sp^2 궤도함수는 한 평면에서 서로 120°의 각도로 놓여 있고 남은 p 궤도함수는 sp^2 평면에

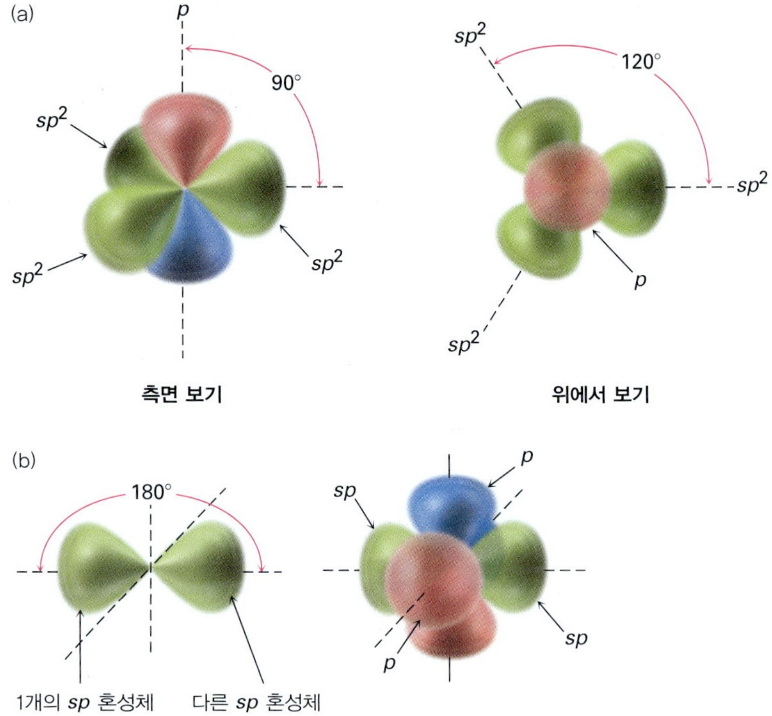

그림 1.10 (a) sp^2 혼성화 탄소. 3개의 동등한 sp^2 혼성 궤도함수(초록색)는 한 평면에 서로 120°의 각도로 놓여 있고 1개의 혼성화되지 않은 p 궤도함수(붉은색/파란색)는 sp^2 평면에 대해 수직하다. (b) sp 혼성화 탄소. 2개의 sp 혼성 궤도함수(초록)는 서로 180°로 배향되어 있고 남은 2개의 p 궤도함수(붉은색/파란색)에도 수직하다.

수직하다(그림 1.10a). 1개의 sp 혼성 탄소 원자에서 2개의 sp 궤도함수는 180°로 서로 떨어져 배향되어 있고 남은 2개의 p 궤도함수는 sp 혼성체와 혼성체 서로 간에 수직하다(그림 1.10b).

2개의 sp^2 혼성화 탄소 원자들이 서로 접근할 때 sp^2-sp^2 머리들이 겹쳐 강한 1개의 결합을 형성한다. 동시에 혼성화되지 않은 p 궤도함수는 측면으로 상호작용하여 둘째 결합을 생성한다. 머리끼리 겹침을 **시그마(σ) 결합**이라 하고 측면 겹침을 **파이(π) 결합**이라고 한다. sp^2-sp^2 σ 겹침과 $2p-2p$ π 겹침의 조합은 2개의 전자쌍을 공유하므로 탄소-탄소 이중 결합의 형성을 가져온다(그림 1.11). σ 결합의 전자들은 핵 사이의 부위를 점유하나 π 결합의 전자들은 핵 사이에 그린 선의 양쪽 측면 부위를 점유한다.

수소 원자 4개가 남은 4개의 탄소 sp^2 궤도함수에 σ 결합을 형성하여 에틸렌의 구조를 완성한다. 형성된 에틸렌 분자는 H−C−H와 평면상 구조를 가지며, H−C=C 결합각은 대략 120°이다. 예측한 바와 같이, 에틸렌의 이중 결합은 에테인의 단일결합보다 더 짧고 더 강하다. 왜냐하면 핵을 결합시키는 전자가 2개가 아니라 4개이기 때문이다. 에틸렌의 C=C 결합 길이는 134 pm이고 728 kJ/mol(174 kcal/mol)의 강도를 가지나, 에테인의 C−C 길이는 154 pm이고 377 kJ/mol의 강도를 가진다. 탄소-탄소 이중 결합은 이중 결

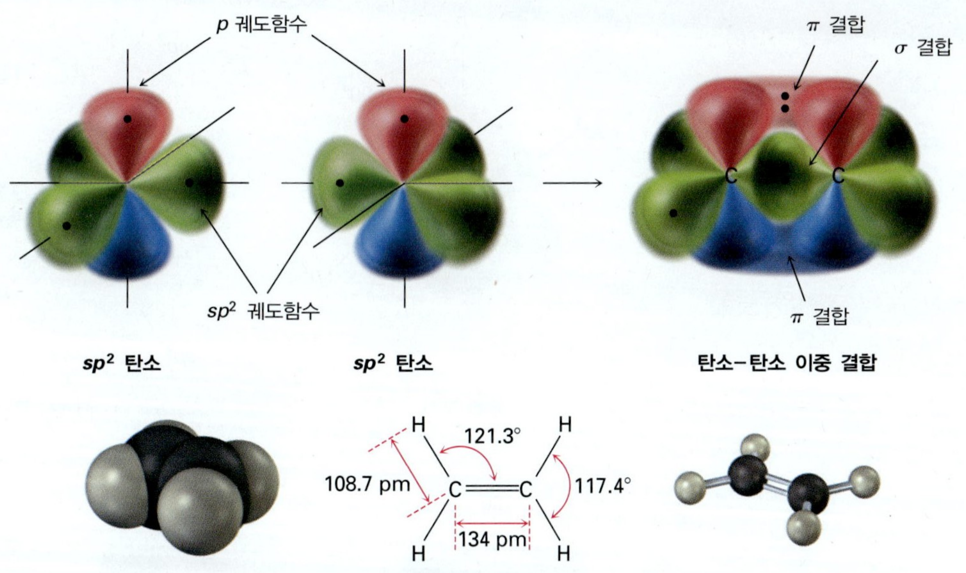

그림 1.11 에틸렌의 구조. 2개의 sp^2 혼성화 탄소의 궤도함수 겹침이 탄소–탄소 이중 결합을 형성한다. 이중 결합의 한 부분은 sp^2 궤도함수(초록색)의 σ(머리) 겹침으로, 다른 부분은 혼성화가 안 된 p 궤도함수(붉은색/파란색)의 π(측면) 겹침으로 인하여 만들어진다. π 결합은 핵 사이를 연결하는 선의 위와 아래 부분에 전자 밀도의 구역을 가진다.

합의 π 부위에서 측면 겹침이 σ 부위에서 머리-머리 결합보다 용이하기 때문에 단일결합의 강도에 비해서 2배보다 작다.

sp^2 혼성 궤도함수의 머리-머리 겹침으로 생성되는 σ 부분과 혼성화가 안 된 p 궤도함수의 측면 겹침에 의해 생성되는 π 부분을 가진 에틸렌의 C=C 이중 결합에서처럼, 아세틸렌의 C≡C 삼중 결합은 세 부분으로 구성된다. 2개의 sp 혼성화 탄소원자가 서로 접근할 때 각각의 sp 혼성 궤도함수는 머리-머리 겹침을 하여 강한 $sp-sp$ σ 결합을 형성한다. 동시에, 각 탄소로부터 p_z 궤도함수는 측면 결합에 의해 p_z-p_z π 결합을 형성한다. 그리고 비슷하게 p_y 궤도함수는 p_y-p_y π 결합을 형성한다. 종합효과는 1개의 σ 결합과 2개의 π 결합, 즉 탄소–탄소 삼중 결합을 형성한다. 남은 sp 혼성 궤도함수의 각각은 수소와 σ 결합을 하여 아세틸렌 분자를 완성한다(그림 1.12).

sp 혼성화가 암시하는 것처럼, 아세틸렌은 H−C≡C 결합각이 180°인 직선형 분자이다. C≡C 결합 길이는 120 pm이고 약 965 kJ/mol(231 kcal/mol)의 강도를 가지며, 이로 인해 탄소–탄소 결합 중 가장 짧고 강하다.

예문 1.4 전자점과 선결합 구조 그리기

폼알데하이드, CH_2O는 탄소–산소 이중 결합을 가진다. 폼알데하이드의 Lewis 구조와 선결합 구조를 그려라. 그리고 탄소 원자의 혼성화를 표시하라.

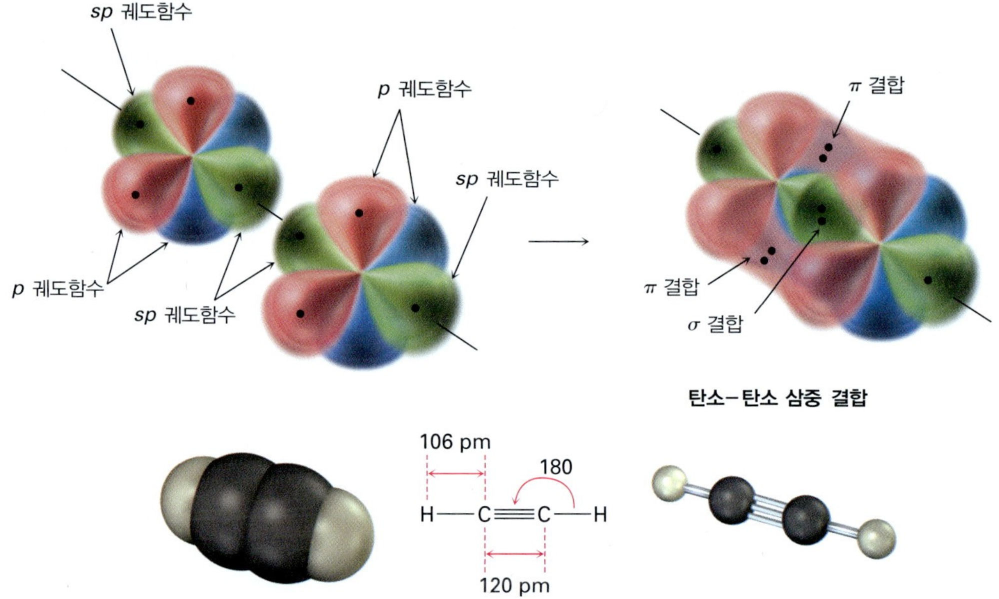

그림 1.12 아세틸렌의 구조. 2개의 sp 혼성화 탄소 원자는 1개의 sp–sp σ 결합과 2개의 p–p π 결합으로 연결된다.

풀이 수소는 하나의 공유 결합, 탄소는 4개, 산소는 2개의 공유 결합을 형성함을 알고 있다. 시행착오와 직관으로 원자들을 함께 맞도록 해야 한다.

해답 2개의 수소, 1개의 탄소, 1개의 산소가 결합할 수 있는 방법은 단 하나뿐이다.

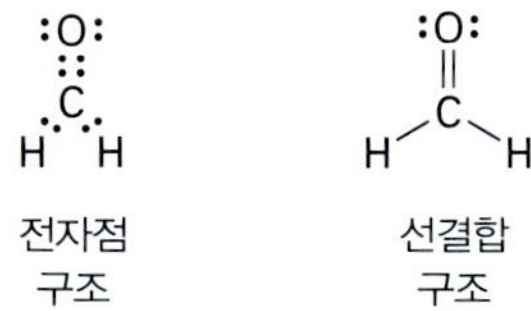

에틸렌의 탄소 원자처럼, 폼알데하이드의 탄소 원자는 sp^2 혼성화되어 있다.

문제 1.11 아세트알데하이드, CH_3CHO의 Lewis 및 선결합 구조를 그려라.

문제 1.12 프로펜, $CH_3CH{=}CH_2$의 선결합 구조를 그리고, 각 탄소의 혼성화를 표시하라. 그리고 각 결합각을 예측하라.

문제 1.13 프로파인, $CH_3C{\equiv}CH$의 선결합 구조를 그려라. 그리고 각 탄소의 혼성화를 표시하고 개개의 결합각을 예측하라.

문제 1.14 부타-1,3-다이엔, $H_2C{=}CH{-}CH{=}CH_2$의 선결합 구조를 그려라. 그리고 각 탄소의 혼성화를 표시하고 각 결합의 결합각을 예측하라.

문제 1.15 다음 아스피린의 분자 모형을 선결합 구조로 전환하라. 그리고 각 탄소 원자(회색 = C, 붉은색 = O, 상아색 = H)의 혼성화를 확인하라.

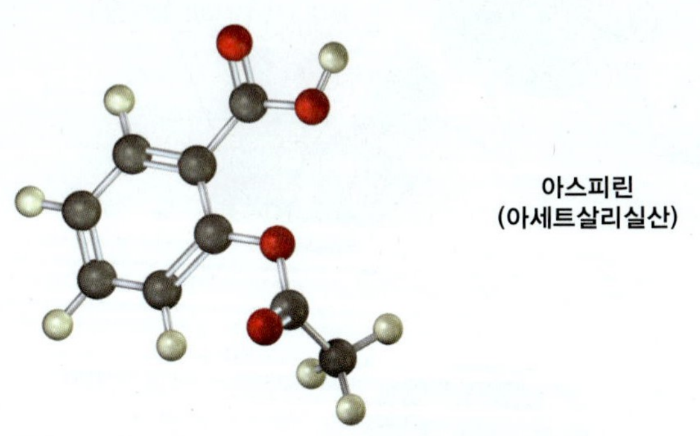

1.9 극성 공유 결합: 전기음성도

지금까지 화학 결합은 이온성이나 공유 결합성임을 보았다. 예를 들면, 소금에서의 결합은 이온성이다. 1개의 전자가 나트륨으로부터 염소로 이동하여 Na^+와 Cl^- 이온이 생성되고 고체 내에서 반대 하전 사이에 정전기 인력으로 함께 붙어 있다. 대조적으로, 에테인에서 C−C 결합은 공유 결합이다. 2개의 결합 전자들은 2개의 동일한 탄소 원자에 같게 공유되고 결합에서 대칭적인 전자 분포를 이룬다. 그러나 대부분의 결합은 완전한 이온성이나 공유 결합이 아니며 양 극단 사이의 어딘가에 있다. 그러한 결합을 **극성 공유 결합**(polar covalent bond)이라, 하며 공유 전자들은 다른 원자보다 한 원자에 더욱 세게 끌림을 말한다. 따라서 원자들 사이의 전자 분포가 대칭적이 아니다(그림 1.13).

결합 극성은 공유 결합에서 전자를 끌어당기는 원자의 본질적 능력인 **전기음성도**(EN:

그림 1.13 공유 결합성으로부터 이온성으로 이어지는 결합의 연속성은 원자들 사이에 결합 전자들의 비대칭 분포에 기인된다. 기호 δ(그리스 소문자 델타)는 전자부족 원자에는 부분 양(δ+) 또는 전자풍부 원자에는 부분 음(δ−)을 나타내는 부분 전하를 의미한다.

H 2.1																	He
Li 1.0	Be 1.6											B 2.0	C 2.5	N 3.0	O 3.5	F 4.0	Ne
Na 0.9	Mg 1.2											Al 1.5	Si 1.8	P 2.1	S 2.5	Cl 3.0	Ar
K 0.8	Ca 1.0	Sc 1.3	Ti 1.5	V 1.6	Cr 1.6	Mn 1.5	Fe 1.8	Co 1.9	Ni 1.9	Cu 1.9	Zn 1.6	Ga 1.6	Ge 1.8	As 2.0	Se 2.4	Br 2.8	Kr
Rb 0.8	Sr 1.0	Y 1.2	Zr 1.4	Nb 1.6	Mo 1.8	Tc 1.9	Ru 2.2	Rh 2.2	Pd 2.2	Ag 1.9	Cd 1.7	In 1.7	Sn 1.8	Sb 1.9	Te 2.1	I 2.5	Xe
Cs 0.7	Ba 0.9	La 1.0	Hf 1.3	Ta 1.5	W 1.7	Re 1.9	Os 2.2	Ir 2.2	Pt 2.2	Au 2.4	Hg 1.9	Tl 1.8	Pb 1.9	Bi 1.9	Po 2.0	At 2.1	Rn

그림 1.14 전기음성도 값과 경향. 전기음성도는 일반적으로 주기율표를 가로질러 왼쪽에서부터 오른쪽으로 가면서 증가하고 꼭대기로부터 바닥쪽으로 갈수록 감소한다. 임의의 척도로 값은 F = 4.0과 Cs = 0.7이다. 오렌지색의 원소들은 가장 높은 전기음성도, 노란색은 중간, 초록색의 것들은 가장 낮은 전기음성도를 가진다.

electronegativity)의 차이에 기인한다. 그림 1.14에 나타낸 것처럼, 전기음성도는 가장 큰 전기음성도를 가진 플루오린(F, EN = 4.0)과 가장 작은 세시움(Cs, EN = 0.7)을 임의의 척도로 하여 정하였다. 주기율표의 왼쪽에 있는 금속들은 전자들을 약하게 끌어당겨 낮은 전기음성도를 가지며, 주기율표의 오른쪽에 있는 산소, 질소, 할로젠은 전자를 강하게 끌어당겨 보다 높은 전기음성도를 가진다. 유기 화합물에서 가장 중요한 원소인 탄소는 2.5의 전기음성도를 가진다.

대충 비슷한 전기음성도를 가진 원자들 사이의 결합은 공유 결합성이며, 전기음성도의 차이가 2 단위 작은 원자들 사이의 결합은 극성 공유 결합이며 그 이상의 차이는 이온성이다. 예를 들면, 탄소–수소 결합은 탄소와 수소가 비슷한 전기음성도를 가지므로 비교적 비극성이다. 그러나 탄소와 산소나 염소처럼 더 전기음성적인 원소 사이의 결합은 극성 공유 결합이다. 그와 같은 결합에서 전자들은 탄소로부터 더 전기음성적인 원자 쪽으로 끌려 탄소는 $\delta+$로 표시되는 부분 양전하를 남기고 더 전기음성적인 원자는 $\delta-$로 표시되는 부분 음전하를 남긴다(δ는 그리스 소문자 델타). 메탄올, CH_3OH에서 C–O 결합이 한 예이다(그림 1.15a).

탄소와 전기음성도가 보다 작은 원소 사이의 결합은 탄소가 부분 음전하를 갖고 다른 원자가 부분 양전하를 갖도록 편극화한다. 메틸리튬, CH_3Li에서 C–Li 결합이 하나의 예이다(그림 1.15b).

십자화살표($+\!\!\longrightarrow$)는 때때로 결합 극성의 방향을 나타내기 위해 사용되는데 그림 1.15의 메탄올과 메틸리튬의 그림을 주목하라. 규약에 의해, **전자는 화살의 방향으로 움직인다.** 화살표의 꼬리는 전자부족($\delta+$)이고 화살표의 머리는 전자풍부($\delta-$)이다.

그림 1.13의 분자에서 전하 분포는 소위 **정전기 퍼텐셜 지도**(electrostatic potential map)로 시각적으로 드러내 보임에 주목하라. 그것은 색을 이용하여 전자풍부(붉은색)와 전자부족(파란색) 지역을 나타낸다. 메탄올에서, 산소는 부분 음전하를 운반하고 붉게 나타내

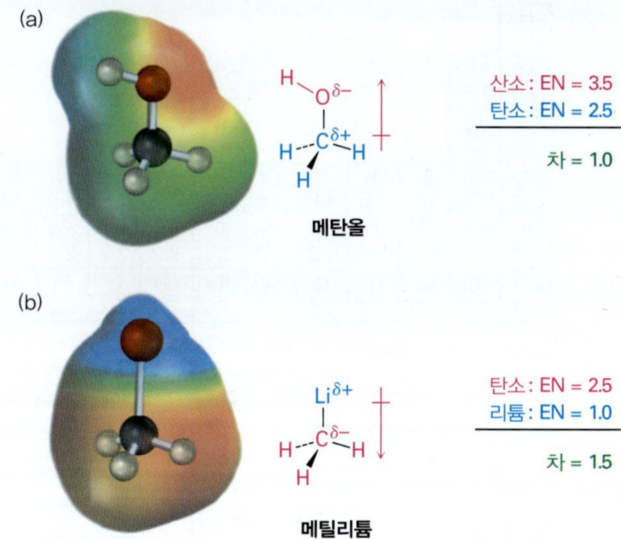

그림 1.15 (a) 메탄올, CH_3OH은 극성 공유 결합 C–O 결합을 갖고, (b) 메틸리튬, CH_3Li는 극성 공유 결합 C–Li 결합을 가진다. 정전기 퍼텐셜 지도라는 컴퓨터로 작성된 그림은 색을 이용하여 붉은색(전자풍부; δ−)에서부터 파란색(전자부족; δ+)까지 계산된 전하 분포를 보여 준다.

나 탄소와 수소 원자는 부분 양전하를 운반하고 파란색-초록색으로 나타낸다. 메틸리튬에서 리튬은 부분 양전하(파란색)을 운반하나 탄소와 수소 원자는 부분 음전하(붉은색)를 운반한다. 정전기 퍼텐셜 지도는 분자 내에서 전자풍부와 전자부족 원자를 한번에 볼 수 있기 때문에 유익하다. 우리는 자주 교재 전체를 통해 이러한 지도를 이용할 것이며 전자적 구조가 화학적 활성도와 어떻게 관련이 있는지 자주 보게 될 것이다.

결합을 편극화하는 원자의 능력을 이야기할 때 흔히 유발 효과(inductive effect)라는 용어를 사용한다. **유발 효과**는 단순히 이웃한 원자들의 전기음성도에 상응하여 한 결합 내의 전자들이 이동하는 현상이다. 리튬과 마그네슘 같은 금속은 유발적으로 전자를 기증하나, 산소나 염소와 같이 전기음성인 원소들은 유발적으로 전자를 끌어낸다. 유발 효과는 화학 반응성을 이해하는 데 중요한 역할을 하며, 이 교재를 통해 여러 차례 화학적 현상의 다양성을 설명하기 위해 이용될 것이다.

예문 1.5 결합의 극성을 예측하기

H_2O에서 O–H 결합의 편극화 정도와 방향을 예측하라.

풀이 어느 원자들이 전자들을 더 세게 끌어당기는지 그림 1.14의 전기음성도 표를 보라.

해답 그림 1.14에 따르면, 산소(전기음성도 = 3.5)는 수소(전기음성도 = 2.1)보다 더 전기음성적이다. 그리하여 산소는 전자를 더 세게 끌어당긴다. 전기음성도의 차이(3.5 = −2.1 = 1.4)는 O–H 결합이 강하게 편극됨을 의미한다.

δ−
O
+H H δ+

문제 1.16 다음 각각의 쌍에서 어느 원소가 더 전기음성적인가?

(a) Li 또는 H (B) Be 또는 Br (c) Cl 또는 I

문제 1.17 δ+/δ− 규약을 이용하여 아래의 각 결합에 대한 예상 편극의 방향을 표시하라.

(a) $H_3C—Br$ (b) $H_3C—NH_2$ (c) $H_3N—H$

(a) $H_3C—SH$ (b) $H_3C—MgBr$ (c) $H_3C—F$

문제 1.18 이온성의 증가에 따라 다음 화합물들의 결합을 배열하라: CCl_4, $MgCl_2$, $TiCl_3$, Cl_2O.

문제 1.19 클로로메테인의 다음 정전기 퍼텐셜 지도를 보고 C—Cl 결합의 편극의 방향을 표시하라.

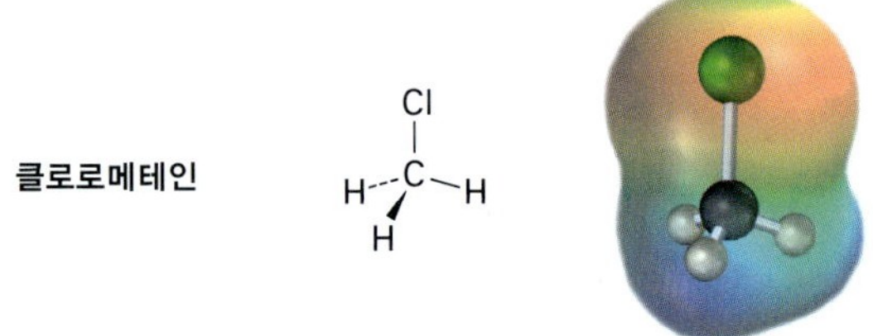

1.10 산과 염기: Brønsted–Lowry 정의

전기음성도와 결합 극성에 관련된 또 다른 개념은 산도와 염기도이다. 우리는 조만간 유기 화합물의 산–염기 작용이 그들의 화학을 설명하는 데 크게 도움이 되는 것을 보게 될 것이다. 여러분은 산도의 두 가지 정의, 즉 Brønsted–Lowry 정의와 Lewis 정의가 자주 이용된다는 것을 일반 화학 강의에서 배웠을 것이다. 먼저 Brønsted-Lowry 정의를 살펴보자.

Brønsted–Lowry 산(Brønsted–Lowry acid)은 수소 이온(H^+)을 주는 물질이며 **Brønsted–Lowry 염기**(Brønsted–Lowry base)는 수소 이온을 받는 물질이다. (양성자라는 이름이 종종 중성인 수소 원자로부터 원자가 전자를 잃고 수소 핵, 즉 양성자를 남기기 때문에 H^+에 대한 동의어로서 사용된다.) 즉, 염화 수소 기체가 물에 용해할 때 산 HCl은 양성자를 염기인 물에 준다. 하이드로늄(H_3O^+)과 염화 이온(Cl^-)을 생성한다. 산 HCl이 양성자를 잃고 생기는 생성물은 그 산의 **짝염기**(conjugate base)라 부른다. 염기 H_2O가 양성자를 얻어 생성된 생성물인 H_3O^+를 염기의 **짝산**(conjugate acid)이라 부른다.

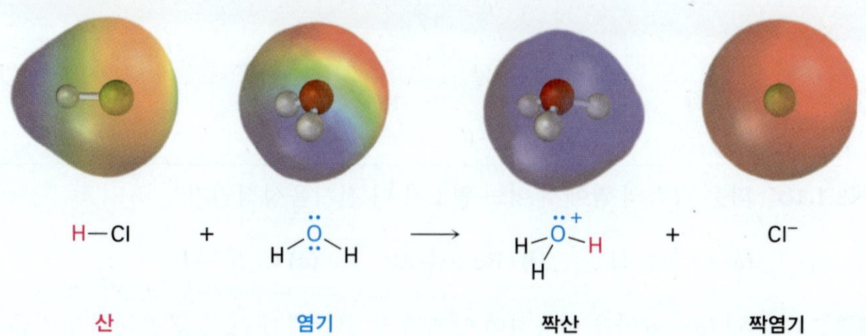

H^+를 주는 능력은 산에 달려 있다. HCl처럼 보다 센 산은 물과 거의 완전히 반응하나 아세트산(CH_3CO_2H)처럼 보다 약한 산은 약간만 반응한다. 수용액에서 주어진 산의 정확한 세기는 **산도 상수**(acidity constant), $\boldsymbol{K_a}$로 표기할 수 있다. 일반 화학에서, 평형 표현에서 용매의 농도는 무시된다는 것과 물질을 둘러싼 괄호 [ ]는 mol/L로 나타낸 괄호 안의 종의 농도를 말하는 것을 기억하라.

$$HA + H_2O \rightleftharpoons A^- + H_3O^+$$

$$K_a = \frac{[H_3O^+][A^-]}{[HA]}$$

보다 더 센 산은 오른쪽으로 평형이 기울며 보다 큰 산도 상수를 가지며, 보다 더 약한 산은 왼쪽으로 평형이 기울며 보다 작은 산도 상수를 가진다. 다른 산들에 대한 K_a 범위는 가장 센 산의 약 10^{15}으로부터 가장 약한 산의 10^{-60}으로 매우 넓다. H_2SO_4, HNO_3 및 HCl처럼 보편적인 무기산은 K_a의 범위가 $10^2 \sim 10^9$이나 많은 유기산의 K_a는 $10^{-5} \sim 10^{-15}$의 범위를 가진다. 여러분이 더 많은 경험을 하게 되면 어느 산들이 '세고' 어느 산이 '약한지' (용어는 항상 상대적임을 기억하면서)에 대해 대강의 느낌을 받게 될 것이다.

산의 세기는 보통 pK_a 값으로 주어지는데, $\mathbf{p}\boldsymbol{K_a}$는 K_a의 음의 상용대수와 같다.

$$pK_a = -\log K_a$$

더 센 산(더 큰 K_a)은 더 작은 pK_a, 더 약한 산(더 작은 K_a)은 더 큰 pK_a를 가진다. 표 1.2에 산의 세기 순서로 몇 가지 산의 pK_a가 기입되어 있다.

표 1.2에서 물에 대한 pK_a 값은 15.74라는 것을 주시하라. 그것은 다음 계산의 결과이다. 왜냐하면 산이기도 하고 용매이기도 하기 때문에, 평형 표현은

$$\underset{(산)}{H_2O} + \underset{(용매)}{H_2O} \rightleftharpoons OH^- + H_3O^+$$

$$K_a = \frac{[H_3O^+][A^-]}{[HA]} = \frac{[H_3O^+][OH^-]}{[H_2O]} = \frac{[1.0 \times 10^{-7}][1.0 \times 10^{-7}]}{[55.4]} = 1.8 \times 10^{-16}$$

$$pK_a = 15.74$$

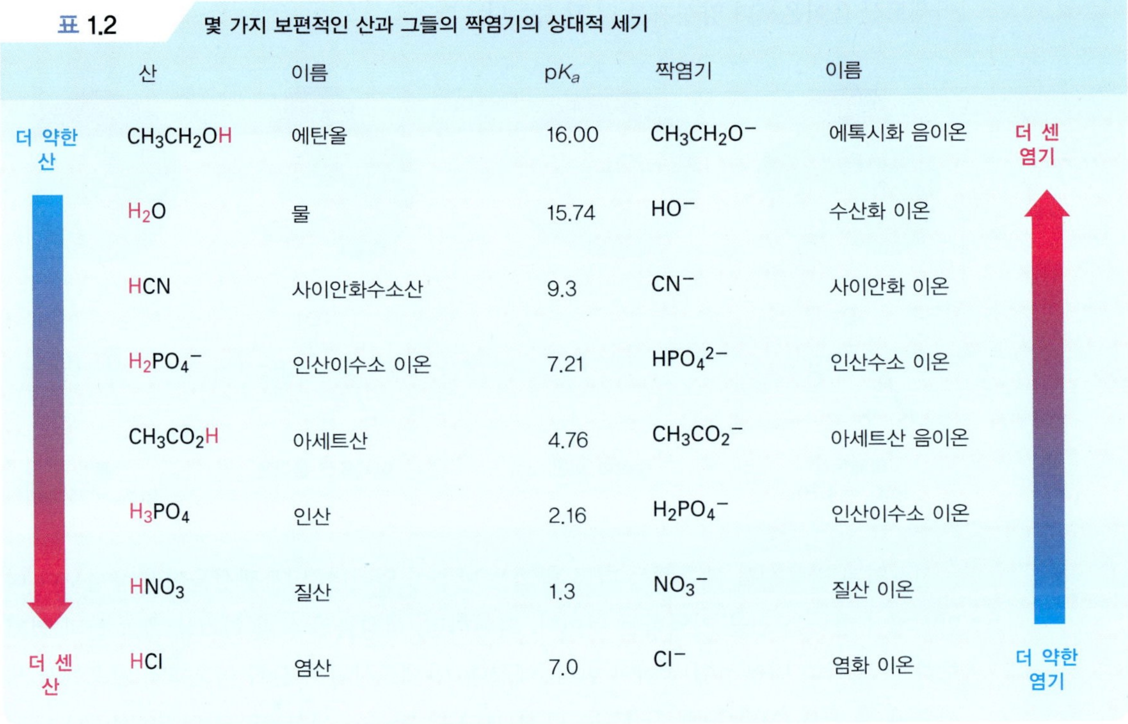

표 1.2 몇 가지 보편적인 산과 그들의 짝염기의 상대적 세기

	산	이름	pK_a	짝염기	이름	
더 약한 산	CH_3CH_2OH	에탄올	16.00	$CH_3CH_2O^-$	에톡시화 음이온	더 센 염기
	H_2O	물	15.74	HO^-	수산화 이온	
	HCN	사이안화수소산	9.3	CN^-	사이안화 이온	
	$H_2PO_4^-$	인산이수소 이온	7.21	HPO_4^{2-}	인산수소 이온	
	CH_3CO_2H	아세트산	4.76	$CH_3CO_2^-$	아세트산 음이온	
	H_3PO_4	인산	2.16	$H_2PO_4^-$	인산이수소 이온	
	HNO_3	질산	1.3	NO_3^-	질산 이온	
더 센 산	HCl	염산	7.0	Cl^-	염화 이온	더 약한 염기

이 표현에서 분모는 25 ℃에서 소위 물에 대한 이온-적 상수, $K_w = [H_3O^+][OH^-] = 1.00 \times 10^{-14}$이고 분자는 순수한 물의 몰농도, $[H_2O] = 55.4$ M이다. 계산은 '용매'인 물의 농도는 무시하나 '산'인 물의 농도는 무시하지 않는다. 그러나 물을 같은 잣대로 다른 약산과 비교하는 것은 유익하다.

표 1.2에서 산의 세기와 그것의 짝염기의 염기 세기 사이에 역의 관계가 있음에 유의하라. 센 산은 약한 짝염기를 내놓고, 약한 산은 센 짝염기를 내어놓는다. 이 역의 관계를 이해하기 위해, 반응에서 산성 수소에 무슨 일이 일어나고 있는지 고찰해 보자. 센 산은 H^+를 쉽게 잃는 산이며, 그것의 짝염기는 양성자를 꼭 붙들지 않는다는 것을 의미한다. 그리하여 약한 염기이다. 약한 산은 H^+를 쉽게 잃지 않는데 그것의 짝염기가 양성자를 꽉 붙드는 것을 의미한다. 그리하여 센 염기이다. 예컨대, HC1이 센 산이라는 사실은 Cl^-가 H^+를 꽉 붙들지 않는다는 것을 의미하므로 약한 염기이다. 반면에, 물은 약한 산인데 OH^-가 H^+를 꽉 붙들어 센 염기임을 의미한다.

일반적으로 양성자는 항상 더 센 산에서 더 센 염기로 가는데 그것은 산은 양성자를 더 큰 pK_a 값을 가지는 더 약한 어느 산의 짝염기에 준다는 것을 의미한다. 역으로, 산의 짝염기는 더 작은 pK_a를 가진 어떤 산으로부터 양성자를 떼어 낸다. 예컨대, 표 1.2의 자료를 보면 OH^-가 아세트산, CH_3CO_2H과 반응하여 아세트산 음이온, $CH_3CO_2^-$과 H_2O를 생성한다. 물($pK_a = 15.74$)은 아세트산($pK_a = 4.76$)보다 더 약한 산이므로 수산화 이온은 아세트산 음이온보다 양성자를 더 꽉 붙든다.

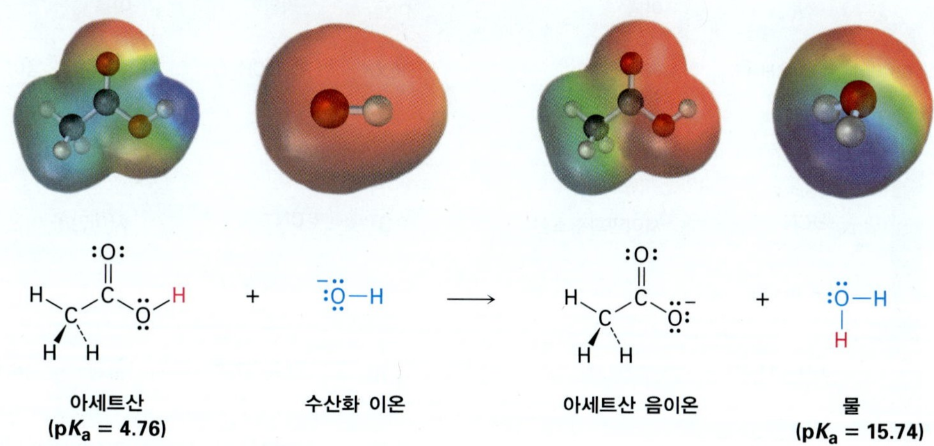

아세트산 (pK_a = 4.76) + 수산화 이온 ⟶ 아세트산 음이온 + 물 (pK_a = 15.74)

산- 염기 반응성을 예측하는 다른 방법은 반응이 일어나는 데 생성물이 반응물보다 더 안정해야 한다는 점을 기억하는 것이다. 환언하면, 생성물인 산과 염기는 출발 산과 염기보다 더 약하고 반응성이 작아야 한다. 예컨대, 아세트산과 수산화 이온과의 반응에서 생성물인 짝산(H_2O)은 출발 산(CH_3CO_2H)보다 더 약하고 생성물인 짝염기($CH_3CO_2^-$)는 출발 염기(OH^-)보다 더 약하다.

$$\underset{\text{더 센 산}}{CH_3\overset{O}{\overset{\|}{C}}OH} + \underset{\text{더 센 염기}}{HO^-} \rightleftharpoons \underset{\text{더 약한 산}}{HOH} + \underset{\text{더 약한 염기}}{CH_3\overset{O}{\overset{\|}{C}}O^-}$$

예문 1.6 산-염기 반응 예측하기

물의 pK_a = 15.74, 아세틸렌의 pK_a = 25이다. 둘 중 어느 것이 더 산성인가? 수산화 이온은 아세틸렌과 반응할 것인가?

$$\underset{\text{아세틸렌}}{H-C\equiv C-H} + OH^- \xrightarrow{?} H-C\equiv C:^- + H_2O$$

풀이 두 산을 비교할 때 더 작은 pK_a를 가진 것이 더 센 산이다. 따라서 물이 아세틸렌보다 더 센 산이다.

해답 물이 아세틸렌보다 양성자를 더 쉽게 잃기 때문에 HO^- 이온은 $HC\equiv C:^-$ 이온보다 양성자에 대해 친화성이 작다. 환언하면, 아세틸렌의 음이온은 수산화 이온보다 더 센 염기이며 반응은 기록된 것처럼 진행하지 않을 것이다.

예문 1.7 pK_a로부터 K_a 계산하기

썩은 버터 냄새의 원인인 뷰탄산은 $pK_a = 4.82$이다. 그것의 K_a는 얼마인가?

풀이 pK_a는 K_a의 음의 대수이므로 안티로그(ANTILOG)나 인버 로그(INV LOG) 기능을 가진 계산기를 이용해야 한다. pK_a 값(4.82)을 넣고 부호(−4.82)를 바꿔라. 그러고나서 안티로그(1.5×10^{-5})를 찾아라.

해답 $K_a = 1.5 \times 10^{-5}$

문제 1.20 폼산, HCO_2H의 $pK_a = 3.75$이고 피크르산, $C_6H_3N_3O_7$의 $pK_a = 0.38$이다.

(a) 각각의 K_a 값은 얼마인가?

(b) 폼산과 피크르산 중 어느 것이 더 센가?

문제 1.21 아마이드 이온, H_2N^-이 수산화 이온, HO^-보다 더 센 염기이다. $H_2N—H$(암모니아)나 $HO—H$(물) 중 어느 것이 더 센 산인가? 설명하라.

문제 1.22 표 1.2의 pK_a 자료에 따라 다음 2개의 반응 중 어느 것이 일어날 가능성이 있는가?

(a) $HCN + CH_3CO_2^-Na^+ \longrightarrow Na^+ \ ^-CN + CH_3CO_2H$

(b) $CH_3CH_2OH + Na^+ \ ^-CN \longrightarrow CH_3CH_2O^-Na^+ + HCN$

1.11 유기산과 유기염기

이후의 장에서 보게 될 많은 반응들은 유기산과 유기염기에 관련된다. 유기산들은 양으로 분극된 수소 원자(정전기 퍼텐셜 지도의 파란색)로 특징지어진다. 그리고 2가지 주 종류가 있다. 즉, 메탄올과 아세트산처럼 전기음성적인 산소 원자(O—H)에 결합된 수소를 가지는 산과 C=O 이중 결합(O═C—C—H)에 이웃한 탄소 원자에 결합된 수소 원자를 가진 아세톤과 같은 산들이다. 우리는 8장과 11장에서 이 성질에 대한 이유를 볼 수 있을 것이다.

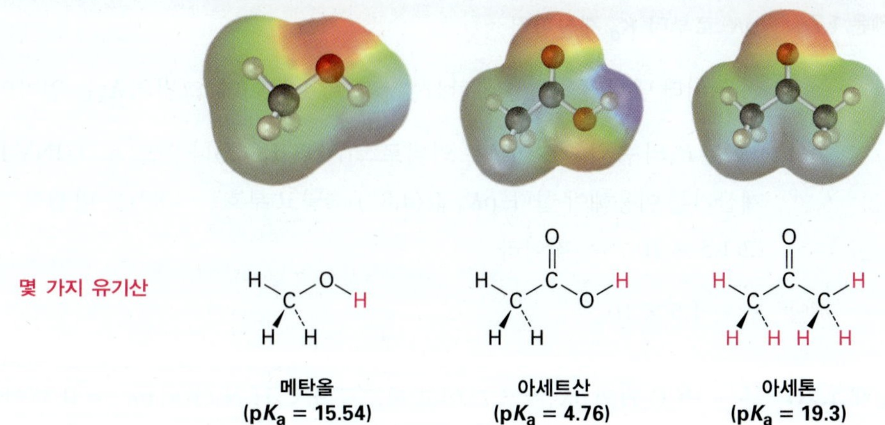

카복실산이라고 하는 화합물은 $-CO_2H$ 기를 가지는 데 특별히 보편적이다. 그들은 모든 생물조직에 풍부하게 생성하고 거의 모든 대사 과정에 관계한다. 아세트산, 피루브산, 시트르산 등이 그 예이다.

아세트산 피루브산 시트르산

유기염기는 양성자에 결합할 수 있는 고립 전자쌍(정전기 퍼텐셜 지도에서 붉은색)을 가진 원자에 의해 특징지어진다. 트라이메틸아민과 같은 질소를 포함한 화합물은 가장 보편적이나 산소를 포함한 화합물은 충분히 센 산과 반응할 때 역시 염기로서 작용할 수 있다. 몇 가지 산소를 포함한 화합물들은 물처럼 상황에 따라 산과 염기로 작용할 수 있다. 예를 들면, 메탄올과 아세톤은 양성자를 내어줄 때는 산으로, 그들의 산소 원자가 양성자를 받을 때는 염기로 작용한다.

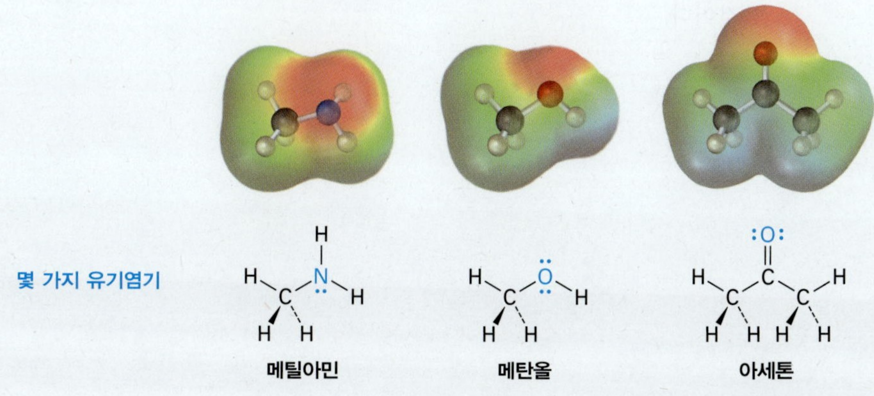

우리는 15장에서 아민($-NH_2$)이면서 카복실산($-CO_2H$)인 아미노산(amino acids)이라 부르는 물질을 보게 될 것이다. 이 아미노산은 모든 생물조직에 존재하는 단백질이 만들어지는 건축 석재이다. 20개의 다른 아미노산이 단백질을 만드는 데 쓰이는데, 예컨대 알라닌(alanine)은 그 중 하나이다. 흥미있게도, 알라닌과 다른 아미노산들은 하전되지 않은 형보다 쯔비터 이온(zwitterion)이라는 이중으로 하전된 형으로 주로 존재한다. 쯔비터 이온 형은 같은 분자 내에 산성과 염기성 자리를 가지기 때문에 생기며, 따라서 내부 산-염기 반응을 하게 된다.

$H_2N-CH(CH_3)-C(=O)-OH \rightleftharpoons H_3\overset{+}{N}-CH(CH_3)-C(=O)-O^-$

알라닌 (하전 되지 않은)   알라닌 (쯔비터 이온 형)

1.12 산과 염기: Lewis 정의

산과 염기에 대한 Lewis 정의는 Brønsted-Lowry 정의와 다른데 그것은 양성자를 주고받는 물질에 제한되어 있지 않다. **Lewis 산**(Lewis acid)은 1개의 **전자쌍을 받을 수 있는 물질**이다. **Lewis 염기**(Lewis base)는 **전자쌍을 내어주는 물질**이다. 주어진 전자쌍은 새로이 형성된 공유 결합 내에서 Lewis 산과 염기 사이에 공유된다.

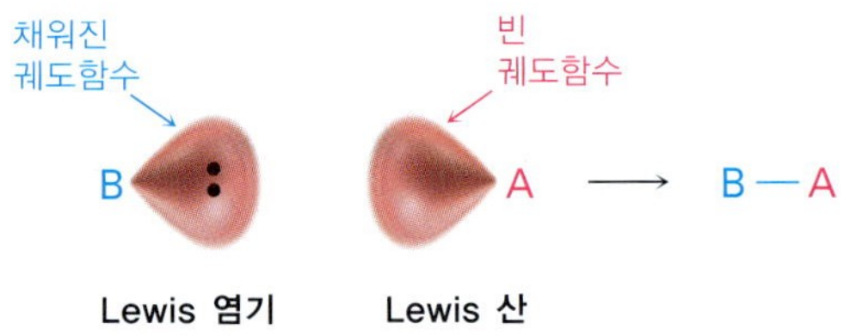

Lewis 산이 1개의 전자쌍을 받을 수 있다는 사실은 그것이 빈 저에너지 궤도함수나 수소에 대한 극성 결합을 가져야 함을 의미하며, 따라서 그것은 H^+(빈 1*s* 궤도함수를 가짐)를 공급할 수 있다. 그러므로 Mg^{2+}과 같은 금속 양이온과 $AlCl_3$와 같은 금속 화합물은 Lewis 산이다. 왜냐하면 그들은 채워지지 않은 원자가 전자 궤도함수를 가지고 있어서 Lewis 염기로부터 전자쌍을 받을 수 있기 때문이다.

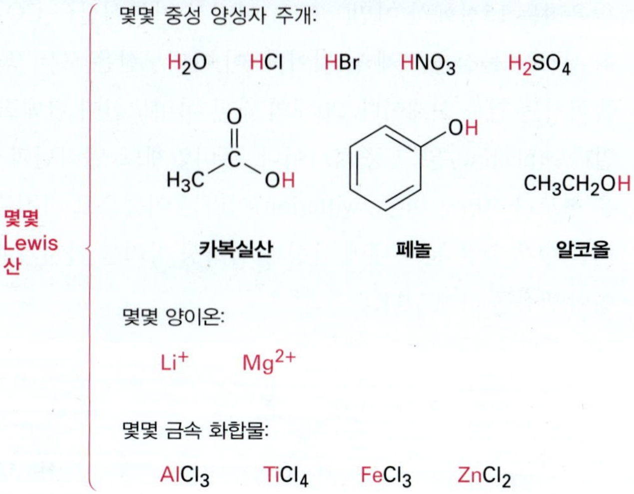

몇몇 Lewis 산

몇몇 중성 양성자 주개:

H_2O HCl HBr HNO_3 H_2SO_4

CH_3COOH (카복실산) · C_6H_5OH (페놀) · CH_3CH_2OH (알코올)

카복실산 페놀 알코올

몇몇 양이온:

Li^+ Mg^{2+}

몇몇 금속 화합물:

$AlCl_3$ $TiCl_4$ $FeCl_3$ $ZnCl_2$

염기도에 대한 Lewis 정의—Lewis 산에 결합을 하는 데 이용할 수 있는 하나의 비공유 전자쌍을 가진 화합물—는 Brønsted−Lowry 정의와 비슷하다. 그러므로 산소 위에 두 쌍의 비공유 전자쌍을 가진 물은 몇몇 Lewis 산 H^+에 전자쌍 1개를 공여하여 하이드로늄 이온, H_3O^+을 생성함으로써 Lewis 염기로 작용한다. 더욱 일반적인 시각으로 대부분의 산소와 질소를 포함하는 유기 화합물은 고립 전자쌍을 가지고 있으므로 Lewis 염기로 작용할 수 있다.

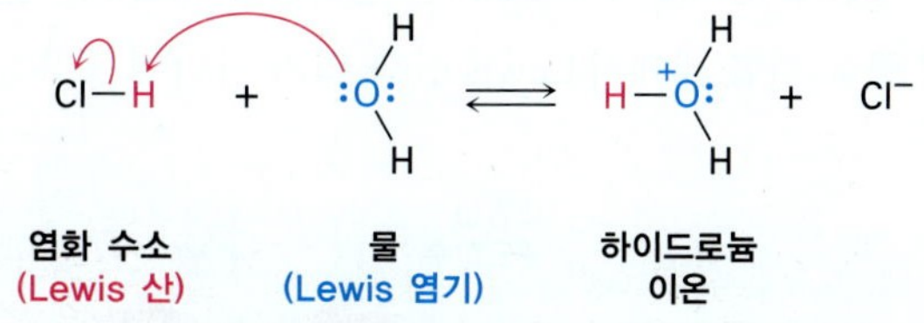

$$Cl{-}H + {:}OH_2 \rightleftharpoons H_3O^+ + Cl^-$$

염화 수소 (Lewis 산) 물 (Lewis 염기) 하이드로늄 이온

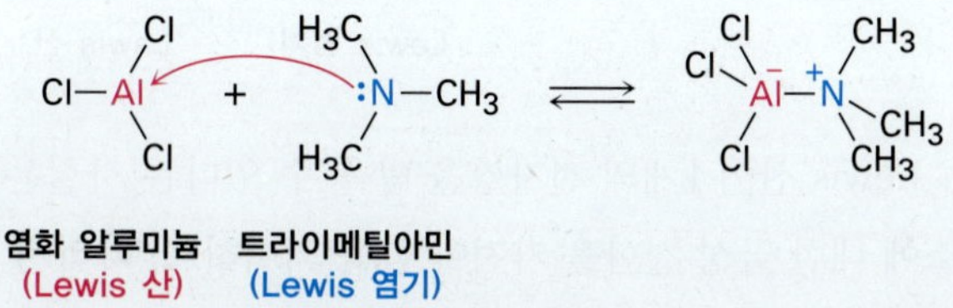

$$AlCl_3 + {:}N(CH_3)_3 \rightleftharpoons Cl_3\overset{-}{Al}{-}\overset{+}{N}(CH_3)_3$$

염화 알루미늄 (Lewis 산) 트라이메틸아민 (Lewis 염기)

산−염기 반응을 가까이서 보라. 그리고 그들이 어떻게 보이는지 유의하라. 첫 번째 반응에서 Lewis 염기인 물은 극성인 HCl로부터 H^+를 떼어 내기 위해 1개의 전자쌍을 이용한다. 두 번째 반응에서, Lewis 염기는 알루미늄 원자의 빈 원자가 궤도함수에 1개의 전자쌍을 준다. 두 반응에서, 전자풍부 Lewis 염기로부터 전자부족 Lewis 산으로 움직이는 전

자쌍 흐름의 방향이 굽은 화살표로 나타나 있다. 굽은 화살표는 항상 전자쌍 중 하나가 화살표의 꼬리에 있는 원자로부터 화살표의 머리에 있는 원자로 이동하는 것을 의미한다. 이 교재의 나머지에서는 반응하는 동안의 전자 흐름을 표시하기 위해 자주 굽은 화살표 표시법을 이용할 것이다.

예문 1.8 전자 흐름을 보여 주는 굽은 화살표 사용하기

굽은 화살표를 이용하여 아세트알데하이드, CH_3CHO가 센 산, H^+와 반응에서 어떻게 Lewis 염기로 작용하는지 보여라.

풀이 Lewis 염기는 Lewis 산에 한 쌍의 전자를 준다. 따라서 아세트알데하이드 위의 전자 고립쌍의 위치를 정하고 산소로부터 센 산 쪽으로 한 쌍의 움직임을 보이는 굽은 화살표를 이용해야 한다.

해답

$$H_3C{-}CH{=}\ddot{O}{:} \; + \; H{-}A \; \rightleftharpoons \; H_3C{-}CH{=}\overset{+}{\ddot{O}}{-}H \; + \; {:}A^-$$

아세트알데하이드

문제 1.23 다음 중 어느 것이 Lewis 산, Lewis 염기 및 둘 다로 작용할 것인가?

(a) CH_3CH_2OH (b) $(CH_3)_2NH$ (c) $MgBr_2$

(d) $(CH_3)_3B$ (e) H_3C^+ (f) $(CH_3)_3P$

문제 1.24 (a)의 화학종들이 HCl과의 반응에서 Lewis 염기로 어떻게 작용할 수 있는지 보여라. 그리고 (b)의 화학종들이 OH^-와의 반응에서 Lewis 산으로 어떻게 작용할 수 있는지 보여라.

(a) CH_3CH_2OH, $(CH_3)_2NH$, $(CH_3)_3P$

(b) H_3C^+, $(CH_3)_3B$, $MgBr_2$

문제 1.25 지도를 보고 이미다졸의 산성이 가장 큰 수소 원자와 염기성이 가장 큰 질소 원자를 확인하라.

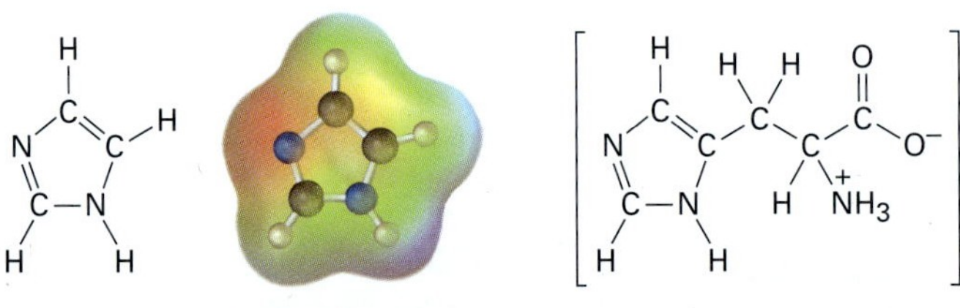

이미다졸 히스티딘

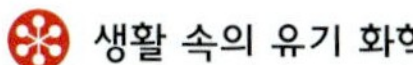

생활 속의 유기 화학

유기 식품: 위험 대 혜택

Purestock/Crop Duster/Thinkstock

이 작물에 살충제를 살포하는 것은 얼마나 위험한가?

시장이나 TV에서 들을 수 있는 것과 대조적으로, 모든 식품은 유기, 즉 유기 분자의 복합체 혼합물이다. 그럼에도 불구하고 유기(organic)란 말은 식품에 적용될 때 합성 화학약품, 특히 살충제가 존재하지 않다는 의미가 된다. 우리가 먹는 음식에 미량의 살충제가 들어 있는지 얼마나 관심을 가지고 있는가? 또는 독소가 들어 있는 물을 마시는지를? 또는 오염된 공기를 숨쉬고 있는지를?

인생은 위험에서 자유스럽지 않다—우리 모두는 매일 사고에 대한 생각조차 하지 않은 채 많은 위험을 떠맡는다. 우리는 자동차 사고보다 자전거 사고로 죽을 가능성이 마일당 10배나 더 큼에도 불구하고 차 운전보다 자전거 타기로 결심한다. 미국에서는 매년 7000여 명이 떨어져 죽음에도 불구하고 우리는 승강기를 타기보다는 계단을 걸어 내려오기로 결정한다. 암에 걸릴 확률이 50%까지 증가함에도 불구하고 담배를 피우기로 작정한다. 그러면 살충제와 같은 화학시약으로부터의 위험은 어떠한가?

한 가지는 분명하다: 살충제 없이는 그들이 잡초(제초제), 곤충(살충제) 또는 곰팡이, 균류(살균제)를 목표로 하든 수확은 꽤 감소할 것이며 식품 가격은 인상될 것이다. 예컨대, 애트라진 제초제를 살펴보자. 미국에서만 대략 1억 파운드의 살충제가 매년 옥수수와 사탕수수 밭에 잡초를 죽이기 위해 사용된다. 이는 수확량을 크게 개선하였다. 그럼에도 불구하고 애트라진의 사용은 미량이 환경에 남아 존재하기 때문에 계속해서 우려를 자아낸다. 실제로, 애트라진에 심하게 노출되면 인간과 몇몇 동물들의 건강에 위험을 가져올 수 있다 해도 수확량이 감소하고 생산 비용이 증가하며 현재 애트라진의 적당한 대체 제초제가 없기 때문에, 미국 환경보호국(EPA: Environmental Protection Agency)은 그것의 사용을 금지할 의사가 없다.

표 1.3 몇몇 LD_{50} 값

물질	LD_{50}(g/kg)	물질	LD_{50}(g/kg)
스트리크닌(strychnine)	0.005	클로로폼	1.2
삼산화 비소	0.015	황산 철(Ⅱ)	1.5
DDT	0.115	에틸 알코올	10.6
아스피린	1.1	사이크램산 소듐	17

어떻게 애트라진과 같은 화학약품으로부터 잠재적 위험요소를 결정할 수 있을까? 화학약품의 위험성 평가는 쥐나 토끼와 같은 시험 동물을 화학약품에 노출시키고 동물의 피해 정도를 추적하여 수행하게 된다. 비용과 필요한 시간을 제한하기 위해 한 사람이 보통 마주치는 것보다 수백 또는 수천배 더 큰 일을 수행한다. 동물시험에서 얻은 결과는 LD_{50} 값이라는 수치로 뽑아진다. 그 자료는 LD_{50} 값(LD는 치사량을 나타냄)으로 요약되며 시험 동물의 50%가 치사되는 체중 kg당 물질의 양을 말한다. 살충제 애트라진에 있어서 LD_{50}은 동물 종에 따라 kg당 1~4 g이다. 이와 비교하여, 아스피린은 1.1 g/kg의 LD_{50} 값을 가진다. 표 1.3에 몇 가지 친숙한 물질의 LD_{50} 값이 요약되어 있다. 값이 낮을수록 물질은 더 독하다. 그러나 LD_{50} 값은 비교적 짧은 시간 동안 매우 심하게 노출된 효과만 말해줌을 알아라. 그 값은 그 물질이 암을 유발하거나 태내 유아를 방해하는 것과 같은 장기 노출의 위험에 관해서 아무것도 말해주지 않는다.

신약의 혜택효과가 소수 사용자에게 나탄나 잠정적 위험스런 부차적 효과를 능가하는가? 여러 사람들이 서로 다른 의견을 가질 수 있으나 사실에 대한 정직한 평가는 확실하게 시작할 수 있는 가장 훌륭한 방법이다. 현재 애트라진은 미국에서 계속 사용하도록 인가되고 있다. 왜냐하면 EPA는 식품 생산의 증가로 인한 이익이 있을 수 있는 건강에 대한 위험을 능가한다고 믿기 때문이다. 그러나 동시에 유럽에서는 애트라진 이용이 사라져가고 있다.

요약과 주요용어

결합각 bond angle
결합 길이 bond length
결합 세기 bond strength
고립 전자쌍 lone-pair electrons
공유 결합 covalent bond
궤도함수 orbital
극성 공유 결합 polar covalent bond
동위원소 isotope
바닥상태 전자 배치 ground-state electron configuration
분자 molecule
산도 상수 acidity constant, K_a
선결합 구조 line-bond structure
시그마 결합 sigma (σ) bond
유기 화학 organic chemistry
유발 효과 inductive effect
원자가 결합 이론 valence bond theory

이 장의 목적은 여러분들이 원자, 결합 및 분자 기하 구조에 대한 몇몇 생각을 빠르게 복습하게 하는 데 있다. 여러분들이 살펴본 바와 같이, **유기 화학**(organic chemistry)은 탄소 화합물의 학습이다. 비록 역사적으로 무기 화학 및 유기 화학 분야로 구분이 있었으나 이러한 구분에 과학적인 이유는 있지 않다.

원자는 **궤도함수**라 하는 일정한 공간의 영역을 점유하는 음으로 하전된 전자로 둘러싸인 양으로 하전된 핵으로 구성된다. 서로 다른 궤도함수는 다른 에너지 준위와 모양을 가진다. 예컨대, *s* 궤도함수는 둥글고 *p* 궤도함수는 아령 모양이다.

두 종류의 기본 화학 결합이 있다: 이온 결합과 **공유 결합**. 이온 결합은 보통 무기 화합물에서 발견되는데 서로 같지 않은 전하의 전기적 당김으로 생성된다. 공유 결합은 유기 화합물에서 발견되는데 원자들 사이에 하나 또는 그 이상의 전자쌍의 공유로 만들어진다. 전자 공유는 두 원자가 접근하여 그들의 원자 궤도함수가 겹칠 때 일어난다. 원자 궤도함수의 머리 위에 머리가 겹쳐 생성되는 결합을 **시그마(σ) 결합**이라 하고 *p* 궤도함수의 측면 겹침으로

원자가 껍질 valence shell
짝산 conjuate acid
짝염기 conjugate base
전기음성도 electronegativity
전자 껍질 electron shell
전자점 구조 electron-dot structure
파이 결합 pi(π) bond
Brønsted-Lowry 산 Brønsted-Lowry acid
Brønsted-Lowry 염기 Brønsted-Lowry base
Lewis 산 Lewis acid
Lewis 염기 Lewis base
pK_a
sp 혼성 궤도함수 *sp* hybrid orbital
sp^2 혼성 궤도함수 sp^2 hybrid orbital
sp^3 혼성 궤도함수 sp^3 hybrid orbital

생성되는 결합을 **파이(π) 결합**이라 한다.

원자가 결합 그려내기에 있어서, 탄소는 유기 화합물에서 결합을 형성하기 위해 혼성 궤도함수를 이용한다. 단일결합만을 형성할 때 탄소는 정사면체형 기하 구조를 가진 4개의 동일 **sp^3 혼성 궤도함수**를 가진다. 이중 결합을 형성할 때 탄소는 평면성 기하 구조를 가지는 3개의 동일한 **sp^2 궤도함수**와 1개의 혼성화되지 않은 *p* 궤도함수를 가진다. 삼중 결합을 형성할 때 탄소는 직선형 기하 구조를 가진 2개의 동일한 ***sp* 궤도함수**와 2개의 혼성화되지 않은 *p* 궤도함수를 가진다.

유기 분자는 원자의 **전기음성도**에 의해 야기되는 같지 않은 전자 공유 때문에 흔히 **극성 공유 결합**을 가진다. 예컨대, 탄소–산소 결합은 극성인데 산소가 탄소보다 더 세게 결합 전자를 끌어당기기 때문이다. 이와 대조적으로, 탄소–금속 결합은 탄소가 금속보다 더 세게 전자들을 끌어당기므로 반대로 편극된다.

Brønsted-Lowry 산은 양성자(수소 이온, H^+)를 주는 물질이며 **Brønsted-Lowry 염기**는 양성자를 받을 수 있는 물질이다. 산의 세기는 산도 상수, K_a로 주어진다. **Lewis 산**은 전자쌍을 받을 수 있는 물질이며 **Lewis 염기**는 공유되지 않은 전자쌍을 주는 물질이다. 산소와 질소를 포함한 대부분의 분자는 Lewis 염기이다

문제풀기

문제를 풀어 보는 것보다 유기 화학을 배우는 더 확실한 방법은 없다. 비록 교재를 주의 깊게 읽고 반복하여 학습하는 것이 중요해도 홀로 읽는 것은 충분하지 않다. 여러분이 읽은 정보를 응용할 수 있고, 새로운 상황에 여러분의 지식을 적용할 수 있어야 한다. 문제를 푸는 이유가 바로 그것이다.

이 교재의 각 장마다 다른 종류의 많은 문제들이 있다. 본문 중에 있는 문제들은 방금 배운 내용을 보완하기 위한 것이고, 장의 끝에 있는 문제들은 추가적인 연습을 하기 위한 것이며, 여러 형태가 있다. 처음에는 【눈으로 보는 화학】이라는 절로 시작하는데 분자의 미세세계를 '보는 데' 도움이 되는 문제를 포함하고 있다. 이들 영상문제 다음에 많은 【보충문제】가 있다. 앞에 나와 있는 문제는 기초를 연습할 수 있도록 시범형이 될 것이며 뒤의 문제는 더 도전적이며 생각에 의지해야 되는 경향을 나타낸다.

유기 화학을 공부할 때는 문제풀이에 시간을 할애하라. 풀 수 있는 것은 풀고 할 수 없는 것에 대해 도움을 청하라. 만약 특별한 문제에 부딪치면 공부안내와 문제풀이(Study Guide and Solutions Manual)를 참고하라. 어려움을 해결하는 데 도움이 될 것이다. 문제를 푸는 데 노력이 필요하나 지식과 이해에 대한 대가는 엄청날 것이다.

연습

【눈으로 보는 화학】 문제 1.1~1.25는 장 내에서 볼 수 있다.

1.26 다음 모형은 음식 분자들이 체내에서 대사되는 과정인 소위 시트르산 순환 과정(citric acid cycle)의 하나의 물질인 시트르산의 그림이다. 원자들 사이에 연결만 보인다. 다중 결합은 표시되지 않았다. 다중 결합과 고립 전자쌍(회색 = C, 붉은색 = 0, 상아색 = H)의 위치를 표시해서 구조를 완성하라.

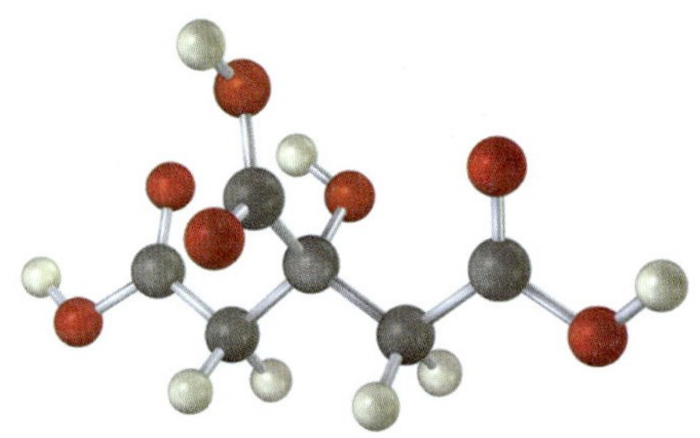

1.27 다음 분자의 각각을 선결합 구조로 전환하라. 그리고 각각의 화학식을 써라(회색 = C, 붉은색 = O, 파란색 = N, 상아색 = H).

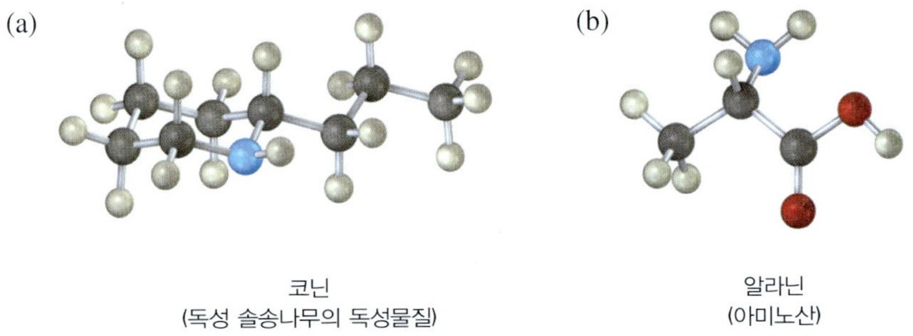

코닌
(독성 솔송나무의 독성물질)

알라닌
(아미노산)

1.28 다음은 NutraSweet를 포함하여 다양한 상품명으로 상업적으로 알려진 아스파탐(aspartame), $C_{14}H_{18}N_2O_5$의 모형이다. 원자들 사이의 연결만 보이고 다중 결합은 표시되어 있지 않다. 다중 결합(회색 = C, 붉은색 = O, 파란색 = N, 상아색 = H)의 위치를 나타내어 구조를 완성하라.

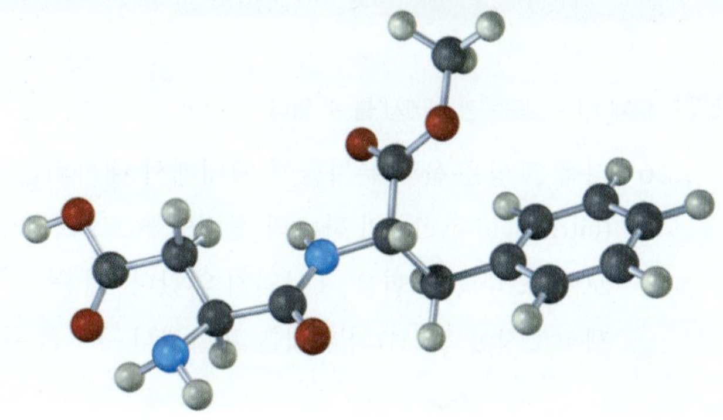

1.29 (a) 아세트아마이드와 (b) 메틸아민의 정전기 퍼텐셜 지도가 주어져 있다. 둘 중 어느 것이 더 염기성인 질소 원자를 가지는가? 둘 중 어느 것이 더 산성인 수소 원자를 가지는가?

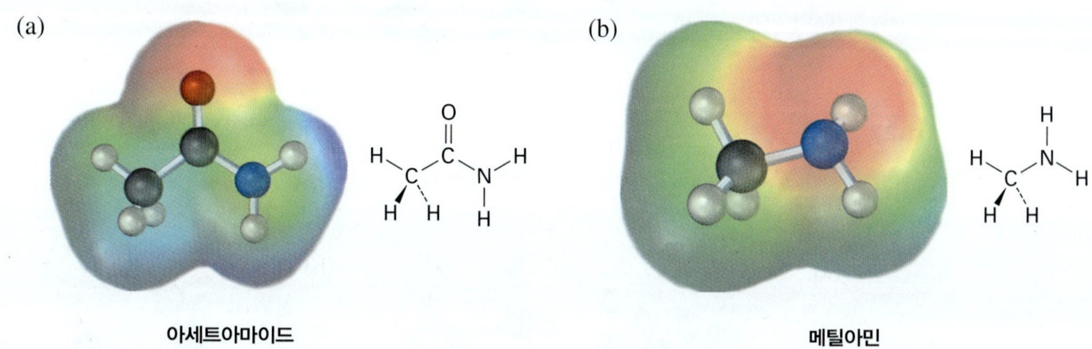

1.30 다음은 Tylenol과 같이 여러 상품명으로 약국에서 팔리는 진통제인 아세트아미노펜(acetaminophen)의 모형이다. 아세트아미노펜 내의 각 탄소 원자의 혼성화를 확인하고 어느 원자들이 고립 전자쌍(회색 = C, 붉은색 = O, 파란색 = N, 상아색 = H)을 가지는지 말하라.

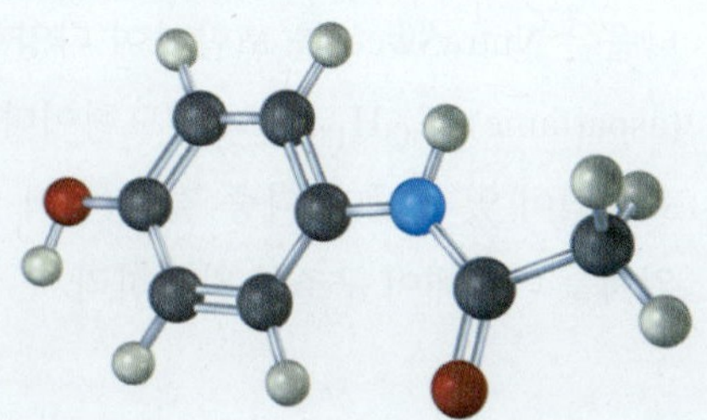

【보충문제】

전자 배치 **1.31** 다음 원소들의 바닥상태 전자 배치를 써라. 예컨대, 탄소는 $1s^2\ 2s^2\ 2p^2$이다.

(a) 리튬 (b) 나트륨 (c) 알루미늄 (d) 황

1.32 다음 원자들의 각각은 몇 개의 원자가 전자(최외각 껍질)를 가지는가?

(a) 산소 (b) 마그네슘 (c) 플루오린

전자점 구조 1.33 다음 선결합 구조로부터 빠져 있는 비공유 전자들을 채워라.

(a) 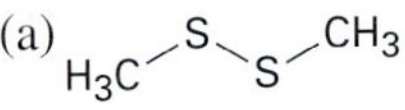

다이메틸 다이설파이드

(b) 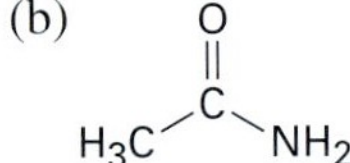

아세트아마이드

(c) 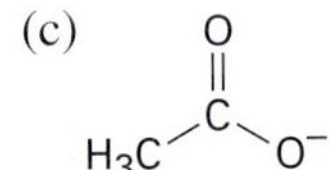

아세트산 음이온

1.34 왜 다음 화학식의 분자들은 존재할 수 없는가?

(a) CH_5 (b) C_2H_6N (c) $C_3H_5Br_2$

1.35 다음 분자의 화학식은 무엇인가?

(a) $AlCl_?$ (b) $CF_2Cl_?$ (c) $NI_?$ d) $CH_?O$

1.36 아세토나이트릴, $CH_3C{\equiv}N$의 Lewis(전자점) 구조를 써라. 질소 원자는 그것의 원자가 껍질에 몇 개의 전자를 가지는가? 결합에 몇 개가 쓰이고 결합에 쓰이지 않는 것은 몇 개인가?

구조 화학식 1.37 다음 분자식을 선결합 구조로 전환하라.

(a) C_3H_8 (b) C_3H_7Br(2가지 가능)

(c) C_3H_6(2가지 가능) (d) C_2H_6O(2가지 가능)

1.38 다음 선결합 구조를 분자식으로 전환하라.

(a) 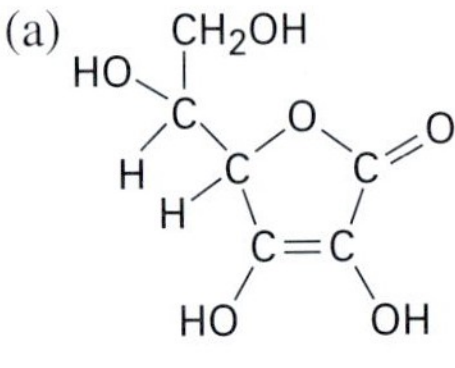

바이타민 C(아스코르브산)

(b) 니코틴

(c) 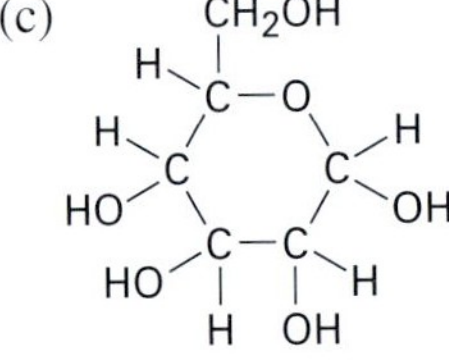

글루코오스

1.39 PVC[폴리(염화 바이닐)] 플라스틱을 만드는 출발물질인 염화 바이닐, C_2H_3Cl의 Lewis 구조와 선결합 구조를 그려라.

1.40 에탄올, CH_3CH_2OH에서 OH-함유 탄소 원자의 3차원적 그림을 그려라.

1.41 화학식 C_4H_{10}을 가진 두 구조가 있다. 그들을 그리고 어떻게 다른지 말하라.

1.42 음식대사의 중요한 중간체의 하나인 옥살로아세트산(oxaloacetic acid)은 $C_4H_4O_5$의 화학식을 가지며 3개의 C=O 결합과 2개의 O−H 결합을 가진다. 가능한 2개의 구조를 제안하라.

1.43 다음 분자들의 선결합 구조를 그려라.

(a) 두 탄소에 결합된 산소를 포함한 메틸 에틸 에터, C_3H_8O

(b) 4개의 탄소 원자로 된 사슬을 가진 뷰테인, C_4H_{10}

(c) 6개의 탄소 원자로 된 고리와 1개의 탄소−탄소 이중 결합을 포함한 사이클로헥센, C_6H_{10}

전기음성도 **1.44** 다음의 각 분자에서 가장 전기음성적인 원소를 지적하라.

(a) CH_2FCl (b) $FCH_2CH_2CH_2Br$

(c) $HOCH_2CH_2NH_2$ (d) CH_3OCH_2Li

1.45 그림 1.14를 이용하여 탄소 원자의 양의 성질의 증가에 따라서 다음 분자들을 배열하라.

CH_3F, CH_3OH, CH_3Li, CH_3I, CH_3CH_3, CH_3NH_2

1.46 다음 장에서 유기 분자들은 그들이 가진 **작용기들**에 따라 분류할 수 있다는 것을 보게 될 것이다. 여기서 작용기는 특정한 화학적 반응성을 가진 원자들의 모음이다. 그림 1.14에 나타난 전기음성도 값을 이용하여 다음 작용기의 극성을 예상하라.

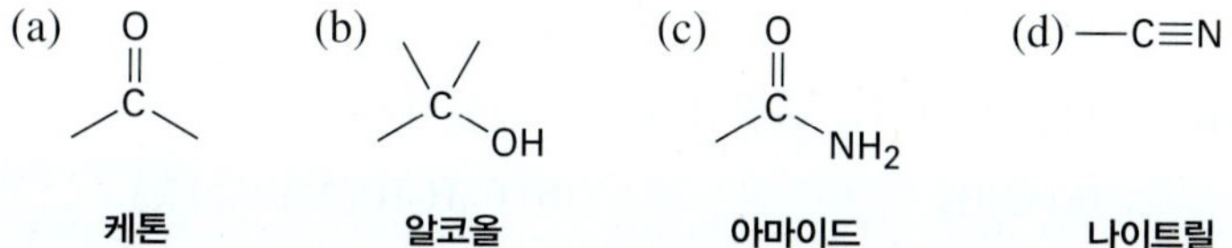

1.47 메톡시화 나트륨, $NaOCH_3$은 이온 결합과 공유 결합을 둘 다 가지고 있다. 어느 것이 어느 것인지 표시하라.

1.48 다음 화합물의 결합이 공유 결합, 극성 공유 결합, 또는 이온 결합인지 확인하라.

(a) BeF_2 (b) SiH_4 (c) CBr_4

1.49 다음 분자에서 어느 결합이 극성 공유 결합인지 $\delta+$와 $\delta-$ 기호를 사용하여 표시하라.

(a) Br_2 (b) CH_3Cl (c) HF (d) CH_3CH_2OH

1.50 그림 1.14의 전기음성도를 이용하여 다음 쌍의 각각에 지시한 결합의 어느 것이 더 극성인지 예측하라. 각 경우 극성의 방향을 말하라.

(a) Cl—CH_3 또는 Cl—Cl

(b) H—CH_3 또는 H—Cl

(c) HO—CH_3 또는 $(CH_3)_3Si$—CH_3

혼성화 **1.51** 다음 기술에 맞는 분자에 대한 구조를 제안하라.

(a) 2개의 sp^2 혼성화 탄소와 2개의 sp^3 혼성화 탄소를 포함하는 분자

(b) 탄소 4개만 가지되 모두 sp^2 혼성화인 분자

(c) 2개의 sp 혼성화 탄소와 2개의 sp^2 혼성화 탄소를 가지는 분자

1.52 다음 화합물의 각 탄소 원자에 대해 기대되는 혼성화의 종류를 표시하라.

(a)

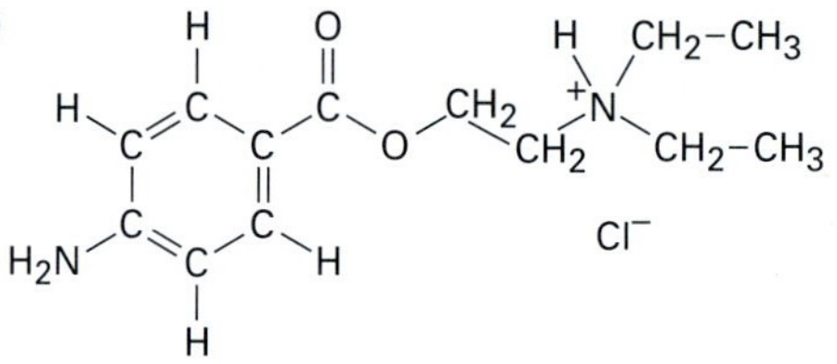

프로케인

(b)

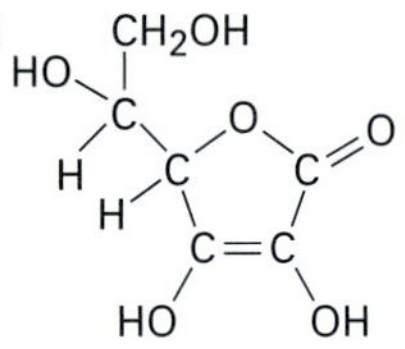

바이타민 C
(아스코르브산)

1.53 벤젠에서 각 탄소 원자의 혼성화는 무엇인가? 벤젠은 어떤 모양을 가질 것이라 예상하는가?

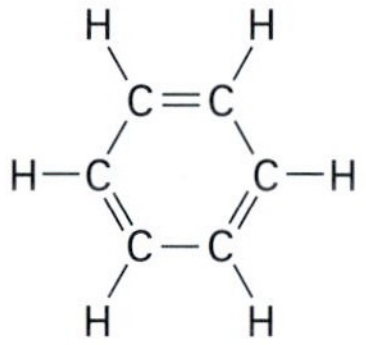

벤젠

1.54 다음 화합물에서 지적된 결합각이 얼마라고 예상하는가? 그리고 각 화합물의 중심 원자에 대해 어떤 종류의 혼성화를 예상하는가?

(a) $H_2N-CH_2-C(=O)-OH$

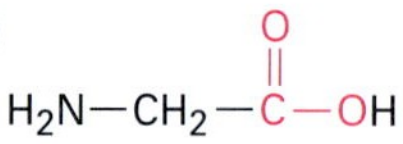

글라이신
(아미노산)

(b)

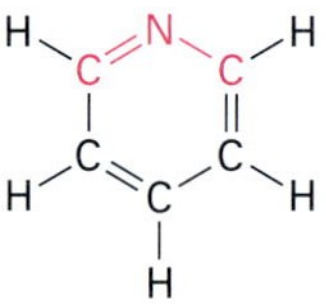

피리딘

(c) $CH_3-CH(OH)-C(=O)-OH$

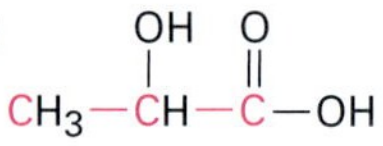

락트산
(시큼한 우유)

1.55 아세토나이트릴, $CH_3C{\equiv}N$에서 각 탄소의 혼성화는 무엇인가?

산과 염기 **1.56** 산도가 증가하는 순으로 다음 물질의 순위를 매겨라.

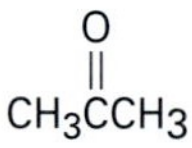

CH_3COCH_3
아세톤
(pK_a = 19.3)

$CH_3COCH_2COCH_3$ 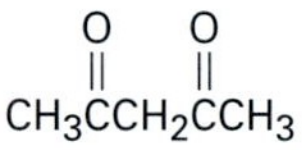
펜테인-2,4-다이온
(pK_a = 9)

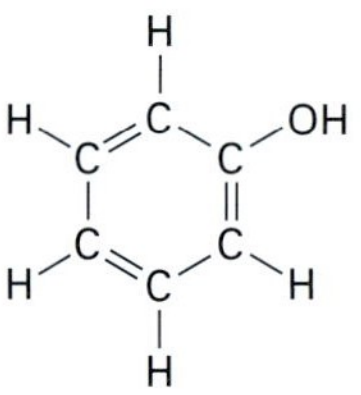

페놀
(pK_a = 9.9)

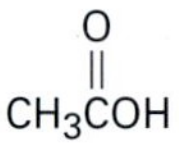

CH_3COOH
아세트산
(pK_a = 4.76)

1.57 만약 있다면, 문제 1.56의 4가지 물질 중 어느 것이 NaOH와 거의 완전히 반응할 만큼 충분히 산성인가? (H_2O의 pK_a는 15.7이다.)

1.58 다음 물질의 어느 것이 Lewis 산처럼 작용하고 어느 것이 Lewis 염기처럼 작용하는가?

(a) $AlBr_3$ (b) $CH_3CH_2NH_2$ (c) HF (d) CH_3SCH_3

1.59 암모늄 이온(NH_4^+, $pK_a = 9.25$)은 메틸암모늄 이온($CH_3NH_3^+$, $pK_a = 10.66$)보다 더 낮은 pK_a를 가진다. 암모니아(NH_3)와 메틸아민(CH_3NH_2) 중 어느 것이 더 센 염기인가? 설명하라.

1.60 탄산수소 음이온(HCO_3^-)은 메탄올(CH_3OH)과 반응할 만큼 충분히 센 염기인가? 환언하면, 다음 반응은 써 있는 대로 일어나는가? (메탄올의 pK_a는 15.5이며, H_2CO_3의 pK_a는 6.4이다.)

$$CH_3OH + HCO_3^- \xrightarrow{?} CH_3O^- + H_2CO_3$$

1.61 암모니아, $H_2N—H$는 $pK_a \approx 36$이고 아세톤의 $pK_a \approx 19$이다. 다음 반응이 일어나겠는가? 설명하라.

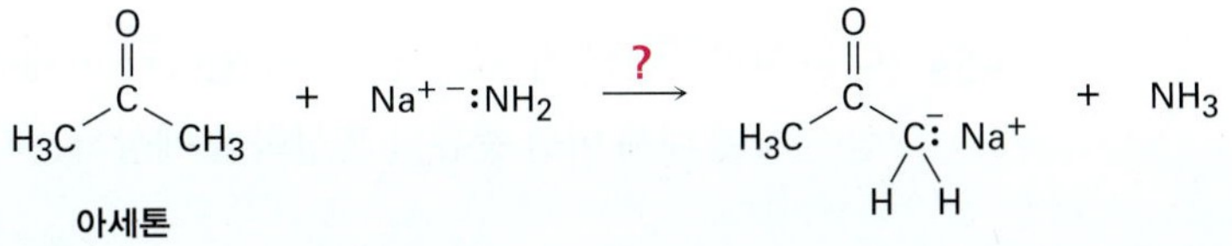

$$H_3C-C(=O)-CH_3 + Na^+\ ^-{:}NH_2 \xrightarrow{?} H_3C-C(=O)-\ddot{C}H_2^-\ Na^+ + NH_3$$

아세톤

1.62 다음 반응에서 산과 염기를 확인하라.

(a) $CH_3OH + H^+ \longrightarrow CH_3OH_2^+$

(b) $CH_3OH + NH_2^- \longrightarrow CH_3O^- + NH_3$

(c)

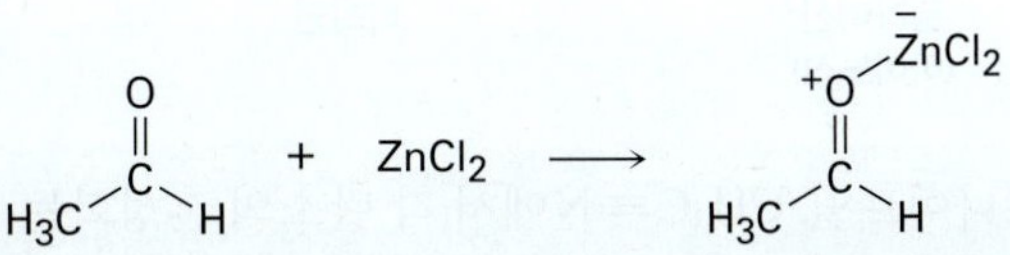

$$H_3C-C(=O)-H + ZnCl_2 \longrightarrow H_3C-C(={}^+O-\overset{-}{Z}nCl_2)-H$$

1.63 유기염기인 피리딘과 유기산인 아세트산의 반응에서 생성된 생성물의 구조를 예측하라. 그리고 전자 흐름의 방향을 굽은 화살표를 이용하여 표시하라.

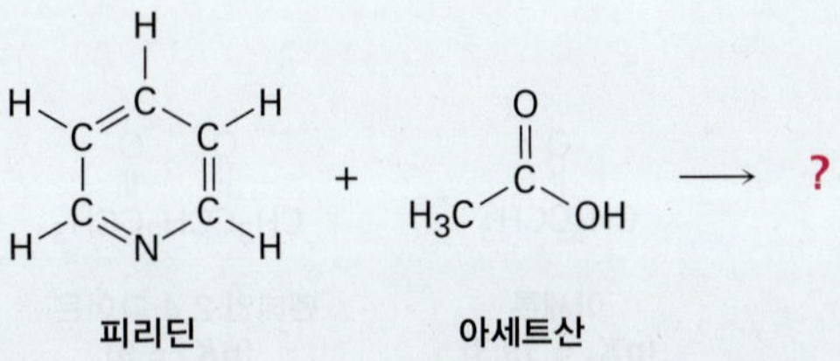

$$C_5H_5N + H_3C-C(=O)-OH \longrightarrow ?$$

피리딘 아세트산

통합문제 **1.64** 왜 아무도 안정한 화합물로서 사이클로펜타인을 만든 적이 없다고 상상하는가?

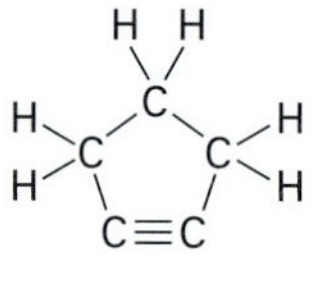

사이클로펜타인

1.65 알렌, $H_2C{=}C{=}CH_2$의 궤도함수를 그려라. 2개의 이중 결합을 형성하기 위해 중심 탄소 원자는 어떤 혼성화를 가져야 하는가? 알렌은 어떤 모양을 가지는가?

1.66 이산화 탄소, CO_2의 Lewis 구조와 궤도함수 그림을 그려라. 탄소 원자는 어떤 종류의 혼성화를 가지는가? CO_2와 알렌(문제 1.65) 사이의 관계는 무엇인가?

1.67 비록 대부분의 안정한 유기 화합물이 4가의 탄소 원자를 가진다고 할지라도 3가의 고에너지 종이 존재한다. 카보양이온(carbocation)은 그러한 부류의 화합물 중 하나이다. 만약 양으로 하전된 탄소 원자가 평면의 기하 구조를 가진다면, 어떤 혼성화를 한다고 생각하는가? 탄소는 몇 개의 원자가 전자를 가지는가?

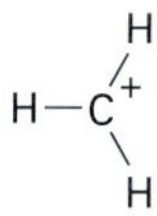

카보양이온

1.68 암모늄 이온, NH_4^+은 메테인, CH_4의 그것과 동일한 기하 구조를 가진다. 질소 원자는 어떤 종류의 혼성화를 가진다고 생각하는가? 설명하라.

1.69 모든 고립 전자쌍들을 나타내는 카페인의 Lewis 구조(전자점)를 완성하라. 그리고 지시된 원자들의 혼성화를 확인하라.

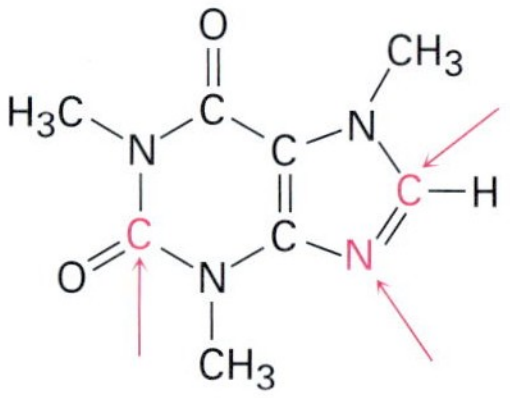

카페인

약장 **1.70** NSAID라 부르는 비스테로이드 소염제는 보통 작은 쑤심이나 통증을 치료하는 데 쓰인다. 가장 보편적인 4가지의 NSAID는 아래와 같다.

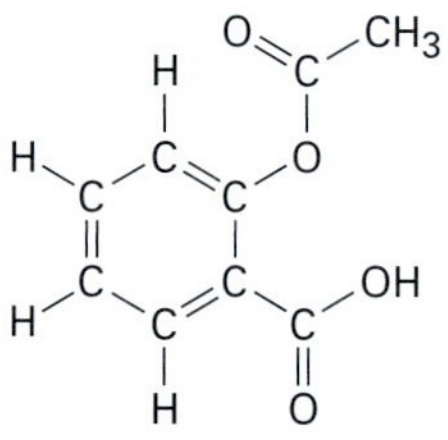

아세틸살리실산
(아스피린)

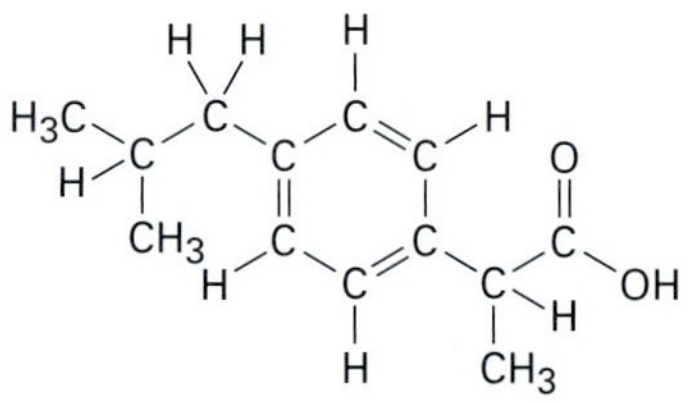

이부프로펜(Ibuprofen)
(Advil, Nuprin, Motrin)

나프록센(Naproxen)
(Naprosyn, Aleve)

아세트아미노펜
(Tylenol)

(a) 아스피린에는 sp^3 혼성화 탄소가 몇 개 존재하는가?

(b) 나프록센에는 sp^2 혼성화 탄소가 몇 개 존재하는가?

(c) 아세트아미노펜의 분자식은 무엇인가?

(d) 아스피린, 이부프로펜 및 나프록센은 모두 종기를 매개하는 프로스타글랜딘(prostaglandin)을 생산하는 동일한 단백질인 고리 산소화 효소(cyclooxygenase)를 목표로 하는 것으로 믿어진다. 이 약들의 구조상 유사점들에 대해 토의하라.

들판에서 **1.71** 화학식과 구조에서 광범위하게 다른 제초제들은 작용 양상에서 흔히 다르다.

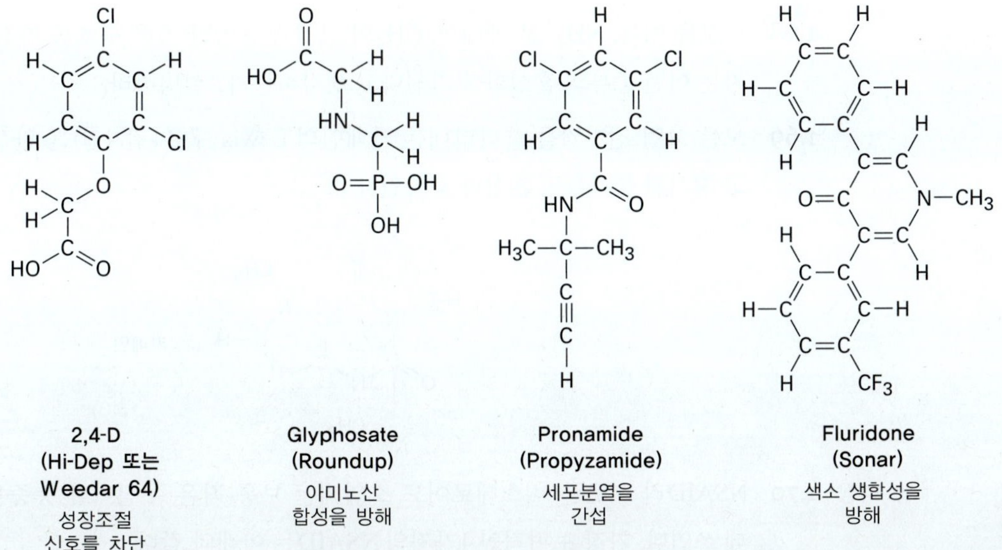

2,4-D (Hi-Dep 또는 Weedar 64)
성장조절 신호를 차단

Glyphosate (Roundup)
아미노산 합성을 방해

Pronamide (Propyzamide)
세포분열을 간섭

Fluridone (Sonar)
색소 생합성을 방해

(a) 2,4-D에 몇 개의 sp^3 혼성화 탄소가 존재하는가?

(b) Roundup에 몇 개의 sp^2 혼성화 탄소가 존재하는가?

(c) Pronamide에 몇 개의 sp 혼성화 탄소가 존재하는가?

(d) Fluridone의 분자식은 무엇인가?

뻣뻣한 구과소나무는 지구상에서 가장 오래된 살아 있는 유기체이다. 침엽을 덮은 밀랍은 이 장의 제목인 알케인이라 부르는 유기 화합물의 혼합물을 포함한다.

알케인: 유기 화합물의 성질

3700만 개 이상의 유기 화합물이 알려져 있다. 이들 각각은 녹는점과 같은 그 자신의 물리적·화학적 성질을 가지고 있다. 화학자들은 유기 화합물이 구조적 양상에 따라서 족으로 분류될 수 있고 주어진 족의 구성 부분은 보통 화학 반응성이 비슷하다는 것을 수 년의 경험을 통해 배워 왔다. 그러므로 임의의 반응성을 가진 3700만 개의 화합물 대신 화학을 합리적으로 예측할 수 있는 수십 개의 그룹으로 분류할 수가 있다. 가장 간단한 족인 알케인(alkane)을 보면서 이 장으로부터 시작하여 이 교재를 통해 유기 분자들의 특정한 족의 화학을 공부할 것이다.

왜 이 장인가?

알케인은 비교적 비활성이며 화학 반응에 별로 관련되지 않으나, 그럼에도 불구하고 몇몇 중요한 보편적인 생각을 소개하는 데 유용한 방법을 제공한다. 이 장에서 알케인을 이용해서 유기 화합물을 명명하는 데 기본적인 접근방법을 소개할 것이며 생물유기 화학을 이해하는 데 특별히 중요한 논제인 분자의 3차원적 양상의 얼마를 처음으로 보게 될 것이다.

2.1 작용기

반응성에 의해 화합물의 분류를 가능하게 하는 구조적 특징을 작용기라 한다. **작용기** (functional group)는 특유의 화학적 작용을 나타내는 큰 분자 내의 원자들의 그룹이다. 주어진 작용기는 그것이 있는 모든 분자 내에서 화학적으로 거의 동일하게 작용한다. 예컨대, 과일을 숙성하게 하는 식물 홀몬인 에틸렌을 박하 기름에서 발견된 훨씬 복잡한 분자인 멘텐(menthene)과 비교하라. 두 화합물은 탄소−탄소 이중 결합 작용기를 포함한다. 그러므로 두 화합물은 Br_2와 반응하여 Br 원자가 이중 결합의 각각에 첨가된 생성물을 생성한다(그림 2.1). 이것이 전형적인 예이다: 모든 유기 분자들의 화학은 크기와 복잡성에 관계없이 가지고 있는 작용기에 의해 결정된다.

많은 보편적인 작용기가 나열되어 있고 간단한 구조의 예가 주어진 표 2.1을 보라. 몇몇 작용기들은 탄소−탄소 다중 결합만 가지고 있고 어떤 것들은 할로젠, 산소, 질소, 또는 황 원자 또는 인 같은 전기음성적인 원자에 단일결합을 한 탄소를 가진다. 또 다른 것들은 탄소−

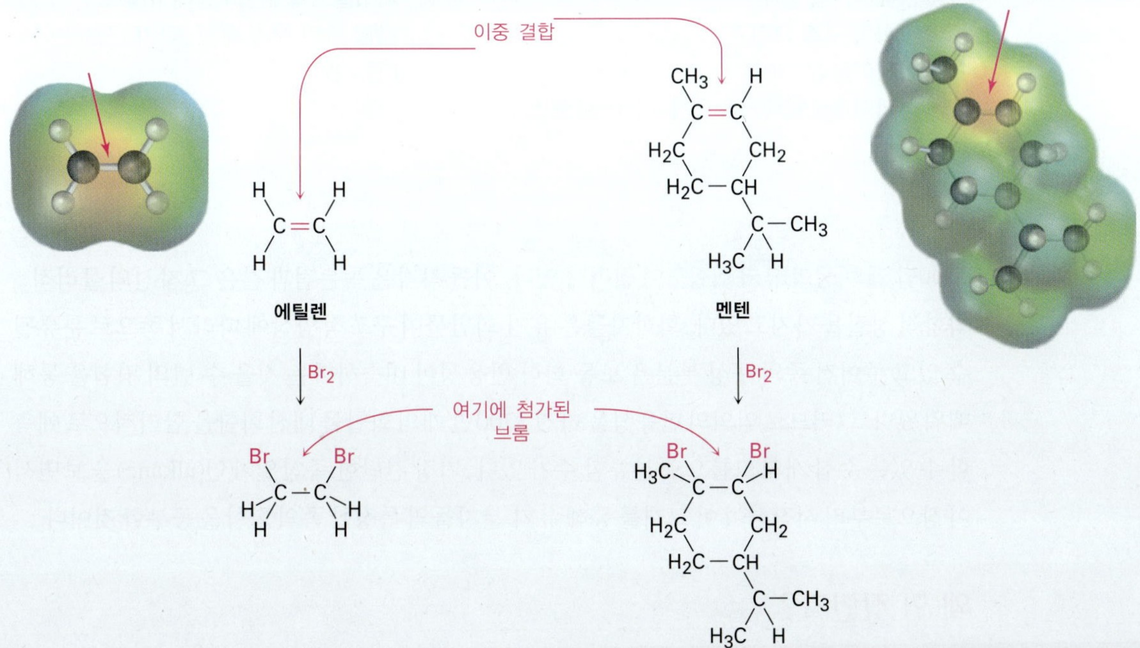

그림 2.1 에틸렌과 멘텐의 브로민과의 반응. 두 경우, Br_2는 정확히 동일한 방법으로 C−C 이중 결합 작용기와 반응한다. 분자의 나머지 부분의 크기와 성질은 중요하지 않다.

표 2.1 몇 가지 보편적인 작용기의 구조

이름	구조*	말단의 이름	예
알켄 (이중 결합)	$\mathrm{C{=}C}$	*-엔*	$H_2C{=}CH_2$ 에텐
알카인 (삼중 결합)	$\mathrm{—C{\equiv}C—}$	*-아인*	$HC{\equiv}CH$ 에타인
아렌 (방향족 고리)		없음	벤젠
할로젠화물	$\mathrm{C{-}X}$ (X = F, Cl, Br, I)	없음	CH_3Cl 클로로메테인
알코올	$\mathrm{C{-}OH}$	*-올*	CH_3OH 메탄올
에터	$\mathrm{C{-}O{-}C}$	*에터*	CH_3OCH_3 다이메틸 에터
단일인산염	$\mathrm{C{-}O{-}P({=}O)(O^-){-}O^-}$	인산염	$CH_3OPO_3^{2-}$ 인산 메틸
아민	$\mathrm{C{-}N{:}}$	*-아민*	CH_3NH_2 메틸아민
이민 (Schiff 염기)	$\mathrm{C{-}C({=}N{:}){-}C}$	없음	$CH_3C({=}NH)CH_3$ 아세톤 이민
나이트릴	$\mathrm{—C{\equiv}N}$	*-나이트릴*	$CH_3C{\equiv}N$ 에테인나이트릴
나이트로	$\mathrm{C{-}N({=}O){-}O}$	없음	CH_3NO_2 나이트로메테인

* 결합의 연결이 정해져 있지 않은 결합은 분자의 남은 부분에 있는 탄소나 수소 원자에 붙어 있다고 가정한다.

표 2.1 몇 가지 보편적인 작용기의 구조(계속)

이름	구조*	말단의 이름	예
싸이올	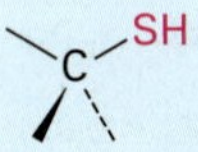	*-싸이올*	CH_3SH 메테인싸이올
설파이드	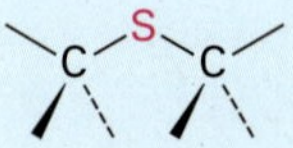	*설파이드*	CH_3SCH_3 다이메틸 설파이드
다이설파이드	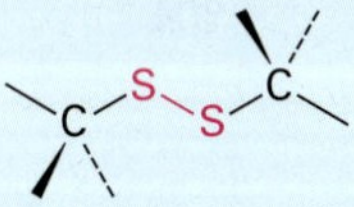	*다이설파이드*	CH_3SSCH_3 다이메틸 다이설파이드
카보닐	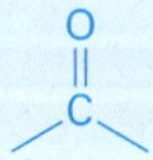		
알데하이드	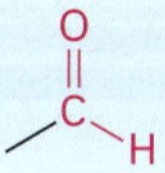	*-알*	CH_3CHO 에탄알
케톤	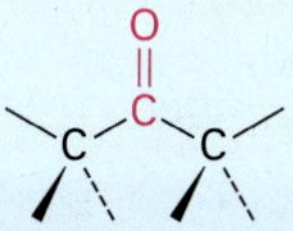	*-온*	CH_3COCH_3 프로판온
카복실산	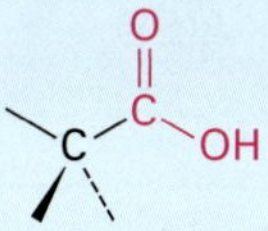	*-산*	CH_3COOH 에탄산
에스터	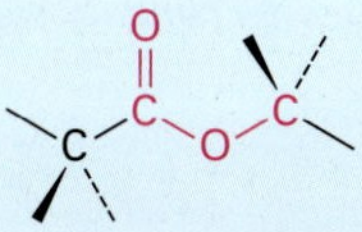	*-오에이트*	CH_3COOCH_3 메틸 에탄오에이트
아마이드	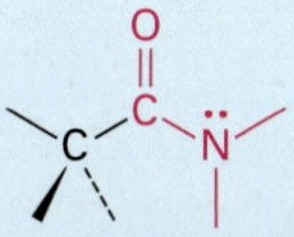	*-아마이드*	CH_3CONH_2 에탄아마이드
카복실산 무수물	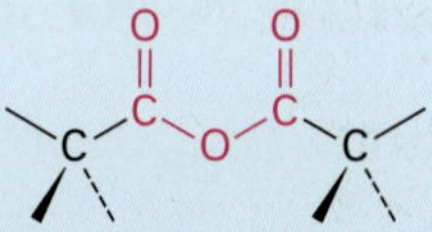	*-오익 언하이드라이드*	$CH_3COOCOCH_3$ 에탄산 무수물
산 염화물	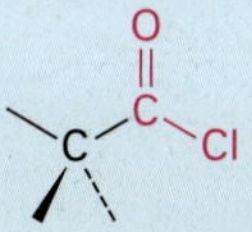	*-오일 클로라이드*	CH_3COCl 에탄오일 클로라이드

* 결합의 연결이 정해져 있지 않은 결합은 분자의 남은 부분에 있는 탄소나 수소 원자에 붙어 있다고 가정한다.

산소 이중 결합을 가진다. 다음 장에서 공부할 많은 화학은 이들 작용기의 화학이다.

탄소–탄소 다중 결합을 가진 작용기

알켄, 알카인 및 아렌(방향족 화합물)은 모두 탄소–탄소 다중 결합을 가지고 있다. **알켄**은 이중 결합을, **알카인**은 삼중 결합을, 그리고 **아렌**은 탄소 원자의 육각 고리에 이중 결합과 단일 결합을 교대로 가지고 있다. 구조적 유사성 때문에 이들 화합물들은 또한 화학적 유사성을 가진다.

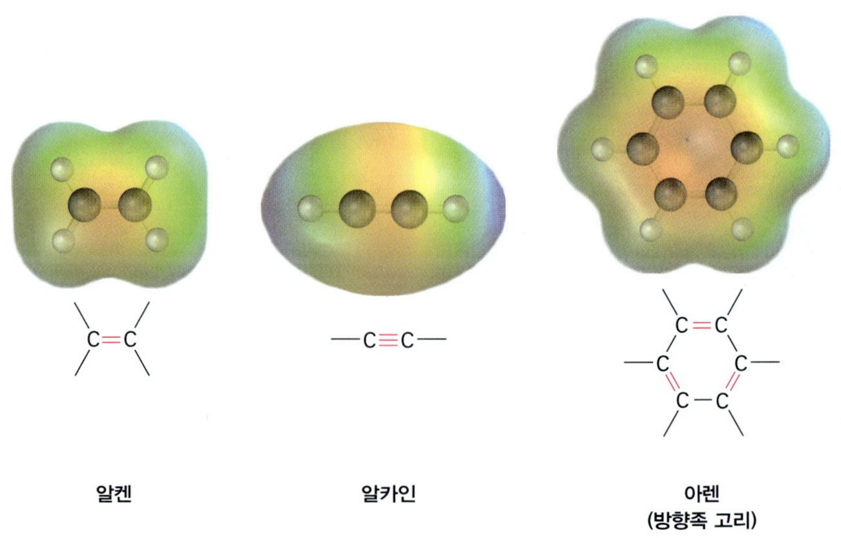

전기음성적 원자에 단일결합한 탄소를 가진 작용기

할로젠화 알킬(할로알케인), 알코올, 에터, 인산 알킬, 아민, 싸이올, 설파이드 및 다이설파이드는 모두 전기음성적인 할로젠, 산소, 질소, 또는 황 원자에 단일결합을 한 탄소 원자를 가진다. 할로젠화 알킬은 탄소가 할로젠(–X)에, 알코올은 탄소가 하이드록시기(–OH)에, 에터는 탄소 2개가 같은 산소에, 유기 인산염은 인산염기($-OPO_3^{2-}$)의 산소에 결합된 탄소 원자를 가진다. 아민은 탄소가 질소에, 싸이올은 탄소가 –SH기에, 그리고 설파이드는 탄소 2개가 같은 황에 결합되어 있다. 이들 모든 경우에 결합들은 탄소 원자가 부분 양전하(δ+)를 띠고, 전기음성적인 원자가 부분 음전하(δ–)를 띠는 극성을 나타낸다.

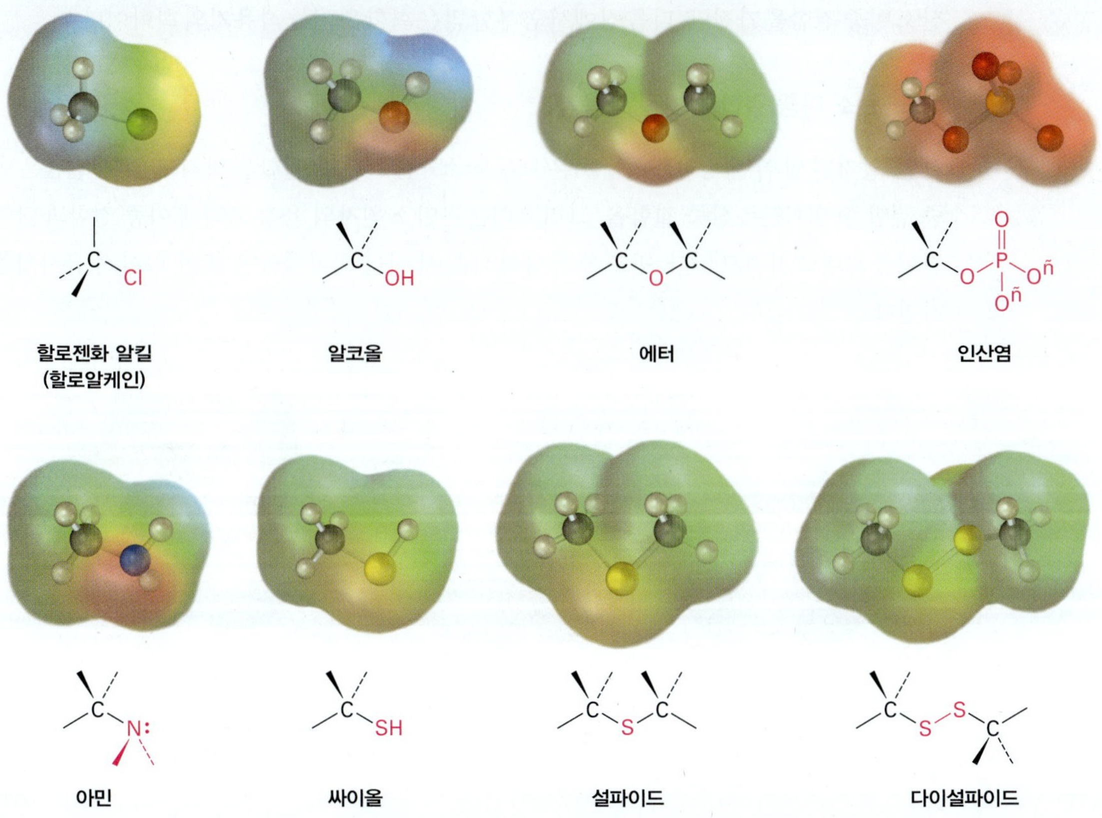

탄소-산소 이중 결합(카보닐기)을 가진 작용기

카보닐기, C=O(car-bo-**neel**로 발음)는 표 2.1에 있는 많은 화합물군에 보편적이다. 탄소-산소 이중 결합이 유기 화학의 가장 중요한 화합물들에 존재한다. 이 화합물들의 화학은 크게 카보닐기의 탄소에 결합된 원자들의 정체에 달려 있다. 따라서 우리는 이들 화합물을 여러 다른 작용기의 부류로 세분한다. 알데하이드는 적어도 수소 하나가 C=O에 결합되어 있고, 케톤은 2개의 탄소가 C=O에 결합되고, 카복실산은 1개의 탄소와 1개의 −OH기가, 에스터는 1개의 탄소와 1개의 에터 같은 산소가, 아마이드는 1개의 탄소와 1개의 질소가, 산 염화물은 1개의 탄소와 염소가 C=O에 결합되어 있다. 카보닐 탄소 원자는 부분 양전하(δ+)를 가지고, 산소 원자는 부분 음전하(δ−)를 가진다.

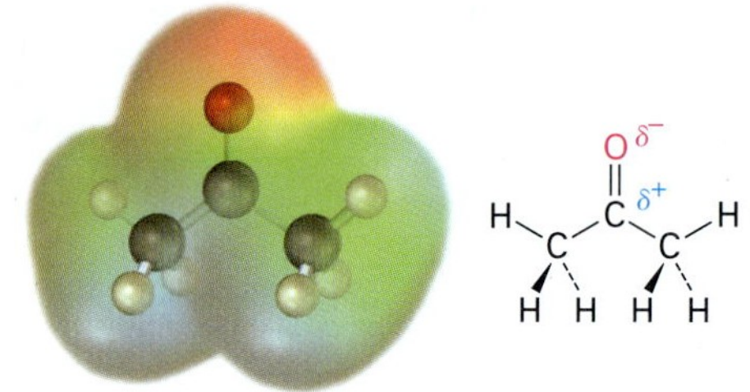

아세톤—전형적인 카보닐 화합물

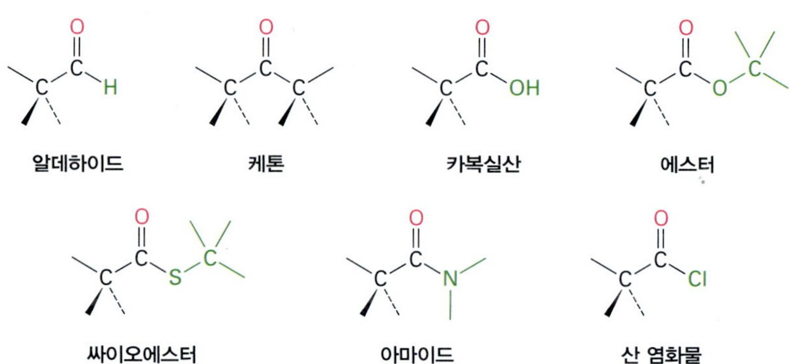

문제 2.1 다음 분자의 작용기에 동그라미를 그리고 확인하라.

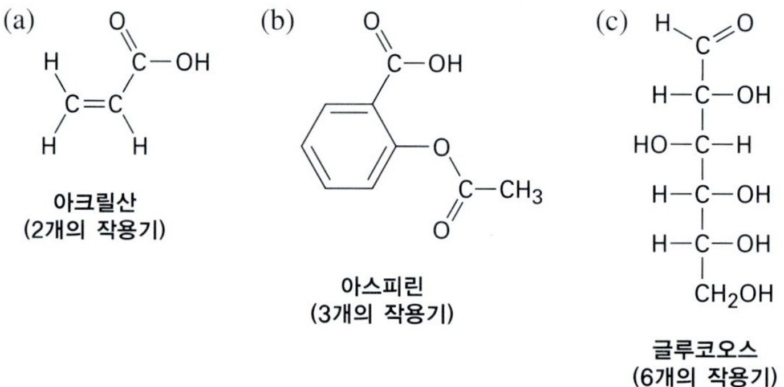

문제 2.2 다음의 작용기를 가지는 간단한 분자 구조를 제시하라.

(a) 알코올 (b) 방향족 고리 (c) 카복실산
(d) 아민 (e) 케톤과 아민 2개 모두 (f) 이중 결합 2개

문제 2.3 다음 동물의 기생충을 통제하는 가축병 치료약인 아레콜린(arecoline)의 모형에서 작용기들을 나타내라. 이 그림을 선결합 구조로 전환하라(회색 = C, 붉은색 = O, 파란색 = N, 상아색 = H).

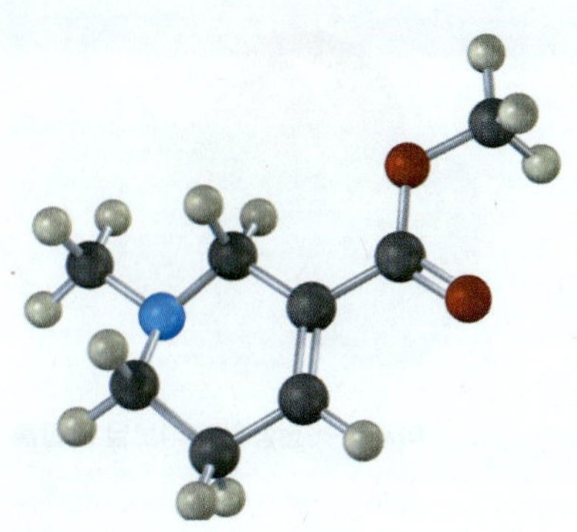

2.2 알케인과 알킬기: 이성질체

다른 작용기들의 체계적인 공부를 시작하기 전에 모든 족에 적용되는 보편적인 생각을 발전시키기 위해 가장 간단한 분자의 족—알케인(alkane)—을 먼저 살펴보자. 1.7절에서, 에테인에서 C−C 단일결합은 탄소 sp^3 혼성 궤도함수의 σ(머리-머리) 겹침으로 생성됨을 보았다. 만약 C−C 단일결합으로 탄소가 3개, 4개, 5개, 또는 그 이상 연결된다면, **알케인**이라 부르는 분자들의 큰 족을 생산하게 된다.

```
   H          H  H          H  H  H          H  H  H  H
   |          |  |          |  |  |          |  |  |  |
H—C—H      H—C—C—H      H—C—C—C—H      H—C—C—C—C—H  . . . 등등
   |          |  |          |  |  |          |  |  |  |
   H          H  H          H  H  H          H  H  H  H
```

메테인 **에테인** **프로페인** **뷰테인**

알케인은 흔히 **포화 탄화수소**라고도 한다. **탄화수소**(hydrocarbon)는 이들이 탄소와 수소 원자만을 가지고 있기 때문이며, **포화**(saturated)는 C−C와 C−H 단일결합만을 가지고 있어 탄소당 최대로 가능한 수소를 가지고 있기 때문이다. 알케인의 일반적인 화학식은 C_nH_{2n+2}이며, 여기서 n은 정수이다. 알케인은 또한 경우에 따라서 **지방족**(aliphatic) 화합물이라고 하는데 '지방'이라는 그리스어 *aleiphas*에서 유래되었다. 16장에서 동물의 지방은 알케인과 유사한 긴 탄소 사슬을 가지고 있다는 것을 알게 될 것이다.

```
         O
         ‖
CH2OCCH2CH2CH2CH2CH2CH2CH2CH2CH2CH2CH2CH2CH2CH2CH2CH2CH3
|        O
|        ‖
CHOCCH2CH2CH2CH2CH2CH2CH2CH2CH2CH2CH2CH2CH2CH2CH2CH2CH3
|        O
|        ‖
CH2OCCH2CH2CH2CH2CH2CH2CH2CH2CH2CH2CH2CH2CH2CH2CH2CH2CH3
```

전형적 동물 지방

탄소와 수소가 결합하여 알케인을 만드는 방법에 대해 생각해 보자. 탄소 1개와 수소 4개로는 하나의 구조, 즉 메테인, CH_4만이 가능하다. 비슷하게, 탄소 2개와 수소 6개의 결합으로 하나의 구조(에테인, CH_3CH_3)가 가능하고, 탄소 3개와 수소 8개의 결합으로 오직 하나의 구조(프로페인, $CH_3CH_2CH_3$)만이 가능하다. 그러나 만약 더 큰 수의 탄소와 수소가 결합하면 한 종류 이상의 분자가 형성될 수 있다. 예를 들면, 화학식이 C_4H_{10}인 분자는 2개가 형성될 수 있는데, 탄소 4개가 일렬로 된 것(뷰테인)과 가지가 있는 것(아이소뷰테인)이다. 비슷하게, C_5H_{12} 분자들은 3가지 방법, 그 이상의 큰 분자는 더 많은 방법이 있다.

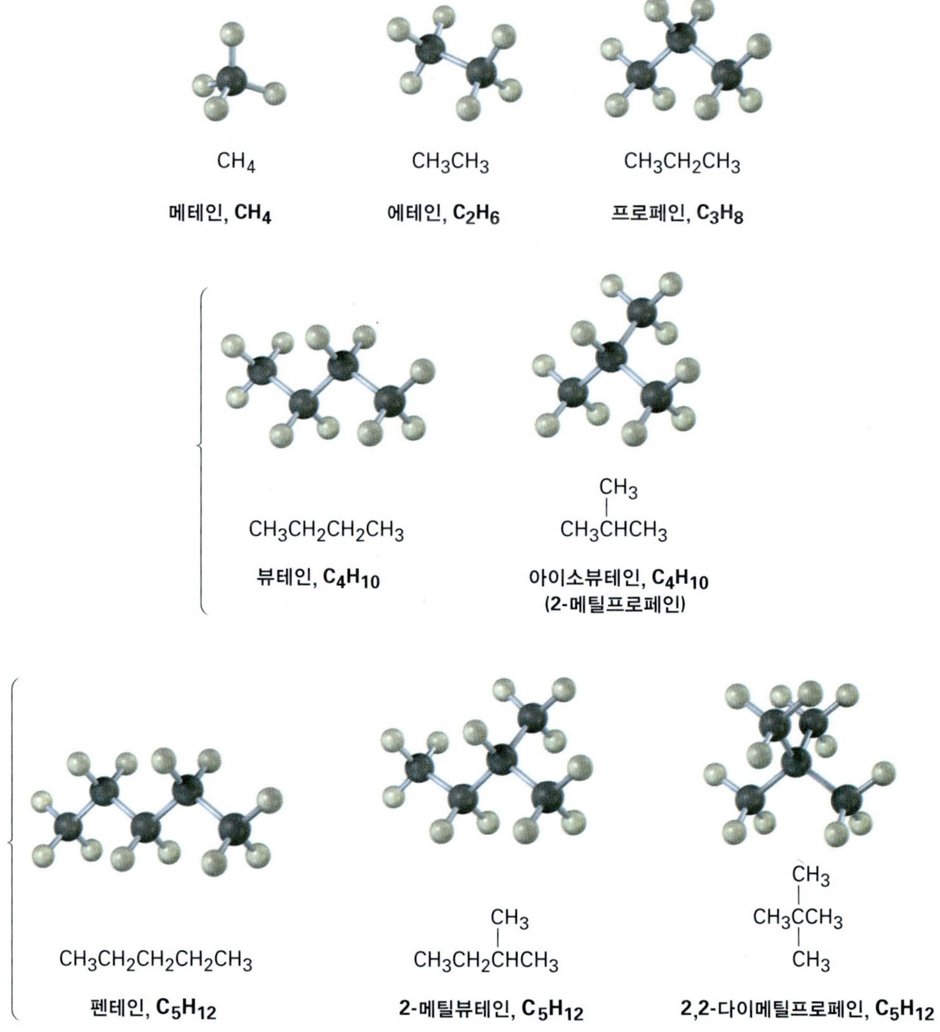

뷰테인처럼 탄소가 일렬로 연결된 화합물은 **곧은 사슬 알케인**(straight-chain alkane) 또는 **노말**(*n*) **알케인**(normal alkane)이라고 하며, 아이소뷰테인(2-메틸프로페인)처럼 탄소 사슬 가지가 있는 알케인은 **가지달린 사슬 알케인**(branched-chain alkane)이라 한다.

2개의 C_4H_{10} 분자와 3개의 C_5H_{12} 같은 화학식을 가지나 구조가 다른 화합물을 **이성질체**

그림 2.2 뷰테인(n-C_4H_{10})의 몇 가지 표시. 분자는 어떻게 그리든지 동일하다. 이들 구조는 뷰테인이 4개의 탄소 원자가 연속적으로 연결된 사슬이라는 것만을 의미한다.

$CH_3-CH_2-CH_2-CH_3$ $CH_3CH_2CH_2CH_3$ $CH_3(CH_2)_2CH_3$

라고 하는데 같은 '부분으로 만들어진'이라는 의미를 나타내는 그리스어 *isos* + *meros*로부터 유래된 것이다. **이성질체**(isomers)는 같은 수와 같은 종류의 원자를 가지나 원자들의 배열방법이 다르다. 뷰테인과 아이소뷰테인처럼 원자들이 다르게 연결된 화합물을 **구성 이성질체**(constitutional isomers)라 한다. 원자들이 동일한 순서로 연결되어 있는 화합물에서조차 다른 종류의 이성질체가 가능하다는 것을 보게 될 것이다.

하나의 주어진 알케인을 임의로 여러 가지 방법으로 표시할 수 있다. 예컨대, 뷰테인이라 부르는 4개의 탄소로 된 곧은 사슬은 그림 2.2에서와 같이 어떠한 구조로도 나타낼 수 있는데 이들 어느 것도 뷰테인의 3차원 기하 구조를 의미하지 않고 원자들 사이의 연결만을 표시할 뿐이다. 실제로, 화학자들은 분자 내의 모든 결합을 거의 그리지 않고 **축소 구조**, $CH_3CH_2CH_2CH_3$ 또는 $CH_3(CH_2)_2CH_3$로 표시한다. 그러한 표시에서는 C−C와 C−H 결합은 나타내기보다 있다고 '이해'한다. 만약 탄소에 수소가 3개 결합되어 있다면 CH_3로 쓰고 한 탄소에 2개가 결합되었다면 CH_2로 쓴다. 더 간편하게, 뷰테인은 n-C_4H_{10}으로 표시하는데, 여기서 n은 normal, 즉 곧은 사슬을 의미한다.

곧은 사슬 알케인은 표 2.2에서처럼 가지고 있는 탄소수에 따라 명명한다. 역사적인 근원을 가진 처음 4개의 화합물인 메테인, 에테인, 프로페인 및 뷰테인을 제외하고 알케인은 탄소수에 따라 그리스 숫자로 명명한다. 이름 말단에 접미사 -에인(*-ane*)을 붙여 알케인 분자임을 나타낸다. 따라서 펜테인(pent*ane*)은 탄소 5개인 알케인이고 헥세인(hex*ane*)은 탄소 6개인 알케인 등등이다.

알케인에서 수소 원자 1개를 떼어 내어 남는 부분 구조를 **알킬기**(alkyl group)라 한다. 알킬기는 모체 알케인 말단의 -에인을 -일(*-yl*)로 대체하여 명명한다. 예를 들면 메테인, CH_4에서 수소 원자 1개를 떼어 내어 메틸기, $-CH_3$를 만들고, 에테인에서 수소 원자 1개를 떼어 내어 에틸기, $-CH_2CH_3$를 만든다. 비슷하게, 어떤 n-알케인의 말단 탄소로부터 수소 원자를 1개 떼어 내면 표 2.3에 나와 있는 n-알킬기가 생긴다.

n-알킬기가 말단 탄소로부터 수소 1개를 떼어 내어 생기는 것처럼 가지달린 알킬기도 사슬 안쪽의 탄소에서 수소 1개를 떼어 내면 생긴다. 탄소 3개의 알킬기는 2개, 탄소 4개의 알킬기는 4개가 가능하다(그림 2.3).

알킬기 명명에 관해 추가적으로 그림 2.3에서 C_4 알킬기에 대해 쓰인 접두사, 즉 *sec*-(2차, secondary)와 *tert*-(3차, tertiary)가 가지달린 탄소 원자에 붙어 있는 다른 탄소 원자의 수를 나

표 2.2 곧은 사슬 알케인의 이름

탄소수 (n)	이름	화학식 (C_nH_{2n+2})	탄소수 (n)	이름	화학식 (C_nH_{2n+2})
1	메테인	CH_4	9	노네인	C_9H_{20}
2	에테인	C_2H_6	10	데케인	$C_{10}H_{22}$
3	프로페인	C_3H_8	11	운데케인	$C_{11}H_{24}$
4	뷰테인	C_4H_{10}	12	도데케인	$C_{12}H_{26}$
5	펜테인	C_5H_{12}	13	트라이데케인	$C_{13}H_{28}$
6	헥세인	C_6H_{14}	20	아이코세인	$C_{20}H_{42}$
7	헵테인	C_7H_{16}	30	트라이아콘테인	$C_{30}H_{62}$
8	옥테인	C_8H_{18}			

그림 2.3 곧은 사슬 알케인으로부터 형성된 알킬기

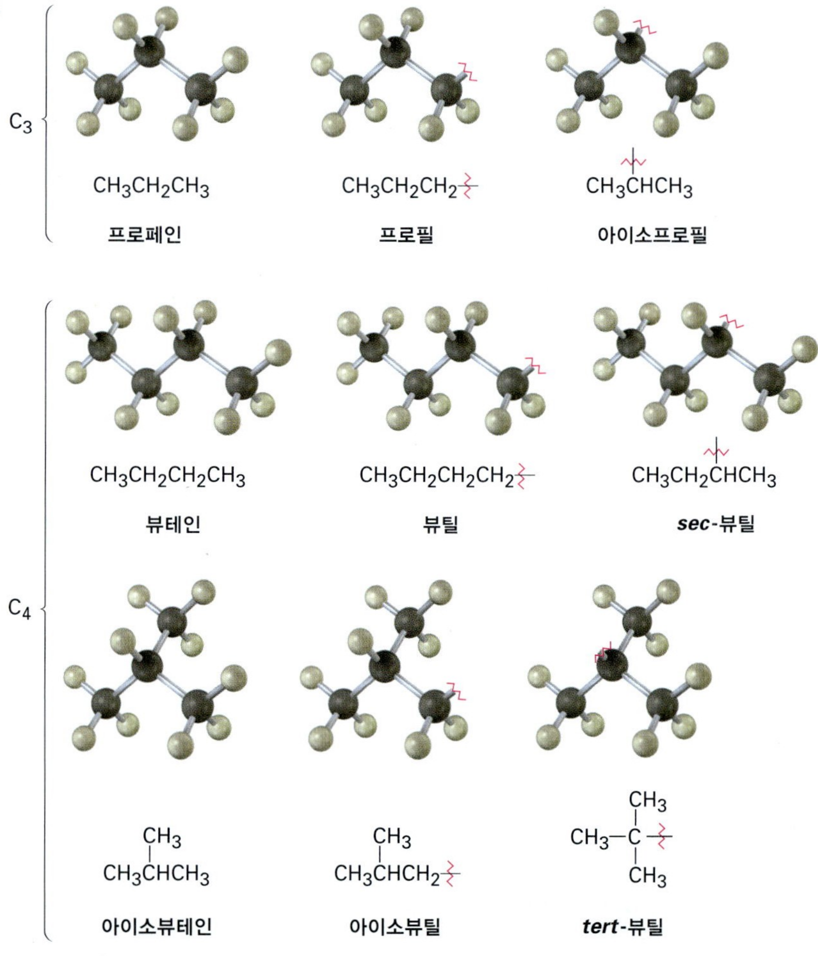

표 2.3 몇 가지 곧은 사슬 알킬기

알케인	이름	알킬기	이름(약자)
CH_4	메테인	$-CH_3$	메틸(Me)
CH_3CH_3	에테인	$-CH_2CH_3$	에틸(Et)
$CH_3CH_2CH_3$	프로페인	$-CH_2CH_2CH_3$	프로필(Pr)
$CH_3CH_2CH_2CH_3$	뷰테인	$-CH_2CH_2CH_2CH_3$	뷰틸(Bu)
$CH_3CH_2CH_2CH_2CH_3$	펜테인	$-CH_2CH_2CH_2CH_2CH_3$	펜틸, 또는 아밀

타낸다. 4가지 가능성, 즉 1차(primary, 1°), 2차(secondary, 2°), 3차(tertiary, 3°) 및 4차(quaternary, 4°)가 있다.

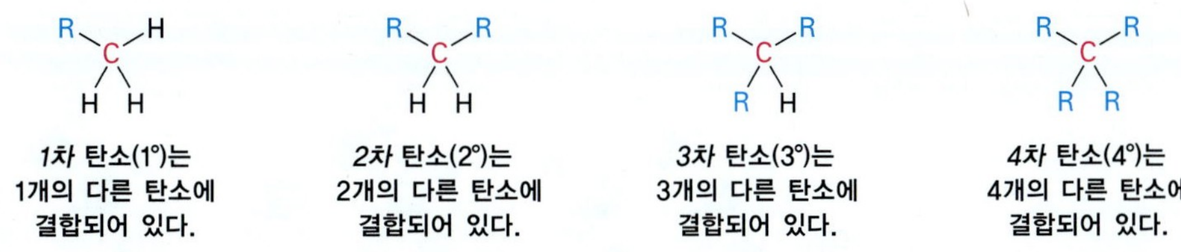

1차 탄소(1°)는 1개의 다른 탄소에 결합되어 있다.

2차 탄소(2°)는 2개의 다른 탄소에 결합되어 있다.

3차 탄소(3°)는 3개의 다른 탄소에 결합되어 있다.

4차 탄소(4°)는 4개의 다른 탄소에 결합되어 있다.

이 교재에서는 기호 **R**이 일반적으로 알킬기를 나타내기 위해서 쓰인다. R기는 메틸, 에틸, 또는 다른 어떠한 알킬기일 수 있다. 지정하지 않아도 되는 분자의 나머지를 **R**이라 생각할 수도 있다.

$$R_3C{-}OH$$

3차 알코올, R_3COH의 일반 부류

$$HO_2CCH_2{-}C(OH)(CO_2H){-}CH_2CO_2H$$

시트르산—특이한 3차 알코올

예문 2.1 이성질성 구조를 그리기

화학식이 C_2H_6O인 두 이성질체의 구조를 제시하라.

풀이 탄소 원자는 4개의 결합, 산소는 2개의 결합, 그리고 수소는 1개의 결합을 함을 알고 있다. 직관에 따라 시행착오를 거쳐 조각들을 조립하라.

해답 두 가능성은 다음과 같다.

```
    H  H                     H     H
    |  |                     |     |
H — C — C — O — H    와   H — C — O — C — H
    |  |                     |     |
    H  H                     H     H
```

문제 2.4 화학식 C_6H_{14}를 가지는 이성질체 5개를 그려라.

문제 2.5 다음 설명에 맞는 구조를 그려라.

(a) 화학식이 C_8H_{18}인 3개의 이성질체

(b) 화학식이 $C_4H_8O_2$인 2개의 이성질체

문제 2.6 탄소 5개로 된 알킬기(펜틸 이성질체)의 가능한 이성질체 8개를 그려라.

문제 2.7 다음 설명에 맞는 알케인을 그려라.

(a) 3차 탄소 2개를 가진 알케인

(b) 아이소프로필기를 가진 알케인

(c) 1개의 4차 탄소와 1개의 2차 탄소를 가진 알케인

문제 2.8 다음 분자에 있는 탄소 원자들이 1차, 2차, 3차, 또는 4차인지 확인하라.

```
(a)    CH3                 (b)    CH3CHCH3             (c)   CH3   CH3
       |                                |                     |     |
    CH3CHCH2CH2CH3             CH3CH2CHCH2CH3              CH3CHCH2CCH3
                                                                    |
                                                                   CH3
```

2.3 가지달린 사슬 알케인의 명명

몇 개의 순수한 유기 시약이 알려져 있던 과거에는 새 화합물들을 발견자가 마음대로 명명하였다. 그리하여 요소(urea, CH_4N_2O)는 소변(urine)에서 분리된 결정성 물질이며 진통제(아픔을 제거하는 것)인 모르핀($C_{17}H_{19}NO_3$)은 그리스의 꿈의 신 Morpheus를 따라 명명하였다. 19세기에 유기 화학의 과학이 발전함에 따라 알려진 화합물의 수도 많아져서 체계적인 명명법이 필요하게 되었다. 이 교재에 쓰인 체계명은 국제 순수 및 응용화학 협회(IUPAC: International Union of Pure and Applied Chemistry)에서 창안한 것이다.

화학명은 IUPAC 명명체계에서 접두사, 모체, 위치 및 접미사의 네 부분으로 되어 있다. 접두사는 분자 내에서 여러 치환기의 위치와 종류를, 모체는 분자의 주요 부분을 선택해서 몇 개의 탄소 원자가 그 부분에 있는지 말해준다. 위치는 주요 작용기의 위치를 말해주고 접미사는 주요 작용기를 확인해 준다.

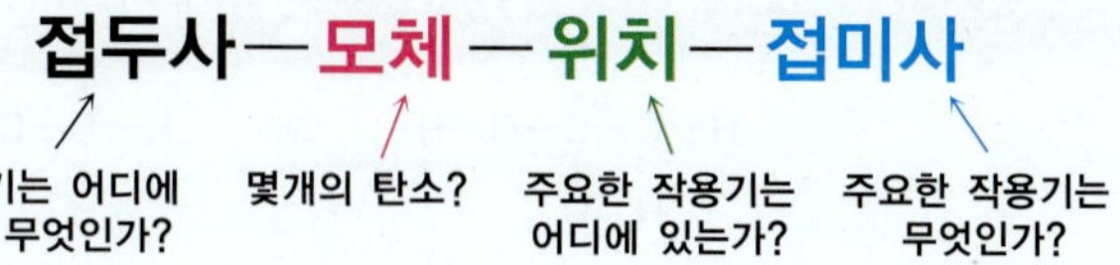

접두사 — 모체 — 위치 — 접미사

치환기는 어디에 있고 무엇인가? / 몇개의 탄소? / 주요한 작용기는 어디에 있는가? / 주요한 작용기는 무엇인가?

명명에 대한 IUPAC 규칙의 응용은 뒷장의 새 작용기에서 다룰 것이다. 그 외에, 유기물의 명명에 대한 전반적인 관점과 1개 이상의 작용기를 가진 화합물을 어떻게 명명할지는 부록 A를 참고하라. 여기서는 가지달린 알케인의 명명에 대해서 알아보기로 하자. 가장 복잡한 가지달린 사슬 알케인만 제외하고 다음의 네 단계로 명명한다.

1단계 모체가 되는 탄화수소를 찾아라.

(a) 분자 내의 가장 길게 연결된 탄소 사슬을 찾아 모체의 이름으로서 그 사슬명을 이용하라. 가장 긴 사슬은 항상 명확하지 않으며 '모퉁이를 돌아야' 할 때도 있다.

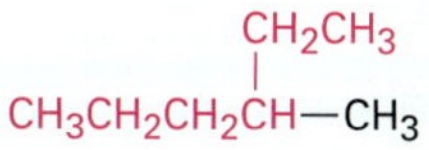

$$\begin{array}{l} \qquad\qquad\quad CH_2CH_3 \\ \qquad\qquad\quad | \\ CH_3CH_2CH_2CH{-}CH_3 \end{array}$$

치환된 헥세인으로 명명함

(b) 만약 두 사슬의 길이가 같다면, 모체로서 곁가지 점이 많은 것을 선택하라.

$$\begin{array}{l} CH_3 \\ | \\ CH_3CHCHCH_2CH_2CH_3 \\ \quad\;\;| \\ \quad\;\; CH_2CH_3 \end{array} \qquad \begin{array}{l} \quad\;\; CH_3 \\ \quad\;\; | \\ CH_3CH{-}CHCH_2CH_2CH_3 \\ \qquad\quad\;| \\ \qquad\quad\; CH_2CH_3 \end{array}$$

치환기 2개를 가진 헥세인으로 명명함 — 오른쪽 것이 아님 — 치환기 1개를 가진 헥세인으로 명명하지 않음

2단계 주 사슬의 원자에 번호를 매겨라.

최초의 곁가지 위치에 보다 가까운 말단에서부터 시작하여 모체의 탄소 원자에 번호를 매긴다.

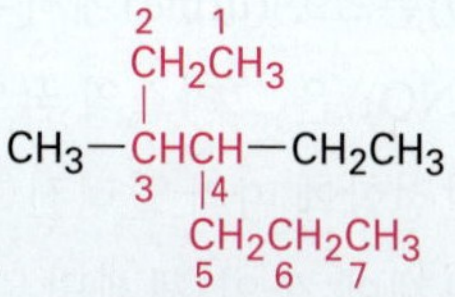

$$\begin{array}{l} \qquad\quad\; 2\;\;1 \\ \qquad\quad\; CH_2CH_3 \\ \qquad\quad\; | \\ CH_3{-}CHCH{-}CH_2CH_3 \\ \qquad\quad\; 3\;\;|4 \\ \qquad\qquad CH_2CH_2CH_3 \\ \qquad\qquad 5\quad\;6\quad\;7 \end{array} \quad \text{오른쪽 것이 아님} \quad \begin{array}{l} \qquad\quad\; 6\;\;7 \\ \qquad\quad\; CH_2CH_3 \\ \qquad\quad\; | \\ CH_3{-}CHCH{-}CH_2CH_3 \\ \qquad\quad\; 5\;\;|4 \\ \qquad\qquad CH_2CH_2CH_3 \\ \qquad\qquad 3\quad\;2\quad\;1 \end{array}$$

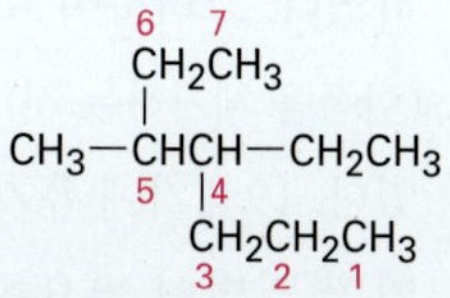

번호를 매기는 데 올바른 계에서는 처음 가지가 C3에 있으나 올바르지 않은 계에서는 C4에 있다.

3단계 치환기를 확인하고 번호를 매겨라.

모체 사슬에 붙어 있는 위치에 따라 각 치환기에 번호를 부여하라. 만약 같은 탄소에 두 치환기가 있다면, 동일한 번호를 두 치환기에 부여한다. 치환기의 수와 번호의 수는 같아야 한다.

CH_3CH_2 (9, 8), H_3C, CH_2CH_3

$CH_3-CHCH_2CH_2CHCHCH_2CH_3$ (7 6 5 4 3 2 1) 노네인으로 명명

치환기: On C3, CH_2CH_3 (3-에틸)
On C4, CH_3 (4-메틸)
On C7, CH_3 (7-메틸)

CH_3 CH_3

$CH_3CH_2CCH_2CHCH_3$ (6 5 4 3 2 1) 헥세인으로 명명

CH_2CH_3

치환기: On C2, CH_3 (2-메틸)
On C4, CH_3 (4-메틸)
On C4, CH_2CH_3 (4-에틸)

4단계 한 단어로 이름을 써라.

여러 접두사 사이에는 하이픈(-)을 쓰고, 숫자들은 콤마를 써서 분리하라. 만약 둘 또는 그 이상의 다른 곁가지가 존재하면 가지를 알파벳 순서로 기술한다. 둘 또는 그 이상의 동일한 곁가지가 존재하면 다이-(*di*-), 트라이-(*tri*-), 테트라-(*tetra*-) 등의 접두사를 사용하는데 이들을 알파벳 순서로 나열하는 데 접두사로 쓰지 말라. 몇 가지 예의 완전한 이름은 다음과 같다.

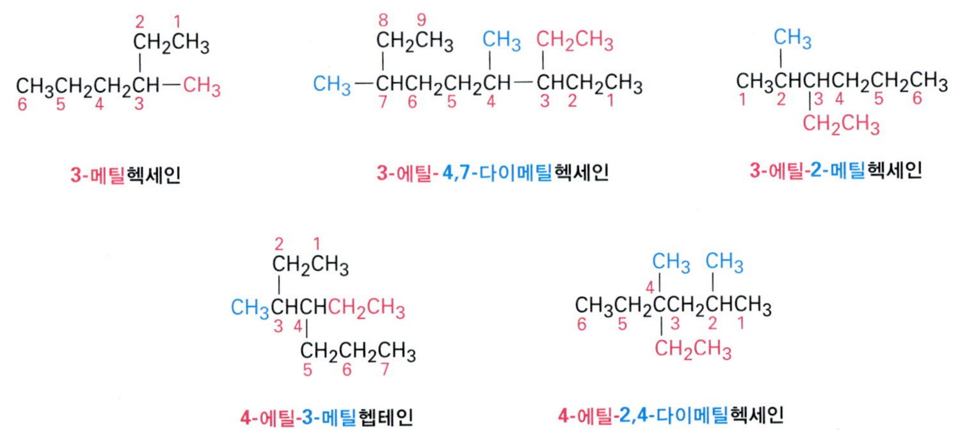

역사적 이유로, 몇 가지 간단한 가지달린 알킬기는 그림 2.3에서 표시한 것처럼 또한 비체계적인 관용명을 가진다.

CH_3CHCH_3 — **Isopropyl (*i*-Pr)**

$CH_3CH_2CHCH_3$ — ***sec*-Butyl (*sec*-Bu)**

CH_3CHCH_2- (with CH_3) — **Isobutyl**

CH_3-C- (with two CH_3) — ***tert*-Butyl (*t*-Butyl 또는 *t*-Bu)**

3-탄소 알킬기

4-탄소 알킬기

이들 알킬기 중 하나를 가질 때 하이픈 없는 접두사 아이소-(iso-)를 알파벳 순서를 매기는 알킬기의 한 부분으로 생각한다. 그러나 하이픈된 이탤릭체인 접두사, *sec*-와 *tert*-는 해당되지 않는다. 따라서 아이소프로필(isopropyl)과 아이소부틸(isobutyl)은 알파벳 순서로 *i*로 되나 *sec*-부틸과 *tert*-부틸은 *b*로 된다.

예문 2.2 알케인을 명명하기

다음 알케인의 IUPAC 명은 무엇인가?

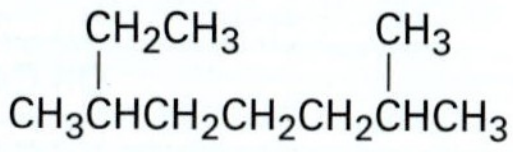

$$\begin{array}{l} \quad CH_2CH_3 \qquad\quad CH_3 \\ CH_3\overset{|}{C}HCH_2CH_2CH_2\overset{|}{C}HCH_3 \end{array}$$

풀이 분자는 2개의 메틸기를 가진 탄소 8개(옥테인)로 된 사슬이다. 처음 메틸기에 가장 가까운 말단에서부터 번호를 매기면 메틸은 C2와 C6에 있게 된다.

해답

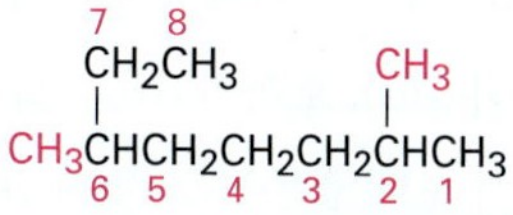

$$\begin{array}{l} \quad \overset{7\ \ 8}{CH_2CH_3} \qquad\quad CH_3 \\ CH_3\underset{6}{\overset{|}{C}}H\underset{5}{C}H_2\underset{4}{C}H_2\underset{3}{C}H_2\underset{2}{\overset{|}{C}}H\underset{1}{C}H_3 \end{array}$$

2,6-다이메틸옥테인

예문 2.3 이름을 가지고 구조 그리기

3-아이소프로필-2-메틸헥세인의 구조를 그려라.

풀이 먼저, 모체의 이름(헥세인)을 보고 탄소 골격을 그린다.

C–C–C–C–C–C **헥세인**

다음으로, 치환기들(3-아이소프로필과 2-메틸)을 찾아 알맞은 탄소에 놓는다.

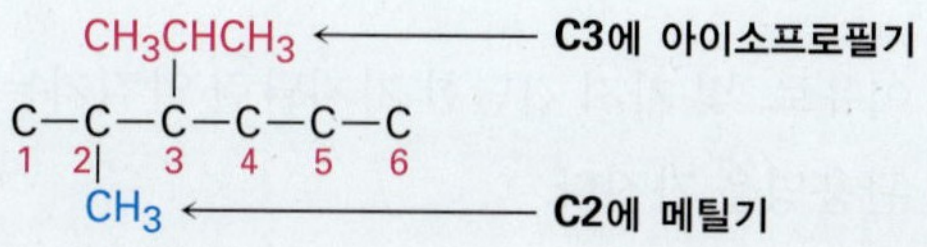

$$\begin{array}{l} \qquad\quad CH_3CHCH_3 \longleftarrow \textbf{C3에 아이소프로필기} \\ \qquad\qquad | \\ \underset{1}{C}-\underset{2}{C}-\underset{3}{C}-\underset{4}{C}-\underset{5}{C}-\underset{6}{C} \\ \qquad | \\ \quad\ \ CH_3 \longleftarrow \textbf{C2에 메틸기} \end{array}$$

마지막으로, 수소를 첨가하여 구조를 완성하라.

해답

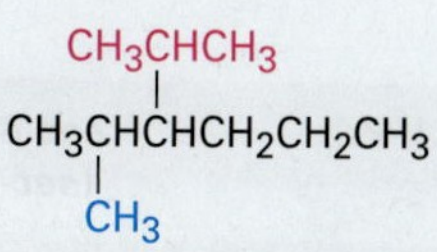

$$\begin{array}{l} \qquad CH_3CHCH_3 \\ \qquad\quad | \\ CH_3CHCHCH_2CH_2CH_3 \\ \qquad | \\ \quad\ CH_3 \end{array}$$

3-아이소프로필-2-메틸헥세인

문제 2.9 다음 화합물들의 IUPAC 명을 말하라.

(a) C_5H_{12}의 세 이성질체

(b)
```
            CH3
             |
   CH3CH2CHCHCH3
              |
              CH2CH3
```

(c)
```
   CH3   CH3
    |     |
 CH3CHCH2CHCH3
```

(d)
```
        CH3          CH2CH3
         |            |
  CH3—C—CH2CH2CHCH3
         |
        CH3
```

문제 2.10 다음 IUPAC 명에 해당하는 구조를 그려라.

(a) 3,4-다이메틸노네인 (b) 3-에틸-4,4-다이메틸헵테인

(c) 2,2-다이메틸-4-프로필옥테인 (d) 2,2,4-트라이메틸헵테인

문제 2.11 다음 알케인을 명명하라.

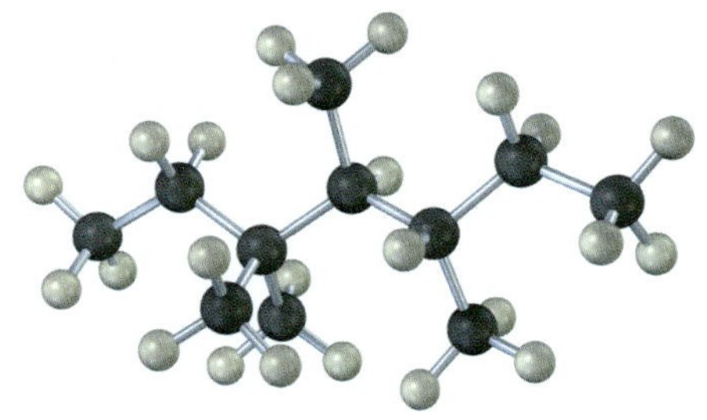

2.4 알케인의 성질

많은 알케인이 식물과 동물의 세계에서 자연적으로 생긴다. 예를 들면, 양배추 잎의 왁스코팅은 노나코세인($C_{29}H_{60}$)이며, 캘리포니아의 시에라네바다 산맥에 있는 제프리소나무의 목재 기름은 헵테인(C_7H_{16})이다. 그러나 지금까지 알케인 주 원료는 세상의 천연 기체와 석유 퇴적물이다. 영겁의 세월 이전에 이들 천연 퇴적물은 식물과 동물로부터 주로 해양원으로부터 유래되었다. 천연 가스는 주로 메테인으로 구성되어 있으나, 또한 에테인, 프로페인과 뷰테인이 포함되어 있다. 석유는 탄화수소의 복잡한 혼합물인데 여러 부분으로 분리되고 사용하기 전에 더 정제된다.

오늘날의 석유정제는 원유를 끓는점(bp)에 따라 세 주요 부분으로 분별 증류함으로써 비롯된다: 직류 가솔린(bp 20～200 °C), 등유(bp 175～275 °C), 난방 기름 또는 디젤 연료(bp 250～400 °C). 마지막으로, 감압 하에서 증류하여 윤활유와 왁스를 얻고 증류되지 않은 아스팔트라는 타르가 남는다. 그림 2.4는 이 과정을 보여 준다.

알케인은 때때로 '작은 친화도'를 의미하는 라틴어인 parum affinis에서 유래된 어휘인

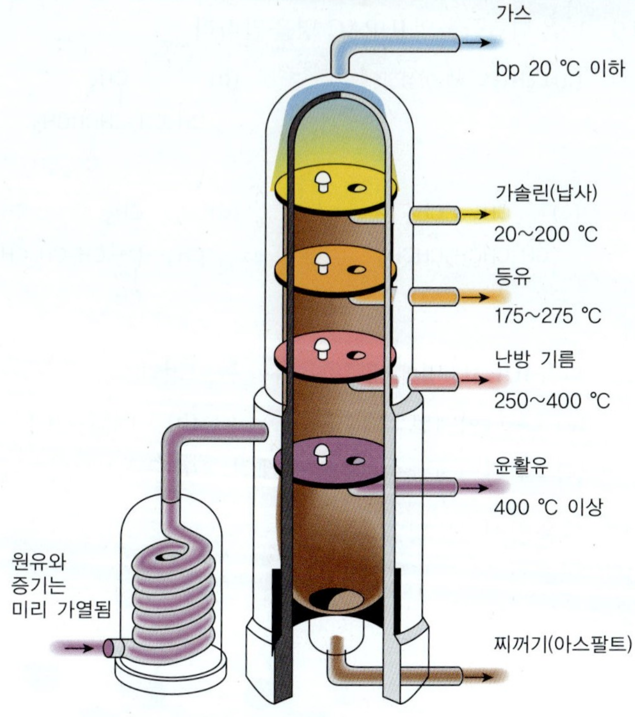

그림 2.4 끓는점 차이로 분별 증류하여 조잡한 알케인의 혼합물을 분리한다. 높이가 증가함에 따라 탑의 온도는 감소하여 가스의 응축과 성분의 분별적 수집을 가능하게 한다.

파라핀(paraffin)이라고 한다. 이 용어는 알케인의 성질을 적절히 기술한 것으로, 이들은 다른 화합물에 대해 화학적 친화력이 거의 없으며 대부분의 실험실 시약과 반응하지 않는다. 그러나 적당한 조건 하에서는 산소, 염소 및 소수의 다른 물질과 반응한다.

알케인이 연료로서 엔진이나 반응로에서 연소하는 동안 산소와 반응한다. 생성물은 이산화 탄소와 물이며 많은 열이 방출된다. 예를 들면, 메테인은 다음 반응식에 따라 산소와 반응한다.

$$CH_4 + 2\,O_2 \rightarrow CO_2 + 2\,H_2O + 890\text{ kJ/mol}(213\text{ kcal/mol})$$

알케인과 염소의 혼합물에 자외선(*hν*로 표기하며, *ν*는 그리스 소문자 nu를 나타낸다)을 쪼일 때 반응이 일어난다. 두 반응물질의 상대적인 양과 반응시간에 따라 알케인의 수소가 염소로 순차적으로 치환되어 염화 생성물의 혼합물로 된다. 예를 들면, 메테인이 염소와 반응하여 클로로메테인(CH_3Cl), 다이클로로메테인(CH_2Cl_2), 트라이클로로메테인($CHCl_3$) 및 테트라클로로메테인(CCl_4)을 생성한다.

$$CH_4 + Cl_2 \xrightarrow{h} CH_3Cl + HCl$$
$$\xrightarrow{Cl_2} CH_2Cl_2 + HCl$$
$$\xrightarrow{Cl_2} CHCl_3 + HCl$$
$$\xrightarrow{Cl_2} CCl_4 + HCl$$

2.5 에테인의 형태

우리는 1.7절에서 탄소–탄소 단일결합은 2개의 원자 궤도함수의 머리 겹침에 의해 생성됨을 알았다. 이 궤도함수의 겹침량은 탄소에 붙어 있는 다른 원자의 기하학적 배열과 무관하게 같으므로 탄소–탄소 단일결합 주위로 **회전**(rotation)이 가능하다. 예컨대, 에테인에서 C–C 결합 주위로 회전을 하면 한 탄소 위의 수소와 다른 탄소 위의 수소 사이에 기하학적 배열이 자유롭게 끊임없이 일어난다(그림 2.5). 결합 회전의 결과 일어나는 원자들의 다른 배열을 **형태**(conformations)라 하며 다른 배열을 가지는 분자들을 형태 이성질체 또는 **형태체**(conformers)라고 한다. 그러나 구성 이성질체와 달리 다른 형태체는 너무 빠르게 상호전환하여 보통 분리할 수 없다.

화학자들은 그림 2.6에서와 같이 2가지 방법으로 다른 형태를 나타낸다. **톱질대 표시법**(sawhorse representation)은 탄소–탄소 결합을 비슷한 각도에서 바라보아 모든 C–H 결합을 보이게 함으로써 공간적 상호관계를 나타낸다. **Newman 투영도**(Newman projection)는 C–C 결합을 정면으로 보고 앞쪽의 탄소 원자는 1개의 점으로, 3개의 결합은 그로부터 방사하는 모양으로 표시한다. 뒤쪽의 탄소는 원으로 표시하고 뒤쪽의 탄소로부터 결합이 원의 가장자리 쪽으로 방사하도록 나타낸다.

그림 2.5 에테인의 두 형태. C–C 단일결합을 축으로 회전하여 다른 형태로 전환한다.

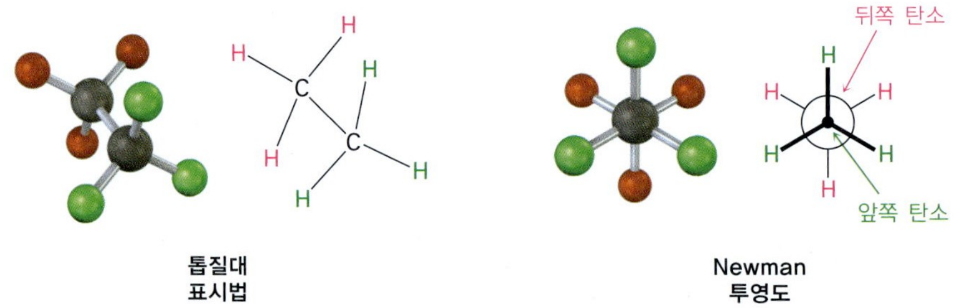

그림 2.6 에테인의 톱질대 표시법과 Newman 투영도. 톱질대 표시법은 분자를 비슷한 각도에서 본 것이고 Newman 투영도는 분자를 정면에서 본 것이다. Newman 투영도의 분자 모형은 처음에는 한 탄소에 6개의 원자가 결합한 것으로 나타난다. 실제 3개의 초록색 원자가 결합된 앞쪽의 탄소는 3개의 붉은색 원자가 결합된 뒤의 탄소 바로 앞에 있다.

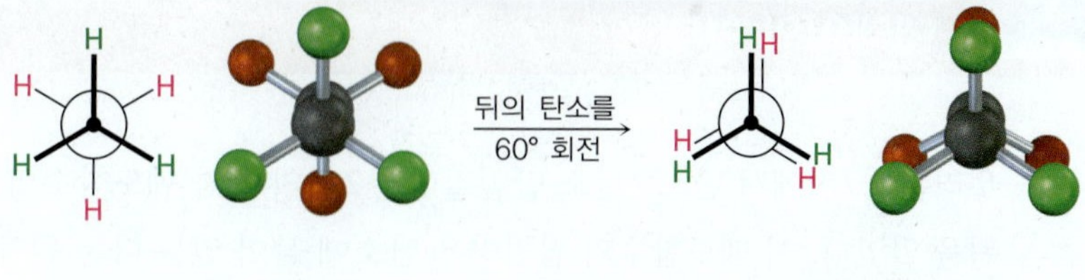

뒤의 탄소를
60° 회전

에테인—엇갈린 형태

에테인—가려진 형태

그림 2.7 에테인의 엇갈린 형태와 가려진 형태. 엇갈린 형태는 가려진 형태보다 12.0 kJ/mol만큼 에너지가 작고 더 안정하다.

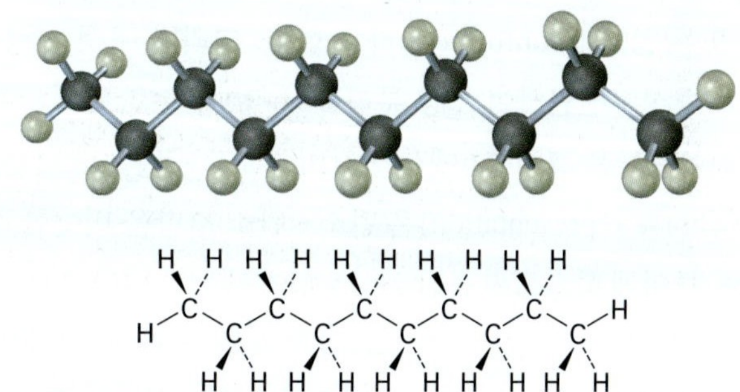

그림 2.8 어떠한 알케인이든지 가장 안정한 형태는 이웃한 탄소 위에 있는 결합들이 엇갈리고 데케인의 이 구조처럼 탄소 사슬이 완전히 뻗쳐 있는 것이다.

방금 언급하였음에도 불구하고, 우리는 에테인에서 완전한 자유 회전을 관찰하지 못한다. 실험결과, 회전하는 데 약간의 장벽(12 kJ/mol, 2.9 kcal/mol)이 있고 어떤 형태가 다른 것보다 더 안정하다는 것을 보여 준다. 가장 낮은 에너지의 가장 안정한 형태는 6개의 모든 C−H 결합이 가능한 한 서로 떨어져 있는[Newman 투영도에서 정면으로 볼 때 **엇갈린**(staggered)] 것이다. 최고의 에너지의 가장 불안정한 형태는 6개의 C−H 결합이 가능한 한 가까이 있는 [Newman 투영도에서 **가려진**(eclipsed)] 것이다. 어느 주어진 순간에 약 99%의 에테인 분자는 대략 엇갈린 형태이고 약 1%만이 가려진 형태에 가깝다(그림 2.7).

에테인에 대해 진실인 것은 또한 프로페인, 뷰테인 및 보다 높은 모든 알케인에 대해서도 진실이다. 어떠한 알케인이든지 가장 유리한 형태는 모든 결합이 서로 엇갈린 배열을 가진 것이다(그림 2.8).

예문 2.4 Newmen 투영도 그리기

1-클로로프로페인의 C1−C2 결합을 따라가 보고 가장 안정한 형태와 가장 불안정한 형태의 Newman 투영도를 그려라.

풀이 치환된 알케인의 가장 안정한 형태는 일반적으로 큰 기가 가능한 멀리 떨어져 있는 엇갈린

(staggered) 형태이다. 가장 불안정한 형태는 일반적으로 큰 기가 가능한 가깝게 있는 가려진(eclipsed) 형태이다.

해답

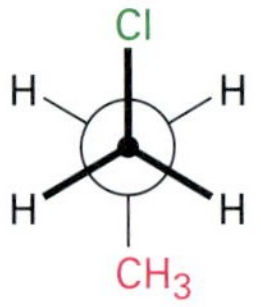

가장 안정한(엇갈린) 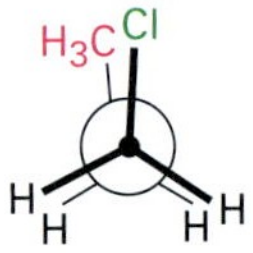 가장 불안정한(가려진)

문제 2.12 프로페인의 C−C 결합을 따라가 보고 가장 안정한 형태의 Newman 투영도를 그려라. 가장 불안정한 Newman 투영도를 그려라.

문제 2.13 뷰테인의 C2−C3 결합을 따라가 보면 2개의 엇갈린 형태와 2개의 가려진 형태가 있다. 이들을 그려라.

문제 2.14 문제 2.13에서 그린 뷰테인의 형태 중 가장 안정한 것은 어느 것이라 생각하는가? 설명하라.

2.6 화학 구조 그리기

이제까지 사용한 구조식에서 공유 결합을 하는 2개의 전자는 원자들 사이에 하나의 선으로 표시하였다. 그러나 모든 결합을 그리고 원자를 확인하는 것은 성가신 일이다. 그러므로 화학자들은 속기법을 고안하여 **골격 구조**(skeletal structure)로 물체를 아주 간단히 그린다. 골격 구조를 그리는 것은 간단하다.

- 탄소 원자는 보통 나타내지 않는다. 대신에, 탄소 원자는 두 선(결합)의 교차 지점과 각 선의 말단에 있다고 가정한다. 경우에 따라서는 강조하거나 명확하게 하기 위해서 탄소 원자를 표시하기도 한다.
- 탄소에 결합된 수소 원자들은 보이지 않는다. 탄소는 항상 4의 원자가를 가지므로 각 탄소에 정확한 수의 수소를 마음 속으로 그려 넣는다.
- 탄소와 수소 외의 모든 원자들은 나타낸다.

다음에 몇 가지 예가 있다.

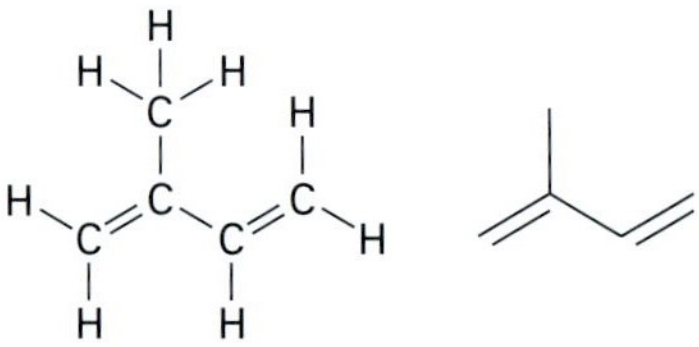

아이소프렌, C_5H_8 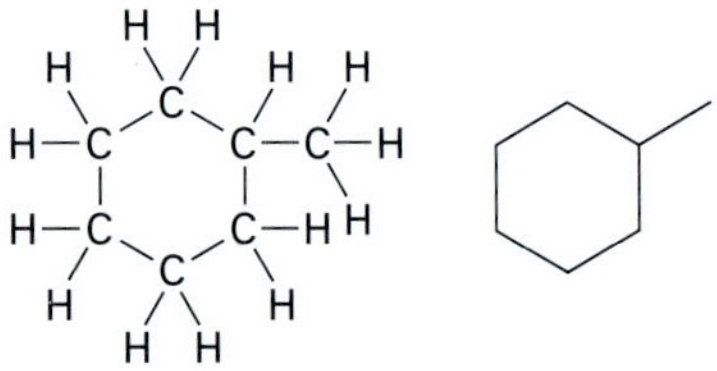 메틸사이클로헥세인, C_7H_{14}

또 다른 의견: 비록 $-CH_3$, $-OH$ 및 $-NH_2$와 같은 무리들을 쓸 때 보통 먼저 C, O, 또는 N 원자를, 다음에 H 원자를 쓰지만, 만약 분자 내에서 결합 연결을 더 명확히 하는 것이 필요하면 때때로 H_3C-, $HO-$ 및 H_2N-으로 뒤집는다. $-CH_2CH_3$와 같은 보다 더 큰 단위는 그렇지만 뒤집지 않는다; 혼란스럽기 때문에 H_3CH_2C-로 쓰지 않는다. 그러나 모든 경우를 다루는 완벽하게 정의된 규칙은 없다; 주로 더 좋아함의 문제이다.

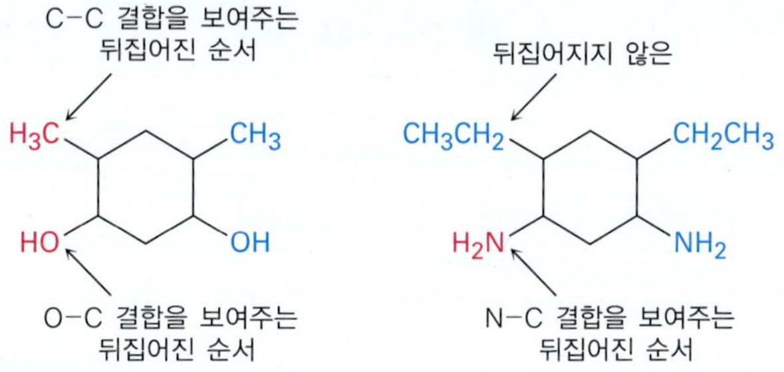

C−C 결합을 보여주는 뒤집어진 순서

H_3C CH_3 HO OH

O−C 결합을 보여주는 뒤집어진 순서

뒤집어지지 않은

CH_3CH_2 CH_2CH_3 H_2N NH_2

N−C 결합을 보여주는 뒤집어진 순서

예문 2.5 골격 구조를 해석하기

녹양박하 냄새를 내는 카본(carvone)의 구조는 아래와 같다. 각 탄소에 얼마나 많은 수소가 결합되어 있는지 말하고 카본의 분자식을 써라.

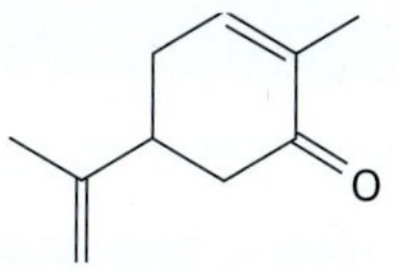

O 카본

풀이 선의 말단은 3개의 수소를 가진 탄소, CH_3를 나타냄을 기억하라. 또한 두 선의 교차점은 2개의 수소를 가진 탄소 원자, CH_2, 3개의 선이 교차하는 부위는 1개의 수소를 가진 탄소, CH, 그리고 4개 선의 교차 부위는 수소가 없는 탄소 원자임을 기억하라.

해답

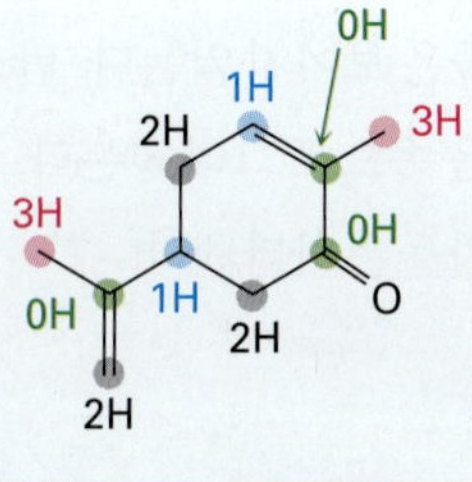

0H 1H 3H 2H 3H 0H 0H 1H O 2H 2H

카본, $C_{10}H_{14}O$

문제 2.15 다음의 골격 구조식을 분자식으로 변환하라. 그리하여 수소 몇 개가 각 탄소에 결합되어 있는지 말하라.

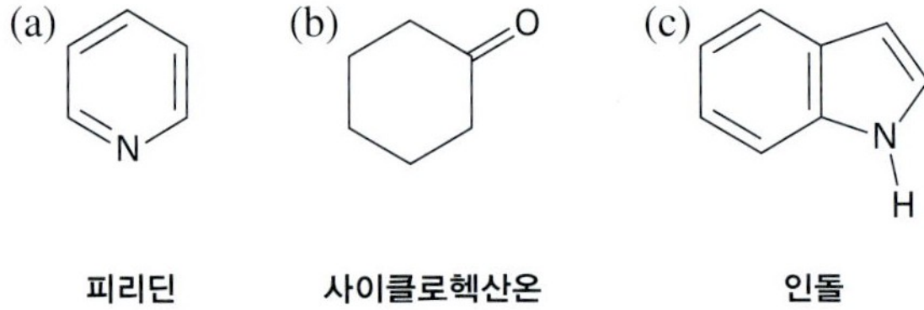

문제 2.16 다음 분자식에 대한 골격 구조를 제시하라.

(a) C_4H_8 (b) C_3H_6O (c) C_4H_9Cl

문제 2.17 다음 분자 모형은 햇볕타기 방지제의 주요 성분인 *파라*-아미노벤조산의 그림이다. 다중 결합의 위치를 표시하고 골격 구조를 그려라(회색 = C, 붉은색 = O, 파란색 = N, 상아색 = H).

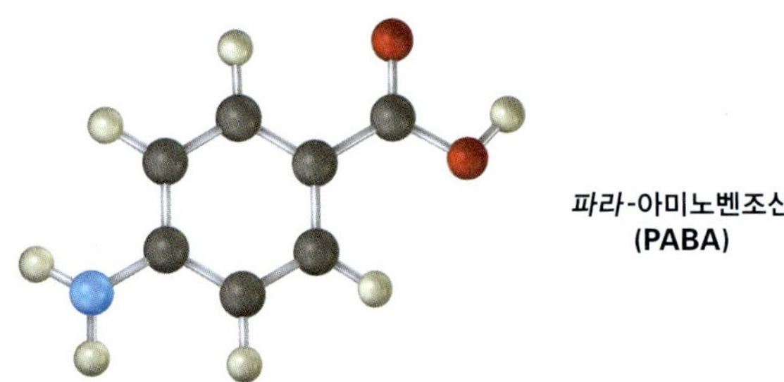

2.7 사이클로알케인

탄소 원자의 고리로 이루어진 화합물이 실제로 더 보편적이다. 포화된 고리형 탄화수소를 사이클로알케인(cycloalkane) 또는 지방족 고리(alicyclic, aliphatic cyclic) 화합물이라 한다. 그리고 $(CH_2)_n$ 또는 C_nH_{2n}의 일반식을 갖는다.

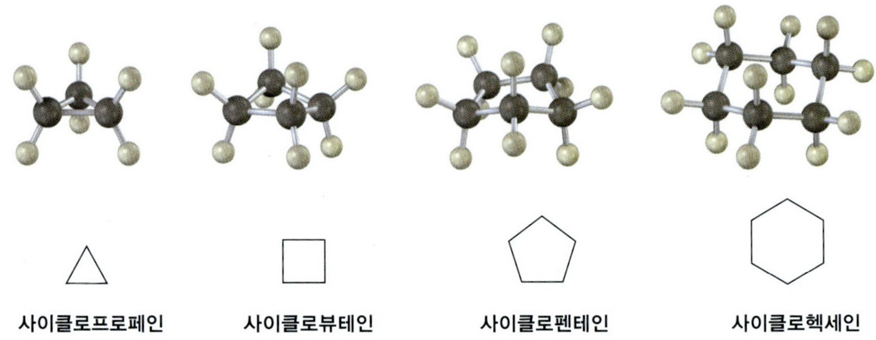

치환된 사이클로알케인은 열린 사슬 알케인의 그것들과 비슷한 규칙에 따라 명명한다. 대부분의 화합물에 대하여 다음의 두 단계만으로 명명한다.

1단계 모체를 찾아라.

고리 내의 탄소 원자의 수와 가장 큰 치환기 사슬의 수를 세라. 만약 고리 내의 탄소 원자의 수가 치환기 내의 수와 같거나 더 크다면, 화합물은 알킬이 치환된 사이클로알케인으로 명명한다. 만약 가장 큰 치환기 내의 탄소 원자의 수가 고리 내의 수보다 더 크면, 사이클로알킬이 치환된 알케인으로 화합물을 명명한다.

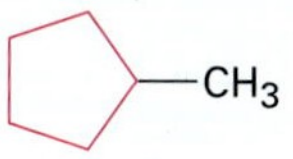

$-CH_3$ $-CH_2CH_2CH_2CH_3$

탄소 3개 탄소 4개

메틸사이클로펜테인 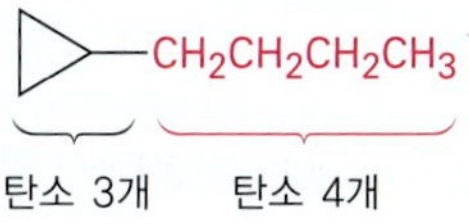 **1-사이클로프로필뷰테인**

2단계 치환체 결합된 위치에 번호를 매기고 이름쓰기

치환된 사이클로알케인에서는 치환기가 붙어 있는 지점에서 시작하여 고리를 돌아가면서 번호를 매긴다. 치환기 2개가 존재하면 알파벳의 우선순위로 번호를 매기되, 두 번째 치환기에 가장 낮은 번호가 되도록 한다.

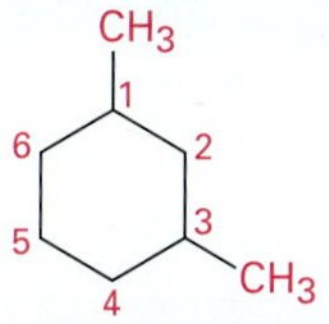

CH_3 1 2 3 4 5 6 CH_3 아님 CH_3 1 6 5 4 3 2 CH_3

1,3-다이메틸사이클로헥세인 **1,5-다이메틸사이클로헥세인**

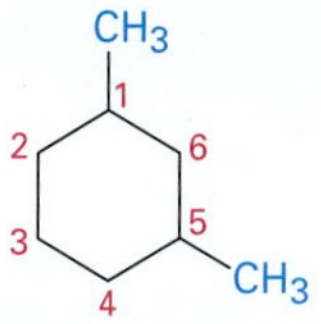

더 낮음 더 높음

H_3C 4 3 2 CH_2CH_3 1 CH_3 5 6 7

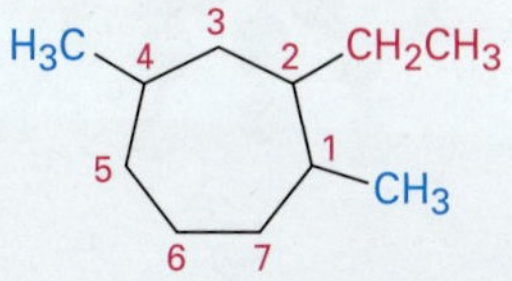

2-에틸-1,4-다이메틸사이클로헵테인

더 낮음 더 낮음

아님

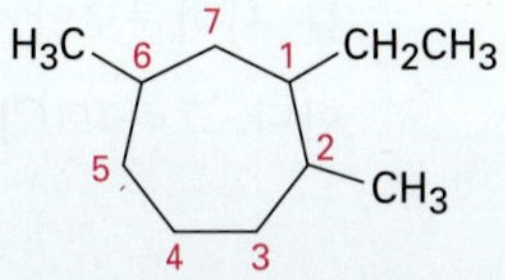

H_3C 6 7 1 CH_2CH_3 2 CH_3 5 4 3

1-에틸-2,6-다이메틸사이클로헵테인

더 높음

H_3C 1 2 3 CH_2CH_3 4 CH_3 7 6 5

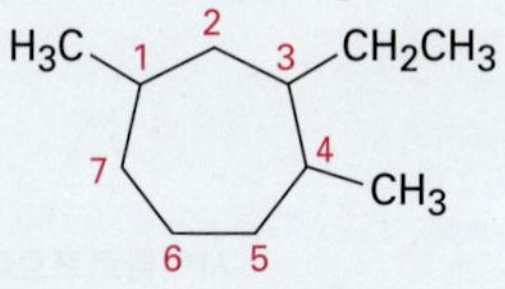

3-에틸-1,4-다이메틸사이클로헵테인

더 높음

문제 2.18 다음 사이클로알케인에 대한 IUPAC 명을 써라.

(a) CH_3, H_3C (b) CH_2CH_3, CH_3 (c) CH_3, CH_3

문제 2.19 다음 IUPAC 명에 해당하는 구조를 그려라.

(a) 1-*tert*-뷰틸-2-메틸사이클로펜테인

(b) 1,1-다이메틸사이클로뷰테인

(c) 1-에틸-4-아이소프로필사이클로헥세인

(d) 3-사이클로프로필헥세인

2.8 사이클로알케인에서의 시스–트랜스 이성질현상

여러 면에서 사이클로알케인의 행태는 열린 사슬인 비고리 알케인과 비슷하다. 둘 다 무극성이고 대부분의 시약에 대해 화학적으로 반응하지 않는다. 그러나 몇 가지 중요한 차이가 있는데, 하나의 차이는 사이클로알케인이 열린 사슬 알케인보다 유연성이 작다는 것이다. 비록 열린 사슬 알케인이 C–C 단일결합을 축으로 거의 자유롭게 회전하여도 사이클로알케인이 더 경직되어 있다. 예컨대, 사이클로프로페인은 기하학적으로 고정된 평면 분자로 경직되어 있어어 고리를 열어 절단하지 않고는 C–C 결합축으로 회전이 불가능하다(그림 2.9).

사이클로알케인은 고리 구조이기 때문에 '윗' 면과 '아랫' 면의 두 면을 가지며 그 결과

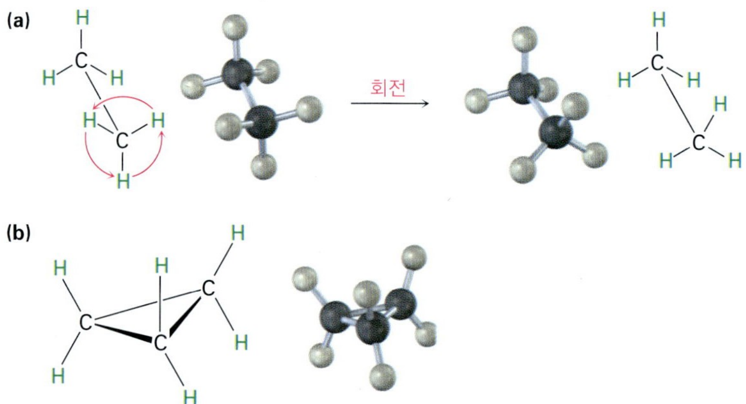

그림 2.9 (a) 에테인에서 탄소–탄소 결합 주위로 회전이 일어난다. (b) 사이클로프로페인의 구조. 고리를 열어 절단하지 않고는 C–C 결합축에 따라 회전이 불가능하다.

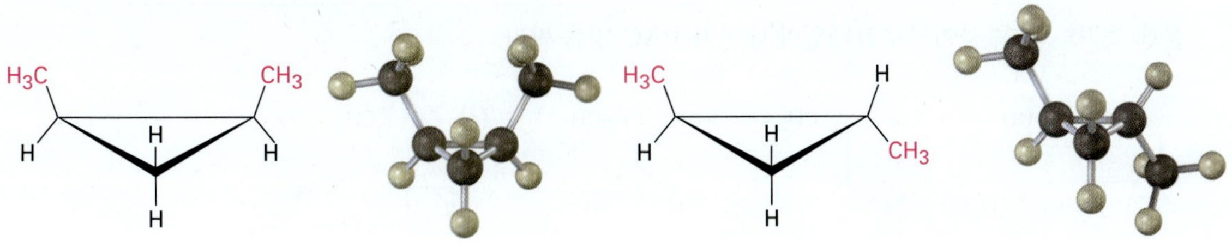

시스-1,2-다이메틸사이클로프로페인 **트랜스-1,2-다이메틸사이클로프로페인**

그림 2.10 1,2-다이메틸사이클로프로페인에는 2개의 이성질체가 존재하는데, 하나는 메틸기 2개가 고리의 같은 쪽에 있는 것(시스)이고 다른 하나는 메틸기가 고리의 반대쪽에 하나씩 있는 것(트랜스)이다. 이 두 이성질체는 상호 전환하지 않는다.

치환된 사이클로알케인에서는 이성질화가 가능하다. 예를 들면, 2개의 1,2-다이메틸사이클로프로페인 이성질체는 고리의 같은 쪽에 메틸기 2개가 같이 있는 것과 반대 방향에 하나씩 있는 것이다. 두 이성질체 모두 안정한 화합물이며, 결합을 절단함이 없이 상호전환할 수 없다(그림 2.10).

원자들 사이에 다른 결합 방식을 한 구성 이성질체인 뷰테인과 아이소뷰테인과는 달리(2.2절), 2개의 1,2-다이메틸프로페인은 결합 방식이 동일하나 원자들의 공간 배열에 있어서 다르다. 이처럼 결합 방식은 같으나 3차원 공간 배열이 다른 화합물을 입체화학적 이성질체 또는 **입체이성질체**(stereoisomers)라 한다. 더 일반적으로 **입체화학**이라는 용어는 화학 구조와 반응성의 3차원적 양상을 말해주기 위해 쓰인다.

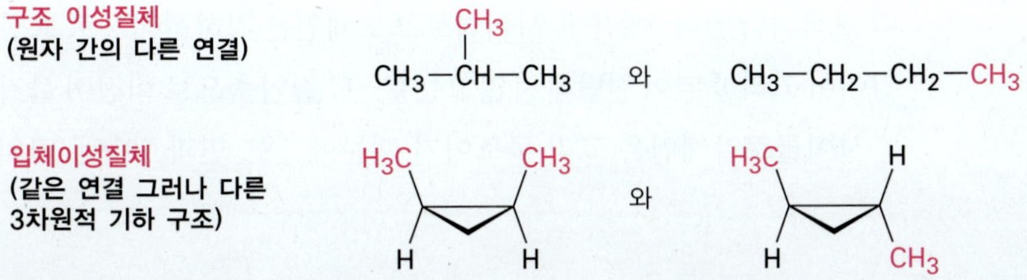

두 1,2-다이메틸사이클로프로페인은 **시스-트랜스 이성질체**(cis-trans isomer)라고 하는 특별한 종류의 입체이성질체이다. 접두사 *시스*-(라틴어로 '같은 측면')와 *트랜스*-(라틴어로 '교차하여')는 그들 사이를 구별하는 데 이용된다. 시스-트랜스 이성질현상은 치환된 사이클로알케인과 많은 고리형 생물학적 분자에서 보편적으로 일어난다.

예문 2.6 시스-트랜스 사이클로알케인 이성질체 명명하기

시스- 또는 트랜스- 접두사를 포함해 다음 물질의 이름을 말하라.

(a) (b)

풀이 이들 복습에서 고리는 대체적으로 지면의 평면 내에 있으며 쐐기 모양의 결합은 지면 밖으로 튀어나오고 점선결합은 지면 안으로 물러났다. 2개의 치환체는 만약 둘이 지면 밖이나 안에 있다면 시스이고, 하나가 지면 밖에 다른 하나가 지면 안에 있다면 트랜스이다.

해답 (a) *트랜스*-1,3-다이메틸사이클로펜테인 (b) *시스*-1,2-다이클로로사이클로헥세인

문제 2.20 *시스*-1-클로로-3-메틸사이클로펜테인을 그려라.

문제 2.21 1,2-다이브로모사이클로뷰테인의 시스와 트랜스 이성질체를 그려라.

문제 2.22 프로스타글랜딘 $F_{2\alpha}$는 출산하는 동안 자궁 수축을 야기하는 호르몬인데 다음 구조를 가진다. 사이클로펜테인 고리 위의 2개의 하이드록시기(−OH)는 서로 시스인가 또는 트랜스인가? 고리에 결합된 2개의 탄소 사슬은 어떠한가?

프로스타글랜딘 $F_{2\alpha}$

문제 2.23 *시스* 또는 *트랜스* 접두사를 포함해서 다음 물질을 명명하라(적갈색 = Br).

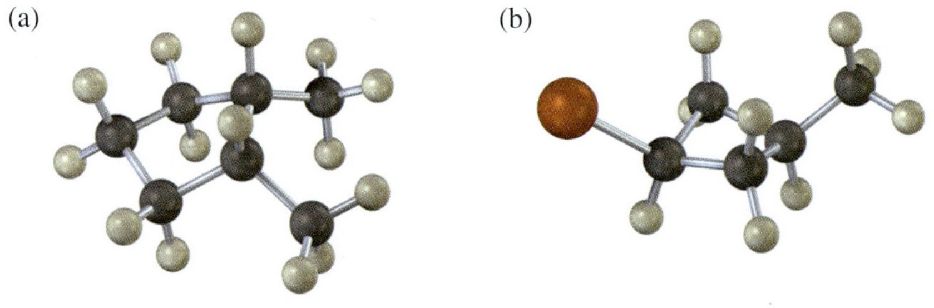

2.9 몇몇 사이클로알케인의 형태

유기 화학의 초창기에 사이클로알케인은 자주 유기 화학자들을 당혹스럽게 만들었다. 문제는 탄소의 결합각이 109.5°가 되려고 하는데 어떻게 사이클로프로페인과 사이클로뷰테

인의 존재가 가능한가이다. 무엇보다도, 사이클로프로페인은 60° 근처의 결합각으로 삼각형이어야 하고, 사이클로뷰테인은 90°에 가까운 결합각으로 정사각형이나 직사각형이 되어야 한다. 그럼에도 불구하고 이 화합물들은 존재하고 안정하다. 가장 보편적인 사이클로알케인을 살펴보자.

사이클로프로페인, 사이클로뷰테인 및 사이클로펜테인

그림 2.11a에 나타낸 것처럼, 사이클로프로페인은 C−C−C 결합각이 60°인 대칭성 분자이다. 정상적인 정사면체의 결합각 109.5°와의 편차는 분자 내에 **결합각 스트레인**(angle strain)을 가져오고, 이것이 그것의 에너지를 높여 스트레인이 없는 알케인보다 반응성을 더 크게 한다. 6개의 모든 C−H 결합은 이웃의 결합과 엇갈린 배열보다 가려진 배열을 가진다.

사이클로뷰테인과 사이클로펜테인은 그림 2.11b∼c에 나타낸 것처럼 평면이기보다 약간 오므라들었다. 이 오므라듦으로 인해 C−C−C 결합각이 다소 작게 되어 결합각 스트레인이 증가하게 된다. 동시에 이 오므라듦이 고리가 평면이라고 할 때 생기는 이웃한 C−H 결합의 가리는 상호작용을 경감시킨다.

사이클로헥세인

치환된 사이클로헥세인은 천연에 널리 존재하므로 가장 보편적인 사이클로알케인이다. 스테로이드와 많은 제약약품을 포함해서 수많은 화합물은 사이클로헥세인 고리를 가진다. 예컨대, 향기 좋은 멘톨은 육각 고리에 3개의 치환기를 가진다.

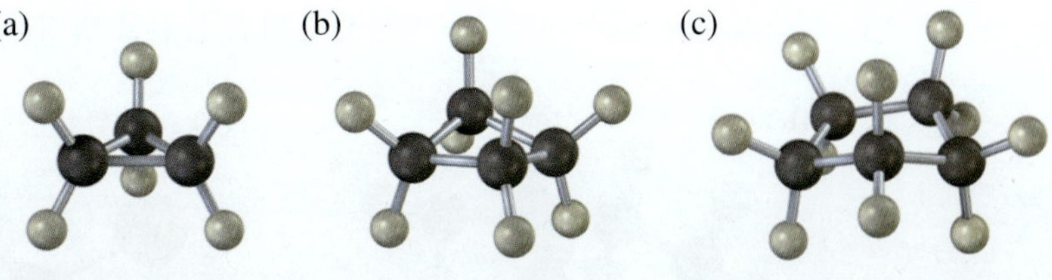

그림 2.11 (a) 사이클로프로페인, (b) 사이클로뷰테인, (c) 사이클로펜테인의 구조. 사이클로프로페인은 평면이나 사이클로뷰테인과 사이클로펜테인은 약간 오므라들었다.

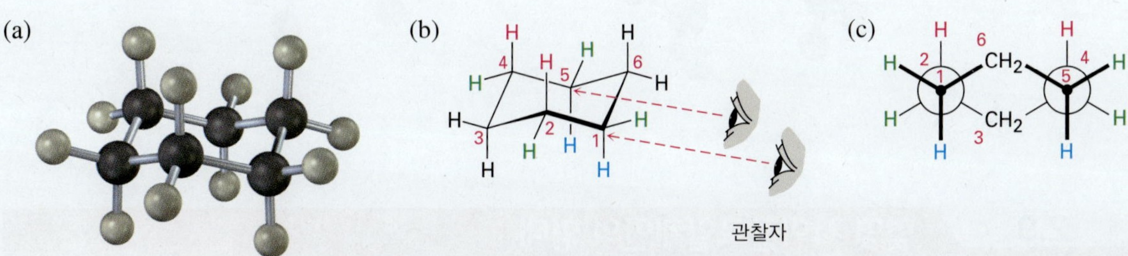

그림 2.12 사이클로헥세인의 스트레인이 없는 의자 형태. 모든 C-C-C 각도는 109°에 가까우며 이웃한 모든 C—H 결합들은 그림 (c)에서 똑바로 서서 보는 바와 같이 엇갈려 있다.

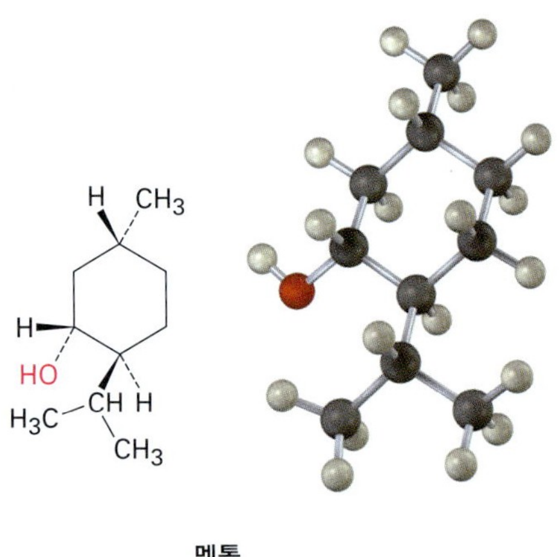

멘톨

사이클로헥세인은 평면이 아니고 **의자 형태**(chair conformation)라고 하는 스트레인이 없는 3차원 모양으로 오므라들어 C−C−C 결합각이 정사면체의 이상적인 값 109.5°에 가깝다(그림 2.12). 결합각 스트레인이 없을 뿐만 아니라 의자형 사이클로헥세인은 이웃한 C−H 결합이 엇갈려 있으므로 모든 C−H 가림이 없다.

의자 형태는 다음의 세 단계로 그린다.

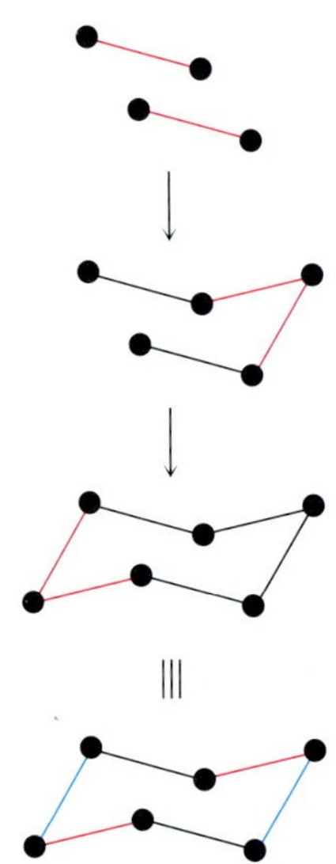

1단계 비스듬하게 아래로 향하면서 나란히 가는 평행선 2개를 그려라. 이것은 평면 상에 사이클로헥세인의 4개의 탄소가 놓인다는 뜻이다.

2단계 이 평면의 오른쪽 상단에 꼭대기 탄소를 놓고 결합을 연결하라.

3단계 중간의 4개의 탄소로 만들어진 평면의 왼쪽 하단에 가장 낮은 탄소를 놓고 결합을 연결하라. 하단 및 상단 탄소에 연결한 결합은 서로 평행임에 주목하라.

사이클로헥세인을 볼 때, 아래에 있는 선은 앞쪽으로, 위에 있는 선은 뒤쪽으로 놓여 있다는 것을 기억하는 것이 중요하다. 만약 이러한 규약을 정의해 놓지 않으면, 이와 반대로 생각하는 시각적인 착각이 나타날 수 있다. 명확하게 하기 위해, 이 교재에 있는 사이클로헥세인 고리는 앞쪽(더 낮은) 결합이 관찰자에게 더 가까이 있다는 것을 나타내기 위해서 짙은 선으로 나타내었다.

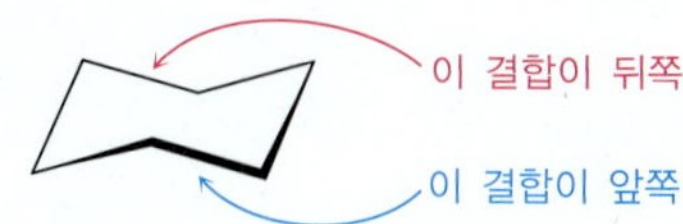

2.10 사이클로헥세인의 축방향 및 적도방향 결합

사이클로헥세인이 의자 형태를 가짐에 따라 많은 화학적 결과를 나타낸다. 예컨대, 우리는 14.5절에서 글루코오스와 같은 탄수화물은 사이클로헥세인 의자형에 기초한 형태를 취하며 그 결과 직접적으로 화학이 영향을 받는다.

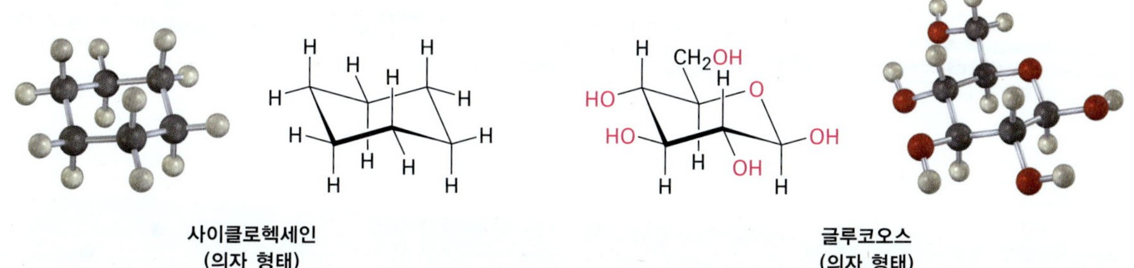

의자 형태의 또 다른 결과는 사이클로헥세인 고리에 있는 치환체에 두 종류의 자리, 즉 축방향(axial)과 적도방향 자리가 있다는 것이다(그림 2.13). 6개의 **축방향 자리(axial position)**는 고리에 수직하며 고리축에 평행하고 6개의 **적도방향 자리(equatorial position)**는 고리 적도 주위로 대략적으로 고리의 면에 있다. 각 탄소 원자는 1개의 축방향과 1개의 적도방향 자리를 가지며 고리 각각의 측면에 3개의 축방향 자리와 3개의 적도방향 자리가 교대로 배열된다.

사이클로헥세인의 기하 구조를 토론하면서 *시스*와 *트랜스*라는 단어를 쓰지 않았음에 주목하라. 고리의 같은 쪽에 있는 두 수소는 그들이 축방향 또는 적도방향에 관계없이 그

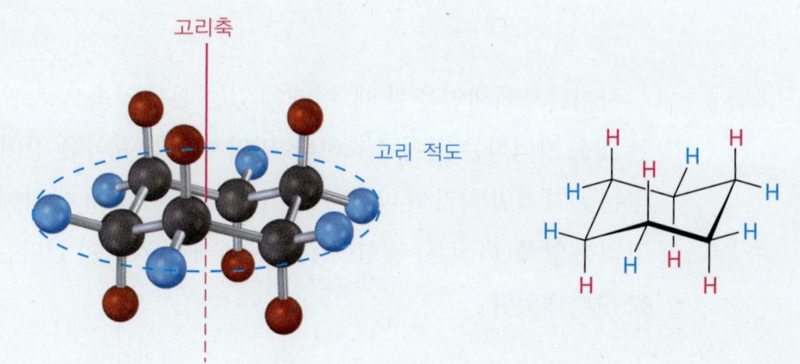

그림 2.13 사이클로헥세인의 축방향(붉은색)과 적도(파란색)방향 수소 원자. 6개의 축방향 C–H 결합은 고리의 축에 평행하며 6개의 적도방향 C–H 결합은 고리 적도의 일대에 놓여 있다.

축방향 결합: 각 탄소 위의 6개의 축방향 결합은 평행하며 교대로 위와 아래로 향한다.

적도방향 결합: 각 탄소 위의 6개의 적도방향 결합은 2개의 평행선이 3쌍 있다. 각 쌍은 2개의 고리 결합에 또한 평행하다. 적도방향 결합은 고리 주위를 번갈아가면서 위아래로 향한다.

완성된 사이클로헥세인

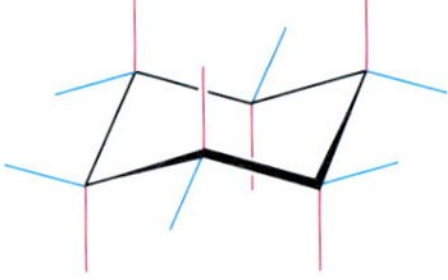

그림 2.14 사이클로헥세인의 축방향 및 적도방향 결합을 그리는 절차

리고 이웃에 있든지 없든지 관계없이 항상 시스이다. 비슷하게, 고리의 반대쪽에 있는 두 수소는 항상 트랜스이다.

축방향 및 적도방향 결합은 그림 2.14에 나타난 절차에 따라 그릴 수 있다.

문제 2.24 메틸기가 축방향인 것과 적도방향인 메틸사이클로헥세인의 의자형 2개의 구조를 그려라.

2.11 사이클로헥세인의 형태 이동도

의자형 사이클로헥세인이 축방향과 적도방향이라는 두 종류의 자리를 가지기 때문에 일치환 사이클로헥세인에는 2가지 이성질체가 존재할 것이라고 생각할 수 있다. 실제로, 사이클로헥세인 고리는 상온에서 형태적으로 이동성이므로 하나의 메틸사이클로헥세인, 하나의 브로모사이클로헥세인, 하나의 사이클로헥산올(하이드록시사이클로헥세인) 등만이 존재한다. 다른 의자 형태는 **고리업침**이라는 과정에 의해 쉽게 상호전환한다.

의자형 사이클로헥세인의 고리엎침은 그림 2.15에서 볼 수 있다. 개념상으로 의자형 사이클로헥세인은 중간의 네 탄소 원자를 고정시킨 채 양 끝을 반대 방향으로 젖히면 고리가 엎친다. 하나의 의자 형태에서 축방향의 치환기는 고리엎친 의자형에서는 적도방향 치환기가 되며 적도방향의 것은 축방향의 치환기가 된다. 예컨대, 축방향 메틸사이클로헥세인은 고리엎침 후에 적도방향 메틸사이클로헥세인이 된다. 이와 같은 상호 변환이 상온에서 빠르게 일어나므로 축방향과 적도방향만의 확실한 이성질체를 분리할 수 없고 두 이성질체가 상

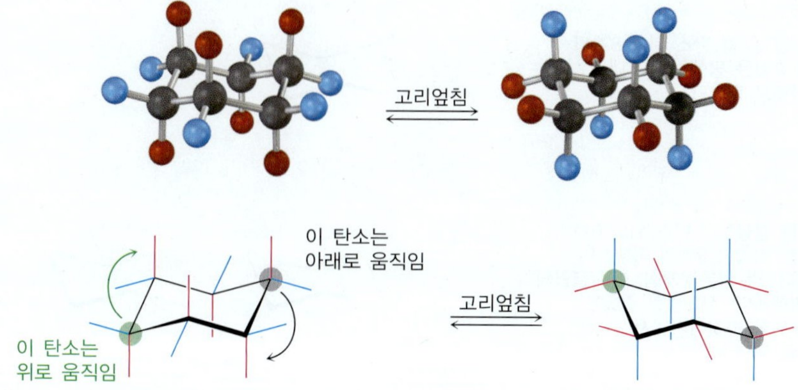

그림 2.15 사이클로헥세인의 의자형에서 고리엎침으로 축방향 자리와 적도방향 자리가 전환된다. 출발 구조에서 축방향(붉은색)인 것은 고리엎친 구조에서 적도방향이 되고 출발 구조에서 적도방향(파란색)인 것은 고리엎친 후에 축방향이다.

호전환하는 혼합물만을 얻을 수 있다.

비록 축방향과 적도방향 메틸사이클로헥세인이 빠르게 상호전환한다고 해도 그들의 안정도는 같지 않다. 적도방향의 형태가 축방향 형태보다 7.6 kJ/mol(1.8 kcal/mol)만큼 더 안정한데, 이것은 어느 순간 약 95%의 메틸사이클로헥세인 분자가 적도방향의 메틸기를 가지는 것을 의미한다. 이 에너지 차이는 탄소 1의 축방향 메틸기와 탄소 3과 5 위의 축방향 수소 원자 사이에 생기는 불리한 **입체적**(공간적) 상호작용 때문이다. 이러한 소위 **1,3-이축방향 상호작용**(1,3-diaxial interaction)은 축방향 메틸기와 그것에 인접해 있는 축방향 수소가 너무 가까이 있어 7.6 kJ/mol에 해당하는 **입체 스트레인**(steric strain)을 끌어들이기 때문이다(그림 2.16).

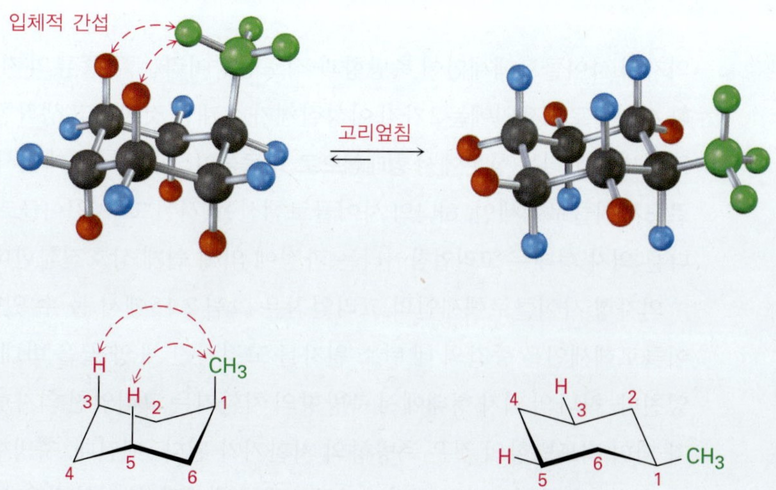

그림 2.16 축방향 대 적도방향 메틸사이클로헥세인. 축방향 메틸사이클로헥세인의 1,3-이축방향 입체 상호작용(공간채움 모형으로 보면 쉽다)이 적도방향 형태를 7.6 kJ/mol만큼 더 안정하게 만든다.

다른 일치환 사이클로헥세인에서도 메틸사이클로헥세인과 같아서 적도방향의 자리에 치환기가 있는 것이 항상 축방향의 것보다 더 안정하다. 치환기의 크기가 클수록 입체 스트레인도 증가하리라 예상할 수 있다.

예문 2.7 처환된 사이클로헥세인의 형태 그리기

1,1-다이메틸사이클로헥세인의 의자형을 그리고, 어느 메틸기가 수직 방향이고 어느 것이 적도방향인지 표시하라.

풀이 의자형 사이클로헥세인 고리를 그리고 나서 똑같은 탄소에 2개의 메틸기를 붙인다. 고리의 대략적인 평면에 있는 메틸기는 적도방향이고 다른 하나(고리의 위 또는 아래)는 축방향이다.

해답

축방향 메틸기
CH_3
CH_3
적도방향 메틸기

문제 2.25 모든 수소 원자들이 나타난 브로모사이클로헥세인의 2가지 다른 의자 형태를 그려라. 축방향 또는 적도방향으로 모든 자리를 표시하라. 2개의 형태 중 어느 것이 더 안정하다고 생각하는가?

문제 2.26 *시스*-1,2-다이클로로사이클로헥세인의 의자 형태를 그려라. 왜 기 하나는 축방향이고 다른 하나는 적도방향이어야 하는가?

문제 2.27 *트랜스*-1,2-다이클로로사이클로헥세인의 의자 형태를 그려라. 그리고 왜 2개의 기가 축방향과 적도방향인지 설명하라.

문제 2.28 다음 화합물을 명명하고 각 치환기가 축방향인지 적도방향인지 확인하라. 그리고 아래의 형태가 더 안정한 의자 형태인지 또는 덜 안정한 의자 형태(회색 = C, 연두색 = Cl, 상아색 = H)인지 말하라.

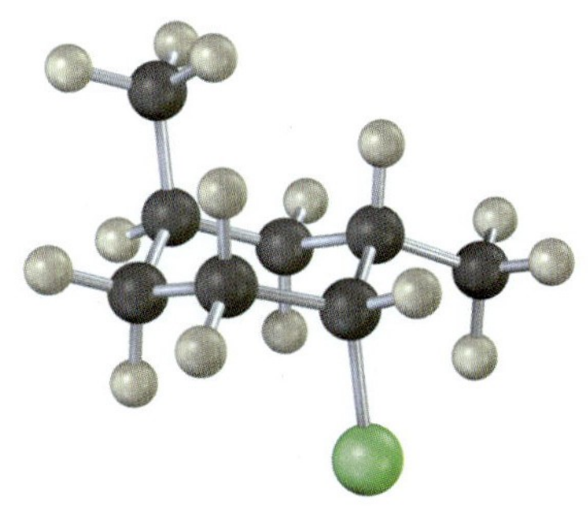

생활 속의 유기 화학

약의 근원은 어디인가?

남성 불임을 치료하기 위해 1998년 3월에 판매허가된 Viagra는 1600만 이상의 남성이 이용하였다. 그것은 또한 폐 고혈압을 치료하는 데 이용되며 현재 임신 시 매년 7만의 죽음의 원인이 되는 복잡한 임신 중독증의 치료제로서 연구가 수행되고 있다. 이와 같은 신약의 근원은 어디인가?

미국의 주요 제약회사는 약 연구와 개발에 연당 330억불가량 소비한다고 평가되는 반면, 정부기관과 사설재단은 또 다른 280억불을 소비한다. 이 돈으로 무엇을 사는가? 그 돈으로 1981년부터 2004년 동안 전부 합쳐 912개의 신 분자물품(NMEs)—미국 식품 및 의약청(FDA)에서 판매가 허가된 생리활성물질—을 생산하였다. 그것은 매년 모든 병과 조건에 걸쳐 평균적으로 단지 38개의 신 의약품일뿐이다. 그리고 그 숫자는 점차 줄어서 2004년에는 단지 23개 NMEs만 허가되었다.

신약의 근원은 어디인가? 미국 국립 암연구소에서 수행된 연구에 의하면 33%의 신약만 전적으로 합성된 것으로 천연에서 발생되는 물질과 완전히 무관하였다. 나머지 67%는 어느 정도는 천연에서 선도물질을 취하였다. 백신과 생물학 근원의 유전공학제품인 단백질은 NMEs의 15%에 달한다. 그러나 대부분의 신약은 천연원료의 제품이다. 성장하는 조직에서 직접 분리된 변형된 NMEs의 천연물은 28%에 달하고 실험실에서 화학적으로 변형된 천연 생성물은 남은 24%에 달한다.

신약의 기원(1981~2004)

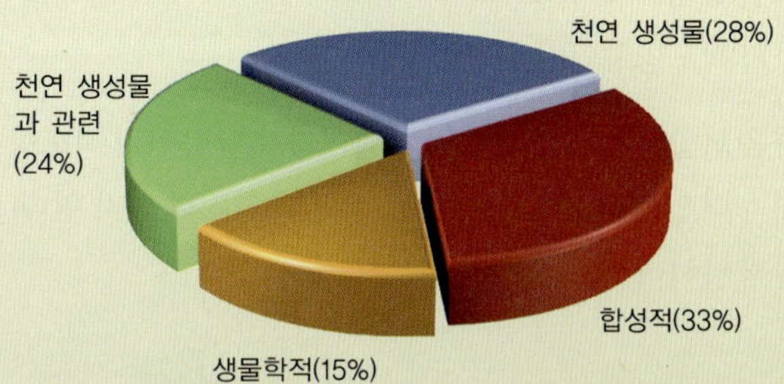

신 분자물품으로서 궁극적으로 허가를 받을 수 있는 한 가지 화합물을 확인하기 위해 수천의 물질을 가려내는 데 수년의 작업을 한다. 그러나 단일 화합물이 확인된 후에 작업은 이제 시작인데 그것은 약이 허가 과정을 거치는 데 평균 9~10년 걸리기 때문이다. 첫째 약의 안정성이 동물로 보여주어야 하고 경제적인 제조법이 만들어져야 한다. 이러한 예비사항을 가지고 신약조사신청서(IND)를 인간에 시험할 수 있는 허가를 얻기 위해 FDA에 제출한다.

인간에 대한 시험은 5~7년 걸리며 3상으로 구분한다. 상 I 임상실험은 안전성을 수립하기 위해 건강한 지원자의 소집단에 시행한다. 그리고 부작용 효과를 찾아본다. 수개월 내지 1년이 필요하다. 이 시점에서 대략 약의 70%만 합격한다. 상 II 임상실험은 다음으로 약을 1~2년간 수백명의 환자에게 안전성과 효과를 찾아보면서 병과 조건을 목표로 수행한다. 최종적으로, 상 III 시도는 약의 안정성, 용법 및 효과를 틀림없이 문서화하기 위해 많은 환자의 예를 책임있게 보장한다. 만약 약이 상 III 의 종말에 맞는 것이 원 그룹의 25%가 된다면, 모든 데이터를 신약응용(New Drug Application: NDA)에 모아 평가와 허가를 위해서 FDA로 보낸다. 이것은 또 다른 2년이 걸린다. 10년이 지나고 적어도 5억불을 써서 시험을 시작할 수 있는 약은 성공률이 20% 뿐이다. 최종적으로, 이 과정을 거친 후 약이 의료예에 나타나기 시작한다. 다음 시간선도는 과정을 보여 준다.

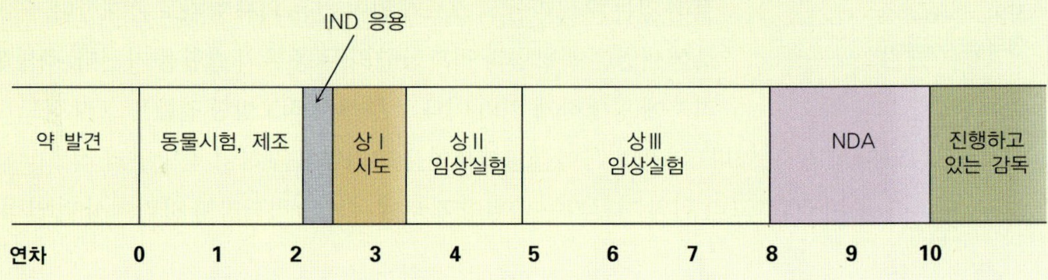

요약과 주요용어

가려진 형태 eclipsed conformation
가지달린 사슬 알케인 branched-chain alkane
결합각 스트레인 angle strain
고리엎침 ring-flip
곧은 사슬 알케인 straight-chain alkane
골격 구조 skeletal structure
구성 이성질체 constitutional isomer
노말(*n*) 알케인 normal alkane
사이클로알케인 cycloalkane
시스-트랜스 이성질체 cis-trans isomer
알케인 alkane
알킬기 alkyl group

비록 알케인이 비교적 비활성이고 화학반응에 별로 관련이 없다고 해도 몇몇 중요한 일반적인 생각을 소개하는 데 유용한 수단이다. 이 장에서 유기 화합물을 명명하기 위한 기본적인 접근과 분자의 3차원적 양상의 일부를 보기 위해 알케인을 이용하였다.

작용기(functional group)는 특별한 화학 반응성을 가지는 큰 분자 내의 1개의 원자나 원자들의 그룹이다. 작용기는 붙어 있는 모든 분자에서 대체적으로 같은 성질을 나타내므로 유기 분자의 반응은 주로 작용기에 의해 결정된다.

알케인은 C_nH_{2n+2}의 일반식을 가지는 **포화 탄화수소**의 군이다. 작용기를 가지고 있지 않으므로 화학적으로 반응성이 없고 **곧은 사슬** 또는 **가지달린** 알케인이 있다. 알케인은 일련의 IUPAC 규칙에 따라 명명한다. **이성질체**는 동일한 화학식을 가지나 다른 구조를 가지는 화합물로서 가장 간단한 알케인을 제외한 모든 알케인에 존재한다. 뷰테인과 아이소뷰테인처럼 같은 화학식을

엇갈린 형태 staggered conformation
이성질체 isomers
입체 스트레인 steric strain
입체이성질체 stereoisomer
입체화학 stereochemistry
의자 형태 chair conformation
작용기 functional group
적도방향 자리 equatorial position
지방족 aliphatic
축방향 자리 axial position
탄화수소 hydrocarbon
톱질대 표시법 sawhorse representation
투영도 Newman projection
포화 saturated
형태 conformation

가지나 원자들의 연결 방식이 다른 화합물을 **구성 이성질체**라 부른다.

알케인은 궤도함수의 정면 겹침으로 생성되었기 때문에 C−C 결합을 축으로 한 회전이 가능하다. 따라서 알케인은 빠르게 상호전환하면서 여러 개의 **형태**를 취하게 된다. **엇갈린 형태**가 **가려진 형태**보다 더 안정하다.

사이클로알케인은 탄소 원자로 된 고리로 C_nH_{2n}의 일반식을 가진다. C−C 결합을 축으로 완전한 회전이 불가능하기 때문에 형태 이동도는 감소되고 이치환 사이클로알케인은 **시스−트랜스 이성질체**로 존재할 수 있다. 시스 이성질체는 치환기 2개를 고리의 같은 쪽에 가지고 있고 트랜스 이성질체에서는 고리의 반대쪽에 치환기가 있다.

사이클로헥세인은 천연에 널리 존재하므로 고리 중 가장 보편적이다. 사이클로헥세인은 모든 결합각이 거의 109°이며, 이웃한 모든 C−H 결합이 엇갈려 있는 오므라들고 스트레인이 없는 **의자 형태**로 존재한다. 의자형 사이클로헥세인은 축방향과 적도방향의 두 종류의 결합을 가진다. **축방향 결합**은 고리축에 평행하게 위와 아래로 향하며 **적도방향 결합**은 고리 적도 주변의 지대 내에 놓여 있다. 의자형 사이클로헥세인은 **고리엎침**을 하여 축방향과 적도방향 자리가 서로 바뀐다. 고리 위의 치환기는 축방향 자리에서보다 적도방향 자리에서 더 안정하다.

연습

【눈으로 보는 화학】 문제 2.1~2.28은 장 내에서 볼 수 있다.

2.29 다음 물질의 작용기를 확인하고, 각 그림을 분자식으로 전환하라(회색 = C, 붉은색 = O, 파란색 = N, 상아색 = H).

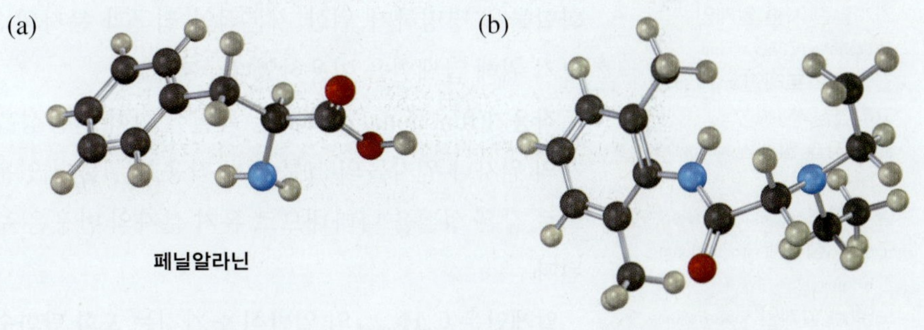

(a) 페닐알라닌 (b) 리도케인

2.30 다음 물질의 IUPAC 명을 쓰고, 각 그림을 골격 구조로 전환하라.

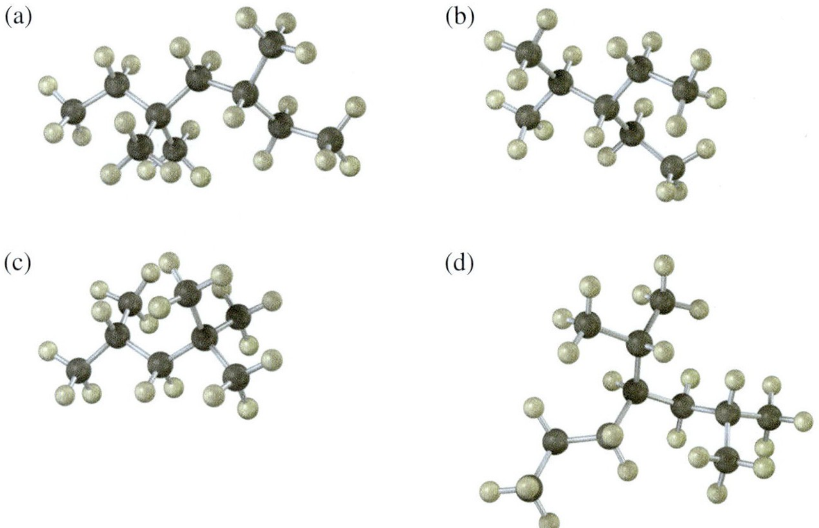

2.31 3개의 치환기—붉은색, 초록색 및 파란색—를 가진 삼치환 사이클로헥세인이 고리 엎침을 하여 다른 모양의 의자 형태가 된다. 각 치환기가 축방향인지 적도방향인지 확인하라. 그리고 고리엎침형에서 이들 3개의 치환기의 자리를 나타내라.

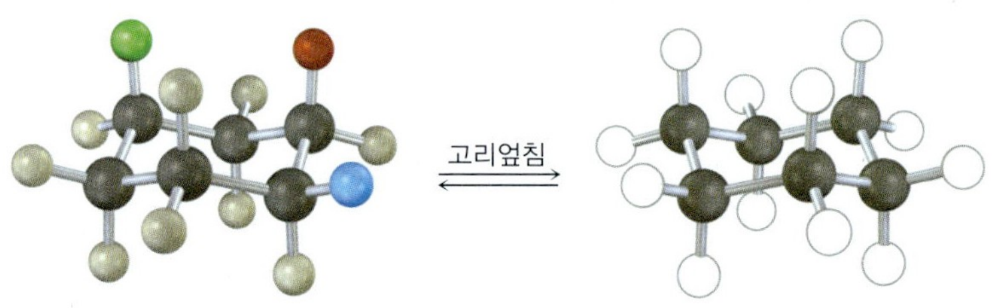

2.32 글루코오스는 평형에서 36:64 비율의 2개의 형태로 존재한다. 각각의 골격 구조를 그려라. 그들 사이의 차이를 기술하고 둘 중 어느 것이 안정한지 말하라(붉은색 = O).

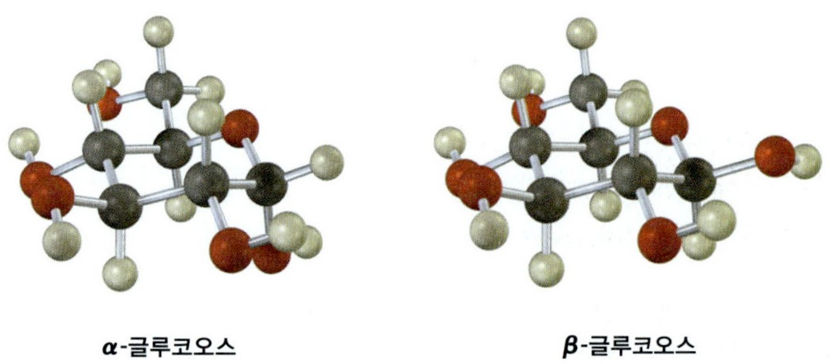

2.33 다음 사이클로헥세인 유도체는 붉은색, 초록색 및 파란색의 3개의 치환체를 가진다. 각 치환체가 축방향 또는 적도방향인지 확인하라. 그리고 각 쌍의 관계(붉은색

-파란색, 붉은색-초록색 및 파란색-초록색)는 시스 또는 트랜스인지 확인하라.

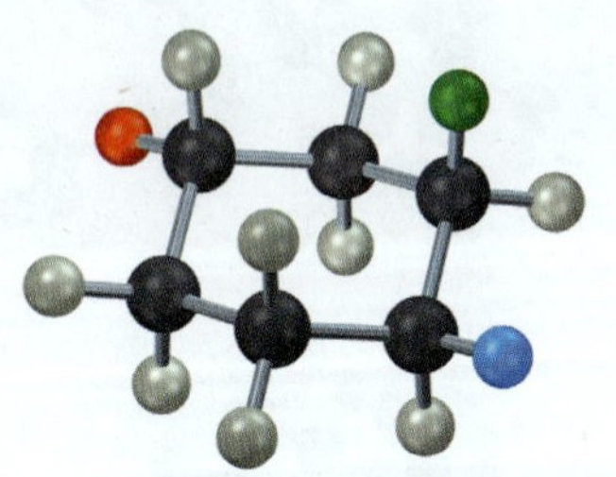

【보충문제】

작용기와 이성질현상

2.34 다음 기술에 맞는 구조를 가능한 한 모두 써라.

(a) 화학식이 $C_4H_{10}O$인 알코올 (b) 화학식이 $C_5H_{13}N$인 아민

(c) 화학식이 $C_5H_{10}O$인 케톤 (d) 화학식이 $C_5H_{10}O$인 알데하이드

(e) 화학식이 $C_4H_{10}O$인 에터 (f) 화학식이 $C_4H_8O_2$인 에스터

2.35 화학식 C_3H_8O를 가지는 구성 이성질체는 몇 개인가? 이들을 모두 그려라.

2.36 다음 작용기에서 탄소는 어떤 혼성 궤도함수를 가지는가?

(a) 카복실산 염화물 (b) 싸이올 (c) 이민 (d) 알데하이드

2.37 다음에 알맞은 구조를 제시하라.

(a) 알켄, C_7H_{14} (b) 사이클로알켄, C_3H_4

(c) 케톤, C_4H_8O (d) 나이트릴, C_5H_9N

(e) 다이알켄, C_5H_8 (f) 다이알데하이드, $C_4H_6O_2$

2.38 다음 설명에 맞는 분자 구조를 제시하라.

(a) 탄소 6개로 된 알켄 (b) 탄소 5개로 된 사이클로알켄

(c) 탄소 5개로 된 케톤 (d) 탄소 4개로 된 아마이드

(e) 탄소 5개의 에스터 (f) 방향족 알코올

2.39 다음 내용을 가지는 화합물의 구조를 제시하라.

(a) 4차 탄소 (b) 4개의 메틸기

(c) 아이소프로필기 (d) 2개의 3차 탄소

(e) 2차 탄소에 결합된 아미노기($-NH_2$)

2.40 다음 분자에서 작용기의 자리를 말하고 무엇인지 확인하라. 각 선의 교차점과 말단은 타당한 수의 수소가 붙어 있는 탄소 원자를 나타낸다.

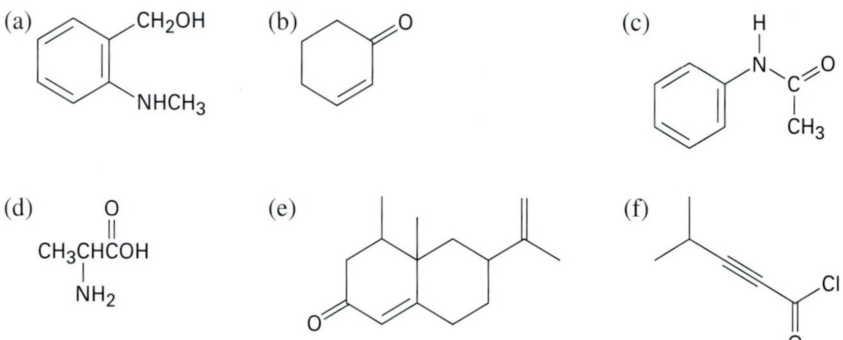

2.41 2,5-다이메틸헥세인의 일염소 유도체를 모두 써라.

2.42 펜텐의 단일브로모 유도체, $C_5H_{11}Br$을 모두 써라.

2.43 다음 화합물의 각각에 대해 동일한 작용기를 가진 구성 이성질체를 그려라.

(a) $CH_3CH(CH_3)CH_2CH_2Br$ (b) OCH_3 (c) $CH_3CH_2CH_2C{\equiv}N$

(d) OH (e) CH_3CH_2CHO (f) CH_2CO_2H

2.44 다음의 각 세트에서 어느 구조가 동일 화합물이고 어느 것이 다른 화합물인가?

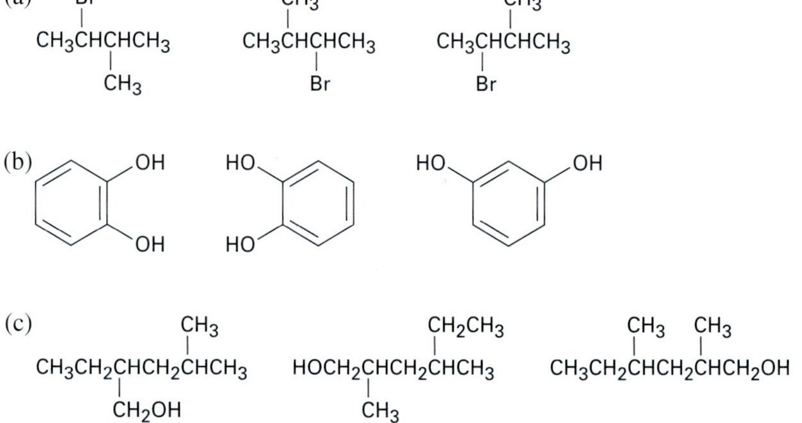

명명하기와 화학 구조 그리기

2.45 다음 알케인의 IUPAC 명을 말하라.

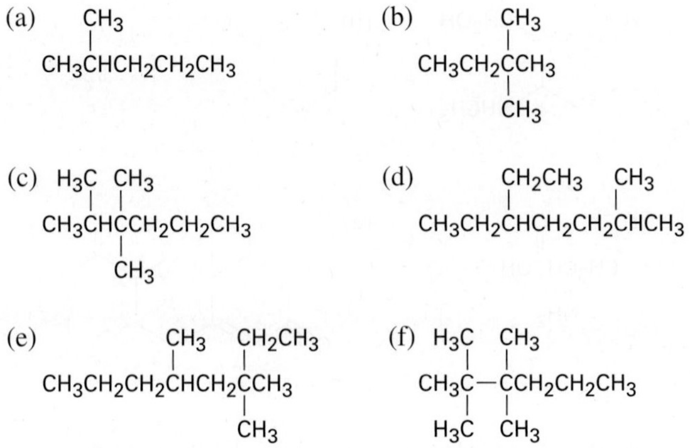

(a) $CH_3CH(CH_3)CH_2CH_2CH_3$

(b) $CH_3CH_2C(CH_3)_2CH_3$

(c) $CH_3CH(CH_3)C(CH_3)_2CH_2CH_2CH_3$

(d) $CH_3CH_2CH(CH_2CH_3)CH_2CH_2CH(CH_3)CH_3$

(e) $CH_3CH_2CH_2CH(CH_3)CH_2C(CH_2CH_3)(CH_3)CH_3$

(f) $CH_3C(CH_3)_2{-}C(CH_3)_2CH_2CH_2CH_3$

2.46 다음 물질의 구조식을 그려라.

(a) 2-메틸헵테인 (b) 4-에틸-2-메틸헥세인

(c) 4-에틸-3,4-다이메틸옥테인 (d) 2,4,4-트라이메틸헵테인

(e) 1,1-다이메틸사이클로펜테인 (f) 4-아이소프로필-3-메틸헵테인

2.47 C_6H_{14}의 5개 이성질체에 대한 IUPAC 명을 써라.

2.48 다음 분자의 구조를 그려라.

(a) 바이아세틸(biacetyl), $C_4H_6O_2$, 버터의 향기를 가진 물질로 고리가 없고 탄소–탄소 다중 결합이 없다.

(b) 에틸렌이민(ethylenimine), C_2H_5N, 멜라민 중합체를 만드는 데 쓰이는 물질로 다중 결합이 없다.

(c) 글리세롤(glycerol), $C_3H_8O_3$, 화장품을 만드는 데 쓰이는 물질로 각 탄소에 –OH기를 가진다.

2.49 다음 화합물의 IUPAC 명을 써라.

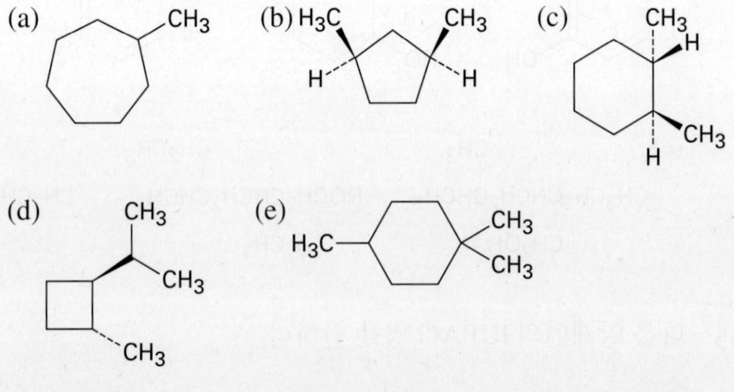

(a) CH_3 (b) H_3C CH_3 H H (c) CH_3 H CH_3 H

(d) CH_3 CH_3 CH_3 (e) H_3C CH_3 CH_3

2.50 다음에 관하여 구조를 제시하고 올바른 IUPAC 명을 써라.

(a) 다이메틸옥테인

(b) 다이에틸다이메틸헥세인

(c) 3개의 메틸기를 가진 사이클로알케인

2.51 다음의 이름은 올바르지 않다. 구조를 그리고, 적절한 IUPAC 명을 말하라.

(a) 2,2-다이메틸-6-에틸헵테인 (b) 4-에틸-5,5-다이메틸펜테인

(c) 3-에틸-4,4-다이메틸헥세인 (d) 5,5,6-트라이메틸옥테인

형태와 시스-트랜스 이성질현상

2.52 브로모에테인에서 C−C 결합에 관한 회전 장벽은 15.0 kJ/mol(3.6 kcal/mol)이다. 가려진 형태에서 각 수소−수소 상호작용이 3.8 kJ/mol(0.9 kcal/mol)에 해당한다면, 수소−브로민의 가려진 형태에서의 상호작용은 얼마인가?

2.53 *시스*-1-*tert*-뷰틸-4-메틸사이클로헥세인은 거의 전적으로 아래에 나타낸 형태로 존재한다. 이것은 *tert*-뷰틸 치환기와 메틸 치환기의 상대적인 크기에 관해 무엇을 말해 주는가?

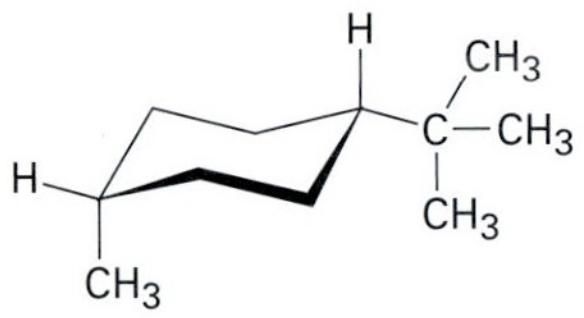

H, CH_3, C, CH_3, CH_3, H, CH_3

시스-1-*tert*-뷰틸-메틸사이클로헥세인

2.54 2-메틸뷰테인의 C2−C3 결합을 따라가 보면, 두 종류의 엇갈린 형태가 존재한다. 이들의 Newman 투영도를 그리고, 어느 것이 더 안정한지 말하고 그 이유를 설명하라.

2.55 2-메틸뷰테인의 C2−C3 결합을 따라가 보면(문제 2.54), 2개의 가능한 가려진 형태가 또한 존재한다. 그것들을 Newman 투영도로 그리고, 여러분이 생각하기에 어느 것이 에너지가 더 낮은지 말하고 그 이유를 설명하라.

2.56 *시스*-1.3-다이메틸사이클로헥세인 또는 *트랜스*-1.3-다이메틸사이클로헥세인 중 어느 것이 더 안정한가? 양자의 의자 형태를 그리고, 여러분의 답을 설명하라.

2.57 *트랜스*-1,2-다이메틸사이클로헥세인의 보다 안정한 의자 형태를 그려라. 메틸기는 축방향인가 혹은 적도방향인가?

2.58 *시스*-1,2-다이메틸사이클로헥세인의 가장 안정한 의자 형태를 그려라. 메틸기는 축방향인가 혹은 적도방향인가? *시스*-1,2-다이메틸사이클로헥세인과 *트랜스*-1,2-다이메틸사이클로헥세인 중 어느 것이 더 안정한가(문제 2.57)? 설명하라.

2.59 다음 쌍의 화합물들이 동일한지, 구성 이성질체인지, 입체이성질체인지, 또는 관련이 없는지 말하라.

(a) *시스*-1,3-다이브로모사이클로헥세인과 *트랜스*-1,4-다이브로모사이클로헥세인

(b) 2,3-다이메틸헥세인과 2,5,5-트라이메틸펜테인

(c)

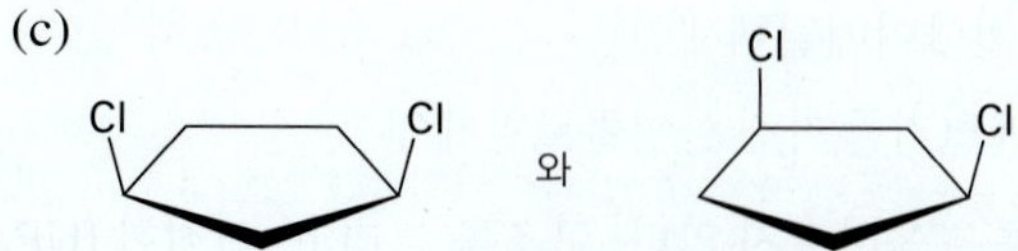

2.60 *트랜스*-1,3-다이메틸사이클로뷰테인의 입체이성질체를 그려라.

2.61 *시스*-1,2-다이브로모사이클로펜테인의 2개의 구성 이성질체를 그려라.

통합문제 **2.62** 글루코오스에서 $-OH$기 사이의 관계가 시스 또는 트랜스인지 각 쌍(붉은색–파란색, 붉은색–초록색, 붉은색–검은색, 파란색–초록색, 파란색–검은색, 초록색–검은색)을 확인하라.

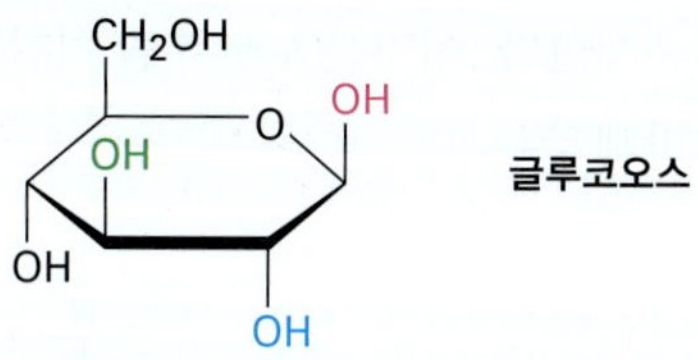

2.63 말산(malic acid), $C_4H_6O_5$은 사과에서 분리한다. 말산은 2당량의 염기와 반응하므로 이카복실산(2개의 $-CO_2H$기를 가짐)으로 이야기된다.

(a) 최소한 가능한 말산 5개의 구조를 그려라.

(b) 만약 말산이 또한 2차 알코올($-OH$기가 2차 탄소에 붙어 있다)이라면, 그것의 구조는 무엇인가?

2.64 *N*-메틸피페리딘은 다음의 형태를 가지고 있다. 메틸기와 고립 전자쌍 중 어느 것이 더 상대적으로 큰 공간이 필요하다고 생각되는가?

$\ddot{N}-CH_3$ ***N*-메틸피페리딘**

2.65 멘톨의 2개의 의자형을 그리고, 어느 것이 더 안정한지 말하라.

CH_3, HO, $CH(CH_3)_2$ **멘톨**

2.66 문제 2.65에 있는 것을 포함해서 멘톨에 4개의 시스–트랜스 이성질체가 있는데 다른 3개를 그려라.

2.67 글루코오스에 관련된 당인 갈락토오스는 밑에 붉게 표시된 $-OH$기를 제외하고

모든 치환체가 적도방향인 육각 고리이다. 보다 안정한 의자 형태의 갈락토오스를 그려라.

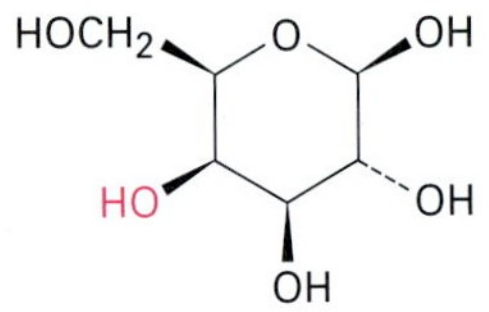

갈락토오스

2.68 여기에 힘든 것이 하나 있다. *트랜스*-1,2-다이메틸사이클로펜테인에는 서로 다른 두 물질이 있다. 그들 사이의 관계는 무엇인가? (6장에서 이 종류의 이성질화를 설명할 것이다.)

와

2.69 고리를 표시하는 육각형으로 1,3,5-트라이메틸사이클로헥세인을 그려라. 몇 개의 시스−트랜스 입체이성질체가 가능한가?

2.70 *시스*-1-클로로-3-메틸사이클로헥세인의 의자 형태 2개 중 하나는 다른 것보다 15.5 kJ/mol(3.7 kcal/mol)만큼 더 안정하다. 그것이 어느 것인가?

약장 **2.71** 부신에서 생산되는 천연 호르몬인 하이드로코르티손은 소염, 심한 알레르기 및 수많은 다른 조건을 치료하는 데 흔히 쓰인다. 분자 내에서 표시된 −OH기가 축방향인가 혹은 적도방향인가?

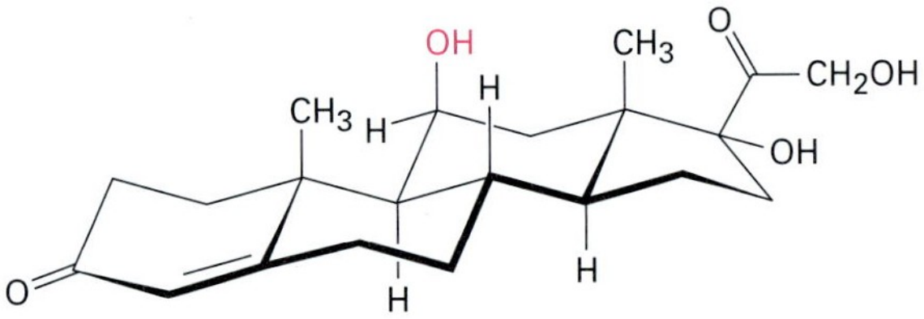

하이드로코르티손

2.72 심바스태틴(Zocor), 프래바스태틴(Pravachol) 및 아토르바스태틴(Lipitor)과 같은 소위 스태틴 약은 연간 매출액이 150억불로 추정되는, 세계에서 가장 널리 처방이 된다.

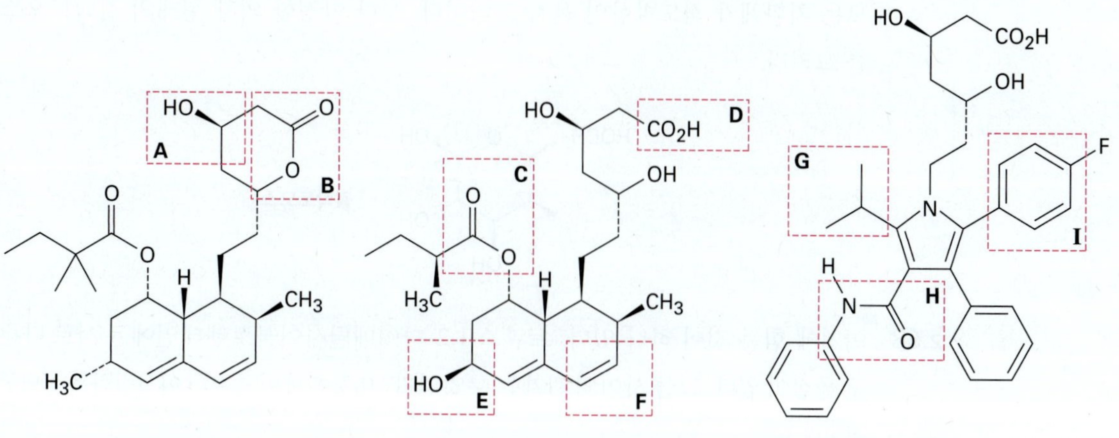

Zocor(머크) Pravachol(브리스톨-마이어 스큅) Lipitor(파이저)

(a) **A**~**I**로 표시한 작용기(또는 알킬기)를 확인하라.

(b) Pravachol에 있는 **C**, **E**기는 시스인가 트랜스인가?

(c) 왜 **G**, **H** 및 **I**기는 시스나 트랜스로 확인되지 않는가?

2.73 아맨타다인(amantadine)은 유행성 감기 A의 감염을 방지하는 활성이 있는 항바이러스 시약이다. 의자 형태의 사이클로헥세인 고리를 보여 주는 아맨타다인의 3차원 구조를 그려라.

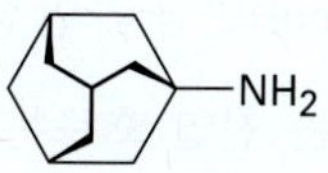

NH_2 아맨타다인

들판에서 **2.74** 제초제 메톨라클로르(metolachlor)는 Bicep, CGA-24705, Dual, Pennant, Pimagram으로서 시판되고 있다. 그것은 옥수수, 콩, 목화 및 땅콩을 포함해서 다양한 식물이 자라는 들에서 씨와 풀을 조절하기 위해 쓰인다. 메톨라클로르는 주위에서 산화로 인해 분해되어 물에 대한 용해도가 증가한 물질로 오염되므로 문제가 더 많이 생긴다. 메톨라클로르의 3가지 작용기와 유도체의 새로운 작용기를 확인하라.

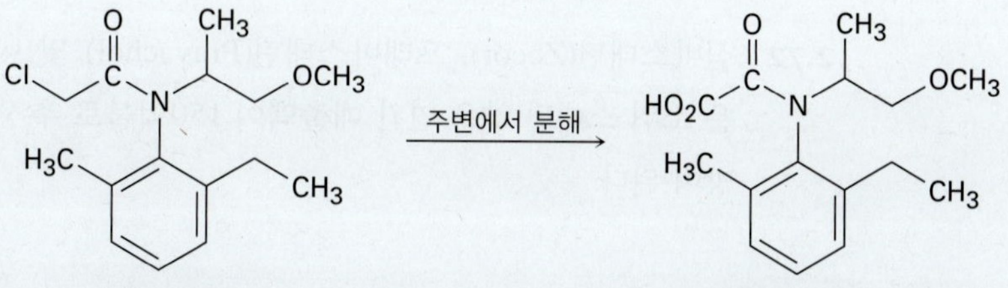

주변에서 분해

메톨라클로르 메톨라클로르 옥사닐산

CHAPTER

3

홍학 깃털의 핑크색은 새의 음식물에 폴리알켄인 β-카로텐의 존재로 나타난다.

알켄과 알카인: 유기 반응의 성질

알켄은 때때로 올레핀이라고 부르는데 탄소–탄소 이중 결합, C=C를 가지는 탄화수소이며 **알카인**은 탄소–탄소 삼중 결합을 가지는 탄화수소이다. 알켄은 천연에 많이 생기고 생물학적으로 중요한 역할을 하는 것들이 많다. 예컨대, 에틸렌은 식물 호르몬이며 과일의 숙성을 유도한다. α-파이넨은 터펜틴의 주성분이다. 11개의 이중 결합을 포함한 폴리알켄이 없이는 생명 그 자체가 존재할 수 없다. 당근의 색인 오렌지 색소인 β-카로텐(β-carotene)은 바이타민 A의 가치있는 식품원료이다. 그것은 어떤 형태의 암에 저항하여 보호역할을 하는 것으로 한때 생각되었다. 그러나 지금은 진실이 아니라고 생각된다.

H, H, C=C, H, H

에틸렌

H_3C, CH_3, CH_3

α-파이넨

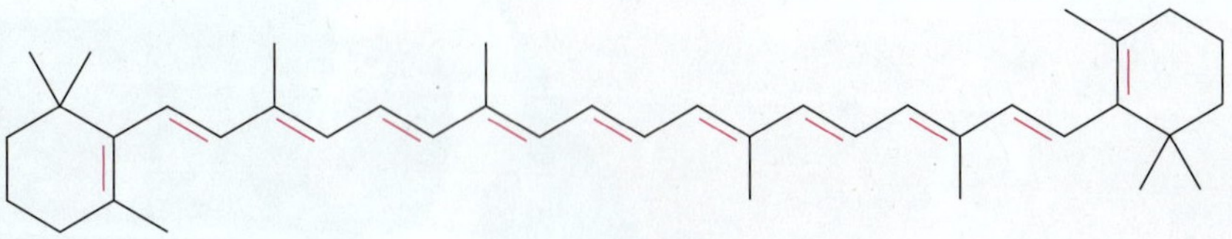

β-카로텐
(오렌지 색소와 바이타민 A 선구체)

왜 이 장인가?

탄소–탄소 이중 결합은 대부분의 유기 및 생물 분자에 존재하므로 그들의 성질에 대한 많은 이해가 필요하다. 이 장에서 알켄의 입체이성질현상의 결과를 살피고 알켄의 가장 폭넓고 가장 일반적인 계의 반응인 친전자성 첨가 반응을 보게 될 것이다. 대조적으로, 탄소–탄소 삼중 결합은 이중 결합보다 덜 보편적으로 생기며 그들의 화학에 많은 시간을 소비하지 않을 것이다.

3.1 알켄과 알카인의 명명

알켄과 알카인의 이중 결합 때문에, 관련된 알케인에 비해 탄소당 수소수가 적고, 따라서 **불포화**(unsaturated)되었다고 한다. 예컨대, 에틸렌의 화학식은 C_2H_4이고 아세틸렌의 화학식은 C_2H_4인 데 반해 에테인의 그것은 C_2H_6이다.

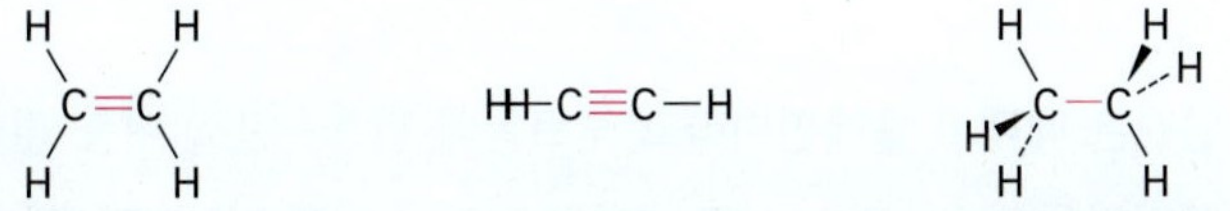

H–C≡C–H

에틸렌: C_2H_4 **아세틸렌: C_2H_2** **에테인: C_2H_6**

(보다 적은 수소수—*불포화*) **(보다 많은 수소수—*포화*)**

알켄은 알케인에 사용했던 것과 비슷한 일련의 규칙에 따라 명명하는데(2.3절) 집단을 확인하기 위해 접미사 -에인(*-ane*) 대신 -엔(*-ene*)을 사용한다. 다음과 같이 세 단계로 명명한다.

1단계 모체가 되는 탄화수소를 명명하라.
이중 결합을 포함한 가장 긴 사슬을 찾아 접미사 -엔을 사용하여 명명한다.

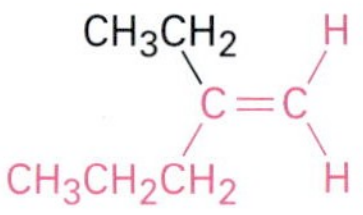

$CH_3CH_2(CH_3CH_2CH_2)C{=}CH_2$

*펜텐*으로 명명 *아님* 이중 결합이 6-탄소 사슬에 포함되어 있지 않으므로 헥센으로 명명하지 말라.

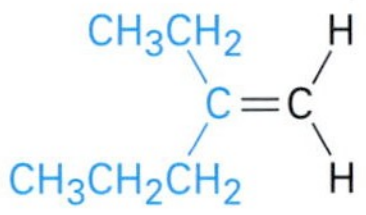

2단계 사슬에 있는 탄소 원자에 번호를 매겨라.

이중 결합이 보다 가까이 있는 말단에서 시작하여 번호를 매긴다. 만약 이중 결합이 양쪽 말단으로부터 같은 거리에 있다면, 첫 번째 가지가 있는 자리에 가까운 말단에서부터 번호를 매긴다. 이 규칙은 이중 결합 탄소가 확실하게 가장 낮은 숫자를 받을 수 있도록 한다.

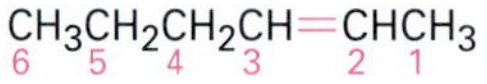

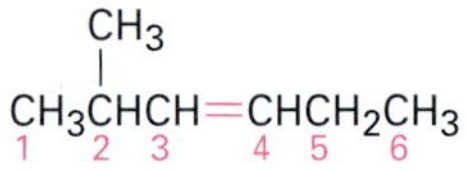

$CH_3CH_2CH_2CH{=}CHCH_3$ (6 5 4 3 2 1)

$CH_3CH(CH_3)CH{=}CHCH_2CH_3$ (1 2 3 4 5 6)

3단계 완전한 이름을 써라.

사슬에 있는 치환기의 위치에 따라 번호를 매기고 알파벳 순서로 적는다. 첫 번째 알켄 탄소의 번호를 써서 이중 결합의 자리를 나타내고 그 번호를 접미사 -엔 바로 앞에 놓아라. 1개 이상의 이중 결합이 존재하면, 각각의 자리를 나타내고 -다이엔, -트라이엔, -테트라엔 등 하나의 접미사를 사용한다.

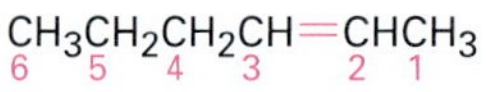

$CH_3CH_2CH_2CH{=}CHCH_3$ (6 5 4 3 2 1)
헥스-2-엔

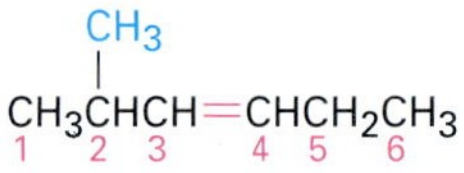

$CH_3CH(CH_3)CH{=}CHCH_2CH_3$ (1 2 3 4 5 6)
2-메틸헥스-3-엔

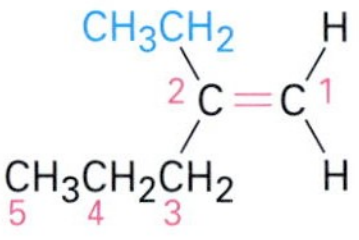

$CH_3CH_2(CH_3CH_2CH_2)C{=}CH_2$ (5 4 3 2 1)
2-메틸펜트-1-엔

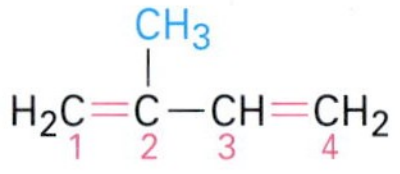

$H_2C{=}C(CH_3){-}CH{=}CH_2$ (1 2 3 4)
2-메틸뷰타-1,3-다이엔

우리는 IUPAC가 1993년에 명명 규칙을 바꾸었음에 또한 유의해야 한다. 그 전에는 이중 결합의 위치를 나타내는 자리나 숫자를 접미사 *-ene*의 앞에 두기보다는 모체의 앞에 놓았다. 예컨대, but-2-ene보다 2-butene이었다. 완전히 채택되기까지에는 항상 시간이 필요하다. 그러므로 새 규칙이 아직 전세계에 채택되지 않았고 일부 교재는 아직 최신화되지도 않았다. 비록 구체계를 만나게 된다고 할지라도 이 교재에서는 신 명명체계를 따를 것이다. 다행히도, 신구 사이의 차이는 사소한 것이고 별로 문제를 일으키지 않는다.

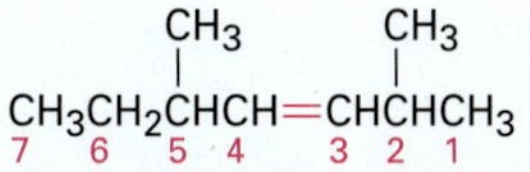

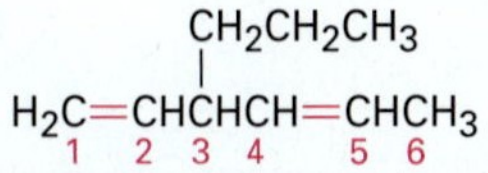

$$\underset{7\ \ 6\ \ \ 5\ \ 4\ \ \ \ \ 3\ \ 2\ \ 1}{CH_3CH_2\overset{CH_3}{\overset{|}{C}}HCH{=}CH\overset{CH_3}{\overset{|}{C}}HCH_3} \qquad \underset{1\ \ \ 2\ \ 3\ \ 4\ \ \ \ 5\ \ 6}{H_2C{=}CH\overset{CH_2CH_2CH_3}{\overset{|}{C}}HCH{=}CHCH_3}$$

신 명명체계:	2,5-Dimethylhept-**3-ene**	3-Propylhexa-**1,4-diene**
(구 명명체계:	2,5-Dimethyl-**3-heptene**	3-Propyl-**1,4-hexadiene)**

사이클로알켄도 비슷한 방법으로 명명하지만 출발점이 될 사슬의 말단이 없기 때문에 이중 결합이 C1과 C2 사이에 오도록 번호를 매기고 첫 번째 치환기가 가능한 한 작은 수가 되도록 한다. 이중 결합은 항상 C1과 C2 사이에 있으므로 이름에 이중 결합의 자리를 지정할 필요가 없다.

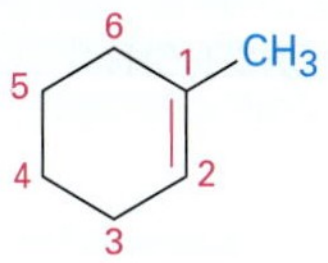

1-메틸사이클로헥센 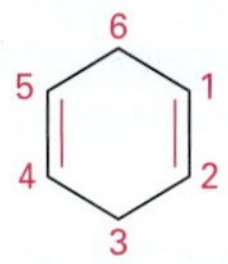 | **사이클로헥사-1,4-다이엔** **(옛 이름: 1,4-사이클로헥사다이엔)** | **1,5-다이메틸사이클로펜텐**

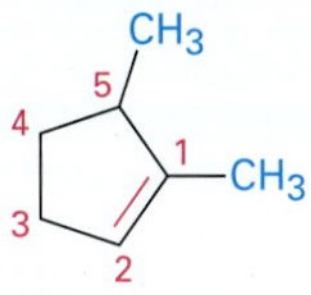

역사적인 이유로 인하여, 몇몇 알켄의 이름은 규칙을 따르지 않는다. 예컨대, 에테인에 해당하는 알켄은 에텐이라고 불러야 하는데 오랫동안 에틸렌이라 불러 왔기 때문에 IUPAC에 의해서 채택되었다. 표 3.1에 몇몇 다른 보편적인 이름을 모아 놓았다.

알카인은 알켄과 동일 방법으로 접미사에 *-ene* 대신 *-yne*을 써서 명명한다. 주사슬의 명명은 삼중 결합에 보다 가까운 말단에서 시작하여 삼중 결합이 가능한 낮은 수가 되도록 하고 자리는 다시 1993년 이후 명명체계에 따라 접미사 *-yne* 바로 앞에 둔다.

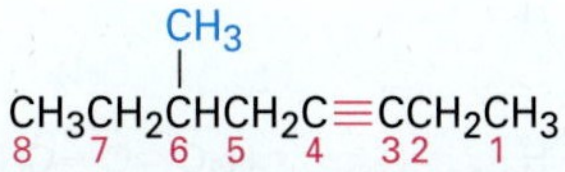

$$\underset{8\ \ \ 7\ \ \ 6\ \ 5\ \ \ \ 4\ \ \ 3\,2\ \ \ \ 1}{CH_3CH_2\overset{CH_3}{\overset{|}{C}}HCH_2C{\equiv}CCH_2CH_3}$$

삼중 결합에 가까운 말단에서 숫자를 시작하라.

6-Methyloct-3-yne
(옛 이름: 6-Methyl-3-octyne)

표 3.1 몇 가지 알켄의 관용명

화합물	체계명	관용명
$H_2C{=}CH_2$	에텐	에틸렌
$CH_3CH{=}CH_2$	프로펜	프로필렌
$CH_3\overset{CH_3}{\overset{\vert}{C}}{=}CH_2$	2-메틸프로펜	아이소뷰틸렌
$H_2C{=}\overset{CH_3}{\overset{\vert}{C}}{-}CH{=}CH_2$	2-메틸뷰타-1,3-다이엔	아이소프렌

알케인에서 유래된 알칼기에서처럼 알켄일과 알카인일기가 또한 가능하다.

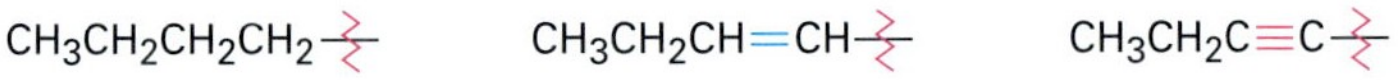

$CH_3CH_2CH_2CH_2-$ **뷰틸 (알킬기)**

$CH_3CH_2CH{=}CH-$ **뷰트-1-엔일 (바이닐기)**

$CH_3CH_2C{\equiv}C-$ **뷰트-1-아인일 (알카인일기)**

예문 3.1 알켄의 명명

다음 알켄의 IUPAC 명은 무엇인가?

$$CH_3C(CH_3)_2CH_2CH_2CH{=}C(CH_3)CH_3$$

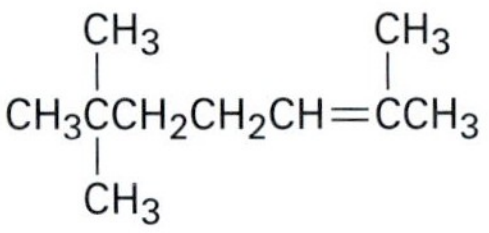

풀이 먼저, 이중 결합을 포함한 가장 긴 사슬—이 경우 헵텐이다—을 찾아라. 다음으로, 이중 결합에 가까운 말단부터 시작하여 사슬에 번호를 매겨라. 그리고 각 자리에 있는 치환기를 확인하라. 이 경우, C2(1개)와 C6(2개)에 메틸기가 있다.

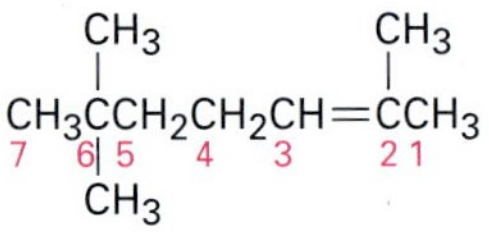

$$\underset{7}{CH_3}\underset{6}{C}(CH_3)_2\underset{5}{CH_2}\underset{4}{CH_2}\underset{3}{CH}{=}\underset{2}{C}(CH_3)\underset{1}{CH_3}$$

해답 치환체는 알파벳에 따라 각각의 자리를 나열한 완전한 이름을 써라. 이중 결합의 위치를 접두사 *-ene* 앞에 처음 알켄의 탄소의 번호를 놓고서 확인하라: 2,6,6-트라이메틸헵트-2-엔.

문제 3.1 다음 화합물의 IUPAC 명은 무엇인가?

(a) $H_2C{=}CHCH(CH_3)C(CH_3)_2CH_3$

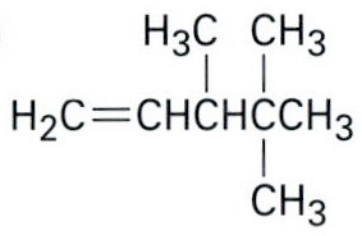

(b) $CH_3CH_2CH{=}C(CH_3)CH_2CH_3$

(c) $CH_3CH{=}CHCH(CH_3)CH{=}CHCH(CH_3)CH_3$

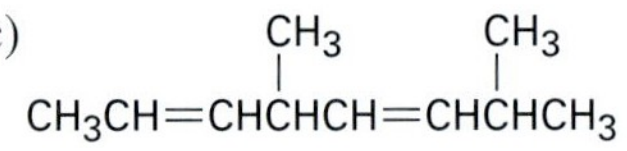

(d) $CH_3CH_2CH_2CH{=}CHCH(CH_3CHCH_2CH_3)CH_2CH_3$

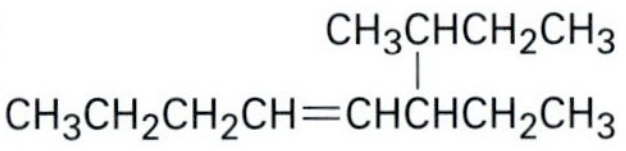

문제 3.2 다음 사이클로알켄을 명명하라.

(a) 1,2-dimethyl cyclohexene structure: CH_3, CH_3

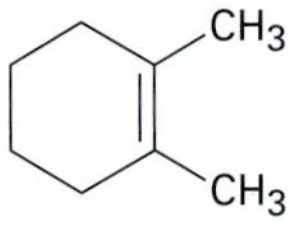

(b) CH_3, CH_3 (cycloheptene ring)

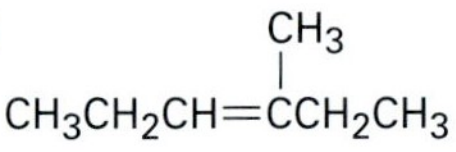

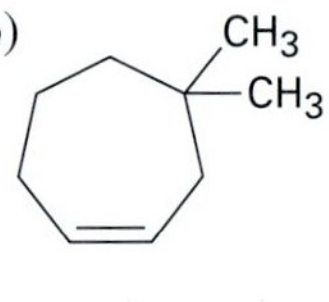

(c) $CH(CH_3)_2$ (cyclopentene ring)

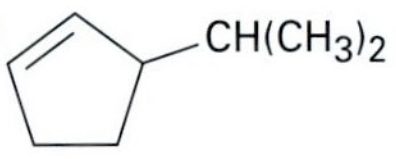

문제 3.3 다음 IUPAC 명에 상응하는 구조를 그려라.

(a) 2-메틸헥스-1-엔 (b) 4,4-다이메틸펜트-2-아인

(c) 2-메틸헥사-1,5-다이엔 (d) 3-에틸-2,2-다이메틸헵트-3-엔

문제 3.4 다음 알카인을 명명하라.

(a) $CH_3CH(CH_3)C{\equiv}CCH(CH_3)CH_3$

(b) $HC{\equiv}CC(CH_3)_2CH_3$

(c) $CH_3CH_2C(CH_3)_2C{\equiv}CCH_2CH_2CH_3$

(d) $CH_3CH_2C(CH_3)_2C{\equiv}CCH(CH_3)CH_3$

문제 3.5 다음의 옛 이름을 1993년 이후의 새 이름으로 바꾸어라. 그리고 각 화합물의 구조를 그려라.

(a) 2,5,5-트라이메틸-2-헥센 (b) 2,2-다이메틸-3-헥사인

(c) 2-메틸-2,5-헵타다이엔 (d) 1-메틸-1,3-사이클로펜타다이엔

3.2 알켄의 전자 구조

우리는 이중 결합의 탄소 원자들은 3개의 동일한 sp^2 혼성 궤도함수를 가지며 그것은 평면 상에서 서로 120°의 각도로 놓여 있다는 것을 1.8절에서 보았다. 네 번째 탄소 궤도함수는 sp^2 평면에 수직인 혼성화되지 않은 p 궤도함수이다. 2개의 그와 같은 탄소 원자가 서로 접근할 때 sp^2 궤도함수의 정면 겹침에 의해 σ 결합이 형성되고 p 궤도함수의 측면 겹침에 의해 π 결합이 형성된다. 이중으로 결합된 탄소들과 이들에 결합되어 있는 4개의 원자들은 대략 120°의 결합각으로 한 평면 상에 존재한다(그림 3.1).

2.5절에서 단일결합을 축으로 회전할 수 있으며, 따라서 에테인과 프로페인 같은 열린 사슬 알케인은 매우 빠르게 상호 변환하는 여러 형태를 가진다는 것을 알았다. 이중 결합은 그렇지 못하다. 이중 결합 주위로 회전이 일어나기 위해서는 결합의 π 부위가 일시적으로 절단되어야 하기 때문이다(그림 3.1). 그러므로 이중 결합을 축으로 한 회전의 에너지 장벽은 적어도 π 결합의 세기와 동일하며, 대략 350 kJ/mol (84 kcal/mol)이다. 단일결합의 회전 장벽은 약 12 kJ/mol이다.

그림 3.1 π 결합은 탄소-탄소 이중 결합 주위로 회전하려면 순간적으로 절단되어야 하는데 이것이 일어나려면 많은 양의 에너지가 필요하다.

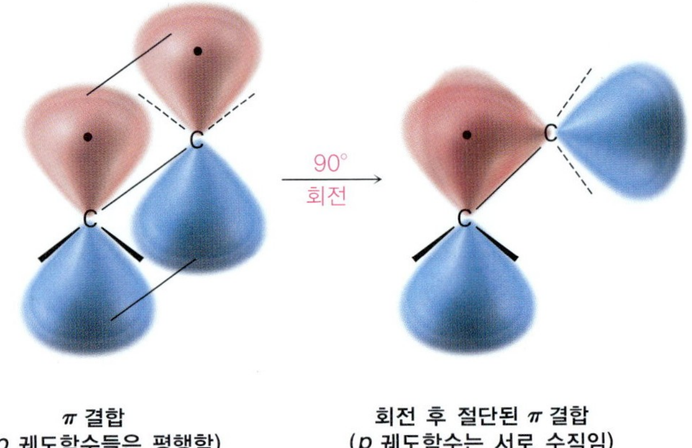

3.3 알켄의 시스-트랜스 이성질체

탄소-탄소 이중 결합 주위로 회전이 안 된다는 것은 이론적인 흥미 이상으로 화학적 중요성을 가진다. 뷰트-2-엔과 같은 이치환 알켄의 경우를 생각해 보자. (**이치환**이란 수소 외에 치환기 2개가 이중 결합을 한 탄소에 결합되어 있음을 의미한다.) 뷰트-2-엔의 메틸기 2개는 이중 결합의 같은 쪽 또는 반대쪽에 있을 수 있는데, 이는 사이클로알케인(2.8절)의 상황을 연상케 한다.

상온에서 결합 회전이 일어날 수 없으므로, 두 뷰트-2-엔 이성질체는 자발적으로 상호변환할 수 없으며 따라서 다른 화합물이다. 이치환 사이클로알케인처럼(2.8절), 그러한 화합물을 **시스-트랜스 이성질체**라 한다. 치환기 2개가 같은 쪽에 있는 이성질체를 *시스*-뷰트-2-엔, 반대쪽에 치환기들이 있는 이성질체를 *트랜스*-뷰트-2-엔이라 한다(그림 3.2).

시스-트랜스 이성질화는 이치환 알켄에만 한정되어 있지 않다. 2개의 이중 결합 탄소에 다른 두 기가 붙어 있을 때마다 발생한다. 만약 이중 결합 탄소들 중의 하나에 2개의 동일 기가 붙어 있는 경우, 시스-트랜스 이성질화는 가능하지 않다(그림 3.3).

비록 시스와 트랜스 알켄에서 이성질체들 간의 상호전환이 자발적으로 일어나지 않아도 알켄을 강한 산 촉매로 처리하면 가능하다. 만약 우리가 *시스*-뷰트-2엔을 *트랜스*-뷰트-

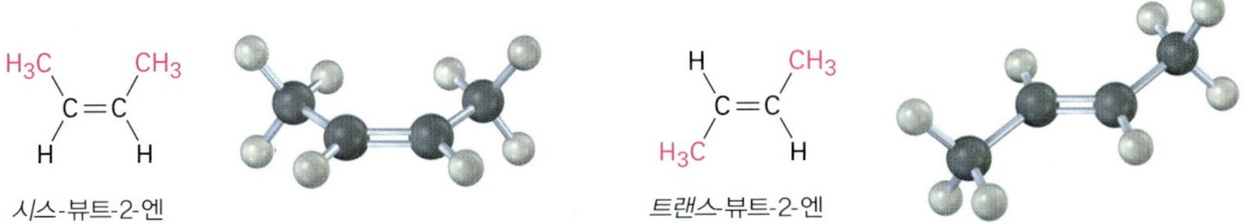

그림 3.2 뷰트-2-엔의 시스와 트랜스 이성질체. 시스 이성질체는 이중 결합의 같은 쪽에 메틸기 2개를 가지고, 트랜스 이성질체는 반대쪽에 메틸기를 가지고 있다.

그림 3.3 알켄에 있어서 시스-트랜스 이성질현상의 조건. 탄소 1개가 2개의 동일기에 결합된 화합물은 시스-트랜스 이성질체로 존재할 수 없다. 탄소 2개가 2개의 다른 기에 결합될 때만 시스-트랜스 이성질체가 가능하다.

(A)(B)C=C(D)(D) 　 (B)(A)C=C(D)(D)

이들 두 화합물은 동일하다.
이들은 시스-트랜스 이성질체가 아니다.

(A)(B)C=C(D)(E) 　 (B)(A)C=C(D)(E)

이들 두 화합물은 동일하지 않다.
이들은 시스-트랜스 이성질체이다.

2-엔으로 상호전환시켜 평형에 도달하게 하면, 이들의 안정도가 같지 않음을 알게 된다. 트랜스 이성질체가 시스 이성질체보다 76:24로 유리하다.

H, H_3C / C=C / CH_3, H 　 ⇌ (산) 　 H_3C, H / C=C / CH_3, H

트랜스(76%) 　 **시스(24%)**

시스 알켄은 트랜스 알켄보다 덜 안정한데, 그 이유는 이중 결합의 같은 쪽에 있는 커다란 치환기들 사이에 입체적(공간적) 방해가 있기 때문이다. 이것은 우리가 축방향 메틸사이클로헥세인에서 보았던 동일 종류의 방해, 또는 **입체 스트레인** 때문이다(2.11절).

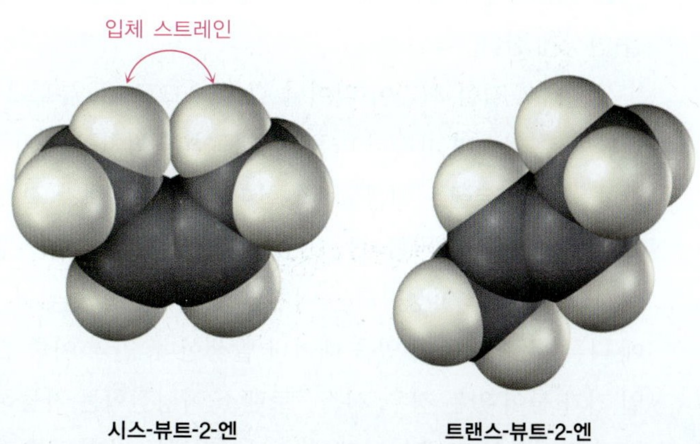

시스-뷰트-2-엔 　 **트랜스-뷰트-2-엔**

예문 3.2 시스 및 트랜스 알켄 이성질체 그리기

5-클로로펜트-2-엔의 시스와 트랜스 이성질체를 그려라.

풀이 먼저, 전체 구조를 보여 주기 위해 이성질체를 구별하지 않고 분자를 그리면 $ClCH_2CH_2CH{=}CHCH_3$이다. 그러고나서 시스 이성질체에는 이중 결합의 같은 쪽에 2개의 치환기를 놓고 트랜스 이성질체에는 반대쪽에 치환기를 놓아라.

해답

$ClCH_2CH_2(H)C=C(H)CH_3$

시스-5-클로로펜트-2-엔

$ClCH_2CH_2(H)C=C(CH_3)H$

트랜스-5-클로로펜트-2-엔

문제 3.6 다음 화합물 중 어느 것이 시스-트랜스 이성질체로 존재할 수 있는가? 각 시스-트랜스 쌍을 그려라.

(a) $CH_3CH{=}CH_2$ (b) $(CH_3)_2C{=}CHCH_3$

(c) $ClCH{=}CHC$ (d) $CH_3CH_2CH{=}CHCH_3$

(e) $CH_3CH_2CH{=}C(Br)CH_3$ (f) 3-메틸헵트-3-엔

문제 3.7 시스 또는 트랜스를 지적하면서 다음 알켄을 명명하라.

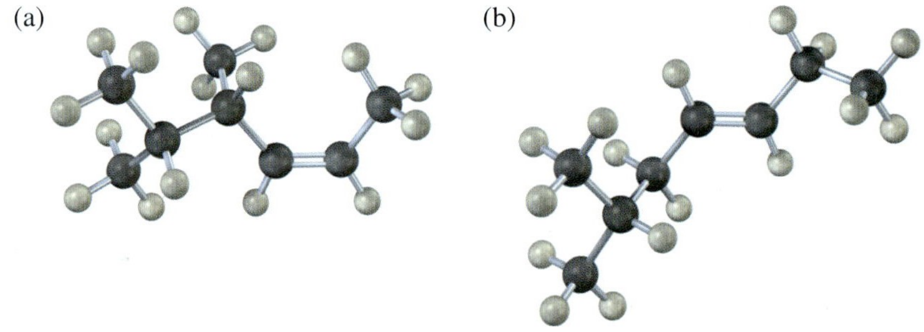

3.4 순위 결정 규칙: *E*,*Z* 명칭

앞절에서 사용된 시스-트랜스 명명체계는 이치환 알켄에만 적용된다. 그러나 삼치환과 사치환 이중 결합에는 이중 결합 기하 구조를 기술하기 위해 보다 일반적인 방법이 필요하다. (삼치환은 이중 결합에 수소 외에 치환기가 3개, 사치환은 4개가 있는 것을 의미함.)

명명의 ***E*,*Z* 체계**(*E*,*Z* system)에 따라 이중 결합 탄소의 3개의 치환기에 우선순위를 할당하기 위해 **순위 결정 규칙**(sequence rule)이 이용된다. 이중 결합의 탄소를 따로따로 생각하고 각 탄소에 붙어 있는 2개의 기 중 어느 것이 높은 순위인지 결정한다. 만약 각 탄소에 있는 높은 순위의 기들이 이중 결합의 반대쪽에 있다면 알켄을 '반대'라는 의미의 독일어 entgegen을 뜻하는 *E*로 표시하고, 높은 순위의 기가 같은 쪽에 있다면 '같이'라는 의미의 독일어 zusammen을 뜻하는 *Z*로 표시한다. (여러분은 *Z* 이성질체에서 'ze zame zide' 위에 기들이 있다고 유념하면서 어느 것이 어느 것인지 기억할 수 있을 것이다.)

낮음 높음
C=C
높음 낮음

E 이중 결합
(우선순위가 높은 기들이 반대쪽에 있다.)

높음 높음
C=C
낮음 낮음

Z 이중 결합
(우선순위가 높은 기들이 같은 쪽에 있다.)

이 규칙을 제안한 화학자들의 이름을 따라 Cahn-Ingold-Prelog 규칙이라 부르는 순위 결정 규칙은 아래와 같다.

규칙 1 **이중 결합의 탄소를 따로따로 생각하고 각 탄소에 직접 붙어 있는 원자들을 본다. 그리고 원자 번호에 따라 순위를 매긴다.** 원자 번호가 큰 원자가 원자 번호가 낮은 원자보다 높은 순위를 가진다. 따라서 이중 결합에 흔히 붙어 있는 원자들의 우선순위는 다음과 같다. 이중수소(^{2}H)와 양성자(^{1}H)와 같이 동일 원소의 다른 동위원소가 비교될 때, 보다 무거운 동위원소가 가벼운 원소보다 순위가 높다.

원자 번호	35		17		16		15		8		7		6		(2)		(1)	
높은 순위	Br	>	Cl	>	S	>	P	>	O	>	N	>	C	>	^{2}H	>	^{1}H	낮은 순위

예를 들면,

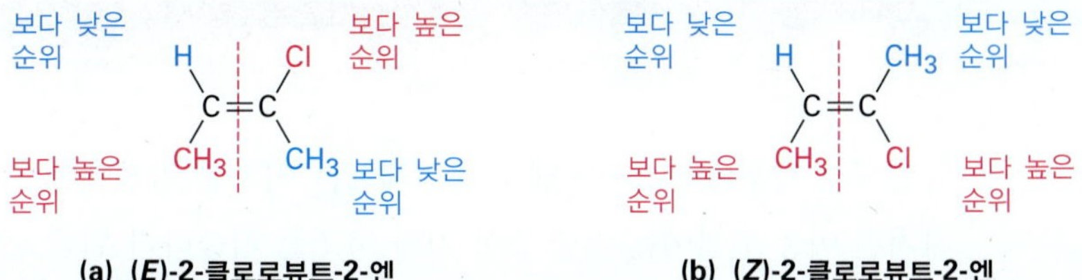

(a) (*E*)-2-클로로뷰트-2-엔 **(b) (*Z*)-2-클로로뷰트-2-엔**

염소는 탄소보다 더 큰 원자 번호를 가지므로 메틸(CH_3)기보다 더 높은 우선순위가 된다. 그러나 메틸은 수소보다 높은 우선순위가 된다. 따라서 이성질체 (a)는 *E* 기하 구조로 지정한다(높은 우선순위 기들이 이중 결합의 반대쪽에 있음). 이성질체 (b)는 *Z* 기하 구조를 가진다(높은 우선순위 기들이 이중 결합의 'ze zame zide'에 있음).

규칙 2 **치환기의 첫 번째 원자로 순위를 결정할 수 없을 때는 이중 결합 탄소에서부터 두 번째, 세 번째, 또는 네 번째 순서로 최초로 차이가 날 때까지 비교해 본다.** 따라서 에틸 치환기, $-CH_2CH_3$와 메틸 치환기, $-CH_3$는 둘 다 최초의 원자가 탄소이므로 규칙 1에 따라 동일하다. 그러나 규칙 2에 의하면, 에틸은 가장 높은 두 번째 원자로서 탄소를 가지므로 메틸보다 더 높은 순위가 되나, 메틸은 두 번째 원자로 수소만 가진다. 규칙이 어떻게 적용되는지 다음의 예를 살펴보자.

규칙 3 **다중 결합 원자들은 같은 수의 단일결합 원자들과 같다.** 예를 들면, 산소 하나에 이중 결합된 탄소를 가지는 알데하이드 치환기(−CH=O)는 탄소 원자 하나가 2개의 산소와 단일결합을 가진 것에 해당한다.

추가적인 예로서, 다음 쌍들은 동일하다.

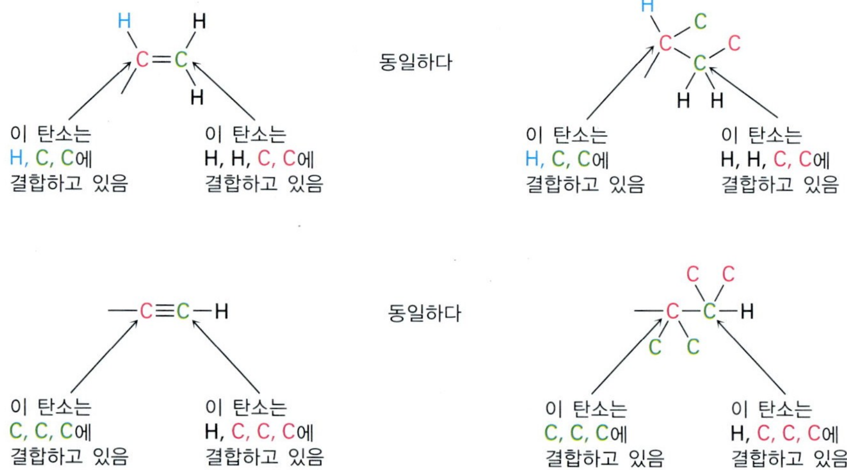

순위 결정 규칙을 적용함으로써 다음 예에서 볼 수 있는 입체화학을 지정할 수 있다. 지정

한 것이 옳은지 확신하기 위해 각각을 연습해 보라.

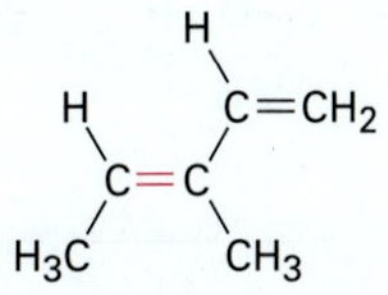

(*E*)-3-메틸펜타-1,3-다이엔

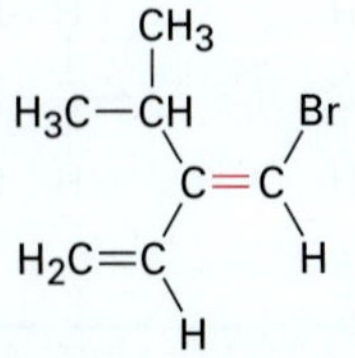

(*E*)-1-브로모-2-아이소프로필-뷰타-1,3-다이엔

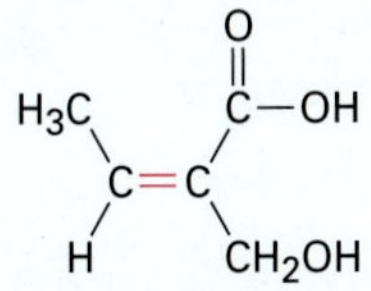

(*Z*)-2-하이드록시메틸-뷰트-2-엔온산

예문 3.3 알켄에 대한 *E*,*Z* 입체화학 결정하기

다음 화합물의 이중 결합에 대해 *E* 또는 *Z* 배열을 결정하라.

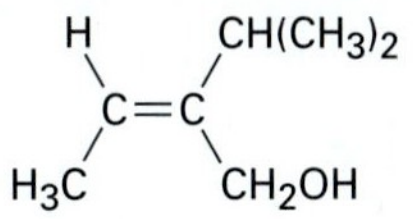

풀이 각 이중 결합 탄소를 개별적으로 보고 우선순위를 매긴다. 그러고나서 높은 우선순위 기들이 이중 결합의 같은 쪽이나 반대쪽에 있는지 보라.

해답 왼쪽 탄소는 2개의 치환기, 즉 $-H$와 $-CH_3$를 가지는데, 이 중 $-CH_3$가 규칙 1에 따라 높은 순위가 된다. 오른쪽 탄소에는 2개의 치환기, $-CH(CH_3)_2$와 $-CH_2OH$가 있는데, 이들은 규칙 1에 따라 동일한 우선순위이다. 그러나 규칙 2에 의해 $-CH_2OH$는 $-CH(CH_3)_2$보다 더 높은 순위가 되는데, $-CH_2OH$는 가장 높은 두 번째 원자로 산소를 가지나 $-CH(CH_3)_2$는 가장 높은 두 번째 원자로 탄소를 가지기 때문이다. 이중 결합의 같은 쪽에 2개의 높은 우선순위 기가 존재하므로 *Z* 배열을 가지는 화합물이다.

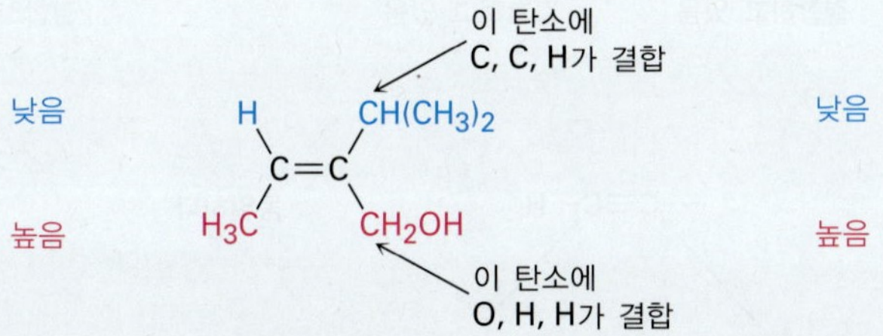

***Z* 배열**

문제 3.8 다음의 각 짝 중 어느 것이 우선순위가 더 높은가?

(a) $-H$ 또는 $-Br$ (b) $-Cl$ 또는 $-Br$ (c) $-CH_3$ 또는 $-CH_2CH_3$

(d) $-NH_2$ 또는 $-OH$ (e) $-CH_2OH$ 또는 $-CH_3$ (f) $-CH_2OH$ 또는 $-CH{=}O$

문제 3.9 다음 화합물에 대해 *E* 또는 *Z* 입체화학을 결정하라.

(a) H_3C(위), CH_3CH_2(아래) $\backslash C{=}C/$ CH_2OH(위), Cl(아래)

(b) Cl(위), CH_3O(아래) $\backslash C{=}C/$ CH_2CH_3(위), $CH_2CH_2CH_3$(아래)

(c) H(위), H_3C(아래) $\backslash C{=}C/$ CN(위), CH_2NH_2(아래)

문제 3.10 다음 화합물에 대해 *E* 또는 *Z* 입체화학을 결정하라(붉은색 = O).

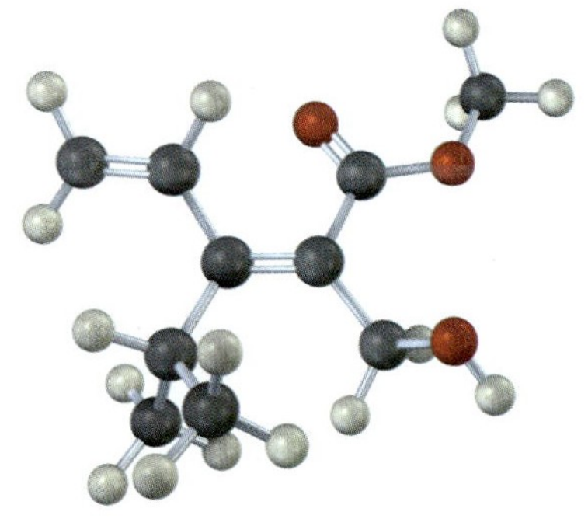

3.5 유기 반응의 종류

알켄에 관해서 조금 알게 되었으므로 그들의 반응성에 관하여 공부하기로 하자. 개론으로서 모든 유기 화학 반응의 기초가 되는 기본 원리를 먼저 살펴보자. 특히 화합물들이 왜 그렇게 반응하는지 몇 가지 일반적인 개념을 발전시키고 어떻게 반응들이 일어나는지 이해를 돕는 몇 가지 방법을 알아보자.

유기 화학 반응은 어떤 **종류**의 반응인가와 어떻게 반응하는가에 의해 구성되었다. 먼저 반응의 종류를 살펴보자. 특별히 4가지의 넓은 형태의 유기 반응인 **첨가 반응**, **제거 반응**, **치환 반응** 및 **전위 반응**이 있다.

- **첨가 반응**(addition reaction)은 두 반응물이 서로 첨가되어 원자들이 '남지' 않는 새로운 단일 생성물을 생성하는 것을 말한다. 곧 배우게 되겠지만, 알켄이 HCl과 반응하여 염화 알킬을 생성하는 반응이 하나의 예이다.

- **제거 반응**(elimination reaction)은 어떤 점에서는 첨가 반응의 반대이며 단일 출발물질이 H_2O나 HCl처럼 작은 분자의 생성과 함께 생성물 2개로 갈라질 때 일어난다. 예컨대, 물과 알켄이 생성되는 알코올의 산-촉매 반응이다.

- **치환 반응**(substitution reaction)은 두 반응물이 부분을 교환하여 새 생성물 2개를 생성할 때 일어난다. 2.4절에서 보았던 예는 알케인과 Cl_2가 자외선의 존재 하에서 염화 알킬을 생성하는 것이다. −Cl기 1개가 알켄의 −H기로 치환되며 2개의 새로운 생성물이 생성된다.

- **전위 반응**(rearrangement reaction)은 단일 반응물이 결합과 원자들을 다시 구성하여 단일 이성질성 생성물을 생성할 때 일어난다. 3.3절에서, 산-촉매 존재 하에서 *시스*-뷰트-2-엔이 이성질체인 *트랜스*-뷰트-2-엔으로 전환되는 예를 보았다.

문제 3.11 다음 반응을 첨가, 제거, 치환 및 전위 반응으로 분류하라.

(a) $CH_3Br + KOH \rightarrow CH_3OH + KBr$

(b) $CH_3CH_2CI \rightarrow NaOH \rightarrow H_2C{=}CH_2 + NaC1$

(c) $H_2C{=}CH_2 + H_2 \rightarrow CH_3CH_3$

3.6 반응이 어떻게 일어나는가: 메커니즘

일어나는 반응의 종류를 살펴보고, 반응이 어떻게 일어나는가를 보자. 반응이 어떻게 일어나는지 기술하는 모든 것을 **반응 메커니즘**(reaction mechanism)이라 한다. 메커니즘은 어느 결합이 절단되고 절단되는 순서와 어느 결합이 형성되고 형성되는 순서와 각 단계의 상대적 속도를 기술한다.

모든 화학 반응은 반응 분자에서 결합-절단과 생성물 분자에서 결합-생성과 관련이 있으며 그 의미는 그들 결합 내의 전자들이 움직여 재조직되어야 한다는 것이다. 기본적으로 2개의 전자로된 공유 결합은 2가지 방법으로 절단되는데, 하나는 전자적으로 대칭적 방법으로 절단되어 각 생성물 조각에 전자 1개가 남아 있거나, 하나의 결합이 전자적으로 비대칭적인 방법으로 절단되어 각 생성물 조각에 전자 1개가 남아 있거나, 하나의 결합이 전자적으로 비대칭적인 방법으로 절단되어 전자 2개는 하나의 생성물 조각에 남게 되고 다른 조각은 비어 있는 궤도함수를 가지게 된다. 대칭적 절단을 균일성(homolytic)이라 하고 비대칭적 절단을 불균일성(heterolytic)이라고 한다.

나중에 더 자세히 핵심을 발전시킬 것이지만, 지금은 대칭적 과정에서 전자 1개의 움직임은 반-굽은 또는 '낚시바늘' 화살표(⌒)를 써서 표시하나 비대칭 과정에서 전자 2개의 움직임은 1.12절에서 이전에 유의한 것처럼 완전히 굽은 화살표(↷)를 써서 표시함에 유의해야 할 것이다.

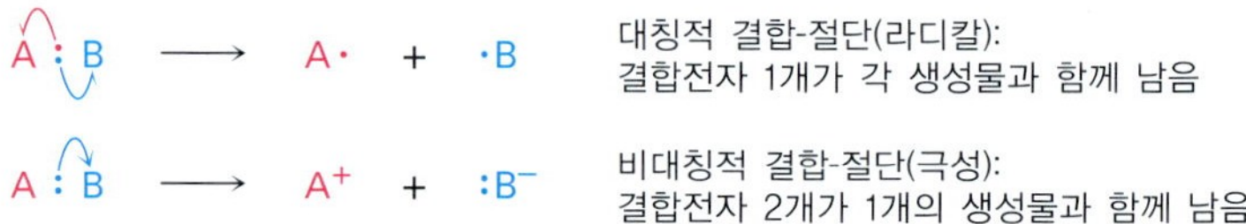

결합이 절단되는 데 2가지 방법이 있는 것처럼 2-전자 결합인 공유 결합이 형성되는 데도 2가지 방법이 있다. 각 반응물에 의해 새 결합으로 1개의 전자가 제공되면 결합은 전자적으로 대칭적 방법으로 생성되며, 결합전자 둘이 하나의 반응물에 의해 제공되면 결합은 전자적으로 비대칭 방법으로 생성된다.

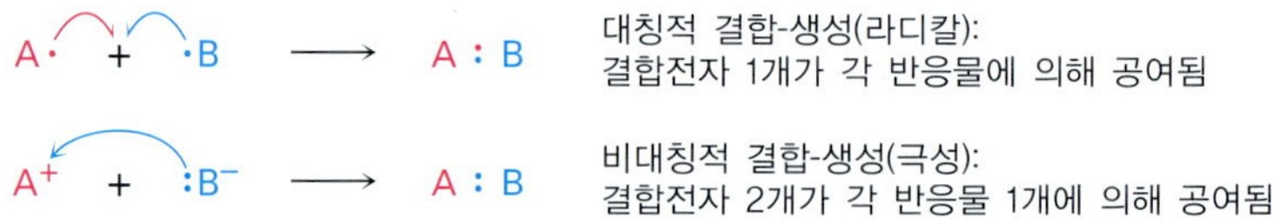

대칭적 결합-절단과 결합-생성에 관련된 과정을 **라디칼 반응**(radical reactions)이라 한다. **라디칼**(radical)은 흔히 자유 라디칼(free radical)이라 부르는데 홀수 전자를 가지는 중성인 화학종이므로 궤도함수 내에 1개의 채워지지 않은 전자를 가진다. 비대칭적 결합절

단과 결합생성과 관련되는 과정을 **극성 반응**(polar reactions)이라 한다. 극성 반응은 짝수의 전자수를 가지는 종으로 그들의 궤도함수 내에 전자쌍만을 가진다. 극성 과정은 지금까지 유기 및 생물 화학에서 가장 보편적인 반응이며 이 책의 많은 부분을 기술하고 있다.

어떻게 극성 반응이 일어나는지 알아 보기 위해 먼저 유기 분자에 대한 결합 극성의 효과를 깊이 살펴보는 것이 필요하다. 1.9절에서 분자 내의 특정한 결합, 특히 작용기 내의 결합은 흔히 극성임을 보았다. 탄소가 염소나 산소처럼 더 전기음성적인 원자에 결합할 때, 결합은 탄소가 부분적인 양전하($\delta+$)를 갖고 전기음성적인 원자는 부분적인 음전하($\delta-$)를 가지도록 편극된다. 탄소가 금속처럼 덜 전기음성적인 원자에 결합할 때 반대의 극성이 생긴다. 정전기 퍼텐셜 지도에서 분자의 전자풍부 부위는 붉은색, 전자부족 부위는 파란색을 보인다는 것을 기억하라.

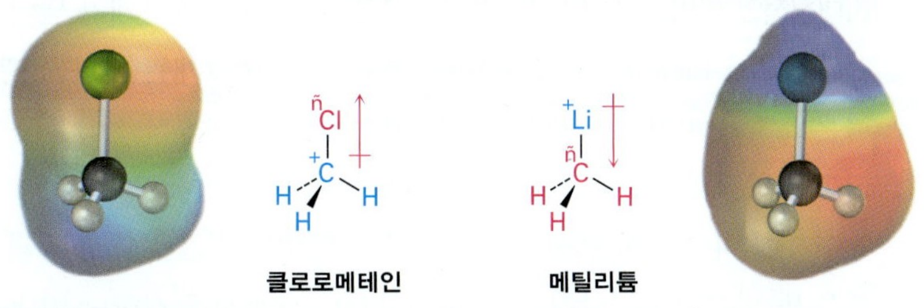

결합 극성이 화학 반응에 어떤 효과를 가져오는가? 같지 않은 전하는 서로를 잡아당기기 때문에 모든 극성 반응의 기본 특성은 한 분자의 전자풍부 자리는 다른 분자의 전자부족 자리와 반응한다는 것이다. 결합은 하나의 전자풍부 원자가 하나의 전자부족 원자와 한 쌍의 전자들을 공유할 때 형성된다. 그리고 한 원자가 결합으로부터 2개의 전자를 남기고 떠날 때 결합은 절단된다.

앞서 주목한 것처럼, 화학자는 보통 극성 반응 동안 완전히 굽은 화살표를 이용하여 전자 쌍의 움직임을 표시한다. 굽은 화살표는 반응물의 결합이 절단되고 생성물 결합이 생성될 때 전자들이 어디로 움직이는지 보여준다. 그것은 반응하는 동안 전자쌍 1개가 화살표의 꼬리에 있는 원자(또는 결합)로부터 화살표의 머리에 있는 원자로 움직이는 것을 의미한다.

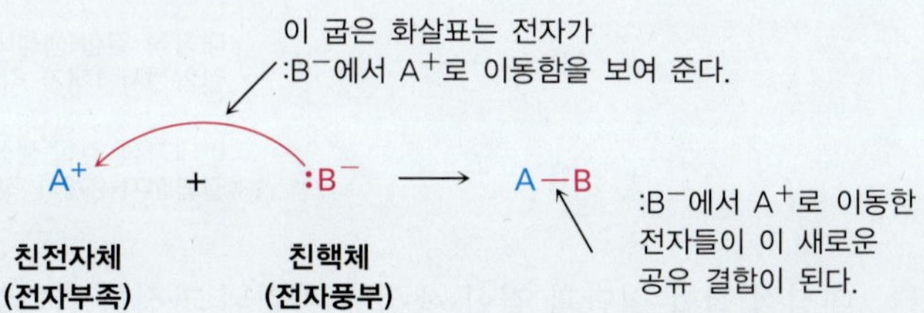

극성 반응과 관련된 전자풍부와 전자부족 종을 언급하는 데 있어서 화학자들은 친핵체(nucleophile)와 친전자체(electrophile)라는 단어를 이용한다. **친핵체**는 '핵사랑' 물질이며

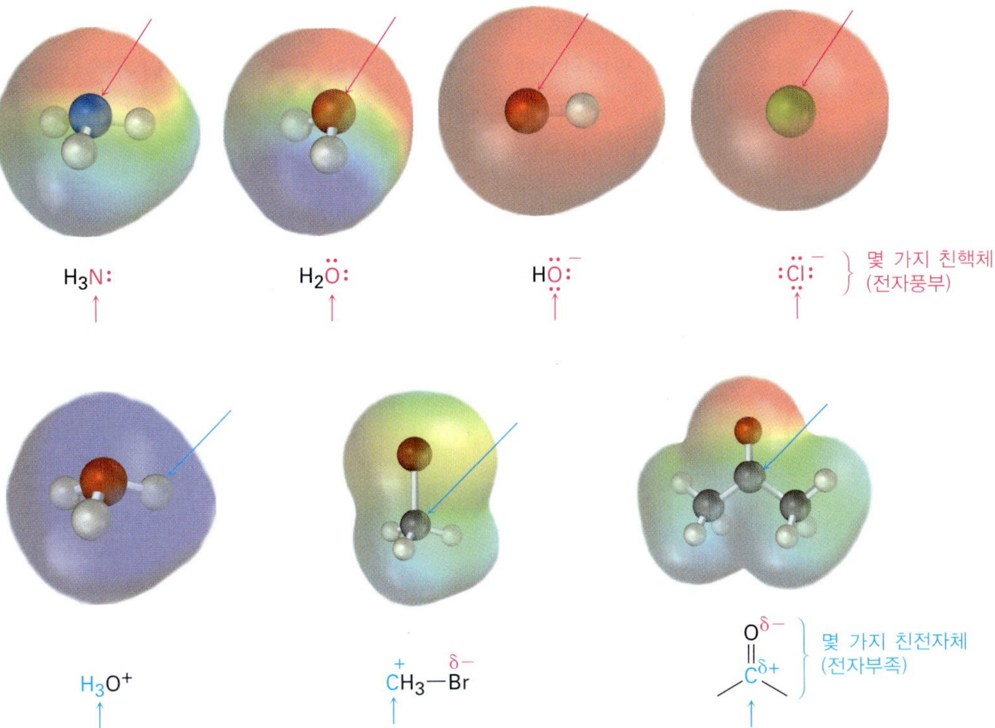

그림 3.4 몇몇 친핵체와 친전자체. 정전기 퍼텐셜 지도는 친핵성(붉은색; 음) 및 친전자성(파란색; 양) 원자를 확인한다.

따라서 양전하에 끌린다. 친핵체는 음으로 하전된 전자풍부 원자이고 양으로 하전된 전자부족 원자에 전자쌍 하나를 공여하여 결합을 형성할 수 있다. 친핵체는 중성이나 음전하일 수 있다. 그리고 보통 고립 전자쌍을 가지는데, 예를 들면 암모니아, 물, 수산화 이온 및 염화 이온이다. 이와 대조적으로, **친전자체**(electrophile)는 '전자를 좋아하며' 음전하에 끌리게 된다. 친전자체도 전자부족 원자를 가지고 있어서 친핵체로부터 전자쌍을 받아들임으로써 결합을 형성할 수 있다. 친전자체는 항상 그렇지는 않지만 흔히 양으로 하전되어 있다. 산(H^+ 주개), 할로젠화 알킬 및 카보닐 화합물이 친전자체의 예들이다(그림 3.4).

중성인 화합물은 경우에 따라 친핵체 또는 친전자체로 종종 반응한다. 결국 화합물이 중성이지만 그 안에 전자풍부 친핵성 자리를 가지면 그것은 동시에 상응하는 전자부족 친전자성 자리를 가진다. 예를 들면, 물은 H^+을 공여할 때 친전자체로 작용하나 비결합 전자쌍을 공여할 때 친핵체로 작용한다. 비슷하게, 카보닐 화합물은 양으로 편극화된 탄소 원자에 반응할 때 친전자체로 작용하나 음으로 편극화된 산소 원자로부터 한 쌍의 전자를 공여할 때 친핵체로 작용한다.

만일 친핵체와 친전자체의 정의가 Lewis 산과 Lewis 염기에 대한 1.12절에서 주어진 것과 비슷하게 들리면, 그것은 사실 상호연관이 있기 때문이다. Lewis 염기는 전자 주개이며 친핵체로 작용한다. 그러나 Lewis 산은 전자 받개이며 친전자체이다. 그러므로 많은 유기 화학은 산–염기 반응이란 말로 설명할 수 있다. 주된 차이는 산과 염기란 단어는 모든 화학 영역에서 광범위하게 쓰이나 친핵체와 친전자체라는 단어는 유기 화학에서 탄소에 대한 결합이 관련될 때 주로 쓰인다.

예문 3.4 결합 극성을 예측하기

아민 작용기 C—NH_2에서 결합 극성의 방향은 어떤가?

풀이 어느 원자가 더 강하게 전자를 끌어당기는지 그림 1.14의 전기음성도를 보라.

해답 그림 1.14에 의하면 질소(EN = 3.0)가 탄소(EN = 2.5)보다 더 전기음성적이다. 따라서 아민은 탄소가 $\delta+$로, 질소가 $\delta-$로 편극화된다.

$\delta-$ NH_2 / $\delta+$ C — 아민

예문 3.5 친전자체와 친핵체를 확인하기

다음 물질 중 어느 것이 친전자체이며 어느 것이 친핵체인가?

(a) NO_2^+ (b) CH_3O^- (c) CH_3OH

풀이 친핵체는 음으로 하전되었거나 고립 전자쌍을 가지는 원자를 소유한 작용기를 가지고 있기 때문에 전자풍부 부분을 가지고 있다. 친전자체는 양으로 하전되었거나 양으로 편극화된 원자를 가진 작용기를 소유하기 때문에 전자부족 부분을 가지고 있다.

해답 (a) NO_2^+(나이트로늄 이온)는 양으로 하전되어 있으므로 친전자체이다.

(b) CH_3O^-(메탄올산 이온)는 음으로 하전되었기 때문에 친핵체일 수 있다.

(c) CH_3OH(메틸 알코올)은 산소에 고립 전자쌍 2개를 가지므로 친핵체이거나 C–O와 O–H 결합을 가지므로 친전자체일 수 있다.

$\delta+$ CH_3—$\ddot{O}$—H $\delta+$ ($\delta-$ on O)

친전자성 친핵성 친전자성

문제 3.12 다음 작용기에서 결합 극성의 방향은 어떤가? (그림 1.14의 전기음성도 값을 보라.)

(a) 알데하이드 (b) 에터

(c) 에스터 (d) 브로모(알킬)마그네슘, R—MgBr

문제 3.13 다음 중 어느 것이 친전자체로 작용하며 어느 것이 친핵체로 작용하는가? 설명하라.

(a) NH_4^+ (b) $C{\equiv}N^-$ (c) Br^+ (d) CH_3NH_2 (e) $H{-}C{\equiv}C{-}H$

문제 3.14 트라이플루오르화 붕소의 정전기 퍼텐셜 지도는 아래와 같다. BF_3는 친전자체인가 또는 친핵체인가? BF_3의 Lewis 구조를 그려라. 그리고 그 결과를 설명하라.

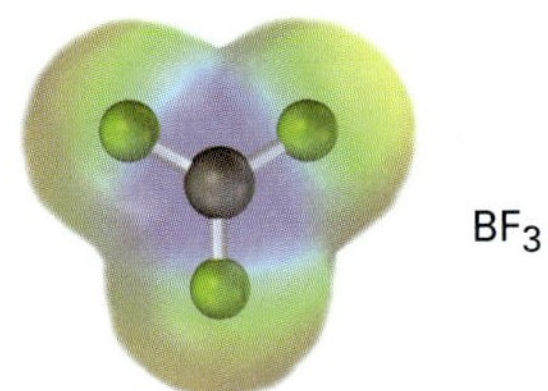

3.7 유기 반응의 메커니즘: 에틸렌에 대한 HCl의 첨가 반응

전형적인 극성 반응인 에틸렌과 HCl의 반응을 자세히 살펴보자. 에틸렌을 상온에서 염화 수소와 반응시키면 클로로에테인이 생성된다. 전체 반응을 다음과 같이 식으로 나타낼 수 있다.

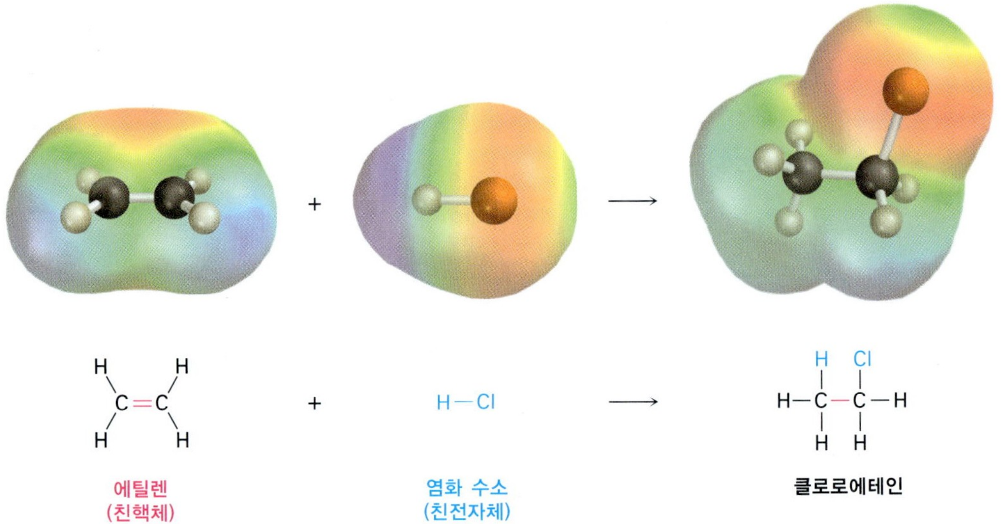

이 반응은 **알켄에 대한 친전자성 첨가 반응**으로 알려진 일반적인 극성 반응의 예로서 앞 절에서 논의된 일반적인 개념으로 이해할 수 있다. 두 반응물의 성질부터 살펴보자.

우리가 에틸렌에 대해 알고 있는 것은 무엇인가? 1.8절과 3.2절로부터 탄소–탄소 이중

그림 3.5 탄소–탄소 단일결합과 이중 결합의 비교. 이중 결합은 단일결합보다 시약에 접근하기 용이하며 더 전자가 풍부하다(친핵성). 에틸렌의 정전기 퍼텐셜 지도는 이중 결합이 높은 음전하(붉은색)의 영역임을 표시한다.

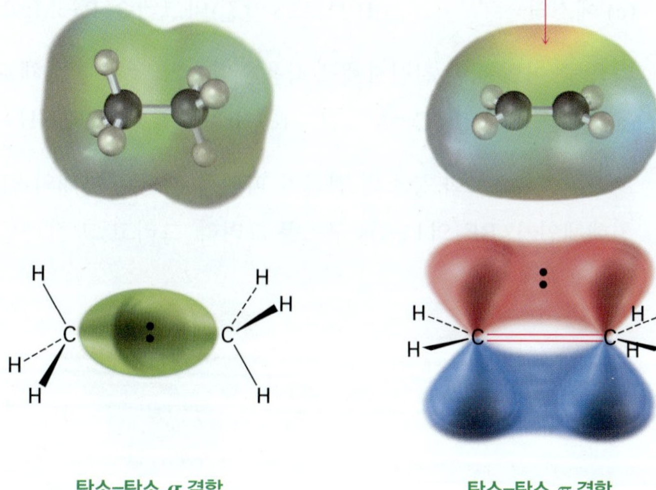

탄소–탄소 σ 결합
더 셈; 더 낮은 결합 전자 이용

탄소–탄소 π 결합
더 약함; 더 많은 전자 이용

결합은 2개의 sp^2 혼성화 탄소 원자의 궤도함수 겹침으로부터 생성된다는 것을 알고 있다. sp^2-sp^2 궤도함수로부터 이중 결합의 σ 부분이 생기고, $p-p$ 궤도함수 겹침으로 π 결합이 생긴다.

C=C 결합의 화학 반응성은 어떤 종류의 것일까? 핵 사이에 강하고 비극성인 C−C와 C−H σ 결합에 붙들려 있어서 접근하기 어려운 알케인의 원자가 전자들과 달리, 알켄의 π 전자들은 핵 사이보다 이중 결합의 면 위와 아래를 차지하고 있으므로 외부의 시약에 접근이 용이하다(그림 3.5). 더욱이 알켄의 π 결합은 알케인의 σ 결합보다 훨씬 약하기 때문에 알켄이 더 반응성이 크다. C=C 이중 결합은 친핵체처럼 작용하여 전자부족 원자인 친전자체에 전자를 주어 새로운 결합을 형성한다.

HCl은 어떤가? 센 산인 HCl은 강력한 양성자(H^+) 주개이다. 양성자는 양으로 하전되고 전자부족이므로 좋은 친전자체이다. 따라서 H^+의 에틸렌과의 반응은 모든 극성 반응의 특성인 전형적인 친전자체−친핵체의 조합이다.

그림 3.6에 나타난 반응 경로에 의해 2단계로 일어나는 에틸렌과 HCl의 친전자 첨가 반응을 복습할 수 있다. 반응은 알켄이 C=C 결합으로부터 한 쌍의 전자를 HCl에 공여하여 그림 3.6의 첫 번째 단계에서 굽은 화살표로 표시한 것과 같이 새로운 C−H 결합과 Cl^-를 형성함으로써 시작한다. 굽은 화살표 1개는 이중 결합(결합이 생성될 원자)의 수소 원자로 향한다. 이 화살은 새 C−H 결합이 이전의 C=C 결합으로부터 전자를 이용해서 생성됨을 나타낸다. 두 번째 굽은 화살표는 H−Cl 결합의 중앙에서 시작하여 Cl로 향하는데 H−Cl 결합이 절단되어 전자들은 Cl에 남고 Cl^-가 생성됨을 나타낸다.

알켄 탄소 원자의 1개가 들어오는 수소와 결합할 때 다른 탄소 원자는 이중 결합에 공유된 전자를 잃고 단지 6개의 원자가 전자를 가지며 양전하 1개가 남는다. 이 양으로 하전된 종을 탄소-양이온 또는 **카보양이온**(carbocation)이라 하는데 두 번째 단계에서 친핵성 Cl^- 음이

메커니즘

그림 3.6 에틸렌에 대한 HCl의 친전자성 첨가 반응 메커니즘. 반응은 2단계로 일어나며 중간체인 카보양이온을 포함한다.

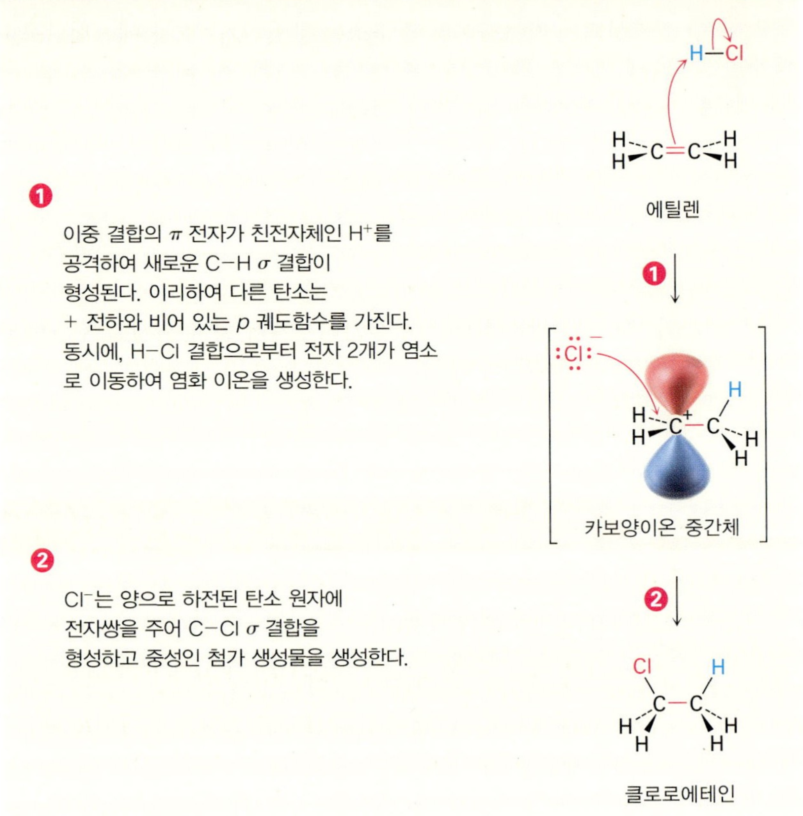

온으로부터 전자쌍 1개를 받아 C−Cl 결합을 형성하고 중성인 첨가 생성물을 생성하는 친전자체이다. 그림 3.6의 굽은 화살표는 Cl^-로부터 양으로 하전된 탄소로 전자쌍의 이동을 보여준다.

예문 3.6 친전자성 첨가 반응의 생성물 예측하기

HCl과 사이클로헥센의 반응으로부터 어떤 생성물을 기대하는가?

풀이 HCl은 에틸렌에 첨가되는 방식과 완전히 동일하게 사이클로헥센의 이중 결합 작용기에 첨가되어 첨가 생성물을 생성한다.

해답

사이클로헥센 + HCl ⟶ 클로로사이클로헥세인

문제 3.15 HCl은 2-메틸프로펜과 반응하여 2-클로로-2-메틸프로페인을 생성한다. 이 반응 동안 생성되는 카보양이온의 구조는 무엇인가? 반응 메커니즘을 나타내라.

$$(H_3C)_2C{=}CH_2 + HCl \longrightarrow H_3C{-}C(CH_3)_2{-}Cl$$

2-메틸프로펜 **2-클로로-2-메틸프로페인**

문제 3.16 HCl은 펜트-2-엔과 반응하여 2가지 첨가 생성물의 혼합물을 생성한다. 반응식을 쓰고, 2가지 생성물을 보여라.

3.8 반응을 기술하기: 전이 상태와 중간체

반응이 일어나기 위해서는 반응 분자의 충돌이 일어나야 하고 원자와 결합들의 재조직이 일어나야 한다. 예컨대, 에틸렌과 HCl의 첨가 반응에서 2개의 반응물질은 서로 접근하여 첫째 단계에서 C=C π 결합과 H−Cl 결합은 절단되고 새로운 C−H 결합이 생성된다. 둘째 단계에서 C−Cl 결합이 생성된다.

$$H_2C{=}CH_2 + H{-}Cl \xrightarrow{1} [H_3C{-}\overset{+}{C}H_2] + :\ddot{Cl}:^- \xrightarrow{2} H_3C{-}CH_2{-}Cl$$

카보양이온

반응 동안 일어나는 에너지 변화를 그래프로 기술하기 위해, 화학자들은 그림 3.7에 나타난 종류의 에너지 그림(energy diagrams)을 이용한다. 그림의 수직축은 모든 반응물의 전체 에너지를 나타내고 반응 좌표(reaction coordinate)라고 하는 수평축은 시작부터 끝까지 반응의 진행을 나타낸다.

반응 초기에, 에틸렌과 HCl의 전체 에너지량은 그림의 왼쪽에 있는 반응물의 위치 **A**로 표시된다. 두 분자가 가까워짐에 따라 그들의 전자구름이 서로 배척하여 에너지 준위를 높인다. 만약 충돌이 충분한 힘과 적절한 방향으로 일어난다면, 반응물이 반발함에도 불구하고 새 C—H 결합의 형성과 H—Cl 결합의 절단이 시작할 때까지 서로 계속하여 접근한다. 어느 지점 **B**에서 최대 에너지의 구조에 이르게 되는데 이 위치를 **전이 상태**(transition state)라 한다(그림 3.7). 전이 상태는 반응의 단계 중 가장 높은 에너지 구조를 나타내는데

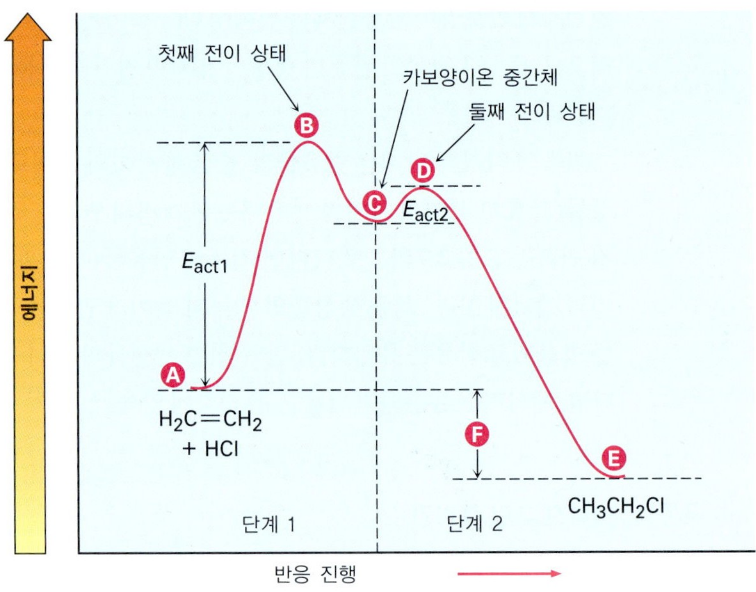

그림 3.7 에틸렌과 HCl의 반응에 대한 에너지 그림. 2개의 분리된 단계가 있고 각각은 자신의 활성화 에너지, 전이 상태, 그리고 에너지 변화를 나타낸다. 두 단계 사이의 최소 에너지는 카보양이온 중간체를 나타낸다.

분리할 수 없고 직접 관찰할 수도 없다. 그럼에도 불구하고 그것은 C=C π 결합이 부분적으로 절단되고 새 C−H 결합이 부분적으로 형성되는 두 반응물질의 일종의 활성화 복합체로 생각할 수 있다.

반응물 **A**와 전이 상태 **B** 사이의 에너지 차이를 **활성화 에너지**(activation energy), E_{act} 라 하는데 반응이 얼마나 빠르게 일어나는지를 결정하는 데 도움을 준다. 활성화 에너지가 크면 반응이 느리다. 왜냐하면 반응물의 소수가 충분한 에너지를 가지고 충돌하여 전이 상태에 도달하기 때문이다. 활성화 에너지가 작으면 반응이 빨라지는데 거의 모든 반응물이 전이 상태로 올라갈 만큼 에너지를 가지고 있기 때문이다. 이와 유사한 예로, 산을 오르는 등산객을 생각해 보자. 등산길이 높으면 많은 에너지가 필요하며 장벽을 서서히 넘게 된다. 등산길이 낮으면 등산객은 에너지가 덜 필요하고 정상에 빠르게 도달한다.

대부분의 유기 반응은 40~125 kJ/mol(10~30 kcal/mol)의 활성화 에너지를 가지고 있다. 활성화 에너지가 80 kJ/mol 이하인 반응은 상온이나 그 이하의 온도에서 자발적으로 일어난다. 그러나 보다 높은 에너지를 가지는 반응은 보통 가열을 필요로 한다. 열은 충돌하는 분자에 충분한 에너지를 주어 활성화 장벽을 오르게 한다.

일단 전이 상태 **B**에 도달하면 새 C−H 결합이 완전히 형성되므로 에너지를 방출하고, 따라서 그림 3.7의 반응 에너지 그림의 곡선은 가장 낮은 위치 **C**에 도달할 때까지 아래로 향한다. 다단계 반응 경로에서 일시적으로 형성되는 카보양이온을 **중간체**(intermediate)라 한다. 첫째 단계에서 카보양이온 중간체가 생성되자마자 둘째 단계에서 Cl^-과 곧바로 반응하여 최종 생성물인 클로로에테인을 생성한다. 이 둘째 단계는 자신의 활성화 에너지 E_{act2}, 전이 상태(**D**)를 가지는데 전이 상태에서 새로운 C−Cl 결합이 부분적으로 생성되는 친전자성 카보양이온 중간체와 친핵성 Cl^- 음이온 사이에 활성화 복합체로 생각한다. 최종적으로, C−Cl 결합이 완전히 형성되어 최종 첨가 생성물이 되는 **E**점으로 곡선은 아래로 내려간다.

반응의 각각의 단계는 반응물과 중간체 사이의 높이로 나타내거나(단계 1) 중간체와 생성물(단계 2) 사이의 차이를 나타내는 에너지의 변화가 있다. 그러나 반응에 대한 **전체** 에너지 변화는 그림 3.7의 **F**로 나타낸 최초의 반응물(가장 왼쪽)과 최종 생성물(가장 오른쪽) 사이의 에너지 차다. 최종 생성물의 에너지 높이가 반응물의 그것보다 더 낮기 때문에 에너지는 방출되고 반응은 유리하다. 만약 최종 생성물의 에너지 높이가 반응물의 그것보다 더 높다면, 에너지는 흡수되며 반응은 유리하지 않을 것이다.

예문 3.7 에너지 그림 그리기

빠르고 많은 양의 에너지를 방출하는 한 단계 반응에 대한 반응 에너지 그림을 그려 보라.

풀이 빠른 반응은 낮은 E_{act}를 가지며, 많은 양의 에너지를 방출하는 반응은 반응물보다 훨씬 안정한 생성물을 형성한다.

해답

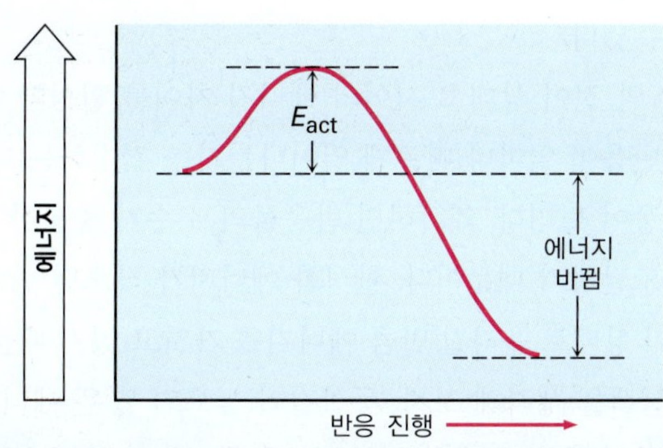

문제 3.17 E_{act} = 60 kJ/mol 또는 E_{act} = 80 kJ/mol의 반응 중 어느 반응이 더 빠른가?

문제 3.18 각각의 상황을 나타내는 반응 에너지 그림을 그려라.

(a) 에너지를 방출하며 한 단계로 일어나는 반응

(b) 에너지를 흡수하고 한 단계로 일어나는 반응

문제 3.19 첫째 단계는 에너지를 흡수하고 둘째 단계는 에너지를 방출하는 두 단계 반응에 대한 반응 에너지 그림을 그려라. 중간체를 기입하라.

3.9 반응에 대한 기술: 촉매

앞 절에서 유의한 바와 같이, 반응이 얼마나 빨리 일어나는가는 활성화 에너지, E_{act}의 값에 달려 있다. 불행하게도, 반응의 활성화 에너지의 크기를 예측하기 위한 방법이 없다. 과정의 E_{act}가 너무 크면 반응이 고온에서 조차 용이하게 일어나지 않는다. 그러한 상황에서 유일한 해결은 보다 낮은 활성화 에너지를 가진 다른 단계를 통해 일어나도록 다른 경로로 반응 메커니즘을 바꾸는 것이다.

촉매(catalyst)는 새 메커니즘으로 화학 반응의 속도에 변화를 주는 화합물이다. 촉매는 반응에 참여하나 어느 시점에서 재생되어 결과적으로 변화를 하지 않는다. 다음 장에서 보게 될 하나의 예는 알켄과 H_2 기체의 반응을 일으켜 알케인을 합성하기 위한 팔라듐과 같은 금속의 이용이다. 알켄은 팔라듐 없이 고온에서 조차 H_2 기체와 반응하지 않는다. 그러나 팔라듐 존재 하에 반응은 상온에서 빠르게 일어난다. 수소첨가(hydrogenation) 반응이라 부르는 이 과정은 공업적으로 액체 식물성 기름을 고체 요리용 지방으로 전환하는 데 이용된다.

$$\text{C=C} \xrightarrow[\text{Pd 촉매}]{H_2} \text{H–C–C–H}$$

알켄 알케인

생체조직 내에서 일어나는 수많은 생물학적 반응은 거의 모두 촉매에 관련된다. 생물학적 반응은 실험실에서 일어나는 반응과 같은 메커니즘을 따르고 비슷한 방법으로 기술할 수 있다. 그러나 알맞은 속도로 일어나기 위해 충분히 낮은 활성화 에너지를 가져야 하는 구속력이 있다. 이 구속력은 **효소**(enzymes)라 부르는 크고, 구조적으로 복잡한 촉매의 이용을 통해 만난다. 효소는 한 단계나 2개의 큰 단계를 통해서 보다 일련의 작은 단계를 통해 진행되는 반응 메커니즘을 제공한다. 따라서 효소-촉매 생물학적 반응에 대한 전형적인 에너지 그림은 그림 3.8에 있는 것과 같을 것이다.

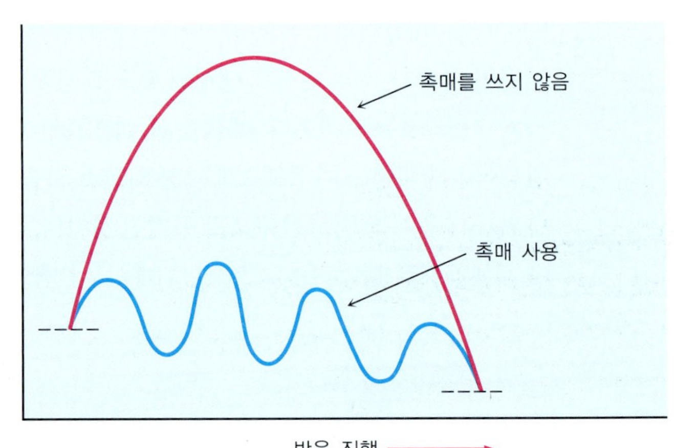

그림 3.8 전형적인 효소-촉매 생물학적 반응(초록색 곡선) 대 촉매를 쓰지 않는 실험실 반응(붉은색 곡선). 생물학적 반응은 몇 단계로 일어나며 각 단계는 비교적 작은 활성화 에너지를 가진다.

생활 속의 유기 화학

터펜: 천연에서 발생하는 알켄

Zoonar/laurel/Thinkstock/Thinkstock

캘리포니아만에 있는 월계수 나뭇잎의 놀랄만한 향기는 간단한 터펜인 마이르센에 일차적으로 기인한다.

식물성 물질을 수증기로 증류하면 정유(essential oil)라는 향기 나는 액체 혼합물을 얻을 수 있다는 것이 오래 전부터 알려져 왔다. 수백 년 동안 그러한 식물 추출물이 의약품, 양념 및 향료로 이용되어 왔다. 필수기름에 대한 연구는 또한 19세기에 과학으로서 유기 화학의 출현에 중요한 역할을 하였다.

화학적으로 식물의 필수기름은 구조상 매우 다양한 작은 유기 분자인 터펜(terpene)이라는 화합물의 혼합물로 주로 구성되어 있다. 35,000개 이상의 다른 터펜이 알려져 있는데, 어떤 것들은 열린 사슬 분자들도 있고 고리를 가진 것들도 있으며, 어떤 것들은 탄화수소이고 다른 것들은 산소를 포함한다. 탄화수소인 터펜오이드는 특히 터펜이라고 알려져 있는데 모두 이중 결합을 가진다. 예를 들면 아래와 같다.

H_3C CH_3 CH_3 CH_3 H_3C CH_3 CH_3

마이르센(myrcene)
(월계수의 기름)

α-피넨(α-pinene)
(터펜틴)

휴무렌(Humulene)
(홉의 기름)

모든 터펜은 분명한 구조적인 차이에도 불구하고 서로 관련이 있다. 아이소프렌 규칙(isoprene rule)이라고 하는 공식에 따라, 터펜은 5-탄소 아이소프렌(2-메틸뷰타-1,3-다이엔) 단위의 머리 대 꼬리 연결로 생성된 것으로 생각할 수 있다. 탄소 1이 아이소프렌 단위의 머리이고 탄소 4는 꼬리이다. 예를 들면, 마이르센은 아이소프렌 단위 2개가 머리와 꼬리가 연결되어 1개의 탄소 가지를 2개 가진 8-탄소 사슬을 형성한다. α-피넨은 2개의 아이소프렌 단위가 더욱 복잡한 고리 구조로 꾸며진 것이며, 휴무렌은 3개의 아이소프렌 단위를 가진다. (α-피넨과 휴무렌에서 아이소프렌 단위가 있는지 확인할 수 있다.)

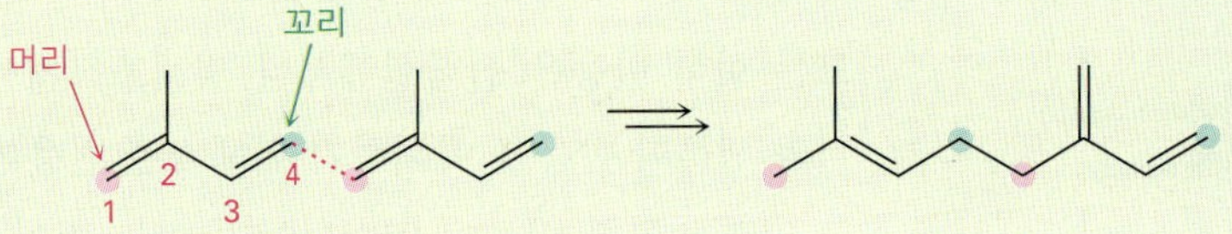

머리 꼬리 1 2 3 4
아이소프렌 마이르센

터펜과 터펜오이드는 그들이 소유한 5-탄소 단위의 수에 따라 더 분류된다. 따라서 **모노터펜**(monoterpene)은 아이소프렌 단위 2개가 생합성된 10-탄소의 물질이다. **세스퀴터펜**(sesquiterpene)은 3개의 아이소프렌 단위로부터 생긴 15-탄소 분자이며, **다이터펜**(diterpene)은 4개의 아이소프렌 단위로부터 생성된 20-탄소 물질이다. 모노터펜과 세스퀴터펜은 주로 식물에서 발견되고, 더 높은 터펜은 식물과 동물에 생기고 많은 것들이 중요한 생물학적 역할을 한다. 예를 들면, 트라이터펜인 라노스테롤(lanosterol)은 모든 스테로이드 호르몬 생성의 선구물질이다.

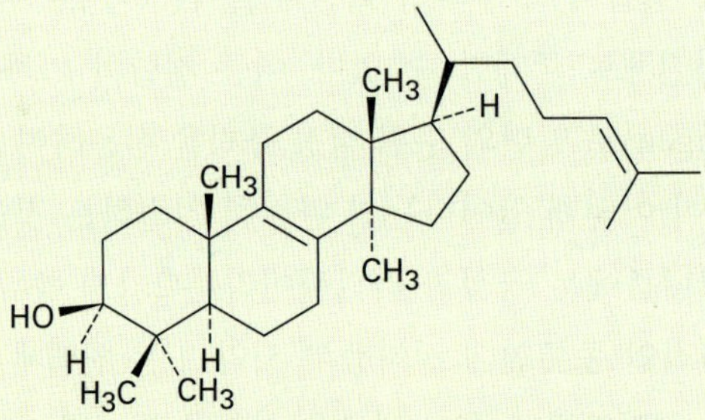

라노스테롤
(트라이터펜, C_{30})

연구에 의하면, 아이소프렌 그 자체는 터펜의 참된 생물학적 선구물질이 아니다. 자연은 그 대신 '아이소프렌 등가물'인 이인산 아이소펜텐일(isopentenyl diphosphate)과 이인산 다이메틸알릴(dimethylallyl diphosphate)—이 5-탄소 분자는 아세트산으로부터 만들어진다—을 이용한다. 이것은 유기조직에 따라 2가지 다른 경로로 만들어진다. 특히 라노스테롤은 아세트산으로부터 매우 자세히 알려진 복잡한 경로에 의해 생합성된다.

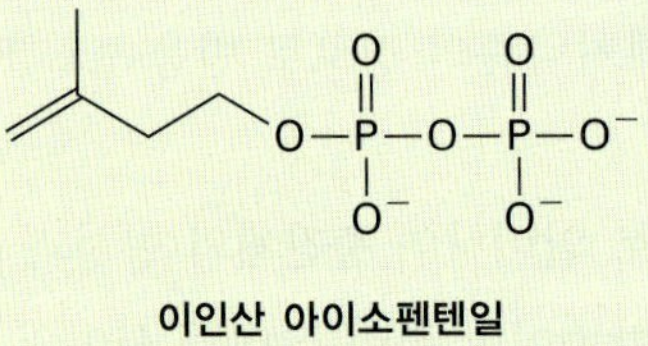

이인산 아이소펜텐일 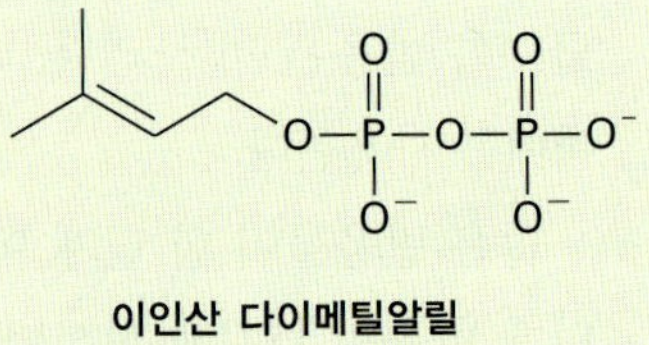 **이인산 다이메틸알릴**

요약과 주요용어

균일한 생성 homogenic
균일한 분해 homolytic
극성 반응 polar reaction
라디칼 radical
라디칼 반응 radical reaction
반응 메커니즘 reaction mechanism
반응 에너지 그림 reaction energy diagram
반응 중간체 reaction intermediate
불포화된 unsaturated
순위 결정 규칙 sequence rule
알켄 alkene
알카인 alkyne
전위 반응 rearrangement reaction
전이 상태 transition state
제거 반응 elimination reaction
중간체 intermediate
첨가 반응 addition reaction
촉매 catalyst
치환 반응 substitution reaction
친전자체 electrophile
친핵체 nucleophile
카보양이온 carbocation
활성화 에너지, E_{act} activation energy
E,Z 체계 E,Z system

모든 화학 반응은 실험실에서나 생체조직에서나 같은 '규칙'을 따른다. 유기와 생물학 반응을 이해하기 위해 무슨 반응이 일어날 뿐만 아니라 왜 그리고 어떻게 화학 반응이 일어나는지 아는 것이 필요하다. 이 장에서 유기 반응의 기본적인 종류를 간단히 살펴보았다. 우리는 먼저 알켄의 입체이성질 현상을 보았고, 왜 반응이 일어나고 어떻게 그들을 기술할지를 보기 위한 매개물로 알켄 화학을 이용했다.

알켄은 탄소−탄소 이중 결합을 가진 탄화수소이고 **알카인**은 탄소−탄소 삼중 결합을 가진 탄화수소이다. 그들은 관련된 알케인보다 수소수가 적어 흔히 **불포화**되었다고 한다.

이중 결합은 2개의 sp^2 궤도함수가 정면 겹침에 의해 생성되는 σ 결합과 2개의 p 궤도함수의 측면 겹침에 의해 생성되는 π 결합의 두 부분으로 구성된다. 이중 결합의 축에 따라 회전이 불가능하므로, 치환된 알켄은 시스−트랜스 이성질체로 존재할 수 있다. 이중 결합의 기하 구조는 ***Z***(zusammen)나 ***E***(entgegen)로 일련의 순위 결정 규칙을 적용하여 기술할 수 있다.

반응이 어떻게 일어나는지 완전히 기술하는 것을 **메커니즘**이라 한다. 유기 메커니즘에는 극성과 라디칼이라는 2가지 종류가 있다. **극성 반응**은 가장 보편적인 종류인데 전자풍부 시약 또는 **친핵체**가 전자쌍을 전자부족 시약 또는 **친전자체**에 주어 새로운 결합을 형성할 때 일어난다. **라디칼 반응**은 홀전자와 관계하는데, 각 시약이 새 결합이 생성될 때 1개의 전자를 줄 때 일어난다.

반응물로부터 생성물까지 반응 경로를 따르는 반응 에너지 그림으로 반응을 기술할 수 있다. 모든 반응은 **전이 상태**를 통해 진행하는데, 전이 상태란 가장 높은 에너지 위치를 나타내며 반응물들 간의 일종의 활성화된 복합체이다. 전이 상태에 도달하는 데 반응물이 필요로 하는 에너지량이 **활성화 에너지, E_{act}**이다. 활성화 에너지가 크면 클수록 반응은 더 느리다. 다른 메커니즘의 경로로 반응속도를 증가시키기 위해 때때로 **촉매**를 사용한다.

많은 반응들이 한 단계 이상으로 일어나며 **중간체**의 형성과 관계가 있다. 중간체는 다단계 반응의 과정에 형성되는 화학종이며 전이 상태들 사이의 최소 에너지인 위치에 있다. 중간체는 전이 상태보다 더 안정하나, 흔히 너무 반응성이 커서 분리할 수 없다. **촉매**는 또 다른 반응 메커니즘을 제시하면서 반응속도를 증가시킨다.

연습

【눈으로 보는 화학】 문제 3.1~3.19는 장 내에서 볼 수 있다.

3.20 다음 알켄에 대해 *E* 혹은 *Z* 입체화학을 지정하고, 각 구조를 골격 구조로 전환하라(붉은색 = O, 연두색 = Cl).

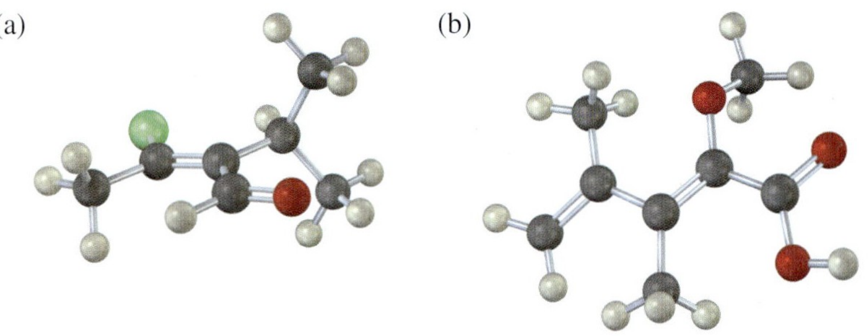

3.21 다음 알켄의 이름을 쓰고, 각 그림을 골격 구조로 전환하라.

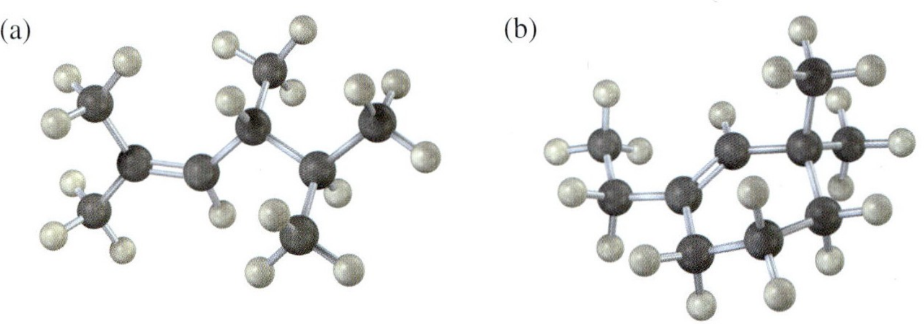

3.22 (a) 폼알데하이드(CH_2O)와 (b) 메테인싸이올(CH_3SH)의 정전기 퍼텐셜 지도가 아래에 있다. 폼알데하이드의 탄소 원자는 친전자성인가 또는 친핵성인가? 메테인싸이올 황 원자는 어떤가? 설명하라.

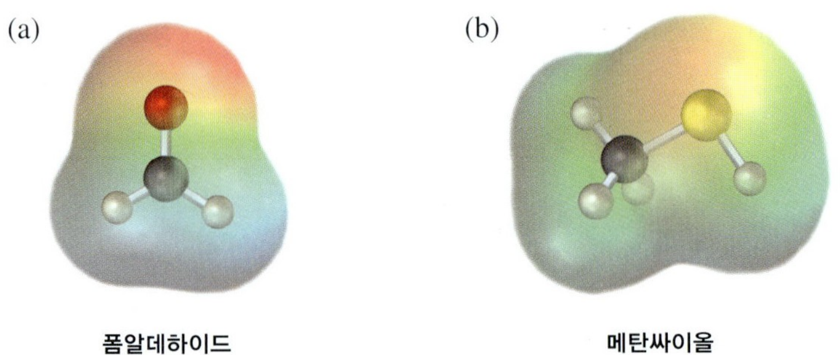

3.23 다음의 염화 알킬은 2개의 다른 알켄에 대한 HCl의 첨가 반응으로 만들어진다. 이 두 알켄을 명명하고 구조를 그려라(연두색 = Cl).

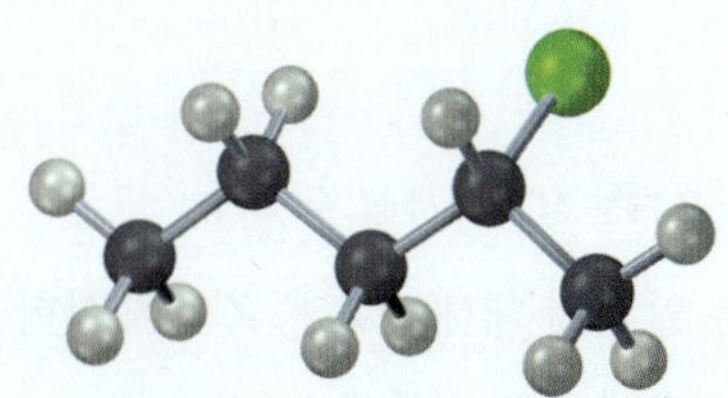

3.24 다음 카보양이온은 2개의 다른 알켄과 HCl의 친전자성 첨가 반응의 가능한 중간체이다. 두 알켄의 구조를 써라.

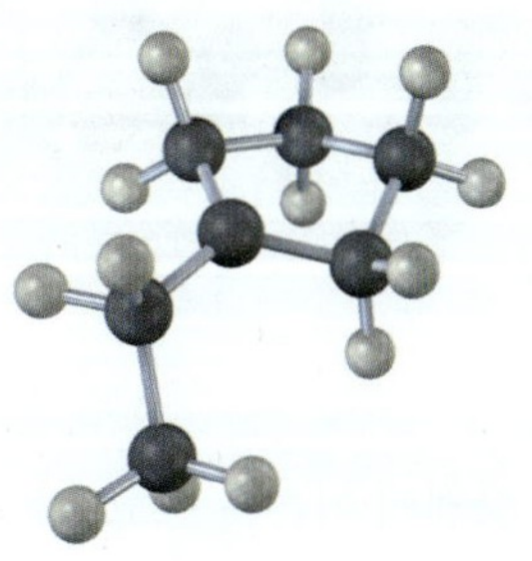

【보충문제】

작용기 **3.25** 다음 각 화합물에서 작용기의 편극 방향을 예측하라.

(a) $CH_3CH_2C{\equiv}N$

(b) (cyclopentane ring)–OCH_3

(c) $CH_3\overset{O}{\overset{\|}{C}}CH_2\overset{O}{\overset{\|}{C}}OCH_3$

(d) O, O

(e) O, NH_2

(f) O, C, H

3.26 효소-촉매화 반응에 대한 다음의 에너지 그림을 보라.

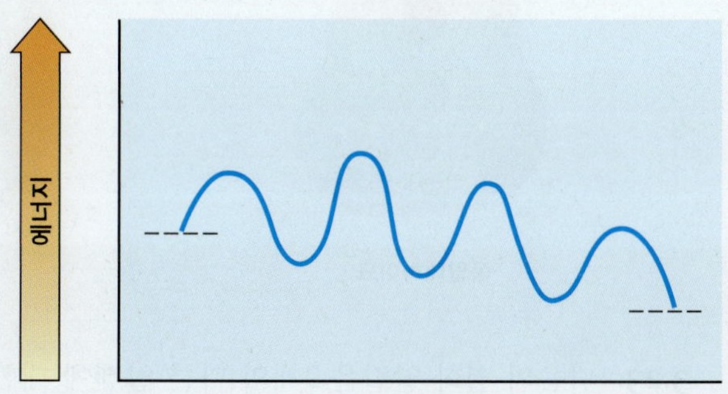

(a) 몇 단계가 관련되어 있는가?

(b) 어느 단계가 가장 빠르고, 어느 단계가 가장 느린가?

3.27 다음 중 어느 것이 친전자체로 작용하고, 어느 것이 친핵체로 작용하는가?

(a) Cl^- (b) $N(CH_3)_3$ (c) Hg^{2+} (d) CH_3S^- (e) CH_3^+

3.28 다음 분자의 각각에서 친전자성 및 친핵성 자리를 확인하라.

(a)

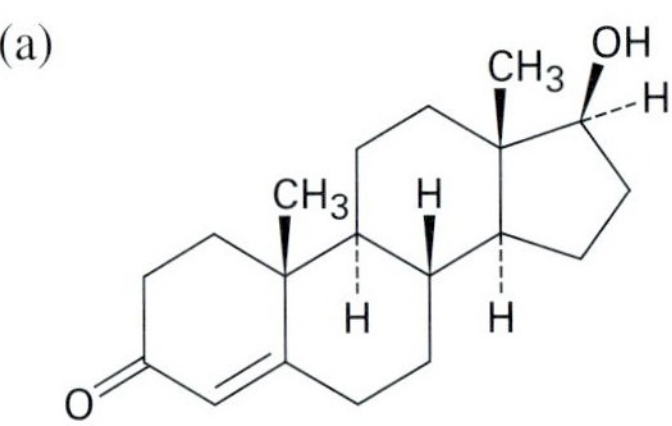

테스토스테론
(Testosterone)

(b)

NH_2, H, CH_3

암페타민
(Amphetamine)

알켄, 알카인 및 사이클로알켄의 명명법

3.29 다음 사이클로알켄을 명명하라.

(a)

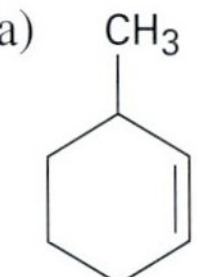

(b)

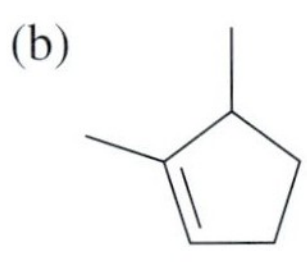

(c)

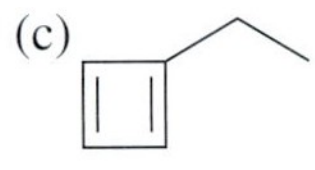

(d)

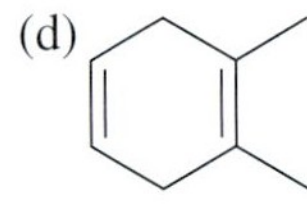

3.30 다음 알켄을 명명하라.

(a) H(H₃C)C=C(H)CH(CH₃)CH₂CH₃ — H, H_3C / C=C / $CHCH_2CH_3$ (위에 CH_3), H

(b) $CH_3CHCH_2CH_2CH$ (위에 CH_3, CH_2CH_3) / C=C / H_3C, CH_3, H

(c) $H_2C{=}CCH_2CH_3$ (위에 CH_2CH_3)

(d) $H_2C{=}CHCHCH$ (위에 H_3C, 아래에 CH_3) / C=C / H, CH_3, H

(e) H_3C, $CH_3CH_2CH_2$ / C=C / CH_3 / C=C / H, H, CH_3

(f) $H_2C{=}C{=}CHCH_3$

3.31 다음 이름은 부정확하다. 각 분자를 그리고, 올바른 이름을 말하라.

(a) 1-메틸사이클로펜트-2-엔 (b) 1-메틸펜트-1-엔

(c) 6-에틸사이클로헵텐 (d) 3-메틸-2-에틸사이클로헥센

3.32 다음의 IUPAC 명에 해당하는 구조를 그려라.

(a) 3-프로필헵트-2-엔 (b) 2,4-다이메틸헥스-2-엔

(c) 옥타-1,5-다이엔 (d) 4-메틸펜타-1,3-다이엔

(e) *시스*-4,4-다이메틸헥스-2-엔 (f) (*E*)-3-메틸헵트-3-엔

3.33 다음의 1993년 전 이름을 현재의 이름으로 정정하고 각 구조를 그려라.

(a) 2,5-다이메틸-3-헥사인 (b) (*Z*)-3-메틸-2-펜텐

3.34 다음 사이클로알켄의 구조를 그려라.

(a) *시스*-4,5-다이메틸사이클로헥센

(b) 3,3,4,4-테트라메틸사이클로뷰텐

이중 결합 이성질체

3.35 시스-트랜스 이성질체를 무시하면 화학식이 C_4H_8인 물질 5개가 있다. 그들을 그리고 명명하라.

3.36 문제 3.35에서 그렸던 분자 중 어느 것이 시스-트랜스 이성질화를 나타내는가? 그들의 시스-트랜스 이성질체를 그리고 명명하라.

3.37 순위 결정 규칙에 따라 각 쌍의 치환기들을 우선순위로 배열하라.

(a) $-CH_3$, $-Br$, $-H$, $-I$

(b) $-OH$, $-OCH_3$, $-H$, $-CO_2H$

(c) $-CH_3$, $-CO_2H$, $-CH_2OH$, $-CHO$

(d) $-CH_3$, $-CH{=}CH_2$, $-CH_2CH_3$, $-CH(CH_3)_2$

3.38 다음 분자 중 어느 것이 시스-트랜스 이성질화를 하는가?

(a) 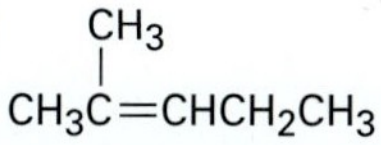 $CH_3C(CH_3){=}CHCH_2CH_3$ (b) 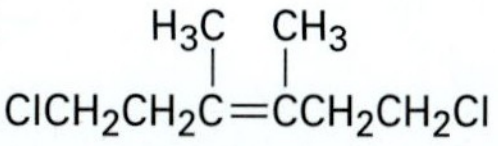 $ClCH_2CH_2C(H_3C){=}C(CH_3)CH_2CH_2Cl$ (c) HO

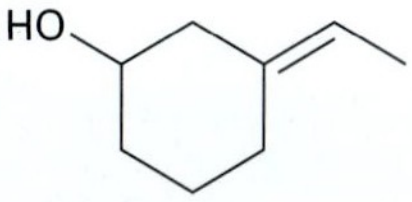

3.39 순위 결정 규칙에 따라 다음 각 쌍의 치환기들을 우선순위로 배열하라.

(a) $-CH_2CH_3$ $-CH_2CH_2CH_3$ (b) 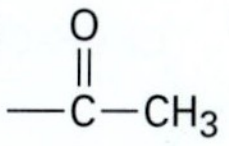 $-C(=O)-CH_3$ $-CH_2OH$

(c) 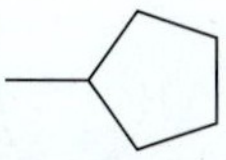 (cyclopentyl) $-CH(CH_3)_2$ (d) 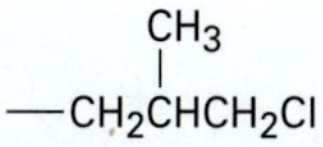 $-CH_2CH(CH_3)CH_2Cl$ $-CH_2CH_2CH_2Br$

3.40 다음 기술에 맞는 분자를 그리고 명명하라.

(a) 화학식이 C_6H_{12}인 알켄으로 시스-트랜스 이성질화를 하지 않는다.

(b) 화학식이 C_6H_{12}인 삼치환 알켄의 *E* 이성질체

(c) 사치환 이중 결합을 가지며 화학식이 C_7H_{12}인 사이클로알켄

3.41 사이클로데켄은 시스와 트랜스 형으로 존재하나 사이클로헥센은 존재할 수 없다. 설명하라.

3.42 헵타-2,4-다이엔의 가능한 모든 입체이성질체를 그리고 명명하라.

3.43 다음 알켄들에 *E* 또는 *Z* 입체화학을 결정하라.

(a) 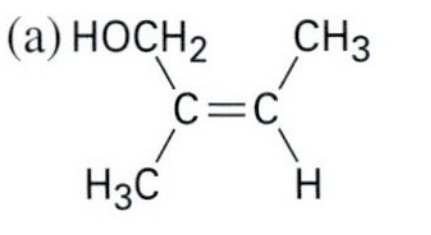

(b) HO_2C, H / C=C / Cl, OCH_3

(c) NC, CH_3 / C=C / CH_3CH_2, CH_2OH

(d) CH_3O_2C, $CH{=}CH_2$ / C=C / HO_2C, CH_2CH_3

3.44 박하 식물에서 발견되는 탄화수소인 멘텐의 IUPAC 명은 1-아이소프로필-4-메틸사이클로헥센이다. 멘텐의 구조는 무엇인가?

3.45 *E*,*Z* 이성질체를 포함해서 6개의 C_5H_{10} 알켄 이성질체를 그리고 명명하라.

에너지 그림 **3.46** 에너지를 방출하고 첫째 단계가 둘째 단계보다 더 빠른 두 단계 반응에 대한 반응 에너지 그림을 그려라. 반응물, 생성물, 전이 상태, 중간체, 활성화 에너지 및 전체 에너지 변화를 해당하는 그림 부위에 표기하라.

3.47 전이 상태와 반응 중간체 사이의 차이를 설명하라.

3.48 다음 반응 에너지 그림을 보고 질문에 답하라.

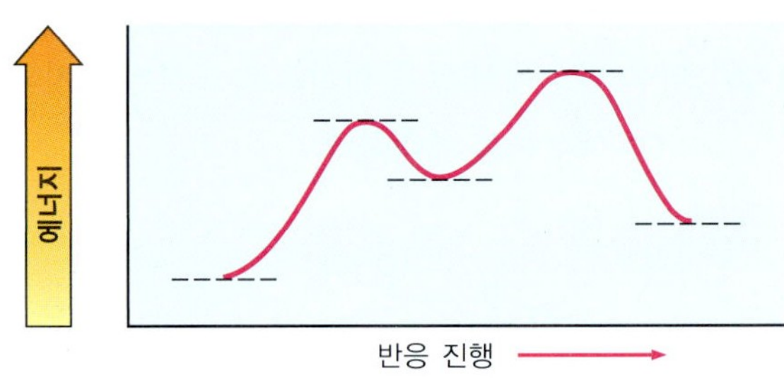

(a) 반응에 대한 전체 에너지 변화를 표시하라. 그것은 양의 값인가 또는 음의 값인가?

(b) 몇 개의 단계가 이 반응에 관련되는가?

(c) 어느 단계가 더 빠른가?

(d) 몇 개의 전이 상태가 있는가? 표시하라.

3.49 둘째 단계가 첫째 단계보다 더 빠른 반응에 대한 반응 에너지 그림을 그려라.

3.50 생성물과 반응물의 안정도가 동일한 반응의 반응 에너지 그림을 그려라.

3.51 만약 반응의 E_{act} = 15 kJ/mol이라면, 상온에서 빠른 반응인가 또는 느린 반응인가? 설명하라.

통합문제 **3.52** α-파네센(α-farnesene)은 사과 껍질에 있는 천연 왁스의 성분이다. 이것의 IUPAC 명은 무엇인가?

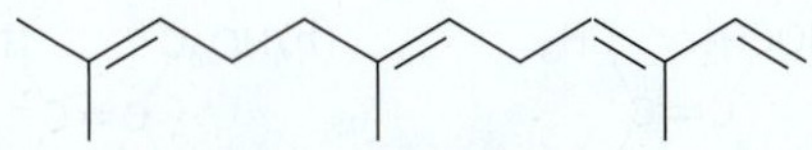

α-파네센

3.53 α-파네센(문제 3.52)에 있는 각 이중 결합에 대해 E 또는 Z 배열을 결정하라.

3.54 메탄올산 이온(CH_3O^-)은 다음 반응식에 따라 브로모에테인과 한 단계로 반응한다.

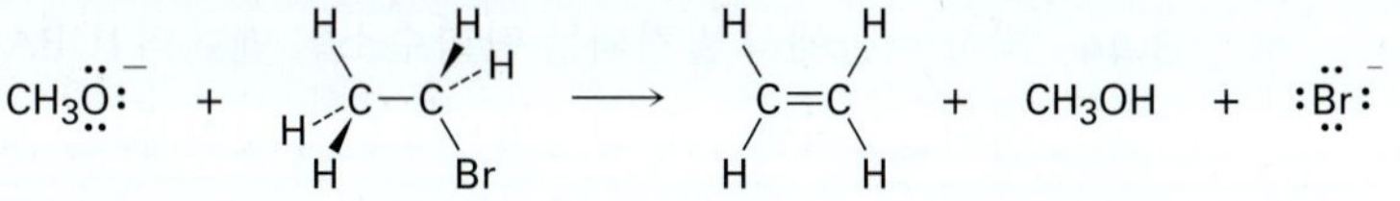

절단되고 형성된 결합을 확인하라. 반응 과정 중 전자의 흐름을 굽은 화살표로 나타내라.

3.55 다음 사이클로알켄을 명명하라.

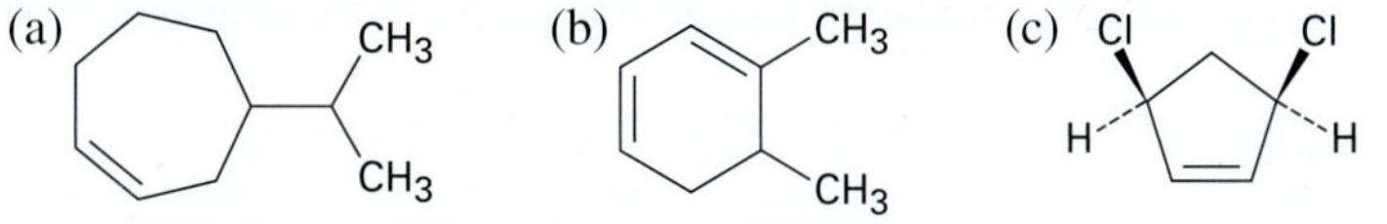

3.56 다음 반응에서 굽은 화살표로 표시된 전자의 흐름을 따라가 보라. 그리하여 얻게 되는 생성물을 예측하라.

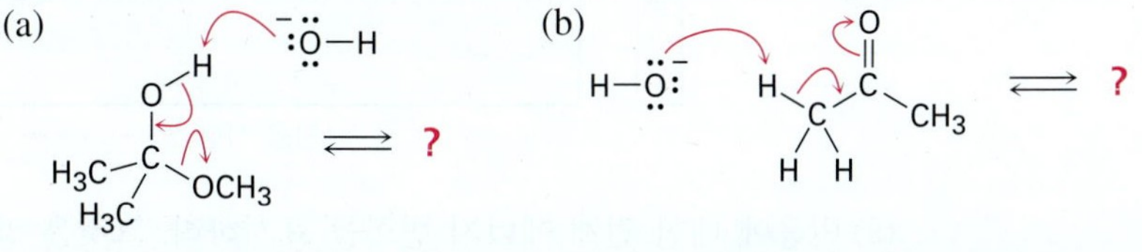

3.57 수산화 이온은 다음 반응식에 따라 한 단계로 클로로메테인과 반응한다.

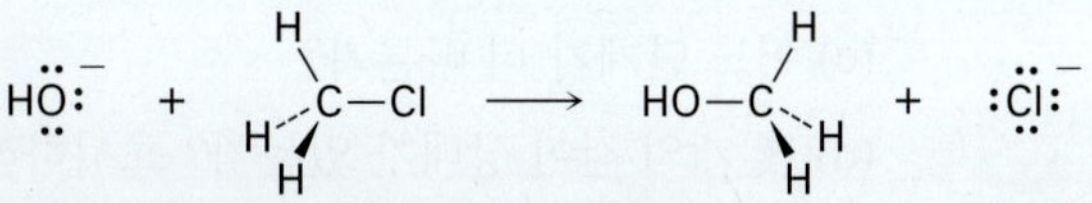

절단되고 형성된 결합을 확인하라. 굽은 화살표를 써서 반응 과정 중 전자의 흐름을 나타내라.

3.58 2-메틸프로펜과 HCl의 반응은 원리적으로 두 생성물의 혼합물을 생성한다. 그들을 그려라.

3.59 다음 장에서 카보양이온의 안정도는 양으로 하전된 탄소에 결합된 알킬기의 수에 따라 달라짐을 보게 될 것이다. 알킬기 수가 많을수록 양이온은 더 안정하다. HCl과 2-메틸프로펜의 반응에서(문제 3.58) 생길 수 있는 2개의 가능한 카보양이

온을 그리고, 어느 것이 더 안정하며 어느 생성물이 생기는지 예측하라.

3.60 아이소프로필리덴사이클로헥세인을 상온에서 센 산으로 처리할 때, 이성질화가 아래에 나타난 메커니즘에 의해 일어나서 1-아이소프로필사이클로헥센이 생긴다.

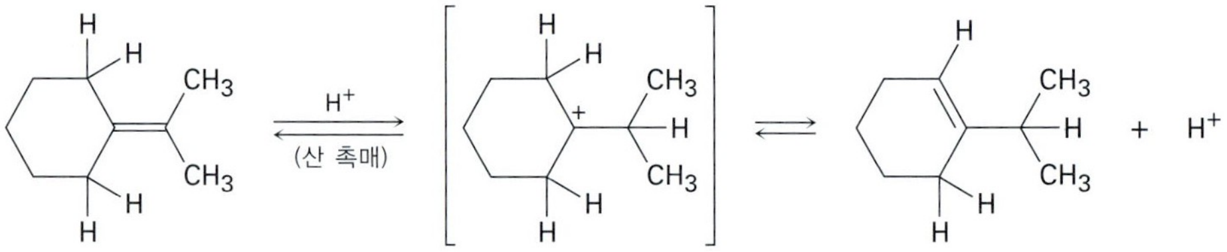

H^+ (산 촉매)

아이소프로필리덴사이클로헥세인

1-아이소프로필사이클로헥센

평형에서 생성물은 약 30%의 아이소프로필리덴사이클로헥세인과 약 70%의 1-아이소프로필사이클로헥센의 혼합물이다.

(a) 어떤 종류의 반응이 일어나는가? 메커니즘은 극성인가 또는 라디칼인가?

(b) 각 단계의 전자 흐름을 굽은 화살표로 나타내라.

약장 3.61 레틴(retin) A 또는 레틴산은 주름살을 줄이고 심한 여드름을 치료하는 데 보편적으로 쓰인다. 이중 결합의 이성질화로 생기는 다른 이성질체가 몇 개가 가능한가?

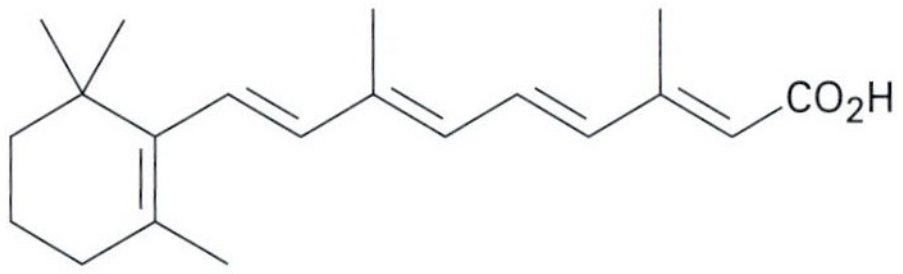

CO_2H

레틴 A(레틴산)

3.62 타목시펜(tamoxifen)과 클로미펜(clomiphene)은 유사한 구조이나 매우 다른 용도를 가진다. 각 분자에서 알켄의 이중 결합이 *E* 또는 *Z*인지 말하라.

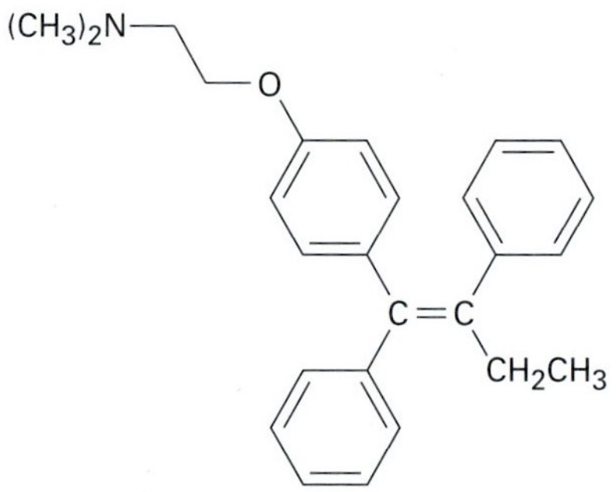

$(CH_3)_2N$ — O — C=C — CH_2CH_3

$(CH_3CH_2)_2N$ — O — C=C — Cl

타목시펜
(암 치료용)

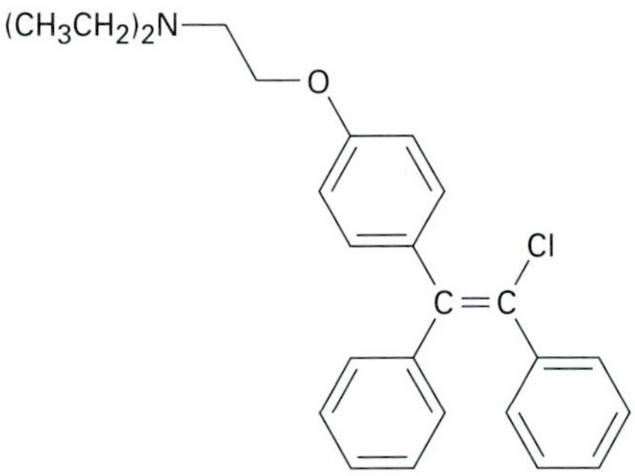

클로미펜
(번식용)

들판에서 3.63 라이코펜은 토마토의 붉은색을 나타내는 색소인데, 많은 아이소프렌 단위가 함께 연결되어 생긴 터펜이다(이 장의 【생활 속의 유기 화학】을 보라). 분자의 말단에서 시작하여 인접한 모든 아이소프렌기를 확인하라.

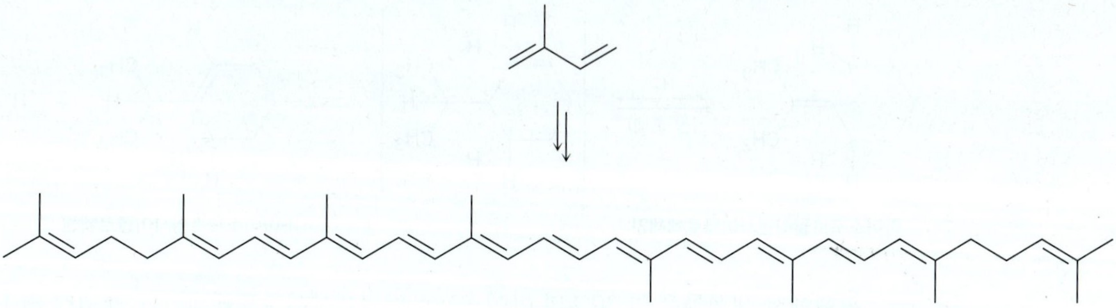

라이코펜

CHAPTER

4

iStockphoto/Bulletproof jacket/Thinkstock

경찰과 군대에서 쓰인 방탄조끼의 스펙트라 섬유는 단순한 알켄 중합체이며 분자량이 매우 큰 폴리에틸렌으로 만들어진다.

알켄과 알카인의 반응

유기 반응을 이해하는 데 필요한 많은 배경을 다루며, 주요 작용기를 체계적으로 기술할 시점이다. 이 장에서 알켄과 알카인족 화합물을 공부하기 시작해서 두 작용기의 가장 중요한 반응인 C=C와 C≡C 다중 결합이 여러 시약 X−Y와 첨가 반응을 하여 포화된 생성물을 생성하는 것을 보게 될 것이다. 사실 이 장에서 논의할 모든 반응들은 아래와 같은 형이다.

$$\mathrm{>C{=}C<} \;+\; \mathrm{X{-}Y} \;\longrightarrow\; \mathrm{X{-}C{-}C{-}Y}$$

알켄 　　　　　　　　　　　　　 첨가 생성물

왜 이 장인가?

알켄을 다룬 이 장과 다른 작용기를 다룬 다음 장에서 다양한 반응을 토의하겠지만, 초점은 유기 화학을 함께 엮는 일반 원리와 반응성 형에 둘 것이다. 지름길은 없으며 유기 화학을 이해하기 위해 반응을 알아야 한다.

4.1 알켄에 대한 HX의 첨가반응: Markovnikov의 규칙

3.7절에서 알켄이 HCl과 반응하여 염화 알킬이 생성되는 것을 보았다. 예를 들면, 에틸렌이 HCl과 반응하여 클로로에테인이 생긴다. 이 반응은 두 단계로 일어나며 카보양이온 중간체를 동반한다.

$$H_2C{=}CH_2 + H{-}Cl \longrightarrow [H_3C{-}CH_2^+] \xrightarrow{:Cl^-} H_3C{-}CH_2Cl$$

에틸렌 카보양이온 중간체 클로로에테인

알켄에 대한 할로젠산, HX의 첨가 반응은 화학자들이 다양한 할로젠이 치환된 알케인을 합성하는 일반적인 반응이다. 따라서 HCl, HBr 및 HI는 모두 알켄에 첨가된다.

$$(CH_3)_2C{=}CH_2 + HCl \xrightarrow{\text{에터}} CH_3{-}C(Cl)(CH_3){-}CH_3$$

2-메틸프로펜 2-클로로-2-메틸프로페인

$$\text{1-메틸사이클로헥센} + HBr \xrightarrow{\text{에터}} \text{1-브로모-1-메틸사이클로헥세인}$$

1-메틸사이클로헥센 1-브로모-1-메틸사이클로헥세인

$$CH_3CH_2CH_2CH{=}CH_2 + HI \xrightarrow{\text{에터}} CH_3CH_2CH_2CHICH_3$$

펜트-1-엔 2-아이오도펜테인

앞에 나타낸 3개의 반응을 주의깊게 살펴보자. 어느 경우든 비대칭으로 치환된 알켄에서 예상했던 혼합물보다는 단일 첨가 생성물이 생겼다. 예를 들면, 2-메틸프로펜이 HCl과 반응하여 2-클로로-2-메틸 외에 1-클로로-2-메틸프로페인이 생성될 것 같으나 그렇지 않았다. 이처럼 2가지 첨가 방향의 가능성 중 하나만이 일어날 때 이것을 **위치 특이성** [regiospecific(**ree**-jee-oh-specific)] 반응이라 한다.

위치특이성 반응:

$$(CH_3)_2C{=}CH_2 + HCl \longrightarrow CH_3{-}C(Cl)(CH_3){-}CH_3 \quad [CH_3CH(CH_3)CH_2Cl]$$

2-메틸프로펜 **2-클로로-2-메틸프로페인** **(유일한 생성물)** **1-클로로-2-메틸프로페인** **(생성되지 않음)**

이러한 많은 반응을 조사한 후 러시아의 화학자 Vladimir Markovnikov가 1869년에 **Markovnikov 규칙**(Markovnikov's rule)을 제안하였다.

Markovnikov 규칙 알켄에 대한 HX의 첨가 반응에서 H는 알킬 치환기 수가 적은 탄소에 붙고, X는 알킬 치환기 수가 많은 탄소에 붙는다.

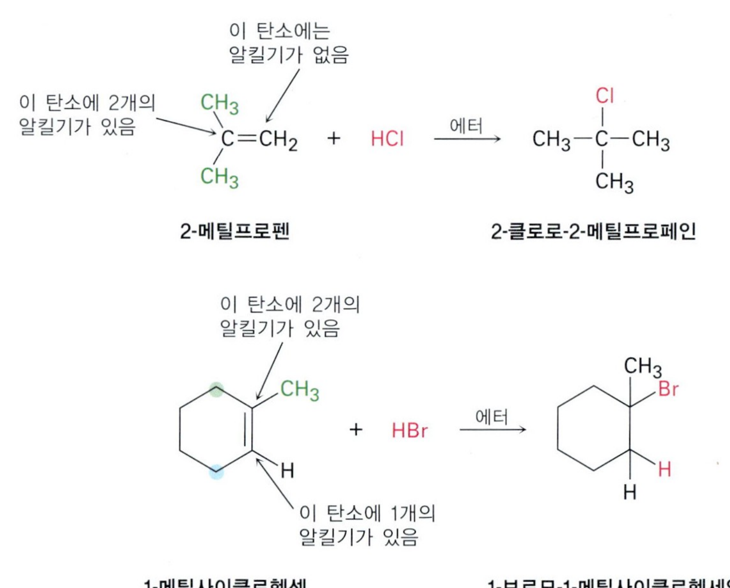

이중 결합을 하는 2개의 탄소가 같은 수의 알킬기를 가지면 첨가 생성물의 혼합물이 생성된다.

이 탄소에 1개의 알킬기가 있음 / 이 탄소에 1개의 알킬기가 있음

$$CH_3CH_2CH{=}CHCH_3 + HBr \xrightarrow{\text{에터}} CH_3CH_2CH_2CH(Br)CH_3 + CH_3CH_2CH(Br)CH_2CH_3$$

펜트-2-엔 → 2-브로모펜테인 + 3-브로모펜테인

카보양이온은 이들 반응에서 중간체로서 포함되므로(3.8절) Markovnikov 규칙을 다르게 표현할 수 있다.

Markovnikov 규칙(다시 기술) 알켄에 대한 HX의 첨가반응에서 더 많이 치환된 카보양이온 중간체가 생성된다.

예를 들면, 2-메틸프로펜에 대한 H^+의 첨가반응에서 다른 하나의 1차 카보양이온보다 3차 카보양이온 중간체가 생긴다. 왜 그런가?

$$(CH_3)_2C{=}CH_2 + HCl \longrightarrow \left[CH_3-\overset{+}{C}(CH_3)-CH_2H\right] \xrightarrow{Cl^-} CH_3-C(Cl)(CH_3)-CH_3$$

2-메틸프로펜 → *tert*-뷰틸 카보양이온 (3차; 3°) → 2-클로로-2-메틸프로페인

$$(CH_3)_2C{=}CH_2 + HCl \not\longrightarrow \left[CH_3-CH(CH_3)-\overset{+}{C}H_2\right] \xrightarrow{Cl^-} CH_3-CH(CH_3)-CH_2Cl$$

아이소뷰틸 카보양이온 (1차; 1°) → 1-클로로-2-메틸프로페인 (생성되지 않음)

예문 4.1 알켄 첨가 반응의 생성물 예측하기

1-에틸사이클로펜텐을 HCl과 반응시키면 어떤 생성물이 예상되는가?

$$\text{1-에틸사이클로펜텐 (}CH_2CH_3\text{ 치환)} + HCl \longrightarrow ?$$

풀이 반응 생성물을 예측하라고 하는 물음에 대한 문제를 풀 때는 반응물에 존재하는 작용기를 살펴보고서 시작하라. 그리고 어떤 종류의 반응이 일어날지 결정하라. 현재의 예에서는 반응물이 알켄이므로 HCl과 친전자성 첨가 반응을 할 것이다. 다음으로, 친전자성 첨가 반응에 관해 알고 있는 것을 돌이켜보고 생성물을 예측하기 위해 지식을 이용하라. 친전자성 첨가 반응은 Markovnikov 규칙을 따르므로, H^+는 1개의 알킬기(고리의 C2)를 가지는 이중 결합 탄소에 첨가될 것이며 Cl은 2개의 알킬기(고리의 C1)를 가진 이중 결합의

탄소에 첨가될 것이다.

해답 예상된 생성물은 1-클로로-1-에틸사이클로펜테인이다.

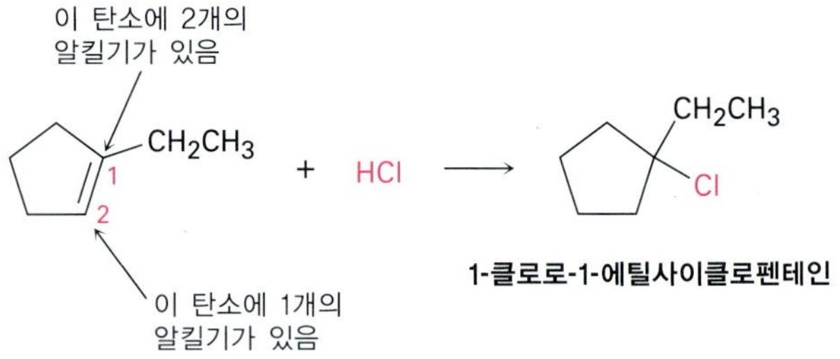

이 탄소에 2개의 알킬기가 있음

CH_2CH_3 + HCl ⟶ (CH_2CH_3, Cl)

이 탄소에 1개의 알킬기가 있음

1-클로로-1-에틸사이클로펜테인

문제 4.1 다음 반응의 생성물을 예측하라.

(a) (사이클로헥센) $\xrightarrow{HCl}$?

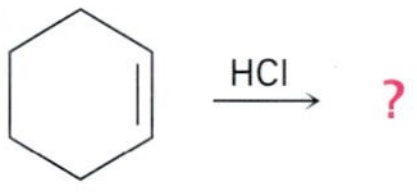

(b) $CH_3C(CH_3){=}CHCH_2CH_3$ $\xrightarrow{HBr}$?

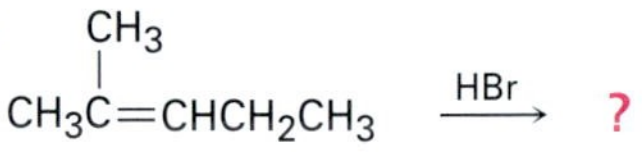

(c) $CH_3CH(CH_3)CH_2CH{=}CH_2$ $\xrightarrow[H_2SO_4]{H_2O}$?

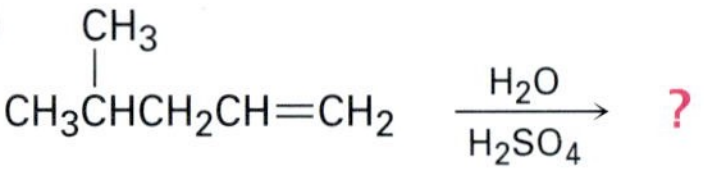

(H_2O의 첨가가 발생됨.)

(d) (메틸렌사이클로헥세인, $=CH_2$) $\xrightarrow{HBr}$?

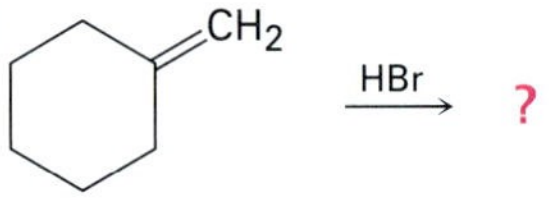

문제 4.2 다음 할로젠화 알킬을 만들려면 어떤 알켄으로 시작해야 하는가?

(a) (사이클로펜틸)–Br

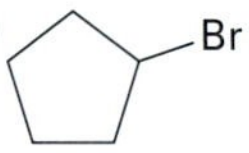

(b) (사이클로헥세인, CH_2CH_3, –I)

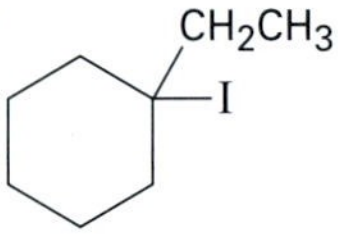

(c) $CH_3CH_2CH(Br)CH_2CH_2CH_3$

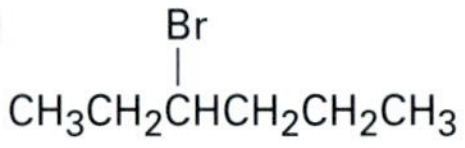

(d) (사이클로헥실)–CH(Cl)–CH_3

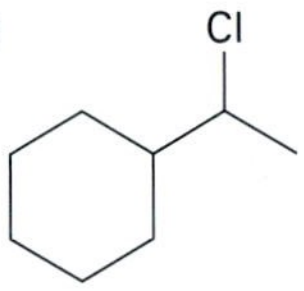

4.2 카보양이온 구조와 안정도

Markovnikov 규칙이 성립하는 이유를 이해하기 위해 치환된 카보양이온의 구조와 안정성에 관해 더 공부할 필요가 있다. 구조에 관해서 카보양이온은 **평면**(planar)이라는 실험적 증거가 있다. 양으로 하전된 탄소 원자는 sp^2 혼성화되어 탄소에 결합된 3개의 치환기는 정삼각형의 모서리로 향한다(그림 4.1). 탄소의 원자가 전자 껍질에 단지 6개의 전자가 있고 6개의 모든 전자는 3개의 σ 결합에 쓰이므로, 면의 위와 아래로 뻗은 p 궤도함수는 비어 있다.

안정성에 관하여, 실험적 증거는 카보양이온의 안정도는 알킬 치환기의 수가 증가할수록 커진다는 것이다. 더 많이 치환된 카보양이온은 적게 치환된 것보다 더 안정하다. 왜냐

그림 4.1 카보양이온의 구조. 3가의 탄소는 sp^2 혼성화되어 있고 탄소와 3개의 결합된 기의 평면에 수직한 비어 있는 p 궤도함수를 가진다.

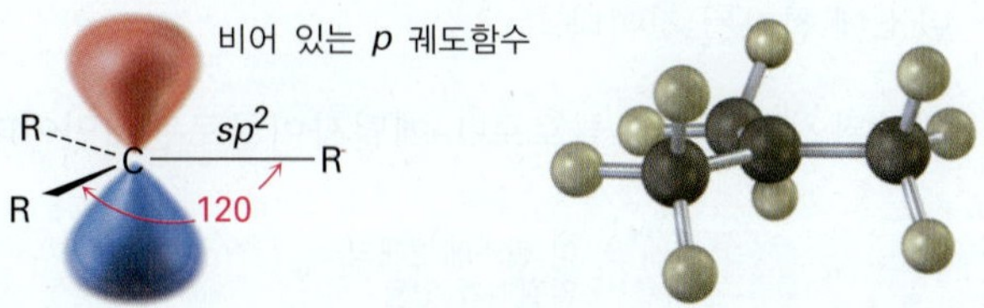

하면 알킬기는 양으로 하전된 탄소 원자에 전자를 주려는 경향이 있기 때문이다. 알킬기가 많으면 많을수록 더 많이 전자를 밀어 주므로 카보양이온의 안정도는 증가한다.

메틸	1차(1°)	2차(2°)	3차(3°)
H_3C^+	RCH_2^+	R_2CH^+	R_3C^+

안정도 →

이러한 지식을 이용하여 이제 Markovnikov 규칙을 설명할 수 있다. 예를 들면, 1-메틸사이클로헥센과 HBr의 반응에서 중간체 카보양이온은 3개의 알킬 치환기(3차)를 가지거나 2개의 알킬 치환기(2차)를 가질 수 있다. 3차 양이온이 2차 양이온보다 더 안정하므로 3차 양이온이 중간체로 형성되고, 따라서 관찰된 3차 브롬화 알킬 생성물이 된다.

1-메틸사이클로헥센 + HBr → [(3차 카보양이온)] $\xrightarrow{Br^-}$ 1-브로모-1-메틸사이클로헥세인

1-메틸사이클로헥센 + HBr ✕→ [(2차 카보양이온)] $\xrightarrow{Br^-}$ 1-브로모-2-메틸사이클로헥세인 (형성되지 않음)

문제 4.3 다음 반응의 각각에서 예상되는 2개의 카보양이온 중간체의 구조를 나타내라.

(a) $CH_3CH_2C(CH_3){=}CHCH(CH_3)CH_3 \xrightarrow{HBr}$?

(b) (사이클로펜틸리덴)$=CHCH_3 \xrightarrow{HI}$?

4.3 알켄에 대한 물의 첨가

HCl과 HBr이 알켄에 첨가되어 할로젠화 알킬이 생기는 것처럼 H_2O가 알켄에 첨가되어 알코올, ROH이 생성되며 이 과정을 수화 작용(hydration)이라 한다. 공업적으로, 미국에서는 이 방법으로 매년 30만 톤 이상의 에탄올이 생산된다.

메커니즘

그림 4.2 알켄의 산-촉매 수화 반응 메커니즘은 알코올을 생성한다. 알켄이 양성자화하여 카보양이온 중간체가 생기고, 이것은 물과 반응한다.

❶ 친전자체인 H_3O^+ 위의 수소 원자는 친핵성 이중 결합의 π 전자에 의해 공격을 받아 새로운 C−H 결합을 생성하며, 다른 탄소 원자에 + 전하와 비어 있는 *p* 궤도함수를 남긴다. 동시에, H−O 결합으로부터 전자 2개가 산소로 이동하여 중성인 물이 생긴다.

❷ 친핵체인 H_2O 전자쌍 1개를 양으로 하전된 탄소 원자에 공여하여 C−O 결합을 생성하고 양성자화된 알코올 첨가 생성물의 산소에 양전하를 남긴다.

❸ 물은 염기로 작용하여 H^+를 제거하며, H_3O^+를 재생하고 중성 알코올 첨가 생성물을 생성한다.

$$\text{H}_2\text{C}{=}\text{CH}_2 + H_2O \xrightarrow[250°C]{H_3PO_4\ 촉매} CH_3CH_2OH$$

에틸렌 　　　　　　　　　　　　　　　　　　　　　　에탄올

알켄을 물과 센 산 촉매로 처리하면 HX의 첨가반응 메커니즘과 유사하게 수화 작용이 일어난다. 알켄의 이중 결합이 양성자 첨가반응을 하여 카보양이온 중간체가 생기고 친핵체인 물과의 반응으로 양성자화된 알코올(ROH_2^+)이 생성된다. 양성자화된 알코올에서 H^+를 잃게 되면 중성인 알코올이 생기고 산 촉매가 재생된다(그림 4.2). 비대칭 알켄에 대한 물의 첨가반응도 HX의 첨가반응처럼 Markovnikov 규칙을 따르며, 생성물로서 더 많이 치환된 알코올이 생긴다.

불행하게도, 수화 작용에 필요한 반응 조건이 매우 격렬하다. 예를 들면, 알코올이 생기는 에틸렌의 수화 작용은 인산 촉매와 250 °C까지의 반응온도를 필요로 한다. 그 결과 예민한 분자는 때때로 파괴된다. 이런 어려움을 피하기 위해, 화학자들은 상온에서 비산성 조건에 일어나는 다른 알켄의 수화 작용을 궁리하였다. 여기에서 이들을 논의하지는 않을 것이다.

또한 탄소–탄소 이중 결합의 수화 작용은 비록 카보양이온 메커니즘에 일어나지 않을지라도 여러 생물학적 경로에서 일어난다. 그 대신 생물학적 수화 작용은 작용이 진행하기 위해 이중 결합이 카보닐기(C═O)에 이웃에 있어야 한다. 예컨대, 퓨마르산 음이온은 수화 작용을 하여 식품대사의 시트르산 순환 과정의 한 단계로서 말레산 음이온을 생성한다. 9.10절에서 바로 이웃에 있는 카보닐기의 기능을 보게 되겠지만 지금은 작용이 음이온 중간체가 형성된 후 산 HA에 의한 양성자 첨가 메커니즘을 통해 일어남을 주목해야 한다.

$$\text{퓨마르산 음이온} \xrightarrow[퓨마레이스]{H_2O,\ pH = 7.4} [\text{음이온 중간체}] \xrightarrow{HA} \text{말레산 음이온}$$

퓨마르산 음이온 　　　　　　　음이온 중간체 　　　　　　　말레산 음이온

예문 4.2 알켄 수화 작용의 생성물 예측하기

메틸렌사이클로펜테인에 대한 물의 산-촉매 첨가반응으로 어떤 생성물을 예측할 수 있는가?

$$\text{C}_5\text{H}_8{=}CH_2 + H_2O \longrightarrow ?$$

메틸렌사이클로펜테인

풀이 Markovnikov 규칙에 따라, H^+는 이미 수소를 많이 가진 탄소(=CH_2 탄소)에 첨가되고 OH는 수소를 적게 가진 탄소(고리 탄소)에 첨가된다. 그러므로 생성물은 3차 알코올이 될 것이다.

해답

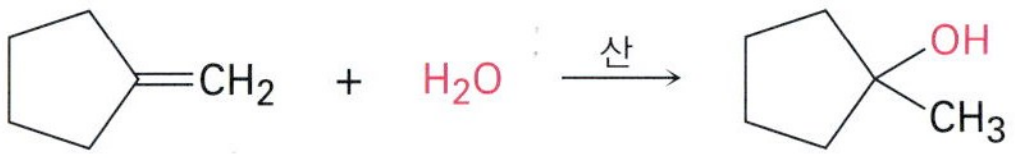

$$\text{(cyclopentylidene)}{=}CH_2 + H_2O \xrightarrow{\text{산}} \text{1-methylcyclopentanol (OH, }CH_3\text{)}$$

문제 4.4 다음 알켄에 산 촉매 하에 물을 첨가하면 어떤 생성물이 얻어지는가?

(a) $CH_3CH_2C(CH_3){=}CHCH_2CH_3$ (b) 1-메틸사이클로펜텐 (c) 2,5-다이메틸헵트-2-엔

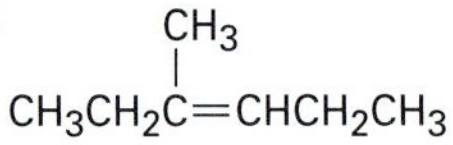

문제 4.5 어떤 알켄으로부터 다음 알코올을 만들 수 있는가?

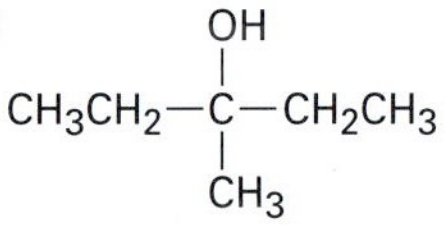

(a) $CH_3CH_2CH(OH)CH_3$ (b) $CH_3CH_2{-}C(OH)(CH_3){-}CH_2CH_3$ (c) 1,2-dimethylcyclohexanol (OH, CH_3, CH_3)

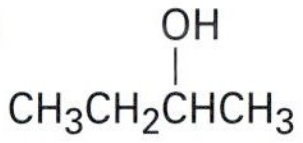

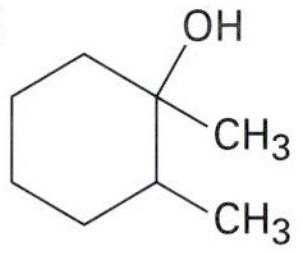

4.4 알켄에 대한 할로젠의 첨가

HX와 H_2O 외에 많은 물질들이 알켄에 첨가된다. 예를 들면, 브로민과 염소가 용이하게 첨가되어 1,2-다이할로알케인을 생성하는데 이 과정은 **할로젠 첨가반응**(halogenation)이다. 매년 미국에서는 에틸렌에 Cl_2를 첨가하여 천만 톤 이상의 1,2-다이클로로에테인(이염화 에틸렌이라고 부름)을 합성한다. 이 화합물은 용매와 폴리(염화 바이닐), PVC의 합성 원료로서 쓰인다.

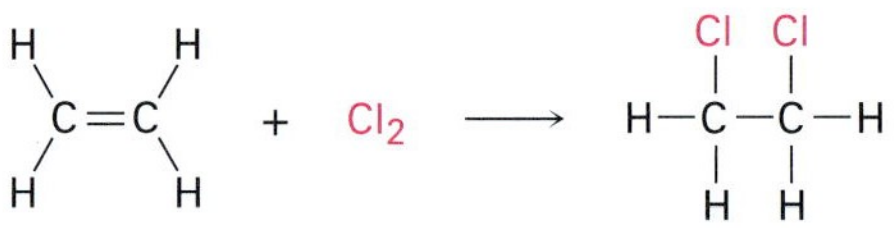

$$H_2C{=}CH_2 + Cl_2 \longrightarrow H{-}CH(Cl){-}CH(Cl){-}H$$

에틸렌 **1,2-다이클로로에테인 (이염화 에틸렌)**

Br_2의 첨가는 불포화 여부를 실험실에서 검사하는 간단하고 빠른 방법이다. 미지의 시료를 다이클로로메테인(CH_2Cl_2)에 용해시킨 후 Br_2 몇 방울을 가한다. 곧바로 Br_2의 붉은색이 사라지면 양성을 나타내고 시료 분자가 이중 결합을 가지고 있음을 시사한다.

사이클로펜텐 $\xrightarrow{Br_2,\ CH_2Cl_2}$ 1,2-다이브로모사이클로펜테인(95%)

지금까지 우리가 살펴본 바에 근거하여, 알켄과 반응하는 Br_2나 Cl_2의 가능한 반응 메커니즘은 친전자체인 Br^+가 알켄에 친전자성 첨가반응을 하여 카보양이온을 생성하고 Br^-가 더 반응하여 다이브로모 첨가 생성물을 생성하는 것이다.

가능한 메커니즘?

비록 이 메커니즘이 합리적으로 보일지라도 알려진 사실에 완전히 일치하지는 않는다. 왜냐하면 그것은 할로젠 첨가의 입체화학적(2.8절) 또는 3차원적 양상을 설명하지 못한다. 즉, 이 메커니즘은 이 반응에서 어떤 입체이성질체 생성물이 형성될지 설명하지 못한다. 사이클로펜텐과 같은 사이클로알켄이 할로젠 첨가반응을 할 때, 만약 평면의 카보양이온 중간체가 관련된다면 시스와 트랜스 생성물의 혼합물이 예상되는데 *트랜스*-1,2-다이브로모사이클로펜테인만 형성되었다. 우리는 이 반응이 **안티 입체화학**으로 일어난다고 말하는데 이것은 2개의 브로민이 서로 180° 떨어진 방향에서 온다는 것을 말한다.

사이클로펜텐 $\xrightarrow{Br-Br}$ *트랜스*-1,2-다이브로모-사이클로펜테인 (유일 생성물) [*시스*-1,2-다이브로모-사이클로펜테인 (형성되지 않음)]

이 입체화학적 결과는 반응 중간체가 참된 카보양이온이 아니고 단일 단계로 이중 결합에 Br^+가 첨가하여 생성된 브로모늄 이온, R_2Br^+이라고 상상함으로써 가장 잘 설명될 수 있다. 브로민 원자가 분자의 한 면을 효율적으로 '차단'하므로 둘째 단계에서 Br^- 이온과의 반응은 더 접근하기 쉬운 반대 방향에서 일어나 안티 생성물을 생성한다(그림 4.3).

천연에서도 탄소–탄소 이중 결합에 대한 할로젠의 첨가반응이 실험에서처럼 일어나나 주로 할로젠풍부 환경에서 사는 해양 유기 조직에 한정된다. 생물학적 할로젠 첨가반

그림 4.3 알켄에 대한 Br_2의 첨가 반응의 메커니즘. 브로모늄 이온 중간체가 생성되어 이중 결합의 한 면은 가려져 있으므로 첨가 생성물은 트랜스 입체화학이 된다.

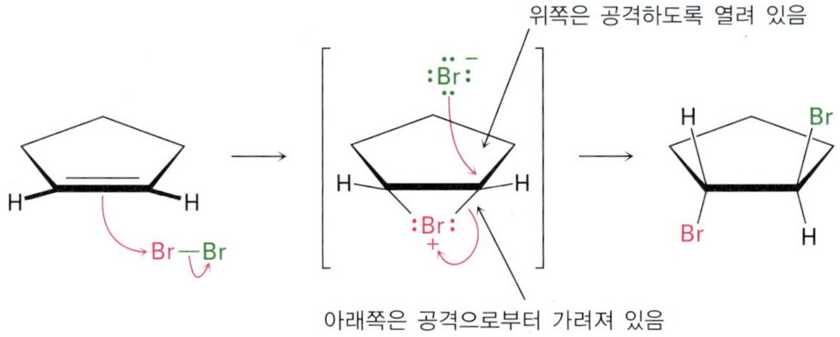

사이클로펜텐 **브로모늄 이온 중간체** ***트랜스*-1,2-다이브로모-사이클로펜테인**

응은 할로과산화 효소(haloperoxidases)라 부르는 효소에 의해 일어나는데, 이 효소는 H_2O_2를 이용하여 Br^- 또는 Cl^-를 생물학적 대등체인 Br^+ 또는 Cl^+로 산화시킨다. 그런 후 기질 분자의 이중 결합에 대한 친전자성 첨가반응은 실험실에서와 똑같이 브로모늄 또는 클로로늄 이온 중간체를 생성하고 다른 할로젠 음이온과 반응하여 과정을 완결한다. 예컨대, 붉은 해조류에서 분리하는 항암 펜타할로젠화물인 하로몬은 BrCl가 2회 첨가하고 상응하는 브로모늄 이온을 거쳐 생기는 것으로 생각된다.

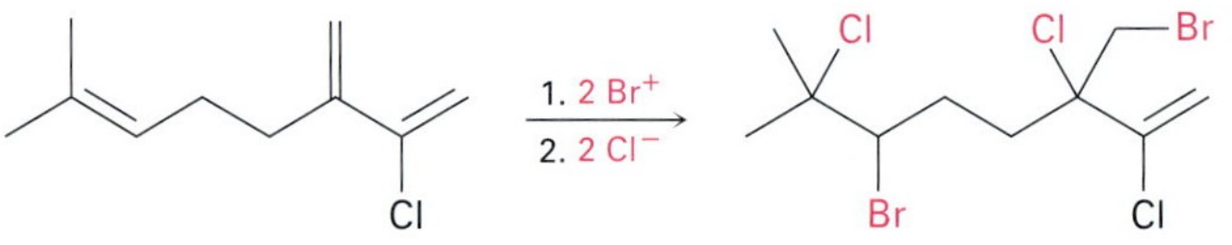

하로몬

문제 4.6 1,2-다이메틸사이클로헥센에 대한 Br_2의 첨가 반응으로부터 어떤 생성물을 예상하는가? 생성물의 시스 또는 트랜스 입체화학을 나타내라.

문제 4.7 문제 4.6에 형성된 중간체인 브로모늄 이온의 구조를 나타내라.

4.5 알켄의 환원: 수소 첨가반응

C=C 결합에 대한 H_2의 첨가반응은 알켄이 금속 촉매의 존재 하에서 수소 가스의 압력에 노출되어 알케인을 생성한다.

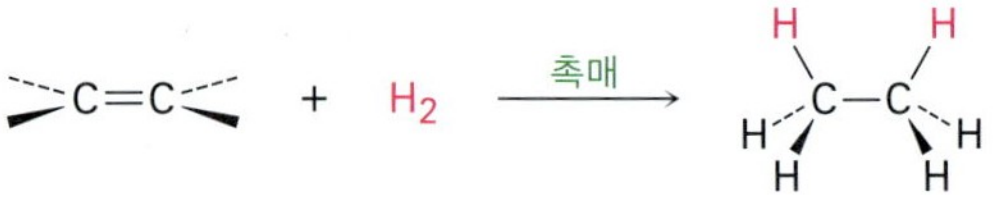

알켄 **알케인**

우리는 이를 이중 결합에 **수소가 첨가되었다**(hydrogenated)고 하거나 환원되었다고(reduced) 한다. [유기 화학에서 **환원**(reduction)이란 술어는 수소의 첨가나 분자로부터 산소의 제거를 말한다.] 대부분의 알켄 수소 첨가반응에서는 팔라듐 금속이나 백금(PtO_2) 촉매가 사용된다.

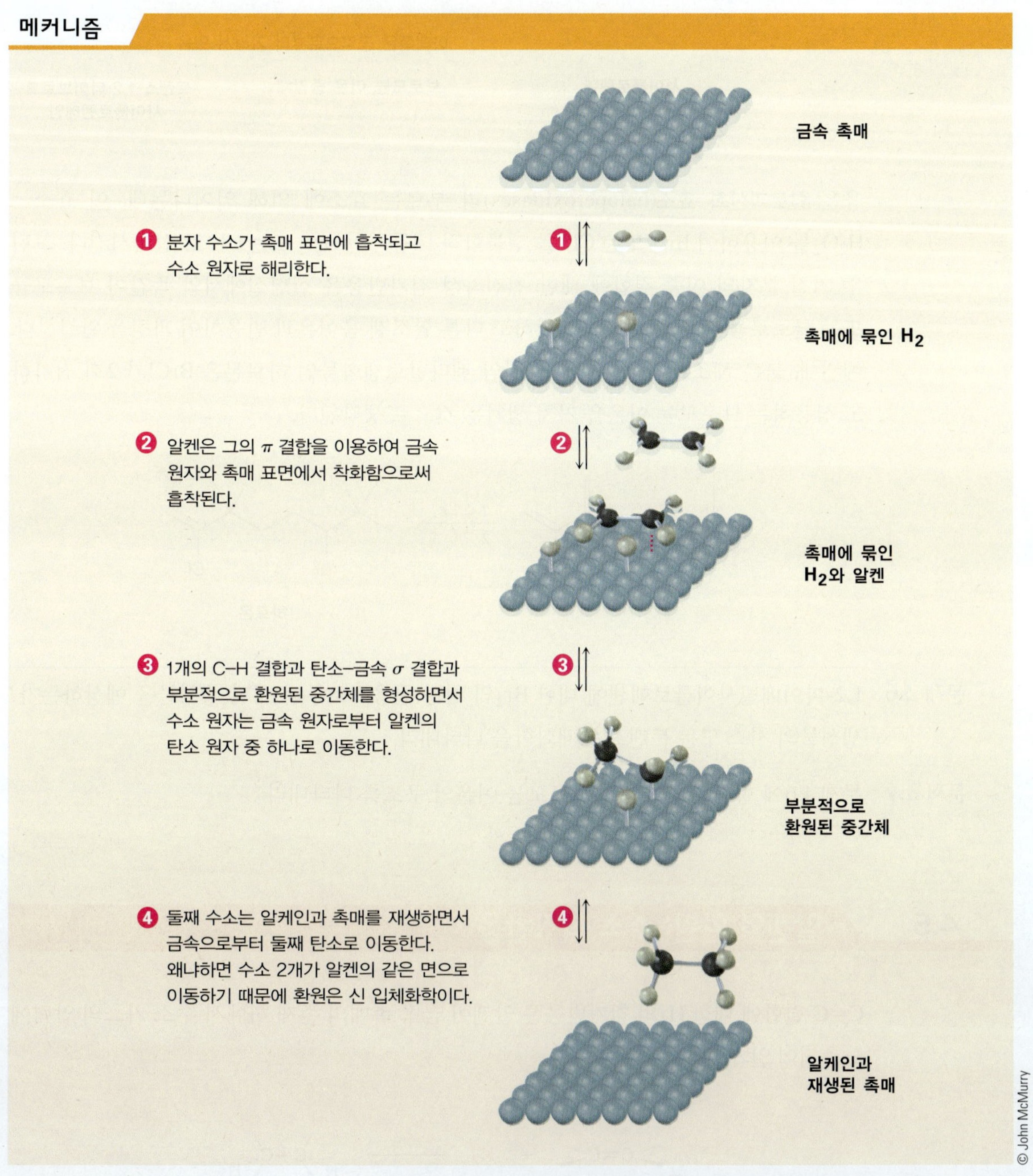

그림 4.4 알켄의 수소 첨가반응 메커니즘. 반응은 불용성 촉매 입자의 표면 위에서 신 입체화학으로 일어난다.

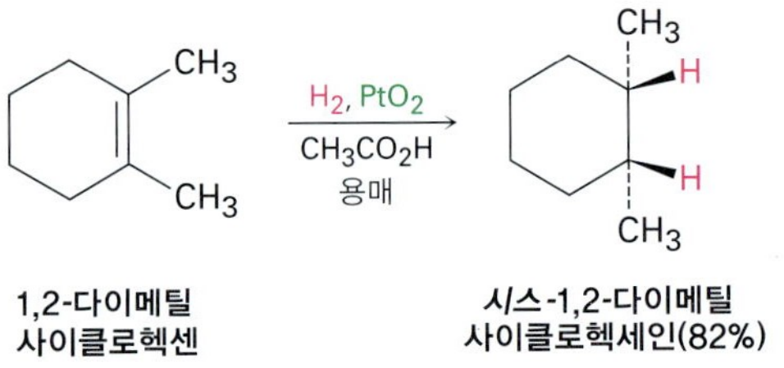

알켄의 촉매 수소 첨가반응은 다른 대부분의 유기 반응과 달리 균일 반응(homogeneous)이 아니라 **불균일**(heterogeneous) 반응이다. 즉, 수소 첨가는 용액 중에서가 아니라 고체 촉매 표면에서 일어난다. 촉매 표면 위에 H_2가 처음 흡착된 후에 촉매와 알켄 사이의 착물화는 금속의 비어 있는 궤도함수와 알켄의 채워진 π 궤도함수와 상호작용함으로써 일어난다. 다음에 수소가 이중 결합에 삽입되고 포화된 생성물은 촉매로부터 확산되어간다(그림 4.4). 이 반응은 수소 2개가 같은 쪽으로부터 이중 결합에 첨가되는 것을 의미하는 **신 입체화학**(syn stereochemistry)으로 일어난다.

알켄의 촉매 수소 첨가반응은 실험실에서 유용하게 쓰이는 것 외에 식품산업에 또한 중요하다. 불포화 식물성 기름은 환원되어 마가린과 요리 생산품에 쓰이는 포화된 지방을 생성한다. 16.1절에 나타난 것처럼, 식물성 기름은 지방산(fatty acids)이라 부르는 3개의 긴-사슬 카복실산과 글리세롤(glycerol), $HOCH_2CH(OH)CH_2OH$은 트라이에스터이다. 지방산은 일반적으로 다중불포화되고 그들의 이중 결합은 시스 입체화학을 가진다. 완전 수소 첨가반응은 상응하는 지방산을 생상하나 불완전한 수소 첨가반응은 흔히 잔여 이중 결합의 부분적 시스-트랜스 이성질현상에 이른다. 먹거나 소화될 때 자유 트랜스 지방산은 방출되어 혈액의 콜레스테롤 수준을 높여 잠재적 관상동맥 문제를 야기한다.

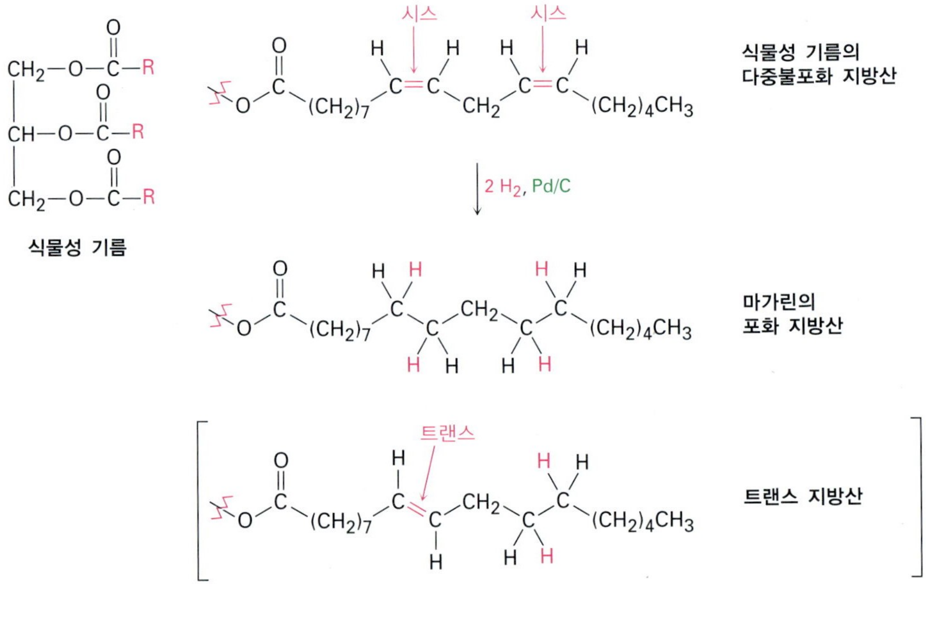

문제 4.8 다음 알켄의 촉매 수소 첨가반응으로 어떤 생성물이 생기는가?

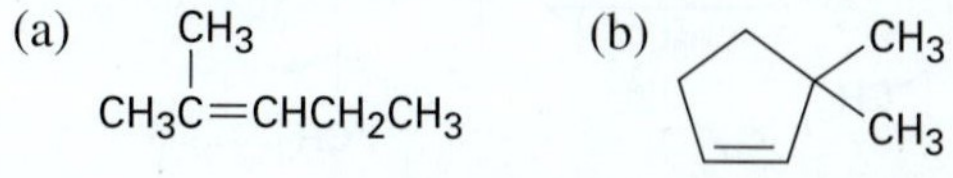

(a) $CH_3C(CH_3){=}CHCH_2CH_3$

(b) 3,3-dimethylcyclopentene (CH_3, CH_3)

4.6 알켄의 산화: 에폭시화반응, 하이드록시화반응과 분해

보편적으로 수소의 첨가를 환원이라는 말로 쓰는 것처럼 **산화**라는 말은 산소의 첨가를 의미한다. 예컨대, 알켄을 *메타*-클로로과벤조산과 같은 과산화산, RCO_3H으로 처리하면 산화되어 에폭시화물이 생성된다. 옥시레인(oxirane)이라 부르는 **에폭시화물**(epoxide)은 삼각 고리에 산소 원자 1개를 가진 고리형 에터이다.

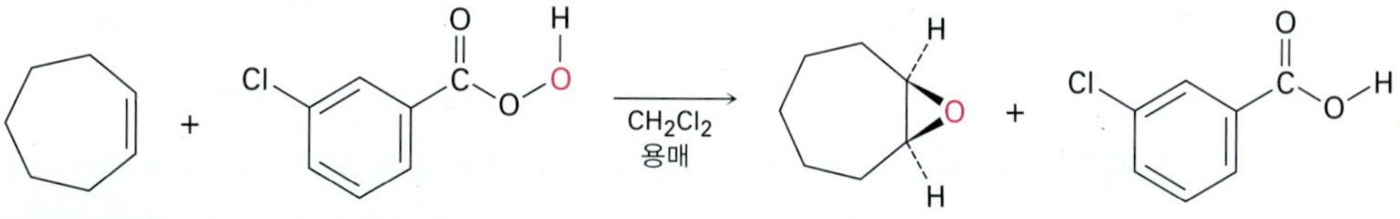

사이클로헵텐 + *메타*-클로로과벤조산 —(CH_2Cl_2 용매)→ 1,2-에폭시-사이클로헵테인 + *메타*-클로로벤조산

에폭시화물은 물과 산-촉매 고리-열림 반응(가수분해반응, hydrolysis)을 하여 상응하는 다이알코올 또는 다이올(diol), 또는 글라이콜(glycol)을 생성한다. 그러므로 2단계 알켄 에폭시화반응/가수분해반응의 최종 결과는 **하이드록시화반응**(hydroxylation)이다—2개의 이중 결합 탄소에 각각 1개의 OH기 첨가 반응. 사실 자동차 부동액으로 대부분 쓰이는 에틸렌 글라이콜(ethylene glycol), $HOCH_2CH_2OH$은 에틸렌의 에폭시화 후에 가수분해반응으로 미국에서 매년 3백만톤 이상 생산된다.

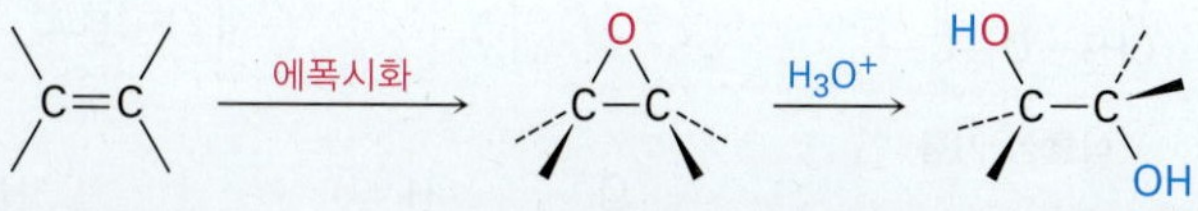

알켄 —(에폭시화)→ 에폭시화물 —(H_3O^+)→ 1,2-다이올

산-촉매 에폭시화물 열림은 반응성을 증가시키기 위해 에폭시화물을 양성자 첨가한 후 물의 친핵성 첨가로 일어난다. 이 친핵성 첨가 반응은 4.4절에서 고리형 브로모늄 이온이 브로민화 음이온에 의해 열리는 알켄의 브롬화반응의 최종 단계와 유사하다. 그 결과 *트랜스*-1,2-다이브로모 화합물이 사이클로알켄의 브롬화반응으로부터 생성될 때처럼 에폭시사이클로알케인이 수용성 산에 의해 열릴 때 *트랜스*-1,2-다이올이 생성된다.

1,2-에폭시사이클로-헥세인 $\xrightarrow{H_3O^+}$ [ ] $\xrightarrow{:\ddot{O}H_2}$ 트랜스-사이클로-헥세인-1,2-다이올 (86%) + H_3O^+

알켄의 **하이드록시화반응**(hydroxylation)은 염기 용액에서 과망간산 칼륨, $KMnO_4$과 알켄의 반응에 의해 단일 단계로 수행될 수 있다. 예를 들면, 사이클로헥세인-1,2-다이올을 생성한다.

사이클로헥센 + $KMnO_4$ $\xrightarrow[NaOH]{H_2O}$ *시스*-사이클로헥세인-1,2-다이올 (37%)

알켄의 산화를 염기성 용액이 아닌 산성에서 $KMnO_4$로 수행할 때 이중 결합의 쪼개짐이 일어나고 카보닐기를 가진 생성물을 얻게 된다. 만약 이중 결합이 4개의 치환기를 가지면 생성물은 2개의 케톤이며, 이중 결합에 수소가 하나 존재하면 카보닐기를 가진 생성물 중 하나는 카복실산이며, 만약 한 탄소에 2개의 수소가 존재하면 CO_2가 형성된다.

아이소프로필리덴사이클로헥세인 + $KMnO_4$ $\xrightarrow{H_3O^+}$ 사이클로헥산온 + 아세톤 ($O=C(CH_3)_2$)
(두 가지 케톤)

$CH_3CH_2CH(CH_3)CH=CH_2$ + $KMnO_4$ $\xrightarrow{H_3O^+}$ $CH_3CH_2CH(CH_3)COOH$ + CO_2

3-메틸펜트-1-엔 → 2-메틸뷰탄산 (45%)

예문 4.3 주어진 생성물로 반응물의 구조 예측하기

산성 수용액의 $KMnO_4$와 반응시켜 아세톤(acetone)과 프로판산(propanoic acid)의 혼합물을 생성하는 알켄은 무엇인가?

$$? \xrightarrow[H_3O^+]{KMnO_4} \underset{\text{아세톤}}{CH_3\overset{O}{\overset{\|}{C}}CH_3} + \underset{\text{프로판산}}{CH_3CH_2\overset{O}{\overset{\|}{C}}OH}$$

풀이 주어진 생성물을 합성하는 방법에 관한 질문에 대답할 때는 항상 역으로 풀어 가라. 생성물을 보고 가지고 있는 작용기를 확인하라. 그리고 어떻게 그 작용기를 합성할 수 있을지 스스로 물어 보라. 이 경우에는 생성물들이 케톤과 카복실산이며 산성 $KMnO_4$와 알켄의 반응에 의해 합성될 수 있다. 주어진 분해 생성물을 주는 출발물질인 알켄을 찾아 내기 위해서는 두 생성물에서 산소 원자를 떼어 내고, 이중 결합으로 조각을 연결하고, $-OH$를 $-H$로 치환하라.

해답

$$\underset{\text{2-메틸펜트-2-엔}}{CH_3\overset{CH_3}{\overset{|}{C}}=CHCH_2CH_3} \xrightarrow[H_3O^+]{KMnO_4} \underset{\text{아세톤}}{CH_3\overset{CH_3}{\overset{|}{C}}=O} + \underset{\text{프로판산}}{O=\overset{OH}{\overset{|}{C}}CH_2CH_3}$$

문제 4.9 1,2-다이메틸사이클로헥센과 다음을 반응시켰을 때 생성되는 반응 생성물을 예측하라.

(a) $KMnO_4$, H_3O^+ (b) $KMnO_4$, OH^-, H_2O

문제 4.10 산성 $KMnO_4$와 반응시켜 다음의 생성물을 주는 알켄의 구조를 제안하라.

(a) $(CH_3)_2C{=}O + CO_2$ (b) 2당량 프로판산

4.7 알켄에 대한 라디칼의 첨가: 중합체

중합체만큼 우리의 일상생활에 큰 영향을 주는 합성 화학시약군도 없다. 양탄자로부터 의복, 포말 커피잔에 이르기까지 우리는 중합체로 둘러싸여 있다.

중합체(polymer)는 **단량체**(monomer)라 부르는 많은 작은 분자들이 함께 반복적인 결합에 의해 만들어진 큰(때로는 매우 큰) 분자이다. 자연은 광범위한 생물학적 중합체를 만들어 이용하게 한다. 예를 들면, 셀룰로오스는 당 단량체가 반복되어 이루어진 중합체이고, 단백질은 아미노산 단량체가 반복되어 이루어진 중합체이며, 핵산은 뉴클레오타이드 단량체가 반복되어 이루어진 중합체이다.

셀룰로오스—글루코오스 중합체

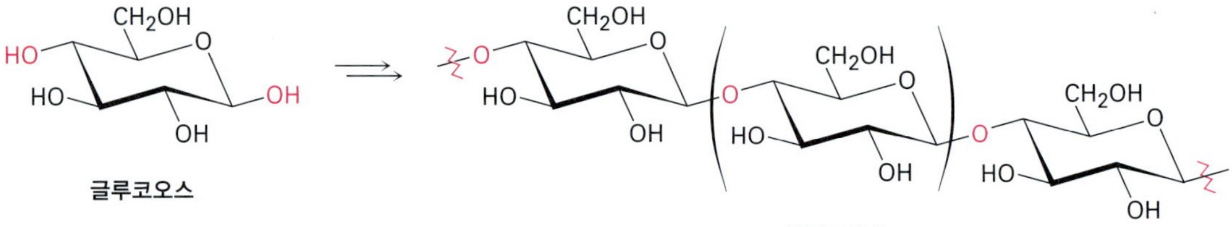

CH$_2$OH, HO, O, OH, HO, OH

글루코오스

셀룰로오스

단백질—아미노산 중합체

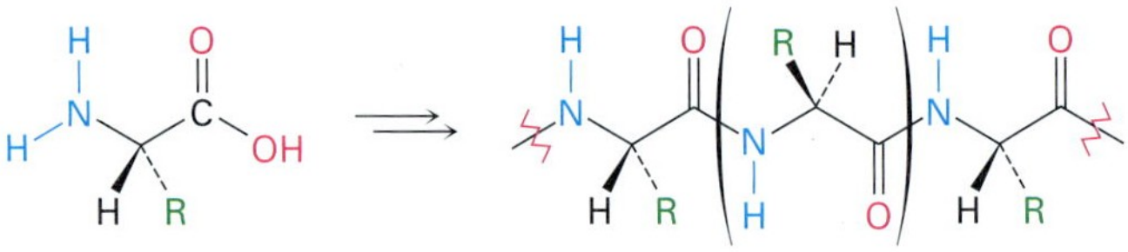

아미노산

단백질

핵산—뉴클레오타이드 중합체

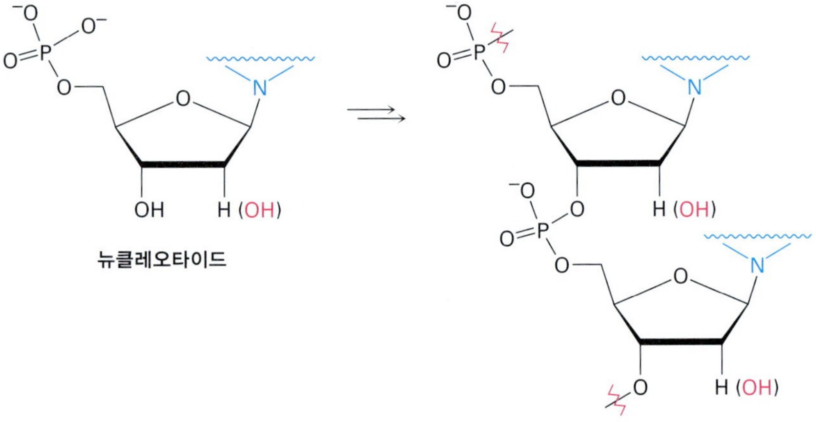

뉴클레오타이드

핵산

가장 간단한 합성 중합체는 알켄이 소량의 적당한 중합 촉매로 처리될 때 생성되는 것들이다. 예를 들면, 에틸렌은 폴리에틸렌을 생성하는데, 이것은 그것의 긴 탄화수소 사슬의 일원으로 된 200,000개의 단량체를 가진 거대한 알케인이다. 연당 약 1900만 톤의 폴리에틸렌이 미국에서 제조된다.

폴리에틸렌—합성된 알켄 중합체

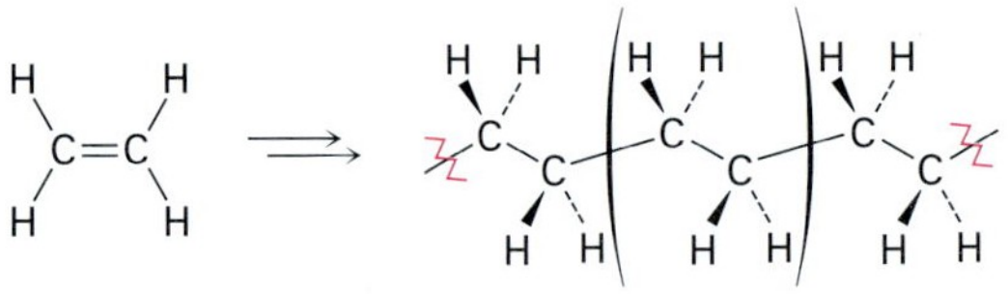

에틸렌

폴리에틸렌

역사적으로, 에틸렌 중합은 보통 고압(1000~3000 기압)과 고온(100~250 °C)에서 과산화 벤조일과 같은 라디칼 촉매와 함께 수행된다. 그렇지만 다른 촉매와 조건들이 더 자주 이용된다.

알켄의 라디칼 중합 반응은 개시 단계, 전파 단계 및 종결 단계의 세 단계를 포함한다. 주단계는 알켄에 친전자체의 첨가가 일어나는 것과 비슷한 과정으로 에틸렌 이중 결합에 라디칼이 첨가되는 반응이다(3.7절). 메커니즘을 기술하는 데는 극성 반응에서 하나의 전자쌍의 이동을 보이기 위해 사용한 완전히 굽은 화살표 대신 굽은 반화살표나 '낚시바늘' 모양의 화살표가 단일 전자의 이동을 표시하기 위해 쓰인다.

1단계 개시 단계(initiation): 촉매에 의해 소량의 라디칼이 생길 때 중합 반응이 시작된다. 예를 들면, 과산화 벤조일이 개시제로 쓰일 때, 가열에 의해 O−O 결합이 끊어지고 이 라디칼이 생성된다. 벤조일옥시 라디칼은 에틸렌의 C=C 이중 결합에 첨가되어 탄소 라디칼을 만든다. 탄소−탄소 이중 결합의 전자 1개와 벤조일옥시 라디칼의 홀전자가 쌍을 이루어 1개의 C−O 결합을 형성하고 다른 전자는 탄소 위에 남는다.

$$\text{PhC(=O)–O–O–C(=O)Ph} \xrightarrow{\text{가열}} 2\ \text{PhC(=O)O}\cdot = \text{BzO}\cdot$$

과산화 벤조일 → 벤조일옥시 라디칼

$$\text{BzO}\cdot + \text{H}_2\text{C}{=}\text{CH}_2 \longrightarrow \text{BzO–CH}_2\text{CH}_2\cdot$$

2단계 전파 단계(propagation): 중합 반응은 1단계에서 생성된 탄소 라디칼이 다른 에틸렌 분자에 첨가될 때 일어난다. 이러한 단계가 수백 또는 수천 번 반복되어 중합체 사슬이 만들어진다.

$$\text{BzOCH}_2\text{CH}_2\cdot + \text{H}_2\text{C}{=}\text{CH}_2 \longrightarrow \text{BzOCH}_2\text{CH}_2\text{CH}_2\text{CH}_2\cdot \xrightarrow[\text{여러 번}]{\text{반복}} \text{BzO(CH}_2\text{CH}_2)_n\text{CH}_2\text{CH}_2\cdot$$

3단계 종결 단계(termination): 라디칼을 소모하는 반응이 일어날 때, 결국에는 중합 반응이 멈춘다. 두 사슬이 우연히 만나 조합하면 사슬종결 반응이 가능하게 된다.

$$2\,\text{R–CH}_2\text{CH}_2\cdot \longrightarrow \text{R–CH}_2\text{CH}_2\text{CH}_2\text{CH}_2\text{–R}$$

중합체를 만드는 능력에 있어서 에틸렌만 특이한 것이 아니다. 바이닐 단량체(vinyl monomer)라 하는 많은 치환된 에틸렌은 라디칼에 의해 개시되는 중합 반응을 하여 중합

표 4.1 몇 가지 알켄 중합체들과 용도

단량체	화학식	중합체의 상품명 또는 관용명	용도
에틸렌	$H_2C{=}CH_2$	폴리에틸렌	포장용, 병, 전선 절연체, 필름과 시트
프로펜(프로필렌)	$H_2C{=}CHCH_3$	폴리프로필렌	형판, 밧줄, 양탄자 섬유
클로로에틸렌 (염화 바이닐)	$H_2C{=}CHCl$	폴리(염화 바이닐) Tedlar	절연체, 필름, 도관
스타이렌	$H_2C{=}CHC_6H_5$	폴리스타이렌, Styron	발포제품, 형판
테트라플루오로에틸렌	$F_2C{=}CF_2$	Teflon	개스킷, 물렁거리지 않는 도료
아크릴로나이트릴	$H_2C{=}CHCN$	Orlon, Acrilan	섬유
메타크릴산 메틸	$H_2C{=}C(CH_3)CO_2CH_3$	플렉시유리, Lucite	페인트, 매엽지,형판
아세트산 바이닐	$H_2C{=}CHOCOCH_3$	폴리(아세트산 바이닐)	페인트, 접착제, 발포제품

체 사슬에 따라 규칙적으로 공간에 배치된 치환기를 가진 중합체를 생성한다. 예를 들면, 프로필렌이 중합 반응을 할 때 폴리프로필렌이 생성된다.

$$\underset{\text{프로필렌}}{H_2C{=}CHCH_3} \longrightarrow \underset{\text{폴리프로필렌}}{\left(\!-CH_2\overset{CH_3}{\overset{|}{C}}HCH_2\overset{CH_3}{\overset{|}{C}}HCH_2\overset{CH_3}{\overset{|}{C}}HCH_2\overset{CH_3}{\overset{|}{C}}H-\!\right)}$$

표 4.1에 몇 가지 상업적으로 중요한 바이닐 단량체가 있고 그로부터 얻어지는 다른 중합체의 산업적 용도가 실려 있다.

예문 4.4 중합체의 구조 예측하기

몇 번의 반복되는 단량체를 그려서 $H_2C{=}CHCl$로부터 만들어지는 중합체인 폴리(염화 바이닐)의 구조를 나타내라.

풀이 단량체 내의 탄소-탄소 이중 결합을 머릿속으로 절단하고 많은 단량체들을 함께 결합시켜 단일결합을 만든다.

해답 폴리(염화 바이닐)의 일반적인 구조는 다음과 같다.

$$\left(\begin{array}{c}\text{Cl} \quad\quad\quad \text{Cl} \quad\quad\quad \text{Cl} \\ | \quad\quad\quad\quad | \quad\quad\quad\quad | \\ -\text{CH}_2\text{CH}-\text{CH}_2\text{CH}-\text{CH}_2\text{CH}-\end{array}\right)$$

문제 4.11 단량체를 몇 번 반복되게 그려서 Teflon의 구조를 나타내라. 단량체는 테트라플루오로에틸렌, $F_2C{=}CF_2$이다.

4.8 콘주게이션 다이엔

지금까지 살펴본 불포화 화합물은 이중 결합 1개만을 가졌다. 그러나 수많은 불포화 자리를 가진 많은 화합물이 있다. 만약 분자 내에서 다른 불포화를 잘 분리하면 서로 독립적으로 반응하나 만약 가깝게 있으면 서로 상호작용한다. 특히, 단일결합과 이중 결합이 교대로 된 **콘주게이션**(conjugated)된 화합물은 몇 가지 뚜렷한 성질을 가진다. 예를 들면, 콘주게이션된 다이엔인 뷰타-1,3-다이엔은 비콘주게이션된 펜타-1,4-다이엔과 어떤 점에서 아주 다르게 행동한다.

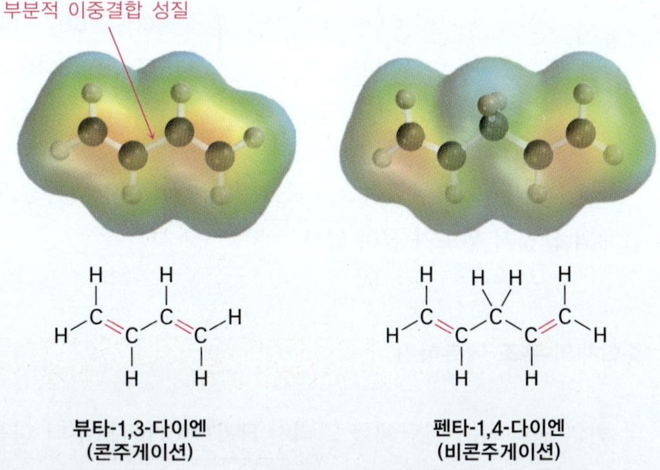

콘주게이션 다이엔을 특별히 따로 볼 필요가 있는 이유는 무엇인가? 그림 4.5에 나와 있는 뷰타-1,3-다이엔의 궤도함수 모양이 해답의 실마리를 제공한다. 콘주게이션 다이엔에 있는 2개의 이중 결합 사이에 전자적 상호작용이 존재하는데 중간에 있는 단일결합을 가로질러 p 궤도함수의 겹침이 있기 때문이다. 단일결합을 가로질러 나타나는 p 궤도함수의 상호작용으로 인해 콘주게이션 다이엔은 특이한 성질을 가진다.

콘주게이션 다이엔의 많은 화학이 기타 알켄과 유사하지만, HX와 X_2의 친전자성 첨가

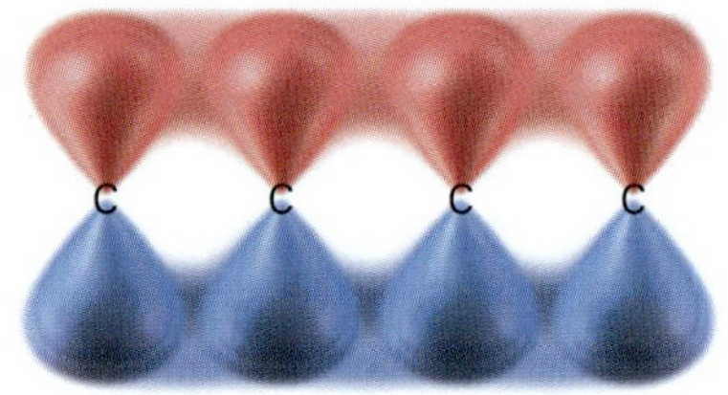

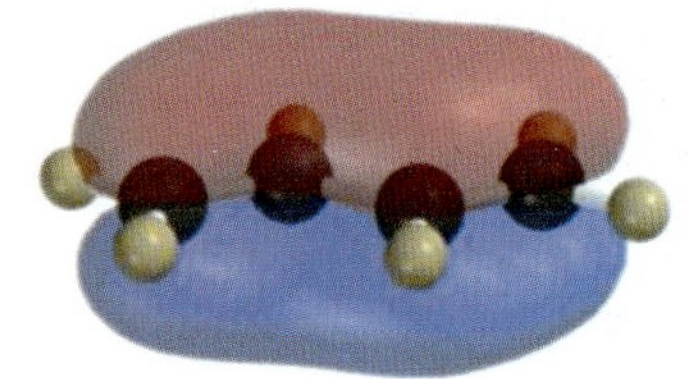

그림 4.5 뷰타-1,3-다이엔의 궤도함수 모양. 4개의 탄소 원자 각각은 *p* 궤도함수를 가지며 C2–C3 단일결합을 가로질러 전자적 상호작용을 한다.

반응에서 뚜렷한 차이가 있다. Markovnikov 규칙에 따라 보통은 한 가지 생성물만 예측할 수 있다. 그러나 HX가 콘주게이션 다이엔에 첨가될 때는 보통 생성물의 혼합물이 생긴다. 예를 들면, 2개의 생성물을 뷰타-1,3-다이엔의 HBr과의 반응에서 얻는다.

뷰타-1,3-다이엔 —HBr→ 3-브로모뷰트-1-엔 (71%; 1,2-첨가) + 1-브로모뷰트-2-엔 (29%; 1,4-첨가)

3-브로모뷰트-1-엔은 Markovnikov 첨가에 의한 전형적인 **1,2-첨가** 생성물이지만 1-브로모뷰트-2-엔은 특이한 생성물이다. 이 생성물에서 이중 결합은 C2와 C3 사이의 자리로 이동한 반면, HBr은 C1과 C4에 첨가되었다. 이를 **1,4-첨가반응**(1,4-addition)이라 한다. 동일 방법으로, Br_2는 뷰타-1,3-다이엔에 첨가하여 3,4-다이브로모뷰트-1-엔과 1,4-다이브로모뷰트-2-엔의 혼합물을 생성한다.

뷰타-1,3-다이엔 —Br_2, 20 °C→ 3,4-다이브로모뷰트-1-엔 (55%; 1,2-첨가) + 1,4-다이브로모뷰트-2-엔 (45%; 1,4-첨가)

1,4-첨가 생성물의 형성을 어떻게 설명할 수 있을까? 이에 대한 답은 반응의 중간체로서 알릴성 카보양이온이 관계한다는 것이다. **알릴성**(allylic)이란 어휘는 '이중 결합의 다음'을 의미한다. H^+가 뷰타-1,3-다이엔의 전자풍부 π 결합에 첨가될 때 2가지 카보양이온 중간체, 즉 1차 비알릴성 카보양이온과 2차 알릴성 카보양이온이 가능하다. 알릴성 카보양이온이 더 안정하므로 안정성이 작은 비알릴성 카보양이온보다 더 빠르게 형성된다.

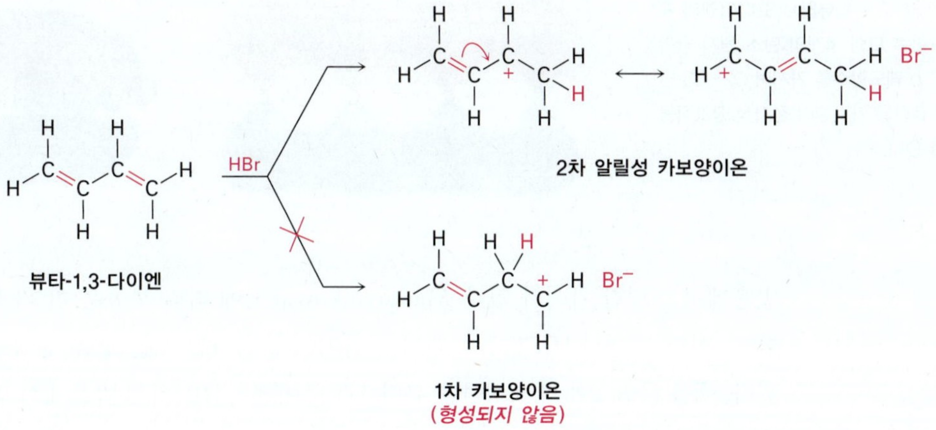

HBr

뷰타-1,3-다이엔

2차 알릴성 카보양이온

1차 카보양이온
(형성되지 않음)

4.9 알릴성 카보양이온의 안정성: 공명

왜 알릴성 카보양이온은 특별히 안정한가? 해답을 찾기 위해 그림 4.6에 나타낸 알릴성 카보양이온의 궤도함수 그림을 살펴보자. 전자적인 관점에서 알릴성 카보양이온은 대칭성이다. 탄소 원자 3개는 sp^2 혼성화되어 있고 각 탄소는 p 궤도함수를 가지고 있다. 따라서 중간의 탄소 원자 위의 p 궤도함수는 이웃한 2개의 탄소 원자 중 어느 하나의 p 궤도함수와 동일하게 잘 겹칠 수 있다. 그리고 2개의 전자는 전체의 3개 궤도함수 정렬 위에서 자유롭게 움직일 수 있다.

이 궤도함수 그림에서 알 수 있는 결과 중 하나는 알릴성 카보양이온을 그리는 데 2가지 방법이 있다는 것이다. 비어 있는 p 궤도함수를 오른쪽에, 이중 결합을 왼쪽에 그리거나 비어 있는 p 궤도함수를 왼쪽에, 이중 결합을 오른쪽에 그릴 수 있다. **어떠한 구조도 정확한 구조가 아니며 알릴성 카보양이온의 참된 구조는 두 구조 사이의 어딘가에 있다.**

알릴성 카보양이온의 두 개별 구조를 **공명 구조**(resonance form)라 하고 공명 구조는 양방향 화살표로 나타낸다. 공명 구조 사이의 단 하나의 차이점은 결합 전자의 위치가 다르다는 것이며 원자 자신들은 양 공명 구조의 정확히 같은 자리에 남아 있다. 원자들 자신들은 양쪽 공명 구조 안에서 정확히 같은 자리에 남아 있고 공명 구조들의 3차원적 모양은 같다.

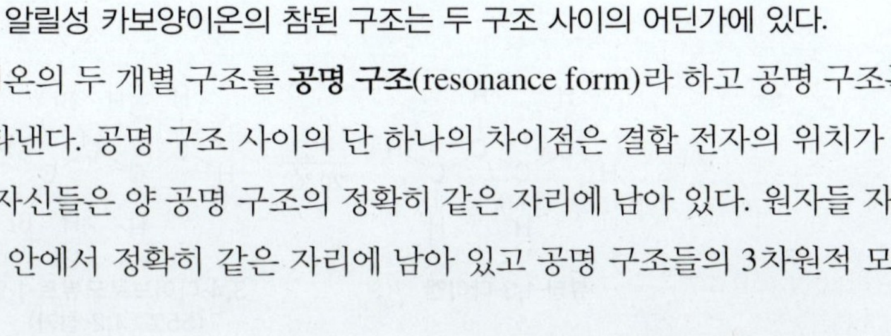

그림 4.6 알릴성 카보양이온의 궤도함수 그림. 양으로 하전된 탄소 위에 비어 있는 p 궤도함수가 이중 결합의 p 궤도함수와 겹칠 수 있다. 그 결과 구조를 그리는 2가지 방법이 있다.

공명을 이해하는 가장 좋은 방법은 알릴성 카보양이온과 같은 화학종도 다른 유기물질과 다르지 않다는 것을 인식하는 것이다. 알릴성 카보양이온은 두 공명 구조 사이를 왔다 갔다 뛰어다니는 것이 아니고, 어느 시간에는 한 구조로 다른 시간에는 다른 한 구조로 보이는 것이다. 오히려 알릴성 카보양이온은 **공명 혼성체**(resonance hybrid)라는 단일 불변의 구조를 가진다. 공명 혼성체는 2개의 개별형의 혼합물이며 양쪽의 특성을 가진다. 알릴성 카보양이온이 갖는 단 하나의 '문제'는 화학적인 것보다 시각적인 것인데, 그 이유는 익숙한 구조로 공명 혼성체를 단일 구조로 정확하게 그릴 수 없기 때문이다. 선결합 구조는 공명 혼성체에 대해서는 잘 맞지 않는다. 그러나 어려운 것은 구조의 **표시**에 있지 구조 자신에 있지 않다.

공명의 가장 중요한 결과의 하나는 공명 혼성체가 어떤 개개의 공명형보다 더 안정하다는 것이다. 환언하면, **공명은 안정으로 이끈다**. 일반적으로 말하면, 가능한 공명 구조의 수가 많을수록 안정성이 크다. 왜냐하면 전자들이 분자 전체에 퍼져 더 핵에 가까워지기 때문이다. 알릴성 카보양이온이 2가지 구조의 공명 혼성체이므로 하나뿐인 전형적인 비알릴성 카보양이온보다 더 안정하다.

안정성에 대한 효과 외에 알릴성 카보양이온의 공명 그림은 또한 화학적 중요성을 가지고 있다. 뷰타-1,3-다이엔의 양성자화에 의해 생성된 알릴성 카보양이온이 Br^- 이온과 반응하여 첨가반응이 완결될 때 C1이나 C3에서 반응이 일어나는데, 그 이유는 2가지 모두 양전하를 가지고 있기 때문이다. 그 결과 1,2-첨가 및 1,4-첨가 생성물의 혼합물이 얻어진다.

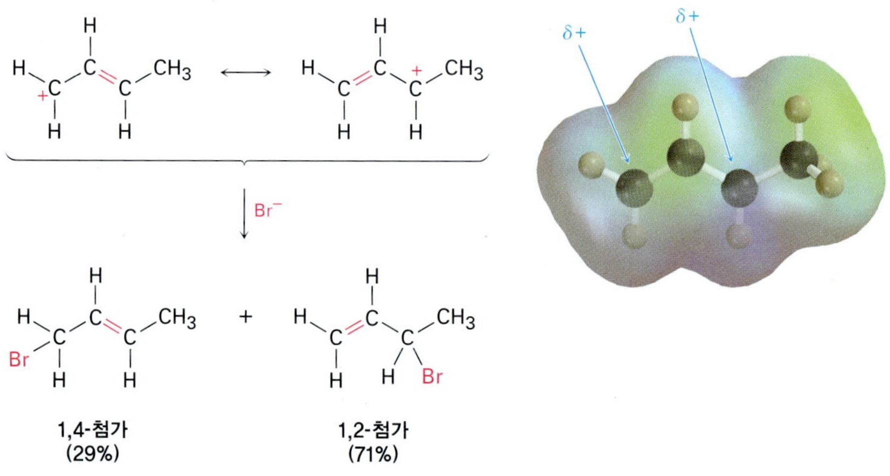

문제 4.12 뷰타-1,3-다이엔이 Br_2와 반응하여 1,2-첨가와 1,4-첨가 생성물을 생성한다. 각각의 구조를 나타내라.

4.10 공명 구조 그리기 및 해석

공명은 다양한 화학적 현상을 설명하는 매우 유용한 개념이다. 예를 들면, 아세트산 음이온에서 2개의 C−O 길이는 동일하나 비록 C−O 길이의 동등함을 설명할 수 있는 단일 선결합 구조가 없다 해도 공명이론으로 그것이 잘 설명된다. 아세트산 음이온은 2개의 산소가 π 전자와 음전하를 동등하게 공유하는 공명 혼성체이다.

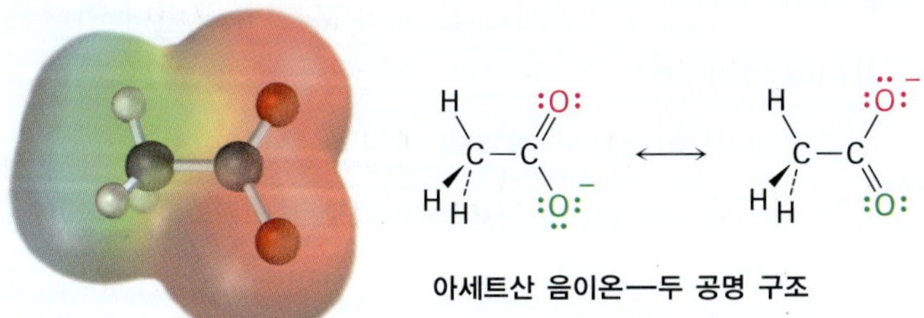

아세트산 음이온—두 공명 구조

또 다른 예로서, 다음 장에서 벤젠 같은 방향족 화합물의 6개의 탄소−탄소 결합이 같다는 것을 알게 될 것이다. 왜냐하면 벤젠이 두 구조의 공명 혼성체이기 때문이다. 각 구조는 단일결합과 이중 결합을 교대로 가지며, 어떠한 구조도 그 자신 하나만으로는 옳지 않다. 참된 벤젠 구조는 두 구조의 공명 혼성체이다.

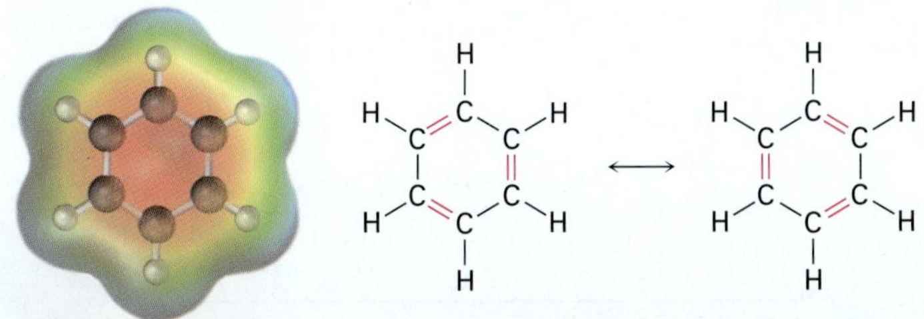

벤젠(두 공명 구조)

처음 공명이론을 다룰 때, 공명 구조를 어떻게 그리고 어떻게 설명하는지 기술하기 위해 다음과 같은 일련의 지침을 알고 있으면 유용하다.

- **개별적인 공명 구조는 가상적이며 실제가 아니다.** 실제의 구조는 다른 구조의 혼합물이거나 혼성체이다. 알릴 카보양이온, 아세트산 음이온 및 벤젠과 같은 물질은 다른 물질과 다르지 않다. 그들은 단일이며 변하지 않는 구조를 가지고 있다. 이들과 다른 물질 사이의 차이점은 지면 상에 나타내는 방법에 있는 것이다.
- **공명 구조는 π 또는 비결합 전자의 자리만이 다르다.** 원자의 자리나 혼성화는 공명 구조에 따라 변하지 않는다. 예를 들면, 벤젠에서 이중 결합의 π 전자들은 이동하나 6개의 탄소와 6개의 수소는 그 자리에 남아 있다. 대조적으로, 펜타-1,3-다이엔과 펜타-1,4-다

이엔은 공명 구조가 아니다. 왜냐하면 그들의 수소 원자들이 동일 자리를 점유하지 않기 때문이다. 그 대신 두 다이엔은 구성 이성질체이다.

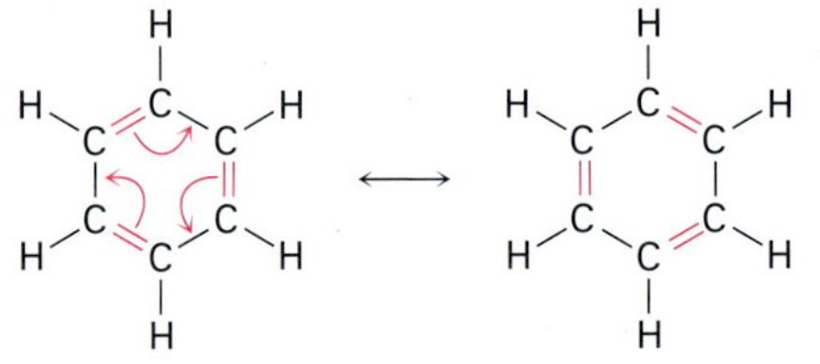

벤젠—2개의 공명 구조

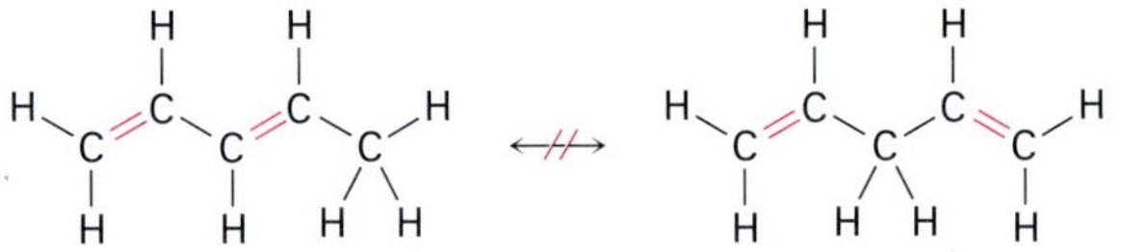

펜타-1,3-다이엔

펜타-1,4-다이엔

구성 이성질체

- **물질의 공명 구조가 다르면 동일하지 않다.** 예를 들면, 뷰타-1,3-다이엔과 H^+의 반응에서 생긴 알릴 카보양이온은 비대칭이다. π 전자계 한쪽 끝에도 메틸 치환기가 있고 다른 끝은 치환되어 있지 않다. 비록 두 공명 구조가 동등하지 않아도 두 구조는 전체 공명 혼성체에 기여한다.

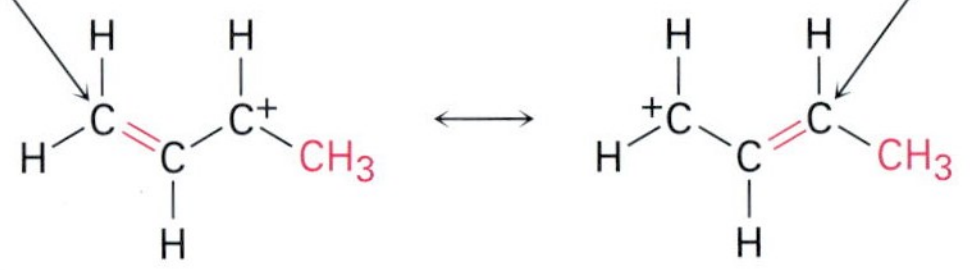

이 자리에 메틸기가 없음

메틸기가 있음

공명 구조 2개가 동일하지 않을 때 공명 혼성체의 실제 구조는 안정성이 작은 구조보다 안정성이 더 큰 구조에 가깝다. 따라서 뷰텐일 카보양이온이 1차보다는 2차 카보양이온에 더 가깝다는 것을 예상할 수 있다.

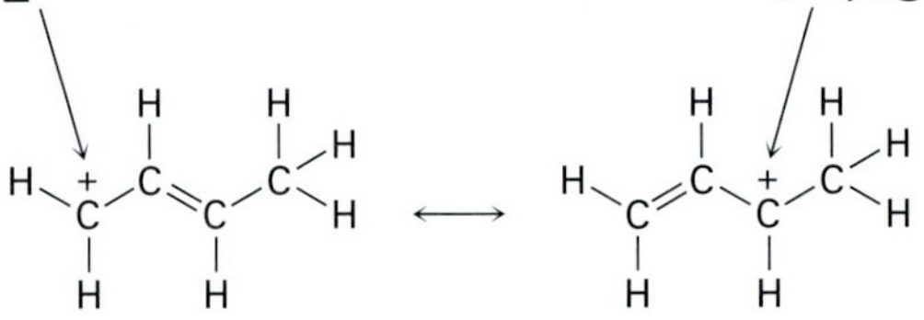

1° 카보양이온

2° 카보양이온

덜 중요한 공명 구조

보다 중요한 공명 구조

- **공명 구조는 타당한 전자점 구조이어야 하고 정상적인 원자가 규칙을 따라야 한다.** 공명 구조도 다른 어떤 구조와 같아서 8전자계 규칙을 따른다. 예를 들면, 아세트산 음이온에 대한 다음의 구조 중 하나는 탄소 원자가 5개의 결합과 10개의 전자를 가지므로 타당한 공명 구조가 아니다.

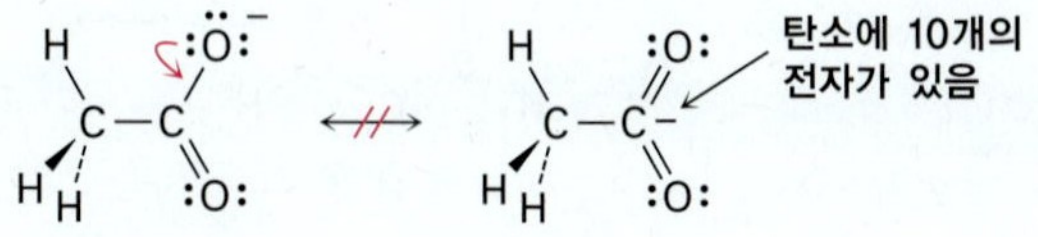

탄소에 10개의 전자가 있음

아세트산 음이온 유효한 공명 구조가 아님

- **공명은 안정성을 가져온다.** 공명 구조의 수가 클수록 물질은 더 안정하다. 예를 들면, 알릴 카보양이온이 비알릴 카보양이온보다 더 안정하다는 것을 알고 있다. 유사하게, 다음 장에서 벤젠 고리가 고리 알켄보다 더 안정하다는 것을 보게 될 것이다.

예문 4.5 공명 구조 이용하기

왜 나이트로메테인의 두 N−O 결합이 동등한지 공명 구조를 이용하여 설명하라.

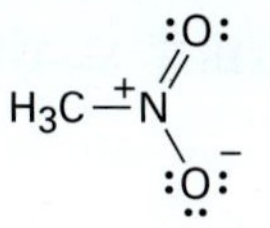

나이트로메테인

풀이 공명 구조는 π(즉, 다중 결합) 전자와 비결합 전자의 자리에서만 다르다. 나이트로메테인은 2개의 동등한 공명 구조를 가지는데 그것은 이중 결합을 위쪽의 산소나 아래쪽의 산소에 나타냄으로써 그릴 수 있다. 두 구조에서 전자들의 위치만 다르다.

해답

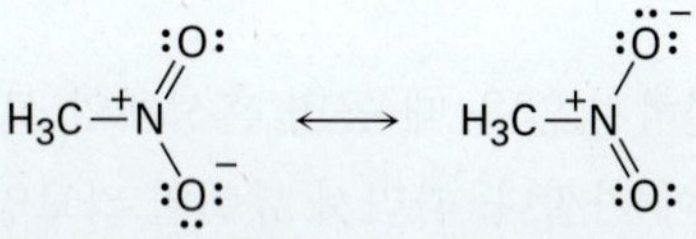

나이트로메테인

문제 4.13 HCl과 펜타-1,3-다이엔, $CH_3CH{=}CH{-}CH{=}CH_2$의 반응에서 생성되는 가능한 모든 단일 생성물의 구조를 나타내라.

문제 4.14 펜타-1,3-다이엔에 대한 HCl의 첨가로 생성되는 가능한 카보양이온 중간체를 보라(문제 4.13). 그리고 어느 것이 가장 안정한지 예측하라.

문제 4.15 다음 화학종에 대한 공명 구조를 그려라.

(a) 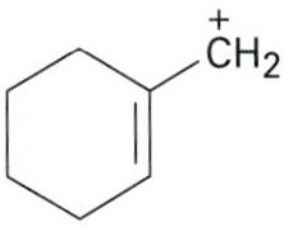 (b) 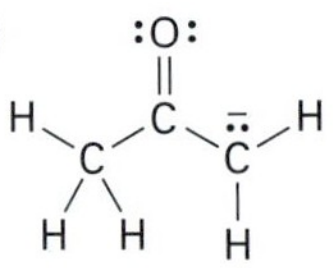 (c)

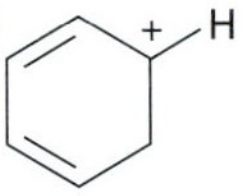

4.11 알카인과 그들의 반응

알켄이 탄소−탄소 이중 결합을 가지는 화합물인 것과 같이, **알카인**(alkyne)은 탄소−탄소 **삼중 결합**을 가지고 있는 탄화수소이다. 1.8절에서 본 바와 같이, C≡C 결합은 2개의 *sp* 혼성화 탄소 원자의 겹침으로 생성되며 한 개의 *sp*−*sp* 시그마 결합과 2개의 *p*−*p* 파이 결합으로 구성된다. 삼중 결합을 만들기 위해서는 알케인, C_nH_{2n+2}으로부터 4개의 수소를 떼어 내야 하기 때문에 알카인의 일반식은 C_nH_{2n-2}이다. 보통 알카인은 알켄보다 훨씬 적게 존재하므로 간단히 살펴보기로 한다.

3.1절에서 본 바와 같이, 알카인은 접미사 -*yne*를 쓰고 삼중 결합의 위치는 사슬에 번호로서 표시한다. 번호는 삼중 결합에 가까운 사슬 끝에서부터 번호를 매겨 가능한 한 삼중 결합이 낮은 숫자가 되도록 한다. 번호는 1993년 이후 명명체계에서 -*yne* 접미사 바로 앞에 놓는다.

$$\underset{8}{CH_3}\underset{7}{CH_2}\underset{6}{\overset{CH_3}{\overset{|}{C}}H}\underset{5}{CH_2}\underset{4}{C}{\equiv}\underset{3}{C}\underset{2}{CH_2}\underset{1}{CH_3}$$

삼중 결합에 가까운 끝에서 번호를 시작

6-메틸옥트-3-아인

(옛 이름: 6-메틸-3-옥트아인)

삼중 결합과 이중 결합을 포함한 화합물을 엔아인(*enyne*)(ynene 아님)이라 부른다. 이중 결합이든 삼중 결합이든 처음 다중 결합에 가까운 끝에서부터 시작하여 탄화수소에 번호 매김을 시작한다. 만약 번호를 매기는 데 선택해야 되는 경우 삼중 결합보다 이중 결합에 더 작은 번호를 부여하라. 예를 들면,

$$\underset{7}{HC}{\equiv}\underset{6}{C}\underset{5}{CH_2}\underset{4}{CH_2}\underset{3}{CH_2}\underset{2}{CH}{=}\underset{1}{CH_2}$$

헵트-1-엔-6-아인

(옛 이름: 1-헵텐-6-아인)

$$\underset{1}{HC}{\equiv}\underset{2}{C}\underset{3}{CH_2}\underset{4}{\overset{CH_3}{\overset{|}{C}}H}\underset{5}{CH_2}\underset{6}{CH_2}\underset{7}{CH}{=}\underset{8}{CH}\underset{9}{CH_3}$$

4-메틸논-7-엔-1-아인

(옛 이름: 4-메틸-7-노넨-1-아인)

문제 4.16 다음 화합물의 IUPAC 명을 써라.

(a) 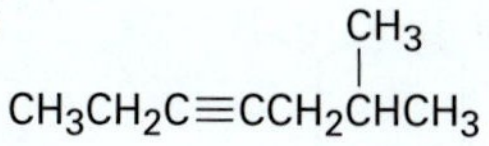 $CH_3CH_2C{\equiv}CCH_2CH(CH_3)CH_3$ (b) 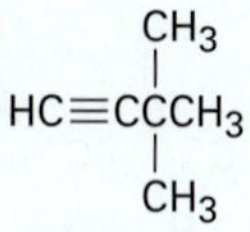 $HC{\equiv}CC(CH_3)_2CH_3$

(c) 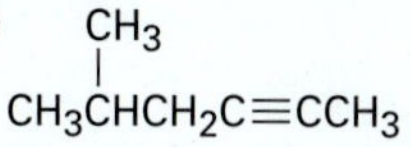 $CH_3CH(CH_3)CH_2C{\equiv}CCH_3$ (d) $CH_3CH{=}CHCH_2C{\equiv}CCH_3$

알카인의 반응: H_2의 첨가반응

알카인은 팔라듐 촉매 위에서 H_2 2당량으로 환원시키면 알케인으로 쉽게 전환된다. 이 반응은 알켄 중간체를 거쳐 진행되며, 만약 맞는 촉매가 쓰인다면 알켄 단계에서 반응을 정지시킬 수 있다. 이 목적에 가장 자주 쓰이는 촉매는 Lindlar 촉매로서, 금속 팔라듐의 특별한 형태이다. 수소화반응은 신 입체화학으로 일어나므로 알카인이 환원되면 시스 알켄이 생성된다. 예를 들면, 다음과 같다.

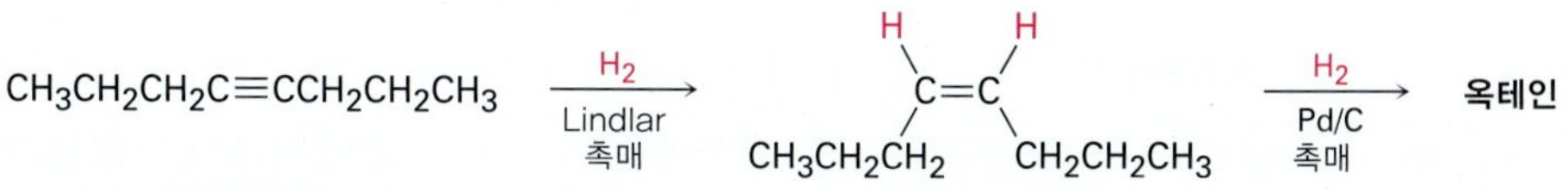

$$CH_3CH_2CH_2C{\equiv}CCH_2CH_2CH_3 \xrightarrow[\text{Lindlar 촉매}]{H_2} \text{(H)(}CH_3CH_2CH_2\text{)C=C(H)(}CH_2CH_2CH_3\text{)} \xrightarrow[\text{Pd/C 촉매}]{H_2} \text{옥테인}$$

옥트-4-아인 → 시스-옥트-4-엔

알카인의 반응: HX의 첨가반응

알카인은 알켄처럼 HCl, HBr 및 HI와 반응하여 첨가 생성물을 생성한다. 비록 이 반응이 보통 1당량의 HX의 첨가 후에 할로젠화 바이닐[**바이닐성**(vinylic)은 'C=C에'를 의미]을 생성하지만, 과량의 HX에 의해 이할로젠화 생성물이 생성된다. 다음 예에 나와 있듯이, 일치환 알카인에 대한 위치 선택성 첨가 반응은 일반적으로 Markovnikov 규칙을 따른다. H 원자는 삼중 결합의 말단 탄소에 첨가되며 X 원자는 내부의 더 많이 치환된 탄소에 첨가된다.

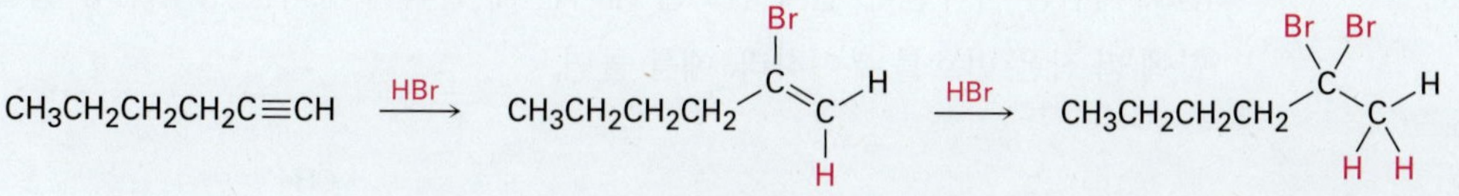

$$CH_3CH_2CH_2CH_2C{\equiv}CH \xrightarrow{HBr} CH_3CH_2CH_2CH_2C(Br){=}CH_2 \xrightarrow{HBr} CH_3CH_2CH_2CH_2CBr_2CH_3$$

헥스-1-아인 → 2-브로모헥스-1-엔 → 2,2-다이브로모헥세인

알카인의 반응: X_2의 첨가반응

브로민과 염소는 알카인에 첨가되어 안티 입체화학을 가진 이할로젠화 첨가 생성물이 된다.

$$CH_3CH_2C{\equiv}CH \xrightarrow[CH_2Cl_2]{Br_2} (E)\text{-}CH_3CH_2C(Br){=}CH(Br) \xrightarrow[CH_2Cl_2]{Br_2} CH_3CH_2CBr_2{-}CHBr_2$$

뷰트-1-아인 (E)-1,2-다이브로모뷰트-1-엔 1,1,2,2-테트라브로모뷰테인

알카인의 반응: H_2O의 첨가반응

물의 첨가반응은 알카인을 황산 수은 촉매 존재 하에서 수용성 황산으로 처리할 때 일어난다. 이 수화반응에서는 Markovnikov 규칙의 위치 선택성에 따라 H는 덜 치환된 탄소에, OH는 더 치환된 탄소에 붙는다. 흥미있게도 예상되는 바이닐성 알코올 또는 엔올[엔(*ene*) = 알켄, 올(*ol*) = 알코올]이 분리되지 않는다. 그 대신, 엔올은 자리옮김을 하여 더 안정한 이성질체인 케톤($R_2C{=}O$)이 된다. 엔올과 케톤은 빠르게 상호전환한다—11.1절에서 이 과정에 대해 더 자세히 논의할 것이다. 몇 가지 예를 제외하고 케토–엔올 평형에서는 케톤이 유리하다. 엔올은 거의 분리되지 않는다.

$$CH_3CH_2CH_2CH_2C{\equiv}CH \xrightarrow[HgSO_4]{H_2O,\ H_2SO_4} \left[CH_3CH_2CH_2CH_2C(OH){=}CH_2\right] \longrightarrow CH_3CH_2CH_2CH_2C(=O)CH_3$$

헥스-1-아인 엔올 헥산-2-온(78%)

내부 알카인($R{-}C{\equiv}C{-}R'$)에 수화반응이 일어날 때 2개의 가능한 케톤의 혼합물이 생성된다. 그러나 말단 알카인($R{-}C{\equiv}C{-}H$)의 반응으로부터는 오직 단일 생성물이 형성된다.

내부 알카인

$$R{-}C{\equiv}C{-}R \xrightarrow[HgSO_4]{H_3O^+} \underbrace{RC(=O)CH_2R \;+\; RCH_2C(=O)R}_{\text{혼합물}}$$

말단 알카인

$$R{-}C{\equiv}C{-}H \xrightarrow[HgSO_4]{H_3O^+} RC(=O)CH_3$$

메틸케톤

알카인의 반응: 아세틸렌화 음이온의 형성

알켄과 알카인의 가장 뚜렷한 차이는 말단 알카인(R—C≡C—H)이 $pK_a \approx 25$(1.10절)로서 약한 산성이라는 것이다. 대조적으로, 알켄의 $pK_a \approx 44$이다. 말단 알카인을 아마이드화 소듐, $NaNH_2$과 같은 센 염기로 처리할 때 말단의 수소는 제거되어 **아세틸렌화 음이온**(acetylide anion)이 형성된다.

$$R-C\equiv C-H \xrightarrow{:\ddot{N}H_2^-\ Na^+} R-C\equiv C:^-\ Na^+ \ + \ :NH_3$$

말단 알카인 → 아세틸렌화 음이온

음으로 하전된 탄소 위의 비공유 전자쌍의 존재로 아세틸렌화 음이온은 염기성이며 친핵성이다. 그 결과 아세틸렌화 음이온은 브로모메테인과 같은 할로젠화 알킬과 반응하여 할로젠을 치환시키고 새로운 알카인 생성물을 생성한다. 우리는 7장을 배울 때까지 이 치환 반응의 메커니즘을 공부하지 않을 것이다. 그러나 우리는 현재 이것이 간단한 선구물질로부터 보다 큰 알카인을 합성하는 데 매우 유용한 방법이라는 것에 주목할 것이다. 말단 알카인은 아세틸렌 자신의 반응에 의해 합성될 수 있다. 그리고 내부 알카인은 말단 알카인이 한 번 더 반응함으로써 합성될 수 있다.

$$H-C\equiv C-H \xrightarrow{NaNH_2} \left[H-C\equiv C:^-\ Na^+\right] \xrightarrow{RCH_2Br} H-C\equiv C-CH_2R$$

아세틸렌 → 말단 알카인

$$R-C\equiv C-H \xrightarrow{NaNH_2} \left[R-C\equiv C:^-\ Na^+\right] \xrightarrow{R'CH_2Br} R-C\equiv C-CH_2R'$$

말단 알카인 → 내부 알카인

아세틸렌화 음이온과 할로젠화 알킬의 반응에 대한 한 가지 한계는 1차 할로젠화 알킬, RCH_2X만이 쓰일 수 있다는 것이다. 그 이유는 7장에서 논의할 것이다.

예문 4.6 알카인 수화 반응의 생성물 예측하기

4-메틸헥스-1-아인의 수화반응에 의해 어떤 생성물을 얻을 수 있는가?

풀이 알카인 첨가 반응에 대해 무엇을 알고 있는지 자문해 보라. Markovnikov 규칙에 따른 4-메틸헥스-1-아인에 대한 물의 수화반응은 C1보다 C2에 OH기가 붙은 생성물을 생성할 것이며, 이 엔올은 이성질화하여 케톤이 생긴다.

해답

$$\underset{\text{4-메틸헥스-1-아인}}{CH_3CH_2\overset{CH_3}{\overset{|}{C}}HCH_2C{\equiv}CH} + H_2O \xrightarrow[HgSO_4]{H_2SO_4} \left[CH_3CH_2\overset{CH_3}{\overset{|}{C}}HCH_2\overset{OH}{\overset{|}{C}}{=}CH_2\right]$$

$$\longrightarrow \underset{\text{4-메틸헥산-2-온}}{CH_3CH_2\overset{CH_3}{\overset{|}{C}}HCH_2\overset{O}{\overset{\|}{C}}CH_3}$$

예문 4.7 알카인 합성

펜트-1-아인을 합성하려면 어떤 알카인과 어떤 할로젠화 알킬을 사용해야 하는가?

풀이 화합물을 합성할 때 항상 하는 것처럼 문제를 역으로 풀라. 목표 화합물의 구조를 그리고 삼중 결합 탄소에 붙어 있는 알킬기(들)를 확인하라. 이 경우에는 알카인 탄소의 하나에 프로필기가 붙어 있어 다른 탄소에 수소가 붙어 있다. 따라서 펜트-1-아인은 아세틸렌과 $NaNH_2$와 처리하여 아세틸렌화 나트륨을 얻고 이어서 1-브로모프로페인과 반응을 시켜라.

해답

$$\underset{\text{아세틸렌}}{H{-}C{\equiv}C{-}H} + :\ddot{N}H_2^-\ Na^+ \longrightarrow \underset{\text{아세틸렌화 소듐}}{H{-}C{\equiv}C{:}^-\ Na^+} + :NH_3$$

$$H{-}C{\equiv}C{:}^-\ Na^+ + \underset{\text{1-브로모프로페인}}{CH_3CH_2CH_2Br} \longrightarrow \underset{\text{펜트-1-아인}}{H{-}C{\equiv}C{-}CH_2CH_2CH_3}$$

이 프로필기는 1-브로모프로페인으로부터 온다.

문제 4.17 다음 반응으로부터 예상되는 생성물을 써라.

(a) $CH_3CH_2CH_2C{\equiv}CH + \text{1당량 } Cl_2 \longrightarrow ?$

(b) $CH_3CH_2CH_2C{\equiv}CCH_2CH_3 + \text{1당량 } HBr \longrightarrow ?$

(c) $CH_3\overset{CH_3}{\overset{|}{C}}HCH_2C{\equiv}CCH_2CH_3 + H_2 \xrightarrow[\text{촉매}]{\text{Lindlar}} ?$

문제 4.18 옥트-4-아인의 수화반응으로 어떤 생성물을 얻을 수 있는가?

문제 4.19 수화 반응으로 다음 케톤을 합성하려면 어떤 알카인을 가지고 시작해야 하는가?

(a) $CH_3CH_2CH_2\overset{O}{\overset{\|}{C}}CH_3$ (b) $CH_3CH_2CH_2\overset{O}{\overset{\|}{C}}CH_2CH_3$

문제 4.20 어떤 알카인과 할로젠화 알킬로부터 다음의 생성물을 얻을 수 있는지 보여라. 두 가지 방법이 가능하다면 두 가지 모두 보여라.

(a) $CH_3CH(CH_3)CH_2CH_2C{\equiv}CH$ (b) $CH_3CH_2CH_2C{\equiv}CCH_3$ (c) $CH_3CH(CH_3)C{\equiv}CCH_3$

 생활 속의 유기 화학

천연고무

천연 그대로의 고무는 *Hevea brasiliensis* 라는 고무나무에서 수확한다.

고무—특이한 물질에 대한 특이한 이름—는 400개 이상의 다른 식물에 의해 생성되며 천연에서 생산되는 알켄 중합체이다. 그러나 주된 근원은 소위 고무나무, *Hevea brasiliensis*이며 원료는 고무나무의 껍질을 얇게 베어서 떨어지는 액체를 모아 얻게 된다. 고무(rubber)라는 이름은 산소의 발견자이며 고무 화학의 초기 연구자인 Joseph Priestley에 의해 만들어졌으며, 초기에 고무 사용자 중 한 사람이 종이 위에 연필로 쓴 표시를 지워 버린 단순한 이유로부터 유래한다.

폴리에틸렌이나 다른 단순 알켄 중합체와 달리, 천연고무는 콘주게이션 다이엔인 아이소프렌 또는 2-메틸뷰타-1,3-다이엔의 중합체이다. 아이소프렌 단량체에 1,4-첨가(4.8절)에 의한 중합 반응이 일어나 사슬이 성장하여 4개의 탄소마다 공간에 규칙적으로 배열된 이중 결합을 가지고 있는 중합체를 생성한다. 다음 구조는 이들 이중 결합이 *Z* 입체화학을 가지고 있음을 나타낸다.

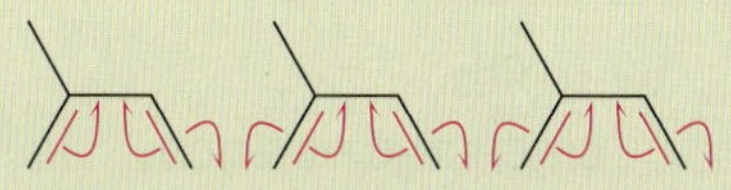

많은 아이소프렌 단위

↓

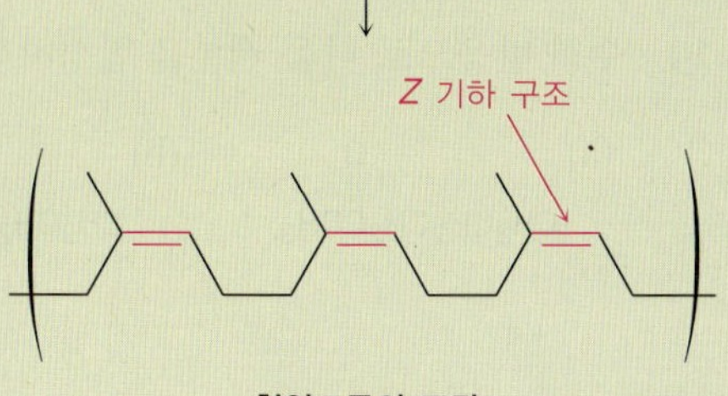

천연고무의 조각

라텍스(latex)라 부르는 고무 원료는 고무나무에서 수집되는 수용성 현탁액을 세척하고, 건조시키고, 공기중에서 데워 응고시키면, 길이가 평균적으로 약 5000 단량체이고 분자량이 200,000 내지 500,000 amu인 중합체가 생성된다. 이 조잡한 응고체는 너무 부드럽고 끈적끈적하여 가황(vulcanization)이라는 과정으로 원소 상태의 황과 가열하여 굳게 될 때까지 이용될 수 없다. 아직 그 메커니즘은 완전히 이해되고 있지 않으나 가황은 그들 사이에 탄소-황 결합을 형성하게 하여 고무 사슬을 교차연결시켜 중합체를 딱딱하고 뻣뻣하게 한다. 정확한 경화 정도는 변화시킬 수 있으며 자동차 바퀴에 충분할 정도로 부드러운 물질이 되거나 볼링 공(에보나이트)에 충분할 만큼 딱딱하게 된다.

고무가 원래의 모양으로 수축할 수 있는 능력은 이중 결합에 의한 중합체 사슬의 불규칙적인 모양에 기인한다. 이 이중 결합들로 인해 중합체가 구부러지거나 꼬일 수 있어서 다른 사슬이 달라붙거나 반결정 상태가 되지 않도록 막아 준다. 늘어날 때 자유롭게 꼬인 사슬이 끄는 방향에 따라 펴지나 교차연결로 인하여 서로 미끄러진 상태를 유지한다. 늘어난 것을 놓으면 중합체는 원래의 임의 상태로 돌아간다.

요약과 주요용어

공명 구조 resonance form
공명 혼성체 resonance hybrid
단량체 monomer
바이닐성 vinylic
산화 oxidation
수소 첨가반응 hydrogenation
신 입체화학 syn stereochemisty
아세틸렌화 음이온 acetylide anion
안티 입체화학 anti stereochemistry
알릴성 allylic
에폭시화물 epoxide
중합체 polymer
콘주게이션 conjugation
하이드록시화반응 hydroxylation
환원 reduction
1,2-첨가반응 1,2-addition
1,4-첨가반응 1,4-addition
Markovnikov 규칙 Markovnikov's rule

지금 다룬 유기 반응을 이해하는 데 필요한 배경과 함께 주요 작용기를 체계적으로 기술하면서 이 장을 시작하였다. 알켄의 화학에서는 친전자체의 첨가 반응이 지배하고 있다. HX가 알켄과 반응할 때, **Markovnikov 규칙**에 따라 수소는 알킬 치환기가 적은 탄소에, X기는 알킬 치환기가 더 많이 있는 탄소에 첨가된다. 그러므로 Br_2와 Cl_2는 **안티 입체화학**을 가지는 1,2-이할로젠화 첨가 생성물을 생성한다. 알켄과 산성 수용액을 반응시키면 물의 첨가(수화반응)가 일어나며 수소의 첨가(**수소 첨가반응**)는 백금이나 팔라듐과 같은 금속 촉매의 존재 하에서 일어난다. 알켄의 **산화**는 과망간산 칼륨, $KMnO_4$을 사용하여 수행된다. 염기성 조건 하에서 $KMnO_4$는 알켄과 반응하여 시스 **1,2-다이올**을 생성한다. 중성이나 산성 조건 하에서 $KMnO_4$는 이중 결합을 분해시켜 카보닐기를 가진 생성물을 생성한다. 알켄은 또한 과산화산(RCO_3H)과 반응하여 **에폭시화물**(epoxides)로 전환될 수 있다. 그리고 에폭시화물은 수용성 산에 의해 트랜스-1,2-다이올로 가수분해될 수 있다.

뷰타-1,3-다이엔과 같은 **콘주게이션** 다이엔은 단일결합과 이중 결합을 교대로 가지고 있다. 콘주게이션 다이엔은 공명안정화된 **알릴성** 카보양이온의 형성을 거쳐 친전자체가 **1,4-첨가반응**을 하게 한다. 알릴성 카보양이온의 참된 구조는 하나의 선결합 모양으로 그릴 수 없다. 오히려 참된 구조는 기여하는 2개의 공명 구조 사이의 어딘가 중간에 해당하는 **공명 혼성체**이다. 이중 결합과 고립 전자쌍의 위치에만 **공명 구조**의 차이가 있다. 원자들은 두 구조의 동일한 곳에 남아 있다.

많은 간단한 알켄은 라디칼 촉매로 처리하면 **중합반응**을 한다. **중합체**는 많은 작은 **단량체**가 함께 반복하여 결합함으로써 생성되는 큰 분자이다.

알카인은 탄소–탄소 삼중 결합을 가지는 탄화수소이다. 알카인의 화학은 알켄의 그것과 비슷하다. 예를 들면, 알카인은 1당량의 HBr과 HCl과 반응하여 할로젠화 **바이닐**을 생성하고 1당량의 Br_2와 Cl_2와 반응하여 1,2-이할로젠화물을 생성한다. 알카인은 황산 수은 촉매 존재 하에서 황산 수용액과 반응하여 수화될 수 있다. 이 반응은 중간체 엔올을 만들고 이는 곧 케톤으로 이성질화한다. 알카인은 Lindlar 촉매와 함께 수소 첨가반응을 하여 시스 알켄을 생성한다. 말단 알카인은 약한 산성을 나타내고 센 염기로 처리함으로써 아세틸렌화 음이온으로 변환될 수 있다. 내부 알카인은 **아세틸렌화 음이온**과 1차 할로젠화 알킬의 반응으로 생성된다.

반응 요약

주: 입체화학은 특별히 언급되거나 쐐기 모양, 실선 및 점선으로 표시되어 있지 않는 한 함축되어 있지 않다.

1. 알켄의 반응

(a) HX의 첨가반응, 여기서 X = Cl, Br, 또는 I(4.1～4.2절)

$$\mathrm{C{=}C} \xrightarrow[\text{에터}]{\mathrm{HX}} \mathrm{H{-}C{-}C{-}X}$$

(b) H_2O의 첨가반응(4.3절)

$$\mathrm{C{=}C} + \mathrm{H_2O} \xrightarrow[\text{촉매}]{\text{산}} \mathrm{H{-}C{-}C{-}OH}$$

(c) X_2의 첨가반응, 여기서 X = Cl, Br(4.4절)

$$\mathrm{C{=}C} \xrightarrow[\mathrm{CH_2Cl_2}]{\mathrm{X_2}} \mathrm{X{-}C{-}C{-}X}$$

(d) H_2의 첨가반응(4.5절)

$$>C=C< \xrightarrow[\text{Pd/C 또는 } PtO_2]{H_2} H-C-C-H$$

(e) 에폭시화반응(4.6절)

$$>C=C< \xrightarrow{RCOOH} \text{에폭사이드}$$

(f) 산-촉매 에폭시화물 가수분해에 의한 하이드록시화반응(4.6절)

$$\text{에폭사이드} \xrightarrow{H_3O^+} HO-C-C-OH$$

(g) $KMnO_4$를 이용한 하이드록시화반응(4.6절)

$$>C=C< \xrightarrow[NaOH,\ H_2O]{KMnO_4} HO-C-C-OH$$ 신 첨가

(h) 산성 $KMnO_4$를 이용한 알켄의 산화성 쪼개짐(4.6절)

$$R_2C=CR_2 \xrightarrow{KMnO_4,\ H_3O^+} R_2C=O + O=CR_2$$

$$RHC=CH_2 \xrightarrow{KMnO_4,\ H_3O^+} RCOOH + CO_2$$

(i) 알켄의 중합반응(4.7절)

$$RHC=CH_2 \xrightarrow[\text{개시제}]{\text{라디칼}} -CHR-CH_2-$$

2. 콘주게이션 다이엔의 첨가반응(4.8절)

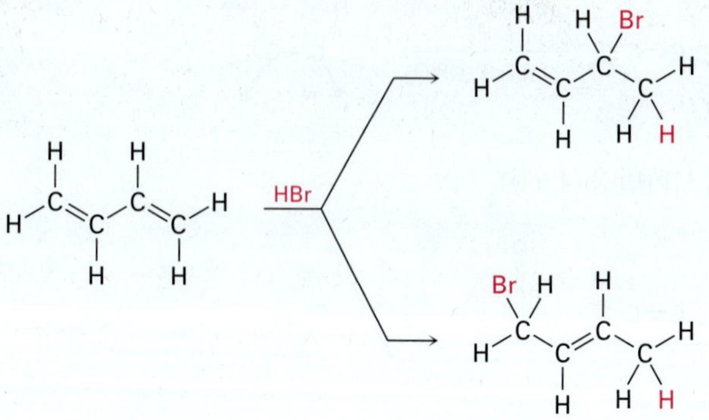

3. 알카인의 반응(4.11절)

(a) H_2의 첨가반응

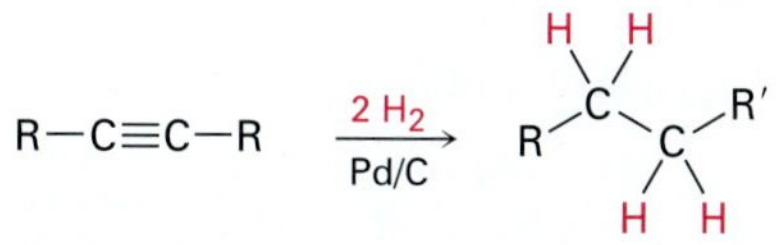

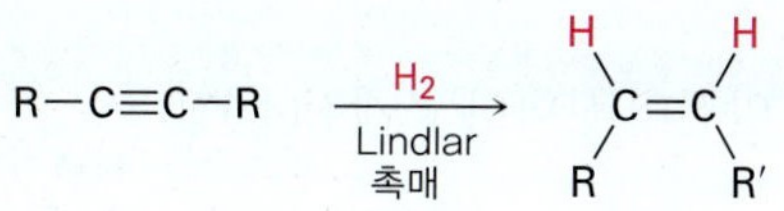

$$R-C\equiv C-R \xrightarrow[\text{Pd/C}]{2\,H_2} RCH_2CH_2R'$$

$$R-C\equiv C-R \xrightarrow[\text{Lindlar 촉매}]{H_2} \text{(H)(R)C=C(H)(R')}$$

(b) HX의 첨가반응, 여기서 X = Cl, Br, 또는 I

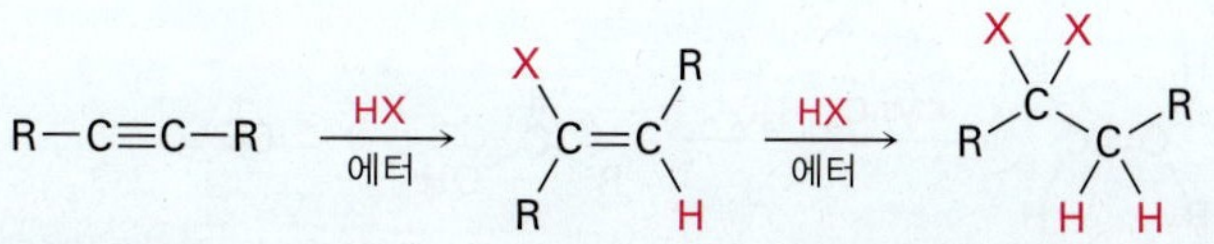

$$R-C\equiv C-R \xrightarrow[\text{에터}]{HX} \text{(X)(R)C=C(R)(H)} \xrightarrow[\text{에터}]{HX} RCX_2CH_2R$$

(c) X_2의 첨가반응, 여기서 X = Cl, Br

$$R-C\equiv C-R \xrightarrow[CH_2Cl_2]{X_2} \text{(X)(R)C=C(R)(X)} \xrightarrow[CH_2Cl_2]{X_2} RCX_2CX_2R'$$

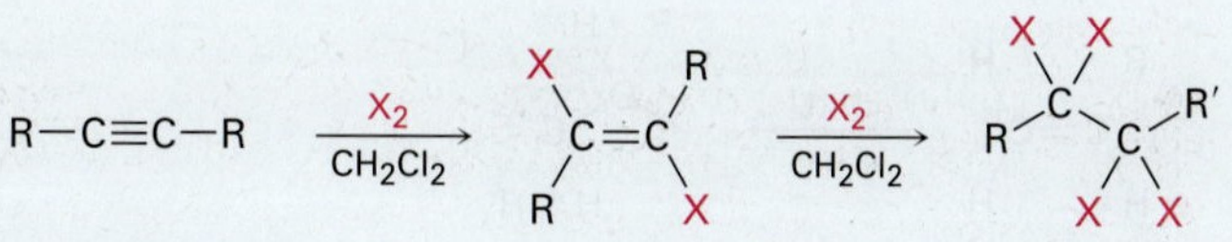

(d) H_2O의 첨가반응

$$R-C\equiv CH \xrightarrow[HgSO_4]{H_2SO_4,\ H_2O} \left[R(OH)C{=}CH_2 \right] \longrightarrow R(C{=}O)CH_3$$

엔올 메틸케톤

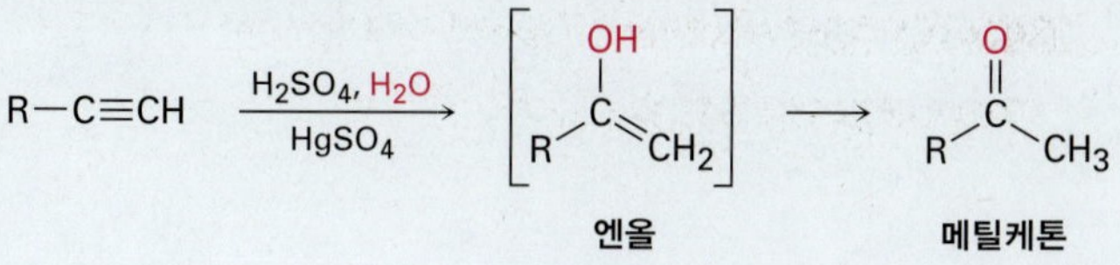

(e) 아세틸렌화 음이온 형성

$$R{-}C{\equiv}C{-}H \xrightarrow[NH_3]{NaNH_2} R{-}C{\equiv}C{:}^- \ Na^+ \quad + \quad NH_3$$

(f) 아세틸렌화 음이온과 할로젠화 알킬의 반응

$$\underset{\text{아세틸렌}}{HC{\equiv}CH} \xrightarrow{NaNH_2} HC{\equiv}C^- \ Na^+ \xrightarrow{RCH_2Br} \underset{\text{말단 알카인}}{HC{\equiv}CCH_2R}$$

$$\underset{\text{말단 알카인}}{RC{\equiv}CH} \xrightarrow{NaNH_2} RC{\equiv}C^- \ Na^+ \xrightarrow{R'CH_2Br} \underset{\text{내부 알카인}}{RC{\equiv}CCH_2R'}$$

연습

【눈으로 보는 화학】 문제 4.1~4.20은 장 내에서 볼 수 있다.

4.21 어떤 알켄의 수화반응으로 다음의 알코올이 생성되는가? (붉은색 = O)

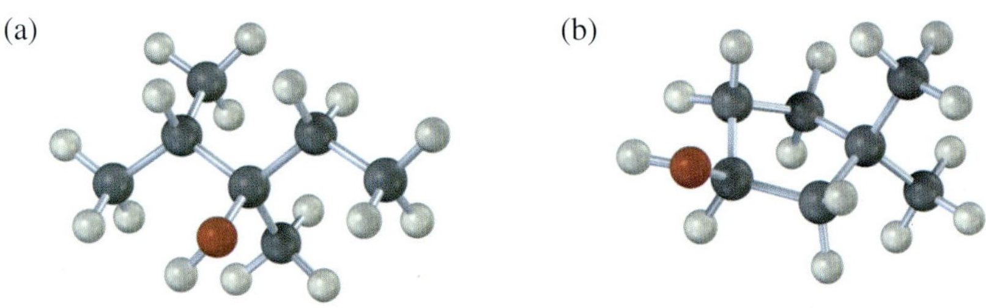

4.22 다음 알켄을 명명하고 (i) 산의 수용액 중에서 $KMnO_4$, (ii) NaOH의 수용액 중에서 $KMnO_4$의 반응 생성물을 예측하라.

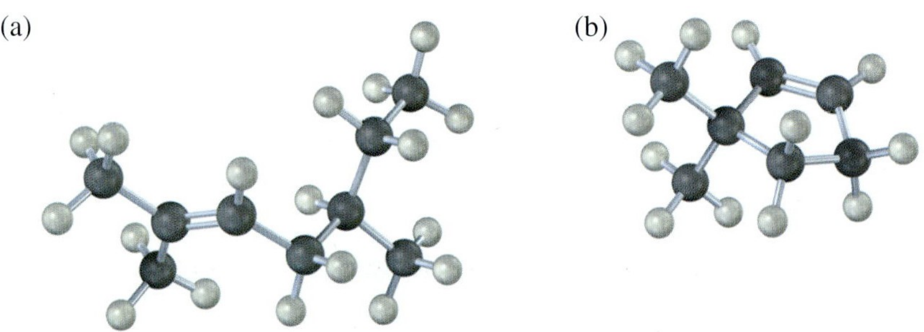

4.23 다음 알켄을 명명하고 (i) Lindlar 촉매 존재 하에서 H_2, (ii) $HgSO_4$의 존재 하에서 H_3O^+의 반응 생성물을 예측하라.

(a) (b)

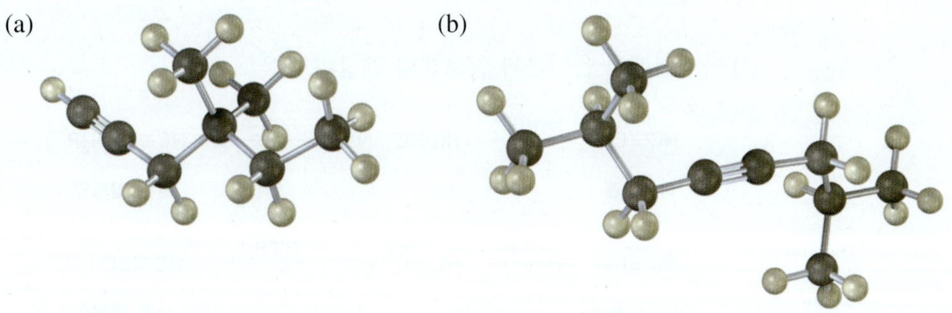

4.24 다음 1,2-다이올은 무엇으로부터 만들어지고, 에폭시화물의 가수분해나 염기성 용액에서 $KMnO_4$의 어떤 방법을 이용했는가? (붉은색 = O)

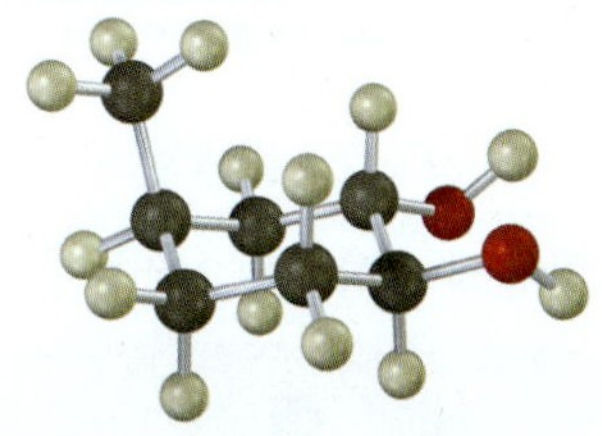

4.25 다음은 콘주에이션 다이엔이 HBr로 양성자화되어 생성된 알릴성 카보양이온 중간체 모형이다. 다이엔의 구조와 최종 반응 생성물의 구조를 그려라.

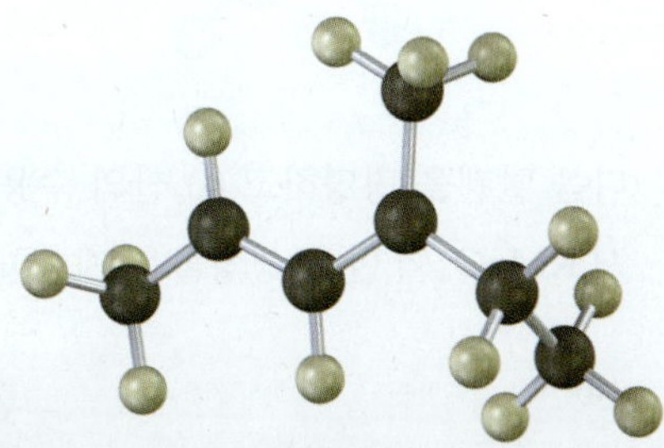

4.26 다음 각 물질을 어떤 알카인으로부터 만들어 왔는가? (붉은색 = O, 연두색 = Cl)

(a) (b)

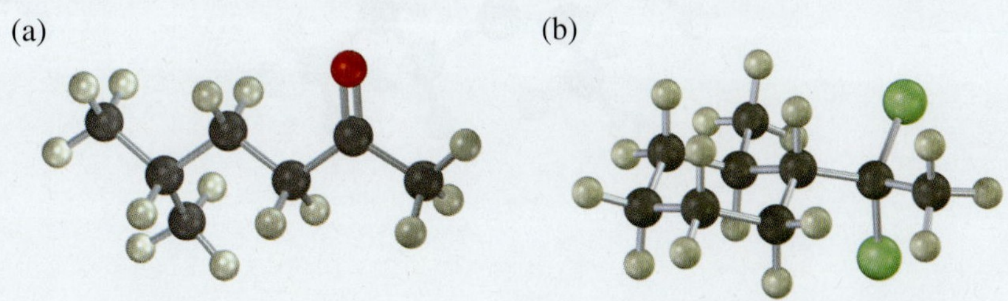

【보충문제】

알켄과 알카인의 명명법

4.27 다음 2가지 탄화수소를 해바라기족의 식물에서 분리하였다. IUPAC 규칙에 따라 명명하라.

(a) $CH_3CH{=}CHC{\equiv}CC{\equiv}CCH{=}CHCH{=}CHCH{=}CH_2$(모두 트랜스)

(b) $CH_3C{\equiv}CC{\equiv}CC{\equiv}CC{\equiv}CC{\equiv}CCH{=}CH_2$

4.28 다음 화학식의 두 화합물에 대해 가능한 3개의 구조를 그려라.

(a) C_6H_8 (b) C_6H_8O

4.29 다음 화합물의 IUPAC 명을 써라.

(a) H_3C, H 가 붙은 C=C 와 H_3C, CH_3, H 가 붙은 C=C 가 연결된 구조:
H, H_3C—C=C(H)—C(H_3C)=C(CH_3)(H)

(b) H, H_3C—C=C(H)—$CHCH_2C{\equiv}CH$ (CH 에 $CH_2CH_2CH_3$ 치환)

(c) H(H)C=C=C(CH_3)(CH_3)

(d) $HC{\equiv}CCH_2C{\equiv}CCHCH_3$ (CH 에 CH_3 치환)

4.30 다음 IUPAC 명에 해당하는 구조를 그려라.

(a) 3-에틸헵트-1-아인 (b) 3,5-다이메틸헥스-4-엔-1-아인

(c) 헵타-1,5-다이아인 (d) 1-메틸사이클로펜타-1,3-다이엔

4.31 펜타인 C_5H_8의 가능한 모든 이성질체를 그리고 명명하라.

4.32 화학식 C_5H_8인 다이엔의 가능한 이성질체 6개를 그리고 명명하라. 6개 중 어느 것이 콘주게이션 다이엔인가?

생성물 예측하기

4.33 산화성 쪼개짐 반응을 이용하여 다음 두 사이클로헥사다이엔의 이성질체를 구별하는 방법을 설명하라.

4.34 다음 반응의 생성물을 예측하라. 관계가 있으면 위치 선택성을 표시하라. (방향족 고리는 표시된 모든 시약에 반응하지 않는다.)

스타이렌 (H–C(Ph)=C(H)–H)

(a) $\xrightarrow{H_2/Pd}$?

(b) $\xrightarrow{Br_2}$?

(c) $\xrightarrow{HBr}$?

(d) $\xrightarrow[NaOH,\ H_2O]{KMnO_4}$?

4.35 데크-5-아인에 대한 다음 반응으로부터 생성물을 예측하라.

(a) $\xrightarrow{H_2,\ \text{Lindlar 촉매}}$? (b) $\xrightarrow{2\ \text{당량}\ Br_2}$? (c) $\xrightarrow{H_2O,\ H_2SO_4,\ HgSO_4}$

4.36 헥스-1-아인과 다음의 반응으로부터 생성물을 예측하라.

(a) $\xrightarrow{1\ \text{당량}\ HBr}$? (b) $\xrightarrow{1\ \text{당량}\ Cl_2}$? (c) $\xrightarrow{H_2,\ \text{Lindlar 촉매}}$?

4.37 사이클로헥센과 (i) Br_2, (ii) *메타*-클로로과벤조산 처리 후에 H_3O^+ 반응을 식으로 나타내라. 반응 중간체와 올바른 시스 또는 트랜스 입체화학을 가진 최종 생성물을 그려라.

4.38 다음의 반응 생성물을 생성하는 알켄의 구조를 제안하라. 몇 가지 경우에는 한 가지 이상의 답이 있을지도 모른다.

(a) ? $\xrightarrow{H_2/\text{Pd 촉매}}$ 2-메틸헥세인

(b) ? $\xrightarrow{Br_2,\ CH_2Cl_2}$ 2,3-다이브로모-5-메틸헥세인

(c) ? $\xrightarrow{HBr}$ 2-브로모-3-메틸헵테인

(d) ? $\xrightarrow[H_2O]{KMnO_4,\ OH^-}$ $CH_3CH(CH_3)CH_2CH(OH)CH(OH)CH_2CH_3$

4.39 사이클로헥사-1,3-다이엔을 아래의 각 조건에서 반응시킬 때 기대되는 생성물은 무엇인가?

(a) CH_2Cl_2 중에서 1 mol Br_2 (b) 1 mol HCl

(c) 1 mol DCl (D = 중수소, ^2H) (d) 2 mol H_2, Pd 촉매

4.40 산성 수용액에서 $KMnO_4$로 처리하여 다음의 케토산을 생성하는 알켄의 구조를 써라.

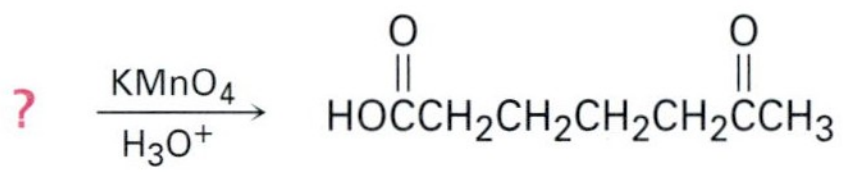

$$? \xrightarrow[H_3O^+]{KMnO_4} \text{HO}\overset{\text{O}}{\overset{\|}{\text{C}}}\text{CH}_2\text{CH}_2\text{CH}_2\text{CH}_2\overset{\text{O}}{\overset{\|}{\text{C}}}\text{CH}_3$$

반응물 예측하기 **4.41** 촉매 수소첨가 반응에서 1 당량의 H_2만이 반응하며 산성 $KMnO_4$로 처리하여 펜탄산, $CH_3CH_2CH_2CH_2CO_2H$만을 생성하는 탄화수소를 그리고, 관련된 반응식을 써라.

4.42 다음 케톤을 얻기 위해 어떤 알카인을 수화반응시키겠는가?

(a) 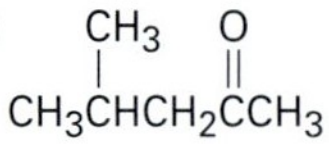 $CH_3CH(CH_3)CH_2C(=O)CH_3$ (b) 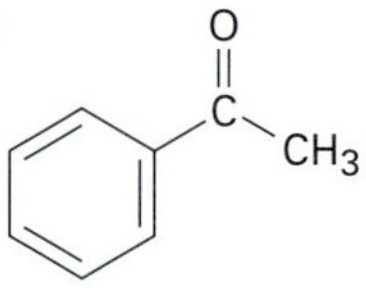 $C_6H_5C(=O)CH_3$

4.43 촉매 수소첨가 반응으로 2 당량의 H_2와 반응하며 산성 $KMnO_4$와 반응 시에 석신산만 생성하는 탄화수소의 구조를 그려라.

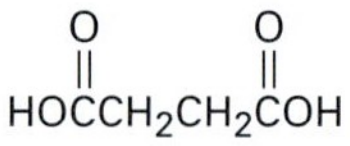

$$\text{HO}\overset{\text{O}}{\overset{\|}{\text{C}}}\text{CH}_2\text{CH}_2\overset{\text{O}}{\overset{\|}{\text{C}}}\text{OH} \quad \textbf{석신산}$$

4.44 다음 알코올을 얻기 위해 어떤 알켄을 수화반응시키겠는가?

(a) 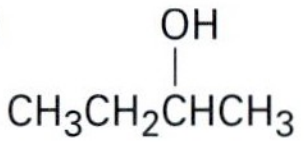 $CH_3CH_2CH(OH)CH_3$ (b) 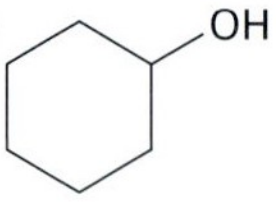 사이클로헥산올 (cyclohexane–OH) (c) 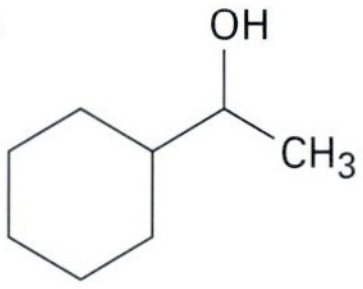 사이클로헥실–CH(OH)–CH_3

합성 **4.45** 출발물질로서 단 하나의 유기물질인 뷰트-1-아인과 다른 필요한 무기시약을 사용하여 어떻게 다음 화합물을 합성할 수 있는가? (하나 이상의 단계가 필요할 것이다.)

(a) 뷰테인 (b) 1,1,2,2-테트라클로로뷰테인

(c) 2-브로모뷰테인 (d) 뷰탄-2-온($CH_3CH_2COCH_3$)

4.46 화합물의 합성을 계획할 때 무엇을 해서는 안 되고 무엇을 해야 하는지 아는 것이 매우 중요하다. 다음 각 반응에서 무엇이 잘못인가?

(a) 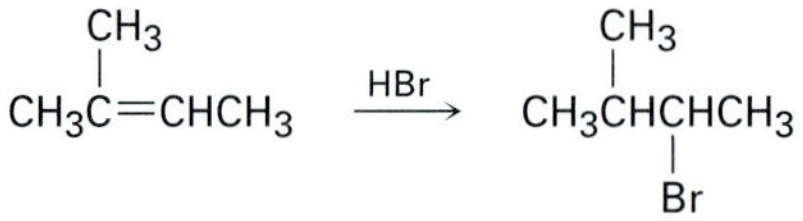 $CH_3C(CH_3){=}CHCH_3 \xrightarrow{HBr} CH_3CH(CH_3)CH(Br)CH_3$

(b) cyclohexene $\xrightarrow[H_2O,\ OH^-]{KMnO_4}$ cis-1,2-cyclohexanediol (H, OH, H, OH)

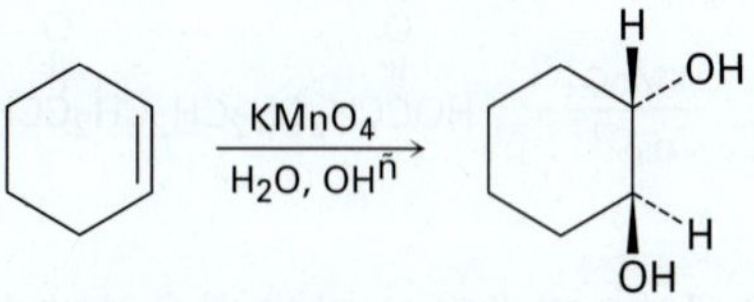

(c) $CH_3CH_2CH(CH_3)CH_2C{\equiv}CH \xrightarrow[HgSO_4]{H_2O,\ H_2SO_4} CH_3CH_2CH(CH_3)CH_2CH_2CH{=}O$

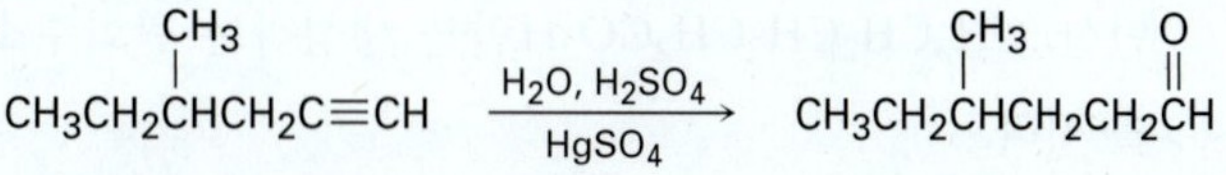

4.47 프로파인, 할로젠화 알킬 및 필요한 모든 시약을 써서 시스-뷰트-2-엔을 합성하라. (이 문제는 한 단계로 풀 수 없다. 1개 이상의 반응을 실시해야 할 것이다.)

공명 **4.48** 벤질 양이온의 3개의 추가적인 공명 구조를 그려라.

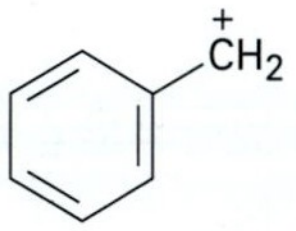

$\overset{+}{C}H_2$ 벤질 양이온

4.49 문제 4.48의 답에 비추어 다음 반응으로부터 어떤 생성물을 기대하는가? 설명하라.

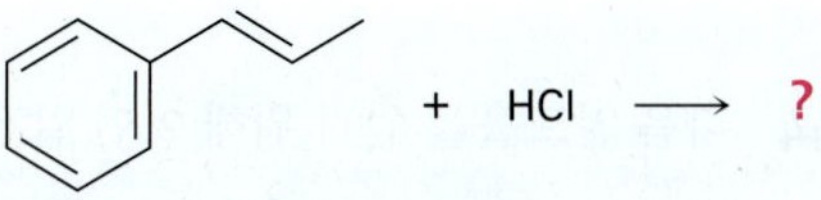

+ HCl ⟶ ?

4.50 다음 구조쌍 중의 하나는 공명 구조를 나타내며 다른 하나는 아니다. 어느 것이 어느 것인지 설명하라.

(a) + ⟷? +

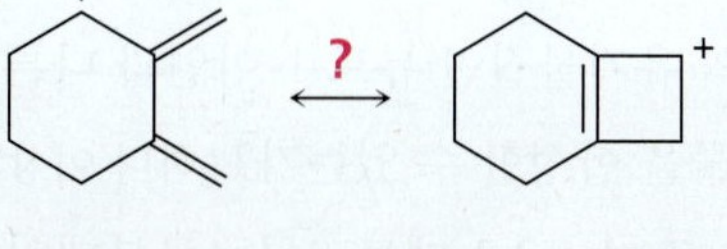

(b) ⟷?

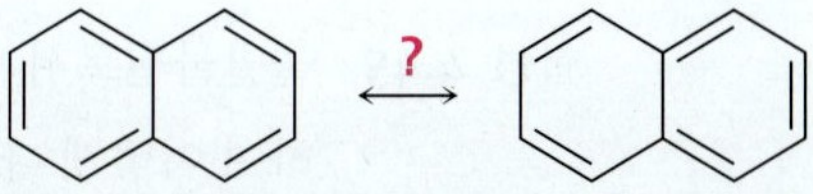

4.51 다음 물질의 각각에 대해 표시된 추가 공명 구조를 그려라.

(a) + (2개)

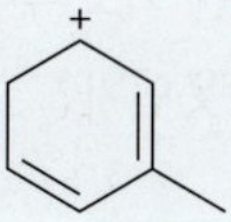

(b) O, C, H_3C, C, H, H (1개)

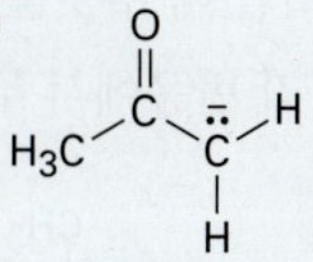

(c) O, O (2개)

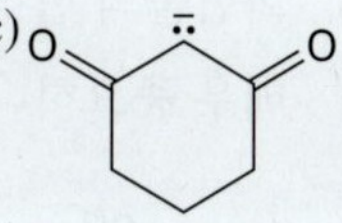

중합체 **4.52** 다음 중합체를 합성하려면 어떤 단량체를 이용해야 하는가?

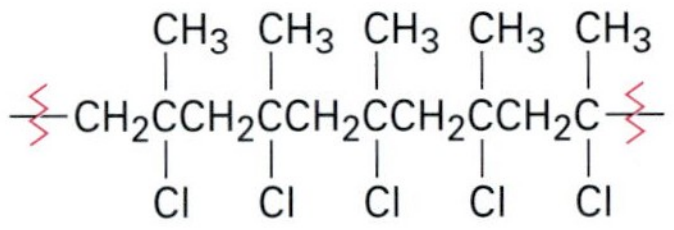

$$-\!\!\!\sim CH_2\underset{Cl}{\overset{CH_3}{C}}CH_2\underset{Cl}{\overset{CH_3}{C}}CH_2\underset{Cl}{\overset{CH_3}{C}}CH_2\underset{Cl}{\overset{CH_3}{C}}CH_2\underset{Cl}{\overset{CH_3}{C}}\sim\!\!\!-$$

4.53 많은 형판물을 만드는 데 쓰이는 맑은 플라스틱인 Plexiglas는 메트아크릴산 메틸의 중합에 의해 제조된다. Plexiglas의 일부분을 나타내는 구조를 그려라.

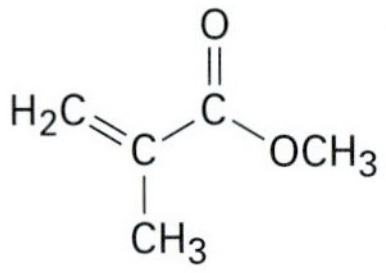

$H_2C{=}C(CH_3){-}C({=}O){-}OCH_3$ **메트아크릴산 메틸**

4.54 *N*-바이닐피롤리돈으로부터 합성한 폴리(바이닐피롤리돈)이 화장품과 합성 혈액 대용품으로 쓰인다. 중합체의 일부분을 나타내는 그림을 그려라.

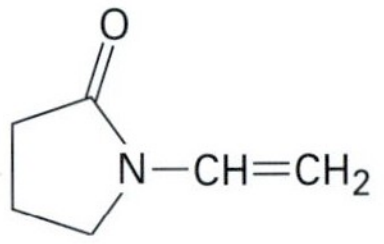

N—CH=CH_2 ***N*-바이닐피롤리돈**

통합문제 4.55 화학식 C_9H_{12}인 화합물 **A**는 팔라듐 촉매 위에서 촉매 환원할 때 H_2 3당량을 흡수하여 화학식이 C_9H_{18}인 **B**를 생성한다. 화합물 **A**를 $KMnO_4$와 반응시키면 여러 물질이 생기는데 그 가운데 사이클로헥산온으로 확인되는 케톤이 생긴다. 화합물 **A**를 NH_3에서 $NaNH_2$로 처리한 후 아이오도메테인을 가해 주면 화학식이 $C_{10}H_{14}$인 새로운 탄화수소 **C**가 생성된다. **A**, **B** 및 **C**의 구조는 무엇인가?

4.56 펜트-1-엔에 대한 HBr의 첨가반응이 일어날 때 반응 에너지 그림을 그려라. 그림에 있는 하나의 곡선은 1-브로모펜테인 생성물의 생성을, 다른 곡선은 2-브로모펜테인 생성물의 형성을 보이도록 하라. 모든 반응물, 중간체 및 생성물의 위치를 표시하라.

4.57 펜트-1-엔과 HBr의 반응(문제 4.56)에서 여러분이 생각하는 전이상태 구조의 윤곽을 그려라.

4.58 메틸렌사이클로헥세인을 센 산으로 처리하면 1-메틸사이클로헥센으로 이성질화한다. 반응이 일어나는 메커니즘을 제안하라.

CH_2 —산→ CH_3

메틸렌사이클로헥세인 **1-메틸사이클로헥센**

4.59 화합물 **A**의 화학식은 C_8H_8이다. 이 물질은 산성 $KMnO_4$와 빠르게 반응하나 팔라듐 촉매 위에서 수소 1 당량하고만 반응한다. 방향족 고리를 환원시키는 조건 하에서 수소 첨가반응을 시키면, **A**는 4 당량의 H_2와 반응하며 탄화수소 **B**, C_8H_{16}이 생성된다. **A**를 $KMnO_4$로 처리하면 CO_2와 카복실산 **C**, $C_7H_6O_2$가 생성된다. **A**, **B** 및 **C**의 구조는 무엇인가? 모든 반응의 반응식을 써라.

4.60 보통 집파리의 성 유인물은 무스칼루어(muscalure), $C_{23}H_{46}$라 부르는 탄화수소이다. 이것을 산성 $KMnO_4$ 수용액으로 처리하여 2가지 생성물 $CH_3(CH_2)_{12}CO_2H$와 $CH_3(CH_2)_7CO_2H$를 얻었다. 무스칼루어의 구조를 제안하라.

4.61 아세틸렌과 필요한 할로젠화 알킬로부터 시작하여 무스칼루어(문제 4.60)를 어떻게 합성할 수 있는가? (무스칼루어의 이중 결합은 시스이다.)

4.62 *tert*-뷰틸 메틸에터, $CH_3OC(CH_3)_3$가 H_2SO_4 촉매 존재 하에서 2-메틸프로펜과 CH_3OH의 반응으로부터 알켄의 산-촉매 수화반응의 메커니즘과 유사한 메커니즘으로 생성된다. 메커니즘을 써라.

4.63 해조류에서 분리된 물질인 프리라우레아틴은 라우레다이올로부터 다음 경로에 의해 나타나는 것으로 생각된다. 메커니즘을 제안하라.

OH
HO
'Br⁺'
브로모과산화 효소
OH
O
Br

라우레다이올 (Lauredidol)

프리라우레아틴 (Prelaureatin)

4.64 *시스*-뷰트-2-엔을 염기성 $KMnO_4$로 하이드록시화하면 *트랜스*-뷰트-2-엔의 하이드록시화로부터의 생성물과 다른 생성물이 관찰되는 것을 설명하라. 먼저 각 생성물의 구조를 그리고 입체화학을 보여라. 그러고나서 분자 모형을 만들어라. 6장에서 생성물의 입체화학을 더 자세히 설명할 것이다.

4.65 α-터피넨, $C_{10}H_{16}$은 마요라나(marjoram)의 기름으로부터 분리된 기분 좋은 냄새를 내는 탄화수소이다. 팔라듐 촉매 위에서 수소 첨가반응을 시키면 α-터피넨은 2 당량의 수소와 반응하여 새로운 탄화수소, $C_{10}H_{20}$를 생성한다. α-터피넨을 산성 $KMnO_4$와 반응시키면 옥살산과 6-메틸헵테인-2,5-다이온을 생성한다. α-터피넨의 구조를 제안하라.

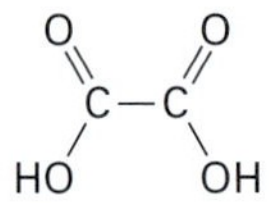

O=C(OH)-C(=O)OH

옥산살

$CH_3C(=O)CH_2CH_2C(=O)CH(CH_3)CH_3$

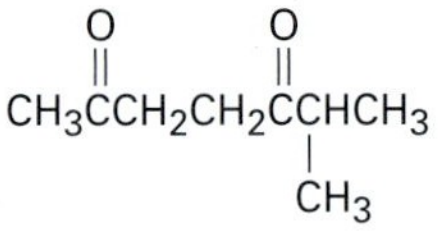

6-메틸헵테인-2,5-다이온

4.66 경구 피임약 메스트라놀(Mestranol)은 카보닐기에 아세틸렌화 음이온의 첨가로 합성된다.

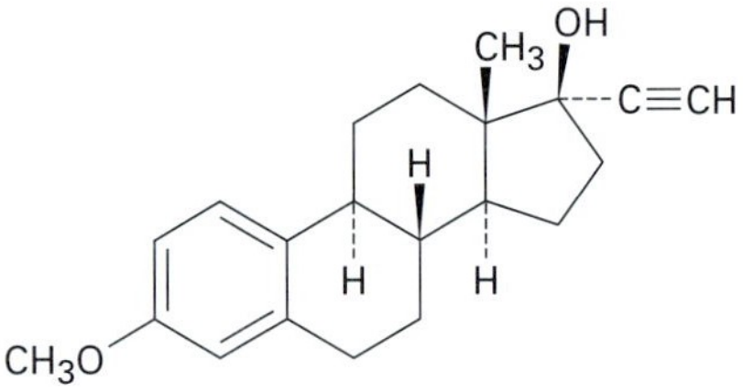

메스트라놀

(a) 아세틸렌화 음이온-첨가 반응을 이해하기 위해 전기음성도에 근거하여 C=O 이중 결합의 공명 구조를 그리고, 생략된 구조에 나타낸 원 안에 '+'와 '−' 전하가 어디에 속하는지 표시하라.

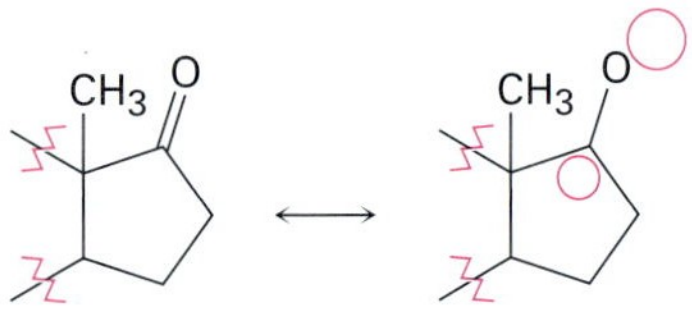

(b) 그러고나서 이 공명 구조에 아세틸렌화 음이온이 첨가하는 이 단계 메커니즘과 계속하여 산으로 중간체의 양성자첨가 과정을 그려라.

들판에서 **4.67** 옥트-1-엔-3-올은 모기 함정에 보편적으로 쓰이는 강력한 모기 유인제인데, 헥산알, $CH_3CH_2CH_2CH_2CH_2CHO$로부터 이 단계로 합성될 수 있다. 첫째 관계는 문제 4.66에 기술한 것처럼 아세틸렌화 음이온-첨가 반응이다. 첫째 단계의 생성물 구조는 무엇이며, 어떻게 옥트-1-엔-3올로 그것을 전환할 수 있는가?

$CH_3CH_2CH_2CH_2CH_2CH(OH)CH{=}CH_2$ 옥트-1-엔-3-올

4.68 이 장의 끝에 있는 【생활 속의 유기 화학】에서 본 것과 같이, 천연고무는 Z 이중 결합을 한 2-메틸뷰타-1,3-다이엔의 중합체이다. 대조적으로, 합성고무는 천연고무와 비슷하나 E 이중 결합을 포함한다. 합성고무의 대표적인 부분의 구조를 그려라.

CHAPTER

5

회향풀 식물은 요리에 쓰이는 방향족 약용식물이다. 페닐기(정확히 같은 의미로 발음된)는 '방향족' 유기 화합물의 특징적인 구조 단위이다.

방향족 화합물

유기 화학의 초기에는 **방향족**(aromatic)이란 용어가 벤젠(석탄의 증류액으로부터), 벤즈알데하이드(버찌, 복숭아 및 아몬드에서 나오는) 및 톨루엔(톨루발삼)과 같은 향기 나는 물질을 기술하는 데 쓰였다. 그러나 방향족으로 분류되는 물질들은 다른 유기 화합물과 화학적 성질이 다르다는 것을 곧 알게 되었다.

오늘날 방향족이 좋은 향기와의 관련성은 오래 전에 사라졌고 현재는 **방향족**은 3개의 이중 결합을 가진 벤젠 같은 육각 고리를 가진 화합물군을 말한다. 스테로이드 호르몬인 에스트론 및 리피토르(Lipitor)로서 시판되는 콜레스테롤 강하 약 아토르바스태틴과 같은 많은 중요한 화합물에 존재한다. 벤젠 자신은 오래 노출되면 백혈구 수(백혈구 감소증, leukopenia)를 감소시키므로 실험실 용매로 사용하지 말아야 한다.

벤젠

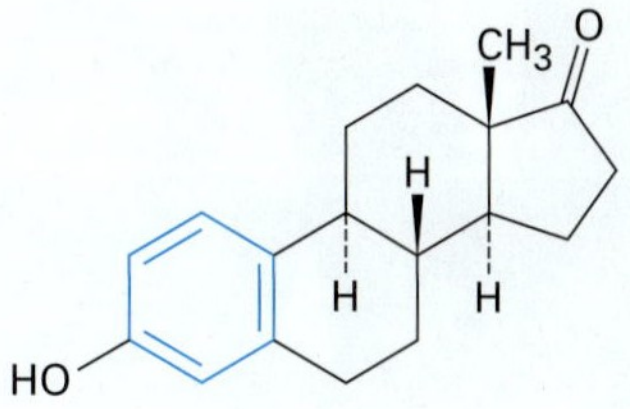

CH3 O
H
H H
HO

에스트론
(Estrone)

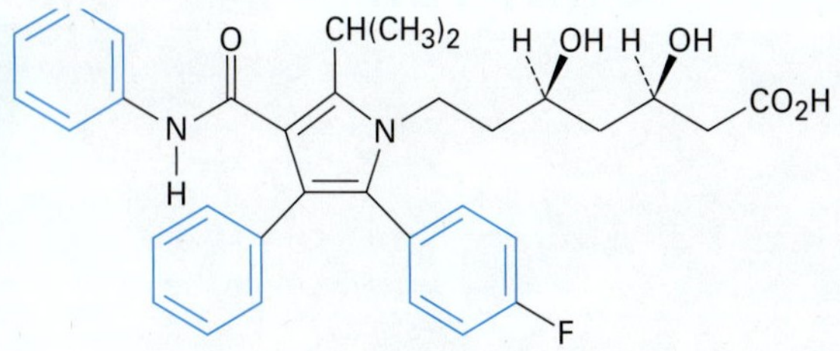

O CH(CH3)2 H OH H OH
N N CO2H
H
F

아토르바스태틴
(Lipitor)

왜 이 장인가?

방향족 고리는 많은 유기구조의 공통부분이며 특히 핵산화학 및 몇몇 아미노산에 중요하다. 이 장에서 어떻게 그리고 왜 방향족 화합물들이 알켄과 같은 분명히 관련된 화합물과 다른지 알게 될 것이다.

5.1 벤젠의 구조

벤젠(C_6H_6)은 상응하는 6-탄소 알케인(C_6H_{14})보다 수소가 8개 적고 분명히 불포화되고 단일결합과 이중 결합이 교대로 된 육각 고리로 보편적으로 표시된다. 그러나 벤젠이 전형적인 알켄보다 훨씬 반응성이 약하고, 전형적인 알켄 첨가 반응을 하지 않는다는 것은 1800년 중반 이래 알려져 있다. 예를 들면, 사이클로헥센은 Br_2와 빠르게 반응하여 첨가 생성물인 1,2-다이브로모사이클로헥세인을 생성한다. 그러나 벤젠은 Br_2와 느리게만 반응하여 치환 생성물인 C_6H_5Br을 생성한다.

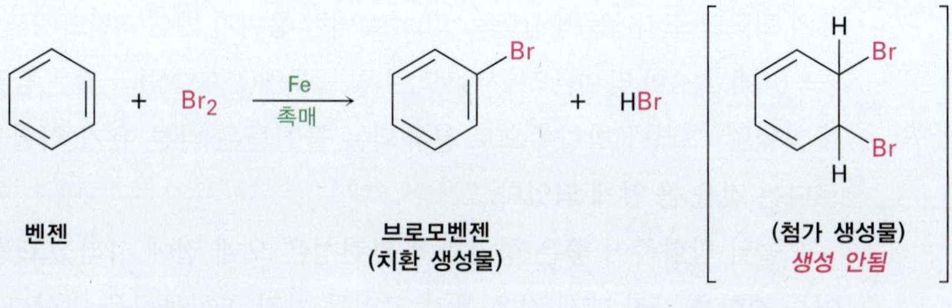

$$\text{벤젠} + Br_2 \xrightarrow[\text{촉매}]{Fe} \text{브로모벤젠 (치환 생성물)} + HBr$$

[(첨가 생성물) 생성 안됨]

H Br
Br H

벤젠의 특이한 성질에 대한 다른 증거는 모든 탄소–탄소 결합의 길이가 같으며—전형적인 단일결합(154 pm)과 이중 결합(134 pm)의 중간인—139 pm이다. 그 외에 모든 6개의 탄소–탄소 결합 내의 전자 밀도는 정전기 퍼텐셜 지도(그림 5.1a)에 나타난 것과 같이 동일하다. 따라서 벤젠은 정육각형의 모양을 한 평평한 분자이다. 모든 C—C—C 결합각은 120°이고, 모든 6개의 탄소 원자는 sp^2 혼성화되고 각 탄소는 육각 고리의 면에 수직한

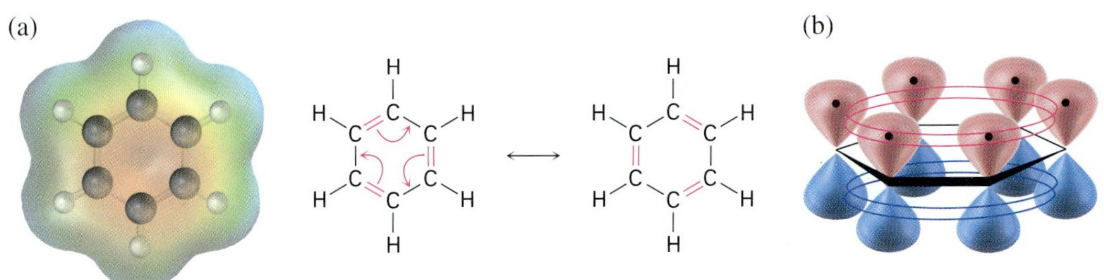

그림 5.1 (a) 벤젠의 정전기 퍼텐셜 지도 및 (b) 궤도함수 그림. 6개의 탄소 원자 각각은 양쪽 측면에서 이웃한 p 궤도함수와 동일하게 잘 겹칠 수 있다. 따라서 π 전자들은 2개의 도너츠 모양 구름으로 고리 주위에서 공유된다. 그리고 모든 탄소–탄소 결합은 동일하다.

p 궤도함수를 가진다.

6개의 모든 탄소 원자와 6개의 모든 p 궤도함수가 동일하므로 주어진 p 궤도함수가 단 하나의 이웃한 p 궤도함수와 겹쳐 3개의 편재화된 알켄의 π 결합을 만든다고 하기보다는 오히려 각 p 궤도함수가 똑같이 이웃한 2개의 p 궤도함수와 겹치고 π 전자들은 6개의 도넛 모양의 전자구름의 고리 주변에 공유됨으로써 벤젠 구조를 만든다(그림 5.1b). 공명 용어로(4.9절 및 4.10절), 벤젠은 두 동일한 구조의 혼성체이다. 어느 구조도 홀로 옳지 않다; 벤젠의 참 구조는 두 공명 구조 사이의 어느 곳에 있다. 그러나 우리의 보편적인 방법으로 그리기는 불가능하다. 이 공명 때문에 벤젠은 보편적인 알켄보다 더 안정하고 반응성은 떨어진다.

문제 5.1 선결합 구조는 1,2-다이브로모벤젠에 2개의 다른 이성질체가 있다는 것을 의미하는데, 하나는 브롬이 이중 결합에 연결된 탄소 원자에 있는 것이고 다른 하나는 단일결합에 연결된 탄소에 브롬이 있는 것이다. 그렇지만 실제 단 하나의 1,2-다이브로모벤젠이 있다. 설명하라.

와 **1,2-다이브로모벤젠**

5.2 방향족 화합물의 명명

방향족 화합물들은 다른 부류의 유기 화합물보다 관용명을 더 많이 가지고 있다. IUPAC 규칙은 대부분 그와 같은 이름을 사용하지 않기를 권장하나 몇 가지 더 널리 사용된 것들

표 5.1 몇 가지 방향족 화합물의 관용명

구조	이름	구조	이름
$C_6H_5CH_3$	톨루엔 (끓는점 111 °C)	C_6H_5CHO	벤즈알데하이드 (끓는점 178 °C)
C_6H_5OH	페놀 (녹는점 43 °C)	$C_6H_5CO_2H$	벤조산 (녹는점 122 °C)
$C_6H_5NH_2$	아닐린 (끓는점 184 °C)	$C_6H_4(CH_3)_2$	오쏘-자일렌 (끓는점 144 °C)
$C_6H_5C(=O)CH_3$	아세토페논 (녹는점 21 °C)	$C_6H_5CH=CH_2$	스타이렌 (끓는점 145 °C)

은 사용을 허락하고 있다(표 5.1). 따라서 메틸벤젠은 **톨루엔**, 하이드록시벤젠은 **페놀**, 아미노벤젠은 아닐린 등으로 부른다.

일치환 벤젠은 모체명으로 -**벤젠**(*-benzene*)을 써서 다른 탄화수소와 같은 방법으로 체계적으로 명명한다. 따라서 C_6H_5Br은 브로모벤젠, $C_6H_5NO_2$는 나이트로벤젠, 그리고 $C_6H_5CH_2CH_3$는 에틸벤젠이다. **페닐**(phenyl)이란 이름은 **fen**-nil이라고 발음하는데, 벤젠 고리가 치환체로 고려될 때 $-C_6H_5$ 단위를 흔히 Ph나 Φ(그리스 phi)로서 간략하게 쓴다. 그 외에 **아릴기**(aryl group)는 Ar로, $C_6H_5CH_2-$기에 대해서는 **벤질**(benzyl)이라는 이름이 쓰인다.

브로모벤젠 **나이트로벤젠** **에틸벤젠** [**페닐기** **벤질기**]

이치환 벤젠은 접두사 *오쏘*-(*o*), *메타*-(*m*), 또는 *파라*-(*p*) 중 하나를 써서 명명한다. 오쏘-이치환 벤젠은 고리의 1,2 관계에 두 치환기가 있고, 메타-이치환 벤젠은 고리의 1,3 관계에, 파라-이치환 벤젠은 1,4 관계에 두 치환기를 가진다.

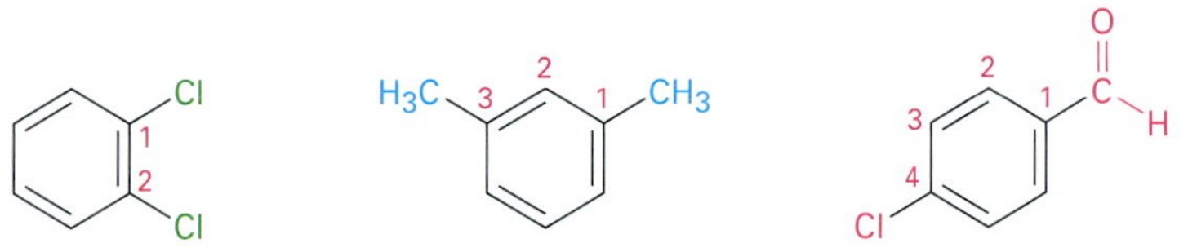

오쏘-다이클로로벤젠
1,2 이치환

메타-다이메틸벤젠
(메타-자일렌)
1,3 이치환

파라-클로로벤즈알데하이드
1,4 이치환

사이클로알케인(2.7절)에서와 같이 치환기를 2개 이상 가진 벤젠은 치환기의 접점 탄소를 1번으로 하고 둘째 치환기가 가능한 낮은 번호가 되도록 고리의 치환기에 번호를 매긴다. 이름을 쓸 때 알파벳 순서로 치환기를 나열한다.

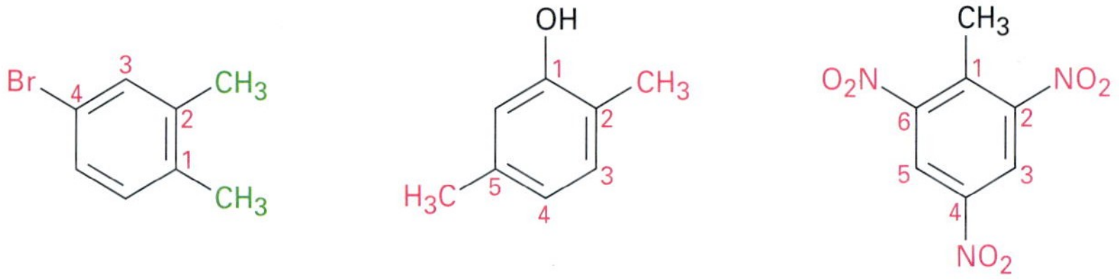

4-브로모-1,2-다이메틸벤젠

2,5-다이메틸페놀

2,4,6-트라이나이트로톨루엔(TNT)

두 번째와 세 번째 예에서는 -페놀과 -톨루엔이 -벤젠 대신 모체명으로서 사용된 점에 유의하라. 표 5.1에 있는 일치환 방향족 화합물 어느 것이든지 모체명으로 사용될 수 있으며 주 치환기(예컨대, 페놀에서 $-OH$와 톨루엔의 $-CH_3$)가 있는 탄소를 1번이라 한다.

예문 5.1 방향족 화합물 명명하기

다음 화합물의 IUPAC 명은 무엇인가?

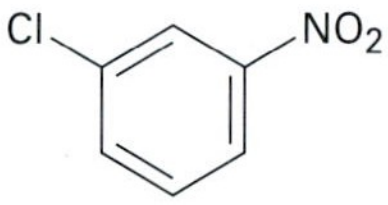

해답 나이트로기($-NO_2$)와 염소기가 탄소 1과 3에 있으므로 메타 관계이다. 알파벳 순으로 두 치환기를 열거하면 IUPAC 명인 *m*-클로로나이트로벤젠이 된다.

문제 5.2 다음 화합물들이 오쏘, 메타, 또는 파라 이치환기인지 말하라.

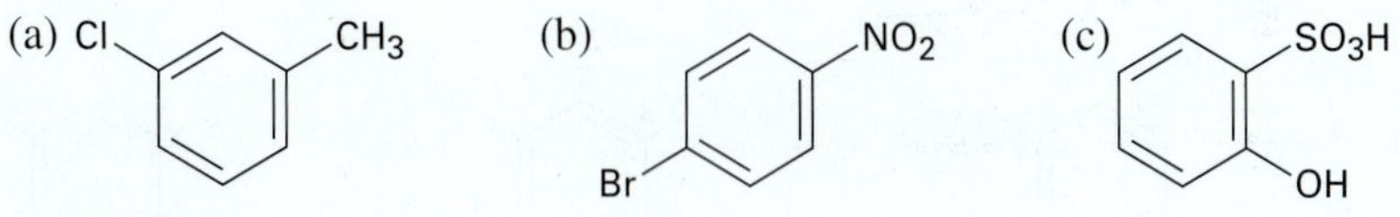

(a) Cl, CH_3 (b) NO_2, Br (c) SO_3H, OH

문제 5.3 다음 화합물의 IUPAC 명을 써라.

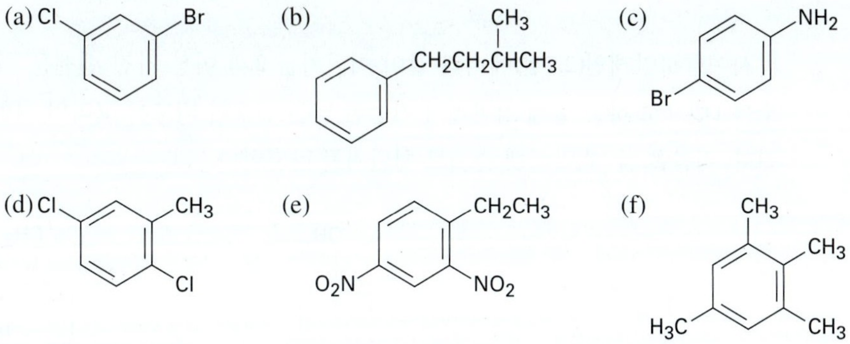

(a) Cl, Br (b) CH_3, $CH_2CH_2CHCH_3$ (c) NH_2, Br

(d) Cl, CH_3, Cl (e) CH_2CH_3, O_2N, NO_2 (f) CH_3, CH_3, H_3C, CH_3

문제 5.4 다음 IUPAC 명에 해당하는 구조를 그려라.

(a) *p*-브로모클로로벤젠 (b) *p*-브로모톨루엔

(c) *m*-클로로아닐린 (d) 1-클로로-3,5-다이메틸벤젠

5.3 친전자성 방향족 치환 반응: 브로민화반응

방향족 화합물의 가장 보편적인 반응은 **친전자성 방향족 치환반응**(electrophilic aromatic substitution)이다. 즉, 전자부족 시약(친전자체, E^+)이 전자풍부 방향족 고리(친핵체)와 반응하여 고리 수소의 1개를 치환한다.

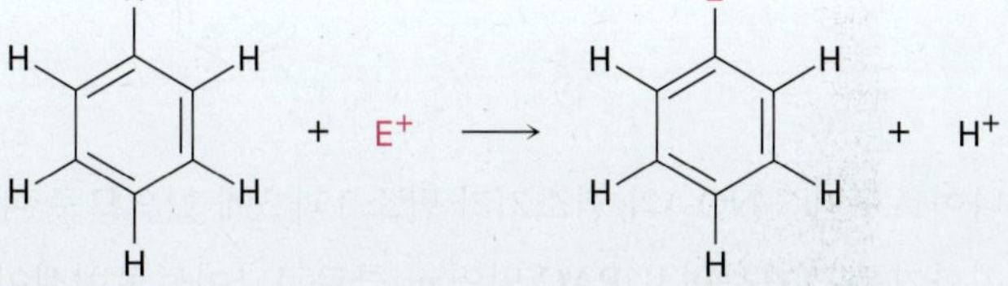

H, H, H, H, H, H + E^+ ⟶ E, H, H, H, H, H + H^+

친전자성 치환반응으로 여러 가지 다른 치환기를 방향족 고리에 도입할 수 있다. 몇 가지 가능성을 나열하면, 방향족 고리는 할로젠(−Cl, −Br, −I), 나이트로기(−NO_2), 설폰산기(−SO_3H), 알킬기(−R), 아실기(−COR)로써 치환될 수 있다. 2~3개의 간단한 물질로 출발하여 수천 개의 치환된 방향족 화합물을 합성할 수 있다(그림 5.2).

이러한 친전자성 치환 반응이 어떻게 일어나는지 보기 전에, 3.7절과 3.8절에서 알켄의

그림 5.2 몇 가지 친전자성 치환 반응

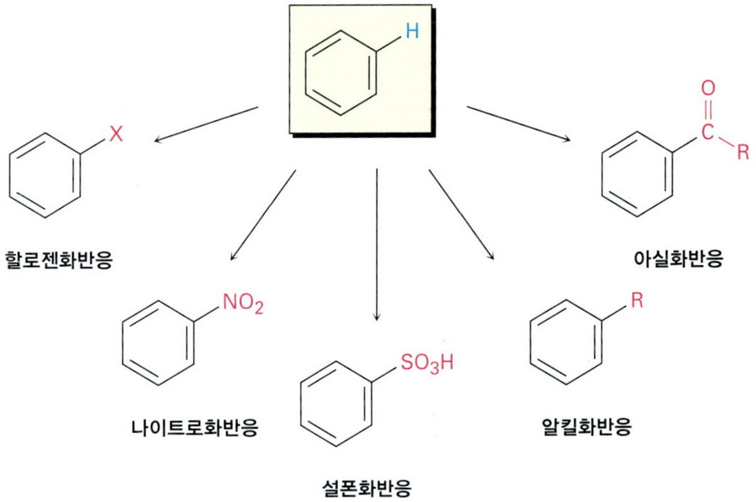

친전자성 첨가 반응에 대해 이야기한 것을 잠시 회상하기로 하자. HCl과 같은 시약이 알켄에 첨가될 때, 친전자성 H^+가 이중 결합의 π 전자에 접근하여 탄소 하나에 결합을 형성하고 다른 탄소에 양전하를 띠게 한다. 카보양이온 중간체는 곧 친핵체인 Cl^-의 공격을 받고 첨가 생성물을 생성한다.

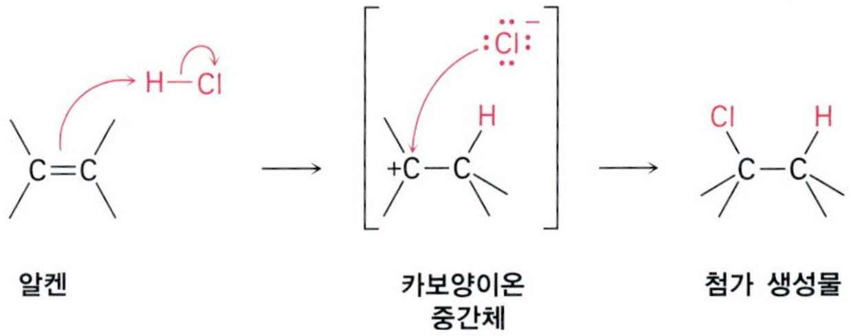

친전자성 방향족 치환 반응도 유사한 방법으로 시작하나 몇 가지 다른 점이 있다. 그 하나의 차이점은 방향족 고리는 알켄보다 친전자체에 대한 반응성이 작다는 것이다. 예를 들면, CH_2Cl_2 용액 중의 Br_2는 대부분의 알켄과 순간적으로 반응하나 상온에서 벤젠과는 반응하지 않는다. 벤젠의 브로민화반응이 일어나려면 $FeBr_3$와 같은 촉매가 필요하다. 촉매가 $FeBr_4^-$와 Br^+를 만들어 Br_2 분자를 더 친전자성이 되게 한다. 친전자성인 Br^+는 전자풍부(친핵성) 벤젠 고리와 반응하여 비방향족 카보양이온 중간체를 생성한다. 이 카보양이온은 이중으로 알릴성(4.9절)이며 3개의 공명 구조의 혼성체이다.

$$Br{-}Br \;+\; FeBr_3 \longrightarrow Br^+\ {}^-FeBr_4$$

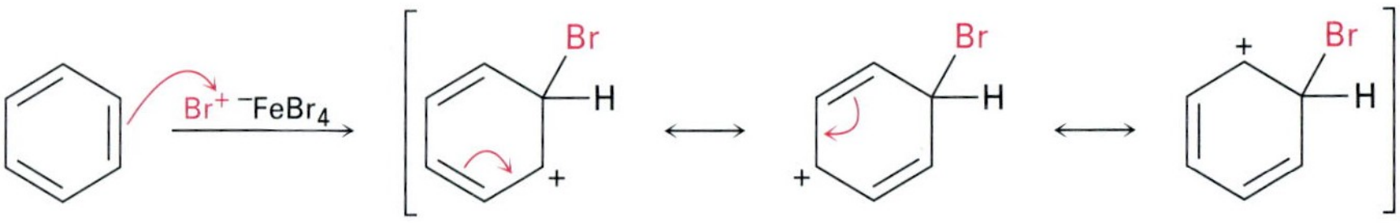

공명 때문에 전형적인 비알릴성 카보양이온보다 더 안정하기는 하나 친전자성 방향족 치환반응에서의 중간체는 출발물질인 방향족 화합물보다 훨씬 안정성이 작다. 따라서 벤젠 고리와 친전자체의 반응은 비교적 높은 활성화 에너지를 가지며 꽤 느리다.

알켄의 첨가 반응과 방향족 치환 반응의 두 번째 차이점은 친전자체가 벤젠 고리에 첨가되어 카보양이온 중간체가 형성된 후에 일어난다. 카보양이온 중간체에 Br^-가 첨가되어 첨가 생성물이 생성되는 대신 염기가 브로민 원자를 갖고 있는 탄소로부터 H^+를 떼어내어 중성인 방향족 치환 생성물을 생성하는 것이다. 순 효과는 그림 5.3에 나타낸 전체 반응 메커니즘에 따라 H^+를 Br^+로 치환하는 것이다.

왜 Br_2의 벤젠과의 반응이 알켄과의 반응과 다른 경로를 취하는가? 이에 대한 답은 간단하다. 즉, 바로 **첨가반응**이 일어나면 방향족 고리의 안정성을 잃어 에너지를 흡수하게 되므로 전체 반응은 불리하게 될 것이다. 그러나 **치환반응**이 일어나면 방향족 고리의 안정성이 유지되고 에너지는 방출되어 반응은 유리하게 된다. 전체 반응에 대한 반응 에너지 그림이 그림 5.4에 나타나 있다.

문제 5.5 톨루엔(메틸벤젠)의 Br_2와의 반응에서 3가지 생성물이 생길 수 있는데 그들을 그리고 명명하라.

메커니즘

그림 5.3 벤젠의 친전자성 브로민화반응 메커니즘. 반응은 두 단계로 일어나며 카보양이온 중간체를 포함한다.

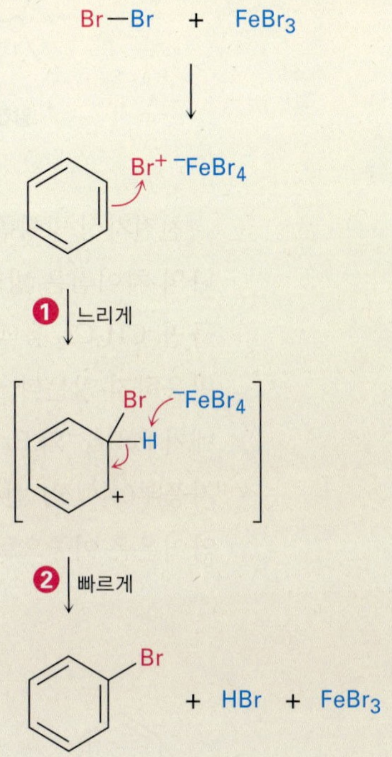

Br—Br + $FeBr_3$

↓

Br^+ $^-FeBr_4$

❶ 벤젠으로부터 전자쌍이 Br_2를 공격하여 새로운 C−Br 결합을 형성하고 비방향족성 카보양이온 중간체를 만든다.

❶ ↓ 느리게

[Br, H, +, $^-FeBr_4$]

❷ 카보양이온 중간체는 H^+를 잃고 중성인 치환 생성물은 C−H 결합으로부터 2개의 전자가 떠나 방향족 고리를 다시 만들 때 형성된다.

❷ ↓ 빠르게

Br + HBr + $FeBr_3$

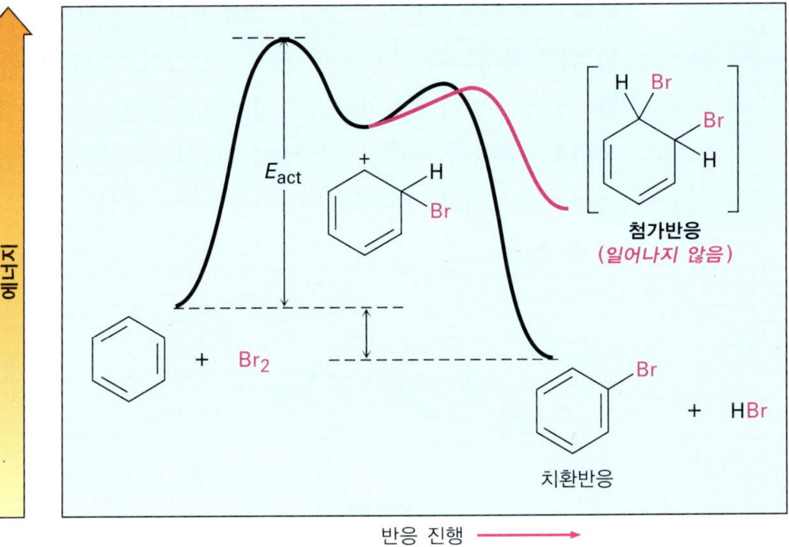

그림 5.4 벤젠의 친전자성 브로민화반응에 대한 에너지 그림. 반응은 두 단계로 일어나고 에너지를 방출한다.

5.4 다른 친전자성 방향족 치환 반응

다른 많은 친전자성 방향족 치환반응이 브로민화반응과 같은 일반적인 메커니즘으로 일어난다. 간단히 몇 가지를 살펴보자.

염소화반응과 아이오딘화반응

방향족 고리는 Br_2와 $FeBr_3$가 반응하여 브로모벤젠을 생성하는 것과 똑같이 $FeCl_3$ 촉매의 존재 하에서 Cl_2와의 반응으로 클로로벤젠을 생성한다. 이런 종류의 반응은 크라리틴으로 시판되는 항알레르기 치료약인 로라타딘(loratadine)을 포함해서 수많은 의약품을 합성하는 데 쓰인다.

벤젠 + Cl_2 $\xrightarrow[\text{촉매}]{FeCl_3}$ 클로로벤젠(86%) + HCl

로라타딘

친전자성 방향족 할로젠화반응은 또한 많은 천연에서 나는 분자, 특히 해양물 조직에 의해 생성되는 것들의 생물학적 합성에서 일어난다. 인간에게 가장 잘 알려진 예는 성장과 대사 과정을 조절하는 데 관련된 갑상선 호르몬인 싸이락신(thyroxine)의 생합성 중 갑상선에서 일어난다. 아미노산인 타이로신(tyrosine)은 갑상선 과산화 효소에 의해 먼저 아이오딘화된 후 아이오딘화된 타이로신 분자 2개가 짝을 이룬다. 친전자 아이오딘화 인자는 아이오딘화 이온이 H_2O_2로 산화되어 생성된 I^+종, 아마도 하이포아이오드산(HIO)일 것이다.

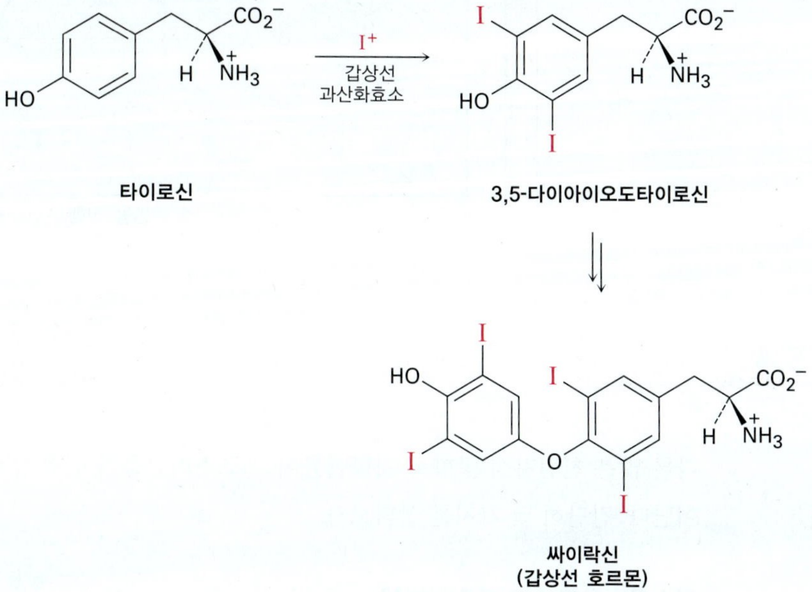

CO_2^- HO H $\overset{+}{N}H_3$ — I^+, 갑상선 과산화효소 → I CO_2^- HO I H $\overset{+}{N}H_3$

타이로신 3,5-다이아이오도타이로신

⇓

I HO I I O I CO_2^- H $\overset{+}{N}H_3$

싸이락신
(갑상선 호르몬)

나이트로화반응

방향족 고리는 진한 질산과 황산의 혼합물과의 반응으로 나이트로화된다. 친전자체는 나이트로늄 이온, NO_2^+이며 HNO_3와 H^+의 반응 후에 물을 잃으며 Br^+가 반응하는 것과 동일한 방법으로 벤젠과 반응한다.

방향족 나이트로화반응은 천연에서 일어나지 않으나 실험실에서 특히 중요하다. 왜냐하면 나이트로-치환된 화합물은 철, 주석, 또는 $SnCl_2$와 같은 시약에 의해 환원될 수 있어서 아미노-치환된 생성물이나 아릴아민(arylamine), $ArNH_2$을 생성하기 때문이다. 2단계 나이토로화/환원 경로에 의해 방향족 고리에 아미노기를 붙이는 것은 많은 염료와 약품의 공업적 합성에서 핵심적인 부분이다.

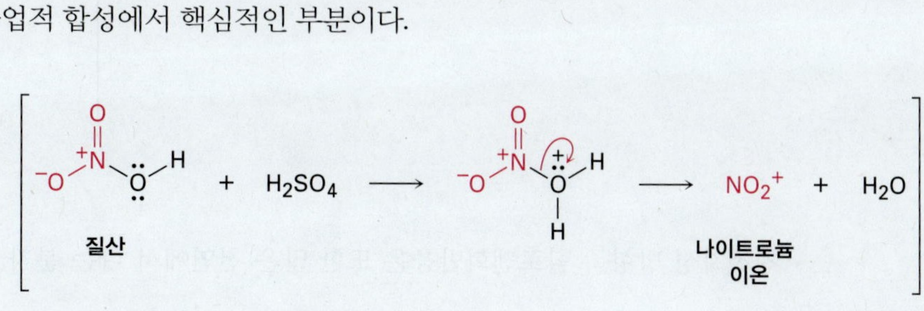

질산 + H_2SO_4 ⟶ ⟶ NO_2^+ + H_2O

나이트로늄 이온

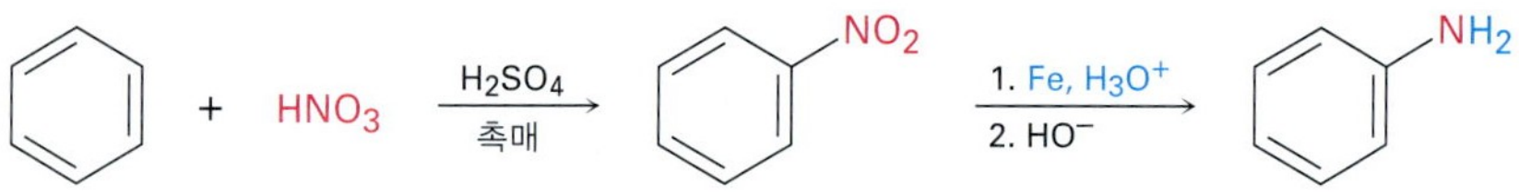

벤젠 + HNO_3 —(H_2SO_4 촉매)→ 나이트로벤젠 (NO_2) —(1. Fe, H_3O^+ 2. HO^-)→ 아닐린(95%) (NH_2)

설폰화반응

방향족 고리는 SO_3와 H_2SO_4의 혼합물인 소위 발연 황산과의 반응으로 설폰화된다. 반응성 친전자체는 HSO_3^+이며, 치환은 브로민화반응에서 본 것과 같이 2단계 메커니즘으로 일어난다. 방향족 설폰화반응은 설파계 항생물질과 같은 화합물의 합성에 주요한 단계이다.

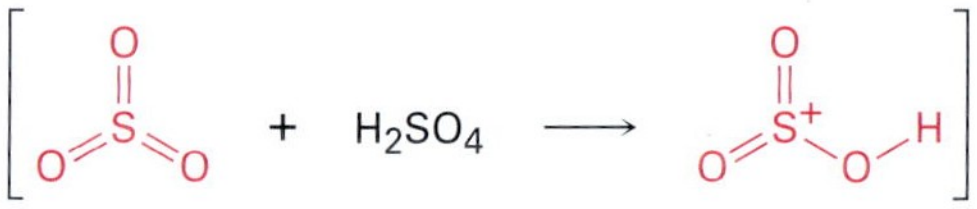

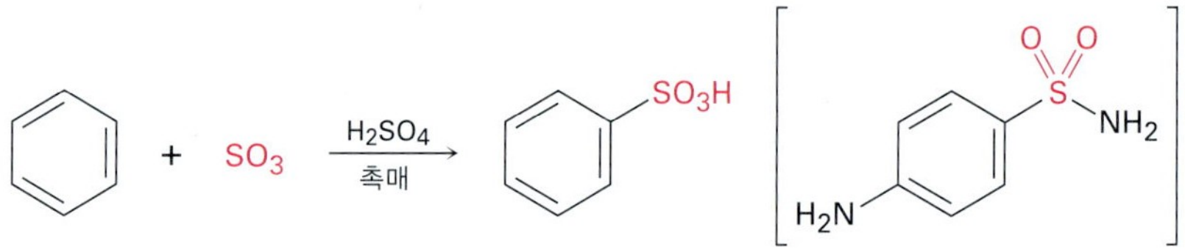

$$\left[SO_3 + H_2SO_4 \longrightarrow HOSO_2^+ \right]$$

벤젠 + SO_3 —(H_2SO_4 촉매)→ 벤젠설폰산 (SO_3H)

설파닐아마이드 (설파계 약) (H_2N–C_6H_4–SO_2NH_2)

예문 5.2 친전자성 방향족 치환 반응의 메커니즘 쓰기

발연 황산과 벤젠이 반응하여 벤젠설폰산이 생성되는 반응 메커니즘을 보여라.

풀이 벤젠이 발연 황산과 반응하여 벤젠설폰산이 생성되는 반응은 전형적인 친전자성 치환 반응이며 똑같은 2단계 메커니즘으로 일어난다. 먼저 친전자체가 방향족 고리에 첨가되고 H^+를 곧 잃는다. 설폰화반응에서 친전자체는 HSO_3^+이다.

해답

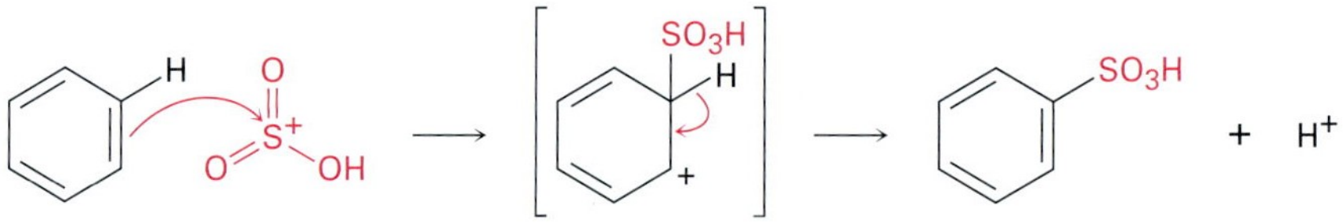

벤젠 + $O=S^+(=O)-OH$ ⟶ [카보양이온 중간체 (SO_3H, H, +)] ⟶ 벤젠설폰산 (SO_3H) + H^+

카보양이온 중간체

문제 5.6 벤젠이 질산 및 황산과 반응하여 나이트로벤젠이 생기는 메커니즘을 나타내라.

문제 5.7 *o*-자일렌(*o*-다이메틸벤젠)의 염소화로 2가지 생성물의 혼합물이 생기나 *p*-자일렌의 염소화로부터는 단일 생성물이 생긴다. 설명하라.

문제 5.8 *m*-자일렌의 염소화로 몇 개의 생성물이 생성되는가?

5.5 Friedel–Crafts 알킬화 및 아실화 반응

가장 유용한 친전자성 치환 반응 중 하나는 벤젠 고리 위에 알킬기를 도입하는 알킬화 반응이다. 발견자의 이름을 따라 이 과정을 **Friedel–Crafts 알킬화 반응**(Friedel–Crafts alkylation reaction)이라 부르는데, 방향족 고리에 염화 알킬, RCl을 $AlCl_3$ 촉매 존재 하에 반응시키면 카보양이온 친전자체, R^+가 생성된다. Friedel–Crafts 알킬화 반응은 친전자체가 카보양이온, R^+인 방향족 치환 반응이다. 염화 알루미늄은 $FeBr_3$가 Br_2의 이온화를 도와 방향족 브로민화를 돕는 것과 같은 방법(5.3절)으로 할로젠화 알킬이 이온화하도록 도우면서 반응을 촉매작용을 한다. 그런 후 H^+을 잃고 반응은 완결된다(5.5절 참조).

비록 유용하지만 Friedel–Crafts 알킬화 반응에 몇 가지 한계점이 있다. 한 가지는 할로젠화 알킬만이 이용될 수 있으며 클로로벤젠과 같은 방향족 (아릴) 할로젠화물은 반응하지 않는다는 점이다. 그 외에 Friedel–Crafts 반응은 $-NO_2$, $-C{\equiv}N$, $-SO_3H$, 또는 $-COR$과 같은 기로 이미 치환된 방향족 고리에서는 성공하지 못한다. 그와 같은 방향족 고리는 다음 두 절에서 논의하게 될 이유로 인하여 벤젠보다 훨씬 반응성이 떨어지기 때문이다.

Friedel–Crafts 알킬화 반응에 매우 밀접한 반응으로 **Friedel–Crafts 아실화 반응**(Friedel–Crafts acylation reaction)이 있다. 방향족 화합물을 $AlCl_3$ 존재 하에서 염화 카복실산, RCOCl으로 처리할 때 **아실[acyl(a-sil)]기**(R—C=O)가 고리에 도입된다. 예를 들면, 벤젠과 염화 아세틸과의 반응으로부터 케톤인 아세토페논이 생긴다.

$$\text{C}_6\text{H}_6 + \text{H}_3\text{C}-\underset{}{\overset{\displaystyle O}{\overset{\|}{C}}}-\text{Cl} \xrightarrow[80\ ^\circ\text{C}]{AlCl_3} \text{C}_6\text{H}_5-\overset{\displaystyle O}{\overset{\|}{C}}-\text{CH}_3$$

벤젠 염화 아세틸 아세토페논(95%)

문제 5.9 다음 화합물과 클로로에테인 및 $AlCl_3$의 반응으로부터 어떤 생성물을 얻을 수 있다고 예상하는가?

(a) 벤젠 (b) *p*-자일렌

메커니즘

그림 5.5 Friedel–Crafts 알킬화 반응의 메커니즘. 친전자체는 카보양이온인데 염화 알킬이 $AlCl_3$의 도움을 받은 이온화로 생성된다.

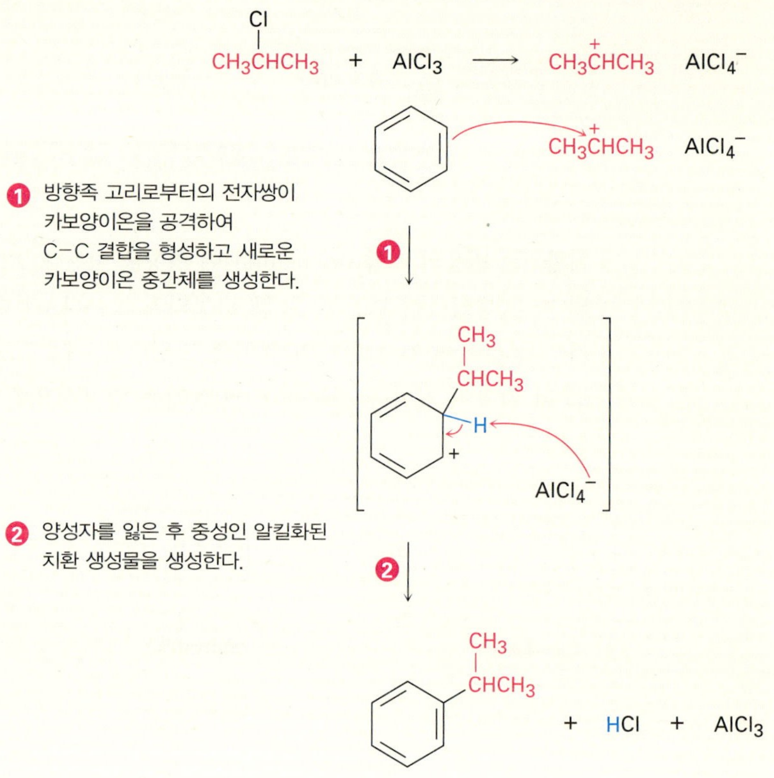

문제 5.10 벤젠과 다음의 시약과의 반응으로부터 어떤 생성물을 얻을 수 있다고 예상하는가?

(a) $(CH_3)_3CCl$, $AlCl_3$ (b) CH_3CH_2COCl, $AlCl_3$

5.6 친전자성 방향족 치환반응에서의 치환기 효과

친전자성 치환이 벤젠에서 일어날 때 단 한 가지 생성물이 형성될 수 있다. 그러나 이미 치환기 하나를 가진 고리에 친전자성 치환반응을 시키면 어떻게 될까? 방향족 고리에 이미 존재하는 치환기는 두 가지 효과를 나타낸다.

- **치환기는 방향족 고리의 반응성에 영향을 미친다.** 어떤 기들은 더 친전자성 치환을 하도록 벤젠보다 고리를 활성화시키고, 어떤 것들은 벤젠보다 활성을 떨어뜨린다. 예를 들면, –OH기는 페놀(하이드록시벤젠)을 나이트로화시키는 데 벤젠보다 1000배나 더 반응성이 크도록 한다. 그러나 $-NO_2$기는 고리의 활성을 감소시켜 나이트로벤젠은 벤젠보다 반응성이 1000만 배나 작다.

	NO_2	Cl	H	OH
상대적인 나이트로화 속도	6×10^{-8}	0.033	1	1000

반응성 →

- **치환기는 반응의 지향(orientation)에 영향을 미친다.** 3가지 가능한 이치환기 오쏘, 메타 및 파라 생성물이 보통 같은 양 생성되지 않는다. 그 대신, 고리에 이미 존재하는 치환기의 성질이 둘째 치환기의 위치를 결정한다. 예를 들면, −OH기는 오쏘와 파라 위치로 더 치환이 일어나도록 하나 −CN기는 일차적으로 메타 위치로 치환이 일어나도록 한다.

페놀 $\xrightarrow[H_2SO_4,\ 25\ °C]{HNO_3}$ 오쏘(50%) + 파라(50%) + 메타(0%)

벤조나이트릴 $\xrightarrow[H_2SO_4,\ 25\ °C]{HNO_3}$ 메타(81%) + 오쏘(17%) + 파라(2%)

치환기는 그림 5.6에 나타난 것과 같이 메타 지향 활성 감소제, 오쏘의 파라 지향 활성 감소제 및 오쏘와 파라 지향 활성제의 세 군으로 분류할 수 있다.

메타 지향 활성제는 알려져 있지 않다. 기들의 지향효과와 그들 반응성과의 상관관계

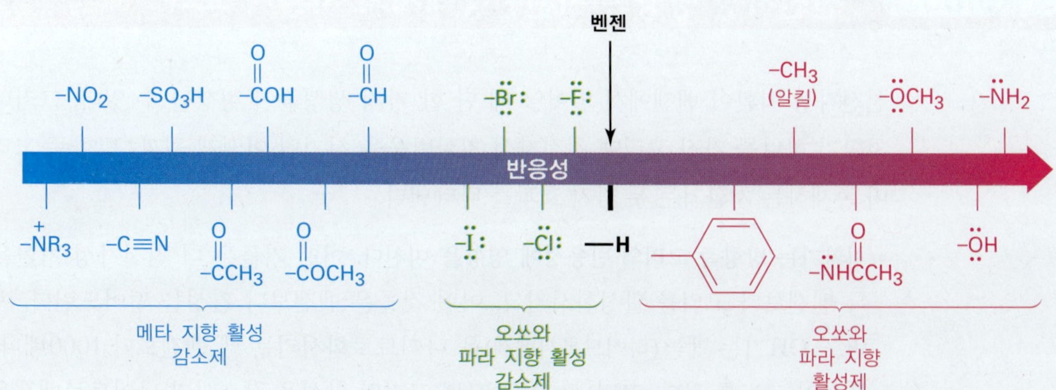

그림 5.6 친전자성 방향족 치환반응에서의 치환기 효과. 모든 활성기들은 오쏘와 파라 지향기이며 모든 활성 감소기들은 할로젠을 제외하고 메타 지향기이다. 할로젠은 오쏘와 파라 지향이면서 유일한 활성 감소제이다.

를 주목하라. 모든 메타 지향기는 활성 감소제이며 할로젠 외의 모든 오쏘와 파라 지향기들은 활성제이다. 할로젠은 유일하게 오쏘 및 파라 지향기이며 활성 감소제이다.

예문 5.3 친전자성 방향족 치환 반응에서 상대적 반응성 예측하기

클로로벤젠이나 에틸벤젠의 친전자성 방향족 치환 반응에서 어느 것이 더 빠르게 반응하겠는가? 이유를 설명하라.

풀이 그림 5.6을 보고 염소기와 알킬기의 상대적 반응성을 비교해 보라.

해답 염소 치환기는 활성을 감소시키나 알킬기는 활성화시킨다. 따라서 에틸벤젠은 클로로벤젠보다 반응성이 더 크다.

문제 5.11 그림 5.6을 이용해서 다음 치환기를 가진 화합물들을 친전자성 치환반응에서의 반응성 크기 순서로 나열하라.

(a) 나이트로벤젠, 페놀(하이드록시벤젠), 톨루엔

(b) 페놀, 벤젠, 클로로벤젠, 벤조산

(c) 벤젠, 브로모벤젠, 벤즈알데하이드, 아닐린(아미노벤젠)

문제 5.12 다음 물질을 Cl_2 및 $FeCl_3$와 반응시켜 생성되는 생성물을 그리고 명명하라(파란색 = N, 적갈색 = Br).

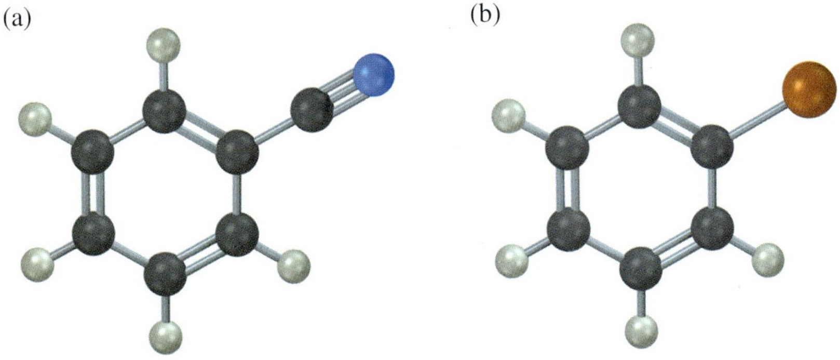

5.7 치환기 효과에 대한 설명

우리는 앞 절에서 치환기가 방향족 고리의 반응성과 방향족 치환반응의 지향에 영향을 미치는 것을 배웠다. 이들 원인을 나누어 살펴보자.

방향족 고리에서 활성화 및 활성화 감소 효과

무엇이 치환기로 하여금 반응을 활성화시키고 활성을 감소시키도록 하는가? 모든 활성화기의 공통적인 특징은 그들이 고리 위에 전자를 내준다는 것이다. 그 결과 고리를 더 전자 풍부하게 만들어 카보양이온 중간체는 더욱 안정하게 될 것이고 그것의 형성에 대한 활성화 에너지는 낮아질 것이다. 역으로, 모든 불활성기들의 공통적인 특징은 고리로부터 전자를 끌어당겨 고리를 전자부족 상태로 만들고, 카보양이온 중간체의 안정도를 감소시키며, 중간체 생성에 대한 활성화 에너지를 올리는 것이다.

예를 들어, 벤즈알데하이드(활성을 감소시킴), 클로로벤젠(약하게 활성을 감소시킴) 및 페놀(활성화)의 정전기 퍼텐셜 지도를 벤젠의 그것과 비교해 보자. 고리는 $-CHO$ 또는 $-Cl$과 같은 전자-끄는 기가 존재할 때 더 양(노란색)이고 $-OH$와 같은 전자-주는 기가 존재할 때는 더 음(붉은색)이다.

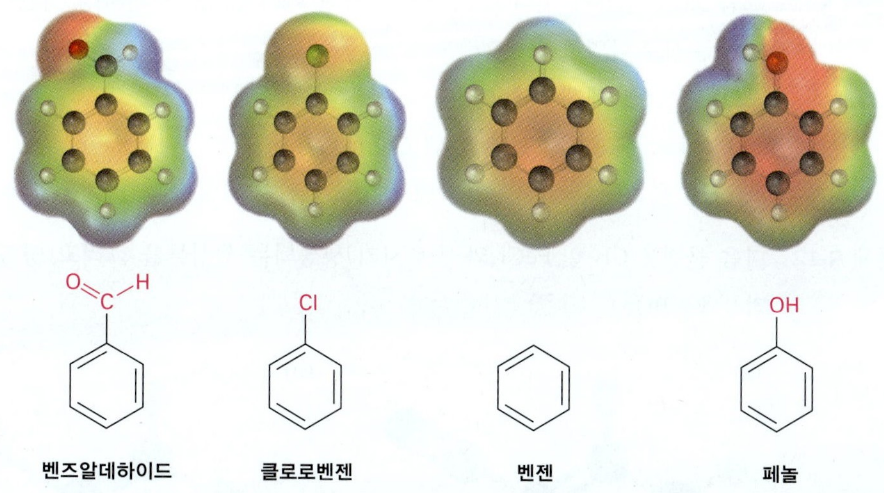

전자 주기나 끌기는 유발 효과(1.9절)나 공명 효과(4.10절)로 인하여 일어난다. 유발 효과는 고리와 붙어 있는 치환기 사이의 전기음성도 차이에 기인되어 σ 결합을 통한 전자의 끌기나 주기인 반면, 공명 효과는 방향족 고리의 p 궤도함수와 치환기의 p 궤도함수 사이의 겹침에 기인되어 π 결합을 통한 전자의 주기나 끌기이다.

방향족 고리의 지향 효과: 오쏘 및 파라 지향기

어떻게 오쏘 및 파라 지향기가 작동하는지의 예로서 페놀의 나이트로화반응을 살펴보기로 하자. 첫째 단계에서, 친전자체, 나이트로늄 이온(NO_2^+)과의 반응이 $-OH$기의 오쏘, 메타, 또는 파라에서 일어나 그림 5.7에 나타낸 카보양이온 중간체를 생성할 수 있다. 오쏘와 파라 중간체가 메타 중간체보다 더 안정한데, 그 이유는 그것들이 공명 구조를 더 많이 가지며 그 중 하나는 양전하가 치환기 산소 원자가 주는 전자에 의해 안정화되기 때문

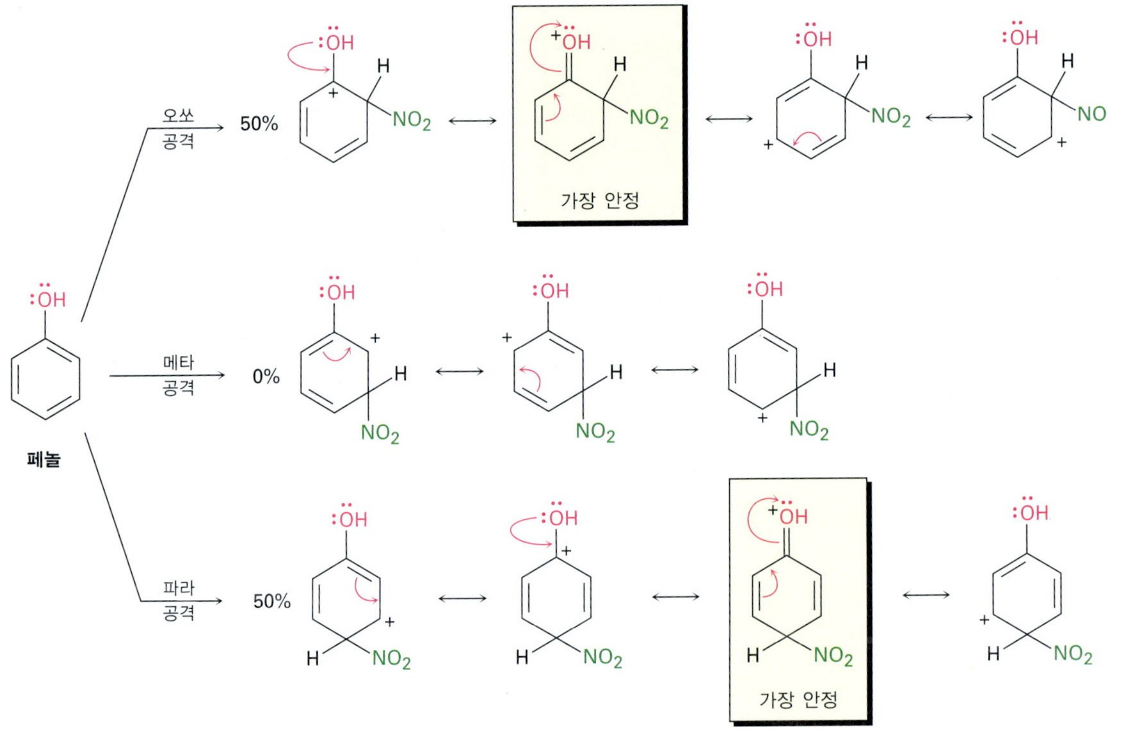

그림 5.7 페놀의 나이트로화반응에서 생긴 카보양이온 중간체. 오쏘와 파라 중간체가 메타 중간체보다 더 안정한데, 그 이유는 그들의 산소 원자가 주는 전자를 포함하는 구조를 포함해서 더 많은 공명 구조를 가지기 때문이다.

이다. 오쏘와 파라 중간체가 메타 중간체보다 더 안정하므로 더 빠르게 형성된다.

일반적으로 방향족 고리에 직접 결합된 원자 위에 고립 전자쌍을 가지는 어떠한 치환기이든 전자 주기 공명이 일어나 오쏘 및 파라 지향기로 작용한다.

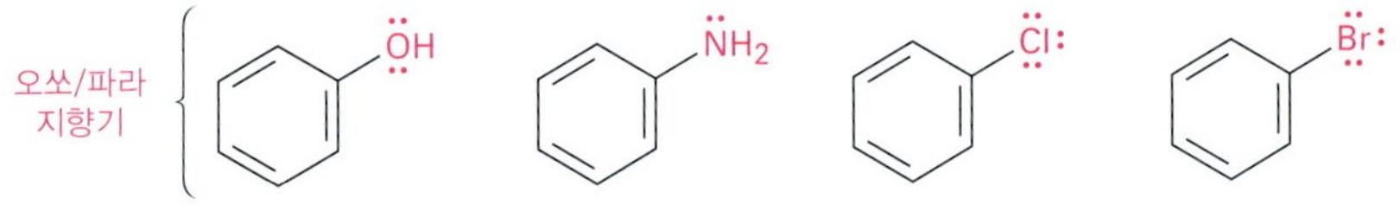

방향족 고리의 지향 효과: 메타 지향기

메타 지향 치환기의 영향은 오쏘와 파라 지향기에서와 같은 논리로 설명할 수 있다. 예를 들면, 벤즈알데하이드의 염소화를 살펴보기로 하자(그림 5.8). 3개의 가능한 카보양이온 중간체 중 메타 중간체는 3개의 유리한 공명 구조를 갖는 반면에, 오쏘와 파라 중간체들은 단지 2개의 유리한 구조만 가진다. 오쏘와 파라 중간체에서 세 번째의 가능한 중간체는 양전하가 알데하이드기를 가지는 탄소에 직접 놓여 있어 C=O기의 양으로 편극화된 탄소 원자와 반발하므로 불리하게 된다. 따라서 메타 중간체는 더 유리해지고 오쏘와 파라 중간체보다 더 빠르게 형성된다.

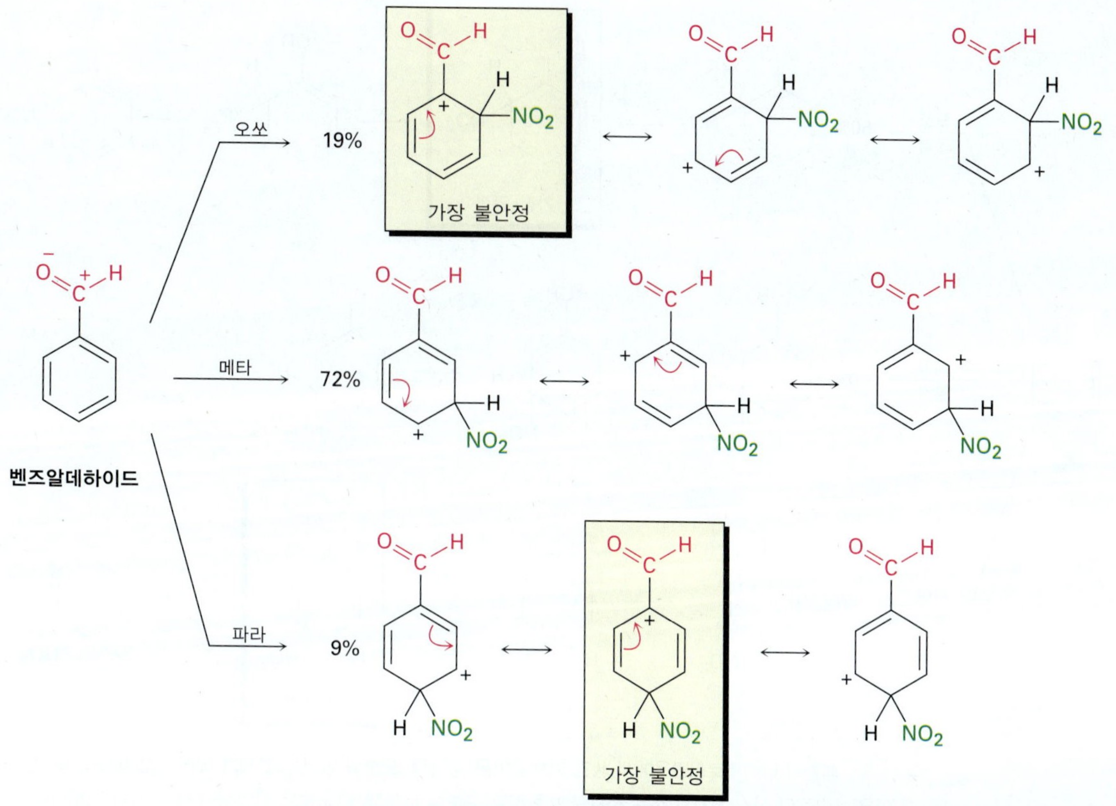

그림 5.8 벤즈알데하이드의 니트로화에서 중간체. 메타 중간체가 오쏘와 파라 중간체보다 더 유리한데, 그 이유는 유리한 중간체 공명 구조가 2개가 아니라 3개이기 때문이다.

일반적으로 고리에 직접 붙어 있는 양으로 편극화된 원자($\delta+$)를 가지는 어떤 치환기든지 오쏘와 파라 중간체의 공명 구조를 불리하게 하여 메타 지향기로 작용하게 한다.

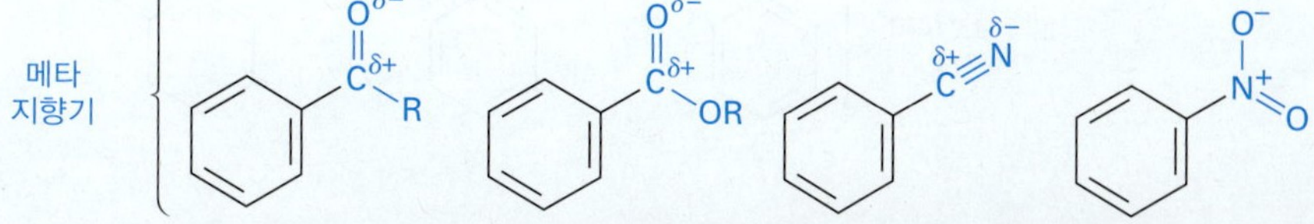

예문 5.4 친전자성 방향족 치환 반응의 생성물 예측하기

아닐린, $C_6H_5NH_2$을 브로민화반응시키면 어떤 생성물이 생기는가?

풀이 그림 5.6을 보고 $-NH_2$ 치환기가 오쏘와 파라 지향성 또는 메타 지향성인지 알아본다. 아미노기가 질소에 고립 전자쌍 1개를 가져 오쏘와 파라 지향성이므로 *o*-브로모아닐린과 *p*-브로모아닐린의 혼합물이 생길 것이다.

해답

아닐린 $\xrightarrow{Br_2}$ *o*-브로모아닐린 + *p*-브로모아닐린

문제 5.13 다음 화합물의 설폰화반응으로 어떤 생성물이 얻어지는가?

(a) 나이트로벤젠 (b) 브로모벤젠 (c) 톨루엔

(d) 벤조산 (e) 벤조나이트릴

문제 5.14 메톡시기($-OCH_3$)가 어떻게 브로민화반응에서 오쏘와 파라로 지향하게 되는지 3개의 가능한 카보양이온 중간체의 공명 구조를 그려라.

문제 5.15 아세틸기, $CH_3C{=}O$가 어떻게 브로민화반응에서 메타 위치로 지향하게 되는지 3개의 가능한 카보양이온 중간체의 공명 구조를 그려라.

5.8 방향족 화합물의 산화 및 환원

벤젠 고리는 불포화되었음에도 불구하고 $KMnO_4$와 같은 센 산화제와 보통 반응하지 않는다. (4.6절에서 $KMnO_4$가 알켄의 C=C 결합을 쪼갠다는 것을 상기하라.) 그러나 방향족 고리에 붙어 있는 알킬기는 쉽게 산화제에 의해 공격을 받아 카복실기($-CO_2H$)로 변환된다. 예를 들면, 뷰틸벤젠은 $KMnO_4$로 산화되어 벤조산이 된다. 이 반응의 메커니즘은 복잡하며 방향족 고리의 이웃 위치에 있는 C−H 결사슬[**벤질성 위치**(benzylic position)]을 공격하므로 라디칼 중간체가 생기리라고 본다.

$$C_6H_5CH_2CH_2CH_2CH_3 \xrightarrow[H_2O]{KMnO_4} C_6H_5COOH$$

뷰틸벤젠 벤조산(85%)

유사한 산화가 여러 생물학적 경로에서 일어난다. 예를 들면, 뇌신경전달물질인 놀에핀프린(norephinephrine)은 벤질성 하이드록시화 반응에 의해 도파민(dopamine)으로부터 생합성된다. 이 과정은 구리-함유 도파민 β-단일산소화 효소(β-monooxygenase)에 의해 촉매화된다.

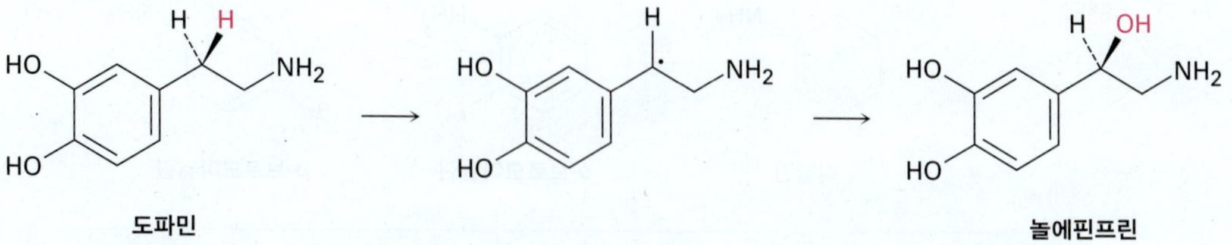

방향족 고리가 보통 산과 반응하지 않는 것처럼 전형적인 알켄 수소 첨가반응 조건 하의 환원에서도 반응하지 않는다. 높은 온도와 압력이 이용될 때만 방향족 고리의 환원이 일어난다. 예를 들면, *o*-다이메틸벤젠(*o*-자일렌)이 높은 압력 하에서 환원되면 1,2-다이메틸사이클로헥세인이 생성된다.

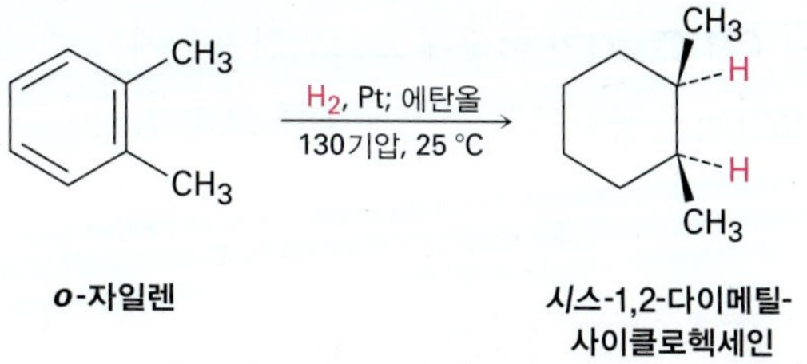

문제 5.16 다음 물질을 $KMnO_4$로 산화시키면 어떤 방향족 생성물이 얻어지는가?

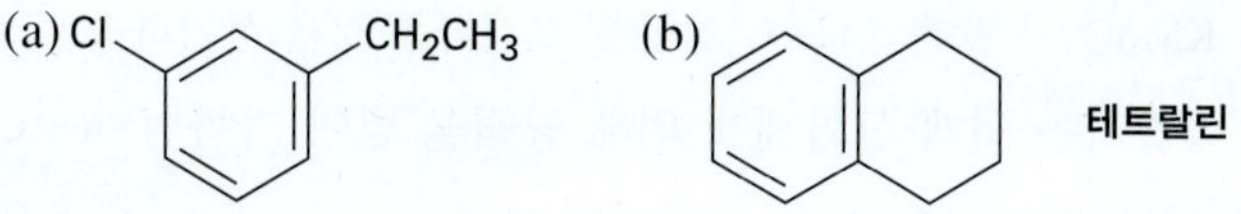

(a) Cl CH_2CH_3 (b) 테트랄린

5.9 다른 방향족 화합물

방향족의 개념—벤젠 같이 고리형 콘주게이션 분자에 존재하는 유별난 화학적 안정성—은 단순한 단일 고리 탄화수소를 넘어 확장될 수 있다. 예를 들면, 좀약으로 친숙하게 사용하고 있는 나프탈렌은 2개의 벤젠 같은 고리가 접합된 것이며 **여러고리 방향족 화합물**(polycylic aromatic compound)이다.

가장 유명한 여러 고리 방향족 화합물인 벤조[*a*]피렌은 굴뚝 검댕, 담배연기, 숯불로 구운 고기에서 발견되는 주요한 발암성(암-유발) 물질이다. 일단 체내에 들어오면, 벤조[*a*]피렌은 대사적으로 DNA에 결합되는 다이올 에폭시화물로 전환되며 그곳에서 돌연변이를 유발한다.

나프탈렌 벤조[a]피렌 다이올 에폭시화물

단일 고리와 여러 고리 방향족 화합물 외에 방향족 화합물의 얼마는 **헤테로고리**이다—고리 안에 둘 또는 그 이상의 원소를 가진 고리형 화합물. 여러 방향족 화합물에 탄소와 함께 발견되는 질소, 황 및 산소 등 모든 원자들이다. 예를 들면, 12장에서 질소-함유 헤테로고리인 피리딘, 피리미딘, 피롤 및 이미다졸이 탄화수소가 아니고 그들 중 2가지는 육각 고리(그림 5.9)가 아니고 오각 고리일지라도 방향족임을 보게 될 것이다. 그들은 모두 벤젠처럼 6개의 π 전자를 가진 고리형 콘주게이션된 배열을 한다. 피리딘과 피리미딘은 그들의 6개 고리 원자들의 각각에 π 전자 1개를 가진다. 피롤과 이미다졸은 4개의 고리 원자의 각각에 π 전자 1개와 N−H 질소에 추가로 π 전자 1개(고립 전자)를 가진다.

문제 5.17 나프탈렌에는 3개의 공명 구조가 있는데 한 가지만 나타내었다. 다른 2개를 그려라.

나프탈렌

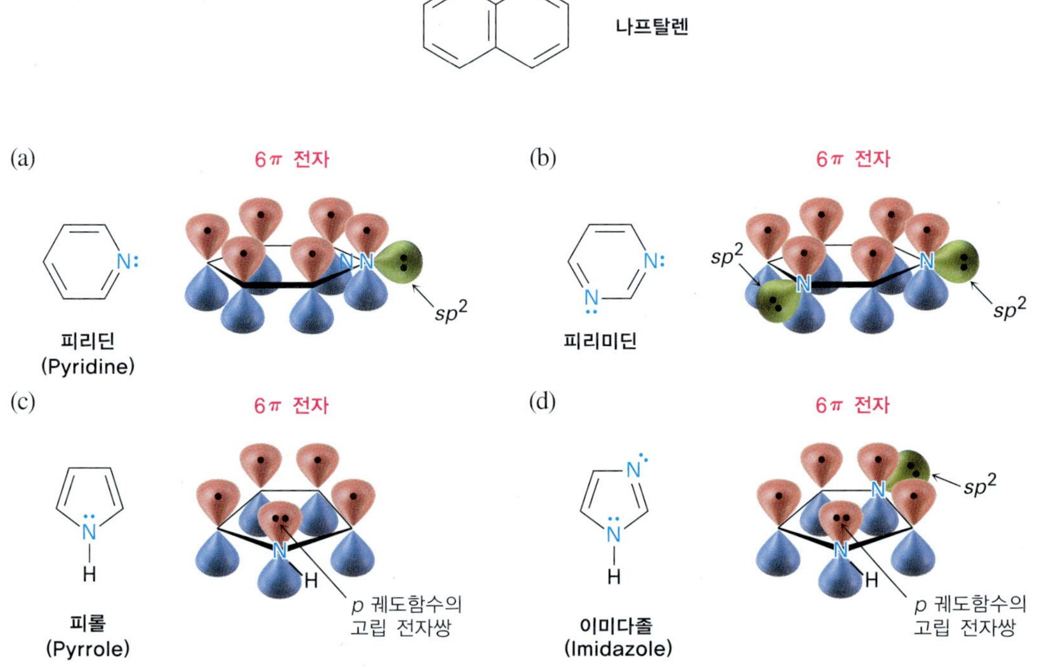

그림 5.9 질소-함유 화합물의 궤도함수 모양: (a) 피리딘, (b) 피리미딘, (c) 피롤, (d) 이미다졸. 모두 방향족인데 벤젠 같이 π 전자 6개를 가진 고리형 콘주게이션계이기 때문이다. 피리딘과 피리미딘은 6개의 고리 원자의 각각에 π 전자 1개를 가진다. 피롤과 이미다졸은 4개의 고리 원자의 각각에 π 전자 1개와 추가로 −NH 질소 위에 π 전자 2개(고립 전자)를 가진다.

5.10 유기합성

여러 가지 이유로 실험실에서 간단한 선물질로부터 유기 분자를 합성한다. 제약 산업계에서는 새 유기물질이 고안되고 합성되어 의약으로서 조사를 받는다. 화학 공업계에서는 기존 화합물에 대한 보다 경제적인 생산방법을 찾으려고 합성을 실행한다. 이 교재에서도 역시 보다 간단한 선물질로부터 복잡한 분자를 합성하는 방법에 대해 때때로 알아볼 것이다. 그러나 여기에서의 목적은 유기 화학을 배우는 여러분을 돕기 위한 것이다. 유기 분자의 합성 방법을 고안하려면 화학문제에 논리적 방법으로 접근하고, 유기 반응성에 관한 모든 지식을 동원하고, 그 지식을 실현할 수 있는 계획으로 체계화하는 것이 필요하다.

유기합성을 고안하는 단 하나의 기술은 **역으로 풀어 보는** 것이다. 생성물을 보고 그 생성물의 바로 전의 선물질이 무엇인지 자신에게 물어 보라. 바로 이전의 선물질을 찾은 후, 적당한 출발물질이 나타날 때까지 한 번에 한 단계씩 역으로 풀어 가라. 몇 가지 예를 시도해 보자.

예문 5.5 치환된 방향족 화합물 합성하기

벤젠에서 출발하여 *m*-클로로나이트로벤젠을 합성하라.

풀이 "*m*-클로로나이트로벤젠의 바로 앞 선물질이 무엇인가?"를 먼저 물으면서 역으로 풀어 보라.

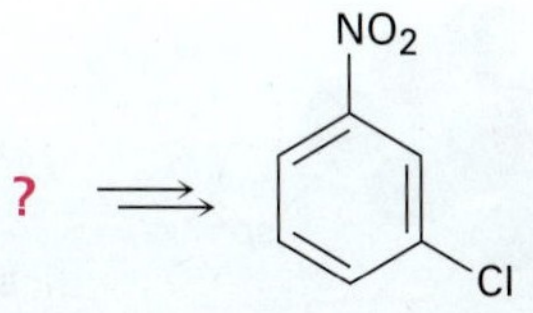

? ⟹ (NO_2, Cl 치환 벤젠 고리)

***m*-클로로나이트로벤젠**

고리에 2개의 치환기가 있는데, $-Cl$기는 오쏘 및 파라 지향성이고 $-NO_2$기는 메타 지향성이다. 우리는 틀린 이성질체(*o*- 및 *p*-클로로나이트로벤젠)가 생성되기 때문에 클로로벤젠을 나이트로화할 수 없지만, 나이트로벤젠을 염소화하면 원하는 생성물을 얻게 된다.

클로로벤젠 —(HNO_3, H_2SO_4)✕→ *m*-클로로나이트로벤젠

나이트로벤젠 —(Cl_2, $FeCl_3$)→ *m*-클로로나이트로벤젠

"나이트로벤젠의 바로 앞의 선물질은 무엇인가?" 벤젠으로서 나이트로화될 수 있다.

해답 두 단계로 문제를 풀 수 있다.

벤젠 —(HNO_3, H_2SO_4)→ 나이트로벤젠 —(Cl_2, $FeCl_3$)→ *m*-클로로나이트로벤젠

예문 5.6 치환된 방향족 화합물 합성하기

벤젠에서 출발하여 *p*-브로모벤조산을 합성하라.

풀이 "*p*-브로모벤조산의 바로 앞의 선물질은 무엇인가?" 하고 먼저 물으면서 역으로 풀어 보라.

? ⟹ *p*-브로모벤조산 (CO_2H, Br)

고리 위에 치환기 2개가 있는데, 하나는 메타 지향성인 $-CO_2H$기이고 다른 하나는 오쏘 및 파라 지향성인 $-Br$ 원자이다. 벤조산을 브로민화할 수 없는데 틀린 이성질체(*m*-브로모벤조산)가 생성되기 때문이다. 그러나 우리는 알킬벤젠의 곁사슬의 산화로부터 벤조산이 생성됨을 알고 있다. 따라서 우리의 목표 분자의 바로 앞의 선물질은 *p*-브로모톨루엔이 될 것이다.

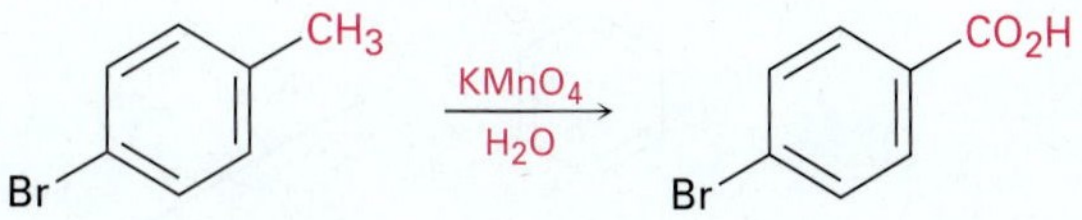

p-브로모톨루엔 —($KMnO_4$, H_2O)→ p-브로모벤조산

"p-브로모톨루엔의 바로 앞의 선물질은 무엇인가?" 메틸기는 오쏘 및 파라 위치를 브로민화시키기 때문에 아마도 톨루엔일 것이다. 이 두 이성질체는 분리하면 된다. 다른 방법으로, 브로모벤젠이 바로 앞의 선물질이 될 수 있는데 Friedel−Crafts 알킬화반응을 시키면 파라 생성물을 얻을 수 있기 때문이다. 둘 다 만족스런 방법이다.

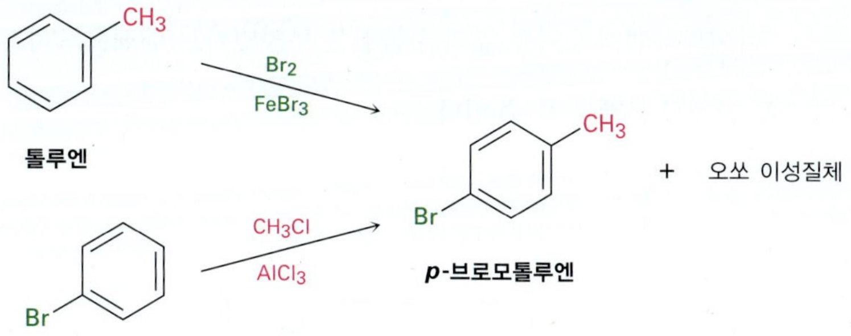

톨루엔 —(Br_2, $FeBr_3$)→ p-브로모톨루엔 + 오쏘 이성질체

브로모벤젠 —(CH_3Cl, $AlCl_3$)→ p-브로모톨루엔

"톨루엔의 바로 앞 선물질은 무엇인가?" 벤젠이 Friedel-Crafts 반응으로 메틸화될 수 있다.

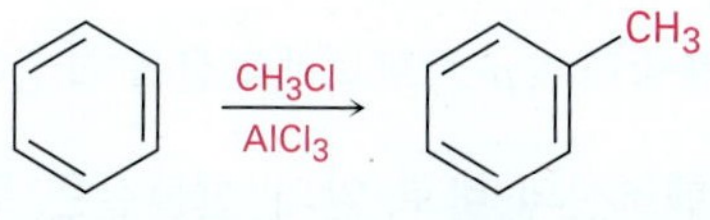

벤젠 —(CH_3Cl, $AlCl_3$)→ 톨루엔

"다른 방법으로, 브로모벤젠의 바로 앞 선물질은 무엇인가?" 벤젠을 브로민화시킬 수 있다.

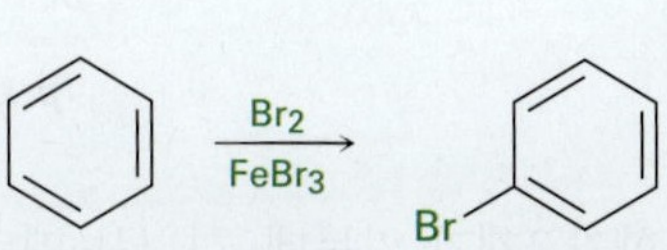

벤젠 —(Br_2, $FeBr_3$)→ 브로모벤젠

해답 역합성 분석의 결과 벤젠으로부터 p-브로모벤조산을 합성하는 데는 2가지 실현할 수 있는 방법이 있다.

벤젠 $\xrightarrow[FeBr_3]{Br_2}$ Br-벤젠 $\xrightarrow[AlCl_3]{CH_3Cl}$ Br-벤젠-CH_3

벤젠 $\xrightarrow[AlCl_3]{CH_3Cl}$ 벤젠-CH_3 $\xrightarrow[FeBr_3]{Br_2}$ Br-벤젠-CH_3

Br-벤젠-CH_3 $\xrightarrow[H_2O]{KMnO_4}$ Br-벤젠-CO_2H

벤젠 **p-브로모벤조산**

문제 5.18 벤젠에서 출발하여 다음 화합물의 합성법을 제시하라.

(a) H_3C-벤젠-C(=O)-CH_3 (b) Cl-벤젠-NO_2

문제 5.19 벤젠으로부터 다음 물질을 합성하라.

(a) *o*-브로모톨루엔 (b) 2-브로모-1,4-다이메틸벤젠

문제 5.20 벤젠으로부터 다음 물질을 어떻게 합성하는가? (연두색 = Cl)

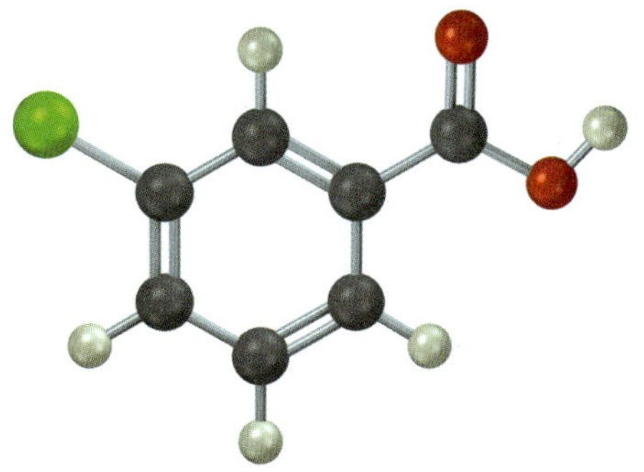

생활 속의 유기 화학

아스피린, NSAIDs 및 COX-2 억제제

iStockphoto/Runners running/Thinkstock

장거리 주자는 흔히 '제5세대 기초식품그룹'인 이부프로펜을 요청한다. 왜냐하면 쑤심과 고통을 조절할 수 있기 때문이다.

원인이 무엇이든지 테니스로 인한 팔꿈치 다침, 발목 삠 또는 무릎 삠은 고통과 염증이 함께 간다. 그러나 근원은 서로 다른데 개별적으로 강력한 치료약이 이용된다. 예를 들면, 코데인(codein)은 고통을 감소시키는 데 쓰이는 **무통성**(analgesic) 또는 고통 경감제이다. 반면에, 코르티존과 그와 관련된 스테로이드는 관절과 다른 활동하기 어려운 염증 치료에 쓰이는 강력한 소염제이다. 사소한 고통과 염증은 의사의 처방 없이 NSAID 또는 비스테로이드 소염약을 보편적으로 같이 써서 치료한다.

가장 보편적인 NSAID는 1800년대 후반부터 이용하기 시작한 아스피린 또는 아세틸살리실산이다. BC 400년 Hippocrates 시대 이전부터 버드나무 껍질을 씹으면 열이 내려갈 수 있음이 알려졌다. 버드나무 껍질의 활성 인자는 **살리신**(salicin)이라는 방향족 화합물임이 1827년에 발견되었으며, 그것은 물과 반응하여 살리실 알코올로 전환될 수 있으며 계속 산화하여 살리실산을 생성하였다. 살리실산은 열을 내리고 무통과 소염작용을 하는 데 살리신보다 더 효과적임이 판명되었다. 불행하게도, 그것은 매일 사용하면 위 벽을 너무 상하게 함도 판명되었다. 그러나 페놀의 $-OH$기를 아세트산 에스터로 전환하면 아세틸살리실산이 생성되는데 이것은 살리실산과 같이 강력하다. 위를 덜 상하게 함이 증명되었다.

CH_2OH / OH (살리실 알코올) ⟶ CO_2H / OH (살리실산) ⟶ CO_2H / $OCCH_3$ (=O) (아세틸살리실산 (아스피린))

살리실 알코올 **살리실산** **아세틸살리실산 (아스피린)**

비록 효험이 대단하다 할지라도 아스피린은 보편적으로 믿는 것보다 더 위험하다. 약 15 g만의 투여로 소아는 치명적일 수 있고 아스피린은 위장출혈과 장기 복용자에게 알레르기 반응을 야기할 수 있다. 더욱 심각한 것은 유행성 감기로부터 회복되는 어린이들에게 때때로 보이는 아스피린에 대한 잠재적인 치명적 반응인 Rey의 신드롬(Reye's syndrome)이라는 조건이다. 이 문제의 결과로서 수많은 다른 NSAID가 지난 수십 년간 개발되었는데 이부프로펜(ibuprofen)과 나프록센(naproxen)이 가장 주목할만 하다.

아스피린처럼 이부프로펜과 나프록센은 곁사슬 카복실산 기를 가진 비교적 간단한 방향족 화합물이다. 이부프로펜은 Advil, Nuprin, Motrin 및 다른 이름으로 시판되는데 아스피린과 대략 같은 강도를 가지나 위를 덜 뒤집어 엎는다. Aleve와 Naprosyn의 이름으로 시판되는 나프록센은 또한 아스피린과 대략 같은 강도를 가지나 6배 더 길게 체내에 남아 활동한다.

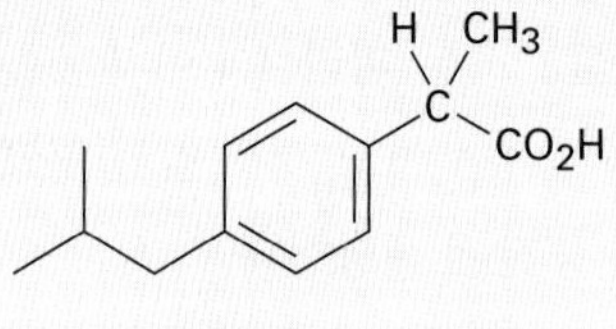

이부프로펜(Ibuprofen)
(Advil, Nuprin, Motrin)

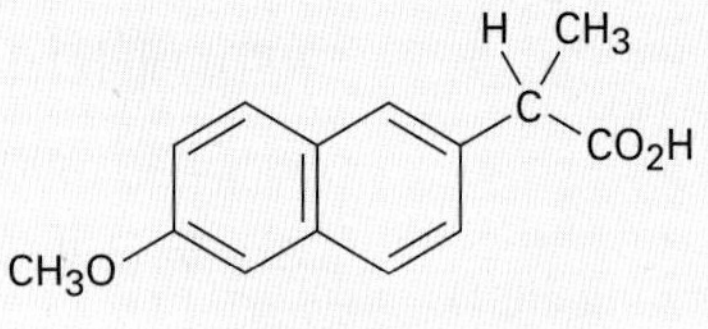

나프록센(Naproxen)
(Aleve, Naprosyn)

아스피린과 다른 NSAIDs는 프로스타글랜딘(prostaglandins)(6.3절)이라는 화합물의 체내 합성을 수행하는 고리 산소화 효소(COX)를 차단하는 기능을 한다. 두 형태의 효소가 있는데, COX-1은 프로스타글랜딘의 생성을 정상적인 생리활동 하에서 일어나게 하고 COX-2는 관절염과 다른 소염 조건에 신체의 상응을 조정하게 한다. 불행하게도, COX-1과 COX-2 효소 둘다 아스피린, 이부프로펜 및 다른 NSAID에 의해 차단되어 그 결과 염증에 대한 반응뿐만 아니라 위 안의 산 생성에 대한 메커니즘을 조절하는 여러 가지 보호 기능을 닫게 한다.

의화학자들은 COX-2 효소를 선택적으로 억제하는 수많은 약을 개발해 왔다. 따라서 염증은 보호 기능을 차단함이 없이 조절된다. 원래 관절염 치료의 돌파구로서 선구적이었던 COX-2 억제제의 제1세대인 Vioxx, Celebrex 및 Bextra는 특히 노년 또는 위태로운 환자에게 잠정적으로 중대한 심장 문제를 야기함이 판명되었다. 현재 개발 중인 COX-2 억제제의 제2세대는 보다 안전하리라 예상하나 인가받기 전에 부작용에 대한 면밀한 조사가 있어야 할 것이다.

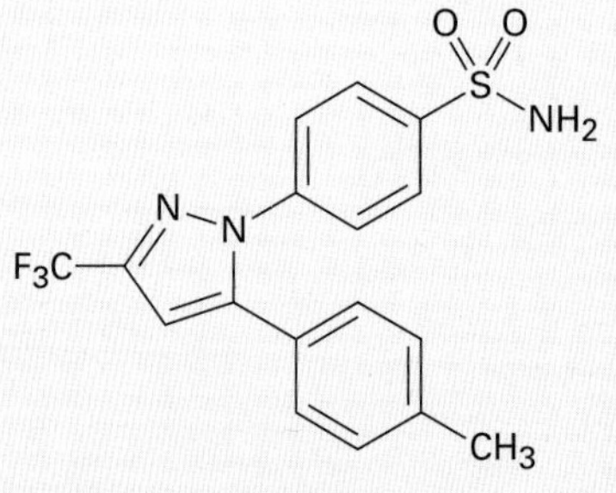

Celecoxib
(Celebrex)

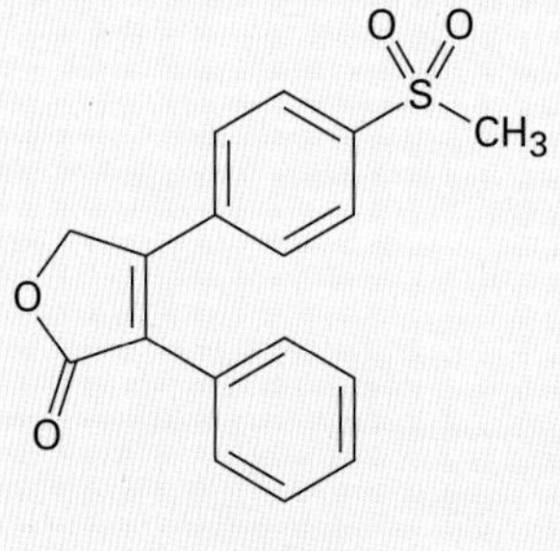

Rofecoxib
(Vioxx)

요약과 주요용어

방향족 aromatic
벤질기 benzyl group
벤질성 위치 benzylic position
아릴기 aryl group
아실기 acyl group
여러고리 방향족 화합물 polycyclic aromatic compound
친전자성 방향족 치환 반응 electrophilic aromatic substitution reaction
페닐기 phenyl group
헤테로고리 heterocycles
Friedel-Crafts 아실화반응 Friedel-Crafts acylation
Friedel-Crafts 알킬화반응 Friedel-Crafts alkylation

방향족 고리는 많은 생리 분자와 약품에 보편적이고 특히 핵산화학에 중요하다. 이 장에서 어떻게 그리고 왜 방향족 화합물이 알켄과 같은 분명히 연관된 화합물과 다르다는 것을 보았으며 몇 가지 가장 보편적인 그들의 반응을 보았다.

방향족이란 어휘는 구조적으로 벤젠과 관련된 유형의 화합물을 가리킨다. 방향족 화합물은 IUPAC 규칙에 따라 명명하며, 이치환기는 **오쏘**(1,2 이치환), **메타**(1,3 이치환), 또는 **파라**(1,4 이치환)를 가리킨다. 벤젠은 동등한 두 구조의 공명 혼성체이며 어느 것도 참된 구조가 아니다. 벤젠의 참된 구조는 두 공명 구조의 중간에 해당한다.

방향족 화합물의 가장 보편적인 반응은 **친전자성 방향족 치환반응**이다. 이것은 두 단계의 극성 반응으로 방향족 고리의 π 전자가 먼저 친전자체를 공격하여 공명안정화 카보양이온 중간체를 생성한 후, H^+를 잃고 치환된 방향족 생성물을 생성한다. 브로민화, 염소화, 아이오딘화, 나이트로화, 설폰화, **Friedel−Crafts 알킬화** 및 **Friedel−Crafts 아실화반응**이 모두 수행될 수 있다. Friedel−Crafts 알킬화반응이 특히 다양한 알킬벤젠을 합성하는 데 유용하나, 할로젠화알킬만이 쓰이고 강하게 불활성화된 고리들은 반응하지 않기 때문에 제한적이다.

방향족 고리의 치환기는 또 다른 치환반응에 대한 고리의 반응성과 지향성에 영향을 끼친다. 치환기는 활성기 또는 불활성기로 오쏘 및 파라 지향기나 메타 지향기로 분류된다.

알킬벤젠의 곁사슬은 이웃한 방향족 고리 때문에 독특한 반응성을 가진다. 따라서 방향족 고리에 붙어 있는 알킬기는 수용성 $KMnO_4$로 산화시키면 분해하여 카복실산($-CO_2H$)이 될 수 있다. 그 외에 방향족 고리는 고압 하에서 촉매 수소 첨가반응을 하여 사이클로헥세인을 생성한다.

치환된 벤젠 외에 나프탈렌과 같은 여러고리 탄화수소 역시 방향족이며 피리딘, 피리미딘, 피롤 및 이미다졸과 같은 질소-함유 **헤테로고리**도 방향족이다. 왜냐하면 그들의 고리가 벤젠처럼 같은 6-π-전자 전자 구조를 갖기 때문이다.

반응 요약

1. 친전자성 방향족 치환반응

(a) 브로민화반응(5.3절)

$$C_6H_6 + Br_2 \xrightarrow{FeBr_3} C_6H_5Br + HBr$$

(b) 염소화반응(5.4절)

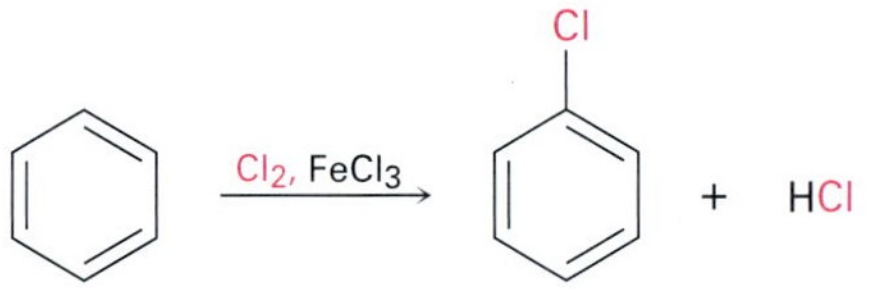

$$C_6H_6 \xrightarrow{Cl_2,\ FeCl_3} C_6H_5Cl + HCl$$

(c) 나이트로화반응(5.4절)

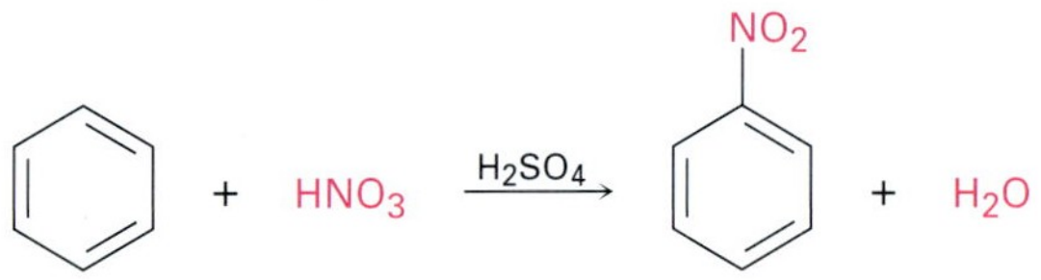

$$C_6H_6 + HNO_3 \xrightarrow{H_2SO_4} C_6H_5NO_2 + H_2O$$

(d) 설폰화반응(5.4절)

$$C_6H_6 + SO_3 \xrightarrow{H_2SO_4} C_6H_5SO_3H$$

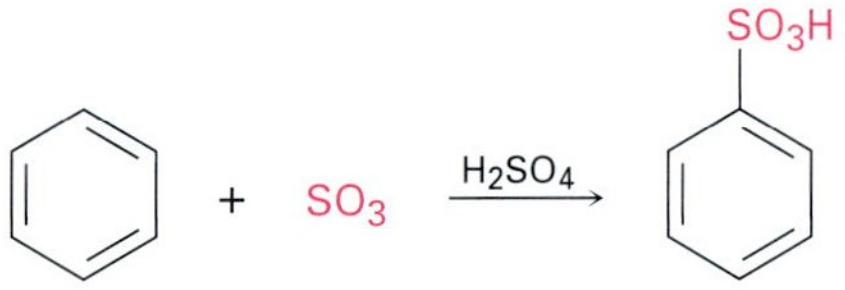

(e) Friedel−Crafts 알킬화반응(5.5절)

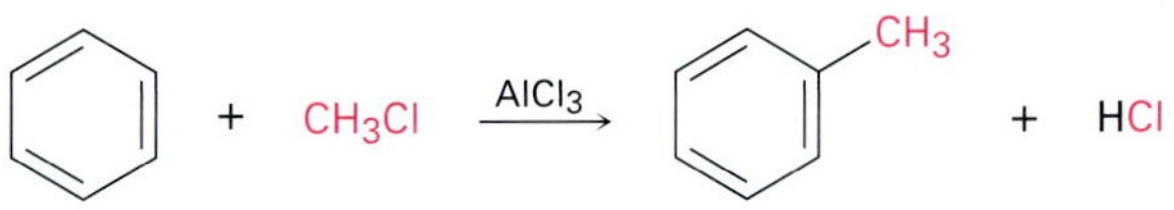

$$C_6H_6 + CH_3Cl \xrightarrow{AlCl_3} C_6H_5CH_3 + HCl$$

(f) Friedel−Crafts 아실화반응(5.5절)

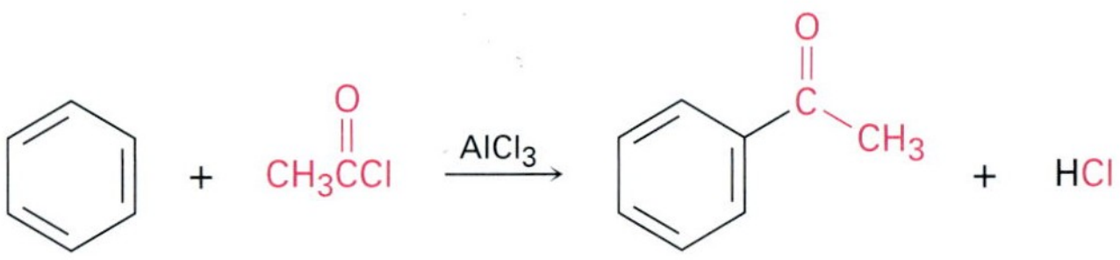

$$C_6H_6 + CH_3\overset{O}{\overset{\|}{C}}Cl \xrightarrow{AlCl_3} C_6H_5\overset{O}{\overset{\|}{C}}CH_3 + HCl$$

2. 방향족 곁가지 사슬의 산화반응(5.8절)

$C_6H_5CH_3 \xrightarrow[H_2O]{KMnO_4} C_6H_5CO_2H$

3. 방향족 고리의 수소화반응(5.8절)

$C_6H_6 \xrightarrow[PtO_2\ 촉매]{H_2} C_6H_{12}$

연습

【눈으로 보는 화학】 문제 5.1~5.20은 장 내에서 볼 수 있다.

5.21 다음 구조는 카보양이온을 나타낸다. 이중 결합의 위치를 나타내는 2개의 공명 구조를 그려라.

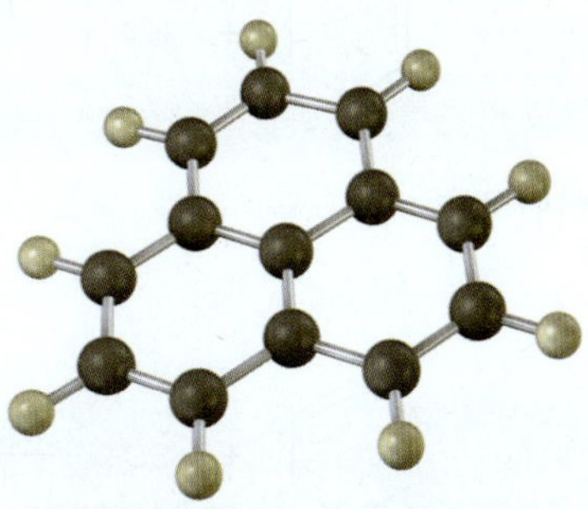

5.22 다음 화합물의 IUPAC 명을 써라(붉은색 = O, 파란색 = N).

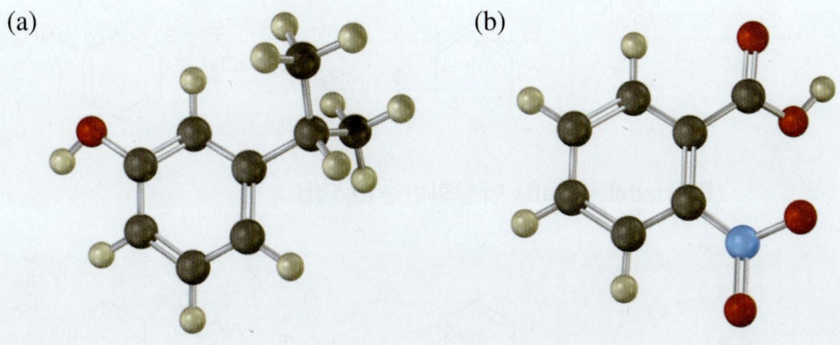

5.23 다음 각 물질을 아래의 조건 하에서 반응시킬 때 생성물을 그리고 명명하라: (i) Br_2, $FeBr_3$와 (ii) CH_3COCl, $AlCl_3$(붉은색 = O).

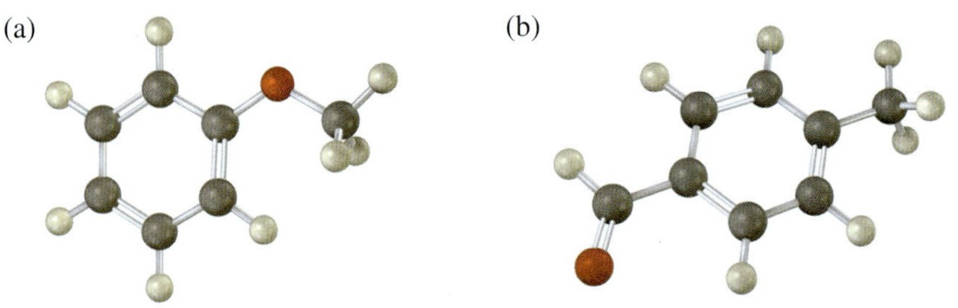

5.24 다음 화합물은 이 장에서 논의된 방법을 이용하여 합성될 수 없다. 왜 그런가?

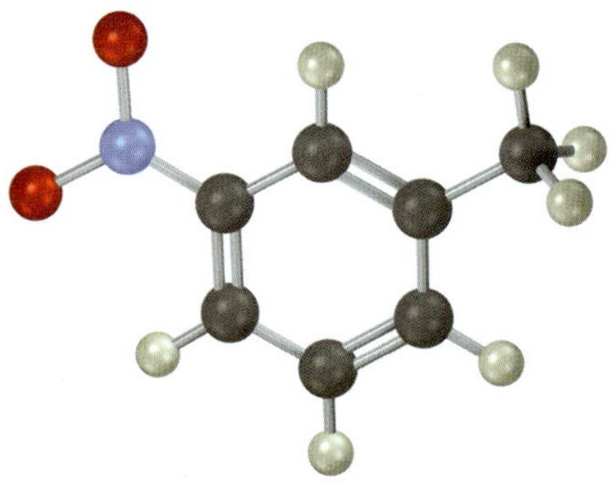

5.25 벤젠에서 출발하여 다음 화합물을 어떻게 합성하는가? 한 단계 이상이 필요하다.

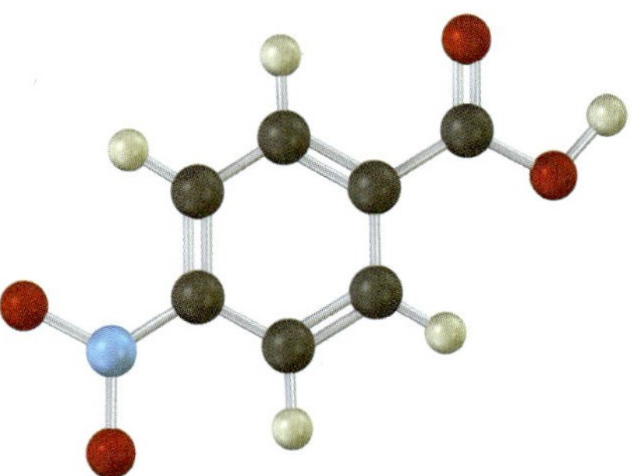

【보충문제】

방향족 화합물 명명법

5.26 다음 화합물의 IUPAC 명을 써라.

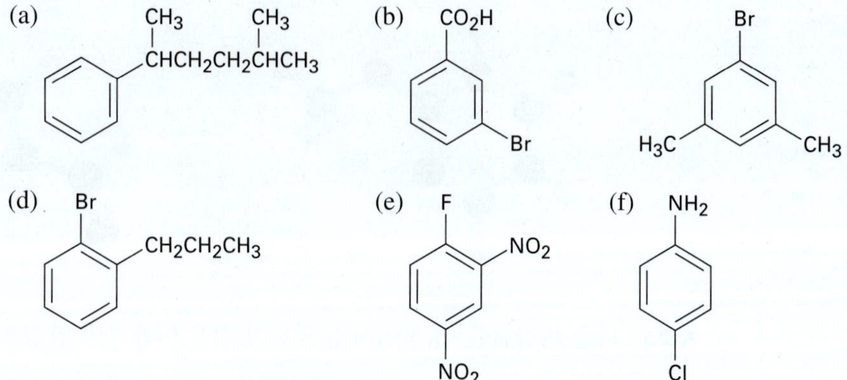

5.27 화학식이 C_7H_7Cl인 방향족 화합물을 모두 그리고 명명하라.

5.28 (a) 다이나이트로벤젠과 (b) 브로모다이메틸벤젠의 이성질체를 모두 그리고 명명하라.

5.29 다음 이름에 해당하는 구조를 그려라.

(a) *m*-브로모페놀 (b) 벤젠-1,3,5-트라이올

(c) *p*-아이오도나이트로벤젠 (d) 2,4,6-트라이나이트로톨루엔(TNT)

(e) *o*-아미노벤조산 (f) 3-메틸-2-페닐헥세인

반응과 치환기 효과

5.30 다음 물질의 단일 나이트로화반응에서 주생성물을 예측하라.

(a) 브로모벤젠 (b) 벤조나이트릴(사이아노벤젠)

(c) 벤조산 (d) 나이트로벤젠

(e) 페놀 (f) 벤즈알데하이드

5.31 문제 5.30에 수록된 어느 물질이 벤젠보다 빠르게 반응하며 어느 것이 느리게 반응하는가?

5.32 $AlCl_3$ 촉매 존재 하에서 벤젠이 2-클로로-2-메틸프로페인과 반응하여 *tert*-뷰틸벤젠이 생성되는 반응식을 나타내라.

5.33 다음 기들을 활성기 또는 불활성기 및 *o*, *p*-지향기 또는 *m*-지향기로 확인하라.

(a) $-N(CH_3)_2$ (b) (cyclopentyl) (c) $-OCH_2CH_3$ (d) (cyclohexyl-C(=O)-)

5.34 다음 기술에 맞는 방향족 탄화수소의 구조를 제시하라.

(a) C_9H_{12}: 방향족 브로민화반응으로 1가지 생성물만 생성된다.

(b) C_8H_{10}: 방향족 염소화반응으로 3가지 생성물이 생성된다.

(c) $C_{10}H_{14}$: 방향족 나이트로화반응으로 2가지 생성물이 생성된다.

5.35 다음 반응의 주생성물(들)을 예측하라.

(a) Cl-벤젠 $\xrightarrow[AlCl_3]{CH_3CH_2Cl}$?

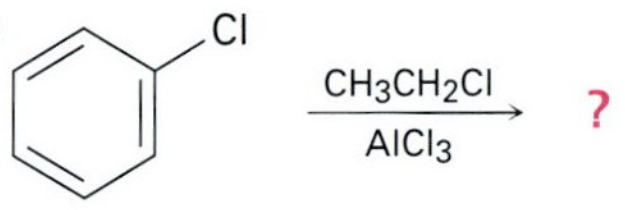

(b) 다이페닐 에터(O) $\xrightarrow[AlCl_3]{CH_3CH_2COCl}$?

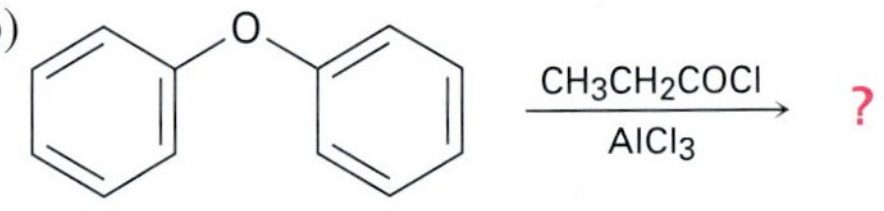

(c) CO_2H-벤젠 $\xrightarrow[H_2SO_4]{HNO_3}$?

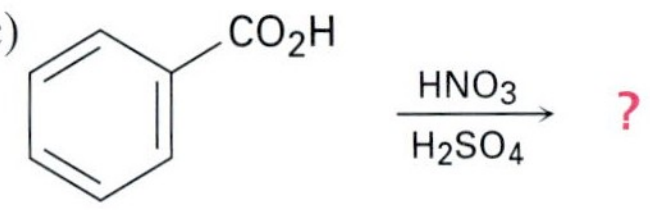

(d) $N(CH_2CH_3)_2$-벤젠 $\xrightarrow[H_2SO_4]{SO_3}$?

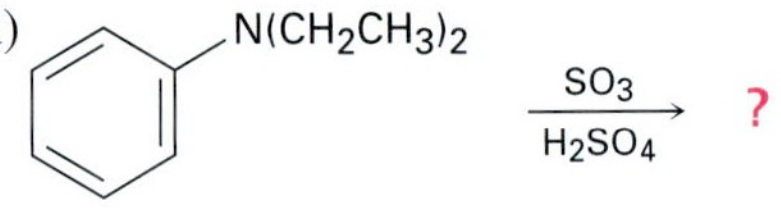

5.36 어떤 경우에는 Friedel–Crafts 아실화반응이 분자 내에서, 즉 동일 분자 내에서 일어난다. 다음 반응의 생성물을 예측하라.

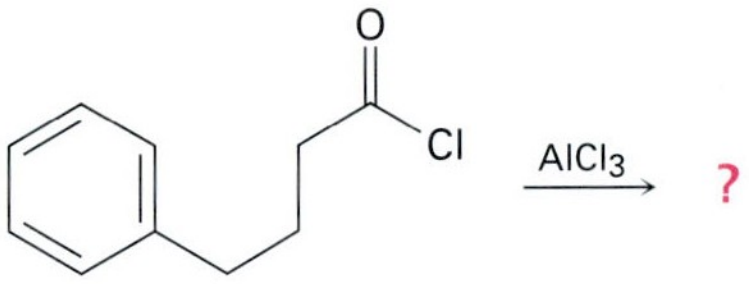

(페닐뷰탄오일 클로라이드: O, Cl) $\xrightarrow{AlCl_3}$?

5.37 안트라센의 3개의 추가적인 공명 구조를 그려라.

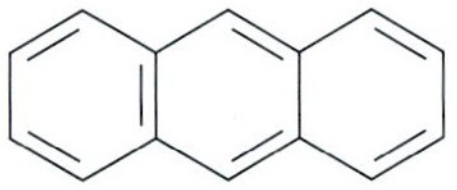

안트라센

5.38 다음 방향족 화합물들에 Friedel–Crafts 아실화반응을 시킬 때 반응성의 크기 순서를 정하라. 어느 화합물이 반응하지 않는가?

(a) 브로모벤젠 (b) 톨루엔 (c) 아니솔($C_6H_5OCH_3$)

(d) 나이트로벤젠 (e) *p*-브로모톨루엔

5.39 이치환 벤젠 고리에 대한 친전자성 방향족 치환반응의 지향성은 일반적으로 고리에 이미 붙어 있는 두 기 중 어느 것이 더 강한 활성기인가에 의해 지배를 받는다. 이 화합물들의 친전자성 염소화반응에서 주생성물의 구조를 명명하고 그려라.

(a) *m*-나이트로페놀 (b) *o*-메틸페놀 (c) *p*-클로로나이트로벤젠

5.40 다음 화합물의 설폰화로부터 기대되는 주 생성물을 예측하라(문제 5.39).

(a) *o*-클로로톨루엔 (b) *m*-브로모페놀 (c) *p*-나이트로톨루엔

5.41 각 군의 화합물들을 친전자성 치환반응에 대한 반응성에 따라 순위를 매겨라.

(a) 클로로벤젠, *o*-다이클로로벤젠, 벤젠

(b) *p*-브로모나이트로벤젠, 나이트로벤젠, 페놀

(c) 플루오로벤젠, 벤즈알데하이드, *o*-다이메틸벤젠

5.42 $KMnO_4$로 산화시키면 *p*-브로모벤조산을 생성하는 C_8H_9Br의 화학식을 가진 화합물의 구조식은 무엇인가?

메커니즘 **5.43** 벤젠을 D_2SO_4로 처리할 때 중수소(D, ^2H)가 서서히 방향족 고리의 수소(^1H)를 대체하는 사실을 설명하는 메커니즘을 제시하라.

5.44 벤젠과 CH_3Cl의 Friedel–Crafts 반응에 관련된 단계들을 나타내라.

5.45 바이페닐의 브로민화반응이 메타 위치 대신 왜 오쏘 및 파라 위치에서 일어나는지 설명하라. 설명할 때 카보양이온 중간체의 공명 구조를 이용하라.

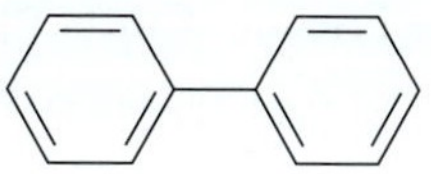

바이페닐

5.46 문제 5.45의 해답에 비추어 볼 때 4-브로모바이페닐의 어느 위치에 그리고 어느 고리에 나이트로화가 일어나겠는가?

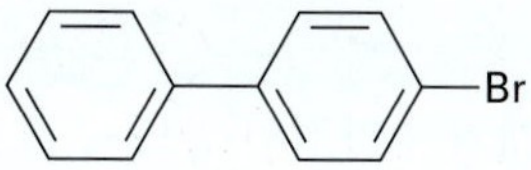

Br 4-브로모바이페닐

합성 **5.47** 나프탈렌은 왜 C2보다 C1에서 친전자성 치환반응을 하는지 중간체 카보양이온의 공명 구조를 그려서 설명하라.

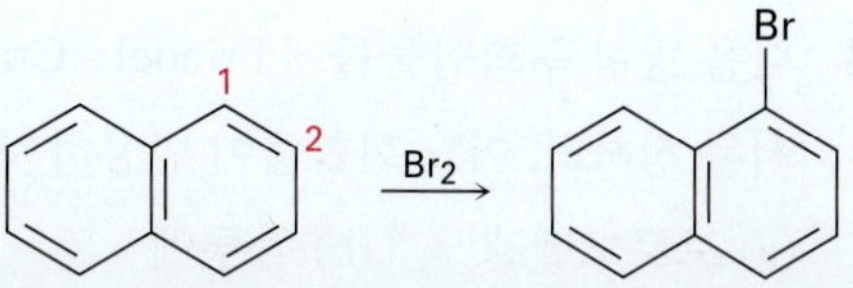

1 2 $\xrightarrow{Br_2}$ Br

5.48 벤젠에서 출발하여 다음 물질을 어떻게 합성하는가? 필요하면 오쏘와 파라 이성질체를 분리할 수 있다고 가정하라.

(a) *m*-브로모벤젠설폰산 (b) *o*-클로로벤젠설폰산

(c) *p*-클로로톨루엔

5.49 어떤 방향족 탄화수소로부터 다음 물질을 어떻게 합성하는가? 필요하면 오쏘와 파라 이성질체는 분리할 수 있다.

(a) *o*-나이트로벤조산 (b) *p*-*tert*-뷰틸벤조산

통합문제 **5.50** 우리는 4.9절에서 알릴성 카보양이온이 공명에 의해 안정화됨을 배웠다. 벤질 카보양이온의 비슷한 안정성을 설명하기 위한 공명 구조를 그려라.

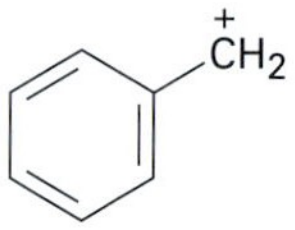

벤질 카보양이온

5.51 1-페닐프로펜에 HBr을 첨가하면 (1-브로모프로필)벤젠만 생성물로 얻는다. 반응 메커니즘을 제시하고, 왜 다른 위치 이성질체가 전혀 생성되지 않는지 설명하라 (문제 5.50).

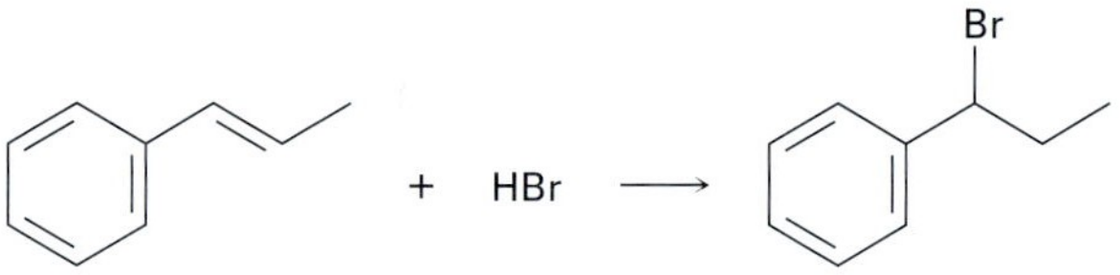

+ HBr ⟶

5.52 톨루엔에서 시작하여 3가지 나이트로벤조산을 어떻게 합성할 수 있는가?

5.53 다음 합성에 잘못된 점이 있다. 각 반응에 무슨 잘못이 있는가?

(a) 1. Cl_2, $FeCl_3$ 2. $KMnO_4$

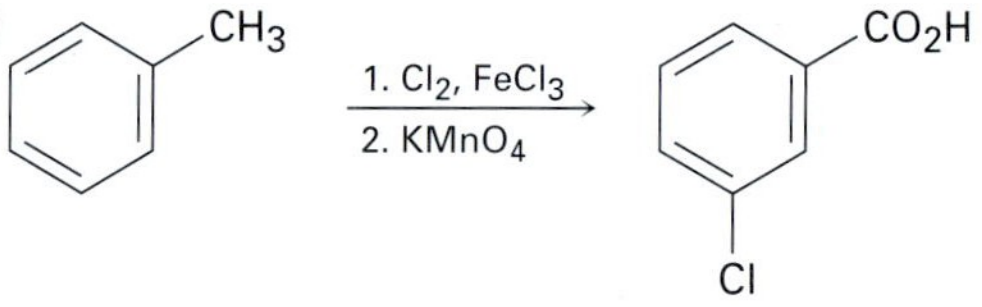

(b) 1. $(CH_3)_3CCl$, $AlCl_3$ 2. $KMnO_4$, H_2O

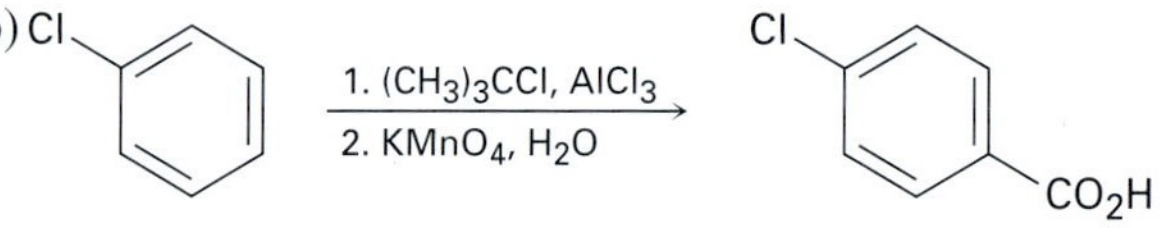

5.54 센 산 촉매와 알켄이 반응하여 생긴 카보양이온은 알켄과 Friedel−Crafts 반응을 한다. *p*-크레솔과 2-메틸프로펜으로부터 식품 보존제인 BHT의 공업적 합성법을 설명하는 메커니즘을 제시하라.

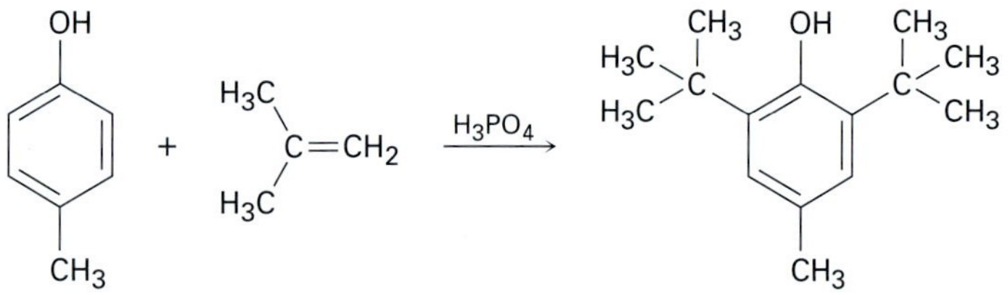

H_3PO_4

***p*-크레솔** **BHT**

5.55 트라이메틸암모늄기는 활성 또는 불활성 치환기인가? 설명하라.

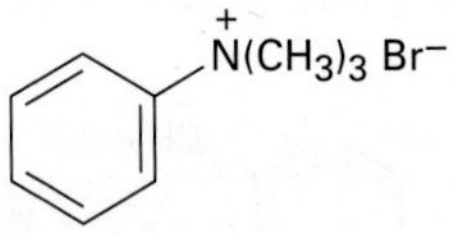

$\overset{+}{N}(CH_3)_3\ Br^-$

브롬화 페닐트라이메틸암모늄

5.56 인돌은 피롤에 접한된 벤젠 고리를 가진 방향족 화합물이다. 그림 5.9c에 있는 피롤의 전자 구조를 보고 인돌의 궤도함수 그림을 그려라.

(a) 인돌은 몇 개의 π 전자를 가지는가?

(b) 나프탈렌에 대한 인돌의 전자적 관계는 무엇인가?

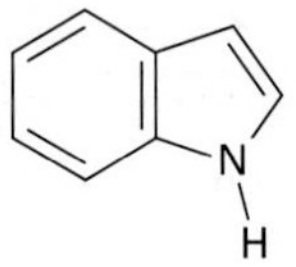

N
H

인돌

5.57 벤젠은 산-촉매 존재 하에서 H_2O_2와 반응하여 하이드록시화한다. 반응성이 있는 친전자체의 가능성 구조는 무엇일까? 반응에 대한 메커니즘을 제안하라.

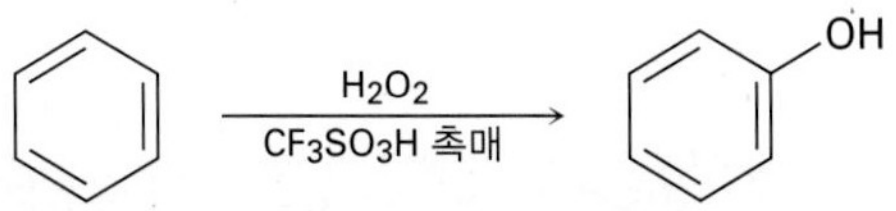

H_2O_2
CF_3SO_3H 촉매

OH

5.58 여러분은 알켄에 대한 HBr의 첨가반응 메커니즘과 방향족 치환반응에서 여러 치환기 효과를 알고 있다. 이 지식을 이용하여, 다음의 두 알켄 중 어느 것이 더 빠르게 HBr과 반응하는지 예측하라. 카보양이온 중간체의 공명 구조를 그려서 해답을 설명하라.

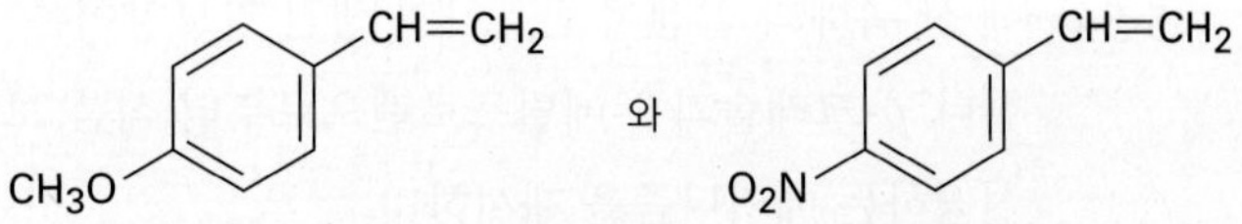

$CH=CH_2$ CH_3O 와 $CH=CH_2$ O_2N

5.59 다음 설계에서 **a**에서 **d**까지 글자로 나타낸 시약을 확인하라.

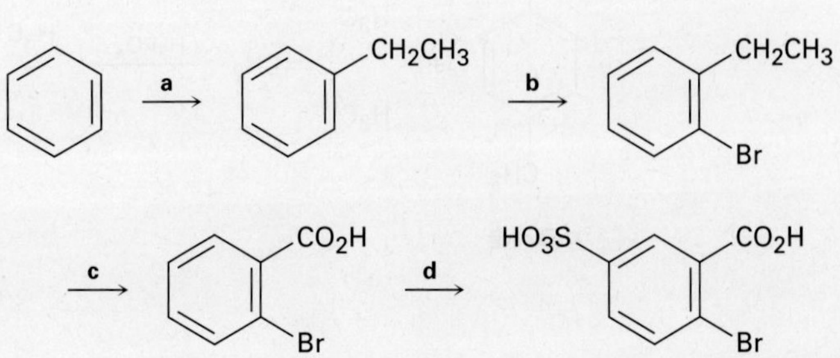

a → CH_2CH_3 **b** → CH_2CH_3 Br

c → CO_2H Br **d** → HO_3S CO_2H Br

약장 5.60 간염 C와 병원성 폐렴의 치료에 쓰이는 항병원성 시약인 리바비린(Ribavirin)은 1,2,4-트라이아졸(1,2,4-triazole) 고리를 가진다. 그림 5.9d에 있는 이미다졸의 전자 구조를 보라. 그러고나서 왜 고리가 방향족인지 설명하라.

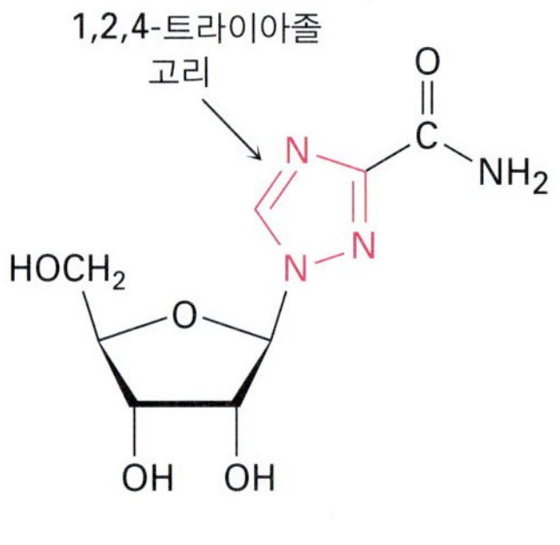

1,2,4-트라이아졸 고리

리바비린

들판에서 5.61 제초제 2,4-D를 합성하기 위해 페놀을 염소화한 후 염기 및 클로로아세트산과 반응시킨다. 첫 번째 단계에서 일어나는 염소화 형식을 설명하기 위해 관련된 공명 구조를 보여 주는 메커니즘을 그려라.

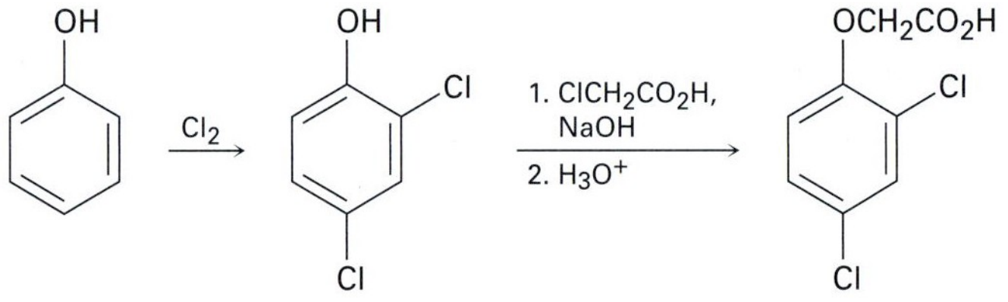

페놀 —Cl_2→ … —1. $ClCH_2CO_2H$, NaOH; 2. H_3O^+→ 2,4-D

5.62 제초제 Metolachlor는 잡초를 제거하기 위해 미국에서는 널리 쓰이나 유럽에서는 환경위험 때문에 사라지고 있다. 미국에서 Dual이라는 이름으로 대략 5천만 파운드의 Metolachlor가 매년 농작물에 뿌려진다. Metolachlor 합성을 위해 중간체로 2-에틸-6-메틸아세트아닐라이드에 의존한다. 아세트아닐라이드로부터 이 물질을 어떻게 합성할 수 있는가?

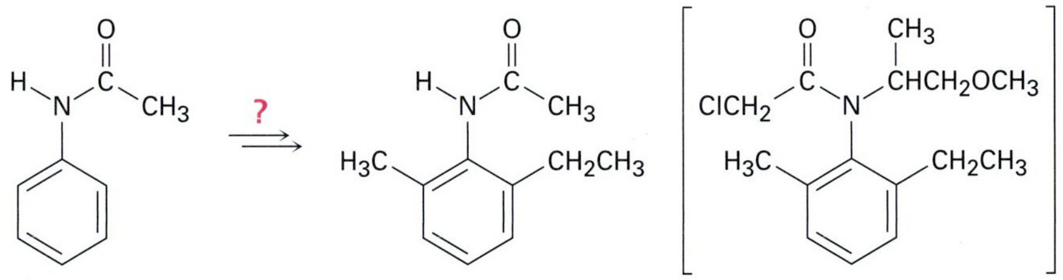

아세트아닐라이드 —?→ 2-에틸-6-메틸-아세트아닐라이드

Metolachlor

CHAPTER

6

영상이 호수에 반사된 산과 같이 유기분자들 또한 거울상 상대물을 가진다.

정사면체 중심에서 입체화학

당신은 오른손 잡이인가 또는 왼손잡이인가? 그것을 생각하느라 많은 시간을 소비하지 않을 것이다. 그러나 손잡이성은 일상 활동에 놀랍게도 중요한 역할을 한다. 오보와 크라리넷과 같은 많은 악기는 손잡이성을 가진다. 마지막에 남아 있는 소프트공 장갑은 항상 손에 맞지 않는다; 왼손잡이는 '이상한 방법'으로 글을 쓴다. 이러한 어려움의 근본적 이유는 우리의 손이 같지 않고 오히려 거울상이기 때문이다. 거울에 왼손으로 잡으면 보이는 상은 오른손처럼 보인다. 해보라.

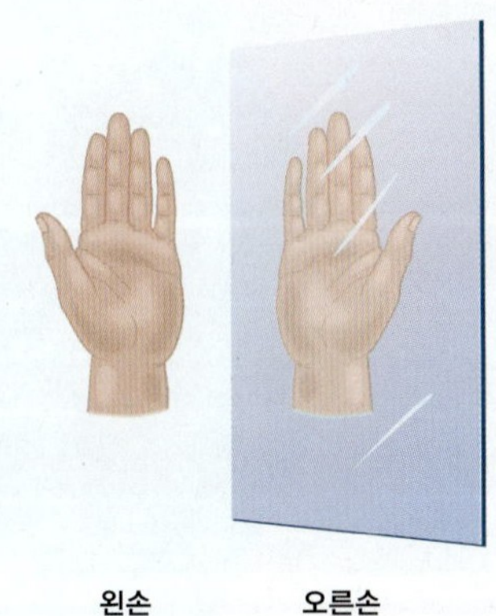

손잡이성은 또한 유기 화학과 생물 화학에서 중요한데 그것은 sp^3 혼성화 탄소 원자의 정사면체 입체화학의 결과로서 일차적으로 일어나기 때문이다. 많은 의약과 우리 체내에 있는 거의 모든 분자들—아미노산, 탄수화물, 핵산 및 그 외 더 많음—은 손잡이성이다. 더욱이, 생명의 기초가 되는 수많은 화학 반응에 관련된 기질과 효소 간의 정확한 상호작용이 가능하게 하는 것도 분자의 손잡이성이다.

왜 이 장인가?

분자의 손잡이성의 원인과 결과를 이해하는 것은 유기 화학과 생물 화학을 이해하는 데 아주 중요하다. 이 과제는 처음에는 좀 복잡한 것처럼 보인다. 그러나 이 교재에서 다룬 재료는 그럼에도 불구하고 이 교재의 나머지 많은 부분의 기초를 이룬다.

6.1 거울상이성질체와 사면체형 탄소

무엇이 분자의 손잡이성을 야기하는가? 분자의 손잡이성이 일어나는 것을 보기 위해 그림 6.1에 나타낸 일반화된 분자의 구조 CH_3X, CH_2XY 및 CHXYZ를 보자. 왼쪽에 분자 3개, 오른쪽에 그들이 거울에 반사된 거울상이 있다. CH_3X와 CH_2XY 분자는 그들의 거울상과 동일하다. 그러므로 손잡이성이 아니다. 만약 각 분자와 각각의 거울상에 대한 분자 모형을 만든다면 서로간에 중첩된다는 것을 알게 될 것이다. 대조적으로, CHXYZ 분자는 그의 거울상과 동일하지 않다. 분자의 모형을 그의 거울상에 중첩시킬 수 없는데 그것은 왼손을 오른손에 중첩시킬 수 없는 것과 같은 이유이다. 단순하게 그들은 동일하지 않다.

그것의 거울상과 동일하지 않은 분자를 **거울상이성질체**(enantiomers, 그리스어 *enantio*는 '반대'를 의미)라 한다. 거울상이성질체는 서로 오른손의 왼손에 대한 관계와 같으며 사면체의 탄소에 4개의 다른 치환기(1개가 H일 필요는 없다)가 결합될 때마다 생긴다. 예를 들면, 락트산(2-하이드록시프로판산)은 중심 탄소 원자에 4개의 다른 기(−H, −OH, $-CH_3$,

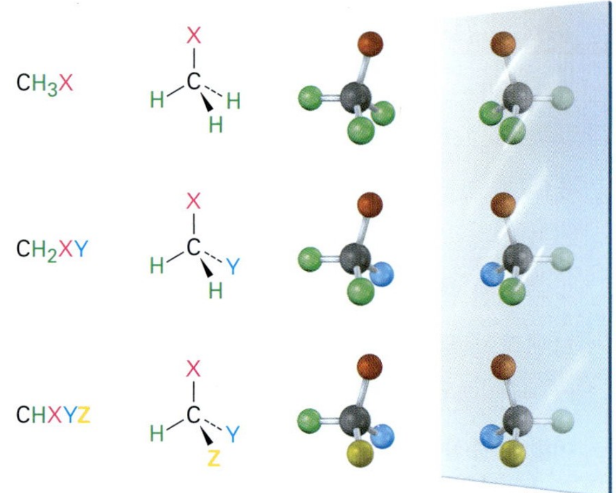

그림 6.1 사면체 탄소 원자와 그들의 거울상. CH_3X와 CH_2XY 유형의 분자는 그들의 거울상과 동일하지만 CHXYZ 분자는 동일하지 않다. CHXYZ 분자는 오른손의 왼손에 대한 관계와 같은 방법으로 그것의 거울상에 관련된다.

$-CO_2H$)가 결합되어 있으므로 한 쌍의 거울상이성질체로 존재한다. 시큼한 우유에는 2가지가 있지만 근육조직에는 (+)-거울상이성질체만 생긴다.

락트산: 일반식 CHXYZ의 분자

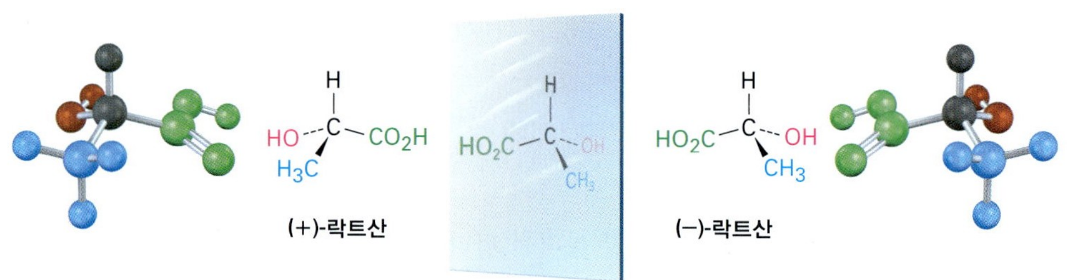

아무리 시도해도 '오른손잡이형' 락트산 분자를 '왼손잡이형' 락트산 분자에 포갤 수 없다. 어떤 2가지 기, 즉 $-H$와 $-CO_2H$가 포개지면 다른 두 기는 포개지지 않는다(그림 6.2).

(a) 겹치지 않음 겹치지 않음

(b) 겹치지 않음 겹치지 않음

그림 6.2 락트산의 거울상 구조를 포개려는 시도: (a) $-H$와 $-OH$ 치환기가 포개질 때 $-CO_2H$와 $-CH_3$ 치환기는 포개지지 않는다. (b) $-CO_2H$와 $-CH_3$가 포개질 때 $-H$와 $-OH$는 포개지지 않는다. 분자의 배향과 관계없이 그들은 동일하지 않다.

6.2 분자에서의 손잡이성 이유: 카이랄성

분자가 그의 거울상과 동일하지 않으면 **카이랄**(Chiral, **ky**-ral, 그리스어 *cheir*로 '손'이라는 뜻)이라고 한다. 카이랄 분자와 그의 거울상이성질체를 모든 원자들이 일치하도록 놓을 수 없다.

주어진 분자가 카이랄인지 아닌지 어떻게 알 수 있는가? 지금까지 유기 분자에서 가장 보편적인(유일하지 않지만) 카이랄성의 원인은 4개의 다른 기가 결합된 탄소 원자의 존재이다. 예를 들면, 락트산의 중앙 탄소 원자이다. 그러한 탄소를 **입체중심**(stereocenter) 또는 **카이랄성 중심**(*chirality center*)이라 한다. 락트산(그림 6.2)의 카이랄성은 분자 전체의 성질을 나타내고 카이랄성 중심은 카이랄성의 원인이 된다.

복잡한 분자에서 카이랄성 중심을 확인하는 데는 연습이 필요한데, 그 이유는 주어진 탄소에 4개의 다른 기가 결합되어 있는 것이 때로는 명확하지 않기 때문이다. 카이랄성 중심의 바로 다음에서 그 차이가 나타나지 않을 수도 있다. 예를 들면, 5-브로모데케인은 4개의 다른 기가 C5(별표로 표시)에 결합되어 있기 때문에 카이랄 분자이다. 뷰틸 치환기는 펜틸 치환기와 비슷하다. 그러나 동일하지는 않다. 카이랄성 중심으로부터 4개의 탄소에 이를 때까지는 차이가 없으나 그 다음에 차이가 난다.

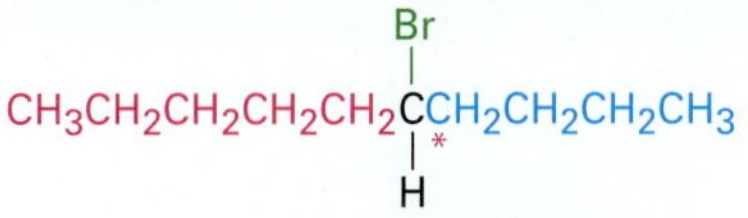

$CH_3CH_2CH_2CH_2CH_2\overset{Br}{\underset{H}{C^*}}CH_2CH_2CH_2CH_3$

5-브로모데케인(카이랄)

탄소 5 위의 치환기
–H
–Br
$-CH_2CH_2CH_2CH_3$ (뷰틸)
$-CH_2CH_2CH_2CH_2CH_3$ (펜틸)

다음에 몇 개의 카이랄 분자를 나타내었다. 표지된 원자가 정말 카이랄성 중심인지 조사해 보라. $-CH_2-$, $-CH_3$, C=C, C=C 및 C≡O 기는 카이랄성이 될 수 없음에 유의해야 할 것이다. (왜 아닌가?)

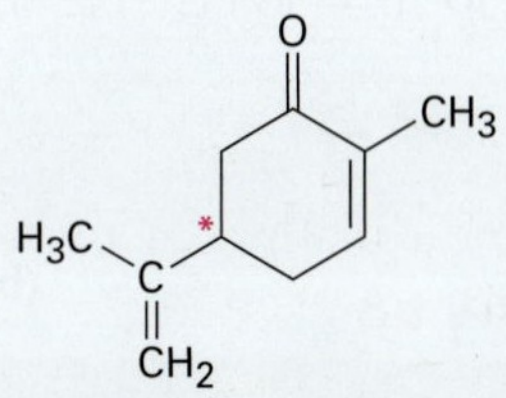

O, CH_3, H_3C, C, CH_2

카본(박하기름)

CH_3, CH_3, CH_2, C, CH_3, O

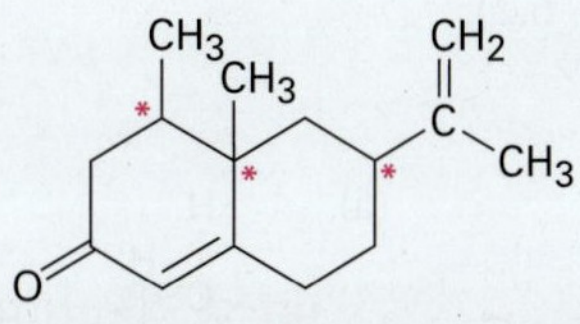

누트카톤(그레이프프루트 기름)

카이랄 분자를 확인하는 다른 방법은 대칭면을 찾아보는 것이다. 대칭면은 분자나 다른 물체의 중앙을 가로질러 잘라 분자 또는 물체의 반쪽이 다른 반쪽의 거울상이 되도록 하

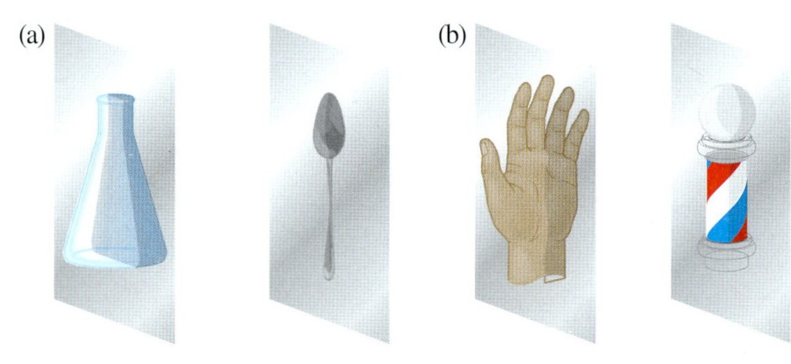

그림 6.3 대칭면의 의미. (a) 플라스크나 숟가락과 같은 물체는 대칭면을 갖고 있어 오른쪽 반과 왼쪽 반이 거울상이 되도록 한다. (b) 손과 이발소 광고등과 같은 물체는 대칭면이 없어 오른쪽 '반'이 '왼쪽' 반의 거울상이 아니다.

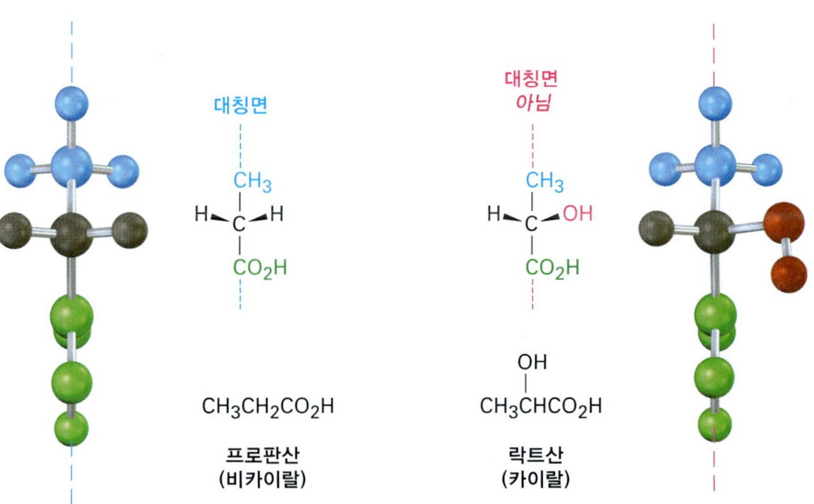

그림 6.4 비카이랄 프로판산 분자 대 카이랄 락트산 분자. 프로판산은 분자의 한쪽 면이 다른 쪽 면의 거울상이 되도록 하는 대칭면을 가진다. 락트산은 그러한 대칭면이 없다.

는 면이다. 예를 들면, 실험실의 플라스크는 대칭면을 가진다. 플라스크를 왼쪽과 오른쪽 반으로 자른다고 가정하면 한쪽 반은 다른 쪽 반의 정확한 거울상이다. 그러나 손은 대칭면을 가지고 있지 않다. 손의 '반'은 다른 '반'의 거울상이 아니다(그림 6.3).

가능한 형태 이성질체의 어느 것이라도 대칭면을 갖고 있는 분자는 그것의 거울상과 동일해야 하며, 따라서 비카이랄(nonchiral) 또는 **achiral**이다. 따라서 프로판산, $CH_3CH_2CO_2H$는 그림 6.4에서처럼 줄로 세워 놓았을 때 대칭면을 가지므로 비카이랄이다. 그러나 락트산, $CH_3CH(OH)CO_2H$은 어떠한 형태에서도 대칭면이 없으므로 카이랄이다.

예문 6.1 카이랄 분자 그리기

카이랄 알코올의 구조를 그려라.

풀이 알코올은 $-OH$ 작용기를 함유하는 화합물이다. 알코올이 카이랄이 되려면 탄소 하나에 4

개의 다른 기, 즉 $-H$, $-OH$, $-CH_3$ 및 $-CH_2CH_3$가 결합되어야 한다.

해답

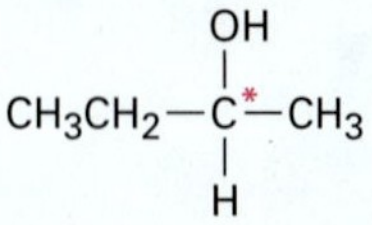

$$CH_3CH_2-\overset{OH}{\underset{H}{C^*}}-CH_3$$

뷰탄-2-올(카이랄)

예문 6.2 카이랄 분자 확인하기

3-메틸헥세인은 카이랄인가?

풀이 3-메틸헥세인의 구조를 그리고, CH_2와 CH_3 탄소는 카이랄성 중심이 아니므로 X로 표시하라. 그러고나서 남아 있는 탄소 어느 것에 4개의 다른 기가 결합되어 있는지 살펴보라.

해답 탄소 3에 $-H$, $-CH_3$, $-CH_2CH_3$ 및 $-CH_2CH_2CH_3$가 결합되어 있으므로 분자는 카이랄이다.

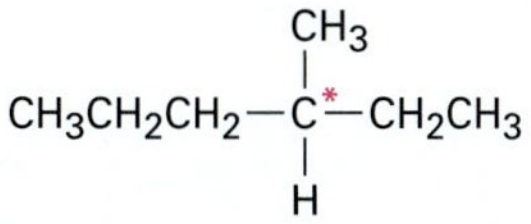

$$CH_3CH_2CH_2-\overset{CH_3}{\underset{H}{C^*}}-CH_2CH_3$$

3-메틸헥세인(카이랄)

예문 6.3 카이랄 분자 확인하기

2-메틸사이클로헥산온은 카이랄인가?

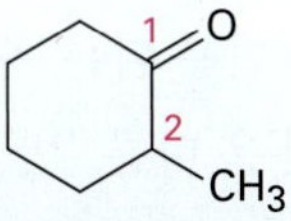

2-메틸사이클로헥산온 (고리 탄소 1: C=O, 탄소 2: CH_3)

풀이 CH_3 탄소, 고리에서 4개의 CH_2 탄소 및 C=O 탄소는 카이랄성 중심이 될 수 없으므로 무시하라. 그런 다음 남아 있는 유일한 탄소, C_2를 주의깊게 살펴보라.

해답 탄소 2에 4개의 다른 기, 즉 $-CH_3$기, $-H$ 원자, 고리 안의 $-C{=}O$기 및 $-CH_2-$ 고리 탄소가 결합되어 있으므로 2-메틸사이클로헥산온은 카이랄이다.

문제 6.1 다음 물체 중 어느 것이 카이랄(손잡이성)인가?

(a) 소다 깡통 (b) 나사돌리개 (c) 나사 (d) 구두

문제 6.2 다음 분자 중 어느 것이 카이랄인가?

(a) 3-브로모펜테인 (b) 1,3-다이브로모펜테인

(c) 3-메틸헥스-1-엔 (d) *시스*-1,4-다이메틸사이클로헥세인

문제 6.3 다음 분자 중 어느 것이 카이랄인가? 각 분자의 카이랄성 중심을 확인하라.

(a) CH_3 (벤젠 고리)

톨루엔

(b) $CH_2CH_2CH_3$, N, H

코닌
(독성 헴록에서)

(c) CH_3CH_2, O, O, H, N, N, H, O

페노바비탈
(진정제)

문제 6.4 알라닌은 단백질에서 발견되는데 카이랄 분자이다. 표준 규약인 쐐기 모양, 실선 및 점선을 사용하여 알라닌의 2가지 거울상이성질체를 그려라.

$$\underset{\displaystyle CH_3CHCO_2H}{\overset{NH_2}{|}}$$ 알라닌

문제 6.5 다음 분자에서 카이랄성 중심을 확인하라(연두색 = Cl, 연한 노란색 = F).

(a) (b)

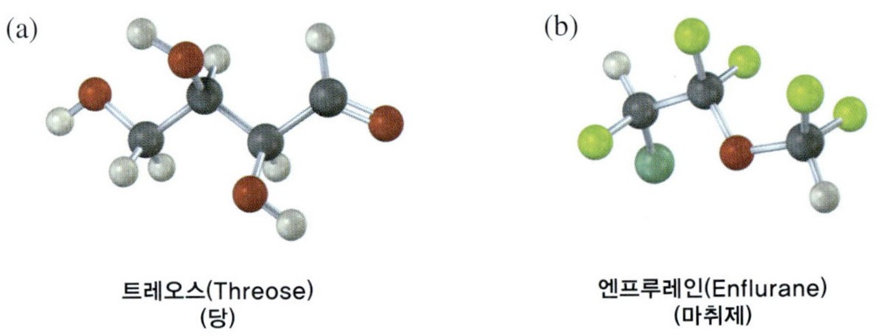

트레오스(Threose)
(당)

엔프루레인(Enflurane)
(마취제)

6.3 광학 활성도

입체화학에 관한 연구는 19세기 초 프랑스 물리학자 Jean Baptiste Biot가 수행한 **평면 편광**(plane-polarized light)의 성질에 관한 연구에서 그 유래를 찾을 수 있다. 보통 빛의 빔은 빛의 진행 방향에 직각으로 존재하는 무수한 평면 안에서 진동하는 전자기파로 구성되어 있다. 보통 빛의 빔이 **편극계**(polarizer)라 부르는 장치를 통과할 때 단일 평면 상에서 진동하는 전자기파만 통과하는데 이때 빛이 평면 편광화되었다고 한다.

Biot는 설탕이나 장뇌와 같은 어떤 유기 분자의 용액을 통해 평면 편광을 통과시키면 평면 편광이 각도 α만큼 **회전**하는 놀라운 관찰을 하였다. 유기물질이 모두 이러한 성질을 나타내는 것은 아니고 이러한 성질을 나타내는 물질은 **광활성**(optically active)이다라고

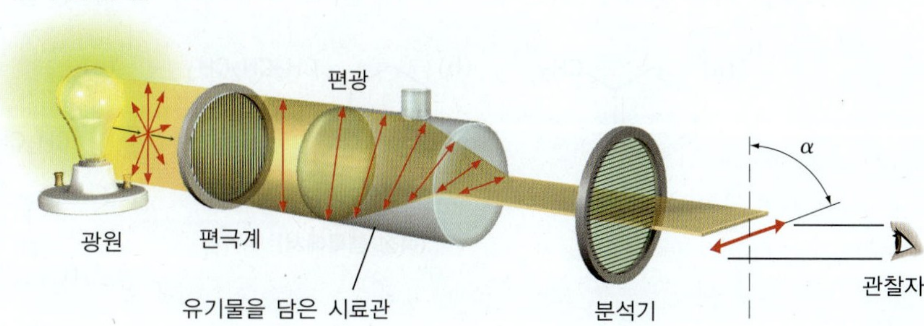

그림 6.5 편광계의 도식적 표현. 평면 편광이 광활성 분자의 용액을 통과하고 편극면을 회전시킨다.

말한다.

평면 편광의 회전 정도는 그림 6.5에 나타낸 **편광계**(polarimeter)라는 기기로 측정된다. 광활성 유기물의 용액을 시료관에 넣고 평면 편광을 관으로 통과시키면 편광의 회전이 일어난다. 이 회전한 빛은 **분석기**(analyzer)인 둘째 편극계를 통과한다. 이때 분석기를 좌우로 돌려서 평면 편광이 통과함으로써 새 편극면을 발견하게 되고 회전이 얼마나 일어났는지 말할 수 있다.

회전 정도를 측정하는 것 외에 또한 방향도 알 수 있다. 관찰자 쪽에서 분석기를 바라보면서 광활성 분자들이 평면 편광을 왼쪽(시계바늘 반대 방향)으로 회전시키면 **좌회전성**(levorotatory)이라 하고 오른쪽(시계바늘 방향)으로 회전시키면 **우회전성**(dextrorotatory)이라 한다. 규약에 의해 왼쪽으로의 회전은 (−) 기호로, 오른쪽으로의 회전은 (+) 기호로 나타낸다. 예를 들면, (−)-모르핀은 좌회전성이고 (+)-설탕은 우회전성이다.

편광계 실험에서 관찰된 광회전 정도는 광 빔과 만나는 분자수에 영향을 받는다. 한편, 빛이 마주치는 분자수는 시료의 농도와 시료관의 길이에 영향을 받는다. 만약 시료의 농도가 2배가 되면, 관찰된 회전도도 2배가 된다. 만약 농도를 일정하게 유지하고 시료관의 길이가 2배가 되면, 관찰된 회전도는 2배가 된다. 그 외에 회전 각도는 사용된 빛의 파장에 영향을 받는다.

비교할 수 있도록 광회전 자료를 표현하기 위해 표준 조건을 선택해야 한다. 화합물의 **고유 광회전도**(specific rotation), $[\alpha]_D$는 589.6나노미터(nm, 1 nm = 10^{-9} m)의 파장을 가지는 빛, 시료관의 길이, l가 1데시미터(dm, 1 dm = 10 cm)이고 시료의 농도, c가 1

표 6.1 몇 가지 유기 분자의 고유 광회전도

화합물	$[\alpha]_D$ (도)	화합물	$[\alpha]_D$ (도)
페니실린	+233	콜레스테롤	−31.5
설탕	+66.47	모르핀	−132
장뇌	+44.26	코카인	−16
클로로폼	0	아세트산	0

g/cm^3일 때 관찰되는 회전으로 정의한다.

$$[\alpha]_D = \frac{\text{관찰된 회전 (도)}}{\text{통로길이}, l\,(dm) \times \text{농도}, c\,(g/cm^3)} = \frac{\alpha}{l \times c}$$

광회전 자료를 이 방법으로 나타낼 때 고유 광회전도, $[\alpha]_D$는 주어진 광활성 화합물의 고유한 물리적 상수이다. 예를 들면, (+)-락트산은 $[\alpha]_D = +3.82$이고 (−)-락트산은 $[\alpha]_D = -3.82$이다. 즉, 거울상이성질체 2개는 평면 편광을 같은 정도로 회전시키나 반대 방향이다. 공유 광회전도의 단위는 $[(deg \cdot cm^2/g)]$이나 그 값은 보통 단위 없이 표현된다. 표 6.1에 몇 가지 예를 실어 놓았다.

예문 6.4 광회전도 계산하기

$[\alpha]_D = -16$인 코카인 1.20 g을 클로로폼 7.50 mL에 용해시켜 통로길이가 5.00 cm인 시료관에 넣었다. 관측된 회전도는 얼마인가?

풀이 $[\alpha]_D = \dfrac{\alpha}{l \times c}$ 이므로 $\alpha = l \times c \times [\alpha]_D$이다.

여기서 $[\alpha]_D = -16$, $l = 5.00\ cm = 0.500\ dm$, $c = 1.20\ g/7.50\ cm^3 = 0.160\ g/cm^3$이다.

해답 $\alpha = -16° \times 0.500 \times 0.160 = -1.3°$

문제 6.6 코카인(예문 6.4)은 우회전성인가 또는 좌회전성인가?

문제 6.7 독 당근의 독성 추출물인 코니인 시료 1.50 g을 10.0 mL의 에탄올에 용해시킨 후 통로길이가 5.00 cm인 시료관에 넣었다. 나트륨 D선을 써서 측정된 회전은 +1.21°이었다. 코니인의 고유 광회전도, $[\alpha]_D$를 계산하라.

6.4 Pasteur의 거울상이성질체 발견

Biot가 광학 활성도를 발견한 후 Louis Pasteur가 포도주에서 결정성 타타르산염에 대해 연구를 시작한 1848년까지 진전이 거의 없었다. Pasteur는 28 °C 이하에서 타타르산 나트륨 암모늄의 진한 용액을 결정화시켜 2종의 결정이 침전하는 놀랄 만한 사실을 관찰하였다. 더구나 2종의 결정은 거울상이었고 오른손의 왼손에 대한 것과 같은 관계였다.

Pasteur는 핀셋을 조심스럽게 사용하여 그림 6.6에서처럼 '오른손잡이성' 결정과 '왼손잡이성' 결정의 2가지 무더기로 분리할 수 있었다. 비록 원래의 시료(오른손잡이성과 왼손잡이성의 혼합물이 50 : 50)는 광학 비활성이었으나 분리된 더미의 각각의 용액은 광활성이

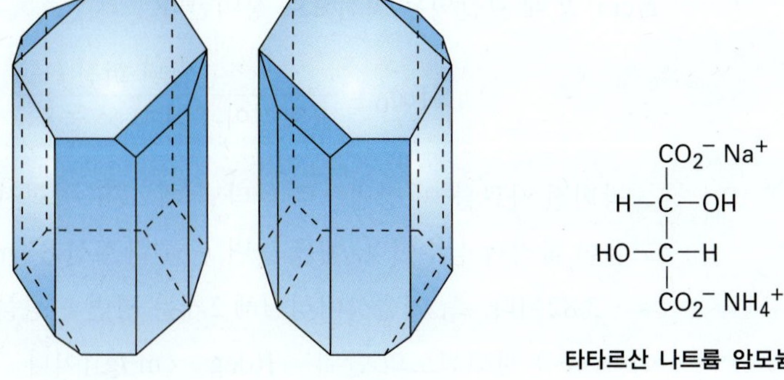

그림 6.6 Pasteur가 그린 타타르산 나트륨 암모늄 결정의 원래 그림. 결정의 하나는 용액 중에서 우회전성이고, 다른 하나는 좌회전성이다.

었고, 그들의 고유 광회전도는 크기는 같고 부호는 반대였다.

Pasteur는 시대를 앞서가고 있었다. 비록 Kekulé 구조 이론이 아직 제안되지 않았지만, Pasteur는 "[우회전성 타타르산에] 중첩될 수 없는 거울상을 가지는 비대칭 배열이 존재함에는 의심의 여지가 없다"고 분자를 설명하였으며, "좌회전성 산의 원자들은 정확하게 역의 비대칭 배열을 가졌다"고 말하였다. Pasteur의 상상력은 대단하였는데, 25년이 지난 후에야 카이랄 분자에 대한 그의 이론이 증명되었다.

오늘날 우리는 Pasteur가 거울상이성질체를 발견하였다고 말한다. 거울상이성질체는 또한 광학 이성질체(optical isomer)라고도 부르는데 녹는점, 끓는점과 같은 물리적 상수는 동일하나 그들의 용액이 평면 편광을 회전시키는 방향은 다르다.

6.5 배열을 정하는 순위 결정 규칙

그림을 그려 시각적으로 입체화학을 나타낼 수 있으나 카이랄성 중심 주위에 있는 치환기의 3차원 배치, 또는 **배열**(configuration)을 결정하는 구두로 된 방법 역시 필요하다. 이 방법은 3.4절에서 *E*와 *Z* 알켄 입체화학을 정할 때 사용한 순위 결정 규칙을 그대로 따른다. 이 순위 결정 규칙을 잠깐 복습하며 이들이 어떻게 카이랄성 중심의 배열을 정하는 데 사용되는지 알아보자. 더 깊게 복습하기를 원한다면 3.4절을 읽어 보라.

규칙 1 **카이랄성 중심에 직접 결합된 4개의 원자를 보라. 그리고 원자 번호가 감소하는 순으로 우선순위를 매긴다.** 가장 높은 원자 번호를 가진 원자가 1번이 되고 가장 낮은 원자 번호를 가진 원자가 4번이 된다.

규칙 2 **치환기의 첫 번째 원자에서 순위를 정할 수 없다면 차이가 생길 때까지 두 번째, 세 번째, 또는 네 번째 원자 등으로 간다.**

규칙 3 **다중 결합 원자들은 같은 수의 단일결합 원자들과 같다.**

카이랄성 중심에 붙어 있는 4개의 기에 우선순위를 매긴 후 이 탄소의 입체화학 배열을 나타내기 위해 우선순위가 가장 낮은 치환기(4)를 우리 눈으로부터 뒤쪽으로 향하도록 한다. 그러고나서 나머지 세 치환기를 바라보면 이들은 마치 운전대의 살처럼 우리를 향해 있게 된다(그림 6.7). 가장 높은 우선순위를 갖는 것부터 우선순위가 감소하는 순서(1 → 2 → 3)에 따라 그린 화살표의 방향이 시계바늘 방향이면 카이랄성 중심은 ***R* 배열**(*R* configuration)(라틴어로 *rectus*, '오른쪽')을 가졌다고 하며, 만약 우선순위가 감소하는 순서(1 → 2 → 3)를 따라 그린 화살표가 시계바늘 반대 방향이면 ***S* 배열**(*S* configuration)(라틴어로 *sinister*, '왼쪽')을 가졌다고 한다. 이런 지정을 기억하기 위해 운전대를 오른쪽(시계바늘 방향)으로 돌리는 경우를 생각해 보라.

배열을 어떻게 지정하는지 예로서 그림 6.8의 (−)-락트산을 보자. 순위 규칙 1에 의하면, −OH가 우선순위 1이 되고 −H는 우선순위 4이지만 $-CH_3$과 $-CO_2H$는 둘 다 탄소 원자가 첫째 원자이므로 우선순위가 결정되지 않는다. 그러나 순위 규칙 2에 의하면 O가 H(각 기의 둘째 원자)보다 순위가 높기 때문에 $-CO_2H$가 $-CH_3$보다 우선순위가 더 높다. 왜냐하면 O($-CO_2H$에서 가장 높은 둘째 원자)는 H($-CH_3$에서 가장 높은 둘째 원자)보다 앞선 순위이기 때문이다. 이제 분자를 우선순위 4인 기(−H)가 관찰자의 눈에서 멀리 뒤쪽을 향해 있도록 돌린다. 우선순위가 낮은 순서 1(−OH) → 2($-CO_2H$) → 3($-CH_3$)로 굽은 화살표를 그리면 시계바늘 방향(운전대의 우회전)이므로 (−)-락트산은 *R* 배열이다. (+)-락트산에 동일한 방법을 적용하면 반대 배열이 된다.

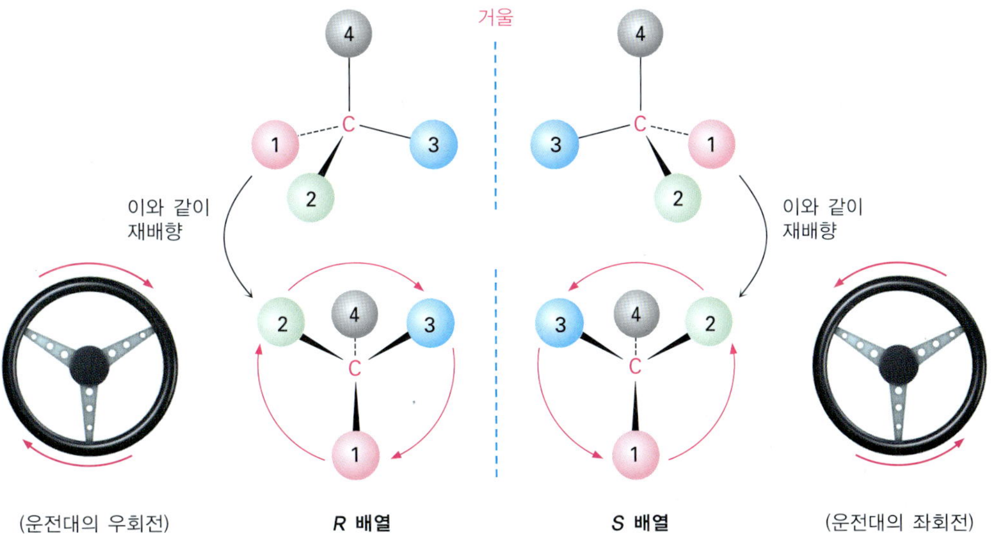

그림 6.7 카이랄성 중심에 대한 배열의 지정. 가장 낮은 우선순위(4)의 기가 뒤쪽을 향하도록 분자를 놓으면 남은 세 기들이 마치 운전대의 살처럼 관찰자를 향한다. 만약 우선순위의 감소 방향 1 → 2 → 3이 시계바늘 방향(오른쪽으로 돌림)이면 중심은 *R* 배열이고, 우선순위의 감소 방향 1 → 2 → 3이 시계바늘 반대 방향(왼쪽으로 돌림)이면 그 중심은 *S* 배열이다.

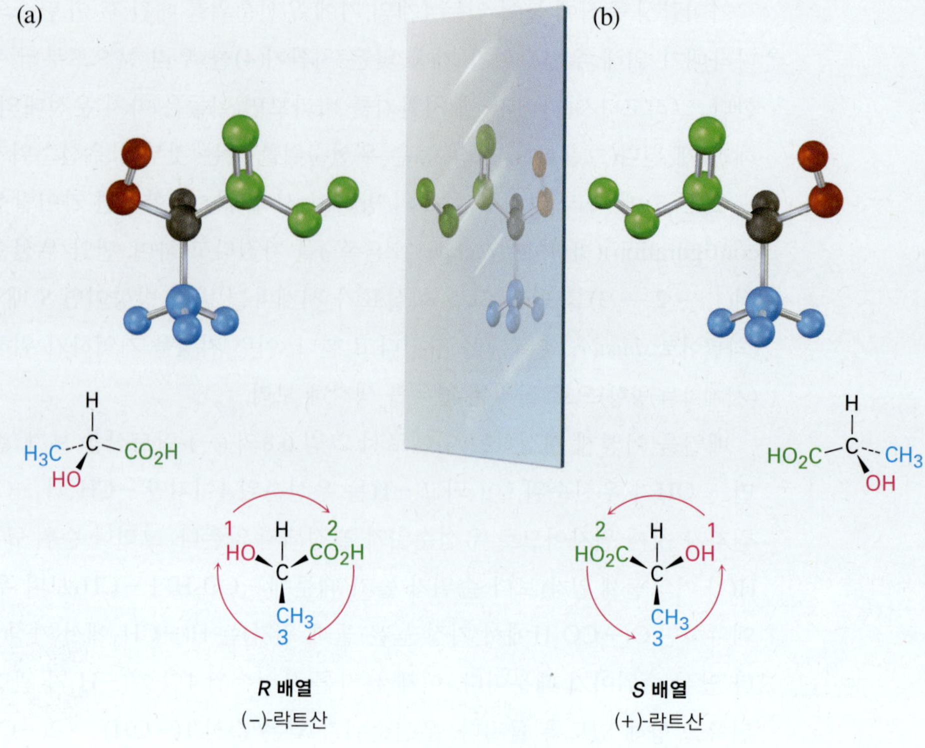

그림 6.8 (a) (*R*)-(−)-락트산과 (b) (*S*)-(−)-락트산의 배열 결정

그림 6.9 (a) (−)-글리세르알데하이드와 (b) (+)-알라닌에 대한 배열 결정. 비록 하나는 좌회전성이고 다른 하나는 우회전성이지만 둘 다 우연히도 *S* 배열을 가진다.

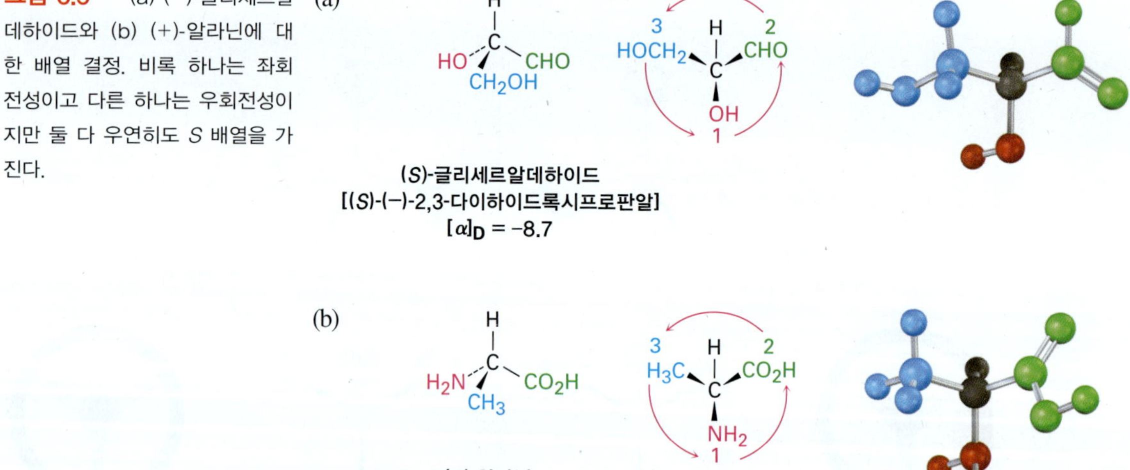

다른 예로서 천연에서 발생하는 (−)-글리세르알데하이드와 (+)-알라닌을 보자. 그림 6.9에 나타낸 것과 같이, 이들은 *S* 배열을 가지고 있다. 광회전 기호 (+) 또는 (−)는 *R*,*S* 명칭과 아무런 관련이 없다는 것에 주목하라. (*S*)-알라닌은 우회전성(+)이며 (*S*)-글리세르

알데하이드는 좌회전성(−)이나, *R*,*S* 배열과 광회전의 방향 사이에는 아무런 관계가 없다.

예문 6.5 카이랄성 중심에 대한 *R*과 *S* 배열 정하기

다음 각 그림에서 우선순위가 가장 낮은 것이 눈의 뒤쪽으로 향하게 하고 그 배열이 *R*인지 *S*인지 결정하라.

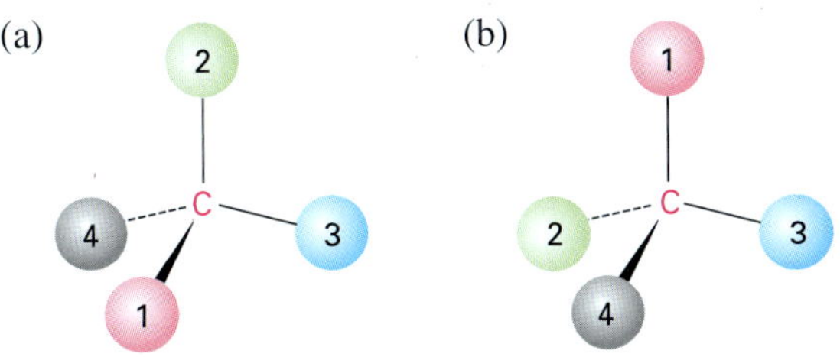

풀이 카이랄성 중심을 3차원으로 머릿속에 그리고 치환기를 배치하는 데 연습이 필요하다. 관찰자가 가장 낮은 우선순위 기의 180° 반대에 있도록 하면서 시작하기로 하자. 그러고나서 여러분 자신이 관찰자의 위치에 있다고 상상하고 보이는 대로 다시 그린다.

해답 (a)에서 분자의 전면 오른쪽 상단에서 분자를 바라본다고 상상하면 작용기 2는 왼쪽에, 작용기 3은 오른쪽에, 작용기 1은 아래쪽에 놓이게 된다. 이것은 *R* 배열에 해당한다.

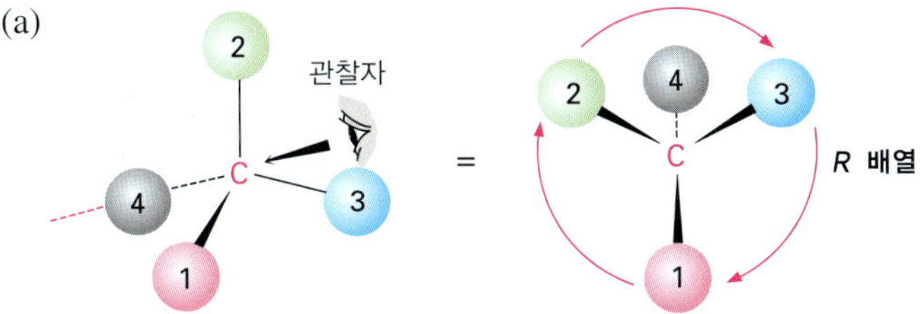

(b)에서 자신이 지면의 뒤쪽에서 분자를 바라본다고 상상하면 작용기 3은 왼쪽에, 작용기 1은 오른쪽에, 그리고 작용기 2는 아래쪽에 위치하게 된다. 이것 역시 *R* 배열에 해당한다.

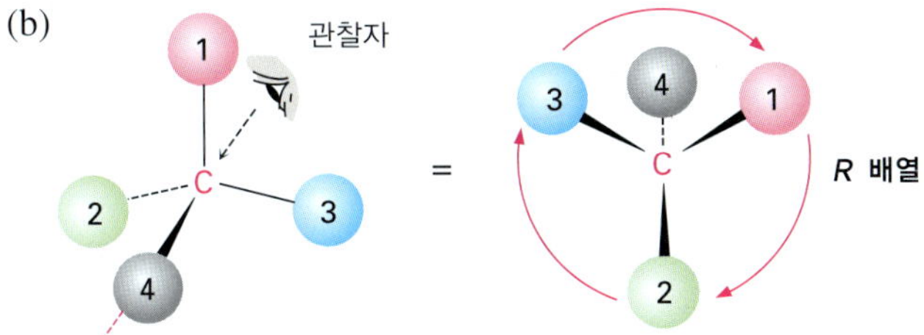

예문 6.6 특정한 거울상이성질체 그리기

(*R*)-2-클로로뷰테인의 사면체형 입체 구조를 그려라.

풀이 카이랄성 중심에 결합된 4개의 치환기를 확인하고 (1) $-Cl$, (2) $-CH_2CH_3$, (3) $-CH_3$, (4) $-H$의 우선순위를 결정하라. 분자의 사면체형 입체 구조를 그리기 위해 가장 낮은 우선순위인 $-H$를 눈으로부터 뒤쪽으로 향하게 하고 다른 3개의 치환기들이 지면에서 앞쪽을 향하는 것을 상상한다. 남은 3개의 치환기를 우선순위가 감소하는 방향 1 → 2 → 3으로 배치하여 시계바늘 방향(우회전)이 되도록 하고 분자를 90°만큼 여러분 쪽으로 기울여 뒤쪽의 수소와 탄소가 지면에 놓이게 한다. 이 문제를 푸는 데 분자 모형을 이용하면 큰 도움이 될 것이다.

해답

1 Cl, H, 2 CH_2CH_3, C, CH_3 3 → H, H_3C, C, CH_2CH_3, Cl

(*R*)-2-클로로뷰테인

문제 6.8 다음 각 조에서 치환기의 우선순위를 결정하라.

(a) $-H$, $-OH$, $-CH_2CH_3$, $-CH_2CH_2OH$

(b) $-CO_2H$, $-CO_2CH_3$, $-CH_2OH$, $-OH$

(c) $-CN$, $-CH_2NH_2$, $-CH_2NHCH_3$, $-NH_2$

(d) $-SH$, $-CH_2SCH_3$, $-CH_3$, $-SSCH_3$

문제 6.9 다음 분자의 *R*,*S* 배열을 결정하라.

(a) Br, H_3C, C, CO_2H, H

(b) H, HO, C, CO_2H, CH_3

(c) NH_2, NC, C, CH_3, H

문제 6.10 (*S*)-펜탄-2-올(2-하이드록시펜테인)의 사면체형 구조를 그려라.

문제 6.11 다음의 아미노산 메싸이오닌의 분자 모형에서 카이랄성 중심에 대한 *R* 또는 *S* 배열을 결정하라(붉은색 = O, 파란색 = N, 노란색 = S).

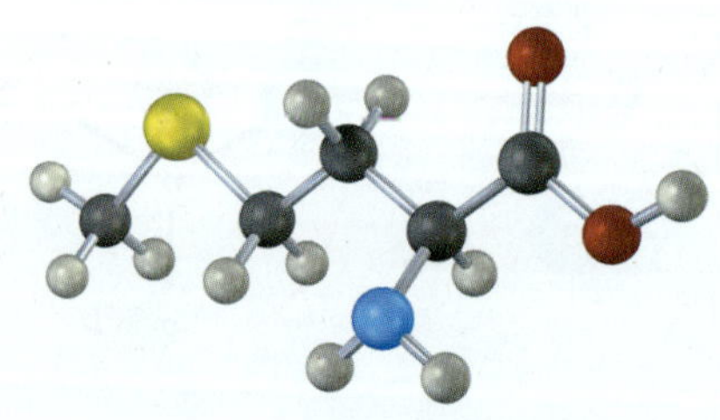

6.6 부분입체이성질체

락트산과 글리세르알데하이드와 같은 분자는 단 1개의 카이랄성 중심과 2개의 거울상이성질체를 가지므로 다루기가 비교적 쉽다. 그러나 카이랄성 중심이 하나 이상 있는 분자에서는 사정이 더 복잡해진다. 일반 규칙으로서, *n*개의 카이랄성 중심을 가진 분자는 2^n개까지 입체이성질체(보다 적은 수를 가질지라도)를 가질 수 있다. 아미노산 트레오닌(2-아미노-3-하이드록시뷰탄산)을 예로 들어 보자. 트레오닌은 2개의 카이랄성 중심(C2와 C3)을 가지므로 그림 6.10에서와 같이 $2^2 = 4$개의 입체이성질체가 가능하다. *R*,*S* 배열이 정확한지 여러분 스스로 조사해 보라.

2-아미노-3-하이드록시뷰탄산의 4가지 입체이성질체는 두 쌍의 거울상이성질체로 분류될 수 있다. 2*S*,3*S* 입체이성질체는 2*R*,3*R*의 거울상이며 2*S*,3*R* 입체이성질체는 2*R*,3*S*의 거울상이다. 그렇다면 거울상이 아닌 두 분자 사이의 관계는 무엇인가? 예를 들어, 2*R*,3*R* 이성질체와 2*R*,3*S* 이성질체 사이의 관계는 무엇인가? 그들은 입체이성질체이나 거울상이성질체는 아니다. 그러한 관계를 기술하기 위해 새로운 용어인 **부분입체이성질체**가 필요하다.

부분입체이성질체(diastereomer)는 거울상이 아닌 입체이성질체를 말한다. 2개의 거울

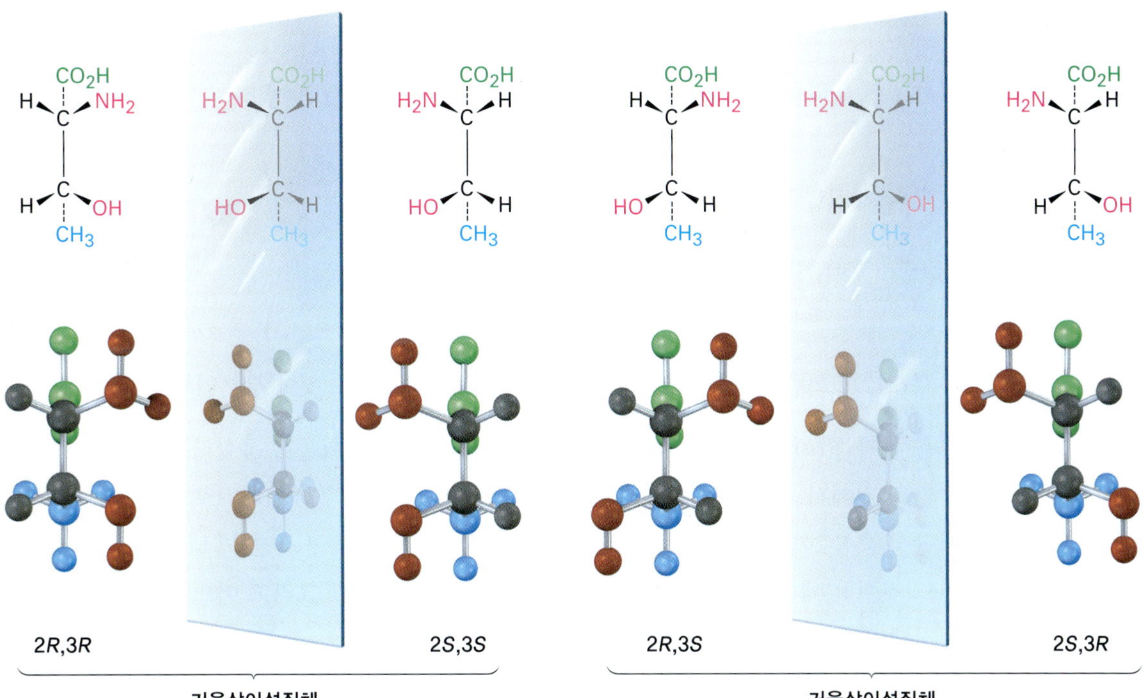

그림 6.10 2-아미노-3-하이드록시뷰탄산에 대한 4개의 입체이성질체

표 6.2 트레오닌의 4개 입체이성질체 사이의 관계

입체이성질체	거울상이성질체	부분입체이성질체
2*R*,3*R*	2*S*,3*S*	2*R*,3*S*과 2*S*,3*R*
2*S*,3*S*	2*R*,3*R*	2*R*,3*S*과 2*S*,3*R*
2*R*,3*S*	2*S*,3*R*	2*R*,3*R*과 2*S*,3*S*
2*S*,3*R*	2*R*,3*S*	2*R*,3*R*과 2*S*,3*S*

상이성질체 사이의 관계를 기술하기 위해 오른손/왼손 유사성을 이용하였기 때문에 부분입체이성질체 사이의 관계도 다른 사람의 손의 관계와 같이 말함으로써 유사성을 확장할 수 있을 것이다. 당신의 손과 친구의 손은 비슷하게 보이나 동일하지 않다. 그리고 거울상이 아니다. 마찬가지로, 부분입체이성질체도 비슷하나 동일하지 않고 거울상이 아니다.

거울상이성질체와 부분입체이성질체 사이의 차이에 주목하라: 거울상이성질체는 모든 카이랄성 중심에서 반대되는 배열을 한다. 그러나 부분입체이성질체는 어느(한 개 또는 그 이상) 카이랄성 중심의 배열은 반대이지만 다른 카이랄성 중심은 동일한 배열을 한다. 표 6.2에 트레오닌의 입체이성질체 4개를 모두 나타내었다. 트레오닌의 4개 입체이성질체 중 2*S*,3*R* 이성질체만 식물과 동물에서 자연적으로 발생하며, 인간의 필수적인 영양소이다. 이 결과는 상징적인데, 생물학적으로 중요한 대부분의 유기 분자는 카이랄이며 천연에서 보통 1개의 입체이성질체만이 발견된다.

문제 6.12 다음 분자들의 각 카이랄성 중심에 대해 *R* 또는 *S* 배열을 결정하라.

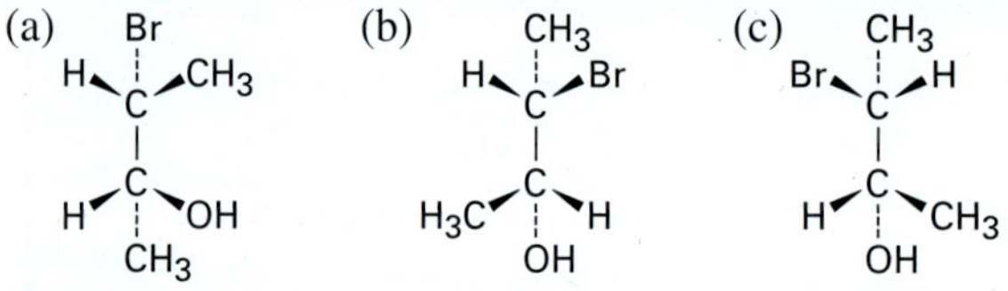

(a) Br, H, CH_3, C, C, H, OH, CH_3

(b) CH_3, H, Br, C, C, H_3C, H, OH

(c) CH_3, Br, H, C, C, H, CH_3, OH

문제 6.13 문제 6.12의 화합물 중 어느 것이 거울상이성질체이고, 어느 것이 부분입체이성질체인가?

문제 6.14 다음 분자들 (a)로부터 (d) 중 하나는 식물이 CO_2를 탄수화물로 통합하는 Calvin 광합성 순환 과정에서 중간체인 D-에리트로스 4-인산염이다. 만약 D-에리트로스 4-인산염이 카이랄성 중심 2개에서 *R* 입체화학을 갖는다면, 그것은 어느 구조인가? 남은 3개의 구조 중 어느 것이 D-에리트로스 4-인산염의 거울상이성질체인가? 그리고 어느 것이 부분입체이성질체인가?

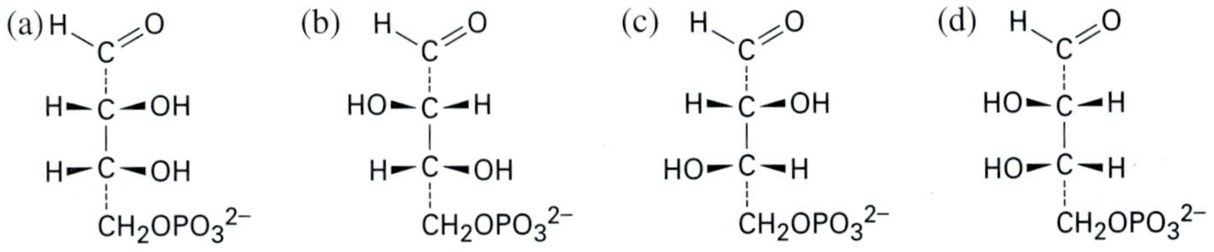

(a) (b) (c) (d)

문제 6.15 낸드로론은 근육 질량을 만드는 데 쓰이는 신진 대사성 스테로이드이다. 낸드로론은 몇 개의 카이랄성 중심을 가지는가? 원리적으로 몇 개의 입체이성질체가 가능한가?

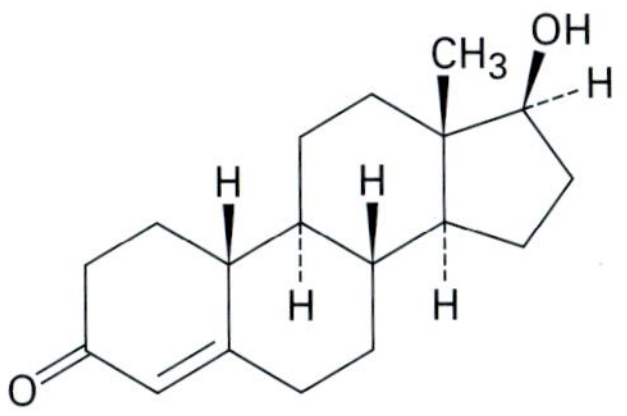

낸드로론

문제 6.16 다음의 아미노산 아이소루신의 분자 모형에서 각 카이랄성 중심에 대해 *R*,*S* 배열을 결정하라(붉은색 = O, 파란색 = N).

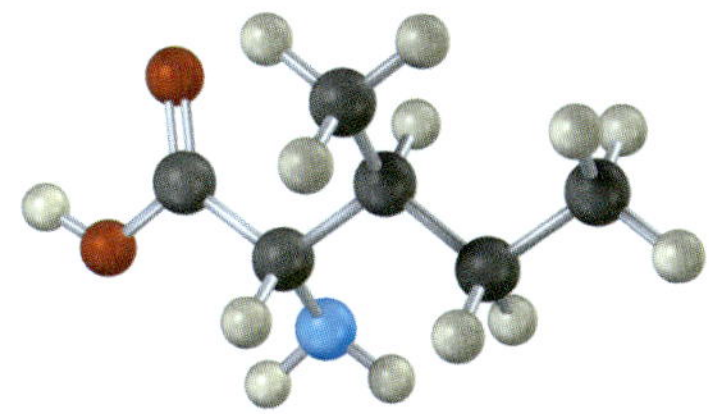

6.7 메소 화합물

Pasteur에 의해 이용된 두 개의 카이랄성 중심을 가진 타타르산을 예로 다시 살펴보자. 이 화합물의 4개의 입체이성질체는 아래와 같이 그릴 수 있다.

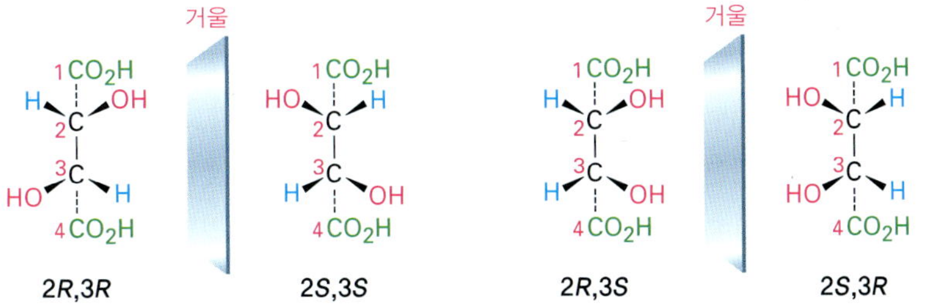

거울 거울

2*R*,3*R* 2*S*,3*S* 2*R*,3*S* 2*S*,3*R*

거울상인 2*R*,3*R*과 2*S*,3*S* 구조는 동일하지 않으므로 한 쌍의 거울상이성질체이다. 그러

그림 6.11 메소-타타르산은 C2-C3 결합을 절단하는 대칭면을 가지고 있어 비록 2개의 카이랄성 중심을 가지고 있지만 비카이랄이다.

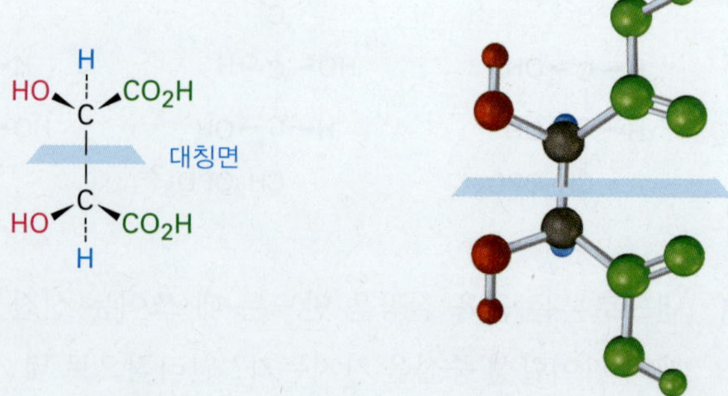

표 6.3 타타르산의 입체이성질체의 몇 가지 성질

입체이성질체	녹는점 (°C)	$[\alpha]_D$	밀도 (g/cm^3)	용해도, 20 °C (g/100 mL H_2O)
(+)	168~170	+12	1.7598	139.0
(−)	168~170	−12	1.7598	139.0
메소	146~148	0	1.6660	125.0

나 조심스럽게 한 구조를 180° 회전시켜 보면 2*R*,3*S*와 2*S*,3*R* 구조는 동일함을 알 수 있다.

1 CO_2H, H, OH, 2 C, 3 C, H, OH, 4 CO_2H — 회전 180° → — 1 CO_2H, HO, H, 2 C, 3 C, HO, H, 4 CO_2H

2*R*,3*S* **2*S*,3*R***

동일

2*R*,3*S*와 2*S*,3*R* 구조는 분자가 대칭면을 가지므로 동일하며 따라서 비카이랄이다. 대칭면이 C2−C3 결합 사이를 잘라 분자의 반쪽이 다른 반쪽에 대해 거울상을 만든다(그림 6.11). 대칭면 때문에 그림 6.11에 나타낸 타타르산 입체이성질체는 2개의 카이랄성 중심이 있음에도 불구하고 비카이랄이다. 카이랄성 중심을 가지나 비카이랄인 화합물을 **메소 화합물**[meso(**me**-zo) compound]이라 한다. 따라서 타타르산은 2개의 거울상이성질체와 1개의 메소 화합물로 총 3개의 입체이성질체로 존재한다.

표 6.3에 3개의 타타르산 입체이성질체의 물리적 성질을 나타내었다. (+)와 (−) 거울상이성질체는 동일한 녹는점, 용해도 및 밀도를 가지며 평면 편광의 회전 부호만 다르다. 대조적으로, 메소 화합물은 (+)와 (−) 구조의 부분입체이성질체이므로 다른 화합물이고

다른 물리적 성질을 가진다.

예문 6.7 메소 화합물 확인하기

시스-1,2-다이메틸사이클로뷰테인은 카이랄성 중심을 가지고 있는가? 그것은 카이랄인가?

풀이 카이랄성 중심이 존재하는지 알아 보기 위해 4개의 다른 기들이 결합된 탄소 원자를 찾아보라. 분자가 카이랄인지 알아 보기 위해 대칭면을 찾아보라. 카이랄성 중심을 가진 분자가 항상 카이랄은 아니다. 메소 화합물은 예외이다.

해답 *시스*-1,2-다이메틸사이클로뷰테인을 보면 메틸기를 가진 고리의 탄소(C1과 C2)가 카이랄성 중심이다. 그렇지만 전체적으로 화합물은 C1과 C2 사이의 고리를 양분하는 대칭면의 존재로 비카이랄이다. 따라서 *시스*-1,2-다이메틸사이클로뷰테인은 메소 화합물이다.

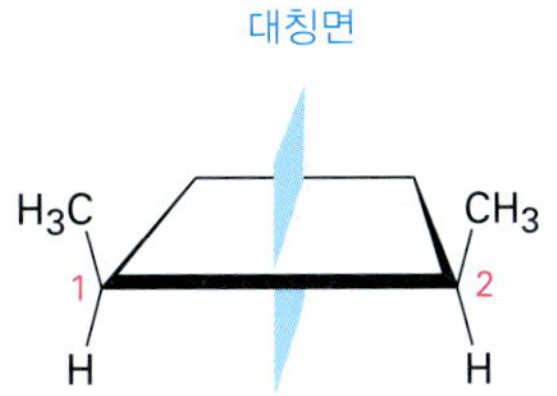

대칭면

H_3C CH_3 1 2 H H

문제 6.17 다음 구조 중 어느 것이 메소 화합물인가?

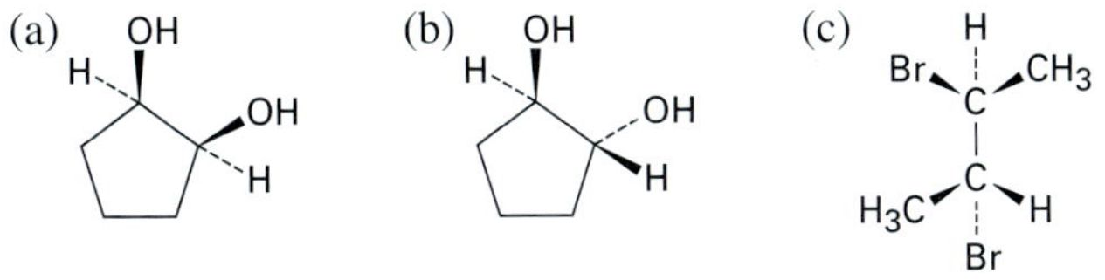

(a) OH H OH H

(b) OH H OH H

(c) H Br CH_3 C C H_3C H Br

문제 6.18 다음 물질 중 어느 것이 메소 구조인가? 그들을 그려라.

(a) 2,3-다이브로모뷰테인

(b) 2,3-다이브로모펜테인

(c) 2,4-다이브로모펜테인

6.8 라세미 혼합물과 거울상이성질체의 분할

입체이성질 현상의 토의를 끝내기 위해 6.4절에 기술된 Pasteur의 거울상이성질체 발견으로 돌아가자. Pasteur는 광학 비활성 타타르산염을 위해 결정을 만들어 2*R*,3*R*과 2*S*,3*S* 배열을 가진 2개의 광활성 형태를 얻었다. 그러면 원래의 광학 비활성 형태는 무엇인가? 그것은 *메소*-타타르산일 수 없다. 왜냐하면 *메소*-타타르산은 다른 화합물이며 결합을 절단하고 재생성함이 없이 2개의 카이랄 거울상이성질체로 전환할 수 없기 때문이다.

그 해답은 Pasteur가 2개의 카이랄 타타르산 거울상이성질체의 50:50 혼합물로 출발한 것이다. 그러한 혼합물을 라세미 혼합물(racemic mixture) 또는 **라세미체**(racemate, **ra-**suh-mate)라고 부른다. 라세미 혼합물은 (±) 부호나 좌회전성과 우회전성 거울상이성질체를 같은 양 포함한다는 것을 표시한 접두사 *d*,*l*로 흔히 나타낸다. 그러한 혼합물은 한 거울상이성질체로부터 (+) 회전이 다른 거울상이성질체로부터 (−) 회전을 정확히 상쇄하므로 광할성이 없는 것처럼 보인다. Pasteur가 이들 거울상이성질체를 분리 또는 **분할**(resolve)하는 데 성공한 것은 운이 꽤 좋았기 때문이다. 불행하게도, 그가 사용한 결정 기술은 대부분의 라세미 혼합물에 작동이 안되므로 다른 방법이 필요하다.

분할하는 데 가장 보편적인 방법은 카이랄 카복실산(RCO_2H)의 라세미 혼합물과 1개의 아민 염기(RNH_2)의 산-염기 반응을 이용하여 암모늄염을 만드는 것이다.

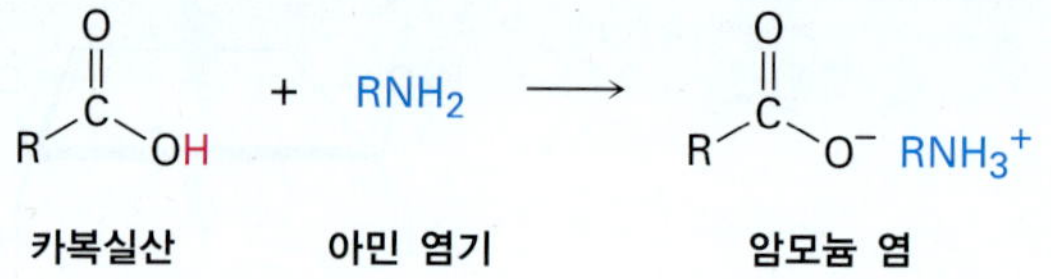

$$RCOOH + RNH_2 \longrightarrow RCOO^- \; RNH_3^+$$

카복실산 아민 염기 암모늄 염

이러한 분할법을 이해하기 위해 (+)-락트산과 (−)-락트산 같은 카이랄 산의 라세미 혼합물이 메틸아민과 같은 비카이랄 아민 염기와 반응할 때 어떻게 되는지 살펴보자. 입체화학적으로 이 상황은 왼손과 오른손(카이랄)이 공(비카이랄)을 잡을 때와 유사하다. 왼손

그림 6.12 라세미 락트산은 비카이랄 메틸아민과 반응하여 암모늄염의 라세미 혼합물을 형성한다.

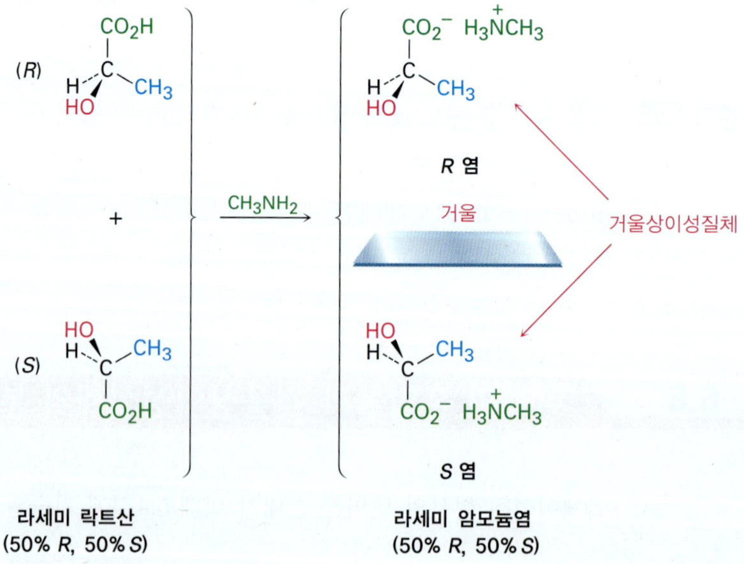

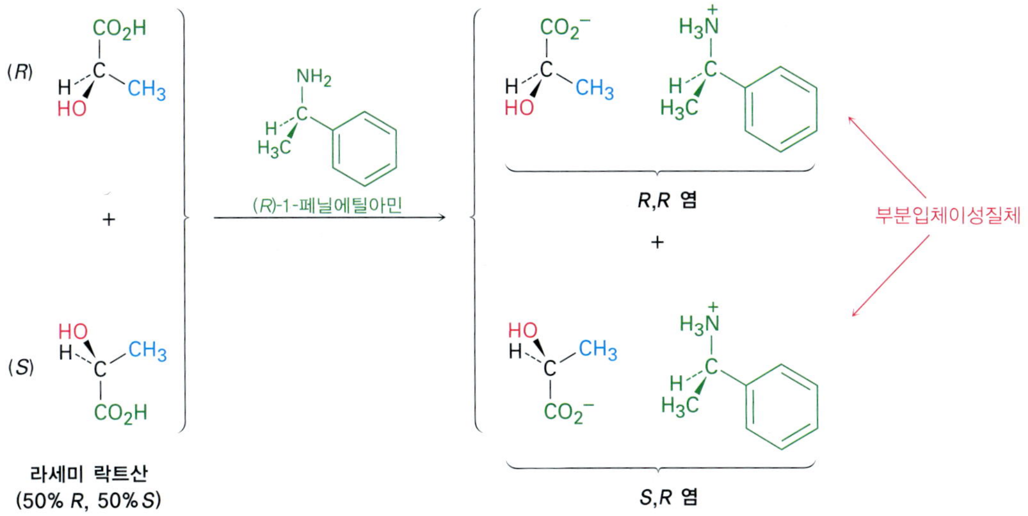

그림 6.13 라세미 타타르산과 (*R*)-1-페닐에틸아민의 반응에서 성질이 다르고 분리될 수 있는 부분입체이성질성 암모늄염의 혼합물을 얻는다.

과 오른손은 둘 다 똑같이 공을 잡을 수 있다. 그리고 생성물에 해당하는 오른손의 공과 왼손의 공은 서로 거울상이다. 동일한 방법으로, (+)-락트산과 (−)-락트산은 메틸아민과 똑같이 잘 반응하며, 생성물은 (+)-락트산 메틸암모늄과 (−)-락트산 메틸암모늄의 라세미 혼합물이다(그림 6.12).

(+)-락트산과 (−)-락트산의 라세미 혼합물이 (*R*)-1-페닐에틸아민과 같은 카이랄 아민 염기의 단일 거울상이성질체와 반응하면 어떻게 되는지 살펴보기로 하자. 입체화학적으로 이 상황은 왼손과 오른손(카이랄)에 오른손 장갑(또한 카이랄)을 낄 때의 상황과 유사하다. 왼손과 오른손은 같은 방법으로 오른손 장갑을 낄 수 없다. 생성물에 해당하는 오른손 장갑의 오른손 대 오른손 장갑의 왼손은 거울상이 아니며 따라서 비슷하나 다르다.

같은 방법으로, (+)-락트산과 (−)-락트산은 (*R*)-1-페닐에틸아민과 반응하여 2개의 다른 생성물(그림 6.13)을 생성한다. (*R*)-락트산은 (*R*)-1-페닐에틸아민과 반응하여 *R*,*R* 염을 생성하나 (*S*)-락트산은 동일한 (*R*)-아민과 반응하여 *S*,*R* 염을 생성한다. 두 염은 **부분입체이성질체**이다. 그들은 다른 화합물이고 다른 화학적 및 물리적 성질을 가진다. 따라서 결정화나 다른 수단을 통해 분리할 수 있다. 일단 분리한 후에 두 부분입체이성질체 염을 HCl로 산성화하여 2개의 순수한 락트산의 거울상이성질체를 분리하고 카이랄 아민을 회수하여 다음에 이용한다. 즉, 원래의 라세미 혼합물은 분할되었다.

예문 6.8 생성물 입체화학 예측하기

우리는 10.6절에서 카복실산(RCO_2H)이 알코올($R'OH$)과 반응하여 에스터(RCO_2R')를 생성하는 것을 보게 될 것이다. (±)-라세미 락트산이 CH_3OH와 반응하여 에스터, 락트산 메틸을 생성한다고 가정하자. 생성물(들)은 어떤 입체화학을 가지는가? 생성물들은 어떤 관계인가?

$$\underset{\text{락트산}}{CH_3\overset{HO}{\overset{|}{C}}H\overset{O}{\overset{\|}{C}}OH} + \underset{\text{메탄올}}{CH_3OH} \xrightarrow{\text{산 촉매}} \underset{\text{락트산 메틸}}{CH_3\overset{HO}{\overset{|}{C}}H\overset{O}{\overset{\|}{C}}OCH_3} + H_2O$$

해답 라세미산과 메탄올 같은 비카이랄 알코올이 반응하여 거울상(거울상이성질성) 생성물이 생성된다.

(*S*)-락트산 + (*R*)-락트산 $\xrightarrow[\text{산 촉매}]{CH_3OH}$ (*S*)-락트산 메틸 + (*R*)-락트산 메틸

문제 6.19 아세트산(CH_3CO_2H)이 (*S*)-뷰탄-2-올과 반응하여 에스터(예문 6.8)를 생성한다고 가정하라. 단일결합한 산소 원자는 산보다 알코올에서 온다고 가정하고 생성물(들)의 입체화학은 무엇인가?

$$\underset{\text{아세트산}}{CH_3\overset{O}{\overset{\|}{C}}OH} + \underset{\text{뷰탄-2-올}}{CH_3\overset{OH}{\overset{|}{C}}HCH_2CH_3} \xrightarrow{\text{산 촉매}} \underset{\text{아세트산 sec-뷰틸}}{CH_3\overset{O}{\overset{\|}{C}}O\overset{CH_3}{\overset{|}{C}}HCH_2CH_3} + H_2O$$

6.9 이성질현상의 간단한 복습

앞의 여러 경우에서 지적한 바와 같이, 이성질체는 동일한 화학식을 가지나 다른 구조를 가진 화합물이다. 지난 몇 개 장에서 몇 가지 다른 종류의 이성질체를 알아 보았는데 이 시점에서 그들이 서로 어떤 관계인지 살펴보는 것은 좋은 생각이다(그림 6.14).

이성질현상에는 2가지 기본형, 즉 구성 이성질 현상과 입체이성질 현상이 있다.

- **구성 이성질체**(2.2절)는 화합물의 원자들이 다르게 연결된다. 이들 구성 이성질체 중에는 골격, 작용기 및 위치 이성질체가 있다.

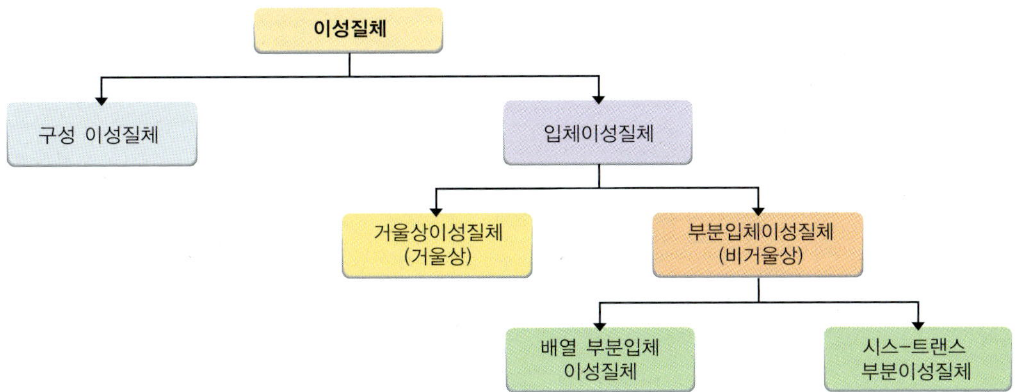

그림 6.14 다른 종류의 이성질체에 대한 요약

다른 탄소 골격	$CH_3CH(CH_3)CH_3$ **2-메틸프로페인**	와	$CH_3CH_2CH_2CH_3$ **뷰테인**
다른 작용기	CH_3CH_2OH **에틸 알코올**	와	CH_3OCH_3 **다이메틸 에터**
작용기의 다른 위치	$CH_3CH(NH_2)CH_3$ **아이소프로필아민**	와	$CH_3CH_2CH_2NH_2$ **프로필아민**

- **입체이성질체**(2.8절)는 화합물의 원자들의 연결 방법은 동일하나 공간 배열이 다르다. 우리는 입체이성질체의 종류 가운데 거울상이성질체, 부분입체이성질체, 시스-트랜스 이성질체(알켄과 고리알케인에서)를 배웠다. 실제 시스-트랜스 이성질체는 비거울상 입체이성질체이므로 특별한 종류의 부분입체이성질체이다.

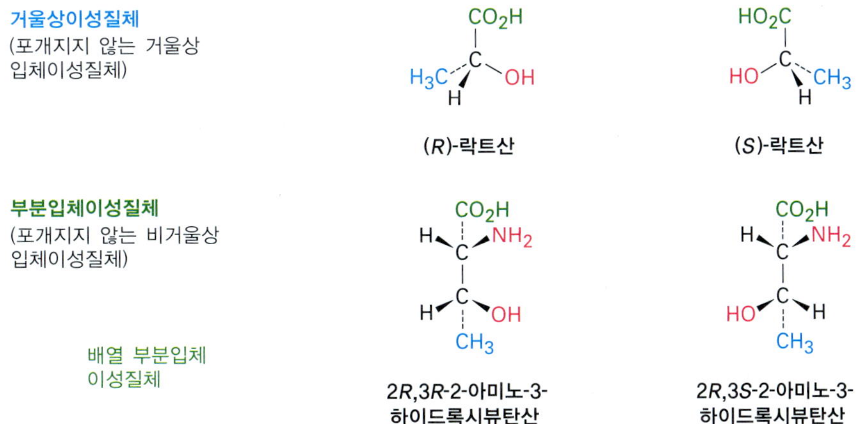

시스-트랜스 부분 입체이성질체
(이중 결합이나 고리의 같은 방향이나 반대 방향에 있는 치환체)

H_3C, H, C=C, H, CH_3 과 H_3C, CH_3, C=C, H, H

트랜스-뷰트-2-엔 **시스-뷰트-2-엔**

H_3C, H, H, CH_3 과 H_3C, CH_3, H, H

트랜스-1,3-다이메틸-사이클로펜테인 **시스-1,3-다이메틸-사이클로펜테인**

문제 6.20 다음 쌍은 어떤 종류의 이성질체인가?

(a) (*S*)-5-클로로헥스-2-엔과 클로로사이클로헥세인

(b) (2*R*,3*R*)-다이브로모펜테인과 (2*S*,3*R*)-다이브로모펜테인

6.10 천연의 카이랄성과 카이랄 환경

카이랄 분자의 다른 입체이성질성 구조들은 다른 물리적 성질뿐만 아니라 일반적으로 생물학적 성질도 다르다. 예를 들면, 리모넨의 (+) 거울상이성질체는 오렌지 향을 가지나 (−) 거울상이성질체는 레몬 향을 가진다.

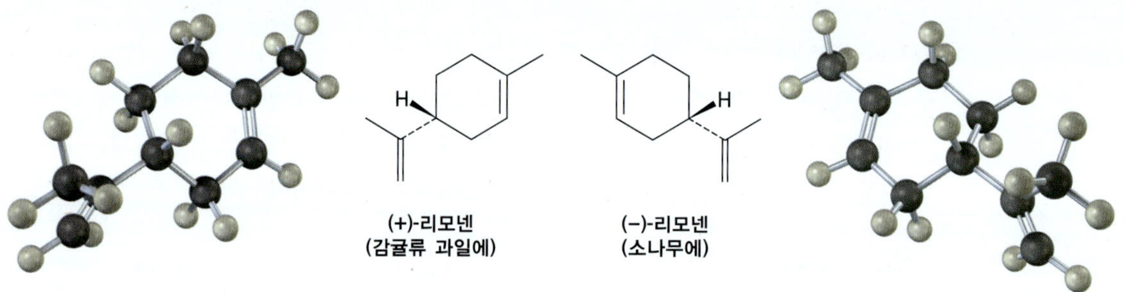

(+)-리모넨 (감귤류 과일에) (−)-리모넨 (소나무에)

카이랄성 변화가 분자의 생물학적 성질에 얼마나 영향을 미칠 수 있는지 보여 주는 극적인 예로 Prozac이라는 상품명으로 판매되고 굉장히 많이 처방되는 의약인 Fluoxetine과 같은 많은 약을 들 수 있다. 라세미 Fluoxetine은 효과가 뛰어난 항우울제인데 편두통에는 효과가 없다. 그러나 순수한 *S* 거울상이성질체는 편두통 치료에 아주 효과적이어서 임상 평가를 하고 있는 중이다. 이 장의 끝부분에 소개되어 있는 【생활 속의 유기 화학】의 '카이랄 의약품'에서 몇 가지 다른 예를 보여줄 것이다.

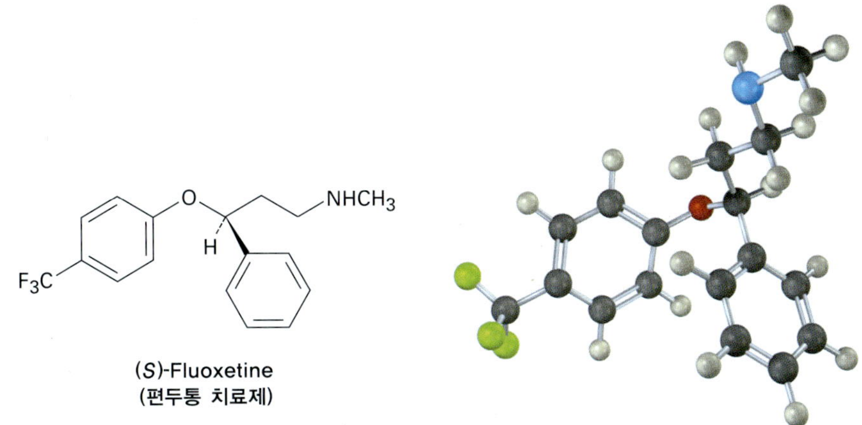

(*S*)-Fluoxetine
(편두통 치료제)

왜 다른 입체이성질체는 다른 생물학적 성질을 나타내는가? 생물학적 작용을 나타내기 위해 분자는 정확히 보완적인 모양을 한 몸의 적당한 수용체에 보편적으로 그러나 생물학적 수용체는 카이랄이므로 카이랄 기질의 1개 거울상이성질체만이 맞아야 한다. 그러나 오른손이 오른손 장갑에만 맞는 것처럼 꼭 맞을 수 있다. 다른 거울상 입체이성질체는 오른손의 왼쪽 장갑에서와 같이 맞지 않을 것이다. 그림 6.15에 카이랄 분자와 카이랄 생물학적 수용체 간의 상호작용을 나타내었다. 하나의 거울상이성질체는 완벽하게 수용체에 맞지만 다른 이성질체는 맞지 않는다.

장갑 속의 손처럼 카이랄 물질이 카이랄 수용체에 맞는 것은 비교적 간단하다. 그러나 선택된 반응이 어떻게 비카이랄 분자 위에서 일어나는지는 분명하지가 않다. 에탄올

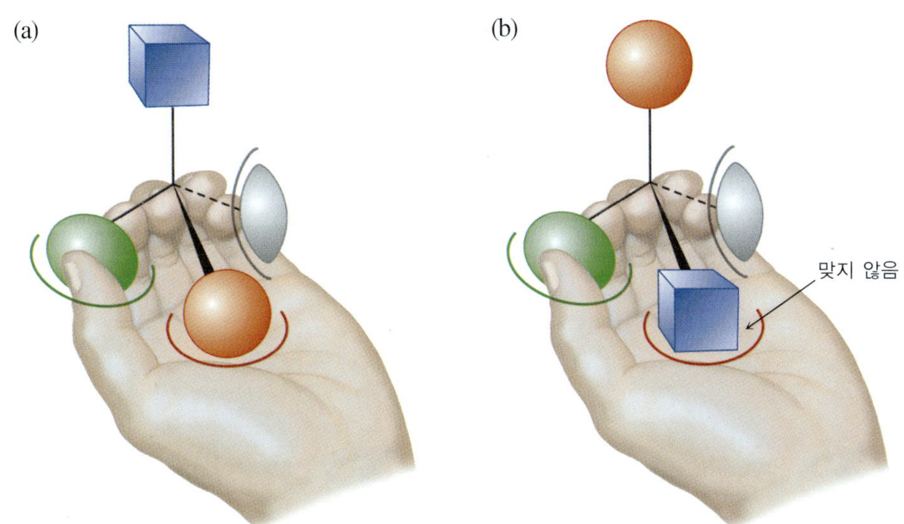

그림 6.15 생물학적 수용체가 카이랄 분자와 상호작용하는 것과 같이 왼손이 카이랄 물체와 상호작용하는 것을 상상하라. (a) 한 거울상이성질체가 완전하게 손 안에 맞는다: 초록색 엄지손가락, 붉은색 손바닥 및 회색 새끼손가락, 노출된 파란색 치환체, (b) 그러나 다른 거울상이성질체는 손 안에 맞을 수 없다. 초록색 엄지손가락과 회색 새끼손가락이 적당하게 상호작용할 때, 손바닥은 붉은 치환체는 노출되고 붉은 것보다 파란 치환체를 붙잡고 있다.

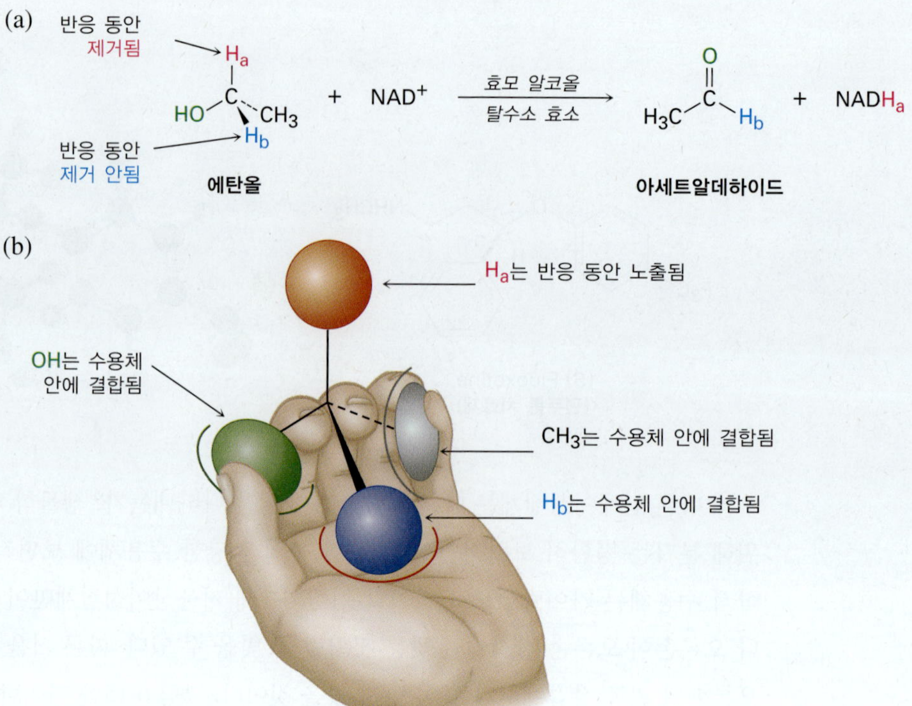

그림 6.16 비카이랄 기질 분자 에탄올이 생물학적 수용체에 결합하여 카이랄 환경에 붙들려 있을 때 동일한 것처럼 보이는 2개의 수소는 구별된다. 따라서 특정한 수소(붉은색)는 산화 반응에서 제거된다.

(CH_3CH_2OH)과 생물학적 산화제 NAD^+와 효소 알코올 탈수소효소가 반응하여 알데하이드(CH_3CHO)를 생성하는 반응을 보자. 비록 에탄올이 비카이랄이라도 산화 반응이 일어나 동일한 2개의 $-CH_2-$ 수소 원자(그림 6.16a) 중 한 개의 정해진 것만 제거된다.

우리는 수용체가 기질에 대한 카이랄 환경을 제공한다고 말하면서 그 상황을 기술한다. 카이랄 환경이 없는데서 붉은색과 파란색의 수소는 화학적으로 동일하다. 그러나 카이랄 환경 하에서 그들은 화학적으로 구별되어 하나만(붉은색) 반응에 노출된다. 사실 카이랄 환경은 자신의 카이랄성을 비카이랄 기질에 전달한다.

생활 속의 유기 화학

카이랄 의약품

Ingram Publishing/Woman in Mountain Biking Accident/ Thinkstock

이부프로펜의 *S* 거울상이성질체는 운동 상처의 쑤심과 고통을 진정시킨다. *R* 거울상이성질체는 효과가 없다.

미국 식품의약청(Food and Drug Administration)에 의해 사용이 허가된 수백 종의 다른 의약품들은 그 근원이 다양하다. 어떤 것은 식물이나 박테리아에서 직접 분리하고, 어떤 것은 천연물을 화학적으로 변형시켜 만들고, 또 추정한 33%는 완전히 실험실에서 합성되어 천연물과 아무런 관련이 없는 것들도 있다.

천연에서 얻어지는 약품들은 그 자신이든 혹은 화학적으로 변형이 되었든지 간에 보통 카이랄이고 라세미 혼합물로서보다는 단일 거울상이성질체로서만 발견된다. 예를 들면, 페니실린 V는 *Penicillium* 곰팡이로부터 분리되는 항생제인데 2*S*,5*R*,6*R* 배열을 가진다. 자연에 존재하지 않는 그것의 거울상이성질체를 실험실에서 합성할 수 있으나 생물학적 활성을 가지고 있지 않다.

페니실린 V(2*S*,5*R*,6*R* 배열)

천연 의약품과는 대조적으로, 완전히 실험실에서 합성된 약품은 비카이랄이거나 만약 카이랄이라면 일반적으로 라세미 혼합물로서 생산되거나 판매된다. 예를 들면, 이부프로펜은 1개의 카이랄성 중심을 가지고 있으나 Advil, Nuprin 및 *R*과 *S* 거울상이성질체의 50:50 혼합물인 Motrin과 같은 상표를 가지고 시판된다. *S* 거울상이성질체만이 무통제 및 소염제로서 활성이 있는 것으로 판명되었다. 이부프로펜의 *R* 거울상 입체이성질체는 비활성이지만, 그것은 천천히 체내에서 활성인 *S*형으로 전환된다.

(*S*)-이부프로펜
(활성인 마취제)

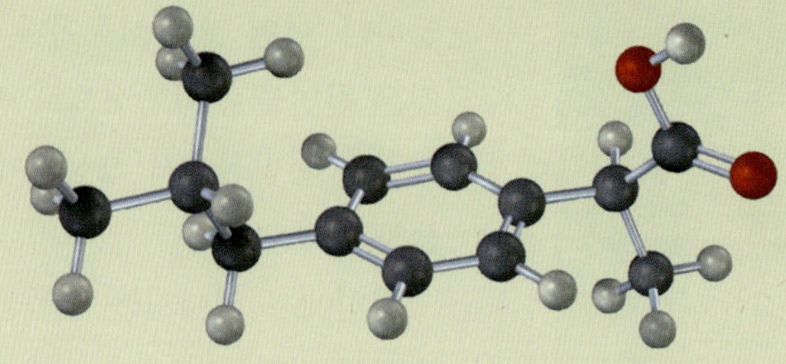

생리학적으로 불활성인 거울상이성질체를 합성하고 투여하는 것은 쓸데없을 뿐만 아니라, 라세미 혼합물 안에 '좋지 않은' 거울상이성질체가 존재하면 '약효를 가진' 거울상이성질체를 이용하는 몸의 능력에 영향을 끼치거나 이 화합물로 인한 원치 않는 부작용도 나타난다. 예를 들어, 라세미 혼합물 내에 (*R*)-이부프로펜이 존재하면 *S* 거울상이성질체가 체내에서 효력을 발휘하는 속도를 12분에서 38분까지 현저히 감소시키는 것으로 보인다.

이러한 문제점을 해결하기 위해, 제약회사들은 소위 **거울상선택성 합성**(enantioselective synthesis)을 빠르게 연구하여 라세미 혼합물 대신 한 가지 거울상이성질체만을 합성하려고 하였다. (*S*)-이부프로펜을 합성하는 실행 가능한 방법이 개발되었으며 유럽에서 현재 시판되고 있다.

요약과 주요용어

- 거울상이성질체 enantiomer
- 고유 광회전도 specific rotation, $[\alpha]_D$
- 광학 활성도 optical activity
- 라세미 혼합물 racemic mixture, racemate
- 메소 화합물 meso compound
- 부분입체이성질체 diastereomer
- 분할 resolution
- 배열 configuration

이 장에서 유기 화학과 생물 화학을 이해하는 데 매우 중요한 논제인 분자의 손잡이성의 원인과 결과 몇 가지를 살펴보았다. 과제는 다소 복잡하나 그에 익숙하는 데 필요한 시간을 보낼만한 가치가 있을 만큼 중요하다.

자신의 거울상과 동일하지 않은 분자를 **카이랄**이라 하며, '손잡이성'을 의미한다. 카이랄 분자는 대칭면을 가지고 있지 않다. 카이랄성의 원인은 4개의 다른 기가 결합된 사면체형의 탄소, 소위 **카이랄 중심**의 존재에 기인한다. 카이랄 화합물은 **거울상이성질체**라 하는 거울상 입체이성질체의 한 쌍으로 존재하며 그것은 왼손에 대한 오른손과 같은 관계이다. 평면 편광의

비카이랄 achiral
우회전성 dextrorotatory
좌회전성 levorotatory
카이랄 chiral
카이랄성 중심 chirality center
카이랄 환경 chiral environment
R 배열 *R* configuration
S 배열 *S* configuration

빔을 순수한 거울상이성질체의 용액에 통과시킬 때 편광면이 회전하면 그 화합물을 **광학적으로 활성**이라고 한다.

카이랄성 중심의 3차원 **배열**을 ***R*** 또는 ***S***로 정한다. 카이랄 탄소 위의 4개의 치환기의 우선순위를 정하기 위해 순위 결정 규칙을 이용하며 가장 낮은 기가 관찰자로부터 뒤쪽으로 향하도록 분자를 놓는다. 만약 나머지 세 치환기에 대해 순위가 낮아지는 순서가 시계바늘 방향이면, 카이랄성 중심은 *R* 배열을 가진다. 만약 방향이 시계바늘 반대 방향이면, 카이랄성 중심은 *S* 배열을 가진다.

어떤 분자는 하나 이상의 카이랄성 중심을 가진다. 거울상이성질체는 모든 카이랄성 중심에서 반대 배열을 가지며, **부분입체이성질체**는 적어도 1개의 중심에서 같은 배열을 하나 다른 중심에서는 반대 배열을 한다. **메소 화합물**은 카이랄성 중심을 가지나 분자 전체로는 비카이랄이다. 왜냐하면 대칭면을 갖기 때문이다. **라세미체**는 (+)와 (−) 거울상이성질체의 50:50 혼합물이다. 라세미 혼합물과 개별적인 부분입체이성질체는 물리적 성질과 생물학적 성질 둘다 다르며 흔히 **분할**된다.

연습

【눈으로 보는 화학】 문제 6.1~6.20은 장 내에서 볼 수 있다.

6.21 다음 구조 중 동일한 것은 어느 것인가? (붉은색 = O, 연두색 = Cl)

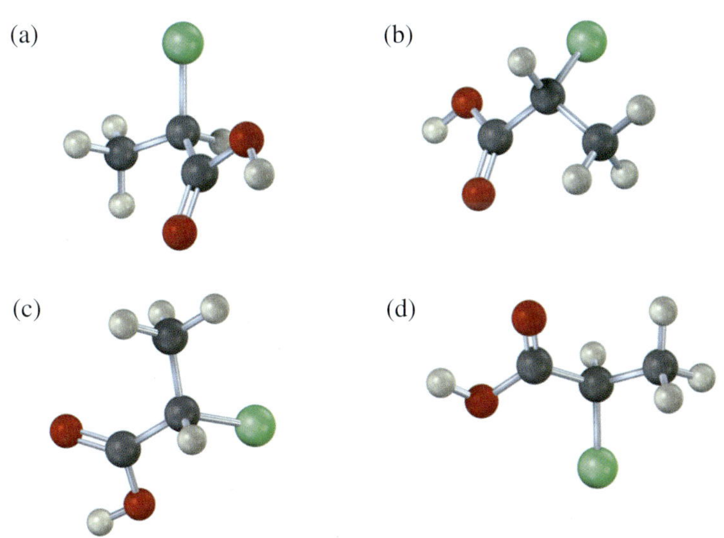

6.22 의사의 처방 없이 판매되는 감기 치료제 슈도에페드린(pseudoephedrine)에서 각 카이랄성 중심에 대한 *R* 또는 *S* 배열을 결정하라(붉은색 = O, 파란색 = N).

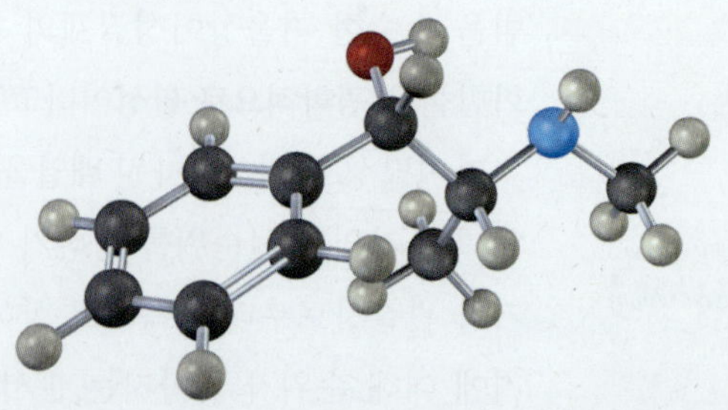

6.23 다음 분자들에서 카이랄성 중심에 대한 *R* 또는 *S* 배열을 결정하라(붉은색 = O, 파란색 = N).

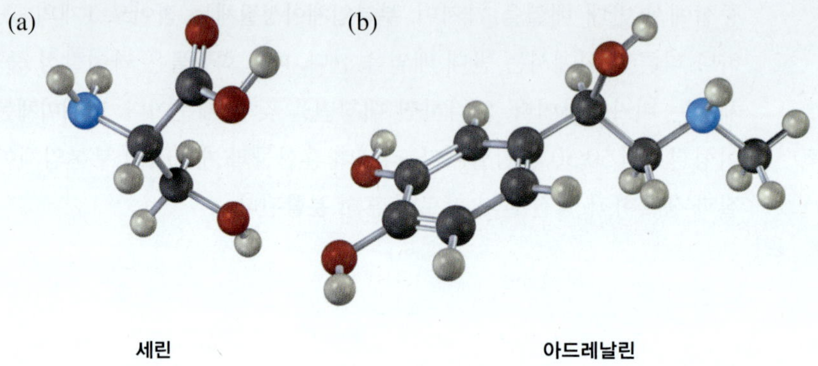

6.24 다음 그림을 우선순위가 가장 낮은 치환기를 뒤쪽으로 향하도록 하고 *R* 또는 *S* 배열을 결정하라.

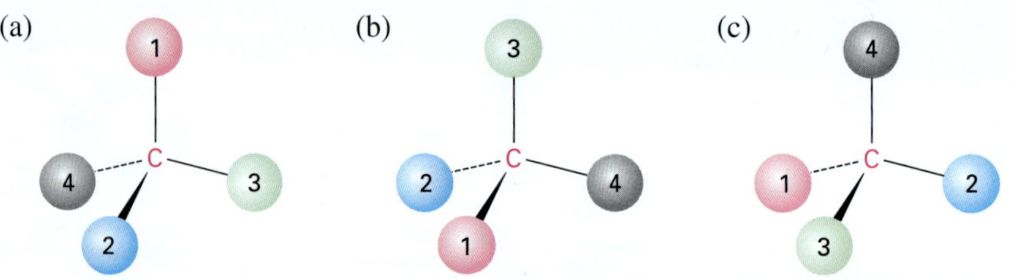

6.25 만약 존재한다면, 다음 구조 중 어느 것이 메소 화합물인가? (붉은색 = O, 파란색 = N, 연두색 = Cl)

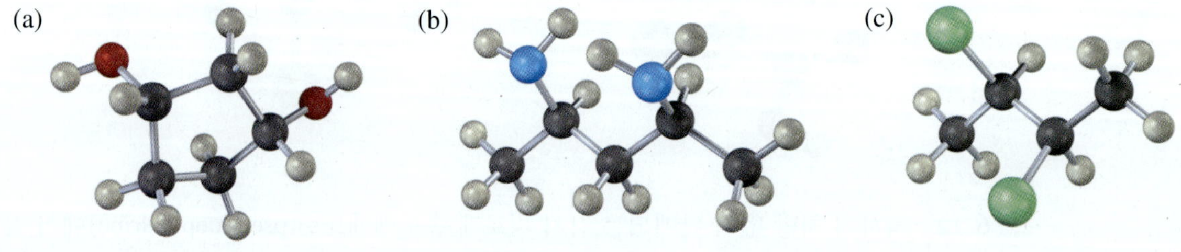

【보충문제】

카이랄성 중심을 확인하기

6.26 다음 기술을 만족시키는 카이랄 분자를 그려라.

(a) 클로로알케인, $C_5H_{11}Cl$ (b) 알코올, $C_6H_{14}O$

(c) 알켄, C_6H_{12} (d) 알케인, C_8H_{18}

6.27 화학식이 $C_5H_{12}O$인 알코올이 8개 있다. 그것들을 그리고, 어느 것이 카이랄인지 말하라.

6.28 다음 화합물 중 어느 것이 카이랄인가? 모든 카이랄성 중심을 표기하라.

(a) $CH_3CH_2CH(CH_3)C(CH_3)_2CH_2CH_3$ (b) 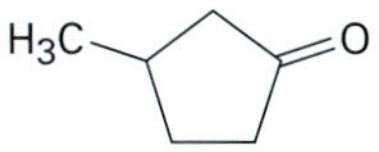 (c) 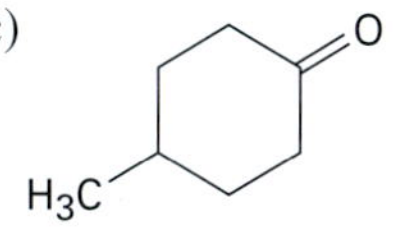 (d) $BrCH_2CH(C_6H_5)CH(C_6H_5)CH_2Br$ (e) 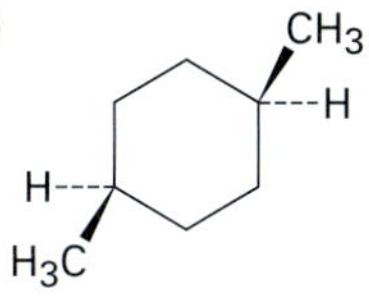 (f)

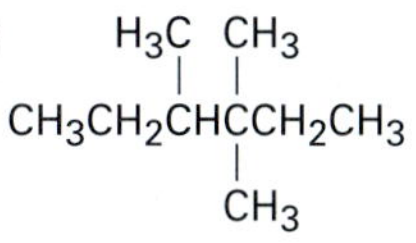

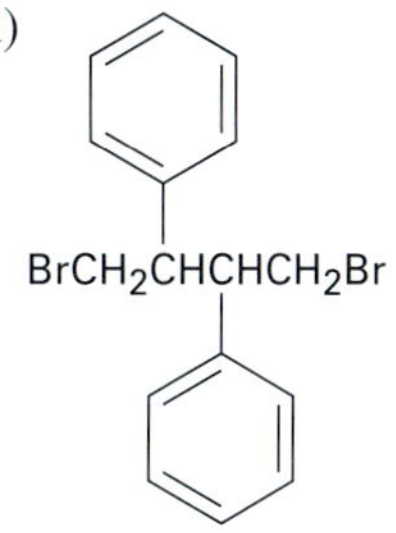

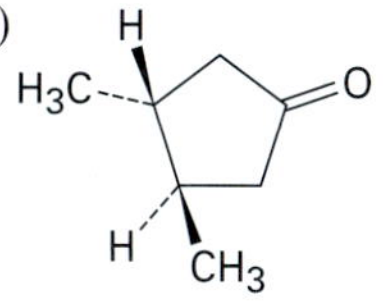

6.29 다음 물체는 카이랄인가?

(a) 농구공 (b) 갈퀴 (c) 포도주잔

(d) 골프 장갑 (e) 멍키스패너 (f) 눈송이

6.30 다음 화합물 중 어느 것이 카이랄인가?

(a) 2,4-다이메틸헵테인 (b) 5-에틸-3,3-다이메틸헵테인

(c) *시스*-1,3-다이메틸사이클로헥세인 (d) 4,5-다이메틸옥타-2,6-다이엔

6.31 넓은 영역 항생제인 에리트로마이신의 생물학적 선물질 에리트로노라이드 B는 10개의 카이랄성 중심을 가진다. 별표로 그것들을 확인하라.

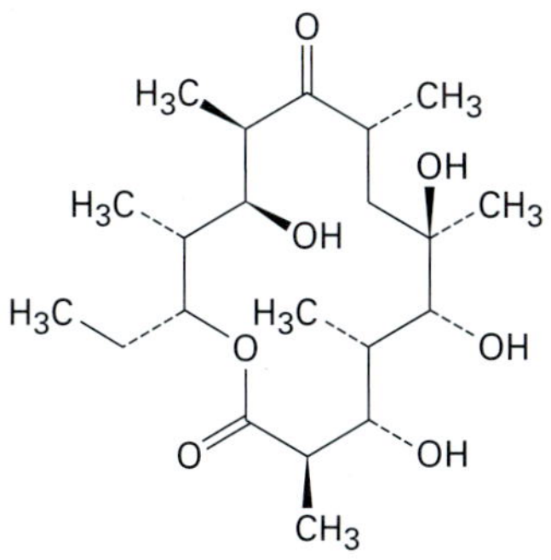

에리트로노라이드 B
(Erythronolide B)

6.32 다음 설명에 맞는 화합물의 구조를 제시하라.

(a) 4개의 탄소를 가진 카이랄 알코올

(b) 카이랄 카복실산

(c) 2개의 카이랄성 중심을 가진 화합물

광 활성도

6.33 편광계는 매우 예민하여 천분의 일까지의 광회전도를 측정할 수 있어서 아주 소량의 시료만이 있을 때 이용할 수 있는 장점이 있다. 예를 들어, 누에의 허물벗기 조절 호르몬인 엑다이손(ecdysone) 7.00 mg을 1.00 mL 클로로폼에 녹여 2.00 cm 길이의 시료관에서 광회전도를 측정하였더니 +0.087°이었다. 엑다이손의 $[\alpha]_D$를 계산하라.

6.34 천연 (*S*)-세린의 $[\alpha]_D$는 −6.83이다. (*R*)-세린의 고유 광회전도는 얼마인가?

6.35 담즙의 주요 스테로이드인 콜산(cholic acid) 3.00 g을 5.00 mL 알코올에 녹여 길이 1.00 cm인 시료관에 넣고 광회전도를 측정하였더니 +2.22°였다. 콜산의 $[\alpha]_D$를 계산하라.

카이랄성 중심에 대한 *R*,*S* 배열 결정하기

6.36 아미노산 세린의 2개의 거울상이성질체를 사면체형 그림으로 나타내라. 어느 것이 *S* 배열이고 어느 것이 *R* 배열인가?

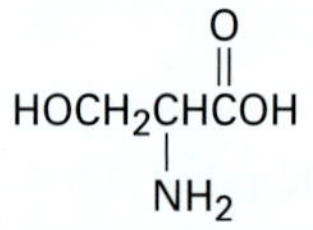

$HOCH_2CH(NH_2)C(=O)OH$ 세린

6.37 다음은 락트산의 하나의 거울상이성질체이다. 이것은 *R*인가 또는 *S*인가? 이것의 거울상이성질체를 표준 사면체형 그림으로 나타내라.

(구조: C에 CO_2H (위), H, OH, CH_3 결합)

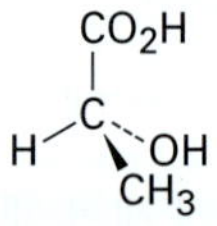

6.38 다음 각 조의 치환기들에 대한 우선순위를 결정하라.

(a) −H, −OH, $-OCH_3$, $-CH_3$

(b) −Br, $-CH_3$, $-CH_2Br$, −Cl

(c) $-CH{=}CH_2$, $-CH(CH_3)_2$, $-C(CH_3)_3$, $-CH_2CH_3$

(d) $-CO_2CH_3$, $-COCH_3$, $-CH_2OCH_3$, $-OCH_3$

6.39 다음 분자들의 카이랄성 중심에 대해 *R* 또는 *S* 배열을 결정하라.

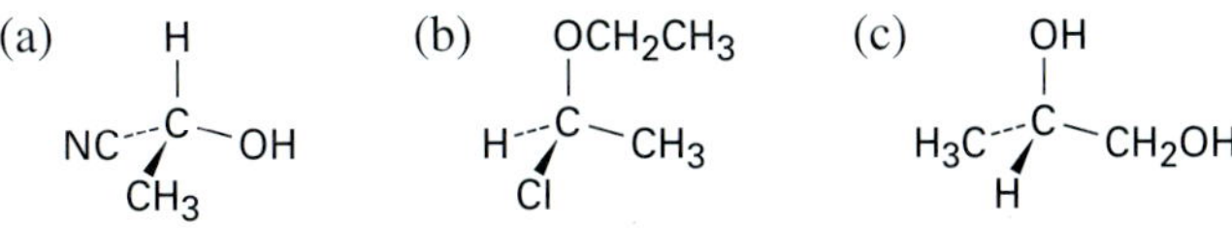

6.40 다음 각 조의 치환기들에 대한 우선순위를 결정하라.

(a) $-CH_2C(CH_3)_2CH_3$ (cyclopentyl) $-CH_2CH(CH_3)CH_2CH_3$ $-CH_2CH_2CH_2CH_2CH_3$

(b) $-SH$ $-NH_2$ $-SO_3H$ $-OCH_2CH_2OH$

6.41 다음 생물학적 분자의 각 카이랄성 중심에 대해 *R* 또는 *S* 배열을 결정하라.

(a) (b) (c)

6.42 다음 분자들의 카이랄성 중심에 대해 *R* 또는 *S* 배열을 결정하라.

(a) (b) (c)

입체화학적 관계 **6.43** (2*S*,4*R*)-다이브로모옥테인의 거울상이성질체의 입체화학적 배열은 무엇인가?

6.44 (2*S*,4*R*)-다이브로모옥테인의 2개 부분입체이성질체의 입체화학적 배열은 무엇인가?

6.45 *메소*-타타르산의 Newman 투영도를 그려라.

6.46 (2*R*,3*R*)-타타르산과 (2*S*,3*S*)-타타르산의 Newman 투영도를 그려라. 그리고 문제 6.45에서 메소형에 대해 그린 투영도와 비교하라.

6.47 다음에 관한 예를 들라.

(a) 화학식이 C_8H_{18}인 메소 화합물

(b) 카이랄성 중심이 하나는 *R* 배열, 또 하나는 *S* 배열인 화합물

6.48 (2*R*,3*R*)-펜테인-2,3-다이올과 (2*S*,3*S*)-펜테인-2,3-다이올의 고유 광회전도 사이에 어떤 관계가 있는가? (2*R*,3*S*)-펜테인-2,3-다이올과 (2*R*, 3*R*)-펜테인-2,3-다이올의 고유 광회전도 사이에서는 어떤가?

6.49 2-클로로뷰테인에 대한 다음의 Newman 투영도가 *R*인지 *S*인지 말하라. (2.5절을 복습해도 좋다.)

Cl
H
CH_3
H_3C
H
H

6.50 문제 6.49에 나타낸 것과 거울상이성질체인 Newman 투영도를 그려라.

통합문제 **6.51** *β*-글루코오스는 다음의 구조를 가진다. *β*-글루코오스에서 카이랄성 중심을 확인하라. 그리고 글루코오스의 입체이성질체가 몇 개나 가능한지 말하라.

CH_2OH O HO HO OH OH **β-글루코오스**

6.52 다음 분자 각각에 대한 메소형을 그려라. 그리고 각각에서 대칭면을 나타내라.

(a) OH OH $CH_3CHCH_2CH_2CHCH_3$ (b) CH_3 CH_3 (c) H_3C OH H_3C

6.53 라이보핵산(RNA)의 필수 부위인 라이보오스는 아래의 구조를 가진다.

H H H OH HO CHO HO H HO H **라이보오스**

라이보오스에는 몇 개의 카이랄성 중심이 있는가? 그들을 별표로 표시하라. 라이보오스의 입체이성질체는 몇 개인가?

6.54 라이보오스(문제 6.53)의 거울상이성질체의 구조를 그려라.

6.55 라이보오스(문제 6.53)의 부분입체이성질체의 구조를 그려라.

6.56 1,2-다이메틸사이클로펜테인의 2가지 시스−트랜스 입체이성질체를 그려라. 모든 이성질체 카이랄성 중심에 대해 *R*,*S* 배열을 결정하라. 그리고 어느 입체이성질체가 카이랄이고, 만약 존재한다면 메소 이성질체인지 나타내라.

6.57 아스코르브산(바이타민 C)의 카이랄성 중심에 대한 *R* 또는 *S* 배열을 결정하라.

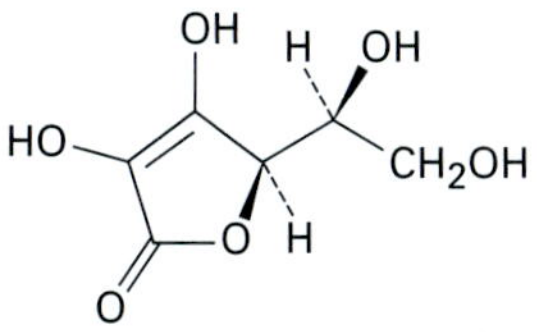

아스코르브산

6.58 (R)-3-클로로펜트-1-엔의 사면체형 그림을 그려라.

6.59 알켄은 과산화카복실산과 반응하여 **에폭시화물**을 생성한다는 것을 4.6절에서 보았다. 예를 들면, *시스*-뷰트-2-엔이 반응하여 2,3-에폭시뷰테인을 생성한다.

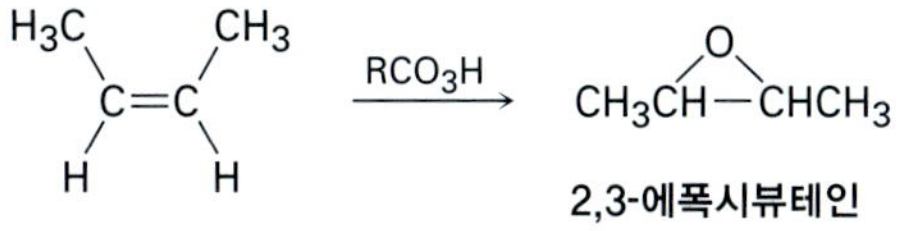

2,3-에폭시뷰테인

분자의 같은 쪽에서 C−O 결합이 형성된다고 가정하고(신 입체화학, 4.5절) 생성물의 입체화학을 나타내라. 에폭시화물은 카이랄인가? 카이랄성 중심은 몇 개인가? 생성물을 입체화학적으로 어떻게 나타내는가?

6.60 화합물 **A**, C_7H_{14}는 광학 활성이다. 팔라듐 촉매 하에서 환원시키면 1 당량의 H_2가 흡수되며 화합물 **B**, C_7H_{16}를 생성한다. 화합물 **A**를 산성 $KMnO_4$로 쪼개면 2개의 분해물이 얻어진다. 하나는 아세트산, CH_3CO_2H으로 확인되었고 다른 하나인 **C**는 광학 활성인 카복실산이다. 반응식을 쓰고 **A**, **B** 및 **C**의 구조를 제시하라.

6.61 지방산 생합성에서 단계 중 하나는 (R)-3-하이드록시뷰티릴 ACP가 탈수되어 *트랜스*-크로토닐 ACP를 생성하는 것이다. 반응은 OH와 H 기가 분자의 반대쪽에서 이탈하는 것을 의미하는 안티 입체화학으로 일어난다. H_a 또는 H_b 중 어느 수소를 잃는가?

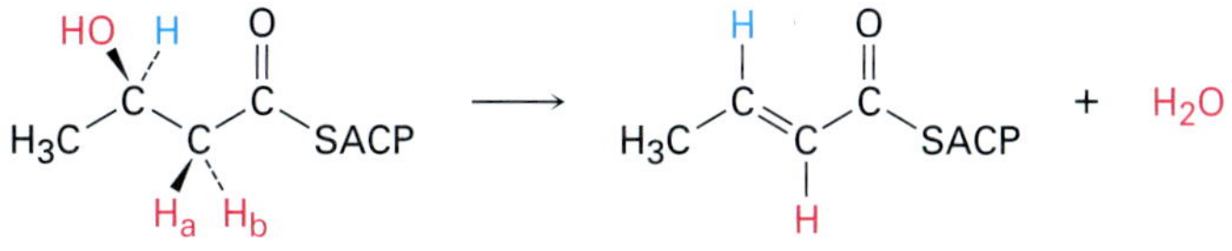

(R)-3-하이드록시뷰티릴 ACP　　트랜스-크로토닐 ACP

6.62 백금 촉매 하에서 라이보오스(문제 6.53)를 촉매 수소화하면 라이비톨로 변환된다. 라이비톨은 광학 활성인가 비활성인가? 설명하라.

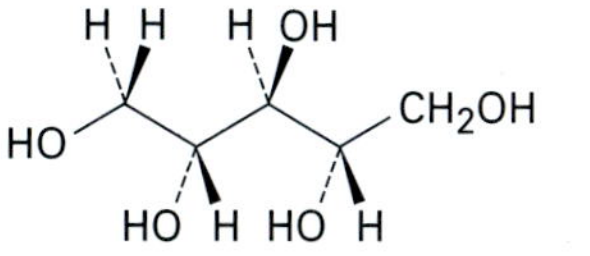

라이비톨

6.63 (R)-2-메틸사이클로헥산온의 구조를 그려라.

6.64 알렌은 C=C 이중 결합이 연결된 화합물이다. 비록 그들이 카이랄성 중심을 가지고 있지 않아도 많은 알렌은 카이랄이다. 예를 들어, *Nocardia acidophilus* 박테리아에서 추출된 항생제인 마이코마이신(mycomycin)은 카이랄이며 $[\alpha]_D = -130$이다. 왜 마이코마이신이 카이랄인지 설명할 수 있는가? 분자 모형을 만들면 도움이 된다.

$$HC{\equiv}C{-}C{\equiv}C{-}CH{=}C{=}CH{-}CH{=}CH{-}CH{=}CH{-}CH_2CO_2H$$

마이코마이신

약장 **6.65** 화합물 **A**는 도파(dopa)를 합성하는 데 쓰이는 선물질인데, 그것의 S 이성질체는 파킨슨병을 치료하는 데 유용하다.

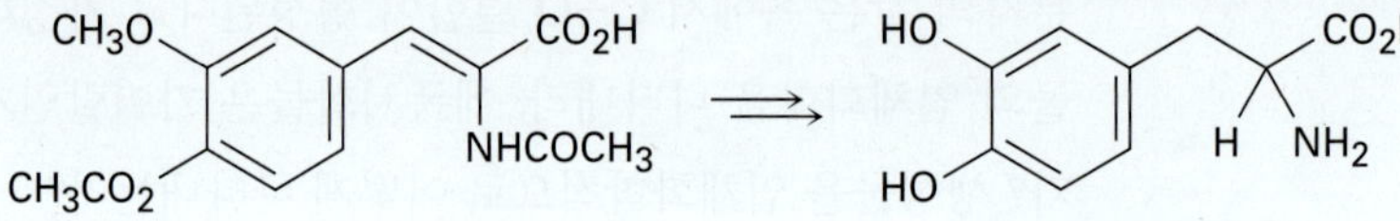

CH_3O, CO_2H, $NHCOCH_3$, CH_3CO_2 — **A** ⟹ HO, CO_2H, H, NH_2, HO — **도파**

(a) 합성의 첫째 단계는 **A**에서 탄소−탄소 이중 결합의 촉매 수소화반응으로 2개의 거울상이성질성 수소화 생성물을 생성하는 것이다. 그들을 그리고, 각각에 대해 R,S 배열을 결정하라.

(b) 수소첨가반응 후 몇 개의 추가적 변환이 일어나 도파가 생성되는 데 도파의 거울상이성질체들이 비슷한 물리적 성질을 가진다고 예상하는가?

(c) 도파의 거울상이성질체들이 약품으로서 똑같이 약효를 나타낸다고 예상하는가?

(d) 1974년에 상업화된 Monsanto 공정은 단일 거울상이성질체만 생성하는 카이랄 금속 촉매를 이용하여 이중 결합 수소화반응시킨 후 (S)-도파로 전환시킨다. (S)-도파의 입체화학을 보이고, 카이랄 수소첨가반응으로 어떻게 단일 거울상이성질체가 생성물로 생성되는지 설명하라.

들판에서 **6.66** 문제 2.74와 5.62에서 이전에 만났던 제초제 메토라클로르(metolachlor)는 식물의 잎을 왁스로 덮인 상태가 되지 않도록 지방산 연장 효소를 억제시켜 잡초를 죽인다. 효소 활성도가 억제되면 왁스는 생성되지 않고 잡초는 죽는다.

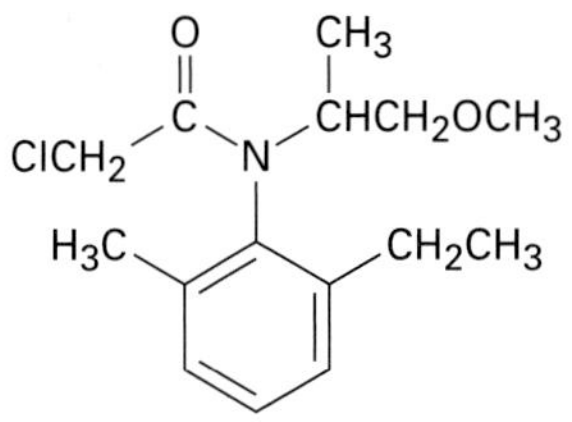

메톨라클로르

(a) 메톨라클로르의 *S* 거울상이성질체만이 지방산 연장을 억제한다. 그것을 그려라.

(b) 왜 *R*과 *S* 거울상이성질체는 다른 활성도를 가지는가?

CHAPTER

7

화산이 폭발하는 동안 방출되는 기체에는 클로로메테인, 클로로폼, 다이클로로다이플루오로메테인 및 다른 많은 것들을 포함해서 다량의 유기할로젠화물이 있다.

iStockphoto/Volcano eruption/Thinkstock

유기할로젠화물: 친핵성 치환 및 제거반응

우리는 탄화수소의 화학을 다루어왔는데 C와 H 외에 원소를 함유한 더 복잡한 물질을 보기 시작할 때이다. 1개 또는 그 이상의 할로젠 원자를 가진 화합물인 **유기할로젠화물**의 화학을 논의하기 시작할 것이다.

할로젠이 치환된 유기 화합물들이 천연에 널리 퍼져 있으며 현대 산업 공정에 광범위하게 이용되고 있다. 5,000개의 유기할로젠화물이 해초와 여러 가지 해양 유기물에서 발견되고 있다. 예를 들어, 클로로메테인은 해양 해초의 재뿐만 아니라 산림 화재 및 화산에 의해 다량으로 배출된다. 많은 용도 중 유기할로젠-함유 화합물들은 산업 용매, 마취제, 냉매 및 살충제로서 중요하다. 예를 들면, 현대의 전자 산업은 반도체 칩과 기타 성분의 세척제로서 트라이클로로에틸렌과 같은 할로젠화 용매에 의존하고 있다.

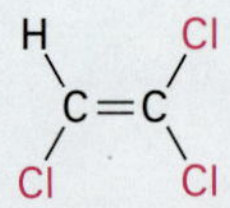

$CCl_2{=}CHCl$ (H, Cl / C=C / Cl, Cl)
트라이클로로에틸렌
(용매)

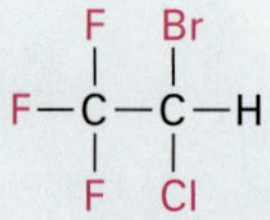

$CF_3CHBrCl$
할로탄
(흡입 마취제)

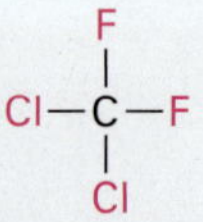

CCl_2F_2
다이클로로다이플루오로메테인
(냉매)

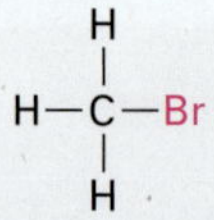

CH_3Br
브로모메테인
(훈증제)

매우 다양한 유기할로젠화물이 알려져 있다. 할로젠은 알카이닐기(C≡C—X), 바이닐기(C═C—X), 방향족 고리(Ar—X), 또는 알킬기에 결합한다. 이 장에서 일차적으로 포화된 sp^3 혼성화 탄소 원자에 결합된 할로젠 원자를 가진 화합물인 **할로젠화 알킬**(alkyl halides)에 관심을 둔다.

왜 이 장인가?

할로젠화 알킬(R—X)은 산소를 가진 알코올류(R—OH)보다 훨씬 적게 만난다. 그러나 친핵성 치환 반응과 제거 반응과 같은 종류의 반응에서는 빈번히 만난다. 따라서 할로젠화 알킬 화학은 많은 메커니즘적으로 비슷하나 구조적으로 더 복잡한 반응의 비교적 간단한 모형으로써 작용한다. 우리는 할로젠화 알킬의 명명법, 합성법을 살펴본 후에 유기 화학에서 가장 중요하고 철저히 연구된 반응형인 치환 반응과 제거 반응을 자세히 공부할 것이다.

7.1 할로젠화 알킬의 명명법

할로젠-치환 알케인은 보편적으로 할로젠화 알킬이라 부르는데 모체 사슬에 치환제로서 할로젠을 가진 할로알케인(2.3절)으로서 명명한다. 명명의 세 단계는 아래와 같다.

1단계 **가장 긴 사슬을 찾아 모체로 명명한다.** 다중결합이 존재하면 모체의 사슬에 그것이 포함되어야 한다.

2단계 **알킬이거나 할로젠이거나 관계없이 첫 치환기로부터 가까운 말단에서 시작하여 모체 사슬의 탄소에 번호를 매긴다.** 사슬 위의 위치에 따라 각 치환기에 번호를 부여한다. 만약 양쪽 말단에서부터 같은 거리에 치환기가 있다면, 치환기의 이름 첫 글자의 알파벳 순위가 먼저인 말단에서부터 번호를 매긴다.

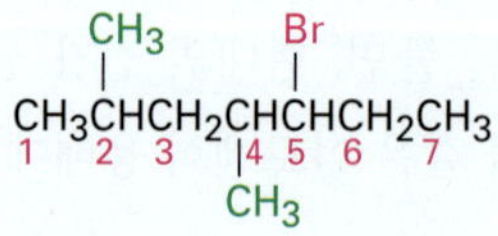

$CH_3CH(CH_3)CH_2CH(CH_3)CH(Br)CH_2CH_3$ (번호 1 2 3 4 5 6 7)
5-브로모-2,4-다이메틸헵테인

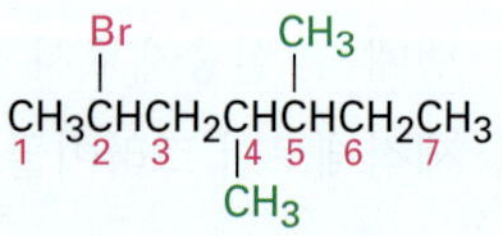

$CH_3CH(Br)CH_2CH(CH_3)CH(CH_3)CH_2CH_3$ (번호 1 2 3 4 5 6 7)
2-브로모-4,5-다이메틸헵테인

3단계 **이름을 쓴다.** 알파벳 순서로 모든 치환기를 기록하고, 만약 하나 이상의 같은 치환기가 존재하면 접두사 다이-, 트라이- 등을 사용한다.

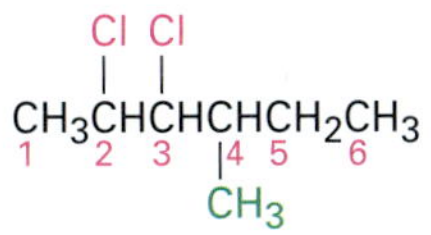

2,3-다이클로로-4-메틸헥세인

이러한 체계명 외에 간단한 할로젠화 알킬은 알킬기를 먼저 부르고 그 다음 할로젠을 확인하여 명명한다. 예를 들면, CH_3I는 아이오도메테인이나 아이오드화 메틸이라고 부른다. 그러한 이름은 화학 문헌과 일상 용도에 잘 고수되는데 이 교재에서는 쓰이지 않을 것이다.

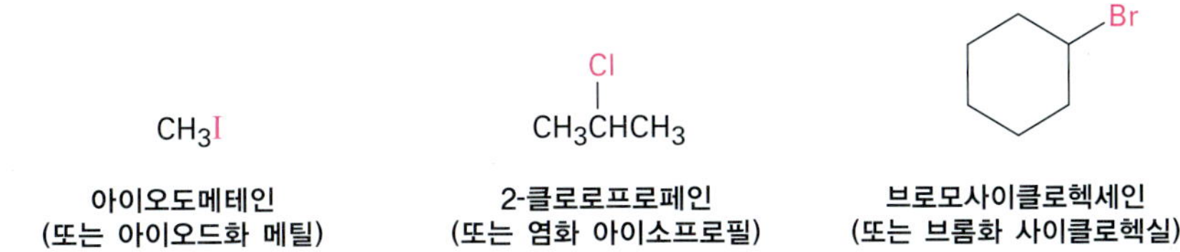

아이오도메테인 (또는 아이오드화 메틸) **2-클로로프로페인 (또는 염화 아이소프로필)** **브로모사이클로헥세인 (또는 브롬화 사이클로헥실)**

문제 7.1 다음 할로젠화 알킬의 IUPAC 명을 써라.

(a) $CH_3CH_2CH(Br)CH_3$

(b) $CH_3CH_2CH(Cl)CH(CH_3)CH_3$

(c) $CH_3CH(CH_3)CH_2CH_2Cl$

(d) $CH_3C(Cl)(CH_3)CH_2CH_2Cl$

(e) $BrCH_2CH_2CH_2CH_2Cl$

(f) $CH_3CH(Br)CH_2CH_2CH_2Cl$

문제 7.2 다음 이름에 해당하는 구조를 그려라.

(a) 2-클로로-3,3-다이메틸헥세인 (b) 3,3-다이클로로-2-메틸헥세인

(c) 3-브로모-3-에틸펜테인 (d) 2-브로모-5-클로로-3-메틸헥세인

7.2 할로젠화 알킬의 합성

우리는 이미 알켄에 대한 HX와 X_2의 친전자성 첨가 반응(4.1절과 4.4절)과 알케인과 Cl_2의 반응(2.4절)을 포함해서 할로젠화 알킬을 합성하는 몇 가지 방법을 살펴보았다.

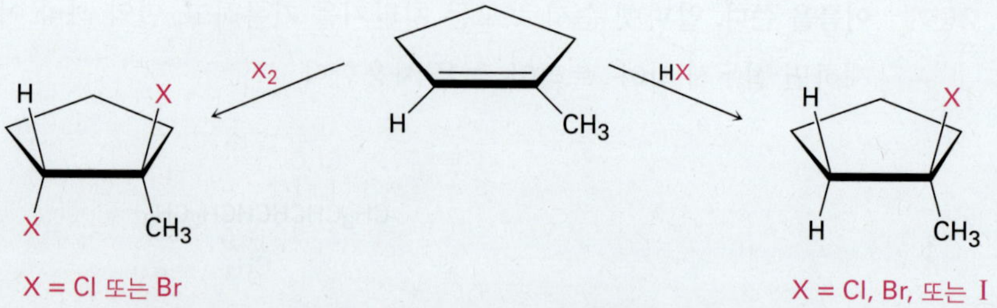

X_2 / HX

X = Cl 또는 Br　　　X = Cl, Br, 또는 I

$$CH_4 + Cl_2 \xrightarrow{h\nu} CH_3Cl + HCl$$

메테인　　클로로메테인

할로젠화 알킬을 합성하는 가장 보편적인 방법은 알코올로부터 만드는 것인데, 알코올은 카보닐 화합물로부터 쉽게 얻을 수 있다. 반응은 알코올을 HCl이나 HBr로 처리함으로써 간단하게 실시할 수 있다. 예를 들어, 1-메틸사이클로헥산올을 HCl로 처리하면 1-클로로-1-메틸사이클로헥세인이 된다.

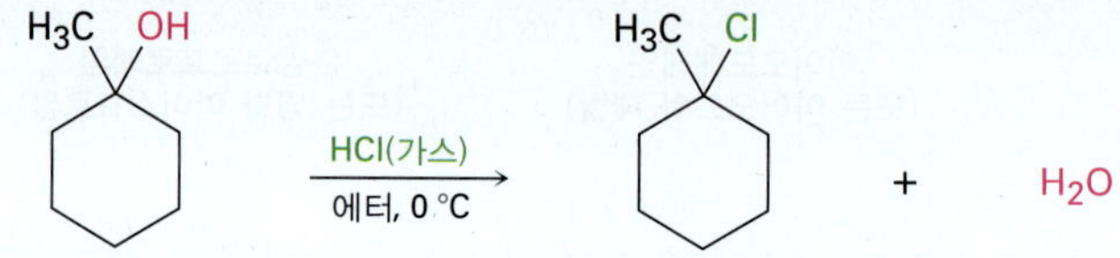

HCl(가스) / 에터, 0 °C　　+ H_2O

1-메틸사이클로헥산올　　1-클로로-1-메틸사이클로헥세인 (90%)

이 반응은 3차 알코올과 가장 잘 일어나는데, 그 이유는 7.6절에서 설명할 것이다. 1차 및 2차 알코올과의 반응은 훨씬 느리다.

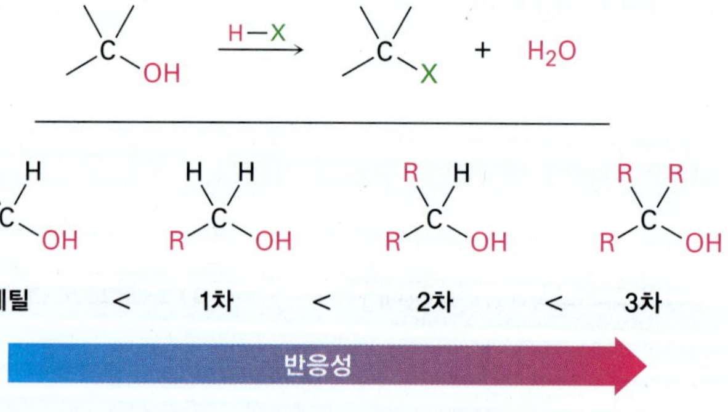

H−X　　+ H_2O

메틸 < 1차 < 2차 < 3차

반응성

1차 및 2차 알코올은 염화 싸이오닐($SOCl_2$)이나 삼브로민화 인(PBr_3)으로 처리하면 할로젠화 알킬로 가장 잘 변환된다. 이들 반응의 수득률은 보통 높다.

$$\text{Cyclopentanol (C}_5\text{H}_9\text{OH)} \xrightarrow{SOCl_2} \text{C}_5\text{H}_9\text{Cl} + SO_2 + HCl$$

사이클로펜탄올 → 클로로사이클로펜테인

$$3\ CH_3CH_2CH(OH)CH_3 \xrightarrow[\text{에터, 35 °C}]{PBr_3} 3\ CH_3CH_2CH(Br)CH_3 + P(OH)_3$$

뷰탄-2-올 → 2-브로모뷰테인 (86%)

플루오르화 알킬도 알코올로부터 합성할 수 있다. 삼플루오르화 다이에틸아미노황 [$(CH_3CH_2)_2NSF_3$]과 HF−피리딘을 포함해서 수많은 다른 시약들이 반응에 쓰인다. 피리딘은 질소-함유 벤젠 유사체이다.

$$\text{Cyclohexanol} \xrightarrow[\text{피리딘}]{HF} \text{Fluorocyclohexane}$$

사이클로헥산올 → 플루오로사이클로헥세인(99%) [피리딘]

예문 7.1 할로젠화 알킬 합성하기

다음 반응의 생성물은 무엇인가?

$$C_6H_5CH(OH)CH_3 \xrightarrow{SOCl_2} ?$$

풀이 유기 화학을 배우는 데 중요한 부분은 반응을 암기하는 것이다. 알코올에 대해 아는 것이 무엇인지 자문해 보고 알코올을 $SOCl_2$로 처리하면 염화 알킬이 생성된다는 것을 상기해 보라.

해답

$$C_6H_5CH(OH)CH_3 \xrightarrow{SOCl_2} C_6H_5CH(Cl)CH_3$$

문제 7.3 알케인의 염소화는 알케인 사슬의 어느 위치에서든 일어난다. 3-메틸펜테인의 염소 라디칼반응에서 얻을 수 있는 일염화 생성물을 모두 그리고 명명하라. 이들 중 카이랄이 있다면 어느 것인가?

문제 7.4 다음의 할로젠화 알킬은 어떤 적절한 알코올로부터 합성할 수 있는가?

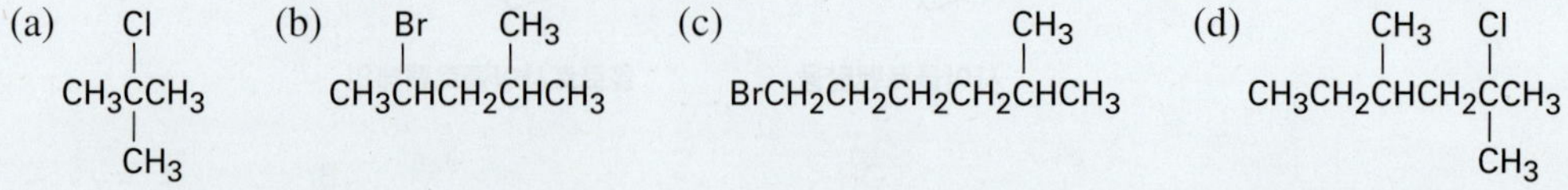

(a) $(CH_3)_3CCl$ — $CH_3C(Cl)(CH_3)CH_3$

(b) $CH_3CH(Br)CH_2CH(CH_3)CH_3$

(c) $BrCH_2CH_2CH_2CH_2CH(CH_3)CH_3$

(d) $CH_3CH_2CH(CH_3)CH_2C(Cl)(CH_3)CH_3$

문제 7.5 다음 반응들의 생성물들을 예측하라.

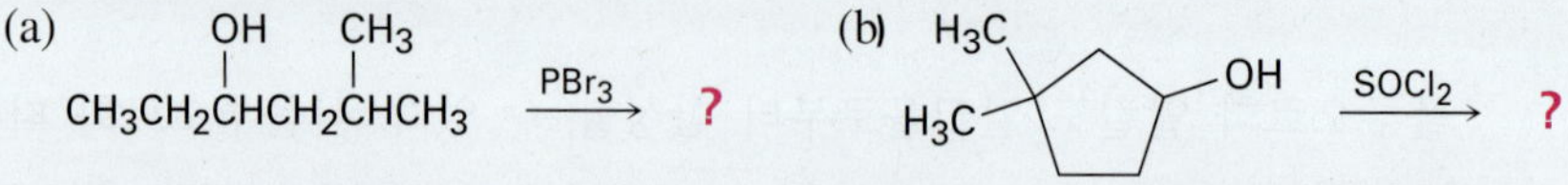

(a) $CH_3CH_2CH(OH)CH_2CH(CH_3)CH_3 \xrightarrow{PBr_3}$?

(b) 3,3-다이메틸사이클로펜탄올 (H_3C, H_3C, OH) $\xrightarrow{SOCl_2}$?

7.3 할로젠화 알킬의 반응: Grignard 시약

할로젠화 알킬, RX은 에터 용매 중에서 금속 마그네슘과 반응하여 할로젠화 알킬 마그네슘, RMgX을 생성하는데 발견자 Victor Grignard의 이름을 따서 **Grignard 시약**(Grignard reagent)이라 부른다. Grignard 시약은 탄소–금속 결합을 가지므로 유기금속 화합물이다. 그 외에 할로젠화 알킬, 할로젠화 알켄일(바이닐)과 할로젠화 아릴(방향족)도 마그네슘과 반응하여 Grignard 시약을 생성한다. 할로젠은 Cl, Br, 또는 I일 수 있으나 F는 아니다.

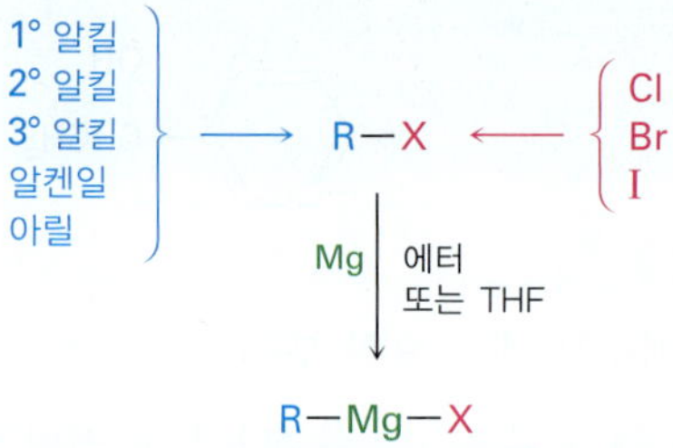

1° 알킬, 2° 알킬, 3° 알킬, 알켄일, 아릴 → R—X ← Cl, Br, I

$$R{-}X \xrightarrow[\text{에터 또는 THF}]{Mg} R{-}Mg{-}X$$

1.9절의 전기음성도에 관한 지식으로부터 예상할 수 있는 것과 같이 탄소–마그네슘 결합은 강하게 편극화되어 탄소는 친핵성과 염기성을 나타내게 된다. 예를 들어, 아이오도(메틸)마그네슘의 정전기 퍼텐셜 지도에서 마그네슘에 결합된 탄소는 전자풍부(붉은색)한 성질을 나타낸다.

아이오도메테인 → (Mg, 에터) → 아이오도(메틸)마그네슘

염기성과 친핵성

Grignard 시약은 형식적으로 탄소산, $R_3C—H$의 마그네슘염, $R_3C^{-+}MgX$이며 탄소 음이온 또는 **카브음이온**(carbanion)이다. 그러나 탄화수소는 약한 산이므로 탄소음이온은 매우 센 염기여야 하기 때문에 Grignard 시약은 양성자화되어 R—Mg—X + H_2O → R—H + HO—Mg—X 같은 산-염기 반응으로 파괴되지 않도록 대기 중의 습기로부터 보호되어야 한다.

Grignard 시약은 생물 조직에서 생성되지 않으나 다음 장에서 볼 수 있는 것처럼 중요한 실험실 반응에서 유용한 탄소-기반 친핵체이다. 그 외에 생물 화학에서 중요한 다른 더 복잡한 탄소-기반 친핵체에 대한 간단한 모형으로 작용한다. 17장에서 그 예들을 보게 될 것이다.

7.4 친핵성 치환 반응

할로젠화 알킬은 친전자체이기 때문에 수산화 이온과 같은 친핵체/염기와 반응할 때 친핵체에 의한 X기의 치환반응이나 HX의 제거반응으로 알켄을 생성하는 2가지 중 1개의 반응을 한다.

치환반응: H–C–C–Br + OH^- ⟶ H–C–C–OH + Br^-

제거반응: H–C–C–Br + OH^- ⟶ C=C H_2O + Br^-

먼저 치환 반응을 보자. 1896년 독일의 화학자 Paul Walden은 (+)-말산과 (−)-말산들이 일련의 간단한 치환 반응에 의해 상호전환이 된다는 발견을 하였다. Walden이 (−)-말산을 PCl_5로 처리하여 (+)-클로로석신산을 분리하였다. 이 화합물을 젖은 Ag_2O와 반응

그림 7.1 (+)-말산과 (−)-말산이 상호전환하는 Walden 주기

$$HOCCH_2CHCOH\ (OH)\ \xrightarrow[\text{에터}]{PCl_5}\ HOCCH_2CHCOH\ (Cl)$$

(−)-말산 $[\alpha]_D = -2.3$ (+)-클로로석신산

$\uparrow Ag_2O, H_2O$ $\downarrow Ag_2O, H_2O$

$$HOCCH_2CHCOH\ (Cl)\ \xleftarrow[\text{에터}]{PCl_5}\ HOCCH_2CHCOH\ (OH)$$

(−)-클로로석신산 (+)-말산 $[\alpha]_D = +2.3$

을 시켜 (+)-말산을 얻었다. 유사하게, (+)-말산과 PCl_5를 반응시켜 (−)-클로로석신산을 얻고 이것을 젖은 Ag_2O로 처리하면 (−)-말산으로 전환되었다. 그림 7.1에 Walden에 의해 보고된 반응의 완전한 주기가 나타나 있다.

당시에 이러한 결과는 놀라운 것이었다. (−)-말산이 (+)-말산으로 전환되었기 때문에 주기 내의 어떤 반응에서 카이랄성 중심의 배열에 반전이나 변화가 일어난 것이 분명하다. 그렇다면 어떤 반응이 어떻게 일어났을까? 6.5절에서 광회전의 부호를 보고 카이랄성 중심의 배열을 말할 수 없다고 배운 것을 기억하라.

오늘날 우리는 Walden 주기에서 일어난 변화를 **친핵성 치환 반응**(nucleophilic substitution reaction)이라 한다. 왜냐하면 각 단계에서 한 친핵체(염화 이온, Cl^-, 또는 수산화 이온, OH^-)가 다른 것으로 치환되기 때문이다. 친핵성 치환 반응은 유기 화학에서 가장 보편적이고 용도가 넓은 반응 중 하나이다.

$$R{-}X \ + \ Nu{:}^- \ \longrightarrow \ R{-}Nu \ + \ X{:}^-$$

Walden의 연구에 이어 친핵성 치환 반응의 메커니즘과 어떻게 배열의 반전이 일어나는지 밝히기 위해 1920년대와 1930년대 사이에 일련의 연구가 착수되었다. 우리는 이제 친핵성 치환 반응이 S_N1 반응과 S_N2 반응이라고 하는 두 주요 경로에 의해 일어난다는 것을 알고 있다. 두 경우에서 'S_N'이라는 이름은 치환, 친핵성을 나타낸다. 1과 2의 의미는 다음 두 절에서 논의할 것이다.

메커니즘이 어느 것이든 친핵성 치환 반응이 일어나는 동안 전체적인 변화는 같다. 친핵체(기호는 Nu: 또는 $Nu{:}^-$)는 기질(substrate) R—X와 반응하여 이탈기(leaving group) $X{:}^-$를 치환시키고 생성물 R—Nu를 생성한다. 만약 친핵체가 중성(Nu:)이면, 생성물은 전하를 보존하기 위해 양전하를 띤다. 만약 친핵체가 음전하($Nu{:}^-$)를 가지면, 생성물은 중성이다.

표 7.1 브로모메테인의 몇 가지 친핵성 치환 반응

$$Nu:^- + CH_3Br \rightarrow CH_3Nu + Br^-$$

친핵체		생성물	
화학식	이름	화학식	이름
H_2O	물	$CH_3OH_2^+$	메틸하이드로늄 이온
$CH_3CO_2^-$	아세트산 음이온	$CH_3CO_2CH_3$	아세트산 메틸
NH_3	암모니아	$CH_3NH_3^+$	메틸암모늄 이온
Cl^-	염화 이온	CH_3Cl	클로로메테인
HO^-	수산화 이온	CH_3OH	메탄올
CH_3O^-	메톡시화 이온	CH_3OCH_3	다이메틸 에터
I^-	아이오딘화 이온	CH_3I	아이오도메테인
^-CN	사이안화 이온	CH_3CN	아세토나이트릴
HS^-	황화수소 이온	CH_3SH	메테인싸이올

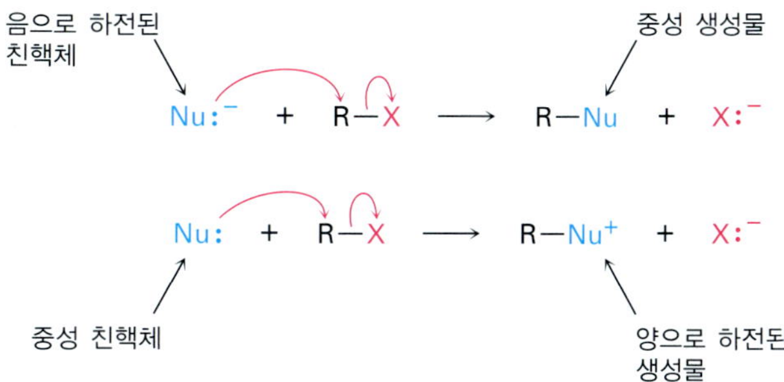

친핵성 치환 반응을 이용하여 수많은 물질을 만들 수 있다. 실제로 앞장에서 이미 여러 가지 예를 살펴보았다. 예를 들면, 아세틸렌화 음이온과 할로젠화 알킬의 반응(4.11절)은 아세틸렌화 음이온이 할로젠화 이온을 치환하는 S_N2 반응이다. 표 7.1에 다른 예들을 열거하였다.

$$R-C{\equiv}C:^- + CH_3Br \xrightarrow[\text{반응}]{S_N2} R-C{\equiv}C-CH_3 + Br^-$$

아세틸렌화 음이온

예문 7.2 치환 반응의 생성물 예측하기

1-클로로프로페인을 NaOH와 반응시켜 얻어지는 치환 생성물은 무엇인가?

풀이 두 반응물을 쓰고 친핵체(이 경우 OH^-)와 이탈기(이 경우 Cl^-)를 확인하라. 그러고나서 $-Cl$을 $-OH$로 대체하고 완성된 반응식을 쓴다.

해답

$$CH_3CH_2CH_2Cl + Na^+ \ ^-OH \longrightarrow CH_3CH_2CH_2OH + Na^+ \ ^-Cl$$

1-클로로프로페인 → 프로판-1-올

예문 7.3 합성에 치환 반응 이용하기

친핵성 치환 반응을 이용하여 프로페인-1-싸이올, $CH_3CH_2CH_2SH$를 어떻게 합성하는가?

풀이 친핵성 치환 반응을 통해 생성물에 도입된 작용기를 확인하라. 이 경우에 생성물은 −SH기를 가지고 있으므로 이것은 1-브로모프로페인과 같은 할로젠화 알킬과 SH^-(황화수소 이온)의 반응으로 만들 수 있을 것이다.

해답

$$CH_3CH_2CH_2Br + Na^+ \ ^-SH \longrightarrow CH_3CH_2CH_2SH + Na^+ \ ^-Br$$

1-브로모프로페인 → 프로페인-1-싸이올

문제 7.6 다음 반응에서 어떤 치환 생성물을 얻을 수 있을까?

(a) $CH_3CH_2CH(Br)CH_3 + LiI \longrightarrow ?$

(b) $CH_3CH(CH_3)CH_2Cl + HS^- \longrightarrow ?$

(c) $C_6H_5CH_2Br + NaCN \longrightarrow ?$

문제 7.7 친핵성 치환 반응을 이용하여 다음 물질을 어떻게 합성하는가?

(a) $CH_3CH_2CH_2CH_2OH$ (b) $(CH_3)_2CHCH_2CH_2N_3$

7.5 치환: S_N2 반응

S_N2 반응(S_N2 reaction)은 들어오는 친핵체가 이탈기의 180° 반대 방향에서 기질을 공격할 때 중간체 없이 단일 단계로 일어난다. 친핵체가 분자의 한쪽으로 접근함에 따라 친핵체 Nu:⁻의 전자쌍은 이탈기 X:⁻를 밀어내고 이탈기는 C−X 결합을 하고 있던 전자쌍을 가지고 분자의 다른 쪽으로 이탈한다. 반응의 전이 상태에서 새로운 Nu−C 결합이 형성되면서 동시에 C−X 결합은 부분적으로 끊어지며 음전하를 새로 결합하는 친핵체와 떠나는 이탈기 둘이 나눠 가진다. 결합 형성과 결합 절단이 동시에 일어남으로써 탄소가 팔전자계 규칙을 위반하지 않도록 한다. 그림 7.2에 (*S*)-2-브로모뷰테인의 OH^- 반응에 대한 메커니즘을 나타내었다.

메커니즘

그림 7.2 S_N2 반응의 메커니즘. 한 단계 반응으로 들어오는 친핵체가 이탈하는 할로젠 이온에서 멀리 떨어진 180° 반대 방향으로부터 접근해 오며 탄소의 배열이 반전된다.

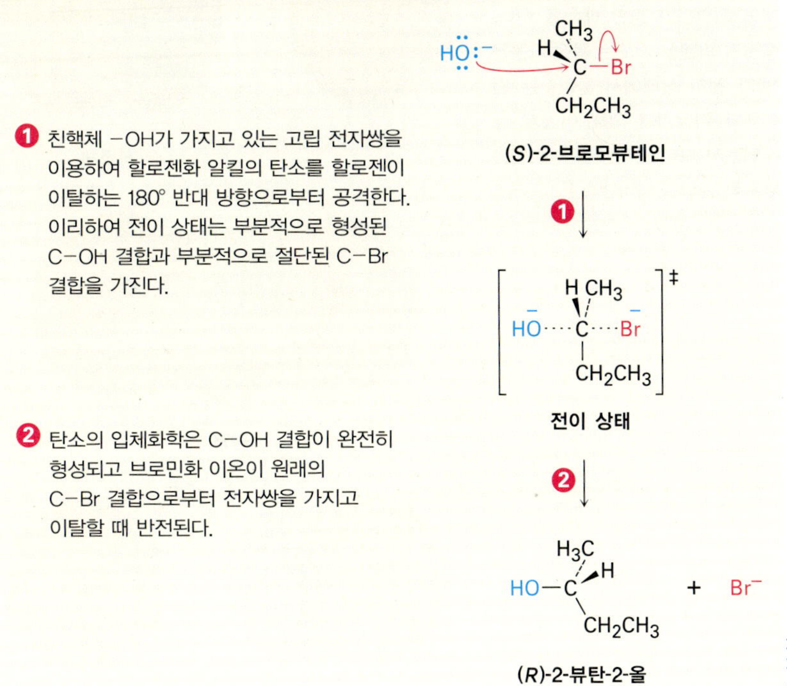

그러면 이러한 반응 메커니즘에 대한 증거는 무엇이며, 그 화학적 결과는 무엇인지 살펴보기로 하자.

S_N2 반응의 속도

모든 화학 반응에서 반응이 일어나는 속도와 반응의 농도 사이에 직접 관련이 있다. 예를 들면, OH^-가 CH_3Br과 반응하여 CH_3OH가 되는 S_N2 반응에서 반응은 기질과 친핵체가 충돌하며 반응하는 한 단계 반응이다. 주어진 반응물의 농도에서 반응은 일정한 속도로 일어난다. 만약 OH^-의 농도가 2배로 되면, 두 반응물 간의 충돌 빈도수는 2배가 되므로 반응속도 또한 2배가 된다. 유사하게, CH_3Br의 농도가 2배가 되면 반응속도는 2배가 된다. 따라서 S_N2에서의 '2'의 기원은 S_N2 반응의 반응속도가 2가지 물질인 할로젠화 알킬과 친핵체에 의존하므로 **이분자성**(bimolecular)이라고 말하는 데 있다.

$$HO^- + CH_3{-}Br \longrightarrow HO{-}CH_3 + Br^-$$

문제 7.8 다음의 변화는 CH_3I와 아세트산 소듐 사이의 S_N2 반응속도에 어떤 영향을 미치는가?

(a) CH_3I의 농도를 3배로 한다.

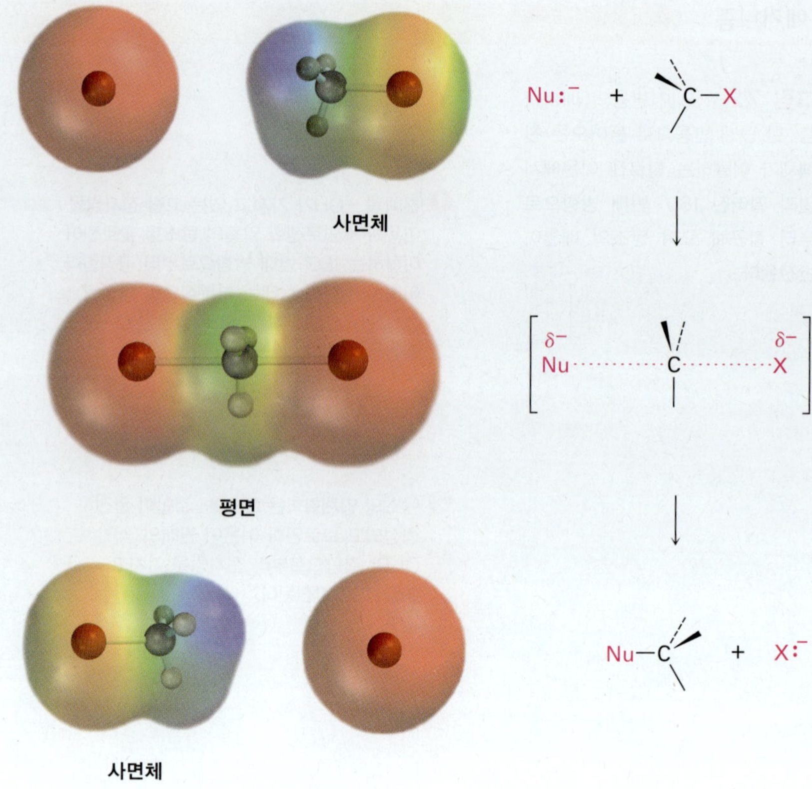

그림 7.3 S_N2 반응의 전이 상태는 탄소 원자와 그에 결합된 3개의 치환기가 평면 배치를 한다. 정전기 퍼텐셜 지도는 음전하(붉은색)가 전이 상태에서 들어오는 친핵체와 이탈기에 의해 어떻게 공유되는지 보여 준다. (붉은 점선은 부분적 결합을 나타낸다.)

(b) CH_3I와 CH_3CO_2Na의 농도를 둘 다 2배로 한다.

S_N2 반응의 입체화학

그림 7.2의 S_N2 반응 메커니즘을 주의깊게 살펴보라. 들어오는 친핵체가 기질을 공격하여 반대 방향에 있는 이탈기를 밀어낼 때 분자의 배열은 반전한다(그림 7.3). 예를 들면, (*S*)-2-브로모뷰테인은 평면 구조를 한 전이 상태를 거쳐 일어나는 배열의 반전에 의해 (*R*)-뷰탄-2-올을 생성한다.

예문 7.4 치환 반응의 생성물 예측하기

(*S*)-2-아이오도옥테인과 사이안화 소듐, NaCN의 S_N2 반응으로부터 얻어지는 생성물은 무엇인가?

풀이 친핵체(사이안화 이온)와 이탈기(아이오딘화 이온)를 확인하라. 치환 반응을 시키고 카이랄성 중심에서의 반전을 확인하라. (*S*)-2-아이오도옥테인은 CN^-와 반응하여 (*R*)-2-메틸옥테인나이트릴을 생성한다.

해답

(S)-2-아이오도옥테인 $\xrightarrow{Na^+CN^-}$ (R)-2-메틸옥테인나이트릴 + NaI

문제 7.9 (*S*)-2-브로모헥세인과 아세트산 나트륨, CH_3CO_2Na의 S_N2 반응에서 얻어지는 생성물은 무엇인가? 생성물과 반응물의 입체화학을 나타내라.

문제 7.10 다음 물질의 배열을 결정하고 HS^-와의 치환반응으로 생성되는 생성물의 구조를 그려라 (적갈색 = Br).

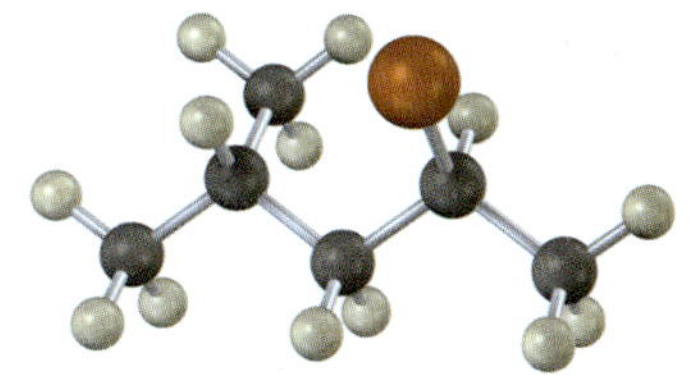

S_N2 반응의 입체 효과

친핵체가 S_N2 반응을 하기 위해 기질에 얼마나 쉽게 접근할 수 있는가는 할로젠화 음이온-소유 탄소에 대한 접근성에 좌우된다. 할로젠화 이온을 소유한 탄소 원자에 접근하기 어려운 입체적으로 부피가 큰 기질은 부피가 작아 접근하기 용이한 기질보다 훨씬 느리게 반응한다(그림 7.4).

할로젠화 메틸(CH_3X)이 가장 반응성이 크고 다음은 에틸과 프로필 같은 1차 할로젠화

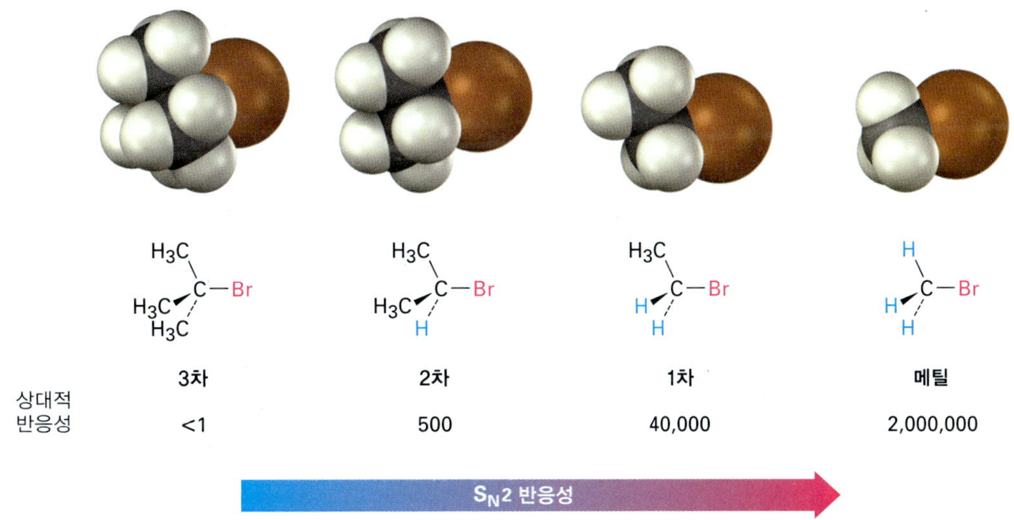

그림 7.4 브로모메테인의 탄소 원자는 접근하기 쉬워 S_N2 반응이 빠르나 브로모메테인(1차), 2-브로모프로페인(2차) 및 2-브로모-2-메틸프로페인(3차)은 순차적으로 접근하기 쉽지 않아 순차적으로 S_N2 반응이 느리다.

알킬(RCH_2—X)이다. 2차 할로젠화 알킬(R_2CH—X)처럼 이탈기 바로 이웃에 알킬 가지를 가지면 반응이 매우 느려진다. 3차 할로젠화물(R3C—X)처럼 가지가 더 많으면 반응이 정지한다.

할로젠화 바이닐(R_2C═CRX)과 할로젠화 아릴(Ar—X)은 S_N2 치환 반응이 전혀 진행하지 않기 때문에 반응성 일람표에 나타나 있지 않다. 반응성이 없는 이유는 입체 장애에 기인한다. 치환이 일어나기 위해서는 들어오는 친핵체가 분자의 부위로 파고들어야 한다.

R, R, C═C, Cl, R, Nu:⁻ → 무반응

할로젠화 바이닐

:Nu⁻, Cl → 무반응

할로젠화 아릴

예문 7.5 치환 반응의 속도 예측하기

OH^- 이온이 1-브로모펜테인 또는 2-브로모펜테인과 S_N2 반응을 할 때 더 빨리 반응하는 것은 어느 것인가?

풀이 어떤 기질이 장애를 덜 받는지 결정하라. 1-브로모펜테인은 1차 할로젠화물이고 2-브로모펜테인은 2차 할로젠화물이기 때문에 장애가 덜한 1-브로모펜테인과의 반응이 더 빠르다.

해답

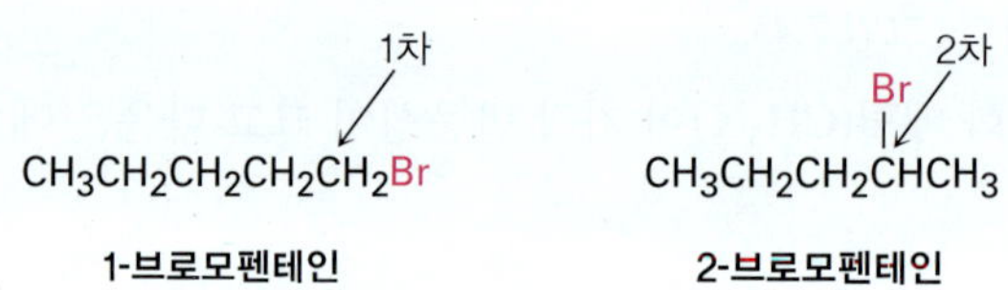

문제 7.11 다음의 S_N2 반응에서 더 빠르게 반응하는 것은 어느 것인가?

(a) CN^-(사이안화 이온)의 $CH_3CH(Br)CH_3$ 또는 $CH_3CH_2CH_2Br$과의 반응?

(b) I^-의 $(CH_3)_2CHCH_2Cl$ 또는 H_2C═CHCl과의 반응?

S_N2 반응에서의 이탈기

S_N2 반응에 영향을 미치는 다른 변수는 공격하는 친핵체에 의해 치환되는 이탈기의 정체이다. 이탈기는 대부분의 S_N2 반응에서 음전하를 가지고 떨어져나가기 때문에 가장 좋은 이탈기는 가장 안정한 음이온(센 산의 음이온)을 생성하는 이온들이다. 비록 다른 이온들도 가능하나, 할로젠화 이온들(I^-, Br^-, 또는 Cl^-)이 가장 보편적인 이탈기이다. F^-, OH^-, OR^- 및 NH_2^-와 같은 음이온들이 이탈기로 작용하는 경우는 드물다.

문제 7.12 다음 화합물들을 S_N2 반응에 대한 예상되는 반응성 순서로 나열하라: CH_3I, CH_3F, CH_3Br.

7.6 치환: S_N1 반응

대부분의 친핵성 반응은 지금까지 설명한 S_N2 경로로 일어나지만 **S_N1 반응**(S_N1 reaction)이라 하는 다른 경로로 일어날 수 있다. 일반적으로 S_N1 반응은 3차 기질에서만, 그리고 물과 알코올 같은 하이드록시 용매 중에서 중성이나 산성 조건 하에서만 일어난다. 예를 들면, 우리는 7.2절에서 할로젠화 알킬이 알코올을 HCl이나 HBr로 처리하여 생성되는 것을 배웠다. 3차 알코올은 재빨리 반응하지만 1차 및 2차 알코올은 느리게 반응한다.

$$R{-}Br + H_2O \longrightarrow R{-}OH + HBr$$

	CH_3Br	CH_3CH_2Br	$(CH_3)_2CHBr$	$(CH_3)_3CBr$
	메틸	1차	2차	3차
상대적 반응성	< 1	1	12	1,200,000

반응성 →

이와 같은 치환 반응은 어떻게 진행될까? 분명히 할로젠이 하이드록시기로 치환되는 친핵성 치환 반응이 일어난다. 그러나 반응성 순서 3° > 2° > 1°는 정상적인 S_N2 반응에서의 순서와 역이다. 더욱이 앞절에서 OH^-는 좋지 않은 이탈기라고 말했음에도 불구하고 $-OH$기가 치환이 된다. 이 경우에 일어나는 반응은 S_N2 반응이 아니고 그림 7.5에 메커니즘을 나타낸 S_N1 반응이다.

들어오는 친핵체가 접근함과 동시에 이탈기가 치환되는 S_N2 반응과 달리, S_N1 반응은 들어오는 친핵체가 접근하기 전에 자발적인 이탈기의 소실이 일어난다. 이탈기의 소실로 카보양이온이 생성되며 그것은 다음 단계에서 친핵체와 반응하여 치환 생성물을 생성한다.

이 두 단계 메커니즘으로 왜 3차 알코올이 1차나 2차 알코올보다 HBr과 훨씬 빠르게

메커니즘

그림 7.5 *tert*-뷰틸 알코올과 HBr이 반응하여 할로젠화 알킬이 생성되는 S_N1 반응 메커니즘. 중성인 물이 이탈기이다.

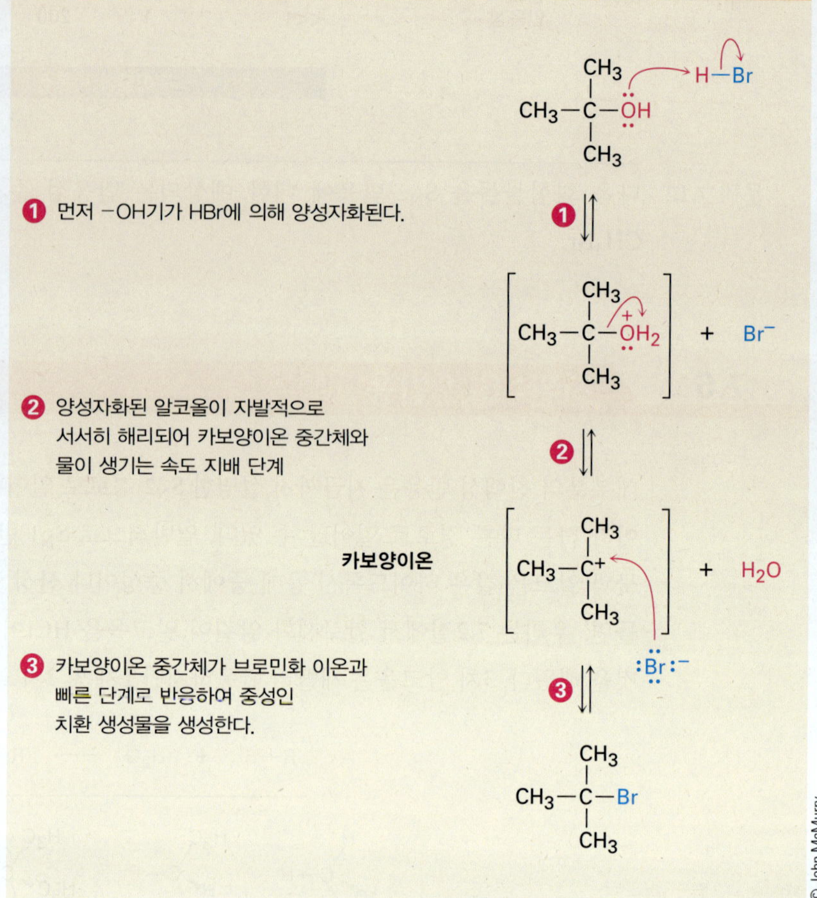

반응하는지 설명한다. 즉, S_N1 반응은 안정한 카보양이온 중간체가 형성될 때만 일어난다. 카보양이온 중간체가 안정할수록 더 빠르게 S_N1 반응이 일어난다. 따라서 알코올과 HBr과의 반응성 순서는 카보양이온의 안정성 순서와 동일하다(4.2절).

S_N1 반응의 속도

기질과 친핵체의 농도에 좌우되는 S_N2 반응의 속도와 달리, S_N1 반응의 속도는 기질의 농도에만 좌우되고 친핵체의 농도와는 무관하다. 따라서 S_N1 반응에서 '1'의 근원은 여기에 있다: S_N1 반응은 반응속도가 단지 하나의 물질, 즉 기질의 농도에만 좌우되므로 **일분자성**(unimolecular)이라 한다. S_N1 반응이 일분자 반응이라는 사실은 기질이 그림 7.5에 나타나 있는 메커니즘이 설명하는 것처럼 똑같이 친핵체를 포함하지 않는 자발적인 반응으로 진행한다는 것을 의미한다.

문제 7.13 다음의 변화는 *tert*-뷰틸 알코올과 HBr의 S_N1 반응속도에 어떤 영향을 미치는가?

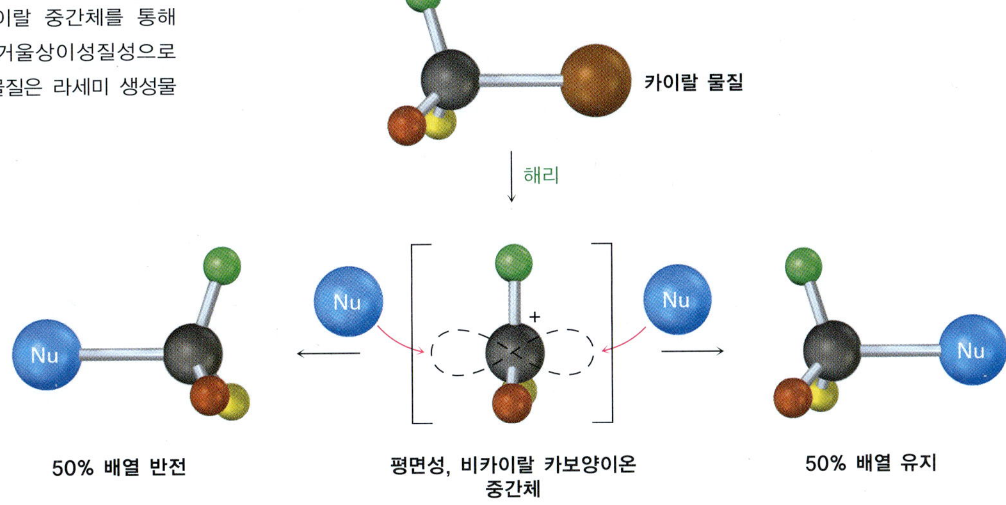

그림 7.6 S_N1 반응의 입체화학. 반응은 비카이랄 중간체를 통해 진행하므로 거울상이성질성으로 순수한 반응물질은 라세미 생성물을 생성한다.

(a) HBr의 농도를 3배로 한다.

(b) HBr의 농도는 반으로 줄이고 *tert*-뷰틸 알코올의 농도는 2배로 한다.

S_N1 반응의 입체화학

만약 S_N1 반응이 그림 7.5에 나타낸 것처럼 카보양이온 중간체를 통해 일어난다면, 그들의 입체화학은 S_N2 반응의 그것과 다를 수밖에 없다. 카보양이온은 평면 구조이며 sp^2 혼성화되었으므로 그들은 비카이랄이다. 그러므로 양으로 하전된 탄소는 윗면이나 아랫면 쪽에서 똑같이 친핵체와 반응하여 거울상이성질체의 50:50 (라세미) 혼합물을 생성할 것이다(그림 7.6). 다시 말해, 카이랄 물질의 단일 거울상이성질체에 S_N1 반응을 시키고 비카이랄 양이온 중간체를 통해 가게 한다면, 분자는 순식간에 그 카이랄성을 잃어버리며 생성물은 광학 비활성이다.

카이랄 기질이 S_N1 반응을 하게 되면 어떤 일이 일어나는지 (*R*)-1-페닐뷰탄-1-올을 HCl로 처리할 때를 예로 들어 살펴보면 라세미 염화 알킬 생성물이 생성된다.

$CH_3CH_2CH_2$–CH(Ph)–OH + HCl ⟶ $CH_3CH_2CH_2$–CH(Ph)–Cl + Cl–CH(Ph)–$CH_2CH_2CH_3$

(*R*)-페닐뷰탄-1-올 | (*R*)-1-클로로-1-페닐 (50%, 유지) | (*S*)-1-클로로-1-페닐 (50%, 반전)

예문 7.6 치환 반응의 입체화학 예측하기

(*R*)-3-브로모-3-메틸헥세인과 메탄올이 반응하여 3-메톡시-3-메틸헥세인이 생성되는 S_N1 반응의 입체화학은 어떻게 되는가?

풀이 정확한 입체화학을 나타내는 출발물질 할로젠화 알킬을 그려라. 그러고나서 $-Br$을 메톡시기($-OCH_3$)로 치환시키며 라세미 혼합물인 생성물이 되도록 하라.

해답

H_3C Br + CH_3OH ⟶ CH_3O CH_3 / H_3C OCH_3

(*R*)-3-브로모-3-메틸헥세인

(*S*)-3-메톡시-3-메틸헥세인(50%)

(*R*)-3-메톡시-3-메틸헥세인(50%)

문제 7.14 (*S*)-3-메틸옥탄-3-올[(*S*)-3-하이드록시-3-메틸옥테인)]과 HBr의 S_N1 반응으로부터 어떤 생성물이 얻어지는가? 출발물질과 생성물의 입체화하을 나타내라.

문제 7.15 다음 기질의 배열을 결정하고 입체화학을 보여라. 그리고 H_2O와의 S_N1 반응으로부터 얻는 생성물을 확인하라(적갈색 = Br).

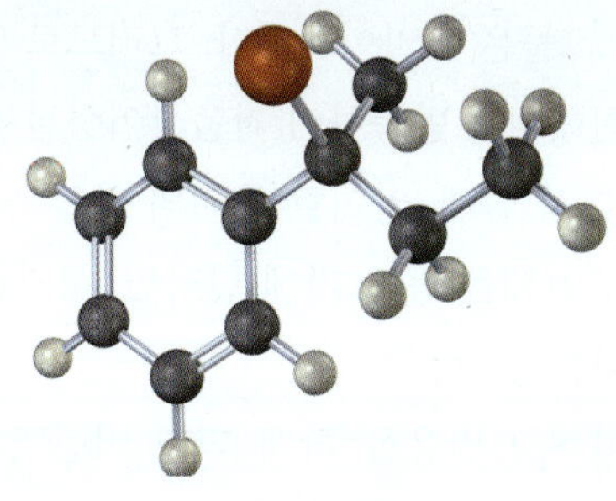

S_N1 반응에서의 이탈기

S_N1 반응의 가장 좋은 이탈기는 S_N2 반응에서와 같이 가장 안정한 음이온을 생성하는 것들이다. 3차 알코올이 HX와 반응하여 할로젠화 알킬(그림 7.5)을 생성할 때와 같이, 만약 S_N1 반응을 산성 조건 하에서 수행하면 중성인 물이 이탈기일 수 있음에 주목하라. 이탈기의 S_N1 반응성 순위는 다음과 같다.

$$HO^- < Cl^- < Br^- < I^- \approx H_2O$$

이탈기 반응성 ⟶

7.7 제거: E2 반응

지금까지 우리는 치환 반응만을 살펴보았으나 사실 친핵체/염기가 할로젠화 알킬과 반응할 때 2가지 종류의 과정이 가능하다. 친핵체/염기는 S_N1이나 S_N2 반응에서 이탈기를 치환할 수 있다. 또한 친핵체/염기는 HX의 제거 반응을 일으켜 알켄을 생성하게 한다.

치환반응

$$\text{H-C-C-Br} + OH^- \longrightarrow \text{H-C-C-OH} + Br^-$$

제거반응

$$\text{H-C-C-Br} + OH^- \longrightarrow \text{C=C} \quad H_2O + Br^-$$

할로젠화 알킬로부터 HX를 제거하는 것은 알켄을 합성하는 데 매우 유용하지만 여러 가지 이유로 인하여 복잡한 과제이다. 그 중 하나가 위치 화학의 문제이다: 비대칭인 할로젠화물로부터 HX를 제거하면 어떤 생성물이 얻어지겠는가? 실제 제거 반응으로부터 알켄 생성물의 혼합물이 생기는데 우리가 보통 사용하는 최선의 방법은 어떤 것이 두 생성물인지 예측하는 것이다.

러시아 화학자 Alexander Zaitsev가 1875년에 조직화한 예측 지침서인 **Zaitsev 규칙**(Zaitsev's rule)에 따르면, 염기 유발 제거 반응은 일반적으로 더 많이 치환된 알켄 생성물, 즉 이중 결합에 더 많은 치환기를 가진 알켄을 생성한다. 예를 들면, 에탄올 중에서 2-브로모뷰테인을 KOH로 처리하면 일차적으로 뷰트-1-엔(일치환, 이중 결합 탄소에 하나의 알킬 치환기가 있음)보다 뷰트-2-엔(이치환, 이중 결합 탄소에 2개의 알킬 치환기가 있음)을 생성한다.

$$\underset{\text{2-브로모뷰테인}}{CH_3CH_2CH(Br)CH_3} \xrightarrow[CH_3CH_2OH]{CH_3CH_2O^-\ Na^+} \underset{\substack{\text{뷰트-2-엔} \\ (81\%)}}{CH_3CH{=}CHCH_3} + \underset{\substack{\text{뷰트-1-엔} \\ (19\%)}}{CH_3CH_2CH{=}CH_2}$$

Zaitsev 규칙 할로젠화 알킬에서 HX를 제거할 때 치환이 많이 된 알켄이 주로 생긴다.

두 번째로 복잡한 점은 제거반응이 치환반응처럼 몇 가지 상이한 메커니즘으로 일어날 수 있다는 것이다. E1, E2 및 E1cB 반응에 관한 3가지 가장 보편적인 메커니즘은 C−H와 C−X 결합-절단 시간이 다르다. E1 반응에서, C−X 결합이 먼저 절단되어 카보양이온 중간체를 생성하고 이어서 염기에 의한 H^+ 떼기가 일어난다. E2 반응에서, 염기-유발

C—H 결합-절단과 C−X 결합-절단이 동시에 단일 단계로 일어나 알켄을 생성한다. E1cB 반응에서(cB는 '콘주게이션 염기'), 염기가 먼저 양성자를 떼어 내어 카브음이온($R:^-$) 중간체를 생성하고 이어서 X^-를 잃는다. 매커니즘 3개는 모두 실험실에서 자주 일어나나 생물학적 경로에서는 E1cB 메커니즘이 우세하다.

가장 보편적으로 일어나는 제거 반응 메커니즘은 **E2 반응**(E2 reaction)(제거 반응, 이분자)이다. 이 반응은 할로젠화 알킬을 수산화 이온이나 알콕시화 이온(RO^-)과 같은 센 염기로 처리할 때 일어나는 것으로 그림 7.7과 같은 식으로 나타낼 수 있다.

E1 반응: C−X 결합이 먼저 끊어져 카보양이온 중간체를 생성한 후 염기에 의한 양성자 제거로 알켄이 생성된다.

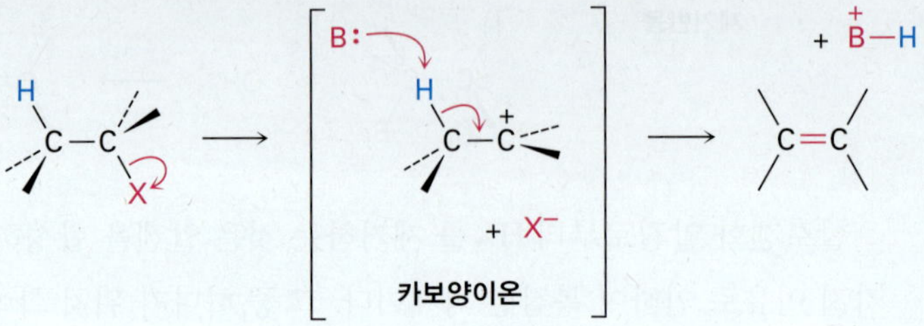

카보양이온

E2 반응: C−H와 C−X 결합이 동시에 끊이져 중간체 없이 단일 단계로 알켄을 생성한다.

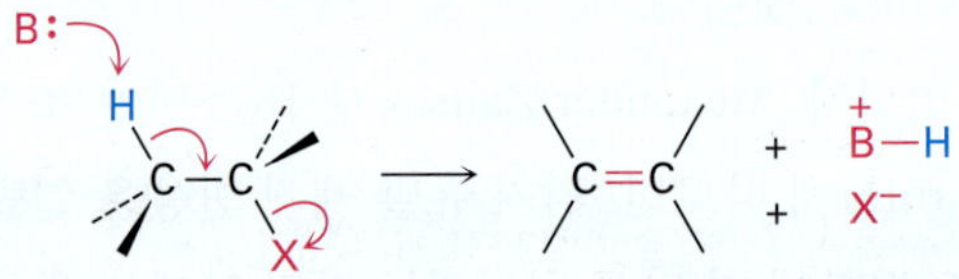

E1cB 반응: 먼저 C−H 결합이 끊어져 카브음이온을 생성한 후 X^-를 잃고 알켄을 생성한다.

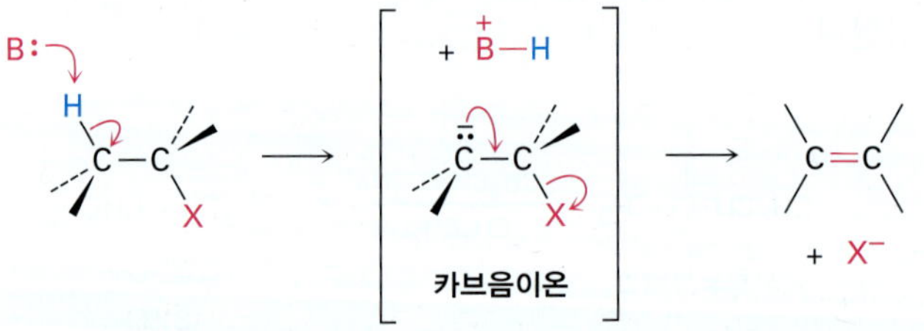

카브음이온

7.5절에서 논의한 S_N2 반응과 같이 E2 반응도 중간체 없이 한 단계로 일어난다. 공격하는 염기가 이탈기 이웃에 있는 탄소 원자로부터 H^+를 떼어 내기 시작할 때 C−H와 C−X 결합이 끊어지기 시작하며 C=C 이중 결합이 형성되기 시작한다. 이탈기는 C−X 결합에서 전자 2개를 가지고 떠난다.

메커니즘

그림 7.7 E2 반응 메커니즘. 반응은 H와 X기가 이탈하는 것과 동시에 이중 결합이 형성되기 시작하는 전이 상태를 거쳐 한 단계로 일어난다. (붉은 점선은 전이 상태에서의 부분결합을 나타낸다.)

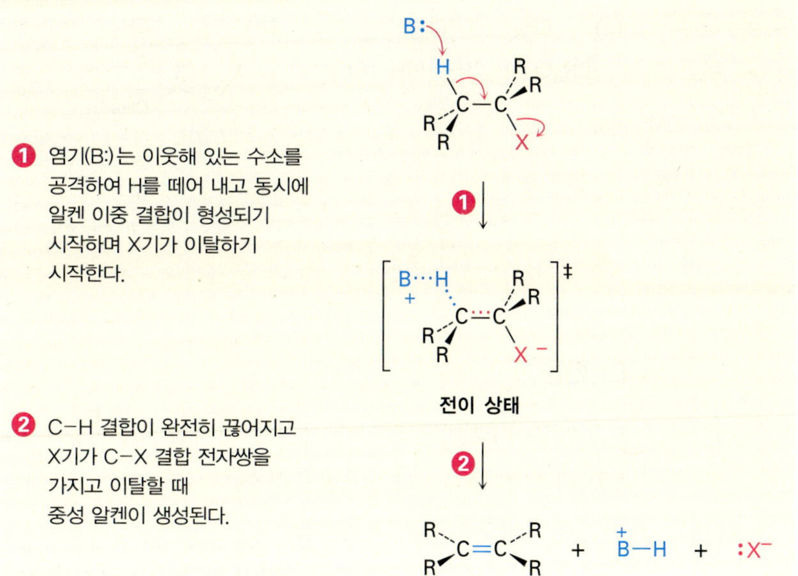

예문 7.7 제거 반응의 생성물 예측하기

에탄올 중에서 1-클로로-1-메틸사이클로헥세인과 KOH의 반응으로부터 어떤 생성물이 생기는가?

풀이 할로젠화 알킬을 KOH와 같은 센 염기로 처리하면 알켄이 생성된다. 특정한 경우에 생성물이 무엇인지 알기 위해 출발물질의 구조를 그리고, 이웃의 각 탄소에 수소를 붙여라. 다음으로, 가능한 모든 방법으로 HX를 제거하여 알켄 생성물들을 만든다. 주생성물은 가장 많이 치환된 이중 결합을 가진 것으로 이 경우에는 1-메틸사이클로헥센이다.

해답

1-클로로-1-메틸-사이클로헥세인 —(KOH, 에탄올)→ 1-메틸사이클로헥센 (주생성물) + 메틸렌사이클로헥세인 (부생성물)

문제 7.16 이중 결합의 입체화학을 무시하면 다음 할로젠화 알킬의 반응에서 제거 반응 생성물은 무엇인가?

(a) $CH_3CH_2CH(Br)CH(CH_3)CH_3$

(b) $CH_3CH(CH_3)CH_2-C(Cl)(CH_3)-CH(CH_3)CH_3$

(c) 사이클로헥실$-CH(Br)CH_3$

문제 7.17 다음의 알켄은 어떤 할로젠화 알킬로부터 만들 수 있는가?

(a) $CH_3CH(CH_3)CH_2CH_2CH(CH_3)CH{=}CH_2$

$$\begin{array}{l} \quad CH_3 \qquad\quad CH_3 \\ \quad | \qquad\qquad\quad | \\ CH_3CHCH_2CH_2CHCH{=}CH_2 \end{array}$$

(b) CH_3, CH_3

7.8 제거: E1과 E1cB 반응

E1 반응

S_N2 반응이 E2 반응과 아주 유사한 것처럼 S_N1 반응도 **E1 반응**(E1 reaction)(제거 반응, 일분자)과 아주 유사하다. E1 반응의 예로서 2-클로로-2-메틸프로페인으로부터 HCl의 제거 반응을 그림 7.8에 나타내었다.

E1 제거 반응은 S_N1 반응에서처럼 똑같은 일분자 해리로 시작하나 해리된 다음에 치환이 일어나는 대신 중간체인 카보양이온에서 H^+를 잃는다. 실제로 E1과 S_N1 반응은 할로젠화 알킬을 하이드록시 용매 중에서 비염기성 친핵체로 처리할 때마다 보통 경쟁적으로 일어나는 반응이다. 따라서 가장 좋은 E1 반응의 기질은 또한 가장 좋은 S_N1 반응의 기질이므로 보통 치환 생성물 및 제거 생성물의 혼합물이 얻어진다. 예를 들면, 2-클로로-2-메

메커니즘

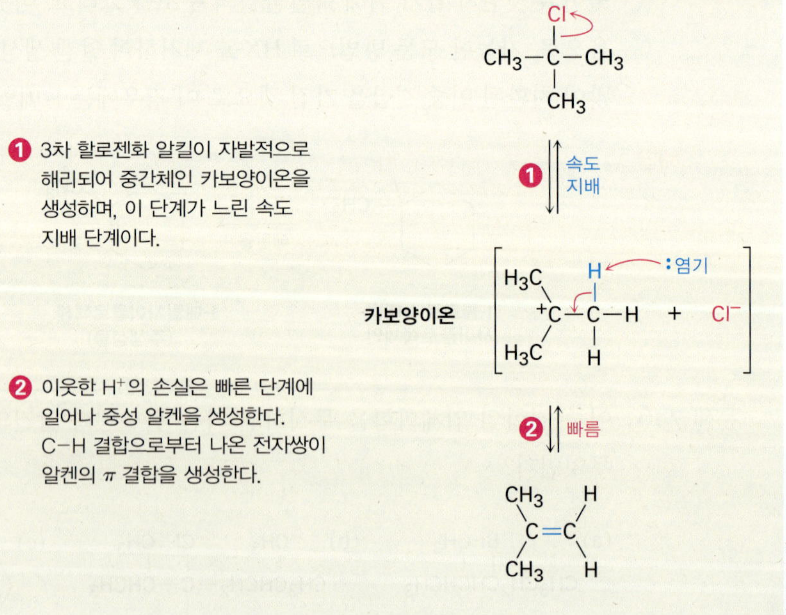

그림 7.8 E1 반응의 메커니즘. 두 단계 반응으로 카보양이온 중간체가 존재한다.

틸프로페인을 80% 에탄올 수용액에서 65 °C로 온도를 올릴 때 2-메틸프로판-2-올(S_N1)과 2-메틸프로펜(E1)의 혼합물이 64:36의 비율로 얻어진다.

$$(CH_3)_3C{-}Cl \xrightarrow[65\ ^\circ C]{H_2O,\ 에탄올} (CH_3)_3C{-}OH + (H_3C)_2C{=}CH_2$$

2-클로로-2-메틸프로페인 2-메틸프로판-2-올 (64%) 2-메틸프로펜 (36%)

E1cB 반응

카보양이온 중간체를 포함하는 E1 반응과 대조적으로, **E1cB 반응**은 카보음이온 중간체를 통해 일어난다. 염기로 인한 양성자 떼기로 음이온이 생기며 그것은 즉각적으로 이웃한 탄소에 있는 이탈기를 밀어낸다. 이 반응은 특히 카보닐기, HO—C—CH—C═O로부터 떨어져 있는 두 번째 탄소에 있는 −OH와 같은 좋지 않은 이탈기를 가진 물질에서 보편적이다. 좋지 않은 이탈기는 또 다른 E1과 E2 가능성을 약화시키며, 카보닐기는 음이온 중간체가 공명안정화하도록 하여 이웃한 수소가 예외적으로 산성을 띠게 한다. 11.4절에서 카보닐기의 산성화 효과를 볼 것이다. 생성물에서 탄소−탄소 이중 결합이 카보닐, C═C—C═O에 콘주케이션임을 주목하라. 이것은 콘주게이션 다이엔의 그것과 비슷한 상황이다(4.8절).

:염기

공명안정화 음이온

문제 7.18 만약 2-클로로-2-메틸프로페인의 농도를 3배로 하면, 이 화합물의 E1 반응속도에는 어떤 영향이 있는가?

7.9 반응성의 요약: S_N1, S_N2, E1, E1cB 및 E2

우리는 5가지 다른 종류의 반응인 친핵성 치환 반응/제거 반응을 배웠으나, 어느 경우에 어떤 반응이 일어날지 예측하는 방법에 관해 의아해할 것이다. 치환 반응이 일어날까 혹은 제거 반응이 일어날까? 반응은 일분자 반응인가 이분자 반응인가? 이 질문에 대한 확실한 해답은 없으나 폭넓게 일반화하는 것은 가능하다.

- **1차 할로젠화 알킬(RCH_2X)**은 만약 I^-, Br^-, RS^-, NH_3, 또는 CN^-와 같은 친핵체를 이용한다면 S_N2 반응을 할 것이다. 수산화 이온이나 알콕시화 이온(RO^-) 같은 센 염기가 이용되면 S_N2 반응과 함께 E2 반응이 일어난다. 만약 이탈기가 카보닐기(HO—C—CH—C═O)로부터 탄소 2개 떨어진 곳에 있다면, E1cB 제거 반응이 일어난다.
- **2차 할로젠화 알킬(R_2CHX)**은 만약 약염기성 친핵체가 이용되면 S_N2 치환 반응이 우세하고, 만약 센 염기가 이용되면 E2 제거 반응이 우세하다. 그리고 만약 이탈기가 카보닐기(HO—C—CH—C═O)로부터 탄소 2개 떨어진 곳에 있다면 E1cB 제거 반응이 일어난다.
- **3차 할로젠화 알킬(R_3CX)**은 염기가 이용되면 E2 제거 반응이 일어난다. 그러나 중성이나 산성 조건 하에서는 S_N1과 E1 경로로 진행된다. 만약 이탈기가 카보닐기(HO—C—CH—C═O)로부터 탄소 2개 떨어진 곳에 있다면, E1cB 제거 반응이 일어난다.

예문 7.8 반응 메커니즘 예측하기

다음 반응이 S_N1, S_N2, E1, E1cB, 또는 E2 반응인지 말하라.

(a) Cl (cyclopentyl chloride) —KOH / 에탄올→ cyclopentene

(b) (2-bromo-2-propyl)benzene (Br) —HCO_2H / H_2O→ formate ester (O, H, C, O)

풀이 기질이 1차, 2차, 또는 3차인지 보라. 그리고 치환반응인지 제거반응인지 결정하라. 그러고나서 앞에서 요약한 일반 사항을 적용하라.

해답 (a) 기질은 2차 할로젠화 알킬이며 센 염기가 이용된다. 그리고 제거반응이 일어났다. 이것은 E2 반응이다.

(b) 기질은 3차 할로젠화물이며 산성 용매가 쓰인다. 그리고 치환반응이 일어났다. 이것은 S_N1 반응이다.

문제 7.19 다음의 반응이 S_N1, S_N2, E1, E1cB, 또는 E2 반응인지 말하라.

(a) $CH_3CH_2CH_2CH_2Br \xrightarrow[\text{에터}]{NaN_3} CH_3CH_2CH_2CH_2N{=}N{=}N$

(b) $CH_3CH_2CHClCH_2CH_3 \xrightarrow[\text{에탄올}]{KOH} CH_3CH_2CH{=}CHCH_3$

(c) 1-chloro-1-methylcyclohexane (Cl, CH_3) $\xrightarrow{CH_3CO_2H}$ 1-methylcyclohexyl acetate ($OCCH_3$ with C=O, CH_3)

(d) 2-(1-hydroxycyclohexyl)cyclohexanone (O, OH) $\xrightarrow[\text{에탄올}]{NaOH}$ 2-cyclohexylidenecyclohexanone (O)

7.10 생명 있는 유기체에서 일어나는 치환 반응과 제거 반응

화학자에 의해 플라스크 안에서든지 유기체의 세포 내에서든지 수행된 모든 화학은 같은 규칙을 따른다. 그러므로 대부분의 생물학적 반응은 실험실에서 마주치는 동일한 첨가, 치환, 제거 및 전위 반응 메커니즘으로 일어난다. S_N1과 S_N2 반응은 둘다 생물 화학에서 잘 알려져 있다.

가장 보편적인 생물학적 치환 반응 가운데, 친전자성 주개로부터 $-CH_3$기가 친핵체로 이동하는 **메틸화**가 있다. 실험실에서 화학자는 그러한 반응을 시키려고 CH_3I를 선택할 것인데 살아 있는 유기체는 생물학적 메틸기 주개로서 복잡한 분자인 *S*-아데노실메싸이오닌(약해서 SAM)을 이용한다. *S*-아데노실메싸이오닌의 황 원자는 양전하(설포늄 이온, R_3S^+)를 가지고 있으므로 S_N2 치환 반응을 하기 위한 메틸 탄소 위에 있는 좋은 이탈기가 된다. 예를 들면, 부신피질에서 일어나는 노르에피네프린으로부터 아드레날린의 합성에서 노르에피네프린의 질소 원자가 *S*-아데노실메싸이오닌의 친전자성 메틸 탄소를 친핵성 공격을 하여 *S*-아데노실호모시스타인을 치환시킨다.

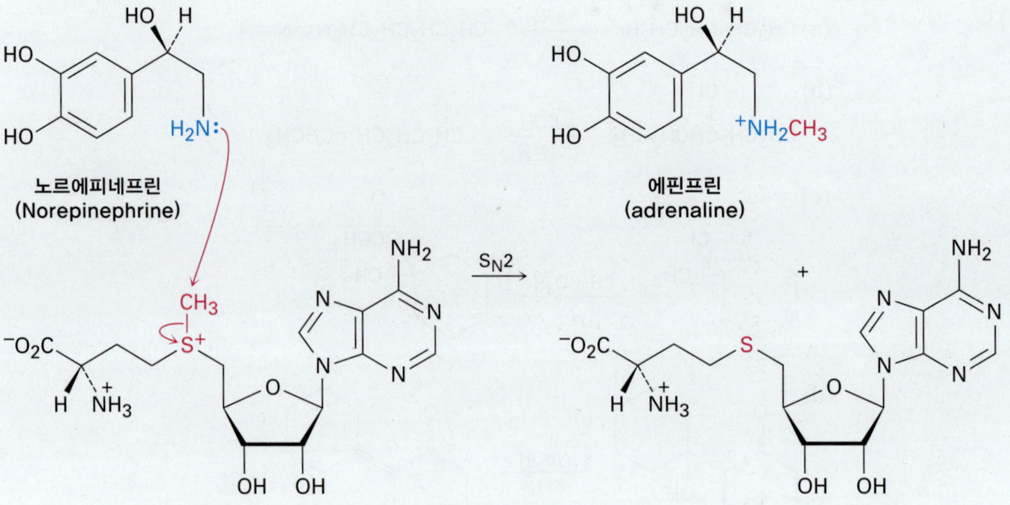

노르에피네프린
(Norepinephrine)

에피프린
(adrenaline)

S_N2

S-아데노실메싸이오닌
(S-Adenosylmethionine, SAM)

S-아데노실호모시스타인
(S-Adenosylhomocysteine, SAH)

여기까지 CH_3I와 같은 간단한 할로젠화물만 다루다가 *S*-아데노실메싸이오닌과 같은 복잡한 분자를 대하니 충격적이나, 화학적 관점에서 CH_3I와 *S*-아데노실메싸이오닌은 정확히 같은 일을 한다. 즉, 둘다 S_N2 반응으로 메틸기를 이동시킨다.

치환반응처럼 제거반응은 생물학적 경로에서 특히 E1cB 메커니즘으로 보편적으로 일어난다. 기질은 보통 알코올이고 실험실에서와 같이 카보닐기에 이웃한 수소 원자가 보통 제거된다. 전형적인 예로서, 3-하이드록시뷰티릴 싸이오에스터가 탈수되어 상응하는 불포화(크로토닐, Crotonyl) 싸이오에스터가 되는 지방의 생합성 과정에서 일어난다.

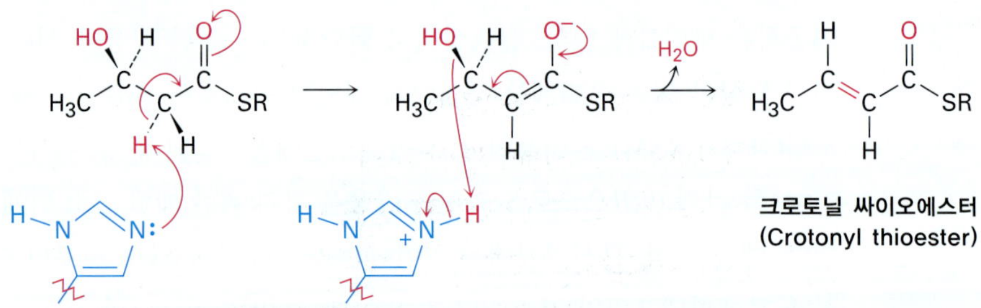

3-하이드록시뷰티릴 싸이오에스터
(3-Hydroxybutyryl thioester)

크로토닐 싸이오에스터
(Crotonyl thioester)

생활 속의 유기 화학

천연에 존재하는 유기할로젠화물

해양 산호는 불가사리에게 먹이 방해물로서 작용하는 유기할로젠화물을 분비한다.

1970년까지 단지 약 30개의 천연 유기할로젠 화합물이 알려져 있었다. 클로로폼, 할로젠화 페놀, PCB라 부르는 염화 방향족 화합물, 그리고 주변에서 발견되는 물질은 단순히 산업 오염물이라고 가정되었다. 이제 겨우 1/3세기가 지났는데 상황은 꽤 달라졌다. 5000종 이상의 유기할로젠화물이 천연에서 발견되고 있으며 수천 개 이상 더 존재하는 것이 확실하다. 클로로메테인과 같은 간단한 화합물로부터 반코마이신(vancomycin)과 같은 극히 복잡한 것들까지 놀랄 만큼 다양한 범위의 유기할로젠화물이 식물, 박테리아 및 동물에 존재한다. 귀한 생리 활성을 가진 것들도 많다. 펜타할로젠화 알켄인 하로몬(Halomon)은 붉은 해조류 *Portieria hornemannii*에서 분리하는데 몇 개의 인간 종기 세포설에 대한 항암 활성을 가진 것으로 발견되었다.

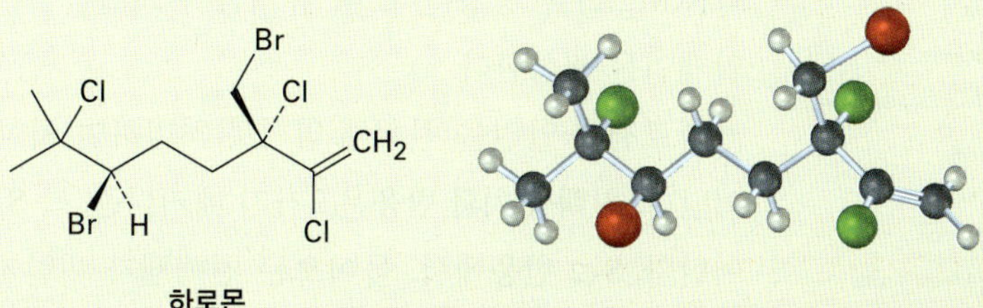

하로몬

어떤 천연 유기할로젠화물은 다량으로 생산된다. 예를 들어, 산불, 화산 및 해양갈조류는 매년 5백만 톤의 CH_3Cl을 방출하는 반면, 연간 산업 방출물은 전체가 26,000톤이다. 불개미는 연간 10^8 kg의 클로로폼을 방출하는 것으로 생각된다. 오키나와에 서식하는 상수리 애벌레 *Ptychodera flava*에 대해 면밀히 조사한 결과 1 km^2의 연구 지역에 서식하는 6400만 벌레가 연간 8000파운드의 브로모페놀과 브로모인돌을 분비하는데, 이것은 이전에는 비천연 오염물이라고 생각되었다.

왜 유기물은 많은 것들이 틀림없이 독성 있는 유기할로젠화물들을 생산하는가? 살아 있는 많은 유기물은 자기 방어를 위해 포식자의 먹이가 되지 않도록 포식자에 대한 자극물로서, 또는 천연 살충제로서 유기할로젠화물을 이용하는 것으로 생각된다. 예를 들어, 해면, 산호 및 군소는 물고기, 불가사리 및 기타 포식자의 접근을 방해하는 악취를 내는 유기할로젠화물을 방출한다. 더욱 주목할 만한 것은 인간조차도 감염에 대항하여 할로젠화물을 생산하는 것으로 나타났다는 것이다. 인체의 면역체계는 과산화효소라는 효소를 가지고 있어서 곰팡이나 박테리아에 할로젠화 반응을 일으켜 병원체를 죽인다. 모든 것 중에서 가장 주목할 만한 사실은 자유 염소 조차도 오늘날 인간에게서 발견된다는 것이다.

알려져야 할 많은 것들이 남아 있다. 지금까지 알려진 해양 유기물은 500,000종 이상이지만 단지 수백 종만이 조사 연구되었다. 그러나 분명한 것은 유기할로젠 화합물이 우리 주변에 있는 중요한 세계라는 것이다.

요약과 주요용어

유기할로젠화물 organohalide
이분자(성) 반응 bimolecular reaction
일분자(성) 반응 unimolecular reaction
친핵성 치환 반응 nucleophilic substitution reaction
카브음이온 carbanion
할로젠화 알킬 alkyl halide
E1 반응 E1 reaction
E2 반응 E2 reaction
E1cB 반응 E1cB reaction
Grignard 시약 Grignard reagent
S_N1 반응 S_N1 reaction
S_N2 반응 S_N2 reaction
Zaitsev 규칙 Zaitsev's rule

할로젠화 알킬은 지구상의 유기체에서 흔히 발견되지 않는다. 그러나 그들이 하는 반응의 종류들은 유기 화학에서 가장 중요하고 잘 알려진 유형의 반응들이다. 이 장에서 할로젠화 알킬은 어떻게 명명하고 합성하는지 보았으며 그들의 치환 반응을 자세히 공부했다.

할로젠화 알킬은 일반적으로 알코올을 HX(3차 알코올의 경우) 또는 $SOCl_2$나 PBr_3(1차 및 2차 알코올의 경우)로 처리하여 합성한다. 할로젠화 알킬은 마그네슘 금속과 반응하여 할로젠화 유기마그네슘 또는 **Grignard** 시약(RMgX)을 형성한다. 이 유기금속 화합물들은 산과 반응하여 상응하는 알케인을 생성한다.

할로젠화 알킬을 친핵체/염기로 처리하면 치환 반응이나 제거 반응이 일어난다. **친핵성 치환 반응**은 2가지 메커니즘, 즉 S_N1과 S_N2 메커니즘으로 일어난다. **S_N2 반응**에서, 들어오는 친핵체가 이탈기와 180° 반대쪽에서 기질의 탄소를 공격하여 탄소 원자의 배열이 우산이 뒤집히듯 반전이 일어나게 된다. S_N2 반응은 기질의 입체적 부피가 증가하면 강하게 방해를 받고 1차 기질에서만 유리한 반응이다. **S_N1 반응**에서, 기질은 자발적으로 해리하여 카보양이온이 되고, 그것은 둘째 단계에서 친핵체와 반응한다. 그 결과 S_N1 반응은 탄소의 배열에 라세미화가 일어나며 3차 기질에서만 유리한 반응이다.

제거 반응 역시 E1과 E2 및 E1cB의 3가지 메커니즘으로 일어나는데 C−X와 C−H 결합-절단 시간만 다르다. **E2 반응**에서, 염기는 양성자를 떼어냄과 동시에 이웃한 이탈기가 떨어져나간다. E2 반응에서, 보통 알켄 생성물의 혼합을 생성하는데 더 많이 치환된 알켄이 우세하다(**Zaitsev 규칙**). **E1 반응**에서, C−X 결합-절단이 먼저 일어난다. 기질은 자발적으로 해리하여 카보양이온을 형성하며 이후에 이웃에 있는 탄소에서 H^+를 잃는다. **E1cB 반응**에서, C−H 결합-절단이 먼저 일어난다. 염기가 H^+을 제거하여 **카브음이온**을 생성한 후 이웃한 탄소에서 할로젠 이탈기의 떨어짐이 일어난다. 생물학적 제거 반응은 전형적인 E1cB 메커니즘으로 일어난다.

반응 요약

1. 알코올로부터 할로젠화 알킬의 합성(7.2절)

(a) 알코올과 HX의 반응, 여기서 X = Cl, Br

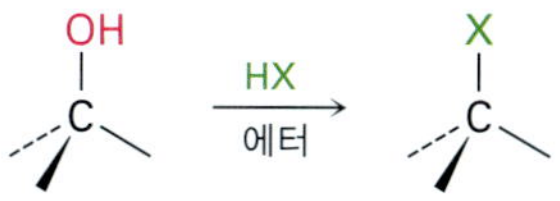

OH–C → (HX, 에테르) → X–C

반응성 순서: 3° > 2° > 1°

(b) 1차 및 2차 알코올과 $SOCl_2$와 PBr_3의 반응

OH–C–H → ($SOCl_2$, 피리딘) → Cl–C–H

OH–C–H → (PBr_3, 에테르) → Br–C–H

2. 할로젠화 알킬의 반응

(a) Grignard 시약의 형성과 양성자 첨가 반응(7.3절)

R—X → (Mg, 에테르) → R—Mg—X

(b) S_N2 반응: 할로젠화 알킬에 대한 친핵체의 뒤쪽 공격(7.5절)

Nu: + C—X ⟶ Nu—C + X:⁻

(c) S_N1 반응: 카보양이온 중간체가 관련됨(7.6절)

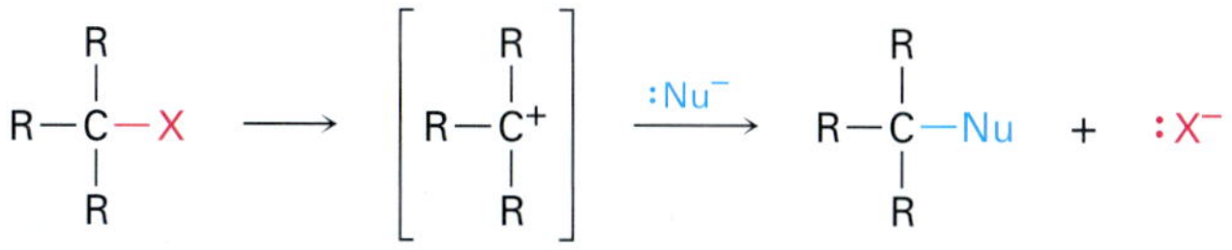

R_3C—X ⟶ [R_3C^+] → (:Nu⁻) → R_3C—Nu + :X⁻

(d) E2 반응(7.7절)

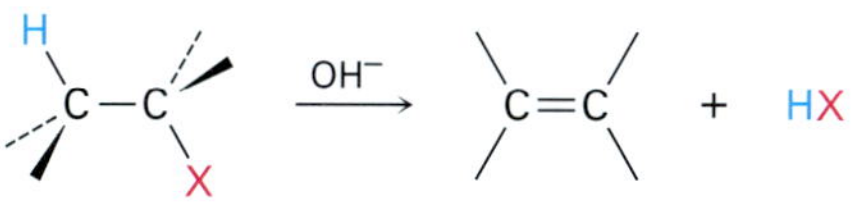

H–C–C–X → (OH^-) → C=C + HX

(e) E1 반응(7.8절)

$$\mathrm{H{-}\overset{|}{\underset{|}{C}}{-}\overset{X}{\underset{R}{C}}{-}R} \longrightarrow \left[\mathrm{H{-}\overset{|}{\underset{|}{C}}{-}\overset{+}{\underset{R}{C}}{-}R}\right] \longrightarrow \mathrm{{>}C{=}C(R)_2} + \mathrm{HX}$$

(f) E1cB 반응(7.8절)

$$\mathrm{{-}\overset{X}{C}{-}\overset{H}{C}{-}\overset{O}{\overset{\|}{C}}{-}} \xrightarrow{:\text{염기}} \left[\mathrm{{-}\overset{X}{C}{-}\overset{\cdot\cdot}{C}{-}\overset{O}{\overset{\|}{C}}{-}}\right] \longrightarrow \mathrm{{>}C{=}C{<}(C{=}O)} + \mathrm{HX}$$

연습

【눈으로 보는 화학】 문제 7.1~7.19는 장 내에서 볼 수 있다.

7.20 다음 분자와 NaOH의 E2 반응에서 예상되는 생성물의 구조를 그려라(연두색 = Cl).

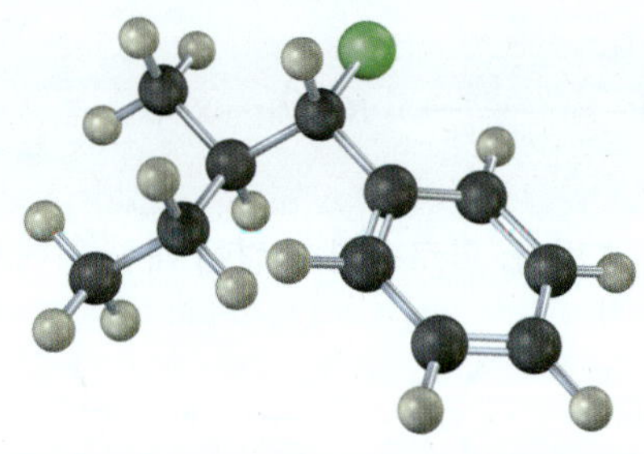

7.21 S_N2 반응을 통해 다음의 아세트산 알킬이 생성되도록 하는 브롬화 알킬은 무엇인가? 반응식을 쓰고 모든 입체화학을 나타내라.

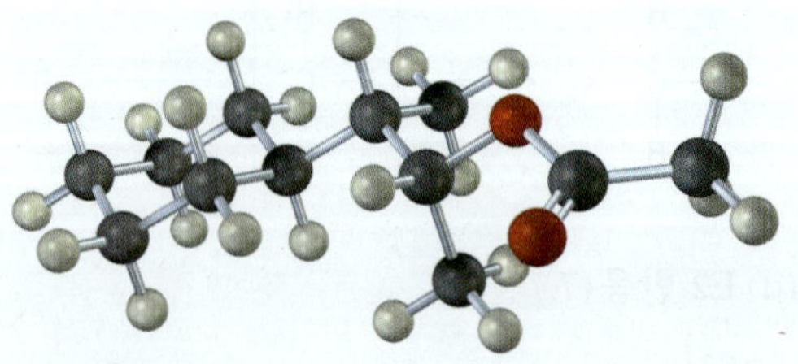

7.22 다음 분자의 *R* 또는 *S* 배열을 결정하고 NaCN과의 S_N2 반응으로부터 예상되는

생성물을 써라. 그리고 생성물의 *R* 또는 *S* 배열을 결정하라(붉은색 = O, 연두색 = Cl).

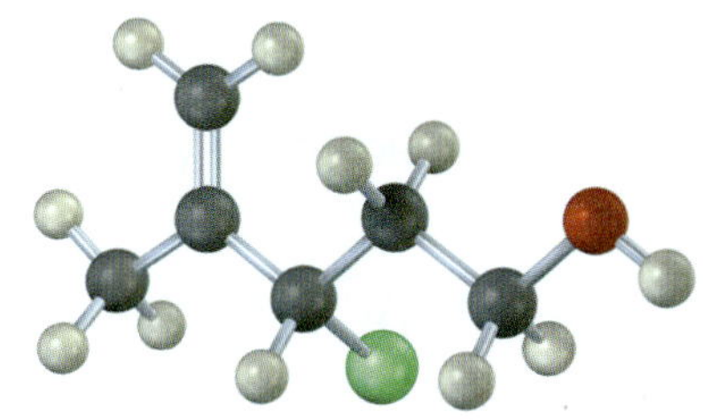

7.23 다음 분자들과 (i) Na^+ $^-SCH_3$ 및 (ii) NaOH(연두색 = Cl)가 반응할 때 어떤 생성물이 얻어지는가?

7.24 다음 브로민화 알킬은 알코올 (*S*)-펜탄-2-올과 PBr_3의 반응으로 합성할 수 있다. 화합물의 이름을 (*R*) 또는 (*S*) 입체화학을 지정하여 말하라. 그리고 알코올과 PBr_3의 반응이 같은 입체화학을 유지하면서 일어나는지 또는 입체화학이 변화하면서 일어나는지 말하라.

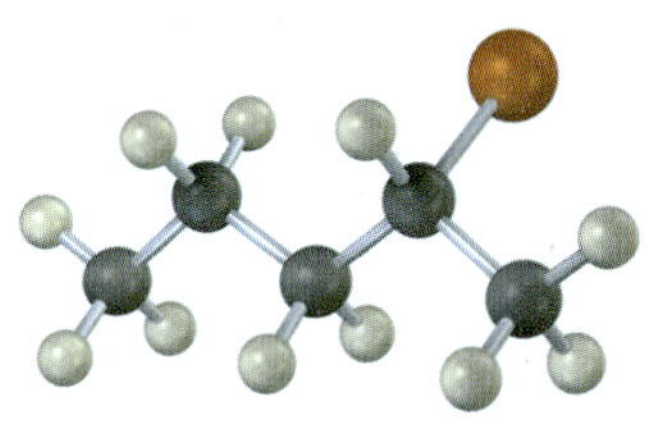

【보충문제】

할로젠화 알킬 명명법

7.25 2-메틸펜테인과 Cl_2의 반응에서 얻을 수 있는 일염소화 생성물을 그리고 명명하라. 어떤 생성물이 카이랄인가?

7.26 IUPAC 규칙에 따라 다음의 할로젠화 알킬을 명명하라.

(a) $CH_3CH(CH_3)CH(Br)CH(Br)CH_2CH(CH_3)CH_3$ (b) $CH_3CH{=}CHCH_2CH(I)CH_3$ (c) $CH_3C(Br)(CH_3)CH_2CH(Cl)CH(CH_3)CH_3$

(d) $CH_3CH_2CH(CH_2Br)CH_2CH_2CH_3$ (e) $ClCH_2CH_2CH_2C{\equiv}CCH_2Br$

7.27 다음의 IUPAC 명에 따라 해당하는 구조를 그려라.

(a) 2,3-다이클로로-4-메틸헥세인

(b) 4-브로모-4-에틸-2-메틸헥세인

(c) 3-아이오도-2,2,4,4-테트라메틸펜테인

S_N1과 S_N2 반응의 특성

7.28 다음 각 쌍 중 어느 할로젠화 알킬이 OH^-와의 S_N2 반응에서 더 빠르게 반응하는가?

(a) 브로모벤젠 또는 브롬화 벤질, $C_6H_5CH_2Br$

(b) CH_3Cl 또는 $(CH_3)_3CCl$

(c) $CH_3CH{=}CHBr$ 또는 $H_2C{=}CHCH_2Br$

7.29 CH_3Br이 CN^-와 반응하여 CH_3CN이 생성되는 S_N2 반응에서 다음의 변화는 어떤 영향을 미치는가?

(a) CH_3Br의 농도는 3배로 하고 CN^-의 농도는 반으로 한다.

(b) CH_3Br의 농도는 반으로 하고 CN^-의 농도는 3배로 한다.

(c) CH_3Br의 농도는 3배로 하고 CN^-의 농도는 2배로 한다.

(d) 반응온도를 올린다.

(e) 용매를 첨가하여 반응 용액의 부피를 2배로 한다.

7.30 S_N2와 S_N1 반응에서 다음 변수의 영향을 서술하라.

(a) 기질의 구조 (b) 이탈기

7.31 다음 쌍에서 어느 이온이 보다 좋은 이탈기인가?

(a) F^- 또는 Br^- (b) Cl^- 또는 NH_2^- (c) OH^- 또는 I^-

7.32 다음 화합물들을 S_N1 및 S_N2 반응성 크기에 따라 순서를 정하라.

$(CH_3)_3CCl$ $C_6H_5CH_2Cl$ C_6H_5Cl

7.33 각 조의 화합물들을 S_N2 반응성 크기에 따라 순서대로 써라.

(a) 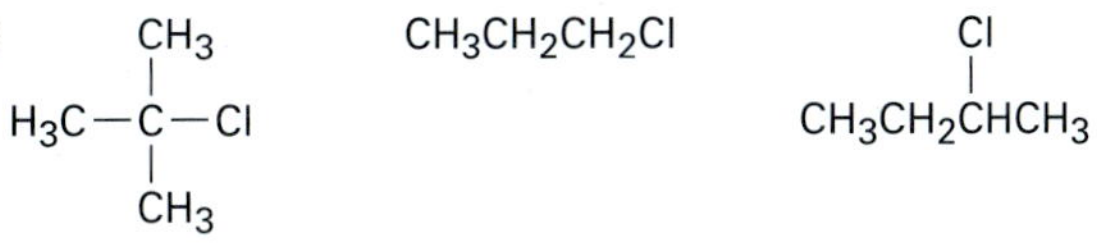 $H_3C-C(CH_3)_2-Cl$ $CH_3CH_2CH_2Cl$ $CH_3CH_2CH(Cl)CH_3$

(b) 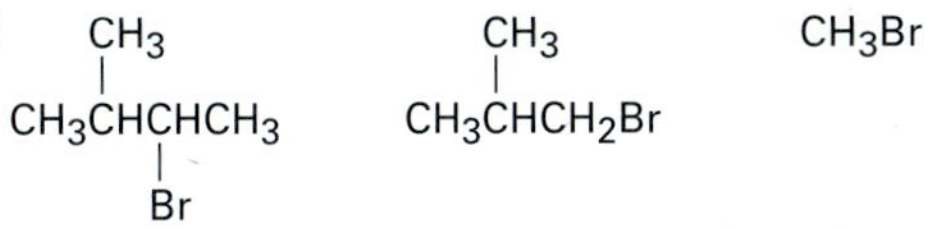 $CH_3CH(CH_3)CH(Br)CH_3$ $CH_3CH(CH_3)CH_2Br$ CH_3Br

7·34 $(CH_3)_3CBr$이 CH_3OH와 S_N1 반응을 하여 $(CH_3)_3COCH_3$를 생성하는 반응에서 다음의 변화는 어떤 영향을 미치는가?

(a) $(CH_3)_3CBr$의 농도가 2배가 되고 CH_3OH의 그것은 반으로 한다.

(b) $(CH_3)_3CBr$의 농도가 반이 되고 CH_3OH의 그것은 2배로 한다.

(c) $(CH_3)_3CBr$과 CH_3OH의 농도를 3배로 한다.

(d) 반응온도를 낮춘다.

합성 **7·35** 다음 반응들의 생성물(들)을 예상하라.

(a) 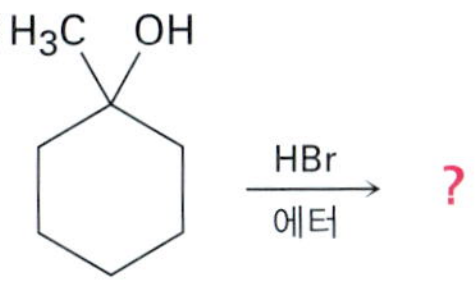 1-methylcyclohexanol (H_3C, OH) $\xrightarrow[\text{에터}]{HBr}$?

(b) 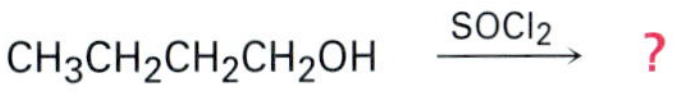 $CH_3CH_2CH_2CH_2OH \xrightarrow{SOCl_2}$?

(c) 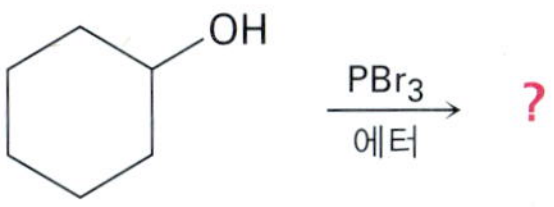 cyclohexanol (OH) $\xrightarrow[\text{에터}]{PBr_3}$?

(d) 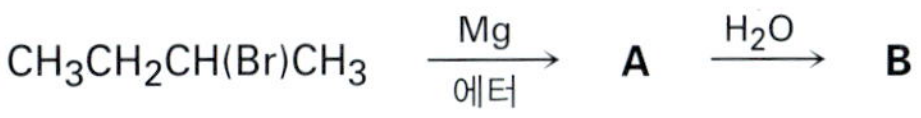 $CH_3CH_2CH(Br)CH_3 \xrightarrow[\text{에터}]{Mg}$ **A** $\xrightarrow{H_2O}$ **B**

7·36 사이클로펜텐과 필요한 다른 시약을 출발물질로 하여 다음 화합물을 어떻게 합성하는가?

(a) 클로로사이클로펜테인 (b) 사이클로펜탄올

(c) 염화(사이클로펜틸)마그네슘 (d) 사이클로펜테인

7·37 1-브로모프로페인과 다음 시약들의 반응에서 어떤 생성물이 얻어지는가?

(a) NaI (b) NaCN (c) NaOH

(d) Mg (e) $NaOCH_3$

7·38 다음 각 반응에서 틀린 것은 무엇인가?

(a) 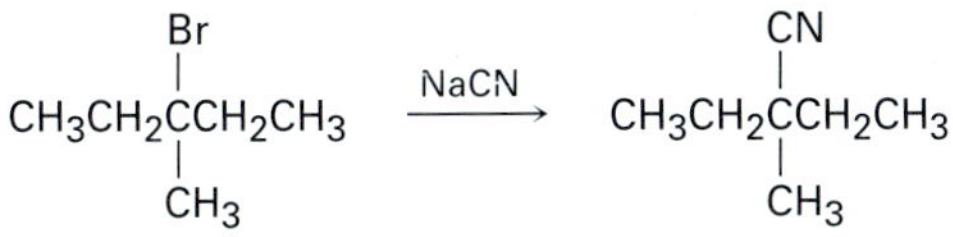 $CH_3CH_2C(Br)(CH_3)CH_2CH_3 \xrightarrow{NaCN} CH_3CH_2C(CN)(CH_3)CH_2CH_3$

(b) 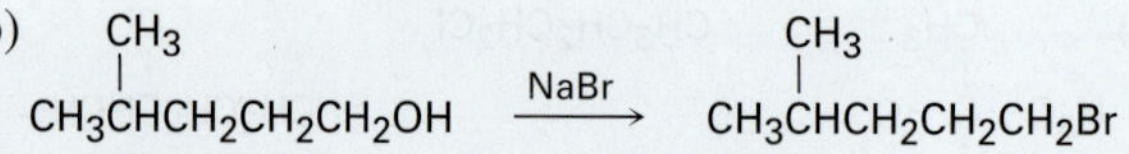 $CH_3CH(CH_3)CH_2CH_2CH_2OH \xrightarrow{NaBr} CH_3CH(CH_3)CH_2CH_2CH_2Br$

(c) 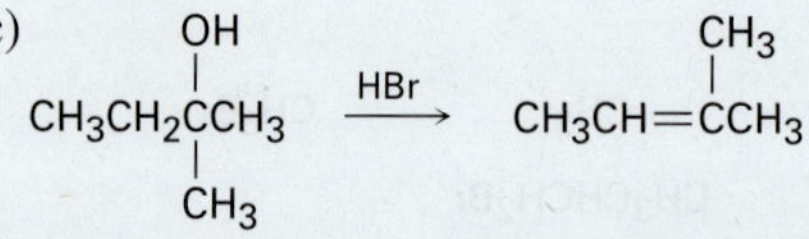 $CH_3CH_2C(OH)(CH_3)CH_3 \xrightarrow{HBr} CH_3CH{=}C(CH_3)CH_3$

7.39 어떤 단계에서 친핵성 치환 반응을 이용해서 어떻게 다음 화합물을 합성하겠는가?

(a) CH_3CH_2Br (b) $CH_3CH_2CH_2CH_2CN$ (c) 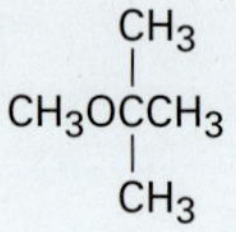 $CH_3OC(CH_3)_2CH_3$

(d) $CH_3CH_2CH_2N{=}\overset{+}{N}{=}N^-$ (e) CH_3CH_2SH (f) 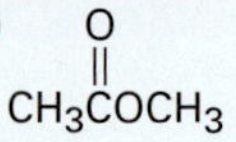 CH_3COCH_3 (O 이중결합: $CH_3C(=O)OCH_3$)

치환반응과 제거반응

7.40 1-아이오도-2-메틸뷰테인을 CN^-와 반응시킬 때 다음의 변화가 반응속도에 어떤 영향을 미치는가?

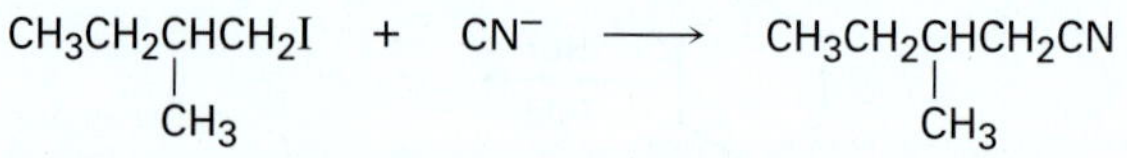

$$CH_3CH_2CH(CH_3)CH_2I + CN^- \longrightarrow CH_3CH_2CH(CH_3)CH_2CN$$

1-아이오도-2-메틸뷰테인

(a) CN^-의 농도를 반으로 하고 1-아이오도-2-메틸뷰테인의 농도는 2배로 한다.

(b) CN^-와 1-아이오도-2-메틸뷰테인의 농도를 둘 다 3배로 한다.

7.41 E2 반응으로 3가지 알켄 혼합물을 생성하는 할로젠화 알킬의 구조를 제안하라.

7.42 염화 *tert*-뷰틸이나 브롬화 *tert*-뷰틸을 에탄올과 가열하면 똑같이 약 80%의 *tert*-뷰틸 에틸 에터[$(CH_3)_3COCH_2CH_3$]와 약 20%의 2-메틸프로펜을 혼합물로 얻는다. 왜 이탈기의 정체가 생성물 혼합물의 수득률에 영향을 미치지 않는지 설명하라.

7.43 다음 제거반응에서 주로 생성되는 알켄은 무엇인가?

(a) 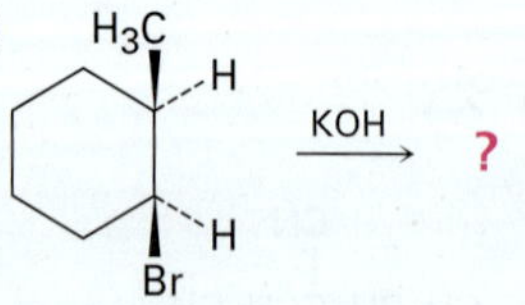 (cyclohexane: H_3C, H / Br, H) $\xrightarrow{KOH}$?

(b) 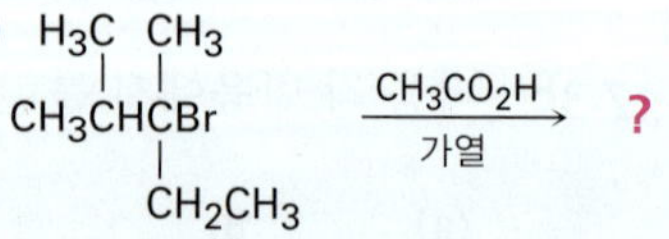 $CH_3CH(CH_3)CBr(CH_3)CH_2CH_3 \xrightarrow[\text{가열}]{CH_3CO_2H}$?

7.44 에틸 알코올과 2-아이오도-2-메틸뷰테인과의 반응에서 할로젠화 알킬의 농도를

3배로 하면 반응속도는 어떤 영향을 받는가?

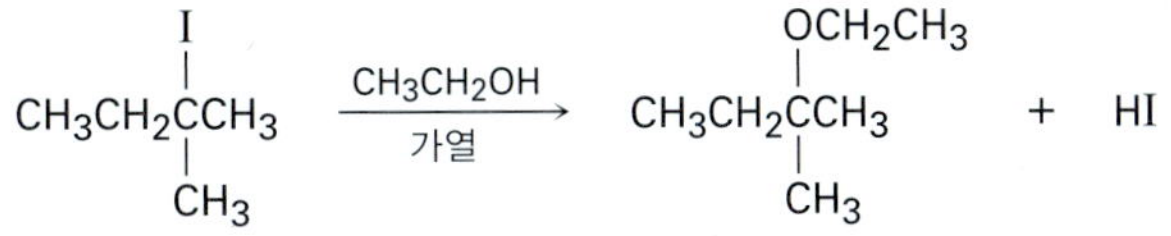

$$CH_3CH_2C(I)(CH_3)CH_3 \xrightarrow[\text{가열}]{CH_3CH_2OH} CH_3CH_2C(OCH_2CH_3)(CH_3)CH_3 + HI$$

2-아이오도-2-메틸뷰테인

7.45 염화 알킬, C_4H_9Cl을 센 염기로 처리하면 3가지 알켄 이성질체를 생성한다. 염화 알킬의 구조는 무엇인가? 그리고 3가지 생성물의 구조는 무엇인가?

7.46 다음 반응들이 S_N1, S_N2, E1, 또는 E2 반응인지 확인하라.

(a) $C_6H_5CH(Br)CH_3 \xrightarrow{KOH} C_6H_5CH{=}CH_2$

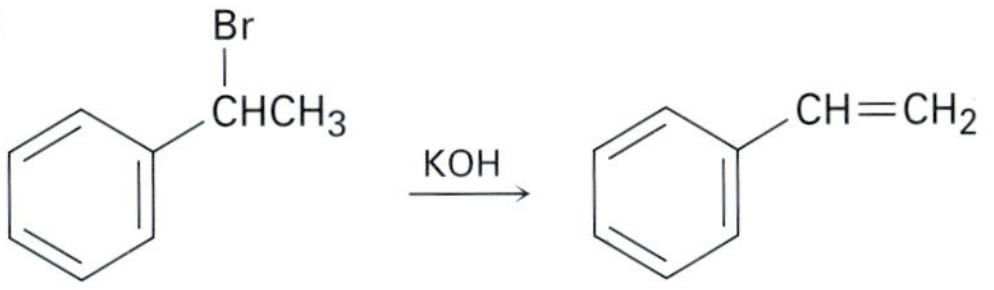

(b) $C_6H_5CH(Br)CH_3 \xrightarrow[\text{가열}]{CH_3OH} C_6H_5CH(OCH_3)CH_3$

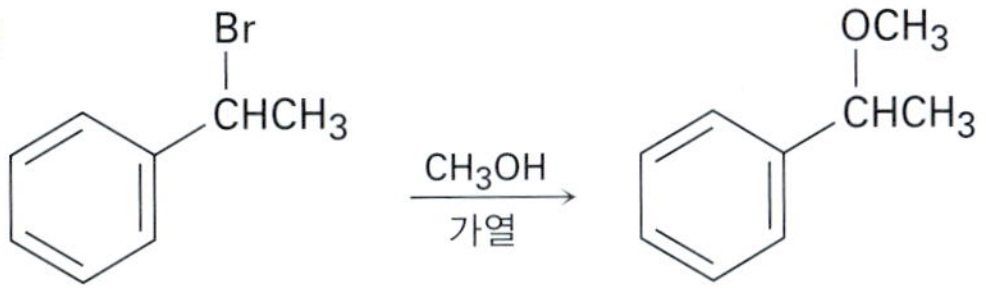

통합문제 **7.47** 벤질 라디칼, $C_6H_5CH_2\cdot$의 구조를 그리고 톨루엔과 Cl_2의 라디칼 염소화 반응이 방향족 고리에서보다 메틸기에서 독점적으로 일어나는 사실을 설명하라.

7.48 다음의 친핵체와 (*R*)-2-브로모옥테인과의 반응 생성물은 무엇인가? 반응의 입체화학을 나타내라.

(a) CN^- (b) $CH_3CO_2^-$ (c) Br^-

7.49 C_4H_9Br의 모든 이성질체를 그리고 명명하라. 그리고 S_N2 반응에서 반응성이 감소하는 순서로 배열하라.

7.50 알켄인과 Cl_2의 라디칼 염소화 반응이 보통 비선택적이어서 생성물들의 혼합물이 생긴다고 해도 프로펜, $CH_3CH{=}CH_2$의 염소화는 이중 결합 탄소보다 메틸기에서 거의 독점적으로 일어난다. 알릴 라디칼, $CH_2{=}CHCH_2\cdot$의 구조를 그려 이 결과를 설명하라.

7.51 *트랜스*-1-브로모-2-메틸사이클로헥세인을 KOH로 처리하면 Zaitsev 제거 생성물인 3-메틸사이클로헥센이 생성된다. 이 결과가 E2 반응의 입체화학에 대해 무엇을 말하고 있는가?

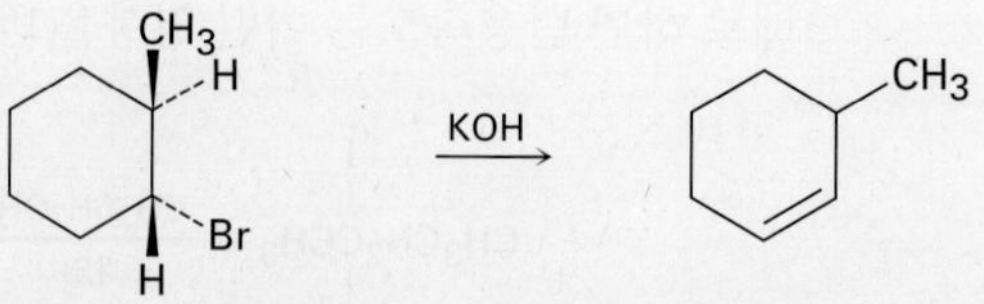

$$\text{트랜스-1-브로모-2-메틸사이클로헥세인} \xrightarrow{KOH} \text{3-메틸사이클로헥센}$$

트랜스-1-브로모-2-메틸사이클로헥세인　　3-메틸사이클로헥센

7.52 (*R*)-3-메틸헥산-3-올이 HBr과 반응하여 (±)-3-브로모-3-메틸헥세인이 생성된다. 이 반응을 설명하라.

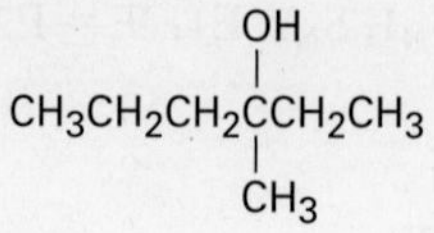

$$CH_3CH_2CH_2C(OH)(CH_3)CH_2CH_3$$

3-메틸헥산-3-올

7.53 에터는 알콕시화 이온과 할로젠화 알킬의 S_N2 반응으로 합성될 수 있다: $R—O^- + R'—Br \rightarrow R—O—R' + Br^-$. 사이클로헥실 메틸 에터를 합성하기 원한다고 하자. 다음 2개의 방법 중 어느 것을 선택하겠는가? 설명하라.

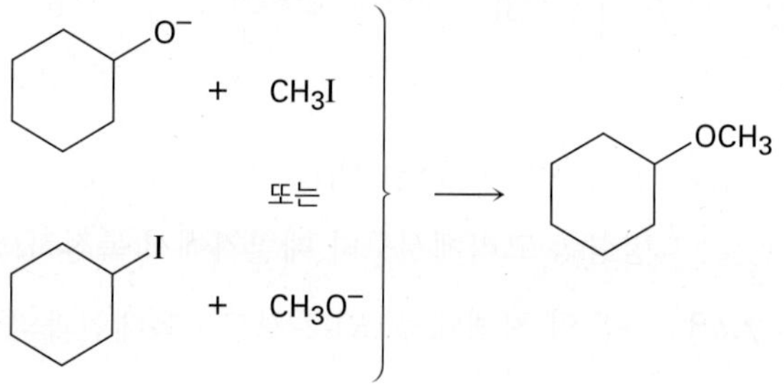

사이클로헥실-O^- + CH_3I

또는

사이클로헥실-I + CH_3O^-

→ 사이클로헥실-OCH_3

7.54 에틸 알코올과 어떠한 무기시약으로부터 다이에틸 에터, $CH_3CH_2OCH_2CH_3$를 어떻게 합성하는가? 한 단계 이상이 필요하다. (문제 7.53 참조)

7.55 S_N2 반응은 같은 분자 내(intramolecularly)에서 일어날 수 있다. 4-브로모뷰탄-1-올은 염기로 처리하면 어떤 생성물이 생기는가?

$$BrCH_2CH_2CH_2CH_2OH \xrightarrow{\text{염기}} BrCH_2CH_2CH_2CH_2O^-\ Na^+ \longrightarrow ?$$

7.56 3-브로모사이클로헥센으로부터 시작하여 사이클로헥세인을 어떻게 합성하는가? 한 단계 이상이 필요하다.

7.57 (*R*)-2-브로모헥세인을 NaBr로 처리하여 2-브로모헥세인의 라세미 혼합물이 생성되는 사실을 어떻게 설명할 수 있는가?

7.58 4-브로모펜탄-1-올과 같은 브로모 알코올로부터 Grignard 시약의 합성이 왜 불가

능한지 설명하라.

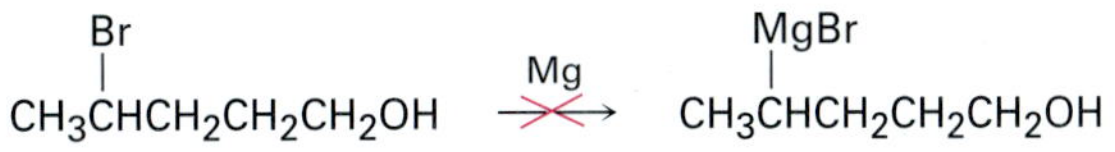

$$\underset{\text{Br}}{\text{CH}_3\text{CHCH}_2\text{CH}_2\text{CH}_2\text{OH}} \xrightarrow[\times]{\text{Mg}} \underset{\text{MgBr}}{\text{CH}_3\text{CHCH}_2\text{CH}_2\text{CH}_2\text{OH}}$$

7.59 (*S*)-뷰탄-2-올을 묽은 황산 속에 놓아 두면 (±)-뷰탄-2-올이 된다. 이 관찰을 설명하기 위한 메커니즘을 제안하라.

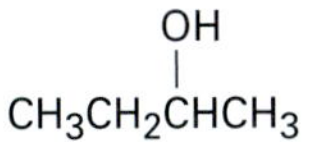

$CH_3CH_2CH(OH)CH_3$ **뷰탄-2-올**

7.60 다음 반응은 실험실에서 단백질 합성에 중요한 단계의 하나이다. 메커니즘을 제안하라.

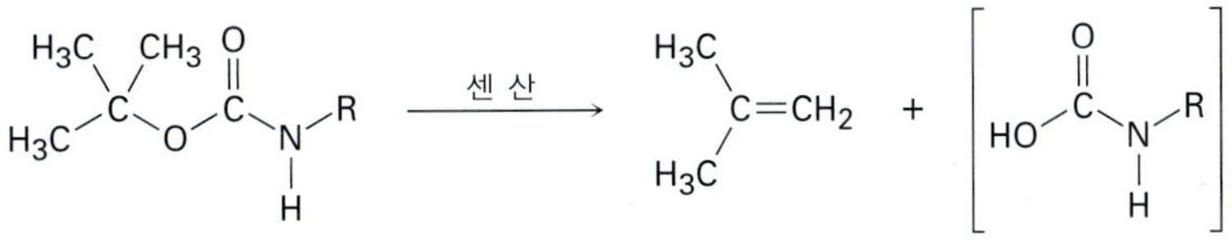

$$(CH_3)_3C{-}O{-}C(=O){-}NH{-}R \xrightarrow{\text{센 산}} (H_3C)_2C{=}CH_2 + [HO{-}C(=O){-}NH{-}R]$$

7.61 *S*-아데노실호모시스테인(7.10절)의 대사는 다음 단계와 관련된다. 메커니즘을 제시하라.

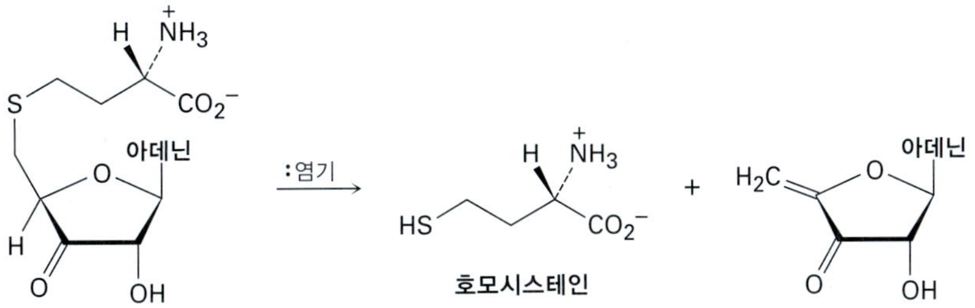

(구조식: S-치환 당 고리(아데닌, H, O, OH) →(:염기) HS-CH₂CH₂-CH($\overset{+}{N}H_3$)-CO_2^- **호모시스테인** + H_2C= 당 고리(아데닌, O, OH))

7.62 화합물 **A**는 광학 비활성이며 화학식이 $C_{16}H_{16}Br_2$이다. 센 염기로 처리하면 **A**는 탄화수소 **B**, $C_{16}H_{14}$가 되고 **A**는 팔라듐 촉매를 써서 환원될 때 2당량의 H_2를 흡수한다. 탄화수소 **B**는 또한 $KMnO_4$와 반응하여 2개의 카보닐-함유 생성물을 생성한다. 그 중 하나인 **C**는 화학식이 $C_7H_6O_2$인 카복실산이고 다른 하나는 옥살산, HO_2CCO_2H이다. 관련된 반응의 반응식을 쓰고 **A**, **B**, **C**의 구조를 제안하라.

7.63 몸에서 암모니아를 없애는 요소 순환에서 하나의 단계는 아르지니노숙신산 음이온을 아르지닌과 퓨마르산 음이온으로의 전환이다. 반응의 메커니즘을 제안하고 아르지닌의 구조를 나타내라.

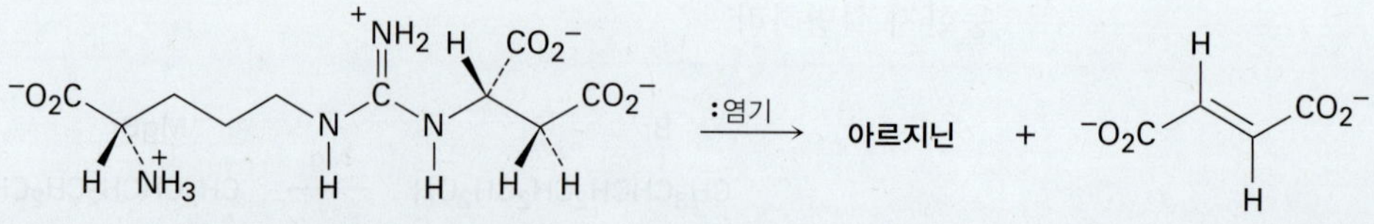

아르지니노숙신산 음이온 퓨마르산 음이온

약장 7.64 항정신병 치료제 Flupentixol은 다음과 같이 합성된다.

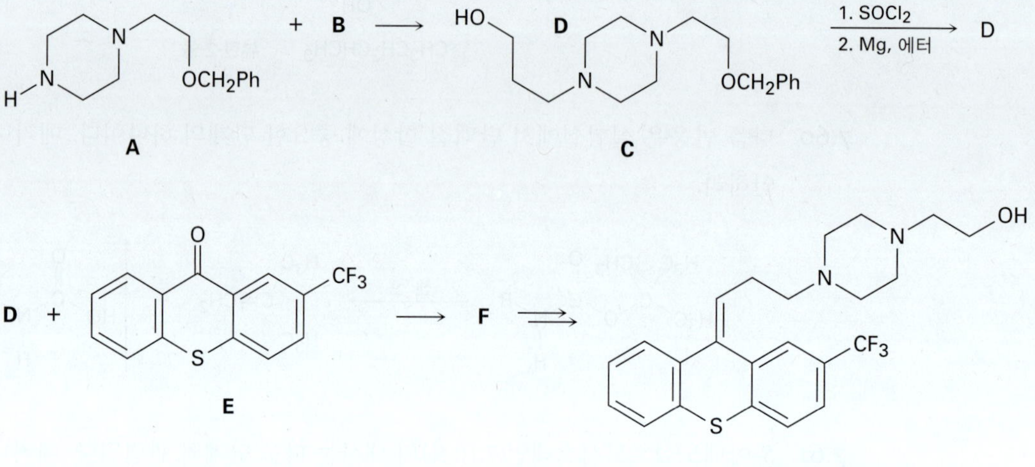

Flupentixol

(a) 어떤 염화 알킬 **B**가 아민 **A**와 반응하여 **C**를 생성하는가?

(b) 화합물 **C**를 $SOCl_2$로 처리하고 생성물을 마그네슘 금속과 반응시키면 Grignard 시약 **D**가 생성된다. **D**의 구조는 무엇인가?

(c) 9.6절에서 Grignard 시약이 **E**와 같은 케톤에 첨가하여 **F**와 같은 3차 알코올을 생성한다. 새로 생긴 카이랄성 중심 때문에 화합물 **F**는 한 쌍의 거울상이성질체로 존재한다. 그들을 그리고, *R*,*S* 배열을 결정하라.

(d) Flupentixol의 2개의 입체이성질체는 **F**로부터 후속적으로 생성되는데 1개만 보인다. 다른 이성질체를 그려라. 그리고 입체이성질 현상의 유형을 확인하라.

7.65 Prozac이라는 상품명으로 팔리는 항진정제 플루옥세타인(fluoxetine)은 염화 알킬과 페놀을 약염기로 처리하여 생성된 페녹시화 음이온의 치환 반응을 포함하는 순차적인 단계에 의해 합성할 수 있다.

KOH
DMSO

플루옥세타인

(a) 이 반응에서 친핵체와 친전자체를 확인하라.

(b) 치환 반응의 속도가 염화 알킬과 페놀의 농도에 달려 있다. 이 반응은 S_N1 반응인가 또는 S_N2 반응인가?

(c) 플루옥세타인의 생리적 활성 이성질체는 (*S*) 입체화학을 가진다. (b)의 답을 근거로 필요한 염화 알킬의 구조를 정확한 입체화학을 나타내면서 그려라.

들판에서 7.66 아래의 5개의 제초제 모두는 벤젠 고리에 트라이플루오로메틸기를 가진다. 이 치환기는 방향족 고리의 산화와 분해 경로를 느리게 하기 때문에 많은 생활성 분자에 보편적으로 붙어 있다. 대기가 산화시키므로 이들 $-CF_3$ 포함 제초제는 $-CH_3$ 유사체보다 더 안정하다.

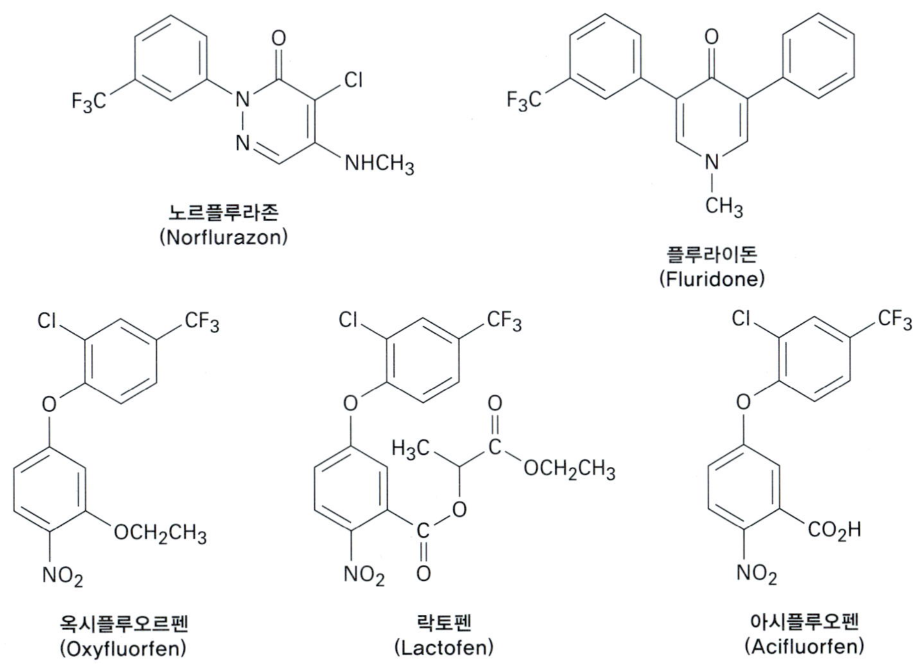

노르플루라존 (Norflurazon)

플루라이돈 (Fluridone)

옥시플루오르펜 (Oxyfluorfen)

락토펜 (Lactofen)

아시플루오펜 (Acifluorfen)

(a) 산화는 전자를 잃음을 말한다. $-CF_3$기를 가진 벤젠 고리에서 전자를 제거하기가 쉬운가 또는 $-CH_3$기를 가진 벤젠 고리에서 제거하기가 쉬운가? 이유를 설명하라.

(b) 위에 나타낸 분자들 중 2가지는 식물에서 색소의 합성을 억제하는 반면, 다른 3개는 지(방)질 합성을 억제한다. 활동 메커니즘에 따라 이들 분자를 군으로 나눠라. 군으로 나눌 때 어떤 기준으로 하는가?

CHAPTER

8

음주 운전자를 도로에서 추방하는 것을 돕기 위해 1938년에 Harger 음주측정기가 소개되었다. 음주 운전은 아직도 문제이나 마신 알코올량을 측정하는 방법은 지난 70년 동안 크게 개선되었다.

알코올, 페놀, 에터 및 그들의 황 유사물

이 장과 다음 세 장에 걸쳐 가장 흔한 산소를 함유하는 작용기를 다루게 된다. 이 장에서 탄소–산소 단일결합을 가지는 화합물부터 살펴보기로 하자. **알코올**(alcohol)은 하이드록시기가 포화되고 sp^3 혼성화된 탄소 원자, R—OH에 결합되어 있고, **페놀**(phenol)은 하이드록시기가 방향족 고리, Ar—OH에, **에터**(ether)는 산소 원자가 2개의 유기기, R—O—R′에 결합되어 있는 화합물이다. 상응하는 황 유사물을 **싸이올**(R—SH), **싸이오페놀**(Ar—SH), **설파이드**(R—S—R′)라 부른다.

알코올, 페놀 및 에터는 천연에 광범위하게 존재하며 산업, 제약 및 생물학적으로 많이 이용되고 있다. 예를 들면, 에탄올은 연료 첨가제, 산업 용매 및 음료로 쓰이고, 페놀은 일반적인 소독약으로 보통 석탄산으로 부른다. 다이에틸 에터(의약용의 '에터'로 친숙함)는 반응 용매로 흔히 쓰이고 마취제로 한때 널리 사용되었다.

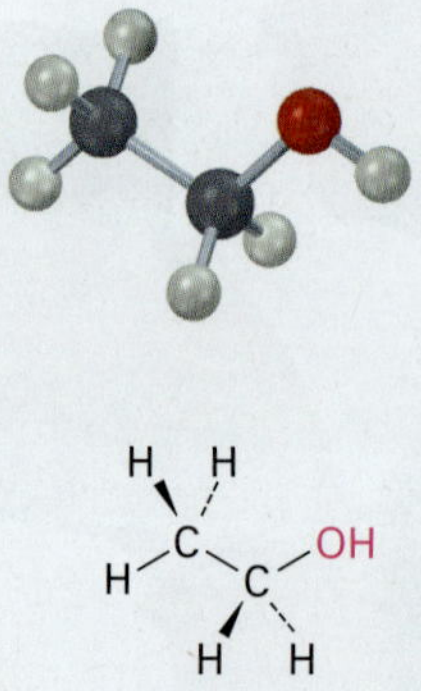

에탄올 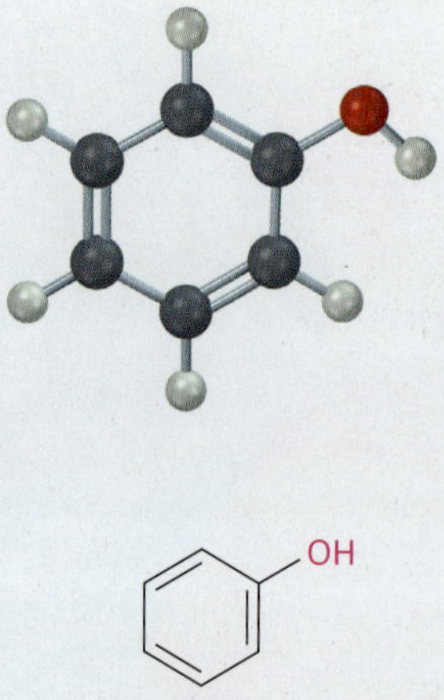　　페놀 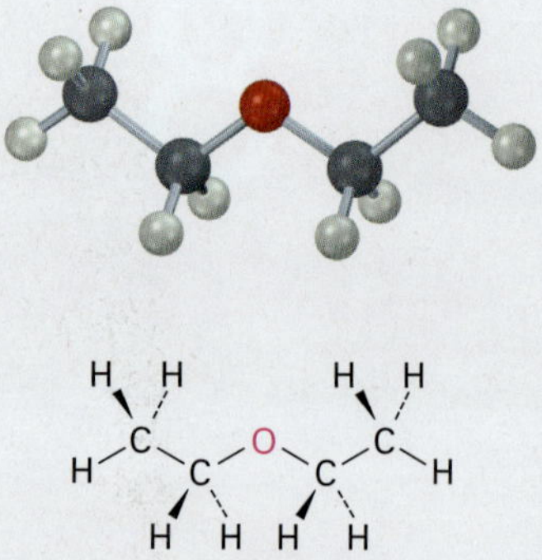　　다이에틸 에터

왜 이 장인가?

지금까지 우리의 초점은 유기 반응성에 대한 몇 가지 일반적 생각을 개발하고 탄화수소와 할로젠화 알킬의 화학을 보는 것에 두었다. 그런 배경을 가지고 유기 및 생물 화학의 중심에 놓인 산소-함유 작용기를 공부할 때이다. 사실, 실질적으로 체내에 있는 수많은 다른 화합물마다 산소를 포함한다. 이 장에서 C−O 단일결합을 가진 화합물을 보고 9～11장에서 카보닐 화합물로 이동한다.

8.1 알코올, 페놀 및 에터의 명명법

알코올

알코올은 하이드록시기-함유 탄소에 결합된 탄소 치환기의 수에 따라 1차(1°), 2차(2°), 또는 3차(3°)로 분류한다.

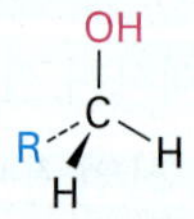

1차(1°) 알코올 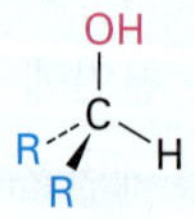　　2차(2°) 알코올 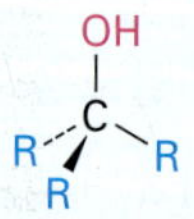　　3차(3°) 알코올

간단한 알코올은 IUPAC 체계에서 모체 알케인의 유도체로서 접미사 -올(*-ol*)을 사용하여 명명한다. 항상 똑같이, 1993년 이후 새 명명체계에 따라 *-ol* 접두사 바로 앞에 모체 내의 하이드록시기의 위치를 나타낸다.

1단계 하이드록시기를 포함한 가장 긴 탄소 사슬을 선택하고 해당 알케인의 *-e*를 *-ol*로 치환한다. 2개의 모음이 이웃할 때는 *e*를 삭제한다. 예를 들면, propaneol이 아니라 propanol이다.

2단계 하이드록시기에 가까운 말단에서 시작하여 모체 사슬의 탄소에 번호를 매긴다.

3단계 사슬에 있는 모든 치환기의 위치에 따라 번호를 매기고 알파벳 순서로 치환기를 나열하여 명명한다. 그리고 $-OH$가 결합된 위치를 확인한다. *시스*-사이클로헥세인-1,4-다이올의 명명에서 사이클로헥세인의 말단의 *-e*는 삭제하지 않는다. 왜냐하면 다음 글자 (d)는 모음이 아니기 때문이다. 즉, cyclohexandiol이 아니라 cyclohexanediol이다.

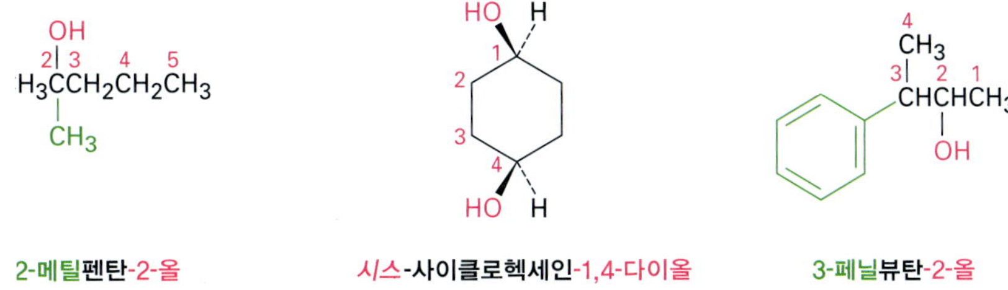

2-메틸펜탄-2-올   *시스*-사이클로헥세인-1,4-다이올   3-페닐뷰탄-2-올

몇 가지 잘 알려진 알코올은 일반명도 가지고 있다. 예를 들면 아래와 같다.

$C_6H_5CH_2OH$	$H_2C{=}CHCH_2OH$	$(CH_3)_3COH$	$HOCH_2CH_2OH$	$HOCH_2CH(OH)CH_2OH$
벤질 알코올 (페닐메탄올)	**알릴 알코올 (프롭-2-엔-1-올)**	***tert*-뷰틸 알코올 (2-메틸프로판-2-올)**	**에틸렌 글라이콜 (에테인-1,2-다이올)**	**글리세롤 (프로페인-1,2,3-트라이올)**

페놀

페놀이란 말은 특정 물질(하이드록시벤젠)의 이름으로, 또는 하이드록시기가 치환된 방향족 화합물의 족명으로 쓰인다. 페놀은 5.2절에 설명한 규칙에 따라 치환된 방향족 화합물로서 명명하되, 모체의 이름으로서 -벤젠이 아니라 -페놀로 한다.

H_3C, OH — ***m*-메틸페놀 (*m*-크레졸)**

OH, O_2N, NO_2 — **2,4-다이나이트로페놀**

에터

다른 작용기를 가지지 않은 간단한 에터는 산소에 결합된 두 유기기를 알파벳 순으로 나열하면서 에터라는 말을 뒤에 붙인다.

아이소프로필 메틸 에터 **에틸 페닐 에터**

만약 다른 작용기가 존재하면, 에터 부분은 모체 화합물에 붙어 있는 알콕시 치환기로 명명한다. 예를 들면:

***p*-다이메톡시벤젠** **4-*tert*-뷰톡시사이클로헥스-1-엔**

문제 8.1 다음 화합물의 IUPAC 명을 써라.

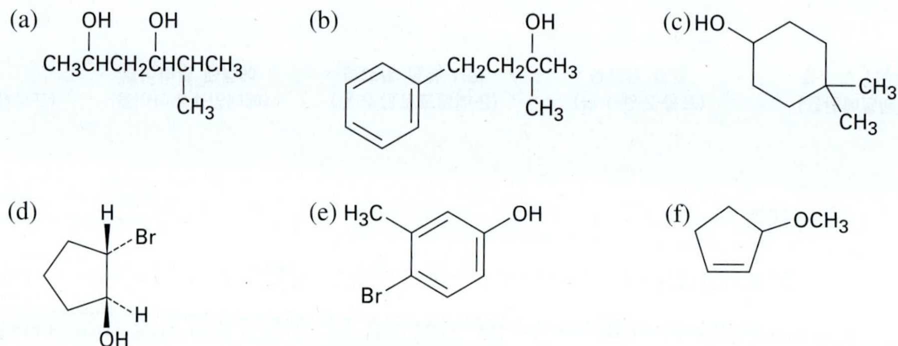

문제 8.2 문제 8.1의 알코올을 1차, 2차, 또는 3차로 구분하라.

문제 8.3 다음 IUPAC 명에 따라서 구조를 그려라.

(a) 2-메틸헥산-2-올　　(b) 헥세인-1,5-다이올

(c) 2-에틸뷰트-2-엔-1-올　　(d) 사이클로헥스-3-엔-1-올

(e) *o*-브로모페놀　　(f) 2,4,6-트라이나이트로페놀

문제 8.4 다음 에터를 IUPAC 규칙에 따라 명명하라.

(a) $CH_3CHOCHCH_3$ (with CH_3 on each of the two CH carbons: CH_3 CH_3)

(b) cyclopentyl–$OCH_2CH_2CH_3$

(c) Br–(benzene ring)–OCH_3

(d) $CH_3CHCH_2OCH_2CH_3$ (with CH_3 on the CH carbon)

8.2 알코올과 페놀의 성질: 수소 결합과 산도

알코올, 페놀 및 에터는 물 분자의 두 수소 중 1개 또는 2개가 유기 부분으로 치환된 물의 유기 유도체로 생각할 수 있다. 즉, H—O—H가 R—O—H, Ar—O—H, 또는 R—O—R′으로 된다. 따라서 3가지 종류의 화합물 모두 거의 물과 같은 기하 구조를 가진다. C—O—H 또는 C—O—C 결합은 대략 사면체의 결합각을 가진다. 예를 들면, 메탄올의 경우 109°이고 다이메틸 에터는 112°이다. 산소 원자는 sp^3 혼성화되어 있다.

물처럼, 알코올과 페놀은 예상한 것보다 더 높은 끓는점을 가진다. 예를 들어, 프로판-1-올은 뷰테인과 분자량은 비슷하나, 프로판-1-올은 97.2 °C에서 끓고 뷰테인은 −0.5 °C에서 끓는다. 비슷하게, 페놀 자신의 끓는점은 181.9 °C이나 톨루엔은 110.6 °C이다.

알코올과 페놀은 물처럼 수소 결합을 형성하므로 특이하게 높은 끓는점을 가진다. 한 분자의 양으로 하전된 −OH 수소가 다른 분자의 음으로 하전된 산소 원자에 이끌려 분자를 함께 붙드는 약한 힘이 생긴다(그림 8.1). 한 분자가 액체에서 증기로 되기 위해서는 이

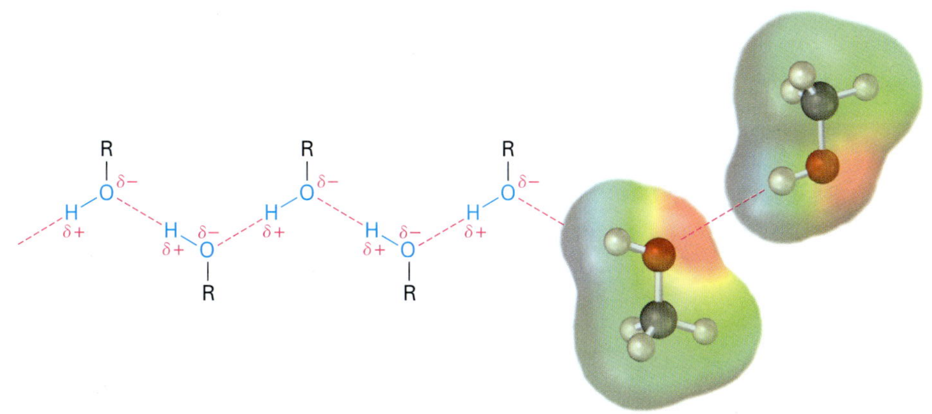

그림 8.1 알코올과 페놀에서의 수소 결합. 양으로 편극화된 −OH 수소와 음으로 편극화된 산소 간의 약한 인력으로 인해 분자들이 붙어 있게 된다. 메탄올의 정전기 퍼텐셜 지도는 양으로 하전된 −OH 수소(파란색)와 음으로 하전된 산소(붉은색)를 명확히 보여 준다.

러한 분자 간에 작용하는 힘을 끊어 주어야 하므로 끓는점이 올라간다. 에터는 하이드록시기가 없으므로 수소 결합을 할 수 없고, 따라서 끓는점이 낮다.

알코올과 페놀은 물처럼 약한 염기성과 약한 산성을 나타낸다. 약한 Lewis 염기처럼 알코올과 페놀은 센 산에 의해 양성자 첨가가 일어나 옥소늄 이온, ROH_2^+가 되는데 이 반응은 가역적이다.

$$R{-}\ddot{O}{-}H + H{-}X \rightleftharpoons R{-}\overset{H}{\overset{|}{O^+}}{-}H \; :X^-$$

알코올 옥소늄 이온

$$\left[\text{또는 } ArOH + HX \rightleftharpoons Ar\overset{+}{O}H_2 \; X^-\right]$$

약산처럼 알코올과 페놀은 묽은 수용액에서 소량 해리하여 물에 양성자를 주어 H_3O^+, **알콕시화 이온**(alkoxide ion, **RO⁻**), **페녹시화 이온**(phenoxide ion, **ArO⁻**)을 생성한다.

$$R{-}\ddot{O}{-}H + H{-}\ddot{O}{-}H \rightleftharpoons R{-}\ddot{O}:^- + H{-}\overset{H}{\overset{|}{O^+}}{-}H$$

알코올 알콕시화 이온

$$\left[\text{또는 } Y{-}C_6H_4{-}OH + H_2\ddot{O}: \rightleftharpoons Y{-}C_6H_4{-}O^- + H_3O^+\right]$$

페놀 페녹시화 이온

1.10절과 1.11절에서 물에서 어떤 산 HA의 강도는 산도 상수, K_a로 기술될 수 있다는 산도에 관한 논의를 회상하라.

$$K_a = \frac{[A^-][H_3O^+]}{[HA]} \qquad pK_a = -\log K_a$$

보다 작은 K_a와 보다 큰 pK_a는 산성이 작은 반면, 보다 큰 K_a와 보다 작은 pK_a는 더 산성이다. 표 8.1에 몇 가지 보편적인 알코올과 페놀의 pK_a 값을 나타내었다.

표 8.1의 자료는 알코올의 산도가 물과 비슷함을 말해 주고 있다. 그들은 아민이나 탄산수소 이온과 같은 약한 염기와 반응하지 않고 NaOH와 같은 금속 수산화 이온과 제한된 정도만 반응한다. 그들은 그러나 알칼리 금속과 반응하여 센 염기인 알콕시화물을 생성한다. 알콕시화물은 보편적으로 해당 알케인의 접미사 *-ane*을 *-oxide*로 치환시켜 명명

표 8.1 **몇 가지 알코올과 페놀의 산도**

화합물	pK_a	
$(CH_3)_3COH$	18.00	약한 산
CH_3CH_2OH	16.00	
H_2O	15.74	
CH_3OH	15.54	
p-메틸페놀	10.17	
페놀	9.89	
p-나이트로페놀	7.15	센 산

한다. 예를 들면, 메테인은 메톡시화물(methoxide)을 생성한다. 그들은 알코올의 이름에 접미사 *-ate*를 첨가하여 체계적으로 명명한다. 예를 들면, 메탄올은 메탄올에이트(methanolate)가 된다.

$$2\ CH_3OH + 2\ Na \longrightarrow 2\ CH_3O^-\ Na^+ + H_2$$

메탄올 → 메탄올산 소듐 (메톡시화 소듐)

$$2\ (CH_3)_3C{-}OH + 2\ K \longrightarrow 2\ (CH_3)_3C{-}O^-\ K^+ + H_2$$

2-메틸프로판-2-올 (*tert*-뷰틸 알코올) → 2-메틸프로판-2-올산 포타슘 (*tert*-뷰톡시화 포타슘)

페놀은 알코올보다 산도가 약 100만 배나 세다. 이러한 산도로 인하여 페놀은 묽은 NaOH 수용액에 녹는다.

$$C_6H_5OH + NaOH \longrightarrow C_6H_5O^-\ Na^+ + H_2O$$

페놀 → 페녹시화 소듐 (페놀산 소듐)

페놀이 알코올보다 더 산성인데, 그 이유는 페녹시화 이온이 방향족 고리에 의해 공명 안정화되기 때문이다. 고리 위에서 음전하를 공유함으로써 페녹시화 이온의 안정성이 증가하여 그 결과 해당하는 페놀의 해리가 증가하게 된다(그림 8.2).

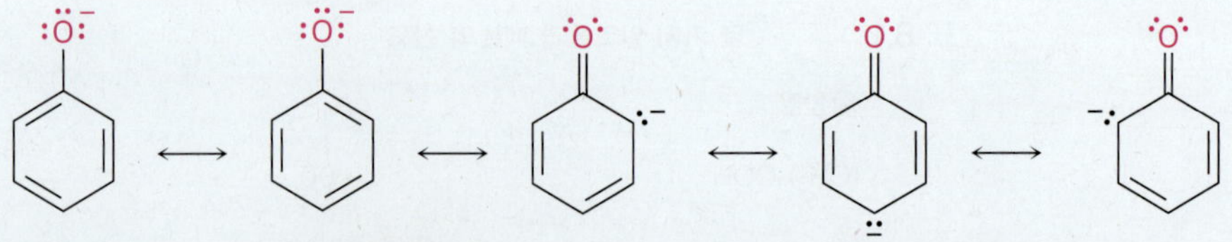

페녹시화 이온

메톡시화 이온

그림 8.2 페녹시화 이온은 공명 때문에 알콕시화 이온보다 더 안정하다. 정전기 퍼텐셜 지도는 메톡시화물의 산소보다 페녹시화물의 산소에 음전하가 덜 집중되어 있음을 보여 준다.

8.3 카보닐 화합물로부터 알코올의 합성

알코올은 유기 화학에서 중심적인 위치에 놓여 있다. 다른 많은 종류의 화합물들(알켄, 할로젠화 알킬, 케톤, 알데하이드, 에스터, 기타)로부터 합성할 수 있고 똑같이 매우 다양한 종류의 화합물로 전환될 수 있다. 예를 들어, 4.3절에서 알켄의 수화 반응으로 알코올을 합성할 수 있음을 보았다.

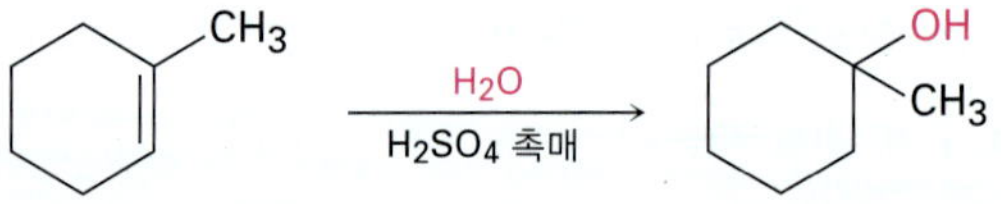

$$\text{1-메틸사이클로헥센} \xrightarrow[\text{H}_2\text{SO}_4\ \text{촉매}]{\text{H}_2\text{O}} \text{1-메틸사이클로헥산올}$$

1-메틸사이클로헥센 1-메틸사이클로헥산올

카보닐 화합물의 환원

실험실에서와 생물조직에서 알코올을 합성하는 가장 일반적인 방법은 카보닐 화합물의 환원이다. C=C 결합에 수소를 첨가하여 알케인이 생성되는 알켄의 환원처럼(4.5절), 카보닐 화합물의 환원은 C=O 결합에 수소를 첨가하여 알코올을 생성하는 것이다. 알데하이드, 케톤, 카복실산 및 에스터를 포함해서 모든 종류의 카보닐 화합물들은 환원될 수 있다.

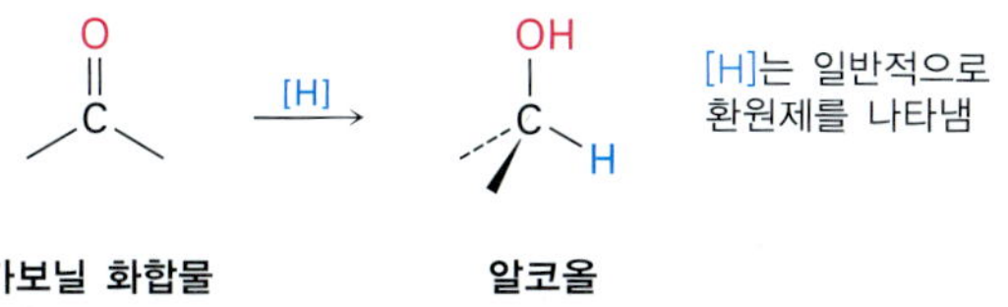

[H]는 일반적으로 환원제를 나타냄

카보닐 화합물 → 알코올

알데하이드와 케톤의 환원

알데하이드는 1차 알코올로, 케톤은 2차 알코올로 환원된다.

알데하이드 → 1차 알코올   케톤 → 2차 알코올

많은 환원제들을 이용할 수 있는데 보통 테트라하이드로붕소산 나트륨, $NaBH_4$가 안정성 때문에 쓰인다. 그것은 대기중에서 무게를 잴 수 있는 흰색 결정성 고체이다. 그리고 물이나 알코올 용액에서 쓰인다.

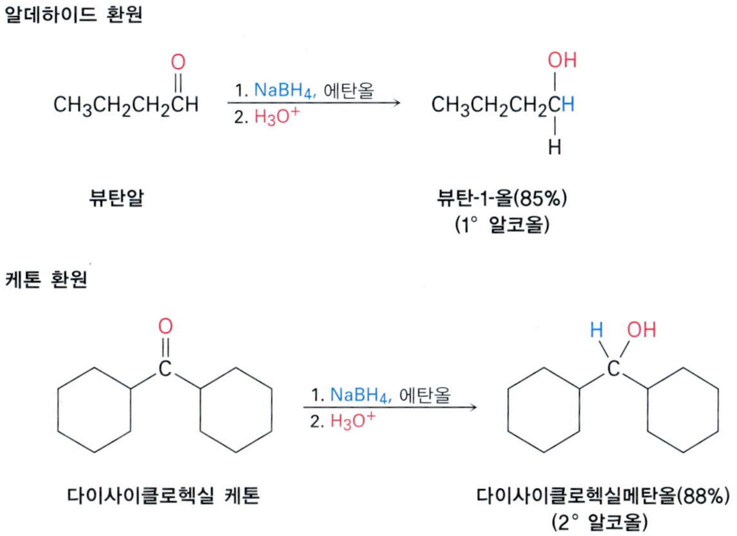

알데하이드 환원

$CH_3CH_2CH_2CHO$ → (1. $NaBH_4$, 에탄올; 2. H_3O^+) → $CH_3CH_2CH_2CH_2OH$

뷰탄알 → 뷰탄-1-올(85%) (1° 알코올)

케톤 환원

다이사이클로헥실 케톤 → (1. $NaBH_4$, 에탄올; 2. H_3O^+) → 다이사이클로헥실메탄올(88%) (2° 알코올)

우리는 9.6절까지 이들 환원 메커니즘의 논의를 미룰 것이다. 그러나 지금 친핵성 수소화 이온($:H^-$)이 카보닐기의 양으로 편극된 친전자성 탄소에 첨가한다는 사실에 유의하라. 최초의 생성물은 알콕시화 이온이며, 둘째 단계에서 H_3O^+의 첨가에 의해 알코올 생성물을 생성한다.

카보닐 화합물 → ($:H^-$) → [알콕시화 이온 중간체] → (H_3O^+) → 알코올

에스터와 카복실산의 환원

에스터와 카복실산은 환원되어 1차 알코올을 생성한다.

$$RCOOH \text{ 또는 } RCOOR' \xrightarrow{[H]} RCH_2OH$$

카복실산 에스터 1차 알코올

이 반응들은 알데하이드나 케톤의 환원보다 빠르지 않으므로 $NaBH_4$보다 더 강력한 환원제인 $LiAlH_4$가 쓰인다. ($LiAlH_4$는 알데하이드와 케톤도 환원시킨다.) 알데하이드와 케톤의 환원에서는 카보닐 탄소에 수소 1개만 첨가된다. 그러나 에스터나 카복실산의 환원에는 2개의 수소가 첨가된다.

카복실산 환원

$$CH_3(CH_2)_7CH{=}CH(CH_2)_7COOH \xrightarrow[\text{2. } H_3O^+]{\text{1. } LiAlH_4\text{, 에터}} CH_3(CH_2)_7CH{=}CH(CH_2)_7CH_2OH$$

옥타데크-9-엔산 (올레산) → 옥타데크-9-엔-1-올(87%)

에스터 환원

$$CH_3CH_2CH{=}CHCOOCH_3 \xrightarrow[\text{2. } H_3O^+]{\text{1. } LiAlH_4\text{, 에터}} CH_3CH_2CH{=}CHCH_2OH + CH_3OH$$

펜트-2-엔산 메틸 → 펜트-2-엔-1-올(91%)

예문 8.1 환원 반응의 생성물 예측하기

다음 반응의 생성물은 무엇인가?

$$CH_3CH_2CH_2COCH_2CH_3 \xrightarrow[\text{2. } H_3O^+]{\text{1. } NaBH_4} ?$$

풀이 케톤을 $NaBH_4$로 처리하면 2차 알코올이 된다. 따라서 헥산-3-온을 환원하면 헥산-3-올이 생긴다.

해답

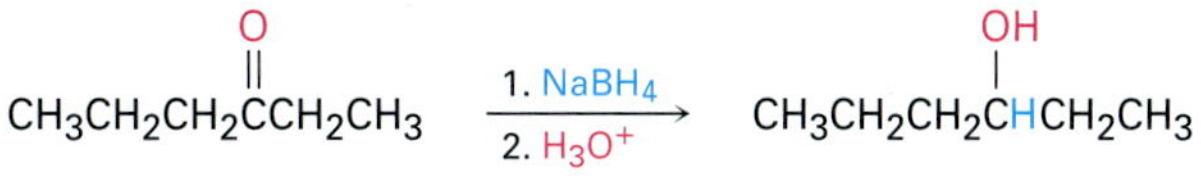

$$CH_3CH_2CH_2\overset{O}{\overset{\|}{C}}CH_2CH_3 \xrightarrow[2.\ H_3O^+]{1.\ NaBH_4} CH_3CH_2CH_2\overset{OH}{\overset{|}{C}}HCH_2CH_3$$

헥산-3-온 → 헥산-3-올

예문 8.2 카보닐 화합물의 환원에 의한 알코올 합성

어떤 카보닐 화합물을 환원시키면 다음의 알코올이 얻어지는가?

(a) $CH_3CH_2\overset{CH_3}{\overset{|}{C}}HCH_2\overset{OH}{\overset{|}{C}}HCH_3$

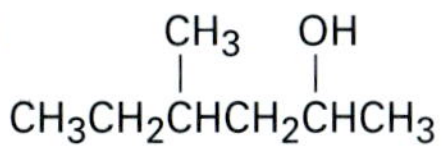

(b) (골격 구조) CH_2OH

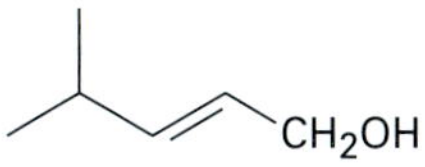

풀이 알코올이 1차, 2차, 또는 3차 알코올인지 확인하라. 1차 알코올은 알데하이드, 에스터, 카복실산의 환원, 2차 알코올은 케톤의 환원에 의해 합성되나 3차 알코올은 환원으로 합성될 수 없다.

해답 (a) 목표 분자가 $NaBH_4$(또는 $LiAlH_4$)로 케톤의 환원에 의해 생성될 수 있는 2차 알코올이다.

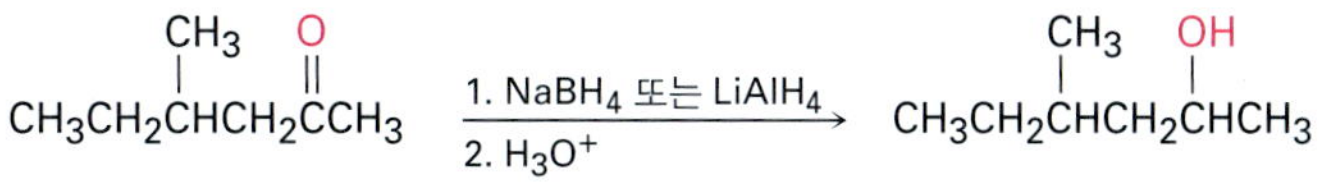

$$CH_3CH_2\overset{CH_3}{\overset{|}{C}}HCH_2\overset{O}{\overset{\|}{C}}CH_3 \xrightarrow[2.\ H_3O^+]{1.\ NaBH_4\ 또는\ LiAlH_4} CH_3CH_2\overset{CH_3}{\overset{|}{C}}HCH_2\overset{OH}{\overset{|}{C}}HCH_3$$

(b) 목표 분자는 1차 알코올인데 알데하이드, 에스터, 또는 카복실산이 $LiAlH_4$로 환원되어 합성될 수 있다.

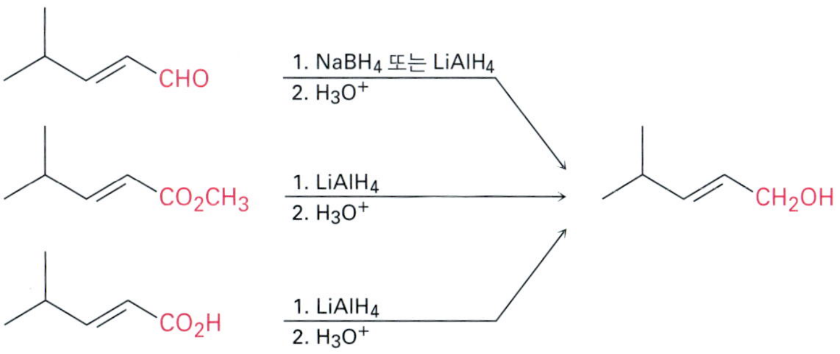

CHO —(1. $NaBH_4$ 또는 $LiAlH_4$ / 2. H_3O^+)→ CH_2OH

CO_2CH_3 —(1. $LiAlH_4$ / 2. H_3O^+)→ CH_2OH

CO_2H —(1. $LiAlH_4$ / 2. H_3O^+)→ CH_2OH

문제 8.5 다음의 반응을 어떻게 이루겠는가?

(a) $CH_3COCH_2CH_2COOCH_3 \xrightarrow{?} CH_3CH(OH)CH_2CH_2COOCH_3$

(b) $CH_3COCH_2CH_2COOCH_3 \xrightarrow{?} CH_3CH(OH)CH_2CH_2CH_2OH$

문제 8.6 어떤 카보닐 화합물을 $LiAlH_4$로 환원시키면 다음의 알코올이 얻어지는가? 가능한 방법을 모두 써라.

(a) $C_6H_5CH_2OH$ (b) $C_6H_5CH(OH)CH_3$ (c) 사이클로헥산올 (OH, H)

카보닐 화합물의 Grignard 반응

유기할로젠과 마그네슘의 반응으로 합성된(7.3절) Grignard 시약(RMgX)은 카보닐 화합물과 반응하여 수소화 이온 환원제가 하는 것과 동일하게 알코올을 생성한다. C=O 결합에 수소화 이온을 첨가하여 카보닐 환원이 일어나는 것과 같이 Grignard 반응은 카브음이온(R:⁻ ⁺MgX)의 첨가와 관련된다.

$$R{-}X + Mg \longrightarrow \overset{\delta-}{R}{-}\overset{\delta+}{MgX}$$

Grignard 시약

R = 1°, 2°, 또는 3° 알킬, 아릴, 또는 바이닐익
X = Cl, Br, I

$$R_2C{=}O \xrightarrow[2.\ H_3O^+]{1.\ RMgX,\ 에터} R_2C(OH)R + HOMgX$$

폼알데하이드, $H_2C{=}O$는 Grignard 시약과 반응하여 1차 알코올을, 알데하이드는 2차 알코올을, 케톤은 3차 알코올을 생성한다.

폼알데하이드 반응

$$H_2C{=}O + C_6H_{11}MgBr \xrightarrow[2.\ H_3O^+]{1.\ 에터에서\ 혼합} C_6H_{11}CH_2OH$$

폼알데하이드 / 브롬화 사이클로헥실-마그네슘 / 사이클로헥실메탄올(65%) (1° 알코올)

알데하이드 반응

$CH_3CH(CH_3)CH_2CHO$ + 브롬화 페닐마그네슘 —(1. 에테르에서 혼합, 2. H_3O^+)→ $CH_3CH(CH_3)CH_2CH(OH)C_6H_5$

3-메틸뷰탄알 / 브롬화 페닐마그네슘 / 3-메틸-1-페닐뷰탄-1-올(73%) (2° 알코올)

케톤 반응

사이클로헥산온 + CH_3CH_2MgBr —(1. 에테르에서 혼합, 2. H_3O^+)→ 1-에틸사이클로헥산올

사이클로헥산온 / 브롬화 에틸마그네슘 / 1-에틸사이클로헥산올(89%) (3° 알코올)

에스터는 Grignard 시약과 반응하여 3차 알코올을 생성하는데 하이드록시기를 가진 탄소에 결합된 치환체 2개는 에스터가 $LiAlH_4$에 의해 환원되어 수소 2개를 첨가하는 것과 똑같이 Grignard에서 온다. 카보닐 화합물의 환원에서와 같이, 9.6절까지 Grignard 첨가의 메커니즘에 관한 논의를 미룬다.

$CH_3CH_2CH_2CH_2COOCH_2CH_3$ —(1. 2 CH_3MgBr, 2. H_3O^+)→ $CH_3CH_2CH_2CH_2C(CH_3)_2OH$ + CH_3CH_2OH

펜탄산 에틸 / 2-메틸헥산-2-올 (85%) (3° 알코올)

예문 8.3 Grignard 반응을 이용하여 알코올 합성하기

2-메틸펜탄-2-올을 합성하기 위해 어떤 Grignard 시약과 카보닐 화합물을 반응시켜야 하는가?

$CH_3CH_2CH_2C(OH)(CH_3)CH_3$ 2-메틸펜탄-2-올

풀이 알코올이 1°, 2°, 또는 3°인지 확인하라. 만약 알콜올이 2°이면, 출발 카보닐 화합물은 알데하이드여야 한다. 만약 알코올이 3°이고 3개의 기가 다르면, 출발 카보닐 화합물은 케톤이어야 한다. 만약 알코올이 3°이고 3개의 기 중 2개가 동일하면, 출발 카보닐 화합물은 케톤이나 에스터이어야 한다.

해답 지금의 예에서 생성물은 2개의 메틸기와 1개의 프로필기를 가진 3° 알코올이다. 케톤으로 출발하면 펜탄-2-온에 브롬화 메틸마그네슘의 첨가와 아세톤에 브롬화 프로필마그네슘의 첨가일 가능성이 있다.

$$CH_3CH_2CH_2C(=O)CH_3 \text{ (펜탄-2-온)} \xrightarrow[2.\ H_3O^+]{1.\ CH_3MgBr} CH_3CH_2CH_2C(CH_3)_2OH \text{ (2-메틸펜탄-2-올)}$$

$$H_3CC(=O)CH_3 \text{ (아세톤)} \xrightarrow[2.\ H_3O^+]{1.\ CH_3CH_2CH_2MgBr} CH_3CH_2CH_2C(CH_3)_2OH \text{ (2-메틸펜탄-2-올)}$$

에스터로부터 출발하면 뷰탄산 메틸과 같은 뷰탄산의 에스터에 브롬화 메틸마그네슘의 첨가만 가능성이 있다.

$$CH_3CH_2CH_2C(=O)OCH_3 \text{ (뷰탄산 메틸)} \xrightarrow[2.\ H_3O^+]{1.\ 2\ CH_3MgBr} CH_3CH_2CH_2C(CH_3)_2OH \text{ (2-메틸펜탄-2-올)} + CH_3OH$$

문제 8.7 다음 카보닐 화합물에 CH_3MgBr의 첨가로 얻는 생성물을 보여라.

(a) 사이클로펜탄온 (b) $C_6H_5C(=O)C_6H_5$ (c) $CH_3CH_2CH_2C(=O)CH_2CH_3$

문제 8.8 다음 알코올을 합성하기 위해 어떤 Grignard 반응을 이용하는가?

(a) $CH_3C(OH)(CH_3)CH_3$ (b) 1-메틸사이클로헥산올 (OH, CH_3) (c) $CH_3CH_2C(OH)(CH_3)CH_2CH_3$

8.4 알코올의 반응

알코올의 탈수반응

알코올에 **탈수반응**(dehydration)—H_2O의 제거—이 일어나면 알켄이 생긴다. 반응을 수행하는 많은 방법이 고안되었으나 2차나 3차 알코올을 센 산으로 처리하는 것이 특히 잘 맞는다. 예를 들어, 1-메틸사이클로헥산올을 황산 수용액으로 처리하면 탈수반응이 일어나 1-메틸사이클로헥센이 된다.

H_3C OH → (H_2SO_4, H_2O, 50 °C) → CH_3

1-메틸사이클로헥산올 **1-메틸사이클로헥센(91%)**

산-촉매 탈수반응은 보통 Zaitsev 규칙(7.7절)에 따라 일어나므로 더 많이 치환된 알켄이 주생성물로 얻어진다. 따라서 2-메틸뷰탄-2-올의 탈수반응에서는 2-메틸뷰트-1-엔(이치환)보다 2-메틸뷰트-2-엔(삼치환)이 주로 생긴다.

$$H_3C-C(CH_3)(OH)-CH_2CH_3 \xrightarrow[25\ °C]{H_2SO_4,\ H_2O} (CH_3)_2C{=}CHCH_3 + CH_2{=}C(CH_3)-CH_2CH_3$$

2-메틸뷰탄-2-올 **2-메틸뷰트-2-엔 (삼치환)** 주생성물 **2-메틸뷰트-1-엔 (이치환)** 부생성물

이 산-촉매 탈수반응의 메커니즘은 간단히 E1 과정(7.8절)이다. 센 산이 알코올의 산소에 양성자를 첨가시켜 생성된 중간체가 자발적으로 물을 잃고 카보양이온을 생성하고 이웃 탄소에서 H^+를 잃어 알켄 생성물이 생성된다(그림 8.3).

7.10절에서 이전에 유의한 것처럼, 생물학적 탈수반응도 보편적인데 −OH기가 기질의 카보닐기로부터 2개 떨어진 탄소에서 E1cB 메커니즘으로 보통 일어난다. 방향족 아미노산인 타이로신(tyrosine)의 생합성에서 일어나는 예가 있다. 염기(:B)가 먼저 카보닐기에 이웃한 탄소에서 양성자 1개를 떼어 내고 생성된 음이온 중간체가 −OH를 밀어내면서 동시에 산(HA)에 의해 양성자화하여 물이 생성된다.

메커니즘

그림 8.3 3차 알코올의 산-촉매 탈수반응 메커니즘은 알켄을 생성한다. 이 과정은 E1 반응이며 카보양이온 중간체에 관련된다.

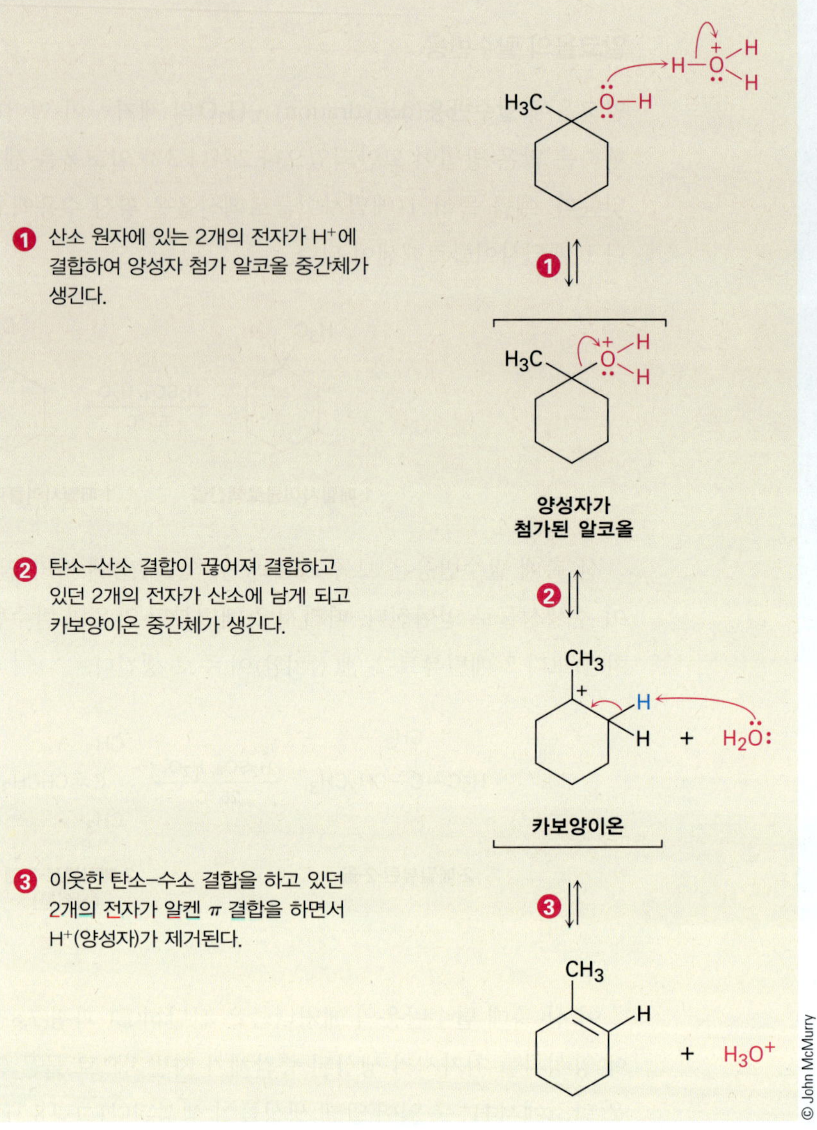

H_3C
H_3O^+
양성자가 첨가된 알코올
카보양이온
CH_3
H_2O:
H_3O^+

1. 산소 원자에 있는 2개의 전자가 H^+에 결합하여 양성자 첨가 알코올 중간체가 생긴다.

2. 탄소–산소 결합이 끊어져 결합하고 있던 2개의 전자가 산소에 남게 되고 카보양이온 중간체가 생긴다.

3. 이웃한 탄소–수소 결합을 하고 있던 2개의 전자가 알켄 π 결합을 하면서 H^+(양성자)가 제거된다.

B:
HO
CO_2^-
OH
H
O
A—H
H_2O
HO
$H_3\overset{+}{N}$
5-데하이드로퀸산 음이온
음이온 중간체
5-데하이드로쉬키미산 음이온
타이로신

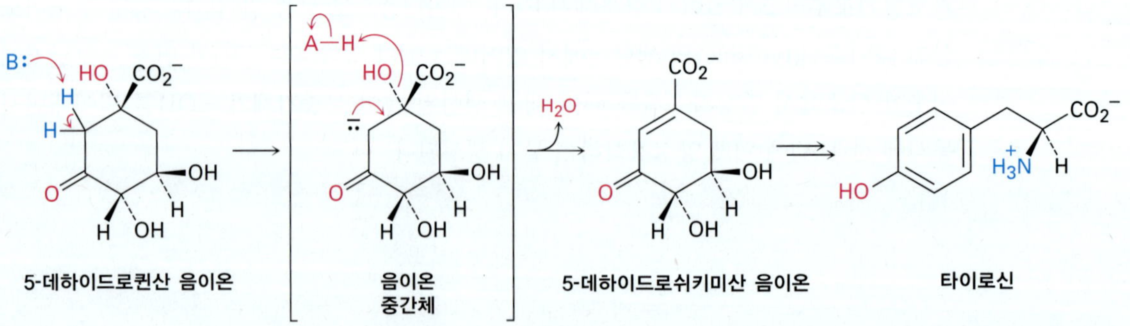

예문 8.4 탈수 반응의 생성물 예측하기

다음 반응의 주생성물은 무엇인가?

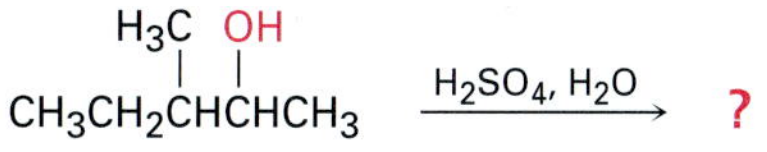

$$\underset{\displaystyle CH_3CH_2\overset{|}{C}H\overset{|}{C}HCH_3}{\quad H_3C\ \ OH} \xrightarrow{H_2SO_4,\ H_2O} ?$$

풀이 알코올을 황산으로 처리하면 탈수반응이 일어나 더 많이 치환된 알켄 생성물(Zaitsev 규칙)이 생긴다. 따라서 3-메틸펜탄-2-올의 탈수반응으로 3-메틸펜트-1-엔보다 3-메틸펜트-2-엔이 주생성물로 얻어진다.

해답

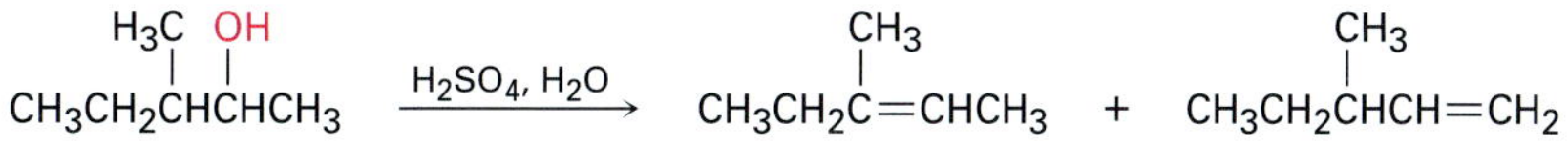

$$CH_3CH_2CH(CH_3)CH(OH)CH_3 \xrightarrow{H_2SO_4,\ H_2O} CH_3CH_2C(CH_3){=}CHCH_3 + CH_3CH_2CH(CH_3)CH{=}CH_2$$

3-메틸펜탄-2-올 → **3-메틸펜트-2-엔** (주생성물) + **3-메틸펜트-1-엔** (부생성물)

문제 8.9 다음 반응에서 예상되는 생성물은 무엇인가? 각 반응의 주생성물을 나타내라.

(a) $CH_3CH(CH_3)C(OH)(CH_3)CH_2CH_3 \xrightarrow{H_2SO_4}$

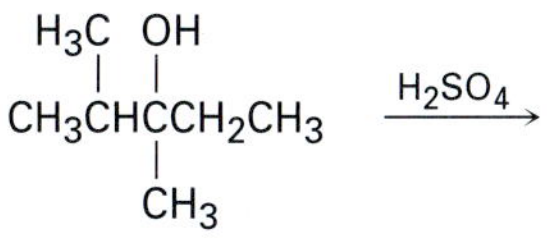

(b) $CH_3CH_2CH_2C(OH)(CH_3)CH_3 \xrightarrow{H_2SO_4}$

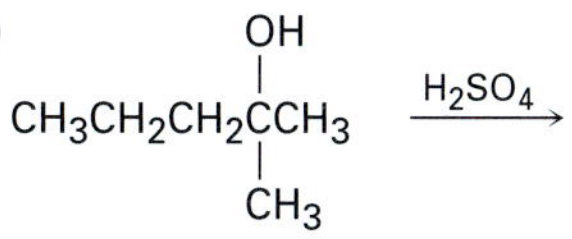

문제 8.10 어떤 알코올에서 다음 알켄들을 만들 수 있는가?

(a) 1,6-dimethylcyclohexene 구조 (고리 이중결합 탄소에 CH_3, 인접 탄소에 CH_3)

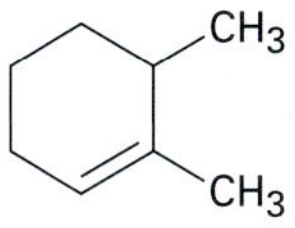

(b) $CH_3CH_2CH{=}CHCH_2CH_2CH_3$

알코올의 산화

알코올의 반응 중 가장 가치 있는 것은 알코올을 산화시켜 카보닐 화합물을 만드는 것이다—카보닐 화합물의 환원의 반대는 알코올을 생성한다. 1차 알코올은 알데하이드나 카복실산을, 2차 알코올은 케톤을 생성한다. 그러나 3차 알코올은 정상적으로 산화제와 반응하지 않는다.

1차 알코올

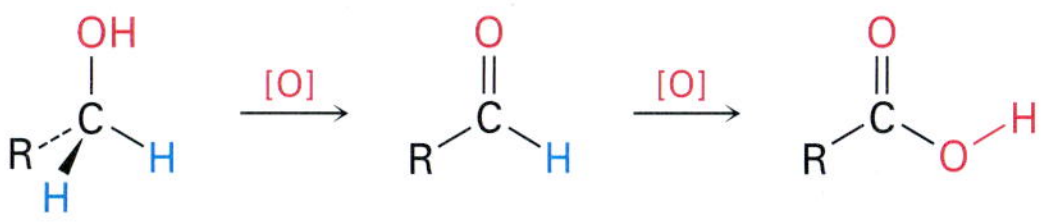

$$RCH_2OH \xrightarrow{[O]} RCHO \xrightarrow{[O]} RCOOH$$

알데하이드 카복실산

2차 알코올: R(R′)CH–OH —[O]→ R–C(=O)–R′ (케톤)

3차 알코올: R(R′)(R″)C–OH —[O]→ 반응 안함

1차 알코올은 선택된 시약에 따라 알데하이드나 카복실산으로 산화된다. 보다 오래된 방법은 CrO_3나 $Na_2Cr_2O_7$과 같은 Cr(VI) 시약을 기초로 한다. 그러나 실험실에서 1차 알코올로부터 알데하이드를 합성하는데 현재 가장 보편적인 선택은 +5산화 상태인 아이오딘 원자를 포함한 과아이오디네인(periodinane)을 이용하는 것이다.

제라니올 (Geraniol) —과아이오디네인, CH_2Cl_2→ 제라니알(84%) (Geranial)

[과아이오디네인; –OAc = 아세트산 음이온 $-O-C(=O)-CH_3$]

삼산화 크롬(CrO_3) 및 다이크롬산 나트륨($Na_2Cr_2O_7$)과 같은 여러 산화제들은 산성 수용액 중에서 1차 알코올을 카복실산으로 산화시킨다. 비록 알데하이드가 이 산화 반응에서 중간체이지만 보통 분리할 수 없는데, 그 이유는 연속해서 너무 빠르게 산화가 일어나기 때문이다.

$$CH_3(CH_2)_8CH_2OH \xrightarrow[H_3O^+,\ \text{아세톤}]{CrO_3} CH_3(CH_2)_8COOH$$

데칸-1-올 → 데칸산(93%)

2차 알코올은 쉽게 산화되어 케톤을 생성한다. 예민하거나 비싼 알코올에 대해서 흔히 과아이오디네인을 쓴다. 그러나 큰 규모의 산화를 위해서는 아세트산 수용액 중에서 CrO_3나 $Na_2Cr_2O_7$이 값싸고 더 경제적이다.

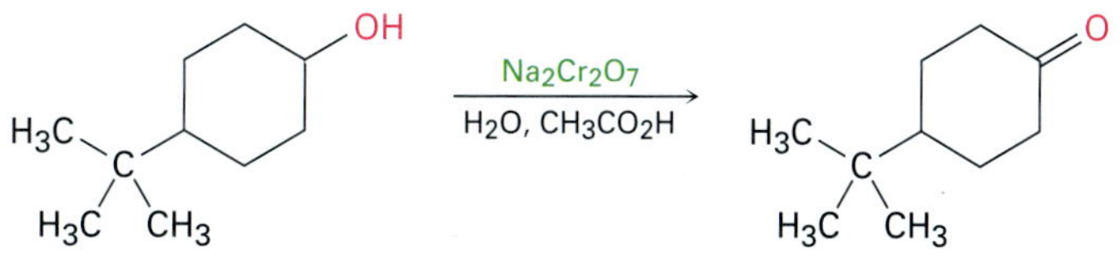

H_3C $C(CH_3)_2$ ... OH —($Na_2Cr_2O_7$; H_2O, CH_3CO_2H)→ ... =O

4-*tert*-뷰틸사이클로헥산올 4-*tert*-뷰틸사이클로헥산온(91%)

예문 8.5 알코올 산화 생성물 예측하기

벤질 알코올을 CrO_3로 반응시키면 어떤 생성물이 얻어지는가?

CH_2OH

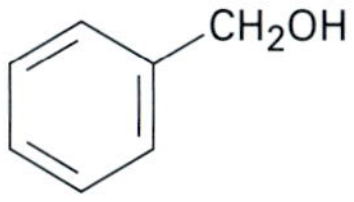

벤질 알코올

풀이 1차 알코올을 CrO_3로 처리하면 카복실산이 생긴다. 따라서 벤질 알코올을 산화시키면 벤조산이 생긴다.

해답

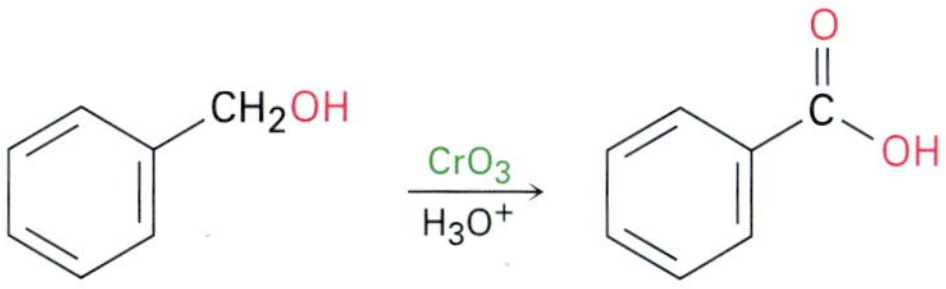

CH_2OH —(CrO_3; H_3O^+)→ C(=O)OH

벤질 알코올 벤조산

문제 8.11 어떤 알코올을 산화시키면 다음의 생성물이 얻어지는가?

(a) 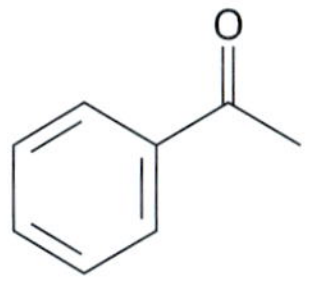 O (b) 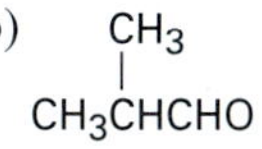 CH_3 / CH_3CHCHO (c) 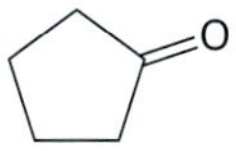 O

문제 8.12 다음 알코올을 CrO_3로 산화시키면 어떤 생성물이 얻어지는가?

(a) 사이클로헥산올 (b) 헥산-1-올 (c) 헥산-2-올

문제 8.13 문제 8.12에 있는 알코올을 과아이오디네인으로 산화시키면 어떤 생성물이 얻어지는가?

에터로의 전환

알코올을 알콕시화 이온으로 변환시킨 후 할로젠화 알킬과 반응시키면 에터가 생긴다. 이 반응을 Williamson 에터 합성이라 한다. 8.2절에서 설명한 것처럼, 반응에 필요한 알콕시화 이온은 알코올과 알칼리 금속이나 수소화 나트륨, NaH과 같은 센 염기와의 반응으

로 얻을 수 있다.

사이클로펜탄올 —NaH→ 알콕시화 이온 (O^- Na^+) —CH_3—I→ 사이클로펜틸 메틸 에터 (74%)

메커니즘적으로 Williamson 합성은 S_N2 반응(7.5절)으로 할로젠화 이온이 알콕시화 이온으로 치환되는 친핵성 치환 반응이다. 모든 S_N2 반응에서처럼 1차 할로젠화 알킬이 가장 잘 일어나는데 입체 장애가 큰 기질에서는 HX의 E2 제거 반응과 경쟁하기 때문이다. 따라서 비대칭 에터의 합성은 입체 장애가 큰 알콕시화물과 입체 장애가 작은 할로젠화 알킬과의 반응으로부터 그 역보다 더 잘 이루어진다. 예를 들어, *tert*-뷰틸 메틸 에터는 메톡시화 이온과 2-클로로-2-메틸프로페인보다 *tert*-뷰톡시화 이온과 아이오도메테인의 반응에 의해 가장 잘 합성된다.

$(CH_3)_3C-O^-$ + CH_3-I ⟶ $(CH_3)_3C-O-CH_3$ + I^-

tert-뷰톡시화 이온 아이오도메테인 *tert*-뷰틸 메틸 에터

[CH_3O^- + $H-CH_2-C(CH_3)_2-Cl$ ⟶ $(CH_3)_2C=CH_2$ + CH_3OH + Cl^-

2-클로로-2-메틸프로페인 2-메틸프로펜]

문제 8.14 다음 에터를 어떻게 합성하는가?

(a) $CH_3OCH_2CH_2CH_3$ (b) $C_6H_5OCH_3$ (c) $C_6H_5CH_2OCH(CH_3)CH_3$

문제 8.15 Williamson 에터 합성에서 알콕시화 이온에 대한 다음의 할로젠화 알킬의 반응성이 큰 순서로 순위를 매겨라: 브로모에테인, 2-브로모프로페인, 클로로에테인, 2-클로로-2-메틸프로페인.

문제 8.16 다음 알코올을 합성할 수 있는 카보닐 화합물(들)의 구조를 그려라. 그리고 그 알코올을 (i) Na 금속, 이어서 CH_3I, (ii) $SOCl_2$ 및 (iii) CrO_3로 처리할 때 얻어지는 생성물들을 나타

내라.

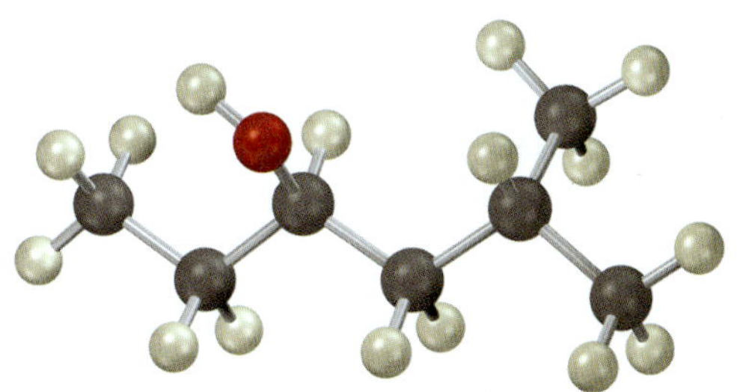

8.5 페놀의 반응

알코올과 유사한 페놀의 반응

페놀과 알코올은 둘 다 −OH기를 가지고 있음에도 불구하고 매우 다르다. 페놀은 산으로 처리하여 탈수될 수 없으며 HX로 처리하여 할로젠화물로 변환되지 않는다. 그러나 페놀은 염기 존재 하에 할로젠화 알킬과의 S_N2 반응으로 에터로 변환된다. 페놀의 Williamson 에터 합성은 쉽게 일어나는데 그것은 알코올보다 더 산성이 커서 용이하게 음이온으로 변환되기 때문이다.

$$o\text{-나이트로페놀} + CH_3CH_2CH_2CH_2Br \xrightarrow[\text{아세톤}]{K_2CO_3} \text{뷰틸 } o\text{-나이트로페닐 에터}(80\%)$$

o-나이트로페놀 (OH, NO_2) + **1-브로모뷰테인** → **뷰틸 o-나이트로페닐 에터(80%)** ($OCH_2CH_2CH_2CH_3$, NO_2)

페놀의 친전자성 방향족 치환 반응

−OH기는 친전자성 방향족 치환반응(5.6절과 5.7절)을 활성화시키는 오쏘-및 파라-지향 치환기이다. 그 결과 페놀은 친전자성 할로젠화반응, 나이트로화반응 및 설폰화반응에 대해 반응성이 큰 기질이다.

$$\text{페놀(OH)} \xrightarrow{E^+} \text{o-E-페놀} + \text{p-E-페놀}$$

페놀의 산화: 퀴논

페놀은 알코올처럼 산화하지 않는데 하이드록시-소유 탄소에 수소 원자를 가지고 있지 않기 때문이다. 그 대신 페놀을 다이크롬산 나트륨으로 산화시키면 사이클로헥사-2,5-다이엔-1,4-다이온 또는 **퀴논**(quinone)이 생긴다.

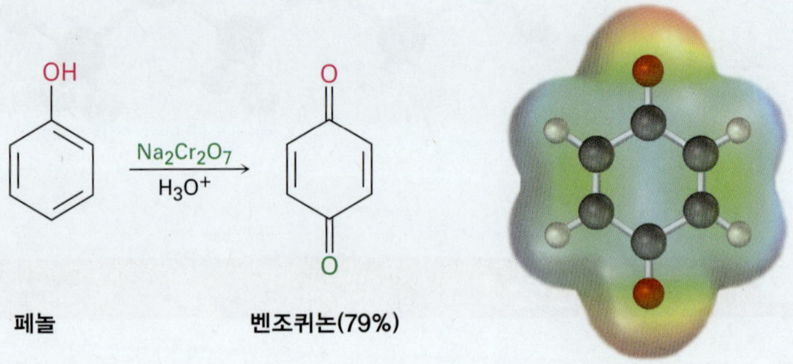

$Na_2Cr_2O_7$, H_3O^+

페놀 → 벤조퀴논(79%)

퀴논은 쉽게 산화−환원하는 성질을 가진 흥미있는 귀중한 부류의 화합물이다. 퀴논은 $NaBH_4$나 $SnCl_2$에 의해 쉽게 **하이드로퀴논**(hydroquinone, *p*-다이하이드록시벤젠)으로 환원될 수 있으며, 하이드로퀴논은 $Na_2Cr_2O_7$에 의해 쉽게 산화되어 다시 퀴논이 된다.

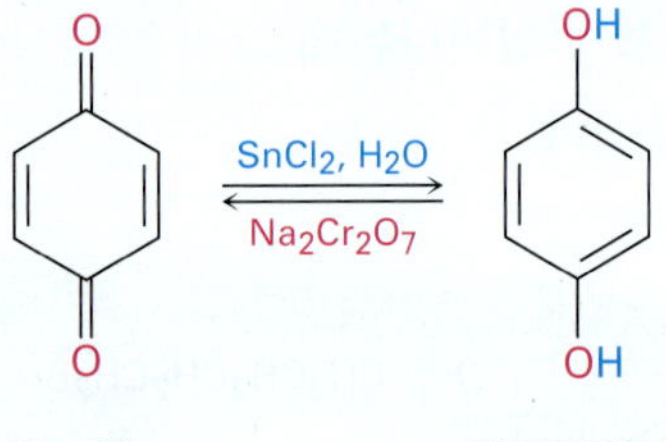

$SnCl_2$, H_2O / $Na_2Cr_2O_7$

벤조퀴논 ⇌ 하이드로퀴논

퀴논의 산화−환원 성질은 살아 있는 세포의 기능에 매우 중요한 역할을 한다. **유비퀴논**(ubiquinone)이라는 화합물은 생화학 산화제로 작용하여 에너지 생성에 관련된 전자전달 과정을 조절한다. 조효소 *Q*(coenzyme *Q*)라고 하는 유비퀴논은 가장 간단한 박테리아로부터 인간까지 모든 호기성 유기체의 세포 성분이다. 천연에 어디에나 존재하기 때문에 유비퀴논이라 명명하였다.

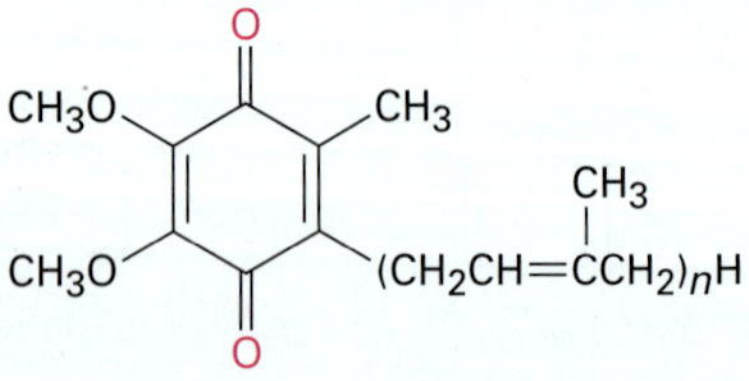

CH_3O, CH_3O, CH_3, $(CH_2CH{=}C(CH_3)CH_2)_nH$

유비퀴논(*n* = 1–10)

유비퀴논은 세포의 미토콘드리아 안에서 호흡 과정을 조절하는 기능을 하는데, 이 과정에서 전자가 생물학적 환원제인 NADH에서 산소 분자로 전달된다. 일련의 복잡한 단계가 전체 경로에 관련되지만, 궁극적으로 이 과정은 NADH가 NAD^+로 산화되고 O_2는 물이 되며 에너지가 생산되는 순환 과정이다. 유비퀴논은 중간체로만 작용할 뿐 자체 변화는 하지 않는다.

1단계

NADH + H^+ + (유비퀴논: CH_3O, CH_3O, CH_3, R 치환 퀴논) ⟶ (하이드로퀴논: OH, OH, CH_3O, CH_3O, CH_3, R) + NAD^+

환원된 형태 … 산화된 형태

2단계

(하이드로퀴논: OH, OH, CH_3O, CH_3O, CH_3, R) + $\frac{1}{2}O_2$ ⟶ (퀴논: O, O, CH_3O, CH_3O, CH_3, R) + H_2O

총 변화: $NADH + \frac{1}{2}O_2 + H^+ \longrightarrow NAD^+ + H_2O$

8.6 에터의 반응

에터는 대부분의 시약과 반응하지 않으며 이 성질 때문에 반응 용매로 자주 쓰인다. 할로젠, 약산, 염기 및 친핵체들은 대부분의 에터와 반응하지 않는다. 사실, 에터는 유일하게 HI나 HBr의 수용액에 의해 끊어지는 반응을 한다.

산성 하에서 에터 끊어짐은 전형적인 친핵성 치환 반응으로 에터의 구조에 따라 S_N1이나 S_N2 경로로 일어난다. 1차와 2차 알킬기를 가진 에터는 S_N2 경로로 반응하는데 친핵성 할로젠화 이온이 치환이 덜 된 부위로 양성자가 첨가된 에터를 공격한다. 에터의 산소는 입체적으로 더 방해가 되는 알킬기에 붙어 있고 할로젠화 이온은 입체적으로 방해가 적은 기에 붙는다. 예를 들어, 에틸 아이소프로필 에터는 HI에 의해 끊어져 아이소프로필 알코올과 아이오도에테인을 생성한다.

입체 장애가 큼　　입체 장애가 작음

$$CH_3CH(CH_3)-\ddot{O}-CH_2CH_3 \xrightarrow{H-I} \left[CH_3CH(CH_3)-\overset{+}{\underset{H}{O}}-CH_2CH_3 \quad :\ddot{I}:^- \right] \xrightarrow{S_N2} CH_3CH(CH_3)-OH + I-CH_2CH_3$$

에틸 아이소프로필 에테르　　아이소프로필 알코올　　아이오도에테인

3차 알킬기를 가진 에테르는 안정한 카보양이온 중간체를 생성할 수 있으므로 S_N1 메커니즘으로 절단된다. 그러한 반응에서는 에테르의 산소가 입체적으로 방해가 적은 알킬기에 머물고 할로젠화 이온은 3차 알킬기에 결합한다. 대부분의 S_N1 반응처럼 에테르의 끊어짐은 빠른 반응이고 실온이나 그 아래에서도 일어난다.

$$C_6H_{11}-O-C(CH_3)_3 \xrightarrow[0\ °C]{CF_3CO_2H} C_6H_{11}OH + (H_3C)_2C=CH_2$$

tert-뷰틸 사이클로헥실 에테르　　사이클로헥산올 (90%)　　2-메틸프로펜

예문 8.6 에테르 절단 생성물 예측하기

tert-뷰틸 프로필 에테르를 HBr과 반응시키면 어떤 생성물이 생기는가?

풀이 산소에 결합된 두 치환기 모형을 확인하라. 이 경우에는 3차 알킬기와 1차 알킬기이다. 그 다음에 에테르의 끊어짐 지침을 상기하라. 1차 및 2차 알킬기만 가진 에테르는 친핵체가 입체 장애가 작은 알킬기를 공격하는 S_N2 반응으로 끊어지나 3차 알킬기를 가진 에테르는 S_N1 메커니즘에 따라 끊어진다. 이 경우에는 3차 C−O 결합이 끊어져 프로판-1-올과 3차 브롬화 알킬이 생긴다.

해답

$$CH_3C(CH_3)_2-O-CH_2CH_2CH_3 \xrightarrow{HBr} CH_3C(CH_3)_2-Br + HOCH_2CH_2CH_3$$

tert-뷰틸 프로필 에테르　　2-브로모-2-메틸프로페인　　프로판-1-올

문제 8.17 다음 에테르들을 HI와 반응시키면 어떤 생성물이 얻어지는가?

(a) $C_6H_5C(CH_3)_2-O-CH_3 \longrightarrow$?

(b) $CH_3CH_2CH(CH_3)-O-CH_2CH_2CH_3 \longrightarrow$?

8.7 고리형 에터: 에폭시화물

대부분의 고리형 에터는 비고리형 에터와 같은 성질을 나타낸다. 열린 사슬이든 고리 형태이든 에터라는 작용기로서의 화학은 같다. 따라서 고리형 에터인 테트라하이드로퓨란(THF)은 비활성이기 때문에 용매로서 흔히 쓰인다.

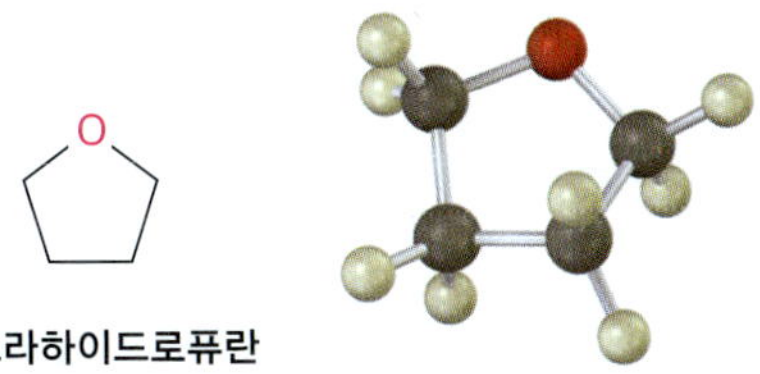

테트라하이드로퓨란

열린 사슬 에터와 다르게 반응하는 고리형 에터의 하나의 군은 **에폭시화물**(epoxide)이라 하는 3원자 고리이다. 3원자 고리의 스트레인으로 인하여 에폭시화물은 다른 에터보다 훨씬 반응성이 크다. 4.6절에서 본 바와 같이, 에폭시화물은 알켄과 과산화산(peroxyacid), RCO_3H의 반응으로 합성된다. *메타*-클로로과산화벤조산이 흔히 쓰인다.

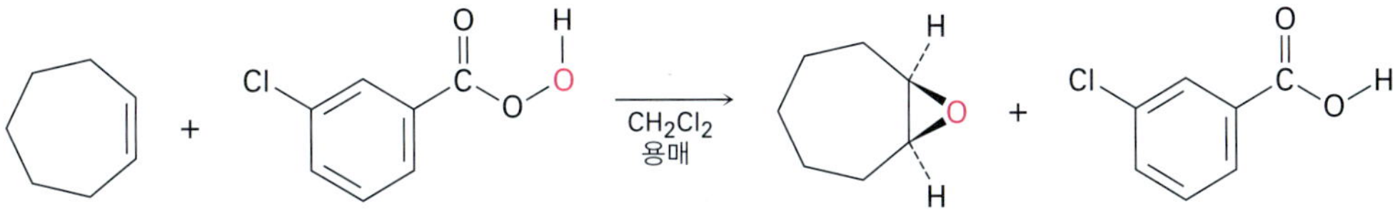

사이클로헵텐 + *메타*-클로로과산화벤조산 —(CH_2Cl_2 용매)→ 1,2-에폭시사이클로헵테인 + *메타*-클로로벤조산

에폭시화물의 고리는 다른 에터와 똑같이 산으로 처리하면 절단된다. 그러나 에폭시화물은 3원자 고리의 스트레인 때문에 훨씬 온화한 조건 하에서 반응한다. 실온에서 묽은 산 수용액으로 처리하면 에폭시화물은 1,2-다이올(4.6절)로 전환된다. 그리고 할로젠산, HX로 에폭시화물을 처리하면 **할로하이드린**(halohydrin)이라 부르는 할로젠 알코올로 전환한다. 두 반응은 양성자 첨가된 에폭시화물에 친핵체(H_2O 또는 X^-)의 공격으로 일어나며 그래서 트랜스 입체화학을 가진다.

1,2-에폭시사이클로-헥세인 —HX, 에터→ 트랜스-2-할로-사이클로헥산올
1,2-에폭시사이클로-헥세인 —H_3O^+→ 트랜스-사이클로-헥세인-1,2-다이올

산과의 반응 외에 에폭시화물은 염기와 다른 친핵체로 처리될 때 고리 열림이 빠르게 일어난다. 반응은 친핵체가 방해를 덜 받는 에폭시화물의 탄소를 공격하는 동시에 C−O 결합의 절단이 일어나는 S_N2 메커니즘으로 일어난다.

더 방해 / 덜 방해 —S_N2, :Nu⁻→ [ ] —H_3O^+→

수산화 이온(HO^-), 알콕시화 이온(RO^-), 아민(RNH_2 또는 R_2NH) 및 Grignard 시약(RMgX)을 포함한 많은 다른 친핵체가 에폭시화물의 열림에 쓰일 수 있다. 예를 들면, 심장부정맥, 고혈압 및 심장마비를 치료하는 데 쓰이는 소위 베타-차단제인 메토프로롤(metoprolol)의 상업용 합성이다.

—$H_2\ddot{N}CH(CH_3)_2$→ —H_2, 촉매→

메토프로롤

여러분은 항공기 제작부터 간단한 가정의 수선까지 광범위하게 응용되는 "에폭시" 수지, 접착제 및 도료를 아마도 들어왔을 것이다. 이 장의 끝에 있는 【생활 속의 유기 화학】에 그들에 관해 더 많이 기술되고 어떻게 작동하는지 기술한다.

문제 8.18 다음 에폭시화물을 산 수용액으로 처리하여 얻게 되는 생성물의 구조식을 나타내라. 만약 정상적인 뒤쪽 S_N2 공격에 의해 고리 열림이 일어난다면, 생성물의 입체화학은 어떻게 되는가?

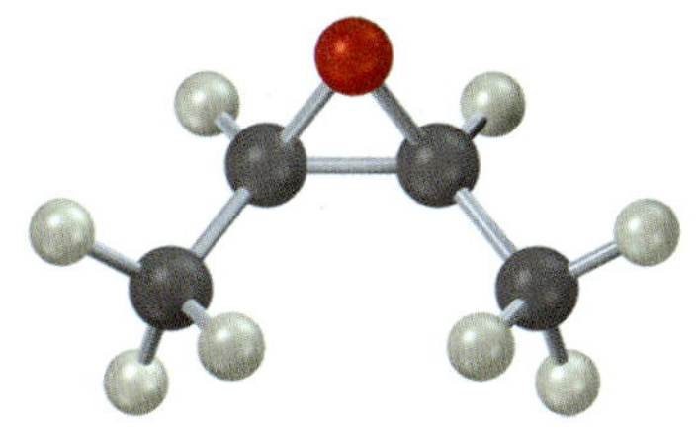

8.8 싸이올과 설파이드

황은 주기율표에서 산소 바로 아래에 있으며 많은 산소-함유 유기 화합물에 대한 황 유사체가 존재한다. 싸이올(thiol), R—SH은 알코올의 황 유사체이며 설파이드(sulfide), R—S—R′는 에터의 황 유사체이다. 두 종류의 화합물 모두 유기물에 광범위하게 존재한다.

싸이올은 알코올의 접미사 -올(*-ol*) 대신 -싸이올(*-thiol*)을 써서 알코올과 같은 방법으로 명명한다. −SH기 자체는 **머캅토기**(mercapto group)라고 한다.

CH_3CH_2SH — **에테인싸이올**

사이클로헥세인싸이올

CO_2H, SH — ***m*-머캅토벤조산**

설파이드는 에터와 같이 명명하되, 간단한 화합물에 대해서는 에터 대신 설파이드를 쓰고 복잡한 물질에 대해서는 알콕시 대신 알킬싸이오를 쓴다.

$H_3C-S-CH_3$ — **다이메틸 설파이드**

메틸 페닐 설파이드

3-(메틸싸이오)사이클로헥센

싸이올은 해당하는 할로젠화 알킬을 황화수소 이온, SH^-과 같은 황 친핵체와 S_N2 반응을 시켜 만들 수 있다.

$$CH_3CH_2CH_2CH_2CH_2CH_2CH_2CH_2-Br + {:}\ddot{S}H^- \longrightarrow CH_3CH_2CH_2CH_2CH_2CH_2CH_2CH_2-SH + Br^-$$

1-브로모옥테인 옥테인-1-싸이올(83%)

설파이드는 1차 또는 2차 할로젠화 알킬과 알콕시화 이온의 황 유사체인 싸이올산 음이온, RS^-으로 처리하여 합성한다. 반응은 Williamson 에터 합성(8.4절)과 유사한 S_N2 메커니즘으로 일어난다. 싸이올산 음이온은 가장 좋은 친핵체 중의 하나로 알려져 있으며, 따라서 이들 반응은 보통 잘 일어난다.

$$C_6H_5S^- Na^+ + CH_3-I \longrightarrow C_6H_5S-CH_3 + NaI$$

벤젠싸이올산 나트륨 메틸 페닐 설파이드 (96%)

싸이올의 가장 잊기 어려운 물리적 성질은 지독한 냄새이다. 사실, 스컹크의 악취는 일차적으로 간단한 싸이올인 3-메틸뷰테인-1-싸이올과 뷰트-2-엔-1-싸이올에 기인한다. 화학적으로 싸이올은 브로민과 같은 약한 시약에 의해 산화되어 다이설파이드, R—S—S—R를 생성하며, 다이설파이드는 아세트산 용매 중에서 아연 금속으로 처리하면 환원되어 싸이올로 돌아간다.

$$2\,R-SH \underset{Zn,\ H^+}{\overset{I_2}{\rightleftharpoons}} R-S-S-R + 2\,HI$$

싸이올 다이설파이드

싸이올−다이설파이드 상호전환은 수많은 생물학적 과정에 핵심 부분이다. 예를 들면, 우리는 다이설파이드 형성이 단백질의 구조와 3차원적 형태를 결정하는 데 관련된다는 것을 15.4절에서 알게 될 것이다. 여기서 다이설파이드 '다리'가 단백질의 사슬에서 싸이올을 포함한 아미노산 사이의 교차연결을 흔히 도와준다. 다이설파이드 형성은 또한 세포가 산화성 분해로부터 자신들을 보호하는 과정에 참여한다. 구루타싸이온(glutathione)이라 부르는 세포 성분이 잠재적 해로운 산화제를 제거하고 그 과정에서 자신은 구루타싸이온 다이설파이드로 산화된다.

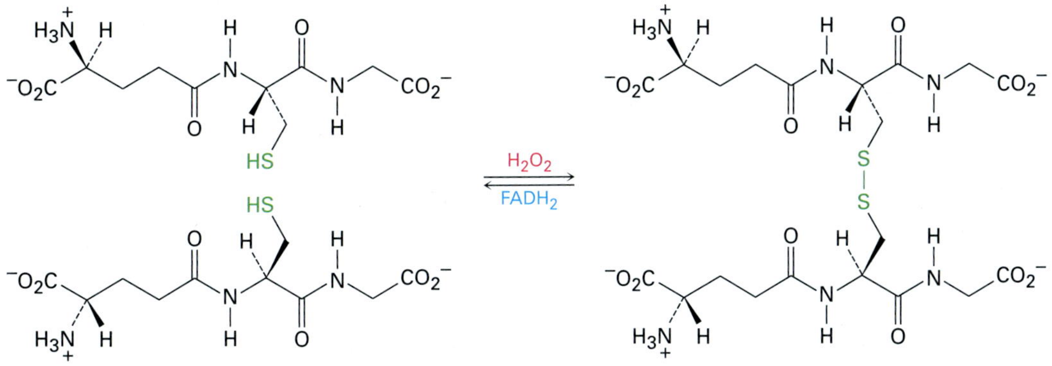

구루타싸이온 (GSH) ⇌ (H_2O_2 / $FADH_2$) 구루타싸이온 다이설파이드(GSSG)

문제 8.19 다음 화합물을 명명하라.

(a) 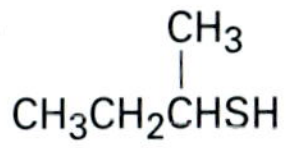 $CH_3CH_2CH(CH_3)SH$

(b) 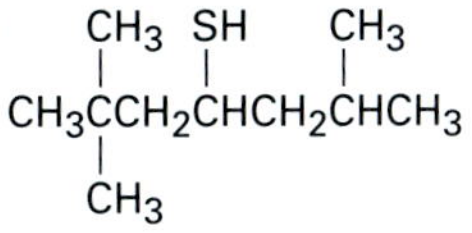 $CH_3C(CH_3)_2CH_2CH(SH)CH_2CH(CH_3)CH_3$

(c) 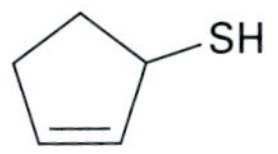 사이클로펜텐-SH (고리 구조)

(d) 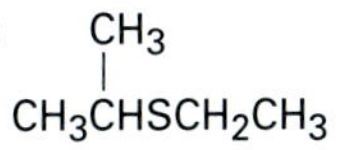 $CH_3CH(CH_3)SCH_2CH_3$

(e) 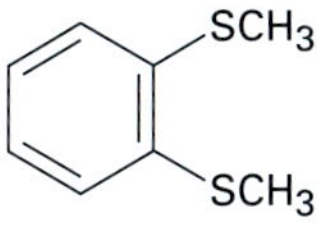 벤젠 고리에 SCH_3 두 개가 이웃하여 결합 (구조)

문제 8.20 뷰트-2-엔-1-싸이올은 스컹크 냄새 성분 중의 하나이다. 뷰트-2-엔-1-올에서 어떻게 합성하는가? 뷰트-2-엔산 메틸, $CH_3CH{=}CHCO_2CH_3$으로부터는? 두 경우 모두 한 단계 이상이 필요하다.

생활 속의 유기 화학

에폭시 수지와 접착제

소수의 비화학자들은 에폭시화물이 정확히 무엇인지 안다. 그러나 실제 모든 사람이 가구 수선을 위해서 '에폭시 아교'를, 또는 보호막으로 에폭시 수지를 사용해 왔다. 세계에서 매년 약 150억불의 에폭시화물이 수많은 접착제로 항공산업에 수많은 것을 포함한 도금 응용에 쓰인다. 예를 들면, 새로운 보잉 787 항공기는 에폭시-기반 접착제로 유지된다.

에폭시 수지와 접착제는 일반적으로 2개의 성분으로 구성되는데 사용 직전에만 혼합된다. 성분 하나는 액체인 '이전 중합체'이며 또 하나는 이전 중합체와 반응하는 '치료제

Ingram Publishing/Young man kayaking/Thinkstock

카약은 흔히 에폭시 수지로 칠한 센 중합체로 만든다.

(curing agent)'로 그것을 응고시킨다.

가장 널리 쓰이는 에폭시 수지와 접착제는 비스페놀 A와 에피클로로하이드린으로부터 만들어진 이전 중합체로 이루어진 것이다. 염기로 처리되면 비스페놀 A는 그것의 음이온으로 전환되고 그것은 친핵체로서 에피클로로하이드린과 S_N2 반응한다. 각 에피클로로하이드린 분자는 비스페놀 A 2분자와 반응할 수 있는데 한 번은 S_N2 반응으로 염소 이온을 치환시키고, 또 한 번은 에폭시화물 고리를 친핵성 공격으로 연다. 동시에, 각 비스페놀 A 분자는 에피클로로하이드린 둘과 반응하여 긴 중합체 사슬로 이른다. 각 사전 중합체 사슬의 말단은 비반응 에폭시 기를 가지며 각 사슬은 중간구역에 따라 규칙적인 공간으로 배열된 수많은 2차 알코올 기를 가진다.

에폭시화물이 사용될 때 개개의 사전 중합체 사슬이 함께 연결되도록 하기 위해 3차 아민, R_3N과 같은 염기성 치료제가 첨가된다. 사슬의 '교차연결'은 단순히 한 사슬의 중간에 있는 $-OH$기가 다른 사슬의 말단에 있는 에폭시 기를 염기-촉매 S_N2 반응으로 에폭시화 고리를 여는 것이다. 그러한 교차연결의 결과로서 엄청난 강도와 화학적 저항을 하는 거대한 3차원적 엉킴을 생성한다.

요약과 주요용어

머캅토기 mercapto group
설파이드 sulfide
싸이오페놀 thiophenol
싸이올 thiol
알코올 alcohol
알콕시화 이온 alkoxide ion
에터 ether
퀴논 quinone
페녹시화 이온 phenoxide ion
페놀 phenol
하이드로퀴논 hydroquinone

이전 장에서 탄화수소와 할로젠화 알킬의 화학을 보면서 유기 반응성의 일반적 생각을 개발하는 데 초점을 두었다. 그것을 완성함과 더불어 이 장에서 유기 화학의 핵심을 이루는 산소-함유 작용기를 공부하기 시작하였다. 생물조직의 화학을 이해하기 위해 특히 산소-함유 작용기의 이해가 필요하다. 알코올, 페놀 및 에터는 물의 유기 유도체인데 물의 수소 중 하나나 둘이 유기기로 치환된 것이다.

알코올은 sp^3 혼성화 탄소에 $-$OH기가 결합된 화합물로서 알켄의 수화를 포함해서 많은 방법으로 합성된다. 알코올을 합성하는 가장 일반적인 방법은 카보닐 화합물의 환원이다. 알데하이드, 에스터, 카복실산을 환원하면 1차 알코올이 생성되고, 케톤의 환원으로 2차 알코올이 얻어진다. 추가하여, 유기할로젠화물과 마그네슘으로부터 만들어진 Grignard 시약은 카보닐 화합에 첨가하여 알코올을 생성한다. 폼알데하이드($H_2C{=}O$)는 Grignard 시약과 반응하여 1차 알코올, 케톤과 반응하여 3차 알코올, 그리고 에스터는 3차 알코올이 생성되는데, 알코올 탄소에 있는 치환체 2개는 동일하다.

알코올은 약산이며 센 염기나 알칼리 금속으로 처리하면 그들의 **알콕시화 이온**으로 변환된다. 알코올은 또한 탈수되어 알켄이 되고 그들의 음이온이 할로젠화 알킬과 반응하여 에터로 전환된다. 또 산화되어 카보닐 화합물이 된다. 1차 알코올이 산화되면 알데하이드나 카복실산이 얻어진다. 2차 알코올은 산화될 때 케톤이 생성되며 3차 알코올은 산화되지 않는다.

페놀은 방향족 알코올인데 몇 가지 점에서는 알코올과 유사하지만 **페녹시화 이온**이 공명에 의해 안정화되기 때문에 알코올보다 산성이 크다. 페놀은 친전자성 치환 반응을 쉽게 하며 산화되어 **퀴논**이 생성된다. 거꾸로 퀴논은 환원되어 **하이드로퀴논**이라 부르는 *p*-다이하이드록시벤젠을 생성한다.

에터는 같은 산소 원자에 결합된 2개의 유기기를 가진다. 에터는 알콕시화 이온과 1차 할로젠화 알킬의 S_N2 반응으로 합성되는데 이를 Williamson 합성이라고 한다. 에터는 대부분의 시약과 반응하지 않으나, HBr 및 HI와 같은 센 산에 의해 절단된다. 에폭시화물인 3원자 고리의 산소를 가진 고리형 에터는 다른 에터와 다르게 절단이 쉽게 일어난다. 스트레인이 큰 3원자 고리 에터는 반응성이 커서 산성 수용액과 반응하여 다이올을 생성하고 HX와는 할로하이드린을 생성한다. 그 외에 에폭시화물은 아민과 알콕시화물과 같은 친핵체와 반응한다.

설파이드(R—S—R′)와 **싸이올(R—SH)**은 에터와 알코올의 황 유사체이다. 싸이올은 할로젠화 알킬과 HS^-의 S_N2 반응으로 합성될 수 있으며 설파이드는 싸이올을 할로젠화 알킬과 다시 반응시켜 합성한다.

반응 요약

1. 알코올의 합성(8.3절)

(a) 카보닐 화합물의 환원

(1) 알데하이드

$$\mathrm{RCHO} \xrightarrow[\text{2. } H_3O^+]{\text{1. } NaBH_4 \text{ 또는 } LiAlH_4} \mathrm{RCH_2OH}$$

1차 알코올

(2) 케톤

$$\mathrm{RCOR'} \xrightarrow[\text{2. } H_3O^+]{\text{1. } NaBH_4 \text{ 또는 } LiAlH_4} \mathrm{RR'CHOH}$$

2차 알코올

(3) 에스터

$$\mathrm{RCOOR'} \xrightarrow[\text{2. } H_3O^+]{\text{1. } LiAlH_4} \mathrm{RCH_2OH} + \mathrm{R'OH}$$

1차 알코올

(4) 카복실산

$$RCOOH \xrightarrow[2.\ H_3O^+]{1.\ LiAlH_4} RCH_2OH$$

1차 알코올

(b) 카보닐 화합물과 Grignard 반응

(1) 폼알데하이드

$$HCHO \xrightarrow[2.\ H_3O^+]{1.\ R'MgBr,\ 에터} R'CH_2OH$$

1차 알코올

(2) 알데하이드

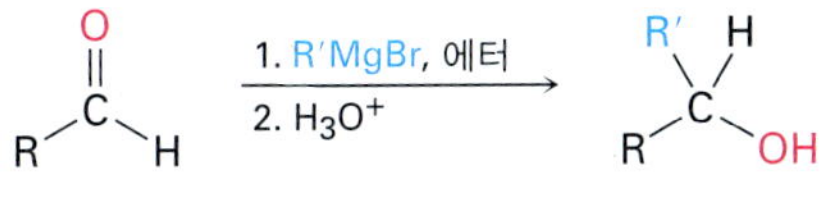

2차 알코올

(3) 케톤

$$RCOR'' \xrightarrow[2.\ H_3O^+]{1.\ R'MgBr,\ 에터} RR'R''COH$$

3차 알코올

(4) 에스터

$$RCOOR'' \xrightarrow[2.\ H_3O^+]{1.\ R'MgBr,\ 에터} RR'_2COH + R''OH$$

3차 알코올

2. 알코올의 반응(8.4절)

(a) 탈수반응

$$H-C-C(OH)R_2 \xrightarrow{H_3O^+} C=CR_2$$

(b) 산화반응

(1) 1차 알코올

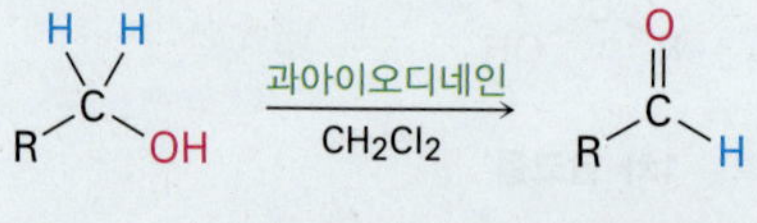

$$RCH_2OH \xrightarrow[CH_2Cl_2]{\text{과아이오디네인}} RCHO$$

알데하이드

$$RCH_2OH \xrightarrow[H_3O^+,\ \text{아세톤}]{CrO_3} RCOOH$$

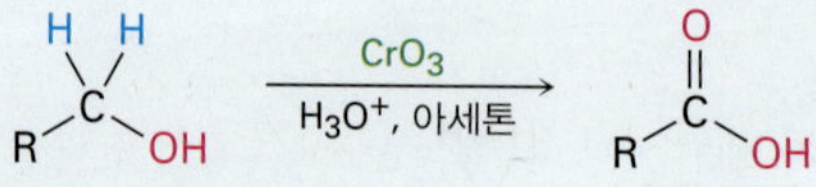

카복실산

(2) 2차 알코올

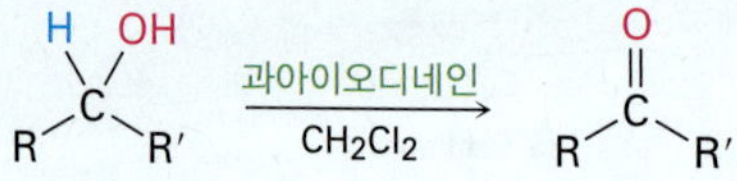

$$RCH(OH)R' \xrightarrow[CH_2Cl_2]{\text{과아이오디네인}} RCOR'$$

케톤

3. 에터의 합성(8.4절)

Williamson 에터 합성

$$RO^- \ + \ R'CH_2X \longrightarrow ROCH_2R' \ + \ X^-$$

4. 에터의 반응

(a) HBr 또는 HI에 의한 산성 절단(8.6절)

$$R{-}O{-}R' \xrightarrow[H_2O]{HX} RX \ + \ R'OH$$

(b) 산성 수용액에 의한 에폭시화물의 고리 열림(8.7절)

$$\text{에폭시화물} \xrightarrow{H_3O^+} \text{trans-1,2-다이올 (HO, OH)}$$

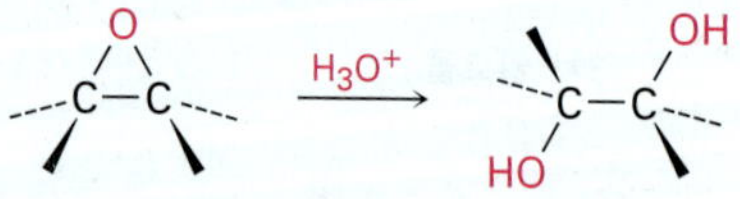

(c) 친핵체에 의한 에폭시화물의 고리 열림(8.7절)

$$\text{R-에폭시화물} \xrightarrow{:Nu^-\ \text{또는}\ Nu{-}H} RCH(OH){-}CH_2Nu$$

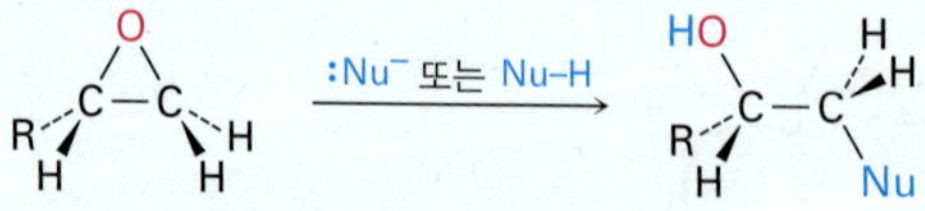

5. 페놀의 반응(8.5절)

산화로 퀴논 생성

$$\text{OH (phenol)} \xrightarrow[H_3O^+]{Na_2Cr_2O_7} \text{O, O (quinone)}$$

6. 싸이올의 합성(8.8절)

$$RCH_2Br \xrightarrow[\text{2. } H_2O,\ NaOH]{\text{1. } HS^-} RCH_2SH$$

7. 설파이드의 합성(8.8절)

$$RS^- \ + \ R\ CH_2Br \longrightarrow RSCH_2R' \ + \ Br^-$$

연습

【눈으로 보는 화학】 문제 8.1~8.20은 장 내에서 볼 수 있다.

8.21 다음 반응의 생성물은 무엇인가(붉은색 = O)?

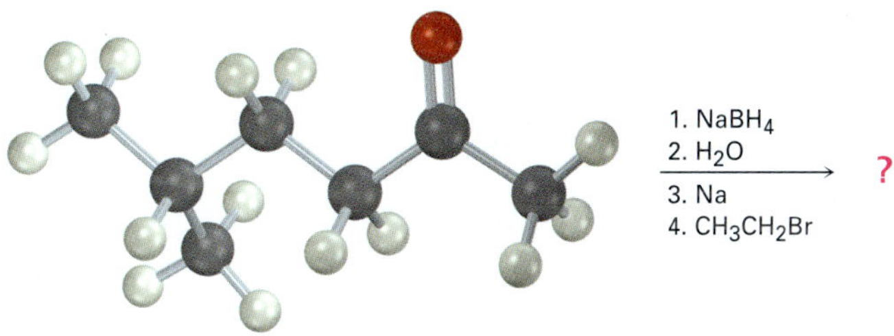

8.22 다음 화합물의 반응으로 얻어지는 생성물을 나타내라.

(a) $NaBH_4$ (b) CH_3CH_2MgBr

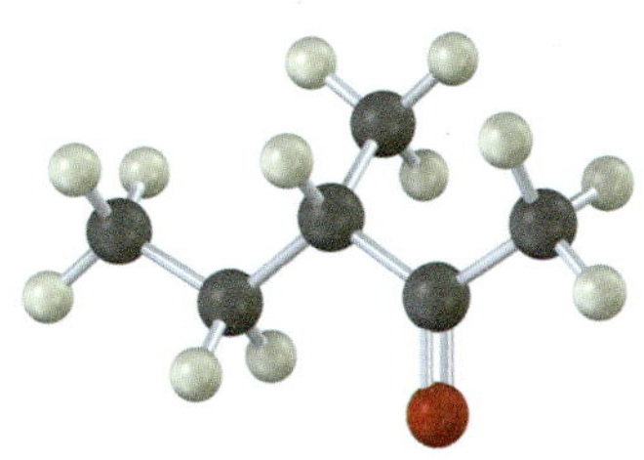

8.23 다음 화합물에 대한 IUPAC 명은 무엇인가(붉은색 = O, 파란색 = N, 노란색 = S)?

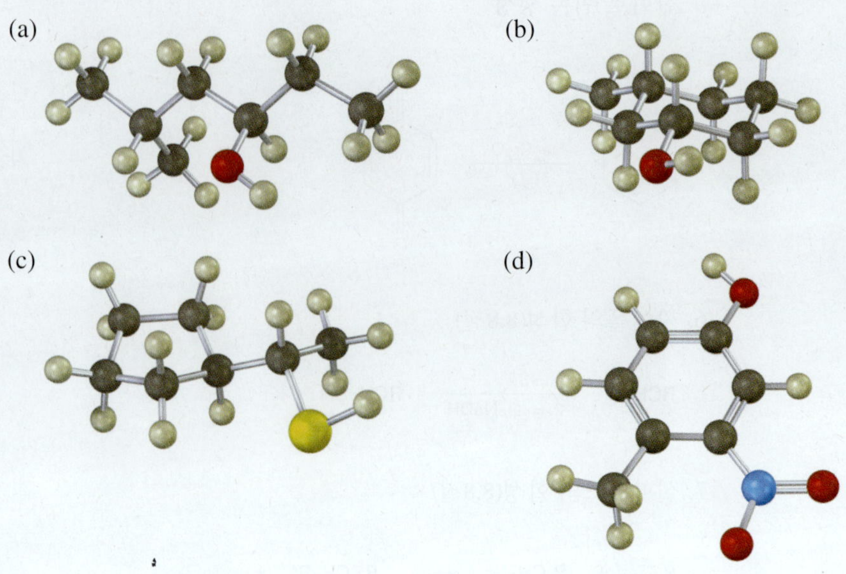

8.24 다음 에폭시화물과 HBr의 반응으로부터 생성물을 입체화학과 함께 보여라.

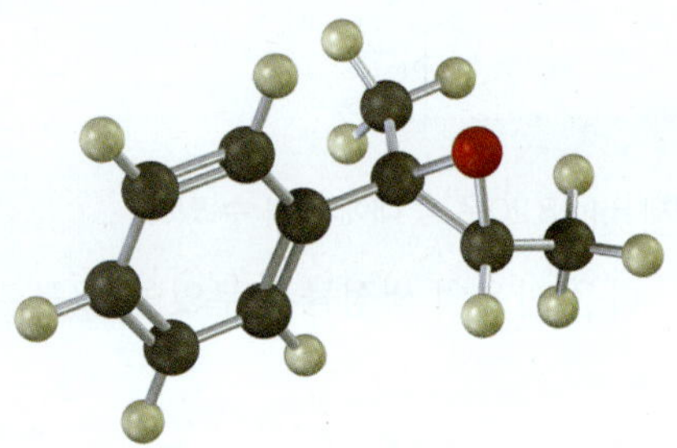

8.25 환원시켜 다음 알코올을 생성하는 카보닐 화합물의 구조를 나타내라. 또 알코올을 과아이오디네인과 CrO_3 산성 수용액으로 처리하여 얻어지는 생성물의 구조를 나타내라.

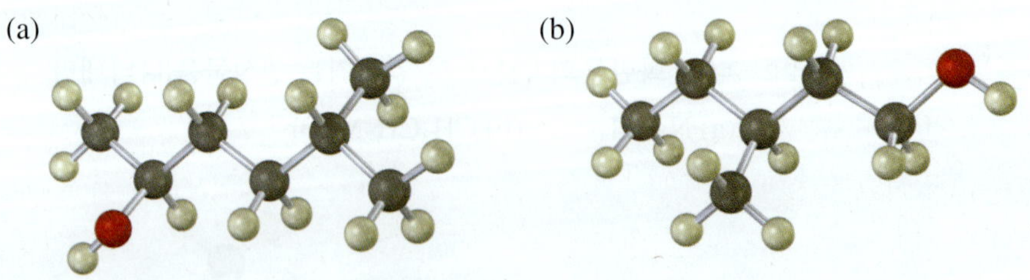

【보충문제】

알코올과 에터의 명명법

8.26 화학식이 $C_5H_{12}O$인 알코올의 이성질체 8개를 그리고 명명하라.

8.27 문제 8.26에서 확인된 8개의 알코올 중 어느 것이 카이랄인가?

8.28 다음 화합물을 명명하라.

(a) 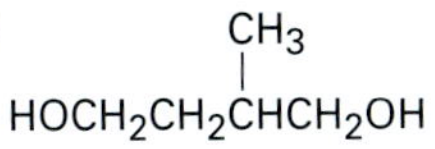 $HOCH_2CH_2CH(CH_3)CH_2OH$

(b) 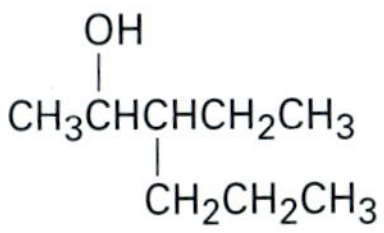 $CH_3CH(OH)CH(CH_2CH_2CH_3)CH_2CH_3$

(c) 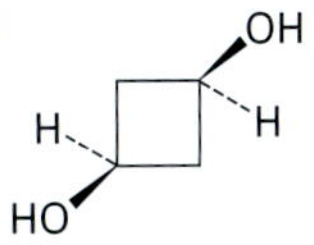 (cyclobutane: OH, H; H, HO)

(d) 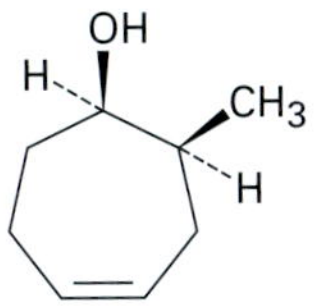 (cycloheptene: OH, H; CH_3, H)

(e) 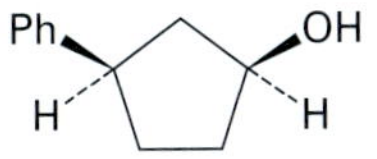 (cyclopentane: Ph, H; OH, H)

(f) 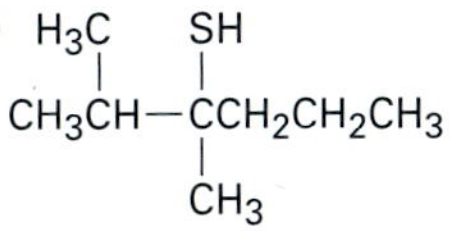 $CH_3CH(CH_3)-C(SH)(CH_3)CH_2CH_2CH_3$

8.29 다음 IUPAC 명에 해당하는 구조를 그려라.

(a) 에틸 아이소프로필 에터 (b) 3,4-다이메톡시벤조산

(c) 2-메틸헵테인-2,5-다이올 (d) *트랜스*-3-에틸사이클로헥산올

(e) 4-알릴-2-메톡시페놀(유진올, 정향유)

8.30 문제 8.26에서 그린 알코올과 이성질 관계인 6개의 에터를 그리고 명명하라. 어느 것이 카이랄인가?

반응과 합성

8.31 문제 8.30에 그린 에터들을 HI로 처리하여 얻어지는 생성물을 나타내라.

8.32 문제 8.26에 확인한 8개의 알코올 중 어느 것이 CrO_3 산 수용액과 반응하는가? 각 반응에서 어떤 생성물을 얻을 수 있는가?

8.33 다음 화합물을 합성하기 위해 어떤 Grignard 시약과 카보닐 화합물로 출발해야 하는가?

(a) 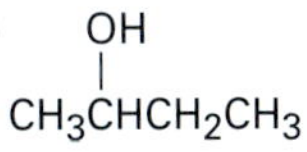 $CH_3CH(OH)CH_2CH_3$

(b) 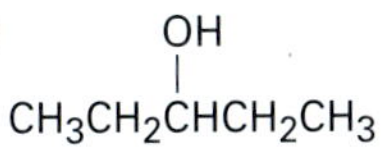 $CH_3CH_2CH(OH)CH_2CH_3$

(c) 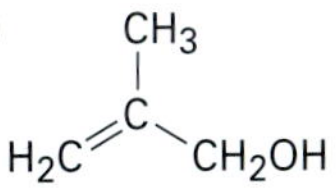 $H_2C=C(CH_3)CH_2OH$

(d) 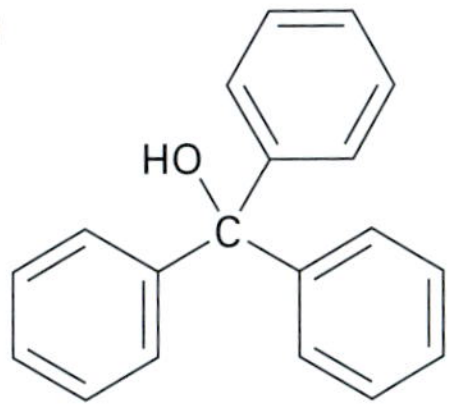 $(C_6H_5)_3C-OH$

(e) 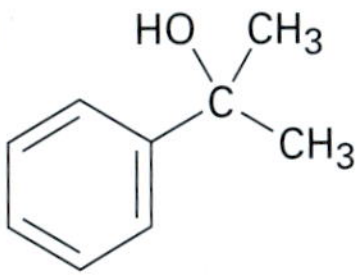 $C_6H_5C(OH)(CH_3)_2$

(f) 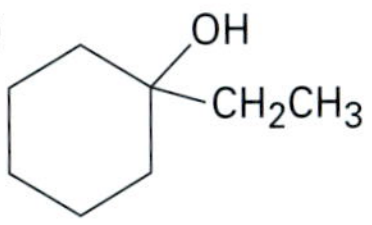 (cyclohexane: OH, CH_2CH_3)

8.34 다음 변환으로 얻어지는 생성물은 무엇인가?

(a) 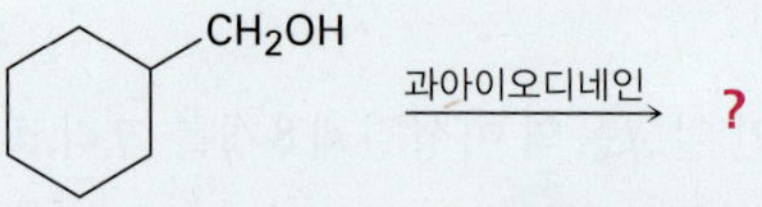 (cyclohexyl)CH_2OH $\xrightarrow{\text{과아이오디네인}}$?

(b) 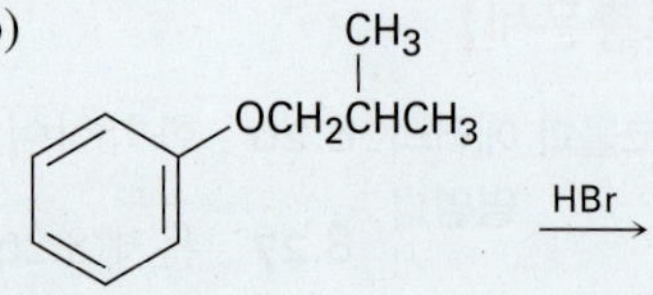 (phenyl)$OCH_2CH(CH_3)CH_3$ $\xrightarrow{HBr}$

(c) 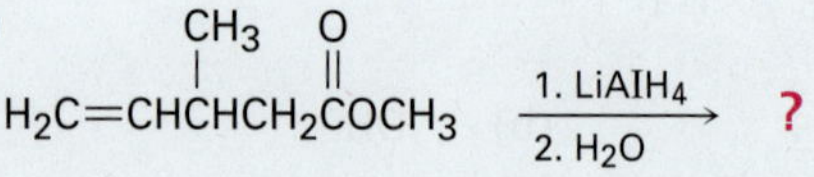 $H_2C{=}CHCH(CH_3)CH_2C(O)OCH_3$ $\xrightarrow[\text{2. } H_2O]{\text{1. } LiAlH_4}$?

(d) 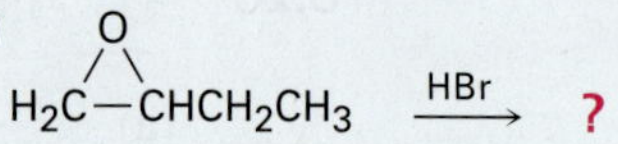 $H_2C{-}CHCH_2CH_3$ (epoxide, O) $\xrightarrow{HBr}$?

8.35 다음 에터와 HI의 반응 생성물은 무엇인가?

(a) 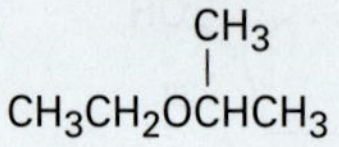 $CH_3CH_2OCH(CH_3)CH_3$ (b) 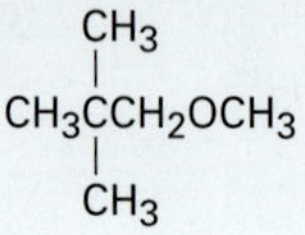 $CH_3C(CH_3)_2CH_2OCH_3$

8.36 다음 물질을 사이클로헥산올로부터 어떻게 합성하는가?

(a) 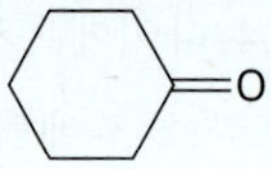 cyclohexanone (=O) (b) 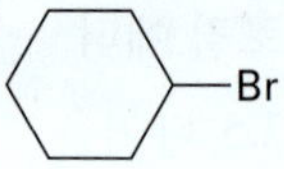 cyclohexyl–Br (c)  cyclohexene (d) 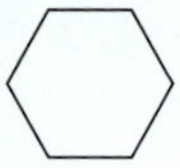 cyclohexane

8.37 다음 물질을 프로판-1-올로부터 어떻게 합성하는가?

(a) 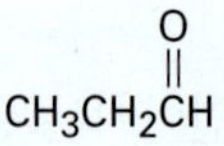 $CH_3CH_2CH{=}O$ (b) 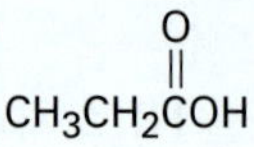 $CH_3CH_2C(O)OH$ (c) $CH_3CH_2CH_2O^-Na^+$ (d) $CH_3CH_2CH_2Cl$

8.38 다음 생성물을 얻으려면 어떤 알코올을 산화시켜야 하는가?

(a) 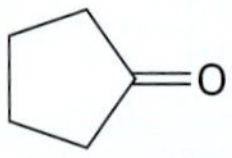 cyclopentanone (=O) (b) 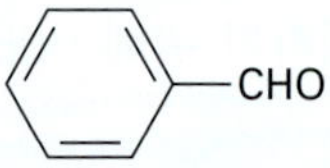 (phenyl)–CHO (c) 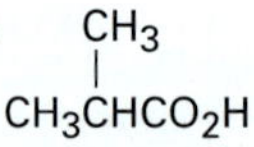 $CH_3CH(CH_3)CO_2H$

8.39 다음 반응의 생성물(들)은 무엇인가?

(a) 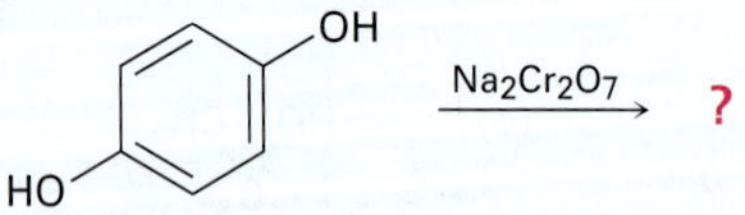 HO–(benzene)–OH (para) $\xrightarrow{Na_2Cr_2O_7}$?

(b) 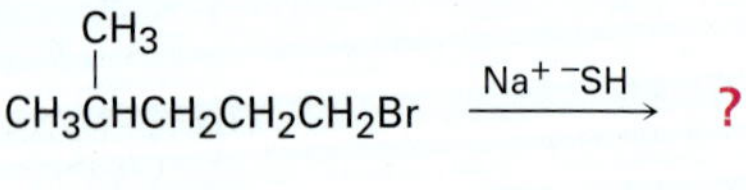 $CH_3CH(CH_3)CH_2CH_2CH_2Br$ $\xrightarrow{Na^+\ ^-SH}$?

(c) 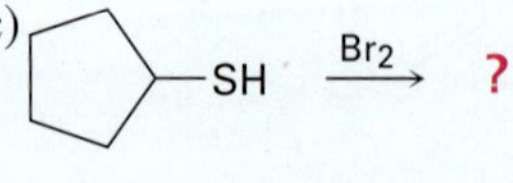 cyclopentyl–SH $\xrightarrow{Br_2}$?

8.40 다음 알코올을 합성하려면 어떤 카보닐 화합물을 환원해야 하는가?

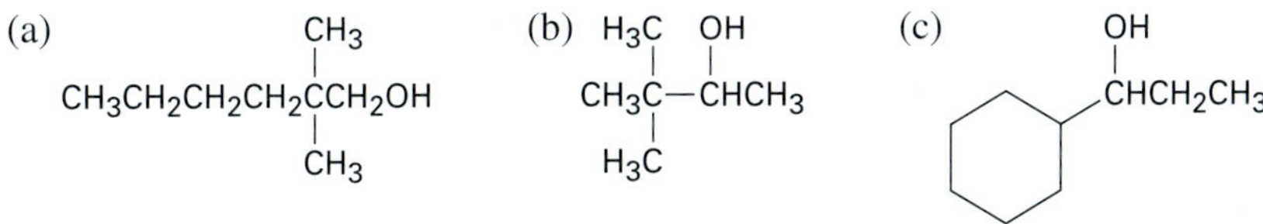

8.41 다음 카보닐 화합물을 환원시켜 얻어지는 알코올을 나타내라.

(a) $CH_3CH(CH_3)CH_2CHO$ (b) (벤젠-1,2-다이카복실산, CO_2H 2개) (c) $CH_3CH_2C(=O)CH_2CH(CH_3)CH_3$

8.42 페놀과 다음 시약의 반응으로부터 얻어지는 주생성물의 구조를 제시하라.

(a) Br_2(1몰) (b) Br_2(3몰)

(c) NaOH, 그러고나서 CH_3I (d) $Na_2Cr_2O_7$, H_3O^+

8.43 다음 화합물을 2-페닐에탄올에서 어떻게 합성하는가?

(a) 벤조산 (b) 에틸벤젠

(c) 1-브로모-2-페닐에테인 (d) 페닐아세트산($C_6H_5CH_2CO_2H$)

(e) 페닐아세트알데하이드($C_6H_5CH_2CHO$)

8.44 1-메틸사이클로헥산올과 다음 시약의 반응으로부터 얻어지는 생성물은 무엇인가?

(a) HBr (b) H_2SO_4 (c) CrO_3

(d) Na (e) (d)에서의 생성물, 그러고나서 CH_3I

8.45 뷰탄-1-올과 다음 시약의 반응으로 어떤 생성물을 얻을 수 있는가?

(a) PBr_3 (b) CrO_3, H_3O^+ (c) Na (d) 과아이오디네인

산도 **8.46** *tert*-뷰톡시화 이온은 물과 반응할 만큼 충분히 센 염기인가? 바꿔 말하면, 다음 반응은 써 있는 대로 일어나는가? (*tert*-뷰틸 알코올의 pK_a는 18이다.)

$$(CH_3)_3CO^- \, Na^+ + H_2O \xrightarrow{?} (CH_3)_3COH + NaOH$$

8.47 다음 물질을 산도가 증가하는 순서로 순위를 매겨라.

CH_3COCH_3	$CH_3COCH_2COCH_3$	C_6H_5OH	CH_3COOH
아세톤 (pK_a = 19)	**펜테인-2,4-다이온 (pK_a = 9)**	**페놀 (pK_a = 9.9)**	**아세트산 (pK_a = 4.7)**

8.48 만약 있다면, 문제 8.47의 물질 중 어느 것이 NaOH와 상당히 반응할 만큼 산성이 강한가? (H_2O의 pK_a는 15.7이다.)

8.49 탄산수소 나트륨, $NaHCO_3$은 탄산(H_2CO_3), $pK_a = 6.4$의 나트륨 염이다. 문제 8.47의 어느 물질이 탄산수소 나트륨과 반응하겠는가?

8.50 하나에는 페놀($pK_a = 9.9$)이 들어 있고 다른 하나에는 아세트산($pK_a = 4.7$)이 들어 있으나 표지가 붙어 있지 않은 2개의 병이 있다고 가정하라. 문제 8.49의 해답에 비추어 각 병에 무엇이 들어 있는지 말할 수 있는 간단한 방법을 제시하라.

통합문제 **8.51** 암컷 누에 애벌레에서 분비되는 봄바이콜(bombykol)이라는 성 호르몬의 화학식은 $C_{16}H_{30}O$이며 체계명은 (10*E*,12*Z*)-헥사데카-10,12-다이엔-1-올이다. 2개의 이중 결합에 대한 정확한 기하 구조를 보여 주는 봄바이콜을 그려라.

8.52 4-클로로뷰테인-1-싸이올을 수소화 나트륨과 같은 센 염기로 처리하면 테트라하이드로싸이오펜이 생성된다. 이 반응의 메커니즘을 제안하라.

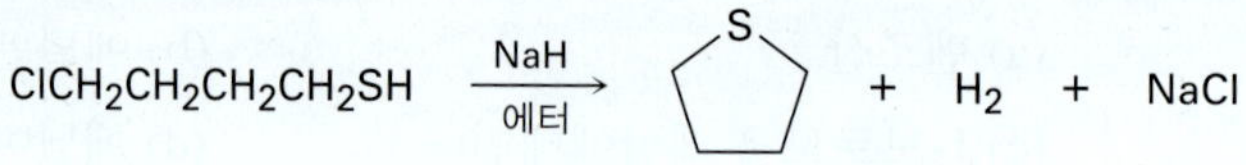

$ClCH_2CH_2CH_2CH_2SH \xrightarrow[\text{에터}]{NaH}$ (S 고리) $+ H_2 + NaCl$

테트라하이드로싸이오펜

8.53 카바크롤(carvacrol)은 오레가노, 백리향 및 마요라나에서 분리되는 천연에서 나는 물질이다. IUPAC 명은 무엇인가?

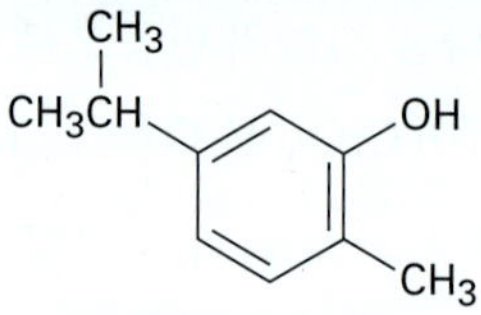

$CH_3CH(CH_3)$, OH, CH_3

카바크롤

8.54 다음 에터의 합성법을 말하라.

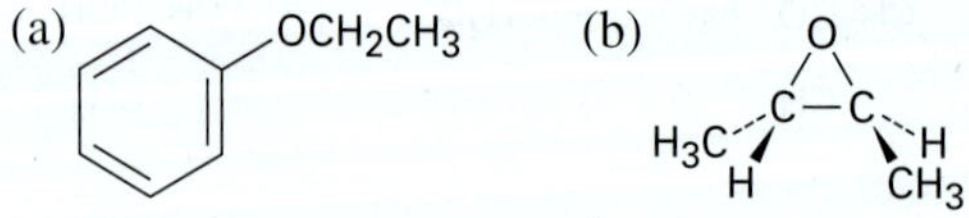

(a) OCH_2CH_3 (b) O, H_3C, C—C, H, H, CH_3

8.55 축방향 −OH기를 가진 치환된 사이클로헥산올이 적도 방향 −OH기를 가진 이성질체보다 더 빠르게 CrO_3와 반응한다는 것이 실험적으로 발견되었다. *시스*-와 *트랜스*-4-*tert*-뷰틸사이클로헥산올을 그리고, 어떤 이성질체가 더 빠르게 산화하는지 예상해 보라. (커다란 *tert*-뷰틸기는 둘 다 적도 방향이다.)

8.56 *tert*-뷰틸 에터는 산-촉매 존재 하에서 2-메틸프로펜과 알코올의 반응으로 합성할

수 있다. 이 반응의 메커니즘을 제안하라.

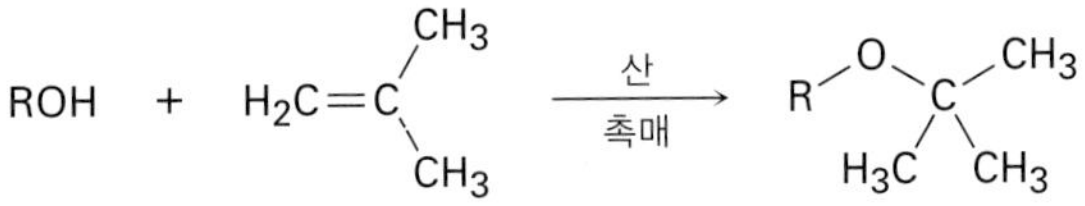

$$ROH + H_2C{=}C(CH_3)_2 \xrightarrow[\text{촉매}]{\text{산}} R{-}O{-}C(CH_3)_2CH_3$$

8.57 *tert*-뷰틸 에터는 트라이플루오로아세트산, CF_3CO_2H과 반응하여 알코올과 2-메틸프로펜을 생성한다. 어떤 종류의 반응이 일어나는지 말하라. 그리고 메커니즘을 제시하라.

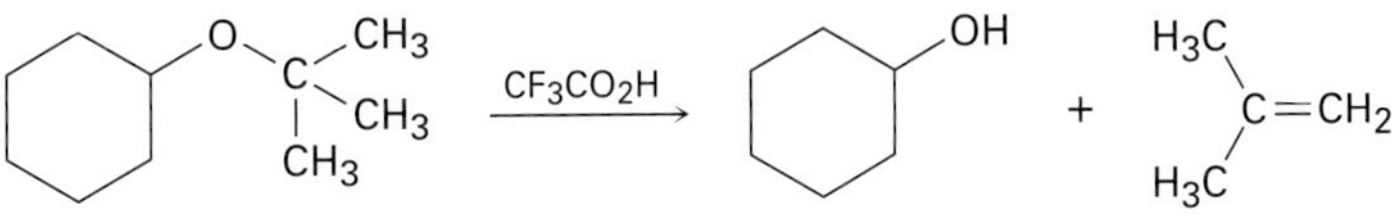

$$\text{(cyclohexyl)}{-}O{-}C(CH_3)_3 \xrightarrow{CF_3CO_2H} \text{(cyclohexyl)}{-}OH + (H_3C)_2C{=}CH_2$$

8.58 다이페닐 에터를 합성하는 데 왜 Williamson 에터 합성법이 쓰일 수 없는가?

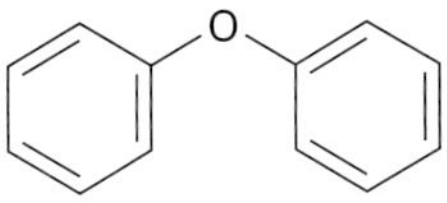

다이페닐 에터

8.59 모든 쥐는 너무 모습이 비슷하여 짝짓기를 위한 정보는 화학적 수단에 의지한다. 조사한 바에 의하면, 다이메틸 다이설파이드, CH_3SSCH_3가 수컷에 대한 성유인물로 암컷 쥐에 의해 분비된다. 만약 쥐를 속이려 한다면, 실험실에서 다이메틸 다이설파이드를 어떻게 합성하는가?

8.60 에폭시화물이 Grignard 시약과 반응하여 알코올을 생성한다. 메커니즘을 제안하라.

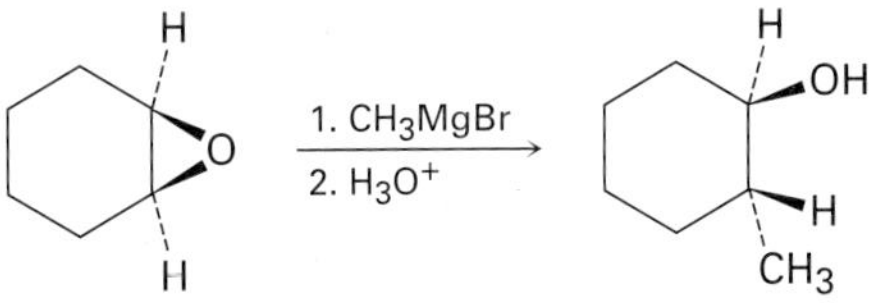

$$\text{(epoxide)} \xrightarrow[\text{2. } H_3O^+]{\text{1. } CH_3MgBr} \text{(product: H, OH, H, } CH_3\text{)}$$

8.61 뷰탄-2-온을 $NaBH_4$로 환원하면 뷰탄-2-올이 생긴다. 생성물은 카이랄이면서 왜 광학 활성이 아닌가?

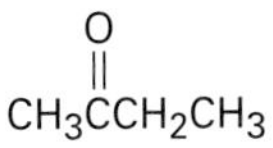

$$CH_3\overset{O}{\overset{\|}{C}}CH_2CH_3$$ 뷰탄-2-온

8.62 메틸 페닐 에터는 LiI와 함께 가열하면 절단되어 아이오도메테인과 페녹시화 리

튬을 생성한다. 이 반응의 메커니즘을 제시하라.

8.63 (2*R*,3*R*)-2,3-에폭시-3-메틸펜테인을 산 수용액으로 처리하여 고리-열림 반응을 시행했다고 상상하라.

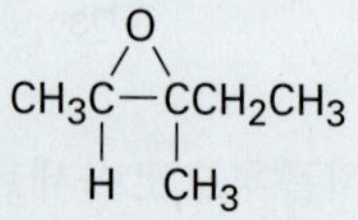

2,3-에폭시-3-메틸펜테인
(입체 화학은 관련되지 않음)

(a) 입체화학을 보이는 에폭시화물을 그려라.

(b) 입체화학이 나타난 생성물을 그리고 명명하라.

(c) 생성물은 카이랄인가? 설명하라.

(d) 생성물은 광활성인가? 설명하라.

8.64 다음 그림에서 시약 **a**부터 **d**까지 밝혀라.

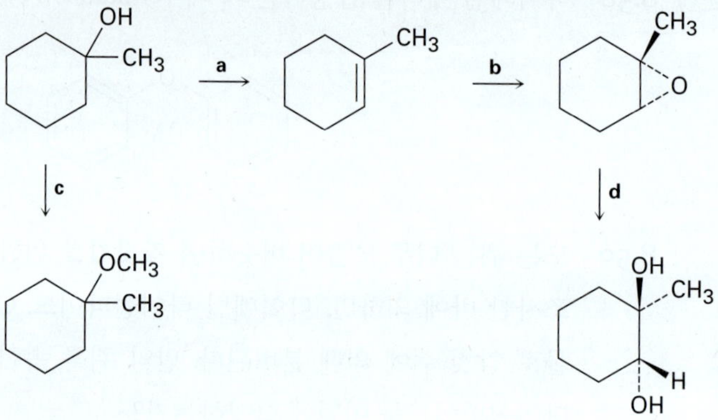

8.65 테트라하이드로퓨란을 뜨거운 HI 수용액과 반응시키면 어떤 절단 생성물이 되는가?

테트라하이드로퓨란

약장 **8.66** 혈압은 혈관이 수축할 때 증가한다. 캡토프릴(captopril)은 혈관을 수축시키는 화학물질을 감소시키므로 고혈압과 심장마비를 치료하는 데 쓰인다.

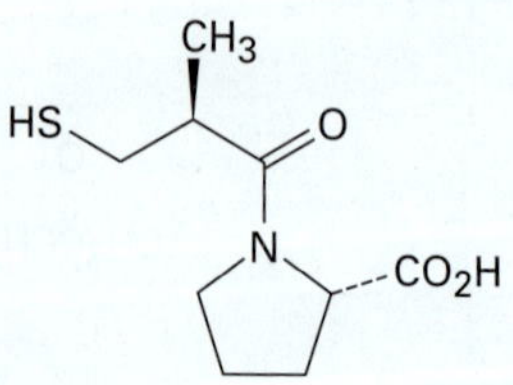

캡토프릴

(a) 캡토프릴의 2개의 카이랄성 중심을 *R*,*S* 배열로 나타내라.

(b) 캡토프릴에 존재하는 작용기 3개는 무엇인가?

(c) 캡토프릴의 두 분자의 산화로부터 생기는 다이설파이드를 그려라.

8.67 논옥시놀 9(nonoxynol 9)는 강력한 살정자제인데 에틸렌 산화물을 *p*-논일펜옥시화 이온과 반응시켜 만든다. 이 다단계 반응의 메커니즘을 그려라.

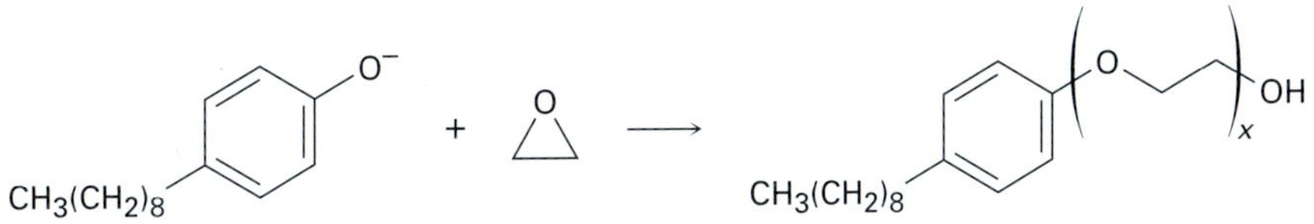

$CH_3(CH_2)_8$–C₆H₄–O^- + (에틸렌 산화물) ⟶ $CH_3(CH_2)_8$–C₆H₄–$(OCH_2CH_2)_x$–OH

***p*-논일펜옥시화 이온** **에틸렌 산화물** **논옥시놀 9**

들판에서 **8.68** 제초제 2,4,5-T(2,4,5-트라이클로로펜옥시아세트산)는 2,4,5-트라이클로로페놀과 $ClCH_2CO_2H$를 NaOH와 함께 가열하여 합성할 수 있다. 이 반응의 메커니즘을 보여라.

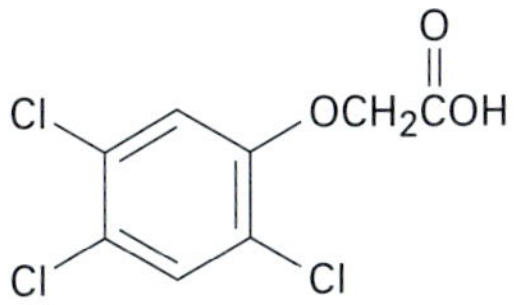

Cl, Cl, Cl, OCH_2COOH (C=O)

2,4,5-T

CHAPTER

9

장미보다 더 아름답고 향기있는 꽃은 적다. 그들의 향기로운 냄새는 케톤인 β-다마세논(β-damascenone)을 포함하여 몇 가지 간단한 화합물에 기인한다.

알데하이드와 케톤: 친핵성 첨가 반응

이 장과 다음 두 장에서는 유기 화학과 생물 화학에서 가장 중요하게 나오는 작용기인 **카보닐기**(carbonyl group), C=O를 논의할 것이다. 많은 다른 종류의 카보닐 화합물이 있는데 **알데하이드**(RCHO)와 **케톤**(R_2CO)의 2가지만 살펴볼 것이다. 천연에서, 생물조직 내에서 발견되는 많은 물질은 알데하이드나 케톤이다. 예를 들면, 알데하이드인 피리독살 인산염은 수많은 대사 반응에 관련되는 보조효소이며 케톤인 하이드로코르티손(hydrocortisone)은 갑상선에서 분비되는 지방, 단백질 및 탄수화물 대사를 조절하는 스테로이드 호르몬이다.

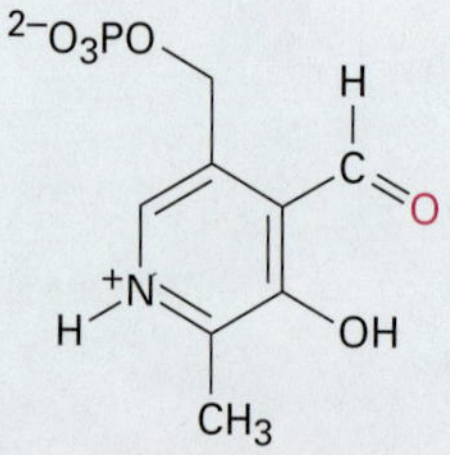

피리독살인산염(PLP)
(Pyridoxal phosphate)

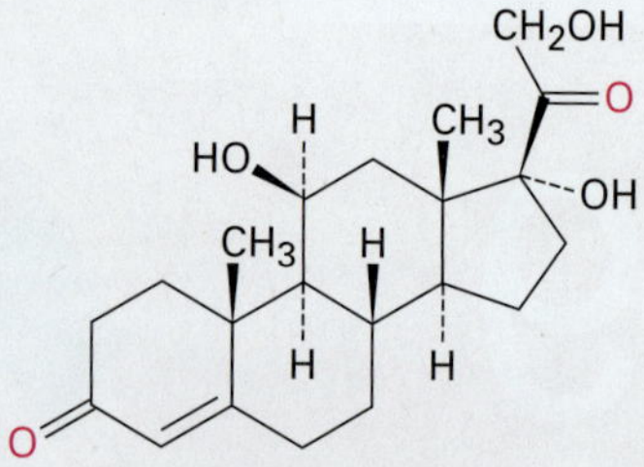

하이드로코르티손
(Hydrocortisone)

화학 산업에서, 간단한 알데하이드와 케톤은 용매로서, 많은 다른 화합물의 합성 출발물질로서 이용하기 위해 다량으로 생산된다. 연간 2300만 톤 이상의 폼알데하이드, $H_2C{=}O$가 전세계적으로 생산되는데, 건물 절연물질로서, 칩보드와 합판을 결합하는 접착수지로서 이용된다. 아세톤, $(CH_3)_2C{=}O$은 산업 용매로 널리 쓰이는데, 전세계적으로 연간 대략 330만 톤이 생산된다.

왜 이 장인가?

유기 화학의 많은 부분은 카보닐 화합물의 화학이다. 특히 알데하이드와 케톤은 많은 약제품의 합성에서, 거의 모든 생물학적 경로에서, 그리고 수많은 산업적 공정에서 널리 쓰인다. 우리는 이 장에서 가장 중요한 반응들 중 몇 가지를 살펴볼 것이다.

9.1 카보닐 화합물의 성질

카보닐 화합물은 반응하는 화학의 종류에 근거하여 2가지 일반적인 범주로 분류하는 것이 유용하다. 알데하이드와 케톤이 하나의 범주이고 다른 하나는 카복실산과 그들의 유도체들이다. 알데하이드와 케톤의 C=O기는 음전하를 안정화하는 데 충분할 만큼 전기음성적이지 않아 친핵성 치환 반응에서 이탈기로 작용할 수 없다. 카복실산과 그 유도체들의 C=O기는 음전하를 안정화할 수 있는 원자들(산소, 할로젠, 질소, 기타 등등)에 결합되어 치환 반응에서 이탈기로 작용할 수 있다.

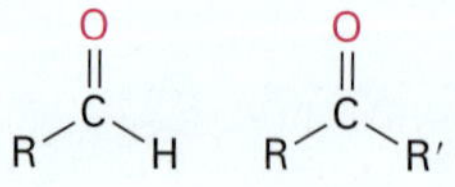

알데하이드 케톤

이들 화합물에서 –H와 –R′은 친핵성 치환 반응에서 이탈기로서 작용할 수 없다.

구조	이름
$RC(=O)OH$	카복실산
$RC(=O)X$	산 염화물
$RC(=O)OR'$	에스터
$RC(=O)SR'$	싸이오에스터
$RC(=O)NH_2$	아마이드
$RC(=O)OC(=O)R$	산 무수물
$RC(=O)OPO_3^{2-}$	아실 인산염

이들 화합물에서 –OH, –X, –OR′, –SR, $-NH_2$, –OCOR′ 및 $-OPO_3^{2-}$은 친핵성 치환 반응에서 이탈기로 작용할 수 있다.

카보닐기의 탄소–산소 이중 결합은 알켄의 탄소–탄소 이중 결합과 어떤 점에서 비슷하다(그림 9.1). 카보닐 탄소는 sp^2 혼성화되어 3개의 σ 결합을 형성한다. 네 번째 원자가 전자는 탄소 p 궤도함수에 남아 산소 p 궤도함수와 겹쳐서 산소와 π 결합을 형성한다. 산소 원자는 또한 2개의 비결합 전자쌍을 가지며 남아 있는 2개의 궤도함수를 점유한다. 알켄처럼 카보닐 화합물은 이중 결합에 대하여 평면이며 결합각은 약 120°이다.

그림 9.1의 정전기 퍼텐셜 지도에 표시된 것처럼, 탄소–산소 이중 결합은 탄소에 비교해서 산소의 높은 전기음성도 때문에 편극되어 있다. 카보닐 탄소가 양으로 편극되기 때문에 그것은 친전자성(Lewis 산)이고 친핵체와 반응한다. 역으로, 카보닐 산소는 음으로 편극되어 친핵성(Lewis 염기)을 나타낸다. 이 장과 다음 두 장에서 대부분의 카보닐기 반응이 이 결합 편극화의 결과임을 보게 될 것이다.

문제 9.1 다음 설명에 맞는 분자의 구조를 제안하라.

(a) 케톤, $C_5H_{10}O$　　(b) 알데하이드, $C_6H_{10}O$

(c) 케토 알데하이드, $C_6H_{10}O_2$　　(d) 고리형 케톤, C_5H_8O

그림 9.1 카보닐기의 전자 구조

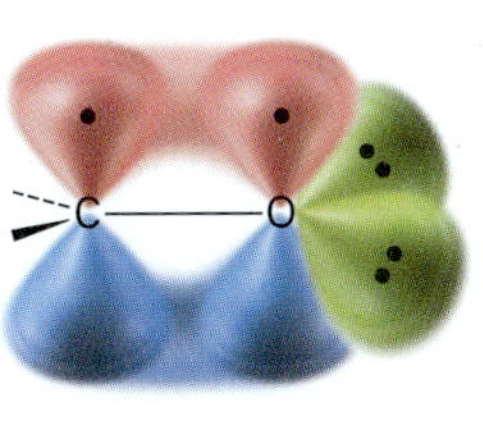

카보닐기

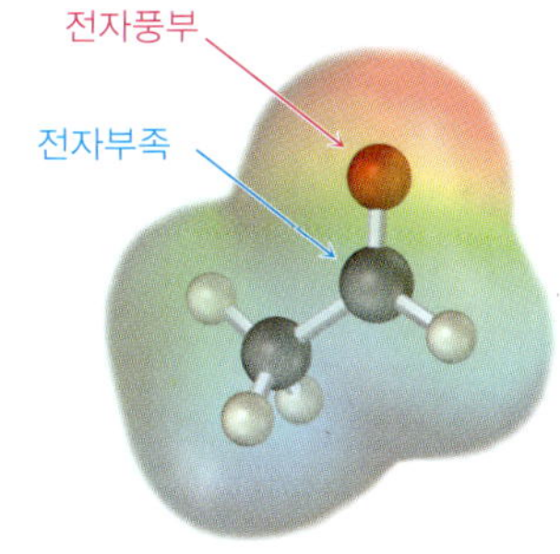

9.2 알데하이드와 케톤의 명명법

알데하이드는 해당하는 알케인명의 마지막 *-e*를 *-al*로 치환하여 명명한다. 모체 사슬은 $-CHO$기를 포함해야 하며 $-CHO$ 탄소는 항상 탄소 1번이 된다. 예를 들면, 2-에틸-4-메틸펜탄알에서 가장 긴 사슬은 헥세인임에 주목하라. 그러나 $-CHO$기를 포함하지 않아서 모체가 아니다.

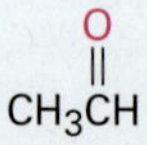

$CH_3CH(=O)$ 에탄알 (아세트알데하이드)

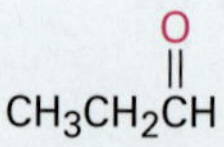

$CH_3CH_2CH(=O)$ 프로판알 (프로피온알데하이드)

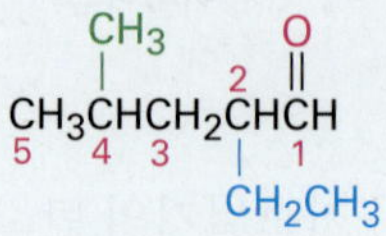

$CH_3CH(CH_3)CH_2CH(CH_2CH_3)CH(=O)$ (5 4 3 2 1) 2-에틸-4-메틸펜탄알

$-CHO$기가 고리에 붙어 있는 복잡한 알데하이드에서는 접미사 -카브알데하이드(*-carbaldehyde*)를 이용한다.

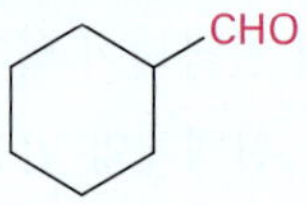

사이클로헥세인카브알데하이드

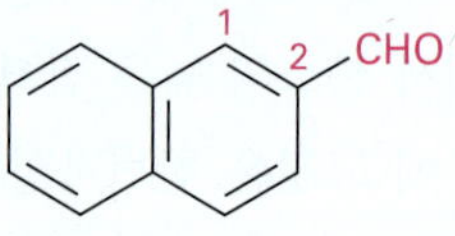

나프탈렌-2-카브알데하이드

간단하고 잘 알려진 몇 가지 알데하이드는 IUPAC에 의해 인정받은 관용명을 가진다. 표 9.1에 몇 가지 관용명을 나타내었다.

케톤은 해당하는 알케인명의 끝에 있는 *-e*를 *-one*으로 대체하여 명명한다. 모체 사슬은 케톤기를 포함한 가장 긴 사슬이며 번호는 카보닐 탄소에 가까운 말단부터 매긴다. 알켄(3.1절)과 알코올(8.1절)에서와 같이, 숫자의 위치는 접미사 *-one*의 바로 앞에 두도록 새 IUPAC 규칙은 추천한다.

표 9.1 몇 가지 간단한 알데하이드의 관용명

화합물	관용명	체계명
$HCHO$	폼알데하이드	메탄알
CH_3CHO	아세트알데하이드	에탄알
$H_2C{=}CHCHO$	아크롤레인	프로펜알
$CH_3CH{=}CHCHO$	크로톤알데하이드	뷰트-2-엔알
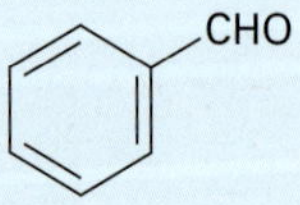 C_6H_5CHO (벤젠 고리–CHO)	벤즈알데하이드	벤젠카브알데하이드

$$\overset{\displaystyle O}{\|}$$ CH3CH2CCH2CH2CH3 (1 2 34 5 6) — 헥산-3-온

CH3CH=CHCH2CCH3 (6 5 4 3 21) — 헥스-4-엔-2-온

CH3CH2CCH2CCH3 (6 5 43 21) — 헥세인-2,4-다이온

몇 가지 케톤도 관용명을 가진다.

CH_3COCH_3 아세톤 · 아세토페논 · 벤조페논

$-COR$기를 치환기로서 다루어야 할 필요가 있을 때 **아실기**(acyl group)라는 일반적인 용어를 사용하라. 유사하게, $-COCH_3$는 아세틸(acetyl)기, $-CHO$는 폼일(formyl)기, $-COAr$은 아로일(aroyl)기, 그리고 $-COC_6H_5$는 벤조일(benzoyl)기이다.

아실기 (R = 알킬, 알켄일) · 아세틸 · 폼일 · 아로일 (Ar = 방향족) · 벤조일

때로는 이중으로 결합한 산소를 치환기로 고려해야 되는데, 이때는 접두사 옥소-(*oxo*-)를 쓴다. 예를 들면 다음과 같다.

$CH_3CH_2CH_2COCH_2COOCH_3$ (6 5 4 32 1) 3-옥소헥산산 메틸

문제 9.2 다음 알데하이드와 케톤을 명명하라.

(a) $CH_3CH_2COCH(CH_3)CH_3$ (b) $C_6H_5CH_2CH_2CHO$ (c) $CH_3COCH_2CH_2CH_2COCH_2CH_3$

(d) 2-메틸사이클로헥세인카브알데하이드 구조 (CH3, H, H, CHO) (e) $CH_3CH=CHCH_2CH_2CHO$ (f) 사이클로헥산온 구조 (H3C, H, H, CH3)

문제 9.3 다음 IUPAC 명에 해당하는 구조를 그려라.

(a) 3-메틸뷰탄알 (b) 3-메틸뷰트-3-엔알

(c) 4-클로로펜탄-2-온 (d) 페닐아세트알데하이드

(e) 2,2-다이메틸사이클로헥산카브알데하이드 (f) 사이클로헥세인-1,3-다이온

9.3 알데하이드와 케톤의 합성

우리는 이미 알데하이드와 케톤의 가장 좋은 합성법의 하나인 알코올의 산화에 대해 논의하였다(8.4절). 1차 알코올은 산화되어 알데하이드를, 2차 알코올은 산화되어 케톤을 생성한다. 알데하이드를 만드는 데는 보통 과아이오디네인을 다이클로로메테인 용매에 넣어 사용하고 케톤의 합성에는 CrO_3 및 $Na_2Cr_2O_7$이 모두 효과적이다.

CH_2OH —(과아이오디네인, CH_2Cl_2)→ CHO

시트로넬올 → 시트로넬알(82%)

OH —(CrO_3, H_3O^+)→ O

H_3C, H_3C, C, CH_3

4-*tert*-뷰틸사이클로헥산올 → 4-*tert*-뷰틸사이클로헥산온(90%)

케톤을 합성하는 다른 방법으로는 말단 알카인에 수화 반응을 일으켜 메틸 케톤을 생성하고(4.11절) 방향족 고리에 Friedel−Crafts 아실화 반응을 일으켜 알킬 아릴 케톤을 얻는 것(5.5절)이 있다.

$$CH_3CH_2CH_2CH_2C{\equiv}CH \xrightarrow[HgSO_4]{H_3O^+} CH_3CH_2CH_2CH_2\overset{O}{\overset{\|}{C}}CH_3$$

헥스-1-아인 → 헥산-2-온(78%)

$$\text{벤젠} + CH_3\overset{O}{\overset{\|}{C}}Cl \xrightarrow[\text{가열}]{AlCl_3} C_6H_5\overset{O}{\overset{\|}{C}}CH_3$$

벤젠 + 염화 아세틸 → 아세토페논(95%)

문제 9.4 다음 출발물질로부터 어떻게 펜탄알을 합성할 수 있는가?

(a) 펜탄-1-올 (b) $CH_3CH_2CH_2CH_2CO_2H$ (c) 데크-5-엔

문제 9.5 다음의 출발물질로부터 헥산-2-온을 어떻게 합성할 수 있는가?

(a) $CH_3CH_2CH_2CH_2CH(OH)CH_3$ (b) $CH_3CH_2CH_2CH_2C{\equiv}CH$

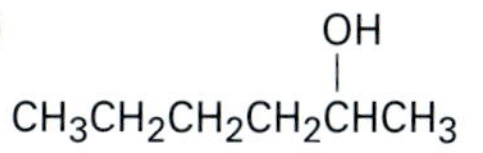

(c) $CH_3CH_2CH_2CH_2C(CH_3){=}CH_2$

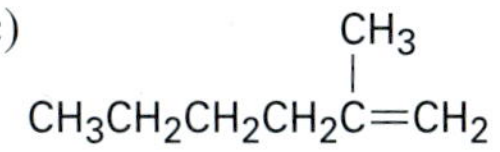

문제 9.6 다음 변환을 어떻게 수행할 수 있는가? 한 단계 이상이 필요할 수도 있다.

(a) 헥스-3-엔 → 헥산-3-온 (b) 벤젠 → 1-페닐에탄올

9.4 알데하이드의 산화

알데하이드는 쉽게 산화되어 카복실산이 된다: $RCHO \rightarrow RCO_2H$. 그러나 케톤은 산화 반응을 하지 않는다. 이 반응성의 차이는 구조적 결과로서 알데하이드는 산화될 때 제거되는 −CHO의 양성자 1개를 가지고 있으나 케톤은 가지고 있지 않다.

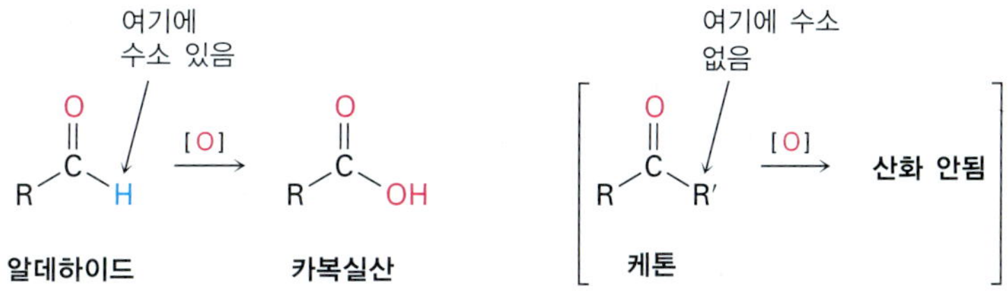

여기에 수소 있음

$$RCHO \xrightarrow{[O]} RCOOH$$

알데하이드 카복실산

여기에 수소 없음

$$RCOR' \xrightarrow{[O]} \text{산화 안됨}$$

케톤

많은 산화제가 알데하이드를 카복실산으로 전환시키나 보편적인 산화제는 CrO_3 산성 수용액이다. 산화는 상온에서 빠르게 일어난다.

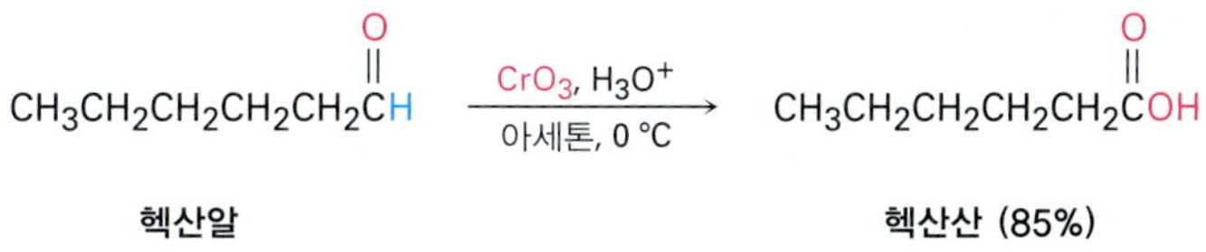

$$CH_3CH_2CH_2CH_2CH_2CHO \xrightarrow[\text{아세톤, 0 °C}]{CrO_3,\ H_3O^+} CH_3CH_2CH_2CH_2CH_2COOH$$

헥산알 헥산산 (85%)

알데하이드 산화는 카보닐기에 물이 가역적으로 첨가하여 생성된 중간체 수화물을 통해 일어난다. 수화물은 전형적인 어떤 1차 또는 2차 알코올과도 반응하여 카보닐 화합물로 빠르게 산화된다.

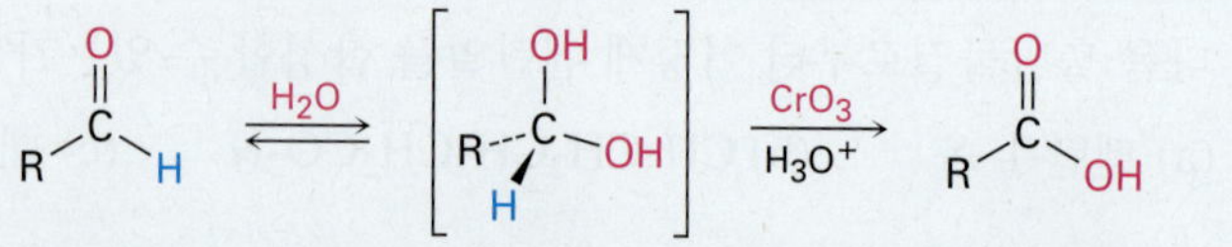

$$\underset{\text{알데하이드}}{RCHO} \xrightleftharpoons{H_2O} \left[\underset{\text{수화물}}{RCH(OH)_2}\right] \xrightarrow[H_3O^+]{CrO_3} \underset{\text{카복실산}}{RCOOH}$$

문제 9.7 산성 수용액 중에서 다음 물질과 CrO_3 시약의 반응에서 생성물은 무엇인가?

(a) $CH_3CH_2CH_2CH_2CHO$

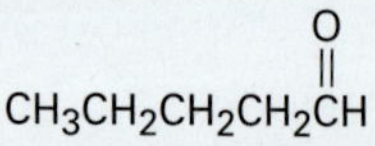

(b) $CH_3CH_2CH_2CH_2C(CH_3)_2CHO$

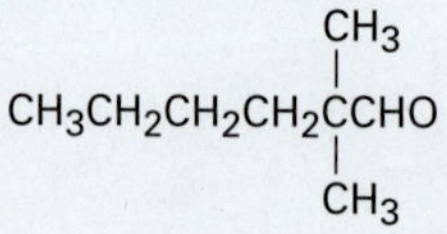

(c) 사이클로헥산온

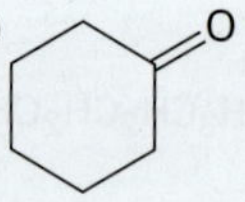

9.5 친핵성 첨가 반응

알데하이드와 케톤의 가장 보편적인 반응은 친핵체가 카보닐기의 친전자성 탄소에 첨가하는 **친핵성 첨가 반응**(nucleophilic addition reaction)이다. 9.2절에서 살펴본 바와 같이, 반응은 염기성이나 산성 조건 하에서 일어난다.

염기성 조건(그림 9.2a) 하에서 친핵체는 음으로 하전(:Nu^-)되고 그의 전자쌍을 이용하여 C=O기의 친전자 탄소 원자에 결합을 형성한다. 동시에 C=O 탄소 원자는 다시 혼성화하여 sp^2로부터 sp^3가 되고 2개의 전자가 C=O π 결합으로부터 산소 원자로 밀려 알콕시화 이온을 생성한다. 알콕시화 이온에 H^+의 첨가로 중성인 알코올이 생성된다.

산성 조건(그림 9.2b) 하에서 카보닐 산소는 먼저 양성자화되어 카보닐기가 더 센 친전자성이 되도록 한다. 중성인 친핵체(:Nu—H)가 전자쌍을 이용하여 C=O기의 탄소 원자에 결합하고 C=O π 결합의 전자 2개가 산소 원자 쪽으로 움직인다. 산소의 양전하는 따라서 중화되나 친핵체는 양전하 하나를 얻게 된다. 최종적으로, 양성자 이탈반응으로 중성인 알코올 첨가 생성물이 생성되고 산 촉매가 재생한다.

염기성 반응과 산성 반응 사이의 주된 차이점은 양성자 첨가의 시간에 있음에 주목하라. 염기성 조건 하에서 친핵체는 음으로 하전되고 양성자 첨가는 마지막에 일어난다. 산성 조건 하에서 친핵체는 중성이고 양성자 첨가는 맨 처음에 일어난다. 몇 가지 보편적인 친핵체는 다음과 같다.

메커니즘

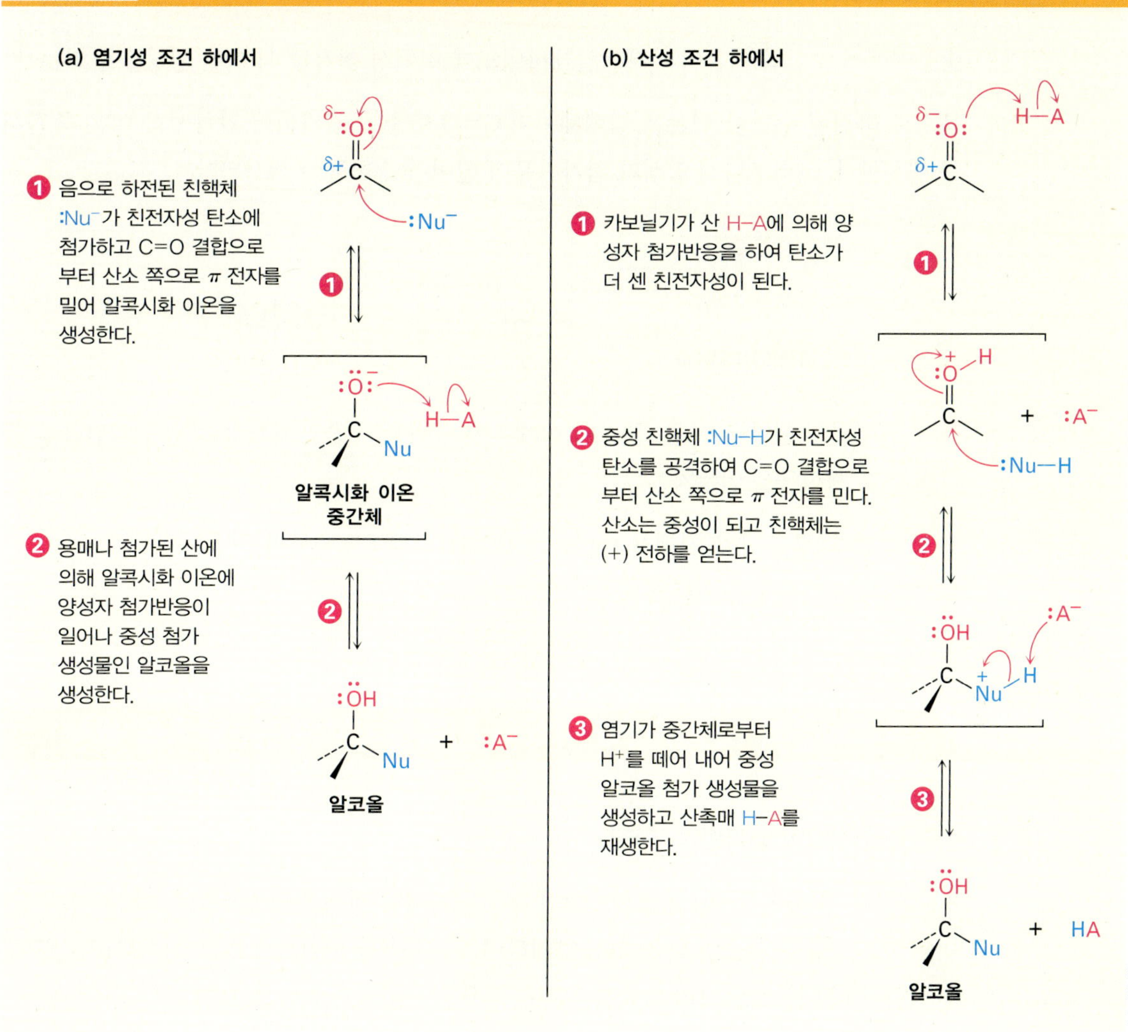

그림 9.2 염기성과 산성 조건 하에서 알데하이드와 케톤의 친핵성 첨가반응의 일반적 메커니즘. (a) 염기성 조건 하에서 음으로 하전된 친핵체는 카보닐기에 첨가하여 알콕시화 이온 중간체를 생성한 후 양성자화된다. (b) 산성 조건 하에서 먼저 카보닐의 양성자화가 일어난 후 중성인 친핵체의 첨가가 일어나며 탈양성자화가 뒤따른다.

몇 가지 음으로 하전된 친핵체(염기성 조건)		몇 가지 중성 친핵체(산성 조건)	
$HO{:}^-$	(수산화 이온)	HOH	(물)
$H{:}^-$	(수소화 이온)	ROH	(알코올)
$R_3C{:}^-$	(카브음이온)	$:NH_3$	(암모니아)
$RO{:}^-$	(알콕시화 이온)	RNH_2	(아민)
$N\equiv C{:}^-$	(사이안화 이온)		

예문 9.1 친핵성 첨가 반응의 생성물 예측하기

수용액에서 수산화 이온이 아세트알데하이드에 친핵성 첨가될 때 어떤 생성물을 얻는가?

풀이 음으로 하전된 수산화 이온은 친핵체이며 C=O 탄소에 첨가되어 알콕시화 이온 중간체를 생성한다. 그러고나서 양성자 첨가반응이 일어나 수화물이 생성된다.

해답

CH_3CHO (아세트알데하이드) $\xrightarrow{:OH^-}$ $[CH_3CH(O^-)OH]$ $\xrightarrow{H_2O}$ $CH_3CH(OH)OH$

아세트알데하이드

문제 9.8 만약 친핵체 사이안화 이온, CN^-이 아세톤에 첨가되고 중간체가 양성자 첨가반응을 한다면 어떤 생성물을 얻는가?

문제 9.9 산성 조건 하에서 만약 친핵체 메탄올, CH_3OH이 벤즈알데하이드에 친핵성 첨가반응을 한다면 어떤 생성물을 얻는가?

9.6 수소화물과 Grignard 시약의 친핵성 첨가반응: 알코올 생성

수소화물 시약의 첨가반응: 환원

8.3절에서 본 바와 같이, 실험실에서와 생물조직에서 알코올을 합성하는 가장 보편적인 방법은 카보닐 화합물의 환원이다. 알데하이드는 테트라하이드로붕산 소듐($NaBH_4$)으로 환원되어 1차 알코올, 그리고 케톤은 비슷하게 2차 알코올을 생성한다.

$RCHO \xrightarrow[\text{에탄올}]{NaBH_4} RCH_2OH$ 　　 $RCOR' \xrightarrow[\text{에탄올}]{NaBH_4} RR'CHOH$

알데하이드 　 1° 알코올 　 케톤 　 2° 알코올

카보닐 환원은 그림 9.2a에서 이전에 나타낸 바와 같이 염기성 조건 하에서 전형적인 친핵성 첨가 메커니즘으로 일어난다. 친핵체는 $NaBH_4$에 의해 공급된 음으로 하전된 수소화 이온(:H^-)이다. 처음에 생성된 알콕시화 이온 중간체는 에탄올 용매로 양성자화된다. 반응은 비가역적인데 역과정에서 매우 좋지 않은 이탈기가 떨어져나가기 때문이다.

Grignard 시약의 첨가

수소화 이온이 알데하이드와 케톤에 친핵성 첨가하여 알코올을 생성하는 것과 같이 Grignard 시약, R:⁻ ⁺MgX도 비슷한 첨가를 한다(8.3절). 알데하이드는 에터 용매에서 Grignard 시약과의 반응으로 2차 알코올을, 그리고 케톤과의 반응으로 3차 알코올을 생성한다.

수소화 이온과의 반응에서와 같이, 염기성 조건 하에서 전형적인 친핵성 첨가 메커니즘에 의해 Grignard 반응이 일어난다. 친핵체는 Grignard로부터 오는 카브음이온(R:⁻)이고 C=O 결합에 첨가하여 사면체형으로 혼성화된 알콕시화 마그네슘 중간체를 생성한다. 그런 후 별개의 단계에서 산성 수용액의 첨가로 양성자화되어 중성 알코올이 생성된다. 환원 반응처럼 Grignard 반응은 비가역적이다.

비록 널리 응용되나 Grignard 반응은 한계점도 있다. 예를 들면, Grignard 시약은 같은 분자 내에 반응성이 있는 다른 작용기를 가진 유기할로젠화물로부터 만들 수 없다. 몇몇 작용기, 예를 들면 카보닐기는 Grignard 시약과 그 자신이 반응을 하게 된다. 알코올과 같은 다른 기는 양성자화하여(7.3절) Grignard 시약을 파괴한다. 다음과 같은 작용기를 포함한 화합물로부터 Grignard 시약을 만들 수 없다.

$-CHO, -COR, -CONR_2, -C\equiv N, -NO_2, -SO_2R$ } Grignard 시약이 이들 기와 반응한다.

$-OH, -NH_2, -NHR, -SH, -CO_2H$ } Grignard 시약이 이들 기에 의해 양성자화된다.

예문 9.2 / 알코올을 합성하기 위해 Grignard 반응을 이용하기

케톤에 Grignard 시약을 첨가하여 2-페닐프로판-2-올을 어떻게 합성할 수 있는가?

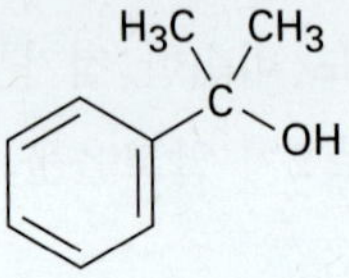

2-페닐프로판-2-올

풀이 생성물을 보고 알코올 탄소 원자에 결합된 기를 확인하라. 이 경우에 2개의 메틸기($-CH_3$)와 1개의 페닐($-C_6H_5$)이 있다. 3개 중 1개는 Grignard 시약에서 와야 되고 남은 2개는 케톤에서 온다. 그러므로 가능성 중 하나는 아세토페논에 대한 CH_3MgBr의 첨가 반응이고 다른 하나는 아세톤에 대한 C_6H_5MgBr의 첨가 반응이다.

해답

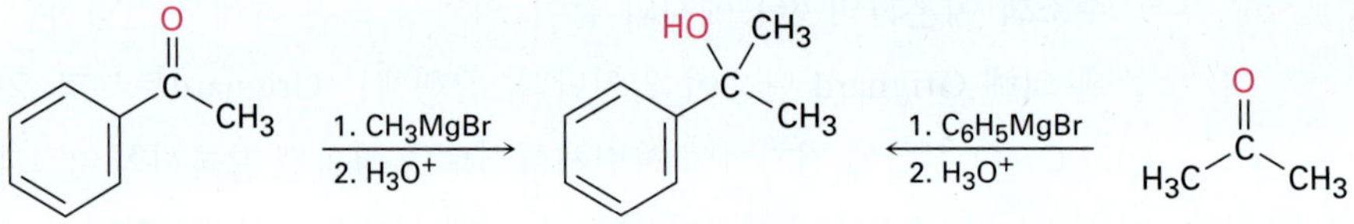

아세토페논 —(1. CH_3MgBr, 2. H_3O^+)→ 2-페닐프로판-2-올 ←(1. C_6H_5MgBr, 2. H_3O^+)— 아세톤

문제 9.10 Grignard 첨가 반응을 이용하여 알데하이드나 케톤으로부터 다음 알코올을 어떻게 합성하는가?

(a) 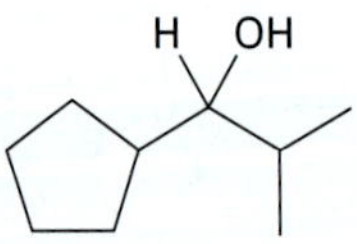 (b) 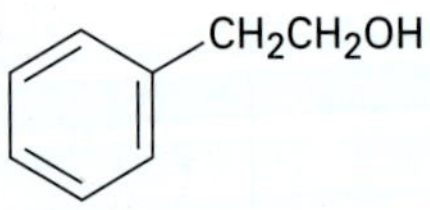 CH_2CH_2OH (c)

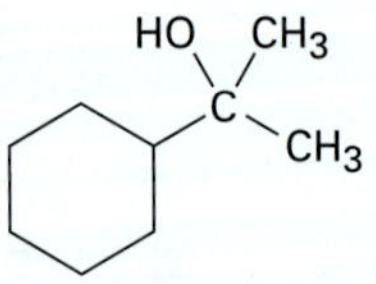

문제 9.11 다음 분자를 합성하기 위해 Grignard 반응을 어떻게 이용하는가(붉은색 = O)?

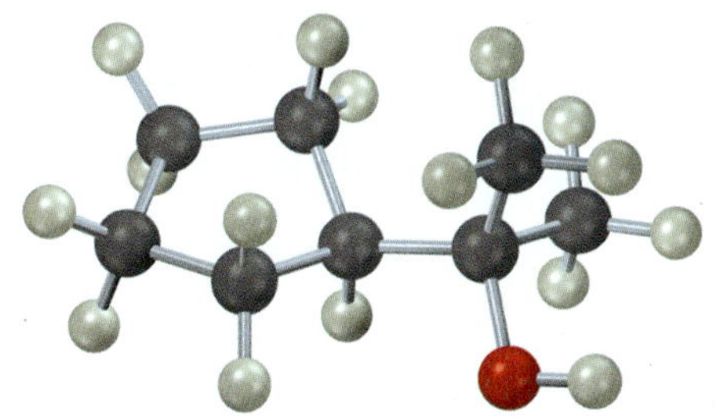

9.7 물의 친핵성 첨가반응: 수화물 생성

알데하이드와 케톤은 물과 친핵성 첨가 반응을 일으켜 상응하는 카보닐 수화물을 생성하며, 때때로 "쌍둥이"라는 의미의 라틴어 *geminus*에서 유래한 **같은자리 다이올**[geminal (gem) diol]이라 부른다. 이 반응은 가역적이어서 같은자리 다이올은 물이 제거되어 케톤이나 알데하이드로 다시 만들어질 수 있다.

알데하이드 또는 케톤 + H_2O ⇌ 카보닐 수화물 (같은자리 다이올)

수화물과 알데하이드/케톤 사이의 평형 위치는 카보닐 화합물의 구조에 따라 다르다. 대부분의 경우 평형은 카보닐 화합물 쪽으로 크게 치우치지만 몇 개의 간단한 알데하이드에서는 수화물이 유리하다. 예를 들면, 아세톤 수용액은 약 0.1%의 같은자리 다이올과 99.9%의 케톤으로 구성되나, 폼알데하이드(CH_2O) 수용액에는 99.9%의 같은자리 다이올과 0.1% 알데하이드가 존재한다.

알데하이드와 케톤에 대한 물의 친핵성 첨가는 순수한 물에서는 느리게 일어나나 산과 염기에 의해 촉매 반응이 된다. 마찬가지로, 촉매는 평형의 위치는 변화시키지 않으며 수화 반응의 속도에만 영향을 미친다. 염기-촉매 첨가반응은 그림 9.2a에서 나타낸 메커니즘으로 일어나는데, 친핵체는 음으로 하전된 수산화 이온이고 물은 최종 단계에서 양성자 근원이다.

알데하이드 또는 케톤 + $:\ddot{O}H^-$ ⇌ [알콕시화 이온 중간체] + H—O—H ⇌ 수화물 + OH^-

산-촉매 수화반응은 그림 9.2b에서 이전에 나탄낸 메커니즘으로 일어난다. 맨 먼저 산 촉매가 카보닐기의 염기성 산소 원자에 양성자를 첨가하여 그의 반응성을 증가시키며 이어서 물의 친핵성 첨가가 일어나고 양성자 이탈 반응이 일어나 같은자리 다이올이 생긴다.

알데하이드 또는 케톤 ⇌ [...] ⇌ 수화물 + H_3O^+

염기-촉매와 산-촉매 과정 사이의 중요한 차이에 주목하라. 염기-촉매 반응은 수산화 이온이 중성인 물보다 훨씬 좋은 친핵체이기 때문에 빠르게 일어난다. 산-촉매 반응은 카보닐 화합물에 양성자가 첨가되어 훨씬 좋은 친전자체이기 때문에 빠르게 일어난다.

문제 9.12 물의 산소는 주로(99.8%) ^{16}O이다. 그러나 무거운 동위원소 ^{18}O의 함량이 많은 물도 이용할 수 있다. 케톤이나 알데하이드를 $H_2{}^{18}O$에 용해시키면 카보닐기가 동위원소로 표지된다: $R_2C{=}O + H_2O^* \rightarrow R_2C{=}O^* + H_2O$($O^* = {}^{18}O$). 이를 설명하라.

9.8 알코올의 친핵성 첨가반응: 아세탈 형성

알데하이드와 케톤은 산-촉매 존재 하에서 알코올과 가역 반응하여 같은 탄소에 결합된 2개의 에터 같은 $-OR'$을 가지는 화합물인 **아세탈**(acetal), $\mathbf{R_2C(OR')_2}$을 생성한다.

알데하이드 또는 케톤 + 2 ROH ⇌(산 촉매) 아세탈 + H_2O

아세탈 형성은 알데하이드나 케톤에 대한 알코올의 산-촉매 친핵성 첨가반응으로 앞 절에서 논의한 물의 산-촉매 첨가반응의 그것과 유사하다. 첫 번째 친핵성 첨가 단계에서 통상의 메커니즘(그림 9.2b)으로 일어나 **헤미아세탈**(hemiacetal)이라 부르는 하이드록시 에터 중간체를 생성한다. 이 헤미아세탈은 두 번째 당량의 알코올과 반응하여 물과 아세탈을 생성한다.

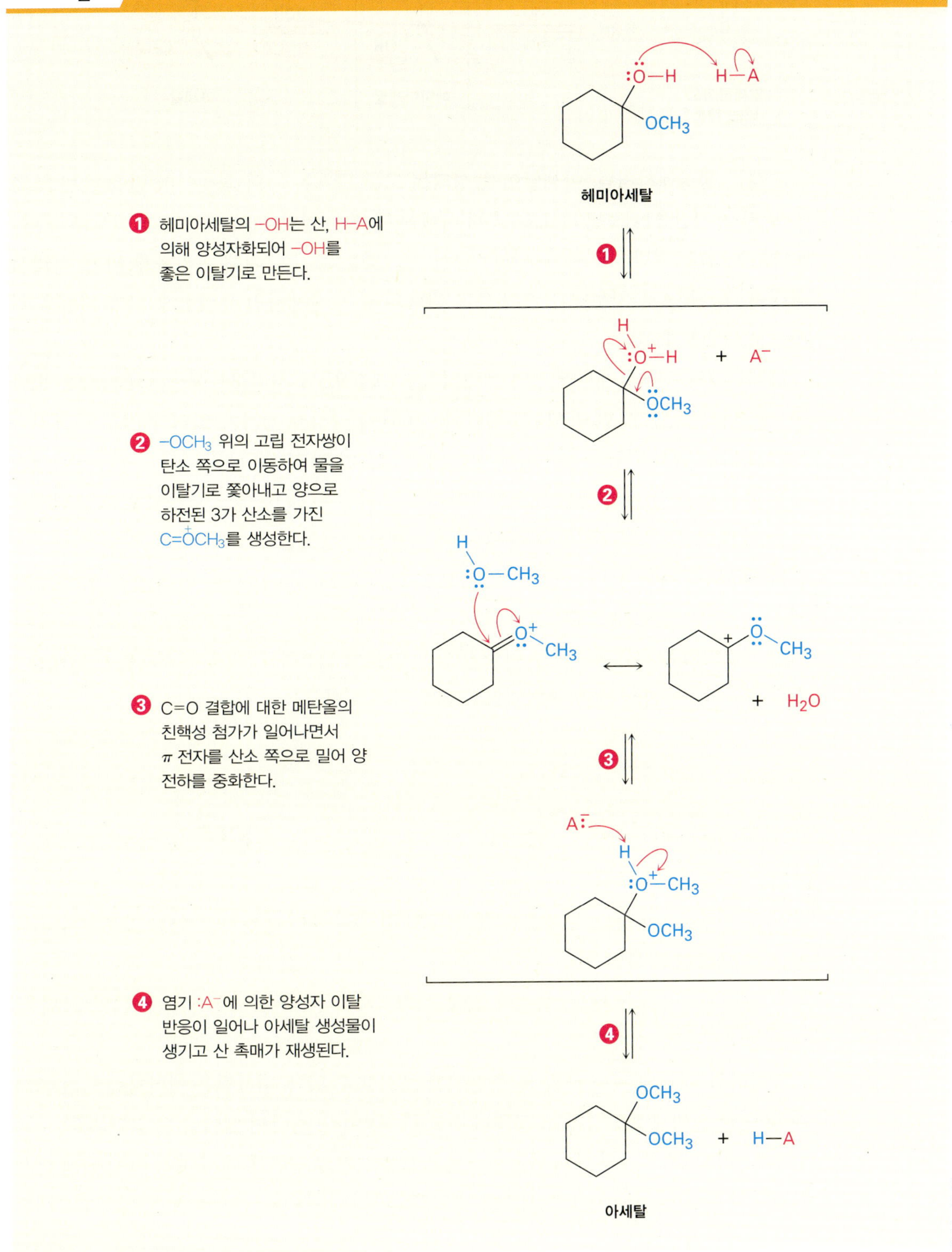

그림 9.3 헤미아세탈로부터 아세탈 형성의 메커니즘. 양성자 첨가와 물의 잃음으로 양이온 중간체가 생성되고 메탄올에 의한 친핵성 첨가 반응이 일어난다.

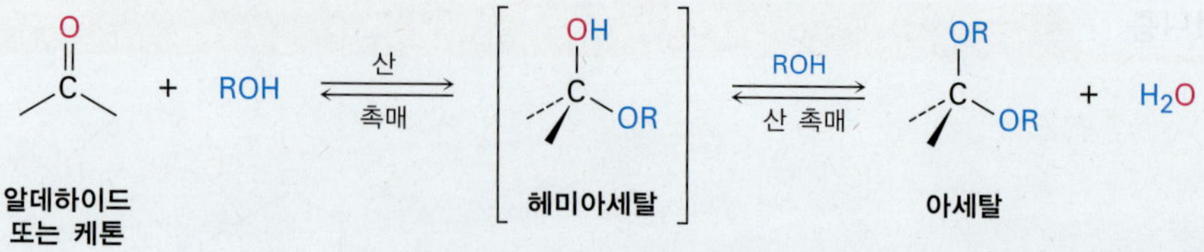

수화물 생성에서처럼, 아세탈이 형성되는 모든 단계는 가역 과정이며 반응은 반응 조건에 따라 정반응(카보닐 화합물로부터 아세탈로) 또는 역반응(아세탈로부터 카보닐 화합물로)일 수 있다. 정반응은 매체로부터 물을 제거하는 조건에 의해 유리하게 되며, 따라서 평형이 오른쪽으로 치우친다. 역반응은 과량의 물이 존재하면 유리하게 되며 평형을 왼쪽으로 치우치게 한다.

헤미아세탈로부터 아세탈 생성 메커니즘이 그림 9.3에 사이클로헥산온과 메탄올의 반응으로 나타나 있다. 먼저 헤미아세탈의 —OH에 양성자 첨가가 일어나 좋은 이탈기가 되고 물의 자발적 이탈을 용이하게 하는데 알코올의 E1 반응(7.8절) 동안 일어나는 것과 매우 닮았다. 그 결과 생성된 공명안정화 양이온의 C═O 결합에 알코올이 친핵성 첨가반응을 하고 이어서 양성자 이탈반응을 하여 아세탈을 생성한다.

아세탈은 알데하이드와 **케톤에 대한 보호기**(protecting groups)로 이용될 수 있기 때문에 유기 화학자들에게 소중하다. 이것이 무엇을 의미하는지 알기 위해 케토기의 존재 하에서 에스터기를 선택적으로 환원할 필요가 있음을 상상하라. 케토 에스터를 $LiAlH_4$(8.3절)로 처리하면 2개의 기가 환원되므로 단일 단계로 반응을 시킬 수 없다.

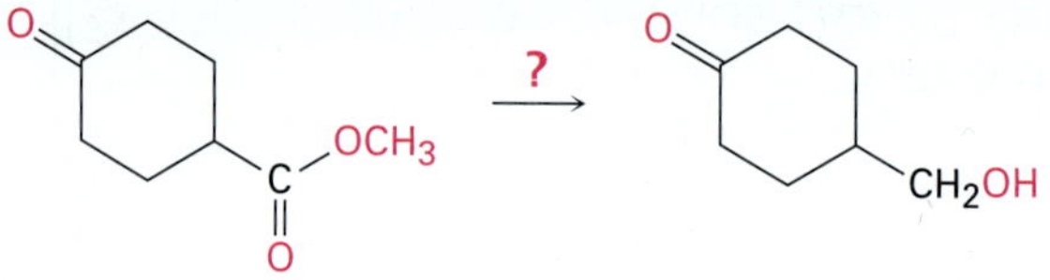

상황은 예외적이 아니다. 복잡한 분자 내의 한 작용기는 분자 내의 다른 작용기가 어디에 있든 의도한 화학의 방해가 흔히 일어난다. 그러한 상황에서 방해하는 작용기를 보호해서 반응하지 않도록 하고, 원하는 반응을 실시하고 난 다음 보호기를 제거함으로써 문제를 넘어가는 것이 흔히 가능하다.

알데하이드와 케톤은 아세탈로 전환시켜 보호할 수 있다. 아세탈은 에터처럼 염기 환원제 및 여러 친핵체에 안정하다. 그러나 산으로 처리하면 절단이 일어날 수 있다(8.6절). 그러므로 케토 에스터에서 케토기를 아세탈로 변환시키고 에터 용매 중에서 $LiAlH_4$를 써서 환원시킨 후 산성 수용액으로 처리하여 아세탈 보호기를 제거함으로써 에스터기를 선택적으로 환원시킬 수 있다.

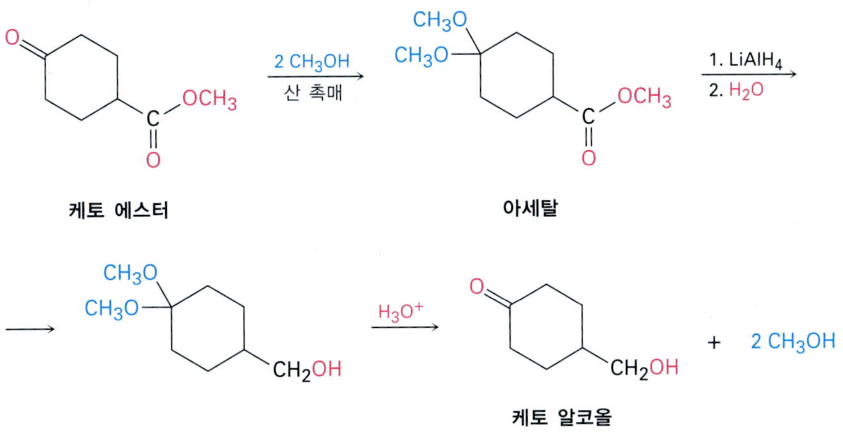

케토 에스터 → ($2\ CH_3OH$, 산 촉매) → 아세탈 → (1. $LiAlH_4$ 2. H_2O) → (H_3O^+) → 케토 알코올 + $2\ CH_3OH$

천연에서, 아세탈과 헤미아세탈기들은 특히 탄수화물 화학에서 보편적이다. 예를 들면, 글루코오스는 자발적 내부(internal) 친핵성 첨가반응을 하는 폴리하이드록시알데하이드인데 주로 고리형 헤미아세탈로 존재한다. 그러고나서 수많은 글루코오스 분자가 아세탈 결합으로 연결되어 셀룰로오스나 녹말이 생성된다. 14장에서 탄수화물의 이 반응들을 공부할 것이다.

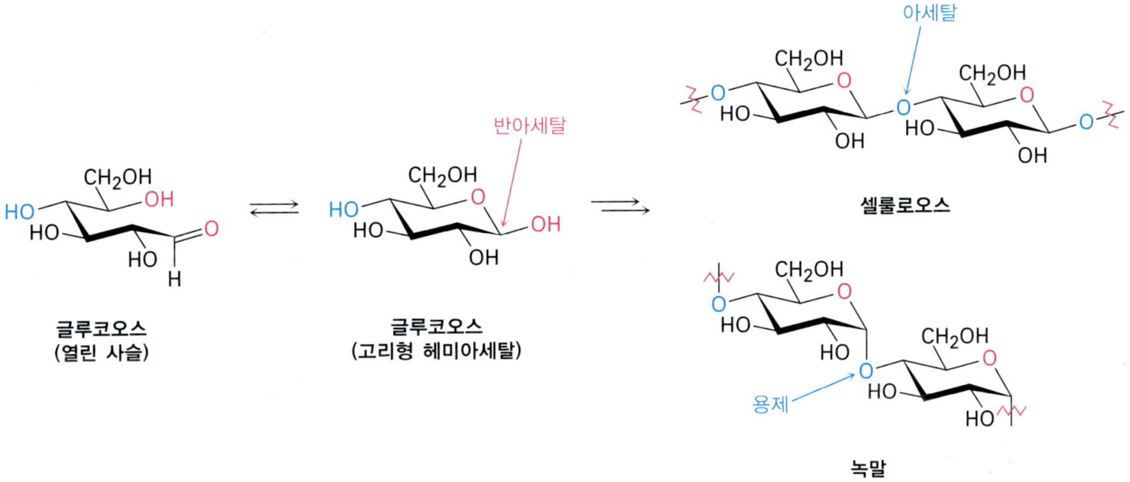

글루코오스 (열린 사슬) ⇌ 글루코오스 (고리형 헤미아세탈) → 셀룰로오스, 녹말

반아세탈, 아세탈, 용제

예문 9.3 아세탈 구조 예측하기

산-촉매 반응에서 2-메틸사이클로펜탄온과 메탄올이 반응하면 무엇을 생성하는가?

풀이 케톤은 산 존재 하에서 알코올과 반응하여 아세탈을 생성한다. 생성물은 케톤의 산소를 알코올의 $-OCH_3$기 2개로 치환시켜 얻는다.

해답

2-메틸사이클로펜탄온 $\xrightarrow[\text{산 촉매}]{2\ CH_3OH}$ 1,1-다이메톡시-2-메틸사이클로펜테인 + H_2O

CH3O OCH3 / CH3 / CH3

문제 9.13 사이클로헥산온과 메탄올이 산 촉매 하에서 반응하면 무엇을 생성하는가?

문제 9.14 알데하이드나 케톤을 에틸렌 글라이콜(ethane-1,2-diol, 에테인-1,2-다이올)과 같은 다이올로 처리할 때 고리형 아세탈이 형성된다. 벤즈알데하이드와 에틸렌 글라이콜로부터 얻는 생성물의 구조를 그려라.

문제 9.15 다음 전환을 어떻게 할 수 있을지 보여라. (보호 단계가 필요)

$$HCCH_2CH_2CH_2COCH_3 \ (\text{O}, \text{O}) \xrightarrow{?} HCCH_2CH_2CH_2C(OH)(CH_3)CH_3 \ (\text{O})$$

9.9 아민의 친핵성 첨가반응: 이민 형성

암모니아와 1차 아민, $R'NH_2$가 알데하이드와 케톤에 첨가되어 **이민**(imine), $\mathbf{R_2C{=}NR'}$을 생성한다. 이민은 친핵성 아민이 카보닐기에 첨가된 후 생성된 아미노 알코올 첨가 생성물로부터 물을 잃어 생성된다.

$$R_2C{=}O \underset{}{\overset{R-NH_2}{\rightleftharpoons}} \left[R_2C(OH)NHR \right] \rightleftharpoons R_2C{=}NR + H_2O$$

알데하이드 또는 케톤 — 아미노 알코올 — 이민

이민은 수많은 생물학적 경로와 아미노산이 합성되고 분해되는 경로를 포함한 과정에서 보편적인 중간체이다. 예를 들면, 아미노산 알라닌의 생물학적 합성 경로는 피루브산과 암모니아 사이에서 이민이 생성된 후 환원된다.

$$H_3C{-}C(=O){-}CO_2H + NH_3 \rightleftharpoons \left[H_3C{-}C(=NH){-}CO_2H \right] \xrightarrow[\text{효소}]{\text{환원}} H_3C{-}CH(NH_2){-}CO_2H$$

피루브산 — 이민 중간체 — 알라닌

분해 과정에서 예를 들어 알라닌은 바이타민 B_6의 유도체인 인산 피리독살의 알데하이드와 반응하여 이민을 형성하고 그러고나서 더 분해가 계속된다.

$^{2-}O_3PO$ … H_2N … CO_2^- … CH_3 ⇌ … + H_2O

인산 피리독살 알라닌 이민

예문 9.4 이민 생성의 생성물 예측하기

뷰탄-2-온과 하이드록실아민, NH_2OH이 반응하면 어떤 생성물이 얻어지는가?

풀이 케톤으로부터 산소를, 아민으로부터 수소 2개를 취하여 물을 형성하고 남은 조각을 연결하라.

해답

$$CH_3CH_2\overset{\overset{\displaystyle O}{\|}}{C}CH_3 + H_2NOH \longrightarrow CH_3CH_2\overset{\overset{\displaystyle NOH}{\|}}{C}CH_3 + H_2O$$

문제 9.16 사이클로헥산온을 다음 시약으로 처리하여 얻어지는 생성물의 구조를 써라.

(a) CH_3NH_2 (b) CH_3CH_2OH, H^+ (c) $NaBH_4$

문제 9.17 카보닐 화합물과 아민으로부터 다음 분자를 어떻게 합성할 수 있을지 나타내라(파란색 = N).

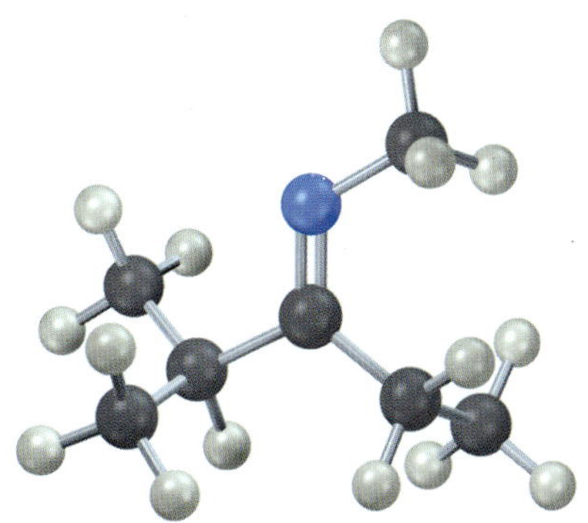

9.10 콘주게이션 친핵성 첨가 반응

이 시점까지 살펴본 반응들은 카보닐기에 친핵체가 직접적으로 첨가하는 **1.2-첨가**이다. 이 직접 첨가에 밀접하게 관련된 **콘주게이션 첨가**나 **1.4-첨가**가 있는데 친핵체가 α,β-불포화 알데하이드나 케톤의 C=C 결합에 첨가하는 것이다. (카보닐기에 이웃한 탄소 원자를 흔히 α 탄소라 하고 그 다음 탄소를 β 탄소라 한다.) 따라서 α,β-불포화 알데하이드나 케톤은 C=C와 C=O 결합이 콘주게이션 다이엔(4.8절)처럼 콘주게이션된 것이다.

직접 (1,2) 첨가

콘주게이션 (1,4) 첨가

α,β-불포화 알데하이드/케톤

엔올산 음이온

포화 알데하이드/케톤

콘주게이션 첨가의 최초 생성물은 공명안정화 **엔올산 음이온**(enolate ion)으로 α 탄소에 양성자화가 전형적으로 일어나 포화 알데하이드나 케톤 생성물이 생성된다. 예를 들면, 메틸아민은 뷰트-3-엔-2-온과 반응하여 아미노 케톤 첨가 생성물을 생성한다.

뷰트-3-엔-2-온

콘주게이션 첨가 생성물

콘주게이션 첨가는 α,β-불포화 카보닐 화합물의 전기음성적인 산소 원자가 β 탄소로부터 전자를 끌어당겨 그것은 전형적인 알켄의 C=C 결합보다 더 전자부족과 더 친전자성이 되게 한다.

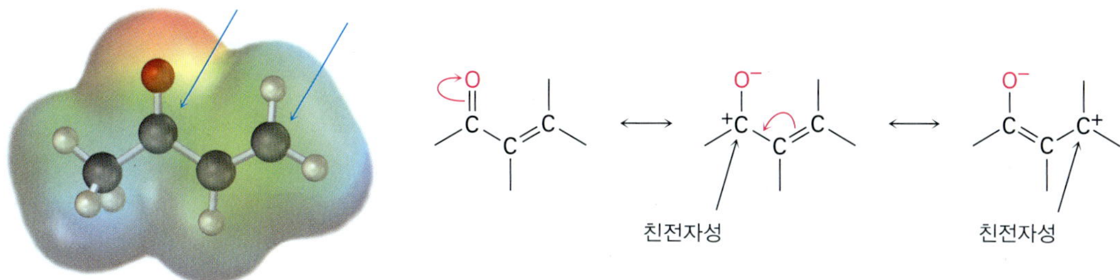

아민 친핵체 및 물과의 콘주게이션 첨가반응은 보편적이며 많은 생물학적 과정에서 일어난다. 예를 들면, 아세트산 음식물이 대사되는 시트르산 순환 과정의 한 단계에서 *시스*-아코니트산 이온의 C=C 결합에 물이 첨가반응하여 아이소시트르산 이온으로 전환된다.

H_2O

시스-아코니트산 이온 → 아이소시트르산 이온

문제 9.18 다음 화합물은 α,β-불포화 케톤과 알코올 사이의 콘주게이션 첨가 반응으로 합성되었다. 두 반응물은 무엇인가?

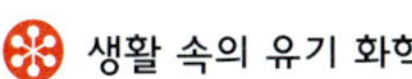

바이타민 C

바이타민 C 또는 아스코르브산은 확실히 모든 바이타민 중 가장 잘 알려져 있다. 그것은 최초로 발견된 바이타민(1928)이며, 최초로 구조가 결정되었고(1933), 실험실에서 최초로 합성(1933)되었다. 매년 전세계적으로 2억 파운드 이상의 바이타민 C가 합성되는데 다른 바이타민 전체를 합친 양보다 많다. 바이타민 보충제로서 이용되는 것 외에 바이타민 C는 제과점에서 "밀가루 개선" 동물 사료 첨가제와 같은 식품 방부제로서 쓰인다.

© Getty Images/Map from Portuguese navigator, Vasco de Gama/Thinkstock

포루투갈의 탐험가 *Vasco da Gama*는 1497~1499년 2년간 Good Hope만 주위를 항해하는 동안 선원 절반이 바이타민 C 결핍으로 피를 흘리는 괴혈병으로 죽었다

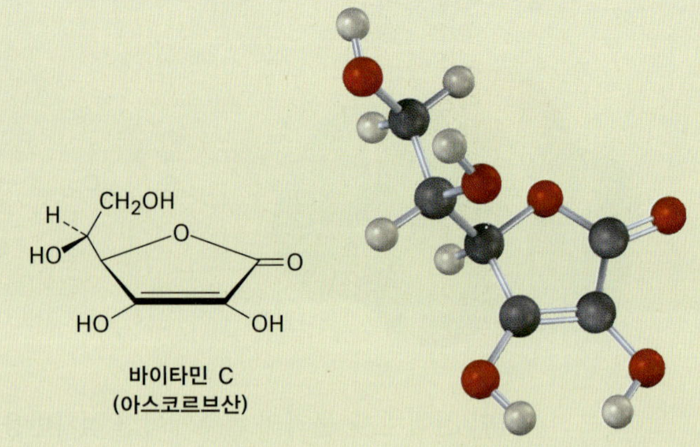

바이타민 C
(아스코르브산)

바이타민 C는 아마도 괴혈병에 가장 유명한데 그것은 신선한 채소와 식품에서 감귤류 열매의 부족으로 인한 출혈이 발생하는 괴혈병의 시작을 막아 준다. 개척 시의 사공들은 특히 괴혈병에 민감하였다. 그리고 사망자수가 높았다. 포루투갈 탐험가 Vasco da Gama는 1497~1499년 동안 Good Hope만 주위로 2년간 항해하는 동안 괴혈병으로 선원의 절반 이상을 잃었다. 후에 1845년에서 조차도 북서 항로를 발견한 John Franklin의 129명 원정대도 전원 괴혈병으로 사망하였다.

더욱이 최근에 바이타민 C를 많이 복용하면 감기를 막을 수 있고, 불모를 치료하고, AIDS 증상 시작을 연기시키고, 위장과 목암의 발전을 막아 준다고 주장한다. 그러나 아무것도 의학적 증거로 이들이 반려된 바 없다. 감기에 관하여 가장 거창하게 연구된 바이타민 C의 효과는 40,000명을 대상으로 100개 이상의 독립적인 시도를 분석한 후에 바이타민 C 영양제를 규칙적으로 복용한 사람과 그렇지 않은 사람들 사이에 감기 걸린 사건에 아무런 차이가 없다는 것이 발견되었다. 그러나 감기 중에 바이타민 C를 복용할 때 감기 존속기간은 8%만큼 감소하는 것으로 나타났다.

바이타민 C는 생물학 및 실험 유기 화학의 예외적인 혼합으로 산업적으로 합성한다. Hoffmann-La Roche 회사는 그림 9.4에 나타낸 것처럼 글루코오스로부터 5단계 경로로 아스코르브산을 합성한다. 펜타하이드록시 알데하이드인 글루코오스는 맨 처음 소르비톨로 환원되고 미생물조직인 Acetobacter suboxydans에 의해 산화된다. 소르비톨 내 6개의 알코올기 중 1개만 선택적으로 산화시키는 화학 시약이 알려져 있지 않다. 그러므로 효소성 반응이 쓰인다. 아세톤과 산 촉매로 처리하면 4개의 다른 하이드록시기가 아세탈 연결로 전환된다. 그리고 남은 하이드록시기는 NaOCl(가정용 세척제) 수용액과 반응하여 카복실산으로 화학적으로 산화된다. 그러고나서 산으로 가수분해하여 2개의 아세탈기를 제거하고 내부 에스터 형성반응이 일어나도록 하여 아스코르브산을 생성한다. 5개 단계의 각각의 수득률은 90%보다 더 좋다.

요약과 주요용어

- 같은자리 다이올 geminal(gem) diol
- 보호기 protecting group
- 알데하이드 aldehyde(RCHO)
- 아세탈 acetal
- 아실기 acyl group
- 이민 imine
- 엔올산 음이온 enolate ion
- 친핵성 첨가 반응 nucleophilic addition reaction
- 카보닐기 carbonyl group
- 케톤 $R_2C{=}O$
- 헤미아세탈 hemiacetal
- 1,2-첨가 반응 1,2-addition reaction
- 1,4-첨가 반응 1,4-addition reaction

알데하이드와 케톤은 둘다 화학 산업과 생물 화학에서 모든 화합물 중에서 가장 중요하다. 이 장에서 그들의 전형적인 몇 가지 반응을 살펴보았다.

탄소−산소 이중 결합은 구조적으로 탄소−탄소 이중 결합과 유사하다. 카보닐 탄소 원자는 sp^2 혼성화되고 산소에 sp^2 σ 결합과 p π 결합을 한다. 카보닐기는 산소의 전기음성도 때문에 강하게 편극되어 있다.

알데하이드는 보통 1차 알코올의 산화에 의해 합성된다. 케톤은 비슷하게 2차 알코올의 산화로 합성된다. 알데하이드와 케톤은 비슷한 화학적 성질을 나타낸다. 둘 다 **친핵성 첨가 반응**을 하며 다양한 종류의 생성물을 합성할 수 있다. 예를 들어, 알데하이드와 케톤에 수소화 이온(**H:**$^-$)이 첨가하여 환원 생성물 알코올을 생성한다. 비슷하게, Grignard 시약(**R:**$^-$ $^+$**MgX**)의 첨가로 알코올 생성물이 생긴다.

물이 가역적 첨가반응을 하여 **같은자리 다이올**이라 부르는 수화물을 생성한다. 유사하게, 알데하이드와 케톤은 알코올과 가역적으로 반응하여 먼저 **헤미아세탈**(hemiacetal) 그러고나서 **아세탈**을 생성한다. 아세탈은 특히 카보닐 **보호기**

(protecting groups)로서 중요하다. 암모니아와 1차 아민이 알데하이드와 케톤에 첨가되어 이민, $\mathbf{R_2C{=}NR'}$을 생성한다.

α,β-불포화 알데하이드와 케톤의 C=C 결합에 대한 친핵체의 **1,4-**콘주게이션 **첨가**는 알데하이드와 케톤에 대한 친핵체의 직접 1,2-첨가에 밀접한 관련이 있다. 이 두 첨가 반응은 여러 생물학적 경로에 공통으로 나타난다.

반응 요약

알데하이드와 케톤의 친핵성 첨가 반응

1. 수소화물 시약과 반응으로 알코올을 생성한다(9.6절).

   (a) 알데하이드의 반응으로 1차 알코올을 생성한다.

$$\mathrm{RC(=O)H} \xrightarrow[\text{에탄올}]{\mathrm{NaBH_4}} \mathrm{RC(OH)HH}$$

   (b) 케톤의 반응으로 2차 알코올을 생성한다.

$$\mathrm{RC(=O)R'} \xrightarrow[\text{에탄올}]{\mathrm{NaBH_4}} \mathrm{RC(OH)R'H}$$

2. Grignard 시약과 반응하여 알코올을 생성한다(9.6절).

   (a) 알데하이드의 반응으로 2차 알코올을 생성한다.

$$\mathrm{RC(=O)H} \xrightarrow[\text{2. } \mathrm{H_3O^+}]{\text{1. } \mathrm{R''MgX}} \mathrm{RC(OH)HR''}$$

   (b) 케톤의 반응으로 3차 알코올을 생성한다.

$$\mathrm{RC(=O)R'} \xrightarrow[\text{2. } \mathrm{H_3O^+}]{\text{1. } \mathrm{R''MgX}} \mathrm{RC(OH)R'R''}$$

3. 알코올과 반응하여 아세탈을 생성한다(9.8절).

$$C=O + 2\,ROH \underset{\text{촉매}}{\overset{\text{산}}{\rightleftharpoons}} \left[C(OH)(OR) \right] \rightleftharpoons C(OR)(OR) + H_2O$$

반아세탈 아세탈

4. 아민과 반응하여 이민을 생성한다(9.9절).

$$R(C=O)R \overset{R''NH_2}{\rightleftharpoons} R(C=NR'')R' + H_2O$$

5. 콘주게이션 (1,4) 친핵성 첨가 반응(9.10절)

$$R-C(=O)-C=C \overset{R'NH_2}{\rightleftharpoons} R-C(=O)-C(H)-C-NHR'$$

$$-C(=O)-C=C \overset{H_2O}{\rightleftharpoons} -C(=O)-C(H)-C-OH$$

연습

【눈으로 보는 화학】 문제 9.1~9.18은 장 내에서 볼 수 있다.

9.19 다음 분자에는 어떤 종류의 카보닐기가 있는가(붉은색 = O, 파란색 = N)?

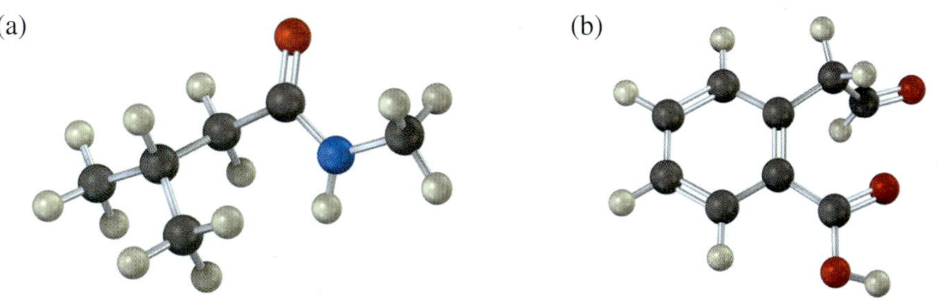

9.20 다음 정전기 퍼텐셜 지도를 판단해서 케톤 또는 산 염화물 중 어떤 종류의 카보닐 화합물이 더 친전자성 카보닐 탄소 원자를 가지는가? 어느 것이 더 친핵성 카보닐 산소 원자를 가지는가? 설명하라.

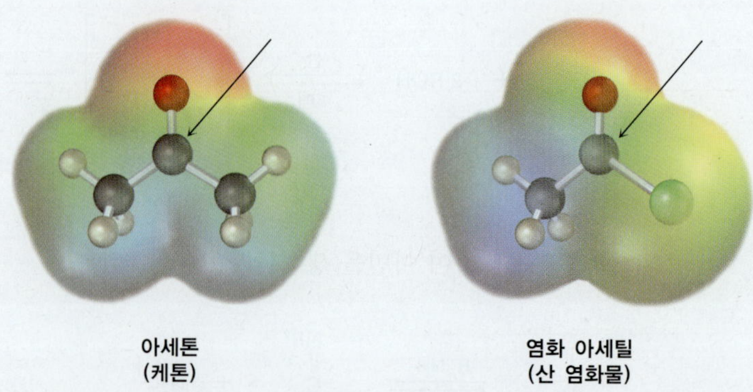

9.21 사이아노하이드린(cyanohydrin)이라는 화합물은 알데하이드나 케톤에 대한 HCN의 친핵성 첨가반응으로 생성된다. 다음의 사이아노하이드린은 어떤 카보닐 화합물로부터 만들 수 있는지 구조를 그리고 명명하라(붉은색 = O, 파란색 = N).

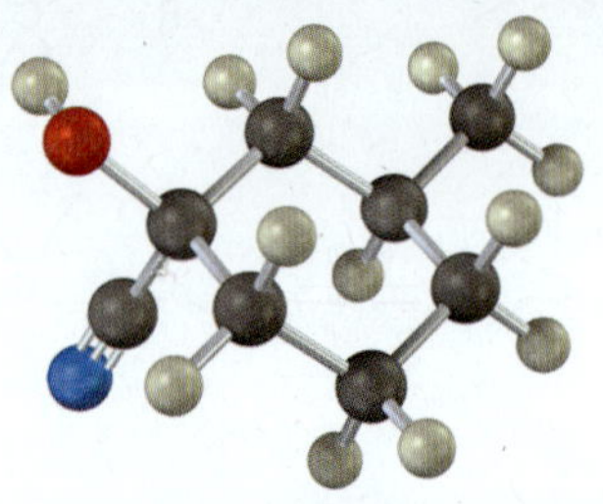

9.22 다음 모형은 친핵체가 알데하이드나 케톤에 첨가되어 생성된 생성물이다. 반응물을 확인하고 반응식을 써라(붉은색 = O, 파란색 = N).

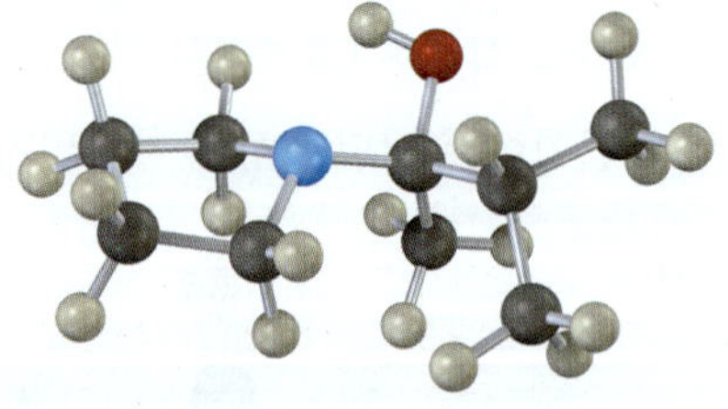

9.23 다음 분자는 어떤 출발물질로부터 합성할 수 있는가? 만약 아세탈이라면 카보닐 화합물과 알코올을, 이민이라면 카보닐 화합물과 아민을, 알코올이라면 카보닐 화합물과 Grignard 시약을 확인하라(붉은색 = O, 파란색 = N).

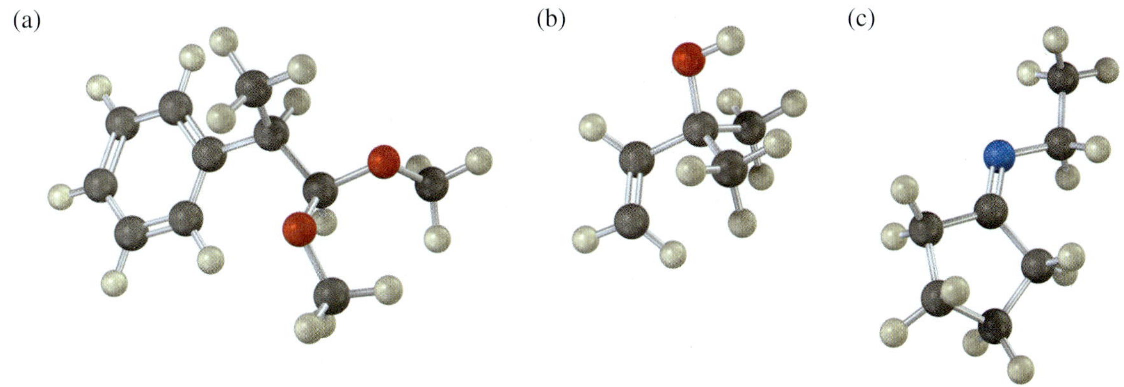

【보충문제】

카보닐 화합물 확인과 명명법

9.24 다음 이름에 해당하는 구조를 그려라.

(a) 브로모아세톤 (b) 3-메틸뷰탄-2-온

(c) 3,5-다이나이트로벤즈알데하이드 (d) 3,5-다이메틸사이클로헥산온

(e) 2,2,4,4-테트라메틸펜탄-3-온 (f) 뷰테인다이알

(g) (*S*)-2-하이드록시프로판알 (h) 3-페닐프로프-2-엔알

9.25 다음 설명에 맞는 분자 구조를 그려라.

(a) 고리형 케톤, C_6H_8O (b) 다이케톤, $C_6H_{10}O_2$

(c) 아릴 케톤, $C_9H_{10}O$ (d) 2-브로모 알데하이드, C_5H_9BrO

9.26 다음 분자에서 카보닐 작용기의 종류를 밝혀라.

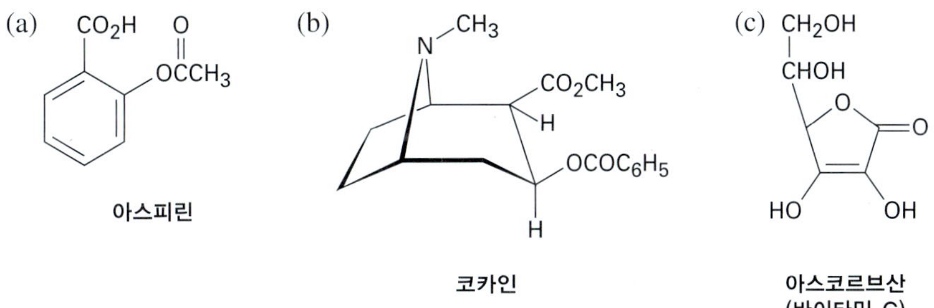

9.27 다음 구조들의 IUPAC 명을 써라.

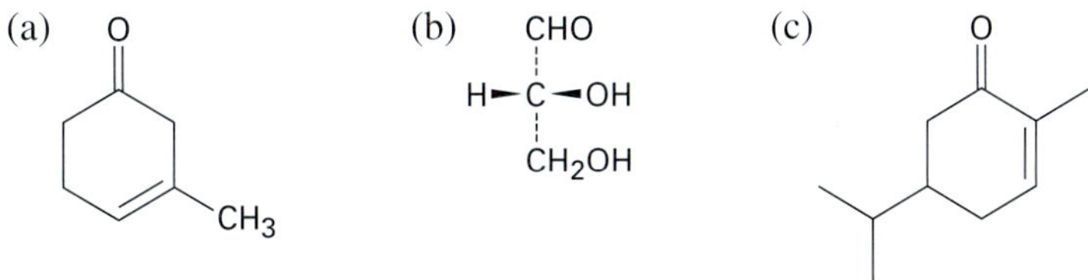

(d) $CH_3CH(CH_3)CCH_2CH_3$ (C=O)　(e) $CH_3CH(OH)CH_2CH$ (C=O)　(f) OHC–C_6H_4–CHO

9.28 화학식이 $C_5H_{10}O$인 케톤과 알데하이드 7개를 그리고 명명하라.

9.29 문제 9.28에서 확인된 화합물 중 어느 것이 카이랄인가?

반응 **9.30** 페닐아세트알데하이드, $C_6H_5CH_2CHO$와 다음 시약이 반응하여 어떤 화합물이 생성되는가?

(a) $NaBH_4$, 그러고나서 H_3O^+　(b) 산성 수용액 CrO_3　(c) NH_2OH
(d) CH_3MgBr, 그러고나서 H_3O^+　(e) CH_3OH, H^+ 촉매

9.31 아세토페논, $C_6H_5COCH_3$과 문제 9.30의 시약이 반응하면 어떤 화합물이 생성되는가?

9.32 뷰탄-2-온과 HCN이 반응하면 새 카이랄성 중심을 가진 사이아노하이드린 생성물 [$R_2C(OH)CN$]을 얻게 된다. 왜 생성물이 광학 활성이 아닌지 설명하라.

9.33 문제 9.32의 해답에 비추어 브로모(페닐)마그네슘과 뷰탄-2-온이 반응하면 어떤 입체화학을 가진 생성물을 얻을 수 있는가?

9.34 브로모(페닐)마그네슘과 다음 시약의 반응으로부터 생성되는 화합물은 무엇인가?

(a) CH_2O　(b) 벤조페논($C_6H_5COC_6H_5$)　(c) 펜탄-3-온

9.35 어떤 친핵성 시약이 아세톤에 첨가되면 다음 생성물을 얻을 수 있는가?

(a) $CH_3CH(OH)CH_3$　(b) $CH_3C(OH)(CH_3)CH_2CH_3$　(c) $CH_3C(=NCH_3)CH_3$　(d) $CH_3C(OH)(SCH_3)CH_3$

9.36 다음 반응에서 생기는 중간체인 헤미아세탈과 최종 생성물인 아세탈의 구조를 나타내라.

(a) $C_6H_5COCH_3$ + $CH_3CH(OH)CH_3$ $\xrightarrow[\text{촉매}]{H^+}$

(b) $CH_3CH_2COCH_2CH_3$ + 사이클로펜탄올(–OH) $\xrightarrow[\text{촉매}]{H^+}$

합성 **9.37** 다음 알데하이드나 케톤에 Grignard 반응을 시켜 다음 화합물을 합성하라.

(a) 펜탄-2-올 (b) 2-페닐뷰탄-2-올

(c) 1-에틸사이클로헥산올 (d) 다이페닐메탄올

9.38 사이클로헥스-2-엔온과 다른 필요한 시약을 써서 다음 화합물을 어떻게 합성할 수 있는가? (한 단계 이상이 될 수 있다.)

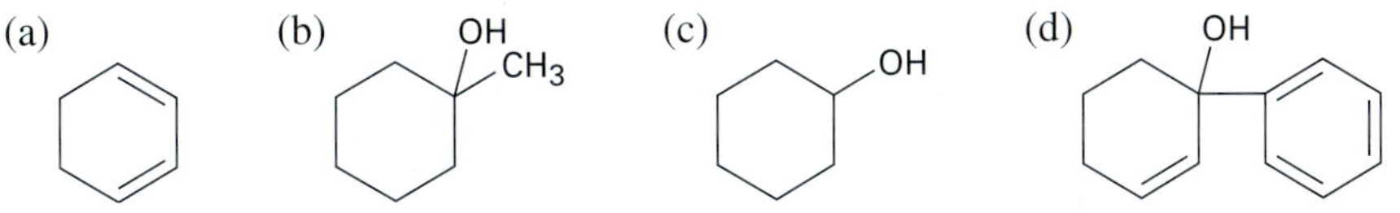

9.39 알데하이드나 케톤의 Grignard 반응으로부터 다음 알코올을 어떻게 합성할 수 있는가? 가능성을 모두 나타내라.

(a) $CH_3CH(CH_3)CH_2CH_2CH_2OH$ (b) OH (c) $CH_3CH_2CH(OH)CH{=}CHCH_3$

9.40 문제 9.39에 보인 어느 알코올이 카보닐 화합물의 환원으로 만들 수 있는가? 각 경우에 어떤 카보닐 화합물을 이용하는가?

9.41 사이클로헥산온에서 다음 화합물을 어떻게 합성하는가?

(a) CH_3 (b) H, OH, OH, H (c) CH_3, Br (d) OH

9.42 브로모벤젠을 벤조산, $C_6H_5CO_2H$으로 어떻게 변환시킬 수 있는가? (한 단계 이상이 필요하다.)

9.43 다음 아세탈을 만드는 데 필요한 알코올과 알데하이드나 케톤의 구조를 나타내라.

(a) $CH_3CH_2CH(CH_3)CH_2CH(OCH_3)OCH_3$ (b) CH_3CH_2O OCH_2CH_3 CH_3 (c) O O

9.44 사이클로헥스-2-엔온에 다음 시약을 콘주게이션 첨가반응시켜 얻게 되는 생성물의 구조를 그려라.

(a) H_2O (b) NH_3 (c) CH_3OH (d) CH_3CH_2SH

9.45 지방의 대사에서 단계 중 하나는 α,β-불포화 아실 CoA가 물과 반응하여 β-하이드록시아실 CoA를 생성하는 반응이다. 메커니즘을 제안하라.

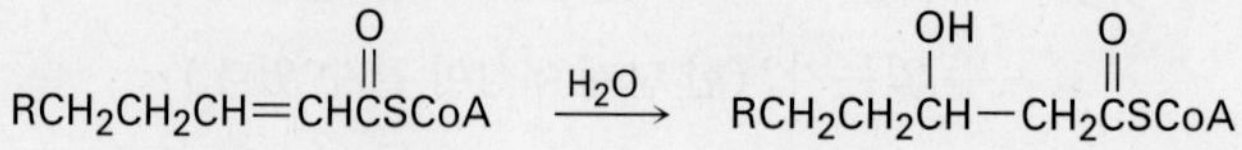

$$RCH_2CH_2CH{=}CH\overset{O}{\overset{\|}{C}}SCoA \xrightarrow{H_2O} RCH_2CH_2\overset{OH}{\overset{|}{C}H}{-}CH_2\overset{O}{\overset{\|}{C}}SCoA$$

불포화 아실 CoA $\qquad$ β-하이드록시아실 CoA

9.46 (다이브로모메틸)벤젠이 NaOH와 S_N2 반응을 하면 (다이하이드록시메틸)벤젠보다 벤즈알데하이드의 생성이 관찰되는데 어떻게 설명할 수 있겠는가?

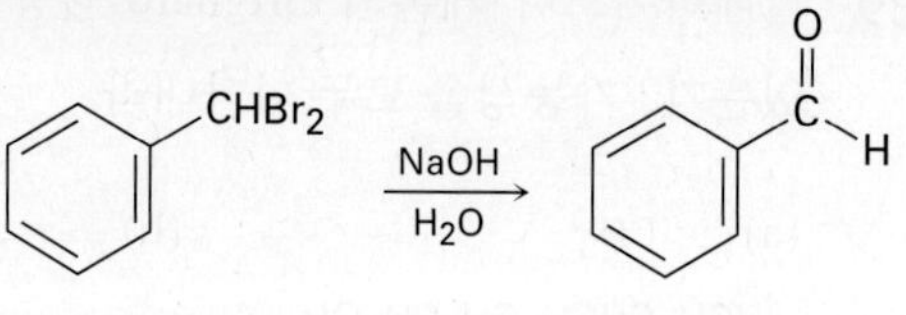

(다이브로모메틸)벤젠 $\xrightarrow[H_2O]{NaOH}$ 벤즈알데하이드

9.47 펜탄-2-온과 다음 시약이 반응하여 얻어지는 생성물은 무엇인가?

(a) NH_2OH (b) (2,4-다이나이트로페닐하이드라진: $NHNH_2$, O_2N, NO_2) (c) CH_3CH_2OH, H^+

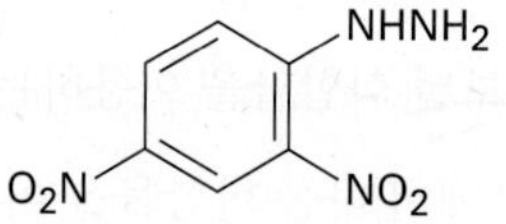

9.48 글루코오스를 $NaBH_4$로 처리하면 반응이 일어나 식품 첨가물로 보통 사용되는 소르비톨(sorbitol)이 생긴다. 이 환원 반응이 어떻게 일어나는지 나타내라.

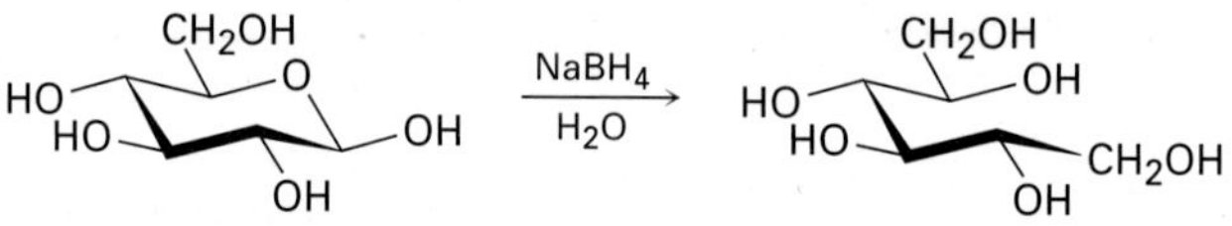

글루코오스 $\xrightarrow[H_2O]{NaBH_4}$ 소르비톨

9.49 다음 그림에서 시약 **a**로부터 **d**는 무엇인가?

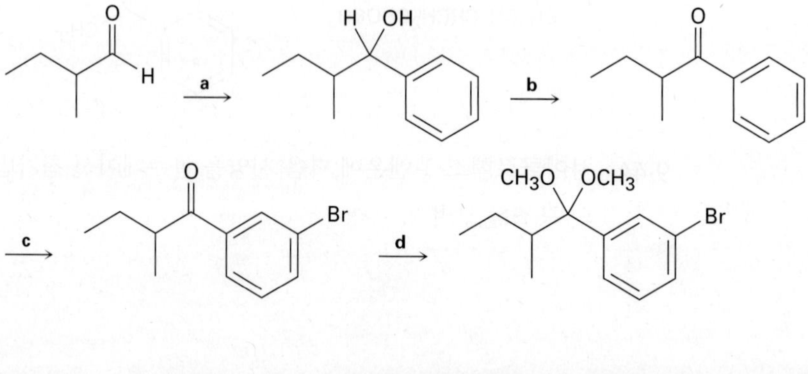

$\xrightarrow{\mathbf{a}}$ $\xrightarrow{\mathbf{b}}$ $\xrightarrow{\mathbf{c}}$ $\xrightarrow{\mathbf{d}}$

9.50 케톤은 메틸화 다이메틸설포늄과 반응하여 에폭시화물을 생성한다. 이 반응은 처음에 친핵성 첨가반응이 일어난 후 분자 내 S_N2 치환이 뒤따른다. 이 반응의 메커니즘을 나타내라.

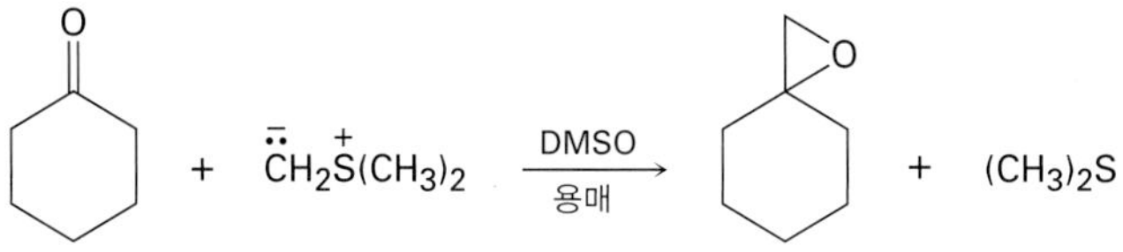

$$\text{cyclohexanone} + \ddot{C}H_2\overset{+}{S}(CH_3)_2 \xrightarrow[\text{용매}]{\text{DMSO}} \text{(spiro-epoxide)} + (CH_3)_2S$$

메틸화 다이메틸설포늄

9.51 카본은 양박하 기름의 주성분이다. 카본과 다음 시약이 반응하면 어떤 생성물을 얻을 수 있는가?

(a) $LiAlH_4$, 그러고나서 H_3O^+ (b) C_6H_5MgBr, 그러고나서 H_3O^+

(c) H_2, Pd 촉매 (d) CH_3OH, H^+

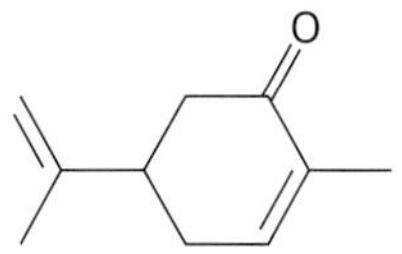

카본

9.52 케톤이나 알데하이드를 하이드라진, H_2NNH_2으로 처리하면 아진(azine), $R_2C{=}N{-}N{=}CR_2$이 생성된다. 반응이 어떻게 일어나는지 나타내라.

9.53 케톤이나 알데하이드를 산 촉매 하에서 싸이올(RSH)로 처리하면 싸이오아세탈(thioacetal), $R'_2C(SR)_2$을 생성한다. 이 싸이오아세탈 생성과 유사한 반응은 무엇인가? 반응의 메커니즘을 제안하라.

9.54 아민이 케톤으로 전환되는 생물학적 경로 중 하나는 2단계에 관련한다: (1)아민이 효소로 산화되어 이민을 생성하고, (2)이민의 가수분해로 케톤과 암모니아가 생성된다. 예를 들면, 글루탐산 이온이 이 경로로 α-케토글루타르산 이온으로 전환된다. 이민 중간체의 구조를 보이고 가수분해 단계의 메커니즘을 제안하라(정확히 이민 생성의 역).

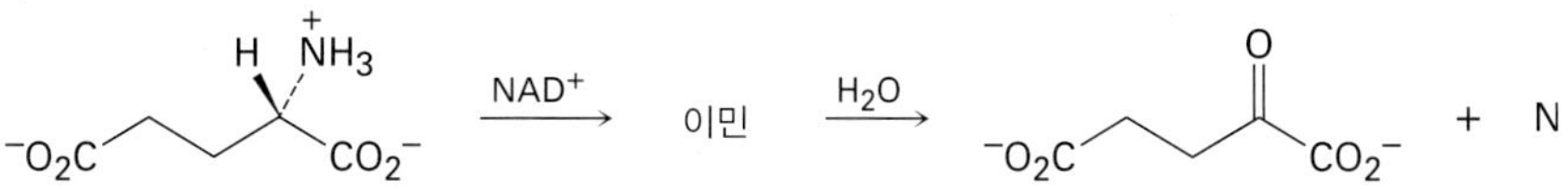

$$^-O_2C\text{–}CH_2CH_2\text{–}CH(\overset{+}{N}H_3)\text{–}CO_2^- \xrightarrow{NAD^+} \text{이민} \xrightarrow{H_2O} {}^-O_2C\text{–}CH_2CH_2\text{–}C(=O)\text{–}CO_2^- + N$$

글루탐산 이온 **α-케토글루타르산 염**

9.55 아미노산 메싸이오닌은 다단계 경로로 생합성되는데 (1) 인산 피리독살 이민의 반응으로 불포화 이민이 생성된 후, (2) 아미노산 시스테인과 반응을 포함한다. 2

개의 단계에서 어떤 종류의 반응들이 일어나는가?

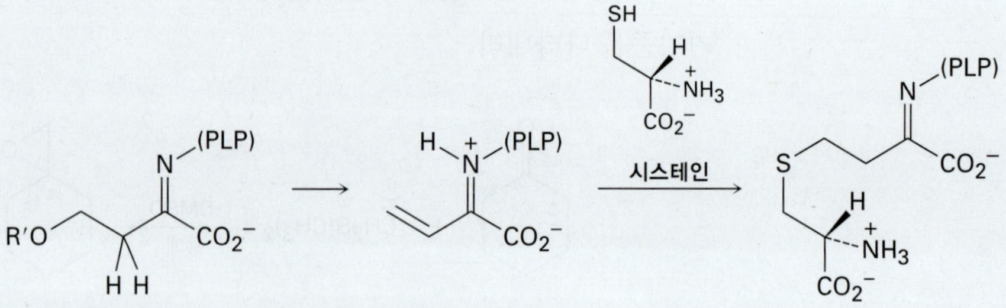

O-석신일호모세린-PLP 이민
(O-Succinylhomoserine-PLP imine)

불포화 이민

시스테인

약장 9.56 유방암 치료에 쓰이는 타목시펜(tamoxifen)을 벤젠, 이어서 케톤과 다른 필요한 시약을 써서 어떻게 합성할 수 있는가?

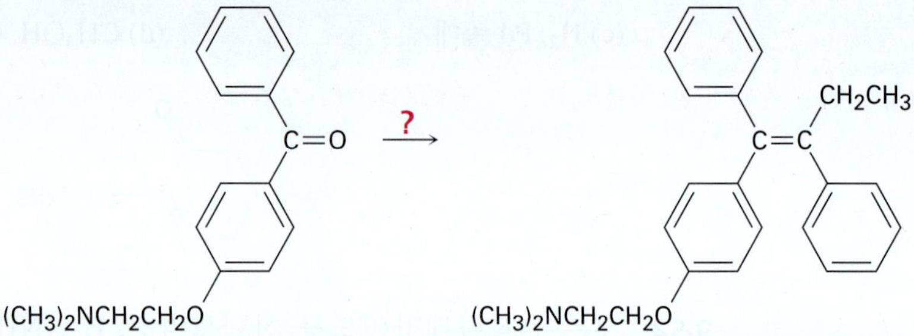

타목시펜

9.57 아이오드화 프랄리드옥심(pralidoxime iodide)은 많은 살충제로 인한 독에 대해 일반적인 해독제이다. 이 약은 피리딘-2-카브알데하이드에서 출발해서 두 단계로 합성된다.

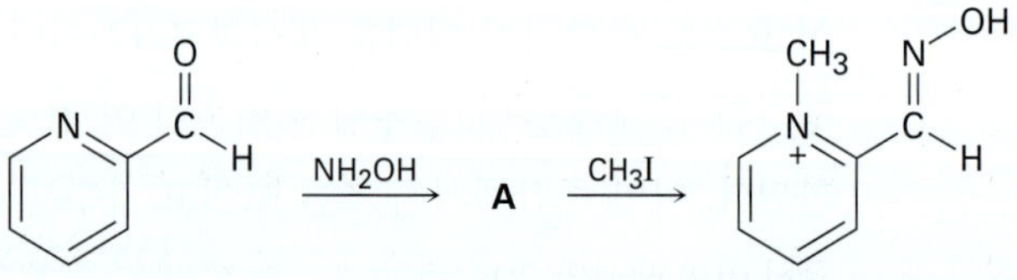

$\xrightarrow{NH_2OH}$ **A** $\xrightarrow{CH_3I}$

피리딘-2-카브알데하이드 **아이오드화 프랄리드옥심**

(a) 하이드록실아민, NH_2OH과 피리딘-2-카브알데하이드의 반응의 메커니즘을 그려라. 그리고 **A**의 구조를 보여라.

(b) 중간체 **A**가 아이오드화 메틸과 S_N2 반응을 하여 아이오드화 프랄리드옥심이 생성된다. 이 메커니즘을 그려라.

들판에서 9.58 문제 2.74, 5.62 및 6.66에서 전에 보인 제초제 메톨라클로르(metolachlor)의 합성은 산화 후에 이민 생성으로 시작한다.

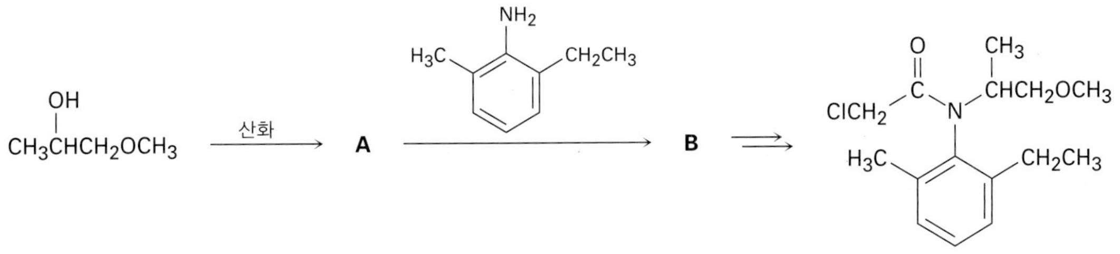
OH
CH3CHCH2OCH3
산화
A
NH2
H3C
CH2CH3
B
O
CH3
ClCH2
C
N
CHCH2OCH3
H3C
CH2CH3

메톨라클로르

(a) 출발물질인 에터는 에폭시화물과 메톡시화 나트륨 $Na^+ \ ^-OCH_3$의 반응에 의해 얻을 수 있다. 보통 프로필렌 산화물이라 하는 에폭시화물의 구조를 제시하라.

(b) 중간체 **A**의 구조를 제시하라.

(c) **A**를 생성하는 데 어떤 산화제를 사용하는가?

(d) 이민 **B**의 구조는 무엇인가?

9.59 많은 곤충들이 곤충의 탈피 호르몬인 엑다이손(ecdysone)에 대한 세포성 수용체를 차단하는 기능을 한다.

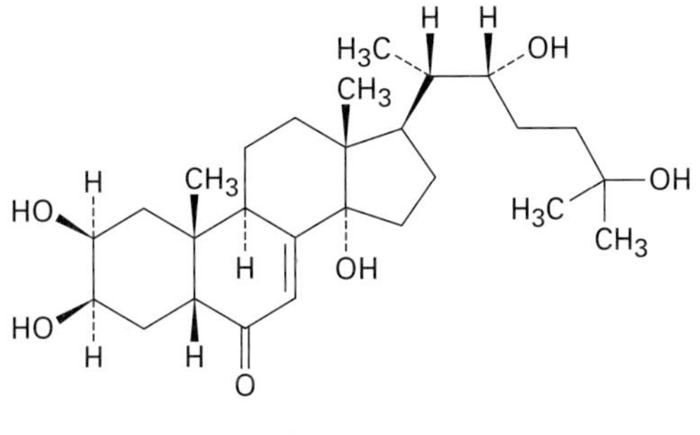
H H
H3C
OH
CH3
H
CH3
HO
OH
H3C
CH3
H
OH
HO
H
H
O

엑다이손

(a) 각 하이드록시기가 1차, 2차, 혹은 3차인지 분류하라.

(b) 엑다이손에 몇 개의 카이랄성 중심이 있는가?

(c) 엑다이손을 $NaBH_4$로 환원하면 수소화 이온의 1.2- 및 1.4-첨가가 일어난다. 입체화학을 무시하고 각 경로에서 생성된 생성물을 보여라.

(d) (c)에서 기술한 1,2- 및 1,4-첨가 환원 경로는 수소화 이온이 분자의 어느 쪽을 공격하느냐에 따라 2개의 입체이성질체가 생긴다. 이들 입체이성질체를 그려라. 1,2-첨가 생성물 간의 관계를 기술하는 용어는 무엇인가? 1,4-첨가 생성물 간의 관계는? 1,2-나 1,4-첨가 생성물 간의 관계는?

카복실산 및 유도체들: 친핵성 아실 치환 반응

카복실산과 그 유도체들은 실험실에서와 살아 있는 유기물 가운데 가장 흔한 것들이다. 비록 매우 많은 종류의 카복실산 유도체가 존재하지만 여기서는 몇 가지 가장 보편적인 화합물, 즉 **산 할로젠화물**, **산 무수물**, **에스터**, **아마이드** 및 **나이트릴**이라 부르는 관련된 화합물만 다룰 것이다. 그 밖에 인산 아실과 싸이오에스터는 많은 생물학적 과정에서 매우 중요한 유도체이다. 이들 화합물의 공통되는 구조적 양상은 치환 반응에서 이탈기로 작용하는 치환기나 전기음성적인 원자가 아실기에 결합되어 있다는 것이다.

카복실산 (RCOOH) · 산 할로젠화물 (RCOX, X = Cl, Br) · 산 무수물 (RCOOCOR′) · 에스터 (RCOOR′)

아마이드 ($RCONH_2$) · 싸이오에스터 (RCOSR′) · 인산 아실 ($RCOOPO_3^{2-}$) · 나이트릴 (R—C≡N)

왜 이 장인가?

카복실산과 그들의 유도체들은 매우 많은 산업 과정과 대부분의 생물학적 경로에 관련되므로 그들의 성질과 반응에 대한 이해는 유기 및 생물 화학을 이해하는 데 기본이다. 이 장에서 카복실산을 논의한 후 카복실산 유도체의 가장 보편적인 반응인 친핵성 아실 치환 반응을 자세히 살펴볼 것이다.

10.1 카복실산과 유도체의 명명법

카복실산: RCO_2H

간단한 열린 사슬 카복실산은 알케인명의 끝 *-e*를 *-oic acid*로 치환한다. $-CO_2H$ 탄소는 항상 C1으로 번호를 매긴다.

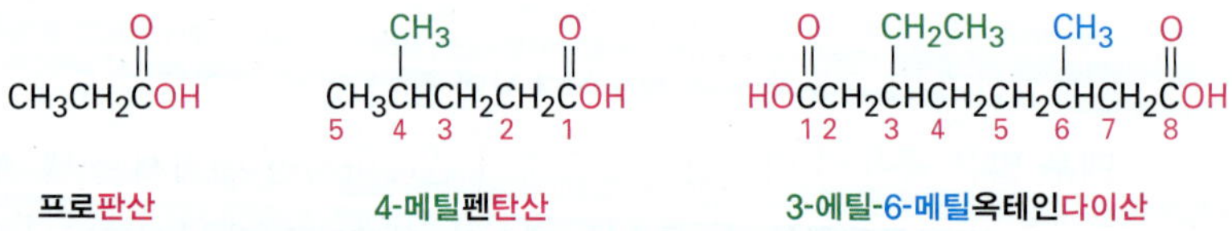

이와는 달리, 고리에 결합된 $-CO_2H$기[**카복시기**(carboxyl group)]를 가진 화합물은 접미사로 -**카복실산**을 써서 명명한다. 이러한 계에서 카복실기가 붙어 있는 탄소가 C1이고 카복실기 탄소에는 번호를 매기지 않는다.

트랜스-4-하이드록시사이클로헥세인카복실산

사이클로펜트-1-엔카복실산

표 10.1 몇 가지 카복실산과 아실기의 관용명

구조	이름	아실기
HCO_2H	폼산	폰일
CH_3CO_2H	아세트산	아세틸
$CH_3CH_2CO_2H$	프로피온산	프로피온일
$CH_3CH_2CH_2CO_2H$	뷰티르산	뷰틸일
HO_2CCO_2H	옥살산	옥살일
$HO_2CCH_2CO_2H$	말론산	말론일
$HO_2CCH_2CH_2CO_2H$	석신산	석신일
$HO_2CCH_2CH_2CH_2CO_2H$	글루타르산	글루탈일
$HO_2CCH_2CH_2CH_2CH_2CO_2H$	아디프산	아디포일
$H_2C{=}CHCO_2H$	아크릴산	아크릴로일
$HO_2CCH{=}CHCO_2H$	말레산(시스) 푸마레산(트랜스)	말레오일 푸마로일
CO_2H	벤조산	벤조일

많은 카복실산들이 유기 화합물 중 처음으로 분리되고 정제되었기 때문에 관용명을 가진 산이 많이 있다(표 10.1). 이 교재에서는 폼(메탄)산, HCO_2H 및 아세트(에탄)산, CH_3CO_2H을 제외하고는 체계명을 쓸 것이다. 이들 이름은 너무나 잘 알려져 있어 다르게 부르는 것이 아무런 의미가 없다. 표 10.1에 모체인 카복실산에서 −OH를 제거하여 유래된 아실기(R−C=O)의 이름도 있다. 표 10.1의 꼭대기에 있는 8개의 아실기는 관용명으로 끝에 *-yl*을 가지는데 이들을 제외하고 모든 다른 것들은 체계명으로 끝에 *-oyl*로 명명한다.

산 할로젠화물: RCOX

표 10.1에서처럼, 산 할로젠화물은 먼저 아실기를 확인하고 다음에 할로젠화 이온을 확인한다. **-카복실산**으로 끝난 고리형 카복실산은 해당한 아실기의 말단명을 **-카보닐**로 써라. 예를 들면 다음과 같다.

염화 아세틸
(아세트산에서)

브롬화 벤조일
(벤조산에서)

염화 사이클로헥세인카본일
(사이클로헥세인카복실산에서)

산 무수물: RCO_2COR'

간단한 카복실산으로부터의 대칭형 산 무수물과 다이카복실산으로부터의 고리형 무수물은 산이라는 단어 대신 무수물로 치환하여 명명한다.

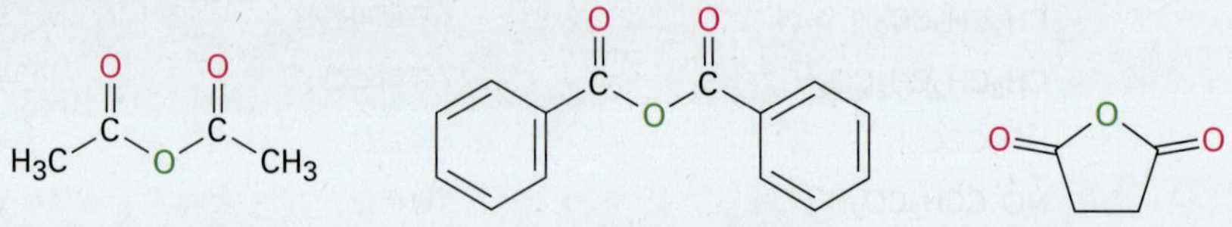

아세트산 무수물 벤조산 무수물 석신산 무수물

2개의 다른 카복실산으로부터 합성된 비대칭 무수물은 산 2개를 알파벳 순서로 기록한 후 무수물을 첨가한다.

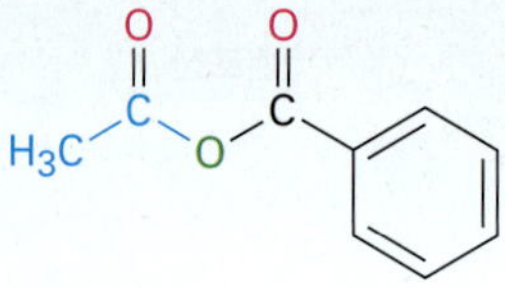

아세트산 벤조산 무수물

아마이드: $RCONH_2$

치환되지 않은 $-NH_2$를 가진 아마이드는 이름 끝의 -오익 산(-oic acid) 또는 -익 산(-ic acid)을 -아마이드(-amide)로, 또는 -카복실산(-carboxylic acid)을 -카복스아마이드(-carboxamide)로 치환하여 명명한다.

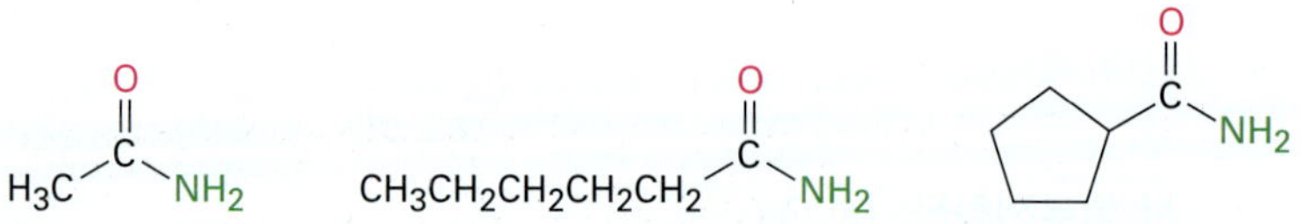

아세트아마이드 헥산아마이드 사이클로펜테인-카복스아마이드

만약 질소 원자가 치환되어 있다면, 먼저 치환기를 밝히고 나서 모체를 확인하여 명명한다. 치환기가 질소에 직접 붙어 있는 것을 알리기 위해 치환기 이름 앞에 *N*을 쓴다.

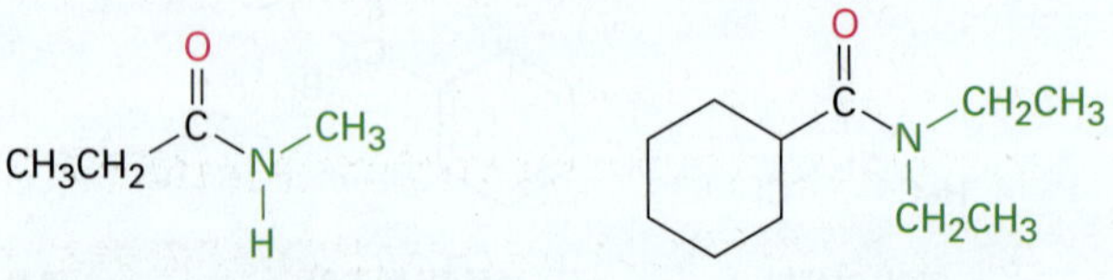

N-메틸프로판아마이드 *N*,*N*-다이에틸사이클로헥세인카복스아마이드

에스터: RCO_2R'

에스터에 대한 체계명은 먼저 산소에 붙어 있는 알킬기 이름을 부르고 카복실산을 확인한다. 그렇게 하면서 -익 산(-ic acid)을 -에이트(-ate)로 치환한다.

$H_3CCOOCH_2CH_3$

아세트산 에틸

$CH_3OOCCH_2COOCH_3$

말론산 다이메틸

$C_6H_{11}COOC(CH_3)_3$

사이클로헥세인카복실산-*tert*-뷰틸

나이트릴: $R—C≡N$

$-C≡N$ 작용기를 함유하는 화합물을 나이트릴(nitrile)이라고 명명한다. 간단한 비고리형 나이트릴은 알케인명에 접미사로서 -나이트릴을 추가하고 나이트릴 탄소를 C1로 해서 명명한다.

$CH_3CH(CH_3)CH_2CH_2CN$ (5 4 3 2 1)　4-메틸펜테인나이트릴

더 복잡한 나이트릴은 산(-ic acid 또는 -oic acid)을 -오나이트릴(-onitrile)로 치환하거나 -카복실산을 -카보나이트릴(carbonitrile)로 치환하여 명명한다. 이 체계에서 나이트릴 탄소 원자는 C1에 붙어 있으나 번호를 매기지 않는다.

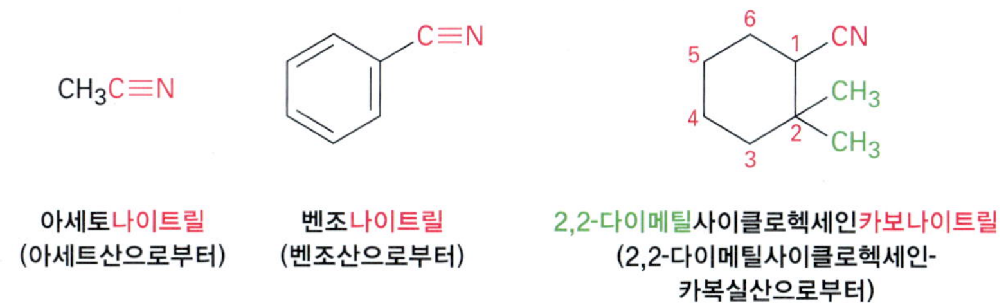

아세토나이트릴 (아세트산으로부터)　벤조나이트릴 (벤조산으로부터)　2,2-다이메틸사이클로헥세인카보나이트릴 (2,2-다이메틸사이클로헥세인-카복실산으로부터)

문제 10.1 다음 카복실산의 IUPAC 명을 써라.

(a) $CH_3CH(CH_3)CH_2COOH$

(b) $CH_3CHBrCH_2CH_2COOH$

(c) $CH_3CH_2CH(CO_2H)CH_2CH_2CH_3$

(d) $H_3C(H)C{=}C(H)CH_2CH_2COOH$ (cis)

(e) HO_2C–사이클로펜테인–CO_2H (1,3-, 두 H 모두 같은 쪽)

문제 10.2 다음 이름에 해당하는 구조를 그려라.

(a) 2,3-다이메틸헥산산 (b) 4-메틸펜탄산

(c) *o*-하이드록시벤조산 (d) *트랜스*-사이클로뷰테인-1,2-다이카복실산

문제 10.3 다음 구조의 IUPAC 명을 써라.

(a) CH_3 O
$CH_3CHCH_2CH_2CCl$

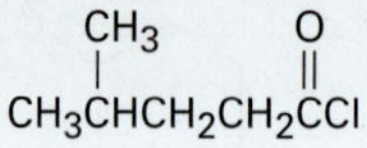

(b) O
CH_2CNH_2

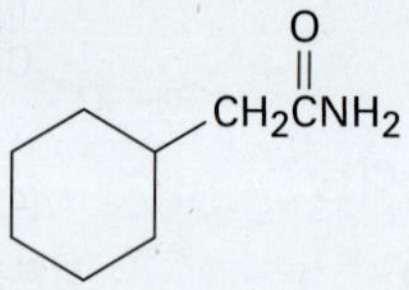

(c) O
$CH_3CHCOCHCH_3$
CH_3 CH_3

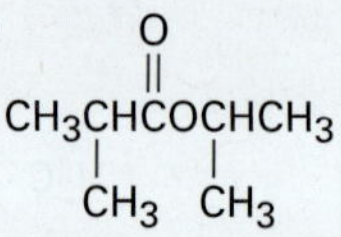

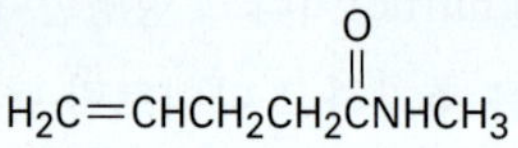

(d) O C O 2

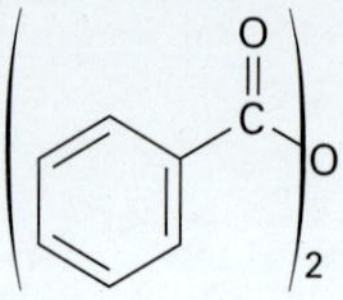

(e) O C $OCHCH_3$ CH_3

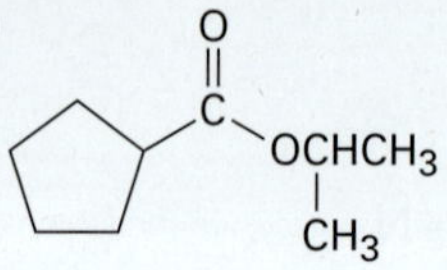

(f) CH_3 O C $CHCH_3$ O

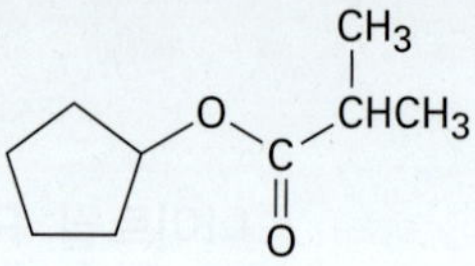

(g) O
$H_2C{=}CHCH_2CH_2CNHCH_3$

(h) CH_3
CH_3CH_2CHCN

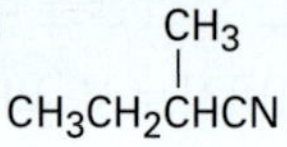

문제 10.4 다음 이름에 해당하는 구조를 그려라.

(a) 염화 2,2-다이메틸프로판오일

(b) *N*-메틸벤즈아마이드

(c) 5,5-다이메틸헥세인나이트릴

(d) 뷰탄산 *tert*-뷰틸

(e) *트랜스*-2-메틸사이클로헥세인카복스아마이드

(f) *p*-메틸벤조산 무수물

(g) 브롬화 *시스*-3-메틸사이클로헥세인카본일

(h) *p*-브로모벤조나이트릴

10.2 카복실산과 그 유도체의 발생과 성질

카복실산은 천연에 풍부하다. 예를 들어, 아세트산, CH_3CO_2H은 식초의 주된 유기 성분이다. 뷰탄산, $CH_3CH_2CH_2CO_2H$은 시어진 버터가 내는 역한 냄새의 원인이고, 헥산산(카프르산), $CH_3(CH_2)_4CO_2H$은 염소[라틴어 *caper*, '염소(goat)'의 의미]와 더러운 양말에서 나는 독특한 냄새에 해당한다.

전세계에서 매년 약 500만 톤의 아세트산이 페인트와 접착제에 쓰이는 아세트산 바이닐 중합체의 합성을 포함해서 다양한 목적으로 생산된다. 산업적으로 합성된 아세트산의

약 20%는 아세트알데하이드의 산화로 얻어진다. 나머지 80%의 대부분은 로듐-촉매 존재 하에서 메탄올을 일산화탄소로 처리하여 합성된다.

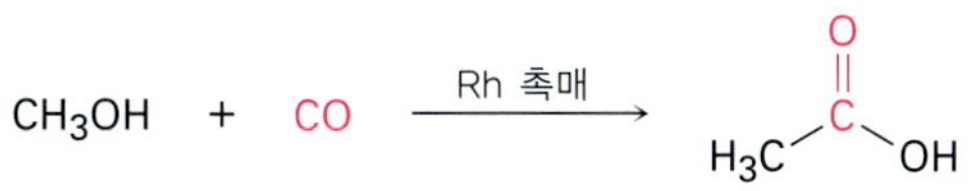

$$CH_3OH + CO \xrightarrow{\text{Rh 촉매}} H_3C{-}C({=}O){-}OH$$

알코올같이 카복실산은 분자 간 강한 수소 결합을 형성한다. 대부분의 카복실산은 사실 2개의 수소 결합으로 붙어 있는 **이량제**(dimer)로 존재한다.

이 강한 수소 결합은 끓는점에 상당한 영향을 끼쳐 카복실산은 보통 비슷한 분자량의 알케인, 또는 알코올보다 훨씬 높은 온도에서 끓는다. 예를 들면, 아세트산은 117.9 ℃에서 끓으나 에탄올은 78.3 ℃에서 끓는다.

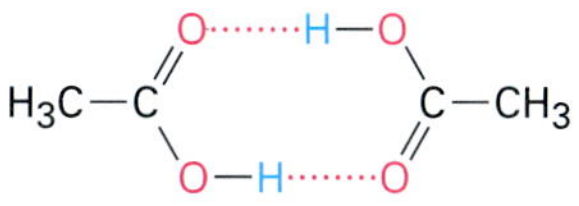

$H_3C{-}C(=O)\cdots H{-}O{-}C(-CH_3)$, $O{-}H\cdots O=C$

아세트산 이량제

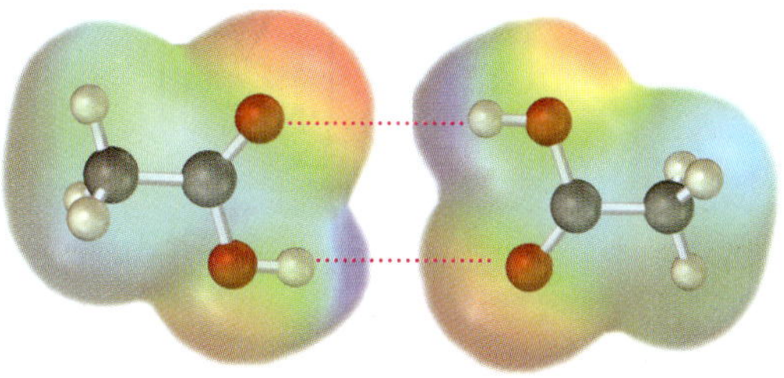

에스터는 카복실산과 같이 천연에 널리 퍼져 있다. 많은 간단한 에스터는 과일과 꽃의 향기를 내는 좋은 냄새를 가진 액체이다. 예를 들면, 뷰탄산 메틸은 파인애플 기름에서 분리하고 아세트산 아이소펜틸은 바나나 기름 속에 존재한다. 에스터기는 또한 동물성 지방이나 생물학적으로 중요한 다른 분자 속에 존재한다.

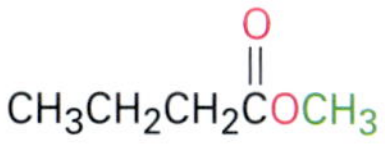

$CH_3CH_2CH_2C(=O)OCH_3$

뷰탄산 메틸 (파인애플로부터)

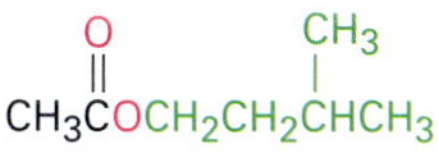

$CH_3C(=O)OCH_2CH_2CH(CH_3)CH_3$

아세트산 아이소펜틸 (바나나로부터)

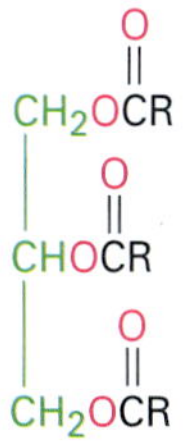

$CH_2OC(=O)R$ / $CHOC(=O)R$ / $CH_2OC(=O)R$

지방 (R = C_{11-17} 사슬)

화학산업에서 에스터는 여러 목적으로 쓰인다. 즉, 아세트산 에틸은 보편적으로 쓰이는 용매이며 프탈산 다이알킬은 중합체가 부서지지 않도록 하는 가소제로 쓰인다. 비록 미국의 식품의약청의 최근 평가에서 프탈산 에스터의 위험이 남아 유아를 제외하고 대부분의 사람들에게는 사소하다고 해도 고온에서 프탈산 에스터의 가능한 독성에 관해 우려하고 있음을 유의하기 바란다.

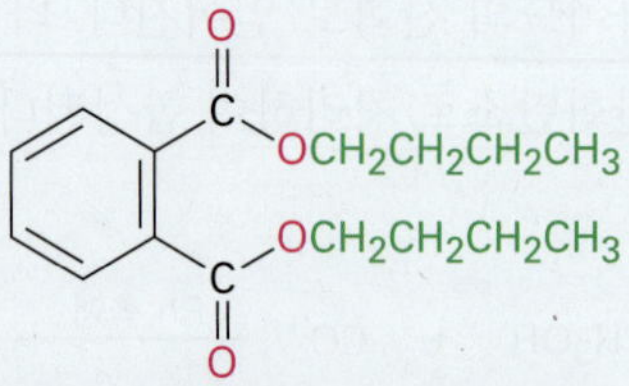

프탈산 다이부틸
(가소제)

아마이드는 산과 에스터처럼 살아 있는 유기조직에 풍부하다. 즉, 단백질, 핵산 및 많은 약제제는 아마이드 작용기를 가지고 있다. 아마이드가 풍부한 이유는 가장 반응성이 적은 보편적인 산 유도체이며 생물조직에서 발견되는 온도와 수성의 조건에서 안정하기 때문이다.

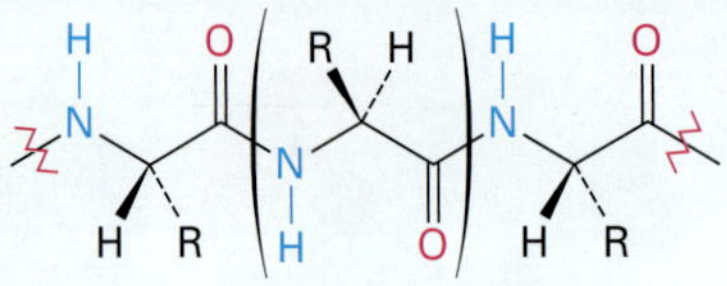

단백질 조각

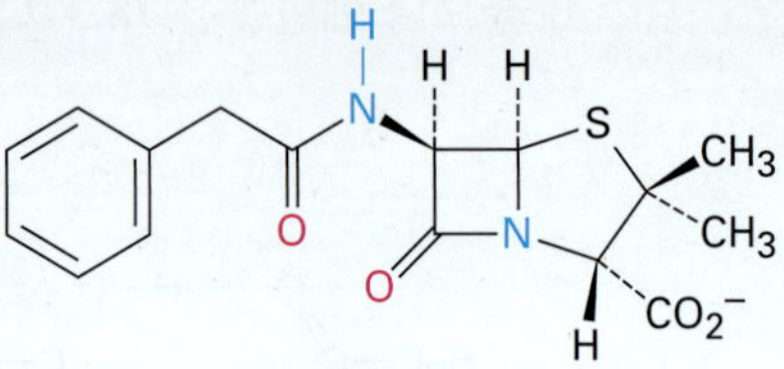

벤질페니실린
(페니실린 G)

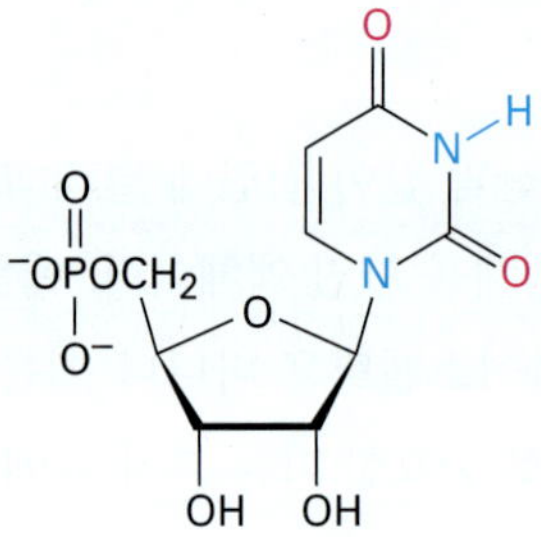

유리딘 5′-인산염
(리보뉴클레오티드)

염화 아실과 산 무수물은 화학 실험실에서 보편적으로 쓰이나 반응성이 큰 관계로 천연에서 발견되지 않는다.

10.3 카복실산의 산도

카복실산의 가장 분명한 성질은 이름이 의미하는 것처럼 산도(acidity)이다. 비록 무기산보다 훨씬 약한 산이나 카복실산은 그럼에도 불구하고 알코올보다 훨씬 센 산이다. 예를 들면, 아세트산은 $K_a = 1.75 \times 10^{-5}$($pK_a = 4.76$)이다. 실질적인 점에서 K_a 값이 10^{-5}이라는 것은 0.1 M 수용액에서 약 1%의 분자가 해리된다는 것을 의미한다. 그들의 산도 때

표 10.2 몇 가지 카복실산의 산의 세기

구조	K_a	pK_a	
CF_3CO_2H	0.59	0.23	센 산
HCO_2H	1.77×10^{-4}	3.75	
$HOCH_2CO_2H$	1.5×10^{-4}	3.84	
$C_6H_5CO_2H$	6.46×10^{-5}	4.19	
$H_2C{=}CHCO_2H$	5.6×10^{-5}	4.25	
CH_3CO_2H	1.75×10^{-5}	4.76	
$CH_3CH_2CO_2H$	1.34×10^{-5}	4.87	
CH_3CH_2OH (에탄올)	(1.00×10^{-16})	(16.00)	약한 산

문에 카복실산은 NaOH와 같은 염기와 반응하여 물에 녹는 금속 **카복실산 염**(carboxylate, $RCO_2^-\ Na^+$)을 생성한다.

$$RCOOH + NaOH \xrightarrow{H_2O} RCOO^-\ Na^+ + H_2O$$

카복실산 (물에 불용) → 카복실산 염 (물에 용해됨)

표 10.2에 있는 K_a 값이 시사하는 것처럼 카복실산의 세기는 상당한 범위에 걸쳐 있다. 대부분 K_a는 10^{-4}~10^{-5} 범위이나 트라이플루오로 아세트산(K_a = 0.59)은 훨씬 더 세다. 전자-끄는 플루오린 치환체가 카복실산 이온의 음전하를 공유해서 카복실산 이온을 안정화시키고 따라서 산의 해리를 도와준다.

비록 무기산보다 훨씬 더 약한 산이나 카복실산은 그럼에도 불구하고 알코올이나 페놀보다 훨씬 더 센 산이다. 예를 들면, 에탄올의 K_a는 약 10^{-16}이어서 에탄올을 아세트산보다 10^{11}배 더 약한 산이다.

CH_3CH_2OH	페놀 (C_6H_5OH)	CH_3COH (=O)	HCl
pK_a = 16	**pK_a = 9.89**	**pK_a = 4.76**	**pK_a = −7**

산도 →

왜 카복실산은 알코올과 같이 −OH기를 가지고 있음에도 훨씬 센 산일까? 이 질문에 대답하기 위해 카복실산 음이온과 알콕시화 이온의 상대적 안정도를 비교해 보자(그림

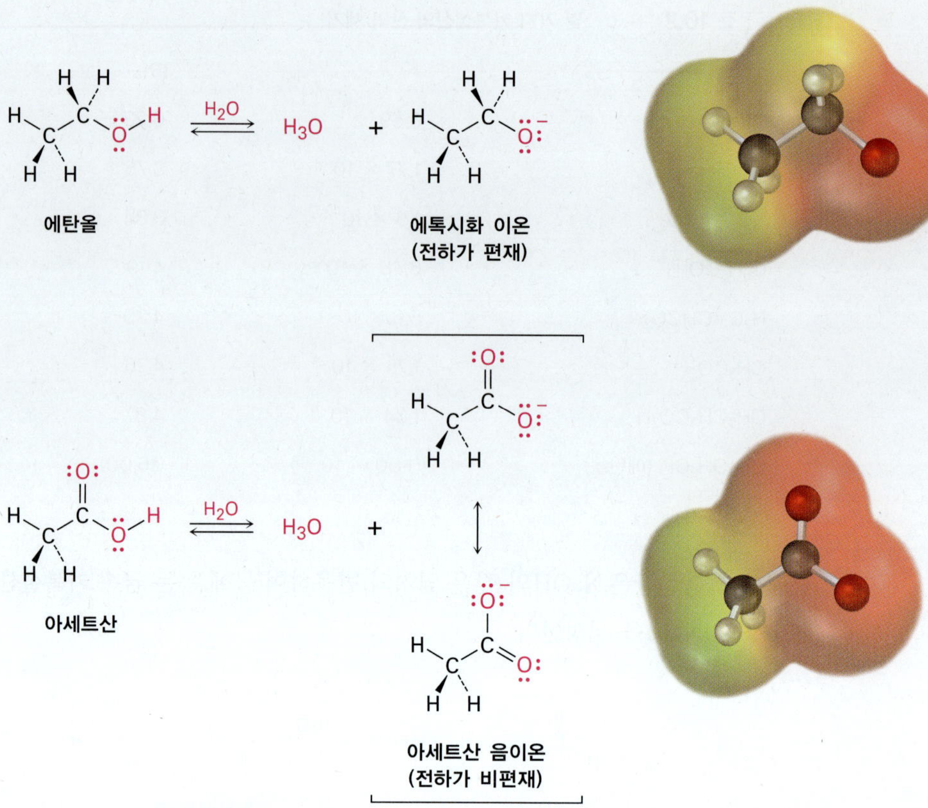

에탄올

에톡시화 이온
(전하가 편재)

아세트산

아세트산 음이온
(전하가 비편재)

그림 10.1 알콕시화 이온은 산소 1개에 편재화된 전하를 가지며 따라서 안정성이 작으나, 카복실산 음이온은 전하가 2개의 산소에 같은 정도로 퍼져 있어 더 안정하다.

10.1). 알콕시화 이온에서는 음전하가 산소 원자에 편재화된다. 그러나 카복실산 음이온에서는 음전하가 2개의 산소 원자에 의해 공유된다. 환언하면, 카복실산 음이온은 2개의 동일한 구조의 안정화된 공명 혼성체이다(4.10절). 카복실산 음이온이 알콕시화 이온보다 더 안정하기 때문에 에너지는 더 낮고 평형 상태에서 더 많은 양이 존재한다.

예문 10.1 산의 세기 예측하기

벤조산과 *p*-나이트로벤조산 중 어느 것이 더 센 산인가?

해답 카복실산 음이온이 안정할수록 더 센 산이다. 우리는 나이트로기가 전자-끄는 기에서 음전하를 안정시킬 수 있다는 것을 방향족 치환반응에 대한 영향에서 알고 있다(5.7절). 따라서 *p*-나이트로벤조산 음이온이 벤조산 음이온보다 더 안정하며 *p*-나이트로벤조산이 벤조산보다 더 센 산이다.

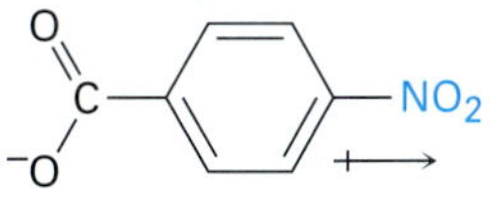

[structure: p-nitrobenzoate ion, $^{-}O-C(=O)-C_6H_4-NO_2$]

나이트로기가 고리에서 전자를 끌어당겨 음전하를 안정화한다.

문제 10.5 다음 반응의 생성물의 구조를 그려라.

(a) $C_6H_5CO_2H \xrightarrow{NaOCH_3}$?

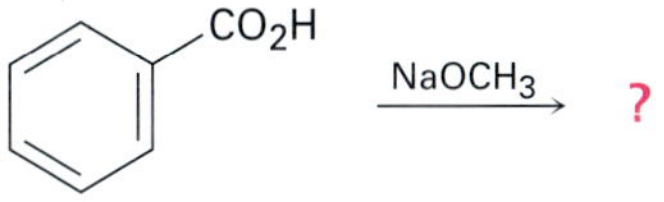

(b) $(CH_3)_3CCO_2H \xrightarrow{KOH}$?

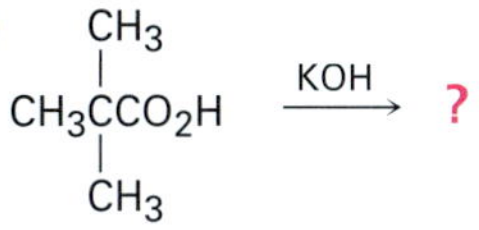

문제 10.6 산도가 증가하는 순서로 다음 화합물의 순위를 매겨라.

(a) 황산, 메탄올, 페놀, *p*-나이트로페놀, 아세트산

(b) 벤조산, 에탄올, *p*-사이아노벤조산

문제 10.7 피로한 근육에서 발견된 락트산 또는 아세트산은 어느 것이 더 센 산인가? 설명하라.

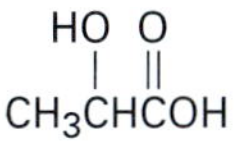

$CH_3CH(OH)COOH$ **락트산(Lactic acid)**

10.4 카복실산의 합성

우리는 지난 장에서 공부한 카복실산을 합성하는 몇 가지 방법을 간단히 복습하자.

- 치환된 알킬벤젠은 $KMnO_4$로 산화되어 치환된 벤조산을 얻을 수 있다(5.8절).

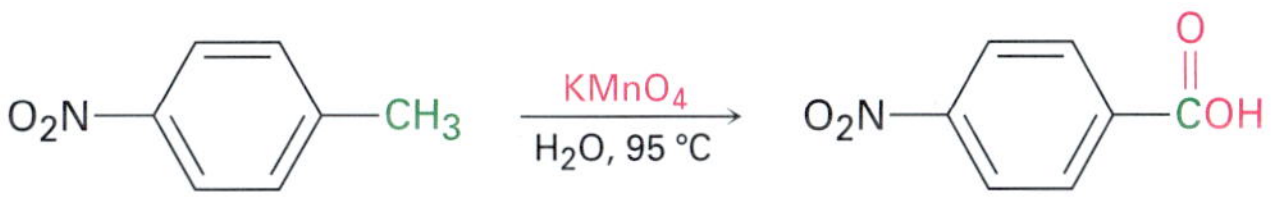

$$O_2N-C_6H_4-CH_3 \xrightarrow[H_2O,\ 95\ ^\circ C]{KMnO_4} O_2N-C_6H_4-COOH$$

***p*-나이트로톨루엔** → ***p*-나이트로벤조산(88%)**

- 1차 알코올과 알데하이드는 CrO_3 수용액이나 $Na_2Cr_2O_7$로 산화되어 카복실산을 얻을 수 있다(8.4절과 9.4절).

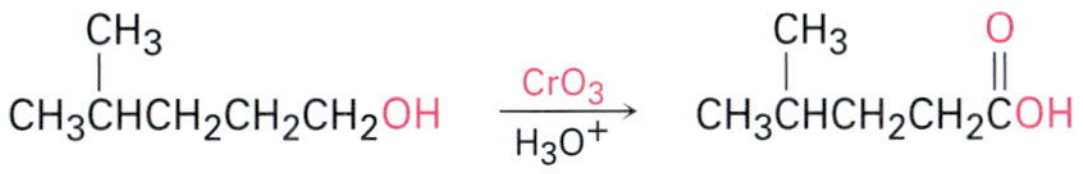

$$CH_3CH(CH_3)CH_2CH_2CH_2OH \xrightarrow[H_3O^+]{CrO_3} CH_3CH(CH_3)CH_2CH_2COOH$$

4-메틸펜탄-1-올 → **4-메틸펜탄산**

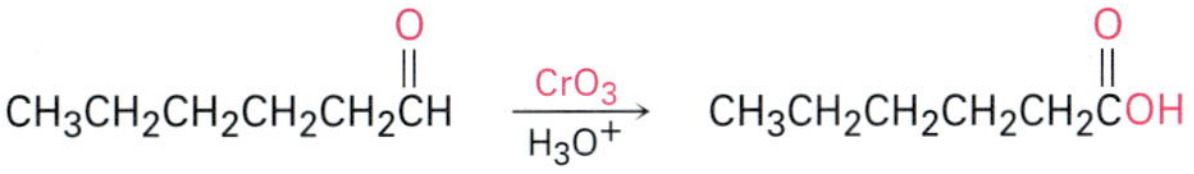

$$CH_3CH_2CH_2CH_2CH_2CHO \xrightarrow[H_3O^+]{CrO_3} CH_3CH_2CH_2CH_2CH_2COOH$$

헥산알 → **헥산산**

앞의 2가지 방법 외에 카복실산을 합성하는 수많은 방법이 있다. 예를 들어, 카복실산은 나이트릴, R—C≡N을 뜨거운 산 또는 염기 수용액으로 가수분해하여 합성할 수 있다. 나이트릴은 할로젠화 알킬과 사이안화 이온의 S_N2 반응으로 얻을 수 있으므로, 할로젠화 알킬을 사이안화 이온, CN^-으로 치환시켜 생성된 나이트릴을 가수분해하는 두 단계 반응은 할로젠화 알킬을 카복실산으로 전환하는 훌륭한 방법이다: RBr → RC≡N → RCO_2H. 모든 S_N2 반응과 같이, 이 방법은 때때로 2차 할로젠화 알킬에도 적용되지만 1차 할로젠화 알킬에 가장 잘 적용된다(7.5절).

비스테로이드계 소염제(5장 【생활 속의 유기 화학】 참조)로서 Nalfon으로 시판되는 관절염 치료제인 페노프로펜(fenoprofen)이 나이트릴 가수분해 반응의 좋은 예이다.

1. NaCN
2. NaOH, H_2O
3. H_3O^+

페노프로펜
(관절염 치료제)

문제 10.8 나이트릴 가수분해 과정에 의해 아이오도메테인을 아세트산으로 전환하는 반응 단계를 보여라. 아이오도벤젠을 벤조산으로 전환하는 데에도 비슷한 방법이 작동하는가? 설명하라.

10.5 친핵성 아실 치환 반응

우리는 9장에서 극성 C=O 결합에 대한 친핵체의 첨가 반응이 알데하이드와 케톤 화학의 일반적인 양상이라는 것을 배웠다. 카복실산과 그들의 유도체 역시 친핵체와 반응하나 최종 생성물은 알데하이드/케톤 반응의 그것과 다르다. 양성자화하여 알코올이 생기는 대신 처음에 생긴 알콕시화물 중간체가 카보닐 탄소에 원래 결합된 치환기 하나를 추출하여 새로운 카보닐 화합물을 형성하는 **친핵성 아실 치환 반응**(nucleophilic acyl substitution reaction)이 일어난다(그림 10.2).

친핵체에 대한 알데하이드/케톤의 반응 양상이 카복실산 유도체와 다르게 나타나는 것은 구조의 차이에 기인한다. 카복실산 유도체는 안정한 음이온으로 이탈할 수 있는 기 −Y가 아실 탄소에 결합되어 있다. 친핵체의 첨가가 일어나자마자 기는 이탈하고 새로운 카보닐 화합물을 형성한다. 그러나 알데하이드와 케톤은 그러한 이탈기를 가지고 있지 않아 치환 반응을 하지 않는다.

그림 10.2 친핵성 첨가와 친핵성 아실 치환 반응의 일반적인 메커니즘. 두 반응 모두 극성인 C=O 결합에 친핵체의 첨가로 시작하여 사면체인 알콕시화 이온 중간체를 생성한다. 알데하이드나 케톤으로 형성된 중간체는 양성자화하여 알코올을 생성하나 카복실산 유도체로부터 생성된 중간체는 이탈기를 축출하여 새로운 카보닐 화합물을 생성한다.

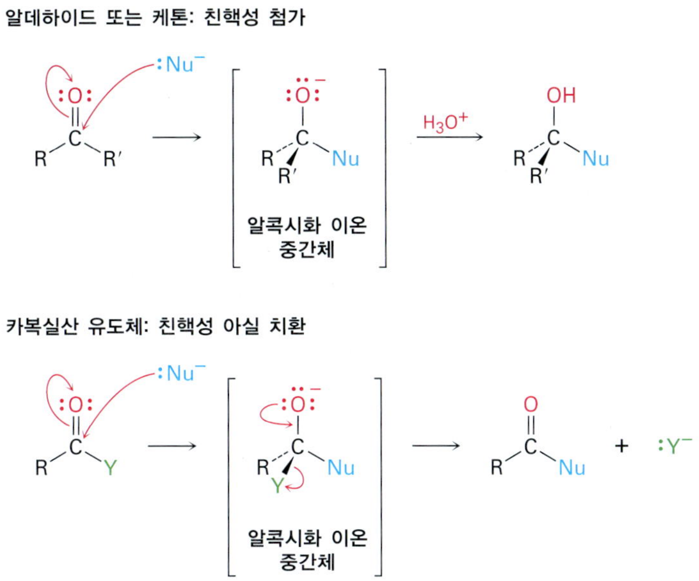

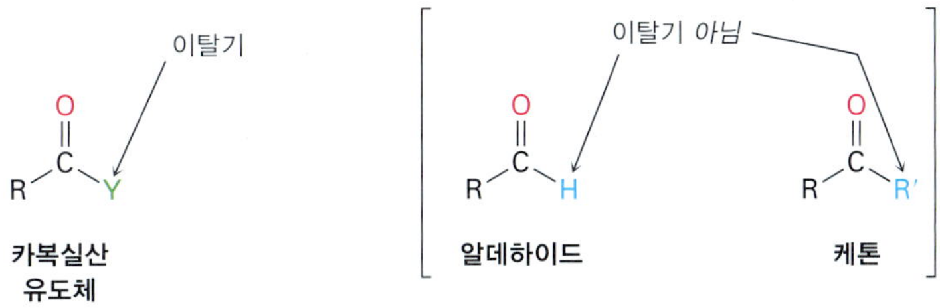

알데하이드 또는 케톤: 친핵성 첨가

$:Nu^-$, 알콕시화 이온 중간체, H_3O^+

카복실산 유도체: 친핵성 아실 치환

$:Nu^-$, 알콕시화 이온 중간체, + $:Y^-$

이탈기, 카복실산 유도체

이탈기 *아님*, 알데하이드, 케톤

최초의 첨가 단계와 그에 따른 제거 단계는 친핵성 아실 치환 반응의 전체 속도에 영향을 끼칠 수 있다. 그러나 일반적으로 첨가 단계가 속도-제한 단계이다. 따라서 카보닐기를 친핵체에 대해 더 활성을 크게 하는 어떠한 인자도 치환 경로를 유리하게 한다.

일반적 규칙으로서, C=O 탄소에 전자가 부족할수록 화합물들은 친핵체와 더 쉽게 반응을 한다. 그리하여 산 염화물이 가장 반응성이 큰 화합물인데 전기음성적인 염소 원자가 카보닐 탄소로부터 강하게 전자를 끌어당기기 때문이다. 그러나 아마이드는 가장 반응성이 작은 화합물이다. 비록 그 차이가 미묘하다 할지라도 정전기 퍼텐셜 지도에서 C=O 탄소 위의 상대적 파란색 강도는 여러 카복실산 유도체 간의 차이를 나타낸다. 생물학적 분자에서 보편적으로 발견되는 싸이오에스터, RCOSR′는 에스터와 산 무수물 사이의 중간 반응성을 가진다. 따라서 싸이오에스터는 살아 있는 유기조직에 존재하기에 충분히 안정하나 쓰이기 충분할 만큼 반응성이 있다.

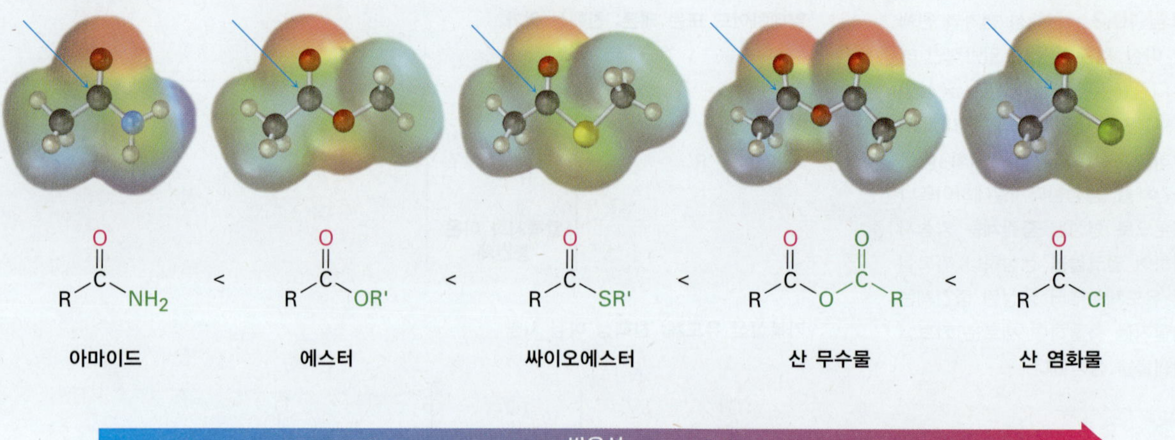

이 반응성 차이로 말미암아 반응성이 큰 산 유도체로부터 반응성이 작은 산 유도체로 보통 전환시킬 수 있다. 예를 들면, 산 염화물은 에스터와 아마이드로 전환시킬 수 있으나 아마이드와 에스터는 산 염화물로 전환시킬 수 없다. 이러한 반응성 순서를 기억하면 많은 종류의 반응을 기억하는 데 있어서 매우 유용하다(그림 10.3).

다음 몇 개의 절에서 카복실산과 유도체 화학을 공부하는 데 주로 몇 개의 반응만 관여할 것이며 동일한 종류의 반응이 계속해서 일어나는 것을 보게 될 것이다(그림 10.4).

- **가수분해:** 물과 반응하여 카복실산을 생성
- **가알코올 분해:** 알코올과 반응하여 에스터를 생성

그림 10.3 카복실산 유도체의 상호전환. 반응성이 큰 화합물들은 반응성이 작은 화합물로 전환될 수 있으나 그 역은 가능하지 않다.

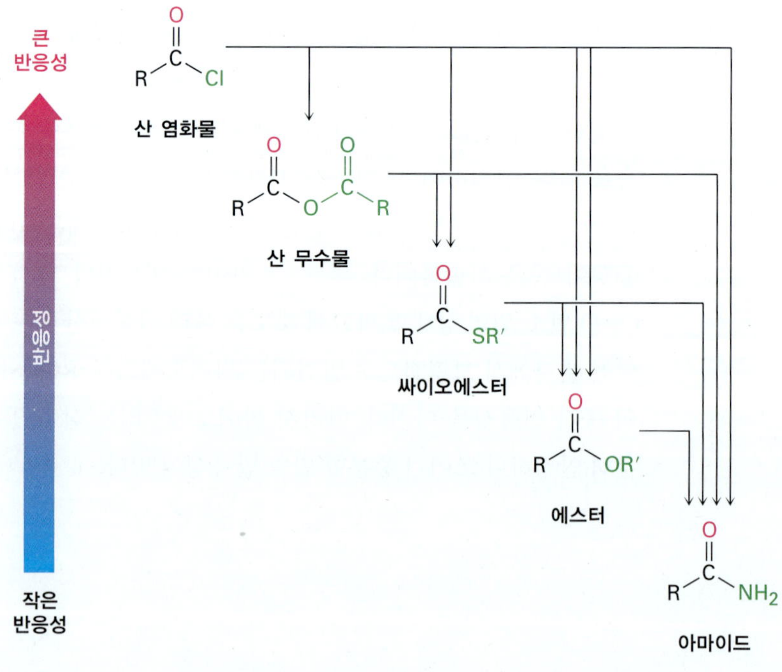

그림 10.4 몇 가지 카복실산 유도체의 일반적 반응

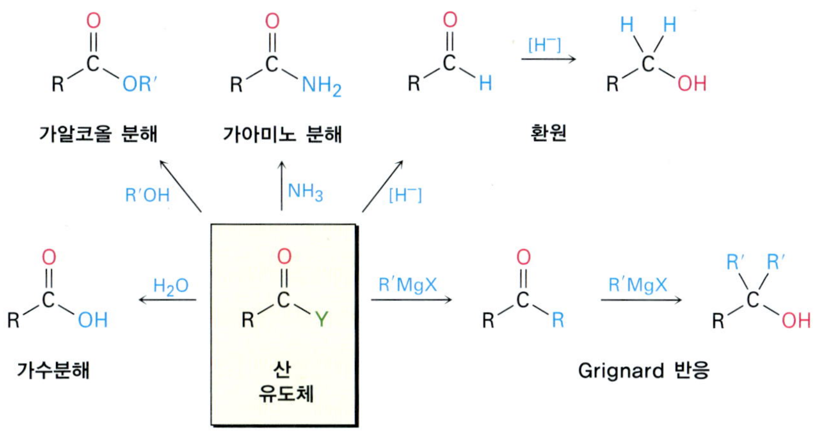

가알코올 분해 가아미노 분해 환원

가수분해 산 유도체 Grignard 반응

- **가아미노 분해:** 암모니아 또는 아민과 반응하여 아마이드를 생성
- **환원:** 수소화물 환원제와 반응하여 알코올을 생성
- **Grignard 반응:** 유기마그네슘 시약과 반응하여 알코올을 생성

예문 10.2 친핵성 아실 치환 반응의 생성물 예측하기

다음의 염화 벤조일이 프로판-2-올의 친핵성 아실 치환 반응에서 생성물을 예측하라.

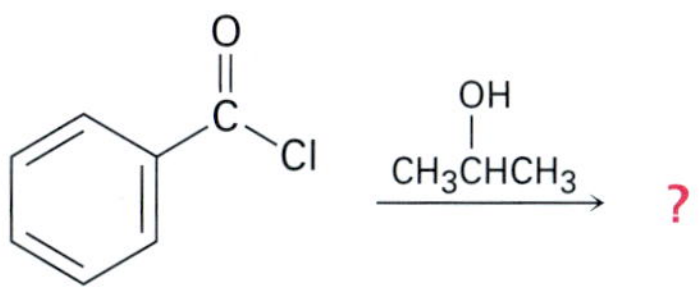

염화 벤조일

풀이 친핵성 아실 치환 반응은 카복실산 유도체에서 이탈기를 친핵체로 치환하는 것과 관련된다. 이탈기(산 염화물인 경우 Cl^-)와 친핵체(이 경우 알코올)를 확인하라. 그리고 이탈기를 친핵체로 치환하라. 생성물은 에스터인 벤조산 아이소프로필이다.

해답

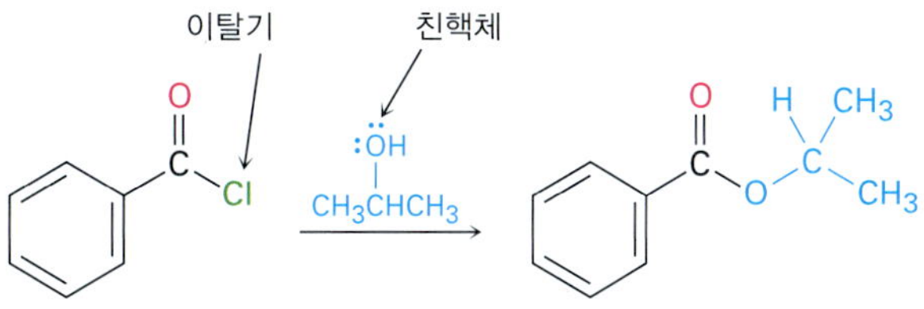

이탈기 친핵체

염화 벤조일 벤조산 아이소프로필

문제 10.9 다음 각 조에서 친핵성 아실 치환 반응의 반응성이 더 큰 화합물은 무엇인가?

(a) CH_3COCl 또는 $CH_3CO_2CH_3$

(b) $(CH_3)_2CHCONH_2$ 또는 $CH_3CH_2CO_2CH_3$

(c) $CH_3CO_2CH_3$ 또는 $CH_3CO_2COCH_3$

(d) $CH_3CO_2CH_3$ 또는 CH_3CHO

문제 10.10 다음 친핵성 아실 치환 반응의 생성물을 예측하라.

(a) $CH_3C(=O)OCH_3 \xrightarrow[H_2O]{NaOH}$?

(b) $CH_3C(=O)Cl \xrightarrow{NH_3}$?

(c) $CH_3C(=O)OC(=O)CH_3 \xrightarrow[CH_3OH]{Na^+\ ^-OCH_3}$?

(d) $CH_3C(=O)SCH_3 \xrightarrow{CH_3NH_2}$?

10.6 카복실산과 그들의 반응

카복실산의 직접적 친핵성 아실 치환은 −OH가 좋지 않은 이탈기이므로 어렵다(7.5절). 그러므로 산의 반응성을 높이기 위해서 센 산을 이용하여 카복실기를 양성자 첨가화하여 더 좋은 수용체를 만들거나 −OH를 더 좋은 이탈기로 만드는 것이 보통 필요하다. 그러나 옳은 조건 하에서 산 염화물, 무수물, 에스터 및 아마이드는 모두 카복실산으로부터 합성할 수 있다.

산을 산 염화물로 전환($RCO_2H \rightarrow RCOCl$)

산 염화물은 카복실산을 염화 싸이오닐, $SOCl_2$로 처리하여 얻는다. 반응은 친핵성 아실 치환 반응인데 카복실산이 맨 처음 아실 클로로설파이트 중간체로 전환하는 데 산의 −OH를 훨씬 좋은 이탈기로 치환하는 것이다. 그러고나서 클로로설파이트는 친핵성 염소 이온과 반응한다.

$$RC(=O)OH \xrightarrow{SOCl_2} [RC(=O)OS(=O)Cl + :Cl:^- \longrightarrow RC(Cl)(O^-)OS(=O)Cl] \longrightarrow RC(=O)Cl + SO_2$$

카복실산 클로로설파이트 산 염화물

산을 에스터로 전환($RCO_2H \rightarrow RCO_2R'$)

카복실산의 가장 유용한 반응은 아마도 알코올과의 반응으로 카복실산을 에스터로 전환하는 것일 것이다: −OH기를 −OR로 전환. Fischer 에스터화 반응이라 부르는 가장 간단

메커니즘

그림 10.5 에스터를 생성하는 카복실산의 Fischer 에스터화 반응 메커니즘. 반응은 산-촉매 친핵성 아실 치환반응이다.

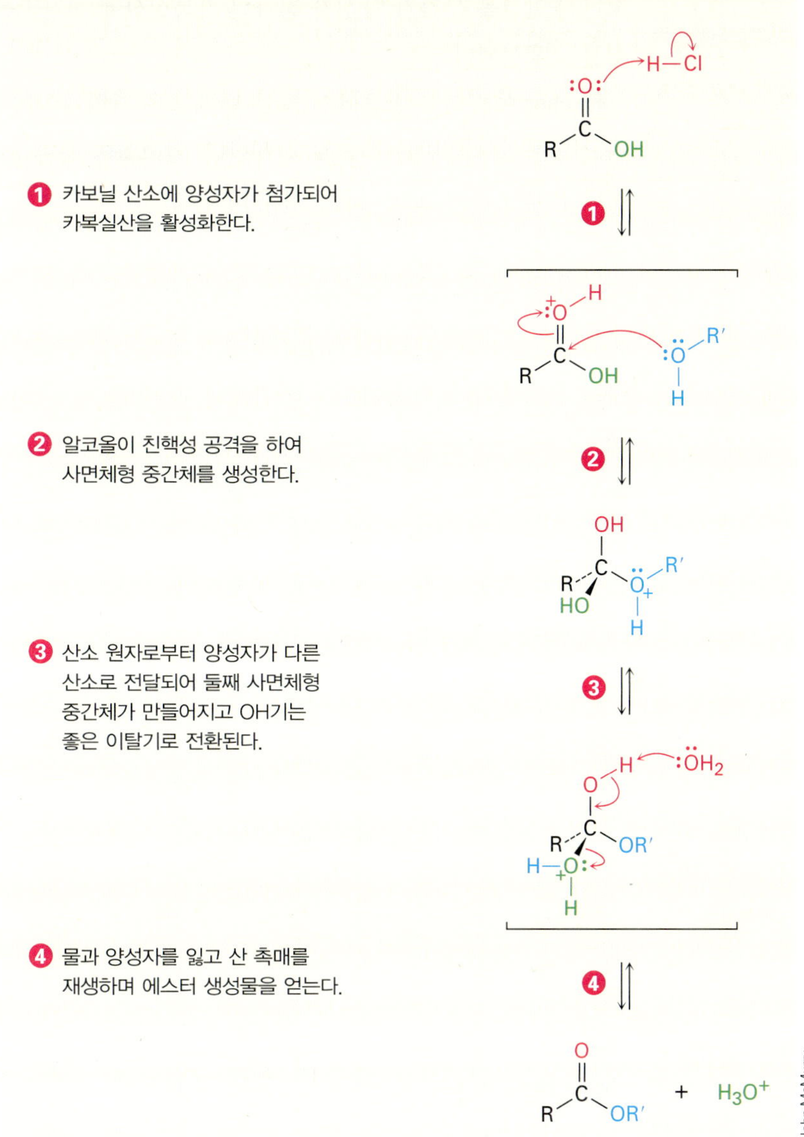

한 방법은 카복실산을 알코올 용매 중에서 산 촉매와 함께 가열하는 것이다.

$$\text{벤조산} + CH_3CH_2OH \xrightleftharpoons{\text{HCl 촉매}} \text{벤조산 에틸(91\%)} + H_2O$$

벤조산 **벤조산 에틸(91%)**

그림 10.5에 나타낸 것처럼, 맨 먼저 산 촉매가 $-CO_2H$기의 산소 원자에 양성자가 첨

가되어 카복실산이 양전하를 띠게 함으로써 친핵체에 대한 반응성을 더 크게 한다. 그러고나서 알코올 분자가 양성자 첨가된 카복실산에 첨가반응을 한 후, 물을 잃고 에스터 생성물이 생성된다.

Fischer 에스터화 반응에서 모든 단계들은 가역적이며 평형의 위치는 반응 조건에 따라 정반응이나 역반응 쪽으로 진행한다. 알코올이 용매로 사용될 때 에스터 형성이 유리하나 용매가 물일 때 카복실산이 유리하다.

산을 아마이드로 전환($RCO_2H \rightarrow RCONH_2$)

아마이드는 카복실산의 −OH기가 질소 치환기인 $-NH_2$, −NHR, 또는 $-NR_2$로 치환된 산의 유도체이다. 아마이드는 아민과의 치환반응에 의해 산으로부터 직접 얻을 수 없는데, 그 이유는 아민이 카복실기를 카복실산 음이온으로 전환하는 염기이기 때문이다. 따라서 −OH는 더 좋은 비산성 이탈기로 만들어 활성화되어야 한다. 실제로 아마이드는 흔히 카복실산을 다이사이클헥실카보다이이마이드(dicyclohexylcarbodiimide, DCC)로 처리하여 활성화시키고 아민을 첨가하여 만든다. 15.7절에서 아마이드를 만드는데 이 DCC법이 아미노산으로부터 단백질의 실험실 합성에 특별히 유용함을 보게 될 것이다.

카복실산 + DCC → [$RC(=O)-O-C(=NC_6H_{11})-NHC_6H_{11}$] —$R'NH_2$→ 아마이드 ($RCONHR'$) + $O=C(NHC_6H_{11})_2$

산을 알코올로 전환($RCO_2H \rightarrow RCH_2OH$)

8.3절에서 본 바와 같이, 산은 테트라하이드로알루미늄산 리튬($LiAlH_4$)에 의해 환원되어 1차 알코올을 생성한다. 반응 결과 산의 −OH기가 −H로 치환되어 알데하이드 중간체가 되고 더 계속 환원되어 알코올을 만든다.

카복실산 (RCO_2H) —"H^-" ($LiAlH_4$)→ [알데하이드 (분리 안됨) ($RCHO$) —"H^-" ($LiAlH_4$)→ 알콕시화 이온 (RCH_2O^-)] —H_3O^+→ 1° 알코올 (RCH_2OH)

예문 10.3 산으로부터 에스터 합성

Fischer 에스터화 반응을 통해 다음 에스터를 합성하라.

(o-브로모벤조산 프로필: 벤젠 고리에 $C(=O)OCH_2CH_2CH_3$ 와 Br)

풀이 에스터를 두 부분으로 나누는 것이 비결이다. 아실 부분은 카복실산, −OR 부분은 알코올로부터 유래한다. 이 경우에 목표 화합물은 *o*-브로모벤조산 프로필이므로 *o*-브로모벤조산을 프로판-1-올로 처리하여 얻을 수 있다.

해답

$$\text{o-브로모벤조산} + CH_3CH_2CH_2OH \xrightarrow[\text{촉매}]{HCl} \text{o-브로모벤조산 프로필 } (ArC(=O)OCH_2CH_2CH_3) + H_2O$$

o-브로모벤조산 프로판-1-올 *o*-브로모벤조산 프로필

문제 10.11 벤조산을 다음 시약으로 처리하면 무엇을 얻을 수 있는가? 반응식을 써라.

(a) $SOCl_2$ (b) CH_3OH, HCl (c) $LiAlH_4$ (d) NaOH

문제 10.12 Fischer 에스터화 반응을 이용해서 다음 에스터를 합성하는 방법을 나타내라.

(a) $CH_3C(=O)OCH_2CH_2CH_2CH_3$ (b) $CH_3CH_2CH_2C(=O)OCH_3$ (c) $C_6H_5C(=O)OCH(CH_3)CH_3$

10.7 산 할로젠화물과 그들의 반응

앞절에서 본 것처럼, 산 염화물은 카복실산과 염화 싸이오닐, $SOCl_2$의 반응으로 합성된다.

$$RC(=O)OH \xrightarrow{SOCl_2} RC(=O)Cl$$

산 할로젠화물은 카복실산 유도체 중 가장 반응성이 큰 것에 속하며 다른 많은 종류의

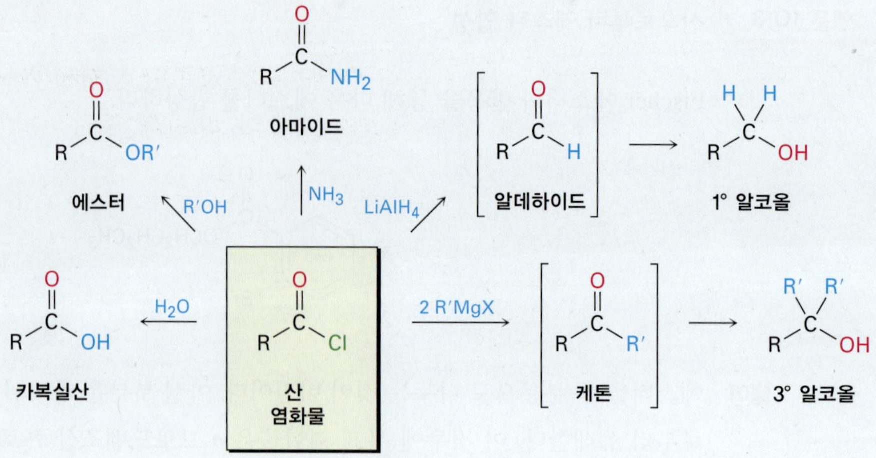

그림 10.6 산 염화물의 몇 가지 친핵성 아실 치환 반응

물질로 전환될 수 있다. 할로젠이 −OH로 치환되면 카복실산, −OR로 치환되면 에스터, 또는 $-NH_2$로 치환되면 아마이드를 생성한다. 그 외에 산 염화물은 $LiAlH_4$로 환원되어 1차 알코올 또는 Grignard 시약과 반응을 허용하면 3차 알코올을 생성한다(그림 10.6). 후자의 두 반응은 그러나 자주 이용되지 않는데 생성물 알코올은 에스터로부터 더 편리하게 합성할 수 있기 때문이다. 비록 산 염화물로만 설명할지라도 유사한 반응이 다른 산 염화물에도 일어난다.

산 염화물을 산으로 전환($RCOCl \rightarrow RCO_2H$)

산 염화물은 물과 반응하여 카복실산을 생성한다: −Cl이 −OH로 치환. 이 가수분해 반응은 전형적인 아실 치환 반응으로 친핵체인 물이 산 염화물의 카보닐기를 공격하여 비롯된다. 처음으로 형성된 사면체형 중간체는 HCl을 잃고 생성물을 생성한다.

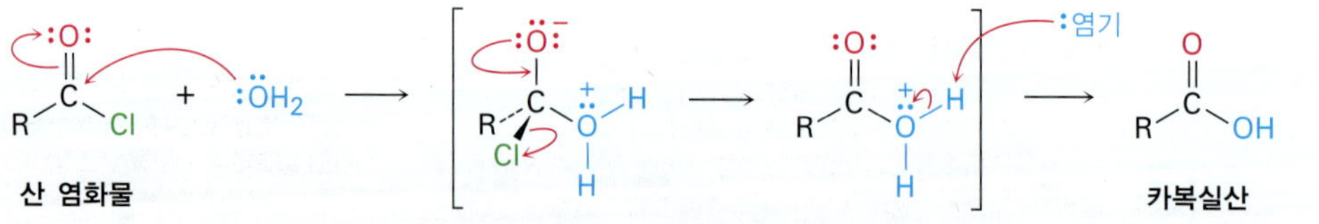

산 염화물을 에스터로 전환($RCOCl \rightarrow RCO_2R'$)

산 염화물은 알코올과 반응하여 에스터를 생성하는데 물과 반응하여 카복실산이 되는 반응과 유사하다.

벤조일 + 사이클로헥산올 —피리딘→ 벤조산 사이클로헥실(97%)

HCl이 부생성물로 생기기 때문에 반응은 피리딘과 같은 아민 염기 존재 하에서 실시하는데(12.6절) 이것은 생성된 HCl과 반응하여 부반응이 일어나지 않도록 한다.

산 염화물을 아마이드로 전환($RCOCl \rightarrow RCONH_2$)

산 염화물은 암모니아 및 아민과 빠르게 반응하여 아마이드를 생성한다: $-Cl$이 $-NR_2$로 치환. 일치환 및 이치환 아민 둘 다 이용될 수 있다. 예를 들면, 2-메틸프로판아마이드는 염화 2-메틸프로판오일과 암모니아의 반응으로 합성할 수 있다. 여분의 1 당량의 암모니아가 생성된 HCl과 반응하도록 첨가된다는 것에 유의하라.

$$CH_3CH(CH_3)COCl + 2\ NH_3 \longrightarrow CH_3CH(CH_3)CONH_2 + NH_4^+\ Cl^-$$

염화 2-메틸프로판오일 → 2-메틸프로판아마이드 (83%)

예문 10.4 산 염화물로부터 에스터 합성하기

산 염화물과 알코올의 반응으로부터 벤조산 에틸의 합성법을 나타내라.

풀이 이름이 뜻하는 것처럼, 벤조산 에틸은 에틸 알코올과 벤조산의 산 염화물의 반응으로 만들 수 있다.

해답

$$C_6H_5COCl + CH_3CH_2OH \xrightarrow[\text{용매}]{\text{피리딘}} C_6H_5COOCH_2CH_3$$

염화 벤조일 + 에탄올 → 벤조산 에틸

예문 10.5 산 염화물로부터 아마이드 합성하기

산 염화물과 아민의 반응으로부터 *N*-메틸프로판아마이드를 어떻게 합성하는가?

풀이 생성물의 이름이 그것의 합성에 관한 힌트를 제공한다. 메틸아민이 염화 프로판오일과 반응하여 *N*-메틸프로판아마이드를 생성한다.

해답

$$CH_3CH_2\overset{O}{\overset{\|}{C}}Cl + 2\ CH_3NH_2 \longrightarrow CH_3CH_2\overset{O}{\overset{\|}{C}}NHCH_3 + CH_3NH_3^+\ Cl^-$$

염화 프로판오일 · 메틸아민 · *N*-메틸프로판아마이드

문제 10.13 산 염화물과 알코올의 반응을 이용하여 다음 에스터를 어떻게 합성하는가?

(a) $CH_3CH_2CO_2CH_3$ (b) $CH_3CO_2CH_2CH_3$ (c) 아세트산 사이클로헥실

문제 10.14 암모니아와 염화 2-메틸프로판오일이 반응하여 2-메틸프로판아마이드를 생성하는 반응 메커니즘의 각 단계를 나타내라.

문제 10.15 어떤 아민과 어떤 산 염화물이 반응하면 다음의 아마이드를 생성하는가?

(a) $CH_3CH_2CONH_2$ (b) $(CH_3)_2CHCH_2CONHCH_3$

(c) *N*,*N*-다이메틸프로판아마이드 (d) *N*,*N*-다이에틸벤즈아마이드

10.8 산 무수물과 그들의 반응

산 무수물을 합성하는 가장 좋은 방법은 산 염화물과 카복실산 음이온 사이의 친핵성 아실 치환 반응을 이용하는 것이다. 대칭 또는 비대칭 산 무수물을 이 방법으로 합성할 수 있다.

$$HCO_2^-\ Na^+ + CH_3COCl \xrightarrow[25\ °C]{에터} HCOOCOCH_3$$

폼산 나트륨 · 염화 아세틸 · 아세트산 폼산 무수물(64%)

산 무수물의 화학은 산 염화물의 그것과 유사하다. 따라서 산 무수물은 물과 반응하여 카복실산, 알코올과 반응하여 에스터, 아민과 반응하여 아마이드를 생성한다(그림 10.7). $LiAlH_4$과 환원 반응을 하여 1차 알코올을 생성하며 Grignard 반응으로 3차 알코올이 생성된다. 그러나 이들 반응이 자주 쓰이지 않는데 알코올 생성물을 에스터로부터 더 편리하게 합성할 수 있기 때문이다.

아세트산 무수물은 복잡한 알코올의 에스터와 아민으로부터 치환된 아세트아마이드를 합성하는 데 흔히 쓰인다. 예를 들면, 아스피린(에스터)은 아세트산 무수물과 *o*-하이드록시벤조산의 반응으로 합성된다. 유사하게, 아세트아미노펜(아마이드, Tylenol의 활성 성분)은 아세트산 무수물과 *p*-하이드록시아닐린의 반응으로 합성된다.

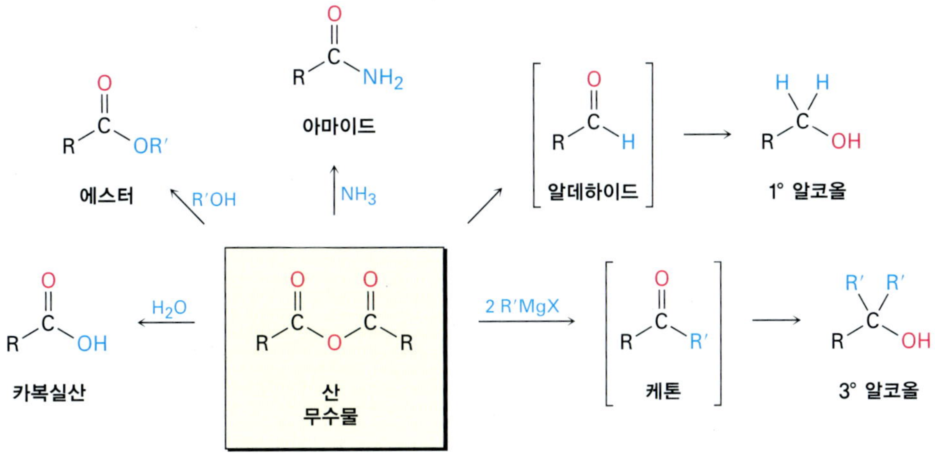

그림 10.7 산 무수물의 몇 가지 반응

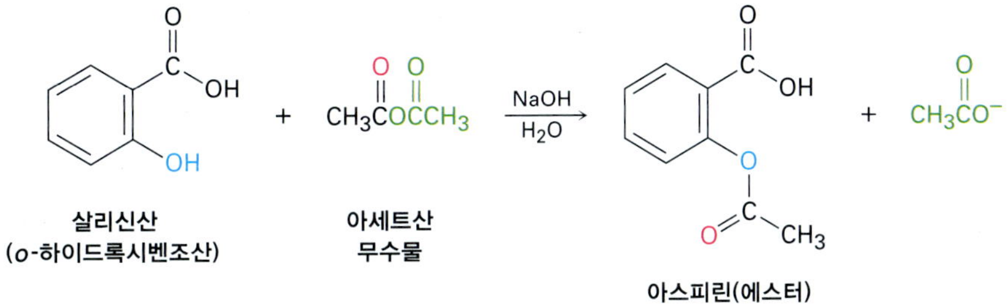

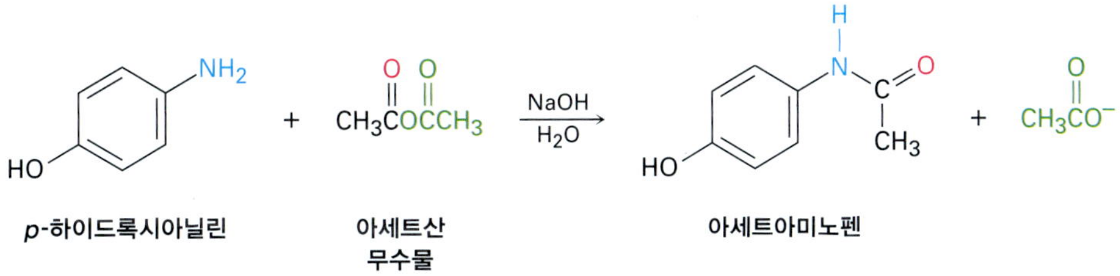

위의 두 예에서 단지 무수물 분자의 '반'만 쓰이고 있음에 주목하라. 다른 반쪽은 친핵성 아실 치환 단계에서 이탈기로 작용하며 부산물로서 카복실산 음이온을 생성한다. 따라서 산 무수물은 사용하는 데 있어서 비효율적이므로 그 대신 산 염화물이 보통 이용된다.

예문 10.6 친핵성 아실 치환 반응의 생성물 예측하기

다음 반응의 생성물은 무엇인가?

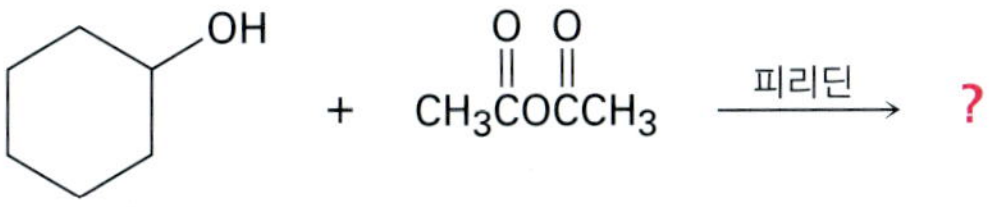

풀이 우리는 산 무수물이 알코올과 친핵성 아실 치환 반응을 하여 에스터를 생성한다는 것을 기억해야 한다. 사이클로헥산올과 산 무수물의 반응에서 아세트산 사이클로헥실이 친핵성 아실 치환 반응으로 생성되는데 이때 무수물의 $-OCOCH_3$기가 알코올의 $-OR$기로 치환된다.

해답

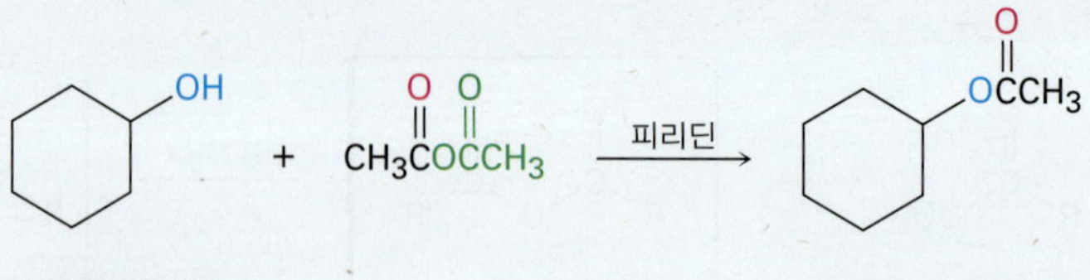

사이클로헥산올 + $CH_3COOCCH_3$ —피리딘→ 아세트산 사이클로헥실

문제 10.16 아세트산 무수물과 *p*-하이드록시아닐린의 반응으로부터 아세트아미노펜을 합성하는 반응 메커니즘의 각 단계를 나타내라.

문제 10.17 1 당량의 메탄올과 프탈산 무수물과 같은 고리형 무수물의 반응에서 얻을 수 있는 생성물은 무엇인가?

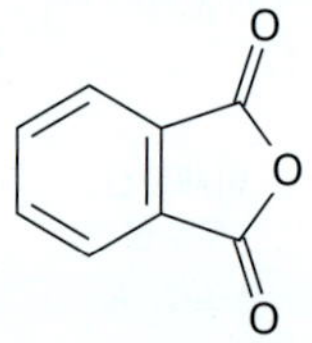

프탈산 무수물

10.9 에스터와 그들의 반응

에스터는 이미 논의한 것과 같이 카복실산 또는 산 염화물과 알코올로부터 합성한다. 따라서 카복실산은 알코올과 Fischer 에스터화 반응에 의해 직접 에스터로 합성할 수 있다(10.6절). 산 염화물은 피리딘 존재 하에서 알코올과 반응하여 에스터로 전환된다(10.7절).

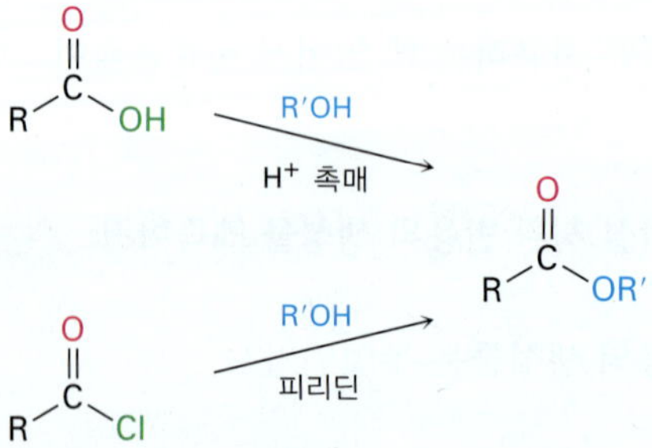

RCOOH —R′OH, H^+ 촉매→ RCOOR′

RCOCl —R′OH, 피리딘→ RCOOR′

에스터는 다른 아실 유도체에서 본 것과 같은 종류의 화학적 성질을 나타낸다. 그러나

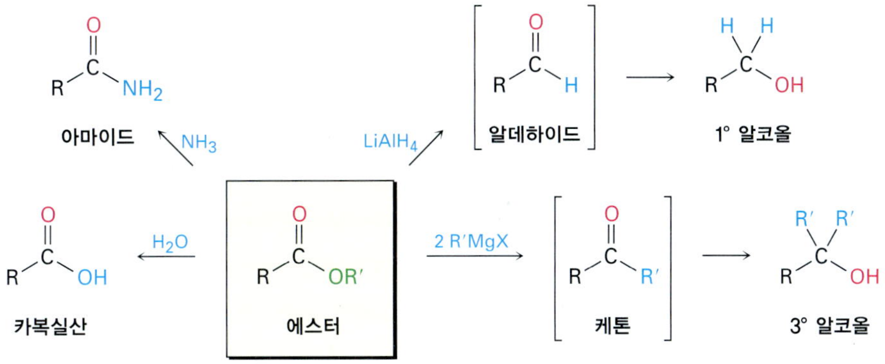

그림 10.8 에스터의 몇 가지 반응

산 염화물이나 무수물보다 친핵체에 대해 반응성이 작다. 그림 10.8은 에스터의 몇 가지 일반적인 반응을 보여 준다.

에스터를 산으로 전환($RCO_2R' \rightarrow RCO_2H$)

에스터는 염기나 산 수용액에 의해 가수분해되어 카복실산과 알코올을 형성한다.

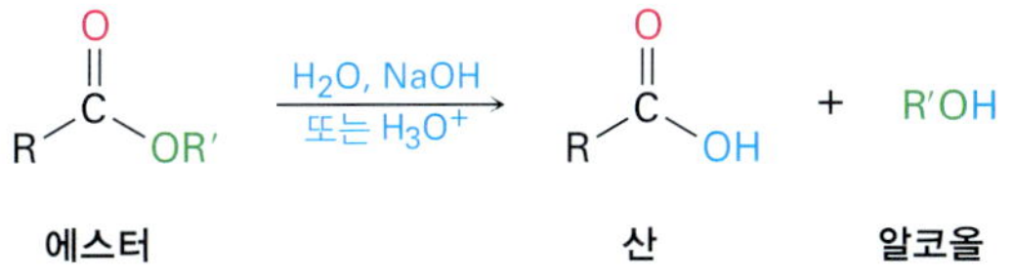

$$RCO_2R' \xrightarrow[\text{또는 } H_3O^+]{H_2O,\ NaOH} RCO_2H + R'OH$$

에스터 → 산 + 알코올

염기성 수용액으로 에스터를 가수분해하는 것을 비누화(saponification)라 하는데 라틴어 *sapo*는 '비누'라는 의미이다. (16.2절에서 보겠지만, 비누는 동물 지방의 염기 유발 에스터 가수분해로 만든다.) 에스터 가수분해는 OH^- 친핵체가 에스터 카보닐기에 첨가되어 사면체형의 중간체를 생성하는 전형적인 친핵성 아실 치환 반응으로 일어난다. 그러고나서 RO^-를 잃어 카복실산을 생성하고 양성자 이탈 반응이 일어나 카복실산 음이온이 된다.

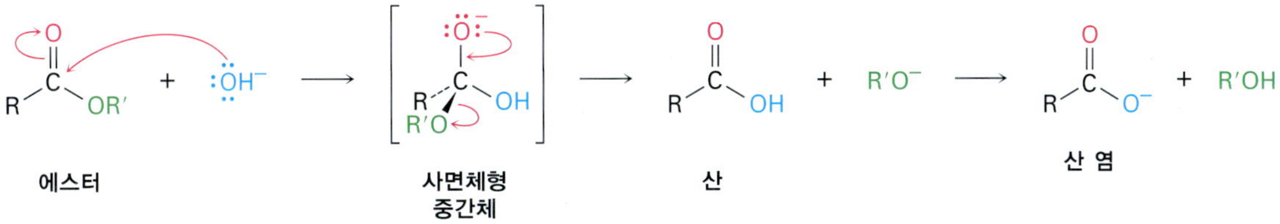

$$RCO_2R' + {:}\ddot{O}H^- \longrightarrow [\text{사면체형 중간체}] \longrightarrow RCO_2H + R'O^- \longrightarrow RCO_2^- + R'OH$$

에스터 / 사면체형 중간체 / 산 / 산 염

에스터를 환원하여 알코올로 전환($RCO_2R' \rightarrow RCH_2OH$)

에스터를 $LiAlH_4$로 처리하면 1차 알코올로 환원된다(8.3절). 이 반응은 수소화 이온이 먼저 카보닐기에 첨가된 후 알콕시화 이온이 제거되어 알데하이드 중간체를 형성하는 친핵

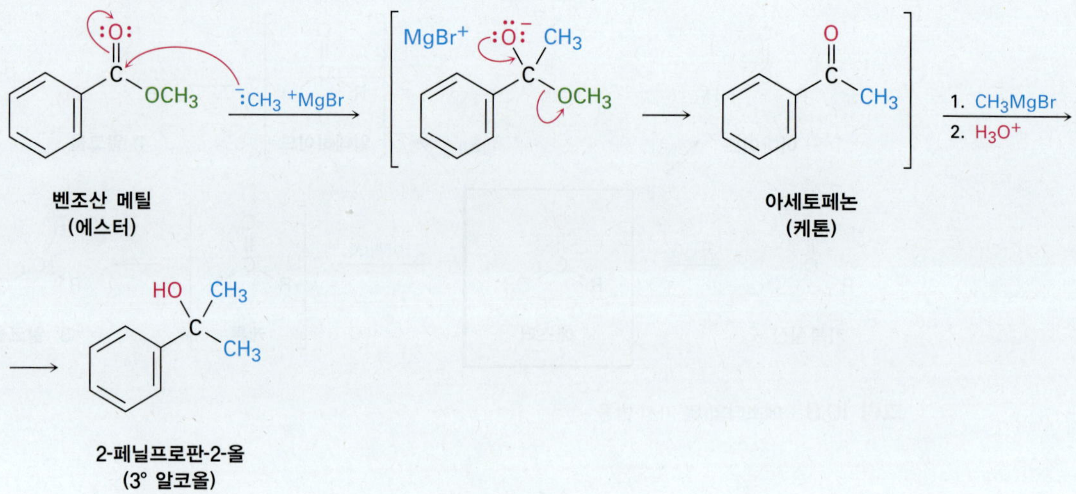

벤조산 메틸 (에스터) $\xrightarrow{^{-}:CH_3\ ^{+}MgBr}$ [$MgBr^+$ $:\ddot{O}:^-$ CH_3 / OCH_3 → 아세토페논 (케톤)] $\xrightarrow[2.\ H_3O^+]{1.\ CH_3MgBr}$ → 2-페닐프로판-2-올 (3° 알코올)

그림 10.9 Grignard 시약이 에스터와 반응하여 3차 알코올을 생성하는 반응 메커니즘. 케톤 중간체가 생성된다.

성 아실 치환 반응으로 시작된다. 알데하이드는 더 환원되어 1차 알코올이 된다.

$$CH_3CH_2CH{=}CHCOCH_2CH_3 \xrightarrow[2.\ H_3O^+]{1.\ LiAlH_4,\ \text{에터}} CH_3CH_2CH{=}CHCH_2OH + CH_3CH_2OH$$

펜트-2-엔올산 에틸 → 펜트-2-엔-1-올(91%)

Grignard 시약과의 반응으로 에스터를 알코올로 전환($RCO_2R' \rightarrow R_3COH$)

Grignard 시약이 에스터와 반응하면 하이드록시기가 붙은 탄소의 치환기 2개가 동일한 3차 알코올이 생성된다(8.3절). 예를 들면, 벤조산 메틸은 2당량의 CH_3MgBr과 반응하여 2-페닐프로판-2-올을 생성한다. Grignard 시약이 에스터에 첨가된 후 알콕시화 이온이 제거되어 중간체 케톤이 되며, 연이어 케톤에 Grignard 시약의 첨가 반응이 일어나 3차 알코올을 만든다(그림 10.9).

예문 10.7 에스터로부터 알코올을 합성하기

Grignard 시약과 에스터와의 반응을 이용하여 1,1-다이페닐프로판-1-올을 어떻게 합성하는가?

풀이 Grignard 시약과 에스터 간의 반응 생성물은 3차 알코올로서 알코올 탄소와 탄소에 붙어 있는 치환기의 하나는 에스터로부터, 알코올 탄소에 붙어 있는 남아 있는 두 치환기는 Grignard 시약에서 유래한다. 1,1-다이페닐프로판-1-올의 알코올 탄소에 2개의 페닐기와 1개의 에틸기가 붙어 있으므로 할로(페닐)마그네슘과 프로판산의 에스터를 반응시켜 합성해야 한다.

해답

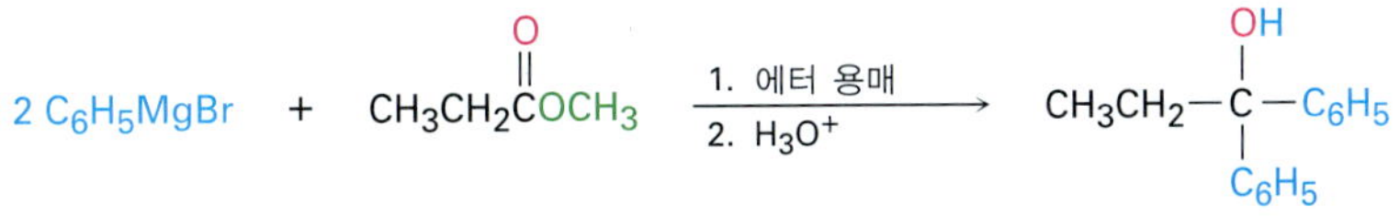

$$2\ C_6H_5MgBr + CH_3CH_2\overset{O}{\overset{\|}{C}}OCH_3 \xrightarrow[2.\ H_3O^+]{1.\ 에터\ 용매} CH_3CH_2-\underset{C_6H_5}{\underset{|}{\overset{OH}{\overset{|}{C}}}}-C_6H_5$$

1,1-다이페닐프로판-1-올

문제 10.18 다음 에스터의 가수분해 생성물은 무엇인가?

(a) 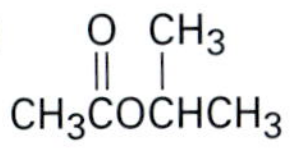 $CH_3\overset{O}{\overset{\|}{C}}O\overset{CH_3}{\overset{|}{C}}HCH_3$ (b) 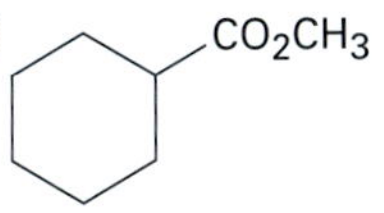 (cyclohexyl–CO_2CH_3)

문제 10.19 왜 에스터의 비누화는 가역적이 아니라고 생각하는가? 바꿔 말하면, 왜 카복실산을 알콕시화 음이온으로 처리하면 에스터를 형성하지 않는가?

문제 10.20 다음 에스터를 $LiAlH_4$로 환원시켜 얻을 수 있는 생성물은 무엇인가?

(a) 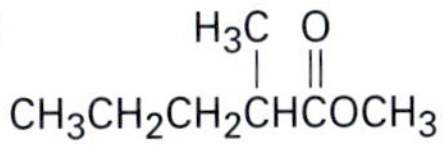 $CH_3CH_2CH_2\overset{H_3C}{\overset{|}{C}}H\overset{O}{\overset{\|}{C}}OCH_3$ (b) 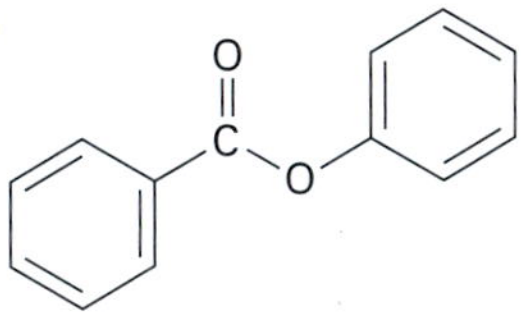 (phenyl benzoate: C_6H_5–C(=O)–O–C_6H_5)

문제 10.21 다음 알코올 합성하기 위해 어떤 에스터와 Grignard 시약을 사용하는가?

(a) 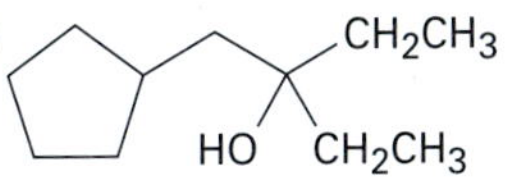 (cyclopentyl–CH_2–C(OH)(CH_2CH_3)(CH_2CH_3); labels: CH_2CH_3, HO, CH_2CH_3) (b) 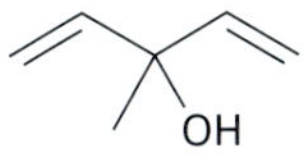 (OH)

10.10 아마이드와 그들의 반응

아마이드는 보통 산 염화물과 아민의 반응으로 합성한다(10.7절). 아마이드는 산 염화물, 산 무수물 및 에스터보다 반응성이 훨씬 작다. 아마이드 결합은 매우 안정하여 단백질을 이루는 다른 아미노산이 함께 결합한 것이다.

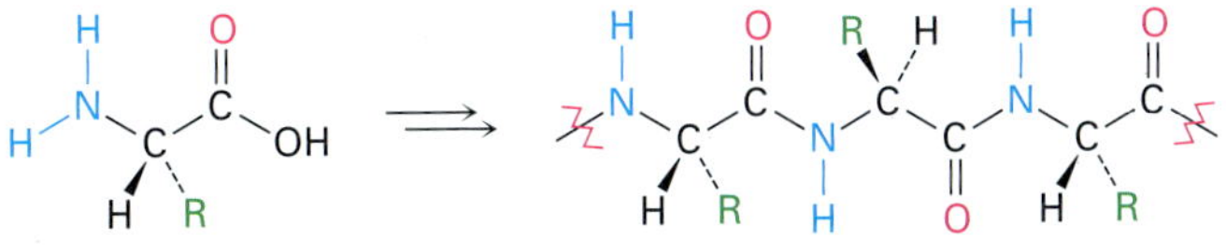

(아미노산 → 단백질 구조식; labels: H, N, O, C, OH, R, H)

아미노산 단백질

그림 10.10 아마이드의 몇 가지 반응

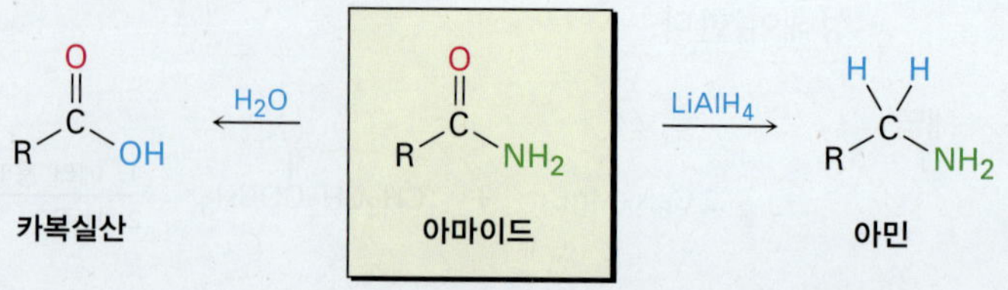

가장 보편적인 아마이드의 반응은 가수분해하여 카복실산의 생성과 $LiAlH_4$로의 환원 반응이다. 그러나 흥미있게도 아마이드의 환원 반응은 예상되는 알코올의 생성이 아니라 아민이다(그림 10.10).

아마이드를 카복실산으로 전환($RCONH_2 \rightarrow RCO_2H$)

아마이드는 산성 또는 염기성 수용액에서 가열하면 가수분해되어 카복실산과 아민을 생성한다. 비록 반응이 느리고 오랜 시간 가열이 필요하나, 전체 변환은 $-OH$가 $-NH_2$로 바뀌는 전형적인 친핵성 아실 치환 반응이다. 생화학에서 이 반응은 단백질을 그들의 성분 아미노산으로 가수분해하는 데 특히 유용하다.

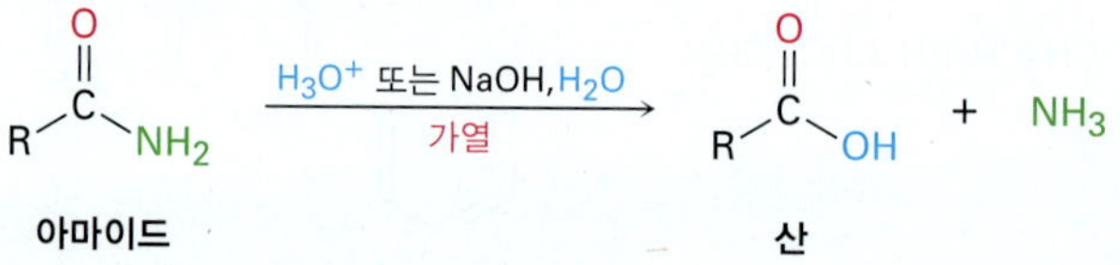

아마이드를 환원하여 아민으로 전환($RCONH_2 \rightarrow RCH_2NH_2$)

다른 카복실산 유도체와 같이, 아마이드는 $LiAlH_4$로 환원된다. 그러나 이 환원 반응의 생성물은 알코올이 아니라 아민이다.

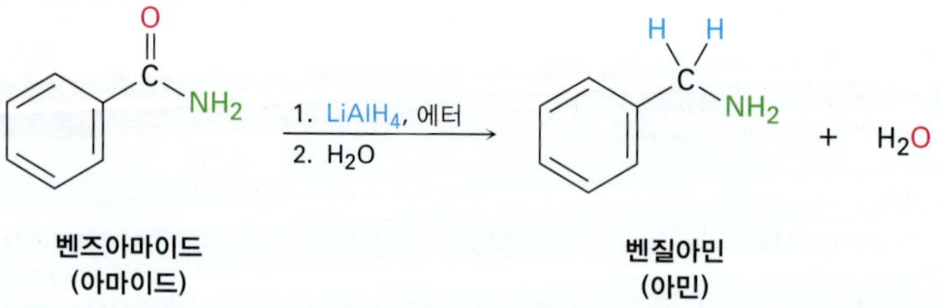

아마이드의 환원 효과는 아마이드의 카보닐기를 메틸렌기($C{=}O \rightarrow CH_2$)로 전환시키는 것이다. 이 같은 종류의 반응은 아마이드에만 특이한 것으로 다른 카복실산 유도체에는 일어나지 않는다.

예문 10.8 아마이드로부터 아민을 합성하기

어떤 아마이드를 $LiAlH_4$로 환원하여 *N*-에틸아닐린을 합성할 수 있는가?

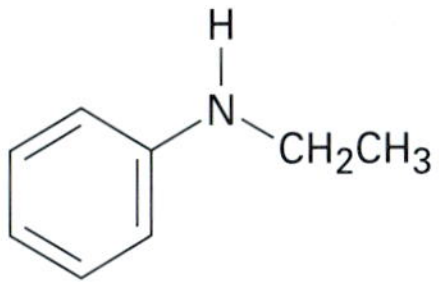

N-에틸아닐린

풀이 아마이드를 $LiAlH_4$로 환원하여 아민을 얻는다. *N*-에틸아닐린을 합성하기 위한 출발물질을 찾기 위해 질소 원자 이웃의 CH_2 위치를 찾아 CH_2를 C=O로 치환하라. 이 경우에 아마이드는 *N*-페닐아세트아마이드이다.

해답

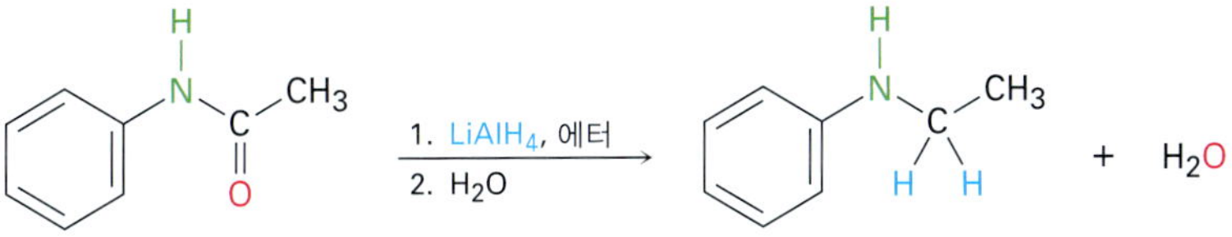

$$\text{N-페닐아세트아마이드} \xrightarrow[\text{2. } H_2O]{\text{1. } LiAlH_4\text{, 에터}} \text{N-에틸아닐린} + H_2O$$

N-페닐아세트아마이드 *N*-에틸아닐린

문제 10.22 어떻게 *N*-에틸벤즈아마이드를 다음 물질로 전환시킬 수 있는가?

(a) 벤조산

(b) 벤질 알코올

(c) *N*-에틸벤질아민, $C_6H_5CH_2NHCH_2CH_3$

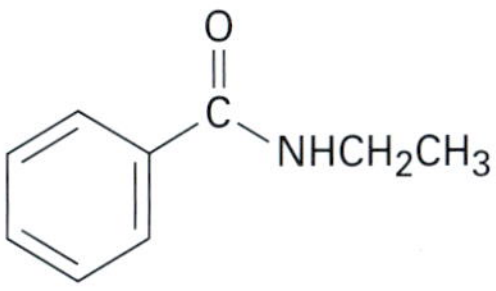

N-에틸벤즈아마이드

문제 10.23 아마이드를 $LiAlH_4$로 환원하여 아민을 만드는 방법은 비고리형 및 고리형 아마이드(락탐) 둘 다 효과적이다. 5,5-다이메틸피롤리딘-2-온을 $LiAlH_4$로 환원하면 어떤 생성물을 얻을 수 있는가?

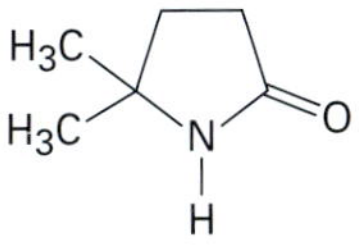

5,5-다이메틸피롤리딘-2-온
(락탐)

10.11 나이트릴과 그들의 반응

나이트릴, R—C≡N은 카복실산과 유사한데 두 작용기는 탄소 원자가 전기음성적인 원자에 3개의 결합으로 연결되어 있고 다중 결합을 함유하고 있다.

R—C≡N

나이트릴—질소에 3개의 결합

R—C(=O)OH

카복실산—두 산소에 3개의 결합

나이트릴은 비록 1000개 이상의 예가 알려져 있지만 산 유도체들보다 살아 있는 조직에 덜 빈번히 나타난다. 예를 들면, 사이아노사이클린(cyanocycline) A는 Streptomyces lavendulae에서 추출되는데 항미세균과 항종양 활성도를 가진다. 커사바(Cassava) 식물에서 분리된 로타우스트라린(lotaustralin)은 아세탈 탄소를 가진 당을 포함하는데, 산소 1개가 나이트릴-소유 탄소에 결합되어 있다(당—O—C—CN). 아세탈의 가수분해로 사이안화 수소가 방출되고 그 결과 식물을 보호하는 천연 살충제로 작용한다.

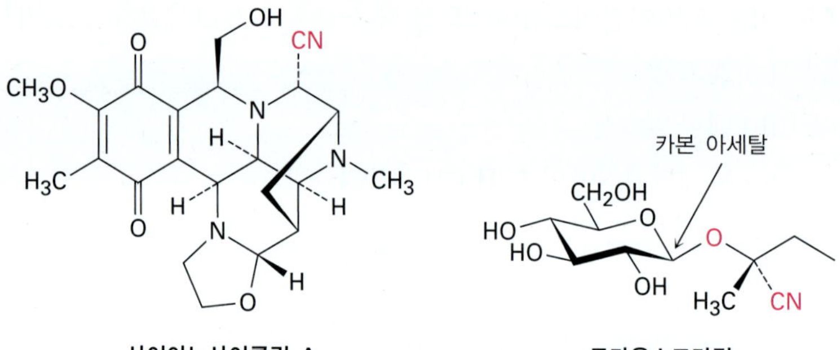

사이아노사이클린 A

카본 아세탈

로타우스트라린
(사이아노합성 글리코사이드)

나이트릴을 합성하는 가장 간단한 방법은 S_N2 방법으로 1차 할로젠화 알킬에 사이안화 이온을 반응시키는 것이다(7.5절).

$$RCH_2Br \; + \; Na^+ \; ^-CN \xrightarrow[\text{반응}]{S_N2} RCH_2C{\equiv}N \; + \; NaBr$$

나이트릴의 반응

카보닐기처럼 나이트릴은 강하게 편극화되어 있다. 나이트릴 탄소 원자는 친전자성이며 친핵체의 공격을 받아 sp^2 혼성화된 중간체 이민 음이온을 생성하는데, 이것은 카보닐기에 친핵체가 친핵성 첨가 반응을 하여 생성된 sp^3 혼성화된 중간체 알콕시화 이온과 유사

그림 10.11 나이트릴의 몇 가지 반응

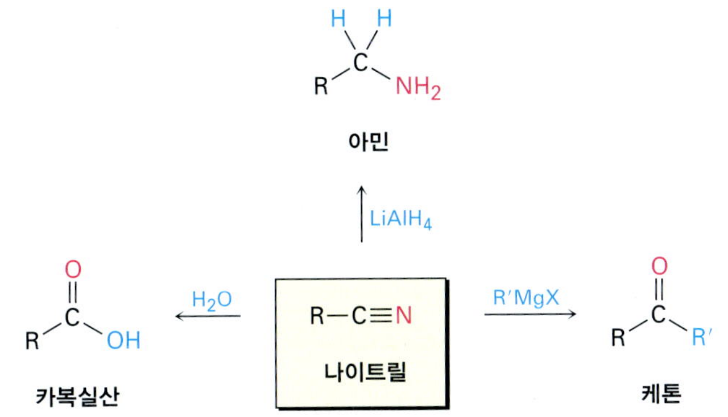

하다. 일단 형성되면 중간체 이민 음이온은 그 이상의 생성물로 반응한다.

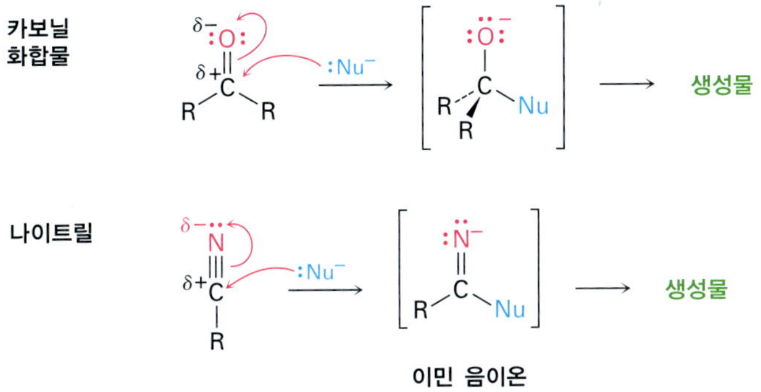

나이트릴이 가수분해되어 카복실산과 암모니아의 생성, 아민으로 환원, Grignard 반응으로 케톤의 생성은 나이트릴의 가장 유용한 반응이다(그림 10.11).

나이트릴을 카복실산으로 전환(RCN → RCO_2H)

나이트릴은 산성 또는 염기성 용액에서 가수분해되어 카복실산과 암모니아(또는 아민)를 생성한다. 예를 들면, 벤조나이트릴은 벤조산을 생성한다.

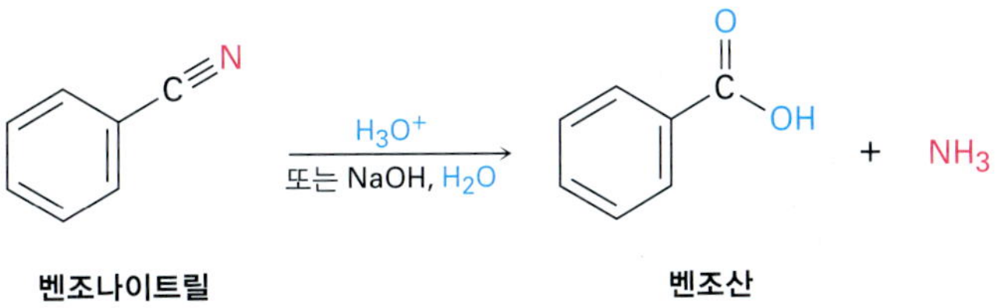

나이트릴을 환원하여 아민으로 전환(RCN → RCH_2NH_2)

나이트릴을 $LiAlH_4$로 환원하면 에스터가 환원되어 1차 알코올, ROH이 생성되는 것처럼 1차 아민, RNH_2을 생성한다.

$$o\text{-메틸벤조나이트릴} \xrightarrow[\text{2. } H_2O]{\text{1. } LiAlH_4\text{, 에터}} o\text{-메틸벤질아민}$$

o-메틸벤조나이트릴 o-메틸벤질아민

나이트릴과 Grignard 시약의 반응에 의해 케톤으로 전환

Grignard 시약, RMgX이 나이트릴에 첨가되면 중간체 이민 음이온을 생성하고 가수분해되어 케톤을 생성할 수 있다.

예를 들면, 벤조나이트릴은 브로모(에틸)마그네슘과 반응하여 프로피오페논을 생성한다.

$$\text{벤조나이트릴} \xrightarrow[\text{2. } H_3O^+]{\text{1. } CH_3CH_2MgBr\text{, 에터}} \text{프로피오페논} + NH_3$$

벤조나이트릴 프로피오페논

예문 10.9 나이트릴로부터 케톤을 합성하기

Grignard 시약과 나이트릴의 반응으로 2-메틸펜탄-3-온을 합성하는 방법을 보여라.

풀이 합성 목표인 케톤의 구조를 살펴보라. C=O 탄소는 C≡N 탄소에서, 탄소에 붙어 있는 2개의 치환기 중 하나는 Grignard 시약에서 유래하며, 다른 치환기는 원래 나이트릴에 있었던 것이다. 따라서 나이트릴과 Grignard를 반응시켜 케톤을 합성하는 2가지 방법이 있다.

해답

$$CH_3CH_2C{\equiv}N + (CH_3)_2CHMgBr \xrightarrow[\text{2. } H_3O^+]{\text{1. Grignard}} CH_3CH_2\overset{O}{\overset{\|}{C}}\underset{CH_3}{\underset{|}{C}}HCH_3 \xleftarrow[\text{2. } H_3O^+]{\text{1. Grignard}} CH_3\overset{CH_3}{\overset{|}{C}}HC{\equiv}N + CH_3CH_2MgBr$$

2-메틸펜탄-3-온

문제 10.24 다음 케톤을 Grignard 시약과 나이트릴의 반응에서 어떻게 합성하는가?

(a) $CH_3CH_2\overset{O}{\overset{\|}{C}}CH_2CH_3$

(b) $O_2N-C_6H_4-\overset{O}{\overset{\|}{C}}-CH_3$

문제 10.25 브롬화 벤질, $C_6H_5CH_2Br$로부터 1-페닐뷰탄-2-온, $C_6H_5CH_2COCH_2CH_3$를 어떻게 합성하는가? 한 단계 이상이 필요하다.

10.12 생물학적 카복실산 유도체: 싸이오에스터와 아실 인산염

장의 서론에서 언급한 것과 같이, 생체조직에서 친핵성 아실 치환 반응에 대한 기질은 일반적으로 **싸이오에스터**(**RCOSR′**) 또는 **아실 인산염**(**$RCO_2PO_3^{2-}$** 또는 **$RCO_2PO_3R'^{-}$**)이다. 둘다 반응성에 있어서 산 염화물과 에스터 사이의 중간이다. 따라서 그들은 생체조직 내에 존재할 만큼 충분히 안정하나 아실 치환 반응할 만큼 반응성이 있다.

아세틸 CoA로 단축된 아세틸 보조효소 A는 천연에 존재하는 가장 보편적인 싸이오에스터이다. 보조효소 A는 포스포판테타인과 아데노신 3′,5′-비스인산염 사이에 인산 무수물 연결(O═P—O—P═O)을 하는 싸이올(RSH)이다. (접두사 비스(*bis-*)는 2를 의미하는데

그림 10.12 보조효소 A(CoA)와 아데닐산 아세틸(acetyl adenylate)의 친핵성 치환 반응으로 싸이오에스터 아세틸 CoA의 생성

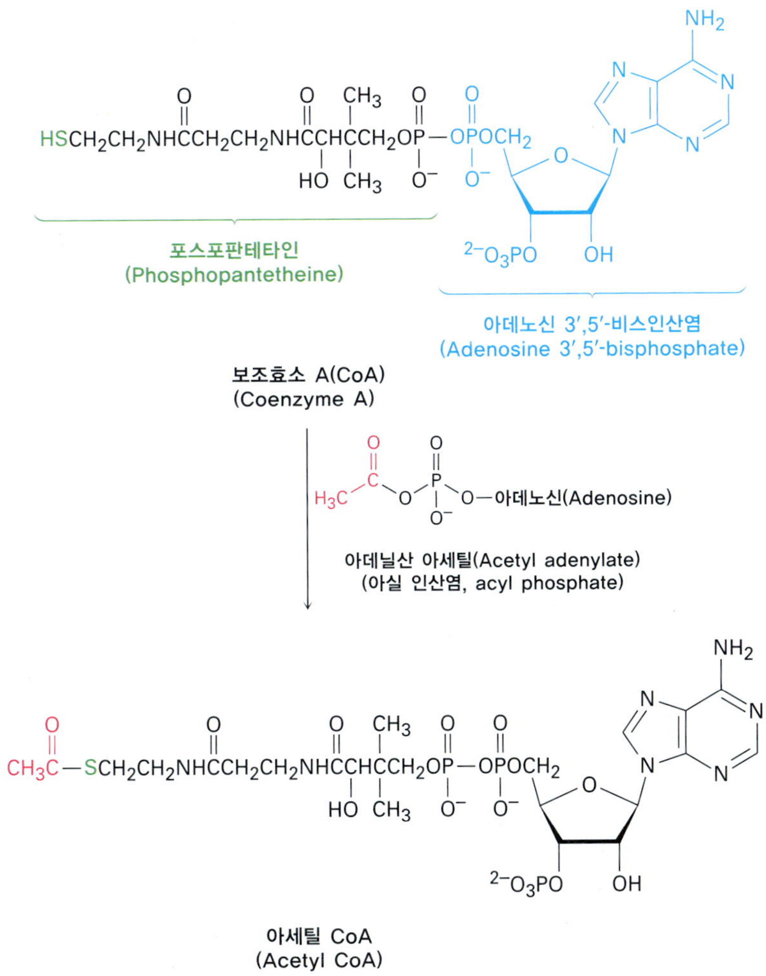

HSCH₂CH₂NHC(=O)CH₂CH₂NHC(=O)CH(OH)C(CH₃)₂CH₂OP(=O)(O⁻)—OP(=O)(O⁻)OCH₂–(adenosine, 3′-OPO₃²⁻, 2′-OH)

포스포판테타인 (Phosphopantetheine)

아데노신 3′,5′-비스인산염 (Adenosine 3′,5′-bisphosphate)

보조효소 A(CoA) (Coenzyme A)

$H_3C-C(=O)-O-P(=O)(O^-)-O-$아데노신(Adenosine)

아데닐산 아세틸(Acetyl adenylate) (아실 인산염, acyl phosphate)

↓

CH₃C(=O)—SCH₂CH₂NHC(=O)CH₂CH₂NHC(=O)CH(OH)C(CH₃)₂CH₂OP(=O)(O⁻)—OP(=O)(O⁻)OCH₂–(adenosine, 3′-OPO₃²⁻, 2′-OH)

아세틸 CoA (Acetyl CoA)

아데노신 3′,5′-비스인산염의 2개의 인산염 기 중 1개는 C3′에, 다른 1개는 C5′에 있음을 나타낸다.) 보조효소 A는 아실 인산염과 반응하여 아실 CoA(그림 10.12)를 생성한다.

아실 CoA가 한 번 생성되면 수많은 친핵성 아실 치환 반응의 기질이 된다. 예를 들면, 연골과 연결조직의 성분인 *N*-아세틸 글루코사민은 글루코사민과 아세틸 CoA 간의 아미노분해 반응에 의해 합성된다.

글루코사민 (아민) + $H_3C-C(=O)-SCoA$ ⟶ *N*-아세틸글루코사민 (아마이드) + HSCoA

문제 10.26 그림 10.12에 나타낸 보조효소 A와 아세틸 아데닐산 이온의 반응으로 아세틸 CoA가 생성되는 반응의 메커니즘을 써라.

10.13 카보닐 화합물의 중합체: 폴리아마이드 및 폴리에스터

지금까지 우리는 주요한 카복실산 유도체를 살펴보았다. 이들 화합물의 어떤 것들이 일상생활에서 쓰이고 있는지 알아보는 것도 흥미가 있을 것이다. 그렇게 쓰이는 가장 중요한 것은 틀림없이 중합체, 특히 폴리아마이드(나일론)와 폴리에스터일 것이다.

합성 중합체에는 크게 두 종류, 즉 사슬성장 중합체와 단계성장 중합체가 있다. 4.7절에서 본 폴리에틸렌과 다른 알켄 중합체를 **사슬성장 중합체**(chain-growth polymer)라 하는데, 그 이유는 연쇄 반응 과정으로 합성되기 때문이다. 이 반응에서 개시제가 알켄 단량체의 이중 결합에 첨가되어 반응성이 있는 중간체가 생성되고 이것이 다른 단량체에 첨가되어 새로운 중간체를 형성하는 과정이 연속하여 일어난다. 중합체 사슬은 단량체가 성장하는 사슬의 말단에 연속적으로 첨가됨에 따라 길어지게 된다.

단계성장 중합체(step-growth polymer)는 두 개의 작용기를 가진 분자들 간의 중합 반응으로 생성된다. 각각의 새 결합은 중합체 내의 다른 결합과 무관하게 따로따로 형성된다. 핵심이 되는 결합 형성 단계는 흔히 카복실산 유도체의 친핵성 아실 치환 반응이다. 몇 가지 상업적으로 중요한 단계성장 중합체가 표 10.3에 나타나 있다.

폴리아마이드

가장 잘 알려진 단계성장 중합체는 폴리아마이드 또는 **나일론**(nylon)으로, 다이카복실산

표 10.3 몇 가지 중요한 단계성장 중합체와 그 용도

단량체	구조	중합체	용도
아디프산 + 헥사메틸렌	$HOC(=O)CH_2CH_2CH_2CH_2C(=O)OH$ $H_2NCH_2CH_2CH_2CH_2CH_2CH_2NH_2$	나일론 66	섬유 의류 타이어코드
테레프탈산 다이메틸 + 에틸렌글라이콜	$CH_3OC(=O)-C_6H_4-C(=O)OCH_3$ $HOCH_2CH_2OH$	Dacron, Mylar, Terylene	섬유 의류 필름 타이어코드
카프로락탐	(7원 고리 락탐: N–H, C=O)	나일론 6, Perlon	섬유 대형 주조물

과 다이아민 간의 반응으로 합성된다. 예를 들면, 나일론 66은 아디프산(헥세인이산)과 헥사메틸렌다이아민(1,6-헥세인다이아민)을 280 °C로 가열하여 합성한다. “66” 이란 지정은 다이아민의 탄소 원자수(첫째 6)와 다이산(둘째 6)을 말한다.

$$\underset{\text{아디프산}}{HOC(=O)CH_2CH_2CH_2CH_2C(=O)OH} + \underset{\text{헥사메틸다이아민}}{H_2NCH_2CH_2CH_2CH_2CH_2CH_2NH_2} \xrightarrow{\text{가열}} \underset{\text{나일론 66}}{\left[C(=O)CH_2CH_2CH_2CH_2C(=O)-NHCH_2CH_2CH_2CH_2CH_2CH_2NH \right]_n} + 2n\ H_2O$$

나일론은 공업적 응용 및 섬유 제조에 쓰인다. 나일론은 충격강도와 마모 저항성이 커서 각종 베어링과 톱니바퀴 제작 시 우수한 금속 치환기로 쓰인다. 섬유로서 나일론은 의류로부터 타이어코드, 등산용 밧줄에까지 다양하게 쓰인다.

폴리에스터

폴리아마이드를 다이산과 다이아민 간의 반응으로 만드는 것처럼, **폴리에스터**(polyester)는 다이산과 다이알코올의 반응으로 만든다. 일반적으로 가장 유용한 폴리에스터는 테레프탈산 다이메틸(벤젠-1,4-다이카복실산 다이메틸)을 에틸렌 글라이콜(에테인-1,2-다이올)로 친핵성 아실 치환 반응을 하여 얻는다. 이 생성물은 의복용 섬유와 타이어코드를 만드는 데 Dacron이라는 상품명으로 쓰이고, 플라스틱 필름과 녹음용 테이프를 제조하는 데 Mylar라는 이름으로 쓰인다. 폴리에스터 필름의 인장강도는 강철의 인장강도와 거의 같다.

CH_3O–C(=O)–C_6H_4–C(=O)–OCH_3 + $HOCH_2CH_2OH$ $\xrightarrow{200\ °C}$ ⁅–C(=O)–C_6H_4–C(=O)–O–CH_2CH_2–O–⁆$_n$ + $2n\ CH_3OH$

테레프탈산 다이메틸 | 에틸렌 글라이콜 | 폴리에스터 (Dacron, Mylar)

생분해성 중합체

플라스틱은 재생이용되지 않고 너무 흔히 버려지기 때문에 토양 미생물에 의해 쓰레기 매립지에서 빠르게 분해될 수 있는 생분해성 중합체를 개발하는 데 많은 연구가 수행되고 있다. 가장 보편적인 생분해성 중합체 가운데 폴리(글라이콜산)(PGA), 폴리(락트산)(PLA) 및 폴리하이드록시뷰티르산에스터(PHB)가 있다. 모두 폴리에스터로서 에스터 결합이 쉽게 가수분해한다. 예를 들면, 폴리(글라이콜산)으로 만들어진 생분해성 상처 봉합용 실은 가수분해되어 수술 후 90일 이내에 몸에 흡수된다.

글라이콜산	락트산	3-하이드록시뷰티르산
$HOCH_2COOH$	$HOCH(CH_3)COOH$	$HOCH(CH_3)CH_2COOH$
↓ 가열	↓ 가열	↓ 가열
⁅$OCH_2C(=O)$⁆$_n$	⁅$OCH(CH_3)C(=O)$⁆$_n$	⁅$OCH(CH_3)CH_2C(=O)$⁆$_n$
폴리(글라이콜산)	폴리(락트산)	폴리(하이드록시뷰티르산)

예문 10.10 중합체의 구조를 예측하기

헥세인이산과 사이클로헥세인-1,4-다이아민을 높은 온도에서 반응시켜 제조한 폴리아마이드인 Qiana의 구조를 그려라.

풀이 다이산과 다이아민의 반응으로 폴리아마이드가 생성된다.

해답

$$HO\overset{O}{\overset{\|}{C}}(CH_2)_4\overset{O}{\overset{\|}{C}}OH \;(\text{헥세인이산}) + H_2N\text{—}C_6H_{10}\text{—}NH_2 \;(\text{사이클로헥세인-1,4-다이아민}) \longrightarrow \left(\text{HN—}C_6H_{10}\text{—NH—}\overset{O}{\overset{\|}{C}}(CH_2)_4\overset{O}{\overset{\|}{C}}\right)_n \;(\text{Qiana})$$

문제 10.27 방탄조끼를 만드는 데 쓰이는 나일론 중합체인 Kevlar는 벤젠-1,4-다이카복실산과 벤젠-1,4-다이아민의 반응으로 제조한다. Kevlar의 구조를 보여라.

생활 속의 유기 화학

β-락탐 항생제

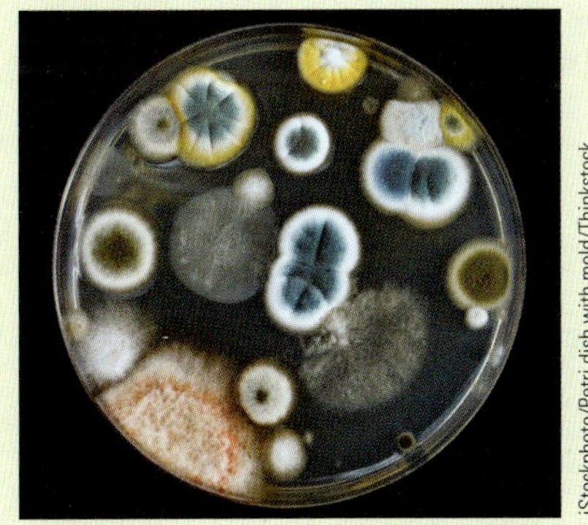
iStockphoto/Petri dish with mold/Thinkstock

페트리 접시에서 자라는 페니실린 곰팡이

노력과 논리적 사고의 가치를 과소평가할 수는 없지만, 실제로 대부분의 획기적인 과학적 발견은 우연히 이루어진 경우가 많다. '과학사에서 [운]에 대한 최고의 예'로 일컬어지는 일은 1928년 늦은 여름 스코틀랜드 출신의 세균학자 Alexander Fleming이 Staphylococcus aureus라는 세균으로 접종한 배양접시를 실험실에 놔 두고 휴가를 떠난 데서 일어났다.

Fleming이 떠나 있는 동안 범상치 않은 일이 연속적으로 일어났다. 첫째로, 9일 간의 추위로 실험실의 온도가 내려가서 배양접시 위의 Staphylococcus가 자라지 못했고 아래층에서 자란 Penicillium notatum의 포자가 Fleming의 실험실로 바람에 실려 떠올라 와서 그 배양접시에 접종되었다. 그러고 난 뒤 온도가 올라가서 Staphylococcus와 Penicillium이 동시에 자라기 시작하였다. Fleming이 휴가에서 돌아와 이 배양접시를 방부제액이 담긴 용기에 버려 살균하고자 하였다. 그런데 이 배양접시가 어떻게 되었는지 깊이 가라앉지 않아, Fleming이 수일 후 이 배양접시를 다시 보게 된 것이 인류 역사의 방향을 바꾸게 되었다.

그는 성장하는 Penicillium 곰팡이가 Staphylococcus의 균체를 용해한 것을 알아차렸다. Fleming은 그 곰팡이가 박테리아를 죽이는 화학물질을 생성하였음이 확실하다고 생각하여 이 물질을 분리하는 데 여러 해를 보냈다. 마침내 1939년에 오스트리아의 병리학자 Howard Florey와 독일에서 피난 온 Ernst Chain은 활성물질을 분리하는 데 성공하여 페니실린(penicillin)이라고 이름을 붙였다. 페니실린이 생쥐의 감염을 치료하는 데 탁월한 능력이 있다는 것을 알게 되었고, 그 직후 인간에 대한 성공적인 실험이 수행되었다. 페니실린은 1943년경에는 군사적 목적으로 대량 생산되었고, 1944년에는 민간용으로 사용되기 시작하여 그 후 수백만의 생명을 구했다. Fleming과 Florey와 Chain은 1945년에 노벨 의학상을 공동으로 수상하였다.

Fleming이 발견하여 벤질페니실린 또는 페니실린 G라고 부르는 물질은 소위 β-락탐 항생제라는 큰 범주에 속하는 물질 중 하나이다. 락탐은 고리형 아마이드이며 'β'라는 말은 아마이드가 4원자 고리임을 나타낸다. 4원자 고리는 황을 포함한 5원자 고리에 접합하고 람탐 카보닐기 이웃에 있는 탄소 원자는 아실아미노 치환체, RCONH−에 결합한다. 이 아실아미노 곁사슬은 실험실에서 변화시켜 다른 생물학적 활동도 윤곽을 가진 수백 가지 페니실린 유사체를 제공할 수 있다. 예를 들면, 암피실린(ampicillin)은 α-아미노페닐아세트아미도 치환체[$PhCH(NH_2)CONH-$]를 가진다.

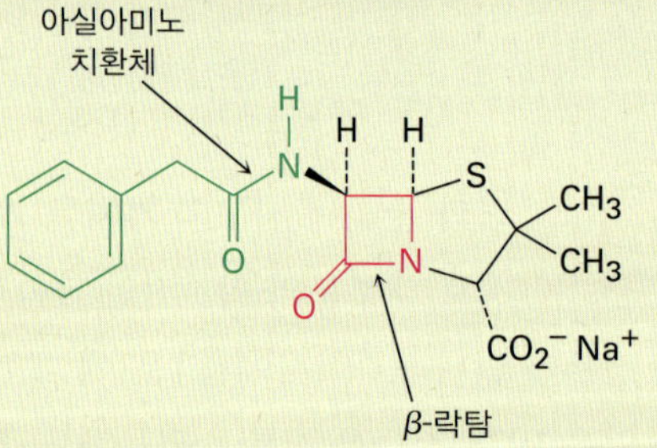

벤질페니실린(Benzylpenicillin)
(페니실린 G)

페니실린과 밀접하게 관련된 것으로 황을 포함한 불포화 6원자 고리로 된 β-락탐 항생제 족인 세파로스포린스(cephalosporins)가 있다. 예를 들면, Keflex라는 상품명으로 시판되는 세파레신(cephalexin)이 있다. 세파로스포린스는 일반적으로 페니실린보다 훨씬 큰 항박테리아 활동도를 가지는데, 특히 박테리아 혈통의 저항에 활동도가 크다.

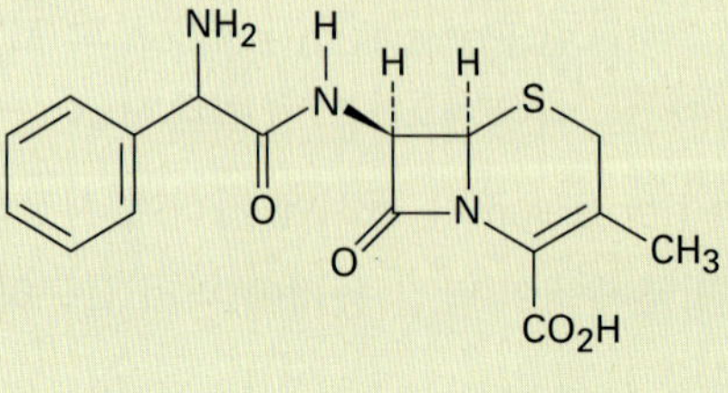

세파레신
(세파로스포린)

페니실린과 세파로스포린의 생물학적 활동도는 스트레인이 있는 예외적인 β-락탐 고리의 존재에 기인한 것으로 이것은 박테리아 세포벽을 합성하며 수선하는 데 필요한 펩티드 전달 효소와 비가역적 친핵성 아실 치환 반응을 한다. 따라서 효소는 비활성화되어 세포는 완성되지 않거나 약해져 결국 박테리아는 죽는다.

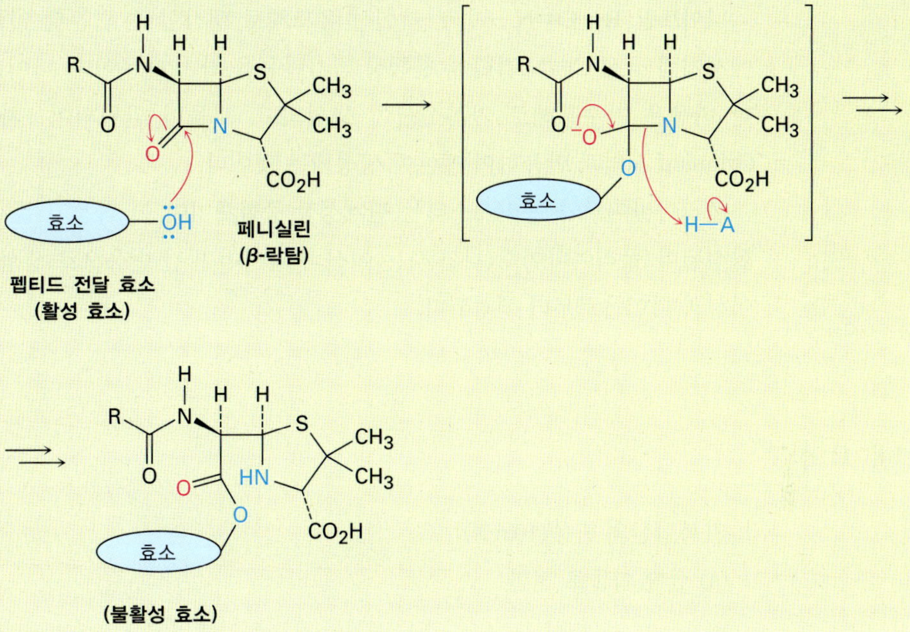

펩티드 전달 효소
(활성 효소)

페니실린
(β-락탐)

(불활성 효소)

요약과 주요용어

나이트릴 nitrile
나일론 nylon
단계성장 중합체 step-growth polymer
사슬성장 중합체 chain-growth polymer
산 무수물 acid anhydride
산 할로젠화물 acid halide
싸이오에스터 thioester
아마이드 amide
아실 인산염 acyl phosphate
에스터 ester
카복실기 carboxyl group
카복실산 carboxylic acid
카복실산 이온 carboxylate ion
폴리에스터 polyester

카복실산과 유도체들은 천연에서나 실험실에서 가장 널리 생기는 분자들이다. 이 장에서 그들을 이해하는 데 필요한 화학을 다루었고 그들은 또한 생체조직의 화학을 이해하는 데 필요하다.

카복실산의 두드러진 특징은 산도에 있다. 비록 HCl과 같은 무기산보다 약하지만 카복실산 음이온이 공명에 의해 안정화되기 때문에 알코올보다 훨씬 더 강한 산성을 나타낸다.

카복실산은 산의 −OH기가 다른 치환기로 대체된 여러 가지 카복실산 유도체로 전환될 수 있다. 가장 보편적인 것들은 **산 염화물**, **산 무수물**, **에스터** 및 **아마이드**이다. 이 유도체들은 모두 화학적 성질이 유사하며 **친핵성 아실 치환 반응**이라는 단일 일반 반응 형태에 의해 지배를 받는다. 이들 치환은 친핵체가 산 유도체의 극성 카보닐기에 첨가되고 이어서 이탈기의 축출이 일어난다. 산 유도체의 반응성 순서는 산 할로젠화물 > 산 무수물 > 에

친핵성 아실 치환반응
nucleophilic acyl substitution

Fischer 에스터화 반응
Fischer esterification reaction

스터 > 아마이드이다.

$$R\!-\!C(=O)\!-\!Y \;+\; :Nu^- \;\longrightarrow\; \left[R\!-\!C(O^-)(Y)\!-\!Nu \right] \;\longrightarrow\; R\!-\!C(=O)\!-\!Nu \;+\; :Y^-$$

나이트릴, R—C≡N 또한 카복실산 유도체로 생각할 수 있는데 이들은 카보닐 화합물에서처럼 극성 C≡N 결합에 친핵성 첨가반응을 하기 때문이다. 나이트릴에서 가장 중요한 반응은 가수분해로 카복실산이 생성되고, 그들이 환원되어 1차 아민이 생성되고, Grignard 시약과 반응하여 케톤이 생성되는 것이다.

폴리아마이드와 폴리에스터는 **단계성장 중합체**이며 이 작용기 분자 사이의 반응으로 합성된다. 폴리아마이드(나일론)는 이산과 다이아민 간 반응으로 생성되고 폴리에스터는 이산과 다이올로부터 생성된다.

반응 요약

1. 카복실산의 반응(10.6절)

(a) 산 염화물로 전환

$$R\!-\!C(=O)\!-\!OH \xrightarrow[CHCl_3]{SOCl_2} R\!-\!C(=O)\!-\!Cl \;+\; SO_2 \;+\; HCl$$

(b) 에스터로 전환(Fischer 에스터화 반응)

$$R\!-\!C(=O)\!-\!OH \;+\; R'OH \xrightarrow[\text{촉매}]{\text{산}} R\!-\!C(=O)\!-\!OR' \;+\; H_2O$$

(c) 아마이드로 전환

$$R\!-\!C(=O)\!-\!OH \;+\; RNH_2 \xrightarrow{DCC} R\!-\!C(=O)\!-\!NHR$$

2. 산 할로젠화물의 반응(10.7절)

(a) 카복실산으로 전환

$$R\!-\!C(=O)\!-\!Cl \;+\; H_2O \longrightarrow R\!-\!C(=O)\!-\!OH \;+\; HCl$$

(b) 에스터로 전환

$$RCOCl + R'OH \xrightarrow{\text{피리딘}} RCOOR' + HCl$$

(c) 아마이드로 전환

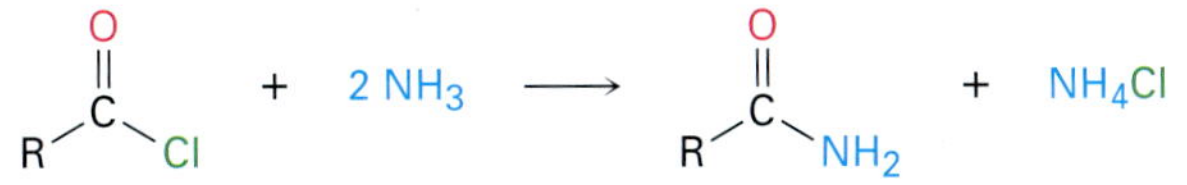

$$RCOCl + 2\,NH_3 \longrightarrow RCONH_2 + NH_4Cl$$

3. 산 무수물의 반응(10.8절)

(a) 에스터로 전환

$$RCOOCOR + R'OH \longrightarrow RCOOR' + RCOOH$$

(b) 아마이드로 전환

$$RCOOCOR + 2\,NH_3 \longrightarrow RCONH_2 + RCOO^{-}\ {}^{+}NH_4$$

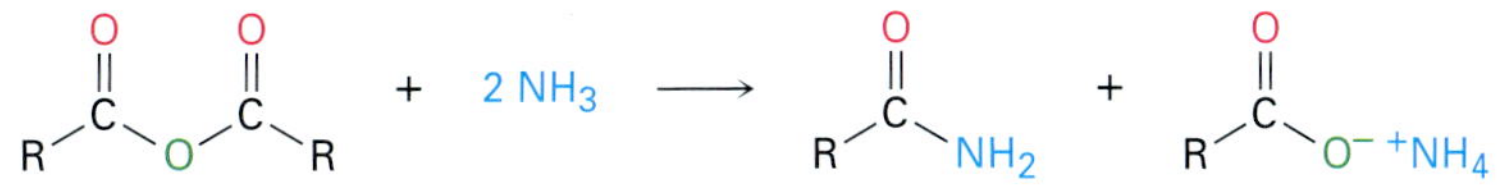

4. 에스터의 반응(10.9절)

(a) 카복실산으로 전환

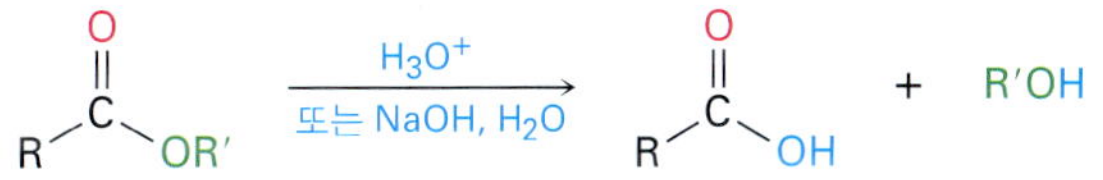

$$RCOOR' \xrightarrow[\text{또는 NaOH, }H_2O]{H_3O^+} RCOOH + R'OH$$

(b) 환원에 의해 1차 알코올로 전환

$$RCOOR' \xrightarrow[\text{2. }H_3O^+]{\text{1. }LiAlH_4\text{, 에터}} RCH_2OH + R'OH$$

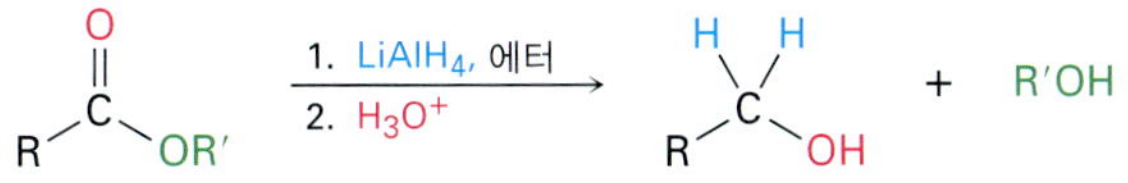

(c) Grignard 반응에 의해 3차 알코올로 전환

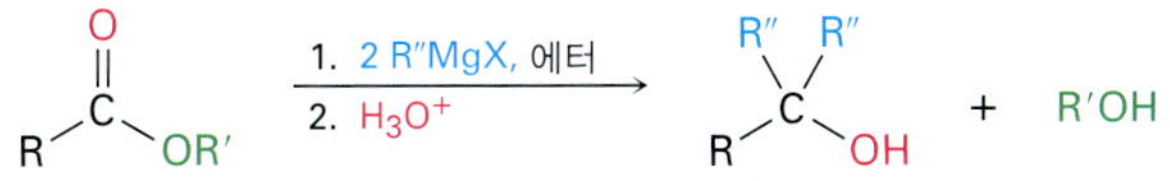

$$RCOOR' \xrightarrow[\text{2. }H_3O^+]{\text{1. 2 R''MgX, 에터}} RC(R'')_2OH + R'OH$$

5. 아마이드의 반응(10.10절)

(a) 카복실산으로 전환

$$\mathrm{RC(=O)NH_2} \xrightarrow[\text{또는 NaOH, } H_2O]{H_3O^+} \mathrm{RC(=O)OH} + NH_3$$

(b) 환원에 의해 아민으로 전환

$$\mathrm{RC(=O)NH_2} \xrightarrow[2.\ H_3O^+]{1.\ LiAlH_4,\ \text{에터}} \mathrm{RCH_2NH_2}$$

6. 나이트릴의 반응(10.11절)

(a) 카복실산으로 전환

$$R-C\equiv N \xrightarrow[2.\ H_3O^+]{1.\ NaOH,\ H_2O} \mathrm{RC(=O)OH} + NH_3$$

(b) 환원에 의해 아민으로 전환

$$R-C\equiv N \xrightarrow[2.\ H_2O]{1.\ LiAlH_4} \mathrm{RCH_2NH_2}$$

(c) Grignard 반응에 의해 케톤으로 전환

$$R-C\equiv N \xrightarrow[2.\ H_3O^+]{1.\ R'MgX,\ \text{에터}} \mathrm{RC(=O)R'} + NH_3$$

연습

【눈으로 보는 화학】 문제 10.1~10.27은 장 내에서 볼 수 있다.

10.28 다음 화합물들을 명명하라(붉은색 = O, 파란색 = N).

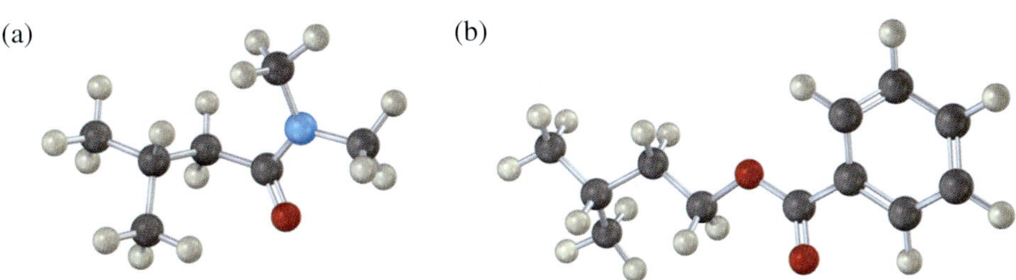

10.29 적당한 카복실산 및 필요한 다른 시약을 출발물질로 사용하여 다음 화합물들을 어떻게 합성할 수 있는지 보여라(붉은색 = O, 파란색 = N, 적갈색 = Br).

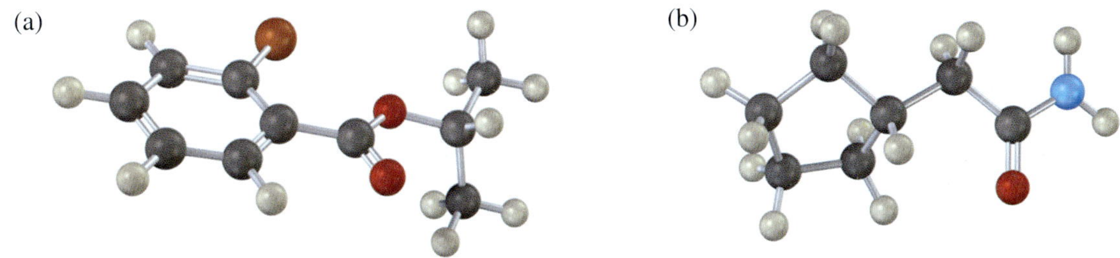

10.30 다음 구조는 카복실산 유도체에 친핵체가 첨가되어 형성된 사면체형 알콕시화 이온 중간체를 나타낸다. 친핵체, 이탈기, 반응물 및 결과적인 생성물을 확인하라(붉은색 = O, 파란색 = N).

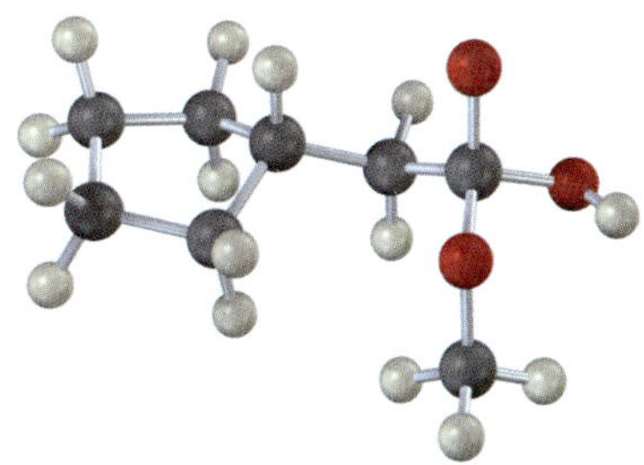

10.31 전형적인 아마이드(아세트아마이드)와 아실아자이드(아세틸 아자이드)의 정전기 퍼텐셜 지도가 아래에 나타나 있다. 둘 중 어느 것이 친핵성 아실 치환 반응에 더 반응성이 크다고 생각하는가? 이유를 설명하라.

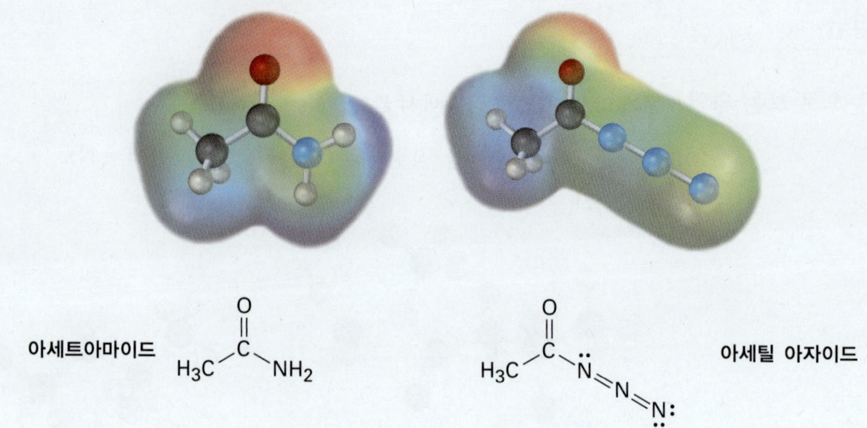

10.32 다음 구조는 카복실산 유도체에 친핵체가 첨가되어 형성된 사면체형 알콕시화 이온 중간체를 나타낸다. 친핵체, 이탈기, 반응물 및 궁극적인 생성물을 확인하라 (붉은색 = O, 파란색 = N, 연두색 = Cl).

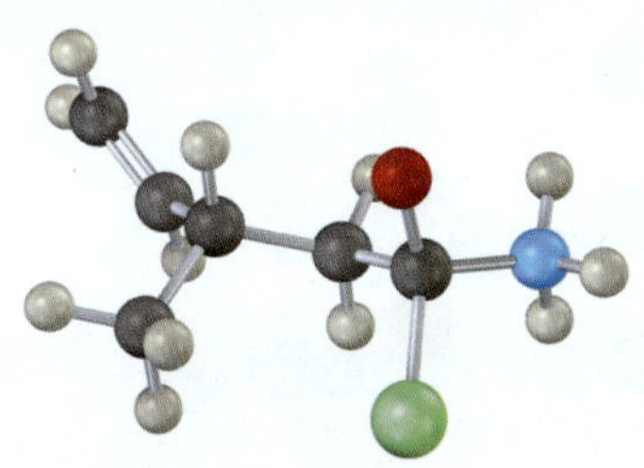

【보충문제】

카복실산과 유도체 명명법

10.33 다음 IUPAC 명에 해당하는 구조를 그려라.

(a) 4,5-다이메틸헵탄산
(b) *시스*-사이클로헥세인-1,2-다이카복실산
(c) 헵테인이산
(d) 트라이페닐아세트산
(e) 2,2-다이메틸헥산아마이드
(f) 페닐아세트아마이드
(g) 사이클로뷰트-2-엔카보나이트릴
(h) 사이클로헥세인카복실산 에틸

10.34 다음 카복실산의 IUPAC 명을 써라.

(a) CO_2H CO_2H / $CH_3CHCH_2CH_2CHCH_3$

(b) CH_3 / CH_3CCO_2H / CH_3

(c) O_2N — (benzene ring) — CO_2H

(d) (ring) — CO_2H

(e) CH_2CO_2H / $CH_3CH_2CH_2CHCH_2CH_3$

(f) Br / $BrCH_2CHCH_2CH_2CO_2H$

10.35 다음 설명에 맞는 화합물을 그리고 명명하라.

(a) 3개의 산 염화물, C_6H_9ClO (b) 3개의 아마이드, $C_7H_{11}NO$

(c) 3개의 나이트릴, C_5H_7N (d) 3개의 에스터, $C_5H_8O_2$

10.36 다음 카복실산 유도체의 IUPAC 명을 써라.

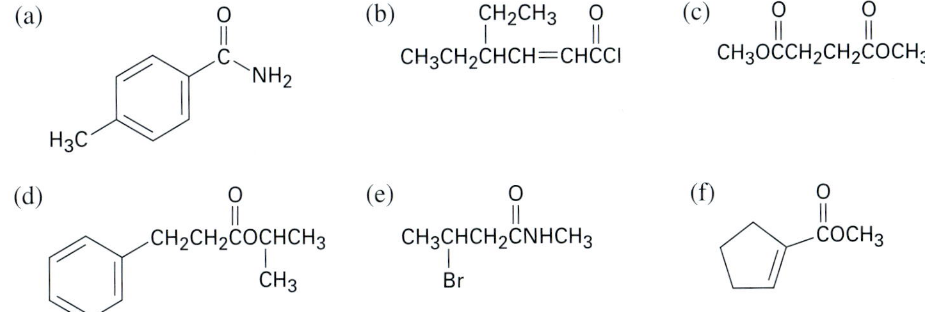

10.37 화학식이 $C_6H_{12}O_2$인 카복실산 8개를 그리고 명명하라. 어느 것이 카이랄인가?

반응성과 산도

10.38 아세트산 알킬을 NaOH 수용액으로 비누화시켰더니 다음과 같은 순서의 반응성을 보였다.

$$\mathrm{CH_3\overset{O}{\overset{\|}{C}}OCH_3} > \mathrm{CH_3\overset{O}{\overset{\|}{C}}OCH_2CH_3} > \mathrm{CH_3\overset{O}{\overset{\|}{C}}O\overset{CH_3}{\overset{|}{C}}HCH_3} > \mathrm{CH_3\overset{O}{\overset{\|}{C}}O\underset{CH_3}{\underset{|}{\overset{CH_3}{\overset{|}{C}}}}CH_3}$$

이 반응성 순서를 어떻게 설명할 수 있을까?

10.39 아래에 여러 산들의 pK_a 값이 나와 있다. 이 값의 경향을 어떻게 설명할 수 있을까?

2-클로로뷰탄산, pK_a = 2.86, 3-클로로뷰탄산, pK_a = 4.05

4-클로로뷰탄산, pK_a = 4.52, 뷰탄산, pK_a = 4.82

10.40 다음 조의 화합물들을 산도가 증가하는 순서로 배열하라.

(a) 아세트산, 클로로아세트산, 트라이플루오로아세트산

(b) 벤조산, *p*-브로모벤조산, *p*-나이트로벤조산

(c) 아세트산, 페놀, 사이클로헥산올

10.41 다음 화합물들을 친핵성 아실 치환반응에 대한 반응성 순서로 순위를 매겨라.

(a) $\mathrm{CH_3\overset{O}{\overset{\|}{C}}OCH_3}$ (b) $\mathrm{CH_3\overset{O}{\overset{\|}{C}}Cl}$ (c) $\mathrm{CH_3\overset{O}{\overset{\|}{C}}NH_2}$ (d) $\mathrm{CH_3\overset{O}{\overset{\|}{C}}O\overset{O}{\overset{\|}{C}}CH_3}$

10.42 트리플루오로아세트산 메틸, $CF_3CO_2CH_3$은 친핵체 아실 치환 반응에서 아세트산 메틸, $CH_3CO_2CH_3$보다 더 반응성이다. 설명하라.

10.43 구연산의 pK_a는 3.14이고 주석산의 pK_a는 2.98이다. 어느 것이 더 센 산인가?

10.44 *p*-메틸벤조산을 다음 시약들과 반응시켜 얻는 생성물은 무엇인가?

(a) $LiAlH_4$ (b) CH_3OH, HCl (c) $SOCl_2$ (d) NaOH, 그러고나서 CH_3I

10.45 다음 반응들의 생성물(들)은 무엇인가?

(a) $CO_2CH_2CH_3$ (cyclohexyl) → 1. CH_3CH_2MgBr 2. H_3O^+ → ?

(b) $CH_3CH(CH_3)CH_2CH_2C{\equiv}N$ → 1. $LiAlH_4$ 2. H_2O → ?

(c) COCl (cyclopentyl) → CH_3NH_2 → ?

(d) CO_2H, H, CH_3, H (cyclohexane) → CH_3OH, H_2SO_4 → ?

(e) $H_2C{=}CHCH(CH_3)CH_2CO_2CH_3$ → 1. $LiAlH_4$ 2. H_3O^+ → ?

(f) OH (cyclohexyl) → $CH_3CO_2COCH_3$, 피리딘 → ?

(g) $CONH_2$, CH_3 (benzene) → 1. $LiAlH_4$ 2. H_2O → ?

(h) CO_2H, Br (benzene) → $SOCl_2$ → ?

10.46 에스터가 $LiAlH_4$로 환원되어 1차 알코올이 생기는 것처럼 산 염화물도 같은 방법으로 반응을 한다. 다음 반응의 생성물은 무엇인가?

(a) $CH_3CH(CH_3)CH_2CH_2C(=O)Cl$ → 1. $LiAlH_4$ 2. H_3O^+ → ?

(b) COCl, CH_3 (cyclopentane) → 1. $LiAlH_4$ 2. H_2O → ?

10.47 2,2-다이메틸펜탄산을 필요로 하는 화학자가 2-클로로-2-메틸펜테인을 NaCN과 반응시킨 후 생긴 생성물을 가수분해하여 약간 합성하려고 하였다. 그러나 이렇게 반응을 수행하고 보니 원하는 생성물이 전혀 만들어지지 않았다. 무엇이 잘못되었는가?

$CH_3CH_2CH_2C(Cl)(CH_3)CH_3$ → 1. NaCN 2. H_3O^+ → ~~$CH_3CH_2CH_2C(CO_2H)(CH_3)CH_3$~~

10.48 뷰티로락톤과 같은 고리형 에스터와 $LiAlH_4$의 반응에서 어떤 생성물을 예상하는가?

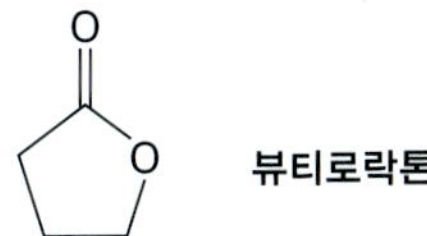

10.49 2,4,6-트라이메틸벤조산과 메탄올/HCl을 Fischer 에스터화 반응을 시켰으나 반응이 일어나지 않았음을 알았다. 이 사실을 어떻게 설명할 수 있는가? 에스터는 전혀 얻지 못하고 출발물질만 변하지 않은 채 회수되었다.

10.50 5-하이드록시펜탄산을 산 촉매로 처리하면 분자 내 에스터화 반응이 일어난다. 생성물의 구조는 무엇인가? (분자 내란 의미는 같은 분자를 말함.)

$HOCH_2CH_2CH_2CH_2CO_2H$ **5-하이드록시펜탄산**

메커니즘 **10.51** 산 염화물이 $LiAlH_4$와 반응하여 1차 알코올이 생기는 반응은 두 단계로 일어난다(문제 10.46). 첫째 단계에서는 Cl^-에 대한 H^-의 친핵성 아실 치환반응이 일어나 알데하이드가 생성되고, 둘째 단계는 H^-가 알데하이드에 친핵성 첨가반응을 하여 알코올을 생성하는 것이다. CH_3COCl의 환원반응 메커니즘을 써라.

10.52 카복실산과 트라이플루오로아세트산 무수물이 반응하여 비대칭 무수물이 되는데 이것은 알코올과 빠르게 반응하여 에스터를 생성한다.

$$R{-}C({=}O){-}OH \xrightarrow{(CF_3CO)_2O} R{-}C({=}O){-}O{-}C({=}O){-}CF_3 \xrightarrow{R'OH} R{-}C({=}O){-}OR' + CF_3CO_2H$$

(a) 비대칭 무수물의 생성에 대한 메커니즘을 제안하라

(b) 왜 비대칭 무수물은 예외적으로 반응성이 있는가?

(c) 왜 비대칭 무수물은 트라이플루오로아세트산 에스터와 카복실산 대신 나타낸 것과 같이 반응하는가?

10.53 산 염화물은 −78 °C에서 Grignard 시약과 반응하여 케톤을 생성한다. 이 반응의 메커니즘을 제안하라.

$$R{-}C({=}O){-}Cl + R'MgX \longrightarrow R{-}C({=}O){-}R'$$

10.54 산 염화물과 Grignard 시약(문제 10.53)의 반응이 실온에서 실행되면 3차 알코올이 형성된다.

(a) 이 반응의 메커니즘을 제안하라.

(b) 문제 10.46에 주어진 산 염화물과 CH_3MgBr의 반응 생성물은 무엇인가?

합성 **10.55** 뷰탄산으로부터 다음 생성물을 어떻게 합성할 수 있는가? 한 단계 이상이 필요하다.

(a) $CH_3CH_2CH_2CH_2OH$ (b) $CH_3CH_2CH_2CHO$

(c) $CH_3CH_2CH_2CH_2Br$ (d) $CH_3CH_2CH_2CH_2CN$

(e) $CH_3CH_2CH{=}CH_2$ (f) $CH_3CH_2CH_2CH_2NH_2$

10.56 아이소뷰틸벤젠에서 시작하여 항소염제인 이부프로펜을 합성하는 방법을 나타내라. 한 단계 이상이 필요하다.

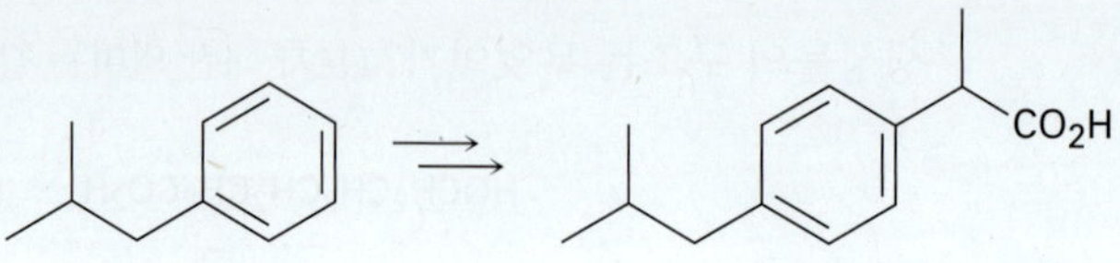

아이소뷰틸벤젠 → 이부프로펜 (CO_2H)

10.57 다음 출발물질로부터 아세토페논(메틸 페닐 케톤)을 어떻게 합성할 수 있는가? 한 단계 이상이 필요하다.

(a) 벤조나이트릴 (b) 브로모벤젠

(c) 벤조산 메틸 (d) 벤젠

통합문제 **10.58** 다음 알코올을 얻기 위해 어떤 에스터와 Grignard 시약을 사용해야 하는가? 모든 가능성을 보여라.

(a) 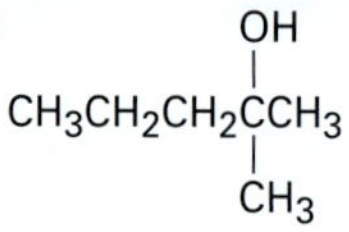 $CH_3CH_2CH_2C(OH)(CH_3)CH_3$ (b) 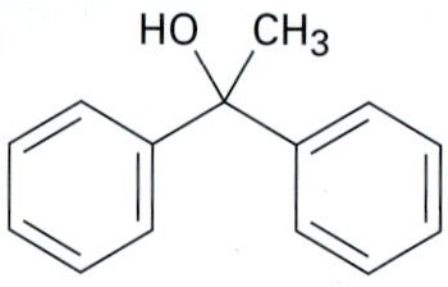 HO, CH_3 (diphenyl)

10.59 탄산 다이메틸, $CH_3OCO_2CH_3$을 브로모(페닐)마그네슘으로 처리하면 트라이페닐메탄올이 형성된다. 이유를 설명하라.

10.60 염화 프로판오일과 다음 시약 간의 반응에서 생성물(만약 생긴다면)은 무엇인가 (문제 10.46과 10.53)?

(a) 에터 용매 중 과량의 CH_3MgBr (b) NaOH 수용액

(c) 메틸아민, CH_3NH_2 (d) $LiAlH_4$

(e) 사이클로헥산올 (f) 아세트산 나트륨

10.61 프로판산 메틸과 문제 10.60에 나열된 시약과의 반응에서 생성물은 무엇인가?

10.62 아세트산 메틸을 소량의 HCl 촉매를 함유한 순수한 에탄올 중에서 가열할 때 아세트산 에틸이 생긴다. 이유를 설명하라.

10.63 고리형 에스터인 뷰티로락톤을 과량의 브로모(페닐)마그네슘으로 처리하면 어떤 생성물을 얻을 수 있는가? (문제 10.48 참조)

10.64 **아이오도폼 반응**에서 트라이아이오도메틸 케톤은 NaOH 수용액과 반응하여 카복실산 음이온과 아이오도폼(트라이아이오도메테인)을 생성한다. 이 반응의 메커니즘을 제안하라.

$$\mathrm{R{-}C({=}O){-}CI_3} \xrightarrow[\mathrm{H_2O}]{\mathrm{OH^-}} \mathrm{R{-}C({=}O){-}O^-} + \mathrm{HCI_3}$$

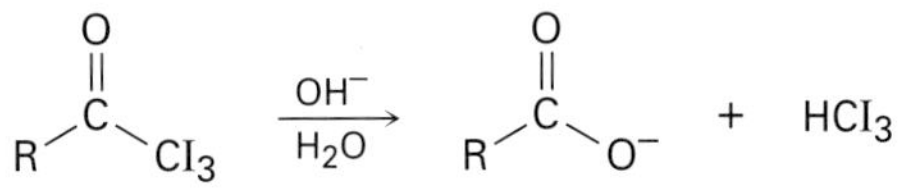

10.65 *N*,*N*-다이에틸-*m*-톨루아마이드(DEET)는 많은 구충제의 활성 성분이다. *m*-브로모톨루엔에서 DEET를 어떻게 합성할 수 있는가?

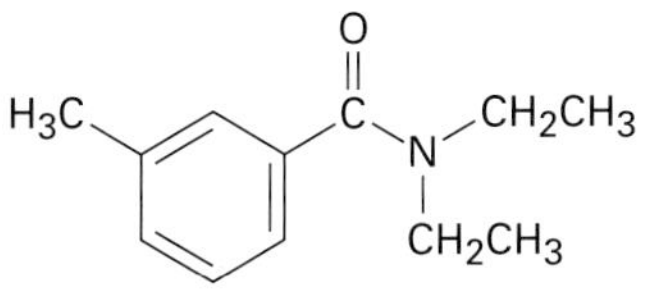

N,*N*-다이에틸-*m*-톨루아마이드

10.66 다음 에스터를 얻는 2가지 방법을 보여라.

(a) $\mathrm{CH_3CH(CH_3)CH_2CH_2C(=O)OCH_2CH_3}$

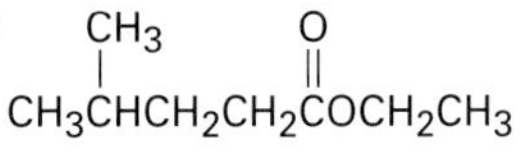

(b) (사이클로펜틸)$\mathrm{-CH_2OC(=O)CH_3}$

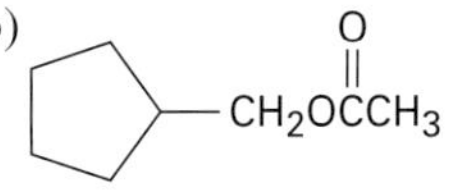

10.67 아지드화 *tert*-뷰톡시카보닐은 단백질 합성에 사용되는 중요한 시약으로서 염화 *tert*-뷰톡시카보닐을 아지드화 나트륨으로 처리하여 합성한다. 이 반응의 메커니즘을 제안하라.

$$\mathrm{(H_3C)_3C{-}O{-}C({=}O){-}Cl} + \mathrm{NaN_3} \longrightarrow \mathrm{(H_3C)_3C{-}O{-}C({=}O){-}N_3} + \mathrm{NaCl}$$

10.68 다음 에스터를 비누화시키면 어떤 생성물을 얻을 수 있는가?

(a) $\mathrm{Br{-}C_6H_4{-}C({=}O){-}OCH(CH_3)CH_3}$ (*p*-브로모)

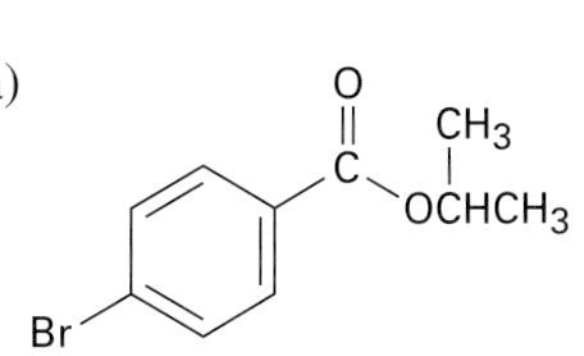

(b) 프로판산 사이클로헥실

10.69 선형 중합체와 다르게 덴드리머(dendrimer)는 완전한 가지 달린 나무 모양 분자이다. 한 가지 예는 에틸렌다이아민($H_2NCH_2CH_2NH_2$)과 아크릴산 메틸($H_2C=$

$CHCO_2CH_3$)의 반응으로 생성된다. 합성은 처음 테트라에스터의 생성으로 시작하고 더 많은 다이아민과 반응하여 테트라아미노 테트라아마이드가 생성되도록 한다. 테트라아미노 테트라아마이드는 다시 과량의 아크릴산 메틸과 반응하여 옥타에스터를 형성하고 이것은 다시 과량의 다이아민과 반응하며 계속 진행한다.

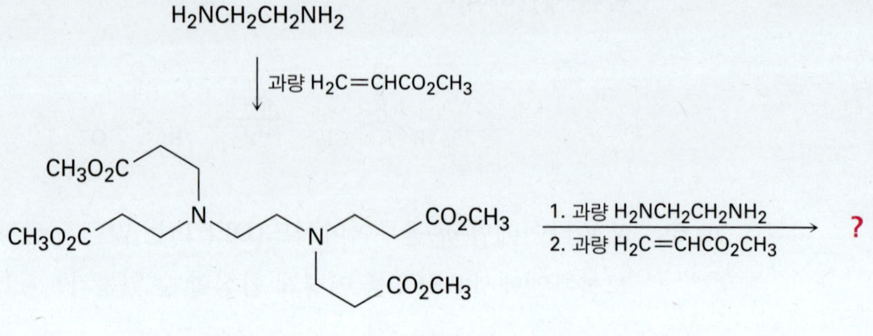

$H_2NCH_2CH_2NH_2$

과량 $H_2C{=}CHCO_2CH_3$

CH_3O_2C N N CO_2CH_3 CH_3O_2C CO_2CH_3

1. 과량 $H_2NCH_2CH_2NH_2$
2. 과량 $H_2C{=}CHCO_2CH_3$
?

테트라에스터

(a) 다이아민과 아크릴산 메틸의 최초의 반응에 어떤 종류의 반응이 관련되는가?

(b) 테트라에스터와 다이아민의 반응에 어떤 종류의 반응이 관련되는가?

10.70 나일론 6이라는 단계성장 중합체는 카프로락탐으로부터 합성한다. 이 반응은 먼저 카프로락탐이 물과 반응하여 중간체인 아미노산을 만들고, 이어서 가열에 의해 중합체를 형성한다. 이 두 단계의 메커니즘을 제안하고 나일론 6의 구조를 나타내라.

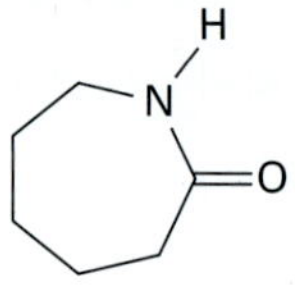

H N O

카프로락탐

10.71 펜테인이산($HO_2CCH_2CH_2CH_2CO_2H$)과 펜테인-1,5-다이올의 반응에서 얻을 수 있는 폴리에스터를 대표하는 조각을 그려라.

약장 **10.72** 어제의 약이 흔히 오늘의 독약이다. 코카인은 100년 전에 훨씬 좋은 평판으로 이용되었다. 그때에 치통과 우울증 치료액은 물론 많은 생성물(코카-콜라를 포함해서) 자극제로서 이용되었다. 코카인을 가수분해하면 생성되는 3가지 분자는 무엇인가?

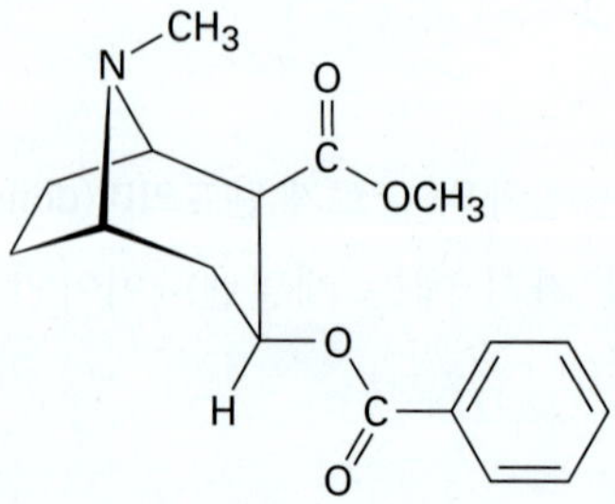

N CH_3 O C OCH_3 H O C O

코카인

10.73 코카인의 중독성 때문에 연구자들은 고통을 없애는 중독성이 덜한 대체물을 찾고 있었다. 리도카인(lidocaine)은 코카인(문제 10.72)의 구조 양상을 많이 가지고 있으나 동일한 위험인자를 가지고 있지 않다. 리도카인은 아래에 나타난 연속반응으로 합성된다. 각 단계에서 반응 유형을 나타내고 메커니즘을 그려라.

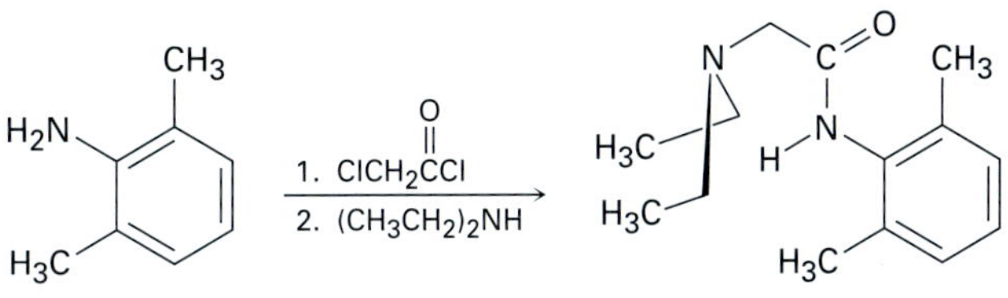

1. $ClCH_2CCl$ (C=O)
2. $(CH_3CH_2)_2NH$

리도카인

들판에서 **10.74** 카바릴은 Sevin이라는 이름으로 시판되는 살충제인데 페놀과 아이소사이안산 메틸($H_3C—N=C=O$) 사이의 반응으로 합성된다. 반응에 대한 메커니즘을 제안하라.

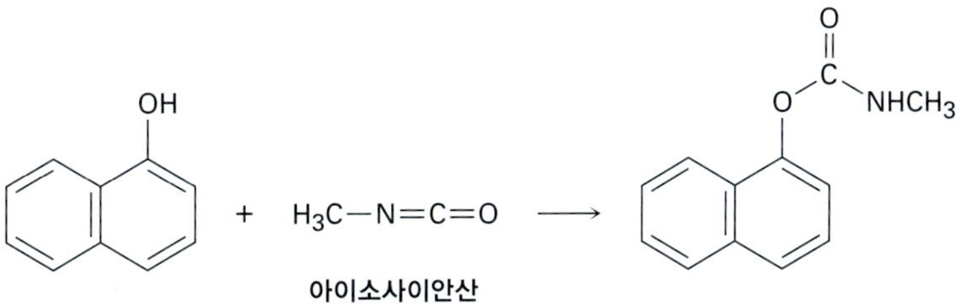

$H_3C—N=C=O$

아이소사이안산 메틸

카바릴

10.75 파라싸이온(parathion)은 이용할 수 있는 최초의 유기인제 살충제의 하나였다. P=S기는 C=O기와 같은 화학적 성질을 나타내고 *p*-나이트로펜옥시화 이온은 우수한 이탈기라고 가정하고, 안정한 효소 중간체를 형성해서 목표 효소(아세틸코린 에스터 레이스)를 어떻게 비활성화 할 수 있는지 보여라.

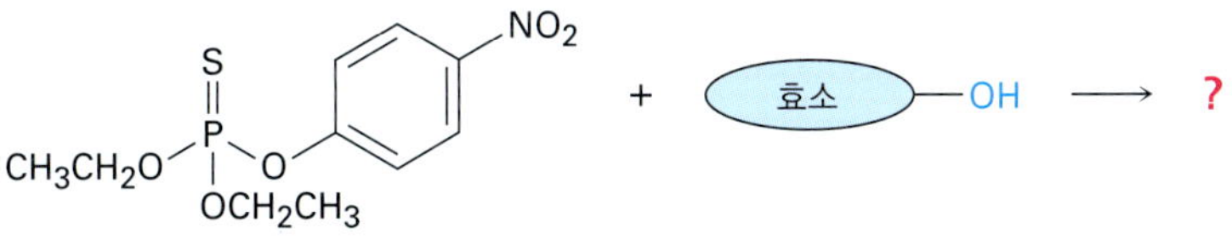

+ 효소—OH ⟶ ?

파라싸이온

CHAPTER 11

iStockphoto/Female rock climber/Thinkstock

암벽 오르는 자의 생명은 밧줄에 달려 있는데 그것은 전형적으로 카보닐 축합 반응에 의해 합성된 나이론 중합체로 만든다.

카보닐 알파 치환 반응 및 축합 반응

카보닐 화합물의 대부분 화학은 4가지 기본 반응으로 설명할 수 있다. 우리는 이미 2가지, 즉 알데하이드와 케톤의 친핵성 첨가 반응(9장)과 카복실산 유도체의 친핵성 아실 치환 반응(10장)을 자세히 살펴보았다. 이 장에서는 남은 두 반응, 즉 알파 치환 반응과 카보닐 축합 반응을 살펴보기로 하자.

알파 치환 반응(alpha-substitution reaction)은 카보닐기의 이웃 위치, 즉 알파(α) 위치에서 일어나며 α 수소 원자가 다른 친전자체(E)에 의해 엔올이나 엔올산 음이온을 통해 치환된다.

카보닐 화합물 ⇌ 엔올산 음이온 → (E^+) 알파 치환된 카보닐 화합물

카보닐 화합물 ⇌ 엔올 → (E^+) 알파 치환된 카보닐 화합물

카보닐 축합 반응(carbonyl condensation reaction)은 두 카보닐 화합물이 서로 반응하는데 α 치환과 친핵성 첨가 단계의 조합에 관련한다. 한 카보닐 화합물이 그의 엔올산 음이온으로 전환되고 그것이 다른 카보닐 화합물에 친핵성 첨가함으로써 α 치환반응을 한다. 생성물은 β-하이드록시 카보닐 화합물이다.

카보닐 화합물 → 엔올산 음이온 → β-하이드록시 카보닐 화합물 (새 C–C 결합)

왜 이 장인가?

카보닐 α-치환반응과 카보닐축합 반응을 많은 실험실 설계, 약품 합성, 생물화학적 경로에서 자주 이용한다. 탄소–탄소 결합을 생성하는 데 이용되는 몇 가지 방법 중 이 2가지는 매우 가치가 있다. 따라서 작은 분자로부터 더 큰 분자를 만드는 것이 가능하게 한다. 이 장에서 이들 반응이 어떻게 일어나는지 보게 될 것이다.

11.1 케토–엔올 토토머화

α 탄소에 수소 원자를 가진 카보닐 화합물은 그것의 상응하는 **엔올**(enol)(엔 + 올, 불포화 알코올) 이성질체와 빠르게 평형 상태가 된다. 두 이성질체 간에 보통 수소의 위치가 변하는 이러한 자발적인 상호 변환을 **토토머화**(tautomerism, 그리스어로 *tauto*는 '같음', *meros*는

'부분')라 부른다. 각각의 케토 및 엔올 이성질체를 **토토머**(tautomer)라 한다.

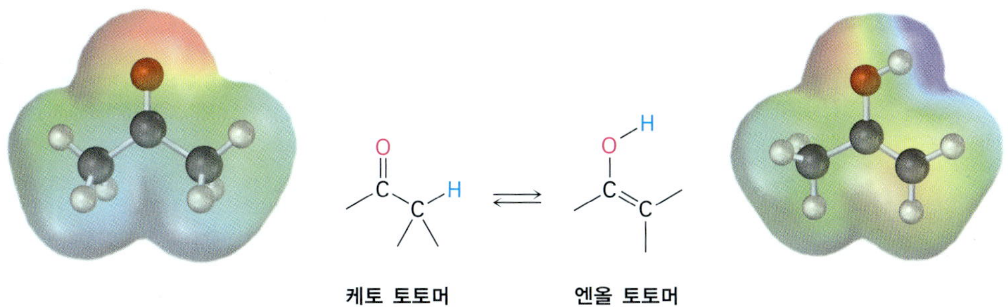

평형 상태에서 대부분의 카보닐 화합물은 거의 전부 케토형으로 존재하므로 엔올형을 순수하게 분리하기는 어렵다. 예를 들면, 사이클로헥산온은 실온에서 엔올 토토머를 약 0.0001%만 함유하며 카복실산, 에스터 및 아마이드에서 엔올 토토머의 양은 더욱 적다. 엔올이 콘주게이션에 의해서나 분자 내 수소 결합 형성에 의해 안정화될 때만 흔히 엔올이 우세하다. 따라서 펜탄-2,4-다이온은 약 76%가 엔올 토토머이다.

99.9999 % ⇌ 0.0001 %

사이클로헥산온

24 % ⇌ 76 %

펜탄-2,4-다이온

카보닐 화합물의 케토－엔올 토토머화에서는 산과 염기가 촉매작용을 한다. 산 촉매는 카보닐 산소 원자(Lewis 염기)를 양성자화하여 중간체 양이온을 생성하며 α 탄소로부터 H^+를 잃어 엔올을 생성한다(그림 11.1a).

카보닐기가 존재하면 α 탄소의 수소는 약하게 산성이 되므로 염기-촉매 엔올의 형성이 일어난다. 그러므로 카보닐 화합물은 산으로 작용하고 그것의 α 수소 중의 하나를 충분히 센 염기에 제공할 수 있다. 이렇게 생성된 공명안정화 음이온인 **엔올산 음이온**(enolate ion)에 양성자가 첨가되어 중성인 화합물을 생성한다. 만약 엔올산 음이온에 대한 양성자 첨가가 α 탄소에서 일어나면, 케토형은 재생되어 알짜 변화가 없게 된다. 그러나 만약 양성자 첨가가 산소 원자 위에서 일어나면 엔올 토토머가 형성된다(그림 11.1b).

카보닐 화합물의 α 위치에 붙어 있는 양성자만 산성임에 유의하라. 베타(β), 감마(γ), 델타(δ) 및 다른 위치에 있는 양성자들은 생기는 음이온들이 카보닐기에 의해 공명안정화가 될 수 없으므로 산성이 아니다.

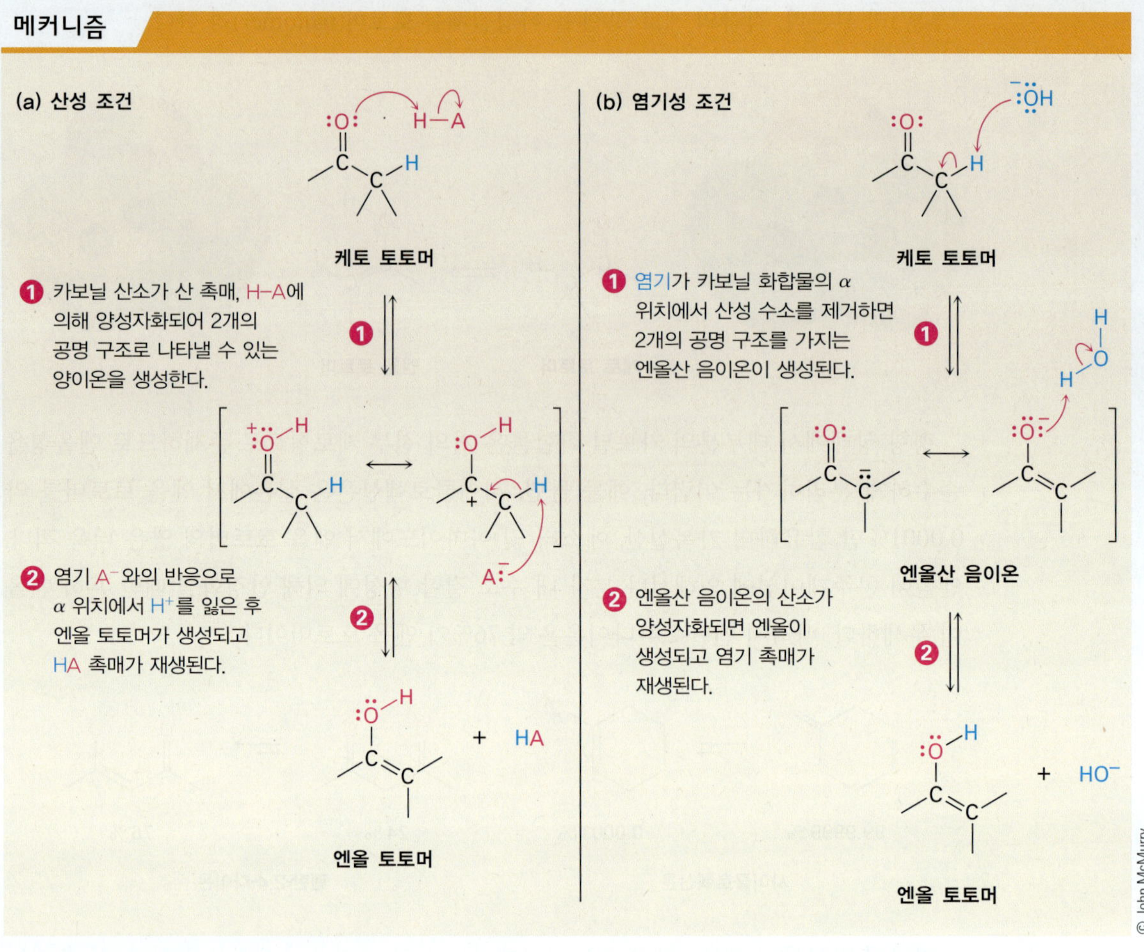

그림 11.1 산 촉매 및 염기 촉매에 의한 엔올 형성 메커니즘. (a) 산 촉매는 카보닐 산소의 양성자화가 비롯된 후 α 위치로부터 H^+의 제거가 뒤따른다. (b) 염기 촉매는 α 위치에서 양성자 이탈이 일어나 엔올산 음이온이 생성된 후 산소에 다시 양성자화 반응이 뒤따른다.

산성 아님

염기

산성

엔올산 음이온

예문 11.1 엔올 토토머의 구조 그리기

뷰탄알의 엔올 토토머의 구조를 나타내라.

풀이 카보닐 탄소의 이웃에 있는 탄소로부터 수소 하나를 제거하여 엔올을 형성하라. 그런 다음, 두 탄소 간에 이중 결합을 가지고 카보닐 산소 위에 수소가 놓인 공명 구조를 그려라.

해답

뷰탄알 ⇌ 엔올 토토머

문제 11.1 다음 화합물들의 엔올 토토머의 구조를 그려라.

(a) 사이클로펜탄온 (b) CH_3CCl (C=O) (c) $CH_3COCH_2CH_3$ (C=O) (d) CH_3COH (C=O) (e) 아세토페논

문제 11.2 문제 11.1에 나열된 분자들은 각각 몇 개의 산성 수소를 가지고 있는가? 그들을 확인하라.

문제 11.3 2-메틸사이클로헥산온은 2개의 엔올 토토머를 형성할 수 있다. 2개의 구조를 나타내라.

11.2 엔올의 반응성: 알파 치환 반응의 메커니즘

엔올에서는 어떤 화학 반응이 가능할까? 엔올의 이중 결합에는 전자가 풍부하므로 엔올은 친핵체로 작용하며 알켄과 마찬가지로 친전자체와 반응한다(4.1절). 그러나 이웃한 산소로부터 공명 전자의 공여로 인하여 엔올은 더 전자가 풍부하고 따라서 알켄보다 반응성이 더 크다. 다음 정전기 퍼텐셜 지도에서 α 탄소에 실제적 양의 전자 밀도(노란색-붉은색)가 있음에 유의하라.

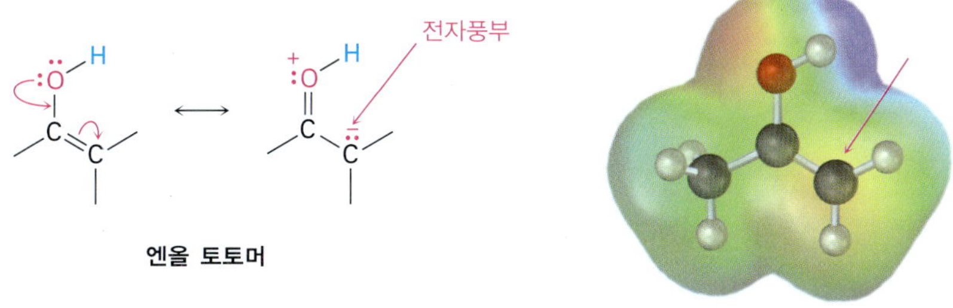

알켄이 Br_2와 같은 친전자체와 반응할 때 Br^+의 첨가 반응이 일어나 중간체인 카보양

메커니즘

그림 11.2 친전자체 E^+에 대한 카보닐 α 치환반응의 일반적인 메커니즘

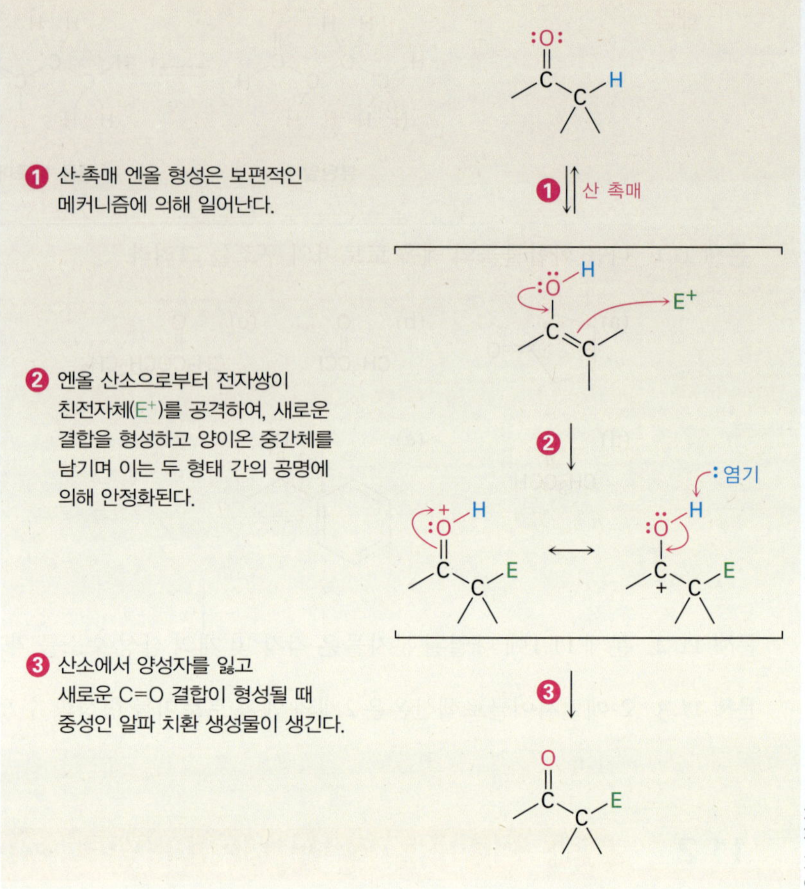

이온을 생성하고 Br^-와 반응하여 첨가 생성물을 만든다(4.4절). 그러나 엔올이 친전자체와 반응할 때 최초의 첨가 단계는 동일하다. Br^-와 반응하여 첨가 생성물을 생성하는 대신 중간체 양이온은 $-OH$ 양성자를 잃고 α 치환된 카보닐 화합물을 재생한다. 일반적 메커니즘은 그림 11.2에 나타낸다.

11.3 알데하이드와 케톤의 알파 할로젠화반응

알데하이드와 케톤은 산성 용액에서 Cl_2, Br_2나 I_2와 반응하게 되면 그들의 α 위치가 할로젠화된다. 브로민이 가장 자주 쓰이며 아세트산이 흔히 용매로 쓰인다. 이 반응은 엔올 중간체를 통해 진행하는 전형적인 α-치환 과정이다.

Br₂ 아세트산 → + HBr

α-브로모 케톤은 염기로 처리하면 HBr이 제거되어 α,β-불포화 케톤을 생성하기 때문에 유용하다. 예를 들어, 2-브로모-2-메틸사이클로헥산온을 유기염기인 피리딘에서 가열하면 2-메틸사이클로헥스-2-엔온이 생성된다. 이 반응은 E2 제거 반응 경로(7.7절)에 따라 일어나며 분자 내에 C=C 이중 결합을 도입하는 데 좋은 방법이다.

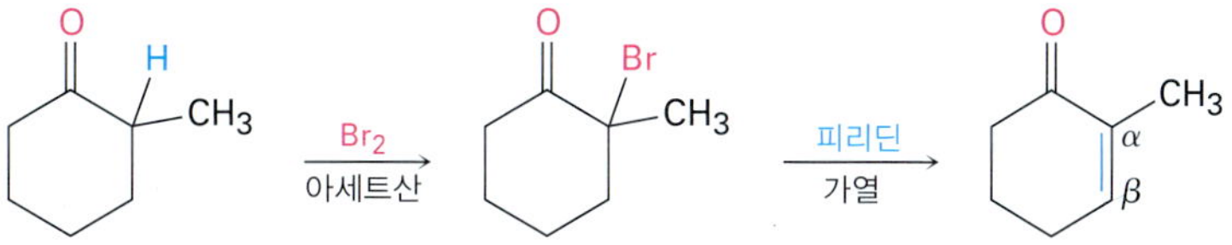

2-메틸사이클로-헥산온 → (Br_2, 아세트산) → **2-브로모-2-메틸-헥산온** → (피리딘, 가열) → **2-메틸사이클로헥스-2-엔온(63%)**

케톤의 할로젠화반응도 생물학적 계, 특히 해조류에서 일어난다. 다이브로모아세트알데하이드, 브로모아세톤, 1,1,1-트라이브로모 아세톤 및 기타 관련된 화합물들이 해조류에서 발견되고 있다.

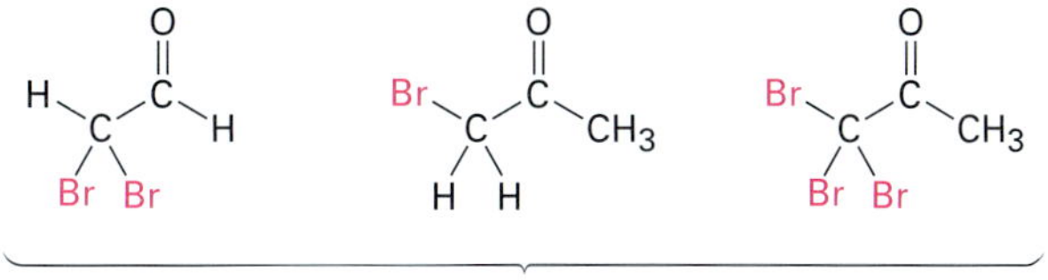

하와이 해조류 *Asparagopsis taxiform*로부터

예문 11.2 케톤의 브롬화하기

아세트산에서 사이클로펜탄온과 Br_2가 반응하면 어떤 생성물을 얻을 수 있는가?

풀이 출발물질인 케톤에서 α 수소를 찾고 α-치환 반응을 시켜 α 수소 중 하나를 Br로 치환하라.

해답

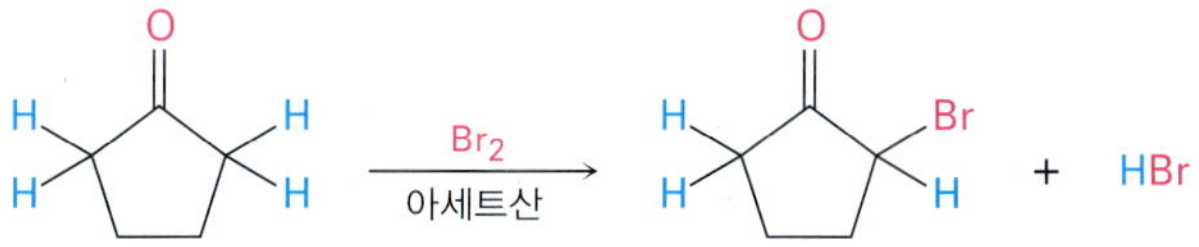

사이클로펜탄온 → (Br_2, 아세트산) → **2-브로모사이클로펜탄온** + HBr

문제 11.4 다음 케톤의 브롬화반응으로 얻게 되는 생성물은 무엇인가?

(a) $CH_3CHC(=O)CHCH_3$ (with CH_3 and CH_3 substituents)

(b) 2,2-dimethylcyclohexanone structure: O, CH_3, CH_3

문제 11.5 펜탄-3-온에서 펜트-1-엔-3-온을 합성하는 방법을 보여라.

$$CH_3CH_2\overset{O}{\overset{\|}{C}}CH_2CH_3 \longrightarrow CH_3CH_2\overset{O}{\overset{\|}{C}}CH{=}CH_2$$

펜탄-3-온 펜탄-1-엔-3-온

11.4 α 수소 원자의 산도: 엔올산 음이온의 형성

11.1절에 기록한 것처럼, 카보닐 화합물의 α 위치의 수소는 약한 산성이고 센 산에 의해 제거되어 엔올산 음이온을 생성한다. 예를 들어, $pK_a = 19.3$인 아세톤을 $pK_a \approx 60$인 에테인과 비교하면 카보닐기의 존재가 인접 케톤의 산도를 알케인보다 10^{40}배 증가시킨다.

아세톤 (pK_a = 19.3) 에테인 ($pK_a \approx$ 60)

왜 카보닐 화합물은 산성인가? 그 이유는 엔올산 음이온의 궤도함수 그림을 살펴보면 알 수 있다(그림 11.3). 카보닐 화합물에서 양성자 떼기는 α C−H 결합이 카보닐기의 p 궤도함수와 평행하게 배향될 때 일어난다. 엔올산 음이온의 α 탄소는 sp^2 혼성화되어 있고

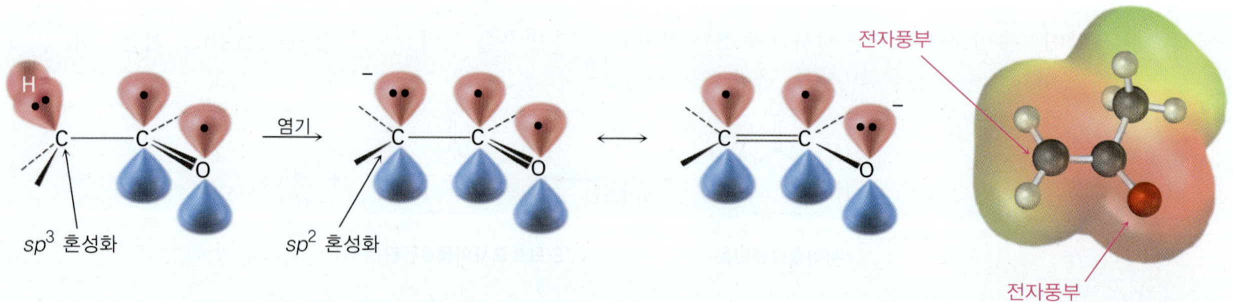

그림 11.3 카보닐 화합물에서 산성인 α 수소의 떼기에 의해 엔올산 음이온이 형성되는 메커니즘. 엔올산 음이온은 공명에 의해 안정화되고 음전하(붉은색)는 정전기 퍼텐셜 지도에 나타난 바와 같이 산소와 α 탄소 원자에 의해 공유된다.

그것의 p 궤도함수는 카보닐 p 궤도함수와 겹친다. 따라서 음전하는 전기음성적인 산소 원자에 의해 공유되고 엔올산 음이온은 두 구조 간의 공명에 의해 안정화된다.

카보닐 화합물의 α 수소 원자는 단지 약한 산성이기 때문에 엔올산 음이온을 형성하기 위해서 센 염기가 필요하다. 만약 에톡시화 나트륨과 같은 알콕시화 이온이 쓰이면, 아세톤(pK_a = 19.3)은 에탄올(pK_a = 16)보다 더 약산이므로 약 0.1%만 이온화한다. 그러나 만약 아마이드화 나트륨($Na^+ \ ^-$:NH_2, 암모니아의 나트륨 염)과 같은 더 강력한 염이 쓰이면, 카보닐 화합물은 엔올산 음이온으로 완전히 변환된다. 실제 LDA로 약자로 쓰는 다이아이소프로필아마이드화 리튬은 센 염기이며 아마이드화 나트륨과 비슷한 염기성을 가지나 2개의 알킬기 때문에 유기용매에 더 용해성을 나타낸다.

다이아이소프로필아마이드화 리튬
(Lithium diisopropylamide)

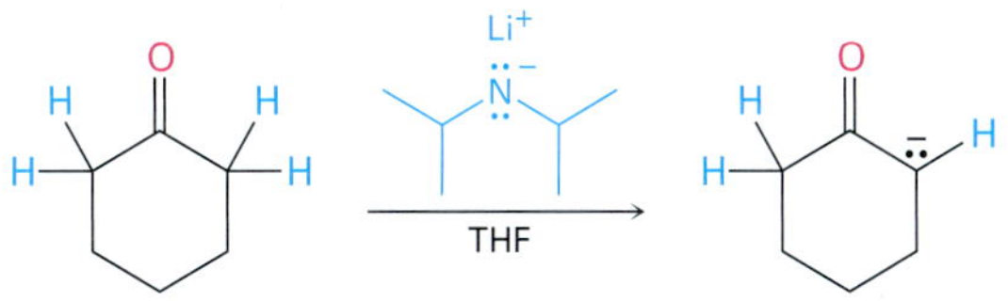

사이클로헥산온

사이클로헥산온 엔올산 음이온(100%)

표 11.1에 여러 카보닐 화합물의 대략적인 pK_a 값이 나열되어 있으며 비교를 위해 다른 일반 산들의 pK_a 값도 함께 실려 있다. 나이트릴 역시 산성이며 엔올산 음이온 같이 음이온으로 전환될 수 있다.

만약 C−H 결합이 2개의 카보닐기에 인접해 있다면, 산도는 더욱 증강된다. 표 11.1에서 1,3-다이케톤(β-다이케톤이라 부름), 3-케토 에스터(β-케토 에스터) 및 1,3-다이에스터(말론산 에스터)들은 물보다 더 산성임을 알 수 있다. 이들 β-다이카보닐 화합물들로부터 유래된 엔올산 음이온들은 2개의 인접한 카보닐 산소에 있는 음전하를 공유함으로써 안정화된다. 예를 들면, 펜테인-2,4-다이온의 엔올산 음이온에는 3가지 공명 구조가 존재한다.

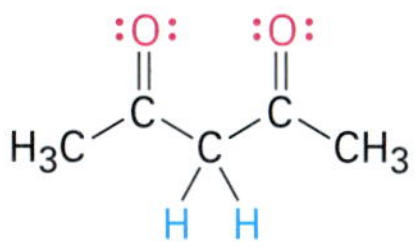

펜테인-2,4-다이온(pK_a = 9)

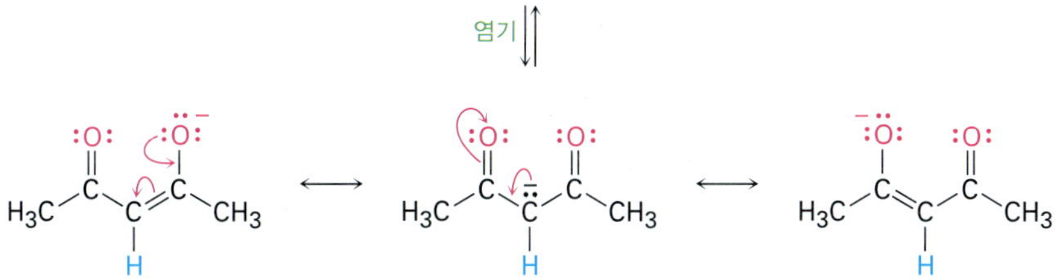

표 11.1 몇 가지 카보닐 화합물의 산도 상수

작용기	예	pK_a
카복실산	$CH_3\overset{O}{\overset{\|}{C}}OH$	5
1,3-다이케톤	$CH_3\overset{O}{\overset{\|}{C}}CH_2\overset{O}{\overset{\|}{C}}CH_3$	9
3-케토 에스터	$CH_3\overset{O}{\overset{\|}{C}}CH_2\overset{O}{\overset{\|}{C}}OCH_3$	11
1,3-다이에스터	$CH_3O\overset{O}{\overset{\|}{C}}CH_2\overset{O}{\overset{\|}{C}}OCH_3$	13
[알코올	CH_3OH	16]
산 염화물	$CH_3\overset{O}{\overset{\|}{C}}Cl$	16
알데하이드	$CH_3\overset{O}{\overset{\|}{C}}H$	17
케톤	$CH_3\overset{O}{\overset{\|}{C}}CH_3$	19
싸이오에스터	$CH_3\overset{O}{\overset{\|}{C}}SCH_3$	21
에스터	$CH_3\overset{O}{\overset{\|}{C}}OCH_3$	25
나이트릴	$CH_3C{\equiv}N$	25
N,N-다이알킬아마이드	$CH_3\overset{O}{\overset{\|}{C}}N(CH_3)_2$	30

예문 11.3 케톤으로부터 엔올산 음이온을 생성하기

3-메틸사이클로헥산온에서 탈양성자화에 의해 생성되는 엔올산 음이온 2개의 구조를 그려라.

풀이 산성 수소의 위치를 확인하고 한 번에 1개의 수소를 제거하여 가능한 엔올산 음이온을 만든다. 이 경우에 3-메틸사이클로헥산온의 C2나 C6에서 탈양성자화할 수 있다.

해답

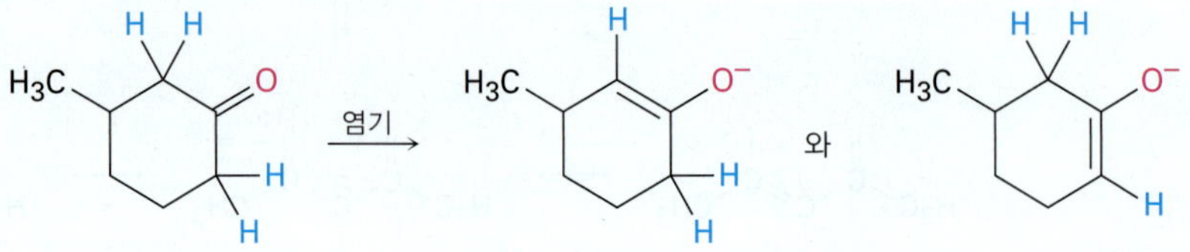

3-메틸사이클로헥산온 (H₃C, O, H H, H, H) —염기→ 엔올산 음이온 (H_3C, O^-) 와 엔올산 음이온 (H_3C, O^-)

문제 11.6 다음 분자에서 모든 산성 수소를 확인하라.

(a) CH_3CH_2CHO (b) $(CH_3)_3CCOCH_3$ (c) CH_3CO_2H

(d) $CH_3CH_2CH_2C{\equiv}N$ (e) 사이클로헥세인-1,3-다이온

문제 11.7 다음 카보닐 화합물의 탈양성자화에 의해 얻어지는 엔올산 음이온의 구조를 나타내라.

(a) $CH_3CH_2CH_2\overset{O}{\overset{\|}{C}}H$ (b) $CH_3\overset{O}{\overset{\|}{C}}CH_2CH_3$ (c) (2-메틸사이클로헥산온: 고리 C=O, CH_3)

문제 11.8 3-옥소뷰탄산 메틸의 탈양성자화로 얻는 가장 안정한 엔올산 음이온의 공명 구조 3개를 그려라.

$$CH_3\overset{O}{\overset{\|}{C}}CH_2\overset{O}{\overset{\|}{C}}OCH_3$$ **3-옥소뷰탄산 메틸**

11.5 엔올산 음이온의 반응성

엔올산 음이온은 다음 2가지 이유로 엔올보다 더 유용하다. 첫째, 순수한 엔올은 보통 분리할 수 없는 중간체로서 낮은 농도로 잠시 나타날 뿐이다. 대조적으로, 순수한 엔올산 음이온의 안정한 용액은 많은 카보닐 화합물들을 센 염기로 처리하여 쉽게 얻는다. 둘째, 엔

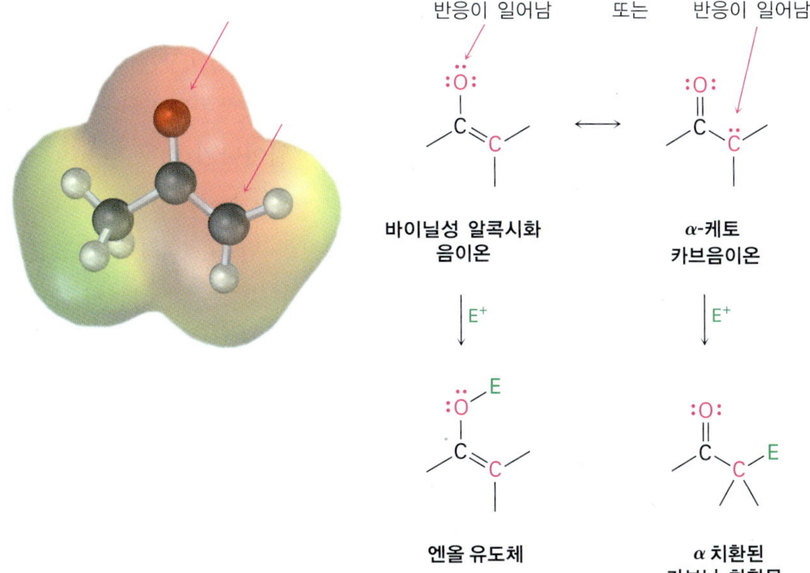

그림 11.4 아세톤 엔올산 음이온의 정전기 퍼텐셜 지도는 음전하가 산소와 α 탄소 위에 편재화되어 있음을 보여준다. 그 결과, 엔올산 음이온과 친전자체, E^+의 반응에 2가지 양식이 가능하다. 탄소에서 반응이 일어나 α 치환된 카보닐 화합물의 생성이 더 보편적이다.

올산 음이온은 엔올보다 반응성이 더 크다. 엔올이 중성임에 반하여 엔올산 음이온은 음전하를 가지고 있어서 훨씬 좋은 친핵체가 된다. 따라서 엔올산 음이온의 α 위치는 전자가 풍부하고 친전자체에 대해 반응성이 매우 크다.

그들은 동일하지 않은 구조 2개의 공명 혼성체로서 엔올산 음이온은 바이닐성 알콕시화 음이온(C=C—O⁻) 또는 α-케토 카브음이온(⁻C—C=O)으로 생각할 수 있다. 따라서 엔올산 음이온은 산소 또는 탄소 위에서 친전자체와 반응할 수 있다. 산소와의 반응은 엔올 유도체를 생성하나 탄소와의 반응은 알파 치환된 카보닐 화합물을 생성한다(그림 11.4). 이들 두 종류의 반응성이 알려져 있으나 탄소에서의 반응이 더 보편적이다.

11.6 엔올산 음이온의 알킬화

엔올산 음이온의 가장 유용한 반응은 아마도 할로젠화 알킬과의 반응에 의한 **알킬화반응**(alkylation)이다. 이 반응은 새로운 C−C 결합을 형성하므로 2개의 작은 분자를 연결하여 더 큰 분자를 형성한다. 알킬화반응은 친핵성 엔올산 음이온이 S_N2 반응으로 친전자성 할로젠화 알킬과 반응할 때 나타나며, 통상적인 방법으로 할로젠화 이온을 치환한다(7.5절).

:염기
RCH_2—X
S_N2 반응
CH_2R + X^-
카보닐 화합물
엔올산 음이온

여러 S_N2 반응에서처럼, 알킬화반응은 1차 할로젠화 알킬(RCH_2X) 또는 할로젠화 메틸(CH_3X)이 쓰일 때만 성공적으로 수행된다. 왜냐하면 만약 2차나 3차 할로젠화물이 쓰이면 E2 제거반응과 경쟁반응이 일어나기 때문이다. 이탈기 할로젠화물은 Cl^-, Br^-, 또는 I^-이 될 수 있다.

가장 잘 알려진 카보닐 알킬화 반응 중 하나는 **말론산 에스터 합성**(malonic ester synthesis)인데 2개의 원자로 탄소 사슬을 길게 하면서 할로젠화 알킬로부터 카복실산을 합성하는 방법이다.

$$R{-}X \xrightarrow[\text{합성}]{\text{말론산 에스터}} RCH_2CO_2H$$

프로페인이산 다이에틸은 흔히 말론산 다이에틸 또는 말론산 에스터라고 부르는데 α 수소가 2개의 카보닐기에 끼여 있어 비교적 산성(pK_a = 13)이다. 따라서 말론산 에스터는 에탄올에서 에톡시화 나트륨과의 반응으로 엔올산 음이온으로 쉽게 변환된다. 이 엔올산 음이온은 다시 할로젠화 알킬과 쉽게 반응하여 알킬화되어 α-치환 말론산 에스터를 생성하게 된다. 다음 예에서 약자 'Et'는 에틸기, $-CH_2CH_3$를 나타낸다.

$EtO_2C-CH_2-CO_2Et$ $\xrightarrow[EtOH]{Na^+\ ^-OEt}$ [Na^+ $EtO_2C-\ddot{C}^-H-CO_2Et$] $\xrightarrow{RX}$ $EtO_2C-CHR-CO_2Et$

프로페인이산 다이에틸 (말론산 에스터) — 말론산 에스터화 나트륨 — 알킬화된 말론산 에스터

말론산 에스터 알킬화반응의 생성물에는 산성 α 수소가 하나 남아 있어 알킬화반응이 한 번 더 일어날 수 있으므로 이중알킬화된 말론산 에스터를 생성한다.

$EtO_2C-CHR-CO_2Et$ $\xrightarrow[EtOH]{Na^+\ ^-OEt}$ [Na^+ $EtO_2C-\ddot{C}^-R-CO_2Et$] $\xrightarrow{R'X}$ $EtO_2C-CRR'-CO_2Et$

알킬화된 말론산 에스터 — 이중알킬화된 말론산 에스터

알킬화된(또는 이중알킬화된) 말론산 에스터를 염산 수용액과 가열하면 에스터기 2개의 가수분해와 **카복시기 이탈반응**(decarboxylation, CO_2를 잃음)이 일어나 치환된 단일 카복실산을 생성한다. 카복시기 이탈반응은 카복실산의 일반적인 반응이 아니나 말론산처럼 $-CO_2H$에서 두 원자 건너 카보닐기를 또 하나 가진 화합물의 고유한 반응임에 유의하라.

$RCH(CO_2Et)_2$ $\xrightarrow[가열]{H_3O^+}$ RCH_2CO_2H + CO_2 + 2 EtOH

알킬화된 말론산 에스터 — 카복실산

말론산 합성의 알짜반응은 할로젠화 알킬을 카복실산으로 변환시키고 탄소 사슬을 두 원자 늘이는 것이다($RX \rightarrow RCH_2CO_2H$).

$CH_3CH_2CH_2CH_2Br$
1-브로모뷰테인
+
$EtO_2C-CH_2-CO_2Et$

$\xrightarrow[\text{EtOH}]{Na^+\ ^-OEt}$ $(EtO_2C)_2C(H)CH_2CH_2CH_2CH_3$ $\xrightarrow[\text{가열}]{H_3O^+}$ $CH_3CH_2CH_2CH_2CH_2COOH$
헥산산(75%)

↓ 1. $Na^+\ ^-OEt$ 2. CH_3I

$(EtO_2C)_2C(CH_3)CH_2CH_2CH_2CH_3$ $\xrightarrow[\text{가열}]{H_3O^+}$ $CH_3CH_2CH_2CH_2CH(CH_3)COOH$
2-메틸헥산산(74%)

예문 11.4 말론산 에스터 합성 이용하기

헵탄산을 말론산 에스터 합성법으로 합성하라.

풀이 말론산 에스터 합성법은 할로젠화 알킬을 탄소 원자 2개가 더 많은 카복실산으로 변환시키는 것이다. 따라서 1-브로모펜테인과 같은 5개의 탄소를 가진 할로젠화 알킬로부터 7개의 탄소 사슬을 가진 산을 얻어야 한다.

해답

$$CH_3CH_2CH_2CH_2CH_2Br + CH_2(CO_2Et)_2 \xrightarrow[\text{2. } H_3O^+\text{, 가열}]{\text{1. } Na^+\ ^-OEt} CH_3CH_2CH_2CH_2CH_2CH_2COOH$$

문제 11.9 말론산 에스터 합성으로 다음 화합물을 합성하기 위해 어떤 할로젠화 알킬을 이용하는가?

(a) $CH_3CH_2CH_2COOH$ (b) $C_6H_5CH_2CH_2COOH$ (c) $CH_3CH(CH_3)CH_2CH_2CH_2COOH$

문제 11.10 다음 화합물을 만들기 위해 말론산 에스터 합성을 어떻게 이용할 수 있는지 보여라.

(a) 4-메틸펜탄산 (b) 2-메틸펜탄산

문제 11.11 다음 화합물을 만들기 위해 말론산 에스터 합성법을 어떻게 이용할 수 있는지 보여라.

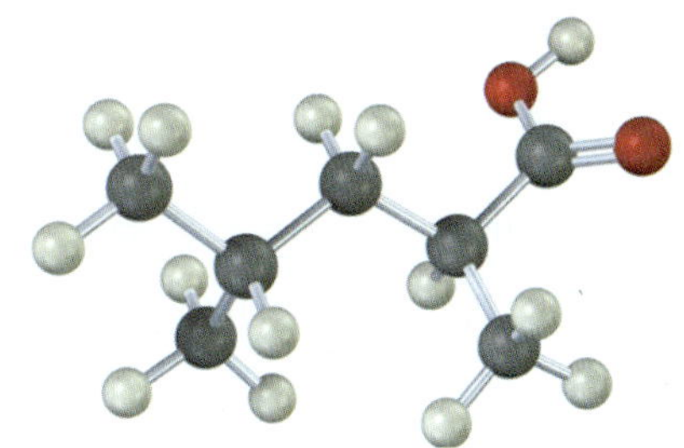

11.7 카보닐 축합 반응

우리는 지금까지 카보닐 화합물이 친전자체나 친핵체로 작용할 수 있음을 보았다. α-치환 반응에서 카보닐 화합물은 엔올이나 엔올산 음이온으로 변환한 후 친핵체로서 작용한다.그러나 친핵성 첨가 반응이나 친핵성 아실 치환 반응에서 카보닐기는 공격하는 친핵체로부터 전자를 받아들임으로써 친전자체로 작용한다.

우리가 공부할 카보닐기 반응의 네 번째이며 마지막 범주로서 카보닐 축합 반응은 친핵성과 친전자성의 반응성을 모두 포함한다. 이 반응은 두 카보닐 분자 간에 친핵성 첨가 반응과 알파 치환 단계가 조합되어 일어난다. 한쪽 분자(친핵성 주개)는 엔올산 음이온으로 변환되어 알파 치환 반응을 하나 다른 분자(친전자성 받개)는 친핵성 첨가 반응을 한다. 반응하는 두 카보닐 분자의 구조에 따라 카보닐 축합 반응에는 수많은 변화가 있을 수 있으나, 일반적 메커니즘은 동일하다.

친핵성 엔올산 음이온이 친전자체와 반응한다.

친전자성 카보닐기가 친핵체와 반응한다.

카보닐 축합반응

친핵성 엔올산 음이온 + 친전자성 카보닐 ⇌ [중간체] ⇌(HA) 축합 생성물

11.8 알데하이드와 케톤의 축합반응: 알돌 반응

알돌 반응(aldol reaction)이라고 부르는 염기-촉매 축합 반응은 α 수소 원자를 가진 모든 알데하이드와 케톤의 일반적 반응이다. 생성물은 β-하이드록시-치환 카보닐 화합물이다. 예를 들면, 아세트알데하이드를 양성자성 용매에 녹이고 에톡시화 나트륨이나 수산화 나트륨으로 처리하면 보통 알돌(알데하이드 + 알코올)이라 알려진 3-하이드록시뷰탄알이 빠르고 가역적으로 생성된다.

2 아세트알데하이드 ⇌ (NaOH, 에탄올) 3-하이드록시뷰탄알 (알돌)

알돌 평형의 정확한 위치는 반응 조건과 기질의 구조에 따라 다르다. α 치환기가 없는 알데하이드(RCH_2CHO)의 알돌 반응에 대한 평형은 일반적으로 축합 생성물에 유리하나 α 치환된 알데하이드(R_2CHCHO)와 케톤에서는 출발물질 쪽으로 치우친다.

알데하이드

2 페닐아세트알데하이드 (10%) ⇌ (NaOH, 에탄올) (90%)

케톤

2 사이클로헥산온 (78%) ⇌ (NaOH, 에탄올) (22%)

예문 11.5 알돌 반응의 생성물 예측하기

프로판알에서 얻는 알돌 생성물의 구조는 무엇인가?

풀이 알돌 반응에서는 출발물질 두 분자가 결합하되 한 분자의 α 탄소와 다른 분자의 카보닐 탄소 사이에 결합이 형성된다.

해답

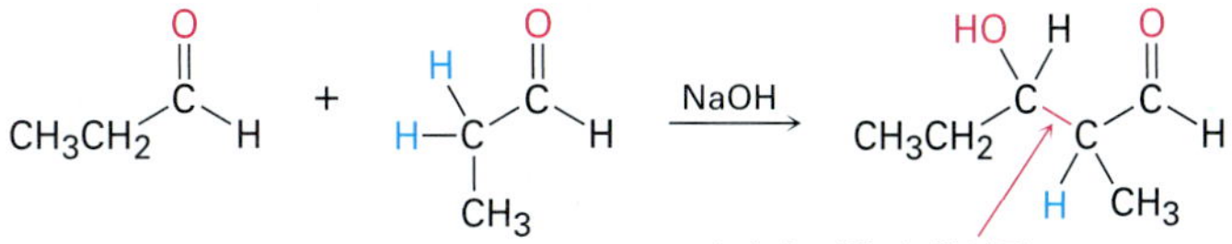

$$CH_3CH_2CHO + CH_3CH_2CHO \xrightarrow{NaOH} CH_3CH_2CH(OH)CH(CH_3)CHO$$

여기에 결합이 형성됨

문제 11.12 다음 중 어느 것이 알돌 반응을 할 수 있고 어느 것이 할 수 없는가?

(a) 2,2-다이메틸사이클로헥산온 (b) 벤즈알데하이드

(c) 2,2,6,6-테트라메틸사이클로헥산온 (d) 폼알데하이드

문제 11.13 다음 화합물의 알돌 반응 생성물을 나타내라.

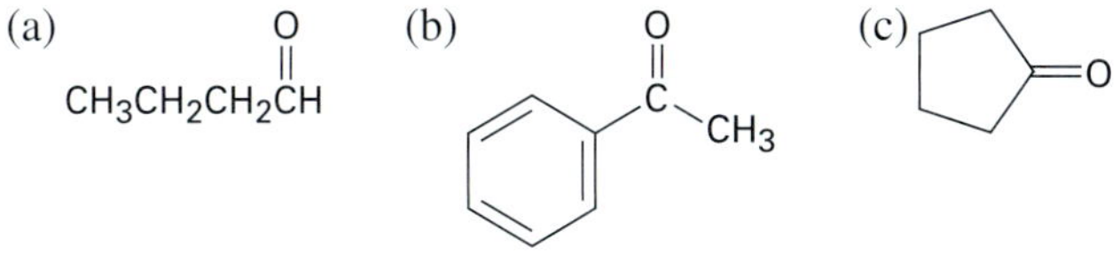

(a) $CH_3CH_2CH_2CHO$ (b) $C_6H_5COCH_3$ (c) 사이클로펜탄온

11.9 알돌 생성물의 탈수반응: 엔온의 합성

알돌 반응에서 생성된 β-하이드록시 케톤과 β-하이드록시 알데하이드는 쉽게 탈수되어 α,β-불포화 생성물이나 콘주게이션 **엔온**(enone, 엔 + 온)을 생성한다. 사실, 알돌 **축합**이라는 이름은 반응에서 물이 빠져나가기 때문에 붙여진 것이다.

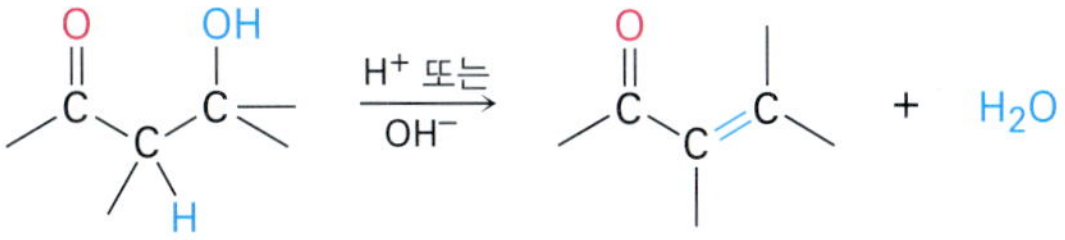

$$\text{C(=O)–CH–C(OH)} \xrightarrow[\text{OH}^-]{\text{H}^+\text{ 또는}} \text{C(=O)–C=C} + H_2O$$

β-하이드록시 케톤 또는 알데하이드 → **콘주게이션 엔온**

대부분의 알코올은 묽은 산이나 염기에 의해 탈수되지 않는다. 왜냐하면 수산화 이온은 나쁜 이탈기이기 때문이다(8.4절). 그러나 β-하이드록시 카보닐 화합물은 카보닐기 때문에 쉽게 탈수된다. 염기성 조건 하에서 α 수소가 떼이고 생성된 엔올산 음이온이 이웃의 OH^- 이탈기를 E1cB 반응으로 축출한다(7.8절). 산성 조건에서 엔올의 $-OH$기에 양성자가 첨가되어 H_2O가 E1 또는 E2 반응에서 이탈기로 제거된다.

염기 촉매

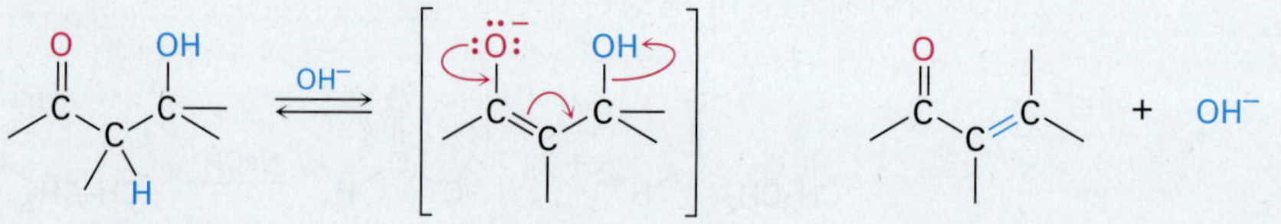

엔올산 음이온

산 촉매

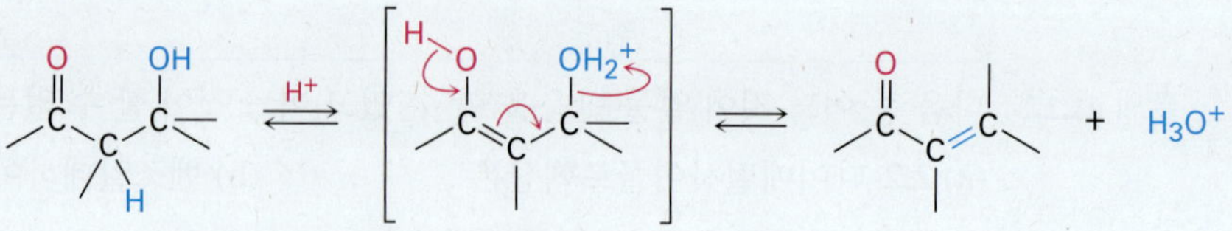

엔올

알돌 탈수반응에 필요한 반응 조건은 흔히 알돌 축합 자신에 필요한 반응 조건보다 약간 더 격렬하다(예컨대, 약간 더 높은 온도). 그 결과, 중간체인 β-하이드록시 카보닐 화합물을 분리하지 않고 콘주게이션 엔온을 알돌 반응에서 직접 얻는다.

예문 11.6 알돌 축합 생성물의 탈수하기

아세트알데하이드의 알돌 축합반응으로부터 얻을 수 있는 엔온의 구조는 무엇인가?

풀이 알돌 반응에서, H_2O가 제거되고 한 분자의 산성 α 위치의 두 수소 원자와 다른 분자에서 산소를 제거하여 이중 결합이 생성된다.

해답

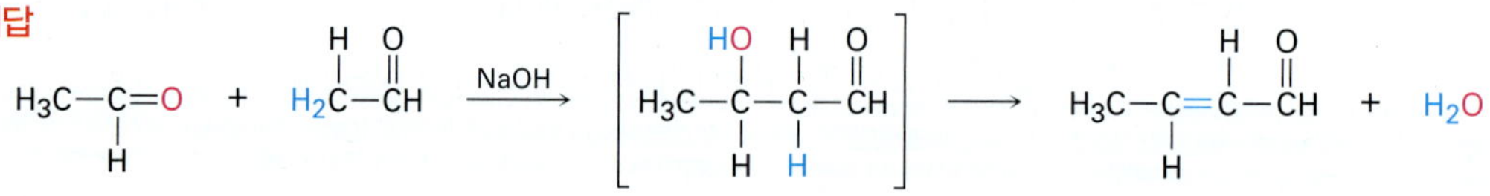

$$H_3C-CH=O + H_2C-CHO \xrightarrow{NaOH} [H_3C-CH(OH)-CH_2-CHO] \longrightarrow H_3C-CH=CH-CHO + H_2O$$

뷰트-2-엔알

문제 11.14 다음 화합물의 알돌 축합반응에서 얻을 수 있는 엔온의 구조를 써라.

(a) 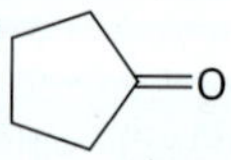 (b) 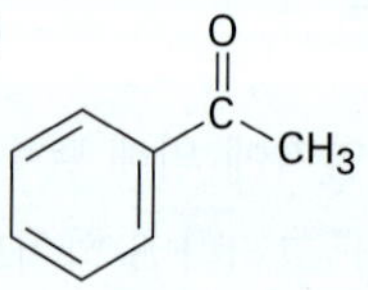 (c) 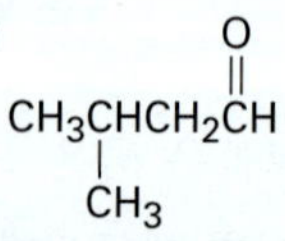 $CH_3CHCH_2CH(=O)$, CH_3

문제 11.15 뷰탄-2-온이 알돌 축합반응을 하면 2가지 엔온의 혼합물이 얻어진다(이중 결합의 입체화학을 무시하라). 그들의 구조를 그려라.

11.10 에스터의 축합반응: Claisen 축합 반응

에스터는 알데하이드와 케톤과 같이 약한 산성이다. α 수소를 함유한 에스터를 에톡시화 나트륨과 같은 염기로 처리하면 축합 반응이 일어나 β-케토 에스터가 생성된다. 예를 들어, 아세트산 에틸을 염기로 처리하면 아세토아세트산 에틸을 얻는다. 두 에스터 분자 간의 이 반응을 **Claisen 축합 반응**(Claisen condensation reaction)이라고 한다. 우리는 에틸 에스터의 에틸을 약자로 "Et"로 계속 나타낼 것이며 다른 에스터에서도 동일하다.

$$\underbrace{H_3C{-}\overset{O}{\overset{\|}{C}}{-}OEt \quad + \quad H_3C{-}\overset{O}{\overset{\|}{C}}{-}OEt}_{\text{2개의 아세트산 에틸}} \xrightarrow[\text{2. } H_3O^+]{\text{1. } Na^+\ {}^-OEt\text{, 에탄올}} H_3C{-}\overset{O}{\overset{\|}{C}}{-}CH_2{-}\overset{O}{\overset{\|}{C}}{-}OEt \quad + \quad CH_3CH_2OH$$

아세토아세트산 에틸
β-케토 에스터(75%)

Claisen 축합반응의 메커니즘은 알돌 축합반응과 유사하다. 이 반응은 에스터 엔올산 이온이 다른 에스터 분자의 카보닐기에 친핵성 첨가되는 반응이다(그림 11.5). 알데하이드나 케톤의 알돌 축합과 에스터의 Claisen 축합 간의 유일한 차이는 최초에 형성된 중간체의 운명에 있다. 이전에 살펴본 바와 같이, 알데하이드와 케톤에서 알돌 반응의 알콕시화 이온 중간체는 양성자화되어 안정한 알코올을 생성한다(9.5절). 그러나 Claisen 반응에서 알콕시화 이온 중간체는 에스터의 반응에서 이전에 본 것과 똑같이(10.9절) 이탈기를 축출하여 아실 치환 생성물을 생성한다.

만약 출발물질 에스터가 1개 이상의 산성 α 수소를 가진다면 β-케토 에스터 생성물은 염기에 의해 제거될 수 있는 매우 산성인 이중으로 활성화된 수소 원자를 포함한다. 이 생성물의 양성자 이탈반응은 염기가 촉매량이 아니라 당량만큼이 이 반응에 필요함을 의미한다. 양성자 이탈반응은 평형을 완전히 생성물 쪽으로 몰아 보통 매우 높은 수득률의 Claisen 축합 생성물을 얻게 된다.

예문 11.7 Claisen 축합 생성물 예측하기

프로판산 에틸의 Claisen 축합반응에서 얻는 생성물은 무엇인가?

풀이 에스터가 축합반응을 하면 알코올 한 분자가 제거되고 한 반응물의 아실기가 다른 반응물의 α 탄소에 결합된 β-케토 에스터 생성물을 형성한다.

메커니즘

그림 11.5 Claisen 축합 반응의 메커니즘

❶ 에톡시화 이온은 에스터 분자로부터 산성 α 수소 원자를 떼어 내어 에스터 엔올산 음이온을 생성한다.

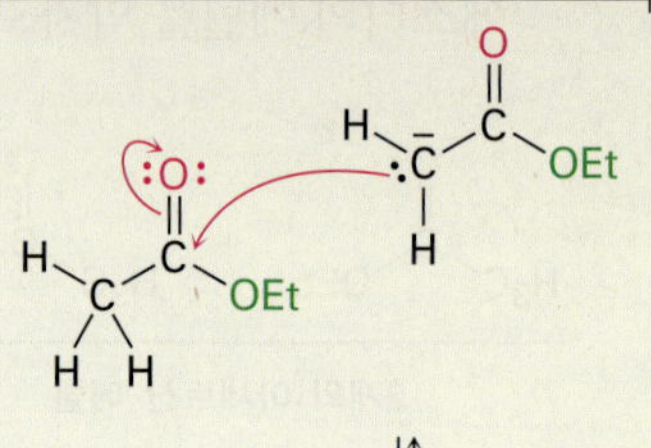

❷ 엔올산 음이온은 친핵성 첨가 반응으로 다른 에스터 분자에 첨가되어 사면체형 중간체를 생성한다.

❸ 사면체형 중간체에서 에톡시화 음이온을 잃고 β-케토 에스터를 생성하며 염기 촉매를 재생한다.

❹ 그러나 에톡시화 이온은 아세토 아세트산 에틸을 탈양성자화 할만큼 염기가 충분히 세서 평형을 이동 시키고 전체 반응이 완결되도록 한다.

❺ 엔올산 음이온은 별도의 단계에서 산성 수용액 첨가에 의해 양성자화 하여 최종 β-케토 에스터 생성물을 생성한다.

해답

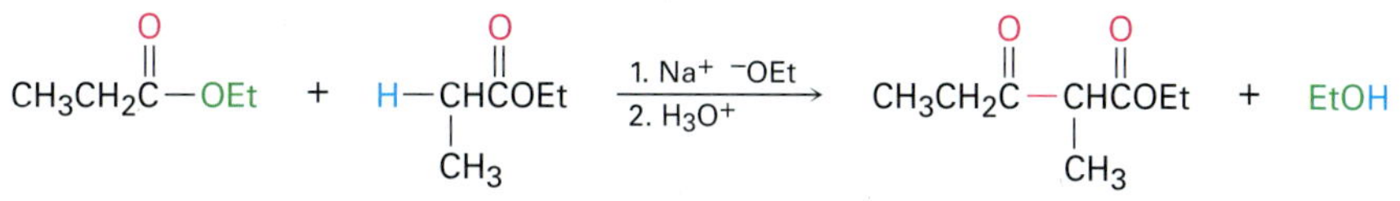

$$CH_3CH_2\overset{O}{\overset{\|}{C}}-OEt + H-\underset{CH_3}{\underset{|}{C}}H\overset{O}{\overset{\|}{C}}OEt \xrightarrow[2.\ H_3O^+]{1.\ Na^+\ ^-OEt} CH_3CH_2\overset{O}{\overset{\|}{C}}-\underset{CH_3}{\underset{|}{C}}H\overset{O}{\overset{\|}{C}}OEt + EtOH$$

2개의 프로판산 에틸 → 2-메틸-3-옥소펜탄산 에틸

문제 11.16 다음 에스터 중 어느 것이 Claisen 축합반응을 하지 못하는가? 이유를 설명하라.

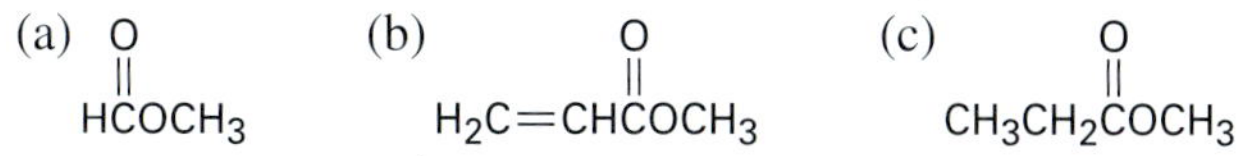

(a) $H\overset{O}{\overset{\|}{C}}OCH_3$ (b) $H_2C{=}CH\overset{O}{\overset{\|}{C}}OCH_3$ (c) $CH_3CH_2\overset{O}{\overset{\|}{C}}OCH_3$

문제 11.17 다음 에스터의 Claisen 축합반응에서 어떤 생성물을 얻을 수 있는가?

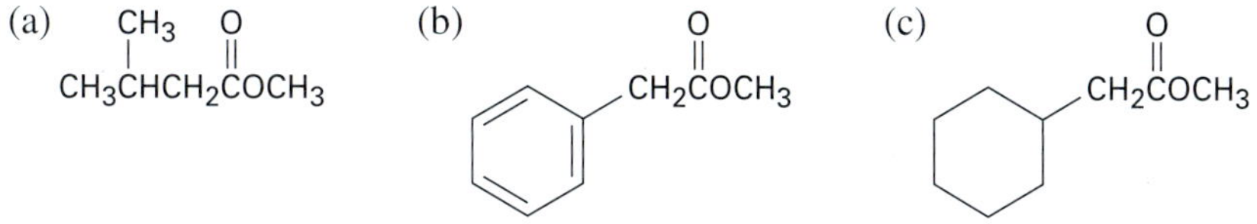

(a) $CH_3\underset{}{\overset{CH_3}{\overset{|}{C}}}HCH_2\overset{O}{\overset{\|}{C}}OCH_3$ (b) $C_6H_5CH_2\overset{O}{\overset{\|}{C}}OCH_3$ (c) $C_6H_{11}CH_2\overset{O}{\overset{\|}{C}}OCH_3$ (cyclohexyl)

11.11 생물학적 카보닐 반응

생화학은 카보닐 화학이다. 살아 있는 유기체가 이용하는 거의 모든 대사 과정은 우리가 지난 3개 장에서 보았던 4개의 기초 카보닐기 반응 중 하나 혹은 그 이상과 관련된다. 지방, 탄수화물, 단백질 등 주요 식품 분자들의 소화 및 대사 과정에서의 분해는 친핵성 첨가 반응, 친핵성 아실 치환 반응, 알파 치환 반응 및 카보닐 축합 반응으로 일어난다. 유사하게, 호르몬이나 다른 생물학적으로 중요한 분자는 이들 카보닐기의 반응들에 의해 탄소 수가 적은 전구체로부터 합성된다.

탄수화물에서 에너지를 뽑아 내는 첫 번째 단계로서 유기체가 글루코오스를 피루브산으로 전환시키는 대사 경로인 **해당작용(glycolysis)**을 예로 들어 보자.

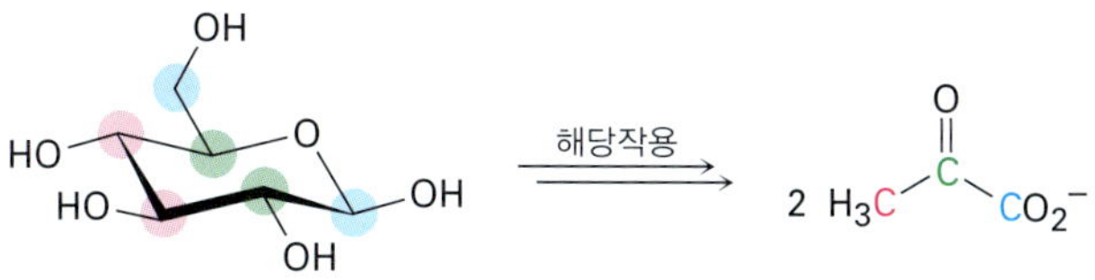

$$\text{글루코오스} \xrightarrow{\text{해당작용}} 2\ H_3C\overset{O}{\overset{\|}{C}}CO_2^-$$

글루코오스 → 피루브산 음이온

해당작용은 글루코오스를 고리형 헤미아세탈 형태로부터 그것의 열린 사슬 알데하이드 형태로 전환시키는 역친핵성 첨가 반응으로 시작되는 10단계 과정이다. 그러고나서 알데하이드는 토토머화하여 엔올을 생성하고 또다시 토토머화하여 케톤인 프룩토오스가 된다.

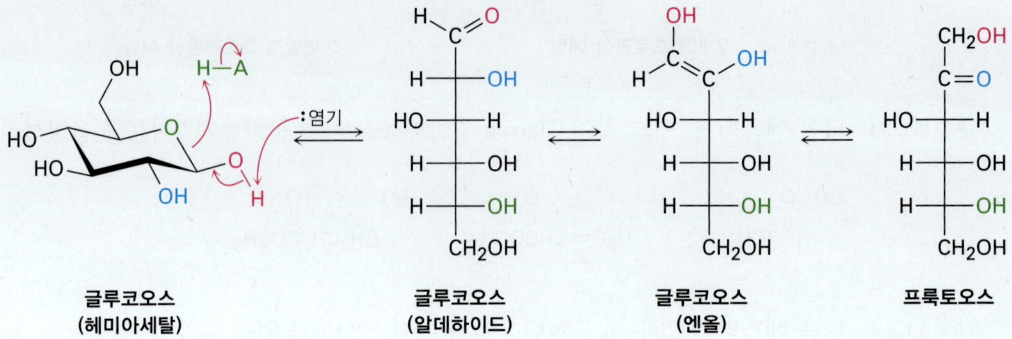

글루코오스 (헤미아세탈) ⇌ (:염기) 글루코오스 (알데하이드) ⇌ 글루코오스 (엔올) ⇌ 프룩토오스

β-하이드록시 케톤인 프룩토오스는 역알돌 반응에 의해 케톤 1개와 알데하이드 1개로, 즉 탄소 3개로 된 분자 2개로 절단된다. 피루브산 음이온이 만들어질 때까지 계속 카보닐기 반응이 일어난다.

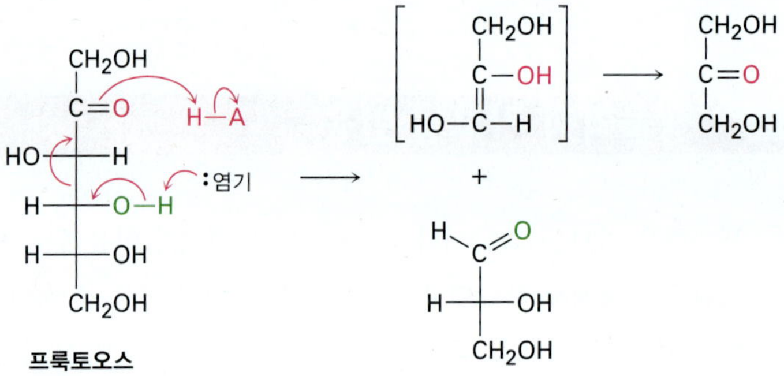

프룩토오스

생물학적 카보닐 반응의 다른 예로서, 천연은 합성을 위한 주된 단위로 아세틸 보조효소 A(CoA)의 탄소 2개짜리 아세트산 음이온을 이용한다. 아세틸 CoA는 카보닐기 탄소가 친핵성 공격을 받는 친전자성 받개로 작용할 수 있을 뿐만 아니라 산성 α 수소를 잃음으로써 친핵성 주개로도 작용한다. 아세틸 CoA의 엔올산 음이온이 일단 형성되고 나면 축합 반응으로 다른 카보닐기에 첨가될 수 있다. 예를 들면, 시트르산은 일종의 혼합 알돌 반응으로 아세틸 CoA가 옥살로아세트산(2-옥소뷰테인다이산)의 케톤 카보닐기에 첨가됨으로써 생합성된다.

B: H H H O SCoA H—A → H O H :B SCoA H → HO_2C OH O HO_2C SCoA H H H H → H_2O HO_2C OH O HO_2C OH H H H H

아세틸 CoA

시트릴 CoA

시트르산

H—A O HO_2C CO_2H H H

옥살로아세트산

앞에 든 몇 가지 예는 단지 소개에 불과하다. 17장에서 몇 개의 주요 대사 경로와 더욱 많은 카보닐기의 반응을 보게 될 것이다. 카보닐 화학을 잘 터득하는 것은 생화학의 이해에 중요하다.

생활 속의 유기 화학

바비튜레이트(Barbiturate)

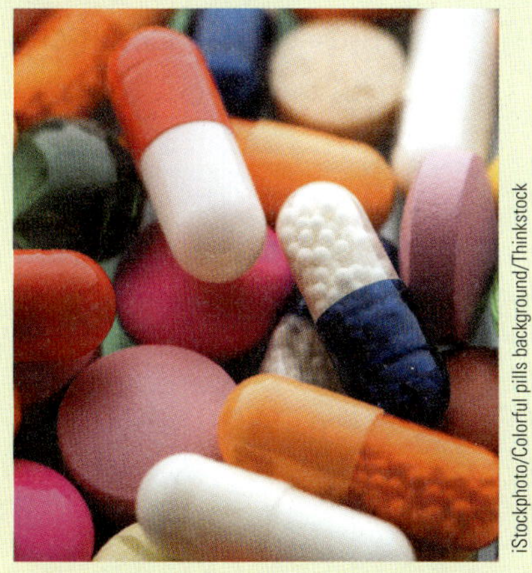

iStockphoto/Colorful pills background/Thinkstock

약이 남용될 때 다른 바비튜레이트가 다양한 색으로 등장해서 유사하게 다채로운 거리명으로 나타나게 한다.

인간의 병과 동물의 병을 치료하는 데 식물을 이용하기는 수천년 전으로 돌아가나 실험실에서 제조한 화학물질을 의료에 쓴 것은 그 역사가 훨씬 짧다. 초기 의료 화학의 성공 중에 한 가지를 구성하는 바비튜레이트는 광범위한 용도를 가진 약의 큰 부류에 속한다. 바비튜레이트의 합성과 의료의 이용은 독일 Bayer회사가 최초로 바비탈이라고 부르는 화합물을 Veronal이라는 상품명으로 불면증 치료제로 시판한 1904년으로 돌아간다. 그 이래 제약회사에는 2500종 이상의 다른 바비튜레이트 유사물이 합성되었으며 50종 이상이 의료용으로 그리고 약 12종이 아직도 마취제, 항경련제, 진정제 및 불안 완화제로서 쓰인다.

O H N H N O O CH_3CH_2 CH_2CH_3

바비탈(베로날)
최초 바비튜레이트

바비튜레이트의 합성은 비교적 간단한데 지금은 친숙한 엔올산 이온 알킬화와 친핵성 아실 치환 반응에 의지한다. 말론산 다이에틸, 또는 말론산 에스터로부터 출발하여 간단한 할로젠화 알킬을 써서 엔올산 음이온과 알킬화 반응을 시키면 여러 가지 중요한 이치환 말론산 에스터를 얻을 수 있다. 그러고나서 요소(H_2NCONH_2)의 $-NH_2$기와 에스터기의 친핵성 아실 치환 반응을 2회함으로써 생성물 바비튜레이트를 얻는다(그림 11.6). 전형적인 예로서 아모바비탈(amobarbital, Amytal), 펜토바비탈(pentobarbital, Nembutal) 및 세코바비탈(secobarbital, Seconal)이 있다.

의료용으로 처방되는 것 외에 많은 바비튜레이트가 거리 마약으로 불법적으로 널리 쓰임

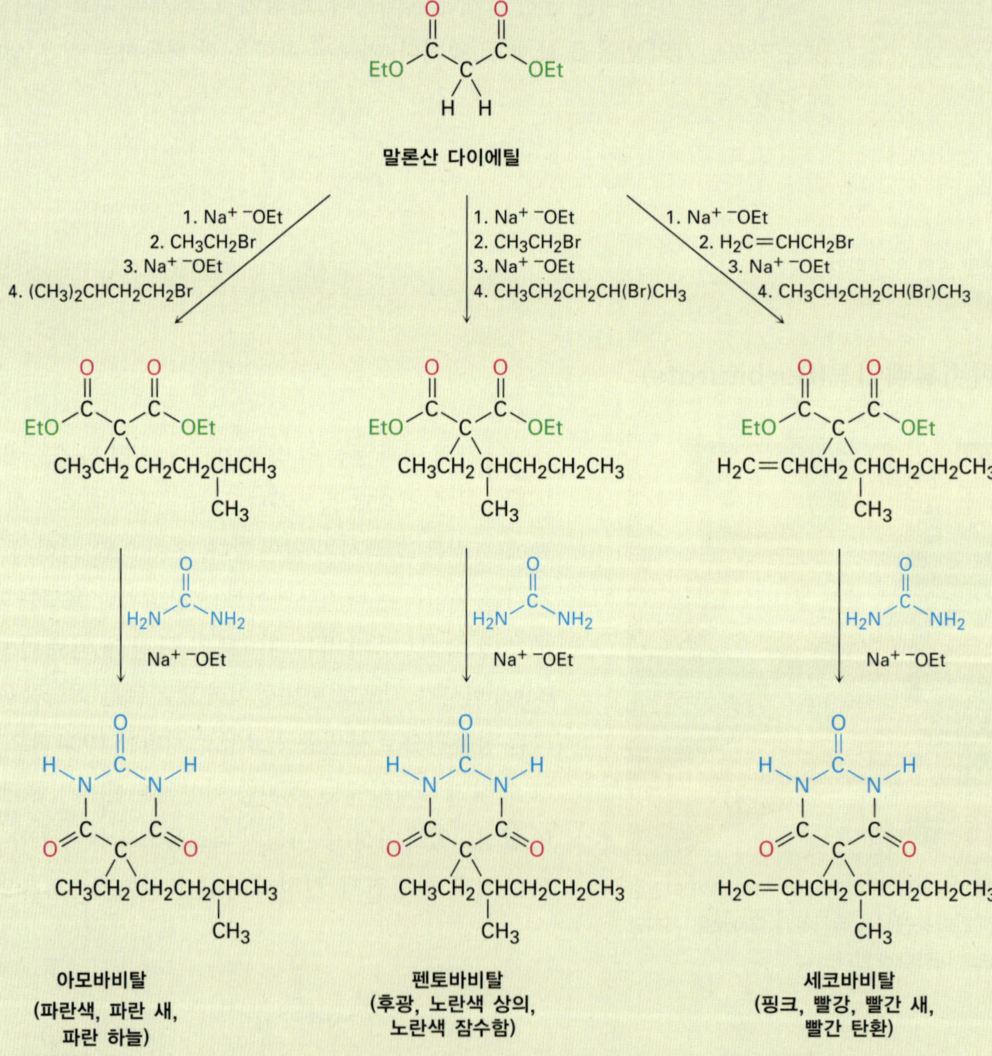

그림 11.6 바비튜레이트의 합성은 말론산 에스터 알킬화와 친핵성 아실 치환 반응에 의존한다. 2500종 이상의 다른 바비튜레이트가 지난 100년 동안 합성되었다. 법적 의료용 외에 몇 가지 바비튜레이트는 또한 불법적으로 많은 화려한 이름 하에 거리 마약으로 쓰이고 있다.

이 알려져 있다. 각각의 바비튜레이트는 정규 크기, 모양, 색의 알약으로서 나돌며, 거리에 나도는 이름은 그들의 색을 흔히 모방한다. 비록 오늘날까지 아직 쓰이고 있으나 대부분의 바비튜레이트는 현저히 다른 구조를 가진 보다 안전하고 강력한 다른 것으로 대체되고 있다.

요약과 주요용어

말론산 에스터 합성 malonic ester synthesis
알돌 반응 aldol reaction
알킬화 반응 alkylation reaction
알파 치환 반응 alpha-substitution reaction
엔온 enone
엔올 enol
엔올산 음이온 enolate ion
카보닐 축합 반응 carbonyl condensation reaction
토토머 tautomer
Claisen 축합 반응 Claisen condensation reaction

알파 치환 반응과 **카보닐 축합 반응**은 카보닐기 화학에서 4가지 기초 반응 중 2가지이다. 보다 작은 전구체로부터 더 큰 분자로 만들기 위해 생합성 경로와 화학 실험실에서 둘다 이용된다. 이 장에서 어떻게 그리고 왜 이들 반응이 일어나는지 살펴보았다.

알파 치환 반응은 **엔올** 또는 **엔올산 음이온** 중간체를 거쳐 일어나며 α 수소 원자를 다른 치환체로 대체시키는 것이다. 카보닐 화합물은 **토토머화**라고 알려진 과정으로 그들의 엔올과 빠른 평형을 이룬다. 엔올 **토토머**는 보통 소량만 존재하며 순수한 엔올은 보통 분리되지 않는다. 그럼에도 불구하고 엔올은 다양한 친전자체와 재빠르게 반응한다. 예를 들면, 알데하이드와 케톤은 아세트산 용액 중에서 Cl_2, Br_2, 또는 I_2와 반응하여 할로젠화된다.

카보닐 화합물 중에서 α 수소 원자는 산성을 나타내며 염기에 의해 축출되고 엔올산 음이온이 될 수 있다. 케톤, 알데하이드, 에스터, 아마이드 및 나이트릴은 모두 양성자 이탈반응을 할 수 있다. 엔올산 음이온의 가장 중요한 반응은 할로젠화 알킬과의 **S_N2 알킬화반응**이다. 친핵성 엔올산 음이온은 할로젠화 알킬을 공격하여 이탈기인 할로젠화 이온을 치환하여 알파 알킬화 생성물을 만든다. **말론산 에스터 합성**은 말론산 다이에스터가 할로젠화 알킬에 의해 알킬화되는 반응으로서 단일 알킬화 또는 이중 알킬화된 아세트산을 만드는 데 좋은 방법이다.

카보닐 축합 반응은 두 카보닐 화합물 간에 일어나며 친핵성 첨가반응과 α 치환의 조합이 관여한다. 한 카보닐 분자(친핵성 주개)는 엔올산 음이온으로 변환되며 이것이 다른 분자(친전자성 받개)의 카보닐기에 첨가된다.

알돌 반응은 케톤이나 알데하이드 두 분자 간의 카보닐 축합반응이다. 알돌 반응은 가역적이며, 처음에는 β-하이드록시 케톤이 생성되고 그러고나서 α,β-불포화 케톤, 또는 **엔온**이 된다. **Claisen 축합 반응**은 두 에스터 간에 일어나는 카보닐 축합 반응으로 β-케토 에스터 생성물을 만든다.

반응 요약

1. 알데하이드와 케톤의 할로젠화반응(11.3절)

$$\mathrm{R{-}C({=}O){-}C(H)<} + X_2 \xrightarrow{CH_3CO_2H} \mathrm{R{-}C({=}O){-}C(X)<} + HX$$

2. 말론산 에스터 합성(11.6절)

$$\mathrm{EtO_2C{-}CH_2{-}CO_2Et} \xrightarrow[\text{2. RX}]{\text{1. Na}^+\ ^-\text{OEt, 에탄올}} \mathrm{EtO_2C{-}CHR{-}CO_2Et} \xrightarrow[\text{가열}]{H_3O^+} \mathrm{R{-}CH_2{-}CO_2H} + CO_2 + 2\,EtOH$$

3. 알데하이드와 케톤의 알돌 반응(11.8절)

$$2\,\mathrm{RCH_2CHO} \underset{}{\overset{\text{NaOH, 에탄올}}{\rightleftharpoons}} \mathrm{RCH_2CH(OH)CH(R)CHO}$$

4. 에스터의 Claisen 축합 반응(11.10절)

$$2\,\mathrm{RCH_2COR'}\ (\text{ester, } \mathrm{RCH_2C({=}O)OR'}) \overset{\text{Na}^+\ ^-\text{OEt, 에탄올}}{\rightleftharpoons} \mathrm{RCH_2C({=}O){-}CH(R)C({=}O)OR'} + HOR'$$

연습

【눈으로 보는 화학】 문제 11.1~11.17은 장 내에서 볼 수 있다.

11.18 다음 구조는 한 에스터 엔올산 음이온이 다른 에스터 분자에 첨가되어 생성된 중간체를 나타낸다. 반응물, 이탈기 및 생성물을 확인하라.

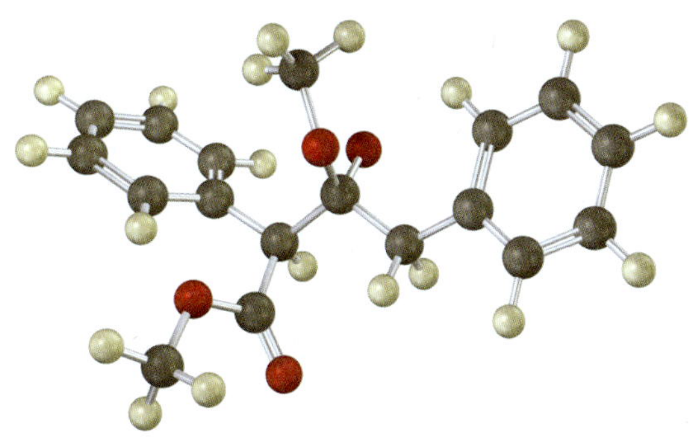

11.19 어떤 알데하이드나 케톤으로부터 알돌 반응을 통해 다음의 엔올을 합성할 수 있는가?

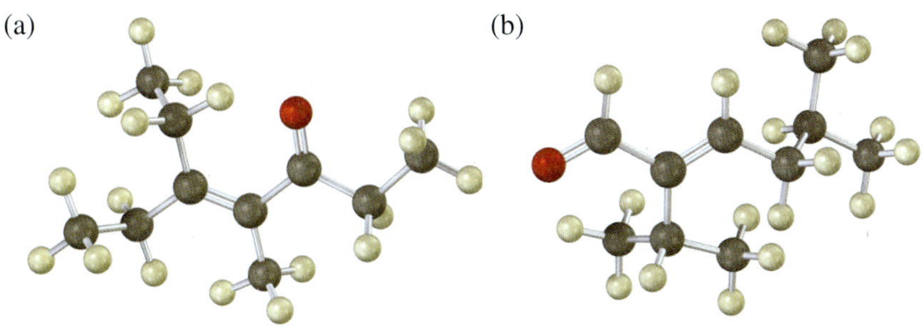

11.20 말론산 에스터 합성으로 다음 분자를 합성하는 단계들을 보여라.

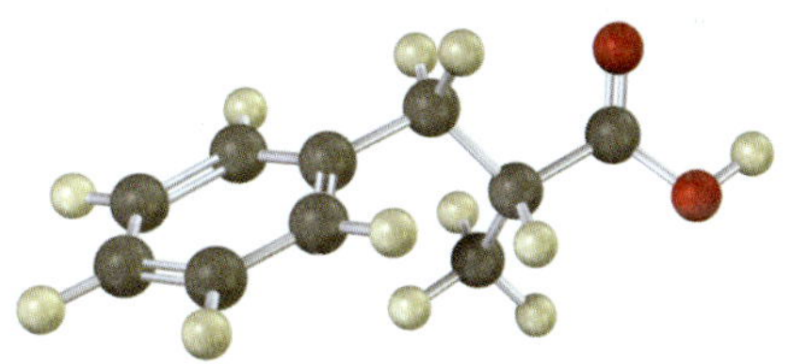

11.21 다음 분자는 다이카보닐 화합물의 분자 내 알돌 반응으로 만들어졌다. 다이카보닐 반응물의 구조를 보여라.

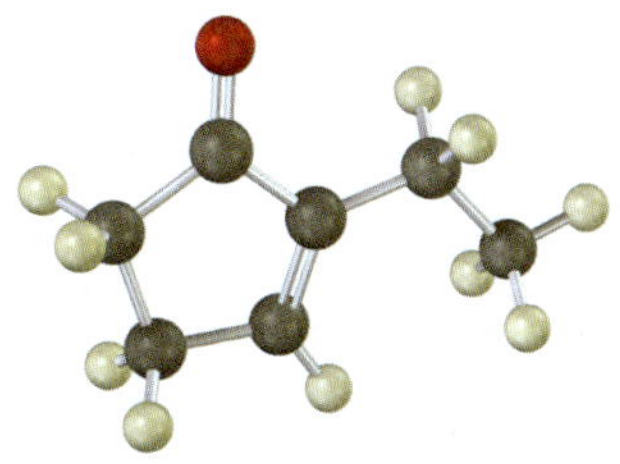

【보충문제】

산도 및 토토머화

11.22 사이클로헥세인-1,3-다이온의 단일 엔올 토토머들의 구조를 그려라. 몇 개의 엔올이 가능하며 어느 것이 가장 안정하리라 생각하는가? 이유를 설명하라.

11.23 다음 화합물들을 산도가 증가하는 순서로 순위를 매겨라.

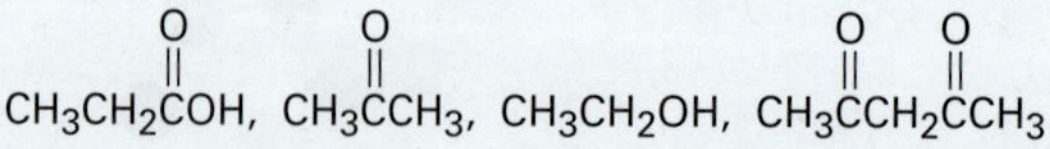

CH_3CH_2COOH, CH_3COCH_3, CH_3CH_2OH, $CH_3COCH_2COCH_3$

11.24 평형에서 아세톤은 약 0.0001% 정도만 엔올화되는데 펜테인-2,4-다이온은 76%나 엔올화된다. 이유를 설명하라.

11.25 다음 분자에서 산성 수소 원자를 모두 표시하라.

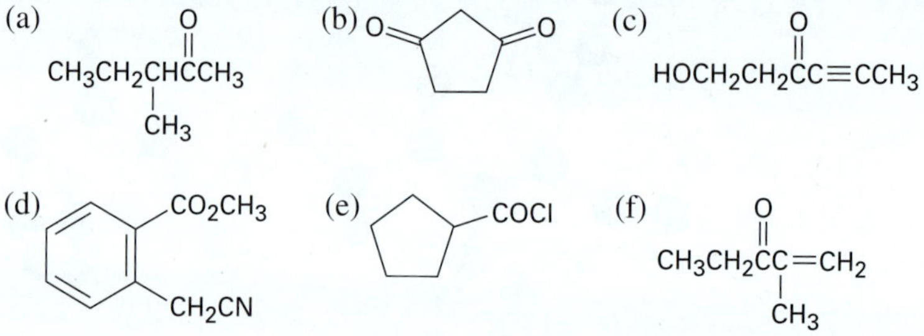

(a) $CH_3CH_2CH(CH_3)COCH_3$ (b) 사이클로펜테인-1,3-다이온 (c) $HOCH_2CH_2COC{\equiv}CCH_3$

(d) $C_6H_4(CO_2CH_3)(CH_2CN)$ (e) 사이클로펜틸-COCl (f) $CH_3CH_2COC(CH_3){=}CH_2$

11.26 왜 엔올산 음이온은 일반적으로 중성인 엔올보다 반응성이 더 큰가?

11.27 다음 음이온의 공명 구조를 써라.

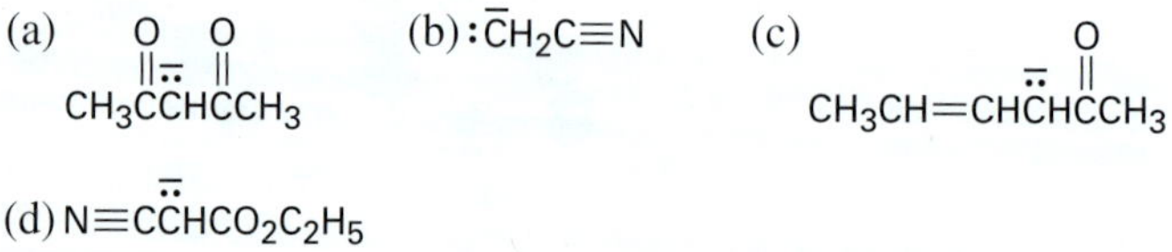

(a) $CH_3CO\ddot{C}^-HCOCH_3$ (b) $:\bar{C}H_2C{\equiv}N$ (c) $CH_3CH{=}CH\ddot{C}^-HCOCH_3$

(d) $N{\equiv}C\ddot{C}^-HCO_2C_2H_5$

메커니즘

11.28 *시스*- 및 *트랜스*-4-*tert*-뷰틸-2-메틸사이클로헥산온을 염기로 처리하면 상호전환된다는 사실을 어떻게 설명할 수 있는가? 둘 중 어느 것이 더 안정한가? 이유는 무엇인가? (2.10절 참조)

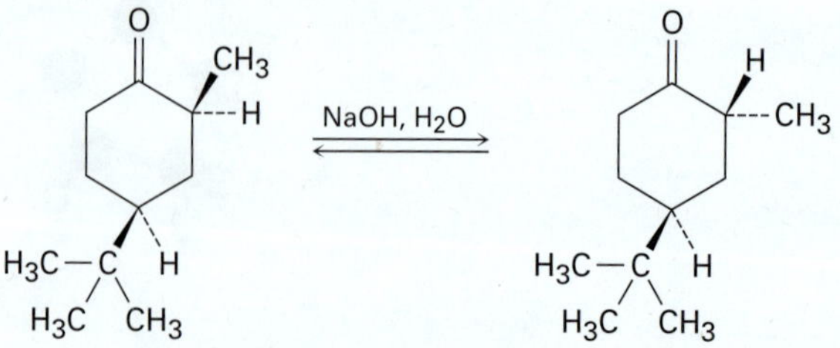

NaOH, H_2O (⇌)

11.29 염기-촉매 엔올화와 산-촉매 엔올화 메커니즘은 어떻게 다른가?

11.30 사이클로헥스-3-엔온과 같은 비콘주게이션 β,γ-불포화 케톤이 그들의 콘주게이션 α,β-이성질체와 산-촉매 평형을 이루고 있다. 산 촉매로 상호전환하는 메커니즘을 제안하라.

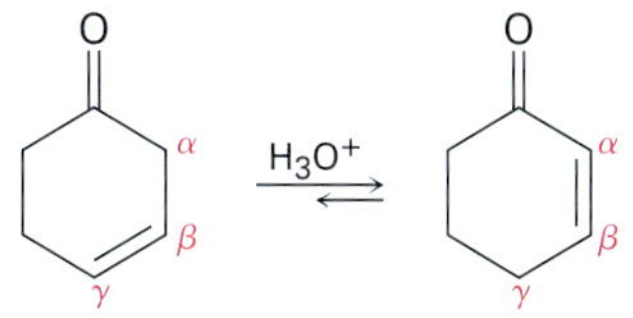

O α β γ $\xrightleftharpoons{H_3O^+}$ O α β γ

11.31 α,β-불포화 케톤의 β,γ로 상호전환(문제 11.30)은 산에서는 물론 염기에 의해서도 촉매된다. 그 메커니즘을 제안하라.

11.32 염기 촉매에 의한 α,β-불포화 케톤의 β,γ 이성질화로 인한 한 가지 결과(문제 11.31)는 C5-치환된 사이클로펜트-2-엔온이 C2-치환된 사이클로펜트-2-엔온으로 상호전환될 수 있다는 것이다. 이 이성질화의 메커니즘을 제안하라.

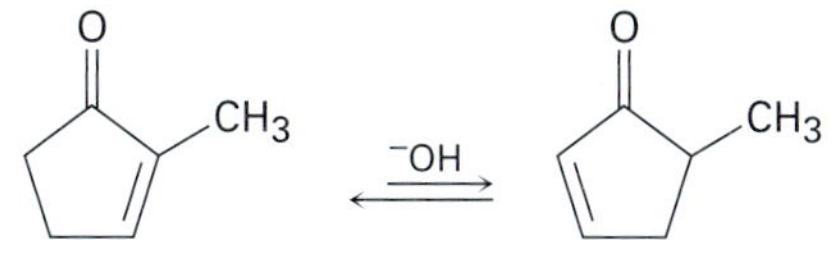

O CH_3 $\xrightleftharpoons{^-OH}$ O CH_3

11.33 광학 활성 (*R*)-2-메틸사이클로헥산온을 HCl이나 NaOH 수용액으로 처리하면 라세미 2-메틸사이클로헥산온이 생성된다. 이유를 설명하라.

11.34 광학 활성 (*R*)-3-메틸사이클로헥산온을 HCl 또는 NaOH 수용액으로 처리하면 라세미화반응이 일어나지 않는다. 그 대신 광학 활성 케톤이 변하지 않은 채 회수된다. 이러한 관찰과 문제 11.33의 해답을 어떻게 조화시킬 수 있는가?

11.35 아세톤을 중수소화 물, D_2O에서 산으로 처리할 때 중수소가 아세톤 분자 내로 들어간다. 메커니즘을 제안하라.

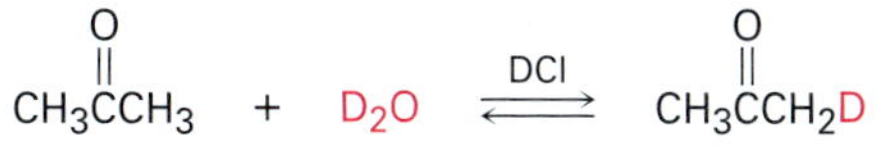

$$CH_3\overset{O}{\overset{\|}{C}}CH_3 + D_2O \xrightleftharpoons{DCl} CH_3\overset{O}{\overset{\|}{C}}CH_2D$$

말론산 에스터 합성

11.36 다이할로젠화물을 출발물질로 써서 말론산 에스터 합성을 통해 고리형 화합물을 합성할 수 있다. 말론산 다이에틸, 1,4-다이브로모뷰테인 및 2 당량의 염기의 반응으로부터 어떤 생성물을 얻을 수 있는가?

11.37 장미 기름의 주성분인 제라니올을 제라닐아세트산 에틸로부터 어떻게 변환시킬 수 있는지 나타내라.

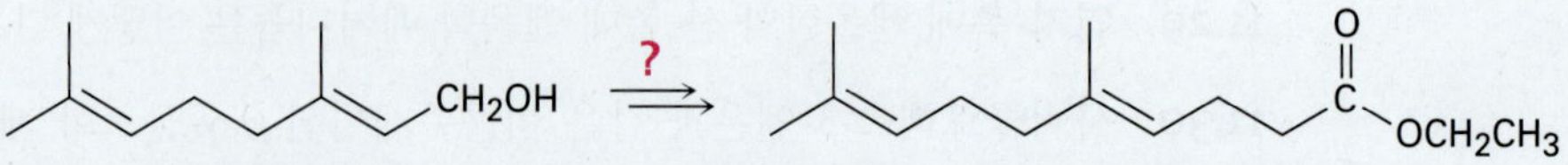

CH_2OH →(?) $\overset{O}{\overset{\|}{C}}OCH_2CH_3$

제라니올　　　　제라닐아세트산 에틸

11.38 다음 에스터 중 어느 것을 말론산 에스터 합성으로 얻을 수 있는가? 사용하는 시약을 밝혀라.

(a) 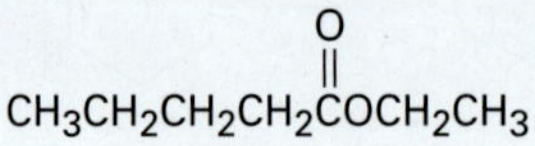 $CH_3CH_2CH_2CH_2\overset{O}{\overset{\|}{C}}OCH_2CH_3$

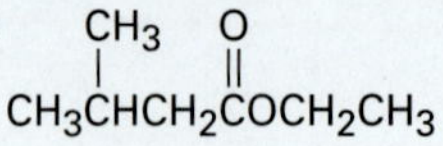

(b) $CH_3\overset{CH_3}{\overset{|}{C}}HCH_2\overset{O}{\overset{\|}{C}}OCH_2CH_3$

(c) $CH_3CH_2\underset{CH_3}{\underset{|}{C}}H\overset{O}{\overset{\|}{C}}OCH_2CH_3$

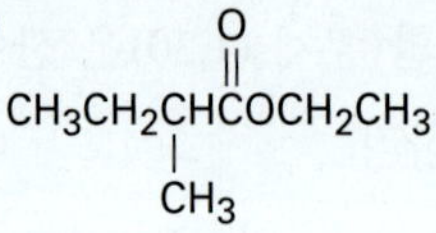

(d) 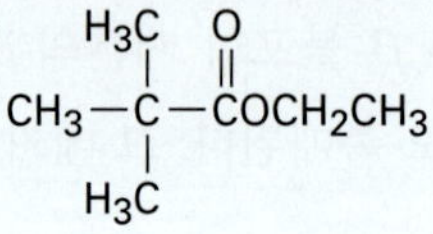 $CH_3-\overset{H_3C}{\overset{|}{\underset{H_3C}{\underset{|}{C}}}}-\overset{O}{\overset{\|}{C}}OCH_2CH_3$

알돌 축합반응

11.39 다음 화합물 중 어느 것이 알돌 축합반응을 하리라고 생각하는가? 각 경우에 생성물을 그려라.

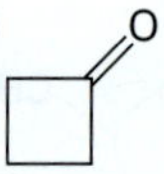

(a) 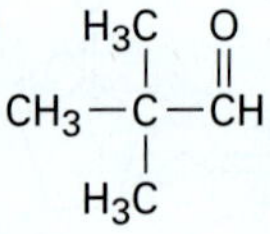 $CH_3-\overset{H_3C}{\overset{|}{\underset{H_3C}{\underset{|}{C}}}}-\overset{O}{\overset{\|}{C}}H$

(b) O (사이클로뷰탄온)

(c) O (벤조페논)

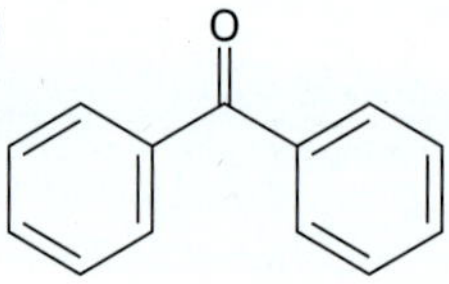

(d) 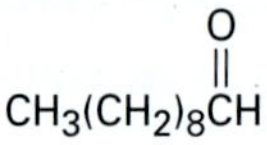 $CH_3(CH_2)_8\overset{O}{\overset{\|}{C}}H$

(e) 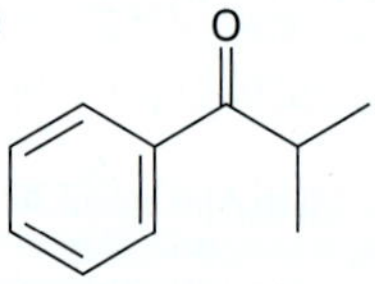 O

(f) 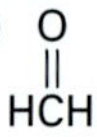 $H\overset{O}{\overset{\|}{C}}H$

11.40 다이케톤을 염기로 처리하여 알돌 축합반응을 분자 내에서 일어나게 할 수 있다. 어떤 다이케톤을 써서 3-메틸사이클로헥스-2-엔온을 합성할 수 있는가? 반응을 나타내라.

11.41 헥세인다이알, $OHCCH_2CH_2CH_2CH_2CHO$의 알돌 축합반응으로부터 어떤 생성물을 합성할 수 있는가? (문제 11.40 참조)

11.42 알돌 축합반응을 이용하여 다음 화합물을 어떻게 합성할 수 있는가?

(a) 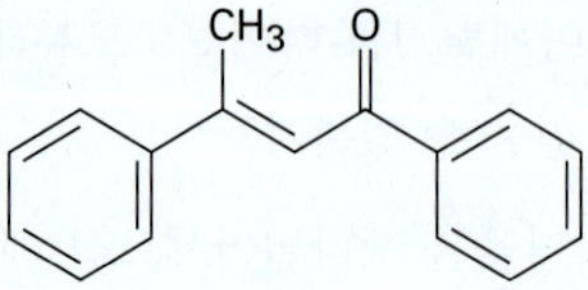 CH_3 O

(b) 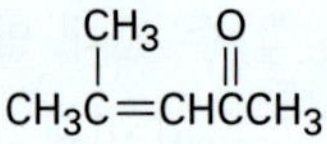 $CH_3\overset{CH_3}{\overset{|}{C}}=CH\overset{O}{\overset{\|}{C}}CH_3$

(c) $CH_3CH_2CH_2CH{=}C(CH_2CH_3)CH{=}O$

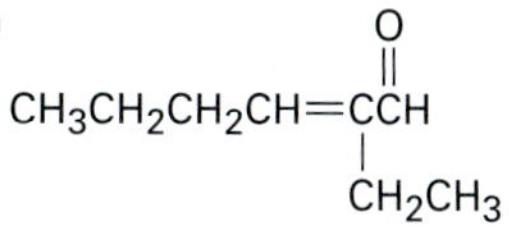

(d) [구조식: 2-메틸-5-(2-메틸사이클로펜틸리덴)사이클로펜탄온 — H_3C, O, CH_3]

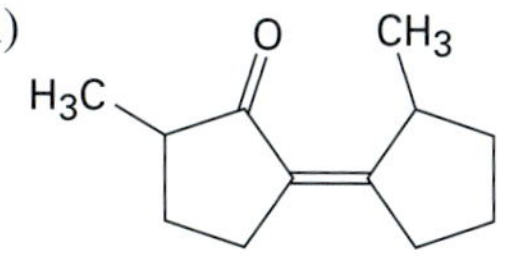

Claisen 축합반응

11.43 아세트산 에틸과 벤조산 에틸의 혼합물을 염기로 처리하면 2개의 Claisen 축합반응 생성물의 혼합물을 얻는다. 그들의 구조를 나타내고 설명하라.

11.44 Claisen 축합반응은 가역적이다. 즉, β-케토 에스터는 염기에 의해 두 조각으로 절단된다. 다음 절단이 일어나는 메커니즘을 나타내라.

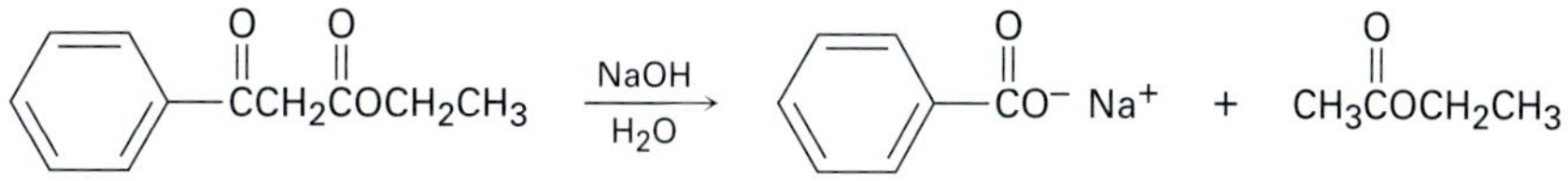

$$C_6H_5\overset{O}{\overset{\|}{C}}CH_2\overset{O}{\overset{\|}{C}}OCH_2CH_3 \xrightarrow[H_2O]{NaOH} C_6H_5\overset{O}{\overset{\|}{C}}O^-\ Na^+ \ + \ CH_3\overset{O}{\overset{\|}{C}}OCH_2CH_3$$

11.45 아세트산 에틸과 프로판산 에틸의 1:1 혼합물을 Claisen 축합 조건 하에서 염기로 처리한다면 4개의 β-케토 에스터 생성물의 혼합물을 얻게 된다. 그들의 구조를 나타내고 설명하라.

통합문제

11.46 아세토아세트산 에스터 합성법은 말론산 에스터 합성법과 밀접하게 관련되어 있으나 말론산 다이에틸보다 아세토아세트산 에틸의 음이온이 알킬화하게 된다. 아세토아세트산 에틸 음이온을 할로젠화 알킬로 처리하고 이어서 카복시기 이탈반응이 일어나면 케톤 생성물이 생성된다.

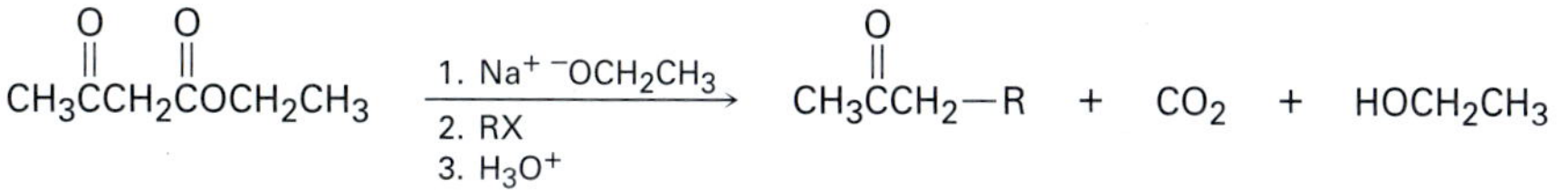

$$CH_3\overset{O}{\overset{\|}{C}}CH_2\overset{O}{\overset{\|}{C}}OCH_2CH_3 \xrightarrow[\substack{2.\ RX \\ 3.\ H_3O^+}]{1.\ Na^+\ ^-OCH_2CH_3} CH_3\overset{O}{\overset{\|}{C}}CH_2{-}R \ + \ CO_2 \ + \ HOCH_2CH_3$$

아세토아세트산 에스터 합성법을 이용하여 다음 화합물을 어떻게 합성하는가?

(a) $C_6H_5CH_2CH_2\overset{O}{\overset{\|}{C}}CH_3$

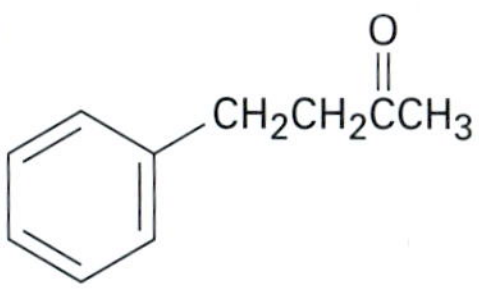

(b) $CH_3\overset{CH_3}{\overset{|}{C}H}CH_2CH_2\overset{O}{\overset{\|}{C}}CH_3$

(c) $CH_3CH_2CH_2\underset{CH_3}{\underset{|}{C}H}\overset{O}{\overset{\|}{C}}CH_3$

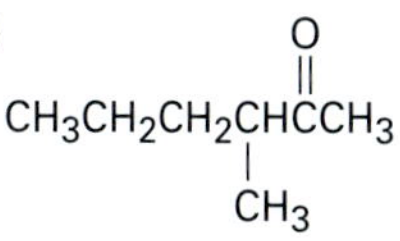

11.47 아세토아세트산 에스터 합성법(문제 11.46)으로 다음 화합물들 중 어느 것을 합성할 수 없는가? 그 이유를 설명하라.

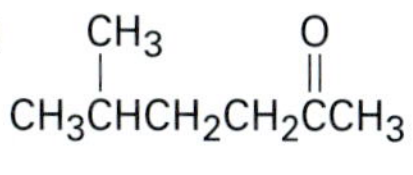

(a) $CH_3CH_2\overset{O}{\overset{\|}{C}}CH_3$

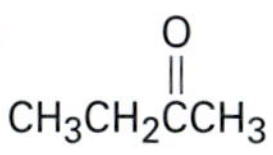

(b) $C_6H_5CH_2\overset{O}{\overset{\|}{C}}CH_3$

(c) $C_6H_5\overset{O}{\overset{\|}{C}}CH_3$

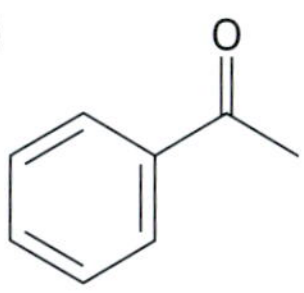

(d) $CH_3{-}\underset{H_3C}{\underset{|}{\overset{H_3C}{\overset{|}{C}}}}{-}\overset{O}{\overset{\|}{C}}CH_3$

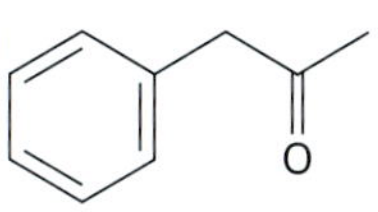

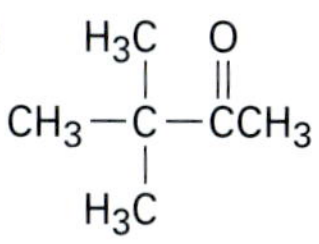

11.48 다이케톤에서 분자 내 알돌 축합반응이 일어날 수 있는 것과 같이(문제 11.40) 다이에스터의 분자 내 반응으로 Claisen 축합반응이 일어날 수 있다. 다이에스터를 염기로 처리하여 고리형 β-케토 에스터 생성물을 얻는 반응을 Dieckmann 고리화라고 한다. 다음 반응에서 어떤 생성물을 얻을 수 있는가?

$CH_3OC(=O)$, $COCH_3$; $\xrightarrow[CH_3OH]{Na^+\ ^-OCH_3}$?

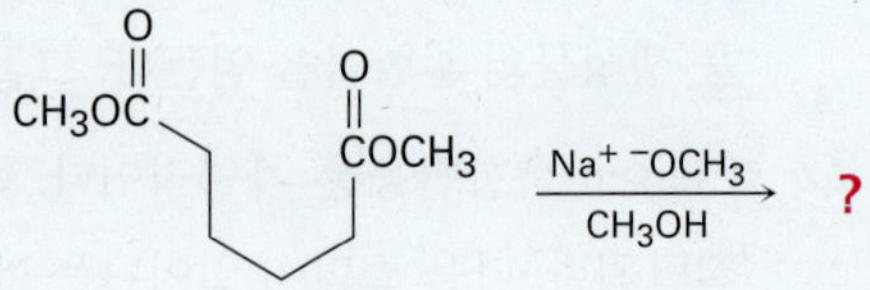

11.49 Dieckmann 고리화 반응에서 형성된 고리형 β-케토 에스터(문제 11.48)를 염기로 처리하여 음이온으로 전환한 후 아세토아세트산 에스터 합성법에서의 그것과 같은 방법으로 알킬화할 수 있다(문제 11.46). 다음 반응의 생성물을 예측하라.

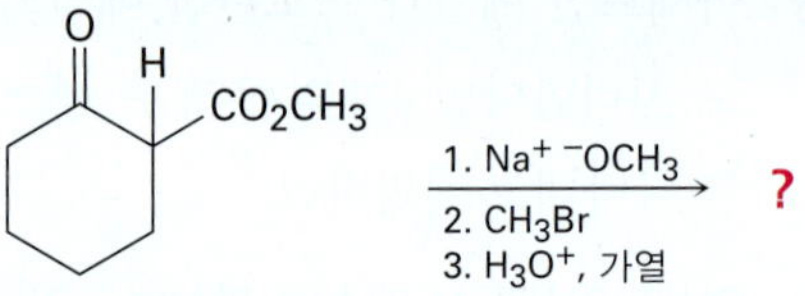

O, H, CO_2CH_3 ; 1. $Na^+\ ^-OCH_3$ 2. CH_3Br 3. H_3O^+, 가열 → ?

11.50 뷰탄-1-올은 아세트알데하이드로부터 알돌 반응 이후 두 차례의 환원을 포함하는 3단계 경로로 상업적으로 합성된다. 이 변환을 어떻게 수행할 수 있는가?

11.51 꿩고비 기름의 방향족성 성분인 신남알데하이드는 벤즈알데하이드와 아세트알데하이드 간의 혼합 알돌 같은 반응으로 합성될 수 있다. 이 반응의 반응식을 써라. 어떤 다른 생성물을 얻을 수 있는가?

CHO

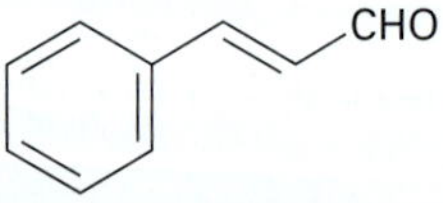

신남알데하이드

11.52 일알킬화 아세트산(RCH_2CO_2H)과 이알킬화 아세트산(R_2CHCO_2H)을 말론산 에스터 합성으로 합성할 수 있다. 그러나 삼알킬화 아세트산(R_3CCO_2H)은 합성할 수 없다. 이유를 설명하라.

11.53 아미노산은 할로젠화 알킬과 아세트아미도말론산 다이에틸을 반응시킨 후 처음 생긴 알킬화 생성물을 HCl 수용액과 가열하여 합성할 수 있다. 단백질에서 발견되는 20가지 아미노산 중의 하나인 알라닌, $CH_3CH(NH_2)CO_2H$을 어떻게 합성할 수 있을지 나타내라.

$CH_3CONHCH(CO_2Et)COOEt$ 아세트아미도말론산 다이에틸

11.54 단백질에서 발견된 아미노산 20개 중 하나인 류신(leucine)은 다음의 염기-촉매 단계를 포함하는 경로에 의해 대사된다. 메커니즘을 제안하라.

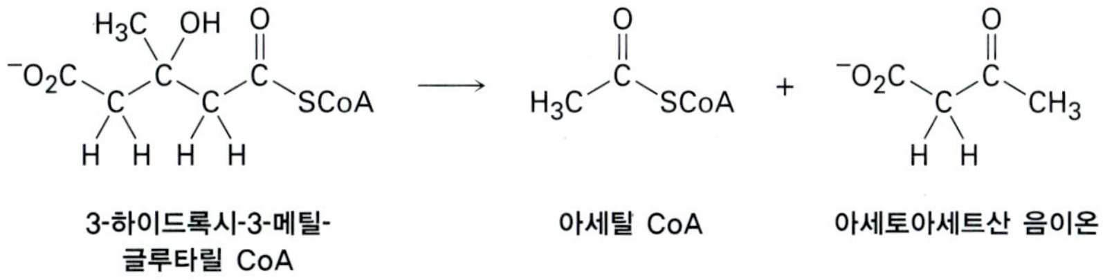

3-하이드록시-3-메틸-글루타릴 CoA → 아세틸 CoA + 아세토아세트산 음이온

11.55 α,β-불포화 카보닐 화합물을 염기로 처리하면 γ 탄소에서 H^+가 제거되어 음이온이 생성된다. 왜 γ 탄소 원자의 수소는 산성인가?

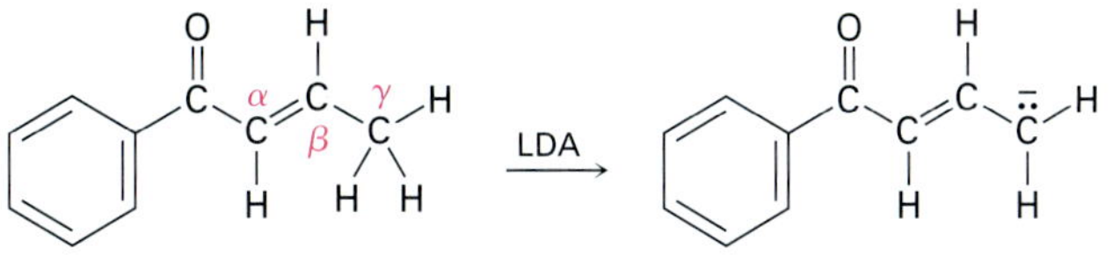

LDA

11.56 굽은 화살표를 이용해서, 아미노산 타이로신(tyrosine)의 생합성에서 단계 중 하나인 카복시기 이탈반응에 대한 메커니즘을 제안하라.

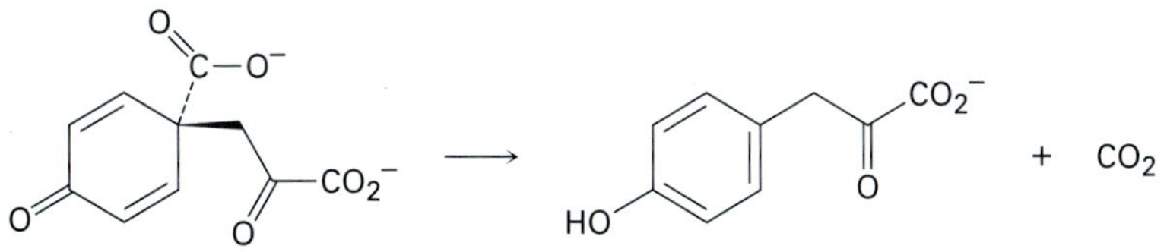

→ + CO_2

11.57 다음 반응은 두 단계로 일어난다: (1) 분자 내 알돌 반응으로 고리형 β-하이드록시 케톤이 생성되고 (2) 역 알돌같은 반응이 일어난다. 두 단계를 나타내고 그들의 메커니즘을 보여라.

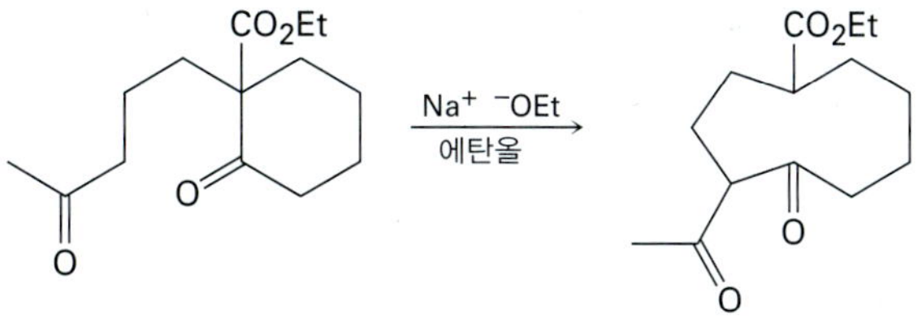

$Na^+ \ ^-OEt$, 에탄올

약장 **11.58** Nembutal이라고 처음 상품화된 펜토바비탈은 불면증 치료제와 진정제로 쓰이는 라세미체이다. 펜토바비탈의 *R*-과 *S*-거울상이성질체를 그려라. 2개의 거울상이성질체는 동일 생물학적 활성도를 갖는가?

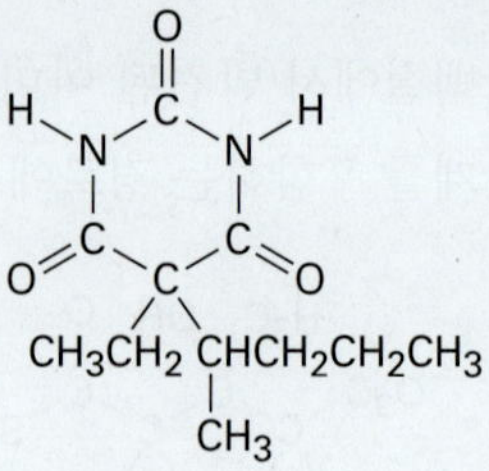

펜토바비탈
(Pentobarbital)

11.59 타조박탐(tazobactam)은 박테리아가 페니실린에 저항하기 위해 분비하는 효소를 억제하는 β-락탐이다. 그것은 β-락탐메이스와 비가역적으로 반응함으로써 기능을 한다. 따라서 그것을 포획하고 활성을 떨어뜨린다.

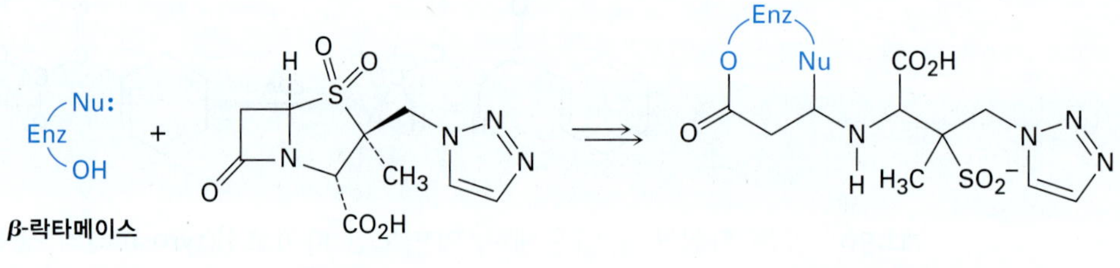

β-락타메이스 타조박탐 포획된 β-락타메이스

타조 박탐-포획된 β-락타메이스의 생성은 다음 단계를 통해 진행한다. 각각의 메커니즘을 제안하라.

(a) β-락타메이스의 하이드록시기가 β-락탐을 친핵성 아실 치환반응하여 4-원자 고리 아마이드(β-락탐) 고리를 연다.

(b) $-SO_2^-$ 이탈기를 축출하여 이민(C=N)을 형성한다.

(c) 이민이 α,β-불포화 에스터로 자리옮김을 한다.

(d) α,β-불포화 에스터에 β-락타메이스의 Nu:기가 분자 내 콘주게이션 첨가되어 최종 생성물을 생성한다.

들판에서 **11.60** Vitavax로서 상품화된 Carboxin은 옥수수 및 밀에 쓰이는 살균제이다. 아래에 카복신의 한 가지 합성법이 나타나 있다.

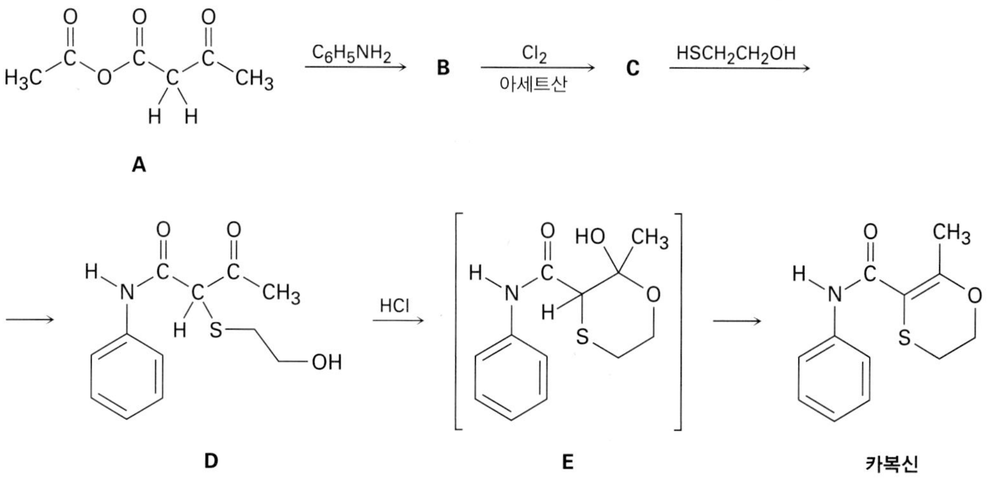

A → ($C_6H_5NH_2$) B → (Cl_2, 아세트산) C → ($HSCH_2CH_2OH$) D → (HCl) [E] → 카복신

(a) 무수물 **A**와 아닐린($C_6H_5NH_2$)의 반응으로 아마이드 **B**가 생성된다. **B**의 구조와 생성 메커니즘을 나타내라.

(b) **B**를 산-촉매 염소화하면 **C**가 생성된다. **C**의 구조와 그것의 생성 메커니즘을 보여라.

(c) **C**와 $HSCH_2CH_2OH$와 반응은 어떤 종류의 메커니즘이 관여하는가?

(d) **D**로부터 Carboxin의 생성은 중간체 **E**를 통해 일어난다. 어떤 새로운 작용기가 이 중간체에 나타나는가? **E**의 생성 메커니즘을 보여라.

(e) **E**의 Carboxin으로의 전환은 엔올 중간체를 통해 일어난다. 이 반응의 메커니즘을 보여라.

12

상한 생선의 특이하고 의심의 여지가 없는 냄새는 간단한 알킬 아민의 혼합물에 기인한다.

아민

알코올과 에터가 물의 유기 유도체인 것과 같이 아민은 암모니아의 유기 유도체이다. 암모니아처럼 아민은 고립 전자쌍을 가지고 있는 질소를 가지는데 이것으로 인하여 아민은 염기성이며 친핵성이다.

아민은 식물이나 동물에 널리 존재한다. 예를 들면, 트라이메틸아민은 동물조직에 존재하며, 특히 생선의 독특한 냄새의 원인 중 하나이다. 니코틴은 담배 속에 들어 있고 코카인은 남아메리카산 코카 관목에 들어 있는 흥분제이다. 그 외에 아미노산은 모든 단백질을 만드는 건축자재이고 고리형 아민 염기는 핵산의 성분이다.

$(CH_3)_3N$ 　트라이메틸아민

니코틴

코카인 (CO_2CH_3)

왜 이 장인가?

이 장이 끝날 때에 우리는 모든 보편적인 작용기를 보게 될 것이다. 그들 기 중에 아민과 카보닐 화합물은 가장 수가 많고 가장 풍요로운 화학을 갖는다. 단백질과 이미 언급한 핵산에 추가하여 약효를 가진 인자의 다수는 아민 작용기를 포함하며 생물학적 촉매작용에 필요한 많은 보편적인 보조효소는 아민이다.

12.1 아민의 명명법

아민은 알킬 치환된 (**알킬아민**)이나 아릴 치환된 (**아릴아민**)일 수 있으며 질소에 붙어 있는 유기 치환기의 수에 따라 1차(RNH_2), 2차(R_2NH), 또는 3차(R_3N)로 분류된다. 예를 들면, 메틸아민(CH_3NH_2)은 1차 알킬아민이며, 트라이메틸아민[$(CH_3)_3N$]은 3차 알킬아민이다. 이때 1차, 2차 및 3차라는 용어는 앞서 사용한 것과는 다르게 사용된다는 것에 유의하라. 우리가 3차 알코올이나 할로젠화 알킬을 말할 때 그것은 알킬 탄소 원자의 치환 정도를 의미하나 3차 아민을 말할 때는 질소 원자의 치환 정도를 나타낸다.

$(CH_3)_3C-OH$ — *tert*-뷰틸 알코올 (3차 알코올)

$(CH_3)_3C-NH_2$ — *tert*-뷰틸아민 (1차 알킬아민)

$C_6H_5NH_2$ — 아닐린 (1차 아릴아민)

$(CH_3)_3N$ — 트라이메틸아민 (3차 알킬아민)

질소에 4개의 기가 붙은 화합물도 존재하나, 질소 원자는 형식 양전하를 가져야 한다. 그와 같은 화합물을 **4차 암모늄염**(quaternary ammonium salt)이라 한다.

$R_4N^+ \ X^-$ 4차 암모늄염

IUPAC 명에서 1차 아민, RNH_2은 유기 치환기의 이름에 접미사 -아민을 붙인다.

$(CH_3)_3C-NH_2$ — *tert*-뷰틸아민

$C_6H_{11}NH_2$ — 사이클로헥실아민

$H_2NCH_2CH_2CH_2CH_2NH_2$ — 뷰테인-1,4-다이아민

1개 이상의 작용기를 가진 아민은 $-NH_2$를 모체 분자에 있는 아미노 치환기로 생각하

여 명명한다.

$CH_3CH_2CH(NH_2)CO_2H$ (4 3 2 1)

2-아미노뷰탄산

2,4-다이아미노벤조산

$H_2NCH_2CH_2C(=O)CH_3$ (4 3 2 1)

4-아미노뷰탄-2-온

대칭적인 2차 및 3차 아민은 알킬기에 접두사 다이- 또는 트라이-를 첨가하여 명명한다.

다이페닐아민

$CH_3CH_2-N(CH_2CH_3)-CH_2CH_3$

트라이에틸아민

비대칭적으로 치환된 2차 및 3차 아민은 *N*-치환 1차 아민으로 명명한다. 가장 큰 유기기를 모체로 택하고 다른 기는 모체에 있는 *N*-치환기로 간주한다(질소에 붙어 있기 때문에 *N*을 쓴다).

$(H_3C)_2N-CH_2CH_2CH_3$

N,*N*-다이메틸프로필아민

N-에틸-*N*-메틸사이클로헥실아민

헤테로고리 아민(heterocyclic amine)은 질소 원자가 고리의 한 부분을 이루는 화합물이다. 이 아민은 또한 보편적이고 각각의 다른 헤테로고리계는 자신들의 모체명을 가진다. 헤테로고리 질소 원자를 1번으로 한다.

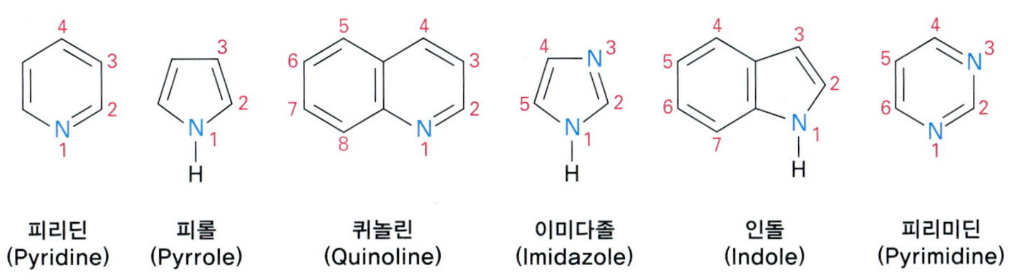

문제 12.1 다음 아민을 1차, 2차, 또는 3차로 분류하라.

(a) $CH_3CH_2CHNH_2$ (with CH_3 on CH) (b) N–H (c) N(CH_3)(CH_3)

문제 12.2 다음 설명에 맞는 화합물의 구조를 그려라.

(a) 1개의 아이소프로필기를 가진 2차 아민

(b) 1개의 페닐기와 1개의 에틸기를 가진 3차 아민

(c) 질소에 4개의 서로 다른 기들이 결합된 4차 암모늄염

문제 12.3 다음 화합물을 명명하라.

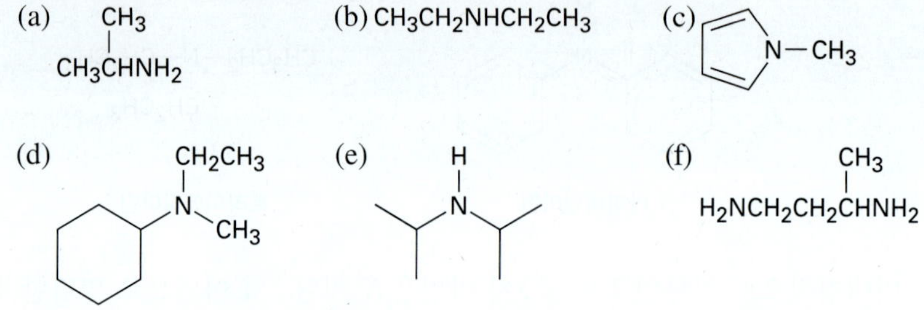

문제 12.4 다음 IUPAC 명에 해당하는 구조를 그려라.

(a) 트라이에틸아민

(b) *N*-메틸아닐린

(c) 브롬화 테트라에틸암모늄

(d) *p*-브로모아닐린

(e) *N*-에틸-*N*-메틸사이클로펜틸아민

12.2 아민의 구조와 성질

알킬아민의 결합 형태는 암모니아의 결합 형태와 비슷하다. 질소 원자는 sp^3로 혼성화되어 있고, 3개의 치환기는 정사면체의 세 모서리를 차지하며, 고립 전자쌍은 네 번째 모서리를 차지한다. 예상되는 것과 같이, C−N−C 결합각은 정사면체의 값인 109° 사면체 값에 매우 가깝다. 예를 들면, 트라이메틸아민에서 C−N−C 각은 108°이다.

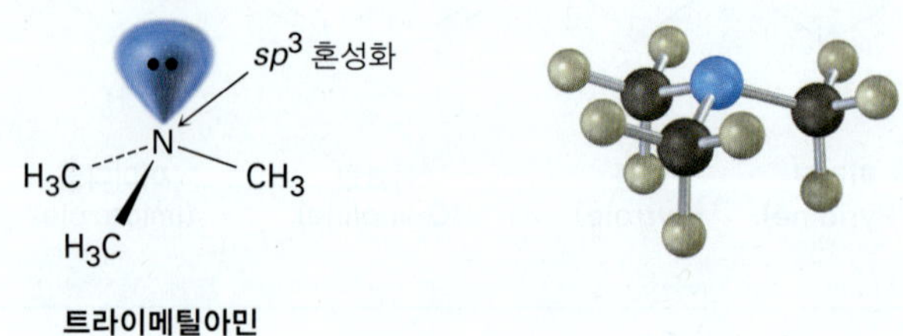

트라이메틸아민

알칼아민은 살충제와 약품 합성의 출발물질로서 화학산업에 다양한 응용성을 가진다. 예를 들면, 라비타롤(labetalol)은 고혈압 치료에 쓰이는 소위 β-차단제로서 에폭시화물과 1차 아민의 S_N2 반응에 의해 합성된다. 약용으로 판매된 물질은 4가지 가능한 입체이성질체 모두의 혼합물이다. 그러나 생리 활성은 주로 (*R*,*R*) 이성질체로부터 나온다.

라비타롤

알코올과 마찬가지로 탄소 원자수가 다섯보다 작은 아민은 일반적으로 물에 녹는다. 또한 알코올처럼 1차 및 2차 아민은 수소 결합을 형성하며 심하게 회합한다. 그 결과 비슷한 분자량의 알케인보다 끓는점이 더 높다.

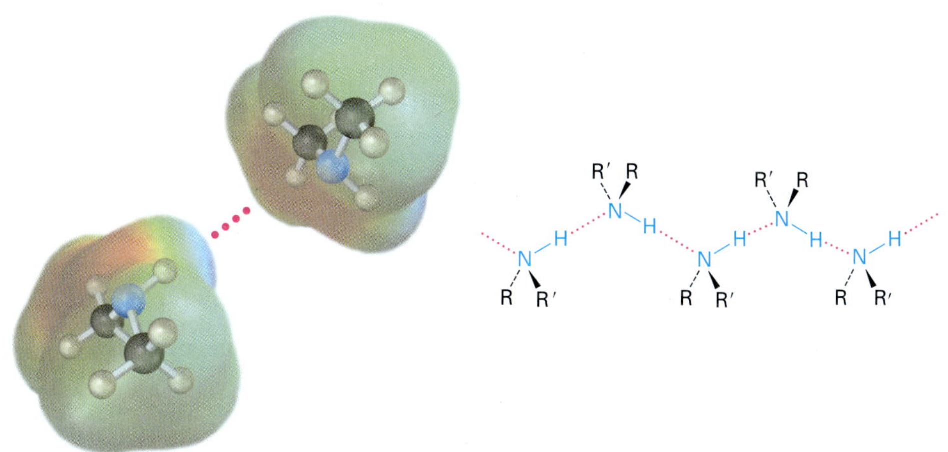

아민의 또 다른 특성 중 하나는 냄새이다. 트라이메틸아민과 같은 저분자량의 아민은 생선 같은 특이한 냄새를 가지나 퓨트레사인(뷰테인-1,4-다이아민)과 같은 다이아민은 그 이름이 의미하는 것처럼 고약한 냄새를 풍긴다.

12.3 아민의 염기도

아민의 화학은 질소의 고립 전자쌍에 의해 지배를 받는다. 다음의 정전기 퍼텐셜 지도에서 볼 수 있는 바와 같이, 이 고립 전자쌍 때문에 아민은 염기성이면서 친핵성이다. 따라서 산과 반응하여 산–염기 염을 형성하며 앞장에서 보았던 많은 극성 반응에서 친전자체와 반응한다.

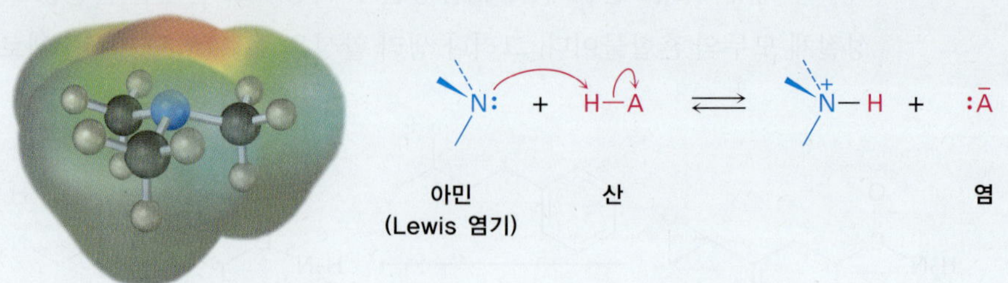

아민은 산소를 포함한 유사체인 알코올과 에터보다 훨씬 센 염기이다. 아민이 물에 녹으면 물이 산으로 작용하여 아민에 양성자를 옮기는 평형이 이루어진다. 카복실산의 산의 세기를 산도 상수 K_a(1.10절)를 결정하여 측정될 수 있는 것과 마찬가지로, 아민의 염기 세기도 유사한 **염기도 상수**(basicity constant, K_b)를 정의함으로써 측정될 수 있다. 이는 아민이 양성자를 받아들이는 능력을 나타내며, 이 값으로부터 염기의 상대적 세기를 확립할 수 있다. K_b 값이 클수록, 즉 pK_b 값이 작을수록 양성자-전달 평형은 더욱 유리하고 더 센 염기이다.

$$RNH_2 + H_2O \rightleftarrows RNH_3^+ + OH^-$$

$$K_b = \frac{[RNH_3^+][OH^-]}{[RNH_2]}$$

$$pK_b = -\log K_b$$

표 12.1에 몇 가지 보편적인 아민의 pK_b 값을 나타내었다. 표시한 것과 같이, 치환된 정도는 알킬아민의 염기도에 비교적 작은 영향을 미친다. 대부분의 간단한 알킬아민은 pK_b 범위가 3～4로서 좁다. 아릴아민은 그러나 알킬아민보다 헤테로고리 아민인 피리딘에서처럼 10^6배 정도 약염기라는 것이다.

알킬아민에 비교해서 아릴아민의 염기도가 감소한 이유는 아릴아민에서 질소의 고립 전자쌍은 5개의 공명 구조를 통해서 방향족 고리의 π 궤도함수와 궤도함수 겹침에 의해 공유되므로 산과 결합하기가 훨씬 어려워진다.

아민과 대조적으로, 아마이드($RCONH_2$)는 염기성이 아니다. 아마이드는 산의 수용액에 의해 양성자화되지 않고 좋지 않은 친핵체이다. 아민에 비해서 아마이드가 낮은 염기

표 12.1 몇 가지 보편적인 아민의 염기도

이름	구조	pK_b
암모니아	NH_3	4.74
1차 알킬아민		
메틸아민	CH_3NH_2	3.36
에틸아민	$CH_3CH_2NH_2$	3.25
2차 알킬아민		
다이에틸아민	$(CH_3CH_2)_2NH$	3.02
3차 알킬아민		
트라이에틸아민	$(CH_3CH_2)_3N$	3.24
아릴아민		
아닐린	(benzene ring)–NH_2	9.37
헤테로고리 아민		
피리딘	(pyridine ring, N)	8.75

도를 가지는 주된 이유는 질소의 고립 전자쌍이 인접한 카보닐기 π 궤도함수와 궤도함수 겹침에 의해 공유되기 때문이다. 공명 개념으로 말하면, 아마이드는 아래 공명 구조 2개의 혼성체이므로 아민보다 더 안정하며 반응성이 작다. 이 아마이드 공명안정화는 질소가 양성자화 될 때 그러나 잃는다. 그러므로 양성자화는 불리하게 된다. 정전기 퍼텐셜 지도에 아마이드 질소의 전자 밀도가 감소된 것이 명확하게 나타나 있다.

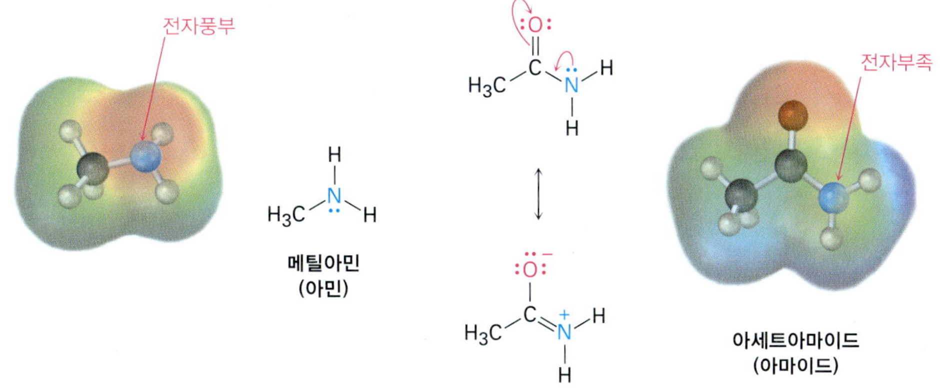

아민을 정제하는 데 염기도를 이용하는 장점이 있다. 예를 들어, 만약 아민(염기)과 케톤(중성)의 혼합물을 유기 용매에 용해시킨 후 HCl 수용액을 첨가하면, 염기성 아민은 산성 물에 용해되어 암모늄 이온이 되나 중성인 케톤은 유기 용매에 남아 있게 된다. 물 층

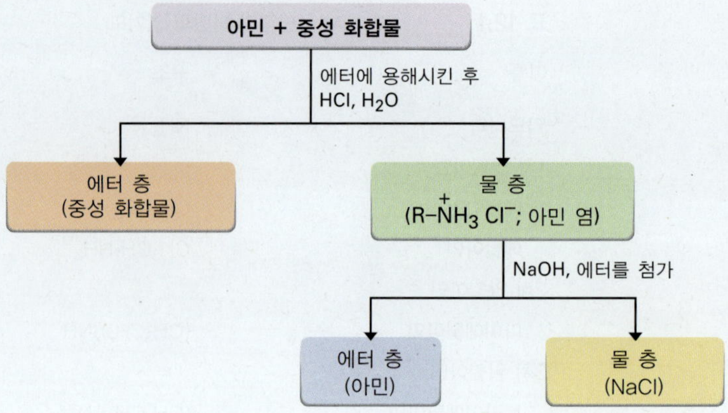

그림 12.1 혼합물로부터 아민의 분리 및 정제

을 분리해 내고 NaOH를 첨가하여 암모늄 이온을 중화시키면 순수한 아민을 얻는다(그림 12.1).

문제 12.5 다음 반응의 생성물은 무엇인가?

(사이클로펜틸)$-N(CH_3)H$ + HBr ⟶ ?

문제 12.6 다음 각 쌍에서 어느 화합물이 더 염기성인가?

(a) $CH_3CH_2NH_2$ 또는 $CH_3CH_2CONH_2$ (b) NaOH 또는 $C_6H_5NH_2$

(c) CH_3NHCH_3 또는 $CH_3NHC_6H_5$ (d) CH_3OCH_3 또는 $(CH_3)_3N$

12.4 아민의 합성

나이트릴과 아마이드의 환원

우리는 이미 아마이드(10.10절)와 나이트릴(10.11절)을 $LiAlH_4$로 환원하여 아민을 합성할 수 있음을 보았다. 할로젠화 알킬과 사이안화 이온을 S_N2 반응시킨 후 환원하는 이 두 단계 반응은 할로젠화 알킬보다 탄소수가 하나 더 많은 1차 아민을 얻는 좋은 방법이다. 아마이드의 환원은 카복실산을 같은 수의 탄소 원자를 가진 아민으로 전환하는 방법이다.

$$RCH_2X \xrightarrow{NaCN} RCH_2C{\equiv}N \xrightarrow[2.\ H_2O]{1.\ LiAlH_4,\ \text{에테르}} RCH_2CH_2NH_2$$

할로젠화 알킬 → 1° 아민

$$RCOOH \xrightarrow[2.\ NH_3]{1.\ SOCl_2} RCONH_2 \xrightarrow[2.\ H_2O]{1.\ LiAlH_4,\ 에터} RCH_2NH_2$$

카복실산 → 1° 아민

예문 12.1 아마이드로부터 아민 합성하기

N-에틸사이클로헥실아민을 합성하려면 어떤 아마이드를 써야 하는가?

풀이 아마이드를 $LiAlH_4$로 환원하면 아마이드 카보닐기가 메틸렌(CH_2) 단위로 대체된다($RCONR_2 \rightarrow RCH_2NR_2$). *N*-에틸사이클로헥실아민은 질소(에틸기에서)에 결합된 단 하나의 CH_2를 가지므로 생성물은 *N*-사이클로헥실아세트아마이드를 환원하여 얻는다.

해답

$$C_6H_{11}NHCOCH_3 \xrightarrow[2.\ H_2O]{1.\ LiAlH_4,\ 에터} C_6H_{11}NHCH_2CH_3$$

N-사이클로헥실아세트아마이드 → *N*-에틸사이클로헥실아민

문제 12.7 다음 아민의 전구체인 아마이드의 구조는 무엇인가?

(a) $CH_3CH_2CH_2NH_2$ (b) $NH(CH_2CH_2CH_3)_2$ (c) $C_6H_5CH_2NH_2$ (벤젠 고리에 CH_2NH_2)

문제 12.8 다음 아민의 전구체인 나이트릴의 구조는 무엇인가?

(a) $CH_3CH(CH_3)CH_2CH_2NH_2$ (b) 벤질아민, $C_6H_5CH_2NH_2$

할로젠화 알킬의 S_N2 알킬화 반응

암모니아 및 다른 아민은 S_N2 반응에서 좋은 친핵체이다. 그 결과로서 아민을 합성하는 가장 간단한 방법은 S_N2 반응으로 암모니아나 알킬아민을 할로젠화 알킬과 반응시키는 방법이다(7.5절). 만약 암모니아가 쓰이면 1차 아민을, 1차 아민이 쓰이면 2차 아민을 얻는다. 3차 아민조차 할로젠화 알킬과 반응하면 4차 암모늄염, $R_4N^+X^-$을 생성한다.

암모니아	$\ddot{N}H_3$ + R—X	$\xrightarrow{S_N2}$	$R\overset{+}{N}H_3\ X^-$	$\xrightarrow{NaOH}$	RNH_2	1차
1차	$R\ddot{N}H_2$ + R—X	$\xrightarrow{S_N2}$	$R_2\overset{+}{N}H_2\ X^-$	$\xrightarrow{NaOH}$	R_2NH	2차
2차	$R_2\ddot{N}H$ + R—X	$\xrightarrow{S_N2}$	$R_3\overset{+}{N}H\ X^-$	$\xrightarrow{NaOH}$	R_3N	3차
3차	$R_3\ddot{N}$ + R—X	$\xrightarrow{S_N2}$	$R_4\overset{+}{N}\ X^-$			4차 암모늄염

불행하게도, 이들 반응의 아무것도 단일 알킬화가 일어난 후 깨끗하게 멈추지 않는다. 왜냐하면 암모니아와 1차 아민의 반응성이 비슷하므로 초기에 형성된 단일 알킬화 아민이 흔히 더 반응하여(단일-, 다이- 및 트라이알킬화된) 생성물의 혼합물을 생성하기 때문이다.

할로젠화 알킬로부터 1차 아민을 합성하는 더 좋은 방법은 친핵체로서 암모니아보다 아자이드화 이온, N_3^-을 이용하는 것이다. 생성물은 아자이드화 알킬인데 이것은 친핵성이 아니므로 과도한 알킬화는 일어날 수 없다. 연이어 아자이드화 알킬을 $LiAlH_4$로 환원하여 원하는 1차 아민을 얻는다.

$$C_6H_5CH_2CH_2Br \xrightarrow[\text{에탄올}]{NaN_3} C_6H_5CH_2CH_2N{=}\overset{+}{N}{=}\overset{-}{N} \xrightarrow[\text{2. } H_2O]{\text{1. } LiAlH_4\text{, 에터}} C_6H_5CH_2CH_2NH_2$$

1-브로모-2-페닐에테인 → **아자이드화-2-페닐에틸** → **2-페닐에틸아민 (89%)**

예문 12.2 할로젠화 알킬로부터 아민 합성하기

암모니아와 할로젠화 알킬로부터 다이에틸아민을 어떻게 합성할 수 있는가?

풀이 출발물질(NH_3)과 생성물[$(CH_3CH_2)_2NH$]을 보고서 차이점에 유의하라. 두 에틸기가 질소 원자에 결합되어 있기 때문에 암모니아와 2당량의 할로젠화 에틸의 반응이어야 한다.

해답

$$2CH_3CH_2Br + NH_3 \rightarrow (CH_3CH_2)_2NH$$

문제 12.9 다음 아민은 암모니아와 적당한 할로젠화 알킬로부터 어떻게 합성할 수 있는가?

(a) 트라이에틸아민 (b) 브롬화 테트라메틸암모늄

문제 12.10 중추 신경계의 조절과 관련된 신경전달체인 도파민을 합성하는 데 어떤 할로젠화 알킬을 이용하는가?

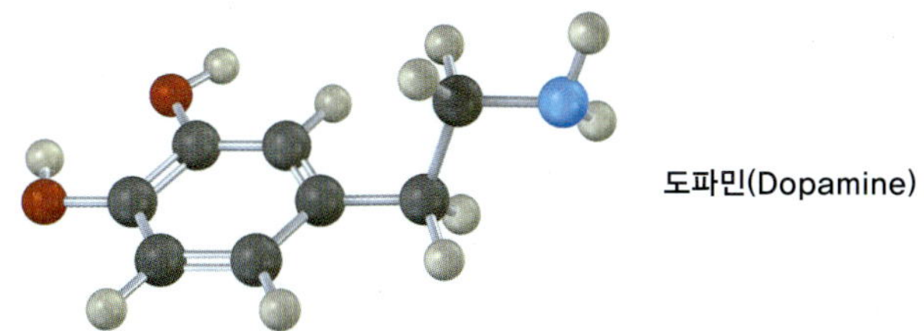
도파민(Dopamine)

알데하이드와 케톤의 환원성 아미노화반응

아민은 알데하이드 또는 케톤을 암모니아나 아민과 환원제 존재 하에 처리하는 단일 단계로 합성할 수 있는데 이를 **환원성 아미노화반응**(reductive amination)이라 한다. 예를 들면, 중추 신경계 자극제인 암페타민은 상업적으로 환원제로서 니켈 촉매 위에서 수소 가스를 써서 페닐프로판-2-온과 암모니아의 환원성 아미노화반응으로 합성된다. 실험실에서 H_2와 니켈 대신 $NaBH_4$를 환원제로 흔히 이용한다.

CH_3, O
NH_3
H_2/Ni
(또는 $NaBH_4$)
CH_3, H, NH_2
\+ H_2O

페닐프로판-2-온

암페타민
(Amphetamine)

환원성 아미노화반응은 그림 12.2에 나타낸 경로로 일어난다. 이민 중간체가 맨 먼저 친핵성 첨가 반응으로 형성되고 나서(9.9절) 이민의 C=N 결합이 아민으로 환원되는데 케톤의 C=O 결합이 알코올로 환원될 수 있는 것과 비슷하다.

암모니아, 1차 아민 및 2차 아민 모두가 환원성 아미노화반응에 이용될 수 있어 1차, 2차 및 3차 아민을 생성한다.

O, C, R, R′

NH_3
H_2/촉매

R″NH_2
H_2/촉매

R''_2NH
H_2/촉매

H, NH_2, C, R, R′
1차 아민

H, NHR″, C, R, R′
2차 아민

H, NR''_2, C, R, R′
3차 아민

앞으로 17.5절에서 아미노산이 합성되는 생물학적 경로에서 환원성 아미노화반응과 밀접하게 연관된 과정이 흔히 일어난다는 것을 보게 될 것이다. 예를 들면, 아미노산인 알라닌은 피루브산과 암모니아의 반응으로 중간체인 이민이 생성된 후 효소에 의해 환원되

메커니즘

그림 12.2 케톤에서 아민을 생성하는 환원성 아미노화반응의 메커니즘. 이민 형성 단계는 9.9절에서 논의하였다.

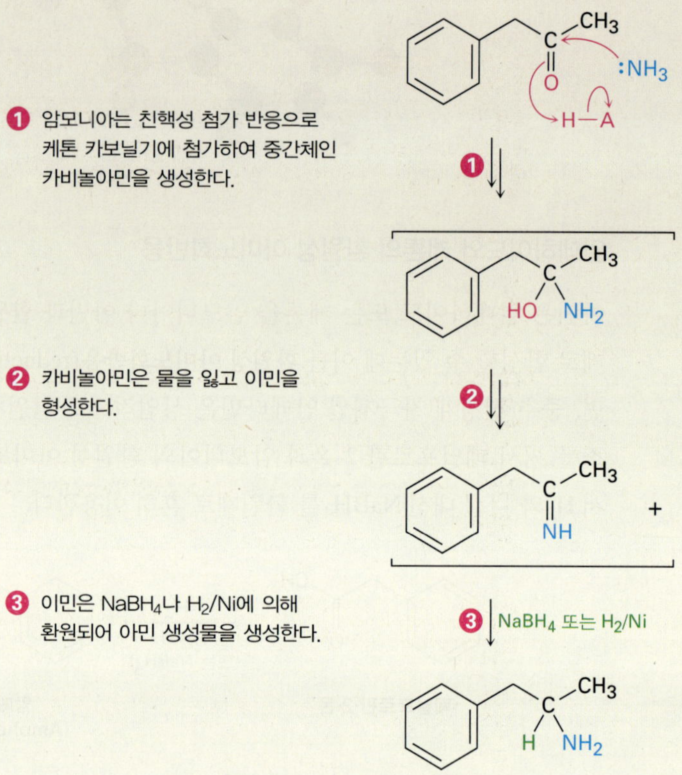

1. 암모니아는 친핵성 첨가 반응으로 케톤 카보닐기에 첨가하여 중간체인 카비놀아민을 생성한다.
2. 카비놀아민은 물을 잃고 이민을 형성한다.
3. 이민은 $NaBH_4$나 H_2/Ni에 의해 환원되어 아민 생성물을 생성한다.

$:NH_3$, H—A, CH_3, C, O, HO, NH_2, NH, + H_2O, $NaBH_4$ 또는 H_2/Ni, H

어 생긴다.

$H_3C-C(=O)-CO_2H$ (피루브산) + NH_3 ⇌ [$H_3C-C(=NH)-CO_2H$ (이민 중간체)] —환원성 효소→ $H_3C-CH(NH_2)-CO_2H$ (알라닌)

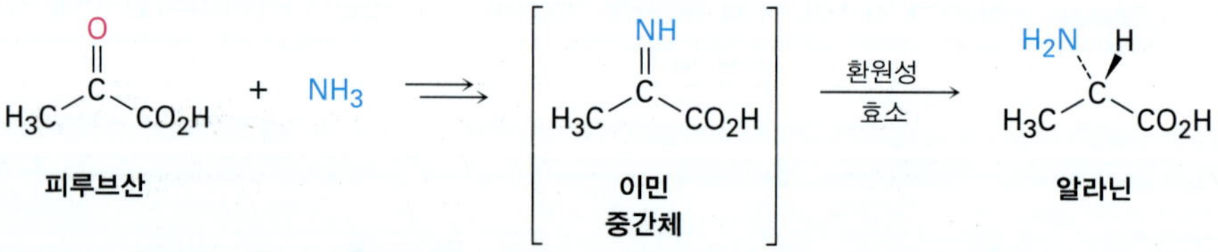

예문 12.3 환원성 아미노화반응을 이용하여 아민 합성하기

환원성 아미노화반응을 이용하여 *N*-메틸-2-페닐에틸아민을 어떻게 합성할 수 있는가?

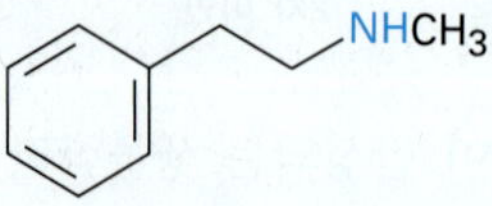

$NHCH_3$

***N*-메틸-2-페닐에틸아민**

풀이 목표 분자를 보고 질소에 붙어 있는 기를 확인하라. 치환기 중 하나는 알데하이드나 케톤

성분에서 유래되어야 하고 다른 것은 아민 성분에서 유래되어야 한다. *N*-메틸-2-페닐에틸아민의 경우에 생성물이 되는 2가지 조합이 있는데 페닐아세트알데하이드와 메틸아민 또는 폼알데하이드와 2-페닐에틸아민이다. 일반적으로 보다 간단한 아민 성분, 이 경우에는 메틸아민을 시약으로서 과량 쓴다.

해답

(Phenylacetaldehyde, CHO) + CH_3NH_2 $\xrightarrow{NaBH_4}$ (2-phenylethyl)$NHCH_3$ $\xleftarrow{NaBH_4}$ (2-phenylethyl)NH_2 + CH_2O

문제 12.11 환원성 아미노화반응을 통해서 다음 아민을 어떻게 합성할 수 있는가? 한 가지 이상이 가능하면 모든 전구체를 나타내라.

(a) $CH_3CH_2NHCH(CH_3)CH_3$ (b) (phenyl)$NHCH_2CH_3$ (c) (cyclopentyl)$NHCH_3$

문제 12.12 환원성 아미노화반응을 이용하여 다음 아민을 어떻게 합성할 수 있는가?

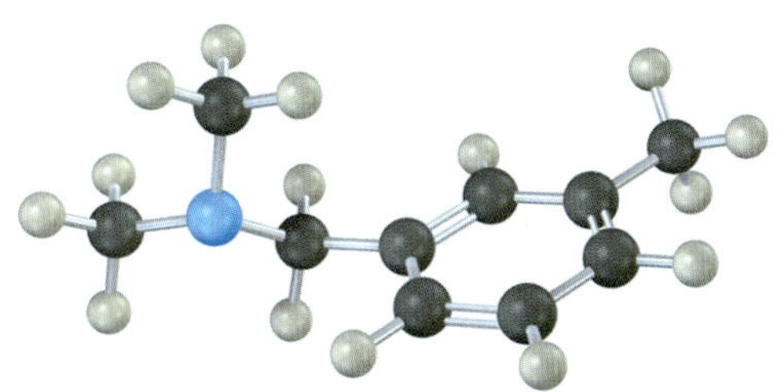

나이트로벤젠의 환원

아릴아민은 방향족 출발물질을 나이트로화한 후 나이트로기를 환원시켜 합성한다(5.4절). 환원 단계는 상황에 따라 여러 가지 다른 방법으로 수행할 수 있다. 백금 촉매로 수소화하면 반응이 잘 진행되나 분자 내에 C=C 결합 같은 환원될 수 있는 기들이 존재하면 이용할 수 없다. 산성 수용액에서 철, 아연, 주석 및 염화 주석($SnCl_2$) 등도 효과적인 환원제들이다.

(OHC, NO_2) $\xrightarrow[\text{2. NaOH}]{\text{1. } SnCl_2,\ H_3O^+}$ (OHC, NH_2)

m-나이트로벤즈알데하이드 → *m*-아미노벤즈알데하이드 (90%)

예문 12.4 방향족 아민 합성하기

벤젠으로부터 *p*-메틸아닐린을 어떻게 합성할 수 있는가? 한 단계 이상이 필요하다.

풀이 메틸기는 $CH_3Cl/AlCl_3$를 써서 Friedel–Crafts 반응으로 벤젠 고리에 도입한다(5.5절). 그리고 아미노기는 나이트로화 및 환원 반응으로 도입한다. 메틸기는 오쏘 및 파라 지향성(5.7절)이므로, 메틸기를 먼저 도입한 후 나이트로화와 환원 반응을 시키는 것이 최선의 방법이다.

해답

벤젠 $\xrightarrow[AlCl_3]{CH_3Cl}$ 톨루엔 $\xrightarrow[H_2SO_4]{HNO_3}$ *p*-나이트로톨루엔 $\xrightarrow[2.\ NaOH]{1.\ SnCl_2,\ H_3O^+}$ *p*-메틸아닐린

문제 12.13 벤젠으로부터 다음 아민을 어떻게 합성할 수 있는가? 각 경우에 한 단계 이상이 필요하다.

(a) H_2N–C_6H_4–CO_2H (meta)　(b) 2,4,6-트라이브로모아닐린 (NH_2, Br, Br, Br)

12.5 아민의 반응

우리는 이미 알킬아민의 2개의 가장 중요한 반응, 즉 알킬화반응 및 아실화반응을 살펴보았다. 앞절에서 살펴본 바와 같이, 1차, 2차 및 3차 아민은 할로젠화 알킬과 반응하여 알킬화될 수 있다. 1차 및 2차(3차는 아님) 아민은 산 염화물(10.7절)이나 산 무수물(10.8절)과 친핵성 아실 치환 반응을 하여 아마이드를 생성한다.

$$RCOCl + NH_3 \xrightarrow[\text{용매}]{\text{피리딘}} RCONH_2 + HCl$$

$$RCOCl + R'NH_2 \xrightarrow[\text{용매}]{\text{피리딘}} RCONHR' + HCl$$

피리딘 용매

그 외에 우리는 1차 아민은 알데하이드 및 케톤과 반응하여 이민을 생성함을 보았다.

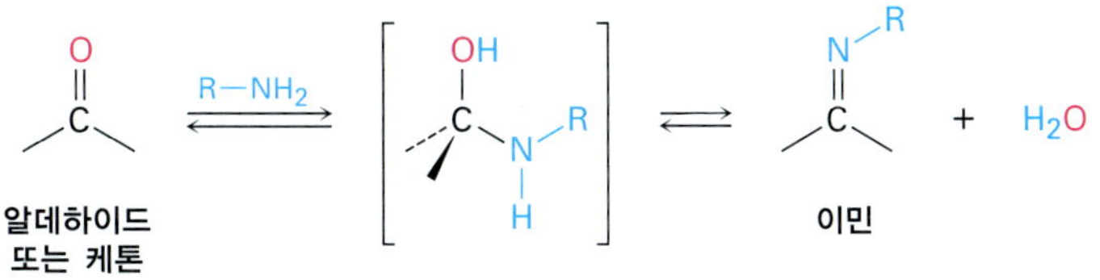

알데하이드 또는 케톤

이민

12.6 헤테로고리 아민

방향족성의 논의와 관련해서 5.9절에서 지적한 바와 같이, **헤테로고리**(heterocycle) 화합물은 탄소 외에 하나나 2개의 다른 원자를 고리에 함유하는데 보통 탄소와 함께 질소, 산소, 또는 황이다. 헤테로고리 아민은 특별히 유기 화학에 보편적이며 생물학적으로 중요한 성질을 가진 것들도 많다. 예를 들면, 보조효소인 피리독살 인산염, 잘 알려진 약, 실데나필(비아그라), 그리고 혈액 중의 산소 전달체인 헴(heme)이 있다.

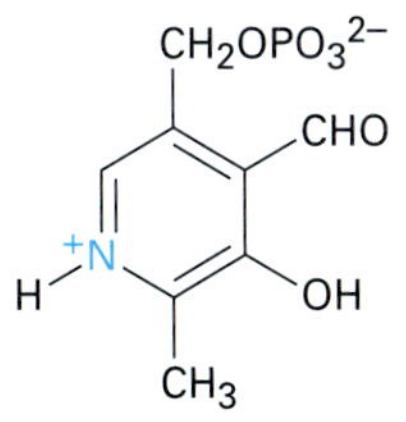

피리독살 인산염 (Pyridoxal phosphate) (보조 효소)

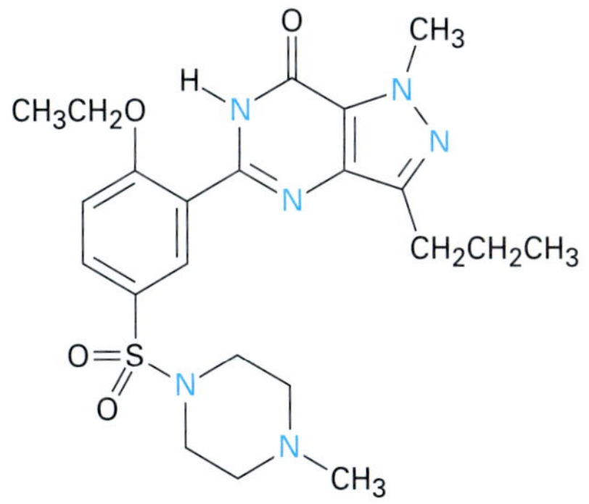

실데나필 (Sildenafil) (비아그라, Viagra)

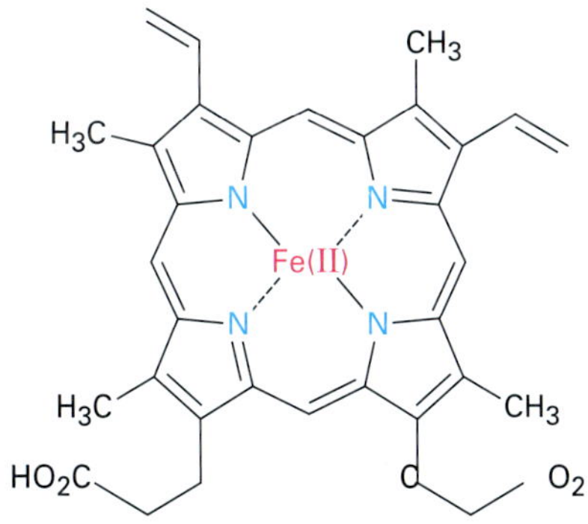

헴 (Heme)

대부분의 헤테로고리 아민은 열린 사슬 아민과 동일한 화학적 성질을 가진다. 어떤 경우 특히 고리가 불포화되었을 때 헤테로고리 아민은 흥미있는 독특한 성질을 가진다. 몇 가지 예를 살펴보자.

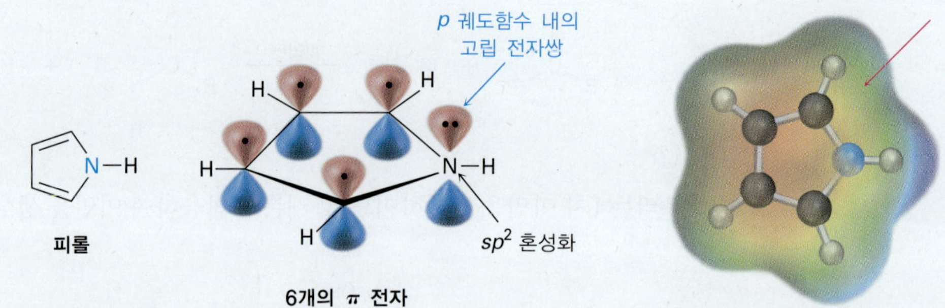

그림 12.3 방향족 헤테로고리 화합물인 피롤은 벤젠과 유사한 π 전자 구조를 가진다. 질소 원자는 비염기성이다.

피롤

피롤(pyrrole)은 2개의 이중 결합과 1개의 질소를 가진 5원자 고리 헤테로고리 아민이다. 5.9절에서 살펴본 바와 같이, 피롤은 방향족이다. 그것이 5원자 고리이지만 벤젠과 같이 고리형 콘주게이션 π 궤도함수계에 6개의 π 전자를 가지고 있다. 4개의 탄소 원자 각각은 1개의 π 전자를 기여하고 sp^2 혼성화 질소 원자는 2개 더 (그것의 고립쌍) 전자를 기여한다. 그림 12.3에 나타낸 바와 같이, 6개의 π 전자들이 평평한 고리면의 위와 아래로 있는 로브의 p 궤도함수를 점유한다. 질소 위의 고립 전자쌍은 방향족 고리에 공유되므로 산에 공여되지 않아 피롤은 비염기성이다. 그림 12.3에서 질소 원자가 전자풍부(붉은색)가 아니라 중성(초록색)임에 유의하라.

이미다졸(imidazole)과 싸이아졸(thiazole)은 보편적인 다른 5원자 고리 방향족 헤테로 고리이다. 아미노산 히스티딘(histidine)의 구성 성분인 이미다졸은 2개의 질소를 가진다. 그 중 1개만 염기성이다. 티아민(thiamin, 바이타민 B_1)의 구조의 기초를 이루는 5원자 고리계인 싸이아졸 역시 1개의 염기성 질소를 티아민에 가지는데 알킬화되어 4차 암모늄 이온을 생성한다.

pK_a = 6.95 — 이미다졸

pK_a = 6.00 — 히스티딘

pK_a = 2.44 — 싸이아졸

티아민
(바이타민 B_1)

문제 12.14 피롤은 나이트로화 외에 다른 전형적인 친전자 치환 반응을 한다. *N*-메틸피롤과 다음 시약의 반응에서 얻을 수 있는 생성물은 무엇인가?

(a) Br_2 (b) CH_3Cl, $AlCl_3$ (c) CH_3COCl, $AlCl_3$

문제 12.15 벤젠의 나이트로화 메커니즘을 복습하라(5.4절). 그러고나서 피롤의 나이트로화 반응의 메커니즘을 제안하라.

피리딘

피리딘(pyridine)은 질소-함유 헤테로고리 화합물로 벤젠의 유사체이다. 벤젠과 같이 피리딘은 결합각이 대략 120°이고 평평한 방향족 분자이다. 또한 벤젠과 같이 피리딘은 고리형, 콘주게이션 π 궤도함수계에 6개의 π 전자를 가진 방향족이다. sp^2 혼성화된 질소 원자와 5개의 탄소 원자 각각은 고리의 콘주게이션 p 궤도함수에 하나씩 π 전자를 제공한다.

그러나 피롤의 상황과 달리 피리딘의 질소 원자의 고립 전자쌍은 π 궤도함수계의 일부가 아니라 고리면에 있는 sp^2 궤도함수를 점유한다(그림 12.4). 그 결과, 피리딘의 고립 전자쌍은 산에 공여될 수 있으므로 피리딘은 염기성이다. 염기도에 있어서 이 차이를 보려면 피롤(그림 12.3)과 피리딘(그림 12.4)의 정전기 퍼텐셜 지도를 비교해 보라.

피리딘(pK_b = 8.75)은 전형적인 알킬아민보다 염기성이 작지만, 그럼에도 불구하고 염기 촉매가 필요할 때 여러 유기 반응에 쓰인다. 예를 들면, 산 염화물과 알코올을 반응시켜 에스터를 얻는 반응은 보통 피리딘 존재 하에서 수행한다(10.7절).

바이타민 B_6 복합체인 피리독살과 피리독신과 같은 치환된 피리딘들은 생물학적으로 중요하다. 효모, 곡류 및 다른 식품에 존재하는 바이타민 B_6는 몇 가지 아미노산의 합성에 필수적이다.

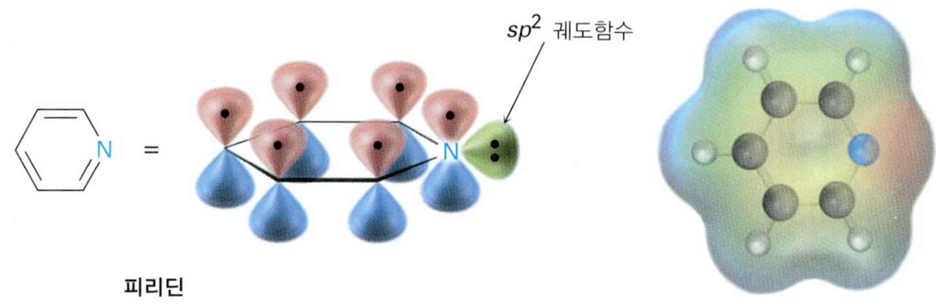

그림 12.4 벤젠의 질소-함유 유사체인 피리딘의 전자 구조

피리독살 피리독신

문제 12.16 5원자 고리 헤테로고리 이미다졸은 2개의 질소 원자를 가지는데 하나는 '피롤 같고' 다른 하나는 '피리딘 같다.' 이미다졸의 궤도함수 그림을 그려라. 그리고 각 질소의 고립 전자쌍이 들어 있는 궤도함수를 표시하라.

이미다졸

문제 12.17 다음 정전기 퍼텐셜 지도에 따르면 이미다졸(문제 12.16)에 있는 어느 질소 원자가 더 염기성인가? 그 이유는 무엇인가?

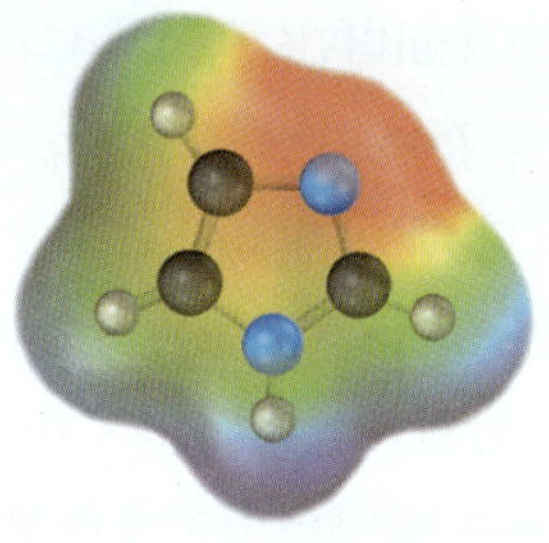

접합 고리 방향족 헤테로고리

퀴놀린, 아이소퀴놀린 및 인돌과 같은 **접합 고리** 헤테로고리 화합물은 간단한 단일 고리 화합물보다 더 복잡하다. 이들 세 화합물은 모두 벤젠 고리와 헤테로고리 사이에 결합 1개를 공유한다. 이들과 다른 많은 접합 고리계가 천연에 널리 존재하며 이 화합물류의 다수는 유용한 생물학적 성질을 나타낸다. 퀴닌은 남미산 기나수의 껍질에서 발견되는 퀴놀린 유도체인데 중요한 항말라리아 약이다. *N,N*-다이메틸트립타민은 인돌 고리를 함유하는 데 강력한 환각제이다.

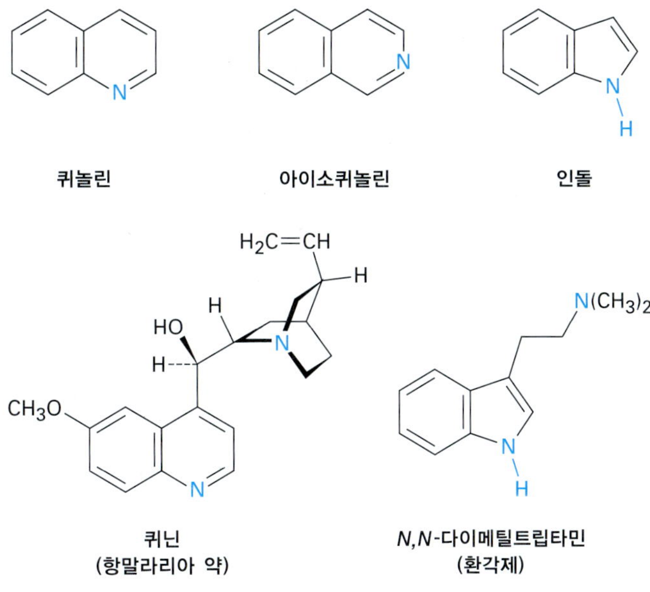

문제 12.18 환각제인 인돌 알카로이드, *N,N*-다이메틸트립타민에 있는 질소 원자는 어느 것이 더 염기성인가? 설명하라.

12.7 알카로이드: 천연 아민

식물에서 유래하는 천연 아민은 그들의 수용액에 약간 염기성을 띠므로 한때 '식물 알칼리'로 알려졌으나 지금은 **알카로이드**(alkaloid)라고 한다. 알카로이드 연구는 19세기 유기 화학의 성장에 자극제가 되었으며 지금도 흥미로운 연구 분야로 남아 있다.

알카로이드는 간단한 것에서 매우 복잡한 것에 이르기까지 구조가 매우 다양한 약 30,000개의 다른 알카로이드가 알려져 있다. 예를 들면, 썩은 생선 냄새는 가장 간단한 알카로이드인 메틸아민 때문이다. 흔히 생선 냄새를 없애기 위해 신 레몬즙을 사용하는데 이는 단지 레몬의 시트르산과 메틸아민과의 산–염기 반응으로 비휘발성인 메틸암모늄 염을 생성하는 것이다.

많은 알카로이드들은 뛰어난 생물학적인 성질을 가지는데 오늘날 사용되는 많은 약품들은 천연물로부터 얻은 알카로이드이다. 수천 가지 예들 중에서 몇 가지만 들면, 아트로핀(atropine)은 대장염 치료에 쓰이는 항경련제로 보통 벨라돈나라고 부르는 꽃이 피는 아트로파벨라돈나(atropa belladonna)에서 얻는다. 에페드린(ephedrine)은 기관지 확장 및 가래 제거제로서 중국 식물인 에페드라 시니카(ephedra sinica, 마황)에서 얻는다. 레저핀(reserpine)은 진정제 및 항고혈압제로서 아열대식물인 라우올피아 세르펜티나(rauwolfia serpentina)의 뿌리 분말에서 얻는다.

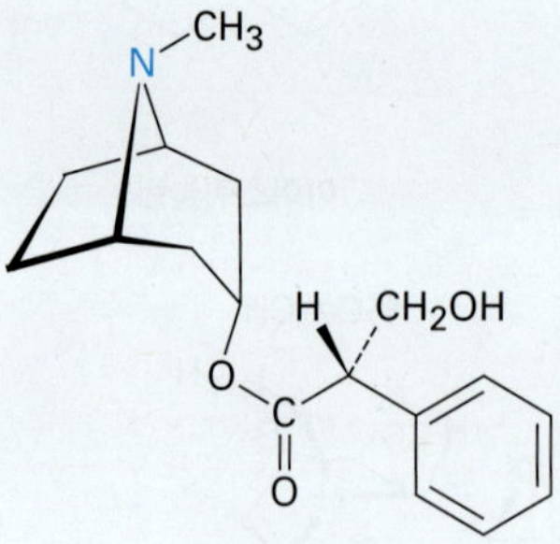

아트로핀

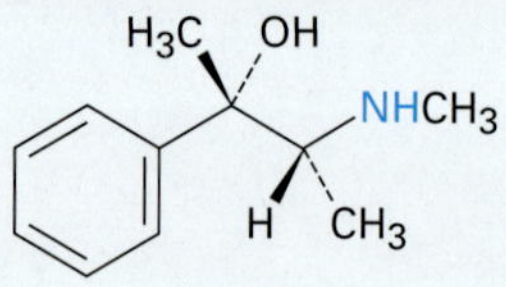

에페드린

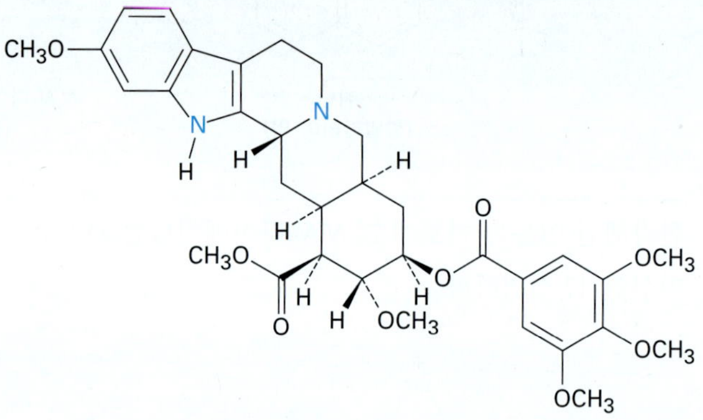

레저핀

미국 국립과학원의 최근의 보고서는 생물종의 성질이 밝혀진 것은 1%보다 작다라고 평가했다. 따라서 알카로이드 화학은 오늘날 활발한 연구 분야로 남아 있고 잠재적으로 유용한 성질을 가진 무수한 물질들이 발견되어야 한다.

생활 속의 유기 화학

녹색화학

20세기의 유기 화학은 우리에게 신약 살충제, 접착제, 섬유, 염료, 건축재료, 합성물 및 온갖 형태의 중합체를 제공하면서 세상을 변화시켰다. 그러나 이들 발전은 돈 씀 없이 나오지 않았다. 모든 화학 공정은 반응 용매와 대기중으로 증발하는 독한 부산물 또는 적절히 버리지 않으면 지하수를 오염시키는 것들을 포함한 처리해야 할 쓰레기들을 생산하였다. 분명히 무해한 부산물조차 안전하게 매립해야 하거나 그렇지 않으면 격리되어야 한다. 한결같이 공짜 점심과 같은 것은 없으며 좋은 것에는 나쁜 것이 뒤따른다.

이와 같은 재난이 결코 반복되지 않기를 바라자.

유기 화학을 완전히 자비롭게 만드는 것은 결코 가능하지 않다. 그러나 많은 화학 공정에 의해 결코 가능하지 않다. 그러나 많은 화학 공정에 의해 야기되는 환경 문제의 인식은 최근에 극적으로 성장하여 녹색화학이라는 움직임으로 일어나게 한다. 녹색화학은 화학 생성물의 설계와 실행이며 쓰레기를 줄이고 독성물질의 생산을 제거하기 위한 시도이다. 녹색화학에는 12가지 원리가 있다.

- **쓰레기 방지**(Prevent waste)—쓰레기는 생긴 후에 처리하거나 깨끗이 하기보다는 생기지 않도록 막아야 한다.
- **원자경제 극대화**(Maximize atom economy)—합성 방법은 공정에 쓰인 모든 물질이 최종 생성물이 되도록 통합을 극대화하여 쓰레기를 최소화해야 한다.
- **덜 해로운 공정을 이용하라**—합성 방법은 건강과 환경에 독성이 최소하도록 반응물을 이용하고 쓰레기를 생산해야 한다.
- **보다 안전한 화학물질 설계**—화학 생성물은 최소 독성을 갖도록 설계되어야 한다.
- **보다 안전한 용매 쓰기**—반응에서 용매, 분리 시약 및 다른 보조 물질을 최소량 이용하기
- **에너지 효율성에 대한 설계**—화학 공정에서 에너지 조건은 가능한 상온에서 수행되는 반응으로 최소화되어야 한다.
- **재활용 가능한 재료 이용**—원료는 가능하면 재활용할 물질로부터 와야 한다.
- **유도체 최소화하기**—합성은 과외 단계를 피하고 쓰레기를 줄이기 위해 보호기를 최소로 이용하도록 설계되어야 한다.
- **촉매 이용**—반응은 계량적이기보다 촉매적이어야 한다.
- **분해에 대한 설계**—생성물은 이용할 수 있는 시간 종말에 생분해되도록 고안되어야 한다.
- **실제 시간으로 오염을 추적하기**—유해물질의 생성에 대해서 실제 시간으로 공정을 추적해야 한다.
- **사고 방지**—화학물질과 공정은 잠재적인 화재, 폭발, 또는 다른 사고를 최소화해야 한다.

앞의 12가지 원리는 대부분 실제 세상 응용에 모두 적합하지 않을 것이다. 그러나 그들은 목표로 삼기에 가치가 있으며 화학자들이 그들이 연구하는 동안 환경적 의미를 더욱 조심스럽게 생각하도록 만들 것이다. 실제 성공 이야기가 이미 일어나고 있으며, 더 많이 진전되고 있다. 대략 700만 파운드의 이부프로펜(ibuprofen, 6억 정!)이 연당 '녹색'공정

으로 제조되는데 그것으로 대체되기 전보다 약 99%의 쓰레기를 덜 생산한다. 단지 3단계가 필요하고 최초 단계에서 사용된 무수 HF 용매는 회수되어 재사용되며 둘째와 셋째 단계는 촉매를 이용한다.

아이소뷰틸벤젠 → ($(CH_3CO)_2O$, HF) → (H_2, Ni 촉매) → (CO, Pd 촉매) → 이부프로펜

요약과 주요용어

아릴아민 arylamine
아민 amine
알카로이드 alkaloid
알킬아민 alkylamine
염기도 상수 basicity constant
헤테로고리 heterocycle
환원성 아미노화반응 reductive amination
4차 암모늄염 quaternary ammonium salt

우리는 이제 유기 및 생물 화학을 통해 생성되는 모든 보편적 작용기를 보았다. 이들 기 중, 아민은 가장 수가 많다. 단백질과 핵산 외에 약품의 주류는 아민의 작용기를 포함하며 생물학적 촉매반응에서 필요한 많은 보편적인 보조효소도 아민이다.

아민은 암모니아의 유기 유도체이다. 이들은 IUPAC 명명법으로 알킬 치환기의 이름에 접미어 -아민을 더하여 명명하거나 복잡한 모체 분자의 경우는 아미노기를 치환기로 생각하여 명명한다. 아민의 결합은 암모니아와 비슷하다. 질소 원자는 sp^3 혼성화되어 치환기 3개는 정사면체의 모서리를 향하고 네 번째 모서리는 고립 전자쌍이 점유한다.

아민의 화학은 질소에 있는 고립 전자쌍에 의해 지배되므로 아민은 염기성이고 친핵성이 된다. **아릴아민**은 고립 전자쌍이 방향족 π 전자계와 궤도함수 겹침에 의해 공유되므로 **알킬아민**보다 일반적으로 약한 염기이다.

아민을 합성하는 가장 간단한 방법은 암모니아나 아민을 할로젠화 알킬과 S_N2 반응을 시키는 것이다. 암모니아의 알킬화는 1차 아민, 1차 아민의 알킬화는 2차 아민 등을 생성한다. 아민은 또한 아마이드나 나이트릴을 $LiAlH_4$로 환원하여 얻을 수 있으며 알데하이드와 케톤을 암모니아와 환원제를 가지고 **환원성 아미노화**하여 얻을 수도 있다. 아릴아민은 방향족 고리를 나이트로화한 후 나이트로기를 환원시킨다. 아민의 반응은 상당수가

앞의 장들에 나와 있다. 따라서 아민은 S_N2 반응으로 할로젠화 알킬과 반응하고 산 염화물과 친핵성 아실 치환 반응을 한다.

헤테로고리 아민은 질소 원자를 고리에 함유한 화합물로서 구조와 성질이 매우 다양하다. 피롤, 피리딘, 인돌 및 퀴놀린은 모두 방향족 성질을 나타낸다.

반응 요약

1. 아민의 합성(12.4절)

(a) S_N2 반응에 의한 알킬아민

암모니아	$\ddot{N}H_3$	+ R—X	⟶	$R\overset{+}{N}H_3\ X^-$	$\xrightarrow{NaOH}$	RNH_2	1차
1차	$R\ddot{N}H_2$	+ R—X	⟶	$R_2\overset{+}{N}H_2\ X^-$	$\xrightarrow{NaOH}$	R_2NH	2차
2차	$R_2\ddot{N}H$	+ R—X	⟶	$R_3\overset{+}{N}H\ X^-$	$\xrightarrow{NaOH}$	R_3N	3차
3차	$R_3\ddot{N}$	+ R—X	⟶	$R_4\overset{+}{N}\ X^-$			4차 암모늄

(b) 아자이드화물의 환원

$$RCH_2-X \xrightarrow[\text{에탄올}]{Na^+\ {}^-N_3} RCH_2-N=\overset{+}{N}=\overset{-}{N} \xrightarrow[2.\ H_2O]{1.\ LiAlH_4,\ \text{에터}} R-NH_2$$

(c) 알데하이드와 케톤의 환원성 아미노화반응

$$R-\overset{O}{\overset{\|}{C}}-R' \xrightarrow[NaBH_4]{NH_3} R-\overset{H\ \ NH_2}{C}-R'$$

(d) 나이트로벤젠의 환원

$$C_6H_5-NO_2 \xrightarrow[\text{또는 } Fe,\ H_3O^+ \text{ 또는 } SnCl_2,\ H_3O^+]{H_2,\ Pt} C_6H_5-NH_2$$

연습

【눈으로 보는 화학】 문제 12.1~12.18은 장 내에서 볼 수 있다.

12.19 알카로이드 트립타민에 있는 어느 질소 원자가 더 염기성인가? 그 이유를 설명하라.

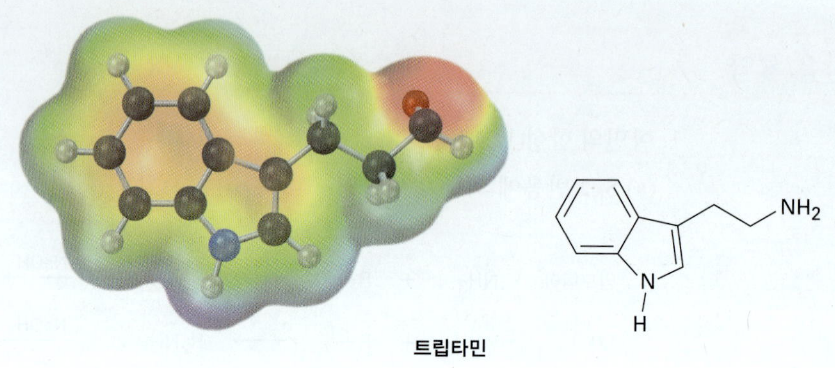

트립타민

12.20 다음 아민을 명명하고 1차, 2차, 또는 3차인지 확인하라.

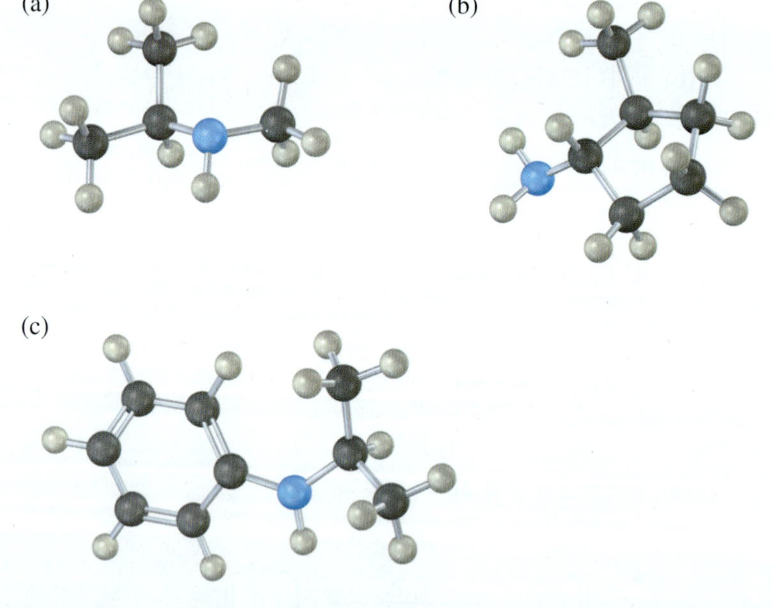

12.21 다음 아민은 3개의 질소 원자를 가지고 있다. 염기도가 증가하는 순서로 순위를 매겨라.

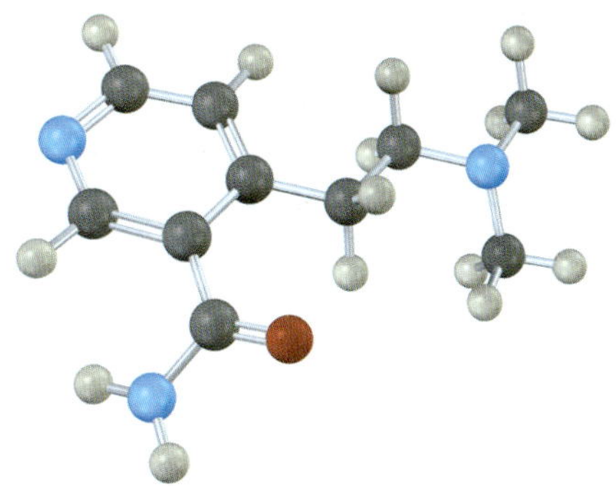

12.22 다음 분자는 1차 아민과 이염화물 사이의 반응으로 합성될 수 있다. 두 반응물을 확인하고 반응을 써라.

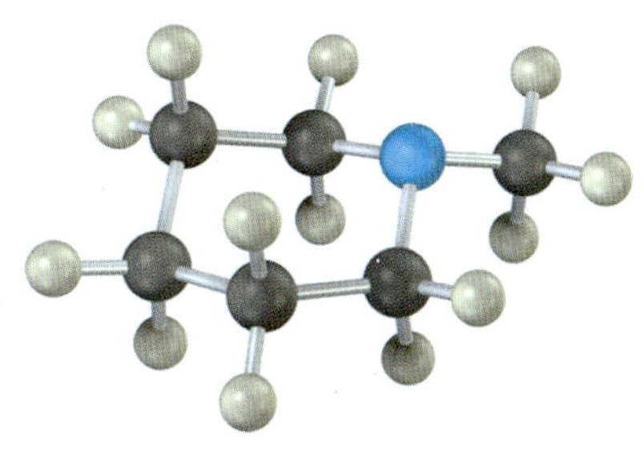

12.23 *R*,*S* 입체화학을 포함하여 다음 아민을 명명하라. 그리고 (i) CH_3CH_2Br, (ii) CH_3COCl과의 반응 생성물을 그려라.

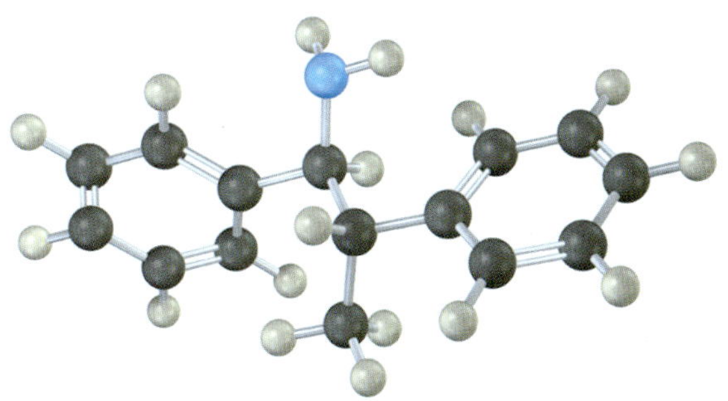

【보충문제】

아민 명명법

12.24 다음 IUPAC 명에 해당하는 구조를 그려라.

(a) *N*,*N*-다이메틸아닐린 (b) *N*-메틸사이클로헥실아민

(c) (사이클로헥실메틸)아민 (d) (2-메틸사이클로헥실)아민

(e) 3-(*N*,*N*-다이메틸아미노)프로판산

12.25 다음 물질의 아민(아마이드는 아님) 질소 원자를 1차, 2차, 또는 3차로 분류하라.

(a) $(C_2H_5)_2N-C(=O)-$ … N$-CH_3$ … N–H

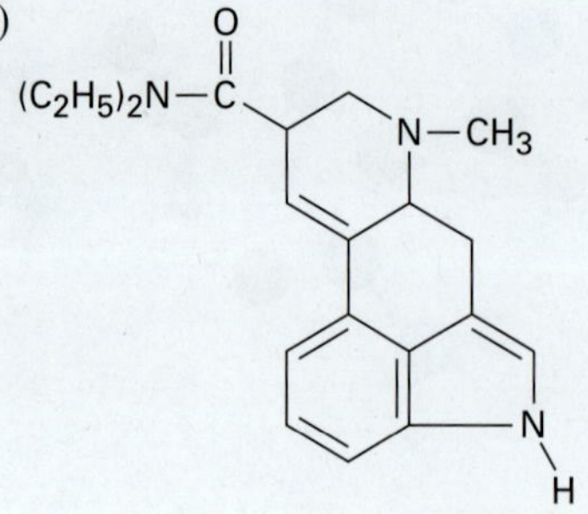

리세르그산 다이에틸아마이드

(b) H_3C–N, O, CH_3, N, N, N, CH_3

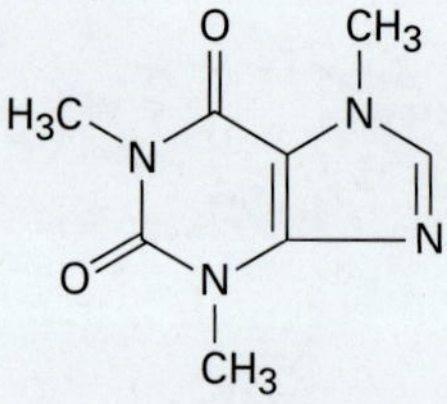

카페인
(Caffeine)

12.26 피오트 선인장(peyote cactus)에서 얻는 강력한 환각물질인 메스칼린(mescaline)의 체계명은 2-(3,4,5-트라이메톡시페닐)에틸아민이다. 그 구조를 그려라.

12.27 다음 기술에 맞는 아민의 구조를 제안하라.

(a) 2차 아릴아민

(b) 1,3,5-삼치환 아릴아민

(c) 비카이랄 4차 암모늄염

(d) 5원자 고리 헤테로고리 아민

12.28 화학식이 $C_4H_{11}N$인 아민 이성질체가 8개 있다. 그들을 그리고 명명하라. 그리고 1차, 2차, 또는 3차로 분류하라.

12.29 IUPAC 규칙에 따라 다음 화합물을 명명하라.

(a) NH_2, Br, Br (benzene ring)

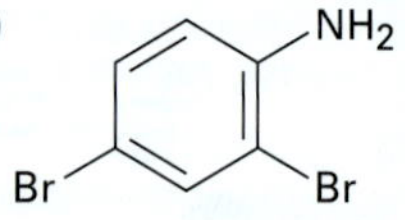

(b) cyclopentyl$-CH_2CH_2NH_2$

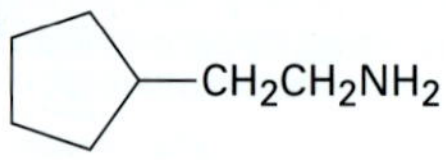

(c) cyclopentyl$-NHCH_2CH_3$

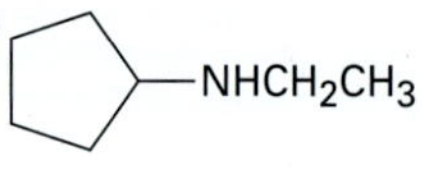

(d) cyclopentyl$-N(CH_3)_2$

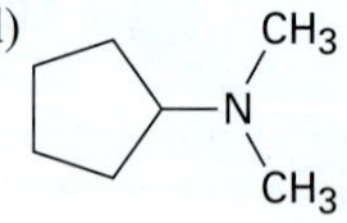

(e) pyrrolidine $N-CH_2CH_2CH_3$

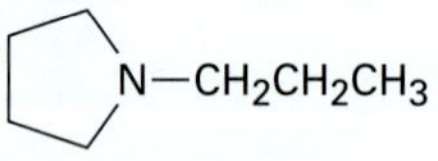

(f) $H_2NCH_2CH_2CH_2CN$

반응과 합성

12.30 1-브로모뷰테인으로부터 다음 아민을 어떻게 합성할 수 있는가?

(a) 뷰틸아민 (b) 다이뷰틸아민 (c) 펜틸아민

12.31 뷰탄-1-올로부터 문제 12.30의 아민을 각각 어떻게 합성할 수 있는가?

12.32 암모니아와 적절한 할로젠화 알킬로부터 다음 아민을 어떻게 합성할 수 있는가?

(a) $CH_3CH_2CH_2CH_2CH_2CH_2NH_2$ (b) $(CH_3)_4N^+\ I^-$

(c) (benzene ring)$-CH_2NH_2$ (d) (cyclohexane ring)$-NHCH_3$

12.33 다음 반응의 생성물을 보여라.

(a) $CH_3CH_2CH_2NH_2 \xrightarrow{CH_3Br}$?

(b) (cyclohexane ring)$-NH_2 \xrightarrow{HBr}$?

(c) $CH_3CH_2\overset{O}{\overset{\|}{C}}NH_2 \xrightarrow[2.\ H_2O]{1.\ LiAlH_4}$?

(d) (benzene ring)$-C\equiv N \xrightarrow[2.\ H_2O]{1.\ LiAlH_4}$?

12.34 다음 출발물질로부터 펜틸아민을 어떻게 합성할 수 있는가?

(a) 펜탄아마이드 (b) 펜테인나이트릴 (c) 펜탄산

12.35 다음 각 출발물질로부터 벤질아민, $C_6H_5CH_2NH_2$을 어떻게 합성할 수 있는가?

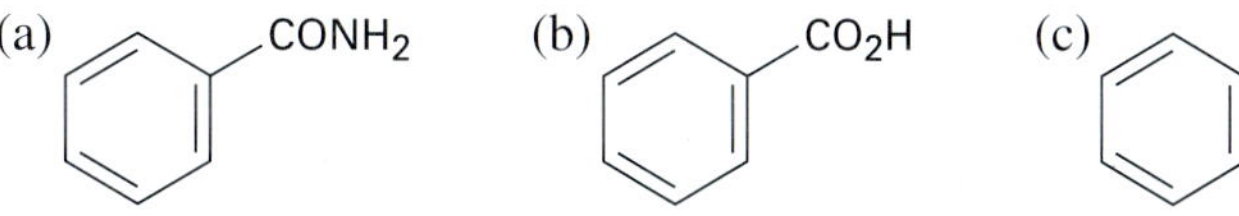

염기도 **12.36** 다이페닐아민은 아닐린보다 염기성이 더 세겠는가 아니면 더 약하겠는가? 그 이유를 설명하라.

12.37 여러분에게 톨루엔, 아닐린 및 페놀의 혼합물이 주어졌다고 가정하자. 혼합물을 3개의 순수 화합물로 어떻게 분리할 수 있을지 설명하라.

12.38 $CH_3CH_2NH_2$와 $CF_3CH_2NH_2$ 중 어느 화합물이 더 염기성인가? 설명하라.

12.39 *p*-아미노벤즈알데하이드와 아닐린 중 어느 화합물이 더 염기성인가?

12.40 트라이에틸아민과 아닐린 중 어느 화합물이 더 염기성인가? 반응이 아래와 같이 진행되는가?

$$(CH_3CH_2)_3NH^+\ Cl^- + C_6H_5NH_2 \longrightarrow C_6H_5NH_3^+\ Cl^- + (CH_3CH_2)_3N$$

통합문제 **12.41** 센 산을 이용하여 아마이드를 양성자화하면 질소보다 산소 위에서 일어난다. *O*-양성자화 생성물과 *N*-양성자화 생성물의 공명 구조를 이용하여 설명하라.

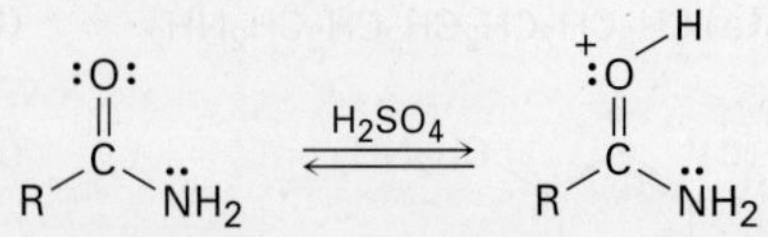

12.42 체내에서 방출되는 히스타민은 콧물과 항공기 답답증을 유발하는데, 3개의 질소 중 하나는 '피롤 같고' 다른 하나는 '피리딘 같고' 나머지 하나는 알킬아민이다. 염기도 증가순으로 나열하고 그 순서를 설명하라.

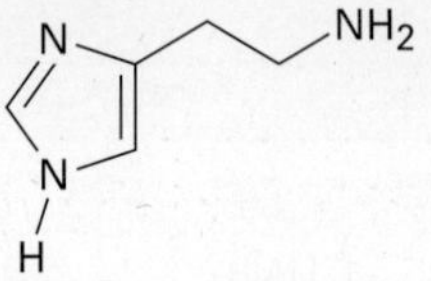

히스타민(Histamin)

12.43 나일론 66을 제조하는 데 출발물질의 하나로 쓰이는 헥세인-1,6-다이아민은 뷰타-1,3-다이엔에 대한 Cl_2의 첨가(4.8절)로 시작하는 경로에 의해 합성할 수 있다. 전체 합성 단계를 제시하라.

12.44 헥세인-1,6-다이아민을 합성하는 또 다른 방법(문제 12.43)은 아디프산(헥세인이산)으로부터 출발한다. 합성을 어떻게 수행하겠는가?

12.45 *p*-나이트로아닐린이 아닐린보다 40,000배만큼 염기성이 작은데 그 이유를 설명하라(5.7절).

12.46 문제 12.45의 해답에 비추어 아닐린 또는 *p*-메톡시아닐린 중 어느 것이 더 염기성인가? 이유를 설명하라.

12.47 *m*-메틸아닐린과 다음 시약의 반응에서 얻어지는 주된 유기 생성물의 구조를 밝혀라.

(a) Br_2(1몰) (b) CH_3I(과량) (c) CH_3COCl, 피리딘

12.48 벤젠으로부터 라세미 메탐피타민을 합성하는 다음 도면에서 빠진 시약 **a**로부터 **d**를 채워라.

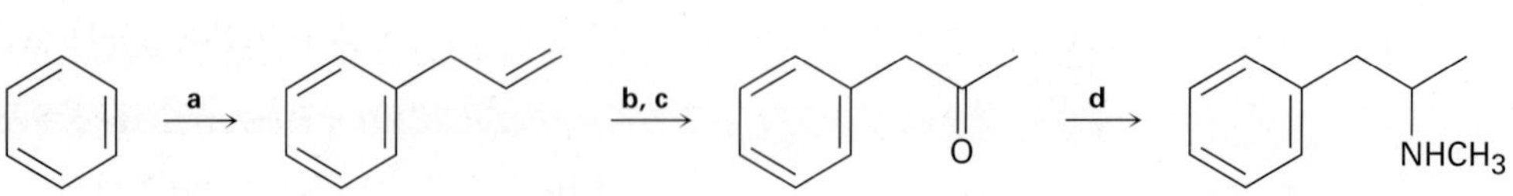

(*R*,*S*)-메탐피타민
(Methamphetamine)

12.49 아트로핀, $C_{17}H_{23}NO_3$은 아트로파벨라돈나(가지과 식물, deadly nightshade)의 잎과 뿌리로부터 분리되는 독성 알카로이드이다. 소량 투여하면 아트로핀은 근육 이

완제로 작용한다. 0.5 ng(1나노그램 = 10^{-9} g)이면 동공을 확대시킨다. NaOH 수용액과 반응시키면 트로프산, $C_6H_5CH(CH_2OH)CO_2H$과 트로핀, $C_8H_{15}NO$을 생성한다. 트로핀은 광학 비활성 알코올이며 탈수하여 트로피덴(tropidene)을 생성한다. 아트로핀의 구조를 제안하라.

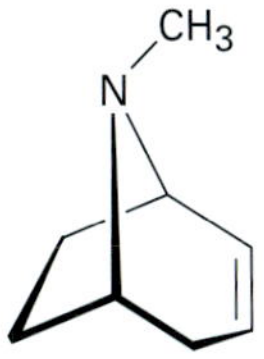

트로피덴

12.50 아민은 염기성이고 아마이드는 중성임을 알고 있다. 2개의 카보닐기 사이에 끼여 있는 N−H를 가진 화합물인 이미드(imide)는 실제는 산성이다. 왜 이미드가 산성인지 음이온의 공명 구조를 그려서 보여라.

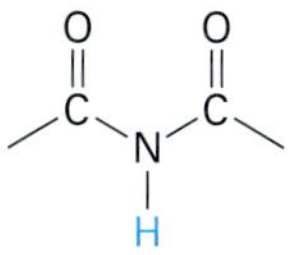

이미드

12.51 피롤의 산소-함유 유사체인 퓨란(furan)은 피롤과 같이 방향족이다. 퓨란의 궤도함수 그림을 그려라. 그리고 어떻게 고리형 콘주게이션 π 궤도함수 내에 6개의 전자를 가지는지 보여라.

퓨란

12.52 다음 설계 도표에서 빠진 시약 **a**~**f**를 채워 넣어라.

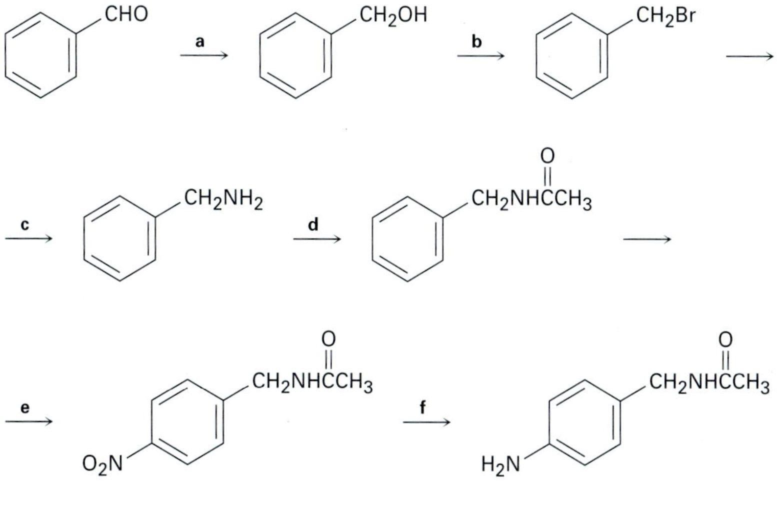

$C_6H_5CHO \xrightarrow{a} C_6H_5CH_2OH \xrightarrow{b} C_6H_5CH_2Br \xrightarrow{c} C_6H_5CH_2NH_2 \xrightarrow{d} C_6H_5CH_2NHCOCH_3 \xrightarrow{e} p\text{-}O_2NC_6H_4CH_2NHCOCH_3 \xrightarrow{f} p\text{-}H_2NC_6H_4CH_2NHCOCH_3$

12.53 아미노산 프로린은 다음 변형에 따라 글루타메이트 세마이알데하이드로부터 생합성된다. 여기서 NADH는 생물학적 환원제인 니코틴아마이드 아데닌 다이뉴클레오타이드(nicotinamide adenine dinucleotide)이다. 중간체 **A**의 구조는 무엇인가? 그리고 어떻게 생성되는가?

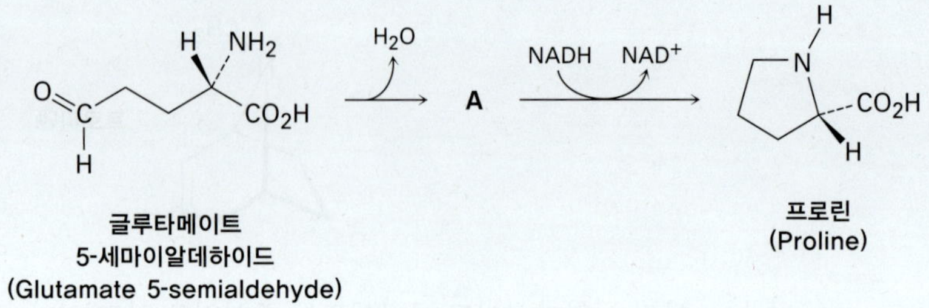

글루타메이트 5-세마이알데하이드 (Glutamate 5-semialdehyde) $\xrightarrow{-H_2O}$ **A** $\xrightarrow{NADH \rightarrow NAD^+}$ 프로린 (Proline)

12.54 다음 변환은 콘주게이션 친핵성 첨가 반응(9.10절)에 뒤이은 분자 내 친핵성 아실 치환 반응(10.5절)을 수반한다. 메커니즘을 나타내라.

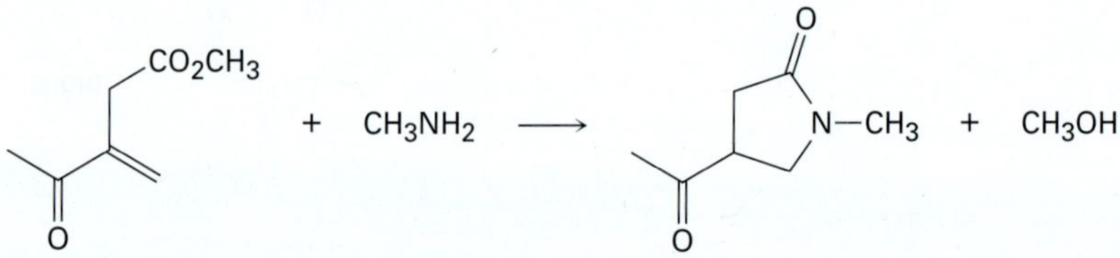

$+\ CH_3NH_2 \longrightarrow$ $N-CH_3$ $+\ CH_3OH$

12.55 세포막에서 인산지방질의 성분인 콜린은 에틸렌 산화물과 트라이메틸아민의 S_N2 반응으로 합성할 수 있다. 콜린의 구조를 나타내고 반응 메커니즘을 제안하라.

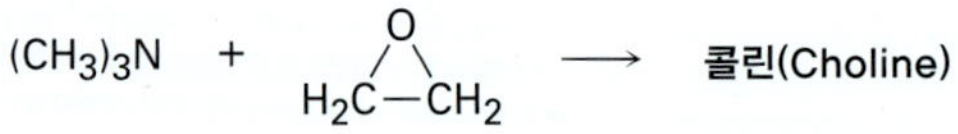

$(CH_3)_3N$ + H_2C-CH_2 (O) $\longrightarrow$ 콜린(Choline)

약장 **12.56** 셀레브렉스(Celebarex)로 상품화된 항소염제인 셀레콕시브(celecoxib)가 류마치스 관절의 치료에 널리 쓰인다. 셀레콕시브의 합성에서 다음 단계에 대한 메커니즘을 그려라.

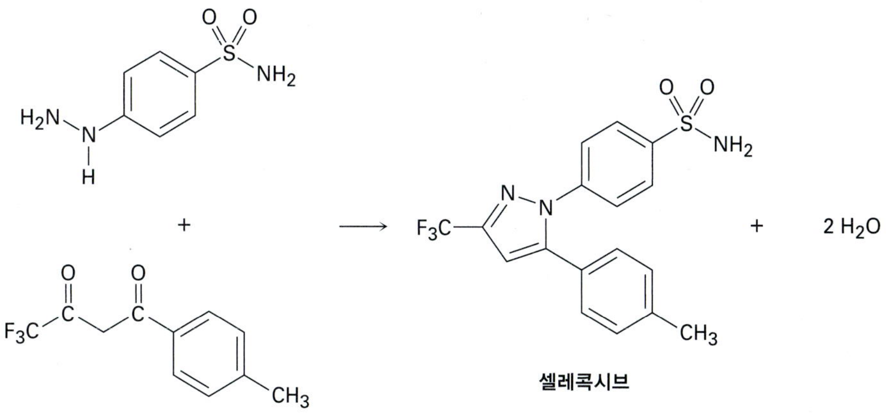

셀레콕시브

12.57 기관지 천식의 치료에 널리 쓰이는 아미노 알코올인 에페드린을 합성하기 위해 환원성 아미노화반응을 어떻게 이용하겠는가?

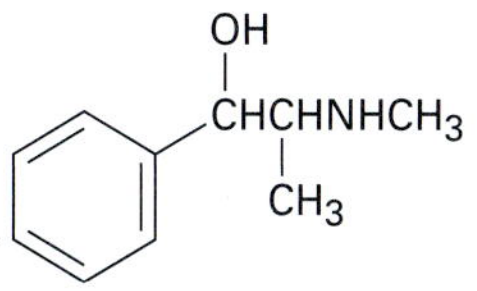

에페드린
(Ephedrine)

12.58 척추 마취제로 쓰이는 물질인 테트라카인은 벤젠으로부터 다음 경로에 의해 합성될 수 있다. (a)부터 (d)까지 각 변환을 어떻게 이룰 수 있을지 보여라.

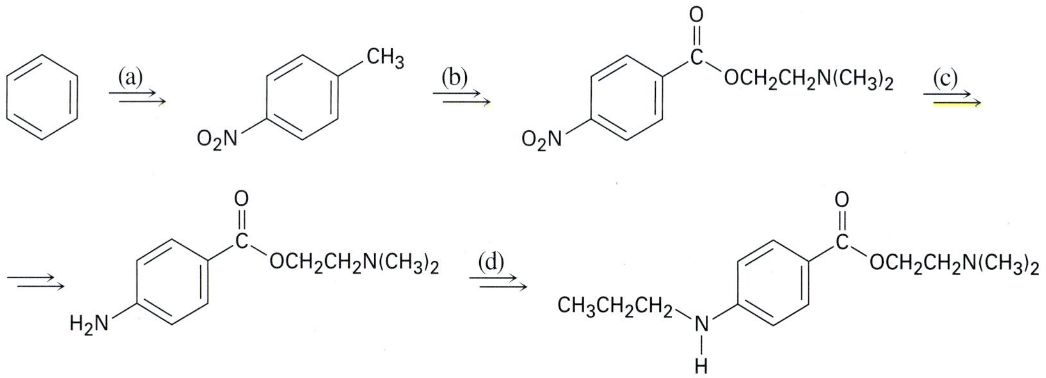

테트라카인
(Tetracaine)

들판에서 12.59 파라콰트(paraquat)는 광범위한 잡초 살상제이다. 파라콰트는 다음의 단계로 합성된다. 파라콰트의 구조는 무엇인가?

$+ \ 2\,CH_3I \longrightarrow$ 파라콰트

12.60 Stampede와 Chem-Rice 같은 이름으로 시판되는 프로판일(propanil)은 보편적으로 벼논에서 잡초를 막는 데 쓰인다. 3,4-다이클로로아닐린으로부터 프로판일을 어떻게 합성하는가? 해답에 대한 메커니즘을 보여라.

Cl, Cl, NH_2 → Cl, Cl, H, N, C, O, CH_2CH_3

3,4-다이클로로아닐린 프로판일

CHAPTER

13

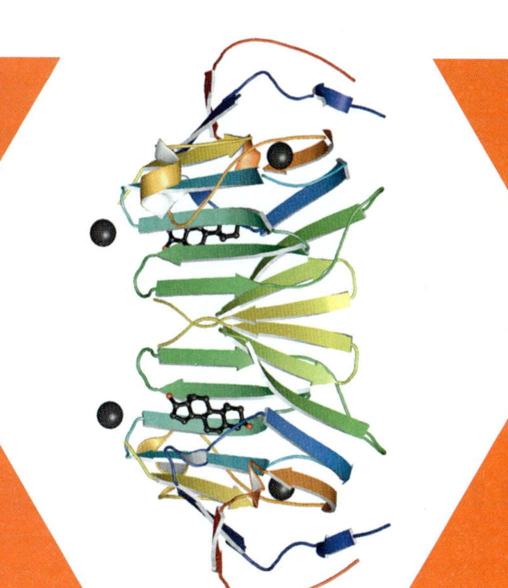

경기자가 때때로 섭취한 동화성 스테로이드는 인간의 성 호르몬-결합 혈구소라 부르는 단백질에 결합함으로써 체내의 목표 조직으로 운반된다. 이것과 다른 복잡한 분자의 화학구조는 일반적으로 X선 결정법에 의해 결정된다.

구조 결정

반응이 일어날 때 항상 생성물을 확인하고 새 화합물이 천연에서 발견될 때마다 구조는 결정되어야 한다. 유기 분자의 구조 결정은 초기 화학에서는 어렵고 시간을 소비하는 과정이었다. 그러나 1900년 중반에 강력한 기술과 전문화된 기기가 개발되어 과제가 크게 단순화되었다. 우리는 가장 유용한 그러한 기술, 즉 질량 분석법(MS), 적외선 분광법(IR), 자외선 분광법(UV) 및 핵자기 공명 분광법(NMR)을 보게 될 것이다.

질량 분석법	분자식은 무엇인가?
적외선 분광법	존재하는 작용기는 무엇인가?
자외선 분광법	콘주게이션 π 전자계는 존재하는가?
핵자기 공명 분광법	탄소-수소 뼈대는 무엇인가?

왜 이 장인가?

작은 분자를 실험실에서 합성하든지 큰 단백질과 핵산을 살아 있는 유기조직에서 발견하든지 새 분자의 구조를 아는 일은 화학과 생화학에서 진행하는 중추이다. 우리는 다만 이 교재에서 구조 결정의 표면을 할퀼뿐이다. 그러나 이 장을 읽은 후에 이용 가능한 기술들과 그 기술들을 어떻게 언제 사용하게 될지 좋은 생각을 가지게 될 것이다.

13.1 질량 분석법

가장 간단하게, **질량 분석법**(MS)은 분자의 분자량을 측정하는 그래서 분자식을 아는 기술이다. 그것을 알든 또는 모르든 공항의 보안구역을 지날 때 질량 분석기를 만나고 보안요원이 짐을 훔치고 기기 안으로 밀어넣는 것을 본다. 그 기기는 특정한 질량 분석기이고 스왑 위에 있는 휘발성 물질의 분자량을 측정하고 그 결과를 알려진 폭발물의 분자량에 비교하여 폭발물을 간파할 수 있다.

상품화된 20개 이상의 다른 종류의 질량 분석기를 계획된 목적에 따라 이용할 수 있다. 그러나 모두 3가지 기본 부분을 가지고 있다: 시료 분자에 전하를 주는 **이온화 원**(ionization source), 이온들이 질량 대 전하 비율(*m*/*z*)로 분리되는 **질량 분석장치**(mass analyzer) 및 분리된 이온들을 관찰하고 수를 세는 **검출기**. 각 이온 위의 전하 *z*의 수는 흔히 1이므로 이온에 대한 *m*/*z* 값은 간단히 질량, *m*이다. 대략 2500원자 질량 단위(amu)의 질량이 소수점 이하 4자리까지 정밀하게 분석될 수 있다.

그림 13.1의 헥세인의 질량 분석 스펙트럼처럼, 전형적인 질량 스펙트럼은 보통 수평축에 *m*/*z*로 막대 그래프로 수직축에 이온의 상대 존재비로서 나타낸다. 가장 큰 봉우리는 100% 강도로 할당하고 **기준 봉우리**(base peak)라 부르고 절단되지 않은 이온에 해당한 봉

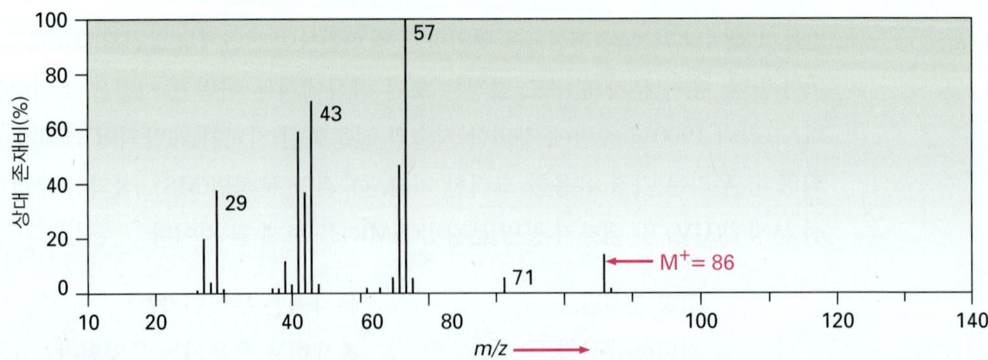

그림 13.1 헥세인(C_6H_{14}; mw = 86)의 질량 스펙트럼. 분자 이온은 *m*/*z* = 86에 있고 기준 봉우리는 *m*/*z* = 57, 그리고 수많은 다른 이온들이 존재한다.

우리는 어미 봉우리(parent peak) 또는 분자 이온(molecular ion, M^+)이라 부른다. 예를 들면, 헥세인에서 $M^+ = 86$은 C_6H_{14}의 식에 해당한다.

분자 이온 외에 질량 분석기에서 대부분의 분자 조각은 해석할 때 구조적 정보를 제공할 수 있는 수많은 다른 이온들을 생기게 한다. 예를 들면, 헥세인은 $m/z = 71$에 CH_3-기를 잃음에 해당하는 봉우리, $m/z = 57$에 CH_3CH_2-기를 잃음에 해당하는 봉우리, $m/z = 43$에 $CH_3CH_2CH_2-$기를 잃음에 해당하는 봉우리를 보인다.

그림 13.1에서 $m/z = 86$에 분자 이온에 대한 봉우리 외에 $m/z = 87$에 작은 봉우리가 있는데 분자 내에 다른 동위원소들이 존재하기 때문이다. 비록 ^{12}C가 가장 많이 존재하는 탄소 동위원소라고 해도 ^{13}C의 소량(1.10% 천연 존재비)이 역시 존재한다. 따라서 질량 분석기에서 분석된 분자들의 일정 백분율은 ^{13}C 원자를 포함해서 M + 1 봉우리가 관찰된다.

문제 13.1 할로젠 X_2가 뷰트-2-엔에 첨가되어 생성된 생성물의 질량 스펙트럼은 $m/z = 310$에 봉우리를 보여준다. 어떤 할로젠이 쓰였는가?

문제 13.2 뷰탄-1-올의 산화가 일어나 생물을 얻었는데 질량 스펙트럼이 $m/z = 88$과 $m/z = 72$에서 봉우리를 보인다. 불순물은 무엇이라 생각하는가?

13.2 분광법과 전자기 스펙트럼

가시선, X선, 마이크로파 등은 모두 다른 종류의 **전자기 복사선**이다. 통합해서, 그림 13.2에 나타낸 **전자기 스펙트럼**을 형성한다. 전자기 스펙트럼은 임의로 구역으로 나뉘어진다. 파장이 3.8×10^{-7}부터 7.8×10^{-7} m까지는 친숙한 가시부인데 전체 스펙트럼 가운데 일부만을 설명한다. 가시 구역은 적외선 구역과 자외선 구역 사이에 있다.

전자기 복사선은 흔히 이중성을 가진다고 말한다. 어떤 면에서 광자(photon)라는 입자의 성질을 가지나 다른 면에서 그것은 에너지파로서 행동한다. 모든 파동처럼 전자기 복사선은 진동수, 파장 및 진폭으로서 특징지어진다(그림 13.3). **파장**(wavelength), **λ**(그리스어 람다)은 파동 하나의 최대로부터 그 이웃의 그것까지 거리이고, **진동수**(frequency), **ν**(그리스어 뉴)는 단위시간당 고정점을 통과하는 파동의 수이다. 보통 초당(s^{-1}), 또는 **헤르츠, Hz**($1 \text{ Hz} = 1 \text{ s}^{-1}$)로 주어진다. **진폭**(amplitude)은 파동의 높이이고 중간점으로부터 봉우리까지 측정된다. 복사선 에너지의 세기는 그것이 연약한 빛이든 눈부신 빛이든 파동의 진폭의 자승에 비례한다.

미터(m)로 나타낸 파장을 s^{-1}로 나타낸 진동수와 곱하면 초당 미터(m/s)로 나타낸 파동의 속도가 된다. 진공에서 모든 전자기 복사선의 진행속도는 일정한 값인데, 소위 '광

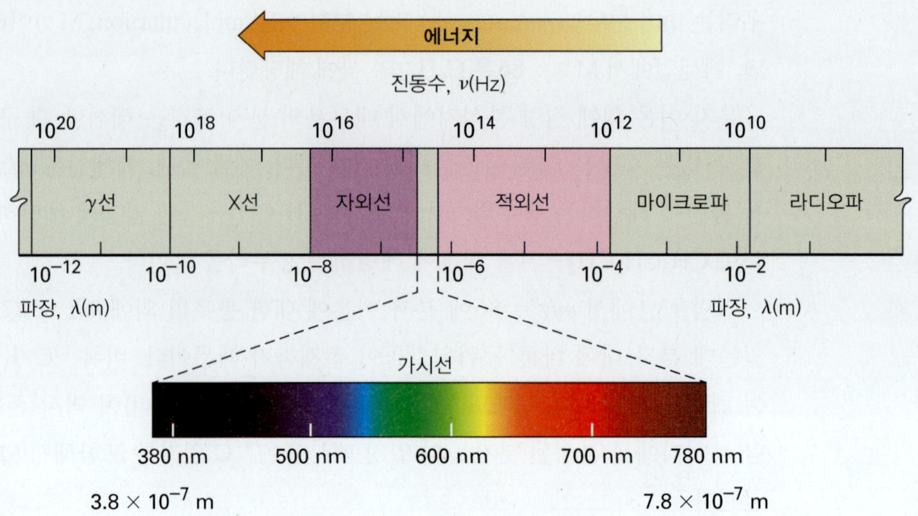

그림 13.2 전자기 스펙트럼은 낮은 진동수 말단의 라디오파로부터 높은 진동수 말단의 감마(γ)선까지 파장과 진동수의 연속 범위를 다룬다. 친숙한 가시 구역은 스펙트럼의 중앙 근처의 작은 부분만 설명한다.

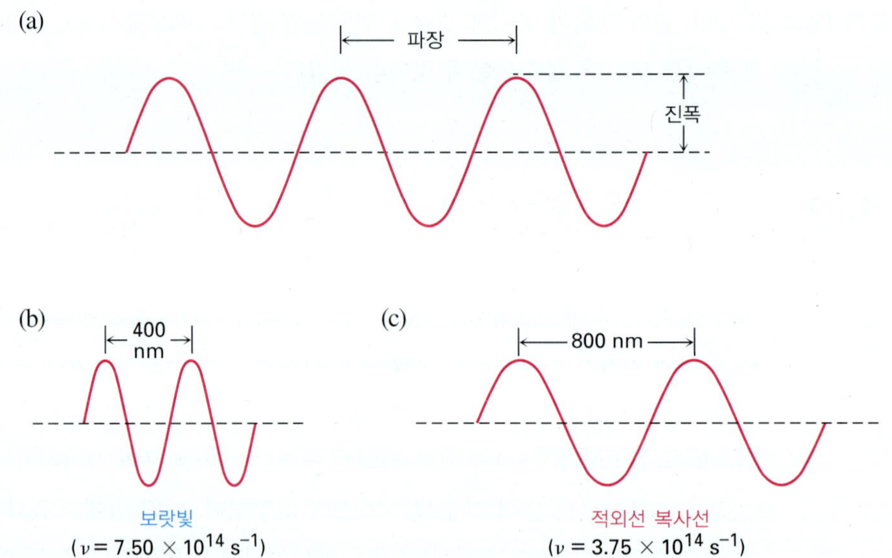

그림 13.3 전자기 파동은 파장, 진동수 및 진폭에 의해 특징지어진다. (a) 파장(λ)은 연속적인 두 파동의 최고점 간 거리이다. 진폭은 중심에서 측정한 파동의 높이이다. (b)와 (c) 우리가 다르다고 느끼는 여러 전자기 복사선은 단지 다른 파장과 진동수의 파동일 뿐이다.

속'이라 하고 약자 c로 표시한다. 그것의 수치는 정확히 $2.997\,924\,58 \times 10^8$ m/s이며 반올림해서 3.00×10^8 m/s이다.

$$\text{파장} \times \text{진동수} = \text{속도}$$
$$\lambda(\text{m}) \times \nu(\text{s}^{-1}) = c(\text{m/s})$$
$$\lambda = \frac{c}{\nu} \text{ 또는 } \nu = \frac{c}{\lambda}$$

물질이 원자라 부르는 불연속 단위로만 구성된 것처럼 전자기 에너지도 **양자**(quantum)라 부르는 불연속 단위로만 투과된다. 어떤 진동수, ν를 가지는 1양자의 에너지(1광자)에 해당하는 에너지의 양, ε은 Planck 식으로 표시된다.

$$\varepsilon = h\nu = \frac{hc}{\lambda}$$

여기서 h = Planck 상수(6.62×10^{-34} J · s = 1.58×10^{-34} cal · s)
c = 광속(3.00×10^{8} m/s)
λ = 파장(m)

Planck 식은 주어진 광자의 에너지는 진동수 ν에 따라 직접 변하나 파장 λ에 역으로 변함을 말한다. 높은 진동수와 짧은 파장은 감마선과 같은 고에너지 복사선에 해당한다. 낮은 진동수와 긴 파장은 라디오 파동과 같이 저에너지 복사선에 해당한다. ε를 Avogadro 수, N_A로 곱하여 더 친숙한 단위로 동일한 식을 얻으며, 이때 E는 파장이 λ인 광자의 Avogadro 수(1몰)가 가지는 에너지를 나타낸다.

$$E = \frac{N_A hc}{\lambda} = \frac{1.20 \times 10^{-4}\ \text{kJ/mol}}{\lambda(\text{m})} \text{ 또는 } \frac{2.86 \times 10^{-5}\ \text{kcal/mol}}{\lambda(\text{m})}$$

예를 들면, 1.0×10^{-5} m의 파장을 가진 적외선의 에너지는 12 kJ/mol(2.9 kcal/mol)이다.

유기 화합물이 전자기 복사선에 노출될 때 일정한 파장의 에너지를 흡수하나 다른 파장의 에너지는 통과시키거나 전달한다. 만약 우리가 많은 파장의 에너지를 유기 화합물에 조사하여 어느 것이 흡수되고 어느 것이 전달되었는지 결정한다면, 그 화합물의 **흡수 스펙트럼**(absorption spectrum)을 결정할 수 있다. 그 결과는 전달된 복사선의 양에 대해 파장을 그려 나타낸다.

흡수 스펙트럼의 예 하나—적외선 복사선에 노출된 에탄올의 그것—가 그림 13.4에 나타나 있다. 수평축은 파장을 기록하며 수직축은 다양한 에너지 흡수 세기를 백분율 투과로 기록한다. 0% 흡수(또는 100% 투과)에 해당하는 바탕선은 도표지의 윗면을 따라 그려지므로 아래로 향한 뾰족한 선은 그 파장에서 에너지 흡수가 일어남을 의미한다.

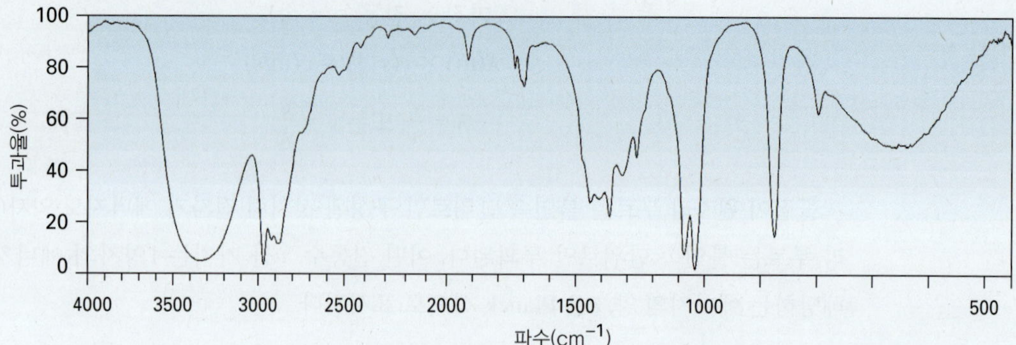

그림 13.4 에탄올, CH_3CH_2OH의 적외선 스펙트럼. 투과도 100%는 모든 에너지가 시료를 통과함을 의미한다. 낮은 투과도는 에너지 일부를 흡수함을 의미한다. 따라서 아래쪽으로 향한 뾰족한 선은 에너지 흡수에 해당한다.

예문 13.1 진동수를 파장으로 변환하기

진동수가 4.5×10^{14} Hz인 가시선의 파장(m)은 얼마인가?

풀이 진동수와 파장은 식 $\lambda = c/\nu$의 관계이며 c는 광속(3.0×10^8 m/s)이다.

해답

$$\lambda = \frac{3.0 \times 10^8 \text{ m/s}}{4.5 \times 10^{14} \text{ s}^{-1}} = 6.7 \times 10^{-7} \text{ m}$$

예문 13.2 전자기 파동의 에너지 계산하기

진동수가 1.015×10^8 Hz(101.5 MHz)인 FM 라디오 파동과 진동수가 5×10^{14} Hz인 가시선 중 어느 것이 에너지가 더 높은가?

풀이 식 $\varepsilon = h\nu$와 $\varepsilon = hc/\lambda$를 기억하라. 에너지는 진동수가 증가하면 증가하고 파장이 감소하면 증가함을 말한다.

해답 가시선이 라디오 파동보다 더 높은 진동수를 가지므로 에너지가 더 높다.

문제 13.3 $\lambda = 1.0 \times 10^{-6}$ m인 적외선 에너지와 $\lambda = 3.0 \times 10^{-9}$ m인 X선 에너지를 비교하라.

문제 13.4 $\nu = 4.0 \times 10^9$ Hz를 가진 복사선 또는 $\lambda = 9.0 \times 10^{-6}$ m인 복사선 중 어느 것이 더 높은 에너지를 가지는가?

문제 13.5 핸드폰은 1.9×10^9 Hz 근처의 마이크로파를 이용한다.

(a) 핸드폰 복사선의 파장은 얼마인가?

(b) kJ/mol로 핸드폰의 에너지량을 식 $E = 1.20 \times 10^{-4}$ (kJ/mol)/λ를 써서 계산하라. 핸드폰에 대해 계산한 에너지량과 가시선 적색광의 에너지(200 kJ/mol)를 비교하라.

13.3 유기 분자의 적외선 분광법

전자기 스펙트럼에서 적외선 영역은 가시선 바로 위에서(7.8×10^{-7} m) 약 10^{-4} m까지이나 유기 화학자들은 중간 영역만 이용한다. 이 중간 영역은 2.5×10^{-5} m부터 2.5×10^{-6} m까지이며, 파장은 보통 마이크로미터(μm, 1 μm = 10^{-6} m)로 표시한다. 진동수는 보통 헤르츠보다는 **파수**(wavenumber, $\tilde{\nu}$)로 표시한다. 파수는 cm로 나타낸 파장의 역수와 같고 센티미터의 역의 단위(cm^{-1})로 표기한다.

$$\text{파수: } \tilde{\nu}\,(\text{cm}^{-1}) = \frac{1}{\lambda(\text{cm})}$$

따라서 쓸모있는 IR 영역은 4000부터 400 cm^{-1}로서 48.0 kJ/mol부터 4.80 kJ/mol(11.5~1.15 kcal/mol)에 해당한다.

왜 분자는 특정한 파장의 적외선 에너지를 흡수하며 다른 에너지는 흡수하지 않는가? 모든 분자들은 어느 일정한 양의 에너지를 가지고 있어서 결합을 신축하게 하고, 원자들을 전후로 흔들리게 하며, 다른 분자 운동을 일으킨다. 다음에 몇 가지 종류의 허용된 진동들이 있다.

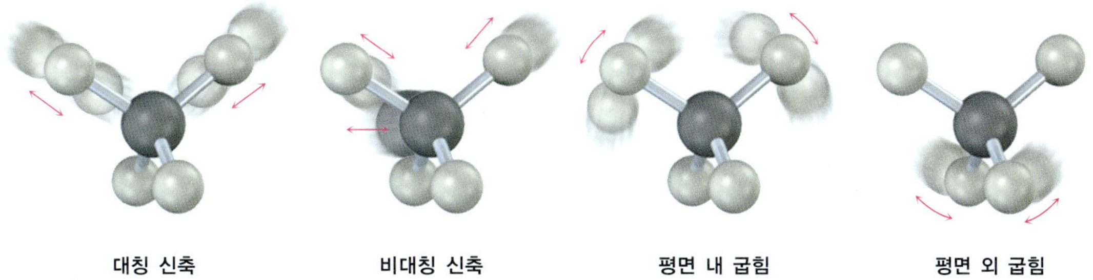

대칭 신축　　비대칭 신축　　평면 내 굽힘　　평면 외 굽힘

분자가 함유하고 있는 에너지의 양은 연속적으로 변하지 않고 **양자화되어** 있다. 즉, 분자는 특정한 에너지 준위에 해당하는 특정한 진동수에서만 진동할 수 있다. 결합 신축을 예로 들어 보자. 우리는 마치 결합 길이가 고정된 것처럼 말하지만 결합은 끊임없이 늘어나고 굽고 길어지고 수축하기 때문에 사실은 평균 결합 길이이다. 그러므로 평균 결합 길이가 110 pm인 전형적인 C−H 결합은 마치 두 원자를 연결한 용수철처럼 교대로 신축하므로 실제로는 고유한 진동수로 진동하고 있다.

분자를 전자기 복사선으로 쪼여 줄 때 **복사선의 진동수가 진동의 진동수와 일치하면 에너지가 흡수된다.** 에너지 흡수가 일어나면 진동의 진폭이 증가한다. 환언하면, 두 원자를 연결하는 '용수철'이 더 크게 신축하게 된다. 분자에 의해 흡수된 각 진동수는 고유한 분자 운동에 해당하므로, 우리는 IR 스펙트럼을 기록하여 분자가 어떤 종류의 운동을 하는지 알 수 있다. 그러고나서 이들 운동을 해석하면 분자 내에 어떤 종류의 결합(작용기)이 있는지 알 수 있게 된다.

IR 스펙트럼 ⟶ 어떤 분자 운동? ⟶ 어떤 작용기?

13.4 적외선 스펙트라 해석하기

IR 스펙트럼을 완벽하게 해석하는 것은 쉽지 않다. 왜냐하면 대부분의 유기 분자들은 매우 커서 수십 개의 다른 결합들이 분자 운동을 하기 때문이다. 그러므로 적외선 스펙트럼은 보통 수십 개의 흡수를 나타낸다. 다행히도, 적외선 스펙트럼을 완전히 해석해야만 유용한 정보를 얻는 것은 아니다. 왜냐하면 작용기는 화합물이 다르더라도 거의 변하지 않는 고유한 적외선 흡수를 보이기 때문이다. 케톤의 C=O 흡수는 거의 항상 1670～1750 cm^{-1}이고, 알코올의 O−H 흡수는 거의 항상 3400～3650 cm^{-1}이며, 알켄의 CPC 흡수는 거의 항상 1640～1680 cm^{-1} 등에 나타난다. 그러므로 특정한 작용기가 흡수하는 적외선 스펙트럼 영역을 잘 인식함으로써 적외선 스펙트럼으로부터 구조적 정보를 얻을 수 있다. 표 13.1에 몇 가지 보편적인 기의 특징적인 IR 띠가 나열되어 있다.

그림 13.5의 사이클로헥산올과 사이클로헥산온의 적외선 스펙트럼을 통해 어떻게 그

표 13.1 몇 가지 작용기의 특징적인 적외선 흡수

작용기	흡수(cm^{-1})	세기	작용기	흡수(cm^{-1})	세기
알케인			아민		
C−H	2850～2960	중간	N−H	3300～3500	중간
알켄			C−N	1030～1230	중간
=C−H	3020～3100	중간	카보닐 화합물		
C=H	1640～1680	중간	C=O	1670～1780	강함
알카인			알데하이드	1725	강함
≡C−H	3300	강함	케톤	1715	강함
C≡H	2100～2260	중간	에스터	1735	강함
할로젠화 알킬			아마이드	1690	강함
C−Cl	600～800	강함	카복실산	1710	강함, 넓음
C−Br	500～600	강함	카복실산		
알코올			O−H	2500～3100	강함, 넓음
O−H	3400～3650	강함, 넓음	나이트릴		
C−O	1050～1150	강함	C≡N	2210～2260	중간
아렌			나이트로		
C−H	3030	약함	NO_2	1540	강함
방향족 고리	1660～2000	약함			
	1450～1600	중간			

(a)

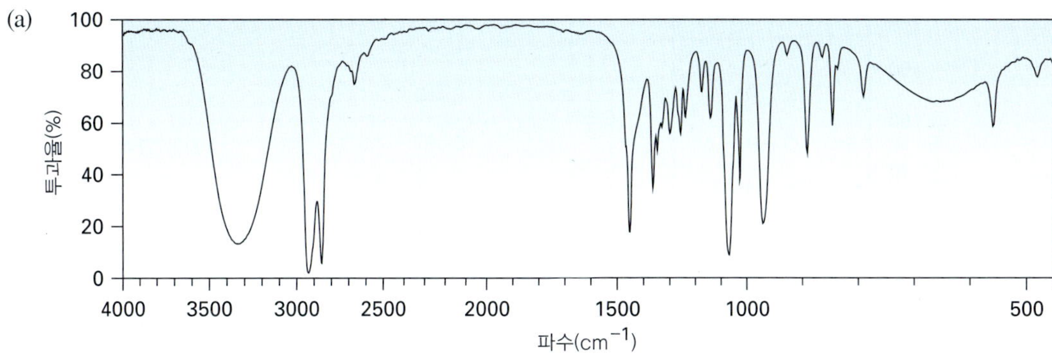

(b)

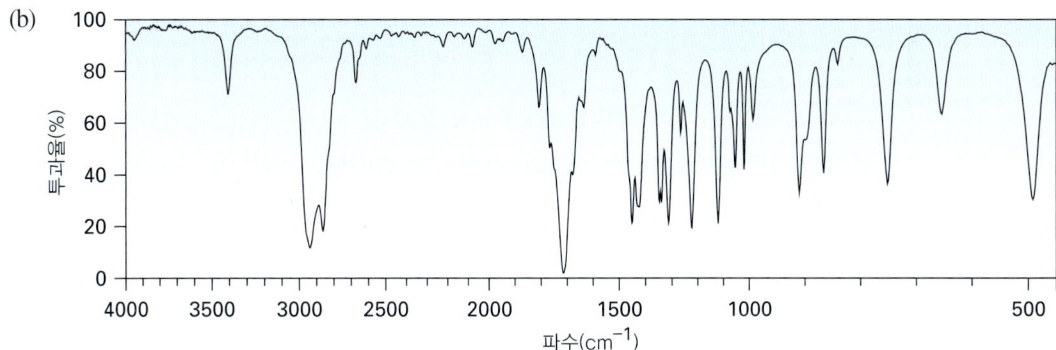

그림 13.5 (a) 사이클로헥산올 및 (b) 사이클로헥산온의 적외선 스펙트라. 이러한 스펙트라는 밀리그램 정도의 물질을 가지고 수분 내로 쉽게 얻을 수 있다.

들이 이용되는지 살펴보자. 비록 두 스펙트럼에서 많은 봉우리를 볼 수 있어도 서로 다른 작용기의 고유 흡수가 화합물을 구별할 수 있게 한다. 사이클로헥산올은 3300 cm^{-1}에서 고유한 알코올 O−H 흡수를, 1060 m^{-1}에서 C−O 흡수를 보여 준다. 사이클로헥산온은 1715 cm^{-1}에서 고유 케톤 C=O 봉우리를 보인다.

적외선 스펙트럼에 관하여 또 하나 지적할 점은 어떤 흡수가 존재하지 않는지를 앎으로써 적외선 스펙트럼에서 구조적 정보를 얻을 수 있다는 것이다. 만약 미지 시료의 스펙트럼에 3400 cm^{-1} 근처의 봉우리가 존재하지 않으면, 미지 시료는 알코올이 아니다. 만약 스펙트럼의 1715 cm^{-1} 근처에 흡수가 없다면, 미지 시료는 케톤이 아니다.

적외선 흡수 위치를 기억하는 데는 그림 13.6에서처럼 4000 cm^{-1}부터 200 cm^{-1}까지 적외선 영역을 네 부분으로 나누는 것이 도움이 된다.

- 4000~2500 cm^{-1} 영역은 N−H, C−H 및 O−H 단일결합 신축 운동이 일어나는 영역이다. N−H와 O−H 결합은 둘 다 3300~3600 cm^{-1} 영역에서 흡수하나 C−H 결합 신축은 3000 cm^{-1} 근처에서 일어난다.
- 2500~2000 cm^{-1} 영역은 삼중 결합의 신축이 일어나는 영역이다. C≡N과 C≡C 삼중 결합은 둘 다 여기에서 흡수한다.

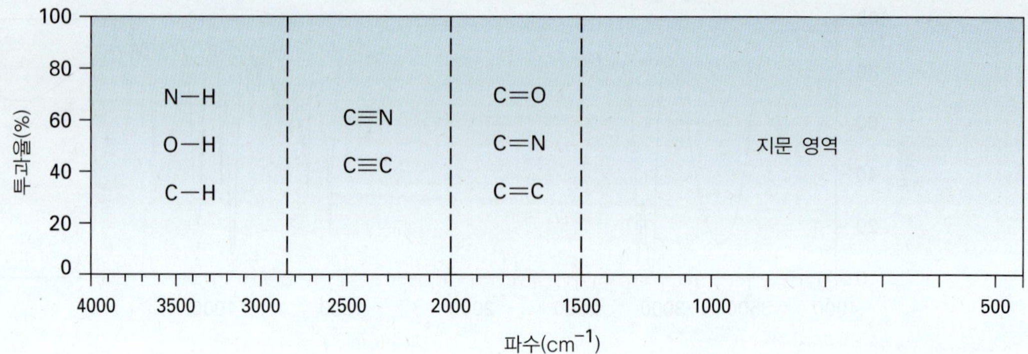

그림 13.6 적외선 스펙트럼의 네 부분—수소와 결합한 단일결합, 삼중 결합, 이중 결합, 그리고 지문 영역

- 2000∼1500 cm^{-1} 영역은 C=O, C=N 및 C=C 이중 결합이 흡수하는 영역이다. 카보닐기는 일반적으로 1670∼1780 cm^{-1}까지 흡수한다. 알켄의 신축은 정상적으로 1640∼1680 cm^{-1}의 좁은 범위에서 일어난다.
- 1500 cm^{-1} 아래 영역은 적외선 스펙트럼의 지문 영역이다. C−O, C−C, C−N 및 C−X 단일결합 진동에 기인한 많은 수의 흡수는 이 영역에서 일어나며, 각 유기 화합물의 지문을 확인하는 데 쓰이는 독특한 모양을 형성한다.

예문 13.3 적외선 흡수 예측하기

표 13.1을 참고하여 다음 적외선 흡수를 일으키는 작용기를 추측하라.

(a) 1735 cm^{-1} (b) 3500 cm^{-1}

해답 (a) 1735 cm^{-1}의 흡수는 적외선 스펙트럼에서 카보닐 영역에 해당한다. 아마도 에스터일 것이다.

(b) 3500 cm^{-1}의 흡수는 −OH(알코올) 영역에서 일어난다.

예문 13.4 적외선 분광법 사용하기

아세톤과 프로프-2-엔-1-올($H_2C{=}CHCH_2OH$)은 이성질체이다. 적외선 분광법으로 이들을 어떻게 구별할 수 있는가?

풀이 각 분자 내의 작용기를 확인하고 표 13.1을 참조하라.

해답 표 13.1에서 아세톤은 1715 cm^{-1}에서 강한 C=O 흡수를 보이나 프로프-2-엔-1-올은 3500 cm^{-1}에서 −OH 흡수와 1660 cm^{-1}에서 C=C 흡수를 보인다.

문제 13.6 다음 각 적외선 흡수에서 어떤 작용기가 존재하는 것을 알 수 있는가?

(a) 1715 cm^{-1} (b) 1540 cm^{-1}

(c) 2210 cm^{-1} (d) 1720과 2500~3100 cm^{-1}

(e) 3500과 1735 cm^{-1}

문제 13.7 다음 이성질체의 쌍을 적외선 분광법으로 어떻게 구별할 수 있는가?

(a) CH_3CH_2OH 와 CH_3OCH_3

(b) 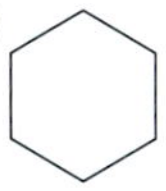 (cyclohexane) 와 $CH_3CH_2CH_2CH_2CH{=}CH_2$

(c) $CH_3CH_2\overset{O}{\overset{\|}{C}}OH$ 와 $HOCH_2CH_2\overset{O}{\overset{\|}{C}}H$

문제 13.8 다음 분자의 적외선 흡수는 어디에서 일어나는가?

(a) 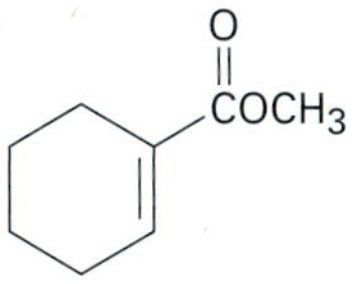 (1-cyclohexenyl)$\overset{O}{\overset{\|}{C}}OCH_3$

(b) $HC{\equiv}CCH_2CH_2\overset{O}{\overset{\|}{C}}H$

(c) (benzene ring with CO_2H and CH_2OH ortho substituents)

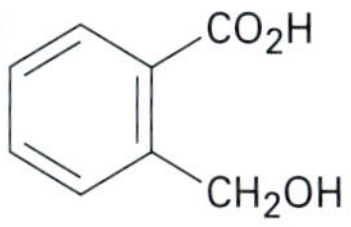

13.5 자외선 분광법

전자기 스펙트럼의 **자외선**(UV: ultraviolet) 영역은 가시 영역의 짧은 파장부터(4×10^{-7} m) X선 영역의 짧은 파장의 끝(10^{-8} m)까지를 말한다. 그러나 유기 화학자가 가장 관심을 가지는 영역은 2×10^{-7} m부터 4×10^{-7} m까지의 좁은 범위이다. 이 영역에서 흡수는 나노미터(nm)로 측정된다. 1 nm = 10^{-9} m = 10^{-7} cm이므로 흥미있는 자외선 영역은 200 nm부터 400 nm까지이다.

분자는 IR을 쪼였을 때 흡수된 에너지는 분자 진동을 증가시키는 데 필요한 양에 해당한다는 것을 이전의 절에서 살펴보았다. UV 복사 에너지는 불포화 분자의 π 전자의 에너지 준위를 올리는 데 필요한 에너지량에 해당한다.

전형적인 UV 스펙트럼인 뷰타-1,3-다이엔의 UV 스펙트럼이 그림 13.7에 나타나 있다. 일반적으로 여러 봉우리들을 가진 IR 스펙트럼과 다르게 UV 스펙트럼은 보통 꽤 간단하다. 오직 넓은 봉우리 1개만을 나타내는 경우도 자주 있으며 봉우리는 정점의 파장(λ_{max})을 적어서 확인한다. 뷰타-1,3-다이엔에서 λ_{max} = 217 nm이다. UV 스펙트라는 IR 스펙트라와 나타내는 방법이 다름에 유의하라. 역사적 이유로, IR 스펙트라는 흡수가 0인 바

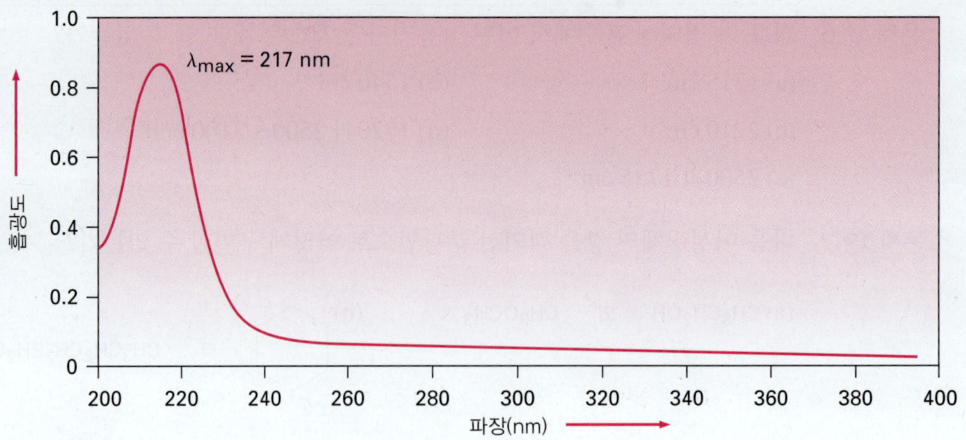

그림 13.7 뷰타-1,3-다이엔의 자외선 스펙트럼

탕선이 도표지 위를 횡으로 지나가도록 표시된다. 그러나 UV 스펙트라는 봉우리가 흡수를 나타내도록 도표지 아래에 바탕선이 표시된다.

시료에 의해 흡수된 UV 광선의 양은 아래 식으로 정의된 시료의 흡수(*A*)로 표현된다.

$$A = \varepsilon \cdot c \cdot l$$

ε = 분자의 몰 흡광계수로서 L/(mol · cm) 단위로 나타냄. 몰 흡광계수가 높을수록 더 많은 양의 복사선이 분자에 의해 흡수된다.

c = 용액 중의 시료의 농도로서 mol/L로 나타냄

l = 빛이 시료를 통과하는 거리로서 cm로 나타냄

특별히 이 식의 중요한 용도는 그것을 $c = A/(\varepsilon \cdot l)$ 양식으로 재배열해서 A, ε 및 l이 알려질 때 용액 중의 시료의 농도를 측정하게 한다. 예를 들어, 당근의 오렌지색에 해당하는 색소인 β-카로텐은 ε = 138,000 L/(mol · cm)를 가진다. 만약 β-카로텐 시료를 경로가 1.0 cm인 용기에 넣고 측정하여 흡광도가 0.37였다면, 시료 중 β-카로텐의 농도를 아래와 같이 계산할 수 있다.

$$c = \frac{A}{\varepsilon l} = \frac{0.37}{\left(1.38 \times 10^5 \dfrac{\text{L}}{\text{mol} \cdot \text{cm}}\right)(1.00\ \text{cm})}$$
$$= 2.7 \times 10^{-6}\ \text{M}$$

문제 13.9 핵산의 성분인 사이토신(cytosine)의 몰 흡광계수가 6.1×10^3 L/(mol · cm)이고 1.0 cm인 경로의 용기에서 흡광도가 0.20이라면, 사이토신의 농도는 얼마인가?

13.6 자외선 스펙트럼 해석하기: 콘주게이션 효과

불포화 분자에서 π 전자의 에너지를 올리는 데 필요한 복사선의 파장은 분자 내 π 전자계의 성질에 달려 있다. 가장 중요한 인자 중의 하나는 콘주게이션 정도이다(4.8절). 따라서 미지화합물의 UV 스펙트럼을 측정해서 분자 내에 존재하는 어떤 콘주게이션 π 전자계의 성질에 관한 구조정보를 끌어낼 수 있다.

전자 전이에 필요한 에너지는 콘주게이션이 증가할수록 감소하는 것으로 밝혀졌다. 그러므로 뷰타-1,3-*다이*엔은 λ_{max} = 217 nm에서 흡수를 나타내고, 헥사-1,3,5-*트라이*엔은 λ_{max} = 258 nm에서 흡수하며, 옥타-1,3,5,7-*테트라*엔은 λ_{max} = 290 nm에서 흡수한다. (더 긴 파장은 더 낮은 에너지임을 기억하라.)

다이엔과 폴리엔 외에 다른 종류의 콘주게이션 π 전자계 역시 자외선을 흡수한다. 뷰트-3-엔-2-온과 같은 콘주게이션 엔온과 벤젠과 같은 방향족 분자도 구조 결정을 돕는 특징적인 UV 흡수를 나타낸다. 표 13.2에 몇 가지 대표적인 콘주게이션 분자들의 UV 흡수 파장을 나타내었다.

예문 13.5 자외선 분광법 이용하기

헥사-1,5-다이엔과 헥사-1,3-다이엔은 이성질체이다. UV 분광법으로 이들을 어떻게 구별할 수 있는가?

표 13.2 몇 가지 콘주게이션 분자의 자외선 최대 흡수

이름	구조	λ_{max}(nm)
2-메틸뷰타-1,3-다이엔	$H_2C{=}C(CH_3){-}CH{=}CH_2$	220
사이클로헥사-1,3-다이엔	(사이클로헥사다이엔 고리)	256
헥사-1,3,5-트라이엔	$H_2C{=}CH{-}CH{=}CH{-}CH{=}CH_2$	258
옥타-1,3,5,7-트라이엔	$H_2C{=}CH{-}CH{=}CH{-}CH{=}CH{-}CH{=}CH_2$	290
뷰트-3-엔-2-온	$H_2C{=}CH{-}C({=}O){-}CH_3$	219
벤젠	(벤젠 고리)	203

$H_2C{=}CHCH_2CH_2CH{=}CH_2$ $\quad$ $CH_3CH_2CH{=}CHCH{=}CH_2$

헥사-1,5-다이엔 $\quad$ 헥사-1,3-다이엔

풀이 콘주게이션 분자만이 UV 흡수를 보여 준다는 것을 기억하라.

해답 헥사-1,3-다이엔은 콘주게이션 다이엔이다. 그러나 헥사-1,5-다이엔은 콘주게이션이 아닌 화합물이다. 콘주게이션 이성질체만이 200 nm 위에서 UV 흡수를 나타낸다.

문제 13.10 다음 화합물 중 어느 것이 200~400 nm 범위에서 UV 흡수를 나타내는가?

(a) (b)  (c) $H_2C{=}CHCOCH_3$ (C=O)

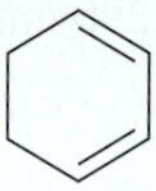

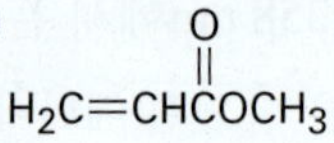

(d) CH_3, Br (e) O, CH_3 (f) O, CH_3

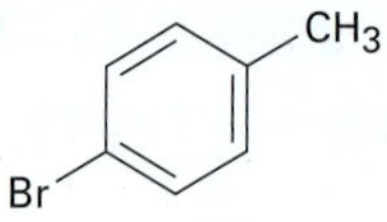

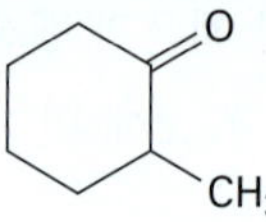

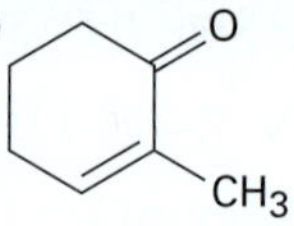

문제 13.11 헥사-1,3-다이엔과 헥사-1,3,5-트라이엔 사이를 UV 분광법으로 어떻게 구별할 수 있는가?

13.7 핵자기 공명 분광법

우리는 지금까지 IR 분광법은 분자의 작용기에 관한 정보 그리고 UV 분광법은 분자의 콘주게이션 π 전자계에 관한 정보를 제공하는 것을 보았다. **핵자기 공명 분광법**[nuclear magnetic resonance(**NMR**) spectroscopy]은 이들 기술을 보충하는데 유기 분자 내의 탄소−수소 망의 '지도'를 제공한다. IR, UV 및 NMR 분광법을 함께 써서 모든 복잡한 분자의 구조를 밝히는 것이 흔히 가능하다.

핵자기 공명은 어떻게 일어나는가? ^{1}H와 ^{13}C를 포함해서 여러 종류의 핵종은 마치 축 주위로 회전하는 팽이와 같이 행동한다. 핵종은 양으로 하전되어 있으므로 이들 회전하는 핵종은 작은 자석과 같아 외부 자기장($\boldsymbol{B}_0$로 표시)과 상호작용을 한다. 외부 자기장이 없을 때는 자성을 띤 핵 스핀이 마음대로 배향한다. 그러나 이들 핵종을 함유한 시료를 강한 자석의 극 사이에 놓으면 나침반의 바늘이 지구 자기장에 따라 배향하는 것처럼 특정한 배향을 하게 된다.

회전하는 ^{1}H나 ^{13}C 핵은 자신의 작은 자기장을 외부 자기장과 같은 방향(평행)으로 배향하거나 반대 방향(역평행)으로 배향하게 된다. 이 2가지 배향은 같은 에너지를 가지고 있지 않으므로 같은 수로 존재하지 않는다. 평행 배향이 약간 낮은 에너지를 가지므로 역

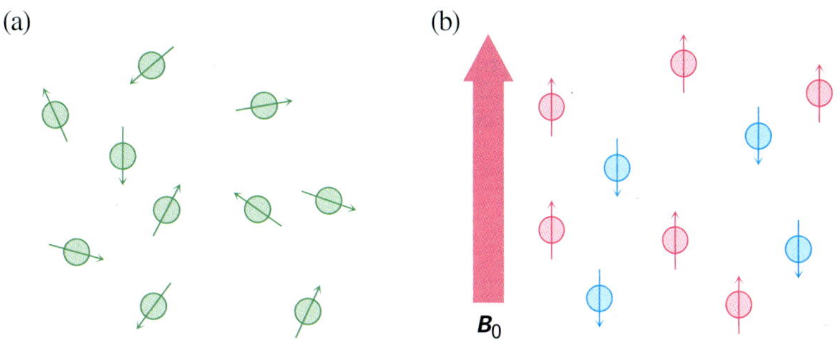

그림 13.8 (a) 핵 스핀은 외부 자기장이 없을 때는 제멋대로 배향되나 (b) 외부 자기장, B_0의 존재 하에서는 고유한 배향을 한다. 일부 스핀(붉은색)은 외부 자기장에 평행하며 다른 것(파란색)은 역평행하다. 평행한 스핀 상태가 낮은 에너지를 가진다.

평행 배향보다 약간 더 많이 존재한다(그림 13.8).

만약 배향된 핵종에 꼭 맞는 진동수의 전자기 복사선을 쪼이면 에너지를 흡수하여 낮은 에너지 상태는 높은 에너지 상태로 '스핀이 뒤집어진다.' 이러한 스핀 뒤집어짐이 일어날 때 핵종은 적용된 복사선과 공명한다고 하며 여기에서 **핵자기 공명**이라는 이름이 유래된다.

공명에 필요한 정확한 진동수는 외부 자기장의 세기와 핵종에 따른 자기장에 따라 달라진다. 만약 매우 센 외부 자기장을 적용하면, 두 스핀 상태 간의 에너지 차이는 커지므로 높은 에너지(높은 진동수) 복사선이 필요하다. 만약 약한 자기장이 적용되면, 핵 스핀 간의 전이를 일으키는 데에는 더 적은 에너지가 필요하게 된다.

실제로 21.2테슬라(T)까지 강력한 장을 발생하는 초전도 자석이 때때로 쓰이나 4.7~7.0 T 범위의 자기장의 세기가 가장 보편적으로 쓰인다. 4.7 T의 자기장의 세기에서는 ^{1}H 핵을 공명하게 하기 위해 200 MHz(1 MHz = 10^6 Hz)의 소위 라디오진동수(rf) 에너지가 필요하며 ^{13}C 핵을 공명시키는 데 50 MHz의 rf 에너지가 필요하다. 상품화된 기기로 이용 가능한 가장 높은장 세기(21.2 T)에서 ^{1}H 분광법에는 900 MHz가 필요하다.

문제 13.12 NMR 분광법에서는 1×10^8 Hz의 진동수를 가진 전자기 복사선을 이용한다. 이 에너지는 적외선 분광법에서 쓰인 에너지보다 더 큰가 혹은 작은가?

13.8 핵자기 공명 흡수의 성질

지금까지 기술한 바에 의하면, 분자 내의 모든 ^{1}H는 같은 진동수의 에너지를 흡수하며 모든 ^{13}C 핵종도 같은 진동수에서 에너지를 흡수하리라 예상할 수 있을 것이다. 만약 이것이 사실이라면, 분자의 ^{1}H 또는 ^{13}C 스펙트럼에서 단일 핵자기 공명 흡수만 관찰할 수 있을 것이며 분자 구조를 결정하는 데 아무런 도움도 주지 못할 것이다. 사실 모든 ^{1}H나 ^{13}C의 흡수 진동수는 동일하지 않다.

모든 핵종은 회전하는 전자들로 둘러싸여 있다. 외부 자기장이 분자에 적용되면, 핵종 주위에서 움직이는 전자들은 자신들의 국지적 자기장을 형성한다. 이 국지적 자기장은 가해 준 자기장에 반대로 작용하므로 핵이 실제로 느끼는 효율적인 자기장은 적용된 자기장보다 조금 약하다.

$$\boldsymbol{B}_{\text{유효}} = \boldsymbol{B}_{\text{적용}} - \boldsymbol{B}_{\text{국지}}$$

이 국지적 자기장 효과를 기술할 때 우리는 탄소와 수소 핵이 그들을 둘러싼 전자들에 의해 적용된 자기장으로부터 **가려져**(shielded) 있다고 말한다. 분자 내에서 각각의 고유 핵은 약간 다른 전자적 환경에 놓여 있기 때문에 개개의 핵은 약간씩 다른 정도로 가려져 있으며 각 핵은 다른 유효 자기장을 느낀다. 이러한 약간의 차이를 검출할 수 있으므로 각각 화학적으로 분명한 ^{1}H나 ^{13}C 핵에 대한 다른 핵자기 공명 신호를 보게 된다.

그림 13.9에 아세트산 메틸, $CH_3CO_2CH_3$의 ^{1}H와 ^{13}C 핵자기 공명 스펙트럼을 나타내었다. 두 스펙트럼에서 수평축은 핵종이 느끼는 효과적인 자기장의 세기를 나타내고 수직축은 흡수된 rf 에너지의 강도를 나타낸다. 핵자기 공명 스펙트럼에서 각 봉우리는 분자 내의 화학적으로 다른 ^{1}H 또는 ^{13}C 핵에 해당한다. 그렇지만 같은 분광기에서 동시에 ^{1}H와 ^{13}C 스펙트럼을 얻을 수 없음에 유의하라. 왜냐하면 다른 종류의 핵종을 스핀 뒤집는 데는 다른 양의 에너지가 필요하기 때문이다. 두 스펙트럼은 따로따로 기록해야 한다.

그림 13.9b에 나타낸 아세트산 메틸의 ^{13}C 스펙트럼에서 3개의 봉우리가 보이는데 분자 내의 화학적으로 다른 3개의 탄소 각각에 해당한다. 그러나 ^{1}H 스펙트럼은 아세트산 메틸이 6개의 수소를 가지고 있지만 2개의 봉우리를 나타낸다. 1개의 봉우리는 $CH_3C{=}O$ 수소에 기인한 것이고 다른 것은 $-OCH_3$ 수소에 기인한 것이다. 각 메틸기의 3개의 수소는 동일한 화학적(자기적) 환경을 가지므로 같은 정도로 가려져 있고 동등하다고 말한다. 화학적으로 동등한 핵종은 단일 흡수를 나타낸다. 그러나 두 메틸기는 동등하지 않기 때문에 두 쌍의 수소는 다른 위치에서 흡수한다.

예문 13.6 NMR 흡수의 수 예측하기

p-다이메틸벤젠의 ^{1}H와 ^{13}C NMR 스펙트라에서 각각 몇 개의 신호가 나타나는가?

풀이 분자 구조를 살펴보라. 그리고 화학적으로 다른 ^{1}H와 ^{13}C 핵종의 수를 세어 보라.

해답 분자의 대칭 때문에 *p*-다이메틸벤젠의 두 $-CH_3$기는 동등하며 4개의 모든 수소는 동등하다. 그러므로 ^{1}H NMR 스펙트럼에는 단지 2개의 흡수만 나타난다. 또한 대칭 때문에 ^{13}C NMR 스펙트럼에서는 3개의 흡수만 나타난다. 즉, 하나는 2개의 동등한 메틸기 탄소에 해당하고, 다른 하나는 4개의 동등한 C−H 고리 탄소에, 그리고 마지막 하나는 메틸기

(a)

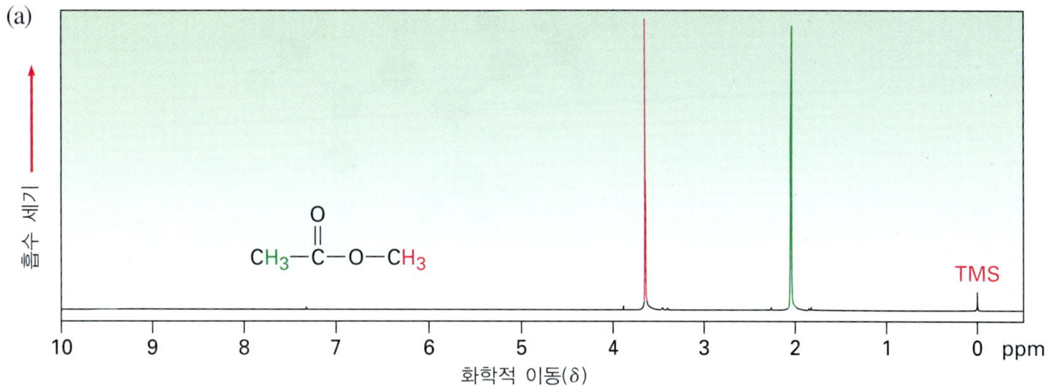

(b)

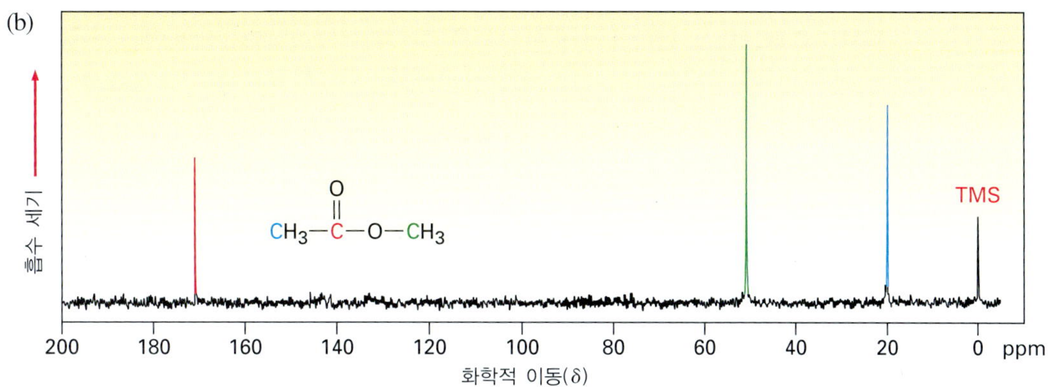

그림 13.9 아세트산 메틸, $CH_3CO_2CH_3$의 (a) ^1H 핵자기 공명 스펙트럼과 (b) ^{13}C 핵자기 공명 스펙트럼. 가장 오른쪽에 'TMS' 라고 표시한 작은 봉우리는 검정(檢定) 봉우리로서 곧 설명할 것이다.

에 결합된 2개의 동등한 고리 탄소들에 해당한다.

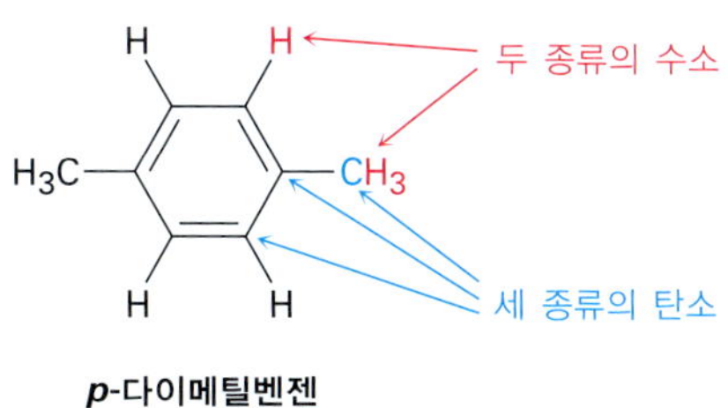

***p*-다이메틸벤젠**

문제 13.13 다음 화합물들의 ^1H와 ^{13}C NMR 스펙트라에서 몇 개의 흡수가 나타나는가?

(a) 메테인 (b) 에테인 (c) 프로페인
(d) 사이클로헥세인 (e) 다이메틸 에터 (f) 벤젠
(g) $(CH_3)_3COH$ (h) 클로로에테인 (i) $(CH_3)_2C{=}C(CH_3)_2$

문제 13.14 2-클로로프로펜의 ^1H NMR 스펙트럼에 세 종류의 수소 신호가 나타난다. 이유를 설명하라.

문제 13.15 다음 분자의 ^1H와 ^{13}C NMR 스펙트라에서 몇 개의 신호를 볼 수 있는가?

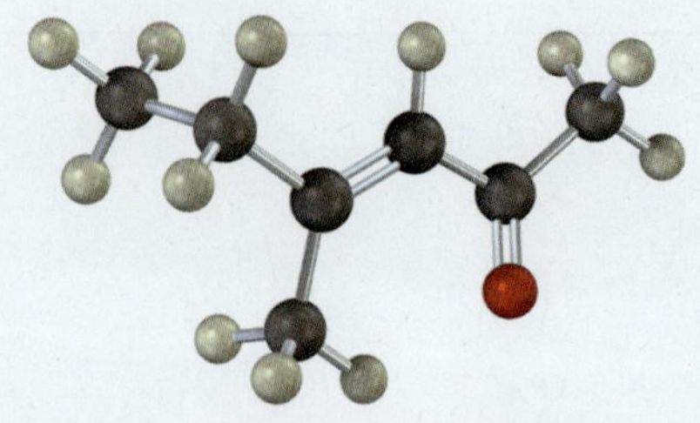

13.9 화학적 이동

NMR 스펙트럼은 왼쪽에서 오른쪽으로 갈수록 적용한 자기장의 세기가 증가하는 도표 위에 나타낸다(그림 13.9). 따라서 도표의 왼쪽은 낮은 자기장(또는 **낮은장**, downfield) 부위이고 오른쪽은 높은 자기장(또는 **높은장**, upfield) 부위이다. 도표의 낮은장에서 흡수하는 핵종은 공명하는 데 낮은 세기의 자기장을 필요로 하며, 이는 핵들이 상대적으로 약하게 가려짐을 의미한다. 높은장 쪽에서 흡수를 일으키는 핵들은 공명하는 데 높은 세기의 자기장을 필요로 하며 이는 핵들이 강하게 가려짐을 의미한다.

흡수 위치를 정의하기 위해, NMR 도표는 기준점을 정하여 눈금을 맞추게 된다. 실제로는 소량의 테트라메틸실레인[TMS, $(CH_3)_4Si$]을 시료에 첨가하여 스펙트럼을 얻을 때 이것의 흡수 봉우리가 기준점이 되게 한다. TMS는 보통 다른 유기 화합물의 흡수보다 훨씬 높은 자기장(도표의 가장 오른쪽)에서 하나의 흡수 봉우리만을 나타내므로 ^{1}H나 ^{13}C 스펙트럼 모두에서 표준물질로 쓴다. 그림 13.9에 이전에 나타낸 아세트산 메틸의 ^{1}H 및 ^{13}C 스펙트라에 표시한 TMS 기준 봉우리가 있다.

도표에서 핵이 흡수하는 위치를 그것의 **화학적 이동**(chemical shift)이라 부른다. TMS의 화학적 이동을 영으로 맞추며 다른 봉우리들은 보통 도표의 왼쪽 낮은장에 나타난다. NMR 도표는 **델타(δ) 척도**(delta scale)라는 임의의 척도로 나타낸다. 델타 한 단위는 분광기 작동 진동수의 백만분의 일과 같다. 예를 들면, 만약 200 MHz 기기로 물질의 ^{1}H NMR 스펙트럼을 측정하였다면 1 δ는 200,000,000 Hz의 백만분의 일, 즉 200 Hz에 해당한다. 만약 500 MHz 기기로 스펙트럼을 측정하였다면, 1 δ는 500 Hz가 된다.

비록 이러한 방법은 NMR 도표에 눈금을 매기는 것이 복잡할지는 모르나 이렇게 하는 데에는 충분한 이유가 있다. 앞서 살펴보았듯이, 핵의 공명을 일으키는 데 필요한 rf 진동수는 분광기의 자기장의 세기에 달려 있다. 그러나 다른 많은 자기장의 세기를 가진 다른 많은 종류의 분광기가 존재하므로 진동수 단위(Hz)로 나타낸 화학적 이동은 기기에 따라 달라지게 된다. 한 기기에서 TMS로부터 120 Hz 낮은장에서 공명하는 것이 더 강력한 자석을 가진 분광기에서는 TMS로부터 600 Hz 낮은장에서 나타날 수 있다.

NMR 흡수를 절대적인 값(Hz)이 아닌 상대적인 값(분광기 작동 진동수에 대한 백만분의 한 부분)으로 표시하면 다른 기기에서 측정한 스펙트럼을 비교할 수 있다. 델타 단위로 나타낸 NMR 흡수 화학적 이동은 기기의 작동 진동수에 관계없이 일정하다. 200 MHz 기기에서 2.0 δ에서 흡수하는 ^{1}H 핵은 500 MHz 기기에서도 2.0 δ에서 흡수한다.

예문 13.7 Hz와 δ 단위 사이를 전환하기

^{1}H NMR 스펙트럼에서 사이클로헥산은 1.43 δ에서 흡수를 보인다. 200 MHz에서 작동하는 기기에서 이것은 TMS로부터 몇 Hz 떨어진 곳에서 흡수하는가? 300 MHz 기기에서는 몇 Hz인가?

풀이 1 δ는 작동하는 분광기 진동수의 1 ppm이라는 것을 기억하라.

해답 200 MHz 기기에서 1 δ = 200 Hz, 따라서 TMS 기준 봉우리로부터 1.43 δ = 286 Hz이며, 300 MHz 기기에서는 1 δ = 300 Hz이고 1.43 δ = 429 Hz이다.

문제 13.16 아세톤의 ^{1}H NMR 스펙트럼을 100 MHz 기기에서 측정할 때 2.1 δ에서 날카로운 공명선 1개를 관찰하였다.

(a) 아세톤 흡수는 TMS에서 몇 Hz만큼 떨어져 있는가?

(b) 220 MHz 기기에서 아세톤의 흡수 위치는 델타 단위로 얼마인가?

(c) 220 MHz 스펙트럼에서는 TMS에서 몇 Hz 떨어진 것에 해당하는가?

문제 13.17 다음 ^{1}H NMR 공명은 300 MHz에서 작동하는 기기에서 기록되었다. 각각을 델타 단위로 전환하라.

(a) $CHCl_3$, 2180 Hz (b) CH_3Cl, 915 Hz

(c) CH_3OH, 1040 Hz (d) CH_2Cl_2, 1590 Hz

13.10 ^{1}H NMR 스펙트라에서의 화학적 이동

지금까지 NMR 분광법에 관해 언급한 것은 ^{1}H와 ^{13}C 스펙트라에 해당한다. 이제 그것이 유기 구조 결정에 어떻게 이용되는지 알기 위해서 ^{1}H NMR 분광법에만 초점을 맞추어 보자.

대부분의 ^{1}H NMR 흡수는 0～10 δ 범위에서 일어나는데 표 13.3에 나타난 것과 같이 5개 영역으로 나눌 수 있다. 이들 영역의 위치를 기억해 두면 단번에 어떤 종류의 양성자들이 분자에 있는지 말할 수 있다. (NMR에서는 ^{1}H 핵을 흔히 양성자로 부른다.) 일반적으로 포

표 13.3 ^{1}H 화학적 이동과 환경과의 상호관계

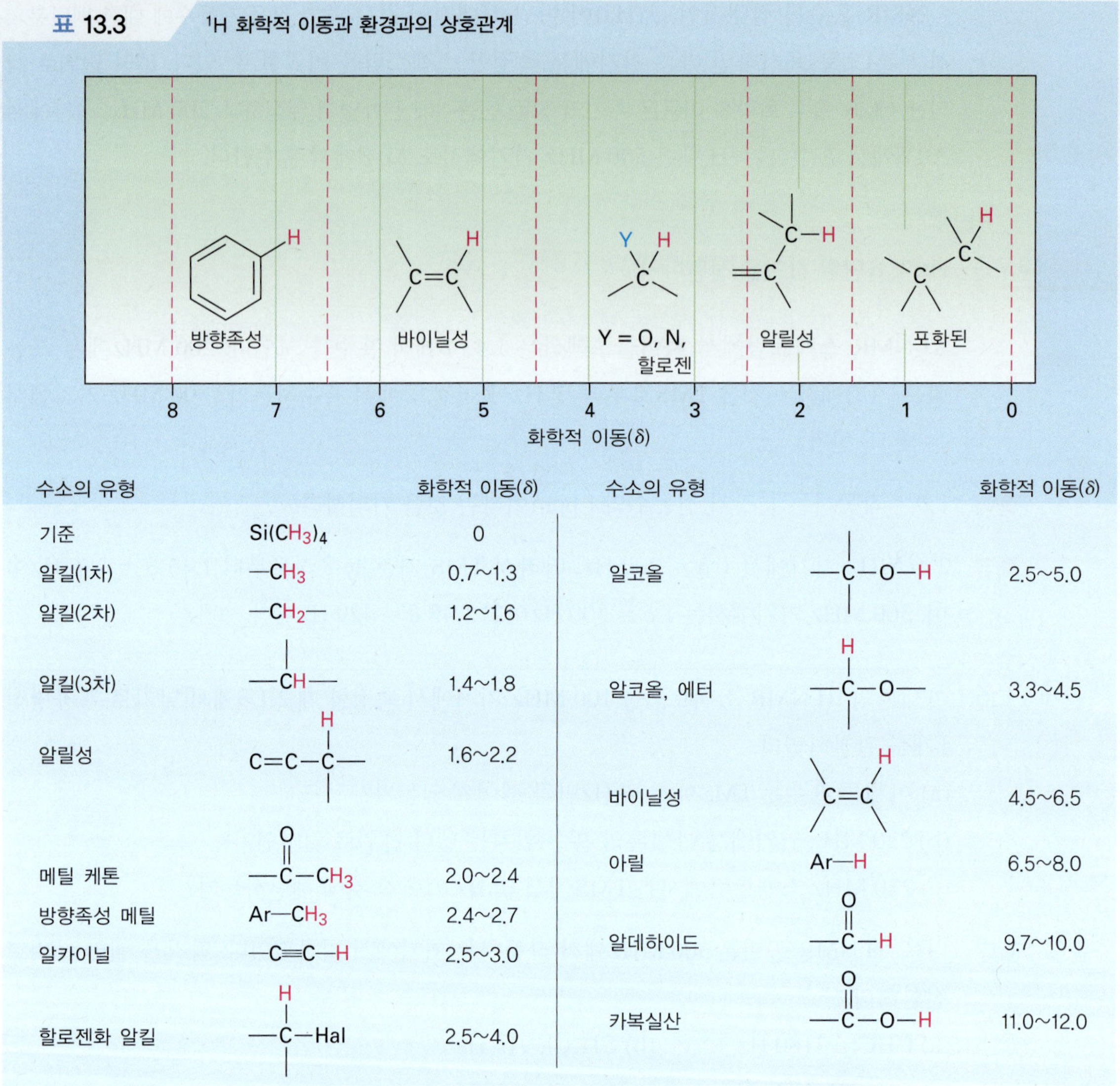

수소의 유형		화학적 이동(δ)	수소의 유형		화학적 이동(δ)
기준	$Si(CH_3)_4$	0			
알킬(1차)	$—CH_3$	0.7~1.3	알코올	—C—O—H	2.5~5.0
알킬(2차)	$—CH_2—$	1.2~1.6			
알킬(3차)	—CH—	1.4~1.8	알코올, 에터	H—C—O—	3.3~4.5
알릴성	C=C—C(H)—	1.6~2.2			
			바이닐성	C=C—H	4.5~6.5
메틸 케톤	—C(=O)—CH_3	2.0~2.4	아릴	Ar—H	6.5~8.0
방향족성 메틸	Ar—CH_3	2.4~2.7			
알카이닐	—C≡C—H	2.5~3.0	알데하이드	—C(=O)—H	9.7~10.0
할로젠화 알킬	H—C—Hal	2.5~4.0	카복실산	—C(=O)—O—H	11.0~12.0

화된 sp^3 혼성화 탄소에 결합된 양성자들은 높은장에서 흡수하나 sp^2 혼성화 탄소에 결합된 양성자들은 낮은장에서 흡수한다. 질소, 산소, 또는 할로젠과 같은 전기음성적 원자들이 결합된 탄소 위의 양성자들은 낮은장에서 흡수한다.

예문 13.8 ^{1}H 핵자기 공명 스펙트라에서 화학적 이동 예측하기

2,2-다이메틸프로판산 메틸, $(CH_3)_3CCO_2CH_3$은 ^{1}H NMR에서 2개의 흡수 봉우리를 나타낸다. 이들의 대략적인 화학적 이동은 얼마인가?

풀이 분자 내에서 수소의 유형을 확인하라. 그리고 각각이 알킬, 또는 전기음성적 원자의 다음

에 있는지 유의하라. 그러고나서 표 13.3을 이용해서 각이 어디서 흡수할는지 예측하라.

해답 $-OCH_3$ 양성자들은 산소에 결합된 탄소에 붙어 있으므로 3.5∼4.0 δ 근처에서 흡수한다. $(CH_3)_3C-$ 양성자들은 그들이 전형적인 알케인 같은 양성자들이므로 1.0 δ 근처에서 흡수한다.

문제 13.18 다음 각 화합물들은 단일 ¹H NMR 봉우리를 나타낸다. 대략적으로 어디에서 흡수가 일어나는가?

(a) 에테인 (b) 아세톤 (c) 벤젠 (d) 트라이메틸아민

13.11 ¹H NMR 스펙트라의 해석: 양성자 수 세기

그림 13.10의 2,2-다이메틸프로판산 메틸의 ¹H NMR 스펙트럼을 살펴보자. 두 종류의 양성자에 해당하는 봉우리 2개가 있으나 봉우리의 크기는 같지 않다. $(CH_3)_3C-$ 양성자에 의한 1.20 δ의 봉우리는 $-OCH_3$ 양성자에 의한 3.65 δ의 봉우리보다 더 크다.

각 봉우리 아래 면적은 봉우리를 나타내게 하는 양성자의 수에 비례한다. 각 봉우리 아래의 면적을 전자적으로 측정 또는 **적분**(integrating)함으로써 분자 내의 각 종류의 양성자들의 상대적인 수를 셀 수 있다.

현대 핵자기 공명 기기는 상대적 봉우리 면적을 숫자로 읽는다. 그러나 오래된 더 가시적 방법은 적분된 봉우리 면적을 계단 모양으로 나타내는데 각 계단의 높이는 봉우리의 면적에 비례하므로 봉우리를 나타내는 양성자의 상대적 수에 비례한다. 한 봉우리의 크기를 다른 봉우리의 크기와 비교하기 위해 단순히 자로 여러 계단의 높이를 측정한다. 예를 들면, 2,2-다이메틸프로판산 메틸의 두 봉우리는 적분했을 때 1:3(또는 3:9)의 높이 비

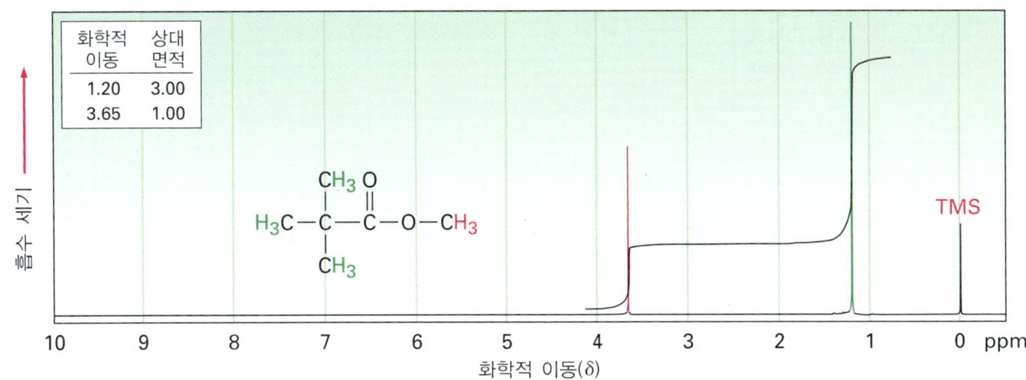

그림 13.10 2,2-다이메틸프로판산 메틸의 ¹H NMR 스펙트럼. 봉우리의 계단식 적분은 각 봉우리에 해당하는 양성자 수(3:9)의 비에 해당하는 1:3의 비율을 보인다.

율을 나타낸다. 이는 $-OCH_3$ 양성자 3개가 동등하며 $(CH_3)_3C-$ 양성자 9개가 동등하기 때문에 예측할 수 있는 것과 완전히 같은 결과이다.

문제 13.19 *p*-다이메틸벤젠(*p*-자일렌)의 ^{1}H NMR 스펙트럼에서 몇 개의 봉우리가 나타나는가? 이 스펙트럼을 적분하면 봉우리의 면적비는 어떻게 나타나는가? 대략적인 화학적 이동값은 표 13.3을 참조하라. 그리고 스펙트럼을 그려 보라.

13.12 ^{1}H NMR 스펙트라에서의 스핀-스핀 갈라짐

지금까지 살펴본 ^{1}H NMR 스펙트라에서 분자 내의 화학적으로 다른 양성자는 하나의 봉우리를 나타내었다. 그러나 흔히 주어진 흡수가 다중 봉우리 또는 **다중선**(multiplet)으로 갈라진다. 예를 들면, 그림 13.11의 브로모에테인의 ^{1}H NMR 스펙트럼에서 $-CH_2Br$ 양성자는 3.42 δ에서 4개(사중선)로 나타나고 $-CH_3$ 양성자는 1.68 δ에서 삼중선으로 나타난다.

스핀-스핀 갈라짐(spin-spin splitting)이라 부르는 핵의 다중 흡수 현상은 인접 원자들의 핵 스핀의 상호작용 또는 **짝지음**(coupling)에 의해 일어난다. 바꿔 말하면, 한 핵의 미소한 자기장은 인접한 핵이 느끼는 자기장에 영향을 준다. 브로모에테인의 $-CH_3$ 양성자를 살펴보자. 3개의 동등한 $-CH_3$ 양성자 이웃에 2개의 다른 자기성 핵인 $-CH_2Br$이 있다. $-CH_2Br$ 양성자들의 각각은 그 자신의 핵 스핀을 가지며, 이는 적용된 자기장에 나란하거나 역으로 배열할 수 있어 이웃한 $-CH_3$ 양성자들에 의해 느껴지는 작은 효과를 생성한다.

그림 13.12에 나타난 바와 같이, 2개의 $-CH_2Br$ 양성자들이 배열할 수 있는 데는 3가

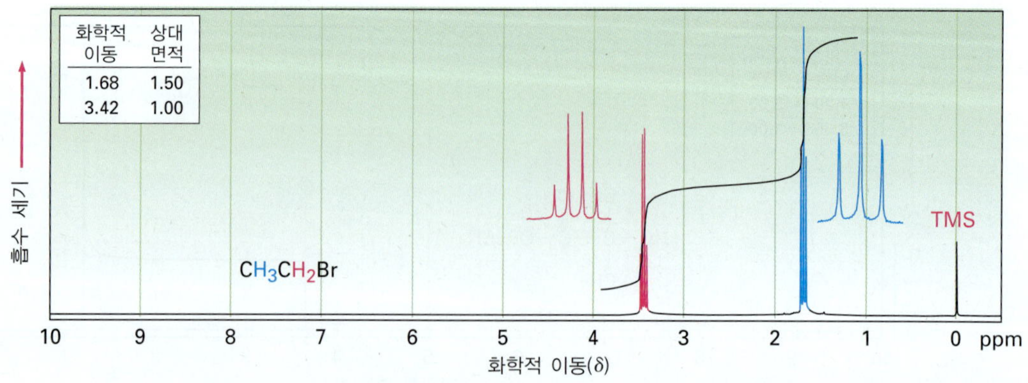

그림 13.11 브로모에테인, CH_3CH_2Br의 ^{1}H NMR 스펙트럼. $-CH_2Br$의 양성자는 3.42 δ에서 사중선으로 나타나고 $-CH_3$ 양성자는 1.68 δ에서 삼중선으로 나타난다.

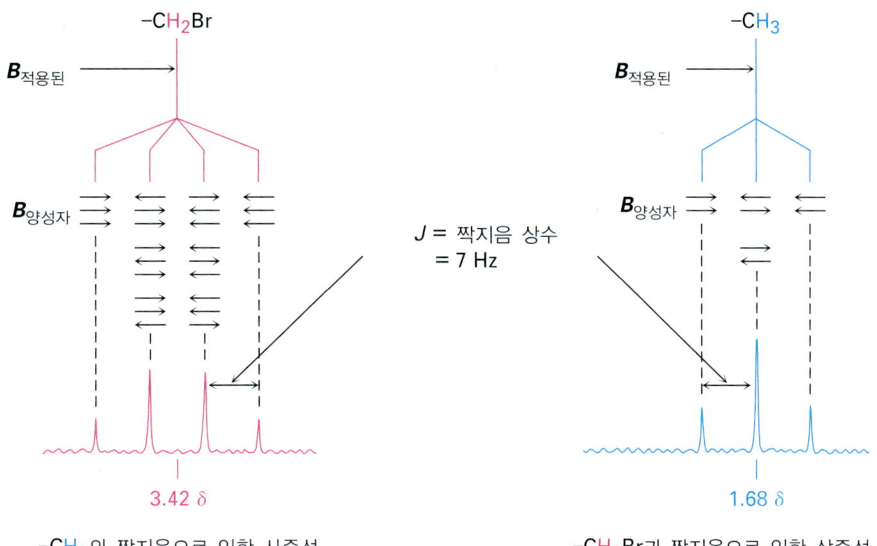

그림 13.12 브로모에테인에서 스핀-스핀 갈라짐의 근원. 수평 화살표로 나타낸 인접 양성자의 핵 스핀은 적용된 자기장에 나란하게 또는 반대로 배열하며 흡수를 다중으로 갈라지게 한다.

지 방법이 있다. 만약 2개의 양성자가 적용된 자기장에 나란히 배열된다면, 인접한 $-CH_3$ 양성자들에 의해 느껴지는 전체 유효 자기장은 그렇지 않을 때보다 약간 더 커질 것이다. 따라서 공명을 일으키는 데 필요한 자기장은 약간 적어도 될 것이다. 다른 배열 방법으로, 만약 $-CH_2Br$ 양성자 1개가 나란히 배열되고 또 하나는 역으로 배열된다면(2가지 가능한 방법) 인접한 $-CH_3$ 양성자에 아무런 영향을 주지 못한다. 마지막으로, $-CH_2Br$의 2개의 양성자가 적용된 자기장에 역방향으로 배열되면 $-CH_3$ 양성자들이 느끼는 유효한 장은 그렇지 않을 때보다 약간 작을 것이며, 공명에 필요한 적용될 장은 약간 더 증가되어야 한다.

어떤 분자들이나 $-CH_2Br$의 스핀은 3가지 가능한 배열 중 한 가지만을 선택하나 수많은 분자들이 모여 있을 때는 3가지 스핀 상태가 1:2:1의 통계학적 비율로 나타나게 된다. 따라서 인접한 $-CH_3$ 양성자들은 약간씩 다른 3가지 외부 장에서 공명하게 되고 NMR 스펙트럼에서 1:2:1의 삼중선을 보이게 된다. 공명 중 하나는 짝지음이 없는 경우보다 약간 위에서 나타나고, 또 하나는 같은 위치에서, 마지막 하나는 약간 낮은 위치에서 나타난다.

브로모에테인의 $-CH_3$ 양성자가 NMR 스펙트럼에서 삼중선으로 갈라지는 것과 같은 방법으로, $-CH_2Br$ 양성자들은 사중선으로 갈라진다. 인접한 $-CH_3$ 양성자들의 3개의 스핀이 4가지 방법으로 배열한다. 즉, 3개의 스핀 모두가 적용된 자기장에 나란하게, 2개가 나란하고 하나가 반대(3가지 가능성이 있음)로, 하나가 나란하고 2개가 반대(3가지 가능성이 있음)로, 또는 모든 3개가 반대로 배열하는 것이다. 따라서 $-CH_2Br$ 양성자에 대해 4

개의 봉우리가 1:3:3:1 비율로 나타나게 된다.

n + 1 규칙(n + 1 rule)이라 부르는 일반적 규칙에 따라, n개의 동등한 양성자는 그들의 NMR 흡수에서 n + 1개의 봉우리로 갈라진다. 예를 들면, 그림 13.13의 2-브로모프로페인 스펙트럼은 1.71 δ에 이중선과 4.28 δ에 칠중선을 나타낸다. 칠중선은 −CHBr− 양성자 신호가 2개의 메틸기(n = 6일 때 6 + 1 = 7)의 동등한 6개의 인접 양성자에 의해 갈라진 것이다. 이중선은 6개의 동등한 $-CH_3$ 양성자가 1개의 −CHBr−(n = 1일 때 2 봉우리) 양성자에 의해 갈라진 것이다.

다중선에서 봉우리 사이의 거리를 **짝지음 상수**(coupling constant), ***J***라고 부른다. 짝지음 상수의 단위는 헤르츠(Hz)이며 일반적으로 0～18 Hz 범위의 값을 가진다. 정확한 J 값은 분자의 기하 구조에 따라 다르나 열린 사슬 알케인의 평균값은 J = 6～8 Hz이다. 스핀이 짝지음을 하는 양쪽 수소 무리는 동일한 짝지음 상수를 가지는 것에 주목하라. 예를 들면, 브로모에테인에서 $-CH_2Br$ 양성자들은 짝지음 상수 J = 7 Hz로 $-CH_3$ 양성자들과 짝지음을 한다. $-CH_3$ 양성자들도 비슷하게 같은 J = 7 Hz 짝지음 상수로 $-CH_2Br$ 양성자와 짝지음을 한다.

그림 13.11의 브로모에테인과 그림 13.13의 2-브로모프로페인의 스펙트럼을 통해서 살펴본 스핀−스핀 갈라짐에 관한 3가지 중요한 사항은 다음과 같다.

- **화학적으로 동등한 양성자들은 스핀−스핀 갈라짐을 보이지 않는다.** 동등한 양성자들은 같은 탄소나 다른 탄소 위에 있을 수 있다. 그러나 그들의 신호는 단일선으로 나타날 수 있으며 갈라지지 않는다.

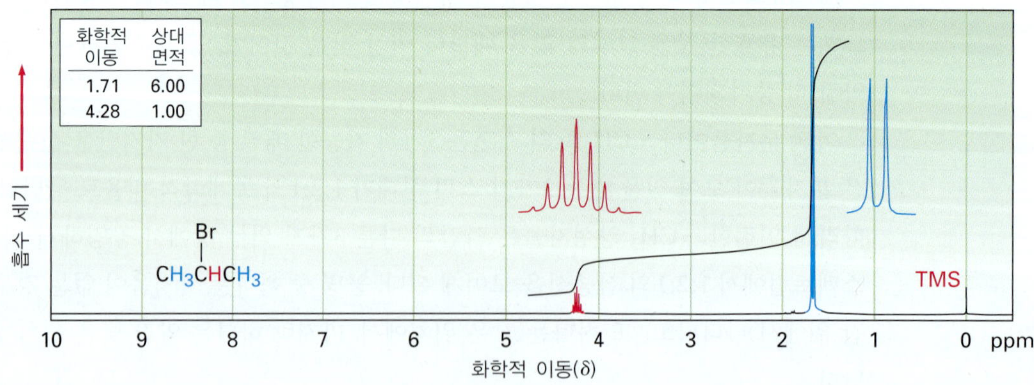

그림 13.13 2-브로모프로페인의 ^{1}H NMR 스펙트럼. 1.71 δ의 $-CH_3$ 양성자 신호는 이중선으로, 4.28 δ의 −CHBr 양성자는 칠중선으로 갈라진다. 봉우리 사이의 거리—짝지음 상수—는 두 다중상에서 동일함을 알아라.

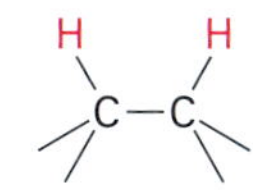

3개의 C-H 양성자는
화학적으로 동등하다.
갈라짐이 일어나지 않는다.

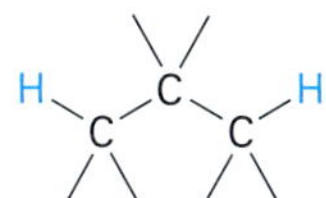

4개의 C-H 양성자는
화학적으로 동등하다.
갈라짐이 일어나지 않는다.

- ***n*개의 동등한 인접 양성자를 가진 양성자의 신호는 짝지음 상수 *J*로 *n* + 1개 봉우리 다중선으로 갈라진다.** 보통 탄소 원자 2개 이상 떨어진 양성자들은 서로의 신호를 가르지 않는다.

짝지음이 나타남

짝지음이 나타나지 않음

- **서로 짝지음을 하는 두 양성자 무리는 같은 짝지음 상수 *J*를 가진다.**

예문 13.9 스핀-스핀 갈라짐 형 예측하기

프로판산 아이소프로필, $CH_3CH_2CO_2CH(CH_3)_2$에서 각 종류의 수소가 갈라지는 양상을 보여라.

풀이 첫째, 몇 가지 다른 종류의 양성자가 존재하는지 찾아라(4개가 있다). 그러고나서 각 종류의 인접한 양성자 수가 몇 개인지 알아보고 *n* + 1 규칙을 적용하라.

해답

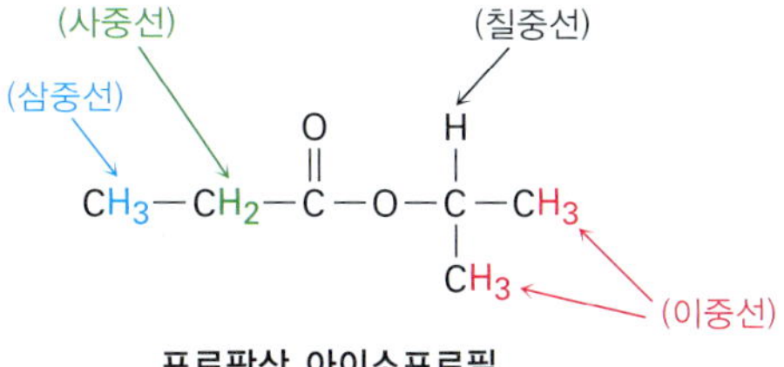

프로판산 아이소프로필

문제 13.20 다음 분자에서 각 양성자의 갈라짐 양상을 보여라.

(a) $CHBr_2CH_3$ (b) $CH_3OCH_2CH_2Br$ (c) $ClCH_2CH_2CH_2Cl$

(d) $CH_3CH(CH_3)C(=O)OCH_2CH_3$ (e) $CH_3CH_2C(=O)OCH(CH_3)CH_3$ (f)

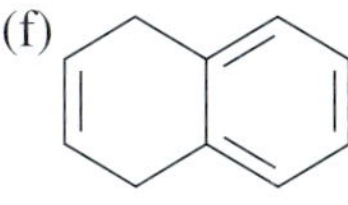

문제 13.21 다음의 ^{1}H NMR 스펙트라를 나타내는 화합물들의 구조를 제안하라.

(a) C_2H_6O, 1개의 단일선

(b) $C_3H_6O_2$, 2개의 단일선

(c) C_3H_7Cl, 1개의 이중선과 1개의 칠중선

문제 13.22 다음 분자에서 화학적으로 다른 각 양성자의 갈라짐 양상을 보여라.

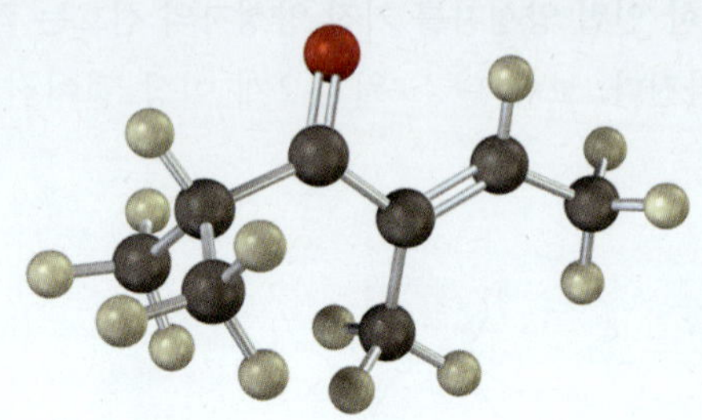

13.13 ^{1}H NMR 스펙트라의 이용

^{1}H NMR 분광법은 실험실에서 수행한 거의 모든 반응의 생성물들을 확인하는 데 쓰인다. 예를 들면, 우리는 4.3절에서 알켄에 산 촉매로 물이 첨가되면 Markovnikov 배향이 일어나 더 많이 치환된 알코올이 생성된다는 것을 보았다. 이러한 진술을 ^{1}H NMR로 증명할 수 있다.

1-메틸사이클로헥센에 물이 첨가되면 1-메틸사이클로헥산올이 생성되는가 또는 2-메틸사이클로헥산올이 생성되는가?

CH_3 / H_2O, H_2SO_4 / CH_3, OH / or / CH_3, OH

1-메틸사이클로헥센 → **1-메틸사이클로헥산올** or **2-메틸사이클로헥산올**

그림 13.14에 반응 생성물의 ^{1}H NMR 스펙트럼을 나타내었다. 비록 많은 고리 양성자들이 1.5 δ 근처에 중심을 이루어 알아보기 어렵게 넓게 중첩되어 나타나지만, 스펙트럼은 또한 포화된 메틸 영역인 1.19 δ에 커다란 단일 흡수를 나타내므로 생성물은 인접한 수소가 없는 메틸기($R_3C—C\mathbf{H_3}$)를 가지고 있음을 시사한다. 더욱이 스펙트럼은 $R_2C\mathbf{H}OH$ 양성자 신호가 나타나는 4 δ 근처에 흡수를 보이지 않는다. 그러므로 반응 생성물은 1-메틸사이클로헥산올임이 분명하다.

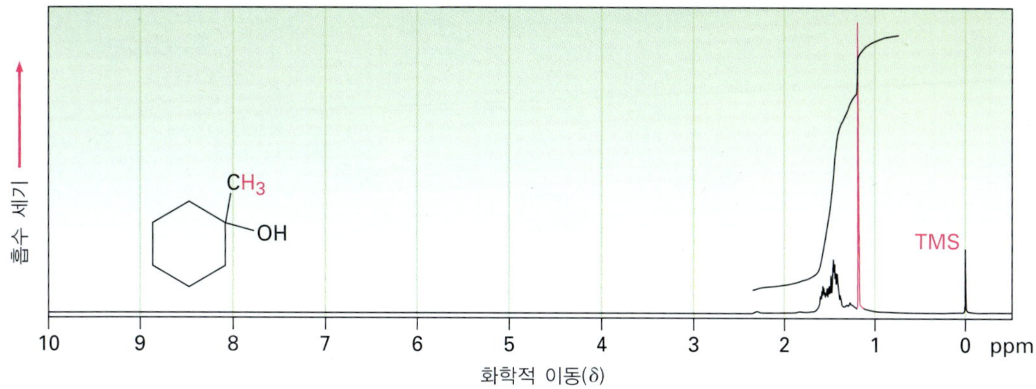

그림 13.14 1-메틸사이클로헥센과 물로부터 얻은 반응 생성물의 ^{1}H NMR 스펙트럼. 1.19 δ에 $-CH_3$ 흡수가 있고 4 δ 근처에 아무런 흡수가 없으므로 생성물이 1-메틸사이클로헥산올임을 확인할 수 있다.

13.14 ^{13}C NMR 분광법

지금까지 ^{1}H NMR 분광법을 살펴보았다. ^{1}H NMR에 관해 마무리하기 전에 ^{13}C NMR을 간략하게 살펴보자. 어쩌면 탄소 NMR이 가능하다는 것이 놀라운 일일 수도 있다. 예컨대, 가장 많이 존재하는 탄소의 동위원소인 ^{12}C는 핵 스핀이 없어서 NMR로 관찰할 수 없다. 천연에 존재하는 탄소의 동위원소로 자기 모멘트를 가진 것은 ^{13}C 뿐이다. 그러나 그것의 천연 존재 비율은 단지 1.1%이다. 따라서 유기 분자 100개의 탄소 원자마다 약 1개만을 NMR로 관찰할 수 있다. 다행히도, 이런 낮은 존재비로 인한 기술적 문제가 컴퓨터 기술로 극복되어 ^{13}C NMR이 일상적인 구조 결정 도구로 쓰인다.

가장 간단한 쓰임새로 ^{13}C NMR은 분자 내의 탄소 원자의 수를 계산하는 데 이용할 수 있다. 예를 들면, 앞서 그림 13.9b에 보인 아세트산 메틸의 ^{13}C NMR 스펙트럼을 보자. 아세트산 메틸은 3개의 비동등 탄소 원자를 가지므로 그것의 ^{13}C NMR 스펙트럼에는 3개의 봉우리가 있다. (인접한 탄소 원자 간의 짝지음은 관찰되지 않는다. 왜냐하면 ^{13}C의 천연 존재비가 매우 낮으므로 분자 내에서 ^{13}C가 이웃에 있을 가능성은 낮기 때문이다.)

대부분의 ^{13}C 공명은 TMS 기준선으로부터 낮은장으로 0과 220 δ 사이에 나타나며, 정확한 화학적 이동은 분자 내에서 탄소의 전자적 환경에 따라 달라진다. 그림 13.15에 환경과 화학적 이동이 어떻게 관련되는지 나타나 있다.

화학적 이동을 결정하는 인자는 복잡하지만 몇 가지 귀납적 결과를 얻을 수 있다. 한 가지 경향은 탄소의 화학적 이동이 이웃한 원자의 전기음성도에 영향을 받는다는 것이다. 산소, 질소, 또는 할로젠과 같이 전기음성적인 원자에 결합된 탄소는 전형적인 알케인 탄소보다 낮은장에서 흡수한다는 것이다. 다른 경향으로, sp^3 혼성화 탄소는 0～90 δ 범위에서 흡수하며 sp^2 탄소는 100～220 δ 범위에서 흡수한다. 카보닐 탄소(C=O)는 특히

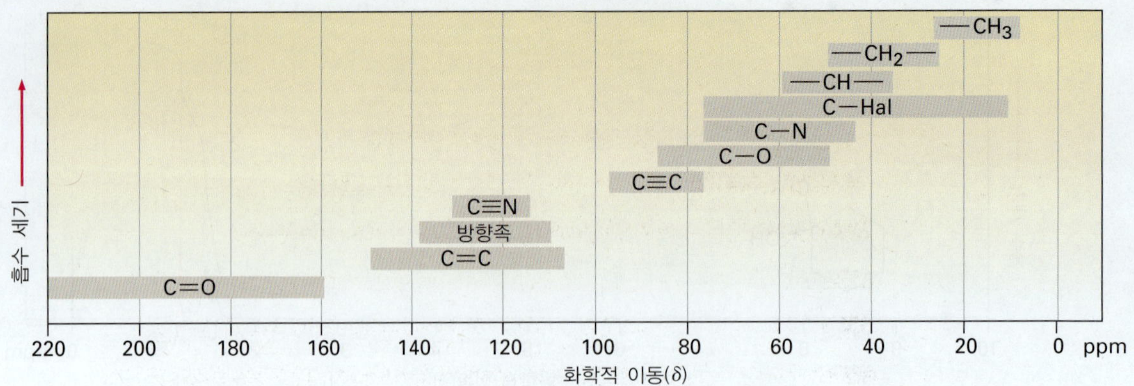

그림 13.15 ¹³C NMR의 화학적 이동 상관관계

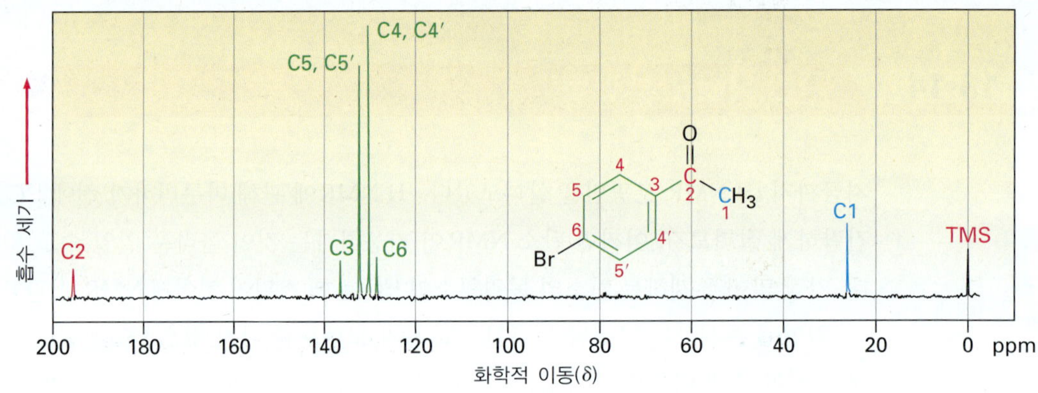

그림 13.16 *p*-브로모아세토페논, $BrC_6H_4COCH_3$의 ^{13}C NMR 스펙트럼

^{13}C NMR 스펙트럼에서 명확하여 도표의 극히 낮은장 쪽 160～220 δ에서 쉽게 관찰할 수 있다. 예를 들면, 그림 13.16의 *p*-브로모아세토페논의 ^{13}C NMR 스펙트럼은 197 δ에서 카보닐 탄소의 흡수를 나타낸다.

p-브로모아세토페논의 ^{13}C NMR 스펙트럼은 또한 다른 이유 때문에 흥미롭다. 분자가 8개의 탄소를 가지고 있음에도 불구하고 흡수가 6개만 나타나는 것에 유의하라. *p*-브로모아세토페논은 대칭면이 있어서 탄소 4와 4′, 탄소 5와 5′이 동등하다. 그러므로 6개의 고리 탄소가 128～137 δ 범위에서 단지 4개의 흡수만 나타낸다. 그 밖에 $-CH_3$ 탄소는 26 δ에서 흡수한다.

예문 13.10 ^{13}C 흡수의 수 예측하기

메틸사이클로펜테인의 ^{13}C NMR 스펙트럼에서 몇 개의 봉우리가 나타나는가?

풀이 대칭을 고려해서 분자 내에 탄소의 정형적인 유형의 수를 찾아라.

해답 메틸사이클로펜테인은 대칭면을 가지고 있다. 그러므로 그것은 4종의 탄소를 가지므로 ^{13}C NMR 스펙트럼에서 4개의 봉우리만 나타난다.

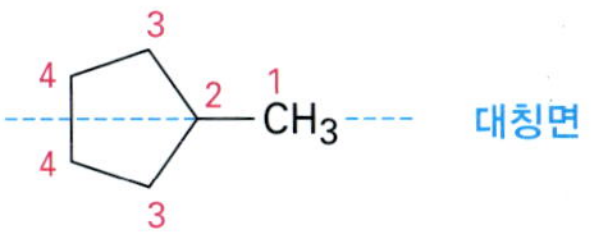

문제 13.23 다음 화합물의 ^{13}C NMR 스펙트라에서 몇 개의 봉우리가 나타나는가?

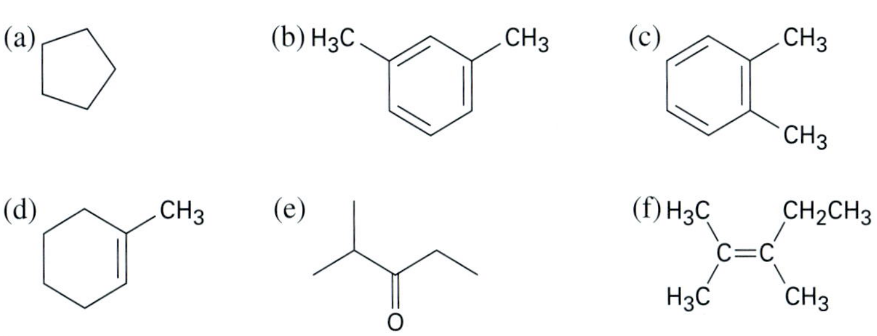

(a)

(b) H_3C CH_3

(c) CH_3 CH_3

(d) CH_3

(e) O

(f) H_3C CH_2CH_3 C=C H_3C CH_3

문제 13.24 다음 설명에 맞는 ^{13}C NMR 스펙트라를 가지는 화합물의 구조를 제안하라.

(a) 스펙트럼에 7개의 봉우리를 가진 탄화수소

(b) 스펙트럼에 단지 5개의 봉우리만 가진 탄소가 6개인 화합물

(c) 스펙트럼에 3개의 봉우리를 가진 탄소가 4개인 화합물

생활 속의 유기 화학

자기 공명 영상(MRI)

NMR 분광법은 유기 화학자들이 구조 결정에서 항상 쓰는 강력한 방법이다. 전형적으로, 몇 밀리그램 또는 그보다 적은 양의 시료를 소량의 용매에 녹여 그 용액을 얇은 유리관에 넣고 강력한 자석의 극 사이의 좁은(1~2 cm) 틈 안에 꽂아 넣는다. 그러나 시료의 크기가 몇 밀리그램이 아니라 수십 킬로그램이고 자석의 극 사이가 좁은 간격이 아니라 사람이 기어오를 만큼 커서 신체 부분의 NMR 스펙트럼을 얻을 수 있는 훨씬 큰 NMR 기기를 이용할 수 있다고 상상해 보라. 우리가 방금 상상했던 것이 **자기 공명 영상**(MRI: magnetic resonance imaging)이라는 기기로서, 의료사회에서 대단히 중요한 진단 기술로 쓰인다.

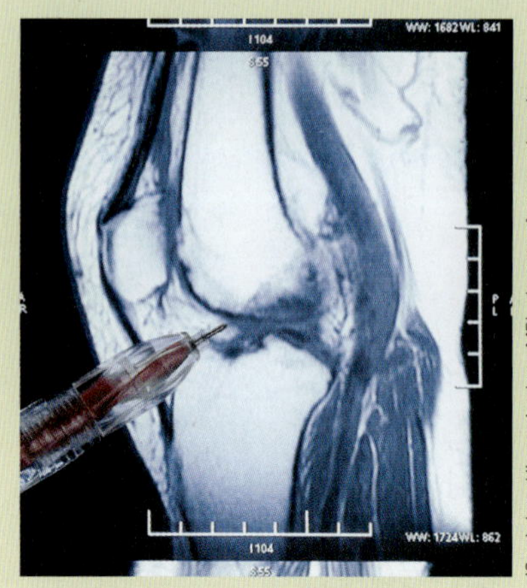

이 사람의 MRI 상의 진단은 반달연골의 교차 손상이다.

NMR 분광법과 같이, MRI는 어떤 핵, 전형적으로 수소의 자기적 성질과 그들 핵이 라디오파 에너지를 받았을 때 보내는 신호들의 장점을 취한다. 그러나 NMR 분광법에서 일어나는 것과 달리 MRI 기기는 강력한 컴퓨터와 자료 처리 기술을 이용하여 핵종의 화학적 성질보다는 인체 내의 자기적 핵들의 3차원 위치를 보는 것이다. 해석을 붙인 것처럼, 대부분의 MRI 기기는 현재 인체 내의 수분이나 지방이 있는 곳에 풍부하게 존재하는 수소를 관찰한다.

생성된 신호는 수소 원자의 밀도와 환경의 성질에 따라 변하므로 다른 형태의 조직을 확인하고 움직임을 시각적으로 볼 수 있게끔 한다. 예를 들면, 심장에서 한 번의 박동으로 분출되는 혈액의 양을 측정하고 심장의 운동을 관찰할 수 있다. X선으로 잘 볼 수 없는 연한 조직을 잘 볼 수 있고 뇌종양이나 뇌졸중 및 다른 상황을 진단할 수 있다. 이 기술은 또한 무릎이나 다른 관절의 손상 그리고 내시경을 무릎 관절에 삽입하는 관절 분광법의 고통 없는 대체법이다.

수소에 추가하여 몇 가지 다른 유형의 원자들도 MRI로 관찰할 수 있으며 ^{31}P에 근거한 영상의 응용도 개발되고 있다. 이 기술은 대사 연구에도 큰 기대를 주고 있다.

요약과 주요용어

가리움 shielding
낮은장 downfield
높은장 upfield
다중선 multiplet
델타(δ) 척도 delta scale
스핀-스핀 갈라짐 spin-spin splitting
자외선(UV) 분광법 ultraviolet spectroscopy
적분 integration
적외선(IR) 분광법 infrared spectroscopy
전자기 스펙트럼 electromagnetic spectrum
진동수 frequency
진폭 amplitude
질량 분석법 mass spectrometry
짝지음 coupling

실험실에서 합성된 작은 분자든지 살아 있는 조직에서 발견된 큰 분자든지 새로운 분자의 구조를 밝히는 것은 화학과 생화학의 진전에 핵심이다. 유기 분자의 구조를 밝히는 데 4가지 주요 분광학적 방법이 쓰인다. 각 방법에서 다른 종류의 정보를 얻을 수 있다.

질량 분석법	화학식은 무엇인가?
적외선 분광법	어떤 작용기가 존재하는가?
자외선 분광법	콘주게이션 π 전자계가 존재하는가?
핵자기 공명 분광법	어떤 탄소-수소 골격이 존재하는가?

질량 분석법에서, 분자들은 첫째 이온화되고 질량 대 전하 비율(m/z)에 따라 분류된다. 이온화된 시료 분자를 **분자 이온**, M^+이라 부르고 질량을 측정하여 분자량을 얻는다. 분자 이온의 조각 양상을 해석하여 분자 구조에 관한 실마리를 얻게 된다.

짝지음 상수 coupling constant
파수 wavenumber, $\tilde{\nu}$
파장 wavelength, λ
화학적 이동 chemical shift
핵자기 공명(NMR) 분광법 nuclear magnetic resonance spectroscopy
헤르츠 hertz, Hz
$n + 1$ 규칙 $n + 1$ rule

유기 분자를 **적외선(IR)** 에너지로 쪼이면 분자의 신축과 굽힘 운동의 에너지에 해당하는 빛의 진동수가 흡수된다. 각각의 작용기는 고유한 적외선 흡수를 나타내어 이들을 확인할 수 있다. 예를 들면, 알켄의 C=C 결합은 1640~1680 cm^{-1}의 범위에서 흡수하며, 포화된 케톤은 1715 cm^{-1} 근처에서, 나이트릴은 2230 cm^{-1} 근처에서 흡수한다. IR 복사선에서 어떤 진동수가 흡수되고 어떤 것이 흡수되지 않는지를 살펴봄으로써 분자 내의 작용기를 확인할 수 있다.

자외선(UV) 분광법은 콘주게이션 π 전자계에 적용된다. 콘주게이션 분자를 자외선으로 쪼이면 에너지의 흡수가 일어나 π 전자들이 더 높은 에너지 준위로 들뜨게 된다. 콘주게이션 정도가 크면 클수록 들뜨는 데 필요한 파장은 길어진다.

핵자기 공명(NMR) 분광법은 유기 화학자에게 일반적인 분광법 중 가장 중요하다. ^{1}H와 ^{13}C 핵이 자기장에 놓이게 되면 그들의 스핀은 자기장에 나란히 배열되거나 반대로 배열된다. 라디오 진동수(rf) 전자기 복사선으로 이들을 쪼이면 에너지 흡수가 일어나 핵 스핀이 낮은 에너지 상태에서 높은 에너지 상태로 젖혀진다. 이 에너지 흡수를 검출하고 증폭하여 NMR 스펙트럼으로 나타낸다. NMR 스펙트럼은 4가지 일반적인 양상을 보인다.

- **봉우리의 수.** 분자 내의 동등하지 않은 ^{1}H나 ^{13}C 핵들은 각각 다른 봉우리를 나타낸다.
- **화학적 이동.** 각 봉우리의 정확한 위치는 화학적 이동이라 부르며 각 ^{1}H나 ^{13}C 핵의 화학적 환경과 관계가 있다. 대부분의 ^{1}H 흡수는 TMS의 기준 신호에서부터 0~10 δ 낮은장의 범위에서 나타나며 ^{13}C 흡수는 0~220 δ 범위에서 나타난다.
- **적분.** 각 봉우리 아래의 면적은 전자적으로 적분되어 각 봉우리를 나타내는 양성자들의 상대적 수를 결정한다.
- **스핀–스핀 갈라짐.** 인접한 핵 스핀들은 **짝지어서** NMR 흡수를 다중선으로 갈라지게 한다. 이웃에 양성자 n개를 가진 ^{1}H 핵의 NMR 신호는 짝지음 상수 J로 $n + 1$개의 봉우리로 갈라진다.

연습

【눈으로 보는 화학】 문제 13.1~13.24는 장 내에서 볼 수 있다.

13.25 그림에 표시된 양성자들의 ^{1}H NMR 신호는 몇 개로 갈라지는가? (연두색 = Cl.)

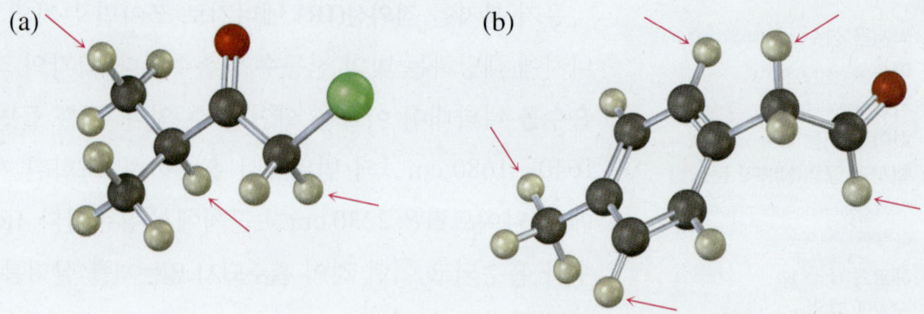

13.26 ^{1}H과 ^{13}C NMR 스펙트럼에서 다음 화합물은 몇 개의 흡수를 예상하는가?

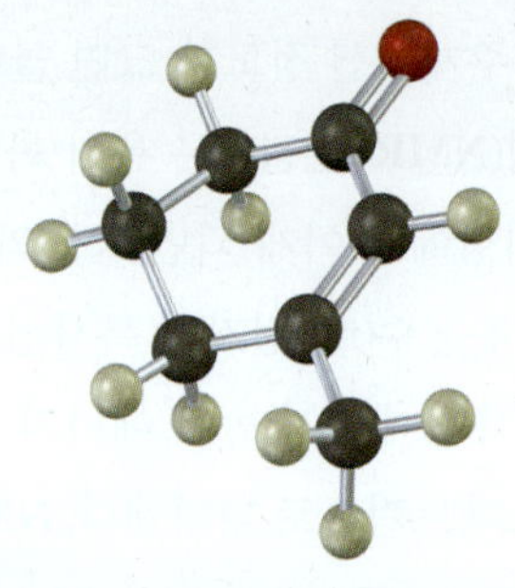

13.27 적외선 스펙트럼에서 다음 화합물은 어디에서 흡수를 일으키는가?

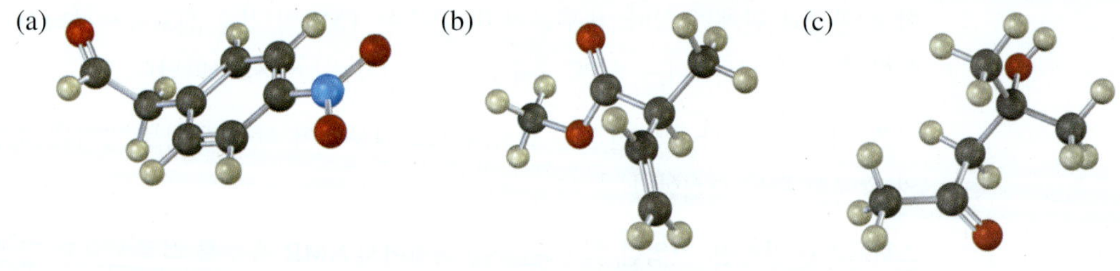

13.28 다음 화합물의 ^{1}H 및 ^{13}C NMR 스펙트라의 개략적 모습을 그려라(연두색 = Cl).

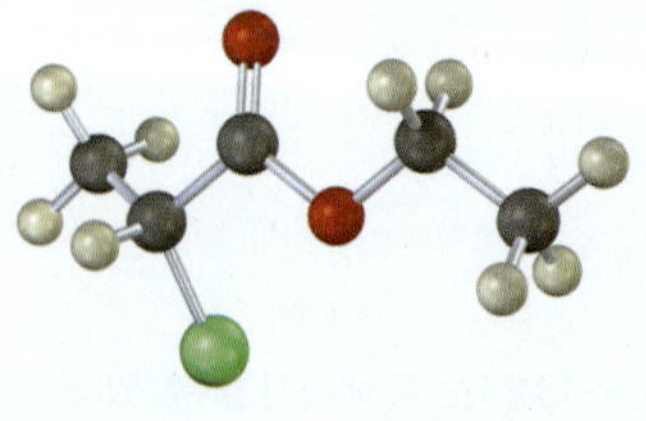

13.29 ^{13}C NMR 스펙트럼에서 다음 화합물은 몇 개의 흡수 봉우리를 가지는가?

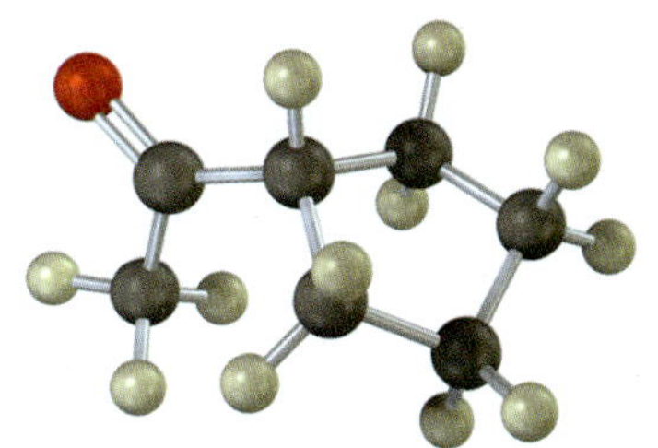

【보충문제】

질량 분석법

13.30 할로젠화된 화합물은 질량 분석법으로 확인하기에 특히 용이한데 염소와 브로민이 동위원소 2개의 혼합물로 천연에 존재하기 때문이다. 염소는 ^{35}Cl(75.8%)와 ^{37}Cl(24.2%)이고 브로민은 ^{79}Br(50.7%)와 ^{81}Br(49.3%)로 존재한다. 다음 화학식에서 분자 이온의 질량은 무엇인가? 각 분자 이온의 상대적 백분율은 얼마인가?

(a) 브로모메테인, CH_3Br (b)1-클로로헥세인, $C_6H_{13}Cl$

13.31 남성 호르몬 테스토스테론은 C, H 및 O만을 가지며 고분해능 질량 분석법으로 결정한 질량은 288.2089 amu이다. 테스토스테론의 분자식은 무엇인가?

13.32 다음 질량-스펙트럼 데이터에 맞는 화합물에 대한 구조를 제안하라.

(a) 탄화수소, $M^+ = 132$ (B) 탄화수소, $M^+ = 166$ (c) 탄화수소, $M^+ = 84$

전자기 복사선과 분광법

13.33 전자기 복사선의 에너지(단위: kJ/mol)는 식 $E = (1.20 \times 10^{-4}\ \text{kJ/mol})/\lambda$로 결정할 수 있다. 여기서 λ는 m로 나타낸 파장이다. 파장이 6.55×10^{-6} m인 적외선 복사선의 에너지는 얼마인가?

13.34 문제 13.33에 나타낸 식을 이용하여 뷰타-1,3-다이엔(λ_{max} = 217 nm)이 전자적 들뜸을 하는 데 필요한 에너지를 계산하라.

13.35 문제 13.33에 나타낸 식을 이용하여 100 MHz에서 작동하는 분광기에서 양성자의 스핀을 젖히는 데 필요한 에너지의 양을 계산하라. 분광기의 진동수를 100 MHz에서 200 MHz로 증가시키면 공명하는 데 필요한 에너지량은 증가하는가 또는 감소하는가?

13.36 다음 각 용어는 무엇을 의미하는가?

(a) 화학적 이동 (b) 짝지음 상수 (c) λ_{max}
(d) 스핀−스핀 갈라짐 (e) 파수 (f) 적용된 자기장

UV 분광법

13.37 아바카비르(abacavir) 용액의 UV 흡광도를 1.00 cm 용기에서 측정하여 A = 0.93을 얻었다. 아바카비르의 몰 흡광계수가 13,260 L/(mol·cm)일 때 용액의 농도는 mg/mL로 얼마인가?

13.38 인체에 의한 약의 대사는 흔히 약종에 따라 다르다. 항응고제인 쿠마린(coumarin)

분자는 쥐에 독성인 물질로 대사한다. 그러나 인간에게는 안전하다. 이들 다른 대사물은 UV에 어떻게 다르게 나타나는가?

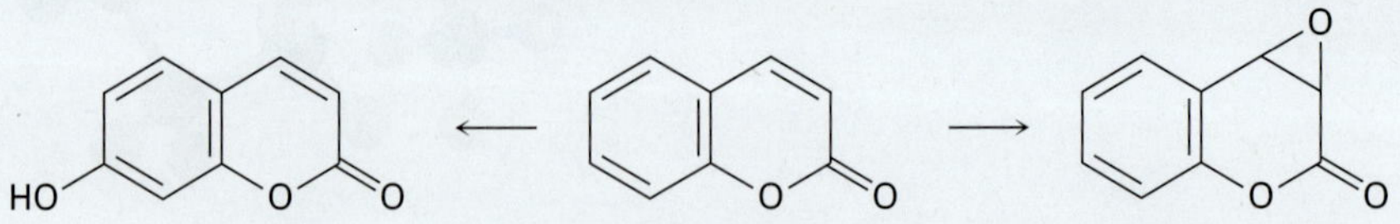

(인간의 대사물) ← 쿠마린 → (쥐의 대사물)

13.39 항바이러스성 약인 아바카비르(abacavir)의 활성 대사물의 몰 흡광계수는 13,260 L/(mol·cm)이다. 시료의 농도가 42 μM(1μM = 10^{-6} M)이며 경로가 1.00 cm인 용기를 빛이 통과할 때 흡광도는 얼마나 되는가?

13.40 모기 유인물인 옥트-1-엔-3-올은 옥트-1-엔-3-온을 환원시켜 합성할 수 있다. 이 반응을 추적하는 데 UV 분광법이 어떻게 쓰일 수 있는가?

IR 분광법

13.41 만약 C−O 단일결합의 신축 운동이 1000 cm^{-1}에서 일어나고 C=O 이중 결합의 신축 운동은 1700 cm^{-1}에서 일어난다면, 이 중 어느 것이 더 많은 에너지를 필요로 하는가? 단일결합과 이중 결합의 상대적 세기와 흡수 에너지와는 어떤 관계가 있는가?

13.42 다음 IR 흡수를 보이는 화합물에는 어떤 종류의 작용기가 있는가?

(a) 1670 cm^{-1} (b) 1735 cm^{-1} (c) 1540 cm^{-1}

(d) 1715 cm^{-1} 및 2500～3100 cm^{-1}(넓음)

13.43 다음 설명에 맞는 화합물의 구조를 제안하라.

(a) 3300과 2150 cm^{-1}에서 IR 흡수를 보이는 C_5H_8

(b) 3400 cm^{-1}에서 강한 IR 흡수를 보이는 C_4H_8O

(c) 1715 cm^{-1}에서 강한 IR 흡수를 보이는 C_4H_8O

(d) 1600과 1500 cm^{-1}에서 IR 흡수를 보이는 C_8H_{10}

13.44 다음 화합물들은 대략 어느 위치에서 IR 흡수를 나타내 보이는가?

(a) 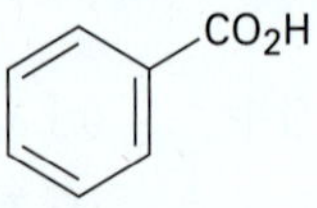 $C_6H_5CO_2H$ (b) $C_6H_5CO_2CH_3$ (c) HO–C_6H_4–C≡N

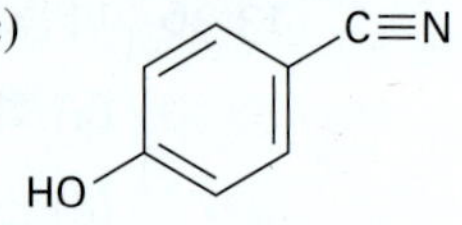

(d) 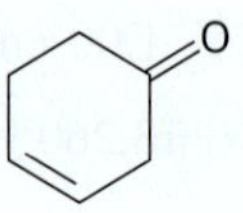 (cyclohexenone) (e) 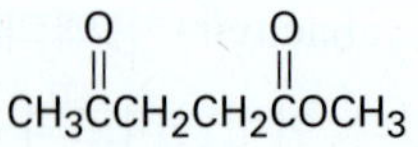 $CH_3COCH_2CH_2COOCH_3$ (O, O)

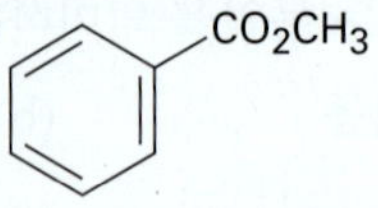

핵자기 공명 분광법

13.45 다음 δ 값으로 나타낸 NMR 흡수는 300 MHz로 작동하는 분광기로 얻은 값이다. 이 화학적 이동값을 TMS에서 낮은장 쪽으로 Hz 단위로 환산하라.

(a) 2.1 δ (b) 3.45 δ (c) 6.30 δ

13.46 클로로폼($CHCl_3$)은 100 MHz에서 작동하는 분광기로 측정하면 7.3 δ에서 날카로운 단일 흡수를 나타낸다.

(a) 클로로폼은 TMS에서 낮은장 쪽으로 몇 ppm에서 흡수하는가?

(b) 만약 클로로폼의 흡수를 360 MHz 분광기로 측정하였다면 TMS에서 낮은장 쪽으로 몇 Hz에서 흡수하는가?

(c) 만약 클로로폼을 360 MHz 분광기로 측정하였다면 δ 단위로 어디서 흡수가 나타나는가?

13.47 100 MHz에서 작동하는 분광기로 얻은 다음의 ^1H NMR 흡수들은 TMS에서 낮은장 쪽으로 Hz 단위로 표시하였다. 이 흡수를 δ 단위로 변환하라.

(a) 218 Hz (b) 478 Hz (c) 751 Hz

13.48 문제 13.47의 NMR 흡수는 220 MHz 기기에서는 TMS에서 낮은장 쪽으로 몇 Hz에서 나타나는가?

13.49 다음 화합물에서 어떠한 ^1H NMR 스펙트라가 나타나는지 설명하라.

(a) CH_3CHCl_2 (b) $CH_3CO_2CH_2CH_3$ (c) $(CH_3)_3CCH_2CH_3$

13.50 다음 화합물들은 모두 ^1H NMR 스펙트라에서 단일 봉우리를 나타낸다. 화학적 이동이 증가하는 순서로 나열하라: CH_4, CH_2Cl_2, 사이클로헥세인, CH_3COCH_3, $H_2C{=}CH_2$, 벤젠.

13.51 다음 화합물의 ^1H와 ^{13}C NMR 스펙트라에서 몇 개의 흡수가 나타나는가?

(a) $(H_3C)_2C{=}C(CH_3)_2$

(b)

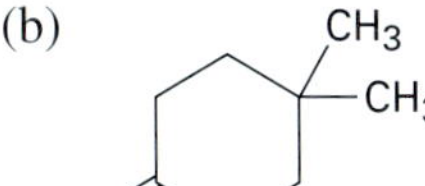

(c) $CH_3C(=O)CH_3$

(d) $(H_3C)_2(CH_3)C{-}C(=O){-}OCH_3$

(e) $H_3C{-}C_6H_4{-}CH_3$

(f) 1,1-dimethylcyclopropane (CH_3, CH_3)

통합문제

13.52 1-메틸사이클로헥산올을 탈수시켜 1-메틸사이클로헥센을 얻었다고 가정하자. 반응이 완결되었는지 알아보기 위해 IR 분광법을 어떻게 이용할 수 있는가? 출발물질과 생성물에서 어떤 특징적인 흡수가 나타날 것으로 예상하는가?

13.53 문제 13.52의 출발물질과 생성물에서 질량 스펙트라가 어떻게 다르게 나타나리

라 예상하는가?

13.54 아래에 화학식이 C_7H_6O인 화합물의 IR 스펙트럼을 나타내었다. 가능한 구조를 제안하라.

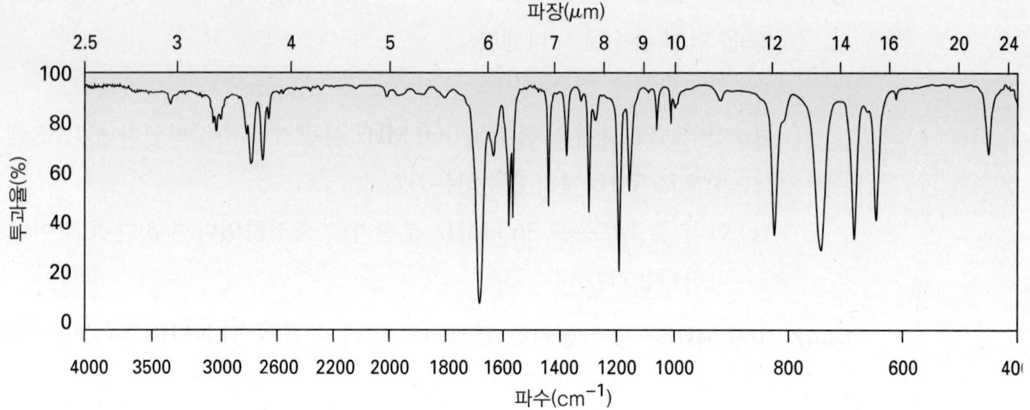

13.55 IR 분광법을 써서 다음 각 이성질체 쌍을 어떻게 구별할 수 있는가?

(a) $(CH_3)_3N$과 $CH_3CH_2NHCH_3$ (b) CH_3COCH_3와 $CH_2{=}CHCH_2OH$

(c) CH_3COCH_3와 CH_3CH_2CHO

13.56 문제 13.55의 각 이성질체 쌍을 구별하는 데 ^1H NMR 분광법을 어떻게 이용할 수 있는가?

13.57 문제 13.55의 각 이성질체 쌍을 구별하는 데 ^{13}C NMR 분광법을 어떻게 이용할 수 있는가?

13.58 3,4-다이브로모헥세인은 염기 유도로 2HBr을 잃고 헥스-3-아인이나 헥사-2,4-다이엔을 생성한다. 어떻게 UV 분광법으로 생성물을 구별할 수 있는가? ^1H NMR 분광법을 이용하여 어떻게 구별할 수 있는가?

13.59 ^1H NMR 스펙트라에서 오직 하나의 봉우리만을 나타내는 다음 분자식을 가진 화합물의 구조를 제안하라.

(a) C_5H_{12} (b) C_5H_{10} (c) $C_4H_8O_2$

13.60 다음 화합물들은 IR 흡수가 대략 어느 위치에서 보이는가?

(a) $CH_3CH_2C(=O)CH_3$

(b) $CH_3CH(CH_3)CH_2C{\equiv}CH$

(c) $CH_3CH(CH_3)CH_2CH{=}CH_2$

(d) $CH_3CH_2CH_2C(=O)OCH_3$

(e) $C_6H_5C(=O)CH_3$

(f) HO–C_6H_4–C(=O)H (메타 위치)

13.61 다음 화합물의 각각에 몇 개의 동일하지 않은 양성자가 존재하는가?

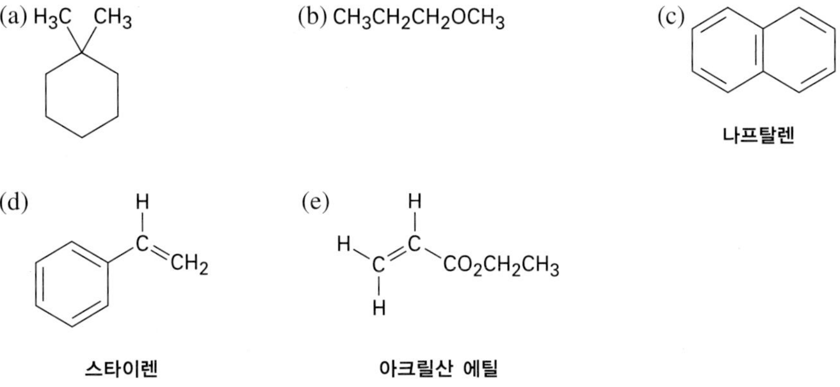

13.62 1-메틸사이클로헥산올의 탈수 반응에서 2개의 이성질성 알켄인 1-메틸사이클로헥센이나 메틸렌사이클로헥세인이 생길 수 있다. ^{1}H와 ^{13}C NMR 분광법을 이용하여 이들을 어떻게 구별할 수 있는가?

$=CH_2$ 메틸렌사이클로헥세인

13.63 다음 화합물에서 예상되는 ^{1}H와 ^{13}C NMR 분광법을 기술하라.

(a) $ClCH_2CH_2CH_2Cl$ (b) $CH_3COCH_2CH_2Cl$

13.64 다음 이성질체들 사이를 구별하는 데 ^{1}H NMR을 어떻게 이용할 수 있는가?

13.65 문제 13.64의 이성질체를 구별하기 위해 ^{13}C NMR을 어떻게 이용할 수 있는가?

13.66 문제 13.64의 이성질체를 구별하기 위해 UV 분광법을 어떻게 이용할 수 있는가?

13.67 다음 ^{1}H NMR 데이터에 맞는 구조를 제안하라.

(a) $C_5H_{10}O$

0.95 δ에서 6 H 이중선, $J = 7$ Hz

2.10 δ에서 3 H 단일선

2.43 δ에서 1 H 다중선

(b) C_3H_5Br

2.32 δ에서 3 H 단일선

5.25 δ에서 1 H 단일선

5.54 δ에서 1 H 단일선

13.68 화합물 **A**, $C_3H_6Br_2$의 ¹H NMR 스펙트럼이 있다. **A**의 구조를 제안하라. 그리고 스펙트럼이 어떻게 여러분의 해답과 일치하는지 설명하라.

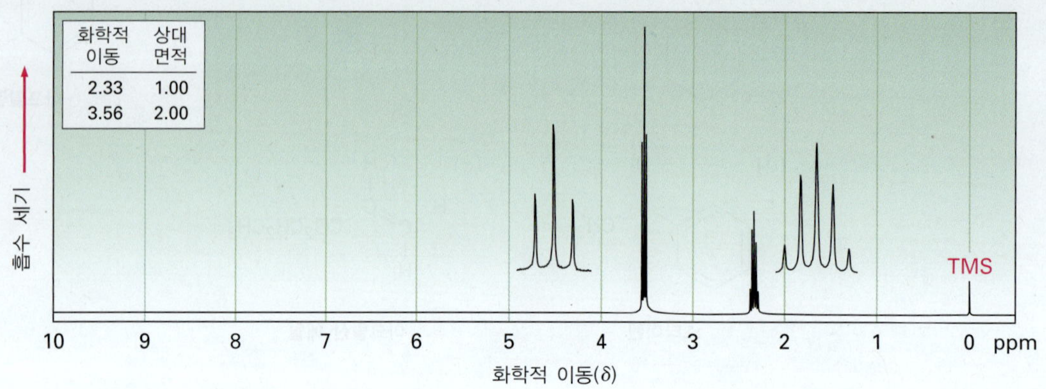

13.69 다음 4개의 이성질체를 구별하는 데 ¹H와 ¹³C NMR을 어떻게 이용할 수 있는가?

CH_2-CH_2 / CH_2-CH_2 (고리)　　$H_2C{=}CHCH_2CH_3$　　$CH_3CH{=}CHCH_3$　　$CH_3C(CH_3){=}CH_2$

13.70 C_3H_6O의 화학식을 가진 분자가 있다고 하자.

(a) 분자식을 만족시키는 구조(7개가 있음)를 제안하라.

(b) 만약 이 화합물이 1715 cm^{-1}에서 IR 흡수를 보인다면 어느 구조가 맞는가?

(c) 만약 이 화합물이 ¹H NMR에서 흡수 봉우리 하나를 2.1 δ에서 보인다면 어느 구조가 맞는가?

13.71 나이트릴(RC≡N)은 Grignard 시약(RMgBr)과 반응한다. 2-메틸프로페인나이트릴과 브로모(메틸)마그네슘의 반응 생성물은 다음과 같은 분광학적 성질을 나타낸다. 구조를 제안하라.

분자량 = 86　　IR = 1715 cm^{-1}

¹H NMR: 1.05 δ (6 H 이중선, J = 7 Hz); 2.12 δ (3 H 단일선)
2.67 δ (1 H 칠중선)

¹³C NMR: 18.2, 27.2, 41.6, 211.2 δ

13.72 다음 ¹H NMR 데이터에 맞는 화합물의 구조를 제안하라.

(a) $C_4H_6Cl_2$
2.18 δ에서 3 H 단일선
4.16 δ에서 2 H 이중선, J = 7 Hz
5.71 δ에서 1 H 삼중선, J = 7 Hz

(b) $C_{10}H_{14}$
1.30 δ에서 9 H 단일선
7.30 δ에서 5 H 단일선

13.73 다음의 ¹H NMR을 보인 화합물의 분자식은 $C_4H_7O_2Cl$이고 1740 cm^{-1}에서 IR

흡수 봉우리를 나타낸다. 구조를 제안하라.

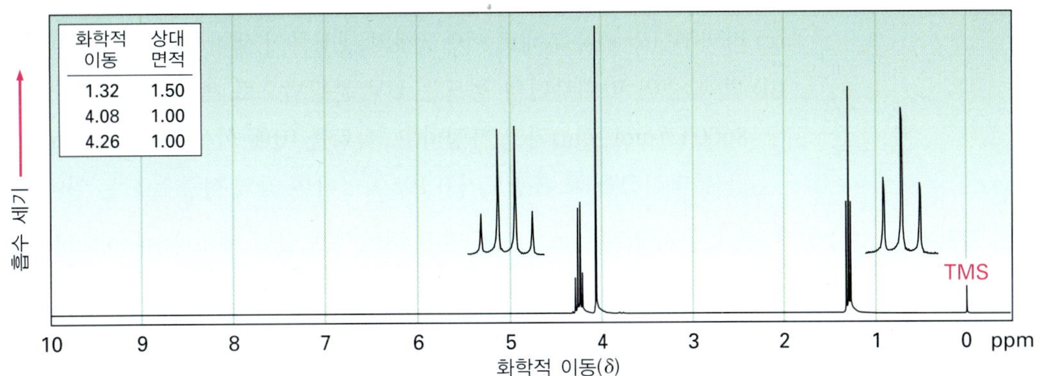

13.74 다음 ^{1}H NMR 스펙트럼을 나타내는 C_4H_9Br의 화학식을 가진 화합물의 구조를 제안하라.

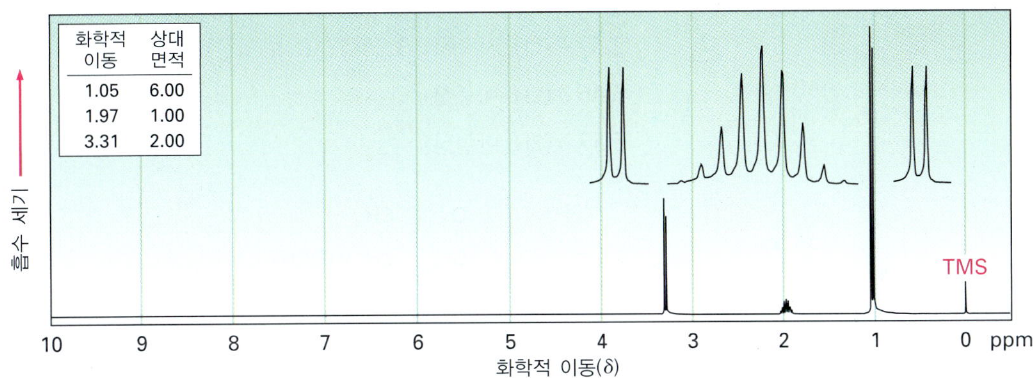

약장 **13.75** 후천성 면역 결핍증(AIDS)을 치료하는 데 쓰이는 약인 라미부딘(lamivudine)은 사이티딘(cytidine)과 매우 유사하다. 라미부딘은 또한 3-싸이오사이토신의 첫 글자를 따서 3TC라고 부른다.

라미부딘 사이티딘

(a) 라미부딘에 몇 개의 카이랄성 중심이 있는가?

(b) 라미부딘은 산으로 가수분해되는 산에 민감한 아세탈과 같은 2개의 기를 가지고 있다. 이들 기를 확인하라.

(c) 라미부딘의 가수분해로 어떤 3개의 생성물이 생기는가?

(d) 혈액 중의 라미부딘의 농도는 UV 분광법으로 측정할 수 있다. 흡광계수가 8600 L/(mol · cm)라고 가정하고, 시료를 10배 희석하여 1.00 cm의 경로로 빛을 통과시켰을 때 흡광도가 0.195이었다면 약의 혈중 농도는 얼마나 되는가?

들판에서 **13.76** 이전에 문제 2.74, 5.62, 6.66 및 9.58에서 보았던 제초제 metolachlor에 대한 부분적 분석 데이터가 나열되었다. 각 데이터를 설명하라.

데이터

IR: 1680 cm^{-1}에서 흡수

UV: 310 nm에서 넓은 흡수

^{1}H NMR: 1.11 δ (3개, 이중상); 1.23 δ (3H, 삼중상)

2.21 δ (3H, 단일상)

2.57 δ (2H, 사중상); 3.25 δ (3H, 단일상)

3.46 δ (2H, 이중상)

3.57 δ (2H, 단일상)

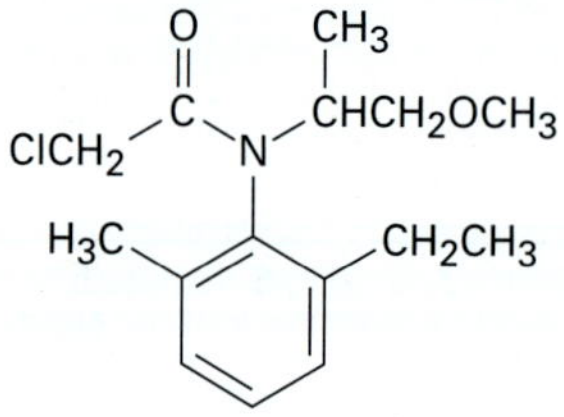

O, CH_3, $ClCH_2$, C, N, $CHCH_2OCH_3$, H_3C, CH_2CH_3

메토라클로르

CHAPTER

14

넥타 꽃으로부터 꿀벌에 의해 생산되는 꿀은 주로 2개의 단당류인 프룩토오스와 글루코오스의 혼합물이다.

iStockphoto/Bees on honeycomb/Thinkstock

생체분자: 탄수화물

탄수화물은 살아 있는 모든 유기조직에서 발견된다. 식품의 당과 전분 그리고 나무, 종이 및 목화의 셀룰로오스는 거의 순수한 탄수화물이다. 변형된 탄수화물은 살아 있는 세포를 감싸는 물질이며, 어떤 탄수화물은 유전정보를 운반하는 핵산의 일부이고, 다른 탄수화물은 의약품으로 사용된다.

탄수화물(carbohydrate)이라는 용어는 최초로 순수하게 얻은 탄수화물인 글루코오스의 분자식이 $C_6H_{12}O_6$이고 이어서 '탄소의 수화물,' $C_6(H_2O)_6$로 여겨졌던 역사적 사실에 기인한다. 이러한 견해는 곧 버려졌으나 명칭만은 아직도 남아 있다. 오늘날 **탄수화물**이라는 용어는 당(sugar)이라 부르는 폴리하이드록시알데하이드와 케톤을 광범위하게 부르는 데 쓰인다. 글루코오스는 의료행위에서는 덱스트로오스(dextrose)로 또한 알려져 있는 가장 친숙한 예이다.

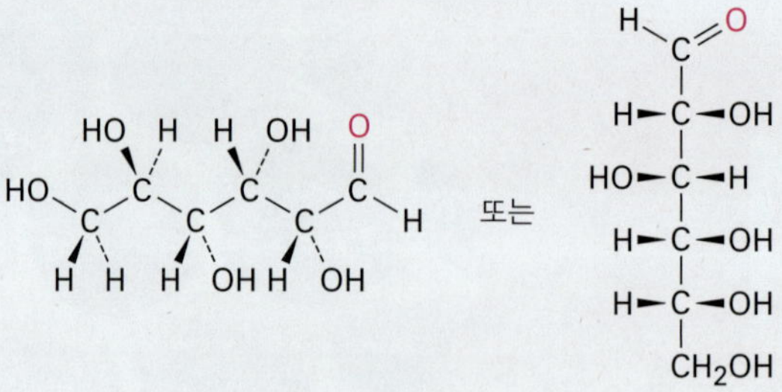

글루코오스(덱스트로오스),
펜타하이드록시헥산알

녹색식물은 태양빛의 에너지로 CO_2와 H_2O를 글루코오스로 변환시키는 복잡한 과정인 광합성을 통해서 탄수화물을 만든다. 많은 글루코오스 분자들이 셀룰로오스나 녹말의 형태로 식물체에 저장되기 위해 화학적으로 연결된다. 동식물을 포함하여 지구상의 모든 생체물질의 건조 무게 가운데 50% 이상이 글루코오스 중합체로 구성된 것으로 추정된다. 탄수화물을 섭취하고 대사함으로써 유기조직이 필요로 하는 에너지의 주요 근원을 얻게 된다. 따라서 탄수화물은 태양 에너지가 저장되어 생명 유지에 사용되는 화학적 중간체로 작용한다.

$$6\,CO_2 + 6\,H_2O \xrightarrow{\text{햇빛}} 6\,O_2 + \underset{\text{글루코오스}}{C_6H_{12}O_6} \longrightarrow \text{셀룰로오스, 녹말}$$

왜 이 장인가?

우리는 지금까지 모든 보편적인 작용기와 유기 및 생화학에서 일어나는 반응 유형을 살펴보았다. 남은 몇 개의 장에서 생물학적 분자들의 주요한 부류에 초점을 맞추어 우선 이 장에서 탄수화물의 구조와 일차적인 생물학적 기능을 보게 될 것이다. 17장에서 탄수화물이 유기조직에 의해 어떻게 합성되고 분해되는지 보는 과제로 돌아갈 것이다.

14.1 탄수화물의 분류

탄수화물은 일반적으로 단순 탄수화물과 복합 탄수화물의 두 가지로 분류된다. **단순 당**(simple sugar) 또는 **단당류**(monosaccharide)는 글루코오스와 프룩토오스 같이 더 작은 당으로 가수분해할 수 없는 탄수화물이다. **복합 탄수화물**(complex carbohydrate)은 둘 이상의 단순 당으로 이루어진 화합물이다. 예를 들면, 수크로오스(설탕)는 글루코오스와 프룩토오스가 한 분자씩 결합한 이당류(disaccharide)이다. 비슷하게, 셀룰로오스는 수천 개의 글루코오스 분자가 함께 연결된 **다당류**(polysaccharide)이다. 다당류를 효소 촉매로 가수분해하면 그들의 성분인 단당류 단위로 분해된다.

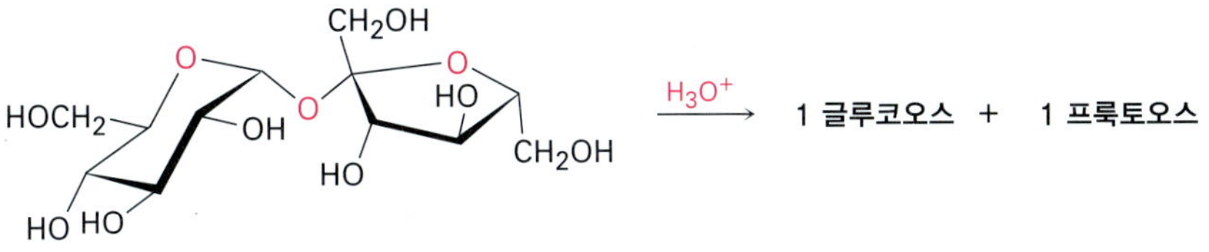

$\xrightarrow{H_3O^+}$ 1 글루코오스 + 1 프룩토오스

수크로오스
(이당류)

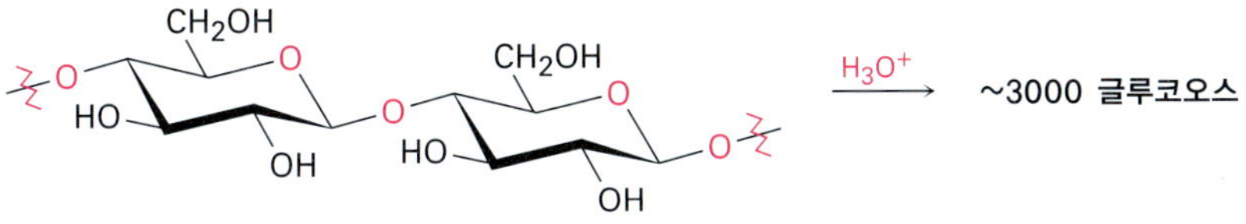

$\xrightarrow{H_3O^+}$ ~3000 글루코오스

셀룰로오스
(다당류)

단당류는 **알도오스**(aldose)나 **케토오스**(ketose)로 더 세분할 수 있다. 접미사 -오스(*-ose*)는 탄수화물의 끝에 붙는 군의 이름이며 알도-(*aldo-*)와 케토-(*keto-*)라는 접두사는 분자 내 카보닐기의 종류, 즉 알데하이드인지 케톤인지를 나타낸다. 단당류의 탄소 원자수는 트라이-, 테트르-, 펜트-, 헥스- 등으로 접두사로 모체명에 나타낸다. 예를 들면, 글루코오스는 6개의 탄소로 된 알데하이드 당이므로 알도헥소오스이고 프룩토오스는 6개의 탄소로 된 케토 당이므로 케토헥소오스이다. 라이보오스는 5개의 탄소로 된 알데하이드 당이므로 알도펜토오스이다. 대부분의 단당류는 알도펜토오스나 알도헥소오스로 존재한다.

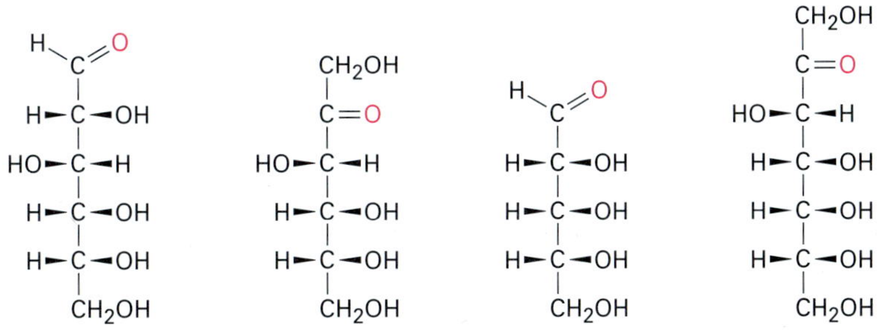

글루코오스
(알도헥소오스)

프룩토오스
(케토헥소오스)

라이보오스
(알도펜토오스)

세도헵튜로오스
(케토헵토오스)

예문 14.1 단당류 분류하기

다음 단당류를 분류하라.

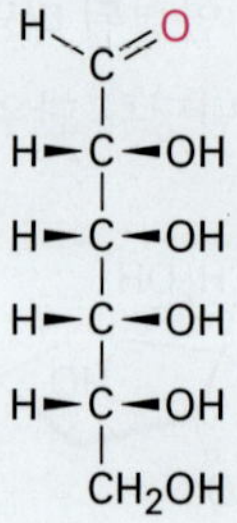

해답 알로오스는 6개의 탄소와 알데하이드 카보닐 탄소기를 가지므로 알도헥소오스이다.

문제 14.1 다음의 각 단당류를 분류하라.

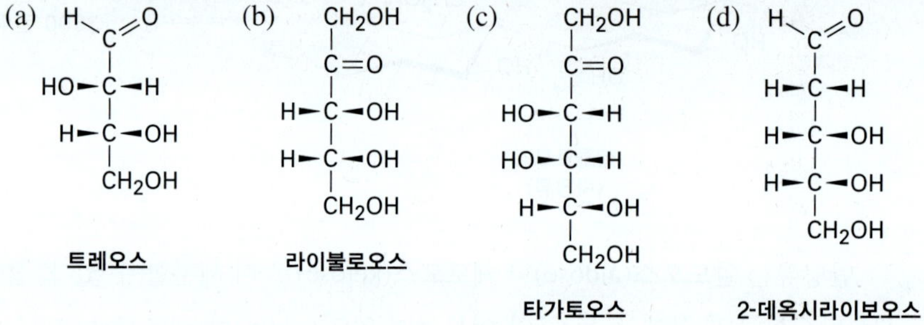

14.2 탄수화물 입체화학 그리기: Fischer 투영

모든 탄수화물은 보통 수많은 카이랄성 중심을 가지므로 입체화학을 나타내는 빠른 방법이 필요함을 오래 전부터 인식하고 있었다. 1891년에 독일화학자 Emil Fischer가 평면에 투영된 사면체 탄소 원자에 바탕을 둔 방법을 제시하였다. 이 **Fischer 투영**(Fischer projection)이 곧 채택되어 이제 특히 탄수화물에서 카이랄성 중심의 입체화학을 나타내는 보편적인 수단으로 쓰이고 있다.

Fischer 투영에서 사면체형 탄소는 서로 직교하는 두 선으로 표시된다. 수평선은 지면에서 앞으로 나온 결합을 가리키며 수직선은 지면에서 뒤로 들어간 결합을 나타낸다.

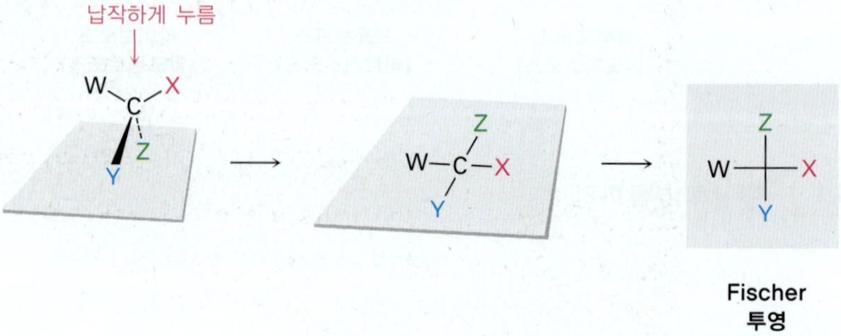

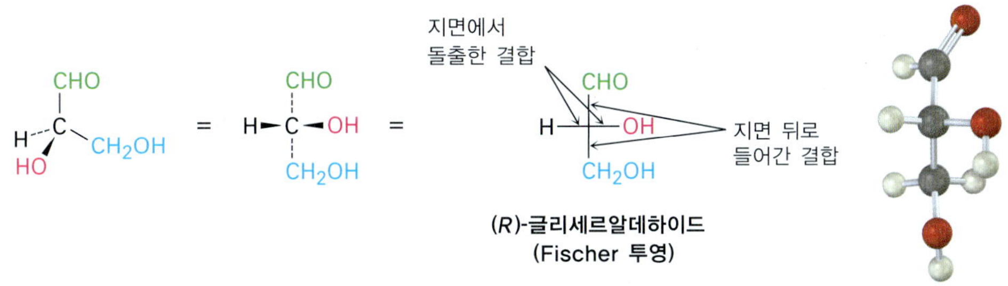

지면에서 돌출한 결합

지면 뒤로 들어간 결합

(*R*)-글리세르알데하이드
(Fischer 투영)

그림 14.1 (*R*)-글리세르알데하이드의 Fischer 투영

그러므로 가장 간단한 단당류인 (*R*)-글리세르알데하이드는 그림 14.1과 같이 나타낸다.

카이랄성 중심이 둘 이상인 탄수화물은 Fischer 투영의 상단 또는 근처에 카보닐 탄소를 두고 그 아래에 중심을 하나씩 쌓아서 나타낸다. 예를 들면, 글루코오스는 Fischer 투영에서 하나씩 그 위에 쌓아올린 카이랄성 중심을 4개 가진다. 그러한 나타내기는 그러나 팔찌같이 그 자신 주위로 비틀린 분자의 참된 삼차원적 형태의 정확한 그림이 아니다.

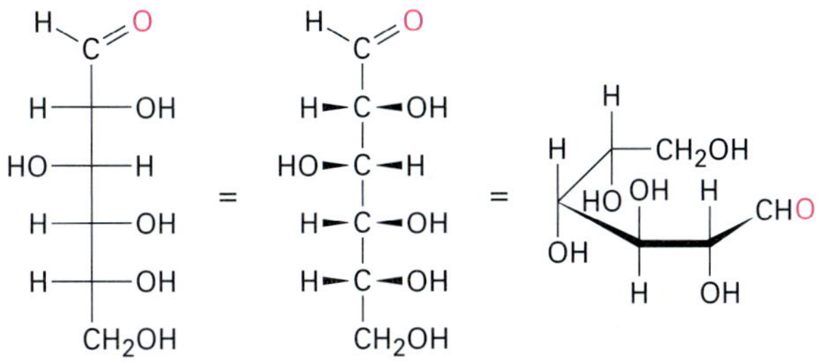

글루코오스
(꼭대기에 카보닐기가 있음)

예문 14.2 Fischer 투영 그리기

다음 정사면체형의 (*R*)-뷰탄-2-올을 Fischer 투영으로 전환하라.

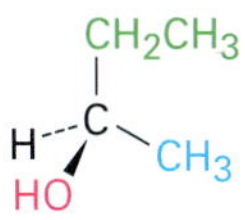

(*R*)-뷰탄-2-올

풀이 2개의 수평결합을 여러분을 향하도록 그리고 수직결합을 여러분에게서 멀어지도록 배치한다. 그러고나서 지면에 평평하도록 분자를 눌러서 카이랄성 중심이 두 교차선의 교차점이 되도록 한다.

해답

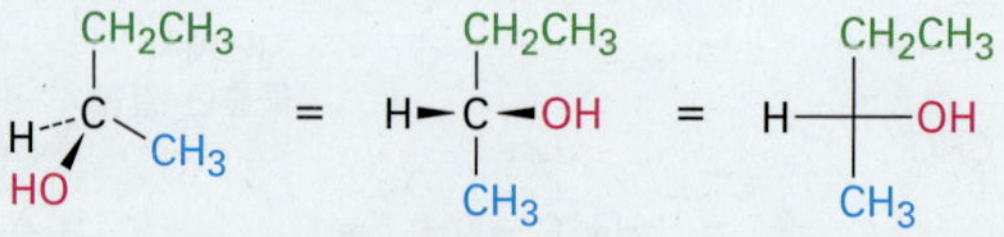

(R)-뷰탄-2-올

예문 14.3 Fischer 투영 해석하기

다음 락트산의 Fischer 투영을 정사면체형 묘사로 전환하고 분자가 (*R*)인지 (*S*)인지 표시하라.

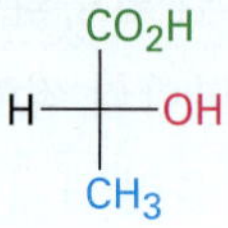

락트산

풀이 두 교차선의 교차점에 탄소 원자를 놓아라. 그리고 2개의 수평결합은 앞으로 나오고 2개의 수직결합은 뒤로 들어가는 것을 상상하라. 이 투영은 (*R*)-락트산이다.

해답

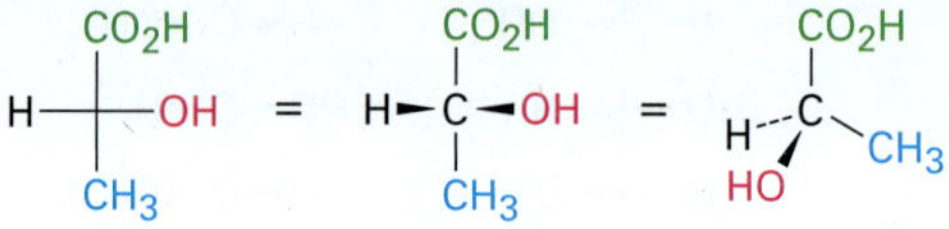

(R)-락트산

문제 14.2 (*S*)-글리세르알데하이드의 다음 정사면체형 묘사를 Fischer 투영으로 전환하라.

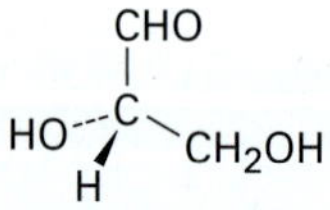

(S)-글리세르알데하이드

문제 14.3 (*R*)-2-클로로뷰테인과 (*S*)-2-클로로뷰테인의 Fischer 투영을 그려라.

문제 14.4 다음의 Fischer 투영을 정사면체형 묘사로 전환하고 각각에 대해 *R* 또는 *S* 입체화학을 표시하라.

(a) (b) 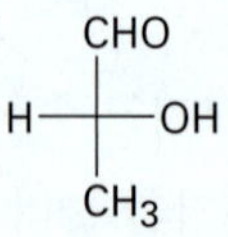 (c)

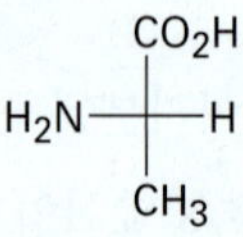

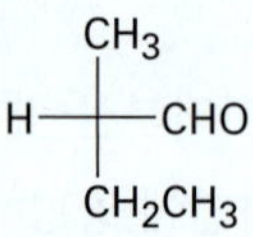

문제 14.5 다음 분자를 Fischer 투영으로 다시 그려라. 그리고 카이랄성 중심이 *R* 배열인지 또는 *S* 배열인지 나타내라(연두색 = Cl).

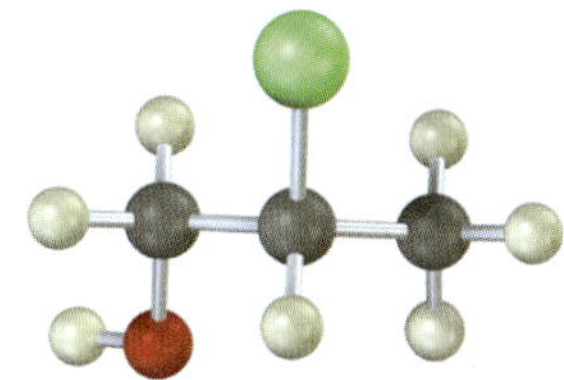

14.3 D,L 당류

가장 간단한 알도오스인 글리세르알데하이드는 단 하나의 카이랄성 중심만 가지고 있어서 2개의 거울상이성질체(거울상)가 존재한다. 그러나 우회전성 거울상이성질체만 천연에 존재한다. 즉, 천연 글리세르알데하이드를 편광계로 측정하면 평면 편광을 시계바늘 방향[(+)로 표시]으로 회전시킨다. (+)-글리세르알데하이드는 C2에서 *R* 배열을 하고 있어서 그림 14.2처럼 나타낼 수 있다. 역사적으로, *R*,*S* 제도가 채택되기 훨씬 전부터 (*R*)-(+)-글리세르알데하이드는 **D-글리세르알데하이드**(D는 우회전성을 의미)로 나타내었다. 다른 이성질체인 (*S*)-(−)-글리세르알데하이드는 **L-글리세르알데하이드**(L은 좌회전성을 의미)라고 한다.

단당류가 천연에서 합성되는 방법 때문에 글루코오스, 프룩토오스, 라이보오스 및 대부분의 천연에 존재하는 다른 단당류에서 가장 멀리 떨어져 있는 카이랄성 중심은 D-글리세르알데하이드에서와 같이 *R*의 입체화학 배열을 가진다. 그러므로 Fischer 투영에서 대부분의 천연 당들은 가장 아래쪽 카이랄성 중심의 −OH기가 **오른쪽**을 향하게 된다(그림 14.2). 이러한 화합물을 **D 당**(D sugar)이라고 부른다.

D 당과 대조적으로, 모든 **L 당**(L sugar)은 Fischer 투영에서 가장 아래쪽 카이랄성 중심의 −OH기가 **왼쪽**을 향하게 된다. 그래서 L 당은 해당하는 D 당의 거울상(거울상이성질체)으로서 모든 카이랄성 중심에서 반대의 배열을 가진다.

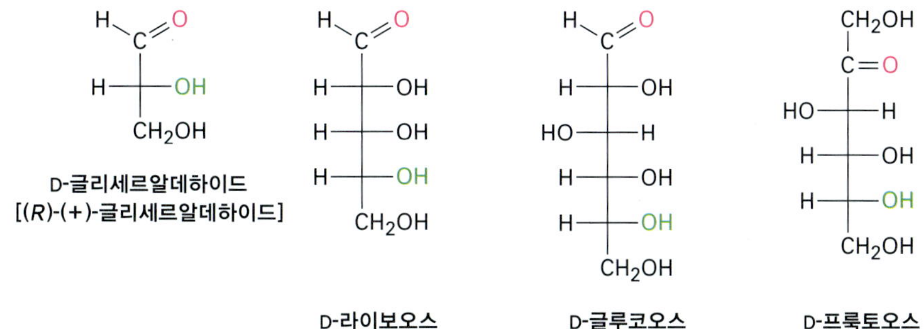

그림 14.2 천연에 존재하는 몇 가지 D 당. 카보닐기에서 가장 멀리 있는 카이랄성 중심에 있는 −OH기는 (*R*)-(+)-글리세르알데하이드와 동일한 배열을 가지며 Fischer 투영에서 오른쪽으로 향한다.

거울

L-글리세르알데하이드
[(S)-(−)-글리세르알데하이드]

L-글루코오스
(천연물로 나타나지 않음)

D-글루코오스

D와 L이라는 표기가 주어진 당이 평면 편광을 회전시키는 방향과는 아무런 관계가 없음을 유의하라. D 당은 우회전성이거나 좌회전성일 것이다. 접두사 D는 가장 아래에 있는 카이랄성 중심의 입체화학이 D-글리세르알데하이드의 그것과 같으며 분자의 카보닐기를 상단이나 그 근처에 놓는 표준방법으로 그릴 때 Fischer 투영에서 오른쪽에 있음을 의미한다. 또 탄수화물 명명법의 D,L 체계는 단지 한 카이랄성 중심에서의 배열을 나타낼 뿐 그 밖의 다른 카이랄성 중심에서의 배열과는 무관함을 유의하라.

예문 14.4 거울상이성질체의 Fischer 투영 그리기

그림 14.2에 있는 D-프룩토오스의 Fischer 투영을 보라. 그리고 L-프룩토오스의 Fischer 투영을 그려라.

풀이 L-프룩토오스는 D-프룩토오스의 거울상이성질체(거울상)이므로 간단히 D-프룩토오스의 구조에서 각 카이랄성 중심의 배열을 반대로 하라.

해답

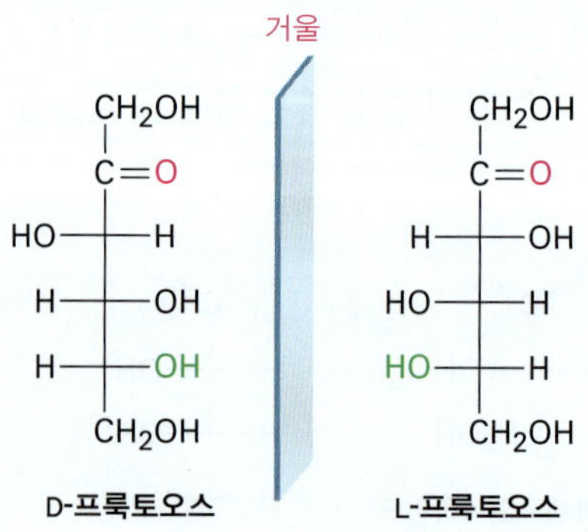

문제 14.6 다음에서 어느 것이 L 당이고 어느 것이 D 당인가?

(a)
```
        CHO
  HO ────┼──── H
  HO ────┼──── H
        CH2OH
```

(b)
```
        CHO
   H ────┼──── OH
  HO ────┼──── H
   H ────┼──── OH
        CH2OH
```

(c)
```
        CH2OH
         |
        C=O
  HO ────┼──── H
   H ────┼──── OH
        CH2OH
```

문제 14.7 문제 14.6에 있는 탄수화물의 거울상이성질체(거울상)를 그려라. 그리고 각각을 D 당인지 L 당인지 확인하라.

14.4 알도오스의 배열

알도테트로오스는 카이랄성 중심이 2개 있는 4-탄소 당이다. 그러므로 $2^2 = 4$개의 가능한 입체이성질성 알도테트로오스 또는 **에리트로오스** 및 **트레오스**라고 하는 두 D,L 쌍의 거울상이성질체들이 존재한다.

알도펜토오스는 3개의 카이랄성 중심이 있으므로 전부 $2^3 = 8$개의 가능한 입체이성질체들, 즉 거울상이성질체인 D,L 쌍이 4개 있다. 이들 네 쌍은 **라이보오스**, **아라비노오스**, **자일로오스** 및 **라이조오스**이다. 라이조오스를 제외한 다른 당은 천연에 널리 존재한다. D-라이보오스는 RNA(라이보핵산)의 중요한 한 부분이고 L-아라비노오스는 여러 식물에 존재하고 D-자일로오스는 식물과 동물에 들어 있다.

알도헥소오스는 4개의 카이랄성 중심을 가지며 전부 $2^4 = 16$개의 가능한 입체이성질체들, 즉 거울상이성질체인 D,L 쌍이 8개 있다. 이들의 이름은 **알로오스**, **알트로오스**, **글루코오스**, **만노오스**, **굴로오스**, **아이도오스**, **갈락토오스** 및 **탈로오스**이다. 이들 중 녹말과 셀룰로오스의 성분인 D-글루코오스, 껌과 과일의 펙틴에 들어 있는 D-갈락토오스만이 천연에 널리 나타난다. D-만노오스와 D-탈로오스도 천연에 존재하나 양은 훨씬 적다.

D 계열에 속하는 4-, 5- 및 6-탄소 알도오스의 Fischer 투영을 그림 14.3에 나타내었다. D-글리세르알데하이드에서 출발하여 알데하이드 탄소 바로 아래에 새 카이랄성 중심을 삽입함으로써 2개의 D 알도테트로오스를 얻을 수 있다. 두 D 알도테트로오스 각각에서 2개씩의 D 알도펜토오스(전체 4개)를 얻을 수 있고, 네 D 알도펜토오스 각각에서 2개씩의 D 알도헥소오스(전체 8개)를 얻는다.

문제 14.8 그림 14.3에 D 당만 나타나 있다. 다음 L 당들의 Fischer 투영을 나타내라.

(a) L-아라비노오스　　(b) L-트레오스　　(c) L-갈락토오스

문제 14.9 알도헵토오스는 몇 개의 입체이성질체를 가질 수 있는가? 이들 중 D 당과 L 당은 각각 몇 개인가?

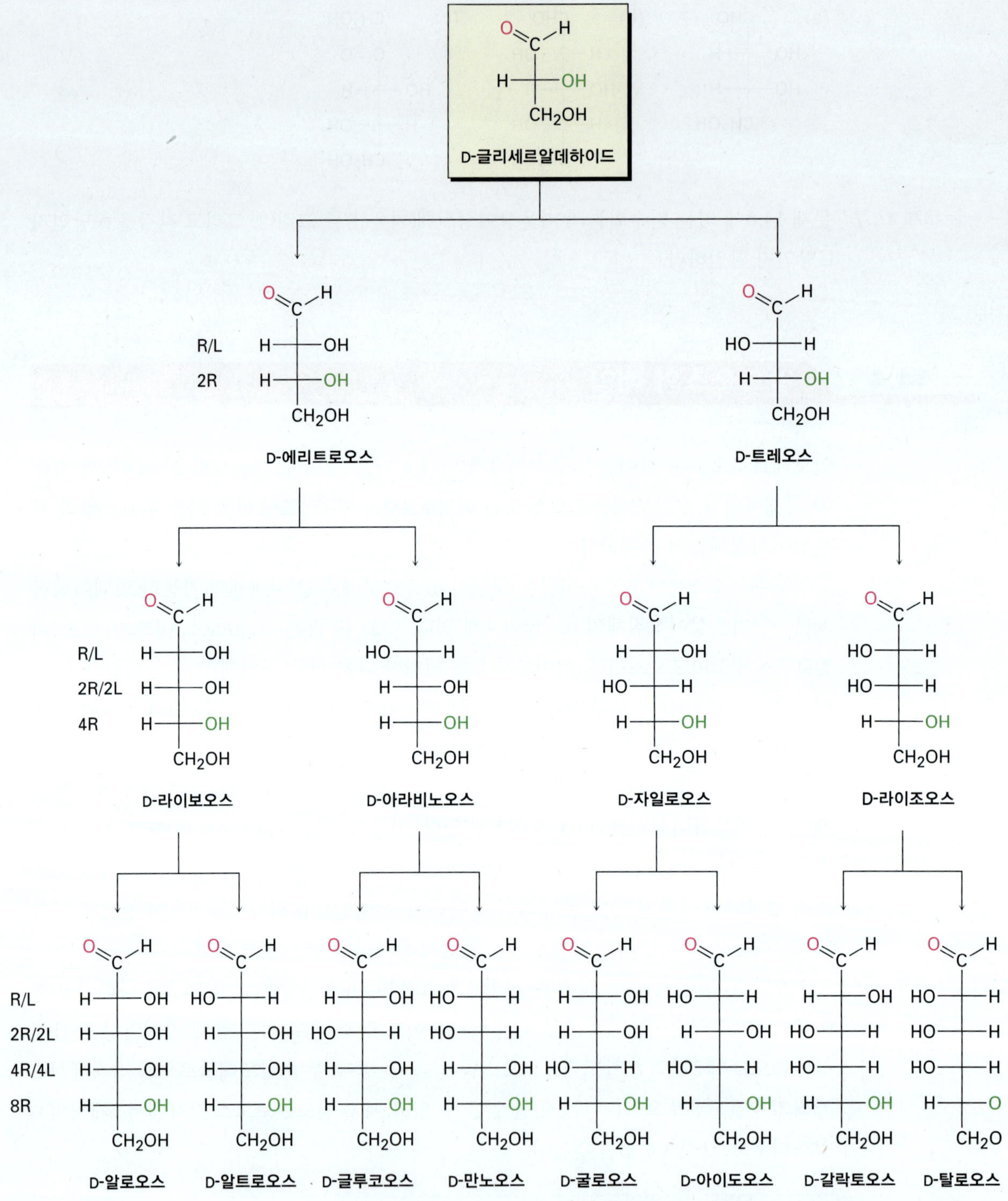

그림 14.3 D 알도오스의 배열. C2의 −OH기가 한 계열에서 교대로 오른쪽/왼쪽(R/L)에 위치하도록 구조들이 왼쪽에서 오른쪽으로 정돈되었다. 마찬가지로, −OH기가 C3에서는 두 번 오른쪽/두 번 왼쪽(2R/2L)으로, 그리고 C4에서는 네 번 오른쪽/네 번 왼쪽(4R/4L)으로, C5에서는 여덟 번 모두 오른쪽(8R)으로 나타나 있다.

문제 14.10 C3, C4, C5 및 C6의 입체화학이 글루코오스의 C2, C3, C4 및 C5와 동일한 2개의 D 알도헵토오스(문제 14.9)의 Fischer 투영을 그려라.

문제 14.11 다음 모형은 알도펜토오스를 나타낸 것이다. 이 당의 Fischer 투영을 그리고, 어떤 당인지 밝혀라. 이것은 D 당인가 L 당인가?

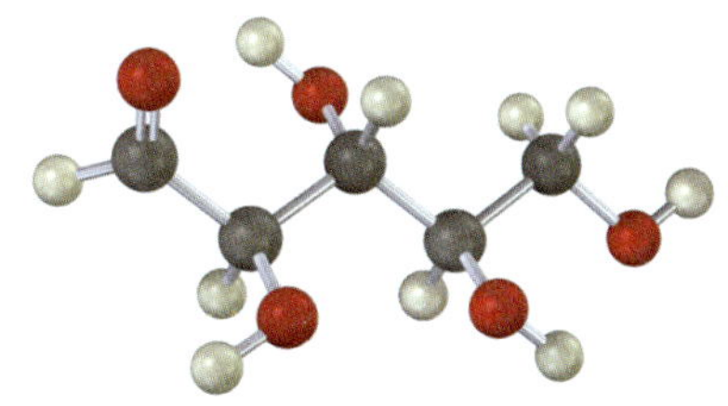

14.5 단당류의 고리형 구조: 헤미아세탈 형성

9.8절에서 카보닐기 화학을 논의하면서, 알코올은 알데하이드 및 케톤과 빠르고 가역적인 친핵성 첨가 반응을 일으켜 헤미아세탈을 형성함을 보았다.

$$\underset{\text{알데하이드}}{\mathrm{R{-}C({=}O){-}H}} + \mathrm{R'OH} \underset{}{\overset{\mathrm{H^+}\ \text{촉매}}{\rightleftharpoons}} \underset{\text{반아세탈}}{\mathrm{H{-}C(OH)(R){-}OR'}}$$

만약 하이드록시기와 카보닐기가 동일 분자 내에 있다면, 분자 내 친핵성 첨가 반응이 일어나 고리형 헤미아세탈을 생성한다. 5원자와 6원자 고리 헤미아세탈은 특히 안정하므로 대다수 탄수화물은 열린 사슬과 고리형 헤미아세탈 사이에 평형으로 존재한다. 예를 들면, 글루코오스는 수용액 중에서 C5의 −OH기가 C1 알데하이드기에 분자 내 친핵성 첨가 반응으로 주로 6원자 고리 **피라노오스**(pyranose) 형태로 존재한다. 반면에, 프룩토오스는 C5의 −OH기가 C2 케톤에 첨가 반응을 하여 약 72%의 피라노오스 형태와 약 28%의 5원자 고리 **퓨라노오스**(furanose) 형태로 존재한다. (6원자 고리인 피라노오스와 5원자 고리인 퓨라노오스라는 이름은 단순 고리형 에테인 피란과 퓨란에서 유래하였다.) 글루코오스와 프룩토오스의 고리 형태를 그림 14.4에 나타내었다.

사이클로헥세인 고리(2.10절)와 같이, 피라노오스 고리는 축방향과 적도방향 치환기를 갖는 의자형 기하 구조를 가진다. 규약에 따라, 그림 14.4와 같이 헤미아세탈 산소 원자가 오른쪽 뒤에 오도록 보통 그린다. Fischer 투영에서 오른쪽의 −OH기는 피라노오스 고리의 바닥면에 오고 Fischer 투영의 왼쪽의 −OH기는 고리의 윗면에 옴을 유의하라. D 당에

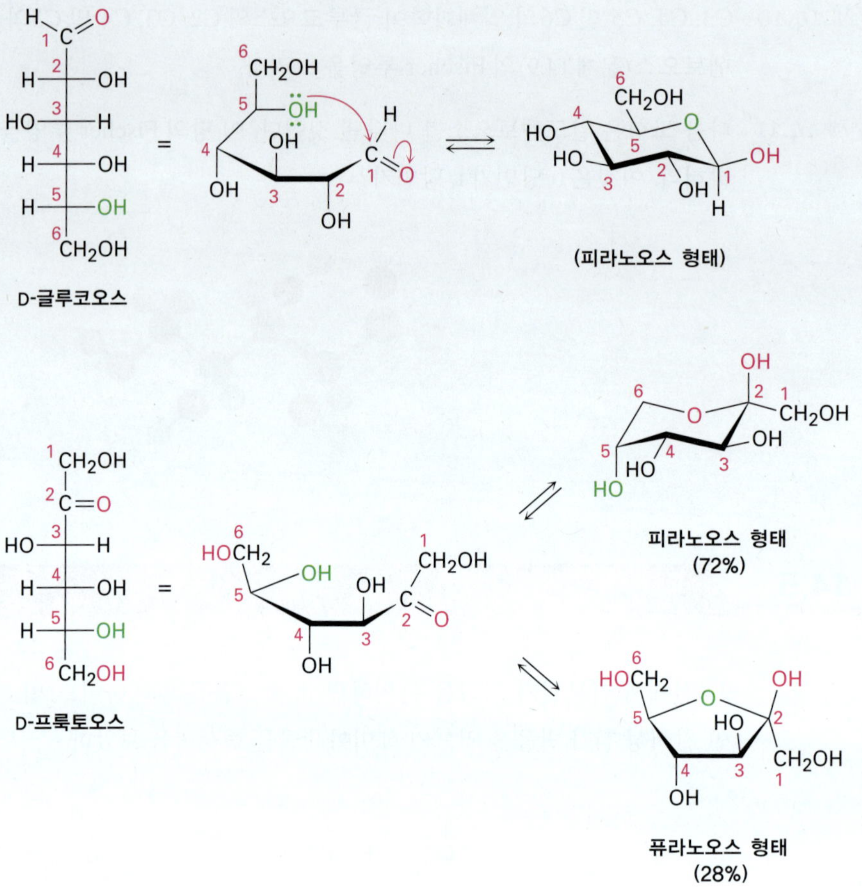

그림 14.4 고리형 피라노오스와 퓨라노오스 형태의 글루코오스와 프룩토오스

있어서 말단 $-CH_2OH$기는 고리의 위쪽에 위치하는 반면, L 당에서는 $-CH_2OH$기가 바닥 쪽에 있게 된다.

예문 14.5 단당류의 피라노오스 형태 그리기

D-만노오스와 D-글루코오스는 C2의 입체화학만 다르다. D-만노오스를 피라노오스 형태로 나타내라.

풀이 먼저 D-만노오스의 Fischer 투영을 그려라. 그리고 이 구조를 옆으로 눕힌 다음 $-CHO$기(C1)가 오른쪽 앞으로 오게 하고 $-CH_2OH$기(C6)는 왼쪽 뒤편을 향하도록 굽힌다. 이제 C5의 $-OH$와 C1의 카보닐기를 연결하여 피라노오스 고리를 만든다. 의자 형태를 그리는데 가장 왼쪽 탄소(C4)를 올리고 가장 오른쪽 탄소(C1)를 내린다.

해답

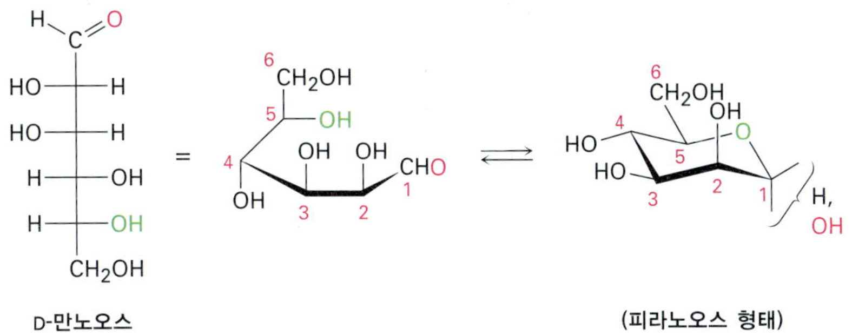

D-만노오스 (피라노오스 형태)

문제 14.12 D-갈락토오스는 D-글루코오스와 C4의 입체화학만이 다르다. D-갈락토오스를 피라노오스 형태로 그려라.

문제 14.13 라이보오스는 C1 알데하이드에 C4의 −OH기가 첨가되어 생성된 퓨라노오스 형태로 주로 존재한다. D-라이보오스의 구조를 그림 14.3에서 찾아 퓨라노오스 형태로 그려라.

14.6 단당류의 아노머: 변광회전

열린 사슬 단당류가 피라노오스나 퓨라노오스 형태로 고리화할 때 이전에 카보닐 탄소였던 위치에 새로운 카이랄성 중심이 생긴다. **아노머**(anomer)라는 2개의 부분입체이성질체가 형성되며 헤미아세탈 탄소를 **아노머 중심**(anomeric center)이라 한다. 예를 들면, 글루코오스는 수용액에서 가역적으로 고리를 형성하여 37:63의 비율로 두 아노머 혼합물을 만든다(그림 14.5).

C1의 −OH기가 C5의 $-CH_2OH$ 치환기에 트랜스로 있는 적은 양의 아노머를 **알파(*α*) 아노머**(alpha anomer)라 하며 이의 완전한 이름은 *α*-D-글루코피라노오스이다. C1의 −OH기가 C5의 $-CH_2OH$ 치환기에 시스인 주 아노머를 **베타(*β*) 아노머**(beta anomer)라 부르고 이의 완전한 이름은 *β*-D-글루코피라노오스이다. *β*-D-글루코피라노오스의 고리에 있는 모든 치환체가 적도방향임을 유의하라. 따라서 *β*-D-글루코피라노오스는 입체적으로 가장 복잡하지 않으며 8개의 D 알도헥소오스 중 가장 안정하다.

D-글루코피라노오스의 두 아노머는 결정화되고 정제될 수 있다. 순수한 *α*-D-글루코피라노오스는 녹는점이 146 °C이고 고유 광회전도 $[\alpha]_D = +112.2$이다. 순수한 *β*-D-글루코피라노오스는 녹는점이 148~155 °C이고 고유 광회전도 $[\alpha]_D = +18.7$이다. 그러나 순수한 *α* 또는 *β* 아노머를 물에 녹이면 광회전은 서서히 변화하여 일정한 값인 +52.6에 도달한다. *α* 아노머 용액의 고유 광회전도는 +122.2에서 +52.6°로 감소하고 *β* 아노머 용액의 고유 광회전도는 +18.7에서 +52.6°로 증가한다. **변광회전**(mutarotation)이라고 부르는 이 같은 광회전의 자발적인 변화는 순수한 *α* 또는 *β* 아노머가 서서히 37:63의 평형

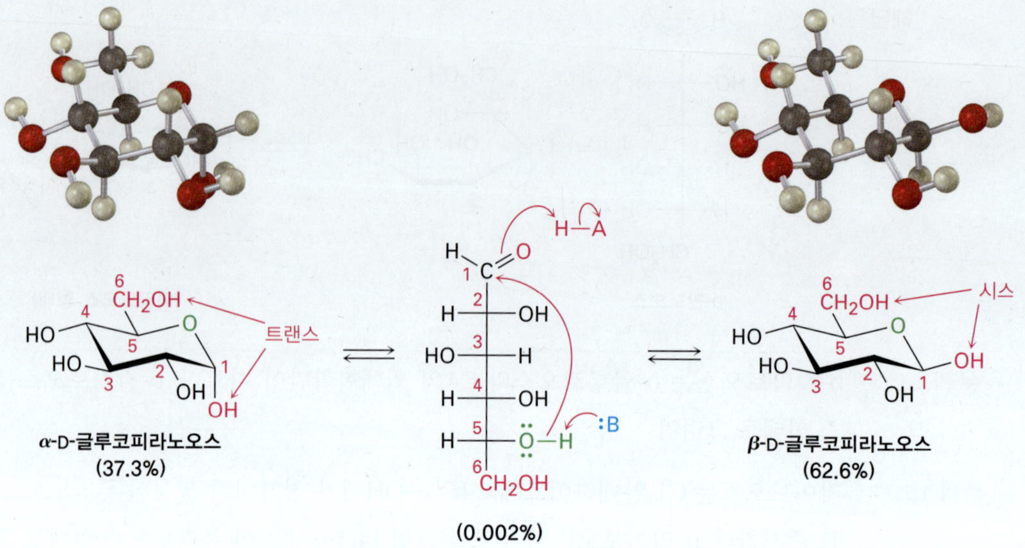

그림 14.5 글루코오스의 알파 및 베타 아노머의 구조

혼합물로 전환되기 때문에 생긴다.

변광회전은 각 아노머의 고리가 가역적으로 열려 열린 사슬 알데하이드 형태가 되고 다시 고리 만들어짐이 일어난다. 비록 중성 pH에서는 평형이 느리게 도달하지만 산이나 염기가 촉매작용을 한다.

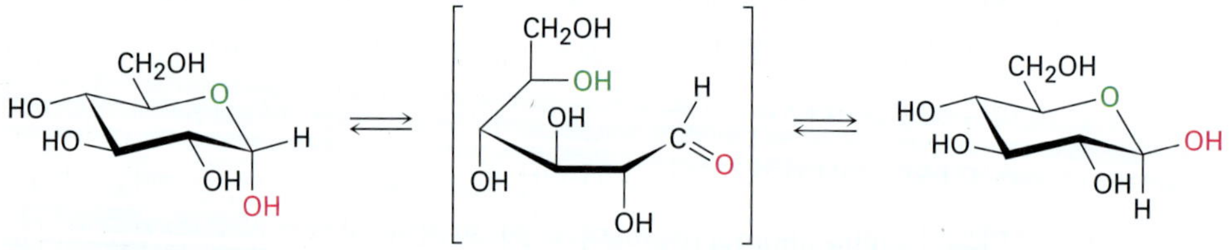

α-D-글루코피라노오스 $[\alpha]_D = +112.2$ ⇌ [열린 사슬] ⇌ β-D-글루코피라노오스 $[\alpha]_D = +18.7$

예문 14.6 피라노오스 아노머 그리기

D-갈락토오스의 두 피라노오스 아노머를 그리고, 각각을 α 또는 β로 표시하라.

해답 α 아노머는 C1의 −OH기가 아래로 향하여 CH_2OH에 대해 트랜스가 되고 β 아노머는 C1의 −OH기가 위로 향하여 CH_2OH에 대해 시스가 된다.

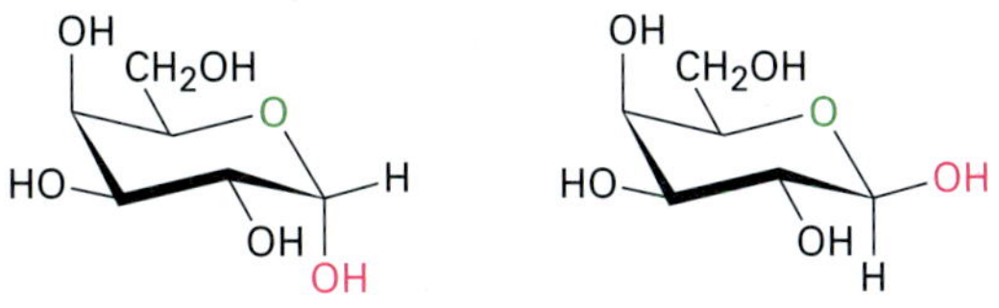

α-D-갈락토피라노오스 β-D-갈락토피라노오스

문제 14.14 D-프룩토오스는 수용액 중의 평형 상태에서 β 피라노오스가 70%, α 피라노오스가 2%, β 퓨라노오스가 23%, 그리고 α 퓨라노오스가 5%로 존재한다. 4가지 모두 그려라.

문제 14.15 β-D-만노피라노오스의 의자 형태를 그리고 축방향과 적도방향으로 모든 치환기를 표시하라. 만노오스 또는 갈락토오스 중에서 어느 것이 더 안정한가(예문 14.6)?

14.7 단당류의 반응들

단당류에는 두 종류의 작용기, 즉 하이드록시와 카보닐이 있으므로 단당류 화학의 대부분은 이미 이들 각 작용기의 화학에서 보았던 친숙한 것들이다. 우리가 보았던 것처럼, 알코올은 에스터와 에터로 전환될 수 있고 산화될 수 있다. 카보닐 화합물은 친핵체와 반응할 수 있고 환원될 수 있다.

에스터와 에터 형성

단당류는 여러 화학 반응에서 간단한 알코올처럼 작용한다. 예를 들면, 탄수화물의 $-OH$기는 에스터와 에터로 전환될 수 있는데 그것은 당이 아닌 것보다 흔히 다루기가 더 쉽다. 그들의 많은 하이드록시기 때문에 단당류는 보통 물에 잘 녹으나 에터와 같은 유기 용매에는 녹지 않는다. 그들은 또한 정제하기 어렵고 물을 제거하면 결정보다 당밀을 형성하려고 한다. 그러나 에스터와 에터 유도체는 유기 용매에 녹고 쉽게 정제되고 결정화된다.

에스터화는 탄수화물을 염기 존재 하에서 산 염화물이나 산 무수물로 처리하여 수행한다(10.7절과 10.8절). 아노머형 $-OH$기를 포함하여 모든 $-OH$기가 반응한다. 예를 들면, β-D-글루코피라노오스를 피리딘 용액 중에서 아세트산 무수물로 처리하면 그것의 펜타아세트산 에스터로 전환된다.

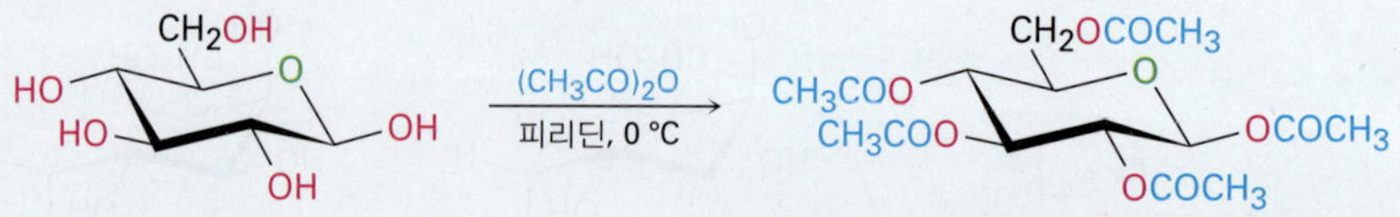

β-D-글루코피라노오스 → $(CH_3CO)_2O$, 피리딘, 0 °C → 펜타-O-아세틸-β-D-글루코피라노오스 (91%)

탄수화물은 염기 존재 하에서 할로젠화 알킬로 처리하면 에터로 전환된다(8.4절). 산화 은은 특별히 이 반응에 대한 온화하고 유용한 염기이다. 왜냐하면 수산화 이온이나 알콕시화 음이온은 민감한 당 분자를 분해시키려 하기 때문이다. 예를 들면, α-D-글루코피라노오스에 아이오도메테인과 산화 은을 처리하면 85%의 수득률로 펜타메틸 에터와 Ag_2O로 전환된다.

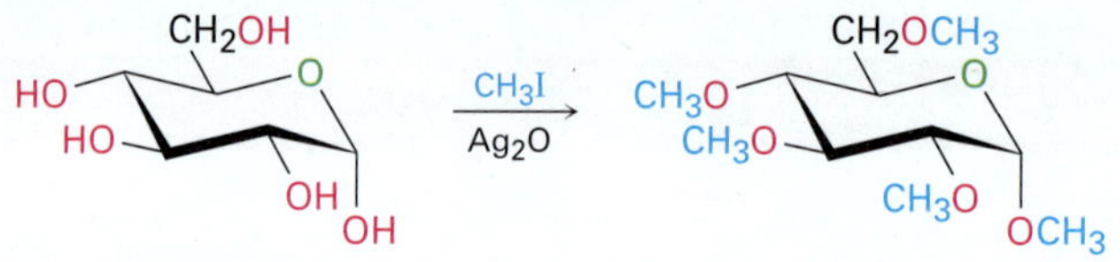

α-D-글루코피라노오스 → CH_3I, Ag_2O → α-D-글루코피라노오스 펜타메틸 에터 (85%)

문제 14.16 β-D-라이보퓨라노오스와 다음 시약을 반응시켜서 얻을 수 있는 생성물의 구조를 그려라.

(a) CH_3I, Ag_2O　　(b) $(CH_3CO)_2O$, 피리딘

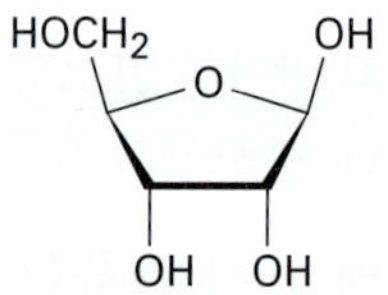

β-D-라이보퓨라노오스

글리코사이드 형성

우리는 9.8절에서 헤미아세탈을 알코올과 산 촉매로 처리하면 아세탈을 생성함을 보았다.

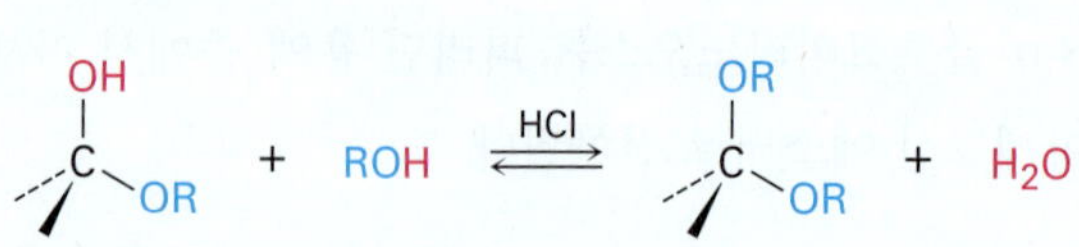

반아세탈 + ROH ⇌(HCl) 아세탈 + H_2O

같은 방식으로, 단당 헤미아세탈을 알코올과 산 촉매로 처리하면 아노머형의 −OH기가 −OR기로 치환된 아세탈을 얻는다. 예를 들면, 글루코오스를 메탄올과 반응시켜 α와

β 메틸 D-글루코피라노사이드의 혼합물을 2:1 비율로 얻는다.

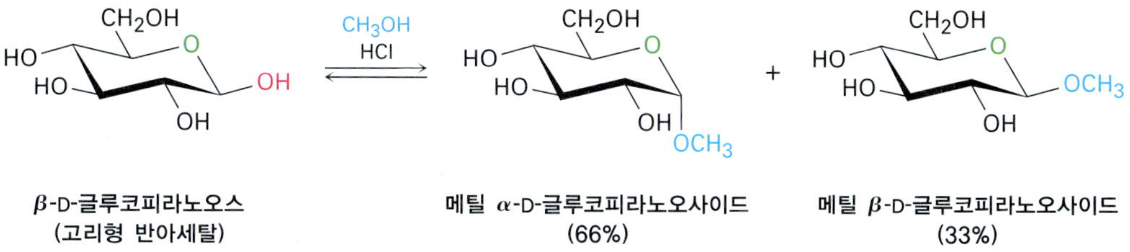

β-D-글루코피라노오스 (고리형 반아세탈) ⇌ (CH_3OH, HCl) 메틸 α-D-글루코피라노오사이드 (66%) + 메틸 β-D-글루코피라노오사이드 (33%)

글리코사이드(glycoside)라 부르는 탄수화물의 아세탈은 먼저 알킬기를 부르고 당의 말단 -오스(*-ose*)를 -오사이드(*-oside*)로 치환하여 이름을 붙인다. 아세탈처럼 글리코사이드는 물에 안정하다. 그들은 열린 사슬 형태와 평형을 이루지 않으므로 변광회전을 보이지 않는다. 그러나 이들은 산 수용액에서 가수분해되어 단당과 알코올로 돌아가게 된다.

글리코사이드는 천연에 널리 분포하며, 많은 생물학적 활성을 가진 중요한 분자들은 글리코사이드 연결을 가진다. 예를 들면, 심장병 치료에 쓰이는 디저탤리스(digitalis) 합성의 활성 성분인 디지톡신(digitoxin)은 삼당에 연결된 복잡한 스테로이드 알코올로 구성된 글리코사이드이다. 당 3개도 또한 글리코사이드 결합으로 연결되어 있음에 주목하라.

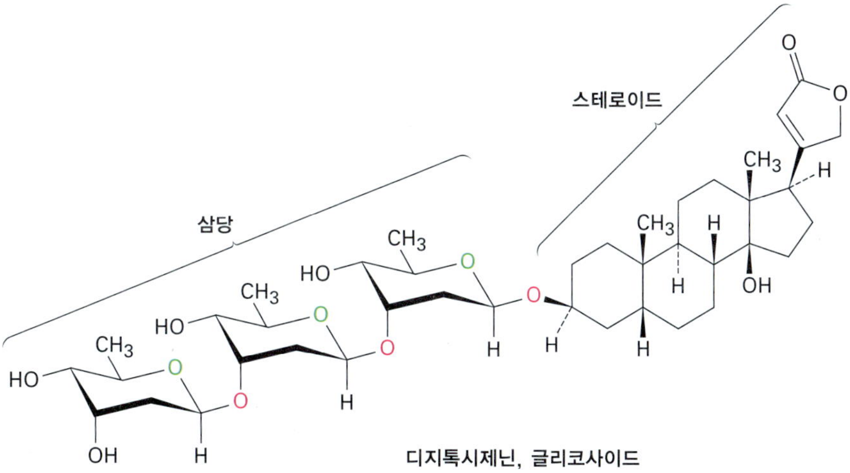

삼당 / 스테로이드

디지톡시제닌, 글리코사이드

예문 14.7 글리코사이드의 구조 예측하기

β-D-라이보퓨라노오스와 메탄올의 산-촉매 반응으로 어떤 생성물을 얻을 수 있는가?

풀이 단당과 알코올의 산-촉매 반응으로 아노머 $-OH$기가 알코올의 $-OR$기로 치환된 글리코사이드를 생성한다.

해답

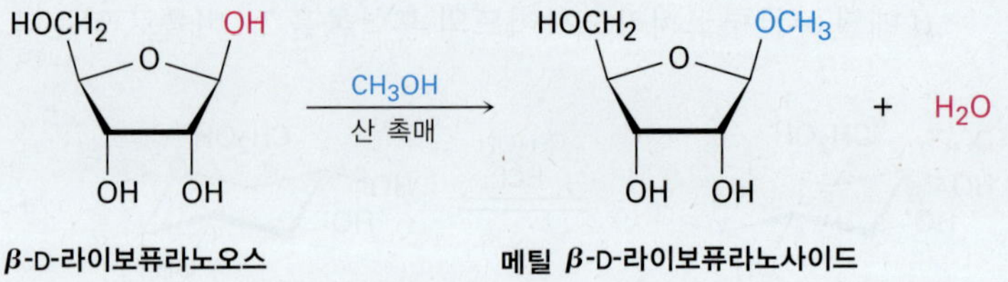

CH_3OH, 산 촉매 → + H_2O

β-D-라이보퓨라노오스 메틸 β-D-라이보퓨라노사이드

문제 14.17 β-D-갈락토피라노오스와 에탄올의 산-촉매 반응에서 얻을 수 있는 생성물을 그려라.

생물학적 에스터 생성: 인산화반응

살아 있는 조직에서 탄수화물은 자유형뿐만 아니라 지질(당지방질)이나 단백질(당단백질) 같은 다른 생물학적 분자에 아노머 중심을 통해 연결되어 발생한다. 통합적으로 **당콘주게이션**이라 부르는 이들 당-연결 분자들은 세포벽의 성분이고 다른 세포 부류를 서로 인식하는 메커니즘에 중요하다.

당콘주게이션 생성은 지질이나 단백질이 글리코실 뉴클레오사이드 이인산염과 반응하여 일어난다. 이 이인산염은 그 자신 단순 당과 아데노신 삼인산염(ATP)이 반응하여 글리코실 일인산염을 생성한 후 유리딘 삼인산염(UTP)과의 반응으로 이루어진다. (16.5절에서 뉴클레오사이드 인산염의 구조를 보게 될 것이다.) 인산화 반응의 목적은 당의 아노머성

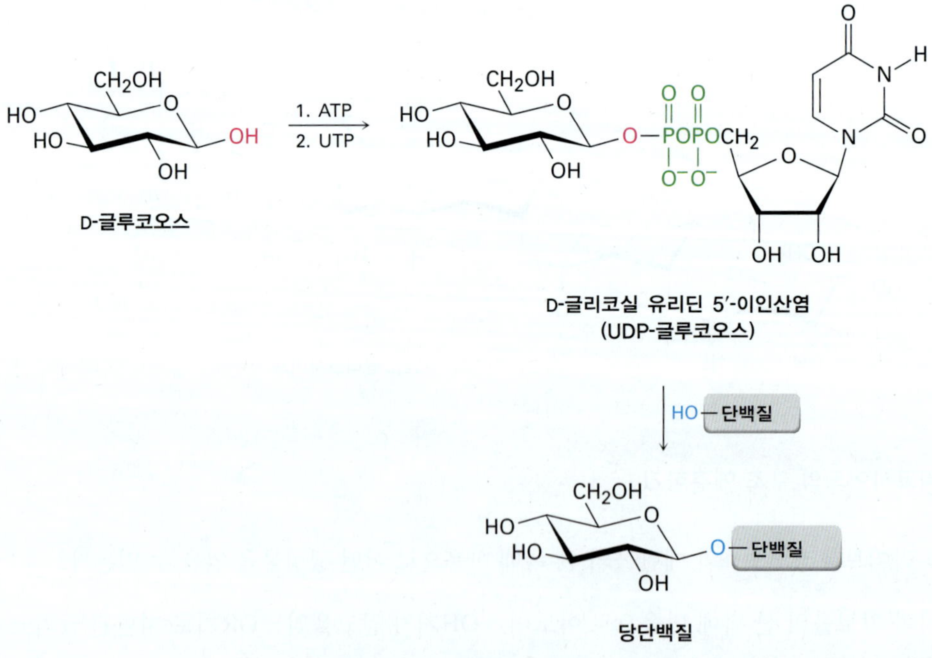

D-글루코오스 → 1. ATP 2. UTP → D-글리코실 유리딘 5′-이인산염 (UDP-글루코오스) → HO—단백질 → 당단백질

그림 14.6 당단백질 생성은 출발 탄수화물과 ATP의 초기 반응으로 글리코실 일인산염을 생성한 후 UTP와 이어서 반응하여 글리코실 유리딘 5′-이인산염의 생성에 의해 일어난다. 단백질의 –OH(또는 $-NH_2$)기에 의한 친핵성 치환 반응으로 당단백질을 생성한다.

−OH기를 활성화시켜 단백질이나 지질과 친핵성 치환 반응에서 더 좋은 이탈기로 만드는 데 있다(그림 14.6).

단당류의 환원

알도오스나 케토오스를 $NaBH_4$로 환원하면 **알디톨**(alditol)이라 부르는 폴리알코올이 된다. 이 반응은 알데하이드 ⇄ 헤미아세탈 평형에 존재하는 열린 사슬 형태의 반응으로 일어난다.

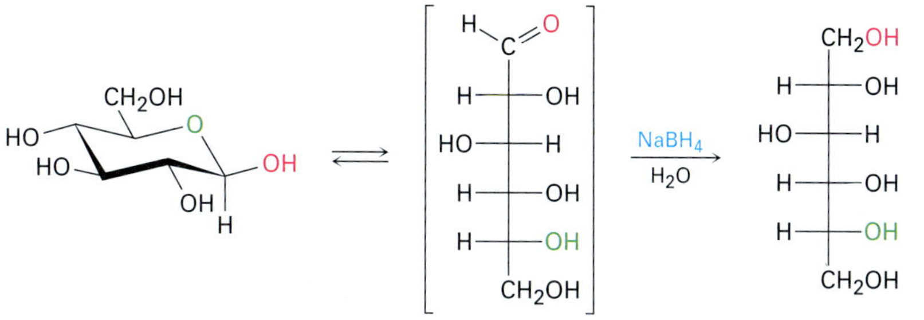

β-D-글루코피라노오스 **D-글루코오스** **D-글루시톨(D-소르비톨), 알디톨**

D-글루시톨은 D-글루코오스의 환원으로 생성된 알디톨인데 여러 과일과 장과류에서 분리된 천연물질이다. 이는 여러 가공 식품에서 D-소르비톨이라는 이름으로 감미료와 설탕 대체물로 쓰인다.

예문 14.8 알디톨 구조 그리기

D-갈락토오스의 환원으로 얻어지는 알디톨의 구조를 그려라.

풀이 먼저 D-갈락토오스의 열린 사슬 형태를 그려라. 그러고나서 C1의 −CHO기를 $-CH_2OH$기로 바꿔라.

해답

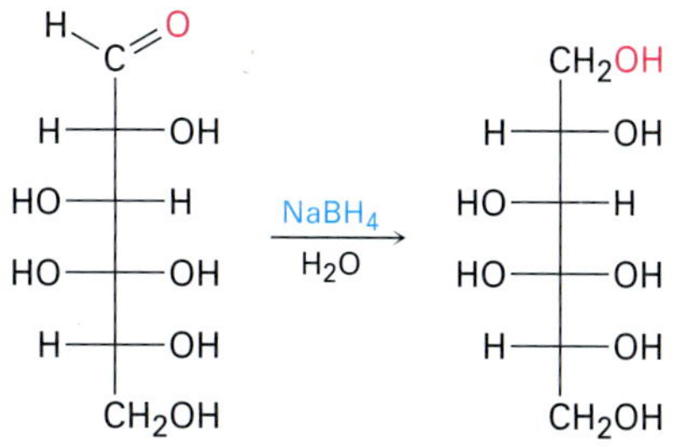

D-갈락토오스 **D-갈락티톨**

문제 14.18 D-글루코오스를 환원시키면 광학 활성인 알디톨(D-글루시톨)을 얻지만 D-갈락토오스를 환원시키면 광학 불활성인 알디톨을 얻게 되는 이유를 어떻게 설명할 수 있겠는가(6.7절)?

문제 14.19 L-굴로오스를 $NaBH_4$로 환원시키면 D-글루코오스를 환원시켜 얻은 것과 같은 동일한 알디톨(D-글루시톨)을 얻는다. 이유를 설명하라.

단당류의 산화

다른 알데하이드와 마찬가지로, 알도오스는 쉽게 산화되어 **알돈산**(aldonic acid)이라 부르는 해당하는 카복실산을 생성한다. 실험실 목적으로 Br_2 수용액의 완충용액이 흔히 쓰인다.

D-글루코오스 ⇌ (사슬형) —Br_2, H_2O / pH = 6→ D-글루콘산 (알돈산)

역사적으로, 알도오스는 암모니아 수용액 중의 Ag^+(Tollens 시약)나 Cu^{2+}의 시트르산 나트륨 수용액(Benedict 시약)에 의해 산화되는데 **환원당**(reducing sugars)이라고 하는 간단한 시험의 기초가 된다(환원이란 알도오스가 금속 산화제를 환원시키기 때문). 약국에서 판매된 간단한 당뇨병 자가시험 도구는 Benedict 시약을 이용하여 소변 중의 글루코오스를 검출하는 데 아직도 이용된다.

모든 알도오스는 알데하이드 카보닐기를 가지고 있어서 환원당이다. 그러나 글리코사이드는 아세탈기가 염기성 조건에서는 알데하이드로 열릴 수 없기 때문에 비환원당이다.

만약 따뜻하고 묽은 HNO_3(질산)를 산화제로 사용하면, 알도오스는 **알다르산**(aldaric acid)이라 부르는 이카복실산으로 산화된다. 이 반응에서, 알데하이드 카보닐과 말단의 $-CH_2OH$기가 산화된다.

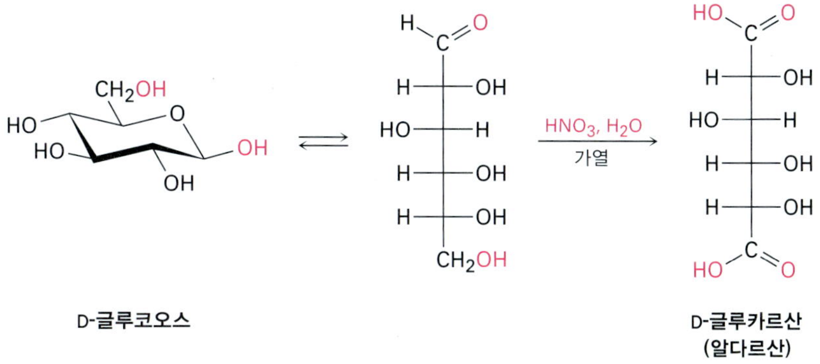

D-글루코오스

D-글루카르산
(알다르산)

마지막으로, 만약 알도오스의 −CHO기에 영향을 주지 않고 말단의 $-CH_2OH$만 산화시키면 **우론산**(uronic acid)이라 부르는 단일카복실산이 된다. 이 반응은 효소적으로 이루어지며 실험실에서 선택적인 산화를 이룰 수 있는 화학 시약은 알려져 있지 않다.

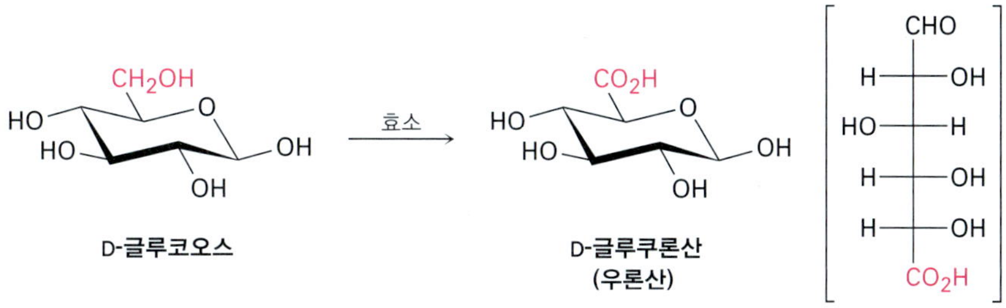

D-글루코오스

D-글루쿠론산
(우론산)

문제 14.20 D-글루코오스는 질산으로 처리하면 광학 활성인 알다르산을 생성하나 D-알로오스는 광학 불활성인 알다르산을 생성한다. 그 이유를 설명하라.

문제 14.21 6가지 D 알도헥소오스 중에서 어느 것이 광학 활성인 알다르산을 생성하고 어느 것이 광학 불활성인 알다르산을 생성하는가(문제 14.20)?

14.8 8개의 필수 단당류

인간은 적당한 기능을 위해서 8개의 단당류를 얻는 것이 필요한다. 비록 모두 필요하면 간단한 전구체로부터 체내에서 생합성될 수 있어도 음식물로부터 얻는 것이 더욱 에너지적으로 효과가 있다. 그 8개는 L-퓨코오스(6-데옥시-L-갈락토오스), D-갈락토오스, D-글루코오스, D-만노오스, *N*-아세틸-D-글루코사민, *N*-아세틸-D-갈락토사민, D-자이로오스 및 *N*-아세틸-D-뉴라민산이다(그림 14.7). 모두 세포벽의 당콘주게이션 성분의 합성에 쓰인다. 그리고 글루코오스는 또한 몸의 일차 에너지원이다.

8개의 필수 단당류 중 갈락토오스, 글루코오스 및 만노오스는 단순 알도헥소오스인 반

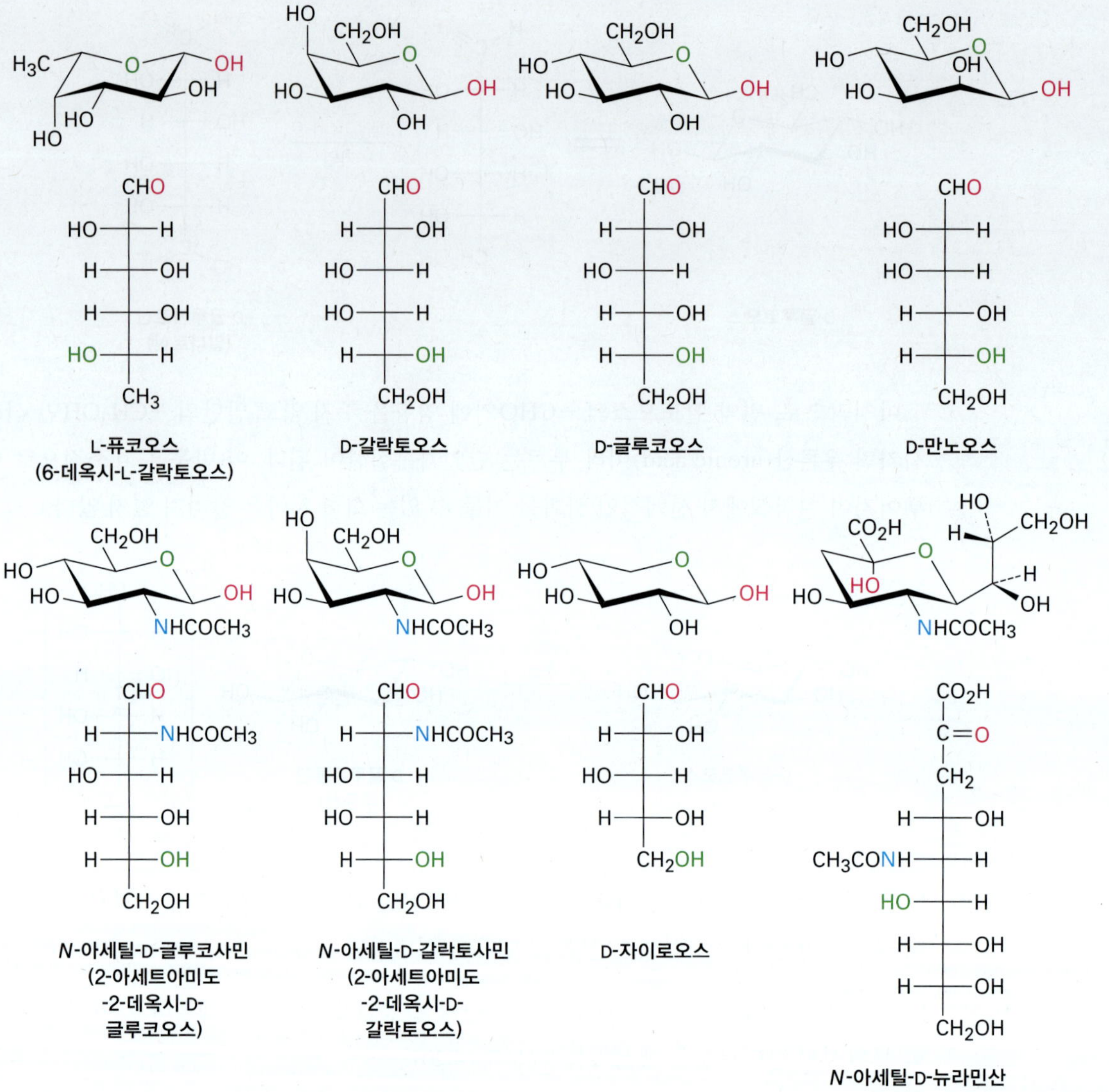

L-퓨코오스
(6-데옥시-L-갈락토오스)

D-갈락토오스

D-글루코오스

D-만노오스

N-아세틸-D-글루코사민
(2-아세트아미도
-2-데옥시-D-
글루코오스)

N-아세틸-D-갈락토사민
(2-아세트아미도
-2-데옥시-D-
갈락토오스)

D-자이로오스

N-아세틸-D-뉴라민산

그림 14.7 인간에 필수적인 8개 단당류의 구조

면, 자이로오스는 알도펜토오스이다. 퓨코오스는 **탈산소당**인데 산소 원자가 "없다"는 의미이다. 즉, −OH기(C6에 1개)가 −H로 치환되었다. *N*-아세틸글루코사민과 *N*-아세틸갈락토사민은 −OH(C2에 1개)가 $-NH_2$기로 치환된 아미노당(amino sugars)의 아마이드 유도체이다. *N*-아세틸뉴라민산은 여러 가지 산화, 아세틸화 황화 및 메틸화를 포함해서 다른 변경을 한 30개 이상의 물질로 된 시아르산(sialic acids)의 근원 화합물이다. 모든 필수 단당류의 글루코오스로부터 생합성된다.

14.9 이당류

우리는 14.7절에서 단당 헤미아세탈은 알코올과 반응하여 아노머 −OH기가 −OR 치환기로 치환된 글리코사이드를 생성함을 보았다. 만약 알코올 그 자신이 당이라면, 글리코사이드 생성물은 이당류가 된다.

말토오스와 셀로비오스

이당류는 한 당의 아노머 탄소와 다른 당의 임의의 위치에 있는 −OH기가 글리코사이드 아세탈 결합을 형성하여 만들어진다. 첫째 당의 C1과 둘째 당의 C4 사이의 글리코사이드 결합이 특히 보편적이다. 그러한 결합을 **1→4 연결**(1→4 link)이라고 부른다.

아노머 탄소에 대한 글리코사이드 결합은 α 또는 β일 수 있다. 녹말의 효소 촉매화로 가수분해되어 얻어지는 이당류인 말토오스는 1→4-α-글리코사이드 결합으로 연결된 2개의 α-D-글루코피라노오스 단위로 이루어져 있다. 셀룰로오스를 부분 가수분해하여 얻는 이당류인 셀로비오스는 1→4-β-글리코사이드 결합으로 연결된 2개의 β-D-글루코피라노오스로 이루어져 있다.

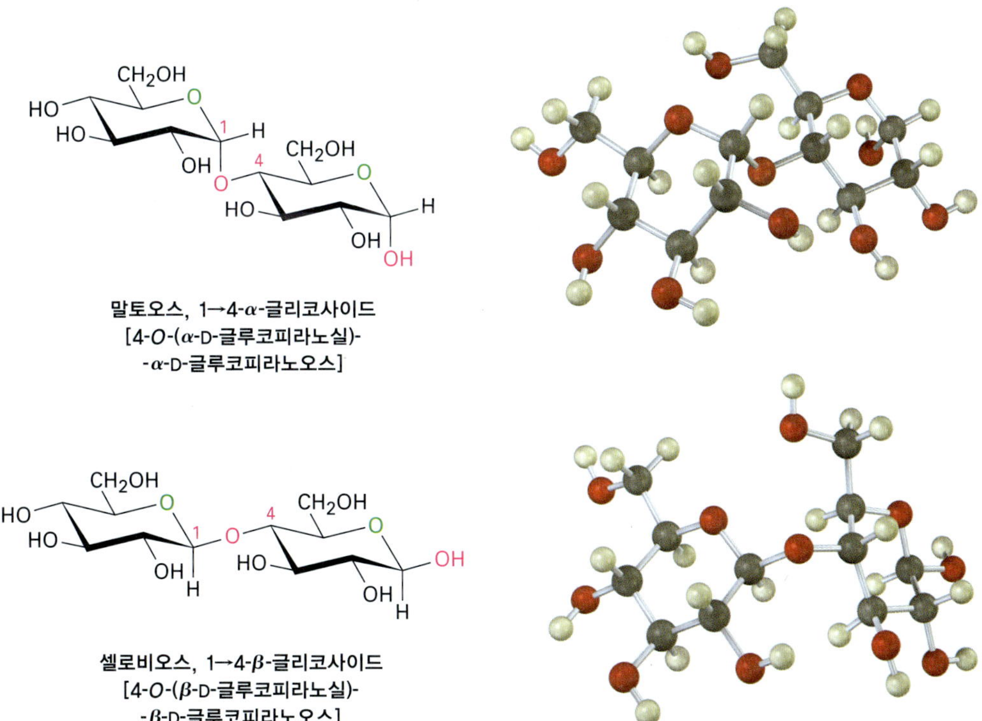

말토오스, 1→4-α-글리코사이드
[4-*O*-(α-D-글루코피라노실)-
-α-D-글루코피라노오스]

셀로비오스, 1→4-β-글리코사이드
[4-*O*-(β-D-글루코피라노실)-
-β-D-글루코피라노오스]

말토오스(maltose)와 셀로비오스(cellobiose)는 둘 다 환원당이다. 왜냐하면 각각의 오른쪽에 있는 글루코피라노오스 단위 위에 있는 아노머 탄소가 헤미아세탈기를 가지며 알데하이드형과 평형에 놓여 있기 때문이다. 비슷한 이유로, 말토오스와 셀로비오스는 오른쪽에 있는 글루코피라노오스 단위의 α와 β 아노머의 변광회전을 보인다.

구조적 유사성에도 불구하고 말토오스와 셀로비오스는 극적으로 다른 생물학적 성질을 가진다. 셀로비오스는 인간이 소화시킬 수 없으며 효모에 의해 발효될 수도 없다. 그러나 말토오스는 어려움 없이 소화되고 쉽게 발효된다.

문제 14.22 셀로비오스와 다음 시약과의 반응에서 얻는 생성물의 구조를 그려라.

(a) $NaBH_4$ (b) Br_2, H_2O

수크로오스

수크로오스(sucrose), 즉 보통 설탕은 아마도 세상에서 가장 흔한 유기 화학물질일 것이다. 사탕수수(무게비 약 20%)에서 얻거나 사탕무(무게비 약 15%)에서 얻거나, 그리고 정제하였거나 하지 않았거나 모든 설탕은 수크로오스이다.

수크로오스는 가수분해하면 글루코오스 1당량과 프룩토오스 1당량을 생성하는 이당류이다. 글루코오스와 프룩토오스의 1:1 혼합물을 **반전당**(invert sugar)이라 하는데 수크로오스가 가수분해되는 동안 광회전 부호가 $[\alpha]_D = +66.5$로부터 글루코오스/프룩토오스 혼합물의 광회전 부호 $[\alpha]_D = -22$로 변하거나 반전되기 때문이다. 꿀벌과 같은 곤충은 수크로오스를 가수분해되도록 촉매작용을 하는 **전화효소**(invertase)라 하는 효소를 가지고 있다. 사실 벌꿀은 주로 글루코오스, 프룩토오스 및 수크로오스의 혼합물이다.

대부분의 다른 이당류와는 달리 수크로오스는 환원당이 아니며 변광회전을 보이지 않는다. 이 사실은 수크로오스가 헤미아세탈기가 없고 글루코오스나 프룩토오스 단위가 둘 다 글리코사이드임을 시사한다. 이것은 두 당이 글루코오스의 C1과 프룩토오스의 C2인 아노머 탄소 간에 글리코사이드 연결에 의해 결합되었을 때만 일어날 수 있다.

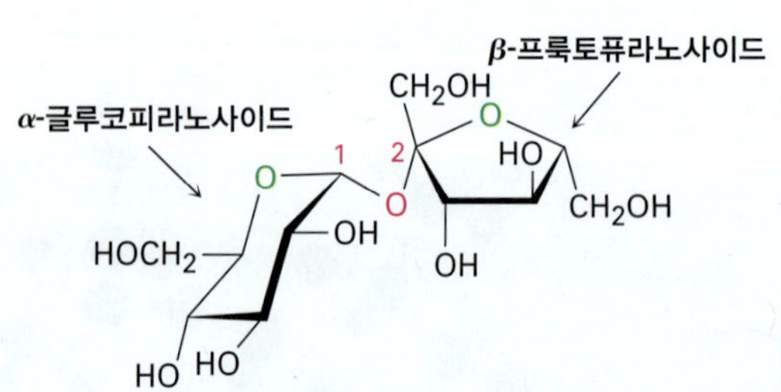

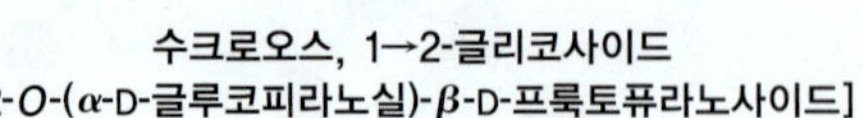
수크로오스, 1→2-글리코사이드
[2-*O*-(α-D-글루코피라노실)-β-D-프룩토퓨라노사이드]

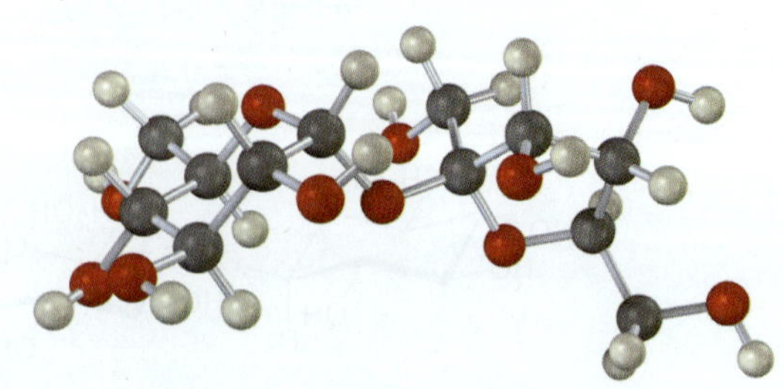

14.10 다당류

다당류(polysaccharide)는 수십, 수백, 또는 심지어 수천 개의 간단한 당이 글리코사이드 결합으로 연결되어 있는 복합 탄수화물이다. 이 화합물들이 매우 긴 사슬의 말단에 1개의 자유로운 아노머 −OH기를 가지고 있지 않기 때문에 그들은 환원당이 아니며 눈에 띌 만한 변광회전을 보이지 않는다. 셀룰로오스와 녹말은 가장 널리 존재하는 2개의 다당류이다.

셀룰로오스

셀룰로오스는 셀로비오스의 그것과 같이 1→4-β-글리코사이드로 연결된 수천 개의 D-글루코오스 단위로 구성되어 있다. 이러한 셀룰로오스 분자는 다른 셀룰로오스 분자들과 수소 결합을 통해 함께 붙어 거대한 집합 구조를 형성한다.

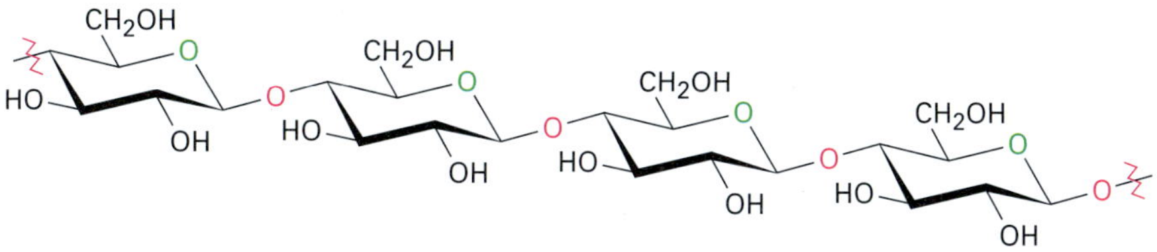

셀룰로오스, 1→4-*O*-(β-D-글루코피라노사이드) 중합체

천연에서 셀룰로오스는 주로 식물의 구조물질로서 견고성과 강도를 부여하는 역할을 한다. 잎, 풀 및 목화의 주성분은 셀룰로오스이다. 셀룰로오스는 또한 상업적으로 **아세테이트 레이온**(acetate rayon)으로 알려진 아세트산 셀룰로오스와 **면화약**(guncotton)으로 알려진 질산 셀룰로오스의 제조 원료 물질로 쓰인다. 면화약은 무연화약의 주성분으로 포탄의 장약 및 소화기의 탄약으로 쓰인다.

녹말과 글라이코겐

감자, 옥수수 및 곡류는 단당류 단위가 말토오스처럼 1→4-α-글리코사이드 결합으로 연결된 글루코오스 중합체인 **녹말**(starch)을 가지고 있다. 녹말은 **아밀로오스**(amylose)와 **아밀로펙틴**(amylopectin)의 두 쪽으로 나눌 수 있다. 아밀로오스는 녹말의 무게에서 약 20%를 차지하고 수백 개의 글루코오스 분자가 1→4-α-글리코사이드 결합으로 함께 연결되어 있다.

아밀로오스, 1→4-*O*-(α-D-글루코피라노사이드) 중합체

녹말의 남은 80%를 구성하는 아밀로펙틴은 아밀로오스보다 더 복잡한 구조를 보인다. 직선형 중합체인 셀룰로오스나 아밀로오스와는 달리, 아밀로펙틴은 약 25개 글루코오스 단위마다 곁사슬이 1→6-*α*-글리코사이드 결합으로 연결되어 있다.

α-(1→6) 글리코사이드 가지

α-(1→4) 글리코사이드 연결

아밀로펙틴: *α*-(1→6) 가지를 가진 *α*-(1→4) 연결

녹말을 섭취하게 되면 입과 위에서 *α*-글리코시드 가수분해효소(*α*-glycosidase)라는 효소에 의해 소화되는데 이것은 글리코사이드 결합의 가수분해에 촉매작용을 하여 글루코오스 각 분자로 방출한다. 대부분의 효소들과 같이 글리코시드 가수분해효소는 그들의

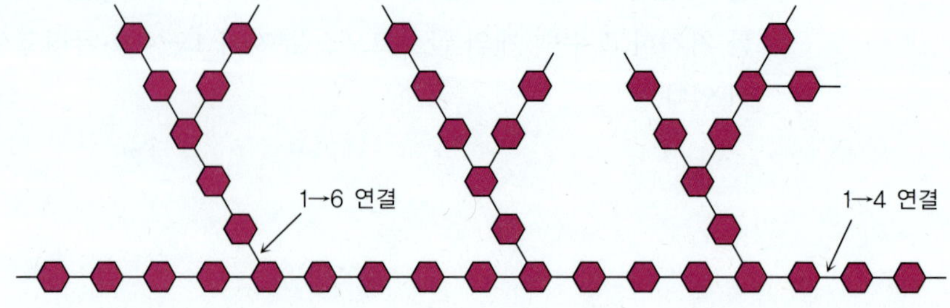

그림 14.8 글라이코겐 구조 묘사. 육각형은 글루코오스 단위가 1→4 및 1→6 글리코사이드 결합으로 연결되어 있음을 나타낸다.

작용에 있어서 선택성이 높다. 이들은 녹말의 α-글리코사이드 결합만을 가수분해하고 셀룰로오스의 β-글리코사이드 연결은 그냥 놔 둔다. 그러므로 인간은 감자와 곡물은 소화할 수 있으나 풀과 잎은 소화할 수 없다.

글라이코겐(glycogen)은 식물에서 녹말이 하는 역할과 같이 동물에서 에너지 저장 기능을 하는 다당류이다. 섭취한 탄수화물 중 에너지원으로 즉각 필요하지 않은 것은 몸에 의해 장기간 저장되는 글라이코겐으로 변환된다. 녹말에 있는 아밀로펙틴처럼 글라이코겐은 1→4 및 1→6 연결을 하는 복잡한 가지를 친 3차원 구조를 가진다(그림 14.8). 글라이코겐 분자는 글루코오스 단위로 100,000개까지 그리고 더 많은 가지조차 가져 아밀로펙틴보다 더 큰 분자이다.

14.11 세포-표면 탄수화물과 탄수화물 백신

탄수화물은 한때 구조적 물질과 에너지원으로서만 천연에서 유용하다고 생각되었었다. 비록 탄수화물이 사실상 이러한 목적으로 쓰인다고 해도 여러 가지 다른 중요한 생화학적 기능 또한 가지고 있다. 앞서 주목했던 것처럼, 예를 들면 당콘주게이트는 한 종류의 세포가 다른 종류의 세포를 구별하는 중요한 과정인 세포-세포 인지의 중심 역할을 담당하는 것으로 밝혀졌다. 단백질의 $-OH$기나 $-NH_2$기에 글리코사이드 연결로 공유 결합된 작은 다당류 사슬은 사람의 혈액형 항원의 예에서와 같이 세포 표면에서 생화학적인 기록원으로 작용한다.

인간의 혈액은 4가지 형(A, B, AB 및 O)으로 분류될 수 있으며 혈액 제공자의 혈액형이 혈액을 제공받는 사람의 혈액형에 적합하지 않으면(표 14.1) 수혈할 수 없다는 사실은 한 세기 전부터 알려져 왔다. 만약 적합하지 않은 혈액을 혼합하면 적혈구가 뭉쳐서 핏덩어리(agglutinate)를 만든다.

부적합한 적혈구가 응집하는 것은 몸의 면역체계가 외래 세포의 존재를 인식하고 여기에 대항하는 항체를 생성하였음을 나타내는데, 이는 세포 표면에 다당체 표지가 존재하기 때문에 일어나는 것이다. A, B, O형 적혈구는 각각 고유한 표지, 항원성 결정인자(antigenic

표 14.1 인간 혈액형 적합성

제공자 혈액형	A	B	AB	O
A	○	×	○	×
B	×	○	○	×
AB	×	×	○	×
O	○	○	○	○

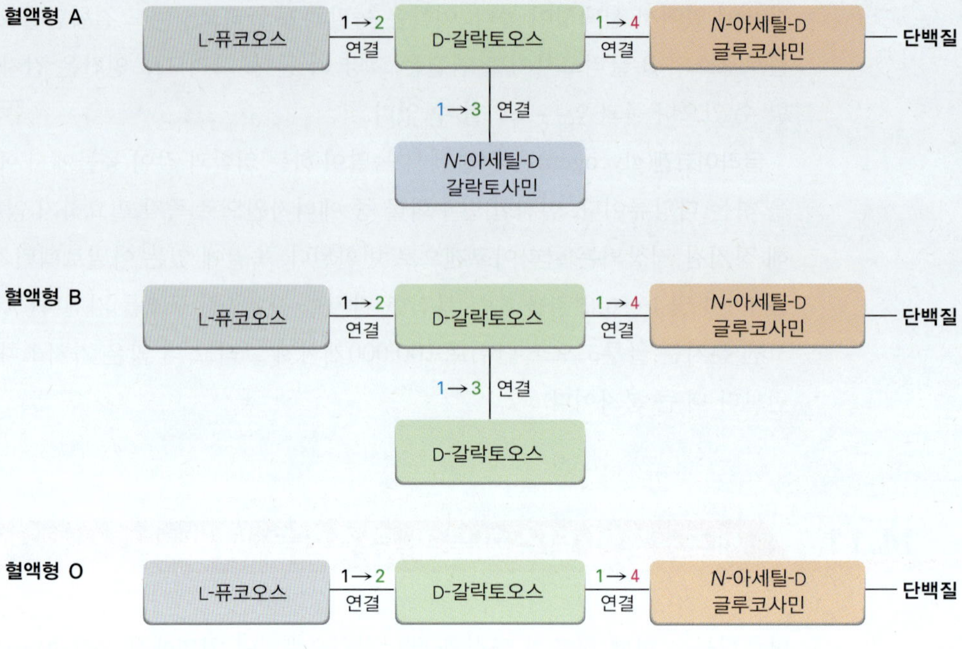

그림 14.9 A, B, O 혈액형의 항원성 결정인자의 구조

determinant)를 지니며 AB형 세포는 A형과 B형 표지 모두를 지닌다. 이들 세 혈액형 결정인자의 구조가 그림 14.9에 나타나 있다. 전에 본 그림 14.7의 8개의 필수 당 중에서 단당류가 각각의 지표를 이루는 것에 주목하라.

3가지 모든 혈액형 항원성 결정인자는 *N*-아세틸아미노 당과 흔하지 않은 단당인 L-퓨코오스를 함유한다.

β-D-*N*-아세틸글루코사민 **β-D-*N*-아세틸갈락토사민** **α-L-퓨코오스**

세포 인식 과정에서 탄수화물의 역할을 설명하는 것은 현재 활발히 진행되는 연구 분야이며 세균 감염에서부터 암에 이르는 다양한 질병을 이해하는 데 돌파구를 마련해 줄 것으로 기대되고 있다. 특히 흥미로운 것은 인체의 면역체계를 동원할 수 있는 탄수화물-기반 백신을 개발할 수 있는 가능성이 있다는 것이다. 현재 백신 개발을 위해 연구 중인 병은 폐렴, 말라리아, 몇 가지 암 및 AIDS 등이 있다.

생활 속의 유기 화학

단맛

iStockphoto/Ice cream/Thinkstock

음식 재난

당이란 말을 듣게 되면 대부분의 사람들은 즉각적으로 단맛 나는 사탕, 식후의 다과 및 그런 것 등을 생각한다. 사실상, 대부분의 간단한 탄수화물은 단맛을 내지만 당도는 당에 따라 크게 다르다. 수크로오스(설탕)를 기준으로 하면, 프룩토오스는 거의 두 배나 달지만, 락토오스는 약 1/6밖에 달지 않다. 그러나 단맛이란 시험 받는 용액의 농도와 개인의 의견에 따라 다르기 때문에 이러한 비교는 쉽지 않다. 그럼에도 불구하고 다음 표 14.2에 나타낸 순서는 일반적으로 인정되고 있다.

칼로리를 적게 섭취하려는 많은 사람들의 열망에서 합성 감미료로서 사카린, 아스파탐, 아세설팜 및 슈크라로오스 등이 개발되었다. 이들은 모두가 천연 당보다 훨씬 더 달며 개인의 기호나 정부의 규제, 그리고 열안정성(굽는 상품)에 따라 선택하게 된다. 가장 오래된 합성 감미료인 사카린은 약간의 금속성 뒷맛에도 불구하고 지난 한 세기 이상 사용되어 왔다. 1970년대 초에 안정성과 잠재적 발암성에 관해 의문이 제기되었으나 지금은 혐의를 다 벗었다.

가장 최근에 인정을 받은 감미료인 아세설팜 칼륨은 뒷맛이 거의 없어 청량음료에 널리 사용된다. 다른 최근에 인정을 받은 감미료인 슈크라로오스는 고온에서의 안정성 때문에 굽는 상품에서 특별히 유용하다. 아크람(Aclame)이라는 이름으로 어떤 나라에서 판매되는 아리탐(Alitame)은 미국에서 판매하도록 허가 받지 못하였다. 그것은 설탕보다

표 14.2 몇 가지 당과 당 대체물의 단맛

이름	유형	단맛
락토오스	이당류	0.16
글루코오스	단당류	0.75
수크로오스	이당류	1.00
프룩토오스	단당류	1.75
아스파탐	합성	180
아세설팜-K	합성	200
사카린	합성	350
슈크라로오스	반합성	600
아리탐	반합성	2000

단맛이 2000배이다. 그리고 아세설팜-K처럼 뒷맛이 없다. 표 14.2에 나열된 5가지 합성 감미료 중 슈크라로오스만 명백하게 구조적으로 닮았다. 그러나 그것은 3개의 염소 원자를 포함하므로 극적으로 다르다. 아스파탐(Aspartame)과 아리탐(Alitame)은 둘 다 다이펩타이드이다.

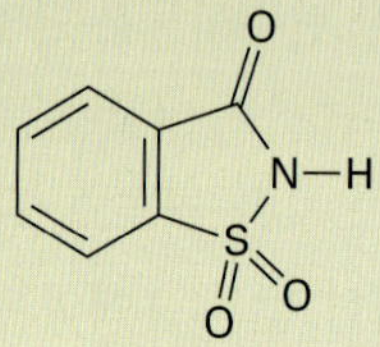

사카린
(Saccharin)

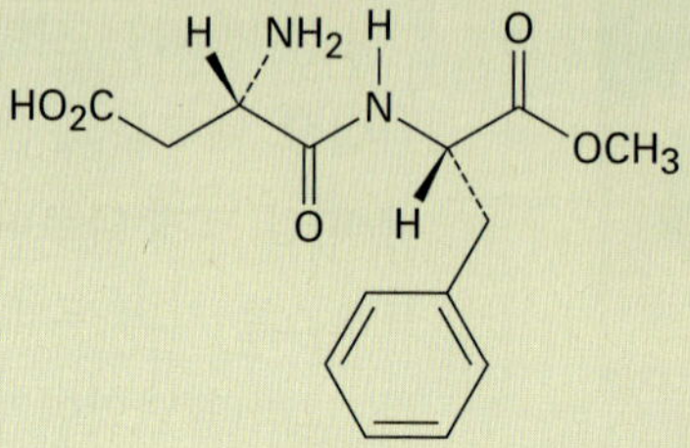

아스파탐
(Aspartame)

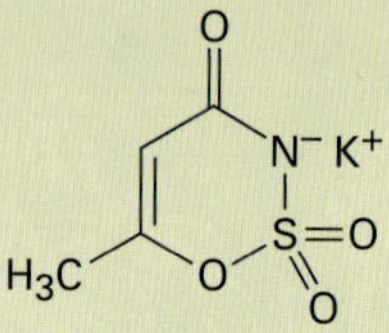

아세설팜 칼륨
(Acesulfame potassium)

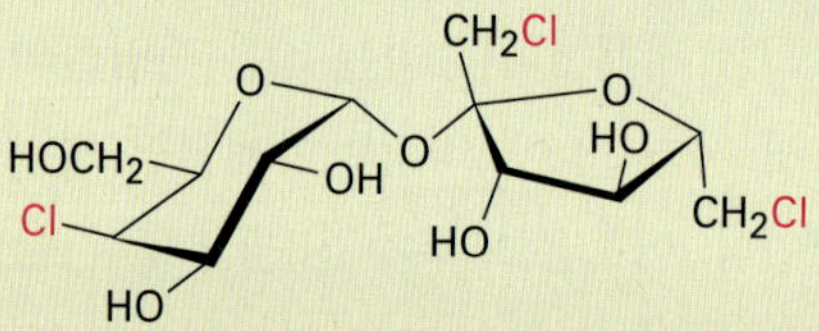

슈크라로오스
(Sucralose)

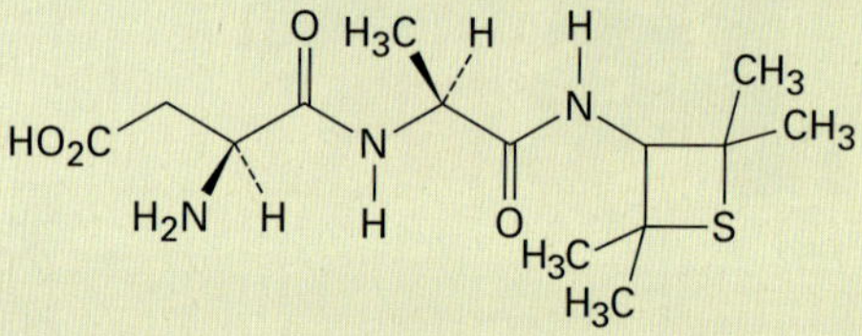

아리탐
(Alitame)

요약과 주요용어

글리코사이드 glycoside
단당류 monosaccharide
단순 당 simple sugar
베타(β) 아노머 beta anomer
변광회전 mutarotation
복합 탄수화물 complex carbohydrate
아노머 중심 anomeric center
아미노 당 amino sugar
알다르산 aldaric acid
알도오스 aldose
알돈산 aldonic acid
알디톨 alditol
알파(α) 아노머 alpha anomer
우론산 uronic acid
케토오스 ketose

이제 우리는 모든 보편적 작용기와 반응 유형을 살펴보았으므로 우리의 초점은 주요 생물학적 분자를 보는 것으로 바꾸었다. **탄수화물**은 폴리하이드록시 알데하이드 및 케톤이다. 그들은 함유하고 있는 카보닐기의 종류와 탄소 원자의 수에 따라 분류된다. 그러므로 글루코오스는 6-탄소 알데하이드 당인 알도헥소오스이다. **단당류**는 카보닐기에서 가장 멀리 떨어져 있는 카이랄성 중심의 입체화학에 따라 **D** 또는 **L 당**으로 더 분류된다. 탄수화물 입체화학은 카이랄성 중심이 교차하는 두 선의 교차점으로 나타내는 **Fischer 투영**을 이용해서 흔히 나타낸다.

단당류는 보통 열린 사슬 알데하이드나 케톤으로 있기보다는 고리형 헤미아세탈로 존재한다. 헤미아세탈 연결은 카보닐기와 카보닐기에서 3개 또는 4개 탄소 원자 떨어진 −OH기와의 반응으로 생성된다. 5원자 고리 헤미아세탈은 **퓨라노오스**이고 6원자 고리 헤미아세탈은 **피라노오스**이다. 고리

탄수화물 carbohydrate
탈산소당 deoxy sugar
퓨라노오스 furanose
피라노오스 pyranose
환원당 reducing sugar
1→4 연결 1→4 link
D 당 D sugar
Fischer 투영 Fischer projection
L 당 L sugar

화는 새로운 카이랄성 중심(**아노머 중심**)을 생성하여 **알파(α)**와 **베타(β) 아노머**라 부르는 2개의 부분입체 이성질 헤미아세탈을 만든다.

단당류의 대부분의 화학은 이미 친숙한 알코올과 카보닐기의 화학 반응과 같다. 그러므로 탄수화물의 −OH기는 통상적인 방법으로 에스터와 에터를 형성한다. 단당류의 카보닐기는 $NaBH_4$로 환원되어 **알디톨**을 생성하고, Br_2 수용액으로 산화되어 **알돈산**을 생성하며, HNO_3로 산화되어 **알다르산**이 되고, 효소로 산화되어 **우론산**(uronic acid)이 되고, 산-촉매 존재 하에서 알코올과 함께 반응시켜 **글리코사이드**를 얻는다.

이당류는 2개의 단순 당이 한 당의 아노머 탄소와 다른 당의 −OH 간의 글리코사이드 결합으로 연결된 복합 탄수화물이다. 말토오스와 셀로비오스에서와 같이 2개의 당은 같을 수 있고 수크로오스처럼 다를 수도 있다. 글리코사이드 결합은 α(말토오스)이거나 β(셀로비오스)이며, 두 번째 당의 어떤 −OH와도 이루어질 수 있다. 1→4 연결이 가장 보편적이나(셀로비오스, 말토오스) 1→2(수크로오스)와 같은 다른 연결도 일어난다. 셀룰로오스, 녹말 및 글라이코겐과 같은 다당류는 천연에서 구조물질이나 장기 저장 에너지원으로서 이용된다.

연습

【눈으로 보는 화학】 문제 14.1~14.22는 장 내에서 볼 수 있다.

14.23 카보닐기를 보통 방법과 같이 상단에 놓고 다음 분자의 Fischer 투영을 그려라. 각각이 D 당인지 L 당인지 확인하라.

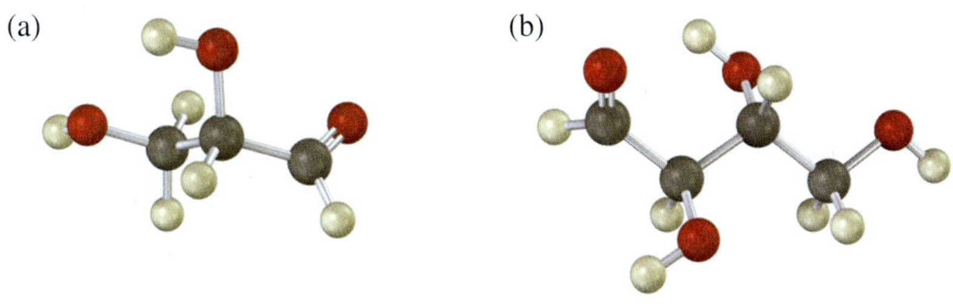

14.24 다음 각 알도오스는 어떤 당인지 확인하라(그림 14.3). 그리고 각각이 D 당인지 혹은 L 당인지 나타내라.

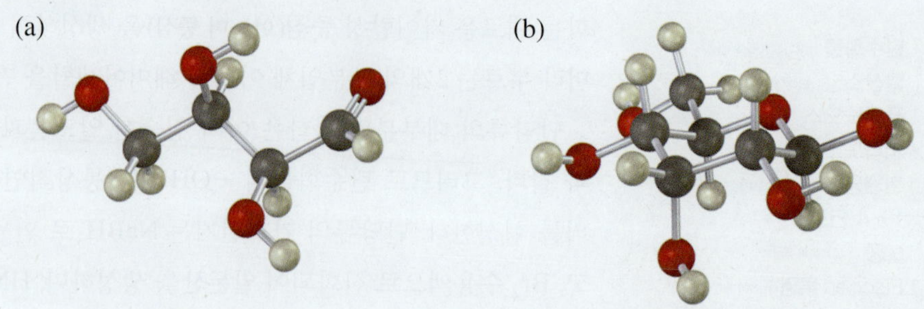

14.25 다음 모형은 알도헥소오스이다.

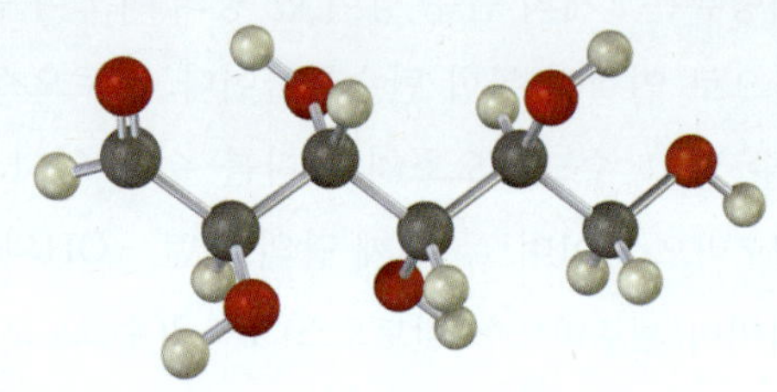

(a) 이 당과, 이 당의 거울상이성질체 및 부분입체이성질체의 Fischer 투영을 그려라.

(b) 이것은 D 당인가 혹은 L 당인가? 그 이유를 설명하라.

(c) 퓨라노오스 형태로 당의 β 아노머를 그려라.

14.26 다음 구조는 피라노오스 형태의 L 알도헥소오스이다. 이 당은 무엇인가(그림 14.3)?

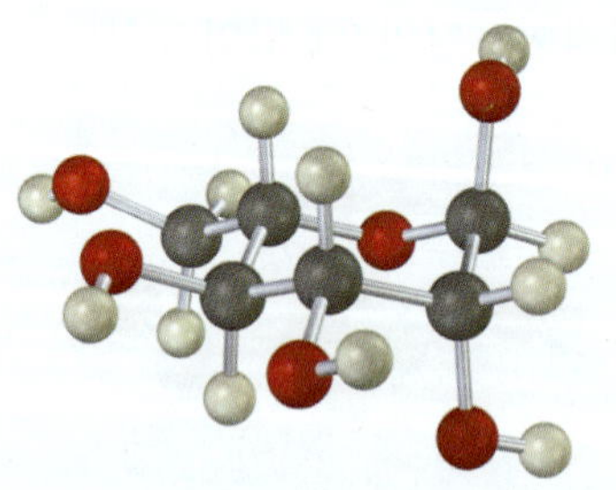

【보충문제】

단당류 분류하기

14.27 데옥시알도헥소오스 하나를 택하여 열린 사슬 구조를 그려라.

14.28 5-탄소 아미노 당의 열린 사슬 구조를 그려라.

14.29 글루코오스를 알도헥소오스로 분류하는 것처럼 다음의 당을 분류하라.

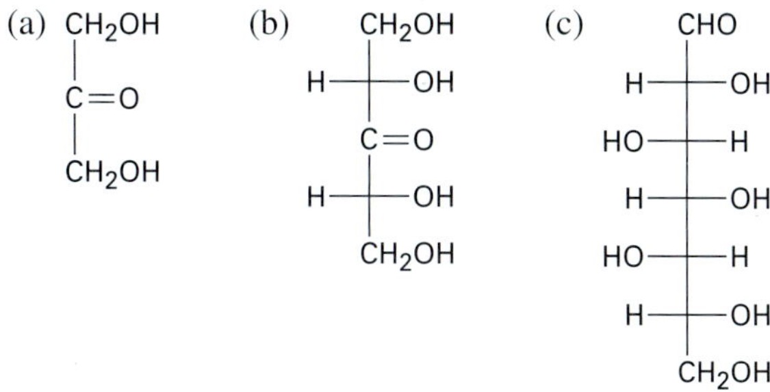

14.30 케토테트로오스와 케토펜토오스 하나씩을 열린 사슬 구조로 그려라.

14.31 다음 용어를 정의하고 한 가지씩 예를 들라.

(a) 단당류 (b) 아노머 중심 (c) Fischer 투영
(d) 글리코사이드 (e) 환원당 (f) 피라노오스 형태
(g) 1→4 연결 (h) D 당

탄수화물 구조 **14.32** 다음은 알로오스의 고리형 구조이다. 이것은 퓨라노오스 형태인가 혹은 피라노오스 형태인가? α 아노머인가 혹은 β 아노머인가? D 당인가 혹은 L 당인가?

14.33 굴로오스(문제 14.32)를 풀어 열린 사슬 형태로 나타내라.

14.34 아스코르브산(바이타민 C)의 구조가 아래에 있다. D와 L 중 어느 배열을 가지는가?

아스코르브산

14.35 아스코르브산의 각 카이랄성 중심의 입체화학을 *R* 또는 *S*로 나타내라(문제 14.34).

14.36 14.9절의 말토오스와 수크로오스의 구조를 살펴보라. 그리고 왜 말토오스는 $NaBH_4$로 환원되나 수크로오스는 안 되는지 설명하라.

14.37 그림 14.3의 D-탈로오스의 구조를 살펴보고 피라노오스 형태의 β 아노머를 그려라. 고리의 치환기가 축방향인지 혹은 적도방향인지 확인하라.

14.38 D-라이불로오스를 5-원자 고리형 β 헤미아세탈 형태로 그려라.

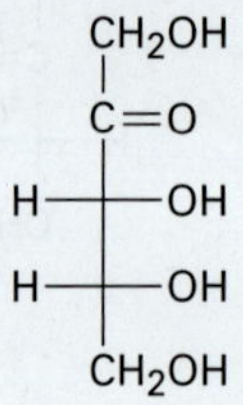

CH_2OH / C=O / H—C—OH / H—C—OH / CH_2OH 라이불로오스

14.39 다음 단당류를 열린-사슬형으로 나타내라.

(a) (b) 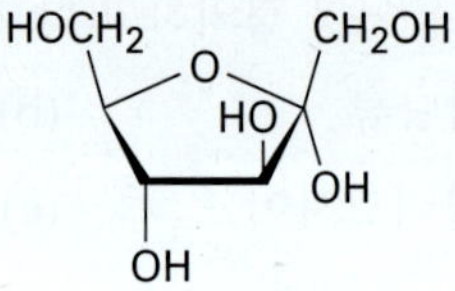 (c)

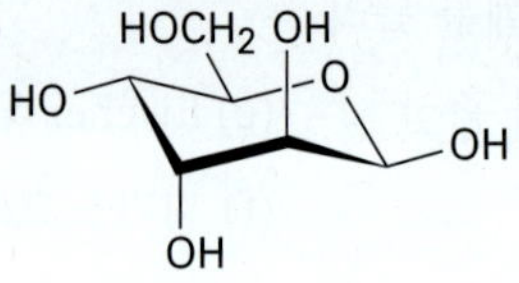

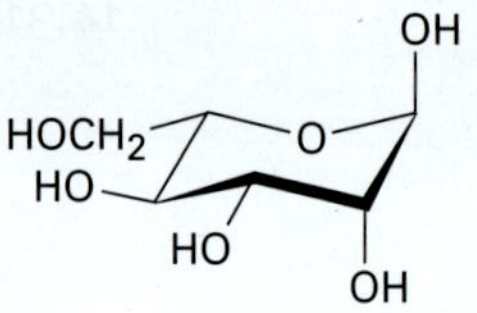

14.40 D-2-케토헥소오스는 몇 가지가 있는가? 그것들을 그려라.

14.41 L-알로오스에 대한 D-알로오스의 입체화학적 관계는 무엇인가? 이 두 당의 다음 성질에 관하여 어떤 일반 규칙을 알 수 있는가?

(a) 녹는점 (b) 물에 대한 용해도

(c) 고유 광회전도 (d) 밀도

14.42 L-자일로오스에 대한 D-라이보오스의 입체화학적 관계는 무엇인가? 두 당의 다음 성질에 관하여 어떤 일반 규칙을 알 수 있는가?

(a) 녹는점 (b) 물에 대한 용해도

(c) 고유 광회전도 (d) 밀도

탄수화물 반응

14.43 D-2-케토헥소오스(문제 14.40) 중 하나를 소르보오스(sorbose)라고 부른다. 소르보오스를 $NaBH_4$로 처리하면 굴리톨과 아이디톨의 혼합물을 생성한다. D-소르보오스의 구조는 무엇인가? (굴리톨과 아이디톨은 굴로오스와 아이도오스의 환원으로 얻어지는 알디톨이다.)

14.44 또 다른 D-2-케토헥소오스인 사이코오스(psicose)를 $NaBH_4$로 환원시키면 알리톨과 알트리톨의 혼합물을 생성한다(문제 14.43). 사이코오스의 구조는 무엇인가?

14.45 β-D-탈로피라노오스(문제 14.37)와 다음 각 시약의 반응에서 얻을 수 있는 생성물의 구조를 그려라.

(a) $NaBH_4$ (b) 따뜻하고 묽은 HNO_3

(c) 수용액 Br_2 (d) CH_3CH_2OH, H^+

(e) CH_3I, Ag_2O (f) $(CH_3CO)_2O$, 피리딘

통합문제 **14.46** 8가지 D 알도헥소오스 중 $NaBH_4$로 환원시키면 어느 것이 광학 비활성(메소)인 알디톨을 생성하는가?

14.47 어떤 다른 D 알도헥소오스가 D 탈로오스와 같은 동일 알디톨을 생성하는가? (문제 14.46 참조)

14.48 다른 3개의 D 알도펜토오스 중 어느 것이 D-라이조오스와 같은 알다르산을 생성하는가?

14.49 8가지 D 알도헥소오스 중 어느 것이 그들의 L 거울상이성질체와 같은 동일한 알다르산을 생성하는가?

14.50 다음 Fischer 투영을 정사면체 모양으로 전환하라.

(a) Br / H—|—OCH_3 / CH_3

(b) CH_3 / H—|—NH_2 / CH_2CH_3

14.51 다음 물질의 Fischer 투영을 그려라.

(a) (*R*)-2-메틸뷰탄산　　(b) (*S*)-3-메틸펜탄-2-온

14.52 Ruff 분해는 알도오스 탄소 사슬에서 탄소 하나를 줄이는 방법이다. 원래의 C1 탄소 원자가 잘라져 나가고, 원래의 C2 탄소 원자는 짧아진 알도오스의 알데하이드가 된다. 예를 들면, 알도헥소오스인 글루코오스는 Ruff 분해로 알도펜토오스인 D-아라비노오스로 전환된다. 다른 어떤 D 알도헥소오스가 Ruff 분해되어 D-아라비노오스를 생성하는가?

14.53 D-갈락토오스와 D-탈로오스는 Ruff 분해로 동일한 알도펜토오스를 생성한다(문제 14.52). 이것은 갈락토오스와 탈로오스의 입체화학에 관하여 무엇을 말해 주는가? 어떠한 D 알도펜토오스가 생성되는가?

14.54 D-프룩토오스와 D-글루코오스는 묽은 산이나 염기로 처리하면 상호전환한다. 이 상호전환에 대한 메커니즘을 제안하라. (11.1절 참조)

CH_2OH / C=O / HO—|—H / H—|—OH / H—|—OH / CH_2OH　⇌ (NaOH, H_2O)　H—C=O / H—|—OH / HO—|—H / H—|—OH / H—|—OH / CH_2OH

D-프룩토오스　　**D-글루코오스**

14.55 묽은 염기 수용액으로 처리될 때 글루코오스 외에 어떤 다른 알도헥소오스가 프룩토오스와 상호전환하는가? (문제 14.54 참조)

14.56 8개의 필수 단당류 중 하나인 만노오스(14.8절)는 프룩토오스 6-인산염으로부터 6-인산염 유도체를 3단계로 합성하는 것처럼 생합성된다. 최초 단계는 헤미아세탈 고리-열림이고, 둘째 단계는 케토–엔올 평형이고, 셋째 단계는 헤미아세탈 생성이다. 메커니즘을 제안하라. (문제 14.54 참조)

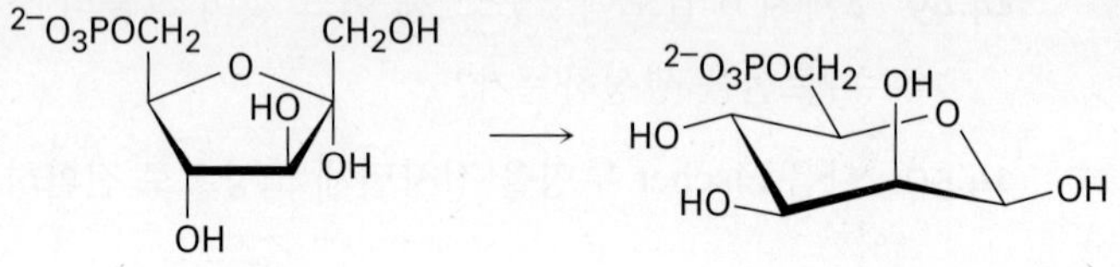

$^{2-}O_3POCH_2$ … CH_2OH … HO … OH … OH $\longrightarrow$ $^{2-}O_3POCH_2$ … OH … HO … HO … OH

프룩토오스 6-인산염 **만노오스 6-인산염**

14.57 D 알도테트로오스의 하나인 D-에리트로오스를 질산으로 산화시켜 생성되는 알다르산은 광학 비활성이다. 그러나 다른 D 알도테트로오스인 D-트레오스의 산화로 얻은 알다르산은 광학 활성이다. 이 정보를 가지고 어떻게 이들 두 D 알도테트로오스의 구조를 구별할 수 있는가?

14.58 사탕무에 존재하는 라피노오스는 삼당류이다. 이는 D-갈락토오스가 수크로오스의 글루코오스 단위에 1→6 α 연결로 형성된 것이다. 라피노오스의 구조를 그려라.

14.59 라피노오스(문제 14.58 참조)는 환원당인가? 이유를 설명하라.

14.60 젠티오비오스는 사프란과 용담속 식물에서 발견되는 드문 이당류이다. 그것은 환원당이며 산성 수용액으로 가수분해하면, 글루코오스만 형성한다. 만약 젠티오비오스가 1→6-β-글리코사이드 연결을 한다면, 그것의 구조는 무엇인가?

14.61 Relenza라는 상품명으로 판매하는 Zanamivir는 H5N1 조류 독감 바이러스에 대항하는 매우 드문 화합물 가운데 하나이다. 바이러스는 세포표면 당단백질 위에 있는 말단 시알산을 인식하여 공격한다. Zanamivir는 가수분해 시에 옥소늄 중간체를 모방하고 제거하는 데 필요한 효소를 차단하여 가수분해를 막을 수 있다. Relenza는 왜 중간체 옥소늄 이온의 좋은 모방제인가?

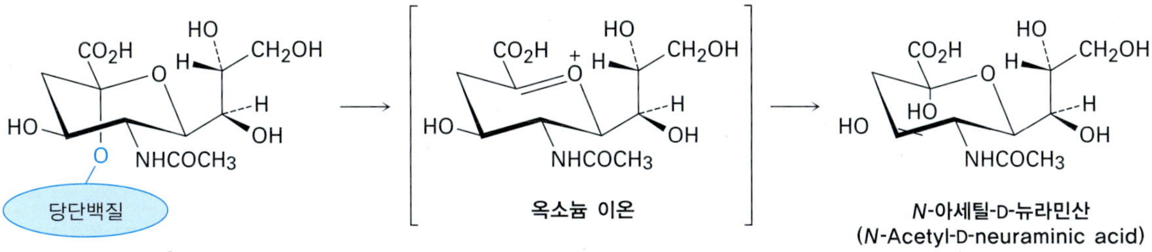

당단백질

N-아세틸-D-뉴라민산 당콘주게이트 (N-Acetyl-D-neuraminic acid glycoconjugate)

옥소늄 이온

N-아세틸-D-뉴라민산 (N-Acetyl-D-neuraminic acid)

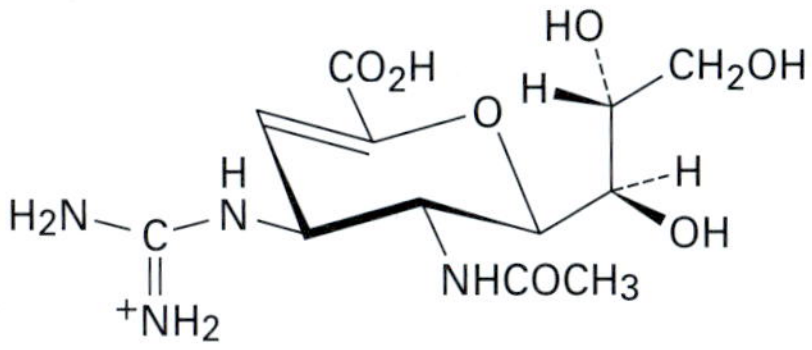

Zanamivir (Relenza)

14.62 *N*-아세틸뉴라민산은 8개의 필수 단당류 중 하나이며 가장 간단한 시알산(sialic acid, 문제 14.61)인데 *N*-아세틸만노사민(*N*-acetylmanosamine)과 피루르산 음이온, $CH_3COCO_2^-$의 반응에 의해 생합성된다. 어떤 종류의 반응이 일어나는가? 메커니즘을 보여라.

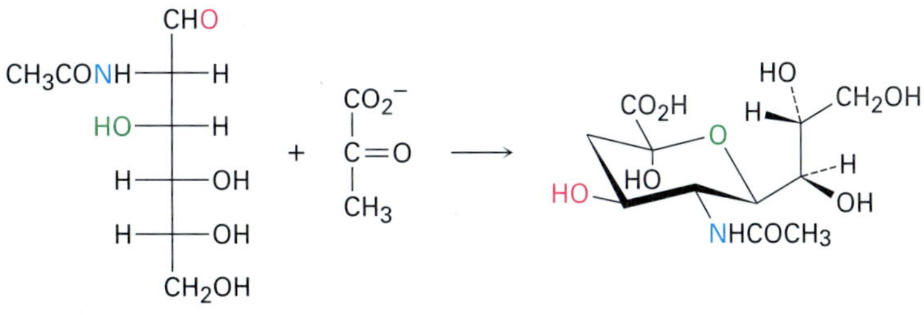

N-아세틸만노사민   피루브산 음이온   N-아세틸-D-뉴라민산

들판에서 **14.63** 베튤린산(Betulinic acid)은 자작나무 껍질에서 발견되는데 피부암의 위험한 형태인 흑색소 세포종을 억제하는 데 유용하다.

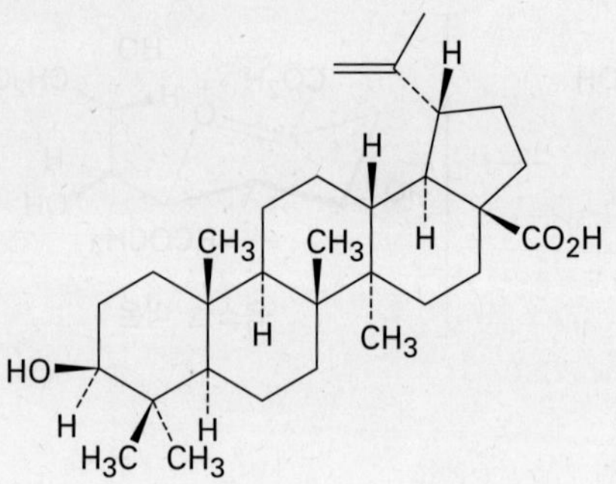

베튜린산

(a) 베튜린산에 몇 개의 카이랄성 중심이 있는가?

(b) 베튜린산을 탄수화물과 반응시켜 글리코사이드로 전환하여 용해도를 증가시킬 수 있다. 베튜린산과 글루코오스 간의 글리코사이드 결합 생성에 대한 메커니즘을 그려라.

CHAPTER

15

우리가 단백질이라고 부르는 생명의 건축 토막은 첫째 또는 제1부라는 뜻의 초기 그리스 해신인 프로테우스(Proteus)의 이름을 따른 것은 적절하다.

생체분자: 아미노산, 펩타이드 및 단백질

살아 있는 모든 유기체에 존재하는 **단백질**은 여러 유형이 있으며 많은 생물학적 기능을 가진다. 피부와 손톱의 케라틴, 비단의 피브로인 및 거미줄, 그리고 체내에서 생물학적 반응을 촉매하는 50,000개 혹은 그와 같은 수로 평가되는 효소들은 모두 단백질이다. 단백질은 그 모양이나 기능에 관계없이 기본적으로 비슷하다. 모두 많은 아미노산들이 결합하여 연결된 긴 사슬이다.

아미노산(amino acid)은 그 이름이 의미하는 것처럼 작용기를 2개 가진다. 즉, 염기성 아미노기와 산성 카복시기를 함유한다.

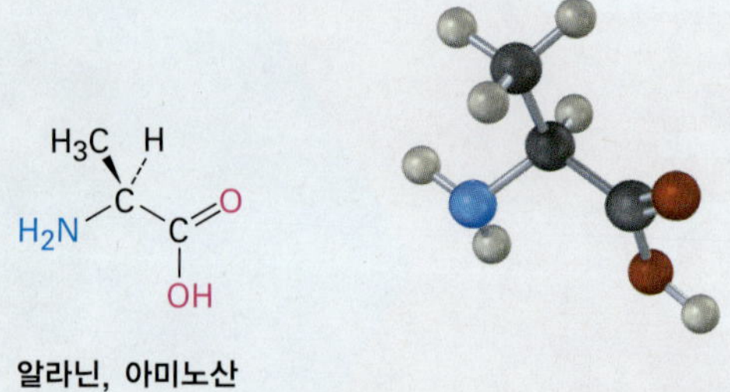

알라닌, 아미노산

아미노산들이 단백질의 구성 단위로 사용될 수 있는 것은 이들이 한 아미노산의 $-NH_2$와 다른 아미노산의 $-CO_2H$ 간의 아마이드 결합을 형성함으로써 긴 사슬로 연결될 수 있기 때문이다. 분류 목적으로, 50개 미만의 아미노산으로 연결된 사슬을 **펩타이드**(peptide)라 하고 더 긴 사슬은 **단백질**(protein)이라고 한다.

아마이드 결합

많은 H_2N–CH(R)–CO_2H ⟶ –NH–CH(R)–CO–NH–CH(R)–CO–NH–CH(R)–CO–NH–CH(R)–CO–

왜 이 장인가?

계속해서 생분자의 주요 유형을 보면서 이 장에서 우리의 체내에 150,000개 정도인 단백질을 만드는 기초 건축 토막인 아미노산에 초점을 맞출 것이다. 우리는 어떻게 아미노산들이 생물 화학을 이해하는 데 중요한 과제인 단백질로 결합되는지 보게 될 것이다.

15.1 아미노산의 구조

아미노산은 하나의 산성 카복시기와 하나의 염기성 아미노기를 가지고 있기 때문에 분자 내 산-염기 반응을 하며 주로 쌍극성 이온 또는 **쯔비터 이온**(zwitterion, 독일어 *zwitter*는 '혼성'이라는 의미)의 형태로 존재한다.

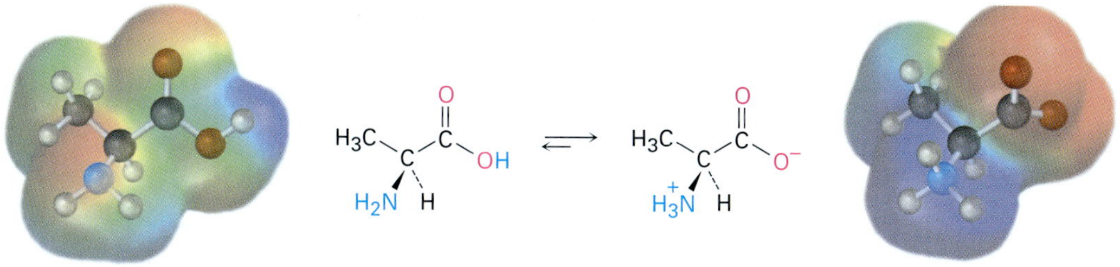

(전하 없음) (쯔비터 이온)

알라닌

아미노산의 쯔비터 이온은 염이어서 염과 관련된 여러 물리적 성질을 가진다. 이들은 비교적 물에 녹고 탄화수소에는 녹지 않으며 비교적 녹는점이 높은 결정성 물질이다. 그 외에 아미노산은 **양쪽성**(amphiprotic)이다. 즉, 이들은 환경에 따라 산 혹은 염기로 반응할 수 있다. 산성 수용액에서 아미노산 쯔비터 이온은 $-CO_2^-$기 위에서 양성자를 받아 양이온을 생성하는 염기이고 염기 수용액에서 쯔비터 이온은 $-NH_3^+$기 위에서 양성자를 잃고서 음이온을 형성하는 산이다.

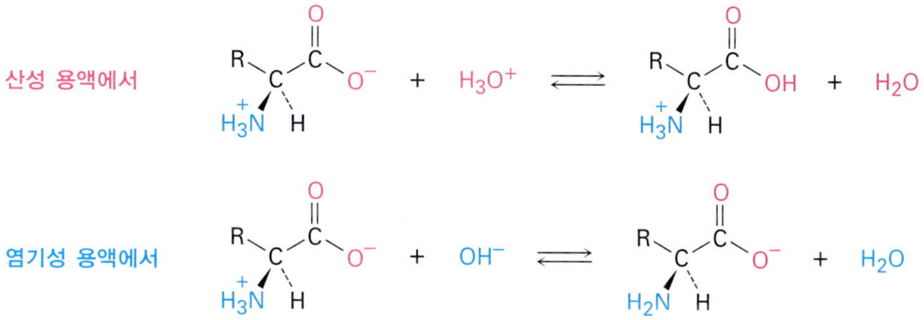

산성 용액에서

염기성 용액에서

단백질에 보편적으로 나타나는 20가지 아미노산의 구조, 약어(문자 1개 및 3개), 그리고 pK_a 값을 표 15.1에 나타내었다. 이들 아미노산은 모두 **α-아미노산**(α-amino acid)이다. 즉, 이들의 아미노기는 카보닐기의 바로 인접한 α 탄소에 있는 치환기이다. 20개 중 19개는 1차 아민, RNH_2이며 **곁사슬**(side chain), 즉 α 탄소에 붙어 있는 치환기만이 다를 뿐이다. 그러나 프롤린은 질소 원자와 α 탄소 원자가 5원자 고리인 피롤리딘 고리를 이루는 2차 아민이다.

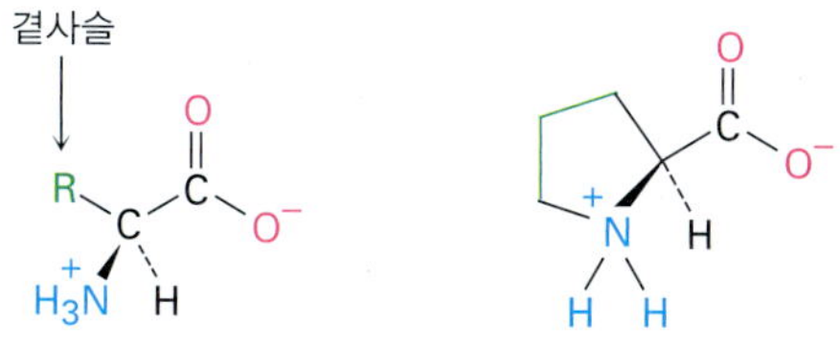

곁사슬

1차 α-아미노산

프롤린, 2차 α-아미노산

표 15.1 단백질에서 발견되는 20가지 보편적인 아미노산의 구조

이름	약어		MW	구조	pK α-CO_2H	pK α-NH_3^+	pK_a 곁사슬	pI
중성 아미노산								
알라닌	Ala	A	89	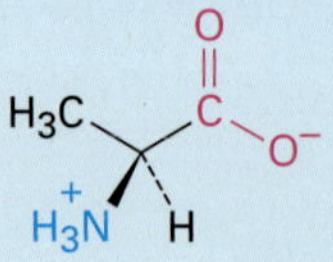	2.34	9.69	—	6.01
아스파라진	Asn	N	132	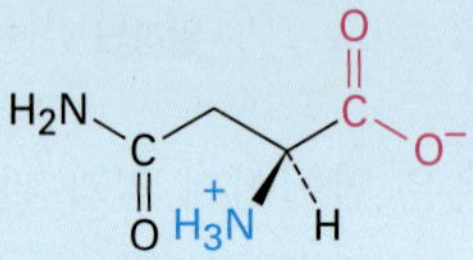	2.02	8.80	—	5.41
시스테인	Cys	C	121	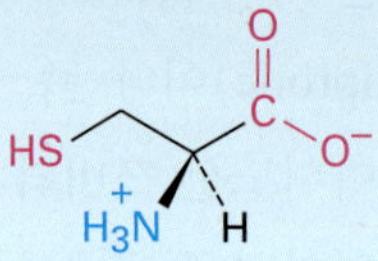	1.96	10.28	8.18	5.07
글루타민	Gln	Q	146	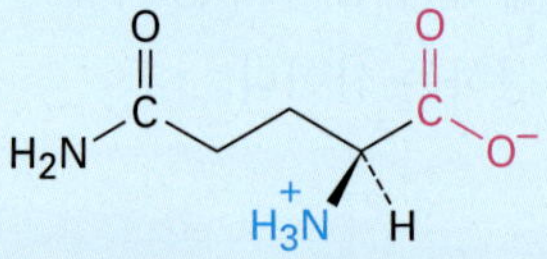	2.17	9.13	—	5.65
글라이신	Gly	G	75	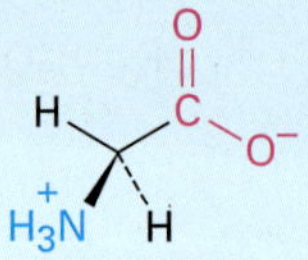	2.34	9.60	—	5.97
아이소류신	Ile	I	131	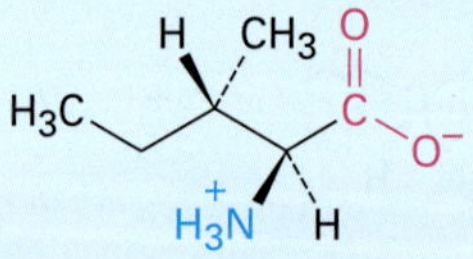	2.36	9.60	—	6.02
류신	Leu	L	131	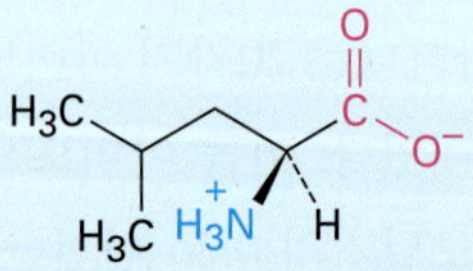	2.36	9.60	—	5.98
싸이오닌	Met	M	149	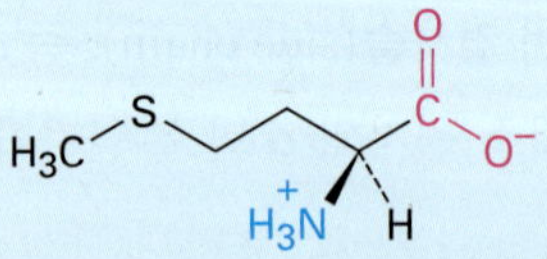	2.28	9.21	—	5.74
페닐알라닌	Phe	F	165	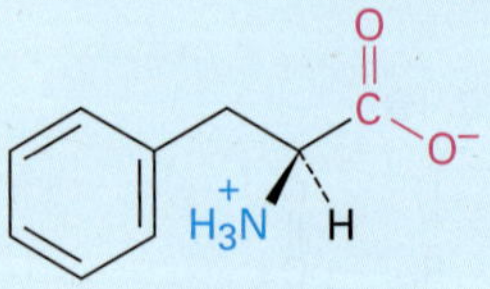	1.83	9.13	—	5.48
프롤린	Pro	P	115	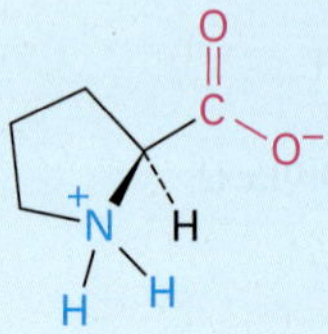	1.99	10.60	—	6.30

표 15.1 단백질에서 발견되는 20가지 보편적인 아미노산의 구조(계속)

이름	약어		MW	구조	pK α-CO_2H	pK α-NH_3^+	pK_a 곁사슬	pI
중성 아미노산								
세린	Ser	S	105	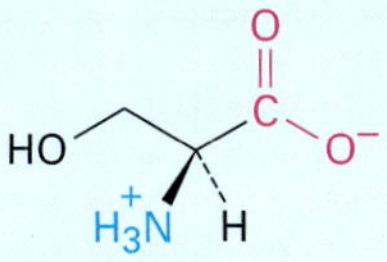	2.21	9.15	—	5.68
트레오닌	Thr	T	119	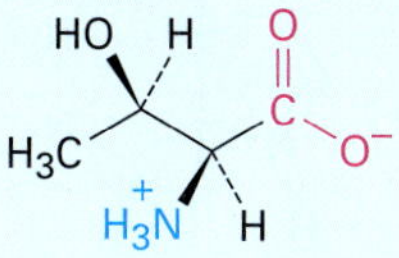	2.09	9.10	—	5.60
트립토판	Trp	W	204	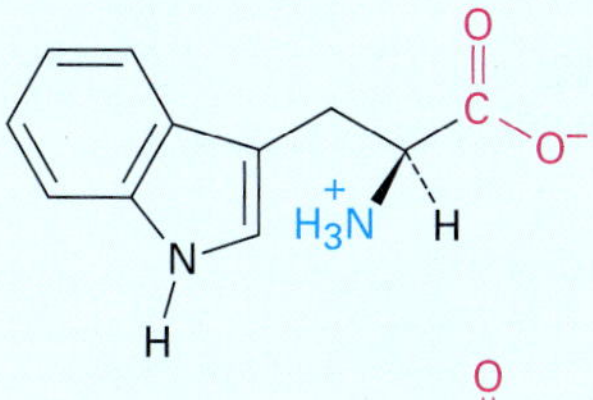	2.83	9.39	—	5.89
타이로신	Tyr	Y	181	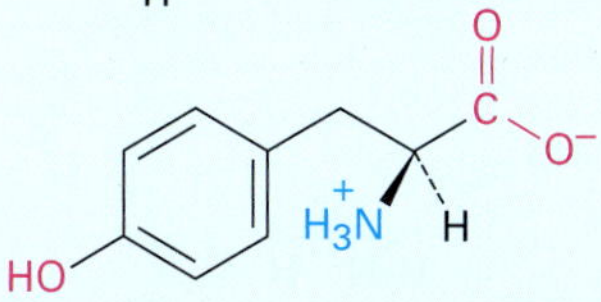	2.20	9.11	10.07	5.66
바린	Val	V	117	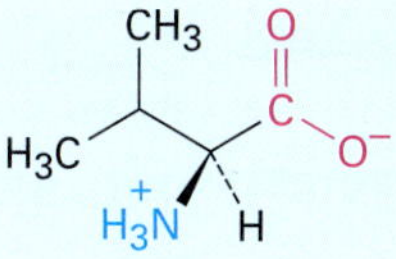	2.32	9.62	—	5.96
산성 아미노산								
아스파트산	Asp	D	133	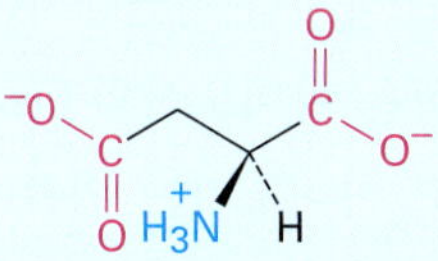	1.88	9.60	3.65	2.77
글루탐산	Glu	E	147	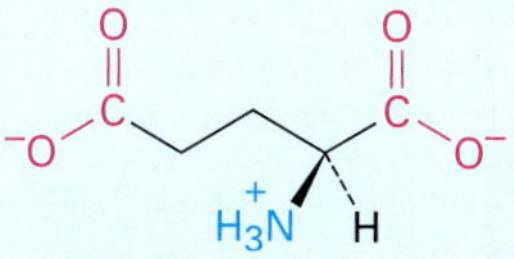	2.19	9.67	4.25	3.22
염기성 아미노산								
아지닌	Arg	R	174	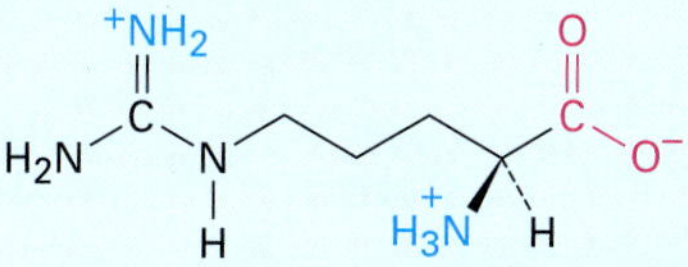	2.17	9.04	12.48	10.76
히스티딘	His	H	155	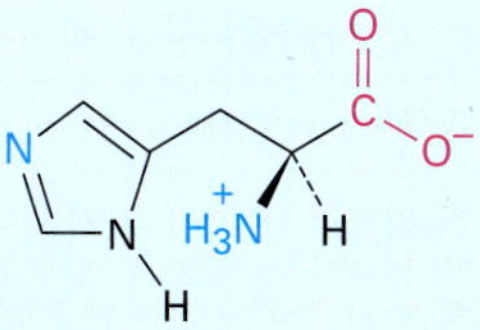	1.82	9.17	6.00	7.59
라이신	Lys	K	146	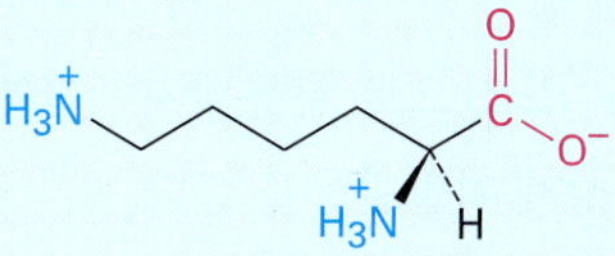	2.18	8.95	10.53	9.74

단백질에서 발견되는 보편적인 20가지 아미노산 이외에 어떤 조직에서 셀레노시스테인과 파이로라이신이 발견된다. 그리고 700개 이상의 비단백질 아미노산들이 또한 천연에서, 발견된다. 예를 들면, γ-아미노뷰티르산(GABA)은 뇌에서 발견되는 신경전달물질이며, 호모시스테인은 혈액 속에서 발견되며 심장의 관상동맥 질환에 관련된다. 그리고 타이록신은 갑상선에서 발견되는 호르몬이다.

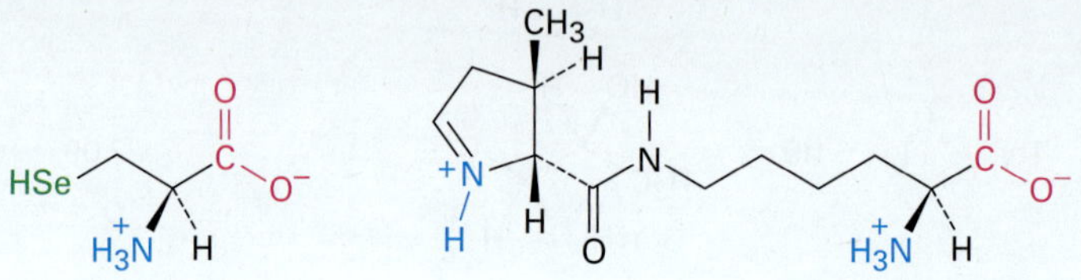

셀레노시스테인 (Selenocysteine)

파이로라이신 (Pyrrolysine)

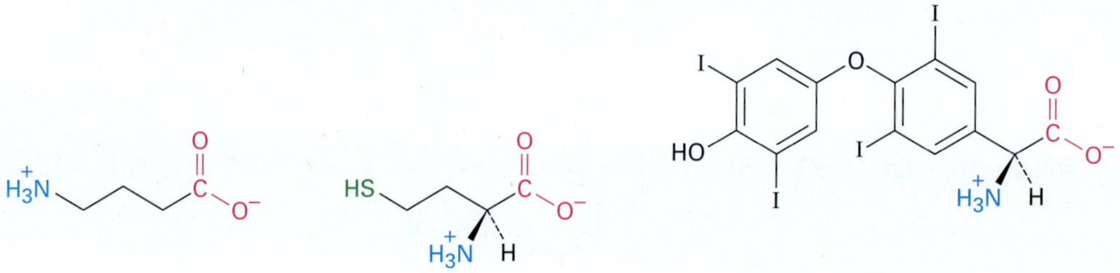

γ-아미노뷰티르산

호모시스테인

타이록신

글라이신, $^{+}H_3NCH_2CO_2{}^{-}$을 제외하고 아미노산의 α 탄소는 카이랄성 중심이다. 따라서 2개의 거울상이성질체가 가능하지만 천연에서는 단 한 가지 거울상이성질체가 단백질을 생성한다. 천연에서 발생하는 아미노산의 Fischer 투영은 탄수화물(14.2절)을 그릴 때처럼 카복시기를 상단에 놓고 아미노기는 왼쪽에 오도록 나타낸다. 입체화학이 L 당(14.3절)과 유사하므로 천연에서 발생하는 α-아미노산을 흔히 L-아미노산이라고 한다.

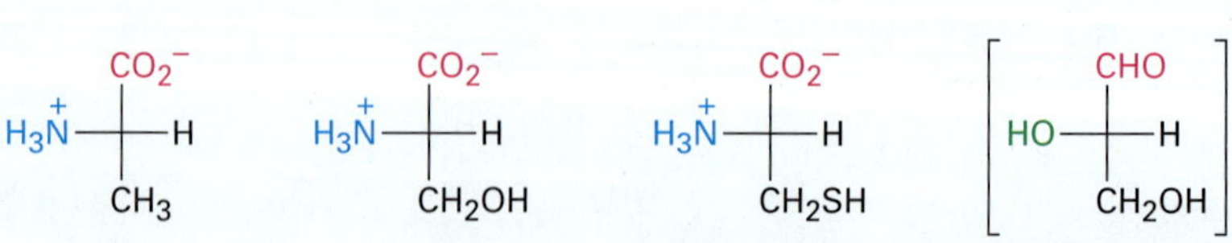

L-알라닌 (*S*)-알라닌

L-세린 (*S*)-세린

L-시스테인 (*R*)-시스테인

L-글리세르알데하이드

20가지 보편적인 아미노산은 곁사슬의 구조에 따라 중성, 산성, 또는 염기성으로 더 분류될 수 있다. 20개의 아미노산 중 15가지는 중성 곁사슬을 가지고 있으며, 2가지(아스파트산과 글루탐산)는 곁사슬에 카복실산의 작용기가 하나 더 있고, 3가지(라이신, 아르지닌 및 히스티딘)는 곁사슬에 염기성 아미노기가 하나 더 있다. 그러나 시스테인(싸이올)과 타이로신(페놀)은 중성 아미노산으로 분류되지만 약한 산성 곁사슬을 가지기 때문에 충분히 센 염기 용액에서 양성자 이탈반응을 한다.

세포 내 생리적인 pH 7.3에서 아스파트산과 글루탐산의 곁사슬 카복시기는 해리되고 라이신과 아르지닌의 염기성 곁사슬 질소들은 양성자화된다. 그러나 히스티딘은 그것의 곁사슬에 헤테로고리인 이미다졸 고리를 함유하므로 pH 7.3에서 양성자화될 만큼 염기성이 강하지 않다. 히스티딘에 있는 피리딘 형태의 이중 결합 질소만이 염기성임을 주목하라. 피롤 형태의 단일결합 질소는 고립 전자쌍이 방향족성 6-π 전자 이미다졸 고리의 일부분이기 때문에 염기성이 아니다(12.6절).

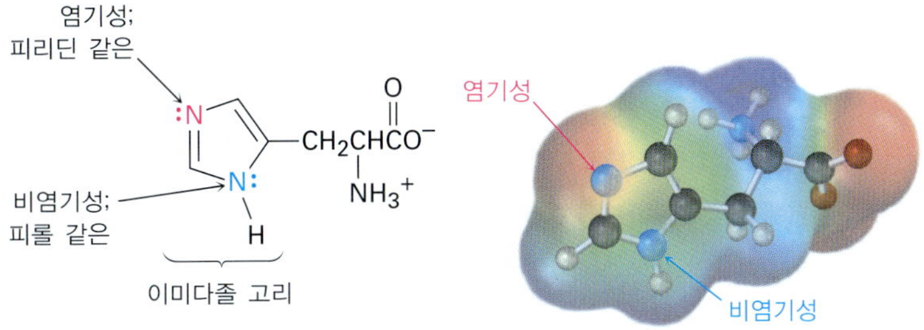

염기성;
피리딘 같은
CH_2CHCO^- (C=O), NH_3^+
비염기성;
피롤 같은
이미다졸 고리
염기성
비염기성

히스티딘

인간은 20개의 단백질 아미노산 중 **비필수 아미노산**(nonessential amino acid)이라 부르는 11개만 합성할 수 있다. 나머지 9가지는 식물과 미생물에서만 생합성되므로 음식으로부터 섭취되어야 하므로 **필수 아미노산**(essential amino acid)이라고 부른다. 필수와 비필수 아미노산 간의 구별은 그러나 명확하지 않다. 예를 들면, 타이로신은 인간이 페닐알라닌으로부터 생산하기 때문에 때때로 비필수 아미노산으로 고려하는데 페닐알라닌 자체는 필수로서 음식물에서 얻어야 한다. 아지닌은 인간에 의해 합성될 수 있으나 필요로 하는 많은 양은 음식물에서 온다.

예문 15.1 아미노산의 산–염기 반응

글라이신 하이드로클로라이드, $Cl^-\ ^+H_3NCH_2CO_2H$와 (a) 1 당량의 NaOH 및 (b) 2 당량의 NaOH의 반응식을 써라.

해답 (a) 처음 1 당량의 NaOH와 반응하여 산성 $-CO_2H$ 양성자를 제거하여 중성인 쯔비터 이온을 생성한다.

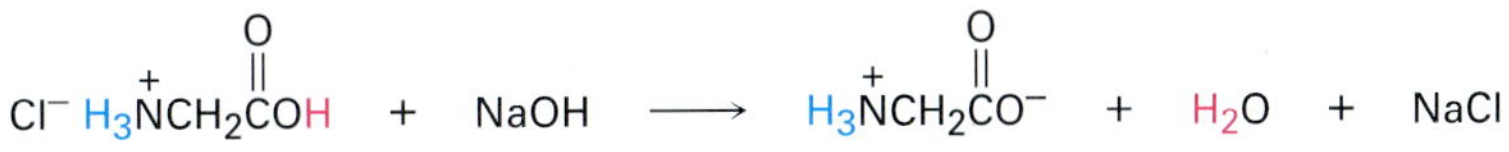

$$Cl^-\ H_3\overset{+}{N}CH_2\overset{O}{\overset{\|}{C}}OH + NaOH \longrightarrow H_3\overset{+}{N}CH_2\overset{O}{\overset{\|}{C}}O^- + H_2O + NaCl$$

(b) 쯔비터 이온이 형성된 후, 두 번째 당량의 NaOH는 $-NH_3^+$로부터 남은 산성 양성자를 제거하여 아미노 카복실산 음이온을 생성한다.

$$H_3\overset{+}{N}CH_2\overset{O}{\overset{\|}{C}}O^- \; + \; NaOH \longrightarrow H_2NCH_2\overset{O}{\overset{\|}{C}}O^-\,Na^+ \; + \; H_2O$$

문제 15.1 표 15.1에 있는 α-아미노산 중에서 방향족 고리를 가진 아미노산은 몇 개인가? 황을 함유한 아미노산은? 알코올은 몇 가지인가? 탄화수소 곁사슬을 가진 아미노산은 몇 가지인가?

문제 15.2 19개의 L-아미노산 중 18개는 α 탄소에서 S 배열을 가진다. 시스테인은 R 배열을 가진 유일한 L-아미노산이다. 이유를 설명하라.

문제 15.3 L-알라닌의 3차원 구조를 실선, 쐐기선 및 점선을 이용하여 그려라.

문제 15.4 다음 반응의 생성물을 써라.

(a) 페닐알라닌 + 1 당량의 NaOH → ?

(b) (a)의 생성물 + 1 당량의 HCl → ?

(c) (a)의 생성물 + 2 당량의 HCl → ?

15.2 등전점

산성 용액에서 아미노산은 양성자화되고 주로 양이온으로 존재한다. 염기성 용액에서 아미노산은 양성자 이탈반응을 하여 주로 음이온으로 존재한다. 그리하여 어떤 중간 pH에서 아미노산은 양이온 형태와 음이온 형태가 정확히 균형을 맞추어 주로 중성인 쯔비터 이온으로 존재한다. 이 pH를 아미노산의 **등전점**(isoelectric point), **p*I***이라고 한다.

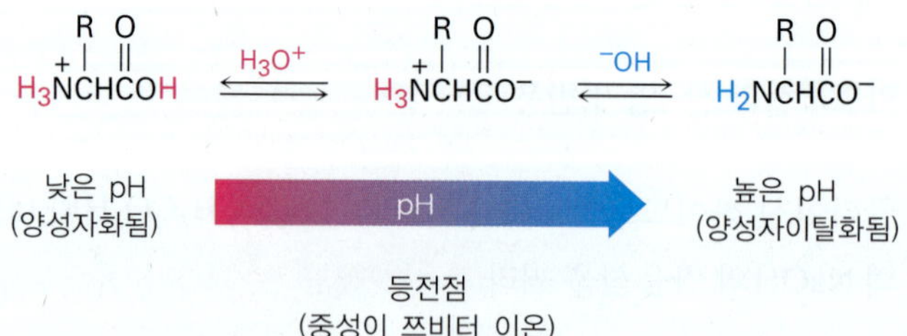

아미노산의 등전점은 구조에 따라 달라지며 20가지 보편적인 아미노산에 대한 값은 표 15.1에 나타나 있다. 중성인 15개의 아미노산은 pH 범위가 5.0~6.5로 중성 근처에 등전점을 가진다. 두 가지 산성 아미노산은 곁사슬 $-CO_2H$의 양성자이탈이 억제될 수 있는 더 낮은 pH에서 등전점을 가지며, 3가지 염기성 아미노산은 곁사슬 아미노기의 양성자화가 억제될 수 있는 더 높은 pH에서 등전점을 가진다.

좀더 명확하게 말하면, 어떤 아미노산의 pI는 중성 쯔비터 이온을 포함하는 2가지 산 해리상수의 평균이다. 13개의 중성 곁사슬을 가진 아미노산에서 pI는 pK_{a1}과 pK_{a2}의 평균이다. 세거나 약한 산성 곁사슬을 가진 4개의 아미노산에서 pI는 가장 낮은 두 pK_a의 평균이다. 염기성 곁사슬을 지닌 3가지 아미노산에서 pI는 가장 높은 두 pK_a 값의 평균이다.

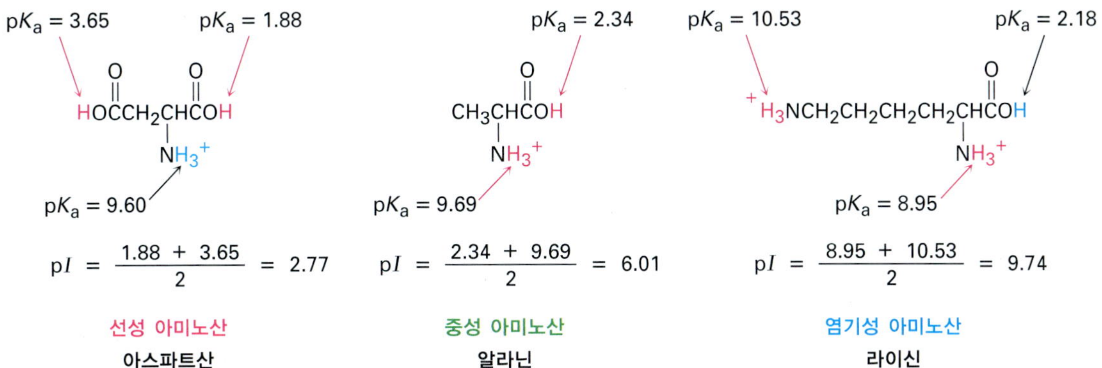

각각의 아미노산이 등전점을 가지는 것처럼, 단백질 역시 가질 수 있는 수많은 산성 또는 염기성 잔기 때문에 전체 pI를 가진다. 예를 들면, 효소 라이소자임(lysozyme)은 염기성 잔기들이 더 우세해서 높은 등전점(pI = 11.0)을 가진다. 그러나 펩신은 산성 아미노산들이 더 우세해서 낮은 등전점(pI ~ 1.0)을 가진다. 다른 pI를 가지는 단백질의 용해도와 성질이 매질의 pH에 의해 강하게 영향을 받는다. 물에서 용해도는 단백질에 전하가 없는 등전점에서 가장 낮고 단백질이 전하를 갖는 pI 위와 아래에서 더 높다.

우리는 이런 등전점의 차이를 이용해서 단백질의 혼합물을 그의 순수한 성분으로 분리할 수 있다. **전기이동**(electrophoresis)이라고 알려진 기술에서는 단백질의 혼합물 용액을 긴 종이 띠나 겔의 중심 부근에 놓는다. 그리고 종이나 겔을 주어진 pH의 완충 수용액으로 적시고 전극을 띠의 양쪽 끝에 연결한다. 전압을 걸면 음전하를 가진 단백질(등전점이 완충용액의 pH보다 낮아서 양성자가 이탈된 아미노산들)은 양극 쪽으로 서서히 이동한다. 동시에, 양전하를 가진 아미노산(완충용액의 pH가 등전점보다 낮아서 양성자가 첨가된 아미노산)은 음극 쪽으로 이동한다.

단백질들은 그들의 등전점에 따라 그리고 완충 용액의 pH에 따라 다른 속도로 이동한다. 그러므로 단백질의 혼합물이 그의 성분으로 분리될 수 있다. 그림 15.1은 염기성, 중성 및 산성 성분의 혼합물에 대한 분리를 설명한다.

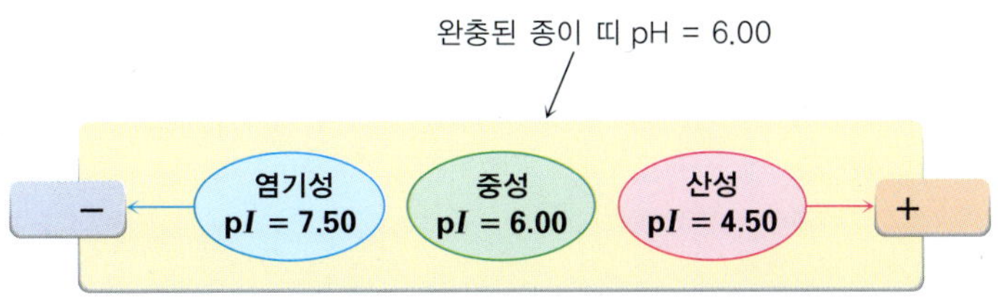

그림 15.1 전기이동을 이용한 단백질 혼합물의 분리. pH 6.00에서 중성 단백질은 이동하지 않고, 염기성 단백질은 양성자가 첨가되어 음극 쪽으로 이동하며, 산성 단백질은 양성자이탈이 일어나 양극 쪽으로 이동한다.

문제 15.5 다음의 아미노산 혼합물에서 각 성분의 이동 방향(양극 또는 음극 쪽)과 전기이동 중 상대 이동속도를 예측하라.

(a) pH 7.6에서 발린, 글루탐산 및 히스티딘

(b) pH 5.7에서 글라이신, 페닐알라닌 및 세린

(c) pH 6.0에서 글라이신, 페닐알라닌 및 세린

문제 15.6 헤모그로빈의 pI = 6.8이다 헤모그로빈은 pH = 5.3에서 결과적으로 음전하를 가지는가 또는 양전하를 가지는가? pH = 7.3에서는?

15.3 펩타이드와 단백질

단백질과 펩타이드는 **잔기**(residues)라 하는 개개의 아미노산이 아마이드 결합 또는 **펩타이드 결합**으로 함께 연결된 아미노산 중합체이다. 한 잔기의 아미노기가 둘째 잔기의 카복시기와 아마이드 결합을 생성하고 둘째 형의 아미노기는 셋째의 카복시기와 아마이드 결합을 생성하는 등 계속한다. 예를 들면, 알라닐세린은 알라닌 카복시기와 세린 아미노기 사이에 아마이드 결합을 형성할 때 생기는 다이펩타이드이다.

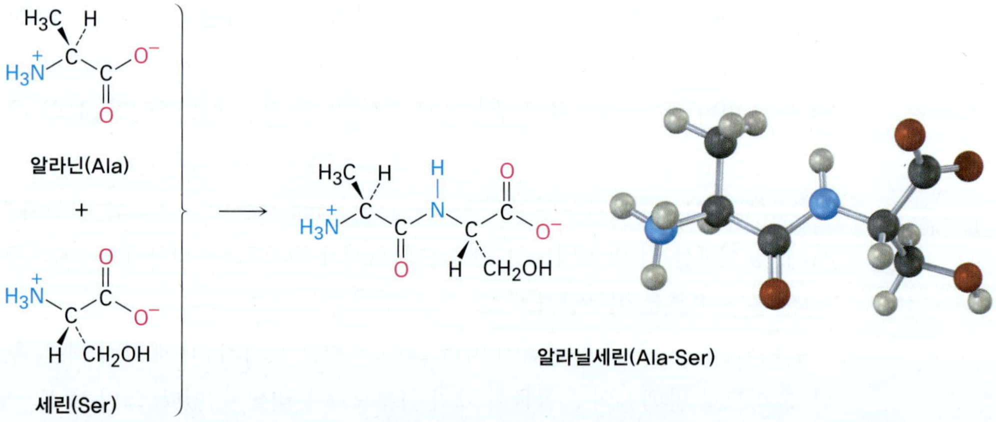

알라닌(Ala) + 세린(Ser) ⟶ 알라닐세린(Ala-Ser)

어느 아민이 어느 카복시기와 반응하느냐에 따라 세린과 알라닌을 포함한 2개의 다른 펩타이드를 생성함에 주목하라. 만약 알라닌 아미노기가 세린 카복시기와 반응하면 세릴알라닌이 생성된다.

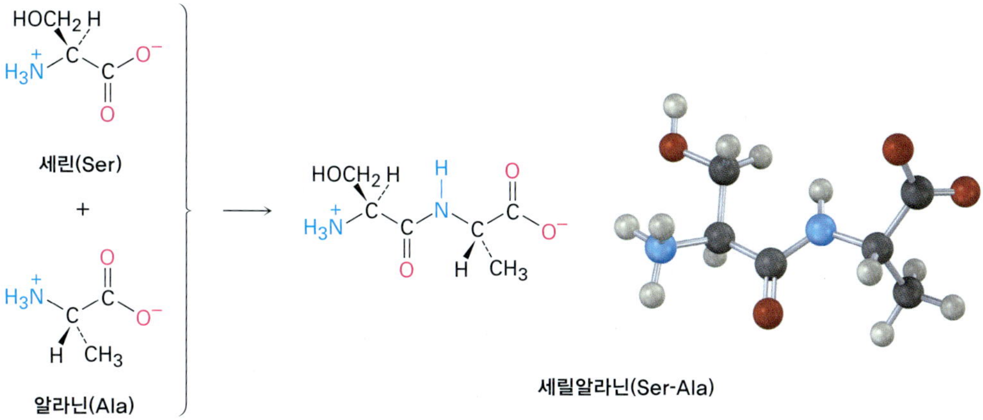

세린(Ser)

+

알라닌(Ala)

세릴알라닌(Ser-Ala)

연속 사슬을 구성하는 길게 되풀이되는 $-N-CH-CO-$ 원자 순서는 단백질의 **척추**(backbone)라 부른다. 규약에 따라, 왼쪽에 **N-말단 아미노산**(N-terminal amino acid, 자유 $-NH_3^+$기를 가진 아미노산)과 오른쪽에 **C-말단 아미노산**(C-terminal amino acid, 자유 $-CO_2^-$기를 가진 아미노산)으로 표기한다. 펩타이드명은 각 아미노산에 대해 표 15.1에 나열된 약자를 이용하여 표시한다. 따라서 알라닐세린은 Ala-Ser 또는 A-S로, 세릴알라닌은 Ser-Ala 또는 S-A로 나타낸다. 3-문자 약자 표기보다 1-문자 약자 표기가 더 편리하나 즉각적인 인지는 덜하다.

예문 15.2 다이펩타이드 구조 그리기

Ala-Val의 구조를 그려라.

풀이 규약에 따라, N-말단 아미노산은 왼쪽에 쓰고 C-말단 아미노산은 오른쪽에 쓴다. 따라서 알라닌은 N-말단이고, 발린은 C-말단이다. 그리고 아마이드 결합은 알라닌 $-CO_2H$와 발린 $-NH_2$ 사이에 형성된다.

해답

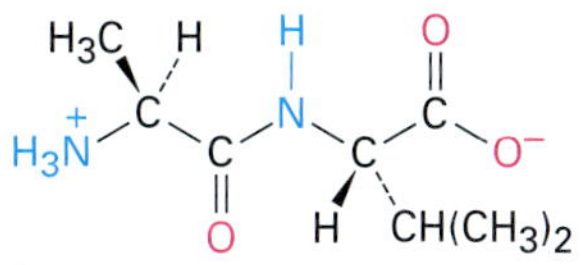

Ala-Val

예문 15.3 트라이펩티드 확인하기

메싸이오닌, 라이신 및 아이소류신을 포함하는 6개의 트라이펩타이드가 있다. 약어 3개와 1개로 된 이름을 써라.

해답 Met-Lys-Ile(M-K-I) Lys-Met-Ile(K-M-I) Ile-Met-Lys(I-M-K)

Met-Ile-Lys(M-I-K) Lys-Ile-Met(K-I-M) Ile-Lys-Met(I-K-M)

문제 15.7 류신과 시스테인으로 된 2개의 펩타이드의 구조를 그려라.

문제 15.8 각 아미노산에 대한 세 글자와 한 글자 표시법을 이용하여 발린, 타이로신 및 글라이신을 포함하는 가능한 이성질성 트라이펩타이드 6개의 이름을 써라.

문제 15.9 Met-Pro-Val-Gly의 구조를 그려라. 그리고 아마이드 결합이 어디에 있는지 표시하라.

15.4 펩타이드에서의 공유 결합

펩타이드에서 다른 아미노산을 함께 연결하는 아마이드 결합은 다른 어떠한 아마이드 결합과 다르지 않다(10.10절). 아마이드 질소는 그들의 비결합 전자쌍이 카보닐기와 상호작용하여 공유되기 때문에 비염기성이다. 질소 *p* 궤도함수와 카보닐기의 *p* 궤도함수와의 이런 겹침은 C−N 결합에 이중 결합 성질을 일정한 정도 제공하여 결합 주위로 회전을 금지시킨다. 따라서 아마이드 결합은 평면형이고 N−H는 C=O에 대해 180°로 배향된다.

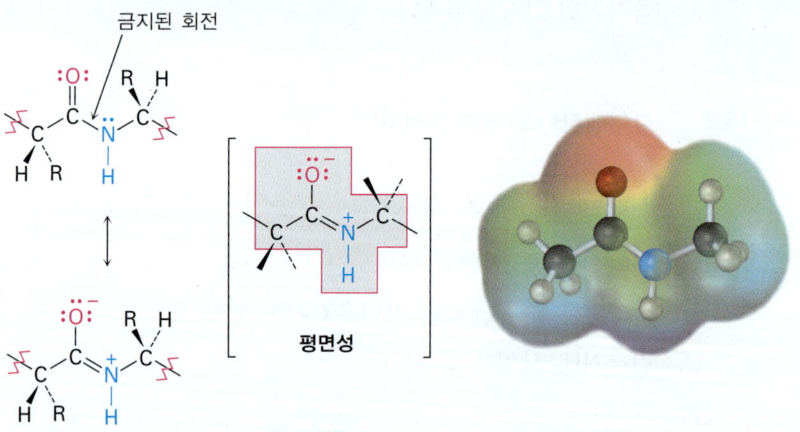

펩타이드에서 두 번째 종류의 공유 결합은 두 시스테인 잔기 간에 이황화 연결, RS—SR이 형성될 때 생성된다. 8.8절에서 살펴본 바와 같이, 이황화 결합은 싸이올, RSH의 온화한 산화로 쉽게 형성되고 온화한 환원으로 쉽게 절단된다.

시스테인 + 시스테인 → 이황화 결합

다른 두 펩타이드 사슬에 있는 시스테인 잔기 간의 이황화 결합은 떨어져 있는 사슬을 연결하며, 동일한 사슬 내의 두 시스테인 잔기 간의 이황화 결합은 사슬 내에 고리를 형성한다. 예를 들면, 인슐린은 아미노산의 수가 51개로 된 2개의 사슬로 구성되어 있으며 2개의 시스테인 이황화 다리로 연결되어 있다.

A 사슬(21단위)

Gly-Ile-Val-Glu-Gln-Cys-Cys-Thr-Ser-Ile-Cys-Ser-Leu-Tyr-Gln-Leu-Glu-Asn-Tyr-Cys-Asn

(S–S: A사슬 Cys–Cys 고리; A사슬 Cys – S–S – B사슬 Cys; A사슬 Cys – S–S – B사슬 Cys)

B 사슬(30단위)

Phe-Val-Asn-Glu-His-Leu-Cys-Gly-Ser-His-Leu-Val-Glu-Ala-Leu-Tyr-Leu-Val-Cys-Gly-Glu-Arg-Gly-Phe-Phe-Tyr-Thr-Pro-Lys-Thr

인슐린

15.5 펩타이드의 구조 결정: 아미노산 분석

펩타이드나 단백질의 구조를 결정하려면 3가지 질문에 대한 답을 얻을 수 있어야 한다. 어떤 아미노산들이 존재하는가? 각 아미노산은 얼마나 존재하는가? 펩타이드 사슬에서 아미노산은 어떤 순서로 나타나는가? 처음 2가지 질문에 대한 답은 **아미노산 분석기**(amino acid analyzer)라는 기기를 이용하여 얻는다.

이를 분석하기 위해, 먼저 아이오도아세트산과 S_N2 반응에 의해 시스테인의 −SH가 변환된 모든 이황화 결합을 환원시키고 모든 아마이드 결합을 24시간 동안 110 °C에서 6 M HCl 수용액으로 가수분해하여 펩타이드를 구성 아미노산들로 분해한다. 이렇게 얻은 아미노산 혼합물을 이온-교환 크로마토그래피라 부르는 기술로 그의 성분으로 분리된다. 특수한 흡착제로 채운 유리관의 위쪽 끝에 넣고 일련의 수용성 완충액을 펌프질해서 흘려 준다. 여러 가지 아미노산들이 구조에 따라 각각 다른 속도로 유리관의 아래쪽으로 이동하기 때문에 유리관의 끝을 빠져 나오면서 분리된다.

유리관에서 용리되는 대로 **닌하이드린**(ninhydrin)이라 부르는 물질의 용액과 섞는다. 재빨리 반응하여 자주색을 나타내고 자주색의 세기는 분광계로 측정하여 시간의 함수로 도시한다.

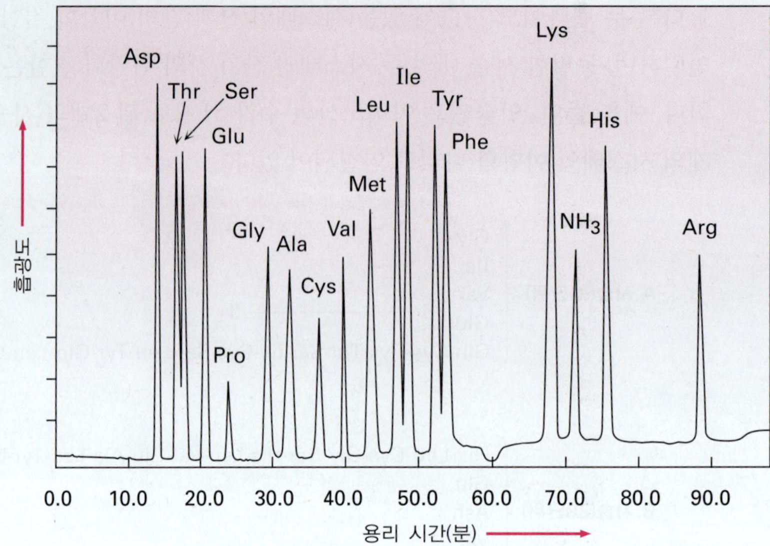

그림 15.2 같은 몰의 17가지 아미노산이 혼합된 아미노산 혼합물의 분석

닌하이드린 + α-아미노산 $\xrightarrow[H_2O]{NaOH}$ (자주색) + RCHO + CO_2

특정한 아미노산이 표준 조건의 관에서 용리되는 데 걸리는 시간은 재생되므로, 펩타이드에 존재하는 모든 아미노산의 정체는 결정된다. 시료 내 각 아미노산의 양은 닌하이드린과의 반응에서 생겨나는 자주색의 세기를 측정하여 구할 수 있다. 그림 15.2에 17가지 α-아미노산을 같은 몰씩 혼합한 표준 시료의 분석 결과가 나타나 있다. 전형적으로, 약 200개의 잔기로 이루어진 단백질 시료는 100피코몰(2～3 μg) 정도이면 아미노산 분석이 가능하다.

문제 15.10 시스테인 잔기와 아이오도아세트산이 S_N2 반응하여 생성되는 생성물의 구조를 보여라.

문제 15.11 발린과 닌하이드린 반응으로 얻는 생성물의 구조를 보여라.

15.6 펩타이드 아미노산 서열 결정: Edman 분해

아미노산의 조성과 함량을 알아 낸 후에 펩타이드에서 아미노산이 어떤 순서로 함께 연결되어 있는지 알아 보기 위해 아미노산 서열을 조사한다. 오늘날 많은 펩타이드의 아미노산 서열 결정은 질량 분석법으로 행해진다(13.1절). 그러나 Edman 분해라는 화학적인 방법도 있다.

Edman 분해에 의한 펩타이드의 아미노산 서열 결정을 하기 위해서는 펩타이드의 N-말단에서 한 번에 한 아미노산씩 절단한다. 절단된 아미노산을 분리하여 확인한다. 그리고 전체 순서가 알려질 때까지 짧아진 펩타이드 사슬에 대해 절단 반응을 되풀이한다. 50여 서열 결정 단계를 연속적으로 수행할 수 있는 자동화된 기기가 나와 있다. 이들 기기는 매우 효율적이어서 1～5피코몰(0.1 μg의 펩타이드보다 적은) 이하의 시료로도 서열정보를 얻을 수 있다.

Edman 분해에서는 펩타이드를 아이소싸이오시안산 페닐(PITC), $C_6H_5—N=C=S$으로 처리하고, 이어서 온화한 산 가수분해를 하게 된다. 먼저 PITC가 N-말단 아미노산의 $-NH_2$기에 붙고, 이어서 N-말단 잔기가 사슬에서 잘라져 아미노산 하나만큼 짧아진 사슬의 펩타이드와 함께 페닐싸이오하이단토인(phenylthiohydantoin) 유도체(PTH)를 생성한다. 생성된 PTH는 이미 알고 있는 보편적인 아미노산들의 유도체와 비교하여 확인할 수 있다. 그리고 짧아진 펩타이드는 다시 Edman 분해 과정에 자동적으로 투입된다.

O=C(NH—펩타이드)—C(H)(R)—NH_2 —[1. PITC (C_6H_5—N=C=S); 2. H_3O^+]→ 페닐싸이오이단토인(PTH) + H_2N—펩타이드

페닐싸이오이단토인(PTH)

큰 단백질의 서열을 Edman 분해로 완전히 결정하는 것은 실용적이 아니다. 왜냐하면 이 방법은 원하지 않는 부생성물의 축적 때문이다. 그 대신 큰 단백질 사슬은 먼저 가수분해하여 다수의 작은 토막들로 자른 뒤, 각 토막의 아미노산 서열을 결정한 후 각 토막을 짜맞춘다. 400개 이상의 아미노산들로 이루어진 단백질도 이 방법으로 서열이 결정되었다.

단백질을 부분 가수분해하는 데에는 화학적으로 산 수용액이나 효소를 이용한다. 산에 의한 가수분해는 비선택적이어서 다소 무작위로 잘라진 토막들을 생성한다. 그러나 효소에 의한 가수분해는 매우 선택적이다. 예를 들면, 효소 트립신(trypsin)은 염기성 아미노산인 아르지닌과 라이신의 카복시기 쪽에서만 펩타이드 가수분해 반응에 촉매 작용을 하고 카이모트립신(chymotrypsin)은 아릴 치환된 아미노산인 페닐알라닌과 타이로신과 트립토판의 카복시기 쪽만을 절단한다.

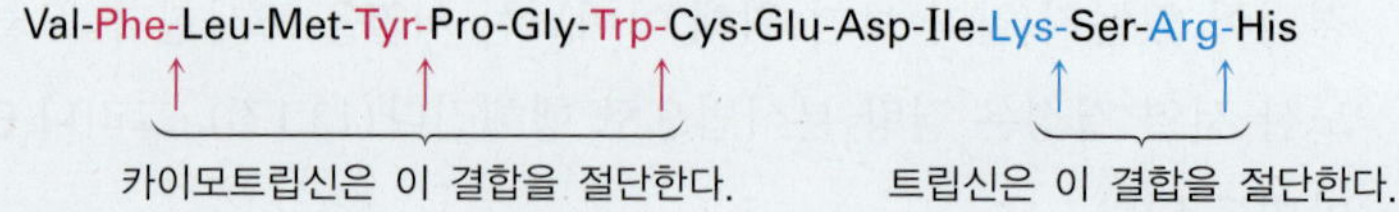

예문 15.4 간단한 펩타이드 서열

안지오텐신 II(angiotensin II)는 옥타펩타이드 호르몬으로서 체내에서 나트륨염과 칼륨염 간의 균형을 조절함으로써 혈압을 조절한다. 아미노산 분석으로부터 다음의 8가지 아미노산이 같은 몰비로 존재함을 알았다: Arg, Asp, His, Ile, Phe, Pro, Tyr 및 Val. 안지오텐신 II를 묽은 염산으로 가수분해하여 다음 조각들을 얻었다.

Asp-Arg-Val-Tyr, Ile-His-Pro, Pro-Phe, Val-Tyr-Ile-His

안지오텐신 II의 아미노산 서열을 써라.

풀이 조각들을 배열하여 겹치는 부위를 확인하고 전체 서열을 써라.

```
Asp-Arg-Val-Tyr
        :   :
        Val-Tyr-Ile-His
                :   :
                Ile-His-Pro
                        :
                        Pro-Phe
```

해답 아미노산 서열은 Asp-Arg-Val-Tyr-Ile-His-Pro-Phe이다.

문제 15.12 만약 안지오텐신 II(예문 15.4)를 트립신으로 절단하면 어떤 조각들을 얻을 수 있는가? 카이모트립신은 어떤가?

문제 15.13 Arg, Gly, Ile, Leu, Pro 및 Val로 이루어진 헥사펩타이드의 산에 의한 부분 가수분해로 얻은 조각들이 Pro-Leu-Gly, Arg-Pro, Gly-Ile-Val이라면 이 헥사펩타이드의 아미노산 서열은 어떤가?

문제 15.14 Edman 분해로 다음의 PTH 유도체를 생성하는 펩타이드의 N-말단 잔기는 무엇인가?

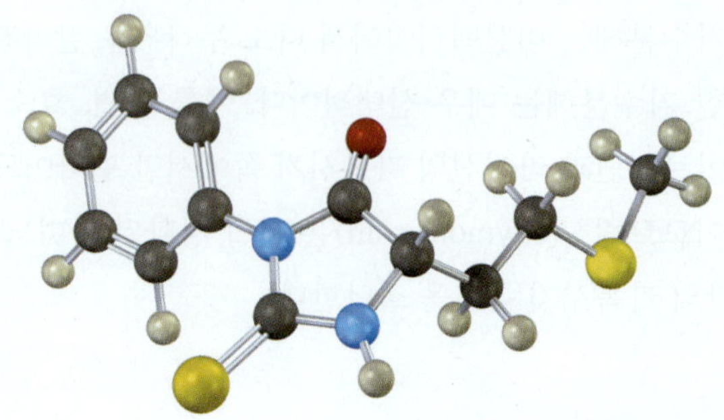

15.7 펩타이드 합성

펩타이드의 구조가 알려지면 다음 목표는 흔히 생물학적 평가를 하기 위해 아마도 다량을 얻는 것이다. 간단한 아마이드는 다이사이클로헥실카보다이이마이드(dicyclohexyl-carbodiimide, DCC; 10.6절)와 함께 아민을 카복실산으로 처리하여 합성할 수 있다. 그러나 펩타이드 합성은 특이성에 대한 필요 때문에 더 어렵다. 많은 다른 아마이드 연결이 임의보다는 정확한 순서로 형성되어야 한다.

특이성 문제에 대한 해답은 **보호**(protection)이다(9.8절). 예를 들면, Ala-Leu를 합성하기 위해 알라닌과 류신이 짝짓기 하기를 원하면 알라닌의 $-NH_2$기와 류신의 $-CO_2H$기를 보호하여 반응하지 못하도록 차단하고 DCC와 반응함으로써 원하는 Ala-Leu 아마이드 결합이 생성되도록 한 후 보호기를 제거한다.

카복시기는 흔히 메틸이나 벤질 에스터로 간단히 전환시켜 보호한다. 에스터는 카복실산으로부터 쉽게 만든다(10.6절). 그리고 NaOH 수용액으로 온화하게 처리하여 쉽게 가수분해된다.

아미노기는 흔히 *tert*-뷰틸옥시카보닐 아마이드(*tert*-butyloxycarbonyl amide, Boc)나 플루오렌일메틸옥시카보닐 아마이드(fluorenylmethyloxycarbonyl amide, Fmoc) 유도체로서 보호된다. Boc 보호기는 아미노산과 다이탄산 다이-*tert*-뷰틸의 친핵성 아실 치환 반응으로 도입되며 트라이플루오로아세트산, CF_3CO_2H과 같은 센 산의 간단한 처리로 제거된다. Fmoc 보호기는 산 염화물의 반응으로 도입되고 염기로 처리하여 제거된다.

알라닌 → (다이탄산 다이-*tert*-뷰틸, $(CH_3CH_2)_3N$) → Boc-Ala

알라닌 → (염화 플루오렌일메틸옥시카보닐, $(CH_3CH_2)_3N$) → Fmoc-Ala

요약하면, Ala-Leu와 같은 다이펩타이드를 합성하는 데 5단계가 필요하다(그림 15.3).

그림 15.3 펩타이드 합성에 필요한 5단계

1. 알라닌의 아미노기는 Boc 유도체로서 보호된다.
2. 류신의 카복시기는 메틸 에스터로서 보호된다.
3. 2개의 아미노산은 DCC를 이용해서 짝지어진다.
4. Boc 보호기는 산으로 처리하여 제거된다.
5. 메틸 에스터는 염기로 가수분해하여 제거된다.

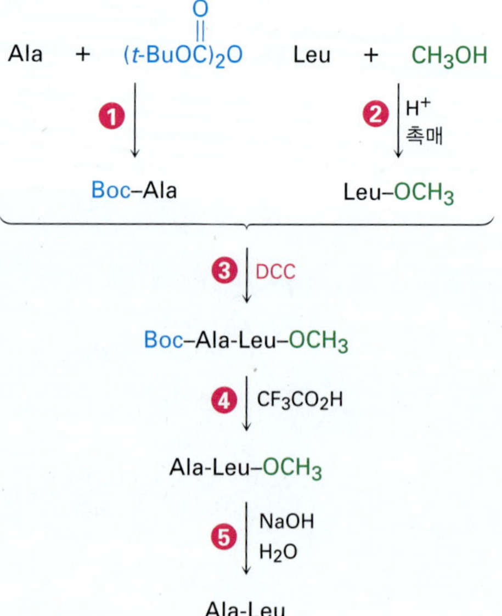

비록 방금 보인 단계들이 계속되어 한 번에 한 아미노산이 자라는 사슬에 첨가된다고 할지라도 이 순차적인 첨가에 의한 큰 펩타이드 합성은 힘이 든다. 훨씬 간단한 방법은 Merrifield 고체-상 방법인데 용액이 아니라 중합체 수지의 구슬에 공유 결합으로 연결된 성장하는 아미노산 사슬로 펩타이드 합성을 수행한다. 먼저 아미노산을 수지에 결합시킨 후에 펩타이드를 만들기 위해 일련의 4단계를 계속한다.

Boc—NHCH(R)COOH + $ClCH_2$—중합체

❶ Boc-보호된 아미노산을 에스터 결합(S_N2 반응)으로 폴리스타이렌 중합체에 공유 결합으로 연결한다.

❶ 염기

Boc—NHCH(R)COOCH_2—중합체

❷ 중합체에 결합된 아미노산을 씻어 과량의 시약을 없애고 트라이플루오로 아세트산으로 처리하여 Boc기를 제거한다.

❷ 1. 씻음 2. CF_3CO_2H

H_2NCH(R)COOCH_2—중합체

❸ 둘째 Boc-보호된 아미노산을 DCC와 반응시켜 첫째 것과 짝지음시킨다. 과량의 시약은 세척하여 불용성의 중합체로부터 제거한다.

❸ 1. DCC, Boc—NHCH(R′)COOH 2. 씻음

Boc—NHCH(R′)CO—NHCH(R)COOCH_2—중합체

❹ 보호기 이탈, 짝지음 및 세척을 아미노산 단위가 성장하는 사슬에 원하는 만큼 첨가할 때까지 여러 번 반복한다.

❹ 여러 번 순환을 반복

Boc—NHCH(R″)CO—(NHCH(R′)CO)$_n$—NHCH(R)COOCH_2—중합체

❺ 원하는 펩타이드가 만들어진 후 무수 HF로 처리하여 최종 Boc기를 제거하고 중합체에서 에스터 결합을 절단하면 자유 펩타이드를 생성한다.

❺ HF

H_2NCH(R″)CO—(NHCH(R′)CO)$_n$—NHCH(R)COOH + $HOCH_2$—중합체

기계적인 펩타이드 합성기는 여러 다른 아미노산에 대한 짝지음, 세척 및 탈보호 단계를 자동적으로 반복한다. 각 단계의 수득률은 높게 일어나며, 기계적 손실은 펩타이드 중간체가 최종 단계까지 불용성 중합체로부터 결코 제거되지 않으므로 최소화된다. 이 순

서를 이용하여 20개 아미노산으로된 펩타이드를 30 mg까지 몇 시간 내에 일상적으로 합성할 수 있다.

예문 15.5 아미노산의 반응

다음 물질과 메싸이온이 반응하는 식을 나타내라.

(a) CH_3OH, HCl

(b) 이탄산 다이-*tert*-뷰틸(Di-*tert*-butyl dicarbonate)

문제 15.15 알라닌과 류신으로부터 Leu-Ala를 5단계로 합성할 때 중간체의 구조를 써라.

문제 15.16 아미노산과 이탄산 다이-*tert*-뷰틸의 반응으로 Boc 유도체의 생성 메커니즘을 보여라.

15.8 단백질의 구조

단백질은 보통 3차원 형태에 따라 **섬유상** 또는 **구형**으로 분류할 수 있다. 힘줄 내의 교원질과 각질 및 근육조직 내의 미오신과 같은 **섬유상 단백질**(fibrous protein)은 나란히 배열하여 긴 실모양을 이루는 폴리펩타이드로 구성되어 있다. 이들 단백질은 질기고 물에 녹지 않기 때문에 구조물질로 이용된다. 이에 반하여 **구형 단백질**(globular protein)은 보통 촘촘히 감겨져서 거의 공과 같은 모양을 이룬다. 이들 단백질은 일반적으로 물에 녹고 세포 내에서 이동할 수 있다. 알려진 3000여 개의 효소 대부분이 구형 단백질이다.

단백질은 매우 커서 **구조**란 단어는 간단한 유기물을 다룰 때보다 더 넓은 의미를 지닌다. 사실 화학자들은 단백질을 기술할 때 4가지 다른 수준의 구조를 언급하게 된다.

- 단백질의 **일차 구조**(primary structure)는 단순히 아미노산 서열이다.
- 단백질의 **이차 구조**(secondary structure)는 펩타이드 골격의 분절들이 어떻게 일정한 모형으로 배향하는지를 기술한다.
- **삼차 구조**(tertiary structure)는 전체 단백질 분자가 감겨서 어떻게 전체적인 3차원 모양을 만들고 있는지 기술한다.
- **사차 구조**(quaternary structure)는 여러 다른 단백질 분자들이 모여 어떻게 커다란 집합 구조를 만드는지를 기술한다.

일차 구조는 앞에서 본 바와 같이 단백질의 서열 결정으로 이루어진다. 이, 삼, 사차 구조는 핵자기 공명(13.7～13.13절) 또는 X선 결정법이라 부르는 기술에 의해 결정된다(이

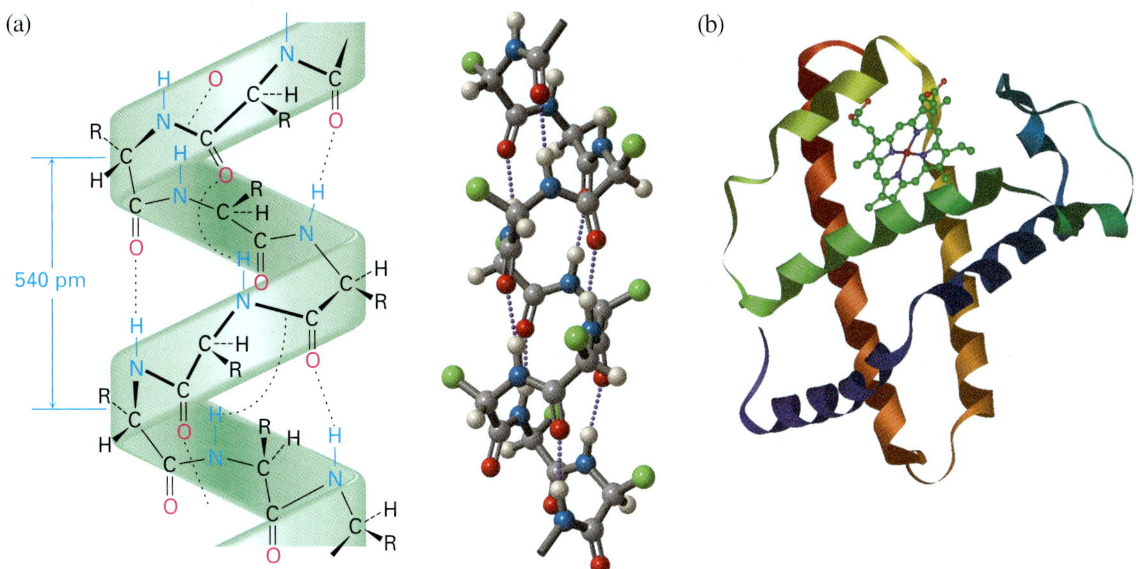

그림 15.4 (a) 단백질의 α-나선 구조는 한 잔기의 N–H기와 네 잔기 떨어져 있는 C=O기 사이의 수소 결합에 의해 안정화된다. (b) 미오글로빈(myoglobin)의 구조는 나선형 구조가 심한 구형 단백질인데 이 그림에서 리본처럼 보인다.

장의 끝에 있는 【생활 속의 유기 화학】에 X선 결정법이 기술되어 있다).

가장 보편적인 이차 구조는 α-나선(α helix)과 β-병풍 구조(β-pleated sheet)이다. ***α*-나선**은 나선 계단의 꼬임과 같이 단백질 등뼈의 오른손 꼬임이다(그림 15.4a). 나선의 한 회전(반복 거리)은 3.6개의 아미노산 잔기를 함유하며 회전 간 거리는 540 pm 또는 5.4 Å이다. 구조는 아마이드 N–H기와 그로부터 네 잔기 떨어진 C=O기 사이에 수소 결합으로 안정화되어 N–H····O 거리는 2.8 Å이다. α-나선은 매우 보편적인 이차 구조이며 거의 모든 구형 단백질은 많은 나선 분절을 포함한다. 예를 들면, 작은 구형 단백질인 미모글로빈은 1개의 사슬에 153개의 아미노산 잔기를 함유한다(그림 15.4b).

***β*-병풍 구조**는 펩타이드 사슬이 꼬이기보다는 완전히 늘어나고 이웃한 사슬에 있는 잔기들 사이에 수소 결합이 일어나 α-나선 구조와 다르다(그림 15.5a). 이웃한 사슬은 같은 방향(평행)이나 반대 방향(역평행)으로 뻗어나는데 역평행 배열이 더 보편적이고 에너지로 보아 다소 더 유리하다. 예를 들면, 콘캐나바린 A(Concanavalin A)는 237개의 잔기로 구성된 2개의 동일 사슬이 역평행 β-병풍 구조로 뻗어 있다(그림 15.5b).

삼차 구조란 무엇인가? 왜 단백질이 이런 구조를 취할까? 단백질의 삼차 구조를 결정하는 힘은 분자 크기에 관계없이 모든 분자에 공통으로 똑같이 작용하며 최대 안정도를 줄 수 있는 단순한 힘이다. 산성이나 염기성 아미노산의 극성 탄화수소 곁사슬이 가지는 친수성(물을 좋아하는) 상호작용과 비극성 탄화수소 곁사슬이 가지는 소수성(물을 밀어내는) 상호작용은 특별히 중요하다. 전하를 띤 곁사슬을 가진 산성 또는 염기성 아미노산이

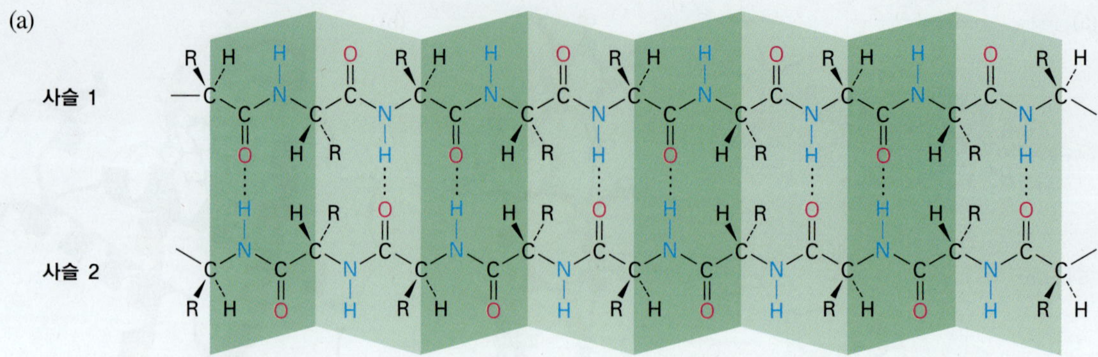

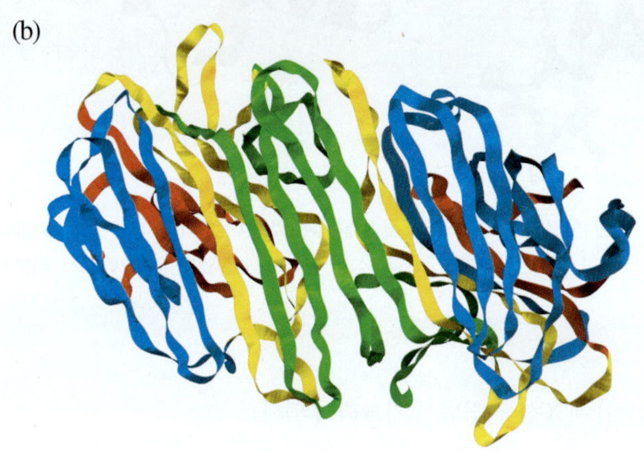

그림 15.5 (a) β-병풍 구조의 단백질 이차 구조는 평행하거나 역평행하는 사슬 간의 수소 결합에 의해 안정화된다. (b) 콘캐바린 A의 구조는 β-병풍 구조가 뻗어 된 단백질로 리본과 같이 보인다.

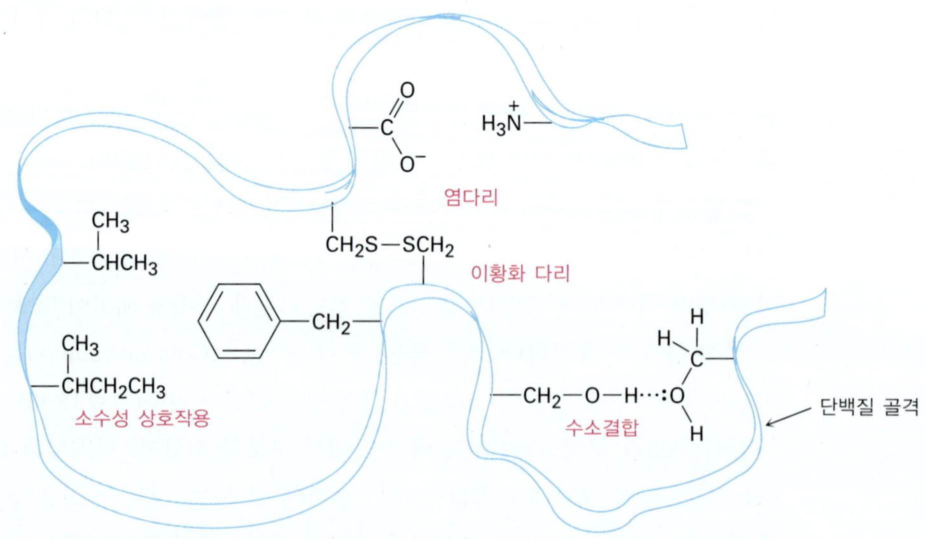

그림 15.6 단백질의 삼차 구조를 안정화하는 아미노산 곁사슬 간의 여러 가지 상호작용

단백질의 외부로 모이려는 경향을 갖고 그것은 물로 용매화될 수 있다. 중성, 비극성 곁사슬을 가진 아미노산들은 수용성 매질을 피하여 탄화수소와 같은 성질을 가진 단백질 분자 내부로 모이려는 경향이 있다.

단백질의 삼차 구조를 안정화하는 다른 중요한 요소는 시스테인 잔기들 간의 이황화 다리, 인접한 아미노산 잔기들 간의 수소 결합 형성, 그리고 **염 다리**(salt bridge)라고 부르는 단백질 내에서 다양한 아미노산 곁사슬의 음과 양으로 하전된 부위 간의 정전기적 인력 등이다. 여러 종류의 안정화하는 힘이 그림 15.6에 요약되어 있다.

15.9 효소와 보조효소

효소(enzyme)란 생물학적 반응에서 촉매로 작용하는 물질(대부분은 단백질)이다. 모든 촉매와 같이 효소는 반응의 평형 상수에 영향을 미치지 않고 효소가 없으면 일어나지 않을 화학적 변화를 일으킬 수도 없다. 효소는 단지 반응의 활성화 에너지를 낮추어서 반응이 더 빨리 일어나게 해 준다. 사실 때때로 효소에 의한 반응 가속은 엄청나다. 백만배의 속도 증가는 보편적이며 다당류를 가수분해하는 글리코사이드분해효소는 반응속도를 10^{17}배 이상으로 증가시켜 반응하는 데 필요한 시간을 수백만 년에서 수 밀리초로 변화시킨다.

화학자들이 실험실에서 사용하는 여러 촉매와 다르게 효소는 보통 그 작용에 특이성을 가진다. 사실 효소는 흔히 효소의 **기질**(substrate)이라고 하는 단 한 가지 화합물의 한 가지 반응에만 촉매 작용을 한다. 예를 들면, 인간의 소화관에서 발견되는 아밀레이스라는 효소는 녹말을 글루코오스로 만드는 데만 촉매 작용을 한다. 셀룰로오스 및 다른 당에는 아밀레이스가 작용하지 않는다.

효소들은 각각 다른 특성을 보인다. 아밀레이스와 같은 몇 가지 효소는 한 가지 기질에만 특이하게 작용하나 다른 것들은 어떤 범주의 기질에 작용한다. 예를 들면, 파파야 열매에서 분리한 212개의 아미노산으로 이루어진 구형 단백질인 파파인은 여러 종류의 펩타이드 결합들의 가수분해 반응에 촉매 작용을 한다. 실제로 고기를 연하게 하는 데 그리고 콘택트렌즈를 세정하는 데 파파야가 유용하게 쓰이는 것은 펩타이드 결합을 가수분해하는 이런 능력 때문이다.

$$\text{-(NH}\underset{\text{R}}{\text{CH}}\overset{\text{O}}{\overset{\|}{\text{C}}}\text{-NH}\underset{\text{R}'}{\text{CH}}\overset{\text{O}}{\overset{\|}{\text{C}}}\text{-NH}\underset{\text{R}''}{\text{CH}}\overset{\text{O}}{\overset{\|}{\text{C}}}\text{)-} \xrightarrow[\text{H}_2\text{O}]{\text{파파인}} \text{-(NH}\underset{\text{R}}{\text{CH}}\overset{\text{O}}{\overset{\|}{\text{C}}}\text{OH} + \text{H}_2\text{N}\underset{\text{R}'}{\text{CH}}\overset{\text{O}}{\overset{\|}{\text{C}}}\text{-NH}\underset{\text{R}''}{\text{CH}}\overset{\text{O}}{\overset{\|}{\text{C}}}\text{)-}$$

효소는 그들이 촉매 작용을 하는 반응의 종류에 따라 여섯 부류로 나눌 수 있다(표 15.2). **산화환원효소**(oxidoreductase)는 산화 및 환원에, **전달효소**(transferase)는 한 기질에서 다

표 15.2 효소의 분류

주 부류	부 부류	기능
산화환원효소	탈수소효소	이중 결합 도입
	산화효소	산화
	환원효소	환원
전달효소	인산화효소	인산기의 이동
	아미노전달효소	아미노기의 이동
가수분해효소	지방질가수분해효소	에스터기의 가수분해
	핵산가수분해효소	인산기의 가수분해
	단백질가수분해효소	아마이드기의 가수분해
분해효소	탈카복시화효소	CO_2 제거
	탈수효소	H_2O 제거
이성질화효소	에피머화효소	카이랄성 중심의 이성질화
연결효소	카복시화효소	CO_2의 첨가
	합성효소	새 결합의 형성

른 기질로 기를 이동시키는 데 촉매 작용을 한다. **가수분해효소**(hydrolase)는 에스터, 아마이드 및 관련된 기질의 가수분해에 촉매 작용을 하고, **분해효소**(lyases)는 기질에서 H_2O와 같은 작은 분자를 떨어져나가게 하거나 첨가하게 하는 반응에 촉매 작용을 한다. **이성질화효소**(isomerases)는 이성질현상에 촉매 작용을 하며, **연결효소**(ligase)는 흔히 삼인산 아데노신(ATP)의 가수분해와 짝지어 두 분자 간의 결합에 촉매 작용을 한다. 효소의 체계명은 두 부분으로 되어 있는데 *-ase*로 끝난다. 첫째 부분은 효소의 기질을 나타내고 둘째 부분은 반응의 종류를 나타낸다. 예를 들면, 헥소오스 인산화효소(hexose kinase)는 삼인산 아데노신으로부터 헥소오스 당으로 인산기를 이동시키는 데 촉매 역할을 하는 효소이다.

대부분의 효소들은 단백질 부분 이외에 **보조인자**(cofactor)라 부르는 작은 비단백질 부위를 가진다. **보조인자**는 Zn^{2+}와 같은 무기 이온이나 **보조효소**(coenzyme)라고 부르는 작은 유기 분자이다. 보조효소는 촉매가 아니라 반응 동안 화학 변화를 하는 반응물이다. 그리고 최초의 상태로 돌아가기 위해서 추가 단계나 일련의 단계를 필요로 한다.

모두는 아니지만, 많은 보조효소들은 **바이타민**이다. 바이타민(vitamin)은 음식물을 통해 섭취해야 하는 작은 유기 분자이며, 적절한 성장을 위해 미량이 필요하다. 예를 들면, 판토텐산 음이온(바이타민 B_3)으로부터 보조효소 A, 나이아신으로부터 NAD^+, 라이보플라빈(바이타민 B_2)으로부터 FAD, 엽산(folic acid)으로부터 테트라하이드로폴산 음이온, 피리독신(바이타민 B_6)으로부터 피리독살 인산염(바이타민 B_6) 및 티아민(바이타민 B_1)으로부터 티아민 이인산염이 있다. 몇 가지 보편적인 보조효소의 구조가 표 15.3에 있다.

표 15.3 몇 가지 보편적인 보조효소의 구조

삼인산 아데노신(adenosine triphosphate)—ATP(인산화 반응)

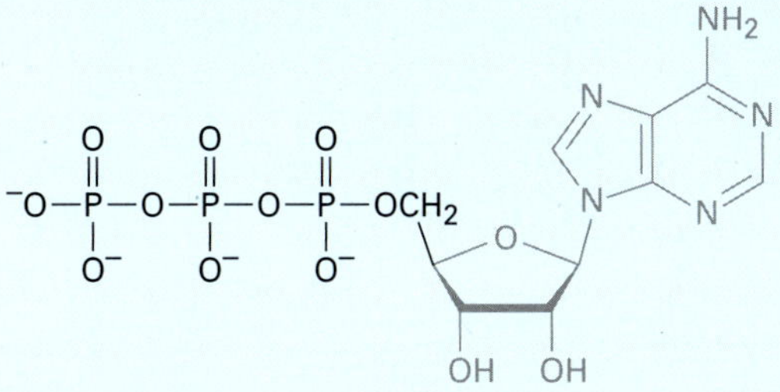

보조효소 A(아실 이동)

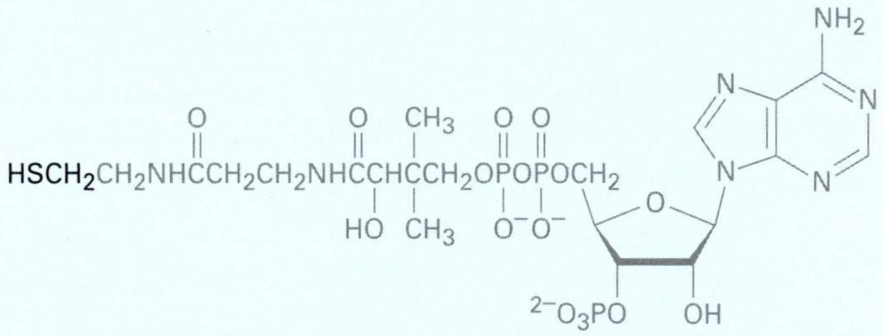

니코틴아마이드 아데닌 다이뉴클레오타이드(nicotinamide adenine dinucleotide) —NAD$^+$(산화/환원)

($NADP^+$)

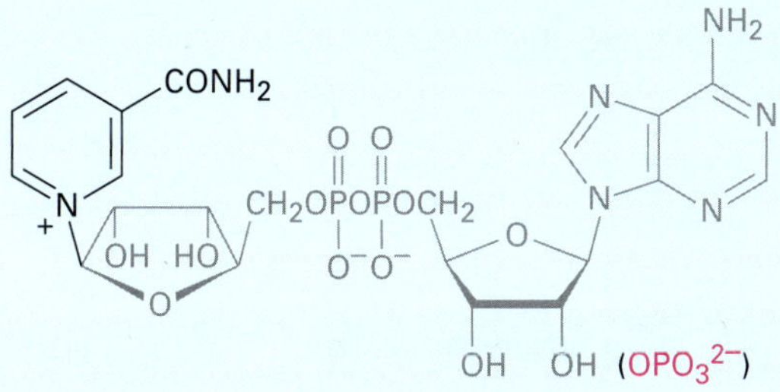

(OPO_3^{2-})

플라빈 아데닌 다이뉴클레오타이드(flavin adenine dinucleotide)—FAD(산화/환원)

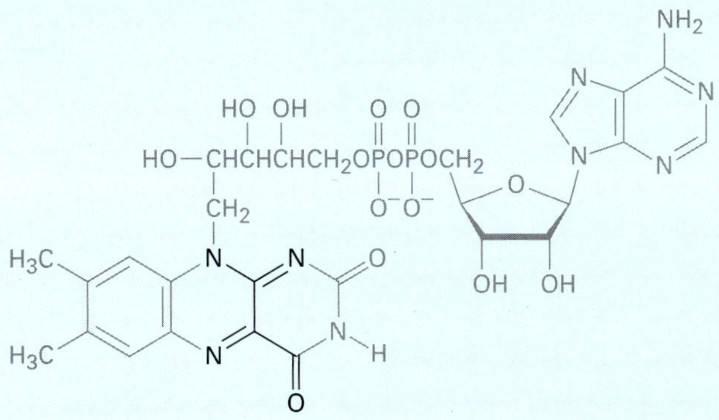

표 15.3 몇 가지 보편적인 보조효소의 구조(계속)

사수소엽산염(tetrahydrofolate)(C_1 단위 이동)

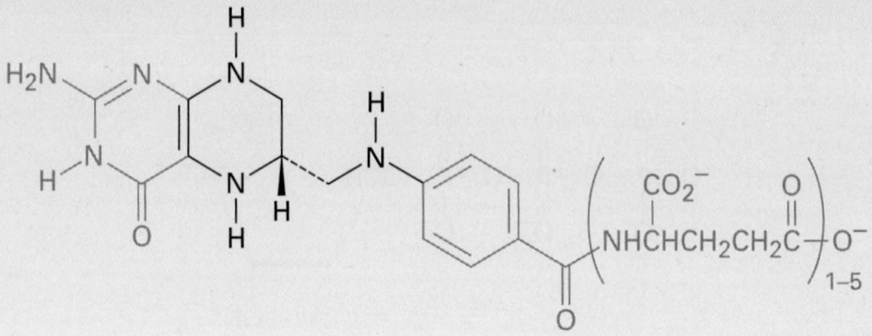

S-아데노실메싸이오닌(S-adenosylmethionine)(메틸 이동)

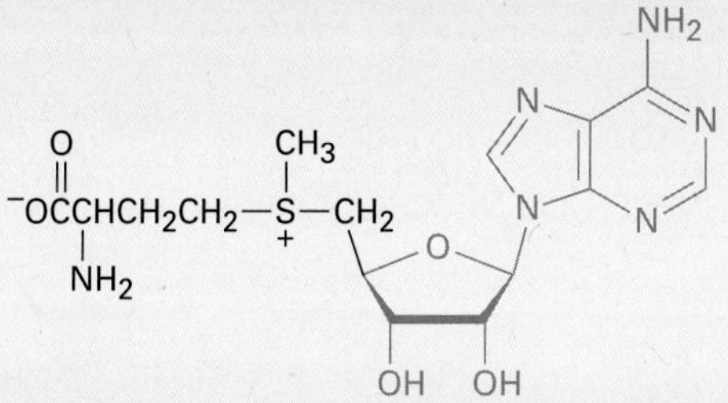

리포산(lipoic acid)(아실 이동)

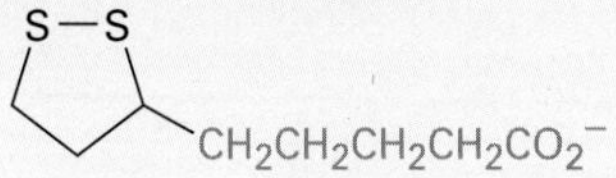

피리독살 인산염(pyridoxal phosphate)(아미노산 대사)

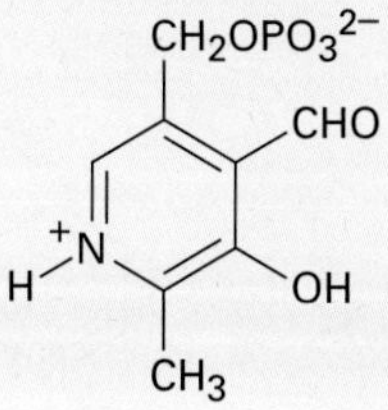

티아민 이인산염(탈카복시화)

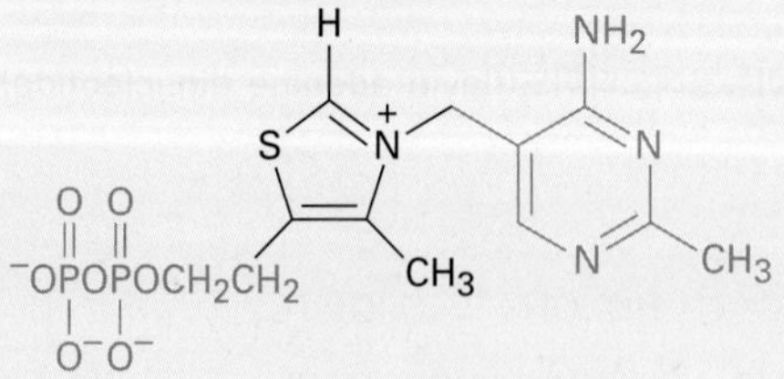

비오틴(카복시화)

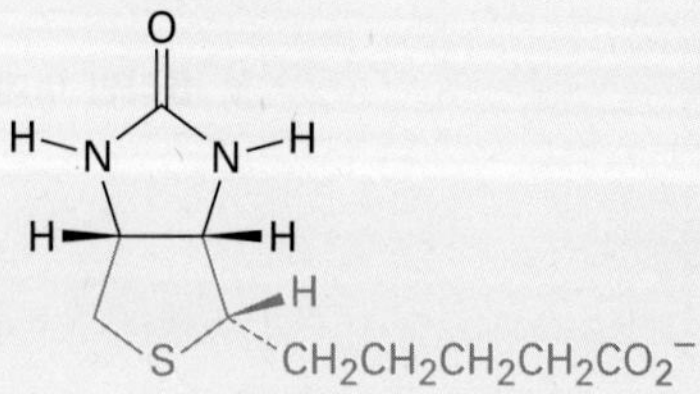

문제 15.17 다음 효소는 어느 부류에 속하는가?

(a) 피루브산 탈카복시화효소

(b) 카이모트립신

(c) 알코올 탈수소효소

15.10 효소는 어떻게 작용하는가? 시트르산 음이온 생성효소

효소는 반응물 분자들을 함께 모으고, 그들을 반응에 적절한 배향으로 잡아 주고 특정한 반응 단계에 촉매 작용을 하는 데 필요한 산성 또는 염기성 부위를 제공함으로써 촉매 활성을 나타낸다. 예를 들어, 아세틸 CoA를 옥살로아세트산 음이온에 알돌 같은 반응으로 첨가하여 시트르산 음이온(11.11절)을 만드는 시트르산 음이온 생성효소(citrate synthase)를 살펴보자. 이 반응은 소위 시트르산 회로의 첫 단계인데 여기서 식품 분자의 분해로 생성된 아세틸기가 물질대사를 통해 연소되어 CO_2와 H_2O를 만든다. 우리는 17.4절에서 시트르산 회로에 대해 상세하게 살펴볼 것이다.

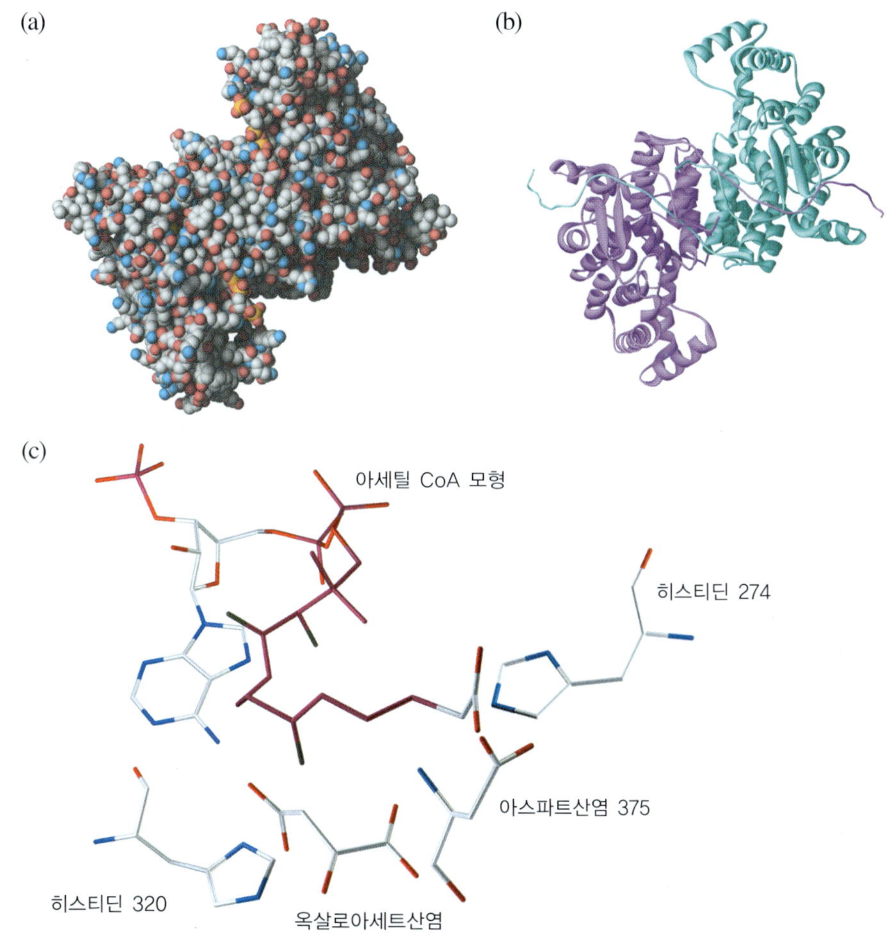

그림 15.7 시트르산 음이온 생성효소의 X선 결정 구조. (a)는 공간채움 모형이고, (b)는 띠 모형으로 단백질 사슬의 α-나선 분절을 강조하며, 효소는 수소 결합 및 다른 분자 간 인력으로 잡혀 있는 동일한 2개의 사슬로 이루어진 **이량제**(dimeric)임을 나타낸다. (c)는 옥살로아세트산 음이온과 불활성 아세틸 CoA 모형이 결합된 활성 자리를 확대한 것이다.

$$^{-}O_2C\text{–}CH_2\text{–}C(=O)\text{–}CO_2^{-} + H_3C\text{–}C(=O)\text{–}SCoA \xrightarrow[\text{생성효소}]{\text{시트르산 음이온}} {}^{-}O_2C\text{–}CH_2\text{–}C(OH)(CO_2^{-})\text{–}CH_2\text{–}CO_2^{-} + HSCoA$$

옥살로아세트산 음이온 **아세틸 CoA** **시트르산 음이온**

시트르산 음이온 생성효소는 옥살로아세트산 음이온에 결합할 수 있는 여러 작용기들이 늘어서 있는 깊은 틈을 가진 433개 아미노산으로 된 구형 단백질이다. 옥살로아세트산

메커니즘

그림 15.8 시트르산 음이온 생성효소의 작용 메커니즘

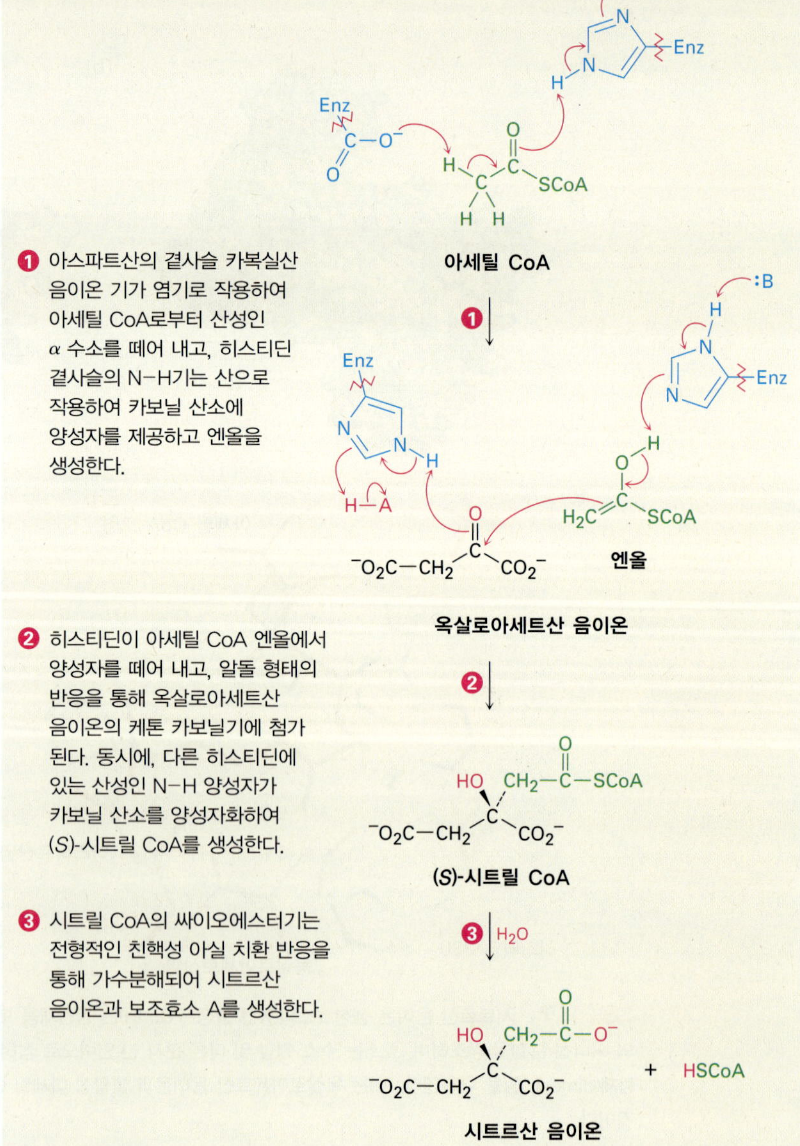

1. 아스파트산의 곁사슬 카복실산 음이온 기가 염기로 작용하여 아세틸 CoA로부터 산성인 α 수소를 떼어 내고, 히스티딘 곁사슬의 N–H기는 산으로 작용하여 카보닐 산소에 양성자를 제공하고 엔올을 생성한다.

2. 히스티딘이 아세틸 CoA 엔올에서 양성자를 떼어 내고, 알돌 형태의 반응을 통해 옥살로아세트산 음이온의 케톤 카보닐기에 첨가된다. 동시에, 다른 히스티딘에 있는 산성인 N–H 양성자가 카보닐 산소를 양성자화하여 (*S*)-시트릴 CoA를 생성한다.

3. 시트릴 CoA의 싸이오에스터기는 전형적인 친핵성 아실 치환 반응을 통해 가수분해되어 시트르산 음이온과 보조효소 A를 생성한다.

음이온을 결합하면 원래의 틈은 닫히고 다른 틈이 생겨나 아세틸 CoA와 결합한다. 이 두 번째에도 마찬가지로 274번 위치의 히스티딘과 375번 위치의 아스파트산염을 포함하여 적절한 작용기들이 늘어서 있다. 두 반응물은 이제효소에 의해 반응에 알맞은 배향으로 가까운 위치에 잡혀 있게 된다. 그림 15.7은 X선 결정학으로 결정된 확대한 활성 자리와 함께 시트르산 음이온 생성효소의 구조를 보여 준다.

그림 15.8에 나타난 바와 같이, 알돌 반응의 첫 단계는 아세틸 CoA의 엔올을 생성하는 것이다. 아스파트산 음이온의 곁사슬 카복시기는 염기로 작용하여 산성 α 양성자를 떼어 내는 반면, 동시에 히스티딘의 이미다졸 고리 곁사슬은 카보닐 산소에 H^+를 공여한다. 그러므로 생성된 엔올은 옥살로아세트산 음이온의 케톤 카보닐기에 친핵성 첨가 반응을 한다. 첫째, 히스티딘은 염기로 작용하여 엔올로부터 $-OH$ 수소를 제거하는 반면, 둘째, 히스티딘 잔기가 동시에 옥살로아세트산 음이온의 카보닐기에 양성자를 공여하여 시트릴 CoA를 생성한다. 그러고나서 물이 시트릴 CoA 내의 싸이오에스터기를 가수분해하여 최종 생성물로 시트르산 음이온과 보조효소 A를 배출한다.

 생활 속의 유기 화학

X선 결정법

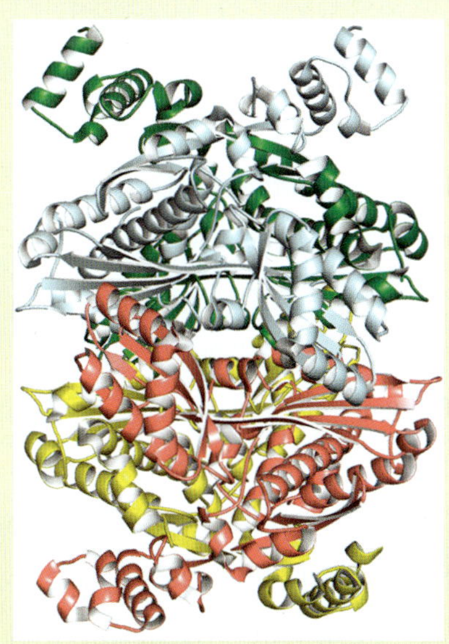

X선 결정법으로 결정된 체내의 콜레스테롤 합성에 중요한 효소인 HMG-CoA 환원효소의 분자 모형

당신의 주변에 있는 물체의 삼차원적 모양을 결정하기는 쉬운데, 즉 본다는 것은 물체로부터 반사된 빛에 눈의 초점을 맞추고 뇌는 알아볼 수 있는 상으로 데이터를 모으는 것이다. 만약 물체가 작으면, 현미경을 이용하여 현미경 렌즈의 초점을 가시선에 맞추도록 한다. 불행하게도, 가장 좋은 광학 현미경을 가지고서도 볼 수 있는 한계가 있다. 회절 한계(diffraction limit)라 부르는 데 관찰하려고 이용한 빛의 파장보다 더 작은 어느 것도 볼 수 없다. 가시선의 파장은 수백 나노미터이나 분자 내의 원자는 0.1나노미터 크기의 차원이다. 따라서 실험실 내의 작은 것이든 수십만의 분자량을 가진 크고 복잡한 효소이든 분자를 '보기' 위해서 0.1 nm 범위의 파장이 필요하며 이것은 X선에 해당한다.

우리 몸이 콜레스테롤을 합성하는 과정에 중요한 단계를 촉매 작용하는 효소 HMG-CoA 환원효소의 구조를 결정하기를 원한다고 하자. 사용된 기술을 X선 결정법이라 한다. 첫째 분자는 결정이어야 한다(이것은 전과정에서 가장 힘들고 시간이 걸리는 부분인 것으로 흔히 알려지고 있다). 그리고 장축이 0.4~0.5 nm 차원인 작은 결정을 유리섬유의 끝에 붙인다. 섬유와 붙은 결정을 X선 회절 분석계라 부르는 기기에 올려 놓는다. 회절 분석계는 복사선 근원과 결정을 어느 방향으로나 돌릴 수 있는 배열장치와 시료를 놓는 장치, 검출기 및 제어컴퓨터로 구성된다.

일단 올려 놓으면 보통 파장이 0.154 nm인 소위 Cu$K\alpha$ 복사선으로 결정에 빛을 쪼인다. X선이 효소 결정을 때리면 분자 내 전자와 상호작용하여 회절형으로 산란된다. 검출되어 눈으로 볼 때 비어 있는 배경에 일련의 밝은 점으로 나타난다.

삼차원적인 분자의 데이터를 뽑아 내기 위한 회절형의 조작은 복잡한 과정이나, 최종 결과는 분자의 전자 밀도 지도가 그려진다. 전자들은 주로 원자 주위에 편재화되므로 서로의 결합 길이 내에 위치한 2개의 전자 밀도 중심은 식별되는 화학 구조로 이끄는 결합된 원자를 나타내는 것이라 가정한다.

60,000개 이상의 생물학적 구조에 관한 온라인 자료가 만들어져 왔는데 생화학에 대한 구조 정보에 매우 중요하다. Rutger 대학에서 운영하고 미국 국립과학재단으로부터 재정적 지원을 받는 단백질 데이터 은행(Protein Data Bank)은 생물학적 거대분자에 대한 삼차원적 구조 데이터를 조사 분류하고 분배하는 전 세계적인 저장소이다.

요약과 주요용어

결사슬 side chain
구형 단백질 globular protein
단백질 protein
등전점 isoelectric point
뼈대 backbone
보조인자 cofactor
보조효소 coenzyme
사차 구조 quaternary structure
삼차 구조 tertiary structure
섬유상 단백질 fibrous protein
이차 구조 secondary structure
일차 구조 primary structure
잔기 residue
쯔비터 이온 zwitterion
펩타이드 peptide
효소 enzyme
α-나선 α-helix
α-아미노산 α-amino acid
β-병풍 구조 β-pleated sheet

단백질과 **펩타이드**는 **아미노산 잔기들**이 아미노 결합으로 연결된 큰 생체 분자이다. 단백질은 보통 20개의 아미노산으로 이루어져 있으며 모두 α-아미노산이며 글라이신을 제외하고는 L 당과 유사한 입체화학을 가진다.

펩타이드나 단백질의 구조 결정은 아미노산 분석으로부터 시작한다. 펩타이드를 먼저 그것의 구성 성분인 α-아미노산으로 가수분해한 다음, 분리하고 확인한다. 다음으로, 펩타이드의 아미노산 서열을 결정한다. 아이소싸이오사이안산 페닐(PITC)로 처리하면 Edman 분해는 펩타이드의 **N-말단**으로부터 잔기 1개를 떼어 내어, 쉽게 확인할 수 있는 그 잔기의 페닐싸이오하이단토인 유도체를 만든다. 자동화된 일련의 Edman 분해를 통해 50개까지의 아미노산 잔기들로 이루어진 펩타이드 사슬의 아미노산 서열을 결정할 수 있다.

펩타이드 합성에 보호기를 이용한다. 자유로운 $-CO_2H$기를 가진 N-보호된 아미노산은 DCC를 이용해서 자유로운 $-NH_2$기를 가진 O-보호된 아미노산과 짝지음 반응을 시킨다. 아마이드가 생성되면 보호기를 제거하고

C-말단 아미노산 C-terminal amino acid
N-말단 아미노산 N-terminal amino acid

이 과정을 반복한다. 아민은 보통 *tert*-뷰톡시카보닐(Boc) 또는 플루오렌일 메틸옥시카보닐(Fmoc) 유도체로 보호하고 산들은 보통 에스터로 만들어 보호한다. 합성은 흔히 펩타이드가 불용성 중합체 구슬에 결합되는 Merrifield 고체상 방법으로 수행된다.

단백질은 구조로 보아 4개의 그룹으로 나눈다. **일차 구조**는 단백질의 아미노산 서열을 말한다. **이차 구조**는 **α-나선**이나 **β-병풍 구조**처럼 규칙적인 형태에서 단백질 사슬의 분절이 어떻게 배향되었는지를 말한다. **삼차 구조**는 전체 단백질 분자들이 어떻게 틀어져 전체 삼차원적 모양을 만드는지 말한다. **사차 구조**는 각 개별적인 단백질 분자가 어떻게 큰 구조로 덩어리져 있는지 말한다.

단백질은 **구형** 또는 **섬유상** 단백질로 분류된다. *α*-각질과 같은 섬유상 단백질은 강하고 물에 녹지 않는다. 미오글로빈과 같은 구형 단백질은 물에 녹으며 세포 내에서 이동할 수 있다. 알려진 3000여 개의 효소 대부분은 구형 단백질이다.

효소는 반응 분자를 함께 가져와 반응하는 데 필요한 배향을 하도록 하고 촉매 작용하는데 필요한 산성 또는 염기성 자리를 제공하는 생물학적 촉매이다. 그들은 촉매 작용을 하는 반응의 종류에 따라 6개 부류로 나눌 수 있다. **산화환원효소**는 산화 및 환원 반응에 촉매 작용을 하고, **전달효소**는 기의 이동에, **가수분해효소**는 가수분해에, **이성질화효소**는 이성질화에, **분해효소**는 결합의 파손에, **연결효소**는 결합 형성에 촉매 작용을 한다.

많은 효소들이 그들의 단백질 부분 이외에 금속 이온이나 작은 유기 분자인 **보조인자**를 함유한다. 흔히 **보조효소**들은 바이타민이며 적절한 성장과 전체 기능을 위해 음식물을 통해 미량 섭취해야 하는 작은 분자이다.

연습

【눈으로 보는 화학】 문제 15.1~15.17은 장 내에서 볼 수 있다.

15.18 다음 테트라펩타이드의 아미노산 서열을 써라(노란색 = S).

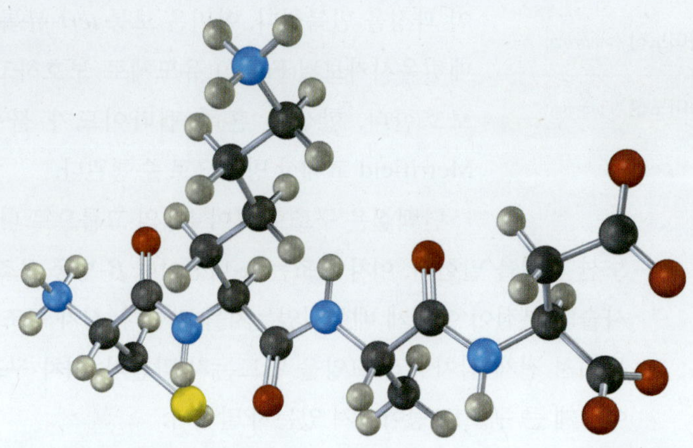

15.19 아이소류신과 트레오닌은 2개의 입체중심을 가진 2가지뿐인 아미노산들이다. 아이소류신에서 메틸기를 가진 탄소 원자의 배열을 *R* 또는 *S*로 나타내라.

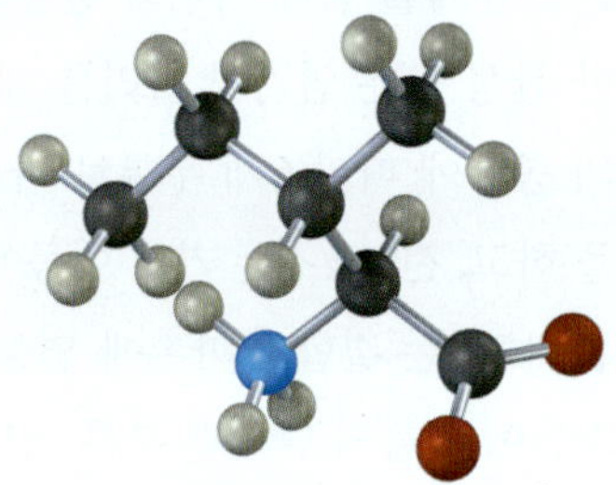

15.20 다음 아미노산을 확인하라.

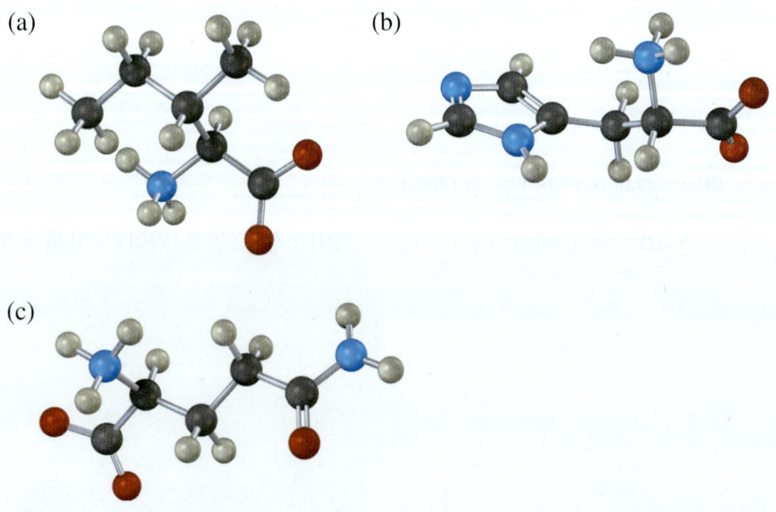

구조와 카이랄성

15.21 다음 분자는 D 아미노산인가 또는 L 아미노산인가? 그것을 확인하라.

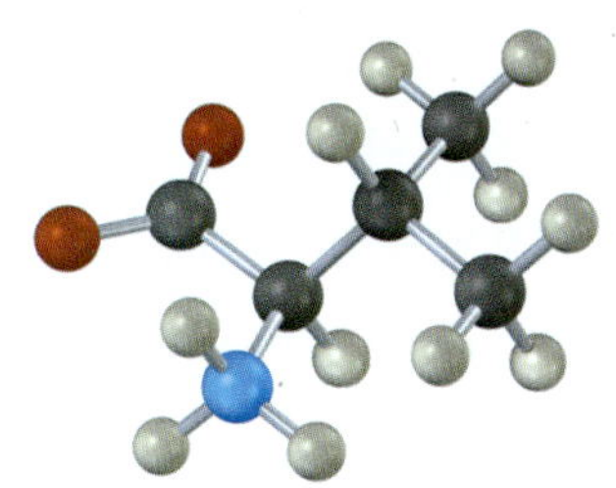

【보충문제】

15.22 단백질의 삼차 구조를 결정하는 데 왜 시스테인이 중요한 아미노산인가?

15.23 유일한 이차 아미노산인 (*S*)-프롤린의 Fischer 투영을 그려라.

15.24 아미노산인 트레오닌, (2*S*,3*R*)-2-아미노-3-하이드록시뷰탄산은 2개의 입체중심을 가지고 있으며 입체화학은 4-탄소 당인 D-트레오스와 유사하다. 트레오닌의 Fischer 투영을 그려라.

15.25 트레오닌의 부분입체이성질체에 대한 Fischer 투영을 그려라(문제 15.24 참조).

15.26 α-아미노산에서 접두사 'α'는 무엇을 의미하는가?

15.27 비록 단백질에는 *S* 아미노산만이 나타나나 몇 가지 *R* 아미노산이 천연에서 발견된다. 예를 들면, (*R*)-세린이 지렁이에서, (*R*)-알라닌이 곤충의 유충에서 발견된다. (*R*)-세린과 (*R*)-알라닌의 Fischer 투영을 그려라.

15.28 다음 약어는 어떤 아미노산을 나타내는가?

(a) Ser (b) Thr (c) Pro (d) F (e) Q (f) D

15.29 히스티딘, 세린 및 글루타민산의 혼합물을 분리하려면 어떤 pH에서 전기이동 실험을 실시해야 하는가? 그 이유를 설명하라.

15.30 다음 아미노산을 쯔비터 이온형으로 그려라.

(a) 세린 (b) 타이로신 (c) 트레오닌

15.31 다음 펩타이드들의 완전한 구조를 써라. 그리고 아마이드 결합의 위치를 표시하라.

(a) Val-Phe-Cys (b) Glu-Pro-Ile-Leu

15.32 pH 3.0과 9.7에서 라이신과 아스파트산의 주된 형태를 그려라.

15.33 각 아미노산의 한 글자 약어와 세 글자 약어를 이용하여 다음 아미노산들로 구성된 모든 펩타이드들의 구조를 써라.

(a) Val, Leu, Ser (b) Ser, Leu_2, Pro

15.34 엔돌핀류는 뇌에서 통증을 조절하는 자연적으로 생성되는 화합물들이다. 엔돌핀의 활성 부위는 엔케팔린(enkephalin)이라 부르는 펜타펩타이드로서 Tyr-Gly-

Gly-Phe-Met의 구조를 가진다. 구조를 그려라.

15.35 그림 15.2의 아미노산 분석 자료는 프롤린이 닌하이드린과의 반응에 의해 쉽게 검출되지 않음을 나타낸다. 그 이유를 제안하라.

반응 **15.36** Merrifield 법으로 Phe-Ala-Val의 합성과 관련된 단계를 나타내라.

15.37 보호되지 않은 α-아미노산을 다이사이클로헥실카보다이이미드(DCC)로 처리하면 2,5-다이케토피페라진을 형성한다. 이를 설명하라.

$$\underset{\alpha\text{-아미노산}}{H_3\overset{+}{N}-CH(R)-C(=O)-O^-} \xrightarrow{DCC} \text{2,5-다이케토피페라진}$$

15.38 발린과 다음 시약의 반응에서 생성물은 무엇인가?

(a) CH_3CH_2OH, H^+ (b) NaOH, H_2O (c) 이탄산 다이-*tert*-뷰틸

15.39 다음 펩타이드의 Edman 분해로 얻을 수 있는 페닐싸이오하이단토인 생성물의 구조를 그려라.

(a) Val-Leu-Gly (b) Ala-Pro-Phe

펩타이드 서열 **15.40** 카이모트립신과 트립신에 의해 절단될 때 다음 조각을 생성하는 노나펩타이드의 구조는 무엇인가?

트립신 절단: Val-Val-Pro-Tyr-Leu-Arg, Ser-Ile-Arg
카이모트립신 절단: Leu-Arg, Ser-Ile-Arg-Val-Val-Pro-Tyr

15.41 다음 펩타이드의 어떤 아마이드 결합이 트립신에 의해 절단되는가? 카이모트립신에 의해서는?

Phe-Leu-Met-Lys-Tyr-Asp-Gly-Gly-Arg-Val-Ile-Pro-Tyr

15.42 옥타펩타이드에 대한 아미노산 분석 결과 조성이 Asp, Gly_2, Leu, Phe, Pro_2, Val임이 나타났다. Edman 분해로 글라이신이 N-말단기이고 류신이 C-단말기임이 알려졌다. 이 펩타이드를 산성 가수분해하여 다음 조각을 얻었다.

Val-Pro-Leu, Gly, Gly-Asp-Phe-Pro, Phe-Pro-Val

출발 옥타펩타이드의 구조를 제안하라.

15.43 부분 산 가수분해로 다음 조각을 생성하는 헥사펩타이드의 아미노산 서열을 나타내라.

(a) Arg, Gly, Ile, Leu, Pro, Val로 이루어진 헥사펩타이드가 Pro-Leu-Gly, Arg-Pro, Gly-Ile-Val을 생성한다.

(b) Asp, Leu, Met, Trp, Val_2로 된 펩타이드가 Val-Leu, Val-Met-Trp, Trp-Asp-Val을 생성한다.

통합문제 **15.44** 다음 각 효소는 어떤 종류의 반응에서 촉매 역할을 하는가?

(a) 단백질가수분해효소 (b) 인산화효소 (c) 카복시화효소

15.45 프롤린을 단백질 α-나선에서 볼 수 없는 사실을 설명하라. 프롤린 잔기를 사슬에서 만나면 미오글로빈과 다른 단백질의 α-나선 분절이 정지한다.

15.46 다음 부류의 효소는 어떤 종류의 반응에서 촉매 역할을 하는가?

(a) 수화효소 (b) 분해효소 (c) 전달효소

15.47 닌하이드린과 α-아미노산의 반응은 몇 단계로 일어난다.

(a) 첫째 단계는 물을 잃고 트라이케톤의 생성이다. 반응의 메커니즘과 트라이 케톤의 구조를 보여라.

(b) 둘째 단계는 아미노산이 트라이케톤과 반응하여 이민의 생성이다. 그것의 구조를 보여라.

(c) 셋째 단계는 카복시이탈반응이다. 카복시이탈반응의 생성물의 구조와 메커니즘을 보여라.

(d) 넷째 단계는 이민의 가수분해 아민과 알데하이드의 생성이다. 생성물 2개의 구조를 보여라.

(e) 최종 단계는 자주색의 음이온의 생성이다. 반응의 메커니즘을 보여라.

2 (닌하이드린) + H_2NCHCO_2H (R) ⟶ (자주색 음이온) + RCHO + CO_2

닌하이드린

15.48 닌하이드린과 아미노산의 반응에서 얻는 자주색 음이온의 공명 형태들을 가능한 한 많이 그려라(문제 15.47).

15.49 15.4절의 인간 인슐린의 구조를 보고 각 사슬에서 트립신과 카이모트립신에 의해 절단되는 곳을 지적하라.

15.50 아르지닌은 그것의 곁사슬에 구아니디노(guanidino)기를 함유하는데, 20개의 보

편적인 아미노산 중 염기성이 가장 크다. 이 사실을 어떻게 설명할 수 있는가? (힌트: 양성자화된 구아니디노기가 안정화되는 방법을 보이는 공명 구조를 이용하라.)

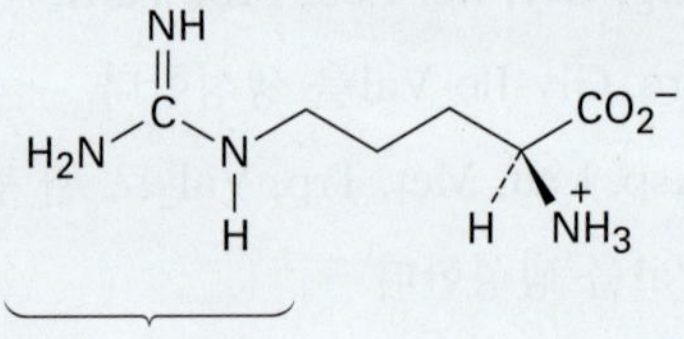

아르지닌

구아니디노기

15.51 시스테인은 L 입체화학을 가지는 유일한 아미노산이나 *R* 배열을 가진다. *R* 배열을 하는 다른 L 아미노산을 설계하라.

15.52 가수분해로 Leu, Ala, Phe를 생성하지만 아이소싸이오시안산 페닐과 반응하지 않는 트라이펩타이드의 2가지 구조를 제안하라.

15.53 다음 아미노산 중 어느 것이 구형 단백질의 밖에 존재하고 어느 것이 안쪽에 존재하는가? 설명하라.

(a) 발린 (b) 아스파트산 (c) 아이소류신 (d) 라이신

15.54 Arg, Gly, Leu, Pro_3로 이루어진 헥사펩타이드의 C-말단과 N-말단에 프롤린이 존재한다. 만약 이 펩타이드를 부분 가수분해하여 Gly-Pro-Arg, Arg-Pro, Pro-Leu-Gly가 생성되면, 헥사펩타이드의 구조는 무엇인가?

15.55 아스파탐(aspartame)은 열량이 없는 감미료로서 NutraSweet(다른 명칭도 있음)라는 이름으로 시판되고 있다. 이는 Asp-Phe-OCH_3라는 단순 다이펩타이드의 메틸 에스터이다.

(a) 아스파탐의 전체 구조를 그려라.

(b) 아스파탐의 등전점은 5.9이다. 이 pH에서 수용액에 존재하는 주된 구조를 그려라.

(c) 생리적 pH인 7.6에서 존재하는 아스파탐의 주된 형태를 그려라.

(d) 아스파탐을 H_3O^+로 가수분해하면 생성물은 무엇인가?

15.56 모든 호기성 유기체의 세포에 존재하는 사이토크롬 *c*(cytochrome *c*)는 호흡에 관여하는 효소이다. 사이토크롬 *c*를 원소 분석한 결과 철을 0.43% 함유하는 것으로 나타났다. 이 효소의 최소 분자량은 얼마인가?

약장 15.57 류프로리드는 9개의 펩타이드로 합성되었는데 여성의 자궁내막염과 남성의 전립선 치료에 쓰인다.

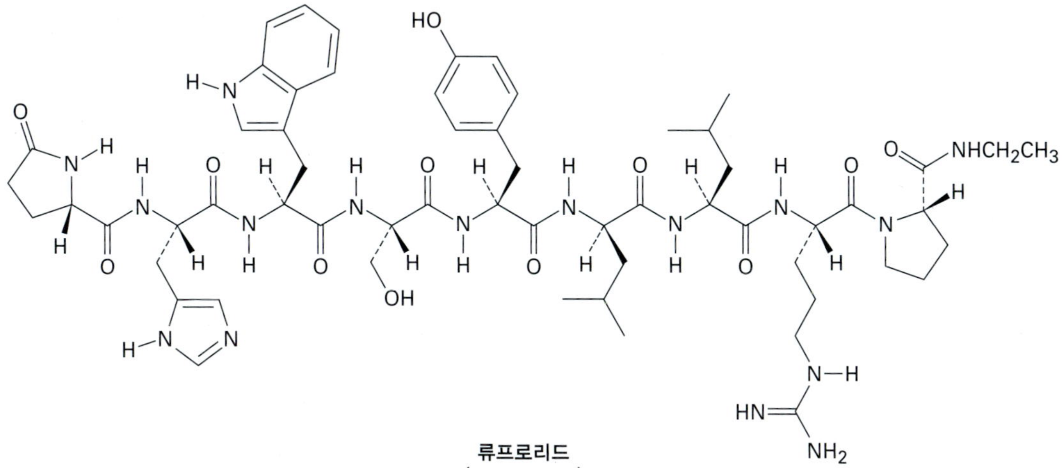

류프로리드
(Leuprolide)

(a) 류프로리드의 C-말단 및 N-말단 아미노산은 둘다 구조적으로 변형되었다. 변형된 것을 확인하라.

(b) 류프로리드의 아미노산 9개 중 1개는 보편적인 L이 아니라 D 입체화학을 가진다. 어느 것인가?

(c) 1개 또는 3개의 약자로 류프로리드의 구조를 써라.

(d) 중성 pH에서 이 펩타이드에 있는 전하는 무엇인가?

15.58 옥시토신(oxytocin)은 뇌하수체에서 분비되는 노나펩타이드 호르몬으로, 출산 중 자궁 수축과 모유 분비를 촉진한다. 이것의 아미노산 서열은 다음 증거들로부터 얻었다.

1. 옥시토신은 두 시스테인 잔기들 간의 이황화물 다리를 포함하는 고리형 펩타이드이다.
2. 이황화물 다리가 환원되면 옥시토신의 조성은 Asn, Cys_2, Gln, Gly, Ile, Leu, Pro, Tyr로 나타난다.
3. 환원된 옥시토신을 부분 가수분해하면 다음의 7개 토막을 얻는다.

Asp-Cys, Ile-Glu, Cys-Tyr, Leu-Gly, Tyr-Ile-Glu, Glu-Asp-Cys, Cys-Pro-Leu

4. Gly는 C-말단이다.
5. Glu와 Asp는 곁사슬이 자유로운 산이 아닌 아마이드(Gln, Asn)로 존재한다.

환원된 옥시토신 아미노산 서열은 무엇인가? 옥시토신의 구조는 무엇인가?

들판에서 **15.59** 제초제인 애트라진은 광합성 기관에 결합하며 이 과정에서 2개의 중요한 단백질 잔기, 즉 페닐알라닌과 세린에 고정된다. 이들 잔기와 제초제 사이에 일어나는 3가지 상호작용을 기술하라(그림 15.6 참조).

Ser

Phe

애트라진

CHAPTER

16

흔히 볼 수 있지만 매우 아름다운 비누방울은 지질의 일종인 동물성 지방을 이용하여 만들 수 있다.

iStockphoto/Bubble from Soap Gun/Thinkstock

생체분자: 지방질과 핵산

앞의 두 장에서 4가지 주요 생체 분자 중 2가지인 탄수화물과 단백질의 유기 화학을 공부하였다. 이제는 두 가지 남은 부류, 즉 지(방)질과 핵산을 살펴보자. **지방질**(lipid)은 물에 제한적으로 녹으며, 무극성 용매를 이용하여 생물체로부터 추출하여 분리할 수 있는 천연물 분자들이다. 지방, 기름, 밀랍, 그리고 여러 가지 비타민과 호르몬 및 세포막 중 단백질을 제외한 대부분의 성분들이 이에 속한다. 탄수화물 및 단백질과는 다르게, 지방질은 구조보다는 물리적 성질(용해도)에 의해 정의내렸음에 주목하라.

지방질은 2가지 일반적인 형태로 분류된다. 즉, 지방 및 밀랍과 같이 에스터 결합을 포함하고 있어 가수분해될 수 있는 것들과 콜레스테롤 및 다른 스테로이드와 같이 에스터 결합을 가지고 있지 않아 가수분해될 수 없는 것들이다.

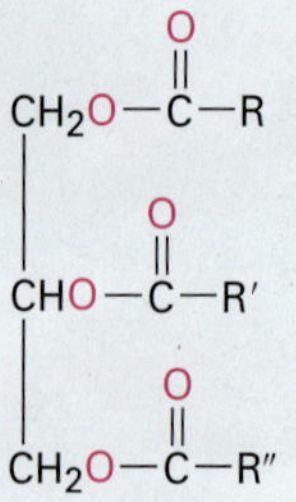

동물성 지방
(R, R′, R″ = C_{11}–C_{19} 사슬)

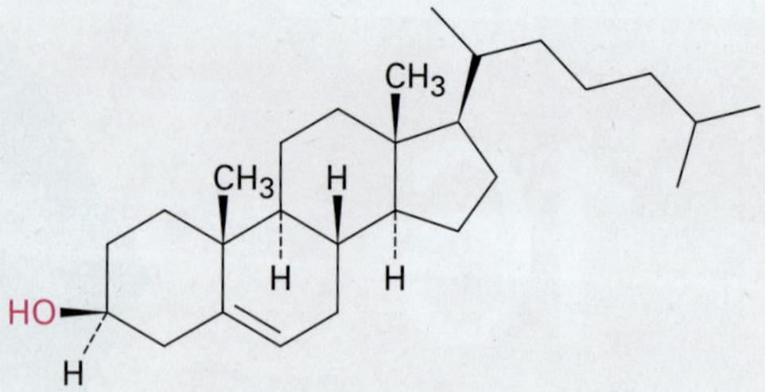

콜레스테롤

16.1 밀랍, 지방 및 기름

밀랍(wax)은 긴 사슬 카복실산들과 긴 사슬 알코올들이 반응하여 이루어진 에스터의 혼합물이다. 카복실산은 일반적으로 탄소수가 16~36개 사이의 짝수로 되어 있으며, 알코올은 탄소수가 24~36개 사이의 짝수로 되어 있다. 예를 들어, 헥사데칸산 트라이아콘틸(triacontyl hexadecanoate)은 밀랍(beeswax)의 주요 성분 중 하나인데 C_{30} 알코올인 트라이아콘탄-1-올과 C_{16} 산인 헥사데칸산의 에스터로 되어 있다. 대부분의 과일, 장과(berry), 나뭇잎 및 동물 모피들의 외피막은 비슷한 구조를 가진다.

$$CH_3(CH_2)_{14}\overset{O}{\overset{\|}{C}}O(CH_2)_{29}CH_3$$

헥사데칸산 트라이아콘틸(밀랍의 성분)

동물성 지방과 식물성 기름은 널리 존재하는 지방질이다. 버터와 돼지기름과 같은 동물성 지방은 고체이나, 옥수수 기름과 땅콩 기름은 식물성 기름으로서 액체이기 때문에 서로 다르게 보이지만 그들의 구조는 밀접하게 관련이 있다. 화학적으로 지방과 기름은 **트라이아실글리세롤**(triacylglycerol)(또한 트라이글리세라이드라고도 부름)으로서 글리세롤과 3개의 긴 사슬 카복실산(**지방산**)의 트라이에스터이다. 동물은 에너지를 장기간 보관하고자 할 때 지방을 이용한다. 왜냐하면 지방은 탄수화물보다 산화된 정도가 매우 적으며 저장된 수화 글라이코겐과 비교할 때 같은 질량당 6배의 에너지를 얻을 수 있기 때문이다.

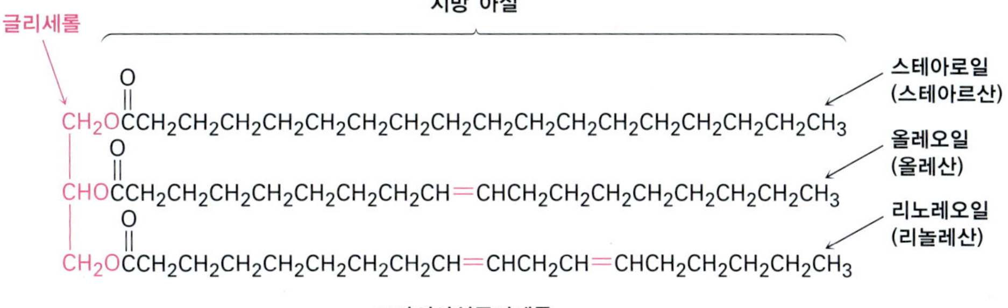

트라이아실글리세롤

지방이나 기름을 NaOH 수용액으로 가수분해시키면 글리세롤과 3개의 긴 사슬 지방산(fatty acid)을 얻을 수 있다. 이때 생성되는 지방산은 일반적으로 곁가지가 없으며 12와 20개 사이의 짝수개의 탄소 원자를 함유하고 있다. 만약 이중 결합들이 존재하게 되면, 그것들은 보통 Z 혹은 시스(cis) 기하 구조를 가진다. 특정 트라이아실글리세롤 분자 내의 세 지방산은 동일할 필요는 없으며 주어진 근원으로부터 얻은 지방이나 기름은 여러 가지 다른 트라이아실글리세롤의 복잡한 혼합물이다. 표 16.1에 몇몇 보편적인 지방산이 나열되어 있으며, 표 16.2에 근원에 따른 지방과 기름의 대략적인 조성을 나열하였다.

지방산은 약 100여 종류가 알려져 있으며, 그 중에서 약 40여 종류가 가장 널리 존재한다. 팔미트산(C_{16})과 스테아르산(C_{18})은 가장 풍부한 포화 지방산이며, 올레산과 리놀레산(둘 다 C_{18})은 가장 풍부한 불포화 지방산이다. 올레산은 이중 결합이 하나뿐인 **단일불포화 지방산**이고 리놀레산, 리놀렌산 및 아라키돈산은 1개 이상의 이중 결합을 가지고 있는 **다중불포화 지방산**(polyunsaturated fatty acid)이다. 리놀레산과 리놀렌산은 크림에 많으

표 16.1 몇몇 보편적인 지방산의 구조

이름	탄소수	녹는점(°C)	구조
포화			
라우르산(lauric acid)	12	43.2	$CH_3(CH_2)_{10}CO_2H$
미리스트산(myristic acid)	14	53.9	$CH_3(CH_2)_{12}CO_2H$
팔미트산(palmitic acid)	16	63.1	$CH_3(CH_2)_{14}CO_2H$
스테아르산(stearic acid)	18	68.8	$CH_3(CH_2)_{16}CO_2H$
아라키드산(arachidic acid)	20	76.5	$CH_3(CH_2)_{18}CO_2H$
불포화			
팔미토레산(palmitoleic acid)	16	−0.1	(Z)-$CH_3(CH_2)_5CH{=}CH(CH_2)_7CO_2H$
올레산(oleic acid)	18	13.4	(Z)-$CH_3(CH_2)_7CH{=}CH(CH_2)_7CO_2H$
리놀레산(linoleic acid)	18	−12	(Z,Z)-$CH_3(CH_2)_4(CH{=}CHCH_2)_2(CH_2)_6CO_2H$
리놀렌산(linolenic acid)	18	−11	(모두 Z)-$CH_3CH_2(CH{=}CHCH_2)_3(CH_2)_6CO_2H$
아라키돈산(arachidonic acid)	20	−49.5	(모두 Z)-$CH_3(CH_2)_4(CH{=}CHCH_2)_4CH_2CH_2CO_2H$

표 16.2 몇 가지 보편적인 지방과 기름의 대략적인 지방산 조성

	포화 지방산(%)				불포화 지방산(%)	
근원	C_{12} 라우르산	C_{14} 미리스트산	C_{16} 팔미트산	C_{18} 스테아르산	C_{18} 올레산	C_{18} 리놀레산
동물성 지방						
라드(lard)	—	1	25	15	50	6
버터(butter)	2	10	25	10	25	5
인간 지방(human fat)	1	3	25	8	46	10
고래 지방(whale blubber)	—	8	12	3	35	10
식물성 기름						
코코야자 열매(coconut)	50	18	8	2	6	1
옥수수(corn)	—	1	10	4	35	45
올리브(olive)	—	1	5	5	80	7
땅콩(peanut)	—	—	7	5	60	20

며 사람에게 꼭 필요한 영양소이다. 만약 유아에게 탈지유를 장기간 먹이면, 성장이 지연되고 피부 손상이 일어난다.

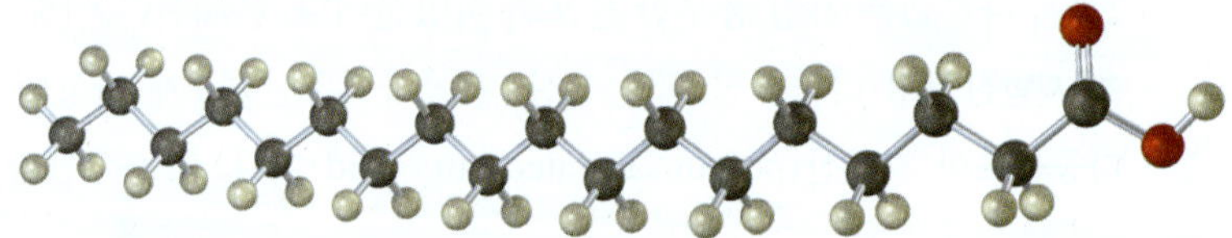

$CH_3CH_2CH_2CH_2CH_2CH_2CH_2CH_2CH_2CH_2CH_2CH_2CH_2CH_2CH_2CH_2C(=O)OH$

스테아르산

$CH_3CH_2CH{=}CHCH_2CH{=}CHCH_2CH{=}CHCH_2CH_2CH_2CH_2CH_2CH_2CH_2C(=O)OH$

리놀렌산, 다중불포화 지방산

표 16.1의 자료에 의하면, 불포화 지방산은 일반적으로 그들의 포화 지방산보다 녹는

점이 낮은데, 이러한 경향은 트라이아실글리세롤에도 나타난다. 식물성 기름은 동물성 지방보다 포화 지방산에 대한 불포화 지방산의 비율이 상대적으로 더 높기 때문에(표 16.2) 녹는점이 낮다. 이러한 차이는 구조에 기인한다. 포화 지방은 균일한 모양을 지니므로 효율적으로 쌓여서 결정을 이룬다. 그러나 불포화 식물성 기름은 C=C 이중 결합을 가지고 있어 탄화수소 사슬이 구부러지고 꼬이게 되는데, 그 결과 결정화되기가 더 어려워지고 녹는점이 낮아진다.

식물성 기름의 C=C 이중 결합은 높은 온도에서 니켈 촉매를 사용하는 촉매적 수소첨가반응에 의해 환원될 수 있는데, 이 반응으로 포화된 고체 또는 반고체 지방을 만들 수 있다. 마가린(margarine)과 쇼트닝은 대두, 땅콩, 혹은 면화씨유를 적절한 굳기에 도달할 때까지 수소첨가반응을 시켜 생산한 것이다. 불행하게도, 이 수소첨가 반응을 하는 과정에서 남아 있는 이중 결합의 일부에 시스–트랜스 이성질화반응이 일어나, 약 10%에서 15%의 트랜스 불포화 지방산이 포함된 지방이 생성된다. 트랜스 지방산을 많이 먹으면 피 속에 콜레스테롤 농도가 높아지게 되어 심장에 문제를 일으킬 수 있다. 리놀레산이 엘라이드산(elaidic acid)으로 바뀌는 것이 이성질화반응의 한 가지 예이다.

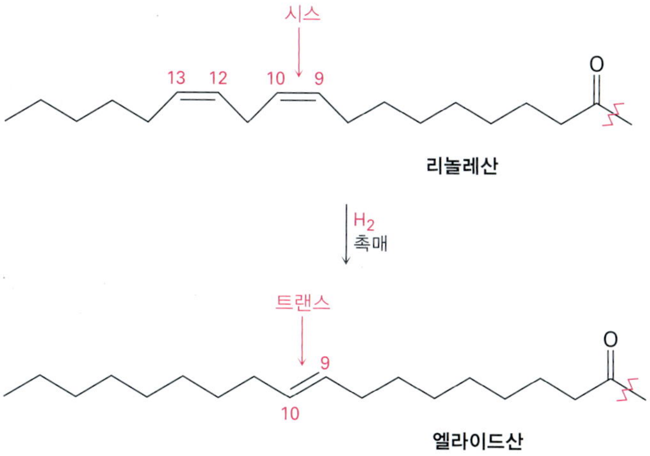

시스
13 12 10 9
O
리놀레산

H_2
촉매

트랜스
9
10
O
엘라이드산

예문 16.1 **지방의 구조 그리기**

전형적인 지방 분자인 트라이팔미트산 글리세릴의 구조를 그려라.

풀이 이름에서 알 수 있듯이, 트라이팔미트산 글리세릴은 글리세롤과 세 분자의 팔미트산 [$CH_3(CH_2)_{14}CO_2H$]의 트라이에스터이다.

해답

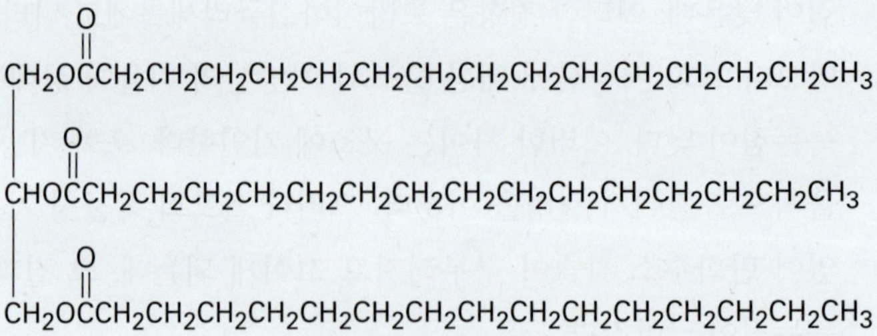

$$\begin{array}{l} \quad\ \ O \\ \quad\ \ \| \\ CH_2OCCH_2CH_2CH_2CH_2CH_2CH_2CH_2CH_2CH_2CH_2CH_2CH_2CH_2CH_2CH_3 \\ | \quad\ \ O \\ | \quad\ \ \| \\ CHOCCH_2CH_2CH_2CH_2CH_2CH_2CH_2CH_2CH_2CH_2CH_2CH_2CH_2CH_2CH_3 \\ | \quad\ \ O \\ | \quad\ \ \| \\ CH_2OCCH_2CH_2CH_2CH_2CH_2CH_2CH_2CH_2CH_2CH_2CH_2CH_2CH_2CH_2CH_3 \end{array}$$

트라이팔미트산 글리세릴

문제 16.1 나무 바닥이나 가구를 닦는 데 사용하는 카르나우바 밀랍(carnauba wax)은 C_{32} 곧은 사슬 알코올과 C_{20} 곧은 사슬 카복실산의 에스터이다. 구조를 그려라.

문제 16.2 다음 화합물의 구조를 그려라. 어느 것이 더 높은 녹는점을 가질 것으로 예상되는가?

(a) 트라이올레산 글리세릴 (b) 모노올레산 다이스테아르산 글리세릴

문제 16.3 지방과 기름은 구조에 따라 광학 활성 또는 광학 비활성일 수 있다. 가수분해로 팔미트산 2 당량과 스테아르산 1 당량을 생성하는 광학 활성이 있는 지방의 구조를 그려라. 가수분해로 같은 생성물을 생성하는 광학 비활성의 지방 구조를 그려라.

16.2 비누

비누는 적어도 기원전 600년 페니키아인들이 염소로부터 얻은 지방과 나무의 재 추출물을 함께 끓여 응결한 물질을 만들 때부터 알려져 왔다. 그러나 비누의 깨끗하게 하는 성질은 일반적으로 인식되지 않아 18세기까지 비누는 널리 사용되지 않았다. 화학적으로 비누는 동물 지방을 알칼리로 가수분해(비누화, saponification)하여 생성된 긴 사슬 지방산의 나트륨 혹은 칼륨 염의 혼합물이다.

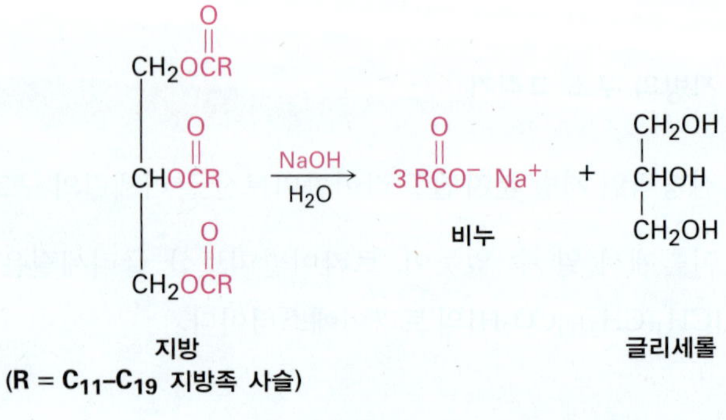

$$\begin{array}{l} CH_2OCR \\ | \\ CHOCR \\ | \\ CH_2OCR \end{array} \ (\text{each } C{=}O) \xrightarrow[H_2O]{NaOH} 3\ RCO^-\ Na^+ \ (C{=}O) \ + \ \begin{array}{l} CH_2OH \\ | \\ CHOH \\ | \\ CH_2OH \end{array}$$

지방 (R = C_{11}–C_{19} 지방족 사슬) 비누 글리세롤

가공하지 않은 비누는 비누뿐만 아니라 글리세롤과 과량의 알칼리가 포함되어 있으나, 이것을 물과 함께 끓인 후 NaCl 혹은 KCl을 첨가하여 순수한 카복실산 염을 침전시키는

방법으로 정제할 수 있다. 정제된 비누는 건조시켜 향료를 첨가한 후 막대 모양으로 만든다. 색이 있는 비누를 만들기 위해 염료를 첨가하고, 의료용 비누에는 방부제를 첨가하고, 세탁용 비누에는 속돌 가루를 첨가하며, 물에 뜨는 비누를 제조하려면 공기를 넣어준다.

비누는 비누 분자의 양쪽 끝이 완전히 다르기 때문에 세척제로 작용한다. 긴 사슬 분자의 카복실산 음이온 말단은 이온성이고, 따라서 친수성(hydrophilic, 물을 좋아함)이어서 물에 녹으려 한다. 그러나 분자의 긴 지방족 사슬 부분은 무극성이고 소수성(hydrophobic, 물을 싫어함)이어서 기름에 더 잘 녹게 된다. 이러한 2가지 반대되는 경향 때문에 비누는 기름때와 물 모두에 친화성을 가지므로 세척제로 유용하다.

비누 분자가 물에 분산되면 긴 탄화수소 꼬리는 함께 뭉쳐 소수성의 공을 이루고, 이 덩어리 표면에 있는 이온성 머리는 물 층으로 돌출한다. 이와 같은 구형 덩어리를 **미셀**(micelle)이라 하며 그림 16.1에 나타내었다. 미셀의 중심에서 기름때와 기름방울은 비누 분자의 무극성 꼬리로 덮여 물에 녹을 수 있게 된다. 일단 용해된 기름때와 먼지는 물로 씻어 버릴 수 있게 된다.

비누는 매우 유용하지만 또한 문제점도 있다. Mg^{2+}, Ca^{2+} 및 Fe^{3+}와 같은 금속 이온을 포함한 센물에서 물에 녹는 카복실산 나트륨은 물에 녹지 않는 금속염으로 바뀌게 되어 목욕통에 찌꺼기로 붙어 있거나, 흰색 옷에 얼룩으로 남게 된다. 화학자들은 이런 문제들을 긴 사슬 알킬벤젠설폰산의 염으로 만든 합성 세제를 제조하여 해결하였다. 합성 세제의 원리는 비누와 같다. 즉, 분자의 알킬벤젠 말단은 기름때에 끌리고 설폰산 음이온 말단은 물에 끌린다. 그러나 비누와 달리 설폰산 음이온은 센물에서 물에 녹지 않는 금속염을

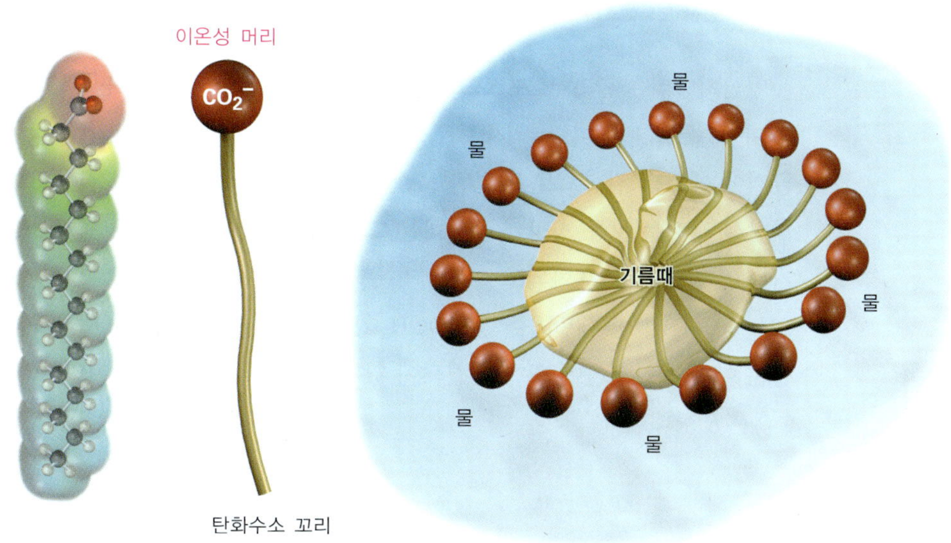

그림 16.1 물에서 기름때를 용해하는 비누 미셀. 지방산 음이온의 정전기 퍼텐셜 지도(electrostatic potential map)를 보면 음이온 전하가 머리 부분에 있다는 것을 보여준다.

형성하지 않아 불쾌한 찌꺼기를 남기지 않는다.

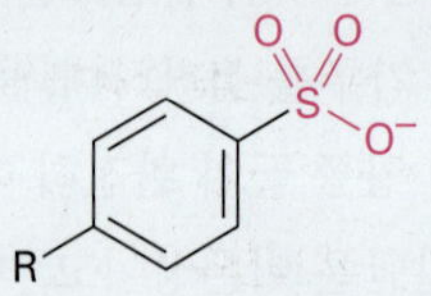

합성 세제
(R = C_{12} 사슬의 혼합물)

문제 16.4 목욕통 비누때의 성분 중 하나인 올레산 마그네슘의 구조를 그려라.

문제 16.5 글리세릴 다이올레이트 모노팔미테이트와 NaOH 수용액의 비누화 반응을 써라.

16.3 인산지방질

밀랍, 지방 및 기름이 카복실산의 에스터인 것처럼, **인산지방질**(phospholipid)은 인산, H_3PO_4의 에스터이다.

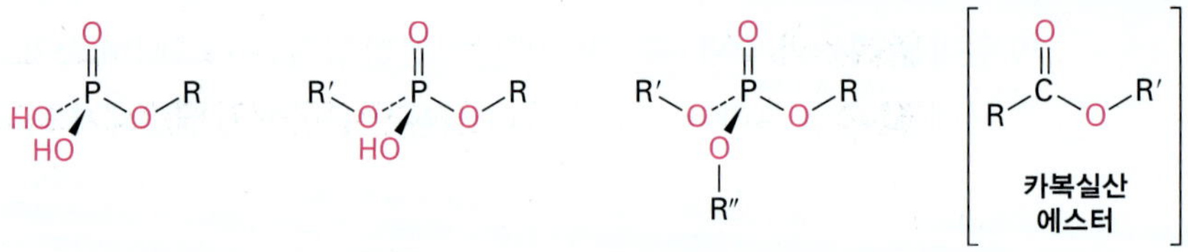

인산 모노에스터　　인산 다이에스터　　인산 트라이에스터　　[카복실산 에스터]

인산지방질은 글리세로포스포리피드(glycerophopholipid)와 스핑고미에린(sphingomyelin)의 두 부류로 나뉜다. 글리세로포스포리피드는 2개의 지방산과 1개의 인산이 글리세롤 골격에 에스터 결합으로 연결된 포스파산(phosphoric acid)을 기본으로 하고 있다. 비록 지방산 잔기는 보통 지방에 존재하는 $C_{12}-C_{20}$의 어떠한 단위일 수도 있으나, C1의 아실기는 일반적으로 포화되고 C2의 것은 불포화되어 있다. C3의 인산기는 콜린[$HOCH_2CH_2N(CH_3)_3]^+$), 에탄올아민($HOCH_2CH_2NH_2$), 혹은 세린[$HOCH_2CH(NH_2)CO_2H$]과 같은 아미노 알코올에 또한 연결되어 있다. 이 화합물은 카이랄이며 C2의 치환기 배열이 L 혹은 *R* 형태이다.

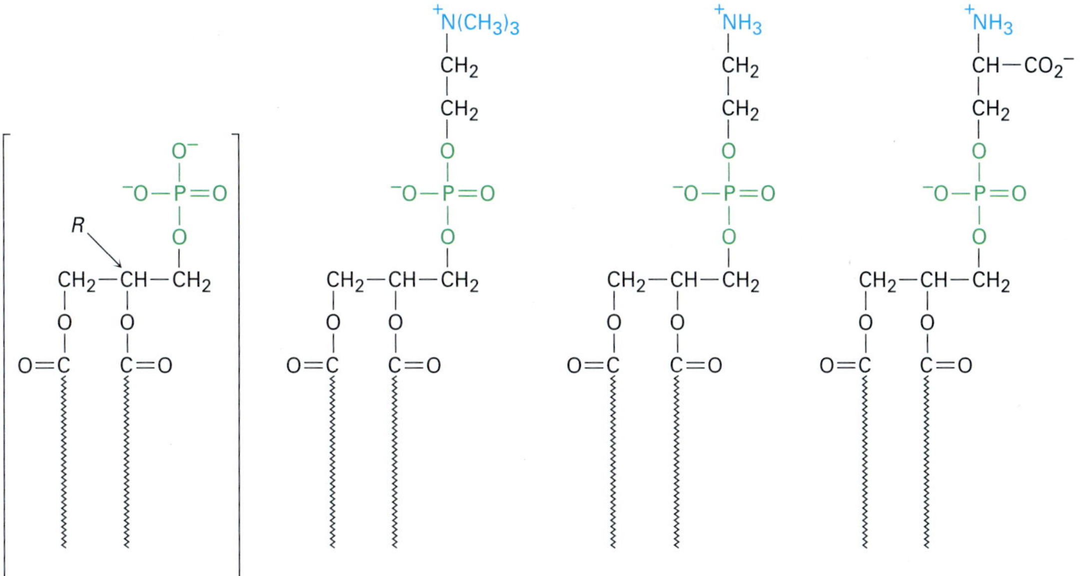

포스파산

포스파티딜콜린

포스파티딜에탄올아민

포스파티딜세린

스핑고미에린(sphingomyelin)은 인산지방질에서 두 번째로 중요한 지방질이다. 이 화합물들은 그것들의 골격으로 스핑고신(sphingosine) 또는 관련된 다이하이드록시아민을 가지는데, 특별히 뇌와 신경 조직에 많이 분포되어 있고, 신경섬유를 보호하는 물질들의 주요 성분이다.

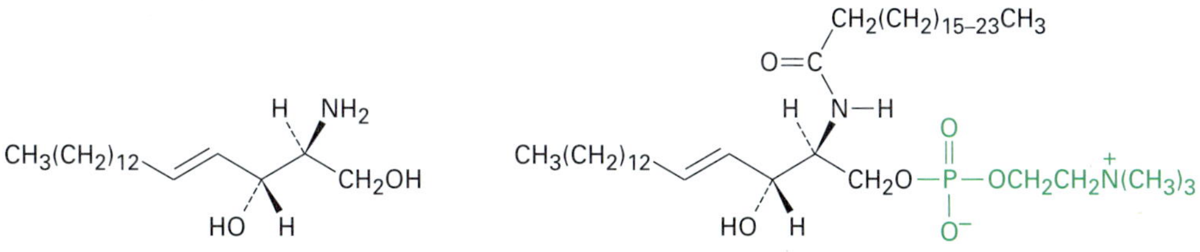

스핑고신

스핑고미에린

인산지방질은 식물과 동물 조직에 광범위하게 존재하며 세포막 성분의 약 50~60%를 차지한다. 세포막에 있는 인산지방질은 비누와 같이 긴 무극성 탄화수소 꼬리가 극성 이온성 머리에 붙어 있기 때문에 5.0 nm(50 Å) 두께의 지방질 **이중층**(lipid bilayer)으로 정렬된다. 그림 16.2에 나타낸 것처럼, 무극성 꼬리가 이중층의 중심에 모이게 된다. 이것은 비누의 꼬리가 미셀의 중심에 모이는 것과 같은 원리이다. 이 이중층은 물, 이온 및 여러 성분들이 세포로 들어오고 나가는 것을 효과적으로 막아주는 역할을 한다.

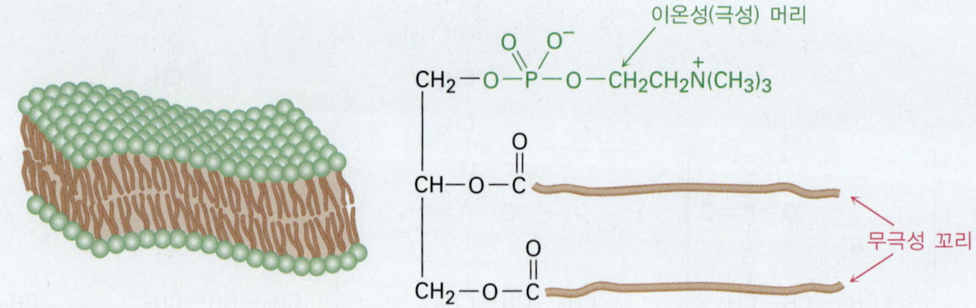

그림 16.2 글리세로포스포리피드가 응집하여 이룬 지방질 이중층. 이러한 이중층은 세포막을 구성한다.

16.4 스테로이드

지방 및 인산지방질과 더불어, 동식물의 지방질 추출물에는 **스테로이드**가 또한 포함되어 있다. 이 화합물의 구조는 4개의 고리 구조로 되어 있다. 4개의 고리를 왼쪽 아래에서부터 시작하여 A, B, C, D로 표시하고 탄소 원자 번호는 A 고리에서부터 시작한다. 3개의 6원자 고리 (A, B 및 C)의 형태는 에너지가 가장 낮은 의자 형태이지만 그들의 형태가 고정되어 있어서 통상적인 사이클로헥세인의 고리업침(2.11절)을 할 수 없다.

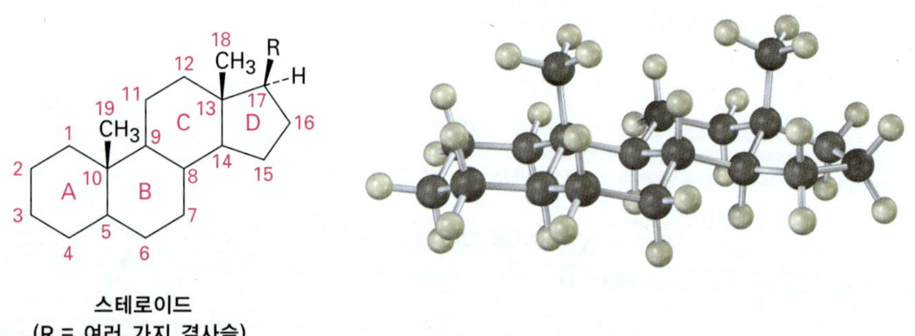

스테로이드
(R = 여러 가지 곁사슬)

인체 내에서 대부분의 스테로이드는 분비선에서 분비되어 혈액으로 운반된 후 목표 지점에 도달하는 화학적 전령인 호르몬으로 작용한다. 스테로이드 호르몬은 2가지 주된 부류로 나눌 수 있다. 성 호르몬(sex hormone)은 성숙과 성장을 조절하며 부신피질 호르몬(adrenocortical hormone)은 여러 가지 대사 과정을 조절한다.

성 호르몬

테스토스테론(testosterone)과 안드로스테론(androsterone)은 가장 중요한 2가지 남성 성 호르몬 또는 안드로젠(androgen)이다. 안드로젠은 사춘기에서 이차 성징을 나타나게 하고 근육과 조직의 성장을 촉진한다. 이들은 모두 고환에서 콜레스테롤로부터 합성된다.

안드로스텐다이온(androstenedione)은 부차적인 호르몬인데 유명한 운동선수들이 사용하여 특별한 관심을 받고 있다.

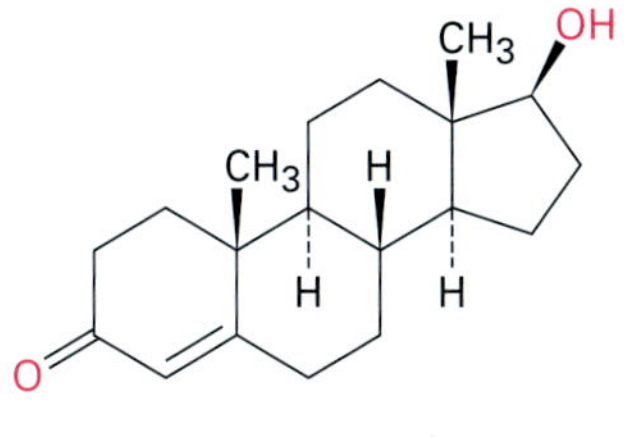

테스토스테론 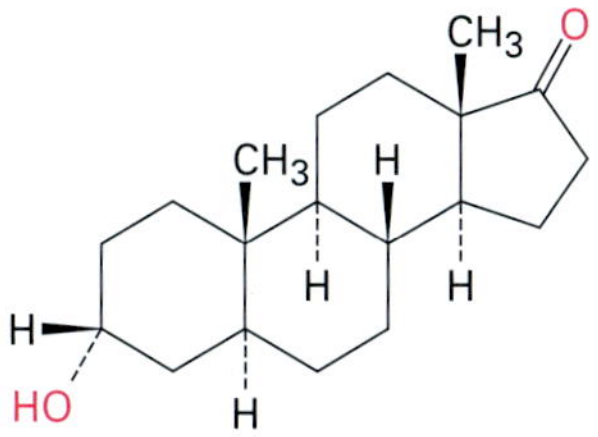 안드로스테론 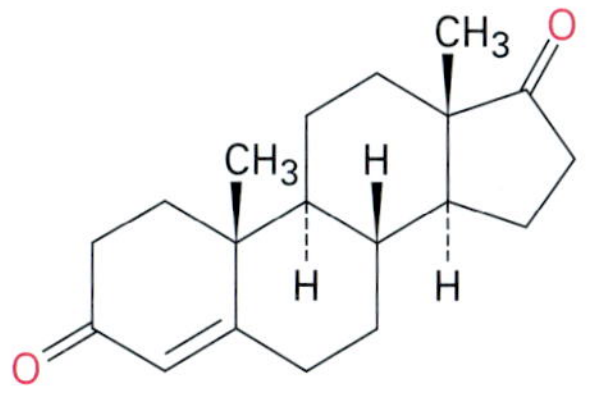 안드로스텐다이온

(안드로젠)

에스트론(estrone)과 에스트라다이올(estradiol)은 가장 중요한 2가지 여성 성 호르몬, 즉 에스트로젠(estrogen)이다. 난소에서 테스토스테론으로부터 합성되는 에스트로젠 호르몬은 여성 이차 성징의 발달과 월경 주기 조절을 담당한다. 이 둘은 고리 A가 벤젠과 같은 방향족 고리임에 주목하라. 이 밖에 프로제스틴(progestin)이라고 하는 또 다른 성 호르몬은 임신 과정에서 수정란이 착상할 수 있도록 자궁을 준비해 준다. 프로제스테론(progesterone)은 가장 중요한 프로제스틴이다.

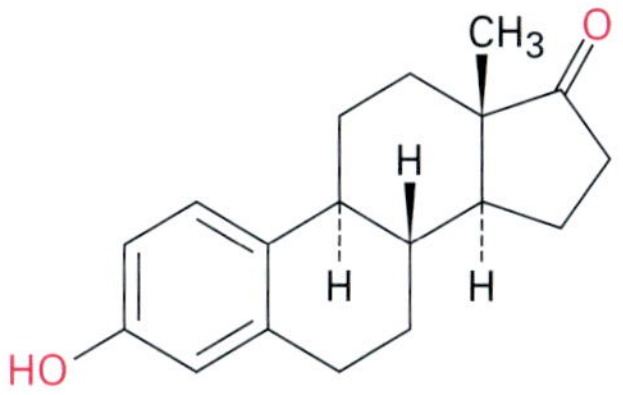

에스트론 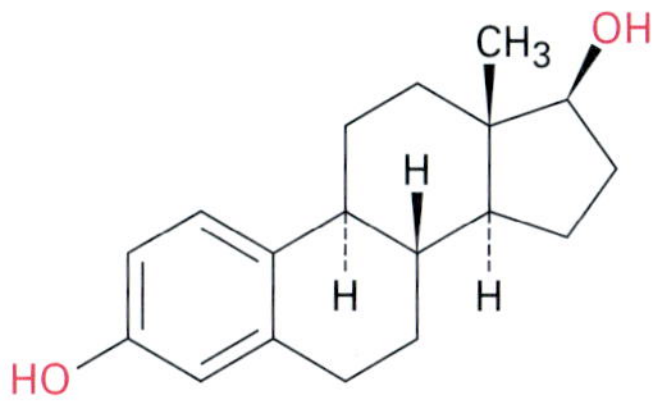 에스트라다이올 프로제스테론
(프로제스틴)

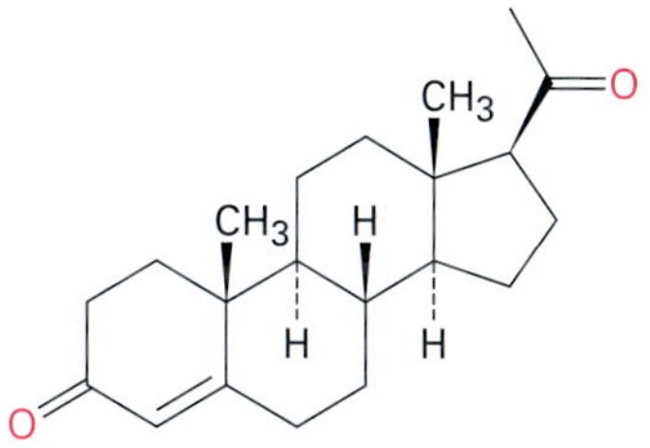

(에스트로젠)

부신피질 호르몬

부신피질 스테로이드는 양쪽 콩팥 상단 가까이에 위치한 작은 기관인 부신에서 분비된다. 부신피질 호르몬에는 미네랄로코르티코이드(mineralocorticoid)와 글루코코르티코이드(glucocorticoide)라 부르는 2가지가 있다. 알도스테론과 같은 미네랄로코르티코이드는 Na^+와 K^+ 사이의 세포 내 염 균형을 조절하여 조직의 팽창을 통제한다. 하이드로코르티손(hydrocortisone)과 같은 글루코코르티코이드는 글루코오스의 대사 및 염증의 조절에 관계한다. 클루코코르티코이드 연고는 독 있는 떡갈나무나 덩굴 옻나무에 노출되어 부어오르는 증상을 가라앉히는 데 널리 쓰인다.

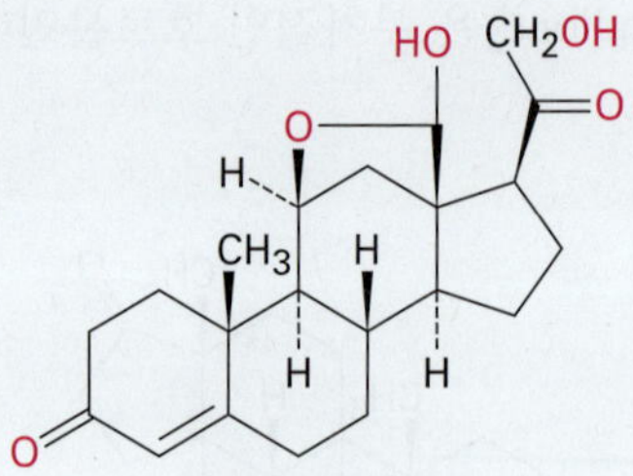

알도스테론
(미네랄로코르티코이드)

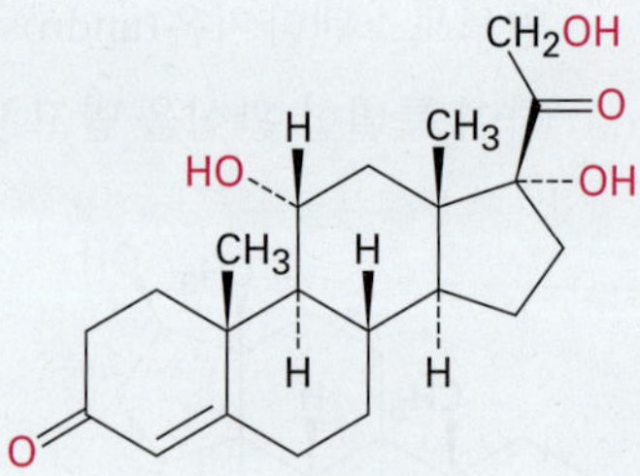

하이드로코르티손
(글루코코르티코이드)

합성 스테로이드

식물과 동물에서 분리한 수백 가지 스테로이드 외에, 신약 개발 목적으로 제약회사 실험실에서 수천 가지 이상의 스테로이드가 합성되었다. 가장 잘 알려진 합성 스테로이드는 경구 피임약과 동화제(anabolic agent)이다. 대부분의 출산 조절 피임약은 에타이닐에스트라다이올과 같은 합성 에스트로젠과 노르에틴드론과 같은 합성 프로제스틴의 혼합물이다. 메탄드로스테놀론(methandrostenolone, Dianabol)과 같은 동화제 스테로이드는 천연 테스토스테론의 조직 강화효과를 모방한 합성 안드로젠이다.

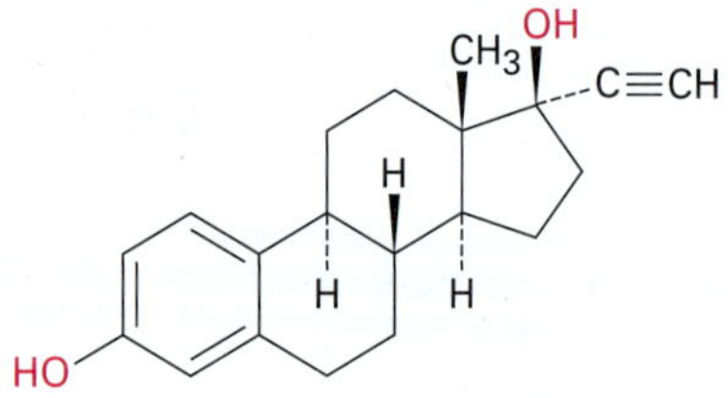

에타이닐에스트라다이올
(합성 에스트로젠)

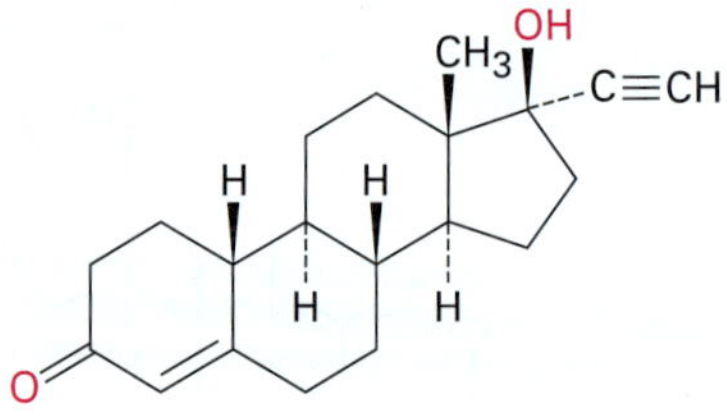

노르에틴드론
(합성 프로제스틴)

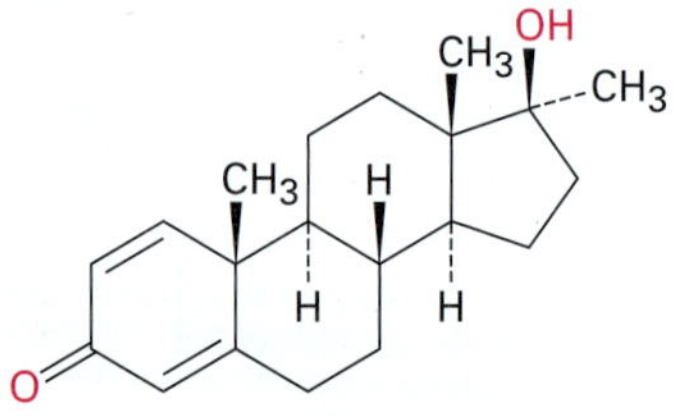

메탄드로스테놀론
(Dianabol)

문제 16.6 프로제스테론의 구조를 보고 분자 내에 있는 모든 작용기를 설명하라.

문제 16.7 에스트라다이올과 에타이닐에스트라다이올의 구조를 보고 차이점을 써라. 어떤 구조적 공통점으로 이들은 에스트로젠이 되는가?

16.5 핵산 및 뉴클레오타이드

4종류의 주요 생체 분자 중 마지막으로 핵산에 대해 살펴보자. DNA에 관해서는 많은 정보들이 널리 알려져 있어서 DNA의 복제 및 전사에 대한 원리를 이미 들은 바 있을 것이다. 그러나 이 분야의 발전이 매우 빠르기 때문에 생소한 것도 많이 있으리라 생각된다.

핵산(nucleic acid), **데옥시라이보핵산**(deoxyribonucleic acid, DNA) 및 **라이보핵산**(ribonucleic acid, RNA)은 세포의 유전 정보를 운반하고 처리한다. 세포의 성질을 결정하고, 세포의 성장과 분열을 조절하며, 모든 세포의 기능에 필요한 효소와 단백질의 생합성을 지시하는 모든 정보는 세포의 DNA에 암호화되어 쓰여 있다. 핵산 이외에도 ATP와 같은 핵산의 유도체가 많은 생체 반응에 관여한다. 또한 NAD^+, FAD 및 보조효소 A와 같은 중요한 보조효소들도 핵산의 성분을 가지고 있다. 이들의 구조에 대해서는 표 15.3을 참조하라.

단백질이 아미노산 단위의 중합체인 것처럼, 핵산은 **뉴클레오타이드**(nucleotide)라고 부르는 구성 단위들이 긴 사슬로 연결된 중합체이다. 각 뉴클레오타이드는 인산기에 결합된 **뉴클레오사이드**(nucleoside)로 구성되고, 각 뉴클레오사이드는 하나의 헤테로고리의 질소 원자에 아노머 탄소를 통해 결합된 알도펜토오스 당으로 구성되어 있다(12.6절).

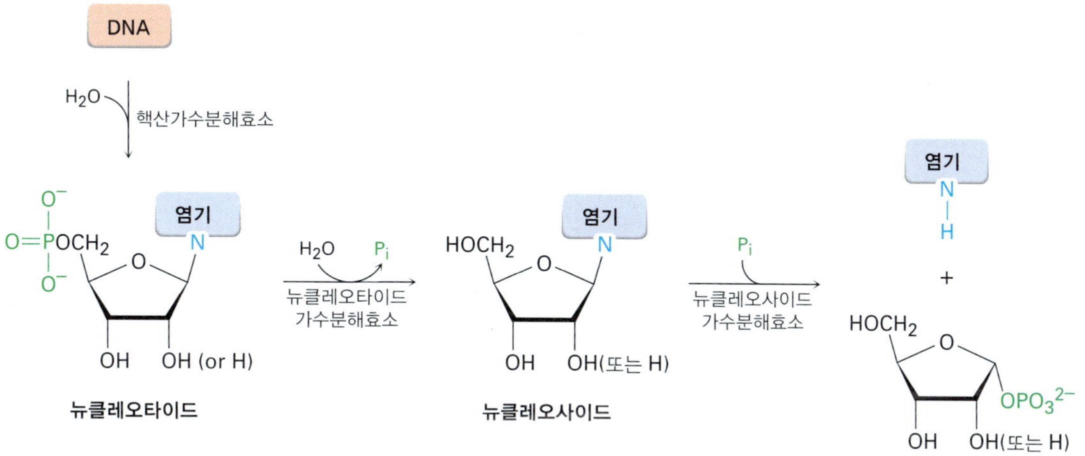

RNA를 구성하는 당 성분은 라이보오스이고, DNA에서 당은 2′-데옥시라이보오스이다. (뉴클레오타이드의 명명법에서 프라임 위첨자를 가지는 숫자는 당의 위치를 표시하는 것이고, 프라임 위첨자가 없는 것은 헤테로고리 염기의 위치를 표시하는 것이다. 따라서 접두사 2′-데옥시는 라이보오스 C2′에 산소가 없다는 것을 의미한다.) DNA에는 4가지 다른 헤테로고리 아민 염기가 존재한다. 2개는 치환된 퓨린(아데닌과 구아닌)이고 2개는 치환된 피리미딘(사이토신, 타이민)이다. 아데닌, 구아닌 및 사이토신은 RNA에도 나타나지만, 타이민은 RNA에서 유사 구조의 다른 피리미딘 염기인 유라실로 치환된다.

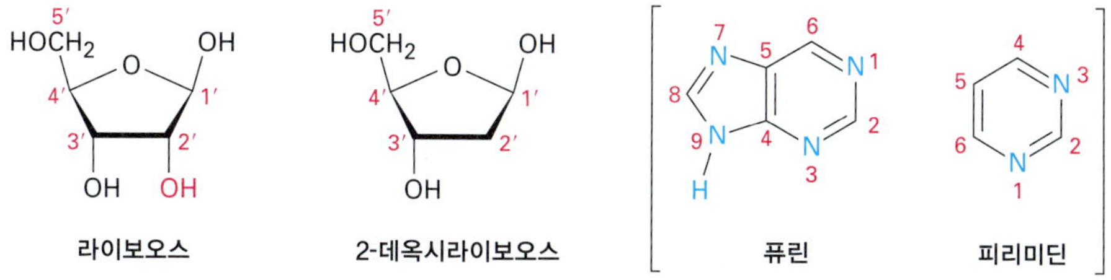

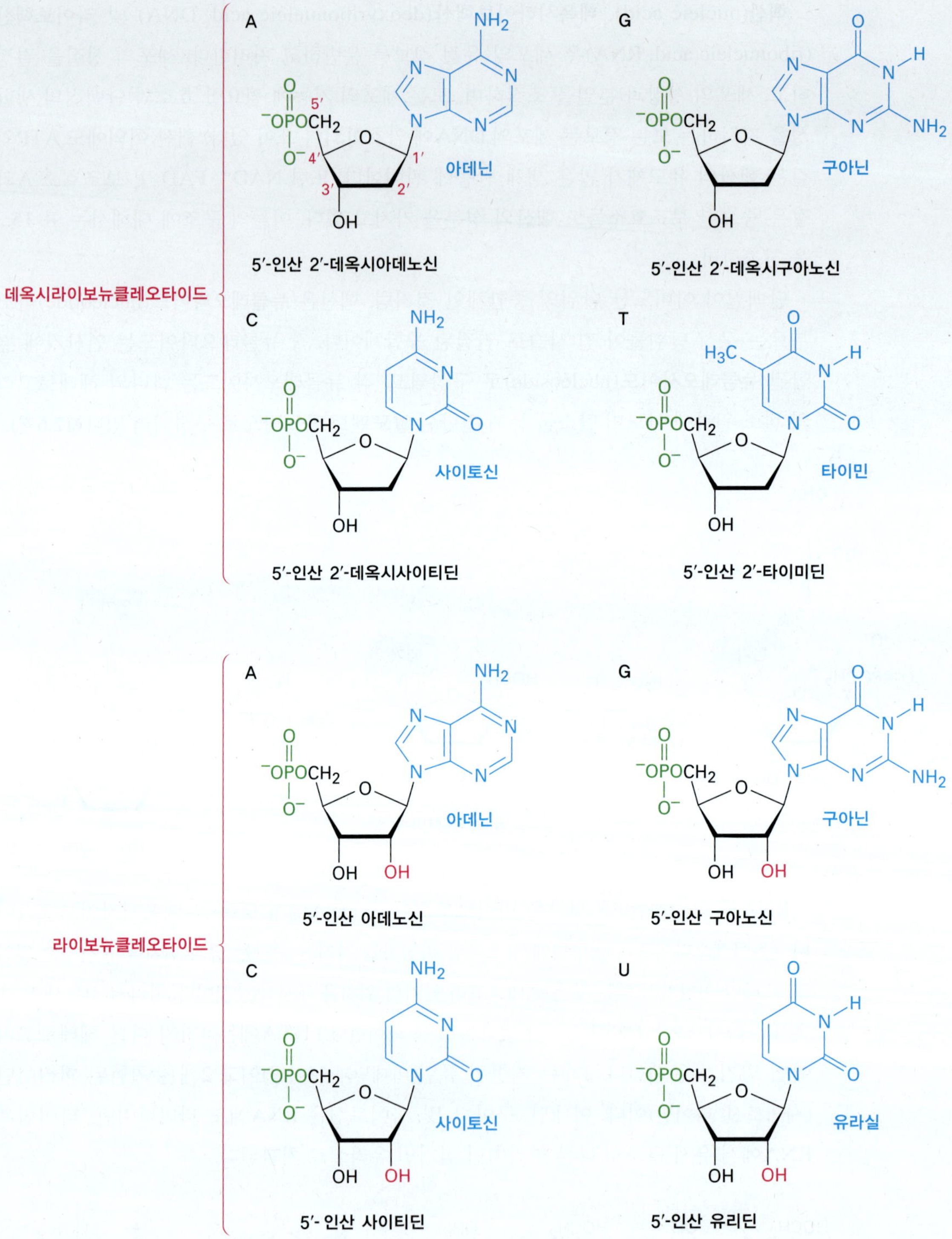

그림 16.3 네 가지 데옥시라이보뉴클레오타이드와 네 가지 라이보뉴클레오타이드의 구조

아데닌(A)	구아닌(G)	사이토신(C)	타이민(T)	유라실(U)
DNA, RNA	DNA, RNA	DNA, RNA	DNA	RNA

그림 16.3에 4개의 데옥시라이보뉴클레오타이드와 4개의 라이보뉴클레오타이드의 구조를 나타내었다. DNA와 RNA는 화학적으로 유사하나 크기가 매우 다르다. DNA 분자는 2억 4,500만 개의 뉴클레오타이드와 분자량이 750억에 이를 정도로 매우 크다. 이와 대조적으로, RNA는 21개 이상의 뉴클레오타이드와 분자량이 7,000 이하 정도로 매우 작다.

DNA와 RNA에서 뉴클레오타이드는 한 뉴클레오사이드의 5′-하이드록시기와 또 다른 뉴클레오사이드의 3′-하이드록시기 사이의 인산다이에스터 결합[RO−(PO_2^-)−OR′]의 형성으로 서로 연결된다. 따라서 핵산 중합체의 한쪽 말단은 C3′에 자유로운 하이드록시기가 있게 되고(3′ 말단) 다른 말단은 C5′에 인산기가 존재하게 된다(5′ 말단). 핵산 사슬에서 뉴클레오타이드 서열은 5′ 말단에서 시작하여 염기가 나타나는 순서대로 G, C, A, T(혹은 RNA의 경우 U)의 약자를 이용하여 기술한다. 즉, 한 가지 전형적인 DNA 서열은 TAGGCT와 같이 쓸 수 있다.

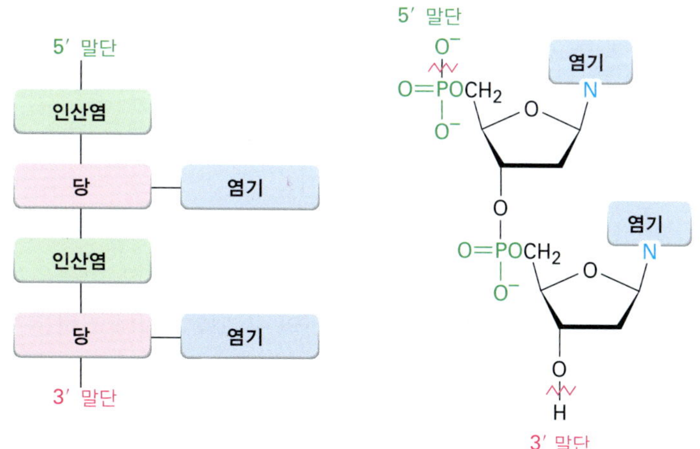

예문 16.2 다이뉴클레오타이드의 구조 그리기

DNA 다이뉴클레오타이드 CT의 완전한 구조를 그려라.

해답

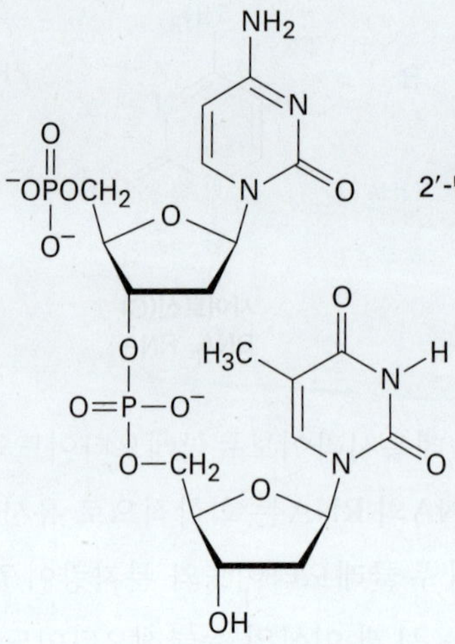

2′-탈산소사이티딘(C)

타이미딘(T)

문제 16.8 DNA 다이뉴클레오타이드 AG의 전체 구조를 그려라.

문제 16.9 RNA 다이뉴클레오타이드 UA의 전체 구조를 그려라.

16.6 DNA에서의 염기쌍: Watson–Crick 모형

같은 종의 여러 조직에서 분리한 DNA의 시료들은 동일한 염기 조성을 나타내지만 다른 종에서 얻은 DNA 시료는 매우 다른 염기 조성을 보인다. 예를 들면, 인간의 DNA는 A와 T가 각각 30%이고, G와 C가 각각 20%만 존재한다. 그러나 박테리아인 *Clostridium perfringens*은 A와 T가 각각 약 37%, G와 C가 각각 13%만 존재한다. 2가지 예에서 염기들이 쌍으로 존재함에 주목하라. 즉, A와 T가 보통 같은 양으로 존재하고 G와 C가 또한 같은 양으로 나타난다. 왜 그럴까?

1953년에 James Watson과 Francis Crick는 DNA가 서로 반대 방향으로 진행하는 2개의 폴리뉴클레오타이드 사슬로 구성되어 있으며, 이들은 서로 꼬여 나선형 계단의 난간과 같이 **이중 나선**(double helix)의 구조를 가진다고 하는 역사에 길이 남는 모델을 제안하였다. DNA 이중 나선을 이루는 두 가닥은 동일하지 않고, 오히려 특정 염기쌍, 즉 A와 T 그리고 C와 G 사이에 수소 결합을 하기 위해서 상보적인 구조이다. 따라서 한 가닥에 A가 나타나면 다른 가닥에서는 이에 대하여 T가 나타나며, 한 가닥에 C가 나타나면 G가 다른 가닥에 나타난다(그림 16.4). 이러한 염기의 상보적 짝지음은 왜 A와 T가, 그리고 G와 C가 항상 같은 양으로 나타나는지를 설명해 준다.

그림 16.5에 DNA 이중 나선의 한 회전을 나타내었다. 나선 폭은 20 Å이며 한 회전당 10개의 염기쌍이 존재하고 한 회전의 길이는 34 Å이다. DNA 두 가닥이 꼬여서 이중 나

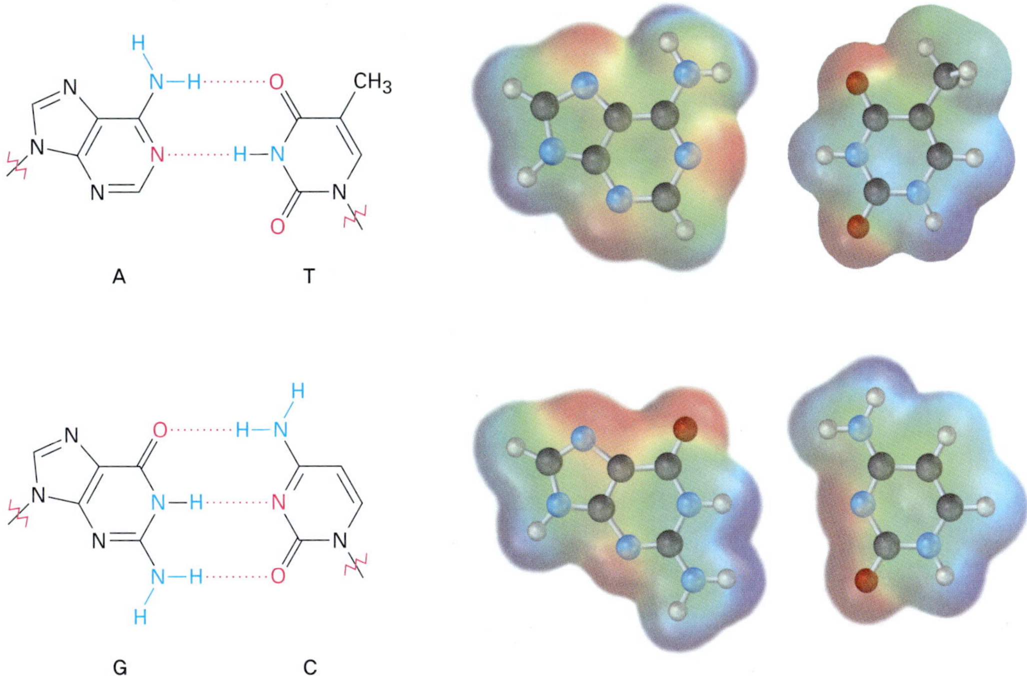

그림 16.4 DNA에서 상보적인 염기쌍 간의 수소 결합. 염기들의 면은 상대적으로 중성(초록색)이나 모서리는 전자가 부족하거나(파란색) 전자가 풍부(붉은색)한 영역이다. G와 C 그리고 A와 T의 짝지음은 서로 반대의 전하 영역을 가깝게 하고 있다.

선을 만들 때 두 종류의 '고랑(groove)'이 생긴다. 주 고랑의 간격은 12 Å이고 부 고랑의 간격은 6 Å이다. 주 고랑은 부 고랑보다 약간 더 깊으며, 두 고랑에는 수소 결합 주개와 받개가 열을 이루고 있다. 그 결과 다양한 평면형 여러 고리 방향족 분자들은 차곡차곡 쌓인 염기들 사이에 옆으로 끼어들거나 또는 **층간삽입(intercalate)**을 할 수 있다. 여러 발암물질과 항암물질들은 이와 같은 방법으로 DNA와 상호작용하여 그 기능을 나타낸다.

한 유기체의 유전 정보는 DNA 사슬에 함께 연결되어 있는 데옥시라이보뉴클레오타이드 서열로서 저장되어 있다. 정보가 유지되고 다음 세대로 전달되기 위해서는 DNA를 복제하는 메커니즘이 존재하여야 한다. 이러한 정보를 이용하려면 DNA 지령을 해독하고 그 지령에 담긴 지시를 실행하는 메커니즘도 있어야 한다. 따라서 다음의 3가지 기본 과정이 일어난다.

- **복제(replication)**—유전 정보를 보존하고 다음 세대에 전달하기 위해 동일한 DNA 한 벌을 만드는 과정이다.
- **전사(transcription)**—유전 정보를 읽어서 세포핵 바깥에 있는 단백질 합성을 하는 라이보솜으로 운반하는 과정이다.
- **번역(translation)**—유전 정보를 해독하여 단백질을 합성하는 과정이다.

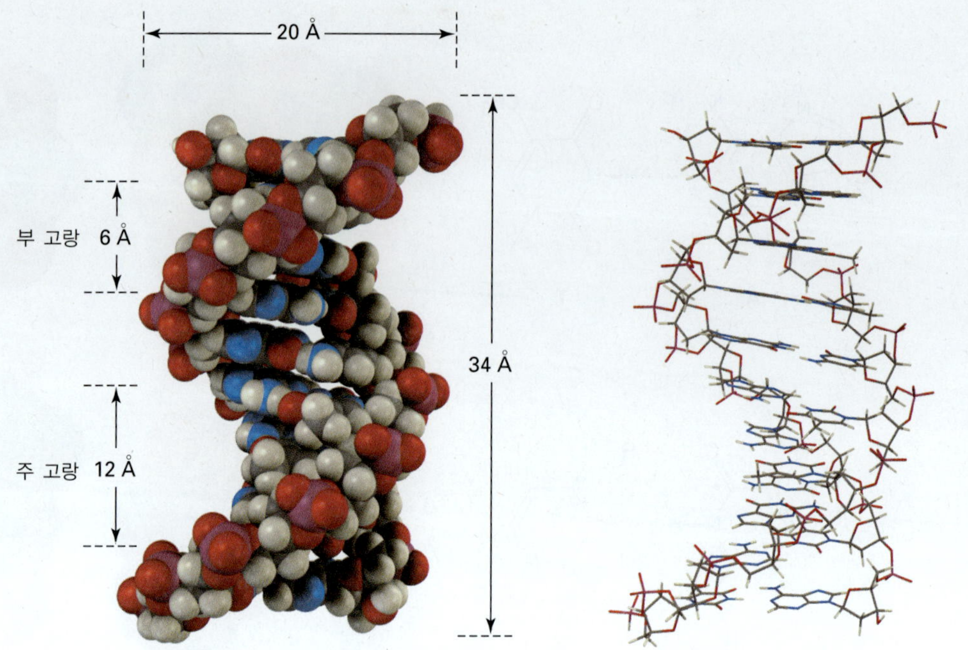

그림 16.5 공간채움 모형과 철사 골격 모형으로 나타낸 DNA 이중 나선의 한 회전. 당-인산 골격은 나선의 바깥쪽을 따라 이어져 있으며, 아민 염기들은 안쪽에서 서로 수소 결합을 하고 있다. 주 고랑과 부 고랑을 볼 수 있다.

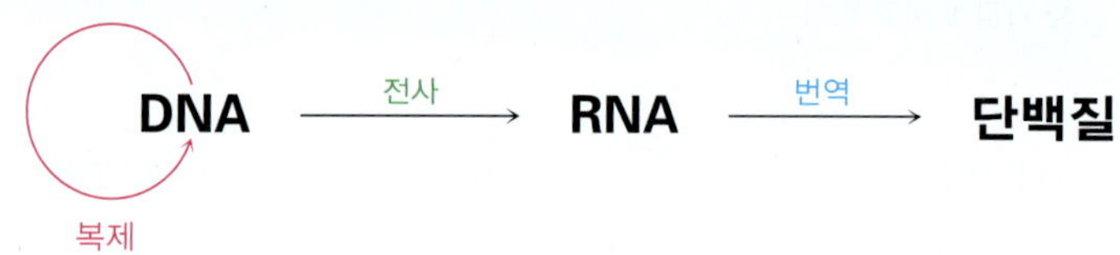

예문 16.3 상보적 DNA 염기 서열

DNA 한 가닥의 서열이 TATGCAT이면 이에 상보적인 다른 가닥의 서열은 무엇인가?

풀이 A와 G는 각각 T 및 C와 상보적 염기쌍을 형성함을 기억하라. 그러면 A는 T로, G는 C로, T는 A로, C는 G로 바꾸어서 서열을 얻을 수 있다.

해답 원래 서열: (5′) TATGCAT (3′)

상보 서열: (3′) ATACGTA (5′) 혹은 (5′) ATGCATA (3′)

문제 16.10 DNA 한 가닥의 염기 서열이 아래와 같다면 상보적인 다른 가닥의 염기 서열은 무엇인가?

(5′) GGCTAATCCGT (3′)

16.7 DNA의 복제

DNA 복제는 효소 촉매 과정으로 이중 나선이 **나선효소**(helicase)라고 하는 효소들에 의해 사슬 여러 곳에서 부분적으로 풀림으로써 시작된다. 수소 결합이 제거되면 두 가닥이 분리되어 '기포(bubble)'가 생기면서 염기가 노출된다. 새로운 뉴클레오타이드들이 각 가닥에 상보적으로 줄을 서(A는 T, G는 C) 2개의 새로운 가닥이 **복제 분기점**(replication fork)이라고 불리는 기포의 끝부분부터 자라기 시작한다. 각각의 새 가닥은 구 주형 가닥과는 상보적이므로 2개의 새로운 DNA 이중 나선이 생성된다(그림 16.6). 새로이 합성된 DNA 분자는 원래의 가닥 1개와 새 가닥 1개를 포함하므로, 이 과정을 **준보존 복제**(semi-conservative replication)라 한다.

새로운 뉴클레오타이드 단위들이 성장하는 사슬에 첨가될 때에는 5′ → 3′ 방향으로 일어나며 DNA 중합효소(DNA polymerase)라는 효소가 촉매 역할을 한다. 이 반응의 핵심 단계는 5′-삼인산 뉴클레오사이드가 성장하는 사슬의 자유로운 3′-하이드록시기에 첨가되는 단계인데, 이때 이인산 음이온이 이탈기로 제거된다.

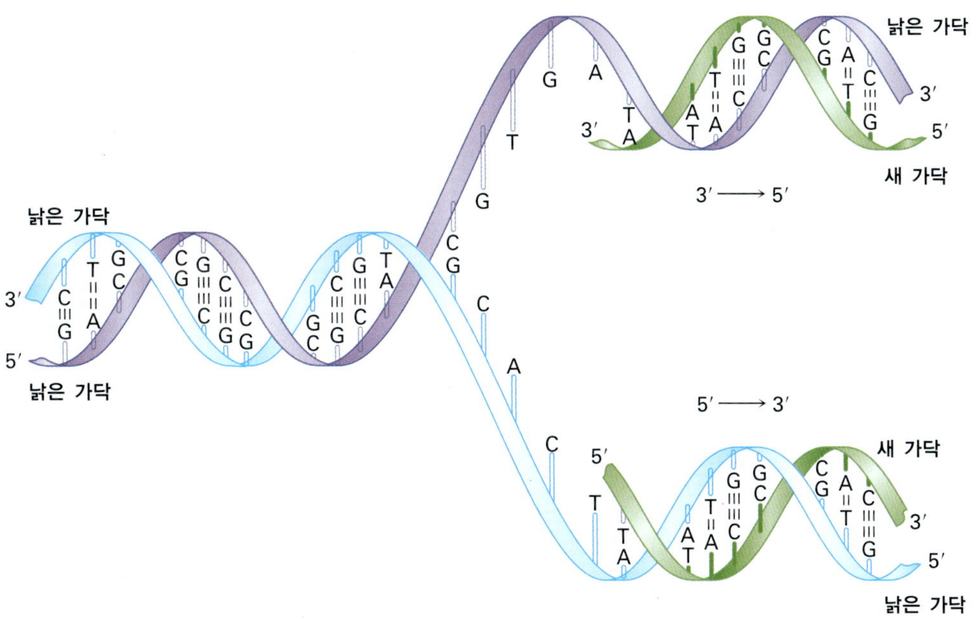

그림 16.6 DNA 복제 과정의 도식적 그림. 원래의 두 가닥으로 된 DNA가 부분적으로 풀리고 염기들이 노출되어 뉴클레오타이드들이 각 가닥에 상보적으로 줄을 서 연결되면서 2개의 새로운 가닥이 자라기 시작한다. 2개의 사슬은 5′ → 3′ 방향으로 합성된다.

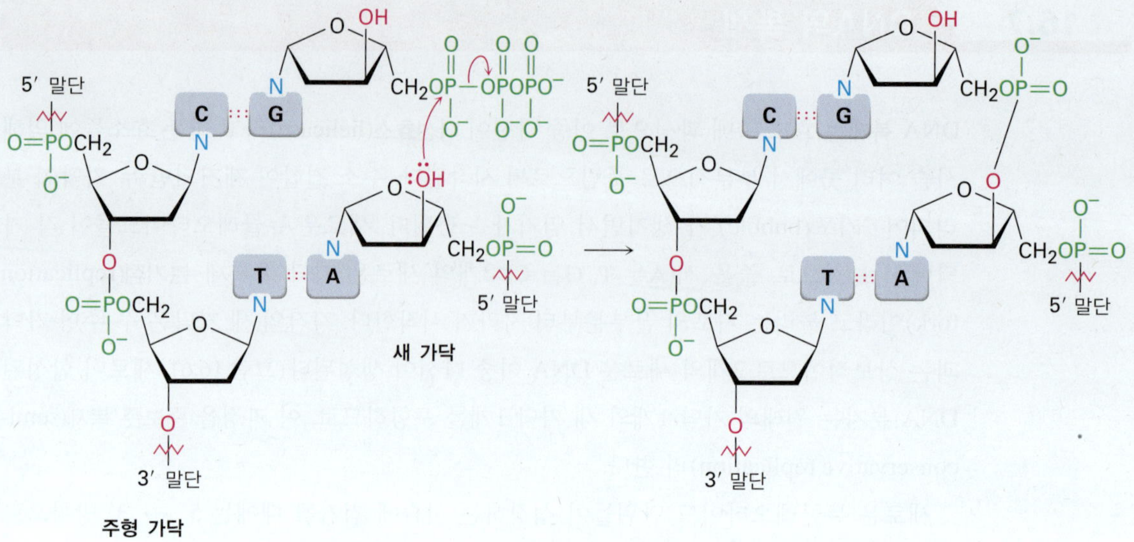

복제 과정의 규모는 경이적이다. 인간 세포 각각의 핵에는 한 쌍의 22개 염색체와 2개의 성 염색체가 있어 총 46개의 염색체가 존재한다. 이들 염색체 각각은 DNA 분자 하나로 구성되어 있다. 한 쌍의 염색체 각각에 있는 DNA 전체는 30억 염기쌍 혹은 60억 뉴클레오타이드로 되어 있다고 추정된다. 이들 거대 분자들은 그 크기에도 불구하고 복제가 일어나는 동안 염기 서열이 충실히 복제된다. 전체 복제 과정에 걸리는 시간은 수 시간 정도이고, 이때 발생되는 오류는 100억 내지 1000억 개 염기 중 하나를 넘지 않는다.

16.8 DNA의 전사

RNA는 구조적으로 DNA와 유사한데, 단지 데옥시라이보오스 대신 라이보오스가 그리고 타이민 대신 유라실이 있다는 차이점이 있다. 또한 RNA는 크고 중요한 세 종류의 RNA가 있는데, 그 각각은 고유한 기능을 수행한다. 또한 조그만 RNA가 여러 종류 있는데, 이들은 세포 내에서 여러 가지 기능을 조절하는 것으로 확인되고 있다. 모든 RNA 분자는 DNA보다 매우 작으며 두 가닥이 아닌 한 가닥으로 이루어져 있다.

- **전령 RNA(mRNA: messenger RNA)**는 유전 정보를 DNA로부터 받아 라이보솜에 운반한다. 라이보솜은 세포질 내에 존재하는 조그만 입자인데 이곳에서 단백질이 합성된다.
- **라이보솜 RNA(rRNA: ribosomal RNA)**는 단백질과 결합하여 라이보솜을 구성한다.
- **전달 RNA(tRNA: transfer RNA)**는 아미노산을 연결하여 단백질을 만드는 장소인 라이보솜에 특정한 아미노산을 전달해 준다.

- **작은 RNA들**, 혹은 기능성(functional) RNA는 세포 내에서 매우 다양하게 작용하고 있다. 즉, 다른 RNA들의 전사 기능을 정지시키거나 화학적으로 바뀌는 것에 촉매 역할을 한다.

DNA에 포함된 유전 정보는 **유전자**라고 불리는 특정 구획에 담겨 있다. 이들 각각은 특정 단백질을 암호화한 특정 뉴클레오타이드 서열로 구성되어 있다. DNA의 정보가 단백질로 전환되는 것은 **전사**(transcription)라는 과정에 의해 세포핵에서 mRNA가 합성되는 데에서 시작된다. 박테리아에서는 RNA 중합효소(polymerase)가 DNA의 **촉진제**(promoter) 서열을 감지하여 붙는 것으로부터 이 과정이 시작된다. 이 촉진제는 약 40개의 염기쌍으로 구성되어 있으며 전사가 시작되는 곳의 5′-위치에 존재한다. 촉진제 내에는 2개의 **육합체(hexamer) 서열**이 존재하는데, 하나는 출발점으로부터 10 염기쌍 앞에 존재하고, 또 다른 하나는 35 염기쌍 앞에 존재한다.

중합효소(polymerase)−촉진제 착물 형성에 따라, DNA 이중 나선의 일부가 풀리면서 기포(bubble)가 생기고 두 가닥에 붙어 있는 14개 정도의 염기쌍이 노출된다. 그리고 적절한 라이보뉴클레오타이드들이 DNA에 있는 염기들과 상보적으로 수소 결합으로 줄을 서게 되어 5′ → 3′ 방향으로 결합 형성이 일어나고, RNA 중합효소는 DNA 사슬을 따라서 움직이게 된다. 성장하는 RNA 분자는 DNA에서 풀려나온다(그림 16.7). 어느 순간에도 자라고 있는 RNA의 약 12개 염기쌍은 DNA 주형에 수소 결합을 하고 있다.

두 가닥 모두가 복제되는 DNA 복제와 달리, 2개의 DNA 가닥 중 하나만이 mRNA로 전사된다. 유전자를 함유하는 가닥을 **의미 가닥**(sense strand) 혹은 암호전달 가닥(coding strand)이라고 하며, RNA로 전사되는 가닥을 **비의미 가닥**(antisense strand) 혹은 비암호전달 가닥(noncoding strand)이라고 한다. DNA에서 의미 가닥 및 비의미 가닥은 서로 상보적이고 DNA 비의미 가닥과 새로 생성된 RNA가 또한 상보적이기 때문에, 전사 과정을 통해 만들어진 RNA 분자들은 DNA 의미 가닥의 복사품이라고 할 수 있다. 즉, 상보적인 것의 상보적인 것은 원래 것과 동일하기 때문이다. 유일한 차이는 DNA 의미 가닥에서 T가 있

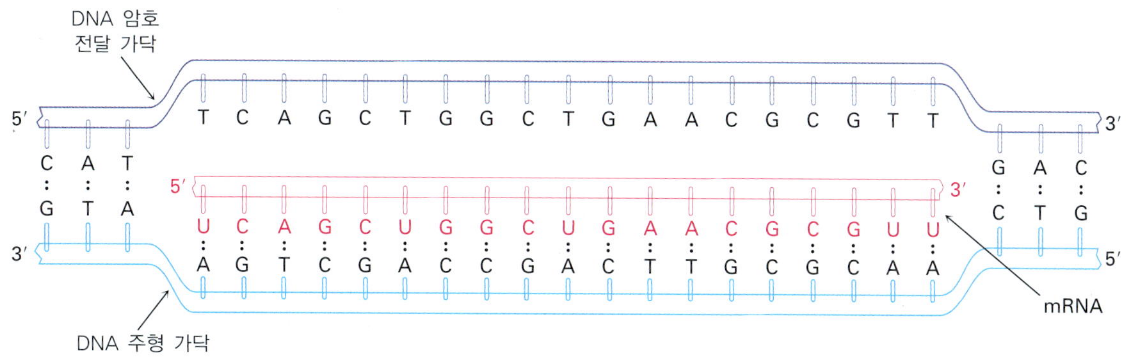

그림 16.7 DNA 염기 분절을 주형으로 이용하여 이루어지는 RNA의 합성

었던 곳은 모두 RNA에서 U로 대치된 것이다.

척추동물과 꽃을 피우는 식물에서 나타나는 또 한 가지 현상은 유전자가 DNA 사슬에 연속적으로 있는 것이 아니라는 것이다. 그 대신 유전자가 DNA에서 **발현구역**(exon)이라 불리는 매우 작은 부분에서 시작하여 **인트론**(intron)이라 불리는 암호 전달 부분에서 끝나게 된다. 그리고 사슬을 따라 또 다른 발현구역에서 다시 시작된다. 따라서 전사된 mRNA에서 암호 전달 부분이 잘리고 남아 있는 것들이 이어맞추기인자(splicesome)에 의해 연결되면 최종적으로 mRNA가 만들어지게 된다. 예를 들어, 옥수수에서 트리오스 인산이 성질화 효소에 대한 유전자는 DNA 염기쌍 중 약 70%를 차지하는 여덟 곳의 암호전달 인트론과 염기쌍 중 약 30%를 차지하는 아홉 곳의 암호전달 발현구역(coding exon)으로 되어 있다.

예문 16.4 RNA/DNA 상보적 염기 서열

다음 DNA 염기 서열에 상보적인 RNA 염기 서열은 무엇인가?

(5′) TAAGCCGTG (3′)

풀이 A는 U로, G는 C로, T는 A로, 그리고 C는 G로 치환해서 서열을 만든다.

해답 원래의 DNA: (5′) TAAGCCGTG (3′)

상보적 RNA: (3′) AUUCGGCAC (5′)

문제 16.11 어떻게 유라실이 타이민처럼 아데닌과 강한 수소 결합을 형성할 수 있는지 설명하라.

문제 16.12 다음 DNA 염기 서열에 상보적인 RNA 염기 서열은 무엇인가?

(5′) GATTACCGTA (3′)

문제 16.13 어떤 DNA 염기 서열로부터 다음과 같은 RNA 서열이 전사되었는가?

(5′) UUCGCAGAGU (3′)

16.9 RNA의 번역: 단백질 생합성

mRNA의 일차적인 세포 내 기능은 유기체가 필요로 하는 (사람에게는 약 500,000개가 있다) 다양한 수천 가지의 펩타이드와 단백질의 생합성을 지시하는 것이다. 단백질 생합성은 약 60%의 rRNA와 약 40%의 단백질로 이루어진 세포질 내 작은 구형 입자인 라이보

표 16.3 염기 삼중자의 코돈 지정

첫째 염기(5′ 말단)	둘째 염기	셋째 염기(3′ 말단) U	C	A	G
U	U	Phe	Phe	Leu	Leu
	C	Ser	Ser	Ser	Ser
	A	Tyr	Tyr	Stop	Stop
	G	Cys	Cys	Stop	Trp
C	U	Leu	Leu	Leu	Leu
	C	Pro	Pro	Pro	Pro
	A	His	His	Gln	Gln
	G	Arg	Arg	Arg	Arg
A	U	Ile	Ile	Ile	Met
	C	Thr	Thr	Thr	Thr
	A	Asn	Asn	Lys	Lys
	G	Ser	Ser	Arg	Arg
G	U	Val	Val	Val	Val
	C	Ala	Ala	Ala	Ala
	A	Asp	Asp	Glu	Glu
	G	Gly	Gly	Gly	Gly

솜에서 일어난다.

mRNA의 특정 라이보뉴클레오타이드 서열은 아미노산들이 결합되는 순서를 결정하는 전달문을 형성한다. mRNA 사슬에서 각 '단어' 또는 **코돈**(codon)은 특정 아미노산을 지정하는 일련의 세 뉴클레오타이드로 이루어진다. 예를 들면, mRNA에서 UUC 서열은 성장 중인 단백질에 아미노산 페닐알라닌을 넣으라고 지시하는 코돈이다. RNA의 네 염기로 가능한 삼중자는 $4^3 = 64$개이며, 이 중 61가지가 특정 아미노산을 지정한다. 나머지 세 코돈은 단백질 사슬이 끝나는 것을 지정한다. 표 16.3에 각 코돈의 의미가 나타나 있다.

mRNA가 운반한 전달문은 **번역**(translation)이라는 과정을 통해 tRNA가 읽게 된다. 특정 아미노산을 지정하는 61가지 코돈 각각에 대해 1개씩, 모두 61가지 다른 tRNA가 존재한다. 전형적인 tRNA는 단일가닥이며 그림 16.8에 나타난 것과 같이 클로버 잎 모양이다. tRNA는 약 70 내지 100개의 라이보뉴클레오타이드로 이루어져 있으며, tRNA의 3′ 쪽 끝에 있는 라이보오스의 3′-하이드록시기를 통해 특정 아미노산과 에스터 결합으로 연결되어 있다. 각 tRNA는 또한 그 사슬에 코돈 염기 서열에 상보적인 3개의 라이보뉴클레오타이드 서열인 **안티코돈**(anticodon)이라 불리는 분절을 가지고 있다. 예를 들면, mRNA의 UUC 코돈 서열은 상보적인 안티코돈 서열 GAA를 가지는 페닐알라닌을 운반하는 tRNA에 의해 읽힌다. [뉴클레오타이드 서열들은 5′ → 3′ 방향으로 쓰여지므로, 안티코돈에서의 서열은 거꾸로 되어야 함을 기억하라. 즉, (5′) UCC (3′)에 상보적인 것은 (5′) GAA

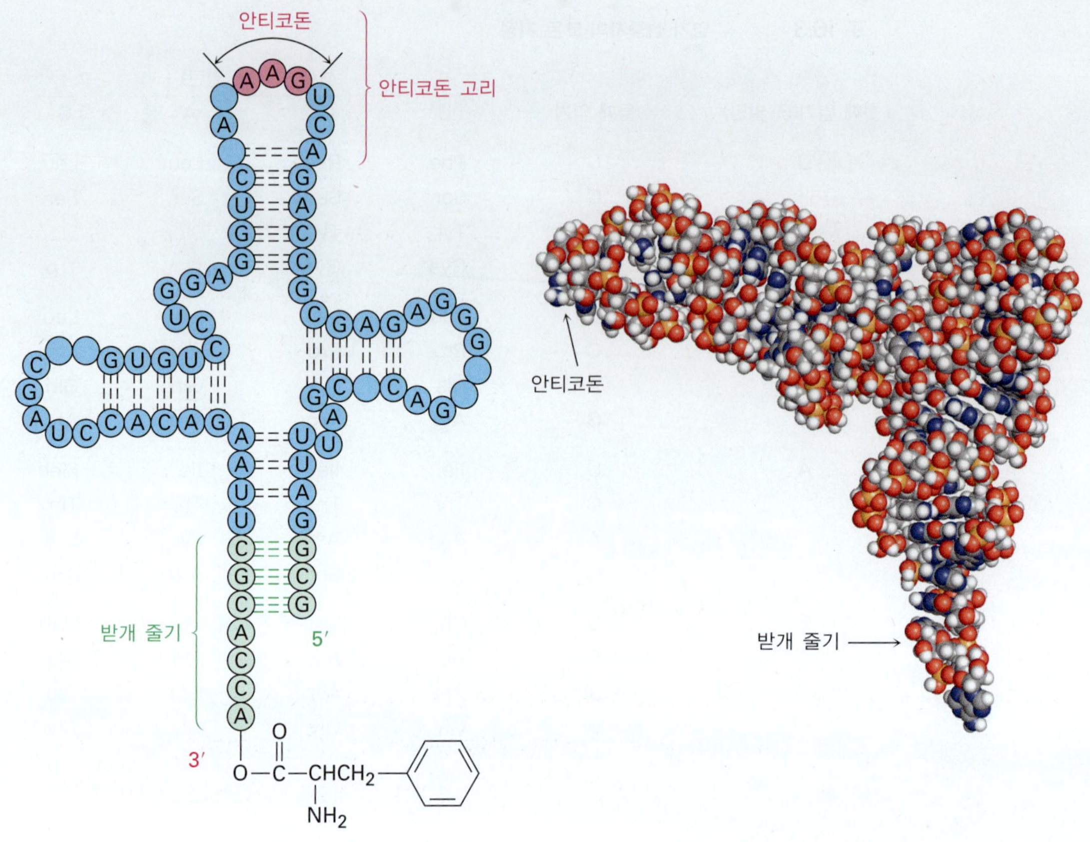

그림 16.8 tRNA 분자의 구조. tRNA는 클로버 잎 모양 분자로서 하나의 '잎'에 안티코돈 삼중자를 지니며 3′ 말단에 아미노산 잔기가 공유 결합으로 붙어 있다. 여기서 보인 예는 페닐알라닌에 대한 암호를 가진 효모 tRNA이다. 표시되지 않은 뉴클레오타이드들은 화학적으로 변형된 4가지 보통 라이보뉴클레오타이드의 유사체들이다.

(3′)로 쓰여지는 (3′) AAG (5′)이다.]

mRNA의 코돈이 차례차례 읽혀짐에 따라 적절한 tRNA들이 성장하고 있는 펩타이드로 정확한 아미노산들을 운반해 와서 효소가 연결할 수 있는 위치로 정렬시킨다. 적당한 단백질 합성이 끝나면 '정지' 코돈이 종료를 알리고 라이보솜에서 단백질이 분리된다. 이 과정을 그림 16.9에 나타내었다.

예문 16.5 아미노산에 대한 코돈 서열

발린의 코돈 서열을 써라.

해답 표 16.3에 의하면, 발린에 대해서는 4개의 코돈이 존재한다. 즉, GUU, GUC, GUA, GUG이다.

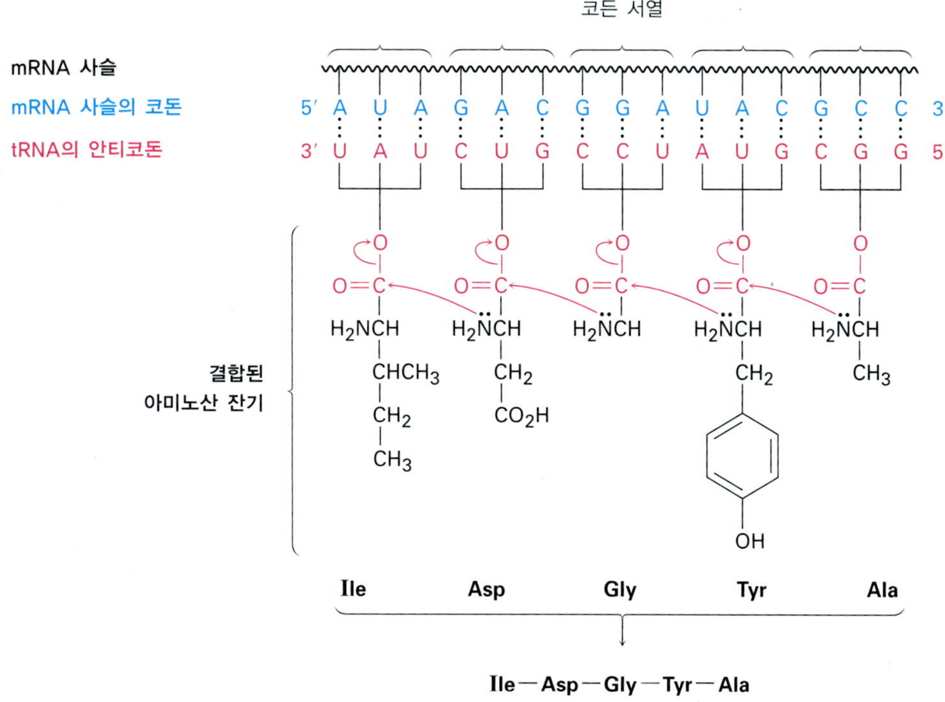

그림 16.9 단백질 생합성의 도식도. 코돈 염기 서열을 가지는 mRNA는 상보적인 안티코돈 염기 서열을 가지는 tRNA에 의해 읽혀진다. tRNA들은 적절한 아미노산들을 펩타이드에 붙여 넣기 위해 필요한 위치로 모은다.

예문 16.6 DNA에서 전사된 아미노산 서열을 찾기

DNA 가닥에서 다음과 같이 코드된 아미노산 서열은 무엇인가?

(5′) CTA-ACT-AGC-GGG-TCG-CCG (3′)

풀이 번역을 통해 만들어진 mRNA는 DNA 의미 가닥에서 T가 U로 바뀐 복사품이다. 따라서 mRNA 서열은 다음과 같다.

(5′) CUA-ACU-AGC-GGG-UCG-CCG (3′)

3개의 염기들은 코돈을 만들며, 그 의미는 표 16.3에서 발견할 수 있다.

해답 Leu-Thr-Ser-Gly-Ser-Pro

문제 16.14 다음 아미노산에 대한 코돈 염기 서열을 써라.

(a) Ala (b) Phe (c) Leu (d) Tyr

문제 16.15 다음 mRNA 서열은 어떤 아미노산 서열을 지정하는가?

(5′) CUU-AUG-GCU-UGG-CCC-UAA (3′)

문제 16.16 문제 16.15의 mRNA에 의해 암호 전달된 tRNA의 안티코돈 서열은 어떻게 되어 있는가?

문제 16.17 문제 16.15의 mRNA 염기 서열을 만들게 한 원래 DNA 가닥의 염기 서열은 무엇인가?

16.10 DNA의 염기 서열 결정

과학자들이 유기체의 유전체 기구를 다루고 이용하는 방법을 배움으로써 역사상 가장 위대한 과학 혁명이 분자생물학에서 일어나고 있다. 그러나 최근의 놀라운 발전도 1977년에 거대한 DNA 사슬의 염기 서열을 밝히는 방법이 발견되지 않았다면 불가능하였을 것이다.

DNA 서열 결정의 첫 단계는 **제한 핵산내부가수분해효소**(restriction endonuclease)라 불리는 효소를 이용하여 거대한 DNA 사슬을 예상할 수 있는 위치에서 잘라 처리하기 쉬운 더 작은 DNA 조각을 만드는 것이다. 제한 효소는 약 3500개 이상이 알려져 있으며, 그 중 200개 정도는 시중에서 구입하여 사용할 수 있다. 이러한 제한 효소들 각각은 DNA 분자의 특정한 염기 서열 내의 특정한 자리를 절단한다. 예를 들면, *Alu*I라는 제한 효소는 네 염기 서열 AG-CT의 G와 C 사이를 절단한다. 이때 이 서열은 **회문식**(palindrome)임에 유의하라. 즉, 서열 (5′)-AGCT-(3′)은 5′ → 3′ 방향으로 읽게 될 때 **상보적인** 서열 (3′)-TCGA-(5′)과 동일하다는 것이다. 다른 제한 핵산내부가수분해효소도 이와 같이 회문식이다.

만약 원래의 DNA 분자를 또 다른 특이성을 가진 제한 효소로 절단하면, 처음 효소의 절단에서 얻은 분절과 부분적으로 겹치는 다른 DNA 조각을 얻을 수 있다. 모든 분절의 서열을 결정하고 겹치는 영역을 확인하면 전체 DNA 서열을 알 수 있다.

DNA 서열을 결정하는 데는 일반적으로 2가지 방법이 쓰인다. Maxam−Gilbert 방법(Maxam−Gilbert method)은 화학적인 기술을 이용하는 반면, **Sanger 다이데옥시 방법**(Sanger dideoxy method)은 효소 반응을 이용한다. 2가지 방법 중 Sanger 방법이 더 일반적으로 사용되며, 이 방법을 이용하여 약 30억 개의 염기쌍으로 이루어진 전체 인간 유전체의 염기 서열이 결정되었다. 시판되는 서열 결정 기기에 이용되는 다이데옥시 방법은 다음과 같은 혼합물로부터 시작된다.

- 서열을 결정할 제한 토막
- 시발체(primer)라 불리는 DNA의 작은 토막. 이것은 제한 토막의 3′ 말단 서열에 상보적인 염기 서열을 가진다.
- 4개의 삼인산 2′-데옥시라이보뉴클레오사이드(dNTPs)
- 각각 다른 색의 형광 염료로 표지된 소량의 4가지 삼인산 2′,3′-다이데옥시라이보뉴클

레오사이드(ddNTPs). (삼인산 2′,3′-다이데옥시라이보뉴클레오사이드는 라이보오스의 2′과 3′ 위치에 −OH기가 없는 삼인산염이다.)

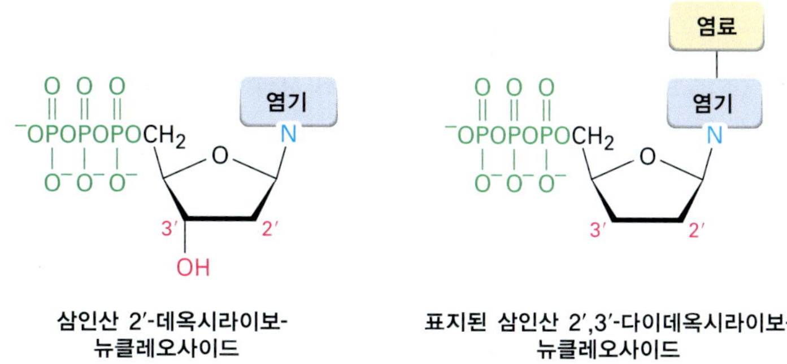

DNA 중합효소를 이 혼합물에 가하면 제한 조각에 상보적인 DNA 가닥이 시발체의 끝에서부터 자라기 시작한다. 대부분의 경우에 성장하는 사슬에 정상적인 데옥시라이보뉴클레오타이드가 들어가나 종종 다이데옥시라이보뉴클레오타이드가 들어가게 된다. 그렇게 되면 사슬 말단에 뉴클레오타이드가 첨가될 3′-하이드록시기가 없기 때문에 DNA 합성은 중지된다.

반응이 종료될 때, 생성물에는 염료로 표지된 네 가지 다이데옥시라이보뉴클레오타이드들 중 한 가지가 말단에 붙은 모든 가능한 길이의 DNA 토막들이 섞여 있게 된다. 이 혼합물을 젤 전기이동(gel electrophoresis, 15.2절)을 이용하여 크기에 따라 분리한다. 그리고 각 토막에 붙어 있는 말단 다이데옥시라이보뉴클레오타이드의 형광색을 확인하여 각 토막의 서열들을 결정하게 된다. 그림 16.10에 한 가지 결과를 나타내었다.

자동 다이데옥시 방법은 매우 효율적이어서 1100개의 뉴클레오타이드만큼 긴 염기 서열을 98%의 정확도로 시간당 19,000개 염기 이상의 속도로 결정할 수 있다. 약 10년간의 연구 끝에 약 30억 개의 염기쌍으로 이루어진 전체 인간 유전체의 일차적인 염기 서열 정

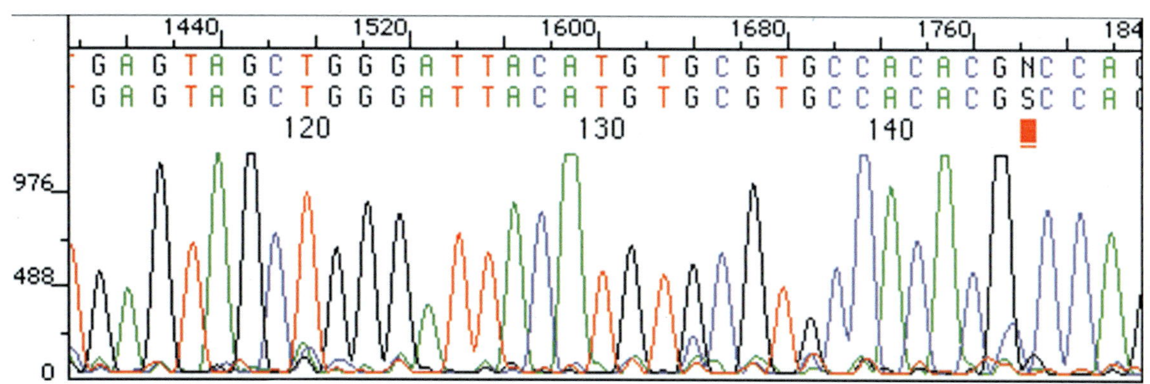

그림 16.10 Sanger의 다이데옥시방법으로 결정되는 제한 토막의 염기 서열은 단순히 여러 말단 뉴클레오타이드 각각에 표지된 염료의 형광색을 보고 읽을 수 있다.

보가 2001년 초에 발표되었고, 완전한 정보는 2003년에 보고되었다. 최근에는 이중 나선 구조를 밝힌 James Watson을 포함한 특정한 개인들의 유전체 염기 서열이 해석되었다.

놀랍게도, 우리의 유전체는 21,000개의 유전자를 포함하고 있는 것으로 밝혀졌다. 이 숫자는 이전에 일반적으로 예상한 것의 약 1/4 정도에 불과하며, 일반 선충류의 유전자 수의 두 배밖에 되지 않는다. 또한 흥미롭게도 인간 유전자 숫자(21,000)는 단백질 종류 숫자(대략 500,000)보다 훨씬 작다. 대부분의 단백질은 단백질 합성 이후에 변형되기 때문에(posttranslational modification) 이러한 모순이 생기게 된다. 즉, 단일 유전자는 여러 개의 다른 단백질을 만들 수 있다.

16.11 중합효소 사슬 반응

종종 범죄 현장에서처럼 매우 작은 양의 DNA만 얻을 수 있어서 염기 서열 등을 알기 위해서는 더 많은 양을 얻을 수 있는 방법이 필요하다. 1986년에 발견된 **중합효소 사슬 반응**(polymerase chain reaction, PCR)은 Gutenberg의 인쇄기 발명이 문자 생활에 미친 효과와 마찬가지의 영향을 유전자 연구에 끼친 것으로 비유된다. 인쇄기가 여러 벌의 책을 만들 수 있는 것처럼 PCR은 주어진 DNA 서열을 여러 벌 만든다. 사슬길이가 10,000개의 뉴클레오타이드로 이루어진 1피코그램(1 pg = 10^{-12} g; 약 10^5개의 분자)의 DNA에서 시작하여, PCR은 수 마이크로그램(1 μg = 10^{-6} g; 약 10^{11}개의 분자)의 DNA를 수시간 내에 얻을 수 있게 해 준다.

중합효소 사슬 반응의 핵심은 Yellowstone 국립공원의 온천에서 발견된 호열성 세균인 Thermus aquaticus에서 분리한 열에 안정한 *Taq* DNA 중합효소의 발견에 있다. *Taq* 중합효소는 DNA 사슬의 한쪽 말단에 상보적인 짧은 '시발체'에서 출발하여 상보적인 사슬 전체를 만들 수 있다. 전체 과정은 그림 16.11에 나타낸 것처럼 세 단계로 진행된다. (최근에 Vent 중합효소와 *Pfu* 중합효소와 같은 성능이 개선된 열적으로 안정한 DNA 중합효소가 사용되고 있는데, 이것들은 해저에 있는 용암 배출 지역 근처에 살고 있는 박테리아로부터 분리되었다. 이 두 효소는 *Taq*에 비해 훨씬 더 오류가 없다.)

1단계 증폭할 두 가닥의 DNA를 *Taq* 중합효소, Mg^{2+} 이온, 4가지 데옥시라이보뉴클레오타이드 단량체(dNTPs) 및 과량의 약 20개의 염기로 이루어져 있는 두 종류의 짧은 DNA 시발체와 함께 가열한다. 각 시발체는 목표 DNA 분절들 중 하나의 말단에 상보적이다. 95 °C의 온도에서 두 가닥의 DNA는 자발적으로 2개의 단일 DNA 가닥으로 분리된다.

2단계 온도를 37~50 °C 사이로 내려서 시발체가 상대적으로 높은 농도 때문에 각 표적 가닥의 상보적인 말단에 들러붙도록 한다.

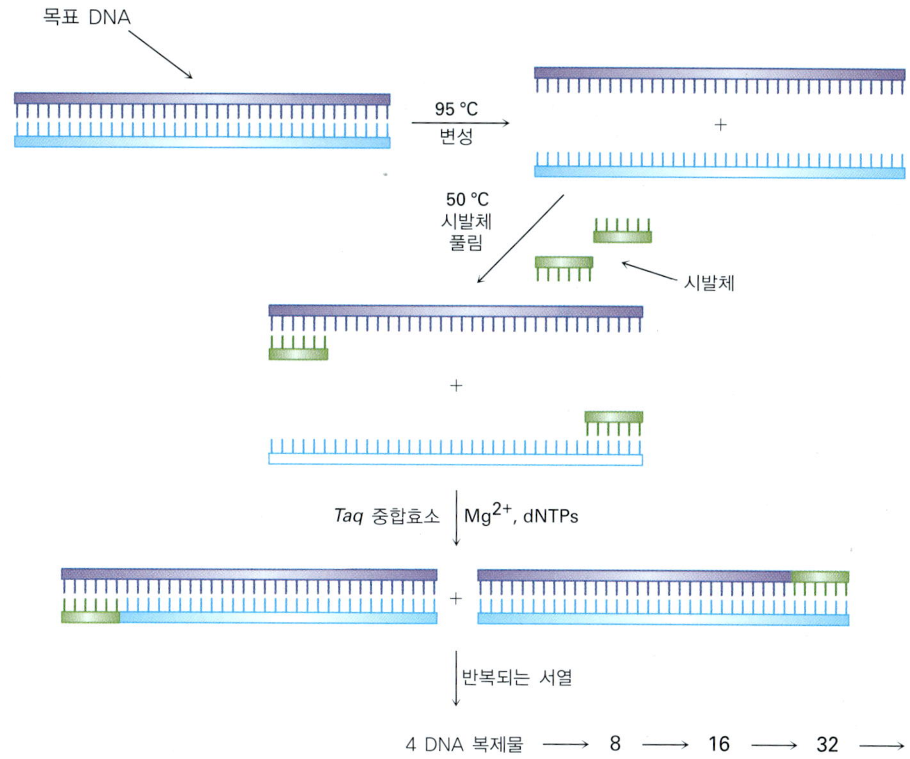

그림 16.11 중합효소 사슬 반응. 자세한 내용은 본문에 있다.

3단계 다시 온도를 72 °C로 올리면 *Taq* 중합효소는 시발체가 붙은 두 DNA 가닥에 뉴클레오타이드들을 더 붙이는 촉매 역할을 한다. 각 가닥의 복제가 끝나면 원래 DNA의 복제물 2개가 존재하게 된다. 변성–열풀림–합성 순환 과정을 두 번 반복하면 DNA 네 벌, 세 번 반복하면 여덟 벌이 생성되어, 반복되는 과정에서 기하급수적으로 DNA의 수가 증가한다.

PCR은 자동화되어, 1시간에 30회 정도의 순환 과정을 반복할 수 있는데, 따라서 이론적으로 2^{30}($\sim 10^9$)배 증폭될 수 있다. 그러나 실제 실험에서는 각 순환 과정의 효율이 100%에 미치지 못하므로 30회 순환에서 약 $10^6 \sim 10^8$ 정도의 증폭을 얻을 수 있다.

생활 속의 유기 화학

DNA 지문법

역사학자들은 오랜 기간 동안 Thomas Jefferson이 Sally Hemings를 통해 아기를 낳았는지 의문을 가져 왔다. DNA 지문법을 통해 1998년 그 사실이 입증되었다.

DNA 염기 서열 결정법의 발명은 여러 면에서 우리 사회에 영향을 끼치고 있다. 그러한 영향 중에서 DNA 지문법(DNA fingerprinting)보다 더 극적인 것은 없을 것이다. DNA 지문법은 1984년에 인간의 유전자에는 **짧은 직렬식 반복**(short tandem repeat, STR)이라 불리는 짧고 반복적인 암호화되지 않은 DNA가 존재한다는 것을 발견한 데에서 시작되었다. 더구나 STR 부위는 일란성 쌍둥이를 제외하고는 각 개인마다 약간씩 다르다. 이 부위의 염기 서열을 조사함으로써 각 개인의 고유한 STR 모형을 얻을 수 있다.

아마도 가장 보편적이며 잘 알려진 DNA 지문법의 용도는 과학수사 실험실에서 행해지는 것으로, 범행 장소에서 발견된 생물학적 증거—혈액, 모낭, 피부, 또는 정액—와 용의자를 연관 짓는 일일 것이다. 수천 건의 사건이 DNA 증거를 바탕으로 결정된다.

범죄 사건에 이용하기 위해 미국의 과학수사 실험실에서는 개개인을 매우 정확하게 확인할 수 있는 13개 중요 STR 부위를 정하였다. 이 13개 부위를 근거하여 통합 DNA 색인 체계(Combined DNA Index System, CODIS)를 확립하여 기소된 범죄자 등록에 이용하고 있다. 범행 장소에서 DNA 시료를 얻으면, 시료를 여러 제한효소로 절단하여 STR 부위를 포함한 조각으로 잘라낸다. 이 조각은 PCR로 증폭되고 각 조각의 염기 서열이 결정된다.

범행 장소에서 얻은 DNA와 어떤 개인의 STR 모형이 일치할 수 있는 확률은 820억 대 1 정도이다. 부자 확인의 경우에는 아버지와 자식의 DNA가 완전히 동일하지 않으나 상당한 관련성이 있어 100,000 대 1의 확률로 아버지를 확인할 수 있다. 여러 세대가 경과하더라도 남계 자손의 Y 염색체의 DNA 분석에 의해 부계를 알 수 있다. 가장 잘 알려진 경우는 자신이 소유한 노예인 Sally Hemings에게서 자식을 낳았을 것으로 알려진 Thomas Jefferson의 사례이다. 비록 Thomas Jefferson 자신은 남계 자손을 남기지 않았지만, DNA 분석 결과 Jefferson의 부계 삼촌의 남계 자손과 Sally Hemings의 가장 어린 아들인 Eston Hemings의 남계 자손이 같은 Y 염색체를 가진 것으로 나왔다. 따라서 비록 확실하게 누구에 의해 되었는지는 결론지을 수 없지만, 두 염색체가 섞였다는 것은 확실하다.

DNA 지문법의 많은 응용들 가운데 출산 전 또는 신생아의 유전 질환 진단에 이 방법이 매우 널리 사용되고 있다. 이 방법으로 발견될 수 있는 질환으로는 낭포성 섬유증, 혈우병, 헌팅턴병, 테이색스병, 겸상 세포 빈혈증, 지중해 빈혈증 등이 있으며, 질환을 가진 어린이를 조기에 치료할 수 있다. 더구나 특정한 질병의 병력을 가진 친척들의 DNA 지문법을 통해 이들 질환과 관련된 DNA 모형을 확인할 수 있어서 궁극적으로 치료에 필요한 단서를 얻을 수 있을 것이다. 이 밖에도 미국 국방부는 모든 군인에게서 혈액과 타액 시료를 채취하고 있다. 이 시료는 저장하였다가 사망자 신원 확인이 필요한 경우 DNA를 추출하게 된다.

요약과 주요용어

뉴클레오사이드 nucleoside
뉴클레오타이드 nucleotide
다중불포화 지방산 polyunsaturated fatty acid
데옥시라이보핵산 deoxyribonucleic acid, DNA
라이보솜 RNA ribosomal RNA, rRNA
라이보핵산 ribonucleic acid, RNA
미셀 micelle
밀랍 wax
번역 translation
복제 replication
비의미 가닥 antisense strand
스테로이드 steroid
안티코돈 anticodon
의미 가닥 sense strand
이중 나선 double helix
이중층 lipid bilayer
인산지방질 phospholipids
작은 RNA들 small RNAs
전달 RNA transfer RNA, tRNA
전령 RNA messenger RNA, mRNA
전사 transcription
중합효소 사슬 반응 polymerase chain reaction, PCR
지방산 fatty acid
지방질 lipid
코돈 codon
트라이아실글리세롤 triacylglycerol

이 장에서는 지방질과 핵산을 다루었는데, 이로써 4가지 중요 생체 분자에 대한 내용이 끝났다. **지방질**은 동식물에서 유기 용매로 추출하여 분리된 천연물질이다. 동물 지방과 식물 기름은 지방질 중 가장 흔한 것이다. 이들 지방과 기름은 긴 사슬 **지방산**을 함유한 글리세롤의 트라이에스터인 **트라이아실글리세롤**이다. **인산지방질**은 인산의 에스터이고, 그들 골격에 글리세롤 또는 아미노 알코올을 포함하고 있다.

스테로이드는 고유한 네 고리 탄소 골격을 지니는 지방질로서 동물과 식물에 나타난다. 스테로이드는 신체의 여러 조직에서 나타나며 다양한 생리 활성을 나타낸다. 중요한 스테로이드 종류 중에 성 호르몬(안드로젠과 에스트로젠)과 부신피질 호르몬이 있다.

핵산, **DNA**(**데옥시라이보핵산**) 및 **RNA**(**라이보핵산**)는 유기체의 유전 정보를 화학적으로 전달하는 생물학적 중합체이다. 핵산을 효소를 이용하여 가수분해시키면 **뉴클레오타이드**가 생성되는데, 이 단량체들을 이용하여 RNA와 DNA가 만들어지는 것이다. 뉴클레오타이드를 효소를 이용하여 더 가수분해 시키면 **뉴클레오사이드**와 인산 음이온이 생성된다. 뉴클레오사이드는 알도펜토오스 당(RNA에서는 라이보오스, 그리고 DNA에서는 2-데옥시라이보오스)의 C1에 퓨린 혹은 피리미딘 염기가 연결된 구조로 되어 있다. 뉴클레오타이드는 1개의 뉴클레오타이드의 5′ 인산 음이온과 또 다른 뉴클레오타이드에 있는 당의 3′ 하이드록시기가 인산다이에스터 결합으로 연결된 것이다.

DNA 분자는 2개의 상보적인 가닥으로 구성되어 있으며, 이 두 가닥은 각 가닥의 헤테로고리 염기 간의 수소 결합으로 서로 연결되어 **이중 나선** 형태로 꼬인 구조를 가진다. 아데닌(A)과 타이민(T)이 서로 수소 결합을 하고,

핵산 nucleic acid
Sanger 다이데옥시 방법 Sanger dideoxy method

사이토신(C)과 구아닌(G)이 서로 수소 결합을 한다.

DNA의 유전 정보를 해독하는 과정은 다음 세 단계로 일어난다.

- DNA **복제**는 동일한 DNA 복사물을 만드는 과정이다. DNA 이중 나선이 풀리고 상보적인 데옥시라이보뉴클레오타이드가 순서대로 정렬하여 2개의 새로운 DNA 분자가 생성된다.
- **전사**는 핵으로부터 라이보솜으로 유전 정보를 전달하기 위해 RNA를 만드는 과정이다. DNA의 이중 나선 구조의 일부가 풀리면서 상보적인 라이보뉴클레오타이드가 정렬되어 **전령 RNA(mRNA)**가 만들어진다.
- **번역**이란 mRNA가 단백질 합성을 이끄는 과정이다. 각 mRNA는 라이보뉴클레오타이드 3개로 이루어진 **코돈**으로 분류된다. 이 코돈은 단백질 합성에 필요한 적절한 아미노산을 운반하는 작은 분자인 **전달 RNA(tRNA)**에 의해 인식되어진다.

DNA의 염기 서열은 **Sanger 다이데옥시 방법**으로 결정한다. 소량의 DNA는 **중합효소 사슬 반응(PCR)**을 이용하여 10^6배 증폭시킬 수 있다.

연습

【눈으로 보는 화학】 문제 16.1~16.17은 장 내에서 볼 수 있다.

16.18 다음 염기의 구조를 보고 각각이 DNA, RNA, 또는 이 둘 모두에서 발견되는지 말하라.

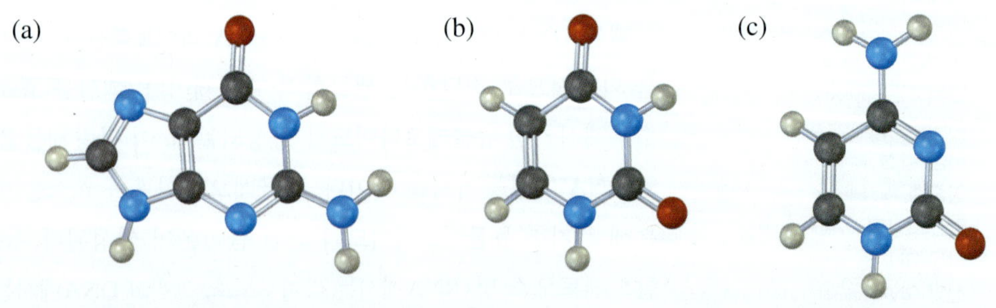

16.19 콜레스테롤은 다음과 같은 구조이다. −OH기가 축방향인지 적도방향인지 밝혀라.

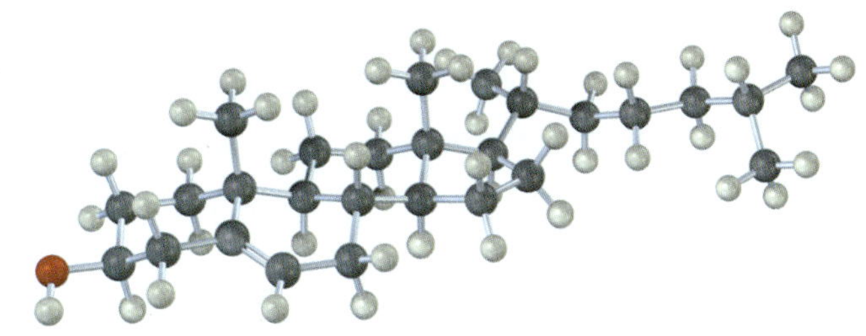

16.20 다음 뉴클레오타이드를 확인하고 어떻게 사용되는지 말하라.

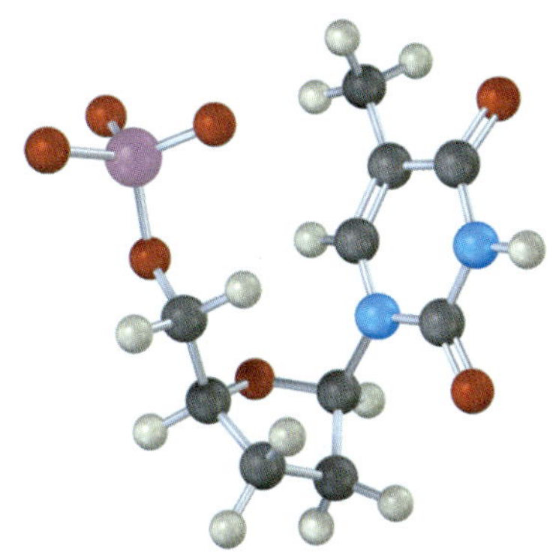

【보충문제】

지방질

16.21 올레산을 다음 화합물로 어떻게 전환시키는가?

(a) 올레산 메틸 (b) 스테아르산 메틸 (c) 노네인이산

16.22 다음 화합물의 일반 구조를 써라.

(a) 지방 (b) 식물 기름 (c) 스테로이드

16.23 다음 분자의 구조를 써라.

(a) 스테아르산 나트륨

(b) 리놀레산 에틸

(c) 팔미토다이올레산 글리세릴

16.24 다음 시약과 트라이올레산 글리세릴의 반응으로부터 얻어지는 생성물을 써라.

(a) CCl_4 용매 중에서 과량의 Br_2

(b) H_2/Pd

(c) NaOH, H_2O

(d) $KMnO_4$, H_3O^+

(e) $LiAlH_4$ 처리 후 H_3O^+

16.25 향유 고래에서 채취되는 향료인 경랍(spermaceti)은 고래의 멸종을 막기 위해

1976년도에 사용금지되기 전까지 화장품에 많이 사용되었다. 화학적으로 경랍은 팔미트산과 세틸알코올($C_{16}H_{33}OH$)의 에스터인 팔미트산 세틸이다. 이 화합물의 구조를 그려라.

16.26 콜레스테롤을 다음 시약과 반응시켰을 때 얻게 되는 생성물의 구조를 그려라.

(a) Br_2 (b) H_2, Pd 촉매 (c) CH_3COCl, 피리딘

16.27 플라스말로젠(plasmalogen)은 신경과 근육 세포에서 발견되는 지방질이다. 플라스말로젠을 지방과 비교하였을 때 다른 점이 무엇인가?

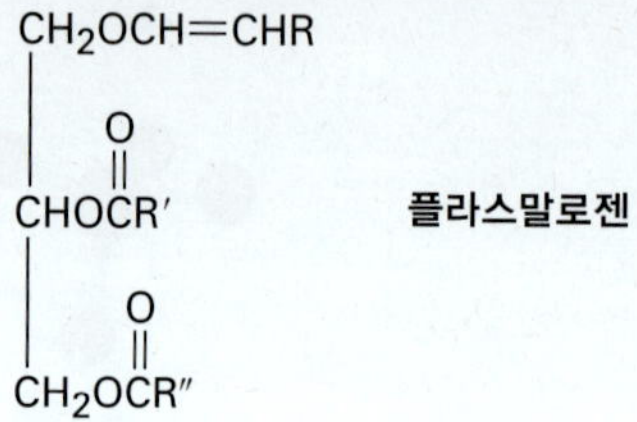

16.28 엘레오스테아르산, $C_{18}H_{30}O_2$은 동유에 존재하는 희귀한 지방산이다. 엘레오스테아르산을 $KMnO_4$로 산화시키면 펜탄산 1분자, 옥살산($HO_2C—CO_2H$) 2분자 및 노네인이산 1분자를 생성한다. 엘레오스테아르산의 구조를 그려라.

16.29 카르디오리핀은 심장 근육에서 발견되는 지방질이다. 만약 인산을 포함한 모든 에스터 결합을 NaOH로 가수분해시킨다면 어떤 것들이 생성될 것인가?

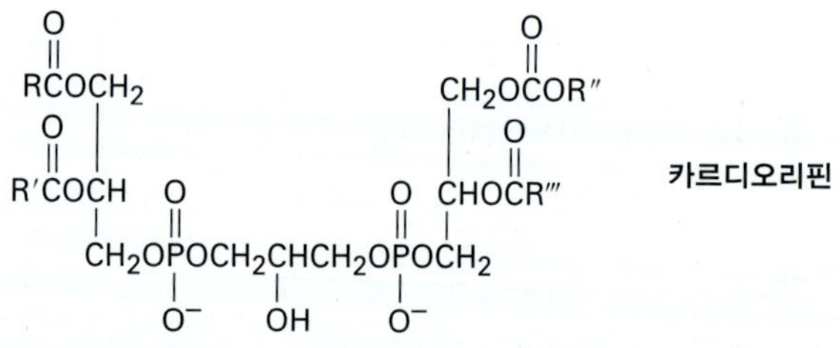

16.30 스테아롤산, $C_{18}H_{32}O_2$을 Lindlar 촉매를 이용하여 수소화 반응시키면 올레산이 생성된다. 스테아롤산의 구조를 그려라.

16.31 만약 콩기름의 평균 분자량이 1500이라면, 기름 5.00 g을 비누화 반응시키는 데 NaOH가 몇 그램 필요한가?

핵산 **16.32** 어떤 DNA 염기 서열이 다음 염기 서열에 상보적인가?

(5′) GAAGTTCATGC (3′)

16.33 다음 아미노산에 해당되는 코돈을 써라.

(a) Ile (b) Asp (c) Thr

16.34 성게의 DNA는 A를 약 32%, G를 약 18% 함유한다. 성게의 DNA에서 T와 C는 몇 %라고 예상되는가? 그 이유를 설명하라.

16.35 다음의 라이보뉴클레오타이드 코돈은 어떤 아미노산을 암호화하는가?
(a) AAU (b) GAG (c) UCC (d) CAU (e) ACC

16.36 문제 16.35에 있는 mRNA 코돈은 어떤 DNA 염기 서열에서 전사된 것인가?

16.37 문제 16.35의 각 코돈에 대한 tRNA의 안티코돈 서열은 무엇인가?

16.38 라이보뉴클레오타이드 코돈 UAC의 전체 구조를 그려라. 이 염기 서열은 어떤 아미노산을 암호화한 것인가?

16.39 문제 16.38의 mRNA 코돈이 전사된 데옥시라이보뉴클레오타이드 염기 서열의 전체 구조를 그려라.

16.40 모르핀과 같은 성질을 지닌 작은 펩타이드인 메텐케펄린(metenkephalin)의 아미노산 서열은 다음과 같다. 이 펩타이드의 합성을 암호화하는 mRNA의 서열을 써라.

Tyr-Gly-Gly-Phe-Met

16.41 문제 16.40에 있는 메텐케펄린을 암호화하는 DNA 염기 서열은 무엇인가?

16.42 인간과 말의 인슐린은 모두 폴리펩타이드 사슬 2개로 이루어졌다. 한 사슬은 아미노산 21개로 이루어져 있고, 다른 사슬은 30개의 아미노산으로 이루어져 있다. 각 사슬을 암호화하는 DNA에는 몇 개의 질소 염기가 존재하는가?

16.43 인간과 말의 인슐린(문제 16.42 참조)은 일차 구조에서 아미노산 2개만 다르다. 한 사슬의 9번 위치에 인간은 Ser, 말은 Gly가 있고, 다른 사슬의 30번 위치에 인간은 Thr, 말은 Ala가 있다. DNA는 어떻게 달라야 하는가?

16.44 DNA에서 염기 서열 -TAA-CCG-GAT-가 복제 과정에서 잘못 복제되어 -TGA-CCG-GAT-가 되었다. 이 변이가 생성된 단백질의 서열에 어떤 영향을 미치는가?

16.45 코돈 UAA는 단백질 합성을 종료시킨다. 다음 mRNA에서 UAA 서열이 아무런 문제도 일으키지 않는 이유는 무엇인가?

-GCA-UUC-GAG-GUA-ACG-CCC-

통합문제 **16.46** 예문 15.4의 안지오텐신 II의 구조를 보고 이것의 합성에 필요한 mRNA 서열을 써라.

16.47 다음 mRNA 서열은 어떤 아미노산 배열을 만들게 되는가?

CUA-GAC-CGU-UCC-AAG-UGA

16.48 문제 16.47의 mRNA에 대한 tRNA의 안티코돈 서열은 무엇인가? 이 mRNA가 전사된 원래 DNA 가닥의 염기 서열은 무엇인가? 이 mRNA가 만들어진 DNA 가닥에 상보적인 가닥의 염기 서열은 무엇인가?

16.49 구아닌의 대사 분해 과정 중에서 한 가지 과정은 가수분해되어 잔틴을 생성하는 것이다. 이 반응 메커니즘을 제안하라.

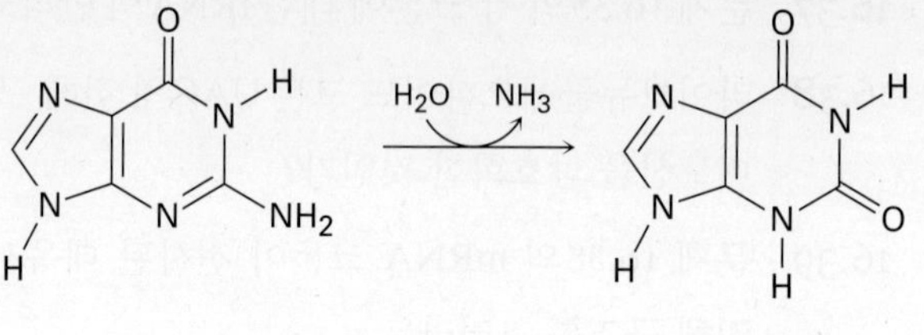

H_2O NH_3

구아닌 잔틴

16.50 난드롤온(nandrolone)은 근육을 강화하기 위해 운동선수들이 때때로 복용하는 합성 스테로이드이다. 난드롤온과 테스토스테론의 구조를 비교하여 구조의 유사성을 지적하라.

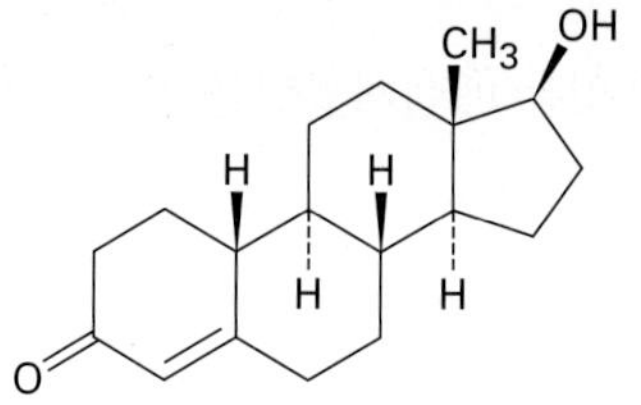

난드롤온
(합성 스테로이드)

16.51 인체에서 글루코오스 생산을 조절하는 전령물질인 고리형 단일인산 아데노신(cAMP)의 구조를 그려라. 고리형 AMP는 아데노신의 3′과 5′의 하이드록시기를 연결하는 인산 고리를 가진다.

16.52 다이에틸스틸베스트롤(diethylstilbestrol, DES)은 구조적으로는 스테로이드와 무관하나 에스트라다이올과 같은 활성을 나타낸다. 한때 동물사료의 첨가제로 널리 쓰인 DES는 몇 가지 유형의 암 원인 물질로 생각된다. DES가 어떻게 입체적으로 에스트라다이올과 유사한지 그려보라.

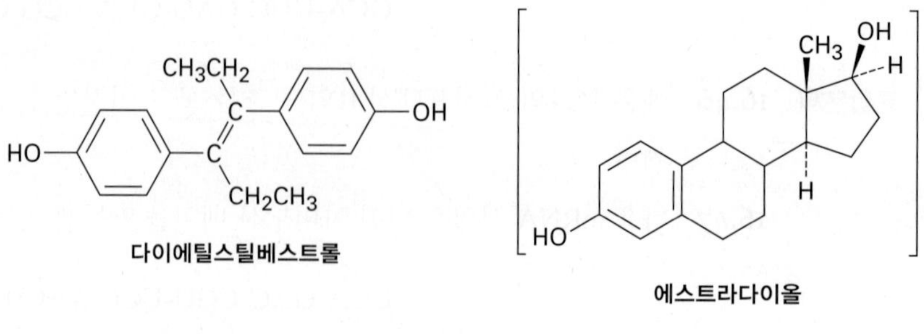

다이에틸스틸베스트롤

에스트라다이올

16.53 에스트라다이올(문제 16.52 참조)에는 몇 개의 카이랄성 중심이 존재하는가? 그것들을 표시하라.

16.54 에스트라다이올(문제 16.52)과 다음 시약의 반응에서 얻을 수 있는 생성물은 무엇인가?

(a) NaOH, 그리고나서 CH_3I (b) CH_3COCl, 피리딘 (c) Br_2(1 당량)

약장 **16.55** 발간시클로비어(valganciclovir)는 사이토메갈로바이러스의 치료에 사용되는 항바이러스제이다. 발간시클로비어 그 자체는 활성이 없는 **전구약물**이지만 장에서 에스터 결합이 가수분해되어 활성이 있는 간시클로비어(ganciclovir)라 불리는 약물이 아미노산과 함께 생성된다.

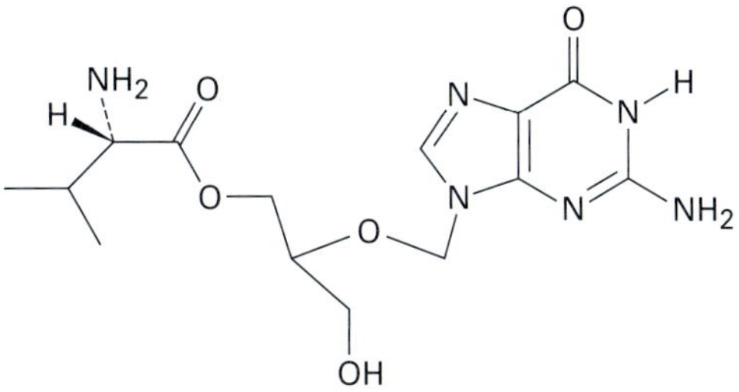

발간시클로비어

(a) 발간시클로비어의 에스터 결합이 가수분해되어 생성되는 아미노산은 무엇인가?

(b) 간시클로비어의 구조는 무엇인가?

(c) 뉴클레오타이드 데옥시구아닌에는 존재하지만 간시클로비어에는 없는 원자는 무엇인가?

(d) 원자가 없음으로 인하여 DNA 복제에서 데옥시구아닌이 하는 역할 중 일어나지 않는 것은 무엇인가?

(e) 어떻게 발간시클로비어가 DNA 합성에 간섭하게 되는가?

들판에서 **16.56** 잡초는 아미노산 세린을 글라이신으로 치환시키는 돌연변이를 통해 제초제 애트라진에 저항하게 된다.

(a) 세린에 상응하는 6개의 코돈과 글라이신에 상응하는 4개의 코돈을 써라.

(b) 저항을 하기 위해서 필요한 최소한의 변형 염기수는 얼마인가?

CHAPTER

17

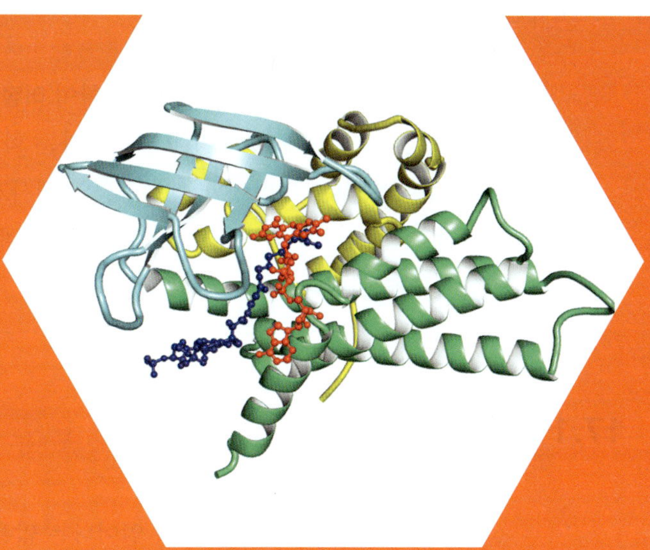

아실 CoA 탈수소효소는 대사 과정에서 지방산에 C=C 이중결합을 도입하는 과정을 촉진시키는 효소이다.

대사 경로의 유기 화학

가장 작고 단순한 생명체에서 일어나는 유기 화학 반응일지라도 실험실에서 수행하는 어느 반응보다 더 복잡하다. 그럼에도 생체 내 모든 반응들은, 그것들이 아무리 복잡하게 보여도, 우리가 이미 여러 장에서 공부한 것과 같은 반응성의 규칙을 따르고 동일한 메커니즘대로 진행된다.

주의할 점 한 가지만 말하면, 생명체 내에 존재하는 분자들은 앞에서 본 물질보다는 대개 더 크고 복잡하다. 그러나 그렇다고 당황할 필요는 없다. 초점을 분자 내에서 반응이 일어날 자리에 맞추고 아무 일도 일어나지 않는 부분은 무시하라. 일어나는 반응들은 첨가반응, 제거반응, 치환반응, 카보닐 축합반응 같이 이미 다 배운 반응들이다. 이 장의 마지막에 이르면 생명체 내에서 일어나는 모든 화학이 유기 화학에 다름 없다는 점이 분명해질 것이다.

왜 이 장인가?

살아 있는 생명체 내의 화학을 이해하기 위해서는 무엇이 일어나는가를 아는 것만으로 충분하지가 않다. 생명체가 수행하는 화학이 어떻게 일어나고 왜 일어나는지를 이해하는 것이 필요하다. 이 장에서, 생명체가 수행하는 화학 과정 중 일부를 살펴볼 것이다. 일차적인 중점을 둘 것은 지방이나 탄수화물의 대사가 어떻게 일어나는가이다. 기술한 내용이 완전한 것은 아니지만, 생화학적 과정이 어떻게 일어나는가 하는 것에 대한 개략적인 아이디어를 줄 것이다.

17.1 대사와 생화학적 에너지에 관한 개요

살아 있는 생명체의 세포 내에서 일어나는 많은 과정들을 총체적으로 **대사**(metabolism)라고 부른다. 큰 분자를 작은 분자로 분해하는 과정을 **분해대사**(catabolism)라 하며, 이 과정에서는 에너지가 방출된다. 반면에, 작은 분자를 보다 큰 분자로 모아가는 과정을 **합성대사**(anabolism)라 하고, 이 과정들은 에너지가 필요하다. 분해대사 과정은 그림 17.1에 나타난 것과 같이 네 단계로 나뉘어진다.

보통 소화라고 부르는 분해대사 과정의 첫 단계에서 음식물들은 입이나 위장 그리고 소장에서 에스테르, 아세탈(글리코사이드), 또는 아마이드(펩타이드) 결합들을 가수분해시켜 지방산이나 단순한 당류 그리고 아미노산 등의 작은 조각으로 잘라진다. 이러한 작은 분자들은 후에 세포에 의해 흡수되고 분해대사의 두 번째인 다음 단계에서 보조효소 A라고 하는 큰 운반체 분자에 싸이오에스터(thioester) 형태로 붙게 된 후 최종적으로 아세틸기로 잘라질 때까지 분해된다. 그 결과 얻어진 아세틸 보조효소 A(아세틸 CoA)는 음식물의 대사 과정과 다른 많은 생화학적 과정에서 가장 중요한 물질이다. 10.12절에 기술한 바와 같이, 아세틸 CoA에서 아세틸기는 포스포판테쎄인(이 분자는 다시 아데노신 3′, 5′-비스포스페이트(이인산 음이온)에 달려 있다)의 황 원자에 연결되어 있다.

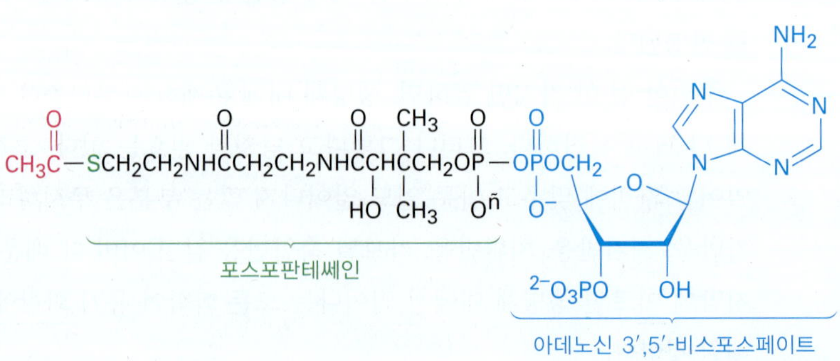

$CH_3C(=O)-SCH_2CH_2NHC(=O)CH_2CH_2NHC(=O)CH(OH)C(CH_3)_2CH_2OP(=O)(O^-)-OP(=O)(O^-)OCH_2$–(리보스, 3′-$OPO_3^{2-}$, 2′-OH)–아데닌($NH_2$)

포스포판테쎄인

아데노신 3′,5′-비스포스페이트

아세틸 CoA—싸이오에스터

아세틸 CoA는 분해대사의 세 번째 단계인 시트르산 회로로 넘어가 CO_2가 될 때까지 산화된다. 대부분의 산화와 마찬가지로, 이 과정은 다량의 에너지를 방출하고, 이 에너지는

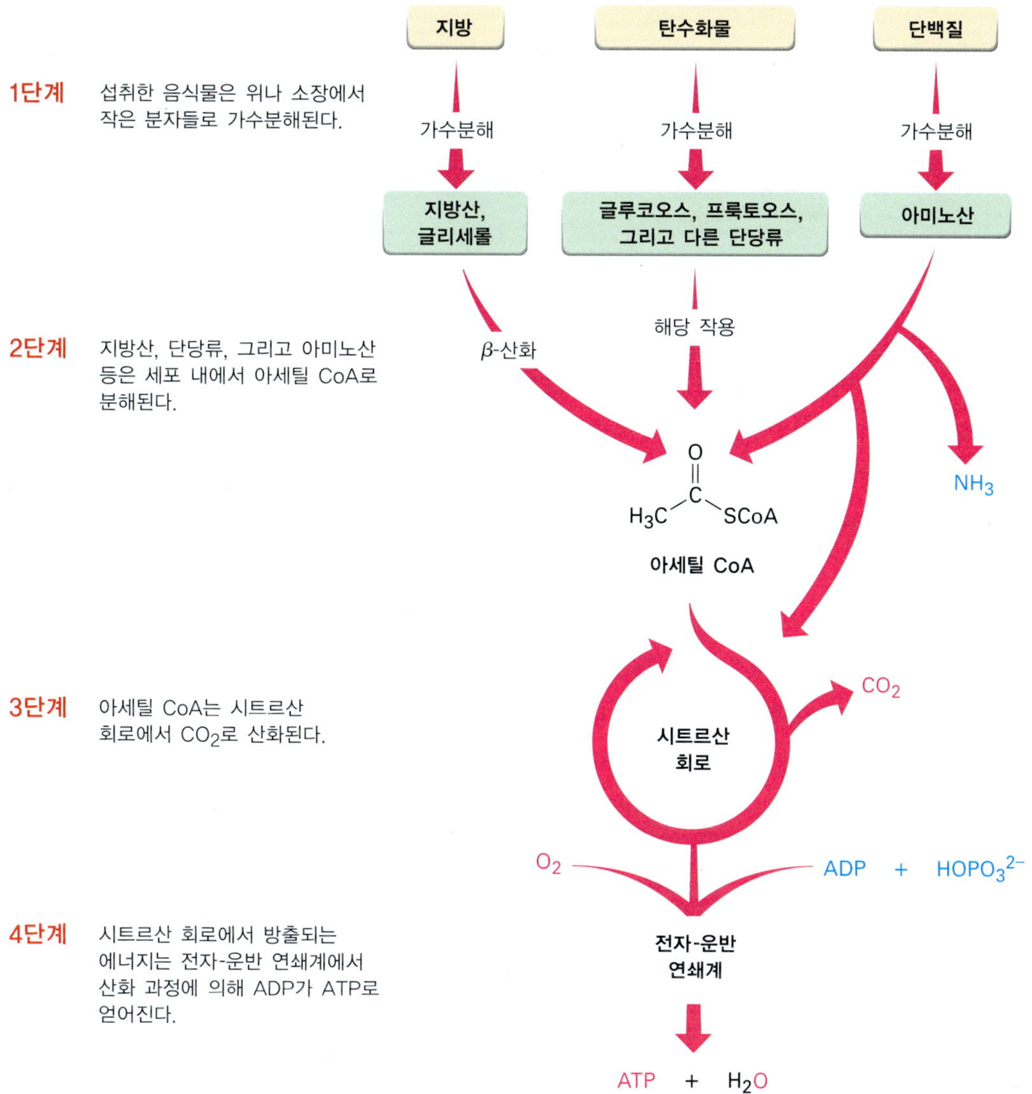

그림 17.1 음식물의 분해를 위한 분해대사 과정과 생화학적 에너지의 생산 개요도. 음식물을 분해대사한 후 얻을 최종 생성물은 CO_2와 H_2O이다. 이 과정 중 시트르산 회로에서 얻어진 에너지는 ADP와 인산 음이온, $HOPO_3^{2-}$을 결합시켜 ATP를 얻는 데 사용된다.

다음 네 번째 단계에서 아데노신 삼인산염, ATP를 만드는 **전자-운반 사슬**에 사용된다.

ATP는 세포 내에서 '에너지 현찰'로 불린다. 분해대사 반응은 에너지를 방출하고, 이 에너지가 아데노신 이인산 음이온 ADP와 일수소인산 음이온, HPO_4^{2-}을 결합하게 만든다. 합성대사 과정에서는, ATP는 자신이 가진 인산기 음이온 하나를 이것이 필요한 분자에 전달해주며 ADP로 변한다. 이 과정에서 반응에 필요한 에너지도 제공한다. 이렇게 에너지를 생성하는 일과 사용하는 방식은 ATP와 ADP의 상호 변환을 통해 구현한다.

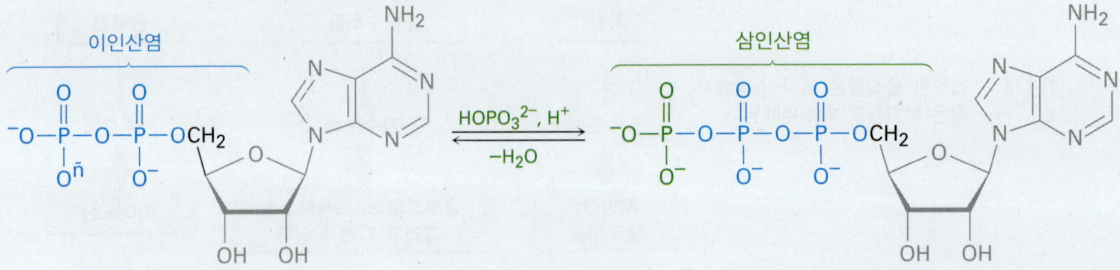

이인산염 / 삼인산염

$$\text{ADP} \underset{-H_2O}{\overset{HOPO_3^{2-},\ H^+}{\rightleftharpoons}} \text{ATP}$$

아데노신 이인산 음이온(ADP) 아데노신 삼인산 음이온(ATP)

우리 몸은 ATP를 어떻게 이용하는가? 유리한 평형 상수를 가지는 화학 반응이 자발적으로 일어난다는 것은 반응은 에너지(실제로 자유 에너지(free energy), G)를 반드시 방출해야 한다는 것이다. 이것은 어떤 반응이든 자유 에너지의 변화 (ΔG)는 반드시 음의 값이어야 함을 뜻한다. 만약 ΔG가 양수이면, 반응의 진행은 유리하지 않아, 과정이 자발적으로 일어날 수 없다.

에너지 면에서 불리한 반응이 일어나게 하기 위해서는, 이 반응이 에너지 면에서 유리한 반응과 '짝지어져,' 두 반응의 전체 자유 에너지 변화가 반응에 유리하도록 만들어져야 한다. 예를 들어, 다음 반응 1은 평형 상수가 작고 에너지적으로 불리한 반응($\Delta G > 0$)이기 때문에 반응이 진행되지 않는다.

$$(1)\quad \mathbf{A} + m \rightleftharpoons \mathbf{B} + n \qquad \Delta G > 0$$

A와 B는 생화학적으로 '중요한' 물질이라고 하자. 그리고 m과 n은 효소 보조제이거나, H_2O 또는 다른 작은 분자들이라고 하자.

생성물 n은 얻어지면 바로 o와 반응하여 p와 q를 만들며, 이 반응은 평형 상수가 매우 크고 에너지적으로 유리한 반응($\Delta G << 0$)이라고 생각하자.

$$(2)\quad n + o \rightleftharpoons p + q \qquad \Delta G << 0$$

두 반응을 동시에 수행하면, 공통 중간체인 n을 공유한다. 이는 먼저 반응의 생성물이자 다음 반응의 반응물이다. n이 아주 소량만 얻어진다고 해도, 이 물질은 반응 2에서 완전히 생성물로 전환되어 버린다. 그 결과 n은 첫 번째 평형 반응에서 제거되므로 반응 1은 정반응으로 진행되어 n을 계속 보충해간다. 결국에는 **A**가 **B**로 완전히 전환되어갈 때까지 반응이 진행된다. 이 상황은 앞서 언급한 두 반응을 합하여 얻은 새 반응식의 자유 에너지 변화가 음의 값($\Delta G < 0$)이 되게 된 것이다. 다시 말하면, 열역학적으로 유리한 두 번째 반응이 불리한 반응 1을 정반응으로 진행되도록 밀어 부친다는 것이다. 두 반응은 n을 공유하므로, 전체 반응 **A**가 **B**로 변하는 반응도 유리하게 된다.

$$(1)\quad \mathbf{A} + m \rightleftharpoons \mathbf{B} + \cancel{n} \qquad G > 0$$
$$(2)\quad \cancel{n} + o \rightleftharpoons p + q \qquad G << 0$$
$$\text{알짜:}\quad \mathbf{A} + m + o \rightleftharpoons \mathbf{B} + p + q \qquad G < 0$$

두 반응을 짝짓는 과정의 한 예로 다음을 살펴보자. 글루코오스가 인산화되어 글루코오스 6-인산 음이온과 물을 생산하는 반응을 예로 들어 보자. 이 반응은 음식물 탄수화물의 분해반응에 있어서 중요한 단계이다.

$$\underset{\text{글루코오스}}{\mathrm{HOCH_2CH(OH)CH(OH)CH(OH)CH(OH)CHO}} \xrightleftharpoons{\mathrm{HOPO_3^{2-}}} \underset{\text{6-인산 글루코오스}}{\mathrm{{}^-O\text{-}P(=O)(O^-)\text{-}OCH_2CH(OH)CH(OH)CH(OH)CH(OH)CHO}} + \mathrm{H_2O} \qquad \Delta G° = +13.8\ \mathrm{kJ}$$

글루코오스와 $HOPO_3^{2-}$의 반응은 $\Delta G° = +13.8$ kJ/mol(3.3 kcal/mol)로 에너지 면에서 불리하므로 자발적으로 일어나지 않는다. 그러나 동시에 일어나는 물과 ATP 간의 반응에서 ADP와 $HOPO_3^{2-}$이 얻어질 때는 $\Delta G° = -30.5$ kJ/mol로 매우 유리한 반응이다. 이 두 반응을 짝지으면, 글루코오스는 ATP와 반응하여 글루코오스 6-인산 음이온과 ADP를 생성하는데, 이 전체 반응은 16.7 kJ/mol(4.0 kcal/mol)만큼 유리하게 된다. 따라서 ATP가 글루코오스의 인산화 반응을 '추진한다'고 말한다.

	글루코오스 + $HOPO_3^{2-}$ ⟶ 6-인산 글루코오스 + H_2O	$G° = +13.8$ kJ/mol
	ATP + H_2O ⟶ ADP + $HOPO_3^{2-}$ + H^+	$G° = -30.5$ kJ/mol
알짜:	글루코오스 + ATP ⟶ 6-인산 글루코오스 + ADP + H^+	$G° = -16.7$ kJ/mol

이렇게 에너지적으로 불리한 인산화 반응도 일어나게 하기 때문에 ATP가 유용하다. 생성된 인산염은 친핵성 치환반응이나 제거반응에 있어서 이들의 원래 형태인 알코올보다 반응성이 훨씬 커 반응이 수월하게 일어나도록 만들기 때문에 유용한 물질이다.

문제 17.1 지방 대사 내 여러 반응 중 하나로서 글리세롤(프로페인-1,2,3-트라이올)이 ATP와 반응하여 글리세롤 1-인산 음이온을 생성하는 단계가 있다. 반응식을 쓰고 글리세롤 1-인산 음이온의 구조를 그려라.

17.2 지방의 분해대사: β-산화반응

지방 분해대사를 살펴봄으로써 대사 과정에 공통적으로 나타나는 몇 가지 과정에 대해 공부해 보자. 지방과 기름(트라이아실글리세롤)의 분해대사는 이들이 글리세롤과 지방산으로 가수분해되면서 시작한다. 얻어진 글리세롤은 ATP와 반응하여 인산화된 후 산화되어 다이하이드록시아세톤 인산 음이온을 생성하고, 이 물질은 17.3절에서 다루는 탄수화물 대사 경로로 들어간다.

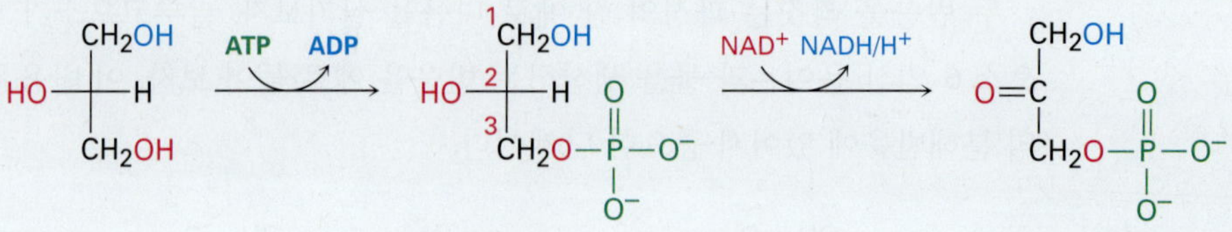

글리세롤

sn-글리세롤 3-인산 음이온

다이하이드록시아세톤 인산 음이온(DHAP)

위 반응을 기술하는 방법에 주목하라. 생화학적 변화를 다루는 반응을 기술할 때에는 반응물과 생성물의 구조만을 나타내고 보조효소(15.9절)와 다른 물질의 구조는 약어로 나타내는 것이 보통 관례이다. 그러므로 첫째 단계에서 직선 화살표와 교차하는 굽은 화살표는 ATP도 역시 반응물이고 ADP는 생성물임을 보여 준다. 둘째 단계에서 보조효소 니코틴아마이드(NAD^+)가 필요하고 환원된 니코틴아마이드 아데닌 다이뉴클레오타이드(NADH)와 양성자는 생성물이다. NAD^+가 알코올을 알데하이드나 케톤으로 전환시키는 데 생물화학적 산화제로 자주 관여하는 것을 곧 보게 될 것이다.

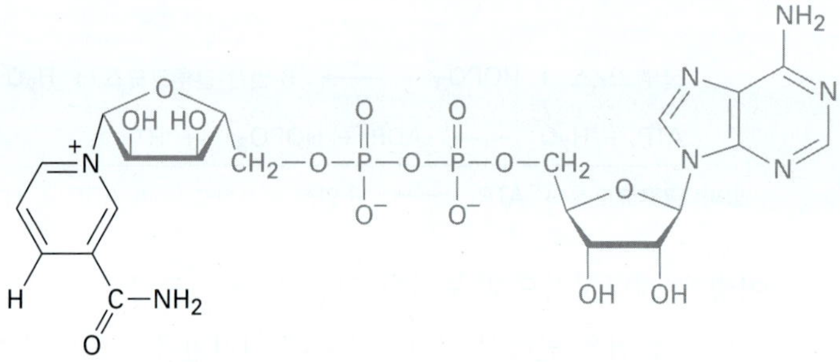

니코틴아마이드 아데닌 다이뉴클레오타이드(NAD^+)

환원된 니코틴아마이드 아데닌 다이뉴클레오타이드(NADH)

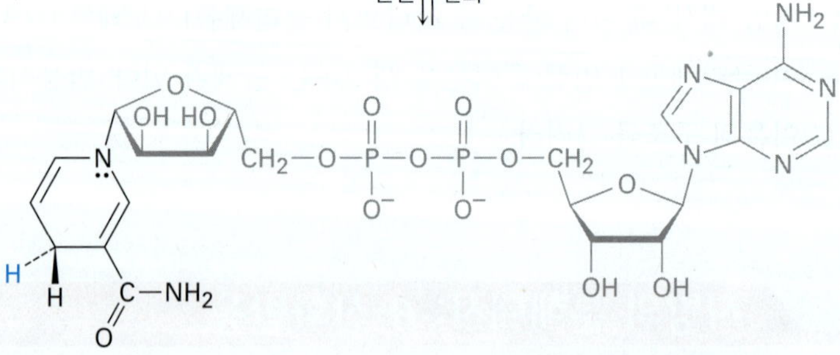

글리세르알데하이드 3-인산 음이온을 산의 형태, 즉 $-OPO_3H_2$가 아니라 해리된 인산 음이온, $-OPO_3^{2-}$으로 나타냄도 유의하라. 15.1절에서 언급한 바와 같이, 생화학적 구조를 쓸 때 카복실산과 인산을 음이온으로 표시하는데 이들은 pH 7.3인 세포 내에서는 음이온 형태로 존재하기 때문이다.

메커니즘

그림 17.2 β-산화 경로의 네 단계 반응. 이 반응의 결과 지방산의 말단에서 아세틸기의 절단이 일어난다. 사슬이 짧아지는 이 과정은 β-케토 싸이오에스터의 역 Claisen 반응의 일종이다. 각 단계에 대해서는 본문에 설명하였다.

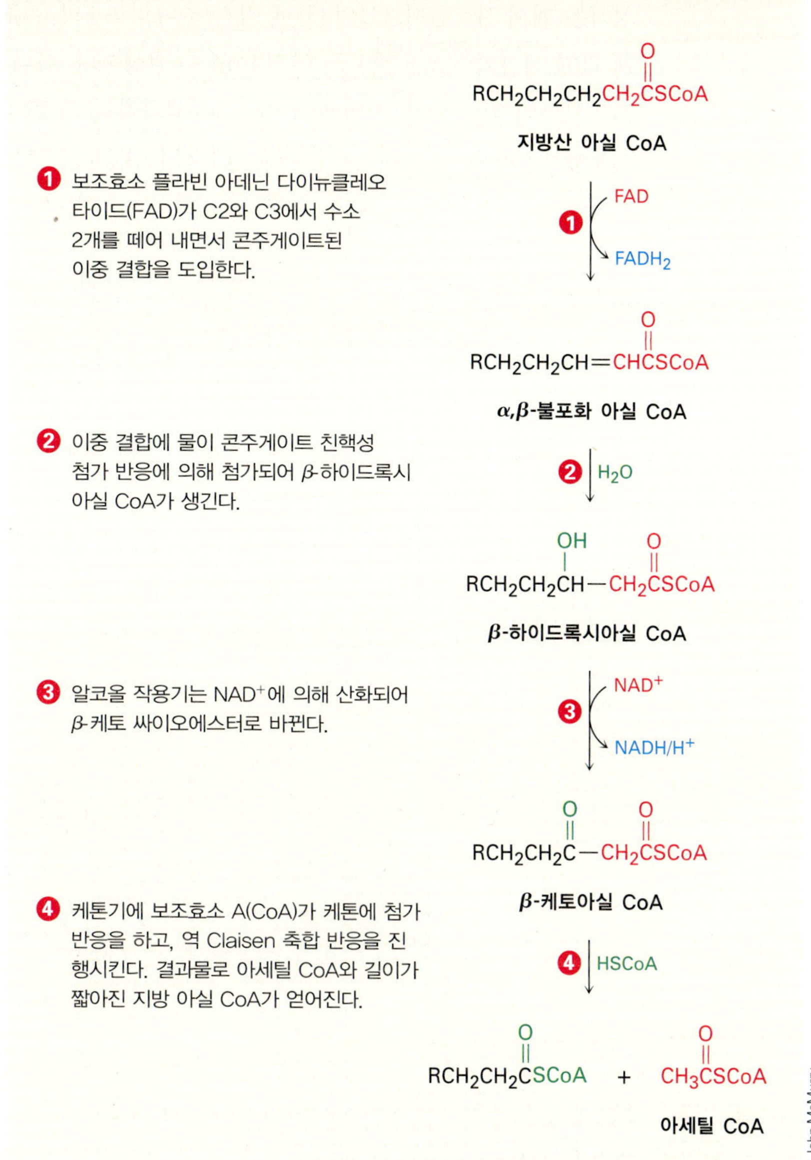

트리아실글리세롤 가수분해에서 얻은 지방산은 그림 17.2에 나타낸 것처럼 **β-산화 경로**(β-oxidation pathway)라 부르는 네 단계로 이루어진 연쇄 효소-촉매 반응을 반복적으로 수행하여 분해된다. 한 번의 반응 경로를 거칠 때마다 지방산 사슬 말단에서 2개의 탄소로 이루어진 아세틸기가 떨어져 나오며, 이 과정은 전체 분자가 완전히 분해될 때까지 계속 반복된다. 이 과정에서 얻은 아세틸기는 17.4절에서 보는 것처럼 생기는 대로 시트르산 회로로 들어가 더 분해된다(17.4절).

그림 17.2의 1단계: 이중 결합의 도입 β-산화 경로는 지방산이 보조효소 A와 결합하여 지방 아실 CoA라는 싸이오에스터를 형성하는 데서 시작한다. C2와 C3에 각각 하나씩 2개의 수소 원자가 아실 CoA 탈수소효소에 의해 제거되어 α,β-불포화 아실 CoA를 생성한다. 이런 종류의 산화—분자 내에 콘주게이션되어 있는 이중 결합의 도입—는 생화학적 과정에서 자주 일어나며 대개 보조효소 FAD에 의해 수행된다. 부산물로 환원된 $FADH_2$가 얻어진다.

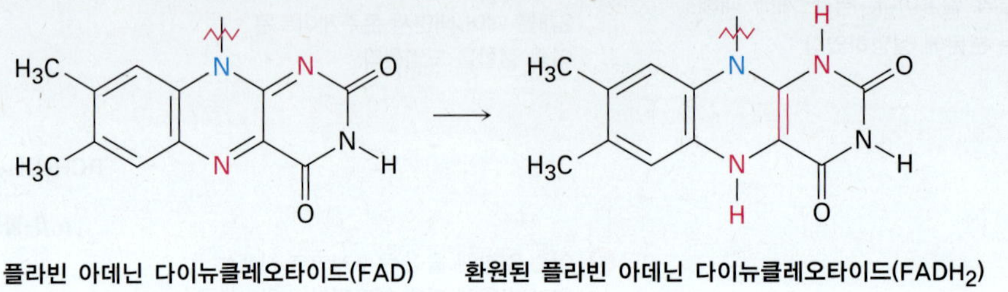

플라빈 아데닌 다이뉴클레오타이드(FAD) 환원된 플라빈 아데닌 다이뉴클레오타이드($FADH_2$)

그림 17.2의 2단계: 물의 첨가 1단계에서 생성된 α,β-불포화 아실 CoA는 엔오일 CoA 수화효소가 촉매 작용을 하는 과정에서 콘주게이션 친핵성 첨가 경로(9.10절)로 물과 반응하여 β-하이드록시아실 CoA를 만든다. 물은 이중 결합의 β 탄소에 첨가되어 엔올산 음이온 중간체를 만든 후, 양성자화된다.

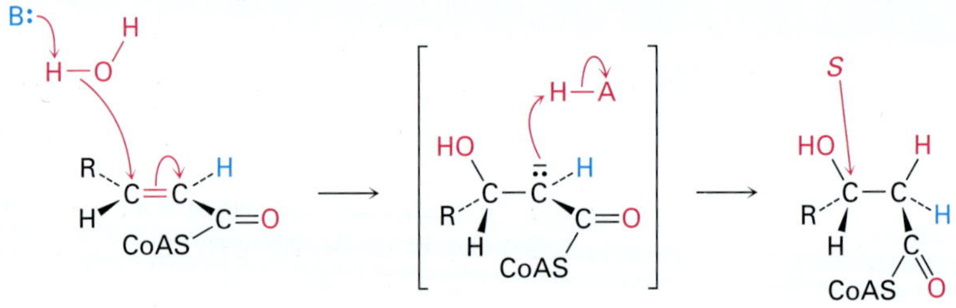

(3*S*)-하이드록시아실 CoA

그림 17.2의 3단계: 알코올의 산화 2단계에서 얻은 β-하이드록시아실 CoA는 L-3-하이드록시아실 CoA 탈수소효소가 촉매 작용을 하는 반응에서 β-케토아실 CoA로 산화된다. 앞서 언급한 1-인산 글리세롤이 다이하이드록시아세톤 인산 음이온으로의 산화 반응처럼 알코올 산화는 보조효소로서 NAD^+를 필요로 하며 부산물로 환원된 NADH/H^+를 생성한다.

알코올의 산화 메커니즘은 여러 면에서 2단계에서 본 콘주게이트 친핵성 첨가 반응과 비슷하다. 그래서 알코올에서 떨어져나간 수소 음이온(H^-)이 친핵체로 작용하여 NAD^+의 한 부분 C=C—C=N^+에 첨가된다. 이 과정은 물이 친핵체로 불포화 아실 CoA의 C=C—C=O에 첨가되는 과정과 같다.

그림 17.2의 4단계: 사슬의 절단 β-산화의 최종 단계에서 아세틸 CoA가 떨어져나가 원래보다 탄소 2개가 적은 아실 CoA를 남긴다. 이 반응은 β-케토아실-CoA 싸이올분해효소가 촉매 작용을 하는데 메커니즘 측면에서는 11.10절에서 논의된 Claisen 축합 반응의 역반응이다. Claisen 축합 정반응은 두 에스터가 중합하여 β-케토 에스터 생성물을 만든다. 역 Claisen 축합 반응이 일어나면 β-케토 에스터(또는 이 경우에는 β-케토싸이오에스터)가 절단되어 2개의 에스터(또는 2개의 싸이오에스터)를 형성한다.

이 반응에서 β-케토 아실 CoA의 케토기에 보조효소 A가 친핵적으로 첨가되어 알콕시화 이온 중간체를 생성한 후, 아세틸 CoA 엔올산이 떨어져 나온다. 이때 C2−C3 결합이 깨어지며, 이 엔올산 음이온에 양성자가 전달되어 아세틸 CoA가 된다. 사슬이 짧아진 아실 CoA는 계속 분해되기 위해 β-산화 회로를 더 돌게 된다.

β-산화 경로의 전체 결과를 보기 위해 그림 17.3의 미리스트산 분해대사를 보자. 첫 회로 순환에서 C_{14}인 미리스틸 CoA는 C_{12}인 라우릴 CoA와 아세틸 CoA로, 두 번째 순환에서 라우릴 CoA는 C_{10}인 카프릴 CoA와 아세틸 CoA로, 세 번째 순환에서 카프릴 CoA는 C_8인 카프릴로일 CoA로 전환된다. 이 과정이 반복되면 최종 순환에서는 전구체의 탄소 수가 넷이므로 아세틸 CoA 두 분자가 생성됨을 주목하라.

지방산 대부분은 탄소수가 짝수이어서 β-산화 끝에 남는 것은 없다. 탄소수가 홀수이거나 이중 결합이 있는 지방산은 분해되는 데 몇 단계 과정이 추가로 필요하지만, 궁극적

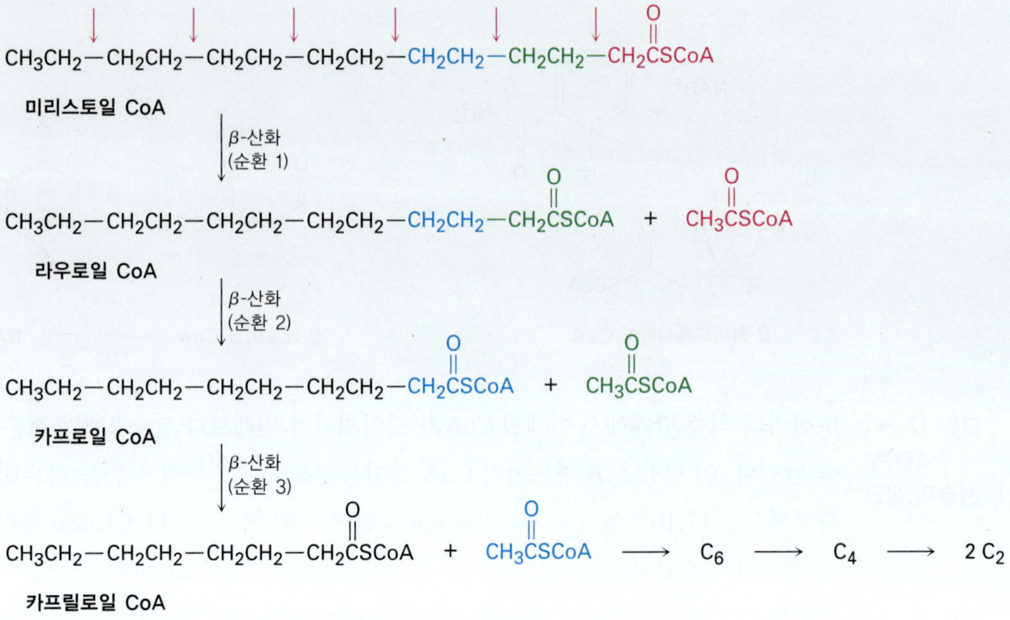

$$CH_3CH_2-CH_2CH_2-CH_2CH_2-CH_2CH_2-CH_2CH_2-CH_2CH_2-CH_2\overset{O}{\overset{\|}{C}}SCoA$$

미리스토일 CoA

↓ β-산화 (순환 1)

$$CH_3CH_2-CH_2CH_2-CH_2CH_2-CH_2CH_2-CH_2CH_2-CH_2\overset{O}{\overset{\|}{C}}SCoA \quad + \quad CH_3\overset{O}{\overset{\|}{C}}SCoA$$

라우로일 CoA

↓ β-산화 (순환 2)

$$CH_3CH_2-CH_2CH_2-CH_2CH_2-CH_2CH_2-CH_2\overset{O}{\overset{\|}{C}}SCoA \quad + \quad CH_3\overset{O}{\overset{\|}{C}}SCoA$$

카프로일 CoA

↓ β-산화 (순환 3)

$$CH_3CH_2-CH_2CH_2-CH_2CH_2-CH_2\overset{O}{\overset{\|}{C}}SCoA \quad + \quad CH_3\overset{O}{\overset{\|}{C}}SCoA \longrightarrow C_6 \longrightarrow C_4 \longrightarrow 2\,C_2$$

카프릴로일 CoA

그림 17.3 C_{14} 미리스트산의 분해대사에서 위 과정을 여섯 번 반복한 수 최종 생성물로 아세틸 CoA 일곱 분자를 얻는다.

으로 모든 탄소 원자들은 시트르산 회로에서 완전히 산화되기 위해 방출된다.

문제 17.2 그림 17.3 이후의 β-산화 경로에 대한 나머지 순환의 반응식을 써라.

문제 17.3 다음 지방산의 분해대사로 몇 분자의 아세틸 CoA가 생성되는가? 몇 번의 β-산화 경로가 필요한가?

(a) 팔미트산, $CH_3(CH_2)_{14}CO_2H$ (b) 아라키드산, $CH_3(CH_2)_{18}CO_2H$

17.3 탄수화물의 분해대사: 해당작용

글루코오스는 우리 몸이 즉각적으로 사용하는 일차적인 에너지 공급원이다. 이들의 분해대사는 **해당작용**(glycolysis)이라고 부르는데, 이 과정은 10개 효소가 관여하는 일련의 촉매반응들로 이루어져 있으며, 글루코오스로부터 2 당량의 피부르산 음이온, $CH_3COCO_2^-$이 생성된다. 이 해당작용은 발견자의 이름을 따서 Embden-Meyerhoff 경로(Embden-Meyerhoff Pathway)라고도 부르는데, 과정의 각 단계는 그림 17.4에 요약되어 있다.

그림 17.4의 1~3단계: 인산화와 이성질화 음식물로 섭취한 탄수화물을 소화하여 얻은 글루코오스는 첫 단계에서 헥소오스 인산기 전달 효소에 의해 ATP와 반응하여 인산화된다. 생성된 글루코오스 6-인산 음이온은 2단계에서 글루코오스 6-인산염 이성질화효소에 의해 프룩토오스 6-인산 음이온으로 이성

메커니즘

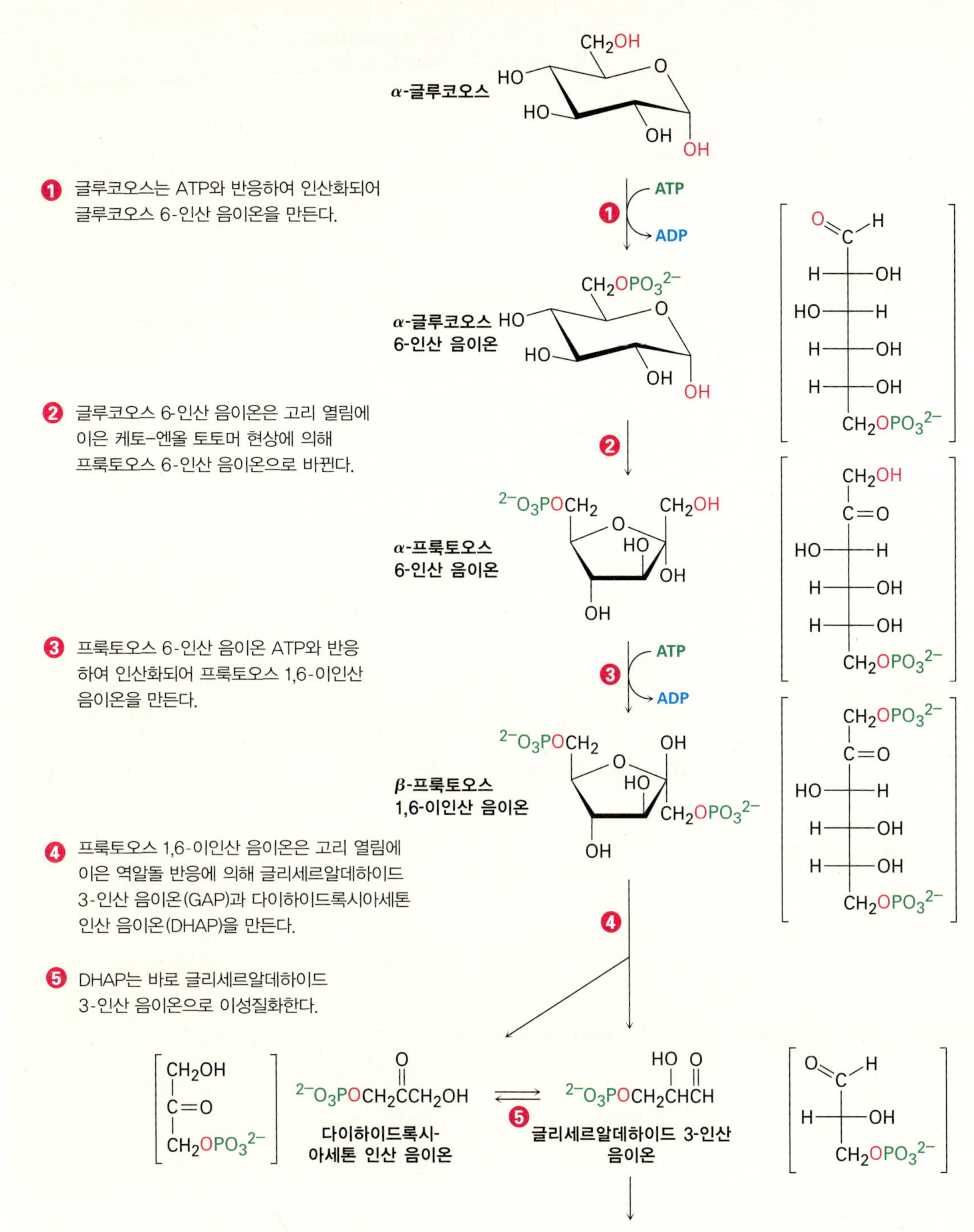

그림 17.4 글루코스를 피루브산 음이온으로 분해대사하는 10단계 해당 과정. 각 단계에 대한 설명은 본문에 있다.

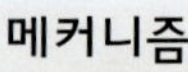

글리세르알데하이드 3-인산 음이온

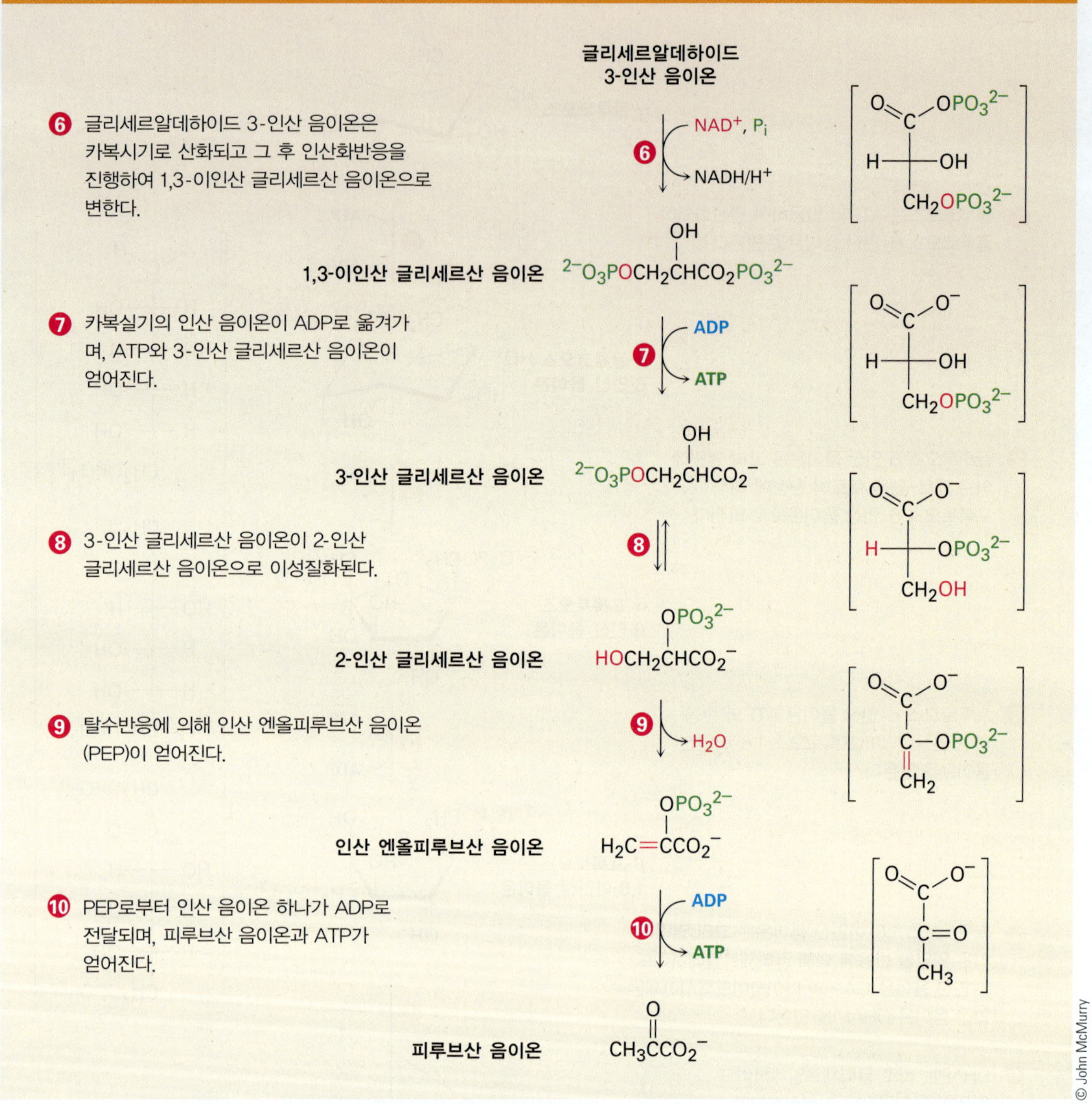

❻ 글리세르알데하이드 3-인산 음이온은 카복시기로 산화되고 그 후 인산화반응을 진행하여 1,3-이인산 글리세르산 음이온으로 변한다.

❻ NAD^+, P_i → $NADH/H^+$

1,3-이인산 글리세르산 음이온 $^{2-}O_3POCH_2CH(OH)CO_2PO_3^{2-}$

❼ 카복실기의 인산 음이온이 ADP로 옮겨가며, ATP와 3-인산 글리세르산 음이온이 얻어진다.

❼ ADP → ATP

3-인산 글리세르산 음이온 $^{2-}O_3POCH_2CH(OH)CO_2^-$

❽ 3-인산 글리세르산 음이온이 2-인산 글리세르산 음이온으로 이성질화된다.

❽ ⇌

2-인산 글리세르산 음이온 $HOCH_2CH(OPO_3^{2-})CO_2^-$

❾ 탈수반응에 의해 인산 엔올피루브산 음이온(PEP)이 얻어진다.

❾ → H_2O

인산 엔올피루브산 음이온 $H_2C{=}C(OPO_3^{2-})CO_2^-$

❿ PEP로부터 인산 음이온 하나가 ADP로 전달되며, 피루브산 음이온과 ATP가 얻어진다.

❿ ADP → ATP

피루브산 음이온 $CH_3COCO_2^-$

그림 17.4 글루코오스를 피루브산 음이온으로 분해대사하는 10단계 해당 과정(계속)

질화한다. 이 이성질화반응은 먼저 헤미아세탈 고리가 열리며 열린 사슬형의 구조가 얻어진 후, 케토-엔올 토토머화(11.1절)에 의해 글루코오스와 프룩토오스가 공통으로 공유하는 엔올 구조로 바뀐다.

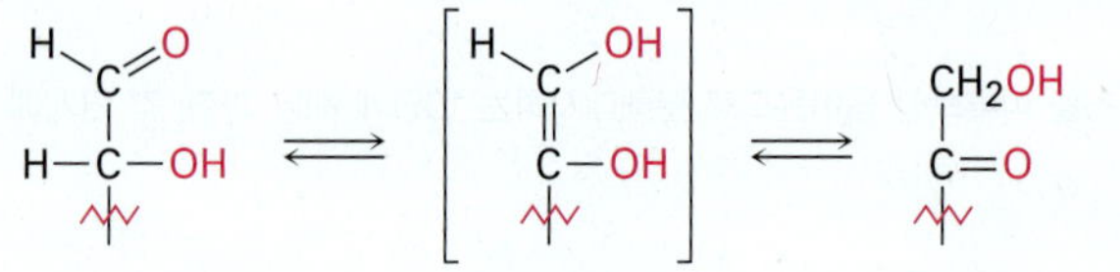

$$\text{H–C(=O)–CH(OH)–} \rightleftharpoons [\text{HO–CH=C(OH)–}] \rightleftharpoons \text{HOCH}_2\text{–C(=O)–}$$

글루코오스 **글루코오스/프룩토오스 엔올** **프룩토오스**

3단계에서 프룩토오스 6-인산 음이온은 포스포프룩토카이네이스의 촉매작용에 의해 ATP와 반응하여 프룩토오스 1,6-비스인산 음이온[비스-(*bis*-)라는 접두사는 2개라는 의미]으로 전환된다. 나중에 이 분자는 두 분자의 피루브산 음이온으로 바뀐 탄소 3개짜리 중간체 2개로 분해된다.

그림 17.4의 4~5단계: 절단과 이성질화

프룩토오스 1,6-이인산 음이온은 4단계에서 탄소 3개짜리 분자인 다이하이드록시아세톤 인산 음이온(DHAP)과 글리세르알데하이드 3-인산 음이온(GAP)으로 절단된다. 프룩토오스 1,6-비스인산 음이온의 C3와 C4 간의 결합이 절단되고 C4에 C=O기가 형성된다. 메커니즘을 살펴보면, 이 절단은 역알돌 반응(11.8절)으로 알돌레이스에 의해 일어난다. (알돌 반응은 2개의 알데하이드나 케톤을 연결하여 β-하이드록시 카보닐 화합물을 생성하며, 역알돌 반응은 β-하이드록시 카보닐 화합물을 2개의 알데하이드나 케톤으로 절단한다.)

프룩토오스 1,6-이인산 음이온 ⇌ 글리세르알데하이드 3-인산 음이온(GAP) + 다이하이드록시아세톤 인산 음이온(DHAP)

글리세르알데하이드 3-인산 음이온은 해당작용이 계속 진행되지만, 다이하이드록시아세톤 인산 음이온은 5단계에서 트라이오스 인산이성질화효소에 의해 이성질화가 선행되어야 한다. 2단계에서 글루코오스가 프룩토오스로 이성질화되는 것처럼, 다이하이드록시아세톤 인산 음이온은 공통 중간체 엔올을 통한 케토-엔올 이성질화반응에 의해 글리세르알데하이드 3-인산 음이온으로 변환된다. 4단계와 5단계의 알짜 결과로 글리세르알데하이드 3-인산 음이온 두 분자가 생성된다. 이 두 분자는 나머지 과정에서 사용된다. 그리하여 1단계에 들어온 글루코오스 모든 분자는 해당작용의 나머지 다섯 단계를 두 번 거치는 셈이 된다.

다이하이드록시아세톤 인산 음이온(DHAP) ⇌ [엔올] ⇌ 글리세르알데하이드 3-인산 음이온(GAP)

그림 17.4의 6~8단계: 산화 및 인산화

글리세르알데하이드 3-인산 음이온은 산화된 후 6단계에서 인산화되어 1,3-이인산 글리세르산 음이온을 생성한다. 이 반응은 인산 이온(HPO_4^{2-}, P_i로 축약해서 표기) 존재 하에 보조효소 NAD^+를 필요로 하며 3-인산 글리세르알데하이드 탈수소효소에 의해 촉진된다. 3-비스인산 글리세르산 음이온의 카복실에서 인산기 1개를 ADP로 전이하여 3-인산 글리세르산 음이온을 생성하고, 이것은 8단계에서 2-인산 글리세르산 음이온으로 이성질화된다. 인산화반응의 촉매는 인산 글리세르산 음이온 카이네이스이고 이성질화 반응의 촉매는 인산 글리세르산 돌연변이효소이다.

글리세르알데하이드 3-인산 음이온 —(NAD^+, P_i → NADH)→ 1,3-이인산-글리세르산 음이온 —(ADP → ATP)→ 3-인산-글리세르산 음이온 → 2-인산-글리세르산 음이온

그림 17.4의 9~10단계: 탈수와 탈인산화

알돌 반응(11.9절)에서 생성된 대부분의 β-하이드록시 카보닐 화합물과 같이 2-인산 글리세르산 음이온은 9단계에서 E1cB 메커니즘(7.8절)에 의해 쉽게 탈수되어 인산 엔올피루브산 음이온(PEP)을 생성한다. 이 과정은 엔올가수분해효소가 촉진한다.

2-인산 글리세르산 음이온 → [중간체] → 인산 엔올피루브산 음이온(PEP) + H_2O

10단계에서 인산기를 ADP로 전달하여 ATP를 생성하면서 피루브산 음이온이 얻어지는 반응은 피루브산 활성화효소에 의해 촉진된다.

인산 엔올피루브산 음이온(PEP) —(ADP → ATP)→ 피루브산 음이온

해당작용의 전체 반응은 다음과 같이 요약할 수 있다.

$$\text{글루코오스} + 2\,NAD^+ + 2\,P_i + 2\,ADP \longrightarrow 2\,\text{피루브산 음이온}\,(CH_3COCO_2^-) + 2\,NADH + 2\,ATP + 2\,H_2O$$

피루브산 음이온은 반응 조건과 유기체에 따라 여러 형태로 더 변환될 수 있다. 가장 보편적으로, 피루브산 음이온은 세 종류의 효소와 네 종류의 보조효소를 필요로 하는 복잡한 다단계 연쇄 반응을 통해 아세틸 CoA로 전환된다. 모든 개별 반응 단계들은 잘 밝혀져 있으며 이에 상응하는 실험실에서 간단하게 구현되는 유사 반응이 있지만, 그것에 대한 설명은 이 책의 범위 밖에 해당한다.

문제 17.4 해당작용에서 ATP가 만들어지는 단계를 지적해 보라.

문제 17.5 그림 17.4에 있는 해당작용 전체를 보고 일어나는 유기 반응의 종류—친핵성 아실 치환 반응, 알돌 반응, E1cB 반응 등—를 열거하라.

17.4 시트르산 회로

분해대사의 처음 두 단계에서 지방과 탄수화물은 보조효소 A(coenzyme A)에 싸이오에스터로 결합된 아세틸기로 변환된다. 이 아세틸기는 이제 분해대사의 세 번째 단계인 **시트르산 회로**(citric acid cycle)(트라이카복실산(tricarboxylic acid, TCA) 회로라고 하거나, 1937년에 이 복잡한 경로를 밝혀낸 Hans Krebs의 이름을 따서 Krebs 회로라고도 함)로 들어간다. 시트르산 회로의 결과로 아세틸기는 두 분자의 CO_2와 환원된 형태의 보조효소로 전환된다. 이 과정은 8개 반응 단계로 이루어져 있고 그림 17.5에 나타내었다.

이름이 시사하듯이, 시트르산 회로는 최종 단계 생성물(옥살로아세트산 음이온)이 첫 단계의 반응물이 되는 닫힌 고리이다. 중간체들은 계속적으로 재생되며 이 회로 내로 흘러 들어간다. 이 과정은 산화 보조효소인 NAD^+와 FAD가 존재하는 한 계속된다. 이 조건을 만족시키기 위해 환원된 보조효소 NADH와 $FADH_2$는 전자-운반 사슬을 통해 재산화되어야 한다. 이 과정은 다시 최종적인 전자 받개로 산소를 이용한다. 그러므로 시트르산 회로는 산소의 공급과 전자-운반 사슬의 작동에 좌우된다.

그림 17.5의 1~2단계: 옥살로아세트산 음이온에 첨가 반응

1단계에서 아세틸 CoA는 옥살로아세트산 음이온의 케토 카보닐기에 친핵성 첨가되어 (*S*)-시트르산 음이온을 생성함으로써 시트르산 회로에 참여한다. 15.10절에서 자세히 논의한 것과 같이, 이 첨가 반응은 알돌 반응의 일종으로 시트르산 음이온 생성효소가 촉매

메커니즘

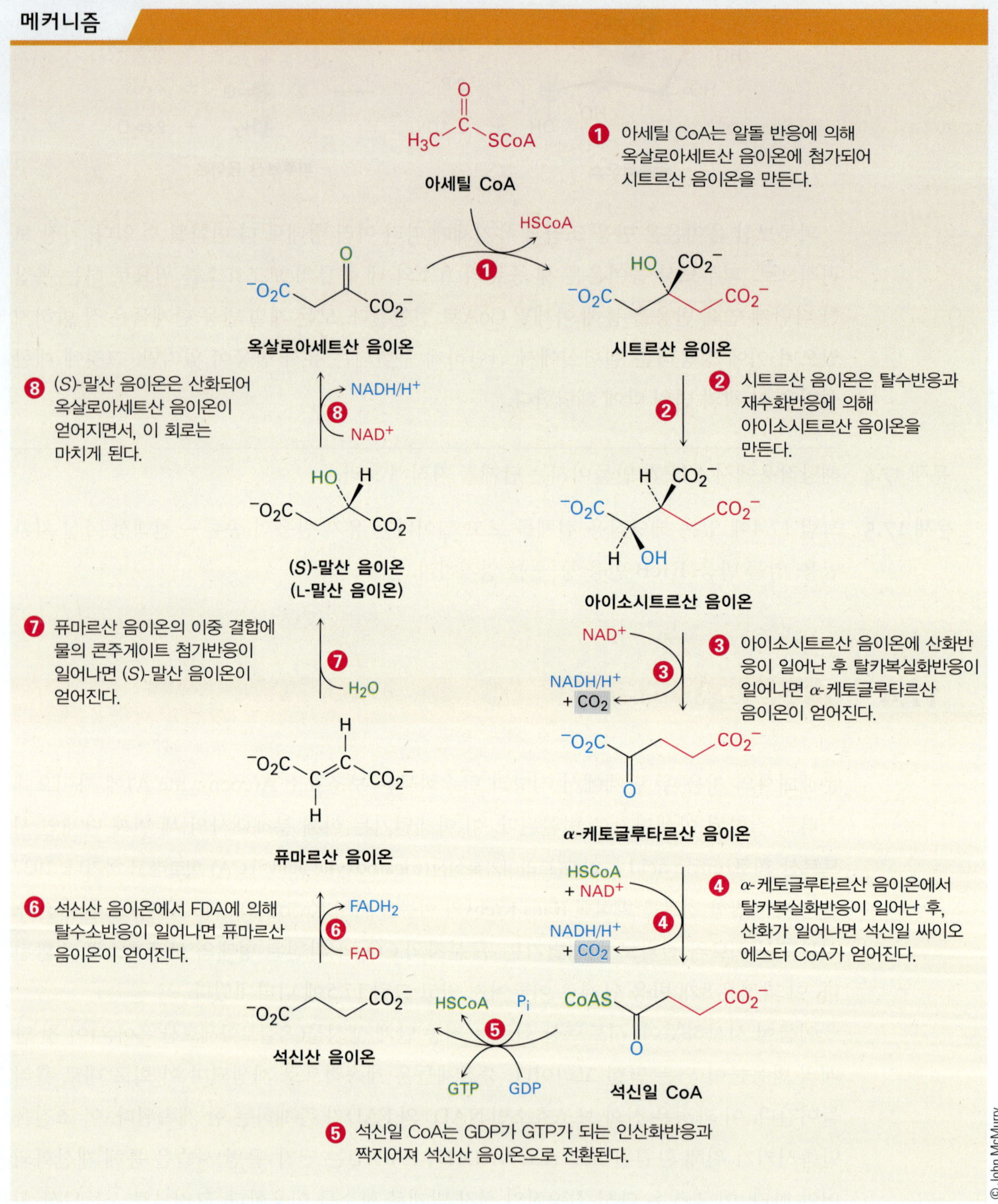

그림 17.5 시트르산 회로는 아세틸 CoA를 두 분자의 CO_2와 환원된 보조효소로 전환시키는 과정으로 여덟 단계 반응으로 이루어져 있다. 각 단계는 본문에 기술되어 있다.

작용을 한다. (*S*)-시트릴 CoA는 물에 의한 전형적인 친핵성 아실 치환 반응에 의해 시트르산 음이온으로 가수분해된다. 이 반응의 촉매는 시트르산 음이온 생성효소이다.

아세틸 CoA 엔올

옥살로아세트산 음이온 (S)-시트릴 CoA 시트르산 음이온

다음으로, 3차 알코올인 시트르산 음이온은 2차 알코올인 아이소시트르산 음이온으로 이성질화한다. 이성질화반응은 두 단계로 일어나는데 둘 다 아코니테이스 효소가 필요하다. 첫 번째 단계는 해당작용의 9단계(그림 17.4)처럼 E1cB 탈수반응이다. 두 번째 단계는 β-산화 경로(그림 17.2)의 2단계에서 일어난 것과 같은 종류인 물의 콘주게이션 친핵성 첨가반응이다. 시트르산 음이온의 탈수는 1단계에서 옥살로아세트산 음이온에 첨가되었던 아세틸기의 탄소 원자로부터 먼 곳에서 선택적으로 일어남에 주목하라.

시트르산 음이온 *시스*-아코니트산 음이온 아이소시트르산 음이온

그림 17.5의 3~4단계: 산화 및 카복시 이탈반응 2차 알코올인 아이소시트르산 음이온은 3단계에서 NAD^+에 의해 산화되어 케톤 옥살로숙신산 음이온을 생성하고, 이는 CO_2를 잃고 α-케토글루타르산 음이온을 생성한다. 아이소시트르산 음이온 탈수소효소가 촉매작용을 하는 카복시이탈반응은 두 탄소 건너 카보닐기를 가지고 있는 카복실산(β-케토산)의 전형적인 반응이다. 이와 비슷한 카복시이탈반응이 말론산 에스터 합성에서 일어난다(11.6절).

아이소시트르산 음이온 옥살로석신산 음이온 α-케토글루타르산 음이온

4단계에서 α-케토글루타르산 음이온이 석신일 CoA로 전환되는 반응은 앞 절에서 보았던 피루브산 음이온이 아세틸 CoA로 전환되는 것과 유사한 다단계 반응이다. 피루브산 음이온의 전환과 같이 α-케토글루타르산 음이온이 전환되는 데에는 다수의 효소와 보조효소가 필요하다.

그림 17.5의 5~6단계: 가수분해와 탈수소반응 석신일 CoA는 5단계에서 석신산 음이온으로 가수분해한다. 이 반응에는 석신일 CoA 합성효소가 촉매작용을 하며 이이산 구아노신(GDP)의 인산화와 짝지음 반응을 하여 삼인산 구아노신(GTP)을 생성한다. 석신산 음이온은 이제 β-산화 경로의 1단계와 유사한 과정으로 FAD와 석신산 음이온 탈수소효소에 의해 탈수소화되어 퓨마르산 음이온을 생성한다.

그림 17.5의 7~8단계: 옥살로아세트산 음이온의 재생산 시트르산 회로의 마지막 두 단계는 퓨마르산 음이온에 물이 콘주게이션 친핵 첨가 반응으로 첨가되어 (*S*)-말산 음이온(L-말산 음이온)을 만든 후, 말산 음이온이 NAD^+에 의해 옥살로 아세트산 음이온으로 산화되는 반응이다. 첨가 반응은 퓨마레이스에 의해 촉진되고, 메커니즘은 2단계에서 *시스*-아토닌산 음이온에 물이 첨가되는 과정과 비슷하다. 이 단계에서, 시트르산 회로는 처음으로 돌아가고 회로를 다시 시작하게 된다.

시트르산 회로의 알짜 결과는 다음과 같이 요약할 수 있다.

$$\underset{\text{아세틸 CoA}}{CH_3COSCoA} + 3\,NAD^+ + FAD + GDP + P_i + 2\,H_2O \longrightarrow 2\,CO_2 + HSCoA + 3\,NADH + 2\,H^+ + FADH_2 + GTP$$

문제 17.6 시트르산 회로 중 어떤 물질이 트라이카복실산이어서, 이 회로의 또 다른 이름인 TCA 회로라는 이름을 갖게 하는가?

문제 17.7 시트르산 회로에서 시트르산 음이온이 탈수되고 아코니트산 음이온이 수화되는 시트르산 회로의 두 번째 단계의 반응 메커니즘을 써라.

17.5 단백질의 분해대사: 아미노기 교환반응

섭취된 단백질의 분해 반응은 20가지 아미노산마다 각각 그 자신만의 고유한 방식으로 분해되기 때문에 지방과 탄수화물의 분해반응보다 더 복잡하다. 그러나 일반적으로 말하면 먼저 아미노기의 질소 원자가 제거되고 그 후 남은 부분은 시트르산 회로에 들어갈 화합물로 전환된다.

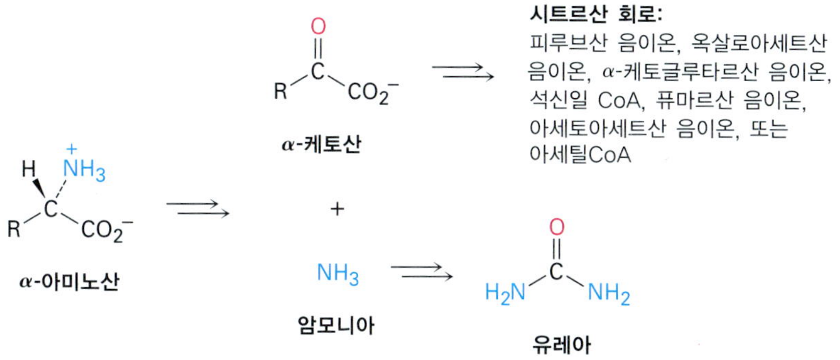

α-아미노산 ⟹ α-케토산 + 암모니아

α-케토산 ⟹ **시트르산 회로:** 피루브산 음이온, 옥살로아세트산 음이온, α-케토글루타르산 음이온, 석신일 CoA, 퓨마르산 음이온, 아세토아세트산 음이온, 또는 아세틸CoA

암모니아 (NH_3) ⟹ 유레아

대부분의 아미노산은 아미노산의 $-NH_2$기가 α-케토글루타르산 음이온의 케토기로 자리를 옮기는 **아미노(기)교환반응**(transamination)을 통해 질소 원자를 잃는다. 생성물은 새롭게 생긴 α-케토산과 글루탐산 음이온이다. 전체 과정은 다양한 아미노기교환효소에 의해 촉진되는 과정과 피리독살 인산 음이온(PLP)을 보조인자인 피리독신(바이타민 B_6)이 참여하는 두 부분으로 일어난다.

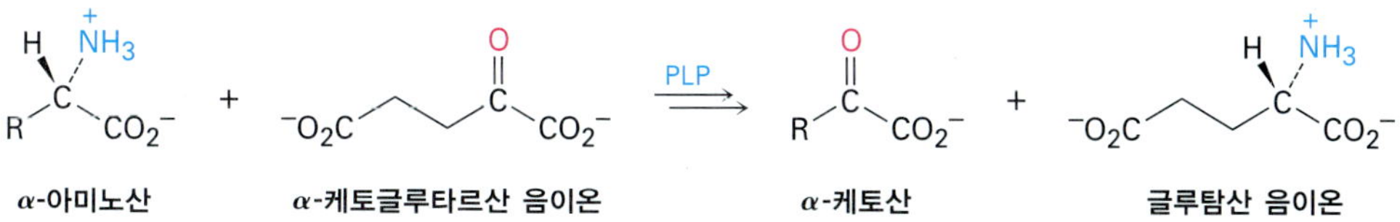

α-아미노산 + α-케토글루타르산 음이온 $\xrightarrow{PLP}$ α-케토산 + 글루탐산 음이온

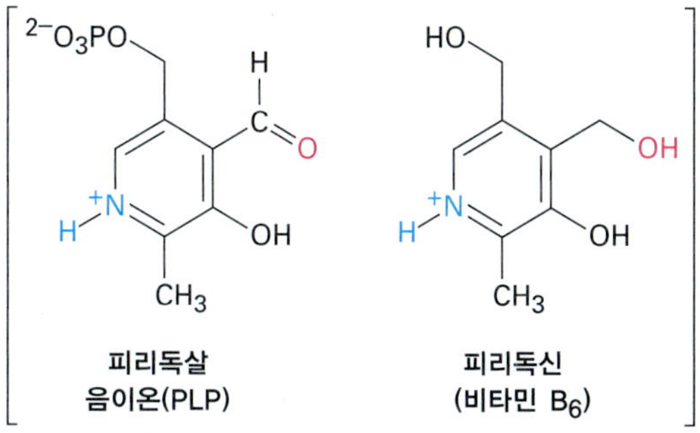

피리독살 음이온(PLP)

피리독신 (비타민 B_6)

메커니즘

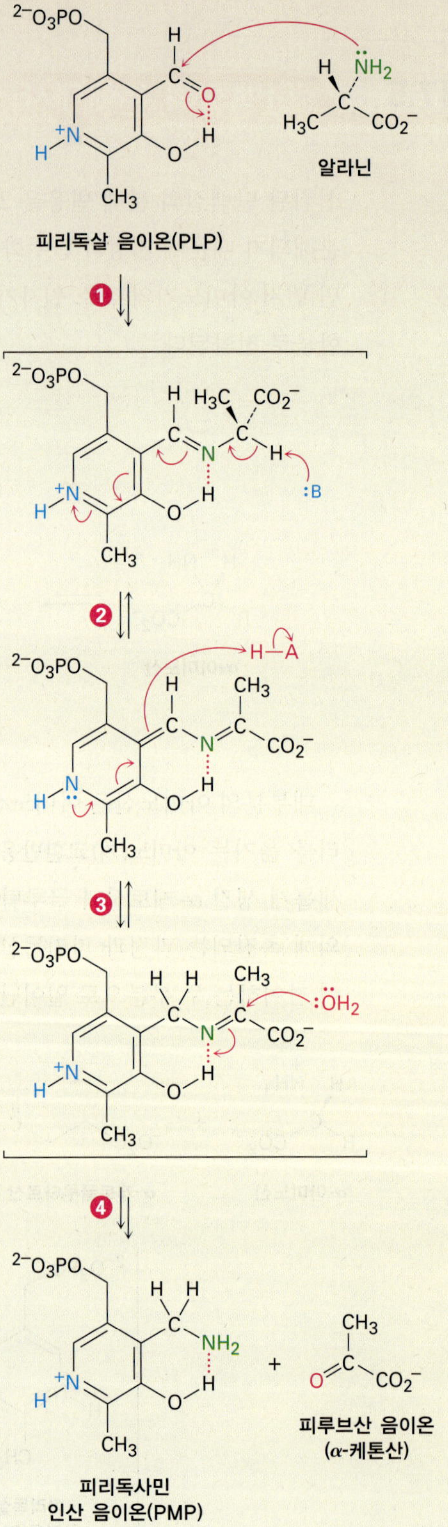

❶ 알라닌은 자신의 아민기($-NH_2$)로 피리독살 인산 음이온의 카보닐기에 친핵성 첨가반응을 수행하여 이민을 형성한다.

❷ 산성도가 증가한 알라닌의 α-탄소에서 양성자를 떼어 내고 α-케토산 이민을 만든다.

❸ 이 이민의 다른 탄소 자리에 양성자가 옮겨 붙게 된다. 이 탈양성자화/재양성자화반응의 이민 C=N 결합에 토토머화 현상이 일어난다.

❹ 새롭게 얻어진 이민을 가수분해하면 아민기가 자리바꿈을 한 피리독사민 인산 음이온(PMP)과 α-케토산인 피루브산 음이온이 얻어진다.

그림 17.6 피리독살 인산 음이온(PLP)에 의한 알라닌의 아미노기교환반응의 메커니즘

그림 17.6에 나타낸 알라닌의 경우 아미노기교환반응의 핵심 단계는 아미노산의 $-NH_2$기가 피리독살 알데하이드기에 친핵성 첨가 반응을 하여 이민을 형성하는 과정이다(9.9절). 이민의 α 위치에서 수소를 잃고 결합이 재배치되어 다른 이민이 되고 이것이 가수분해되어(정확히 역 이민 형성 과정) 피루브산 음이온과 질소를 함유한 피리독살 인산 음이온 유도체가 생긴다. 그 후 피루브산 음이온은 아세틸 CoA로 전환되고(17.3절), 아세틸 CoA는 시트르산 회로로 들어가 더 분해대사된다.

피리독살 인산 음이온 유도체는 질소 원자를 그림 17.6에 있는 단계들의 역반응에 의해 α-케토글루타르산에 전달하며 글루탐산 음이온을 형성하고, 다음 반응에 이용될 피리독살 인산 음이온을 재생한다.

아미노산으로부터 질소 원자를 넘겨 받은 글루탐산 음이온은 이민으로 산화된 후 가수분해되어 암모늄 이온과 α-케토글루타르산 음이온을 생성한다. 아민이 이민으로 산화되는 것은 2차 알코올이 케톤으로 산화되는 것과 유사하며 NAD^+에 의해 수행된다.

$$^{-}O_2CCH_2CH_2C(=O)CO_2^{-} \xrightarrow{\text{PMP} \rightarrow \text{PLP}} {}^{-}O_2CCH_2CH_2CH(\overset{+}{N}H_3)CO_2^{-}$$

α-케토글루타르산 음이온 → 글루탐산 음이온

$$^{-}O_2CCH_2CH_2CH(\overset{+}{N}H_3)CO_2^{-} \xrightarrow{NAD^+ \rightarrow NADH} \left[{}^{-}O_2CCH_2CH_2C(=\overset{+}{N}H_2)CO_2^{-}\right] \xrightarrow{H_2O} {}^{-}O_2CCH_2CH_2C(=O)CO_2^{-} + \overset{+}{N}H_4$$

글루탐산 음이온 → α-이미노글루타르산 음이온 → α-케토글루타르산 음이온

문제 17.8 류신의 아미노기교환반응에 의해 생성된 α-케토산의 구조를 나타내라.

문제 17.9 어떤 아미노산에서 다음 α-케토산이 유래되었는가?

17.6 생물체 내 화학에 대한 일부 결론

이 장의 서론에서 주의를 환기한 것처럼, 지난 몇 절에서 수많은 반응들을 주마간산식으로 살펴보았다. 독자들이 이 반응을 쫓아가기 위해서는 많은 공부가 필요할 뿐 아니라, 앞에서 공부한 것들을 들춰보기에 바빴을 것이다.

다양한 대사 과정을 살펴본 후, 아마도 생화학에 대한 잠정적인 결론은 다음과 같을 것이다. 생화학 반응의 메커니즘과 실험실적인 반응의 메커니즘 사이에 뚜렷한 유사성이 있다. 이 장에서 다룬 모든 반응을 살펴보면, 이민 형성 반응, 알돌 반응, 친핵성 아실 치환

반응, E1cB 반응, 그리고 Claisen 반응(Claisen reaction) 같은 용어들이 계속해서 나타난다. 생화학적 반응들은 신비로운 것들이 아니다; 생체 내에서 일어나는 이들 반응은 이해할 수 있는 분명한 논리가 존재한다. 생화학 반응들은 유기 화학이다. 자연이 어떻게 작동하는지와 생명체의 작용이 어떻게 일어나는지 이해하는 일은 가장 흥미로운 연구 분야 중 하나이다.

생활 속의 유기 화학

스태틴 의약품

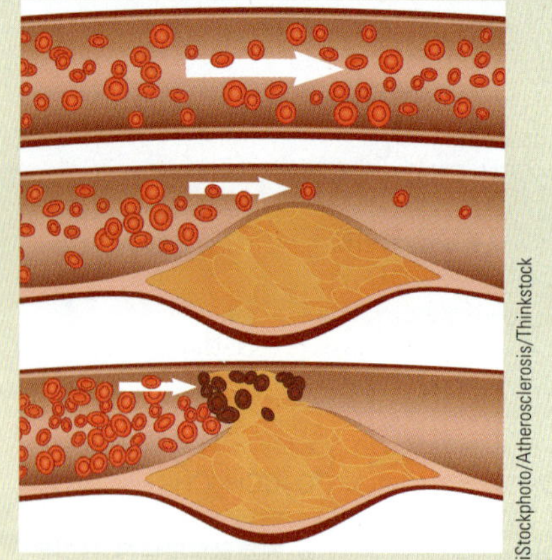
iStockphoto/Atherosclerosis/Thinkstock

콜레스테롤이 동맥 내에 침착, 축적되면 인간에 치명적인 관상 심장병을 일으킨다.

유기 화학과 생물 화학이 어떻게 근대 의약을 변모시켰는지 눈부신 예를 들어 살펴보면서 이 책의 대단원을 장식하기로 하자. 관상 심장병—콜레스테롤을 포함하는 용균반점이 심장 동맥벽에 침착되어 쌓이는 병—는 20세 이상 성인 남녀의 사망 원인 중 가장 중요한 것이다. 여성의 경우 2/3와 남성의 경우 절반 이상이 그 생애 어느 시점에서든 이 병에 걸릴 가능성이 있다.

관상 심장병의 발병의 시작은 혈중 콜레스테롤 농도와 직접적으로 관련이 있다. 병을 예방하는 첫 번째 단계는 그 농도를 낮추는 것이다. 이 콜레스테롤 중 음식으로부터 오는 것은 대략 25%이고, 나머지 75%(매일 1000 mg 정도)는 음식으로 섭취한 지방이나 탄수화물로부터 우리 몸의 간에서 생합성하여 얻는다. 그래서 콜레스테롤 수준을 낮추는 가장 효과적인 방법은 우리 몸에서 만드는 콜레스테롤 수치를 낮추는 것이다. 이를 위해 콜레스테롤 생합성에 관한 대사 과정을 이해하고 통제하는 것이 필요하다.

예상하듯이, 그 과정은 좀 복잡하지만, 20단계가 조금 넘는 화학적인 세부사항이 자세히 알려져 있다. 콜레스테롤은 간단한 전구체 아세틸 CoA로부터 합성된다. 이 과정에서 속도제한 단계는 3-하이드록시-3-메틸 글루타릴 CoA(HMG-CoA로 약기)가 메발론산 음이온으로 환원되는 과정이다. 이 과정은 HMG-CoA 환원효소에 의해 수행된다. 만약 이 효소가 작용하지 않게 되면, 콜레스테롤 생합성은 중지된다.

속도제한 단계

3-하이드록시-3-메틸-글루타릴 보조 효소 A (HMG-CoA)

메발론산 음이온

콜레스테롤

HMG-CoA 환원효소를 무력화시키는 의약품을 얻기 위해, 화학자들은 토양 미생물로부터 분리해 낸 수많은 후보물질들을 검색하였다. 실험방법은 다음과 같다. 한 곳에는 간에서 얻은 추출물에 의약품 후보와 메발론산 음이온을 넣어준다. 다른 곳에는 간에서 추출한 물질과 메발론산 음이온만 넣어준다. 만약 콜레스테롤이 메발론산만 있는 곳에서는 얻어지고, 의약품 후보물질도 있는 곳에서는 얻어지지 않는다면, 의약 후보물질이 메발론산 음이온으로부터 콜레스테롤 합성을 방해했음을 의미한다.

HMG-CoA 환원효소를 방해하는, 즉 그 결과로 우리 몸의 콜레스테롤 합성을 통제할 수 있는 의약품들을 스태틴 계열 화합물이라고 부른다. 이 계열의 의약품은 세계적으로 가장 널리 처방되는 물질들이고, 연간 146억불 가량 팔린다. 이 의약품들은 1994년 처음 발매 이후 10년간 관상 심장병으로 인한 치사율을 미국에서만 33% 정도 낮춰 주었다. 아토바스태틴(리피토), 심바스태틴(조코), 로수바스태틴(크레스토), 프라바스태틴(프라바콜), 그리고 로바스태틴(메바코) 등이 이 계열의 예이다. 밑의 그림은 HMG-CoA 환원효소의 X선 결정 구조와 아토바스태틴(파란색)의 모습을 보여 준다. 그 결과 효소의 활성 자리에 아토바스태틴이 단단하게 달라 붙어 있는 효소는 제 역할을 하지 못한다. 유기 화학을 잘 알고 있으면 이 경우에서 본 바와 같은 큰 보상을 받을 수 있다.

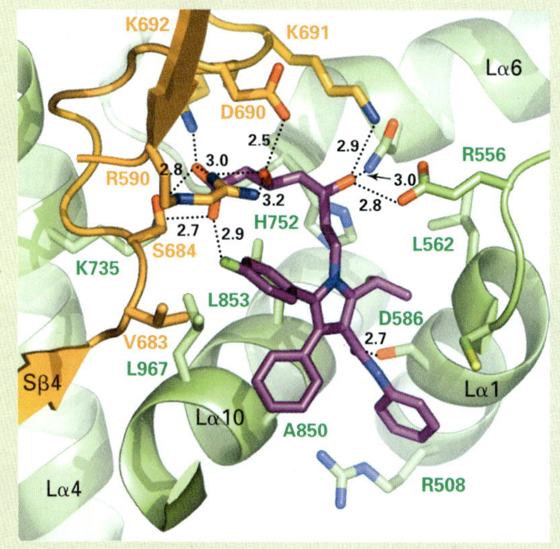

아토바스태틴 (리피토)

요약과 주요용어

대사 metabolism
분해대사 catabolism
시트르산 회로 citric acid cycle
아미노(기)교환반응 transamination
합성대사 anabolism
해당작용 glycolysis
β-산화 경로 β-oxidation pathway

대사는 체내에서 일어나는 모든 화학 반응들의 총체적인 합이다. 거대한 분자들을 작은 분자들로 절단하는 반응을 **분해대사**라 하고 작은 분자들을 커다란 분자들로 만드는 반응을 **합성대사**라 한다. 특정한 생화학적 경로의 자세한 내용은 이따금 복잡할지라도 일어나는 모든 반응은 유기 화학 반응성에 관한 일반적 규칙을 따른다.

지방의 분해대사는 글리세롤과 지방산을 생성하는 가수분해로 시작한다. 지방산은 한 번에 탄소 2개를 제거하여 아세틸 CoA를 생성하는 네 단계의 **β-산화 경로**를 거쳐 분해된다. 탄수화물의 분해대사는 10단계 **해당작용 경로**로 일어난다. 해당작용의 최초 생성물인 피루브산 음이온은 아세틸 CoA로 전환된다. 지방과 탄수화물의 분해에 의해 생성된 아세틸기는 여덟 단계의 **시트르산 회로**로 들어가며 거기에서 더 분해되어 CO_2가 된다. 이 회로는 회로의 마지막 단계 생성물(옥살로아세트산 음이온)이 회로의 첫 단계 반응물이 되는 폐쇄된 회로이다. 반응 중간체들은 계속 재생산되어 회로 내에 투입된다. 이 회로는 NAD^+와 FAD 보조효소가 공급되는 한 계속 된다.

단백질 분해대사는 지방이나 탄수화물의 분해대사보다 더 복잡한데 20개의 아미노산 각각이 자신들의 독특한 경로로 분해되기 때문이다. 일반적으로 아미노 질소 원자가 제거되고 남은 물질은 시트르산 회로에 들어가는 화합물로 변환된다. 대부분의 아미노산은 **아미노(기)교환반응**을 통해 질소 원자를 잃게 된다. 이 반응에서는 아미노산의 $-NH_2$기가 α-케토글루타르산 음이온과 같은 α-케토산의 케토기로 자리를 바꾼다. 이 반응의 생성물은 α-케토산과 글루탐산 음이온이다.

모든 분해대사 경로에서 방출된 에너지는 전자-운반 사슬에 이용되어 식품이 분해대사될 때 최종 산물인 삼인산 아데노신(ATP) 분자를 만든다. ATP는 불리한 반응이 진행할 수 있도록 몰아가는 역할을 담당한다.

연습

【눈으로 보는 화학】 문제 17.1~17.9는 장 내에서 볼 수 있다.

17.10 다음 시트르산 회로의 중간체를 밝히고, 입체화학이 *R*인지 *S*인지 말하라.

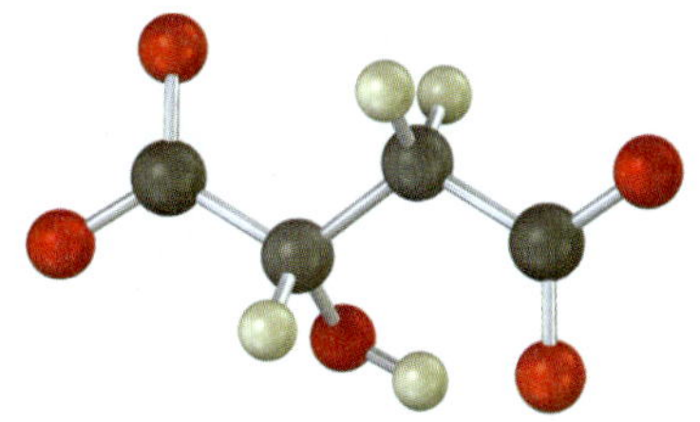

17.11 다음 각 α-케토산들의 분해대사 전구체인 아미노산을 밝혀라.

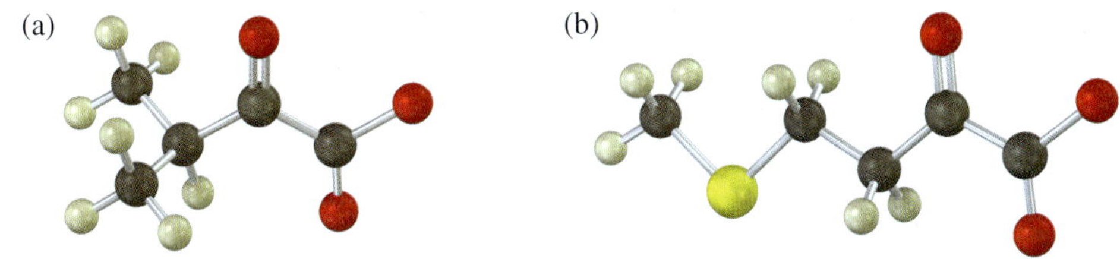

【보충문제】

일반적인 대사 과정

17.12 소화와 대사 간의 차이는 무엇인가? 분해대사와 합성대사의 차이점은 무엇인가?

17.13 다음 식품 분자를 소화하는 동안 일어나는 화학 반응은 무엇인가?

(a) 지방 (b) 복합 탄수화물 (c) 단백질

17.14 다음 각 물질의 분해대사로 생성되는 아세틸 CoA(분자량 = 809.6 amu)는 몇 그램인가?

(a) 글루코오스 100.0 g (b) 팔미트산 100.0 g (c) 말토오스 100.0 g

17.15 문제 17.14에 나열된 물질 중 어느 것이 무게로 가장 효율적인 아세틸 CoA의 전구체인가?

17.16 젖산 음이온(Lactate)은 산소가 부족한 근육에서 글루코오스의 분해대사로 형성되는 물질인데 산화에 의해 피루브산 음이온으로 전환된다. 어떤 보조효소가 필요하겠는가? 굽은 화살표를 이용하여 보통 생화학적 양식으로 반응식을 써라.

$$\begin{array}{c} \text{OH} \\ | \\ \text{CH}_3\text{CHCO}_2^- \end{array} \quad \textbf{젖산 음이온(Lactate)}$$

17.17 몇 가지 생화학적 경로의 중간체인 단일인산 아데노신(AMP)의 구조를 그려라.

17.18 다음 물질의 분해대사로 생성되는 아세틸 CoA는 몇 몰인가?

(a) 글루코오스 1.0몰 (b) 팔미트산($C_{15}H_{31}COOH$) 1.0몰

(c) 말토오스 1.0몰

17.19 ATP는 일반적으로 어떤 종류의 반응을 수행하는가?

17.20 FAD는 일반적으로 어떤 종류의 반응을 수행하는가?

17.21 NAD^+는 일반적으로 어떤 종류의 반응을 수행하는가?

대사 경로 **17.22** 짝수 탄소 원자를 가진 어떤 지방산의 β-산화 경로에서 최종 단계에 대한 반응식을 써라.

17.23 시트르산 회로의 첫 단계에서 아세틸 CoA와 반응하고 최종 단계에서 재생되는 물질은 무엇인가?

17.24 다음 반응의 생성물은 무엇인가?

(a)

$$CH_3CH_2CH_2CH_2CH_2\overset{O}{\overset{\|}{C}}SCoA \xrightarrow[\text{아세틸-CoA 탈수소효소}]{FAD \quad FADH_2} ?$$

(b)

$$\text{(a)의 생성물} + H_2O \xrightarrow{\text{엔오일-CoA 수화효소}} ?$$

(c)

$$\text{(b)의 생성물} \xrightarrow[\beta\text{-하이드록시아실-CoA 탈수소효소}]{NAD^+ \quad NADH/H^+} ?$$

17.25 지방이 가수분해되어 생기는 글리세롤이 분해대사되어 아세틸 CoA를 만들 때에 관련된 중간체의 순서를 나열하라.

17.26 아미노기교환반응에 어떤 보조효소가 관련되어 있는가?

17.27 다음 아미노산이 아미노기교환반응에서 생성하는 α-케토산의 구조는 무엇인가?

(a) 발린 (b) 페닐알라닌 (c) 메싸이오닌

통합문제 **17.28** 당이 분해되는 인산 펜토오스에서 라이불로오스 5-인산 음이온은 라이보오스 5-인산 음이온으로 전환된다. 이 이성질화 메커니즘을 제안하라.

라이불로오스 5-인산 음이온		라이보오스 5-인산 음이온
CH_2OH		CHO
C=O		H—C—OH
H—C—OH	→	H—C—OH
H—C—OH		H—C—OH
$CH_2OPO_3^{2-}$		$CH_2OPO_3^{2-}$

17.29 당이 분해되는 인산 펜토오스 경로의 또 다른 단계(문제 17.28)에서 라이보오스 5-인산 음이온은 글리세르알데하이드 3-인산 음이온으로 전환된다. 어떤 종류의 유

기 반응이 일어난 것인가? 전환 반응의 메커니즘을 제안하라.

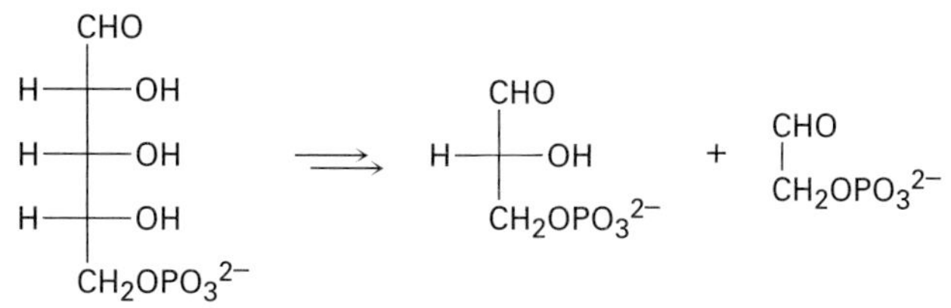

```
       CHO
  H────┼────OH                          CHO
  H────┼────OH      ──→         H────┼────OH      +    CHO
  H────┼────OH                       CH2OPO3 2−        |
       CH2OPO3 2−                                      CH2OPO3 2−
```

라이보오스 5-인산 음이온 → **글리세르알데하이드 3-인산 음이온** + $CHO-CH_2OPO_3^{2-}$

17.30 지방산은 아세틸 CoA에서 시작하여 체내에서 합성된다. 첫째 단계는 아세틸 CoA 두 분자가 축합하여 아세토아세틸 CoA를 생성하는 것이며, 이는 다시 세 단계 더 효소-촉매 반응을 하여 뷰티릴 CoA로 전환된다. β-산화 경로에서 나타난 반응에 의거하여 그 3가지 반응은 어떠한 반응이라고 생각하는가?

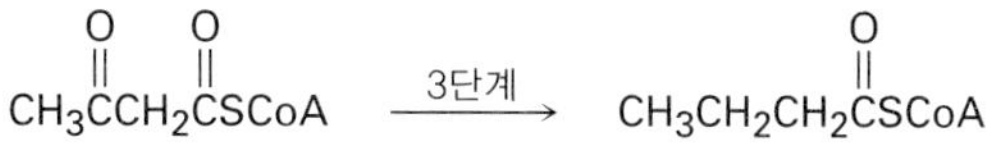

$$CH_3\overset{O}{\overset{\|}{C}}CH_2\overset{O}{\overset{\|}{C}}SCoA \xrightarrow{\text{3단계}} CH_3CH_2CH_2\overset{O}{\overset{\|}{C}}SCoA$$

아세토아세틸 CoA → **뷰티릴 CoA**

17.31 체내에서 글루코오스를 합성하는 포도당신합성(gluconeogenesis) 단계 중 하나는 피루브산 음이온과 CO_2가 반응하여 옥살로아세트산 음이온을 생성하는 단계이다. 어떤 종류의 반응이 일어나는지 말하고 메커니즘을 제시하라.

$$CO_2 + CH_3\overset{O}{\overset{\|}{C}}-\overset{O}{\overset{\|}{C}}O^- \longrightarrow {}^-O\overset{O}{\overset{\|}{C}}CH_2\overset{O}{\overset{\|}{C}}-\overset{O}{\overset{\|}{C}}O^-$$

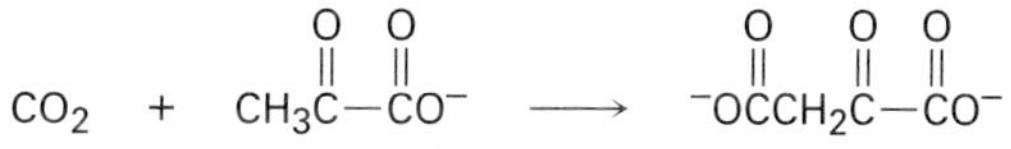

피루브산 음이온 → **옥살로아세트산 음이온**

17.32 포도당신합성의 다른 단계(문제 17.31 참조)는 카복시이탈반응과 인산화에 의해 옥살로아세트산 음이온이 인산 엔올피루브산 음이온으로 전환되는 것이다. 어떤 종류의 반응이 일어나고 있는지 밝히고 메커니즘을 제시하라.

$${}^-O\overset{O}{\overset{\|}{C}}CH_2\overset{O}{\overset{\|}{C}}-\overset{O}{\overset{\|}{C}}O^- \xrightarrow{\text{ATP} \to \text{ADP}} H_2C=\overset{{}^{2-}O_3PO}{\overset{|}{C}}-\overset{O}{\overset{\|}{C}}O^- + CO_2$$

옥살로아세트산 음이온 → **인산 엔올피루브산 음이온**

17.33 아미노산인 류신은 α-케토아이소카프르산 음이온에서 생합성되며, 이것은 다단계 경로를 통해서 α-케토아이소발레로산 음이온으로부터 합성된다. 즉, (1) 아세틸 CoA와 알돌형 반응, (2) 가수분해, (3) 탈수, (4) 수화, (5) 산화, (6) 카복시이탈 반응이 관련된다. 다음 변환에서 각 단계를 보여라.

Acetyl CoA, H_2O, NAD^+ → HSCoA, CO_2, NADH/H^+

α-케토아이소발레로산 음이온 → α-케토아이소카프르산 음이온

17.34 정상적인 대사 조건 하에서 아세틸 CoA는 시트르산 회로에서 CO_2로 분해된다. 그러나 신체가 오랜 단식으로 곤경에 놓이게 되면 아세틸 CoA는 케톤체(ketone body)라는 물질로 전환되며 뇌가 일시적인 에너지원으로 이용된다. 아세틸 CoA에서 케톤체를 만드는 반응이 아래에 나와 있다. 물음표로 표시한 물질 4개는 각각 무엇인가?

$2\ CH_3CSCoA$ (아세틸 CoA) —(HSCoA)→ CH_3CCH_2CSCoA (아세토아세틸 CoA) —(H_2O, ?)→ $CH_3CCH_2CO^-$ (아세토아세트산 음이온)

아세토아세트산 음이온 —(?)→ CH_3CCH_3 (아세톤)

아세토아세트산 음이온 —(?, ?)→ $CH_3CH(OH)CH_2CO^-$ (3-하이드록시뷰티르산 음이온)

케톤체

17.35 문제 17.34에서 아세틸 CoA 두 분자가 아세토아세틸 CoA 한 분자로 전환하는 최초 반응은 Claisen 반응이다. 염기가 존재한다고 가정하고 반응의 메커니즘을 나타내라.

17.36 아미노산 시스테인, $C_3H_7NO_2S$은 시스타싸이오닌에서 다단계 반응을 거쳐 생합성된다.

$^-OCCH(^+NH_3)CH_2CH_2SCH_2CH(^+NH_3)CO^-$ (시스타싸이오닌) ⟶ NH_4^+ ++ ? 씨스테인

(a) 첫 번째 단계는 아미노기교환반응(transamination)이다.

(b) 두 번째 단계는 E1cB 반응이다. 생성물과 반응 메커니즘을 그려보라.

(c) 마지막 단계는 이중 결합의 환원이다. 반응식에 물음표로 표시한 생성물은 무

엇인가?

17.37 아미노산인 타이로신은 다음 변환을 포함하는 일련의 단계로 대사된다. 퓨마로일아세토아세트산 음이온이 퓨마르산 음이온과 아세토아세트산 음이온으로 전환하는 메커니즘을 제안하라.

타이로신 ⟶ 말레오일아세토아세트산 음이온 ⟶ 퓨마로일아세토아세트산 음이온 ⟶ 아세토아세트산 음이온 + 퓨마르산 음이온; 아세토아세트산 음이온 ⟶ CH_3CSCoA (C=O)

17.38 아세토아세트산 음이온을 아세틸 CoA(문제 17.37)로 전환하는 메커니즘을 제안하라.

약장 **17.39** 대부분의 의약품은 대사 과정의 한 부분을 방해함으로써 약효를 발휘한다. 예를 들어, 항암제인 메토트렉산 음이온은 다음 반응을 촉진시키는 다이하이드로폴산 음이온 환원효소의 작용을 억제한다.

폴산 음이온 ⟶ 다이하이드로폴산 음이온 ⟶ 테트라하이드로폴산 음이온

어떤 보조인자가 이 환원에 개입할 것 같은가? 메커니즘을 제안하라.

17.40 테트라하이드로폴산 음이온에 매틸기를 도입하면 호모시스테인을 메싸이오닌으로 변환시키는 5-메틸테트라하이드로폴산 음이온이라고 하는 보조인자가 얻어진다. 이 반응의 메커니즘을 제안하라.

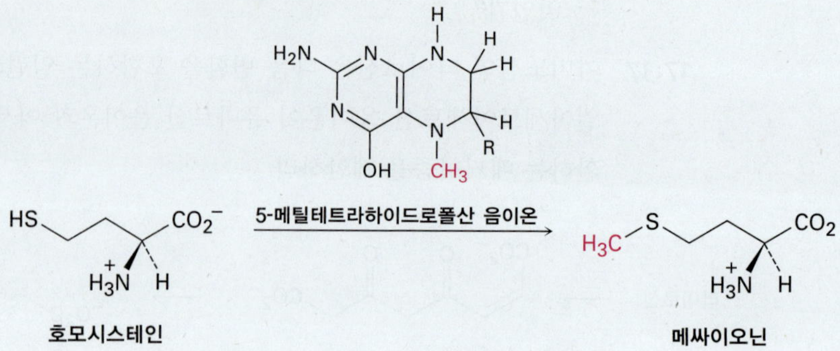

5-메틸테트라하이드로폴산 음이온

호모시스테인 → 메싸이오닌

17.41 메틸기 외에 테트라하이드로폴산 음이온(THF)은 타이미딘의 생합성에 중요한 폼알데하이드기를 운반할 수 있다. 폼알데하이드를 THF에 결합시켜 아래에 나타낸 생성물을 형성하는 메커니즘을 그려라.

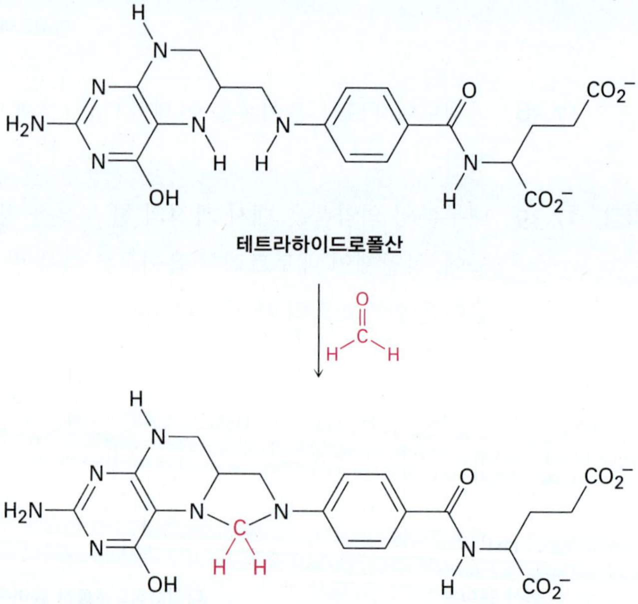

테트라하이드로폴산

다작용기 유기 화합물의 명명법

알려진 화합물 3700만 개 이상과 매일 수천 개 이상 새로 만들어지는 화합물들을 모두 명명하는 것은 사실 문제이다. 이 문제의 일부는 유기 구조가 매우 복잡하기 때문이지만 일부는 화학적 이름이 한 가지 이상의 목적을 가진다는 사실에 기인된다. 전 세계의 화학문헌의 목록을 만들고 색인 작업을 하는 화학 초록 사업(CAS: Chemical Abstracts Service)을 위해서 각 화합물은 단 하나의 올바른 이름을 가져야 한다. 만약 CH_3Br에 대한 기재사항의 반이 브롬화 메틸의 'M'에 늘어가 있고 반이 브로모메테인의 'B'로 분류되어 있다면 혼란이 생긴다. 더구나 CAS 이름은 컴퓨터에 의해 읽히고 해석될 수 있도록 엄격히 체계적이어야 한다. 관용명은 허용이 되지 않는다.

그러나 사람들은 컴퓨터와 다른 필요조건을 가진다. 사람들, 즉 말하고 쓰는 정보 속에 사는 화학자들을 위해 화합물명은 단정적이어야 하고 가능한 한 쉽게 정하고 해석될 수 있는 것이 가장 좋다. 더욱이 특별히 잘 알려진 화합물이 한 가지 이상의 이름을 가지면 역사적 선례를 따르는 이름이 편리하다. 사람들은 브로모메테인과 브롬화 메틸이 둘 다 CH_3Br을 말한다는 것을 쉽게 이해할 수 있다.

앞서 주목한 것처럼, 화학자들은 국제 순수 및 응용 화학회(IUPAC: International Union of Pure and Applied Chemistry)에 의해 고안되고 관리되는 명명체계를 압도적으로 이용하고 있다. 단일 작용기 화합물을 명명하기 위한 규칙은 이 교재를 통해 새 작용기가 도입될 때마다 나타나 있으며, 이들 규칙이 어디에 있는지 그 목록이 표 A.1에 나

표 A.1 작용기에 대한 명명 규칙

작용기	절	작용기	절
산 무수물	10.1	방향족 화합물	5.2
산 할로젠화물	10.1	카복실산	10.1
알코올	8.1	사이클로알케인	2.7
알데하이드	9.2	에스터	10.1
알케인	2.3	에터	8.1
알켄	3.1	케톤	9.2
할로젠화 알킬	7.1	나이트릴	10.1
알카인	3.1	페놀	8.1
아마이드	10.1	설파이드	8.8
아민	12.1	싸이올	8.8

열되어 있다.

단일 작용기 화합물을 명명하는 것은 매우 합리적이며 직관적이나 경험이 많은 화학자들도 복잡한 다작용기 화합물을 명명하려면 흔히 문제를 겪는다. 다음 화합물을 예로 들어 보자. 에스터, 케톤 및 C=C의 3가지 작용기를 가지는 화합물이 있다. 그러나 어떻게 명명해야 하는가? *-oate*로 끝나는 에스터로, *-one*으로 끝나는 케톤으로, 또는 *-ene*으로 끝나는 알켄으로 명명해야 하는가? 실제로 3-(2-옥소사이클로헥스-6-엔일)프로판산 메틸로 명명한다.

케톤, 에스터, OCH_3, 이중결합

3-(2-옥소사이클로헥스-6-엔일)프로판산 메틸

다작용기 유기 분자의 이름은 접미사, 모체, 접두사 및 위치 지시어의 4가지 부분을 가지며 이것은 적절한 순서와 양식으로 확인되고 기술되어야 한다. 4가지 각각을 살펴보자.

첫 번째 부분의 명명. 접미사: 작용기 앞섬

비록 다작용기 유기 분자가 몇 개의 다른 작용기를 함유할지라도 명명 목적으로 단 한 가지 접미사를 선택해야 한다. 2가지 접미사를 사용하는 것은 옳지 않다. 따라서 케토 에스터 **1**은 -온(*-one*) 접미사를 가진 케톤이나 -오에이트(*-oate*) 접미사를 가진 에스터로 명명해야 하며, -오노에이트(*-onoate*)로는 명명할 수 없다. 유사하게, 아미노 알코올 **2**는 알코올(*-ol*) 또는 아민(*-amine*)으로서 명명해야 하며, -올아민(*-olamine*)이나 -아민올(*-aminol*)로서는 명명할 수 없다.

1. $CH_3C(=O)CH_2CH_2C(=O)OCH_3$

2. $CH_3CH(OH)CH_2CH_2CH_2NH_2$

단일 접미사를 필요로 하는 규칙에서 유일한 예외는 이중 결합 또는 삼중 결합을 가지는 화합물을 명명할 때이다. 그러므로 불포화산 $H_2C{=}CHCH_2CO_2H$는 뷰트-3-엔산(but-3-enoic acid)이고 아세틸렌성 알코올 $HC{\equiv}CCH_2CH_2CH_2OH$는 펜트-4-아인-1-올(pent-4-yn-1-ol)이다.

접미사를 어떻게 선택할 것인가? 작용기는 표 A.2와 같이 **주기**(principal group)와 **종속기**(subordinate group)의 2가지 부류로 나뉜다. 주기는 접두사나 접미사로 인용되나 종속기는 접두사로서만 인용된다. 주기 내에 우선순위가 정해져 있다. 적절한 접미사는 화합물 내에 존재하는 가장 높은 우선순위를 가진 주기를 선택하여 결정한다. 예를 들어, 표 A.2에 의하면 케토 에스터 **1**은 에스터 작용기가 케톤보다 우선순위가 높으므로 케톤

표 A.2 작용기의 분류[a]

작용기	접미사명	접두사명
주기	-oic acid	카복시(carboxy)
카복실산	-carboxylic acid	
산 무수물	-oic anhydride	—
	-carboxylic anhydride	
에스터	-oate	알콕시카보닐(alkoxycarbonyl)
	-carboxylate	
싸이오에스터	-thioate	알킬싸이오카보닐(alkylthiocarbonyl)
	-carbothioate	
산 할로젠화물	-oyl halide	할로카보닐(halocarbonyl)
	-carbonyl halide	
아마이드	-amide	카바모일(carbamoyl)
	-carboxamide	
나이트릴	-nitrile	사이아노(cyano)
	-carbonitrile	
알데하이드	-al	옥소(oxo)
	-carbaldehyde	
케톤	-one	옥소(oxo)
알코올	-ol	하이드록시(hydroxy)
페놀	-ol	하이드록시(hydroxy)
싸이올	-thiol	머캅토(mercapto)
아민	-amine	아미노(amino)
이민	-imine	이미노(imino)
에터	ether	알콕시(alkoxy)
설파이드	sulfide	알킬싸이오(alkylthio)
다이설파이드	disulfide	—
알켄	-ene	—
알카인	-yne	—
알케인	-ane	—
종속기		
아자이드화물	—	아지도(azido)
할로젠화물	—	할로(halo)
나이트로 화합물	—	나이트로(nitro)

[a] 주기는 우선순위가 감소되는 순서로 나열하였으며 종속기는 우선순위가 없다.

이 아니라 에스터로 명명해야 한다. 유사하게, 아미노 알코올 **2**는 아민이 아니라 알코올로 명명해야 한다. 그러므로 **1**의 이름은 4-옥소펜탄산 메틸(methyl 4-oxopentanoate)이고 **2**의 이름은 5-아미노펜탄-2-올(5-aminopentan-2-ol)이다. 추가로 몇 가지 예를 다음에 나타내었다.

$CH_3C(=O)CH_2CH_2C(=O)OCH_3$

1. 4-옥소펜탄산 메틸
(케톤기를 가진 에스터)

$CH_3CH(CHO)CH_2CH_2CH_2C(=O)OCH_3$

3. 5-메틸-6-옥소헥산산 메틸
(알데하이드기를 가진 에스터)

$CH_3CH(OH)CH_2CH_2CH_2NH_2$

2. 5-아미노펜탄-2-올
(아미노기를 가진 알코올)

$H_2NC(=O)CH_2CH(OH)CH_2CH_2C(=O)OH$

4. 5-카바모일-4-하이드록시펜탄산
(아마이드와 알코올기를 가진 카복실산)

CHO

5. 3-옥소사이클로헥세인카브알데하이드
(케톤기를 가진 알데하이드)

두 번째 부분의 명명. 모체: 주 사슬이나 고리의 선택

다작용기 유기 화합물의 모체명 또는 기본명은 보통 쉽게 알 수 있다. 만약 가장 높은 우선순위의 주기가 열린 사슬의 일부분이면, 가장 많은 주기를 포함한 가장 긴 사슬이 모체의 이름이 된다. 예를 들면, 화합물 **6**과 **7**은 이성질성 알데하이드 아마이드인데 표 A.2에 따라 알데하이드보다는 아마이드로 명명해야 한다. 화합물 **6**의 가장 긴 사슬에는 6개의 탄소가 있어서 그 물질은 5-메틸-6-옥소헥산아마이드로 명명한다. 화합물 **7**도 6개의 탄소를 가지나 주 작용기 2개를 함유하는 가장 긴 사슬은 단지 4개의 탄소를 가진다. 화합물 **7**의 올바른 이름은 4-옥소-3-프로필뷰탄아마이드이다.

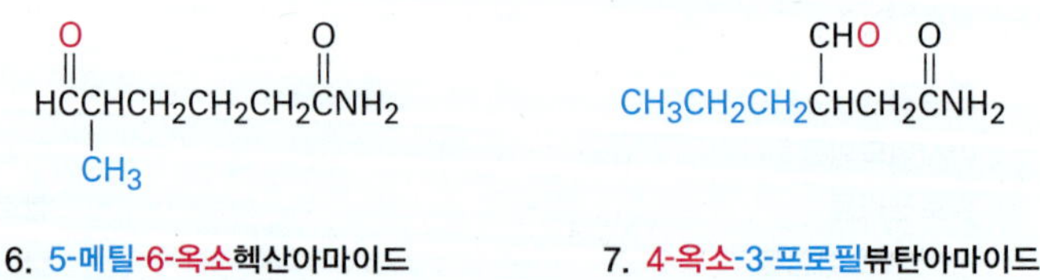

6. 5-메틸-6-옥소헥산아마이드   7. 4-옥소-3-프로필뷰탄아마이드

만약 가장 높은 우선순위의 주기가 고리에 붙어 있다면, 모체명은 고리계의 이름이 된다. 예를 들어, 화합물 **8**과 **9**는 이성질성 케토 나이트릴이며 표 A.2에 따라 둘 다 나이트릴로서 명명해야 한다. 화합물 **8**은 −CN 작용기가 방향족 고리에 붙어 있는 치환기이므로 벤조나이트릴로 명명하고 화합물 **9**는 −CN 작용기가 열린 사슬에 있으므로 아세토나이트릴로 명명한다. 올바른 이름은 2-아세틸-(4-브로모메틸)벤조나이트릴(**8**)과 (2-아세틸-4-브로모페닐)아세토나이트릴(**9**)이다. 추가적인 예로서, 화합물 **10**과 **11**은 둘 다 케토산이므로 산으로 명명해야 한다. 그러나 **10**의 모체명은 고리계의 이름(사이클로헥세

인카복실산)이며 **11**의 모체명은 열린 사슬의 이름(프로판산)이다. 완전한 이름은 *트랜스*-2-(3-옥소프로필)사이클로헥세인카복실산(**10**)과 3-(2-옥소사이클로헥실)프로판산(**11**)이다.

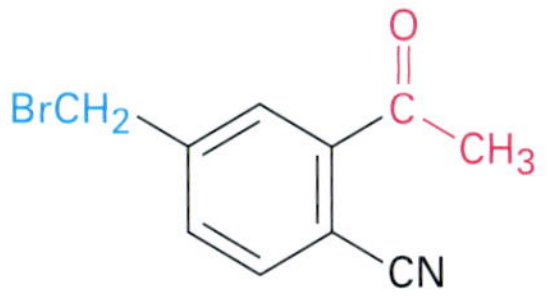

8. 2-아세틸-(4-브로모메틸)벤조나이트릴

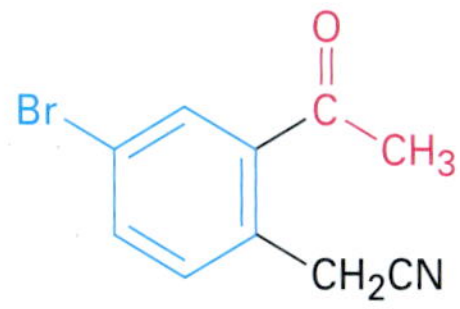

9. (2-아세틸-4-브로모페닐)아세토나이트릴

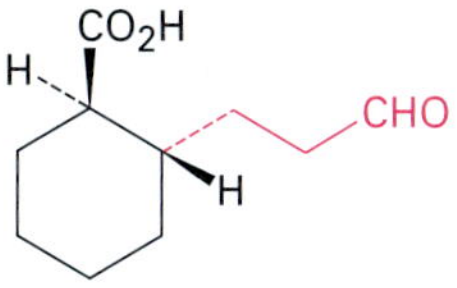

10. *트랜스*-2-(3-옥소프로필)사이클로-헥세인카복실산

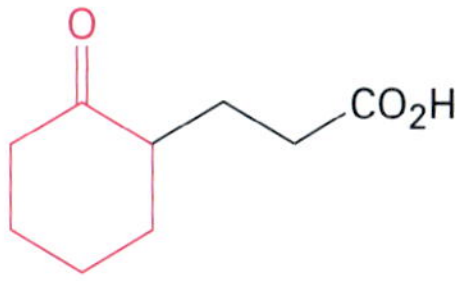

11. 3-(2-옥소사이클로헥실)프로판산

세 번째 및 네 번째 부분의 명명. 접두사와 위치 지시어

모체명과 접미사를 확립한 다음, 다음 단계는 모체 사슬이나 고리에 있는 모든 치환기를 확인하고 번호 또는 위치 지시어를 정하는 것이다. 이들 치환기는 접미사로 쓰인 것 이외의 모든 알킬기와 모든 작용기를 포함한다. 예를 들면, 화합물 **12**는 다른 작용기 3개, 즉 카복실, 케토 및 이중 결합을 함유하고 있다. 카복실기가 우선순위에 있어서 가장 높고 작용기를 포함한 가장 긴 사슬은 7개의 탄소를 가지므로 화합물 **12**는 헵텐산이다. 그 밖에 주 사슬에는 케토(옥소) 치환기와 메틸기 3개가 있다. 우선순위가 가장 높은 작용기에 가까운 말단에서부터 번호를 매겨 화합물 **12**는 (*E*)-2,5,5-트라이메틸-4-옥소헵트-2-엔산으로 명명한다. 어떻게 접두사를 정하고 치환기의 위치를 번호로 나타냈는지 우리가 명명했던 몇 가지 다른 화합물을 돌아보자.

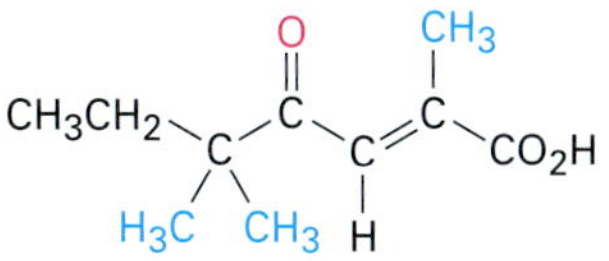

12. (*E*)-2,5,5-트라이메틸-4-옥소헵트-2-엔산

전체 이름 쓰기

부분 이름을 확립한 후 전체 이름을 쓰게 된다. 이때 적용해야 할 몇 가지 규칙은 다음과 같다.

1. **접두사의 순서.** 치환기를 확인하고 주 사슬에 번호를 매기고 다이- 및 트라이- 같은 적절한 배수어를 붙인 후 치환기를 번호 순서가 아니라 알파벳 순서로 나열한다. 다이- 및 트라이-와 같은 배수어는 알파벳 순으로 나열할 목적으로는 쓰이지 않으나 접두사 아이소-(*iso*-)는 알파벳으로 고려한다.

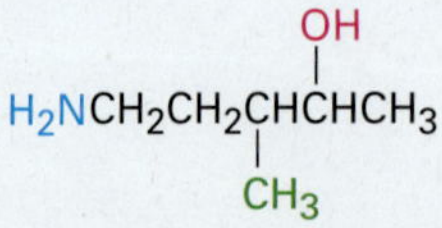

$H_2NCH_2CH_2CH(CH_3)CH(OH)CH_3$

13. 5-아미노-3-메틸펜탄-2-올

2. **하이픈의 사용, 한 단어와 여러 단어 이름.** 일반적인 규칙은 모체가 그 자신이 원소인지 화합물인지를 결정하는 것이다. 만약 모체가 원소 또는 화합물이면, 이름은 한 단어로 쓴다. 만약 그렇지 않다면, 여러 단어로 이름을 쓴다. 예를 들면, 메틸벤젠은 벤젠 그 자신이 화합물이므로 한 단어로 쓴다. 그러나 다이에틸 에터는 두 단어로 쓰는데, 모체인 에터는 화합물명이 아니라 종류를 나타내는 이름이기 때문이다. 몇 가지 예를 다음에 나타내었다.

$H_3C-Mg-CH_3$

14. 다이메틸마그네슘
(마그네슘이 원소이므로 한 단어)

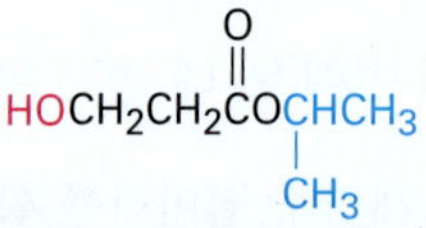

$HOCH_2CH_2COOCH(CH_3)CH_3$

15. 3-하이드록시프로판산 아이소프로필
(Isopropyl 3-hydroxypropanoate)
('propanoate'는 화합물이 아니므로 두 단어)

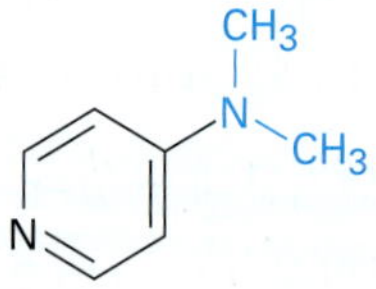

16. 4-(다이메틸아미노)피리딘
(피리딘이 화합물이므로 한 단어)

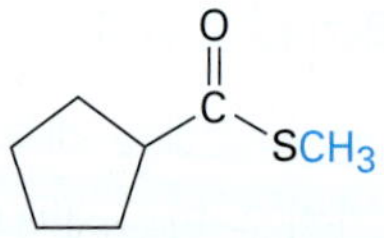

17. 사이클로펜테인카보싸이올산 메틸
(Methyl cyclopentanecarbothioate)
('cyclopentanecarbothioate'는 화합물이 아니므로 두 단어)

3. **괄호.** 모호할 경우 구조가 복잡한 치환기는 괄호를 써서 나타낸다. 예를 들면, 클로로메틸벤젠은 벤젠 고리에 2개의 치환기를 가지나 (클로로메틸)벤젠은 단 1개의 복합 치환기를 가진다. 괄호를 이용한 표시는 이름의 나머지 부분과 하이픈으로 분리하지 않음에 주목하라.

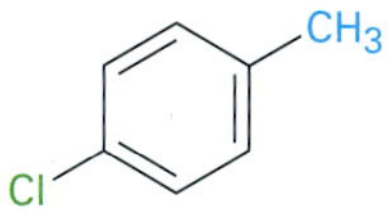

18. *p*-클로로메틸벤젠

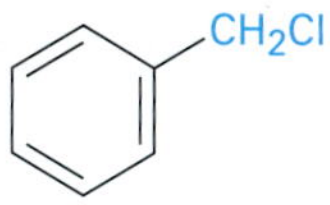

19. (클로로메틸)벤젠

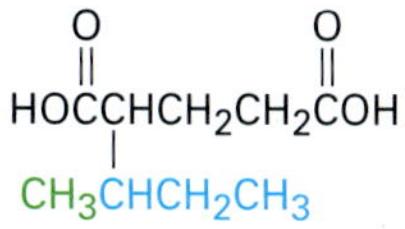

20. 2-(1-메틸프로필)펜테인이산

추가 읽기 자료

유기 명명 규칙에 관한 설명은 온라인(주소: http://www.acdlabs.com/iupac/nomenclature/)과 다음 문헌에서 볼 수 있다.

1. "유기 화합물의 IUPAC 명명법 안내(A Guide to IUPAC Nomenclature of Organic Compounds)," CRC Press, Boca Raton, FL, 1993.
2. "유기 화학의 명명법, A, B, C, D, E, F 및 H절," 국제 순수 및 응용 화학회, Pergamon Press, Oxford, 1979.

용어해설

1,2-첨가(1,2-addition)(4.8 및 9.10절): 이중 결합의 두 끝에 반응물의 첨가.

1,3-이축방향 상호작용(1,3-diaxial interaction)(2.11절): 의자형 사이클로헥세인에서 탄소 원자 3개 떨어진 축방향 기 사이에 입체 상호작용에 의해 야기되는 스트레인 에너지.

1,4-첨가(1,4-addition)(4.8 및 9.10절): 콘주게이션 다이엔 또는 콘주게이션 엔온의 1과 4 원자에 반응물의 첨가.

4중상(quartet)(13.12절): 한 신호가 이웃에 있는 3개의 핵 스핀에 의해 스핀-스핀 갈라짐으로 NMR 스펙트럼에 한 쌍의 4개 봉우리.

4차(quaternary): 1차를 보라.

4차 구조(quaternary structure)(15.8절): 개개 단백질의 특정한 집합이 보다 큰 덩어리가 된 단백질의 가장 높은 수준의 구조.

50% 치사용량(LD_{50})(1장 【생활 속의 유기 화학】): 시험동물의 50%를 죽일 수 있는 체중 kg당 물질의 양.

α-나선(*α*-helix)(15.8절): 사슬이 나선형으로 꼬인 단백질의 보편적인 이차 구조.

α-아미노산(*α*-amino acid)(15.1절): 카복시기 이웃의 탄소 원자에 붙어 있는 아미노기를 가진 화합물, $R_2CH(NH_2)CO_2H$.

α-아노머(*α*-anomer)(14.6절): 당의 고리형 헤미아세탈 형태에서 고리 측면에 −OH기가 말단 $-CH_2OH$에 반대인 헤미아세탈 형태.

α-자리(*α*-position)(11장 서론): 카보닐기 다음 자리.

α,β-불포화 카보닐 화합물(*α*,*β*-unsaturated carbonyl compound)(9.10절): C═C—C═O 작용기를 함유한 화합물.

β 아노머(*β* anomer)(14.6절): 당의 고리형 헤미아세탈 형태에서 고리의 같은 측면에 말단의 $-CH_2OH$기와 헤미아세탈 −OH기가 있는 헤미아세탈 형태.

Boc 유도체(Boc derivative)(15.7절): 뷰틸옥시카보닐(butyloxycarbonyl)로 N-보호된 아미노산.

Cahn-Ingold-Prelog 순위 결정 규칙(Cahn-Ingold-Prelog sequence rules)(3.4, 6.5절): 이중 결합 탄소 원자나 카이랄성 중심에 있는 치환기에 상대 순위를 할당하는 데 대한 일련의 규칙.

E1 반응(E1 reaction)(7.8절): 기질이 자발적으로 해리하여 카보양이온 중간체를 생성하며 별개의 단계에서 양성자 1개를 잃는 단분자 제거 반응.

E1cB 반응(E1cB reaction)(7.8절): 양성자를 잃고 카보음이온 중간체를 생성한 후에 별도의 단계에서 이탈기를 축출하는 단분자 제거 반응.

E2 반응(E2 reaction)(7.7절): C−H와 C−X 결합의 쪼개짐이 동시에 일어나는 2분자 제거 반응.

Embden−Meyerhof 경로(Embden−meyerhof pathway)(17.3절): 해당작용에 대한 다른 이름.

***E* 기하구조**(*E* geometry)(3.4절): 탄소−탄소 이중 결합의 입체화학을 기술하는 데 사용하는 용어로서, 각 탄소에 결합된 보다 높은 순위의 기가

이중 결합의 반대 자리에 있는 구조.

Fischer 에스터화 반응(Fischer esterification reaction)(10.6절): 산 촉매 하에 알코올과 카복실산의 반응으로 에스터를 생성하는 반응.

Fmoc 유도체(Fmoc derivative)(15.7절): 플루오렌일메틸옥사카보닐로 N-보호된 아미노산.

IUPAC 명명 체계(IUPAC system of nomenclature)(2.3절): 국제 순수 및 응용 화학회에서 고안한 화합물의 명명 규칙.

Krebs 회로(Krebs cycle)(17.4절): 아세틸 CoA가 CO_2로 분해되는 시트르산 회로 과정의 다른 이름.

Newman 투영도 (Newman projection)(2.5절): 탄소−탄소 결합을 세워서 보면서 이웃한 탄소 위에 있는 치환기들 사이의 입체화학적 관계를 나타내는 수단.

Lindlar 촉매(Lindlar catalyst)(4.11절): 알카인을 시스 알켄으로 전환하는 데 쓰이는 수소화촉매.

NSAID(5장 【생활 속의 유기 화학】): 아스피린 또는 이부프로펜과 같이 비스테로이드의 항소염제.

N-말단 아미노산(N-terminal amino acid)(15.3절): 단백질 사슬의 말단 한쪽에 자유 $-NH_2$기를 가진 아미노산.

pK_a (1.10절): K_a의 음의 상용 대수; 산의 세기를 나타냄.

PTH (15.6절): Edman 분해 시 말단 아미노산으로부터 유래한 페닐티오하이단토인(phenylthiohydantoin).

***R* 배열**(*R* configuration)(6.5절): Cahn−Ingold−Prelog 순위 규칙을 이용하여 지정된 카이랄성 중심에서의 배열.

Schiff 염기(schiff base)(17.5절): 이민, $R_2C{=}NR'$에 대한 다른 명칭으로 주로 생화학에서 쓰인다.

***sp* 혼성 궤도함수**(*sp* hybrid orbital)(1.8절): *s*와 *p* 원자 궤도함수의 조합으로부터 유래된 혼성 궤도함수. 혼성화의 결과로 생긴 2개의 *sp* 궤도함수는 서로 180° 각도로 배향된다.

sp^2 혼성 궤도함수(sp^2 hybrid orbital)(1.8절): *s* 원자 궤도함수와 2개의 *p* 원자 궤도함수의 조합으로부터 유래한 혼성 궤도함수. 그 결과 생성된 3개의 sp^2 혼성 궤도함수는 서로 120°의 각도로 한 평면에 놓인다.

sp^3 혼성 궤도함수(sp^3 hybrid orbital)(1.6절): *s* 원자 궤도함수와 3개의 *p* 원자 궤도함수의 조합에 의해 유래된 혼성 궤도함수. 그 결과 생성된 4개의 sp^3 혼성 궤도함수는 서로 109°의 각도로 정사면체의 꼭지점으로 배향된다.

***S* 배열**(*S* configuration)(6.5절): Cahn−Ingold−Prelog 순위 결정 규칙을 이용하여 지정된 카이랄성 중심에서의 배열.

TMS(13.9절): 테트라메틸사이렌. NMR 눈금 표준.

***Z* 기하 구조**(*Z* geometry)(3.4절): 탄소−탄소 이중 결합에서 이중 결합 탄소에 순위가 높은 기가 동일 측면에 있는 입체화학을 기술하는 데 쓰이는 용어.

가소제(plasticizer)(10.2절): 중합체 사슬 사이에 윤활유로서 작용하도록 중합체에 첨가된 작은 유기 분자.

가지달린 사슬 알케인(branched-chain alkane)(2.2절): 곧은 사슬 알케인에 반대로 탄소에 가지를 쳐 연결된 알케인.

가황(vulcanization)(4장 【생활 속의 유기 화학】): 다이엔 중합체를 무게로 몇 %의 황과 가열하여 교차-연결과 단단하게 하는 기술.

과산소산(peroxyacid)(4.6절): $-CO_3H$ 작용기를 가진 화합물.

광학 이성질체(optical isomers)(6.4절): 거울상이성질체에 대한 옛 이름. 광학 이성질체는 거울상 관계를 가지는 이성질체.

거울상선택성 합성(enantioselective synthesis)(6장 【생활 속의 유기 화학】): 비카이랄 전구체로부터 카이랄 생성물 중 단 1개의 거울상이성질체만 얻는 합성법.

거울상이성질체(enantiomers)(6.1절): 모든 카이랄성 중심에서 반대 배열이므로 거울상 관계를 가지는 입체이성질체.

고체-상 합성(solid-phase synthesis)(15.7절): 출발물질이 고체 중합체 구슬에 공유 결합으로 결합되어 반응이 결합된 기질 위에서 수행되는 합성 기술. 원하는 변환이 일어난 후 생성물은 중합체로부터 절단된다.

곧은 사슬 알케인(straight-chain alkane)(2.2절): 탄소 원자가 가지치지 않고 연결된 알케인.

골격 구조(skeletal structure)(2.6절): 탄소 원자가 2개 선(결합)의 각 교차점과 각 선의 말단에 있다고 가정하여 쓴 간단한 구조.

글리세로인산지방질(glycerophospholipid)(16.3절): 지방산과 인산에 연결된 글리세롤 뼈대를 포함한 지방질.

기준 봉우리(base peak)(13.1절): 질량 스펙트럼에서 가장 센 봉우리.

나이트로화(nitration)(5.4절): 방향족 고리에 나이트로기의 치환.

나일론(nylon)(10.13절): 폴리아마이드 단계-성장 중합체로서 보통 이산과 이아민 사이의 반응에 의해 합성된다.

낚시바늘 화살표(fishhook arrow)(3.6절): 라이칼 반응에서 전자 1개의 움직임을 보여주는 데 사용된 반-머리 굽은 화살표.

노말 알케인(normal (*n*) alkane)(2.2절): 곧은-사슬 알케인, 가지달린 알케인에 반대.

다이설파이드(disulfide)(8.8절): 일반 구조가 RSSR′인 화합물.

다중상(multiplet)(13.12절): 이웃한 자기성 핵 사이의 짝지음 때문에 단일 흡수의 스핀−스핀 갈라짐에 의해 야기되는 NMR 스펙트럼 상의 봉우리 형태.

단계성장 중합체(step-growth polymer)(10.13절): 각 결합이 다른 것에 무관하게 생성되는 중합체. 예를 들면, 폴리에스터와 폴리아마이드(나이론)가 있다.

단백질 데이터 은행(protein data bank)(15장 【생활 속의 유기 화학】): 생물학적 거대 분자에 관한 X선과 NMR 구조적 데이터의 세계적 온라인 저장소. 단백질 데이터 은행에 접속하려면 http:// www.rcsb.org/pdb/로 가라.

단순 당(simple sugar)(14.1절): 더 작은 당으로 가수분해될 수 없는 글루코오스같은 탄수화물.

당단백질(glycoprotein)(14.7절): 탄수화물이 그의 아노머 중심을 통해서 단백질에 연결된 생물학적 분자.

당접합체(glycoconjugate)(14.7절): 탄수화물이 아노머 중심을 통해서 지방질 또는 단백질과 같은 생물학적 분자에 연결된 분자.

당지방질(glycolipid)(14.7절): 탄수화물이 그의 아노머 중심을 통해서 지방질에 연결된 생물학적 분자.

대칭면(plane of symmetry)(6.2절): 분자의 반쪽이 다른 반쪽의 거울상이 되도록 분자를 둘로 나누는 평면. 대칭면을 함유하는 분자는 비카이랄이다.

대사(metabolism)(17.1절): 유기체 세포에서 진행하는 여러 반응에 대한 총체적 이름.

데옥시라이보핵산(deoxyribonucleic acid, DNA)(16.5절): 인산염-당 결합을 통해 함께 연결된 데옥시라이보뉴클레오타이드 단위로 구성된 생중합체.

동위원소(isotopes)(1.1절): 질량수가 다른 동일 원소의 원자.

등전점, p*I*(Isoelectric point, p*I*)(15.2절): 단백질 또는 아미노산에서 양전하 수와 음전하 수가 정확히 일치하는 pH.

라이보핵산(ribonucleic acid, RNA)(16.5 및 16.8절): DNA에서 발견된 유전 정보를 전사하는 데 작용하는 세포 내에서 발견된 생중합체.

락탐(lactam)(10장 【생활 속의 유기 화학】): 고리형 아마이드.

마디(node)(1.1절): 궤도함수 내 전자 밀도가 0인 표면. 예를 들면, *p* 궤도함수는 궤도함수의 축에 수직하며 핵의 중심을 통과하는 마디면을 1개 가진다.

말론산 에스터 합성(malonic ester synthesis)(11.6절): 할로젠화 알킬로 알킬화하고, 이어서 가수분해와 카복시이탈반응에 의해 카복실산을 합성한다.

메소 화합물(meso compound)(6.7절): 1개 또는 그 이상 카이랄성 중심을 가진 화합물이 대칭면을 가지기 때문에 비카이랄이다.

메타(meta, *m*-)(5.2절): 1,3-치환된 벤젠에 쓰이는 접두사 이름 부르기.

모노터펜(monoterpene)(3장 【생활 속의 유기 화학】): 10-탄소 지질.

몰 흡광계수(molar absorptivity)(13.5절): 시료에 의해 흡수된 UV 광량의 정량적 측정.

바닥상태 전자 배치(ground-state electron configuration)(1.2절): 분자나 원자의 가장 낮은 전자 배치.

바이닐 단량체(vinyl monomer): 사슬-성장 중합체 만드는 데 쓰이는 치환된 알켄 단량체.

발현구역(exon)(16.8절): 유전 정보를 함유한 DNA 구역.

배열(configuration)(6.5절): 카이랄성 중심에 결합된 원자의 삼차원적 정리.

벤조일기(benzoyl group)(9.2절): C_6H_5CO-기.

벤질성 자리(benzylic position)(5.8절): 방향족 고리 이웃 자리.

변광회전(mutarotation)(14.6절): 당의 순수한 아노머가 물에 녹아 아노머의 평형 혼합물로 평형을 이룰 때 관찰되는 광회전의 변화.

뼈대(backbone)(15.3절): 단백질 사슬을 구성하는 반복된 −N−CH−CO− 원자 계열.

복제 분기점(replication fork)(16.7절): 복제가 일어나는 DNA 사슬에서 사슬이 풀리는 지점.

부분입체이성질체(diastereomer)(6.6절): 비거울상 입체이성질체. 1개 또는 그 이상의 카이랄성 중심에서 같은 배열을 가지나 다른 카이랄성 중심에서 다른 배열을 가진다.

분자(molecule)(14.1절): 공유 결합에 의해 함께 결합된 중성인 원자집단.

분자 이온(molecular ion)(13.5절): 어미 분자로부터 전자 1개를 잃고 질량 분석기 내에 생성된 양이온. 어미 이온의 질량은 시료의 분자량에 해당한다.

브로모늄 이온(bromonium ion)(4.4절): 양으로 하전된 2가인 브로민, R_2Br^+.

비의미 가닥(antisense strand)(16.8절): 유전자를 포함하지 않은 이중나선 DNA의 비암호 전달 가닥.

비필수 아미노산(nonesseutial amino acid)(15.1절): 인간에 의해 생합성되는 11개의 아미노산 중 하나.

싸이오산 음이온(thiolate ion)(8.8절): 알콕시화 음이온의 황 유사체.

산도 상수, K_a(acidity constant)(1.10절): 물에서 산의 세기 척도. 어떤 산 HA에서 산도 상수는 아래와 같이 표시된다.

$$K_a = \frac{[H_3O^+][A^-]}{[HA]}$$

산 무수물(acid anhydride)(10.7절): 산소 원자에 공통으로 결합한 2개의 아실기를 가진 작용기, RCO_2COR'.

산 할로젠화물(acid halide)(10.7절): 일반적으로 화학식 RCOX를 갖는 작용기. 여기서 X는 할로젠이다.

삼중 결합(triple bond)(1.8절): 원자 사이에 전자 세 쌍을 공유함으로써 형성된 공유 결합.

삼중상(triplet)(13.12절): ^{1}H NMR 스펙트럼에서 한 양성자의 이웃에 2개의 동일한 양성자가 있을 때 대칭적인 3-선 갈라짐 모양.

삼차(tertiary): 일차를 보라.

삼차 구조(tertiary structure)(15.8절): 전체 단백질 사슬이 특정한 3차원 배열로 접혀진 단백질 구조.

세스퀴이터펜(sesquiterpene)(3장【생활 속의 유기 화학】): 15-탄소 지질.

소수성(hydrophobic)(16.2절): 물을 좋아하지 않음; 물에 끌리지 않는다.

순위 결정 규칙(sequence rules)(3.4 및 6.5절): 이중 결합 탄소 원자 또는 카이랄성 중심에 있는 치환기에 상대 순서를 할당하는 일련의 규칙.

스핀−스핀 갈라짐(spin−spin splitting)(13.12절): 인접한 자기성 핵 사이의 상호작용에 의해 스핀의 짝지음이 일어나 다중선으로 나타나는 NMR 신호의 갈라짐. 스핀−스핀 짝지음의 크기는 짝지음 상수 *J*로 주어진다.

스핑고미에린(sphingomyelin)(16.3절): 글리세롤이 아니라 뼈대로 스핑고신을 가진 인산지방질.

스태틴(statins)(17장【생활 속의 유기 화학】): 체내에서 콜레스테롤 합성을 막는 약.

스테로이드(steroid)(16.4절): 3개의 육각 고리와 1개의 오각 고리를 가진 특징적인 테트라사이클성 탄소 골격으로 된 지질.

식물성 기름(vegetable oil)(1.4절): 식물 원으로부터 얻은 액체 트리아실글리세롤.

신 분자 실제물(new molecular entity, NME)(2장【생활 속의 유기 화학】): 미국 식품의약청에 의해 약으로써 판매 허가된 신 생리활성 화학물질.

신 입체화학(syn stereochemistry)(4.5절): 안티의 반대. 신 첨가 반응은 이중 결합의 두 끝이 같은 측면으로 반응한다.

아드레노코르티성 호르몬(adrenocortical hormone)(16.4절): 부신에서 분비되는 스테로이드 호르몬. 미네랄로코르티코이드와 글루코코르티코이드의 2가지 형의 아드레노코르티성 호르몬이 있다.

아노머성 중심(anomeric center)(14.6절): 당의 고리형 피라노오스 또는 퓨라노오스 형에서 헤미아세탈 탄소 원자.

아마이드(amide)(10.10절): $-CONR_2$ 작용기를 함유한 화합물.

아미노 당(amino sugar)(14.8절): $-OH$기 1개가 $-NH_2$로 치환된 당.

아미노산(amino acid)(15.1절): α-아미노산을 보라.

아릴기(aryl group)(5.2절): 방향족 치환기, $Ar-$.

아릴아민(arylamine)(12.1절): 아미노 치환된 방향족 화합물, $ArNH_2$.

아세탈(acetal)(9.8절): 동일 탄소에 결합한 2개의 OR기로 구성된 작용기, $R_2C(OR)_2$. 아세탈은 흔히 케톤이나 알데하이드를 보호하는 기로서 이용된다.

아세틸기(acetyl group)(9.2절): CH_3CO-기.

아세틸렌화 음이온(acetylide anion)(4.11절): 말단 알카인으로부터 양성자 1개를 제거하여 생성된 음이온, $R—C{\equiv}C{:}^-$.

아실리움 이온(acylium ion)(5.5절): 양전하가 카보닐기 탄소에 편재된 공명안정화한 카보양이온, $R—C^+{=}O \longleftrightarrow R—C{\equiv}O^+$.

아실 인산염(acyl phosphate)(10.12절): 인산염에 결합된 아실기를 가진 작용기, $RCO_2PO_3{}^{2-}$.

아실화(acylation)(5.5절): 분자에 아실기($-COR$)를 도입. 예를 들면, 방향족 고리의 아실화는 케톤을, 알코올의 아실화는 에스터를, 그리고 아민의 아실화는 아마이드를 생성한다.

안티 입체화학(anti stereochemistry)(4.4절): 신(syn)의 반대. 안티 첨가 반응은 이중 결합의 두 끝이 다른 쪽에서 공격을 받는 반응이다.

알데하이드(aldehyde)(9.1절): $-CHO$ 작용기를 가진 화합물.

알돌 반응(aldol neaction)(11.8절): 2개의 케톤이나 알데하이드 사이에 카보닐 축합 반응으로 β-하이드록시카보닐 화합물이 생성된다.

알켄(alkene)(3장 서론): 탄소−탄소 이중 결합을 함유한 탄화수소, $R_2C{=}CR_2$.

알콕시화 이온(alkoxide ion)(8.2절): 알코올의 탈양성자화로 인해 생성된 음이온 RO^-.

알킬기(alkyl group)(2.2절): 알케인으로부터 수소 원자 1개를 제거할 때 남는 부분 구조.

알킬아민(alkylamine)(12.1절): 아미노 치환된 알케인, RNH_2, R_2NH, 또는 R_3N.

알킬화(alkylation)(5.5 및 11.6절): 분자에 알킬기의 도입. 예를 들면, 방향족 고리가 알킬화되어 아렌을 생성한다($ArH \rightarrow ArR$). 그리고 엔올산 음이온의 알킬화로 α 치환된 카보닐 화합물이 생성된다.

암호전달 가닥(coding strand)(16.8절): 유전자를 함유한 이중 나선 DNA의 의미 가닥.

양쪽성(amphiprotic)(15.1절): 산 또는 염기로서 작용할 수 있는.

어미 봉우리(parent peak)(13.1절): 분자 이온에 해당하는 질량 스펙트럼 내의 봉우리로서 화합물의 분자량을 나타낸다.

원유(petroleum)(2.4절): 식물과 동물의 물질의 분해로부터 생긴 천연적으로 발생된 복잡한 혼합물.

에너지 그림(energy diagram)(3.8절): 반응 동안 일어나는 에너지 변화를 그린 그래프.

에스터(ester): $-CO_2R$ 작용기를 함유한 화합물.

에폭시 수지(epoxy resin)(8장 【생활 속의 유기 화학】): 비스페놀과 에피클로로하이드린(epichlorohydrin)의 반응에 의해 합성된 중합체.

엔올산 음이온(enolate ion)(9.10 및 11.1절): 공명 안정화한 엔올의 음이온, $C{=}C{-}O^-$.

오쏘, *o*-(ortho, *o*-)(5.2절): 1,2-이치환 벤젠을 명명하는 데 사용하는 접두사.

올레핀(olefin)(3장 서론): 알켄의 다른 이름.

유기금속 화합물(organometallic compound)(7.3절): 탄소-금속 결합을 포함한 화합물. Grignard 시약, RMgX이 예이다.

유기할로젠화물(organic halide)(7장 서론): 탄소에 1개 또는 더 많은 할로젠 원자를 포함한 화합물.

이당류(disaccharide)(14.9절): 아세탈 결합을 통해 2개의 단당류가 연결되어 생성된 복합 탄수화물.

이민(imine)(9.9절): $R_2C{=}NR$ 작용기를 가진 화합물. 또한 생화학에서 schiff 염기라고 부른다.

이중 나선(double helix)(16.6절): 2개의 폴리뉴클레오타이드 가닥이 서로 꼬인 DNA 구조.

이중상(doublet)(13.12절): 관찰하는 핵 스핀이 이웃한 자기성 핵의 스핀과 짝지음할 때 스핀-스핀 갈라짐에 의해 야기되는 2개의 선 핵자기 공명 흡수.

이차(secondary): 1차를 보라.

이차 구조(secondary structure)(15.8절): β-병풍 또는 α-나선과 같이 사슬 부분의 조직이 정돈된 배열과 관련되는 단백질 구조의 수준.

인트론(intron)(16.8절): 유전정보를 포함하지 않은 DNA 구역.

인산 무수물(phosphoric acid anhydride)(17.1절): 카복실산 무수물에서 CO_2CO 연결과 유사한 PO_2PO 연결을 함유한 물질.

일차, 이차, 삼차, 사차(primary, secondary, tertiary, quaternary)(2.2, 8.1 및 12.1절): 특정한 자리에 치환된 양상을 기술하는 데 쓰는 용어. 일차 자리는 그것에 붙어 있는 유기 치환체가 1개, 이차 자리는 유기 치환체가 2개, 삼차 자리는 3개, 그리고 사차 자리는 4개이다.

	탄소	카보양이온	수소	알코올	아민
일차	RCH_3	RCH_2^+	RCH_3	RCH_2OH	RNH_2
이차	R_2CH_2	R_2CH^+	R_2CH_2	R_2CHOH	R_2NH
삼차	R_3CH	R_3C^+	R_3CH	R_3COH	R_3N
사차	R_4C				

입체이성질체(stereosisomer)(2.8절): 원자들이 같은 순서로 연결되었으나 다른 3차원적 배열을 가지는 이성질체. 이 용어는 거울상이성질체와 부분입체이성질체를 포함한다.

입체중심(stereocenter)(6.2절): 카이랄성을 야기하는 분자 내의 원자. 카이랄성 중심이라고도 부른다.

위치특이성(regiospecific)(4.1절): 생성물의 혼합물보다 단일 생성물을 생성하는 특정한 배향으로 일어나는 반응을 기술하는 용어.

의미 가닥(sense strand)(16.8절): 유전자를 포함하는 이중 나선의 암호 전달 가닥.

자기공명 영상, MRI(magnetic resonance imiging, MRI)(13장 【생활 속의 유기 화학】): 핵자기 공명에 기초한 의료 진단 기술.

자리(locant)(2.3 및 3.1절): 모체 사슬에 치환체가 붙어 있는 자리를 지정하거나 사슬에서 작용기의 위치를 지정하는 화합물의 IUPAC 명에서 숫자.

짝지음 반응(coupled reactions)(17.1절): 두 반응이 공통 중간체를 공유하여 유리한 단계에서 방출된 에너지가 불리한 단계가 일어나도록 하는 반응.

잔기(residue)(6.8절): 단백질 사슬 내의 아미노산.

짧은 직렬식 반복(STR-loci)(16장 【생활 속의 유기 화학】): 모든 개개의 DNA에 유일해서 DNA 지문으로 허용된 비암호 전달 DNA의 반복된 짧은 서열.

적도방향 자리(equatorial position)(2.10절): 사이클로헥세인 고리에서 대략적으로 적도방향으로 놓인 결합(축방향을 보라).

전달 RNA(transfer RNA, rRNA)(16.8절): 라이보솜에 아미노산을 전달하는 RNA의 한 종류. 라이보솜에서 아미노산이 연결되어 단백질을 만든다.

전령 RNA(message RNA, mRNA)(16.8절): DNA로부터 전사된 RNA로, DNA로부터 라이보솜으로 유전 정보를 운반하는 RNA 종류.

전사(transcription)(16.8절): DNA에 저장된 유전 정보를 읽고 세포의 핵에서 RNA를 합성하는데 쓰이는 과정.

전자-운반 사슬(electron-transport chain)(17.1절): ATP가 생성되는 분해대사의 최종 단계.

전자점 구조(electron-dot structure)(1.4절): 점으로서 원자가 전자를 나타내는 분자의 표시법.

정제(refining)(2.4절): 원유를 가소린과 다른 유용한 생성물로 전환하는 과정.

정전기 퍼텐셜 지도(electrostatic potential map)(1.9절): 분자 내에서 계산된 전하 분포를 색으로 나타낸 분자 표시법.

지방질 이중층(lipid bilayer)(16.3절): 세포막을 형성하는 인 지방질의 이중층.

지방족 고리(alicyclic)(2.7절): 지방족 고리 탄화수소 또는 사이클로알케인.

진폭(amplitude)(13.2절): 봉우리 중간으로부터 파동의 높이.

질량 분석법(mass spectrometry)(13.1절): 이온의 질량, 따라서 분자량(MW)을 측정하기 위한 기술.

촉매(catalyst)(3.9절): 다른 메커니즘을 제공하여 그러나 자기 자신은 반응에서 변하지 않는 화학 변환 속도를 증가시키는 물질.

축소 구조(condensed structure)(2.2절): C−H와 C−C 결합을 분명하게 그리기보다는 이해하도록 간단하게 그린 구조.

천연 가스(natural gas)(2.4절): 천연에서 발생하는 탄화수소로서 주로 메테인이며 에테인, 프로페인 및 뷰테인도 소량이 포함된다.

친수성(hydrophilic)(16.2절): 물을 좋아함; 물에 끌리다.

친전자성 첨가 반응(electrophilic addition reaction)(3.7절): 친전자체가 알켄에 첨가하여 포화된

생성물을 생성한다.

친핵성 아실 치환 반응(nucleophilic acyl substitution reaction)(10.5절): 친핵체가 카보닐 화합물을 공격하여 카보닐 탄소에 결합된 이탈기를 치환시키는 반응.

친핵성 첨가 반응(nucleophilic addition reaction)(9.5절): 친핵체가 케톤이나 알데하이드의 친전자성 카보닐기에 첨가하여 알코올을 생성하는 반응.

친핵성 치환 반응(nucleophilic substitution reaction)(7.4절): 친핵체가 포화된 탄소 원자에 결합된 다른 원자를 치환하는 반응.

친핵체(nucleophile)(3.6절): 극성 결합-형성 반응에서 친전자체에 전자쌍을 주는 전자풍부 종.

쯔비터 이온(switterion)(1.11 및 15.1절): 분자에서 양전하와 음전하가 이웃하지 않은 중성 이중극자 분자. 예를 들면, 아미노산은 쯔비터 이온으로 존재한다. $H_3N^+-CHR-CO_2^-$.

카보닐기(carbonyl group)(9.1절): C=O 작용기.

카복실산(carboxylic acid)(10.1절): $-CO_2H$ 작용기를 가진 화합물.

카복실산 유도체(carboxylic acid derivative)(10장 서론): 아실기가 전기음성적인 원자 또는 치환 반응에서 이탈기로서 작용할 수 있는 치환기에 결합한 화합물. 예를 들면, 에스터, 아마이드 및 산 할로젠화물이다.

카복실산 음이온(carboxylate ion)(10.3절): 카복실산의 음이온, RCO_2^-.

카브음이온(carbanion)(7.3절): 탄소 음이온 또는 3가의 음으로 하전된 탄소 원자를 포함한 물질 ($R_3C:^-$).

카이랄 환경(chiral environment)(6.10절): 분자가 존재하는 카이랄 주위나 조건.

카이랄성 중심(chirality center)(6.2절): 4개의 다른 기에 결합된 원자(보통 탄소). 또한 입체중심이라 부른다.

카복시이탈반응(decarboxylation)(11.6절): CO_2의 잃음. β-케토산은 가열하면 쉽게 카복시기이탈 반응이 일어난다.

케토-엔올 토토머화(현상)(keto-enol tautomerism)(11.1절): 한 분자의 카보닐형과 바이닐성 알코올형 사이의 평형.

케톤(ketone)(9.1절): 2개의 유기 치환체가 카보닐기에 결합된 화합물, $R_2C=O$.

퀴논(quinone)(8.5절): 사이클로헥사-2,5-다이엔-1,4-다이온.

토토머(tautomer)(11.1절): 보통 수소의 위치가 자발적으로 상호전환하는 이성질체.

톱질대 그림(sawhorse representation)(2.5절): 막대 그림으로 입체화학을 나타내는 방법으로 단일결합 주위의 형태를 분명하게 본다.

터펜오이드(terpenoid)(3장 【생활 속의 유기 화학】): 형식적으로 아이소프렌 단위가 머리-대-꼬리로 중합화하여 유래된 지질.

트라이카복실산 회로(tricarboxylic acid cycle)(17.4절): 아세틸 CoA가 CO_2로 분해되는 시트르산 회로의 다른 이름.

파라, *p*-(para *p*-)(5.2절): 1,4-이치환 벤젠을 명명하는 데 사용하는 접두사.

파동 방정식(wave equation)(1.1절): 원자에서 전자의 행동을 정의하는 파동 방정식에 대한 해. 파동 방정식의 자승은 궤도함수의 모양으로 정의한다.

페녹시화 음이온(phenoxide ion)(8.2절): 페놀의 음이온, ArO^-.

페놀(phenol)(8.1절): 방향족 고리에 결합된 $-OH$기를 가진 화합물, ArOH.

페닐기(phenyl group)(5.2절): $-C_6H_5$기. 약자로 $-Ph$.

펩타이드 결합(peptide bond)(15.4절): 펩타이드 사슬에서 아마이드 결합.

필수 기름(essential oil)(3장 【생활 속의 유기 화학】): 많은 식물에서 추출된 향기로운 액체의 혼합물.

필수 단당류(essential monosaccharide)(14.8절): 생명에 필수적인 8가지 단당류 중의 한 가지. 그리고 음식물에서 얻는다.

폼일기(formyl group)(9.2절): $-CHO$기.

하이드로퀴논(hydroquinone)(8.5절): 1,4-다이하이드록시벤젠(1,4-dihydroxybenzene).

할로젠화(halogenation)(4.4 및 5.3절): 할로젠과 알켄의 반응은 1,2-이할로젠 첨가 생성물 또는 방향족 화합물과의 반응으로 치환 생성물을 생성한다.

할로젠화 알킬(alkyl halide)(7장 서론): 포화된 sp^3 혼성화 탄소 원자에 결합된 할로젠 원자를 가진 화합물.

활성 자리(active site)(15.10절): 기질이 결합하여 반응을 하는 효소 내의 주머니.

헤르츠(hertz, Hz)(13.2절): 진동수의 표준 단위; 초당 일정 지점을 통과하는 파수.

헤미아세탈(hemiacetal)(9.8절): $-OR$기와 $-OH$기가 동일 탄소에 결합된 작용기.

혼성 궤도함수(hybrid orbital)(1.6절): 원자 궤도함수의 조합으로부터 유도된 궤도함수. 탄소의 sp^3, sp^2 및 sp 같은 혼성 궤도함수는 강하게 방향을 나타내고 원자 궤도함수보다 보다 센 결합을 형성한다.

흡광도(absorbance)(13.5절): 광 분광법에서 시료를 통해 투과된 광의 세기로 나눈 초기 광의 세기의 상용대수; $A = \log I_0/I$.

문제 해답

각 장 내의 문제에 대한 다음 해답은 빨리 점검하도록 계획된 것이다. 각 장 내와 장의 끝에 있는 모든 문제들에 대한 완전한 해답과 설명들은 이 교재의 해답집에 나와 있다.

1장

1.1 **(a)** 1 **(b)** 2 **(c)** 3

1.2 **(a)** B: $1s^2\ 2s^2\ 2p$ **(b)** P: $1s^2\ 2s^2\ 2p^6\ 3s^2\ 3p^3$
(c) O: $1s^2\ 2s^2\ 2p^4$ **(d)** Ar: $1s^2\ 2s^2\ 2p^6\ 3s^2\ 3p^6$

1.3

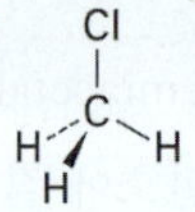

Cl, H, H, H (C)

1.4

H H H H H H (C—C)

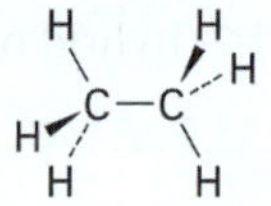

1.5 **(a)** CCl_4 **(b)** AlH_3 **(c)** CH_2Cl_2 **(d)** SiF_4

1.6 **(a)** H:C:Cl: (Cl, Cl) H—C—Cl (Cl, Cl) **(b)** H :S:H H S—H **(c)** H H:C:N:H H H H H—C—N—H H H

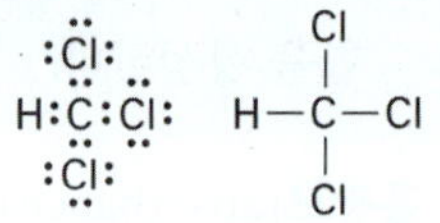

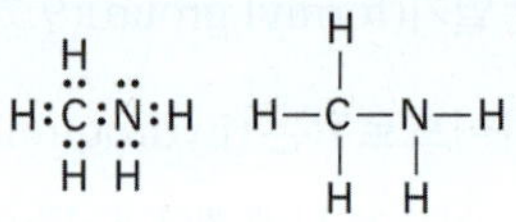

1.7 C_2H_7은 탄소 2개를 가진 화합물에게 너무 많은 수소들을 가진다.

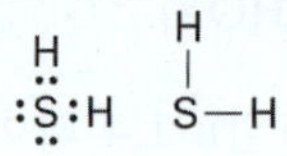

1.8

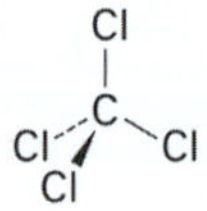

Cl, Cl, Cl, Cl (C)

1.9 탄소 원자는 수소 원자보다 더 크다.

1.10 모든 결합각은 대략 109°이다.

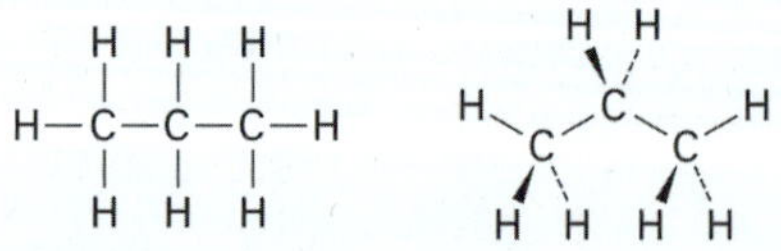

H H H
H—C—C—C—H
H H H

1.11

H O
H—C—C—H
H

H :O:
H:C:C:H
H

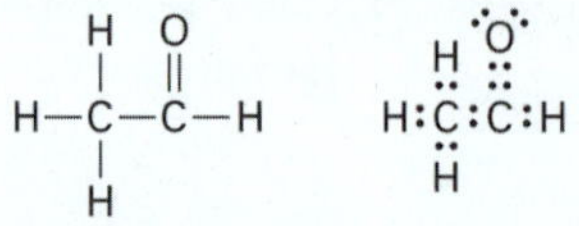

1.12 CH_3 탄소는 sp^3이며 이중 결합 탄소들은 sp^2이고 C=C−C 결합각은 대략 120°이다.

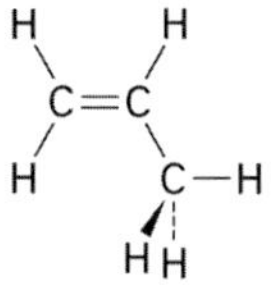

1.13 CH_3 탄소는 sp^3이고, 삼중 결합 탄소들은 sp이며 C≡C−C 결합각은 180°이다.

1.14 모든 탄소들은 sp^2이고 모든 결합각은 거의 120°이다.

1.15

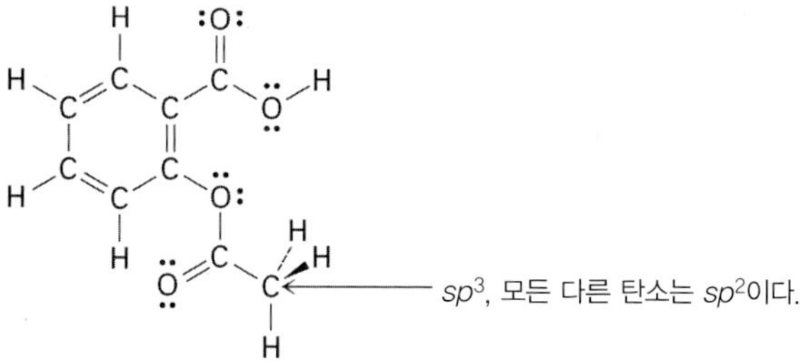

sp^3, 모든 다른 탄소는 sp^2이다.

1.16 **(a)** H **(b)** Br **(c)** Cl

1.17 **(a)** C는 $\delta+$, Br은 $\delta-$ **(b)** C는 $\delta+$, N는 $\delta-$
(c) H는 $\delta+$, N는 $\delta-$ **(d)** C는 $\delta+$, S은 $\delta-$
(e) Mg은 $\delta+$, C는 $\delta-$ **(f)** C는 $\delta+$, F는 $\delta-$

1.18 CCl_4 및 Cl_2O < $TiCl_3$ < $MgCl_2$

1.19

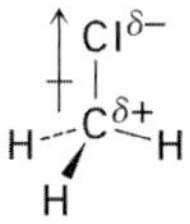

1.20 **(a)** 폼산: $K_a = 1.8 \times 10^{-}4$; 피크르산: $K_a = 0.42$
(b) 피크르산은 더 센산이다.

1.21 물은 더 센산이다.

1.22 **(a)** No **(b)** No

1.23 Lewis 산: (c), (d), (e); Lewis 염기: (b), (f); 둘다: (a)

1.24 **(a)** $CH_3CH_2OH + HCl \longrightarrow CH_3CH_2OH_2^+\ Cl^-$; $(CH_3)_2NH + HCl \longrightarrow (CH_3)_2NH_2^+\ Cl^-$; $(CH_3)_3P + HCl \longrightarrow (CH_3)_3PH^+\ Cl^-$

(b) $HO^- + CH_3^+ \longrightarrow HO\text{—}CH_3$; $HO^- + B(CH_3)_3 \longrightarrow HO\text{—}B(CH_3)_3^-$;
$HO^- + MgBr_2 \longrightarrow HO\text{—}MgBr_2^-$

1.25

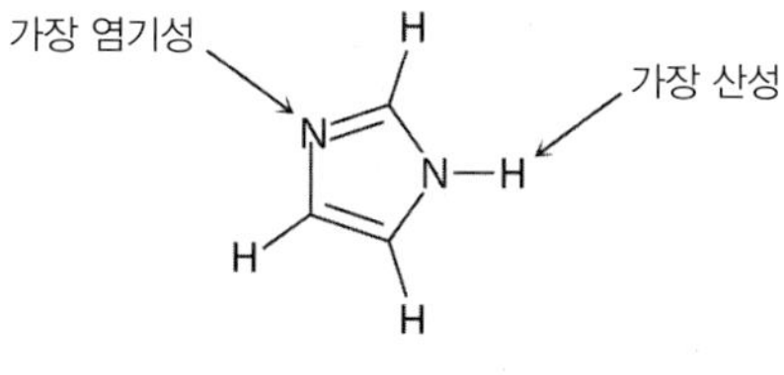

가장 염기성

가장 산성

2장

2.1 **(a)** 카복실산, 이중 결합
(b) 카복실산, 방향족 고리, 에스터
(c) 알데하이드, 알코올

2.2 **(a)** CH_3OH **(b)** (벤젠 고리) **(c)** $CH_3C(=O)OH$ **(d)** CH_3NH_2

(e) $CH_3C(=O)CH_2CH_2NH_2$ **(f)** $H_2C{=}CHCH{=}CH_2$

2.3 아민, 에스터, C–C 이중 결합(알켄)

2.4
$CH_3CH_2CH_2CH_2CH_2CH_3$ $CH_3CH(CH_3)CH_2CH_2CH_3$ $CH_3CH_2CH(CH_3)CH_2CH_3$
$CH_3C(CH_3)_2CH_2CH_3$ $CH_3CH(CH_3)CH(CH_3)CH_3$

2.5 **(a)** $CH_3CH_2CH_2CH_2CH_2CH_2CH_2CH_3$
$(CH_3)_2CHCH_2CH_2CH_2CH_2CH_3$
$(CH_3)_3CCH_2CH_2CH_2CH_3$

(b) $H{-}CH_2{-}CH_2{-}CH_2{-}C(=O){-}OH$ (H–C(H)(H)–C(H)(H)–C(H)(H)–C(=O)–OH)

H–C(H)(H)–C(H)(H)–O–C(=O)–C(H)(H)–H

2.6
$CH_3CH_2CH_2CH_2CH_2-$ $CH_3CH_2CH_2CH(CH_3)-$ $CH_3CH_2CH(CH_2CH_3)-$ $CH_3CH(CH_3)CH_2CH_2-$
$CH_3CH_2CH(CH_3)CH_2-$ $CH_3CH_2C(CH_3)_2-$ $CH_3CH(CH_3)CH(CH_3)-$ $CH_3C(CH_3)_2CH_2-$

2.7 **(a)** $CH_3CH(CH_3)CH(CH_3)CH_3$ **(b)** $CH_3CH_2CH(CH(CH_3)CH_3)CH_2CH_3$ (위쪽에 CH_3CHCH_3) **(c)** $CH_3C(CH_3)_2CH_2CH_3$

2.8 **(a)**

p
CH_3
$CH_3CHCH_2CH_2CH_3$
p t s s p

(b)

p t p
CH_3CHCH_3
$CH_3CH_2CHCH_2CH_3$
p s t s p

(c)

p p
CH_3 CH_3
$CH_3CHCH_2-C-CH_3$
p t s q p
CH_3
p

2.9 **(a)** 펜테인, 2-메틸뷰테인, 2,2-다이메틸프로페인
(b) 3,4-다이메틸헥세인
(c) 2,4-다이메틸펜테인
(d) 2,2,5-트라이메틸헵테인

2.10 **(a)**

CH_3
$CH_3CH_2CHCHCH_2CH_2CH_2CH_2CH_3$
CH_3

(b)

H_3C CH_2CH_3
$CH_3CH_2CH_2C-CHCH_2CH_3$
H_3C

(c)

CH_3 $CH_2CH_2CH_3$
$CH_3CCH_2CHCH_2CH_2CH_2CH_3$
CH_3

(d)

CH_3 CH_3
$CH_3CCH_2CHCH_3$
CH_3

2.11 3,3,4,5-테트라메틸헵테인

2.12

CH_3
H H
H H
H

가장 안정한 형태
(엇갈린)

H_3C H
H H
H H

최소 안정한 형태
(겹친)

2.13

CH_3
H H
H H
CH_3

CH_3
H CH_3
H H
H

엇갈린 뷰테인

H_3C CH_3
H H
H H

H_3C H
H H
CH_3 H

겹친 뷰테인

2.14 뷰테인의 첫째 엇갈린 형태가 가장 안정하다.

2.15 **(a)** C_5H_5N **(b)** $C_6H_{10}O$ **(c)** C_8H_7N

2.16 **(a)** $CH_3CH_2CH{=}CH_2$ **(b)** $CH_3CH_2CH{=}O$ ($CH_3CH_2\overset{O}{\overset{\|}{C}}H$) **(c)** $CH_3CH_2CHCH_3$ (Cl이 CH에 결합)

2.17

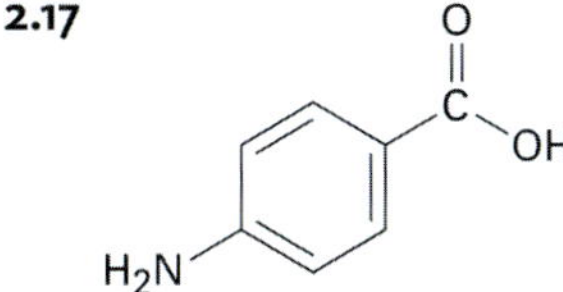

2.18 **(a)** 1,4-다이메틸사이클로헥세인 **(b)** 1-에틸-3-메틸사이클로펜테인
(c) 아이소프로필사이클로뷰테인

2.19 (a) CH_3, $H_3C-C-CH_3$, CH_3 (b) CH_3, CH_3 (c) CH_3CH_2, $CHCH_3$, CH_3

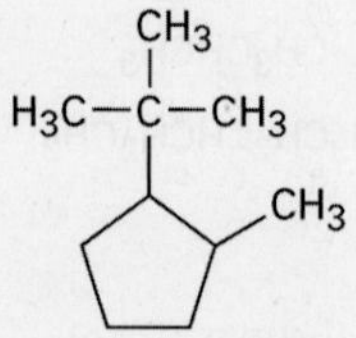

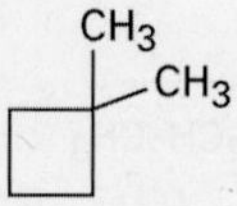

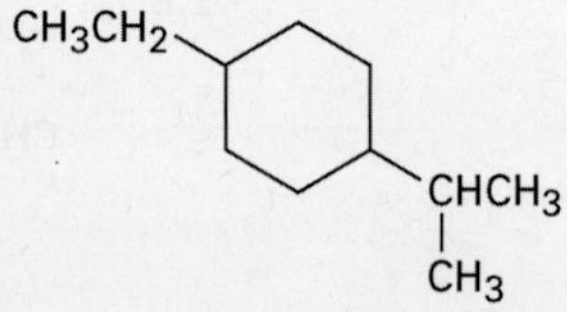

(d) $CH_3CH_2CHCH_2CH_2CH_3$

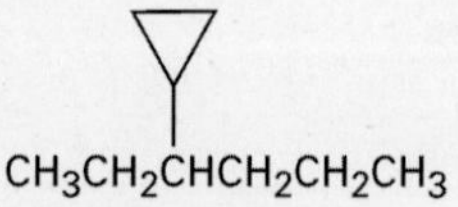

2.20 H_3C Cl H H

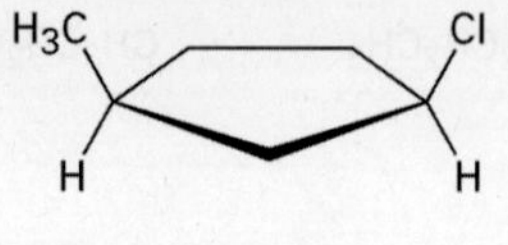

2.21 Br Br H H   Br H H Br

시스   트랜스

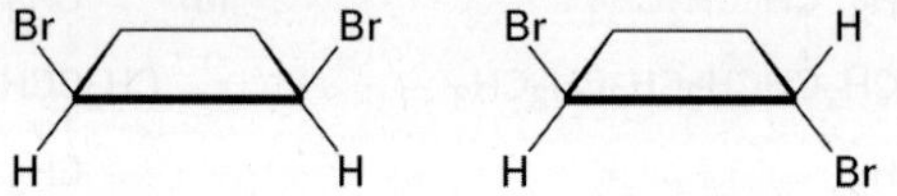

2.22 두 하이드록시기는 시스이다; 두 탄소 사슬은 트랜스이다.

2.23 **(a)** *시스*-1,2-다이메틸사이클로펜테인
(b) *시스*-1-브로모-3-메틸사이클로뷰테인

2.24

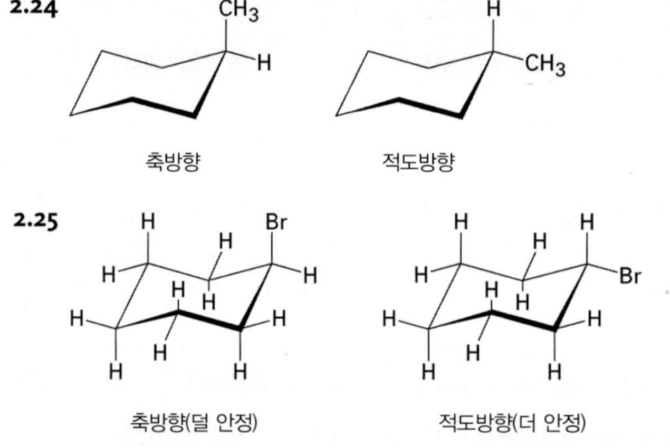

2.25

2.26 축방향과 적도방향 자리는 고리의 각 측면에서 교대로 되어 있다.

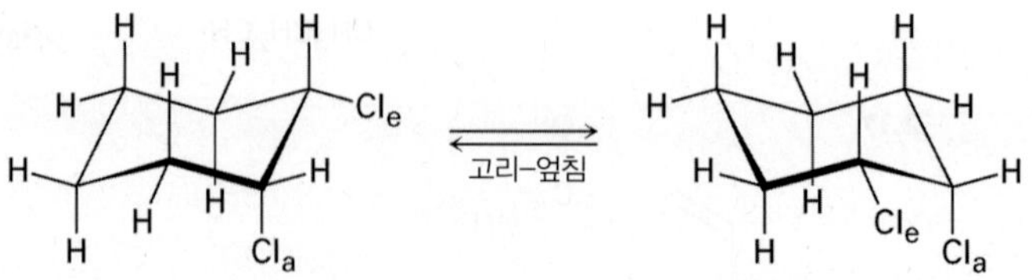

Cl_e Cl_a 고리-옆침 Cl_e Cl_a

2.27 축방향과 적도방향 자리는 고리의 각 측면에서 교대로 되어 있다.

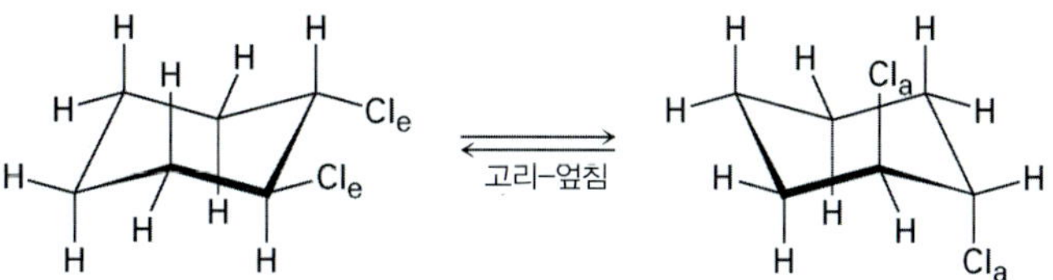

2.28 덜 안정

3장

3.1 **(a)** 3,4,4-트라이메틸펜트-1-엔 **(b)** 3-메틸헥스-3-아인
(c) 4,7-다이메틸옥다-2,5-다이엔 **(d)** 6-에틸-7-메틸논-4-엔

3.2 **(a)** 1,2-다이메틸사이클로헥센 **(b)** 4,4-다이메틸사이클로헵텐
(c) 3-아이소프로필사이클로펜텐

3.3 **(a)** $CH_3CH_2CH_2CH_2C(CH_3){=}CH_2$ **(b)** $CH_3C(CH_3)_2C{\equiv}CCH_3$

(c) $H_2C{=}CHCH_2CH_2C(CH_3){=}CH_2$ **(d)** $CH_3CH_2CH_2CH{=}C(CH_2CH_3){-}C(CH_3)_2CH_3$

3.4 **(a)** 2,5-다이메틸헥스-3-아인 **(b)** 3,3-다이메틸뷰트-1-아인
(c) 3,3-다이메틸옥트-4-아인 **(d)** 2,5,5-트라이메틸헵트-3-아인

3.5 **(a)** 2,5,5-트라이메틸헥스-2-엔 **(b)** 2,2-다이메틸헥스-3-아인
(c) 2-메틸헵타-2,5-다이엔 **(d)** 1-메틸사이클로펜타-1,3-다이엔

3.6 화합물 (c), (d), (e), 및 (f)는 이성질체 쌍으로 존재할 수 있다.

3.7 **(a)** *시스*-3,4-다이메틸헥스-2-엔 **(b)** *트랜스*-6-메틸헵트-3-엔

3.8 **(a)** –Br **(b)** –Br **(c)** $-CH_2CH_3$
(d) –OH **(e)** $-CH_2OH$ **(f)** $-CH{=}O$

3.9 **(a)** *Z* **(b)** *E* **(c)** *E*

3.10 *Z*

3.11 **(a)** 치환 **(b)** 제거 **(c)** 첨가

3.12 **(a)** **(b)** **(c)** **(d)**

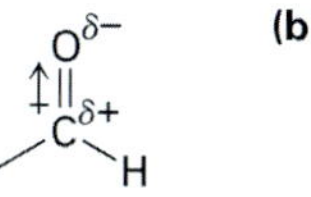
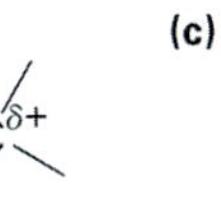

3.13 친전자체: (a), (c); 핵친체: (b), (d), (e)

3.14 붕소는 6개의 최외각 전자만을 가지므로 Lewis 산/친전자체이다.

:F:B:F:
:F:

3.15 $(CH_3)_3C^+$는 중간체이다.

3.16 2-클로로펜테인 및 3-클로로펜테인

3.17 E_{act} = 60 kJ/mol이 더 빠르다.

3.19

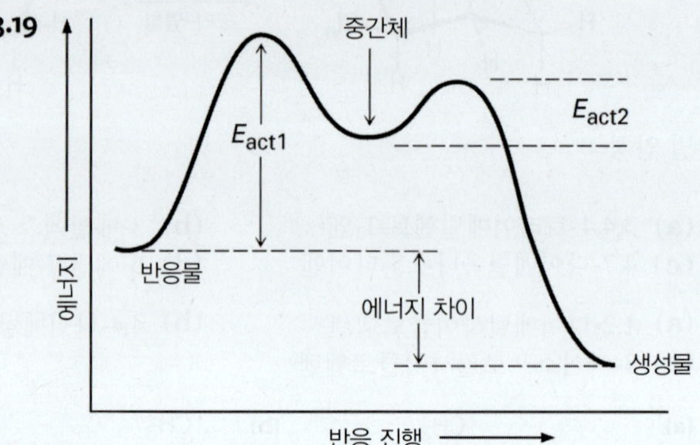

4장

4.1 **(a)** 클로로사이클로헥세인 **(b)** 2-브로모-2-메틸펜테인
(c) 4-메틸펜탄-2-올 **(d)** 1-브로모-1-메틸사이클로헥세인

4.2 **(a)** 사이클로펜텐 **(b)** 1-에틸사이클로헥센 또는 에틸리덴사이클로헥세인
(c) 헥스-3-엔 **(d)** 바이닐사이클로헥세인(사이클로헥실에틸렌)

4.3 (a) $CH_3CH_2\overset{+}{C}(CH_3)CH_2CH(CH_3)CH_3$ (b) $^{+}$ $-CH_2CH_3$ (사이클로펜틸 고리)

4.4 (a) $CH_3CH_2C(OH)(CH_3)CH_2CH_2CH_3$ (b) CH_3, OH (사이클로펜테인 고리) (c) $CH_3CH_2CH(CH_3)CH_2CH_2C(CH_3)(OH)-CH_3$

4.5 **(a)** 뷰트-1-엔 또는 뷰트-2-엔
(b) 3-메틸펜트-2-엔 또는 2-에틸뷰트-1-엔
(c) 1,2-다이메틸사이클로헥센 또는 2,3-다이메틸사이클로헥센

4.6 *트랜스*-1,2-다이브로모-1,2-다이메틸사이클로헥세인

4.7 +:Br̈ H_3C CH_3

4.8 **(a)** 2-메틸펜테인 **(b)** 1,1-다이메틸사이클로펜테인

4.9 (a) O O (b)

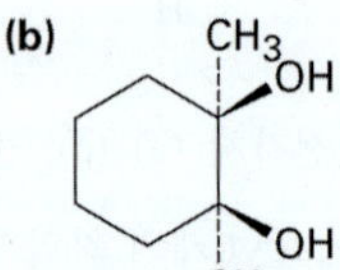

4.10 **(a)** 2-메틸프로펜 **(b)** 헥스-3-엔

4.11

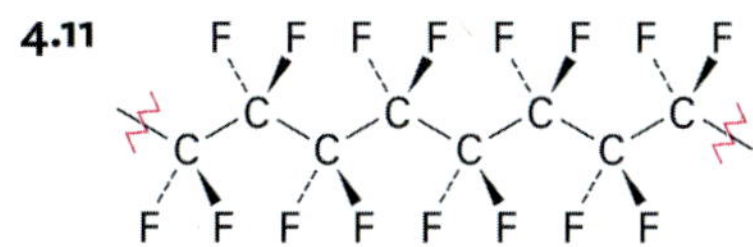

4.12 1,4-다이브로모뷰트-2-엔 및 3,4-다이브로모뷰트-1-엔

4.13 4-클로로펜트-2-엔, 3-클로로펜트-1-엔, 1-클로로펜트-2-엔

4.14 $CH_3CH_2\overset{\delta+}{C}H{=\!=}CH{=\!=}\overset{\delta+}{C}H_2$ 및 $CH_3\overset{\delta+}{C}H{=\!=}CH{=\!=}\overset{\delta+}{C}HCH_3$

더 안정

4.15

(a) $\overset{+}{C}H_2$ ⟷ CH_2, +

(b) $CH_3-C(=\ddot{O}:)-\ddot{C}H_2$ ⟷ $CH_3-C(-\ddot{O}:^-)=CH_2$

(c) + ⟷ + ⟷ +

4.16 6-메틸헵트-3-아인 **(b)** 3,3-다이메틸뷰트-1-아인
5-메틸헥스-2-아인 **(d)** 헵트-2-엔-5-아인

4.17 **(a)** 1,2-다이클로로펜트-1-엔
(b) 4-브로모헵트-3-엔 및 3-브로모헵트-3-엔
(c) *시스*-6-메틸헵트-3-엔

4.18 옥탄-4-온

4.19 **(a)** 펜트-1-아인 **(b)** 헥스-3-아인

4.20 **(a)** 1-브로모-3-메틸뷰탄 + 아세틸렌
(b) 1-브로모프로페인 + 프롭-1-아인, 또는 브로모메테인 + 펜트-1-아인
(c) 브로모메테인 + 3-메틸뷰트-1-아인

5장

5.1 두 구조는 공명형이고, 이성질체는 아니다.

5.2 **(a)** 메타 **(b)** 파라 **(c)** 오쏘

5.3 **(a)** *m*-브로모클로로벤젠 **(b)** (3-메틸뷰틸)벤젠
(c) *p*-브로모아닐린 **(d)** 2,5-다이클로로톨루엔
(e) 1-에틸-2,4-다이나이트로벤젠 **(f)** 1,2,3,5-테트라메틸벤젠

5.4 (a)

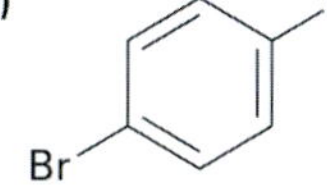

(b)

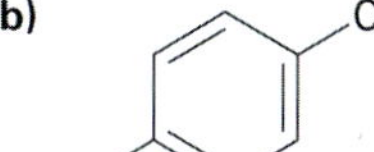

(c) Cl, NH_2

(d) H_3C, Cl, CH_3

5.5 *o*-, *m*-, *p*-브로모톨루엔

5.6

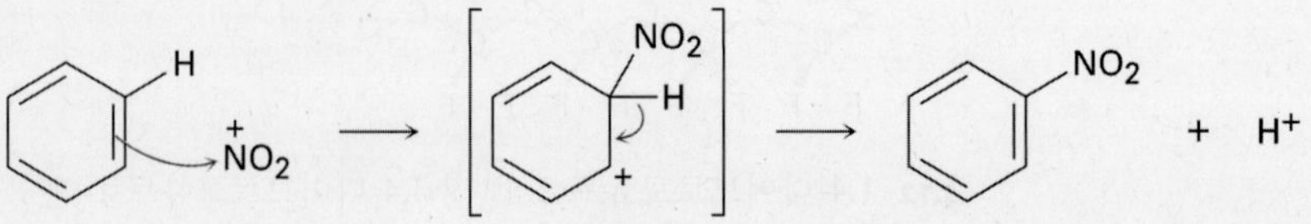

양이온 중간체

5.7 *p*-자이렌은 한 종류의 고리 위치를 가진다; *o*-자이렌은 2종류의 고리 위치를 가진다.

5.8 3

5.9 **(a)** 에틸벤젠 **(b)** 2-에틸-1,4-다이메틸벤젠

5.10 **(a)** *tert*-뷰틸벤젠 **(b)** 프로판오일벤젠, $C_6H_5COCH_2CH_3$

5.11 **(a)** 나이트로벤젠 < 톨루엔 < 페놀
(b) 벤조산 < 클로로벤젠 < 벤젠 < 페놀
(c) 벤즈알데하이드 < 브로모벤젠 < 벤젠 < 아닐린

5.12 **(a)** *m*-클로로벤조나이트릴 **(b)** *o*- 및 *p*-브로모클로로벤젠

5.13 **(a)** *m*-나이트로벤젠설폰산
(b) *o*- 및 *p*-브로모벤젠설폰산
(c) *o*- 및 *p*-메틸벤젠설폰산
(d) *m*-카복시벤젠설폰산
(e) *m*-사이아노벤젠설폰산

5.14

오쏘

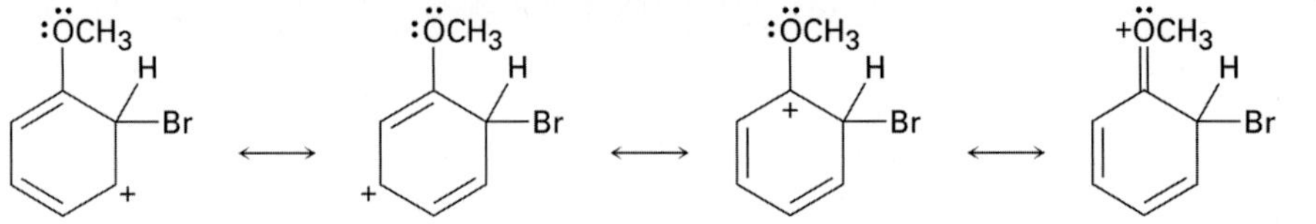

메타

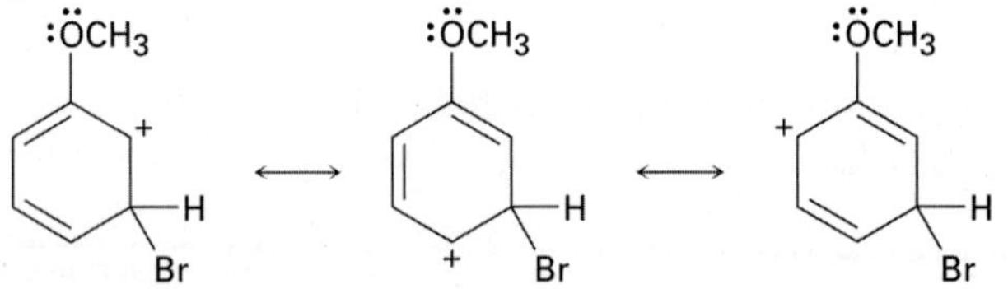

파라

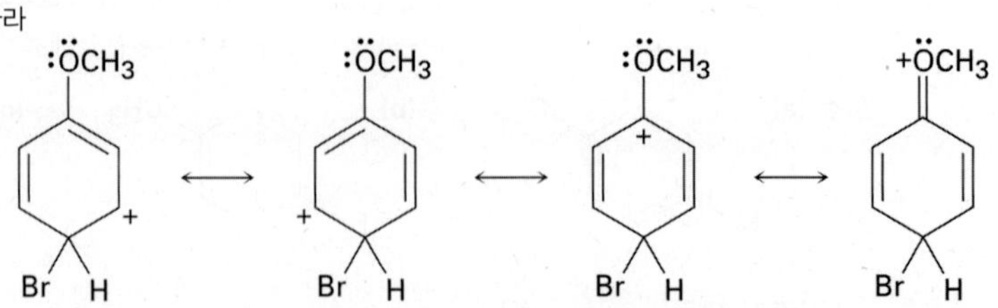

5.15 오쏘

메타

파라

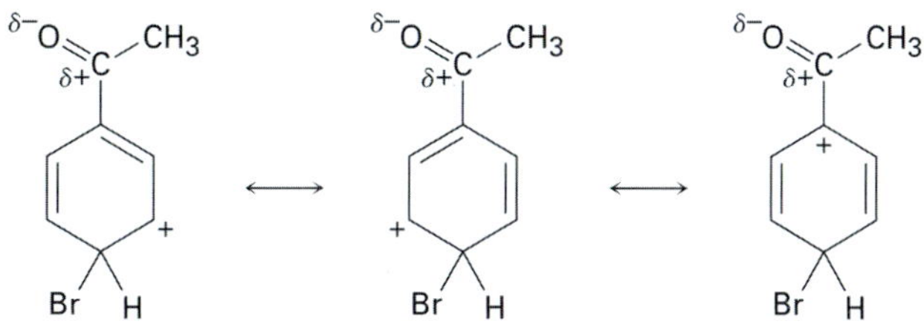

5.16 **(a)** *m*-클로로벤조산 **(b)** *o*-벤젠다이카복실산

5.17

5.18 **(a)** 1. CH_3Cl, $AlCl_3$; 2. CH_3COCl, $AlCl_3$
(b) 1. Cl_2, $FeCl_3$; 2. HNO_3, H_2SO_4

5.19 **(a)** 1. Br_2, $FeBr_3$; 2. CH_3Cl, $AlCl_3$ **(b)** 1. 2 CH_3Cl, $AlCl_3$; 2. Br_2, $FeBr_3$

5.20 1. CH_3Cl, $AlCl_3$; 2. $KMnO_4$, H_2O; 3. Cl_2, $FeCl_3$

6장

6.1 카이랄: 나사, 구두

6.2 카이랄: (b), (c)

6.3 카이랄: (b)

6.4 및

6.5 **(a)** **(b)**

6.6 좌회전성

6.7 +16.1

6.8 **(a)** $-OH, -CH_2CH_2OH, -CH_2CH_3, -H$
(b) $-OH, -CO_2CH_3, -CO_2H, -CH_2OH$
(c) $-NH_2, -CN, -CH_2NHCH_3, -CH_2NH_2$
(d) $-SSCH_3, -SH, -CH_2SCH_3, -CH_3$

6.9 **(a)** *S* **(b)** *S* **(c)** *R*

6.10

H
|
HO–C–$CH_2CH_2CH_3$
CH_3

6.11 *S*

6.12 **(a)** *R,R* **(b)** *S,R* **(c)** *R,S*

6.13 분자 (b)와 (c)는 거울상이성질체(거울상)이다. 분자 (a)는 (b)와 (c)의 부분입체이성질체이다.

6.14 **(a)** *R,R* **(b)** *S,R* **(c)** *R,S* **(d)** *S,S*

6.15 6 입체중심; 64 입체이성질체

6.16 *S,S*

6.17 메소: (a) 및 (c)

6.18 메소: (a) 및 (c)

6.19 생성물은 순수 *S* 에스터이다.

6.20 **(a)** 구성 이성질체 **(b)** 부분입체이성질체

7장

7.1 **(a)** 2-브로모뷰테인 **(b)** 3-클로로-2-메틸펜테인
(c) 1-클로로-3-메틸뷰테인 **(d)** 1,3-다이클로로-3-메틸뷰테인
(e) 1-브로모-4-클로로뷰테인 **(f)** 4-브로모-1-클로로펜테인

7.2 **(a)** $CH_3CH_2CH_2C(CH_3)_2CH(Cl)CH_3$
(b) $CH_3CH_2CH_2C(Cl)_2CH(CH_3)_2$
(c) $CH_3CH_2C(Br)(CH_2CH_3)_2$
(d) $CH_3CH(Cl)CH_2CH(CH_3)CH(Br)CH_3$

7.3 1-클로로-3-메틸펜테인, 2-클로로-3-메틸펜테인, 3-클로로-3-메틸펜테인, 3-(클로로메틸)펜테인. 처음 2개는 카이랄이다.

7.4 **(a)** 2-메틸프로판-2-올 + HCl **(b)** 4-메틸펜탄-2-올 + PBr_3
(c) 5-메틸헥산-1-올 + PBr_3 **(d)** 2,4-다이메틸헥산-2-올 + HCl

7.5 **(a)** 4-브로모-2-메틸헥세인 **(b)** 1-클로로-3,3-다이메틸사이클로펜테인 + NaN_3

7.6 **(a)** $CH_3CH_2CH(I)CH_3$ **(b)** $(CH_3)_2CHCH_2SH$ **(c)** $C_6H_5CH_2CN$

7.7 **(a)** 1-브로모뷰테인 + NaOH **(b)** 1-브로모-3-메틸뷰테인 + NaN_3

7.8 **(a)** 속도는 3배 **(b)** 속도는 4배

7.9 (*R*) $CH_3CO_2CH(CH_3)CH_2CH_2CH_2CH_3$

7.10 H_3C–C(H)(CH₃)–CH_2–C(Br)(H)(*S*)–CH_3 ⟶ H_3C–C(H)(CH₃)–CH_2–C(H)(SH)(*R*)–CH_3

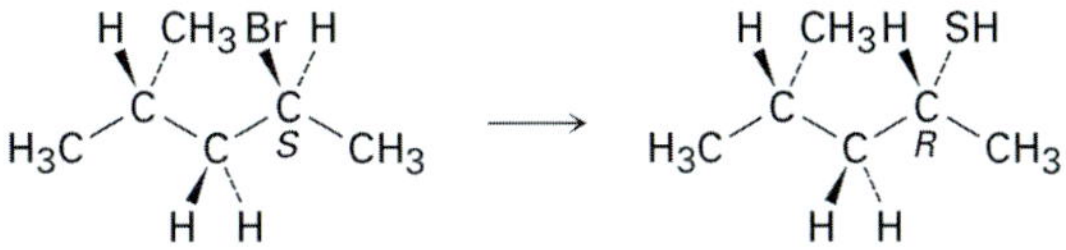

7.11 **(a)** $CH_3CH_2CH_2Br$과의 반응이 더 빠르다.
(b) $(CH_3)_2CHCH_2Cl$과의 반응이 더 빠르다.

7.12 $CH_3I > CH_3Br > CH_3F$

7.13 **(a)** 속도는 변하지 않는다. **(b)** 속도는 2배이다.

7.14 라세미 3-브로모-3-메틸옥테인

7.15 *S* 기질은 라세미 알코올 혼합물을 생성한다.

7.16 **(a)** 2-메틸펜트-2-엔 **(b)** 2,3,5-트라이메틸헥스-2-엔
(c) 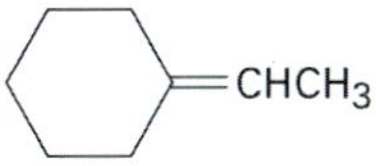 (cyclohexane)=$CHCH_3$

7.17 **(a)** 1-브로모-3,6-다이메틸헵테인
(b) 1,2-다이메틸-4-브로모사이클로펜테인

7.18 속도는 3배이다.

7.19 **(a)** S_N2 **(b)** E2 **(c)** S_N1 **(d)** E1cB

8장

8.1 **(a)** 5-메틸헥세인-2,4-다이올 **(b)** 2-메틸-4-페닐뷰탄-2-올
(c) 4,4-다이메틸사이클로헥산올 **(d)** *트랜스*-2-브로모사이클로펜탄올
(e) 4-브로모-3-메틸페놀 **(f)** 3-메톡시사이클로펜텐

8.2 2차: (a), (c), (d); 3차: (b)

8.3
(a) 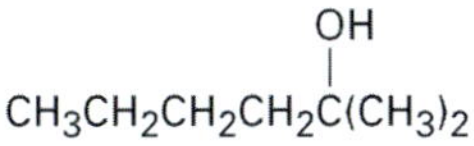 $CH_3CH_2CH_2CH_2C(OH)(CH_3)_2$
(b) 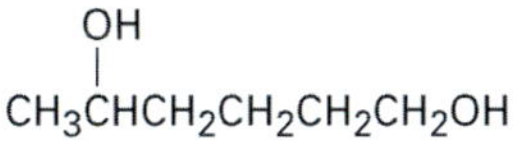 $CH_3CH(OH)CH_2CH_2CH_2CH_2OH$
(c) 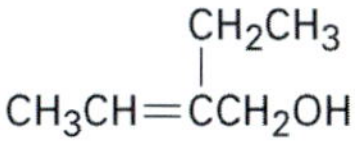 $CH_3CH{=}C(CH_2CH_3)CH_2OH$
(d) 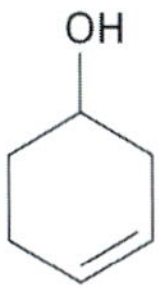 (cyclohex-3-en-1-ol: OH on cyclohexene ring)
(e)  (benzene ring with OH and ortho Br)
(f) 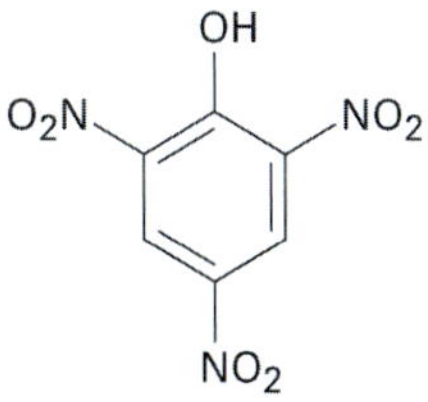 (benzene ring with OH, O_2N, NO_2, NO_2 at 2,4,6 positions)

8.4 **(a)** 다이아이소프로필 에터
(b) 사이클로펜틸 프로필 에터
(c) *p*-브로모아니솔 또는 4-브로모-1-메톡시벤젠
(d) 에틸 아이소뷰틸 에터

8.5 **(a)** $NaBH_4$ **(b)** $LiAlH_4$

8.6 **(a)** C_6H_5CHO, $C_6H_5CO_2H$, $C_6H_5CO_2R$
(b) $C_6H_5COCH_3$
(c) 사이클로헥산온

8.7 **(a)** 1-메틸사이클로펜탄올
(b) 1,1-다이페닐에탄올
(c) 3-메틸헥산-3-올

8.8 **(a)** 아세톤 + CH_3MgBr
(b) 사이클로헥산온 + CH_3MgBr
(c) 펜탄-3-온 + CH_3MgBr 또는 뷰탄-2-온 + CH_3CH_2MgBr

8.9 **(a)** 2,3-다이메틸펜트-2-엔 **(b)** 2-메틸펜트-2-엔

8.10 **(a)** 2,3-다이메틸사이클로헥산올 **(b)** 헵탄-4-올

8.11 **(a)** 1-페닐에탄올 **(b)** 2-메틸프로판-1-올 **(c)** 사이클로펜탄올

8.12 **(a)** 사이클로헥산온 **(b)** 헥산산 **(c)** 헥산-2-온

8.13 **(a)** 사이클로헥산온 **(b)** 헥산알 **(c)** 헥산-2-온

8.14 **(a)** $CH_3CH_2CH_2O^- + CH_3Br$
(b) $C_6H_5O^- + CH_3Br$
(c) $(CH_3)_2CHO^- + C_6H_5CH_2Br$

8.15 **(a)** 브로모에테인 > 클로로에테인 > 2-브로모프로페인 > 2-클로로-2-메틸프로페인

8.16 $CH_3CH_2COCH_2CH(CH_3)_2$;
(i) $CH_3CH_2CH(OCH_3)CH_2CH(CH_3)_2$
(ii) $CH_3CH_2CH(Cl)CH_2CH(CH_3)_2$
(iii) $CH_3CH_2COCH_2CH(CH_3)_2$

8.17 **(a)** I + CH_3OH **(b)** $CH_3CH_2CH(CH_3)OH$ + $CH_3CH_2CH_2I$

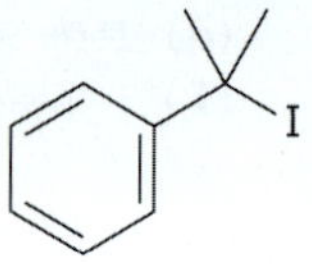

8.18 생성물은 *R,R* 및 *S,S* 뷰테인-1,2-다이올의 라세미 혼합물이다.

8.19 **(a)** 뷰테인-2-싸이올 **(b)** 2,2,6-트라이메틸헵테인-4-싸이올
(c) 사이클로펜트-2-엔-1-싸이올 **(d)** 에틸 아이소프로필 설파이드
(e) *o*-다이(메틸싸이오)벤젠 **(f)** 3-(에틸싸이오)사이클로헥산온

8.20 **(a)** 1. PBr_3; 2. Na^+ ^-SH **(b)** 1. $LiAlH_4$; 2. PBr_3; 3. Na^+ ^-SH

9장

9.1 **(a)** 펜탄-2-온 **(b)** $CH_3CH_2CH_2CH{=}CHCHO$
(c) $CH_3CH_2COCH_2CH_2CHO$ **(d)** 사이클로펜탄온

9.2 **(a)** 2-메틸펜탄-3-온
(b) 3-페닐프로판알
(c) 옥탄-2,6-다이온
(d) *트랜스*-2-메틸사이클로헥산카브알데하이드
(e) 펜탄다이알
(f) *시스*-2,5-다이메틸사이클로헥산온

9.3 **(a)** $CH_3CH(CH_3)CH_2CHO$ **(b)** $H_2C{=}C(CH_3)CH_2CHO$ **(c)** $CH_3CHClCH_2COCH_3$

(d) CH_2CHO **(e)** CHO, CH_3, CH_3 **(f)** O, O

9.4 **(a)** 과아이오디네인
(b) 1. $LiAlH_4$; 2. 과아이오디네인
(c) 1. $KMnO_4$; 2. $LiAlH_4$ 3; 과아이오디네인

9.5 **(a)** 과아이오디네인 **(b)** H_3O^+, $HgSO_4$ **(c)** $KMnO_4$, H_3O^+

9.6 **(a)** 1. H_3O^+; 2. 과아이오디네인 **(b)** 1. CH_3COCl, $AlCl_3$; 2. $NaBH_4$

9.7 **(a)** 펜탄산
(b) 2,2-다이메틸헥산산
(c) 반응 안함

9.8 $(CH_3)_2C(OH)CN$

9.9 $(CH_3)_2C(OH)OCH_3$

9.10 **(a)** $C_5H_9MgBr + (CH_3)_2CHCHO$ 또는 $(CH_3)_2CHMgBr + C_5H_9CHO$ or $C_5H_9COCH(CH_3)_2 + NaBH_4$
(b) $PhCH_2CHO + NaBH_4$ 또는 $PhCH_2CO_2R + LiAlH_4$ 또는 $PhCH_2MgBr + CH_2O$
(c) $C_6H_{11}MgBr + (CH_3)_2C{=}O$ 또는 $CH_3MgBr + C_6H_{11}CO_2R$ 또는 $CH_3MgBr + C_6H_{11}COCH_3$

9.11 $C_5H_9COCH_3 + CH_3MgBr$ 또는 $C_5H_9MgBr + (CH_3)_2C{=}O$

9.12 표지된 물은 카보닐기에 가역적으로 첨가된다.

9.13 아세탈 형성의 메커니즘은 그림 9.3에서 보여 준다.

9.14 H, O, O

9.15 1. 메탄올, 산 촉매; 2. CH_3MgBr; 3. H_3O^+

9.16 **(a)** N, CH_3 **(b)** OCH_2CH_3, OCH_2CH_3 **(c)**

9.17 $(CH_3)_2CHCOCH_2CH_3 + CH_3NH_2$

9.18 6-메틸사이클로헥스-2-엔온

10장

10.1 **(a)** 3-메틸뷰탄산
(b) 4-브로모펜탄산
(c) 2-에틸펜탄산
(d) *시스*-헥스-4-엔산
(e) *시스*-사이클로펜테인-1,3-다이카복실산

10.2 (a) $CH_3CH_2CH_2CH(CH_3)CH(CH_3)CO_2H$ (b) $CH_3CH(CH_3)CH_2CH_2CO_2H$ (c) o-hydroxybenzoic acid (CO_2H, OH) (d) cyclobutane-1,2-dicarboxylic acid (H, CO_2H; H, CO_2H)

10.3 **(a)** 염화 4-메틸펜탄오일
(b) 사이클로헥실아세트아마이드
(c) 2-메틸프로판산 아이소프로필
(d) 벤조산 무수물
(e) 사이클로펜탄카복실산 아이소프로필
(f) 2-메틸프로판산 사이클로펜틸
(g) *N*-메틸펜트-4-엔아마이드
(h) 2-메틸뷰테인나이트릴

10.4 (a) $(CH_3)_3CCCl$ (C=O) (b) $C_6H_5C(=O)NHCH_3$ (c) $CH_3C(CH_3)_2CH_2CH_2CH_2CN$
(d) $CH_3CH_2CH_2C(=O)OC(CH_3)_3$ (e) cyclohexane with H, $C(=O)NH_2$; H, CH_3
(f) $H_3C-C_6H_4-C(=O)-O-C(=O)-C_6H_4-CH_3$ (g) H_3C, H; H, $C(=O)Br$ cyclohexane
(h) Br–C_6H_4–CN

10.5 **(a)** $C_6H_5CO_2^-\ Na^+$ **(b)** $(CH_3)_3CCO_2^-\ K^+$

10.6 **(a)** 메탄올 < 페놀 < *p*-나이트로페놀 < 아세트산 < 황산
(b) 에탄올 < 벤조산 < *p*-사이아노벤조산

10.7 락트산은 −OH기의 전자-당김 효과 때문에 더 세다.

10.8 1. NaCN; 2. NaOH, H_2O. 아이오도벤젠은 이 방법에 의해 벤조산으로 변환될 수 없다.

10.9 **(a)** CH_3COCl **(b)** $CH_3CH_2CO_2CH_3$
(c) $CH_3CO_2COCH_3$ **(d)** $CH_3CO_2CH_3$

10.10 **(a)** $CH_3CO_2^-\ Na^+$ **(b)** CH_3CONH_2
(c) $CH_3CO_2CH_3 + CH_3CO_2^-\ Na^+$ **(d)** $CH_3CONHCH_3$

10.11 **(a)** C_6H_5COCl **(b)** $C_6H_5CO_2CH_3$
(c) $C_6H_5CH_2OH$ **(d)** $C_6H_5CO_2^-\ Na^+$

10.12 **(a)** $CH_3CO_2H + CH_3CH_2CH_2CH_2OH$
(b) $CH_3CH_2CH_2CO_2H + CH_3OH$
(c) $PhCO_2H + (CH_3)_2CHOH$

10.13 **(a)** $CH_3CH_2COCl + CH_3OH$ **(b)** $CH_3COCl + CH_3CH_2OH$
(c) $CH_3COCl + C_6H_{11}OH$

10.14

:O: C Cl :NH_3 → [:Ö: Cl C $\overset{+}{N}H_3$ → O C $\overset{+}{N}H_3$] → $-H^+$ → O C NH_2

10.15 **(a)** $CH_3CH_2COCl + NH_3$ **(b)** $(CH_3)_2CHCH_2COCl + CH_3NH_2$
(c) $CH_3CH_2COCl + (CH_3)_2NH$ **(d)** $PhCOCl + (CH_3CH_2)_2NH$

10.17

O ‖ $COCH_3$ CO_2H

10.18 **(a)** $(CH_3)_2CHOH + CH_3CO_2H$
(b) $CH_3OH + C_6H_{11}CO_2H$

10.19 산이 알콕시화 이온과 반응하여 비활성인 카복실산 음이온을 생성한다.

10.20 **(a)** $CH_3CH_2CH_2CH(CH_3)CH_2OH + CH_3OH$
(b) $C_6H_5OH + C_6H_5CH_2OH$

10.21 **(a)** $C_5H_9CH_2CO_2R + CH_3CH_2MgBr$
(b) $CH_3CO_2R + H_2C{=}CHMgBr$

10.22 **(a)** H_2O, NaOH **(b)** 1. H_2O, NaOH; 2. $LiAlH_4$ **(c)** $LiAlH_4$

10.23

H_3C H_3C N H

10.24 **(a)** $CH_3CH_2CN + CH_3CH_2MgBr$, 그러고나서 H_3O^+
(b) *p*-나이트로벤조나이트릴 + CH_3MgBr, 그러고나서 H_3O^+

10.25 1. NaCN; 2. CH_3CH_2MgBr, 그러고나서 H_3O^+

10.26

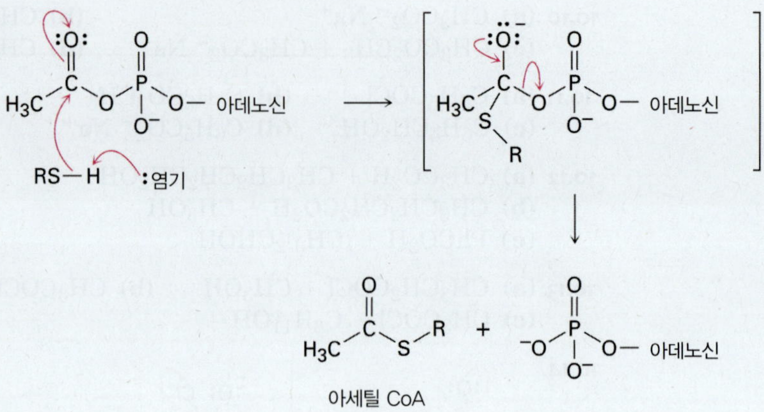

$H_3C-C(=O)-O-P(=O)(O^-)-O-$ 아데노신 + RS—H + :염기 ⟶ [$H_3C-C(O^-)(SR)-O-P(=O)(O^-)-O-$ 아데노신] ⟶ $H_3C-C(=O)-S-R$ + $^-O-P(=O)(O^-)-O-$ 아데노신

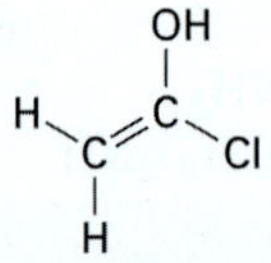

아세틸 CoA

10.27 $\left(-C(=O)-C_6H_4-C(=O)-NH-C_6H_4-NH- \right)_n$

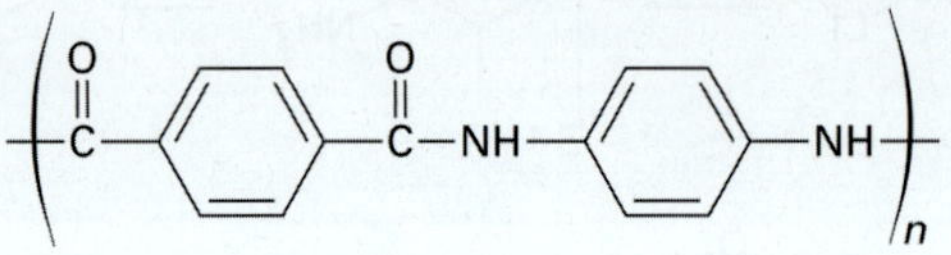

11장

11.1

(a) 1-사이클로펜텐올 (OH가 붙은 사이클로펜텐)

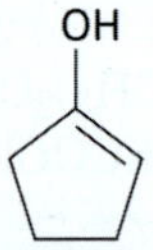

(b) $H_2C=C(OH)Cl$

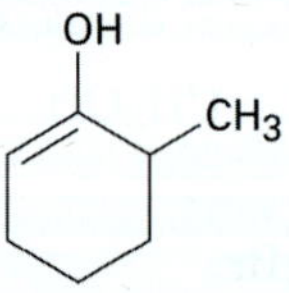

(c) $H_2C=C(OH)OCH_2CH_3$

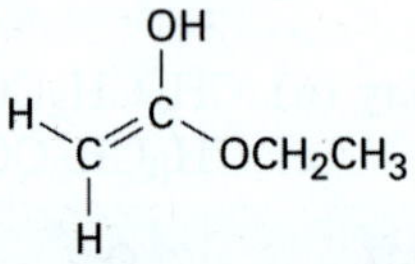

(d) $H_2C=C(OH)OH$

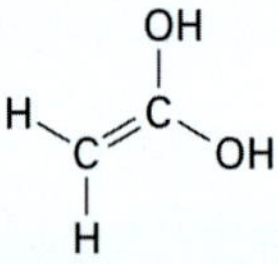

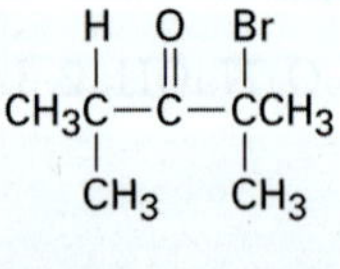

(e) $C_6H_5C(OH)=CH_2$

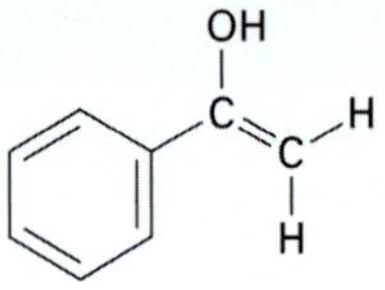

11.2 (a) 4 (b) 3 (c) 3 (d) 4 (e) 3

11.3 6-메틸-1-사이클로헥센올 및 2-메틸-1-사이클로헥센올 (OH, CH_3)

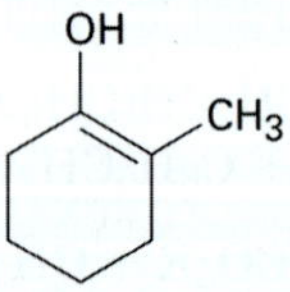

11.4 (a) $CH_3C(H)(CH_3)-C(=O)-C(Br)(CH_3)CH_3$ (b) 2-브로모-6,6-다이메틸사이클로헥산온 (H, Br, O, CH_3, CH_3)

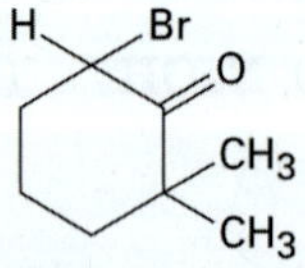

11.5 1. Br_2; 2. 피리딘, 열

11.6 (a) CH_3CH_2CHO (b) $(CH_3)_3CCOCH_3$
(c) CH_3CO_2H (d) $CH_3CH_2CH_2C\equiv N$
(e) 1,3-사이클로헥산다이온 (각 α-H 표시: H, H, H, H, H, H)

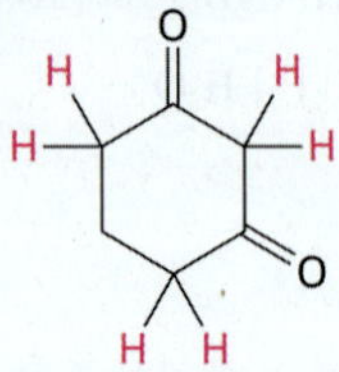

11.7 (a) CH_3CH_2–CH=C(–$\ddot{O}$:$^-$)–H

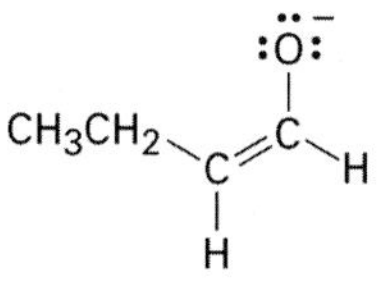

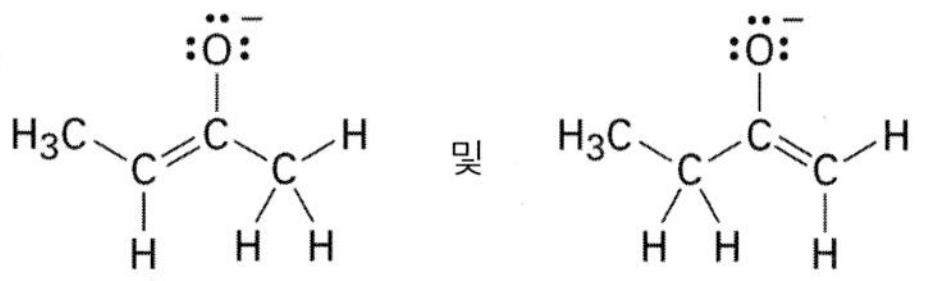

(b) H_3C–CH=C($\ddot{O}$:$^-$)–CH_3 및 H_3C–CH_2–C($\ddot{O}$:$^-$)=CH_2

(c) H H … $\ddot{O}$:$^-$ … CH_3 및 H … $\ddot{O}$:$^-$ … CH_3 … H

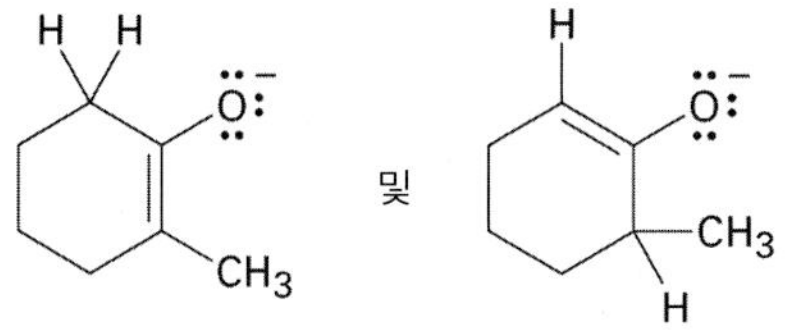

11.8

H_3C–C(=O:)–$\ddot{C}^-$H–C(=O:)–OCH_3 ⟷ H_3C–C($\ddot{O}$:$^-$)=CH–C(=O:)–OCH_3 ⟷ H_3C–C(=O:)–CH=C($\ddot{O}$:$^-$)–OCH_3

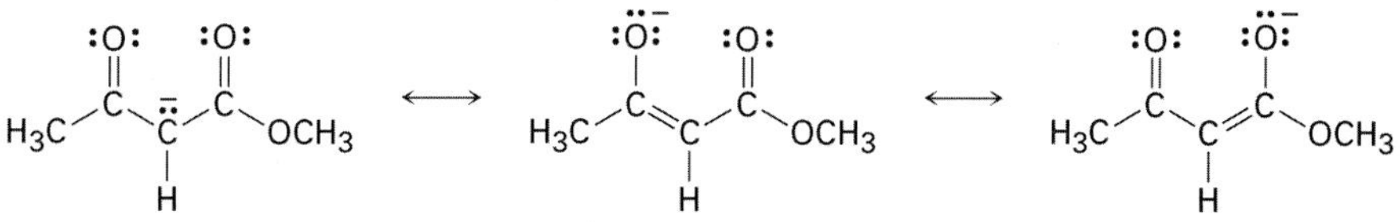

11.9 **(a)** CH_3CH_2Br **(b)** $C_6H_5CH_2Br$ **(c)** $(CH_3)_2CHCH_2CH_2Br$

11.10 **(a)** 1. Na^+ ^-OEt; 2. $(CH_3)_2CHCH_2Br$; 3. H_3O^+
(b) 1. Na^+ ^-OEt; 2. $CH_3CH_2CH_2Br$; 3. Na^+ ^-OEt; 4. CH_3Br; 5. H_3O^+

11.11 1. Na^+ ^-OEt; 2. $(CH_3)_2CHCH_2Br$; 3. Na^+ ^-OEt; 4. CH_3Br; 5. H_3O^+

11.12 (a)만 알돌 반응을 한다.

11.13 (a) $CH_3CH_2CH_2CH(OH)$–$CH(CH_2CH_3)CHO$

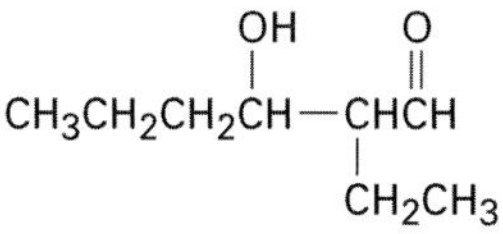

(b) OH, O, C–CH_2C, CH_3

(c) OH, O

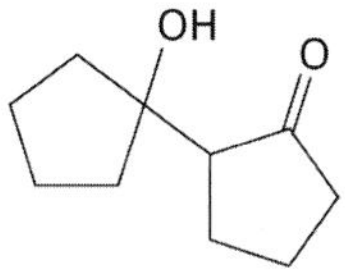

11.14 (a) $CH_3C(CH_3)$=$CHCCH_3$ (C=O)

(b) O

(c) CH_3CH_2CH=$C(CH_3)CH$ (C=O)

11.15 $CH_3CH_2C(H_3C)$=$C(CH_3)CCH_3$ (C=O) 및 $CH_3CH_2C(CH_3)$=$CHCCH_2CH_3$ (C=O)

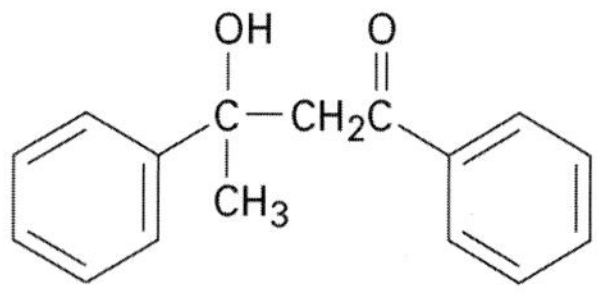

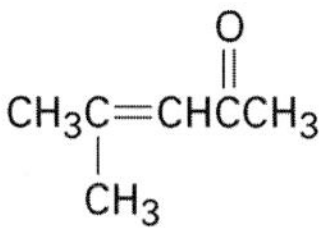

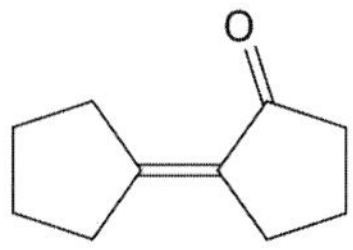

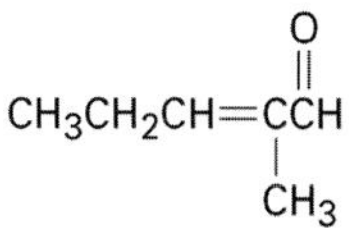

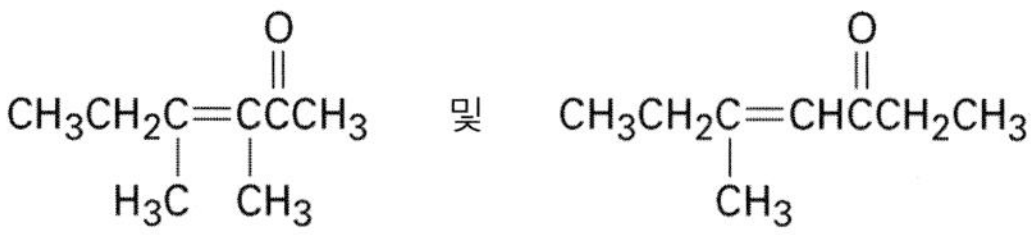

11.16 (c)만 Claisen 반응을 한다.

11.17 **(a)** $(CH_3)_2CHCH_2C(=O)CH(CH(CH_3)_2)C(=O)OCH_3$

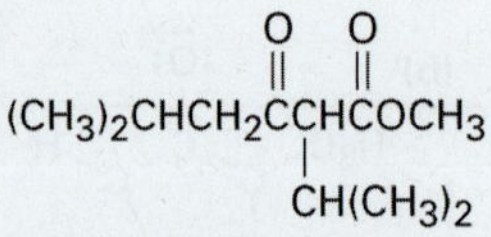

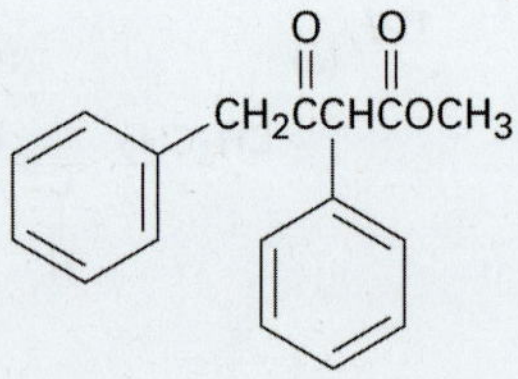

O O
‖ ‖
$(CH_3)_2CHCH_2CCHCOCH_3$
|
$CH(CH_3)_2$

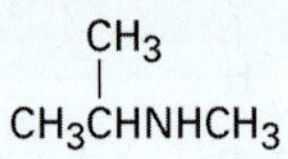

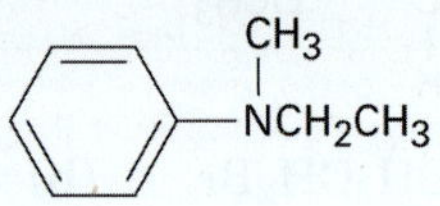

(b) O O ‖ ‖ $CH_2CCHCOCH_3$ (페닐기 2개)

(c) O O ‖ ‖ $CH_2CCHCOCH_3$ (사이클로헥실기 2개)

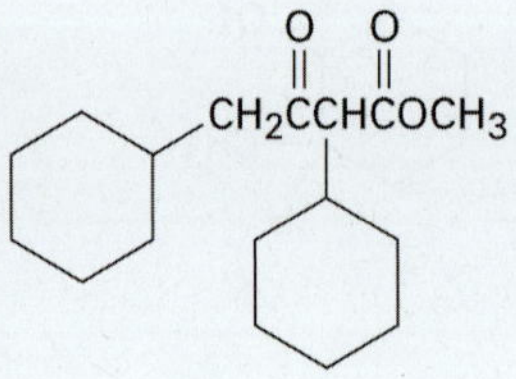

12장

12.1 **(a)** 1차 **(b)** 2차 **(c)** 3차

12.2 **(a)** CH_3 | $CH_3CHNHCH_3$ **(b)** CH_3 | $-NCH_2CH_3$ **(c)** CH_3 | $-\overset{+}{N}CH_2CH_3\ Br^-$ | $CH_2CH_2CH_3$

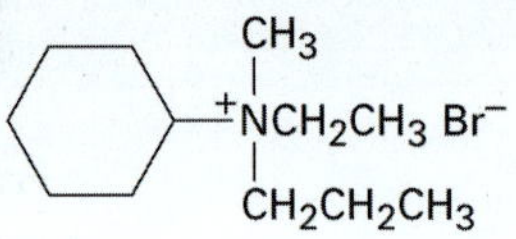

12.3 **(a)** 아이소프로필아민 **(b)** 다이에틸아민
(c) *N*-메틸피롤 **(d)** *N*-메틸-*N*-에틸사이클로헥실아민
(e) 다이아이소프로필아민 **(f)** 뷰테인-1,3-다이아민

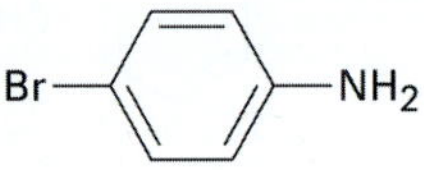

12.4 **(a)** $(CH_3CH_2)_3N$ **(b)** $-NHCH_3$ **(c)** $(CH_3CH_2)_4N^+\ Br^-$

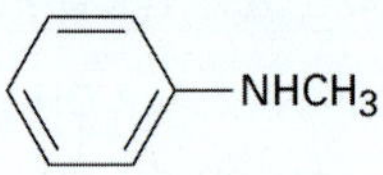

(d) Br$-$ $-NH_2$ **(e)** CH_3 | $-NCH_2CH_3$

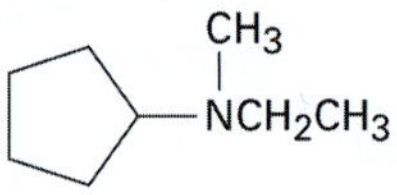

12.5 브롬화 *N*-메틸사이클로펜틸암모늄

12.6 **(a)** $CH_3CH_2NH_2$ **(b)** NaOH **(c)** CH_3NHCH_3 **(d)** $(CH_3)_3N$

12.7 **(a)** $CH_3CH_2CONH_2$ **(b)** $CH_3CH_2CONHCH_2CH_2CH_3$
(c) $PhCONH_2$

12.8 **(a)** $(CH_3)_2CHCH_2CN$ **(b)** PhCN

12.9 **(a)** $3\ CH_3CH_2Br + NH_3$ **(b)** $4\ CH_3Br + NH_3$

12.10 HO, HO, CH_2CH_2Br $\xrightarrow{NH_3}$ 또는 HO, HO, CH_2Br $\xrightarrow[2.\ LiAlH_4]{1.\ NaCN}$

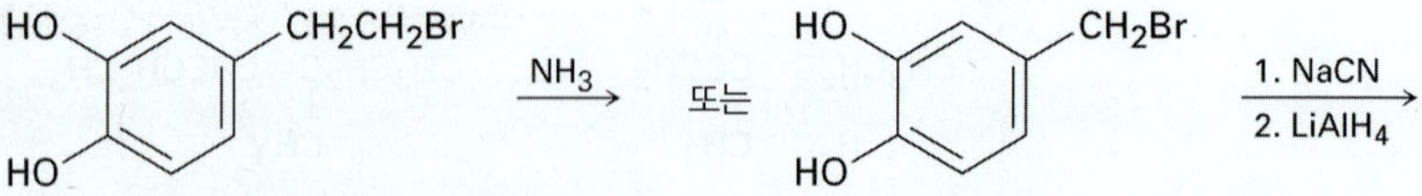

12.11 **(a)** $CH_3CH_2NH_2 + CH_3COCH_3$ 또는 $(CH_3)_2CHNH_2 + CH_3CHO$
(b) $C_6H_5NH_2 + CH_3CHO$
(c) $C_5H_{11}NH_2 + CH_2O$ 또는 CH_3NH_2 + 사이클로펜탄온

12.12 $(CH_3)_2NH$ + *o*-메틸벤즈알데하이드

12.13 **(a)** 1. CH_3Cl, $AlCl_3$; 2. $KMnO_4$, H_2O; 3. HNO_3, H_2SO_4; 4. H_2, Pt 촉매
(b) 1. HNO_3, H_2SO_4; 2. H_2/Pt 촉매; 3. 3 Br_2

12.14 **(a)** *N*-메틸-2-브로모피롤 **(b)** *N*-메틸-2-메틸피롤
(c) *N*-메틸-2-아세틸피롤

12.15

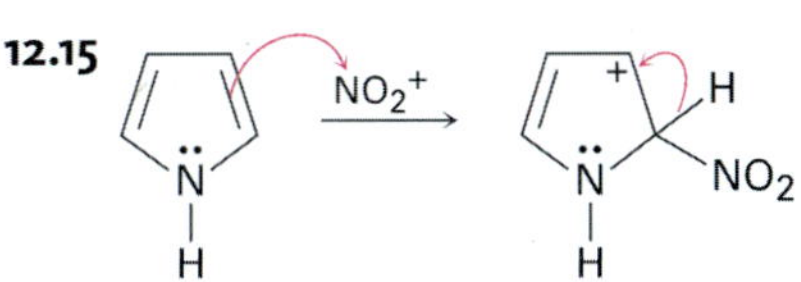

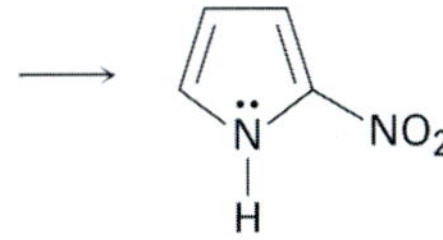

12.16

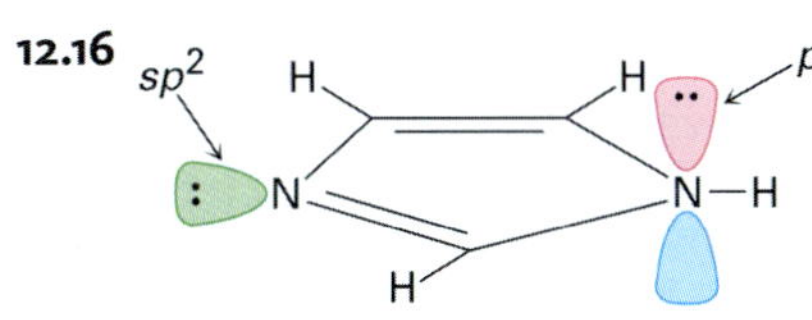

12.17 피리딘처럼 이중 결합한 질소가 더 염기성이다.

12.18 곁사슬 질소가 고리 질소보다 더 염기성이다.

13장

13.1 I_2

13.2 뷰탄산

13.3 IR: $\epsilon = 2.0 \times 10^{-19}$ J; X선: $\epsilon = 6.6 \times 10^{-17}$ J

13.4 $\lambda = 9.0 \times 10^{-6}$ m가 더 높은 에너지이다.

13.5 **(a)** 0.16 m **(b)** 7.5×10^{-4} kJ/mol; 광보다 훨씬 적은 에너지

13.6 **(a)** 케톤 또는 알데하이드 **(b)** 나이트로
(c) 나이트릴 또는 알카인 **(d)** 카복실산
(e) 알코올 및 에스터

13.7 **(a)** CH_3CH_2OH는 −OH 흡수를 가진다.
(b) 헥스-1-엔은 이중 결합 흡수를 가진다.
(c) 프로판산은 매우 넓은 −OH 흡수를 가진다.

13.8 나이트릴: 2210−2260 cm^{-1}; 케톤: 1690 cm^{-1}; 이중 결합: 1640 cm^{-1}

13.9 3×10^{-5} M

13.10 (a), (c), (d), 및 (f)는 UV 흡수를 가진다.

13.11 헥사-1,3,5-트라이엔은 더 긴 파장에서 흡수한다.

13.12 NMR 분광법에 쓰이는 에너지는 IR 분광법에 쓰이는 그것보다 적다.

13.13 **(a)** ^{1}H, 1; ^{13}C, 1 **(b)** ^{1}H, 1; ^{13}C, 1 **(c)** ^{1}H, 2; ^{13}C, 2
(d) ^{1}H, 1; ^{13}C, 1 **(e)** ^{1}H, 1; ^{13}C, 1 **(f)** ^{1}H, 1; ^{13}C, 1
(g) ^{1}H, 2; ^{13}C, 2 **(h)** ^{1}H, 2; ^{13}C, 2 **(i)** ^{1}H, 1; ^{13}C, 2

13.14 바이닐성 C−H 양성자는 비동등하다.

13.15 ^{1}H, 5; ^{13}C, 7

13.16 **(a)** 210 Hz **(b)** 2.1 δ **(c)** 460 Hz

13.17 **(a)** 7.27 δ **(b)** 3.05 δ **(c)** 3.47 δ **(d)** 5.30 δ

13.18 **(a)** 0.88 δ **(b)** 2.17 δ **(c)** 7.17 δ **(d)** 2.22 δ

13.19 2 봉우리; 3:2 비율

13.20 **(a)** $-CHBr_2$, 4중상; $-CH_3$, 2중상
(b) CH_3O-, 단일상; $-OCH_2-$, 3중상; $-CH_2Br$, 3중상
(c) $ClCH_2-$, 3중상; $-CH_2-$, 5중상
(d) CH_3-, 3중상; $-CH_2-$, 4중상; $-CH-$, 7중상; $(CH_3)_2$, 2중상
(e) CH_3-, 3중상; $-CH_2-$, 4중상; $-CH-$, 7중상; $(CH_3)_2$, 2중상
(f) $=CH$, 3중상; $-CH_2-$, 2중상; 방향족 C−H, 2 다중상

13.21 **(a)** CH_3OCH_3 **(b)** $CH_3CO_2CH_3$ **(c)** $(CH_3)_2CHCl$

13.22

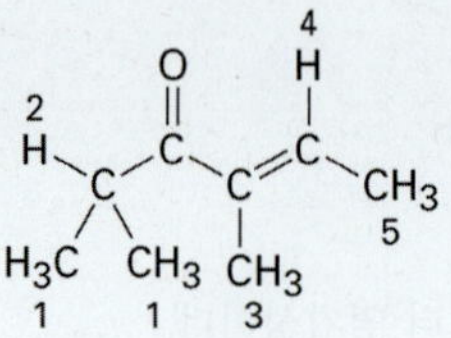

1 2중상
2 9중상
3 1중상
4 4중상
5 2중상

13.23 **(a)** 1 **(b)** 5 **(c)** 4 **(d)** 7 **(e)** 5 **(f)** 7

13.24 **(a)** 헵트-1-엔
(b) 2-메틸펜테인
(c) 1-클로로-2-메틸프로페인

14장

14.1 **(a)** 알도테트로오스 **(b)** 케토펜토오스
(c) 케토헥소오스 **(d)** 알도펜토오스

14.2

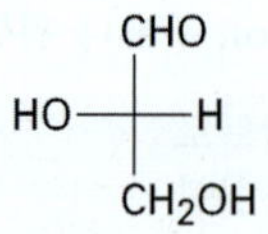

14.3

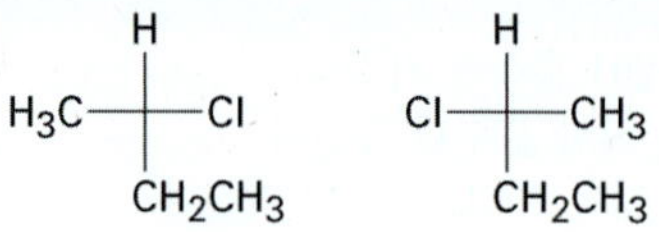

R *S*

14.4 **(a)** *S* **(b)** *R* **(c)** *S*

14.5

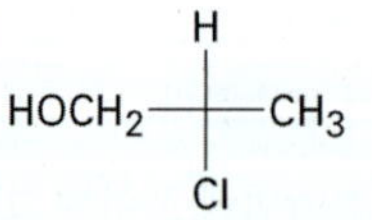

R

14.6 **(a)** L **(b)** D **(c)** D

14.7 **(a)** D **(b)** L **(c)** L

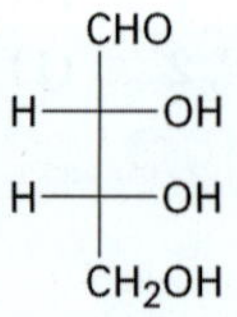

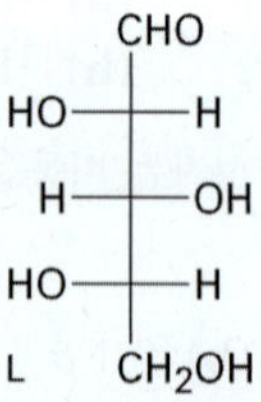

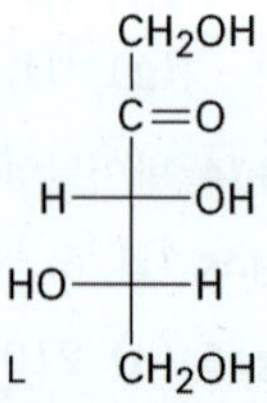

14.8 (a)
CHO
H—OH
HO—H
HO—H
CH_2OH

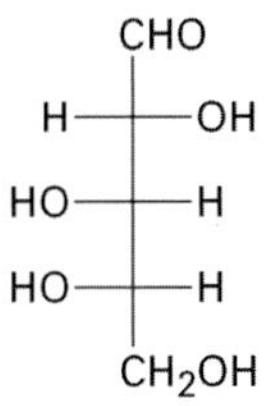

(b)
CHO
H—OH
HO—H
CH_2OH

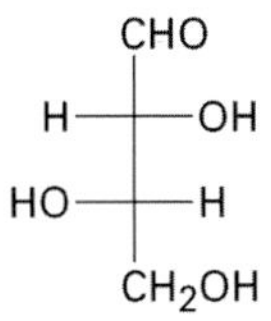

(c)
CHO
HO—H
H—OH
H—OH
HO—H
CH_2OH

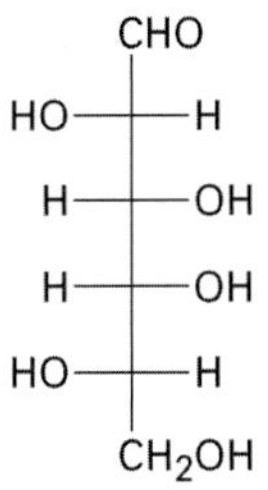

14.9 16 D와 16 L 알도헵토오스가 있다.

14.10
CHO
H—OH
H—OH
HO—H
H—OH
H—OH
CH_2OH

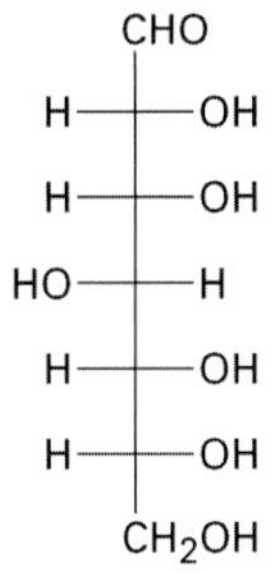

및

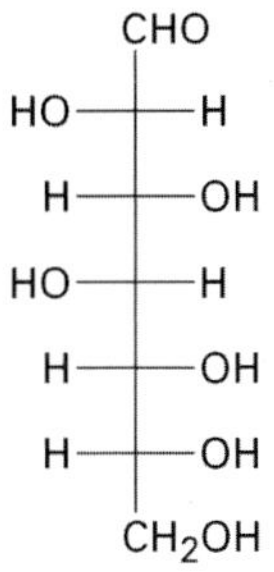

CHO
HO—H
H—OH
HO—H
H—OH
H—OH
CH_2OH

14.11
CHO
H—OH
H—OH
H—OH
CH_2OH

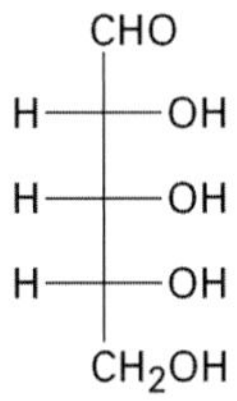

D-라이보오스

14.12
OH, CH_2OH, O, HO, OH, OH, H

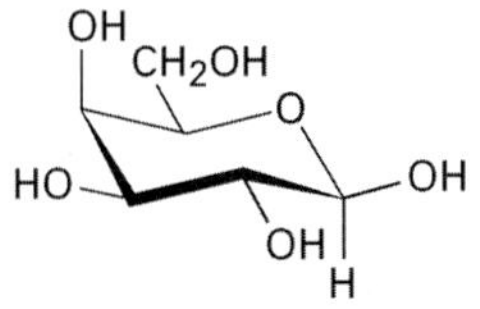

14.13
$HOCH_2$, H, O, OH, OH, OH

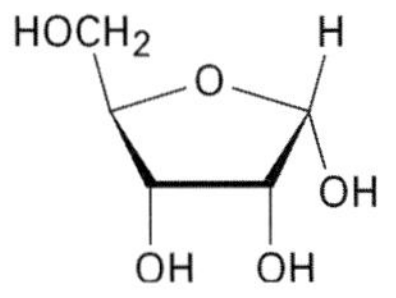

14.14
OH, O, CH_2OH, OH, HO, HO

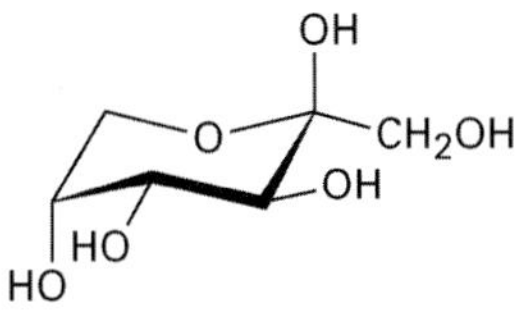

β-D-프룩토피라노오스

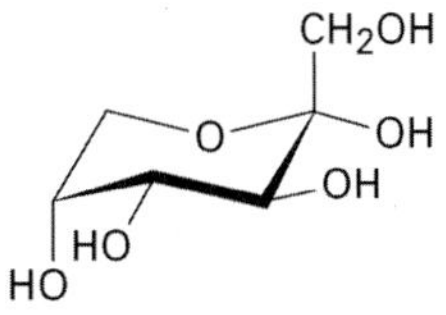

CH_2OH, O, OH, OH, HO, HO

α-D-프룩토피라노오스

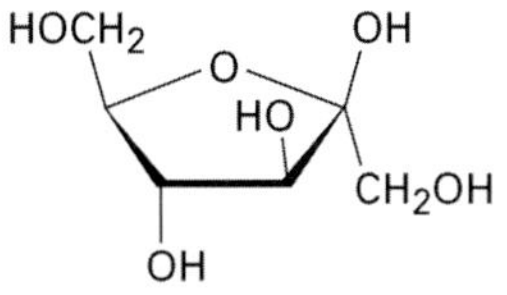

$HOCH_2$, O, OH, HO, CH_2OH, OH

β-D-프룩토퓨라노오스

$HOCH_2$, O, CH_2OH, HO, OH, OH

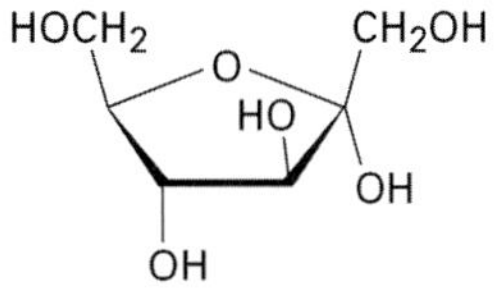

α-D-프룩토퓨라노오스

14.15 같은 안정성

HOCH₂ OH O HO HO OH H

14.16 (a) CH_3OCH_2 O OCH_3 H CH_3O OCH_3 (b) $CH_3\overset{O}{\overset{\|}{C}}OCH_2$ O $O\overset{O}{\overset{\|}{C}}CH_3$ H $CH_3\underset{O}{\underset{\|}{C}}O$ $O\underset{O}{\underset{\|}{C}}CH_3$

14.17 OH CH_2OH O HO OCH_2CH_3 OH H

14.18 D-갈락티톨은 메소 화합물이다.

14.19 알디톨은 양쪽 말단에 $—CH_2OH$기를 가진다. 즉, 모체 당의 각 말단에 —CHO기를 가지고 있었음에 틀림이 없다.

14.20 D-알라르산은 메소 화합물이다; D-글루카르산은 아니다.

14.21 D-알로오스와 D-갈락토오스는 메소 알다르산을 생성한다. 다른 6개의 D-알도헥소오스들은 광학 활성인 알다르산을 생성한다.

14.22 (a) CH_2OH HO O HO OH O CH_2OH OH HO CH_2OH OH

(b) CH_2OH HO O HO OH O CH_2OH OH HO CO_2H OH

15장

15.1 방향족: Phe, Tyr, Trp, His; 황-함유: Cys, Met; 알코올: Ser, Trp; 탄화수소 곁사슬: Ala, Ile, Leu, Val.

15.2 시스테인의 $—CH_2SH$기의 황 원자가 $—CO_2H$기보다 순위에서 더 높은 가지 사슬을 만든다.

15.3 H ^-O_2C C CH_3 H_3N^+

15.4

(a) $C_6H_5-CH_2CH(NH_2)CO_2^-$ (O=C)

(b) $C_6H_5-CH_2CH(\overset{+}{N}H_3)CO_2^-$

(c) $C_6H_5-CH_2CH(\overset{+}{N}H_3)COOH$

15.5 **(a)** (+) 방향: Glu > Val; (−) 방향: 움직이지 않음
(b) (+) 방향: Phe; (−) 방향: Gly
(c) (+) 방향: Phe > Ser; (−) 방향: 움직이지 않음

15.6 pH = 3에서 결과는 양; pH = 7.3에서 결과는 음

15.7

$H_3\overset{+}{N}CH(CH_2CH(CH_3)_2)C(=O)NHCH(CH_2SH)CO^-$ (O=C)

$H_3\overset{+}{N}CH(CH_2SH)C(=O)NHCH(CH_2CH(CH_3)_2)CO^-$ (O=C)

15.8 Val-Tyr-Gly (VYG), Tyr-Gly-Val (YGV), Gly-Val-Tyr (GVY), Val-Gly-Tyr (VGY), Tyr-Val-Gly (YVG), Gly-Tyr-Val (GYV)

15.9

$H_3\overset{+}{N}CH(CH_3SCH_2CH_2)C(=O)\downarrow{-}N{-}CHC(=O)\downarrow{-}NHCH(CH(CH_3)_2)C(=O)\downarrow{-}NHCH_2CO_2^-$ (N–CH는 피롤리딘 고리)

15.10

$HOC(=O)CH_2-SCH_2CH(\overset{+}{N}H_3)CO_2^-$

15.11

$$CH_3CH(CH_3)CH(\overset{+}{N}H_3)CO_2^- \xrightarrow{\text{닌하이드린}} CH_3CH(CH_3)CHO + CO_2 + 3\,H_2O$$

15.12 트립신: Asp-Arg + Val-Tyr-Ile-His-Pro-Phe
카이모트립신: Asp-Arg-Val-Tyr + Ile-His-Pro-Phe

15.13 Arg-Pro-Leu-Gly-Ile-Val

15.14 메싸이오닌

15.15 (1) 류신의 아미노기를 보호하라.
(2) 알라닌의 카복실기를 보호하라.
(3) 보호된 아미노산을 DCC와 짝지음하라.
(4) 류신 보호기를 제거하라.
(5) 알라닌 보호기를 제거하라.

15.16 이것은 전형적인 친핵성 아실 치환 반응인데, 친핵체는 아미노산의 아민이고 이탈기는 탄산 *tert*-뷰틸이다. 탄산 *tert*-뷰틸은 CO_2를 잃고 *tert*-뷰톡시화물을 생성한 후 양성자화 된다.

15.17 **(a)** 분해효소 **(b)** 가수분해효소 **(c)** 산화환원효소

16장

16.1 $CH_3(CH_2)_{18}CO_2CH_2(CH_2)_{30}CH_3$

16.2 모노올레산 다이스테아르산 글리세릴은 더 높은 녹는점을 가진다.

16.3 글리세롤의 중앙 —OH기에 스테아르산이 에스터화된 지방 분자는 광학 비활성이다.

16.4 $[CH_3(CH_2)_7CH{=}CH(CH_2)_7CO_2^-]_2\ Mg^{2+}$

16.5 다이올레산 모노팔미트산 글리세릴 → 글리세롤 + 2 올레산 나트륨 + 팔미트산 나트륨

16.6 2 케톤, 이중 결합

16.7 둘다 방향족 고리를 가진다.

16.10 (3′) CCGATTAGGCA (5′) 또는 (5′) ACGGATTAGCC (3′)

16.11

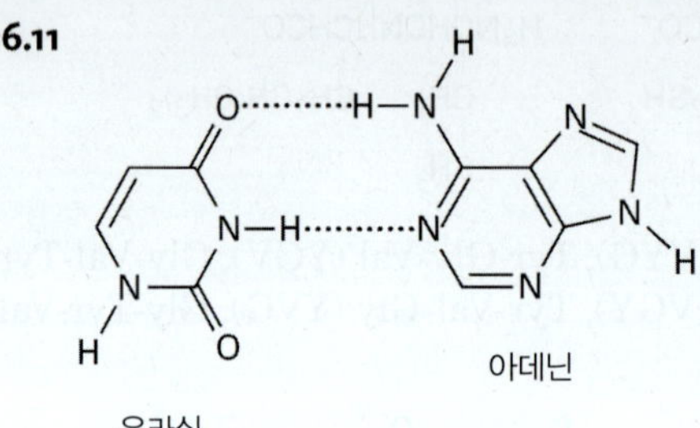

16.12 (3′) CUAAUGGCAU (5′) 또는 (5′) UACGGUAAUC (3′)

16.13 (3′) AAGCGTCTCA (5′) 또는 (5′) ACTCTGCGAA (3′)

16.14 **(a)** GCU, GCC, GCA, GCG **(b)** UUU, UUC
(c) UUA, UUG, CUU, CUC, CUA, CUG **(d)** UAU, UAC

16.15 Leu-Met-Ala-Trp-Pro-Stop

16.16 (3′) GAA-UAC-CGA-ACC-GGG-AUU (5′)

16.17 (3′) GAA-TAC-CGA-ACC-GGG-ATT (5′)

17장

17.1 $HOCH_2CH(OH)CH_2OH + ATP \rightarrow HOCH_2CH(OH)CH_2OPO_3^{2-} + ADP$

17.3 **(a)** 8 아세틸 CoA; 7 경로 **(b)** 10 아세틸 CoA; 9 경로

17.4 7단계와 10단계

17.5 1단계: 인에서 친핵성 아실 치환반응
2단계: 케토-엔올 토토머화에 의한 이성질화
3단계: 1단계와 같음
4단계: 역알돌 축합
5단계: 2단계와 같음
6단계: 산화
7단계: 2단계와 같음
8단계: 이성질화
9단계: E2 제거 반응
10단계: 인에서 치환반응이 일어난 후에 토토머화

17.6 시트르산 음이온과 아이소시트르산 음이온

17.7

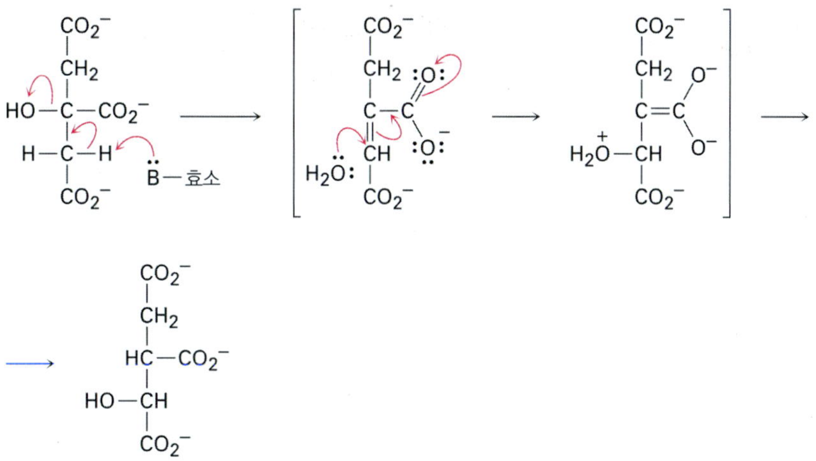

$$\begin{array}{c} CO_2^- \\ | \\ CH_2 \\ | \\ HO-C-CO_2^- \\ | \\ H-C-H \\ | \\ CO_2^- \end{array} \quad \ddot{B}-\text{효소} \longrightarrow \left[\begin{array}{c} CO_2^- \\ | \\ CH_2 \\ | \\ C-C(=\ddot{O}:)(\ddot{O}:^-) \\ \| \\ H_2\ddot{O}: \quad CH \\ | \\ CO_2^- \end{array} \longrightarrow \begin{array}{c} CO_2^- \\ | \\ CH_2 \\ | \\ C=C(O^-)(O^-) \\ | \\ H_2\overset{+}{O}-CH \\ | \\ CO_2^- \end{array} \right] \longrightarrow$$

$$\longrightarrow \begin{array}{c} CO_2^- \\ | \\ CH_2 \\ | \\ HC-CO_2^- \\ | \\ HO-CH \\ | \\ CO_2^- \end{array}$$

17.8 $(CH_3)_2CHCH_2COCO_2^-$

17.9 아스파라진

찾아보기

ㄱ

ㄴ

ㄷ

ㄹ

ㅁ

ㅂ

ㅇ

ㅈ

ㅊ

ㅋ

Periodic Table of the Elements

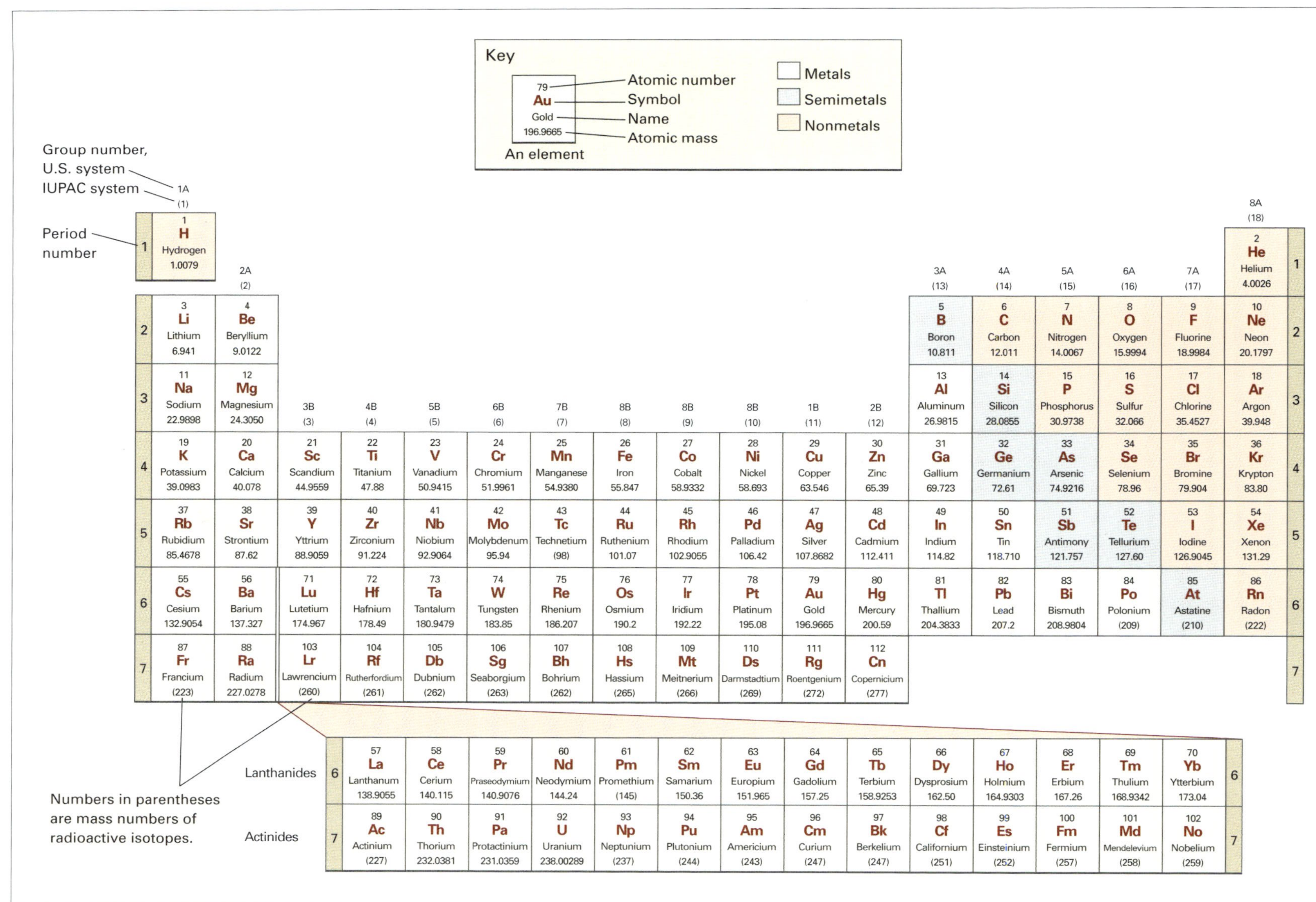